U0279830

国家出版基金项目
NATIONAL PUBLICATION FOUNDATION

2019 年国家出版基金项目

航空涡扇发动机多目标多学科设计优化方法

王保国　黄伟光　徐燕骥　谭春青　著

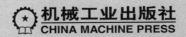

机械工业出版社
CHINA MACHINE PRESS

本书共4篇16章，深入探讨了航空发动机的设计方法，是献给著名工程热物理学家吴仲华先生和陈乃兴先生的一部学术专著，是《人机系统方法学》的姊妹篇。书中基于发动机气动热力学理论以及现代优化的数学方法，对航空涡扇发动机在考虑确定性和不确定性影响时提出了一整套多目标多学科设计优化的新框架，从这个意义上讲本书填补了我国在这一领域的学术空白。

本书可作为从事航空航天动力工程以及燃气轮机相关专业工程技术人员进行产品设计的指导用书，也可作为高等院校航空发动机以及燃气轮机专业研究生的学位课教材以及相关专业高年级本科生的教学参考书。

图书在版编目（CIP）数据

航空涡扇发动机多目标多学科设计优化方法/王保国等著．—北京：机械工业出版社，2018.12

ISBN 978-7-111-61581-1

Ⅰ.①航…　Ⅱ.①王…　Ⅲ.①透平风扇发动机-设计
Ⅳ.①V235.13

中国版本图书馆CIP数据核字（2018）第294357号

机械工业出版社（北京市百万庄大街22号　邮政编码100037）
策划编辑：沈　红　　责任编辑：沈　红　王彦青　李含杨　崔滋恩
责任校对：王　延　郑　婕　封面设计：严娅萍
责任印制：郜　敏
北京圣夫亚美印刷有限公司印刷
2019年3月第1版第1次印刷
169mm×239mm·43.25印张·2插页·884千字
0 001—1 500册
标准书号：ISBN 978-7-111-61581-1
定价：198.00元

凡购本书，如有缺页、倒页、脱页，由本社发行部调换

电话服务
服务咨询热线：010-88361066
读者购书热线：010-68326294
　　　　　　　010-88379203

网络服务
机 工 官 网：www.cmpbook.com
机 工 官 博：weibo.com/cmp1952
金 书 网：www.golden-book.com
教育服务网：www.cmpedu.com

封面无防伪标均为盗版

序　一

preface

现代先进航空发动机设计研制难度非常大，这主要是以下诸因素造成的：一方面发动机工作条件极端恶劣而要求又极高；另一方面，航空发动机产业是多学科、多领域高度交织、融合的产业，而其中一些学科的基本理论尚未得到基本的解决，例如发动机内部流体的流态主要是湍流，而湍流理论至今基本没有得到解决。由于这些原因，发动机技术先进国家过去的技术途径是投入大量人力、物力、财力，进行大量的试验研究，建立试验数据库，并以此为基础掌握经验关联规律，从而建立设计规范和准则。这是一条成功但很花钱的途径，至今仍是如此。所以航空发动机本质上是试验科学。

计算机的发明和计算科技的发展，逐步减轻了对试验的依赖，加快了研制进程，降低了风险，节约了成本，已成为非常强有力的工具，但至今未从根本上改变上述面貌。

发动机设计研制是一项复杂的系统工程。上述诸多问题在此工程中的表现主要是系统多环节的不确定性，例如湍流本质的非定常性所决定的流动性能特征的不确定性，飞行条件和大气条件的变化所引起的进气条件的不确定性（湍流度，压力、温度畸变度等），加工公差范围内的尺寸不确定性，材料性能的不确定性等，对于具有诸多不确定性的对象按确定性理论进行设计，难以保证产品有高的成功概率。

本书主要贡献之一是将不确定性理论以及与此相关的概率论、可信性理论等引入设计系统，这些理论非常适合发动机的特点，发动机设计非常需要这些理论。这些理论的引入拓宽了科技工作者的理论视野，为将设计系统提高到一个新的高度提供了理论基础。这是特别值得称道的重要贡献。

本书内容新颖、丰富、翔实，水平高，亮点多，系统性强，是几位既有很深学术造诣，又有丰富实践经验的学者呕心沥血的重要著作。

中国工程院院士　陈懋章

序　二

preface

航空发动机是飞机的“心脏”，它直接影响飞机的性能、可靠性及经济性，被誉为现代工业“皇冠上的明珠”。航空发动机的工作环境十分恶劣（高温、高压、高转速、高载荷），发动机的设计、研制是一项复杂的系统工程，它涉及气动热力、结构强度、燃烧传热、材料工艺、自动控制等众多基础学科和工程技术领域，科学技术综合要求极高，是衡量一个国家综合科技水平、工业基础实力和经济的重要标志。

在过去的几十年里，国外一些航空工业强国都投入大量资金，建立了先进的试验研究基地，实施了一系列发动机研究计划，积累了雄厚的技术，使得发动机达到了今天的先进水平。与国外相比，我国在航空发动机的研制方面还有相当大的差距，系统讲述航空发动机各部件和整机设计方法的书籍也不多见。在我国大力发展航空动力的今天，科技工作者亟需这方面的书籍出版。我认为该书的主要创新亮点如下：

1）将不确定性数学理论引入到航空发动机的设计，这富有极大的创新性。尽管我国已出版了多部航空发动机手册，但所讲内容均属于确定性设计的范畴。

2）系统地讲述了航空发动机五大部件压气机（含风扇）、燃烧室、涡轮、加力燃烧室、尾喷管设计中所遇到的气动热力学、燃烧学、传热学等基础理论与方法。书中通过典型算例讨论了压气机、燃烧室、涡轮等部件的设计步骤，给出了发动机整机设计优化的策略。这对正在从事航空发动机设计的科技工作者来讲具有重要的指导意义。

3）拓宽了航空发动机设计的内涵，提出了两层设计优化的理念：一层是进行航空发动机本身的设计优化，其中包括确定性多学科设计优化和不确定性多学科设计优化问题；另一层是对已经投入使用和飞行中的发动机要注意挖掘自身的潜力，在保证飞行安全的前提下进行发动机的在线实时控制、大力发展智能控制技术，开展在线性能寻优工作。

上述这些理论与创新开阔了设计工作者的视野，为新型发动机的设计奠定了理论基础。该书的四位作者都是经验十分丰富的航空发动机和燃气轮机领域内的资深专家和学科带头人，均具有丰富的理论和实践经验。

中国工程院院士
空军装备研究院总工程师　甘晓华

前　言

preface

本书共4篇16章，系统地给出了从航空发动机主要部件（压气机、燃烧室、涡轮、加力燃烧室、尾喷管）到发动机整机的设计优化过程，给出了进行确定性多学科设计优化和不确定性多学科设计优化时所需要的现代优化理论和统筹优化方法。特别强调了华罗庚先生的统筹优化方法和统计试验设计方法，强调了钱学森先生的系统科学，尤其是系统学的思想和综合集成方法。在进行航空发动机部件和整机的流场计算与气动设计中，强调了吴仲华先生的 S_1 与 S_2 流面理论，强调了两类流面间的交叉迭代，强调了从低维设计空间到高维设计空间中吴仲华先生的三元流理论所发挥的重大作用。强调了Jameson提出的伴随方法在进行叶片的弯、掠、扭三维复合造型、机匣端壁面的精细设计以及考虑寂静效应、时序效应非定常设计时所起到的十分关键的作用。

另外，考虑到广大读者，尤其是在校的博士生、硕士生和高年级本科生，他们迫切希望了解航空发动机设计与研制的全貌，渴望了解发动机的结构和性能，全书给出了大量的计算曲线和结构、性能图376幅、相关的重要结构与性能参数表格58张，书后列出了国际上重要的学术专著和文献972篇。更为重要的是，本书还给出了十分详细的压气机、燃烧室、涡轮部件的设计步骤，给出了航空发动机整机设计优化的策略。此外，书中还针对军用航空发动机尾喷管红外隐身的问题以及民用航空发动机尾喷管气动噪声的问题，给出了十分简捷、高效的理论计算与预测方法。这些方法反映了当今这一领域的学术前沿，它为航空发动机尾喷管的气动设计奠定了坚实的理论基础。毫无疑问，这些十分宝贵的计算曲线和非常重要的参数表格以及难得的航空发动机设计优化步骤对提升和丰富读者对航空发动机的理解与认识是十分必要的。在一部学术专著中，配有如此丰富的插图与重要的表格，给出如此具体的航空发动机重要部件的设计步骤，应该讲目前在我国出版界还是极为罕见的。此外，本书还详细分析并给出了进行发动机主要部件设计和发动机整机优化时可能会遇到的一些难点，这对今后的改进与研究将十分有益。

四位作者一致认为，航空发动机的设计优化应该具有两层含义。一层是进行航空发动机本身的设计优化，其中包括确定性多学科设计优化和不确定性多学科设计优化的问题。另外，对于军用发动机，还应该考虑其隐身性能；对于民用发动机，还应重视低污染、低噪声的研究。此外，还要注意开展对压气机喘振或失速的主动控制、压气机或涡轮叶尖间隙的主动控制、燃烧不稳定的主动控制等。另一层是对已经投入使用和飞行中的发动机要注意挖掘其自身的潜力，要针对传统航空发动机在进行气动设计时，为保证发动机在全飞行包线内最恶劣的工作点时能够安全稳定地工作，由此确定了发动机的工作点和喘振裕度，这就设置了很大的安全裕度。正是这种设计理念，决定了在非最恶劣工作点时发动机的性能没有全部发挥。因此，在保证飞行安全的前提下，进行发动机的在线实时控制、大力发展智能控制技术，开展在线性能寻优工作。四位作者一致强调指出，只有在完成了上述两层设计优化的基础上，这样的航空发动机的性能才是最优的，它代表着未来航空发动机发展的主方向。

四位作者万分感谢我国著名航空发动机专家、中国工程院院士、国务院学位委员会学科评议组成员、国家攀登计划“能源利用中气动热力学前沿问题”专家委员会委员、北京航空航天大学能源与动力工程学院教授、博士生导师陈懋章先生在百忙之中为本书写序，这是对四位晚辈极大的鼓舞、提携和鞭策。陈先生在本书序中写道：“本书主要贡献之一是将不确定性理论以及与此相关的概率论、可信性理论等引入设计系统，这些理论非常适合发动机的特点，发动机设计非常需要这些理论。这些理论的引入拓宽了科技工作者的理论视野，为将设计系统提高到一个新的高度提供了理论基础。这是特别值得称道的重要贡献。”我们绝不辜负陈先生的希望，牢记博学笃志、格物明德的校训，努力坚持致大尽微、家国天下的心怀，继续加倍努力，更进一步踏踏实实地做好本职科研工作，为我国航空发动机的研制与发展尽心尽力、鞠躬尽瘁。另外，四位作者还万分感谢中国工程院院士、空军装备研究院总工程师甘晓华先生在百忙中为本书写序。甘院士十分详细地分析与指出了本书的三个创新亮点，高度赞扬了本书在拓宽航空发动机的设计内涵与发展航空发动机在线实时控制等方面所做出的重要贡献。

王保国非常感谢他夫人长期以来对他从事科研与教学工作的大力支持！另外四位作者十分感谢他们分别率领的团队，感谢曾经帮助过他们的同事、同学以及长期支持他们工作的亲人们，感谢为本书的出版做出贡献的所有人。

最后，四位作者还想说明，尽管几位作者长期工作在中国科学院力学研究所和工程热物理研究所，工作在吴仲华先生和陈乃兴先生的身边，都具有几十年从事发动机气动热力学方面的设计经验，尤其是本书第一作者王保国在吴仲华先生、卞荫贵先生和陈乃兴先生的长期指导下在航空发动机内流和航天器外流的气动热力学领域积累了十分坚实的理论基础，再加上他在原航空工业部和中国科学院直接参加过涡喷与涡扇两大类型航空发动机的改型设计与研制、在中国航空研究院还进行过其他新型航空发动机的设计与研究工作，本书的另外三位作者黄伟光研究员、徐燕骥高工和谭春青研究员也一直参加多项航空发动机与地面燃气轮机项目的改型与试验工作，尤其是黄伟光和徐燕骥率领的中国科学院上海高等研究院燃气轮机基地和上海新喆机电公司燃气轮机基地以及谭春青任院长的中科合肥微小型燃气轮机研究院，他们都具有很丰富的理论与实践经验，具有较完备的整机性能试车和部件试验的设备平台，能够完成相关的车台和部件试验，但由于国内外出版航空发动机设计方法与优化方面的专著太少，而且在国内外相关杂志上发表的相关文章也不多，再加上我们才疏学浅、水平有限，虽然本书花费了近6年的时间去潜心撰写，而且还采用了华罗庚先生一贯倡导的增强物理图像、公式删繁就简的思想，采取了先易后难、画龙点睛的总体写作策略，坚持了构建基础扎实、结构严谨的体系框架，瞄准科技前沿的方针，尽管对于书中主要内容的安排与讨论方式进行了反复的修改与调整，尤其是本书的整体框架目录和本书的前言历经了30余次的修改，但仍感到不够满意。四位作者一致认为，本书是《人机系统方法学》的姊妹篇，是钱学森系统学思想在航空发动机设计领域中的一个具体应用，是钱学森先生倡导的综合集成方法的一个实践环节。因此，在撰写本书时，的确感到有相当大的难度，使得本书在写作上仍存在着一定的局限性和阶段性，对书中不妥、疏漏或错误之处，尚祈读者不吝指正。

联系 E－mail：bguowang@163.com。

作　者

目　　录

contents

第 3 篇　发动机设计的现代优化理论及统筹优化方法

第 4 篇　涡扇发动机的现代设计方法及多目标协同优化

第1章 航空发动机及设计方法的发展

1.1 涡喷、涡扇及变循环发动机发展的简要回顾

航空发动机大致可分为三大类：活塞式发动机（活塞发动机）、喷气式发动机（喷气发动机并含燃气涡轮发动机）以及火箭式发动机（火箭发动机）。对于喷气发动机来讲，还可按空气压缩原理、按工作原理、按反推力产生的原理等进行细分（见图1-1）。图1-2和图1-3所示分别为涡喷发动机和涡扇发动机，图1-4所示为双转子的结构。图1-5所示为变循环发动机的工作模式，选择阀门体现了发动机的变循环特征，用于控制发动机的涡喷和涡扇两种工作模式，分别如图1-5a和图1-5b所示。在图1-5中，前VABI（Variable Area Bypass Injector，可变面积引射器）代表前置可变面积涵道引射器；后VABI代表后置可变面积涵道引射器。前VABI是一个用于控制核心涵道空气流量的阀门，由于其控制内涵道的放气量，因而达到控制前部分风扇喘振裕度的目的；后VABI是改变涵道气流马赫数的阀门，由此使涵道气流和核心机气流掺混时达到静压平衡。本节仅对讨论涡轮喷气发动机（简称涡喷）、涡轮风扇发动机（简称涡扇）以及喷气发动机系列的变循环发动机（variable cycle engine，VCE）的发展进程。

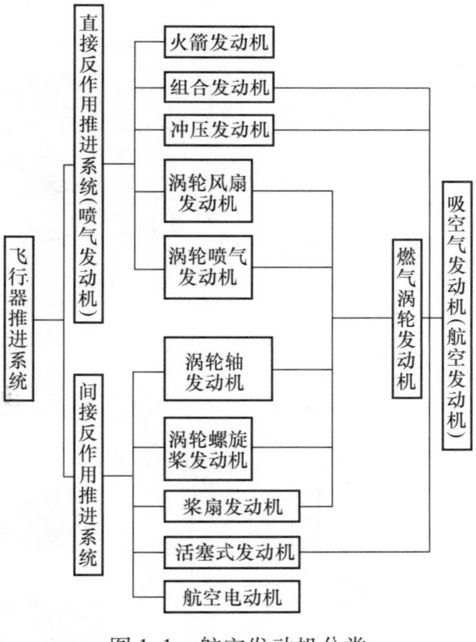

图1-1 航空发动机分类

航空发动机的发展，经历了活塞式发动机和喷气式发动机两个重要的发展阶段[1-6]。在第二次世界大战期间，活塞式发动机技术已经非常成熟，但由于其功率不能满足不断提高的飞机飞行速度要求，再加上螺旋桨在高速时尖部激波导致效率的急剧下降，因此客观上导致了提出发明新式装置的要求。在这种大背景下，1937年和1939年在信息互相隔绝的情况下分别在英国和德国的Sir Frank Whittle和

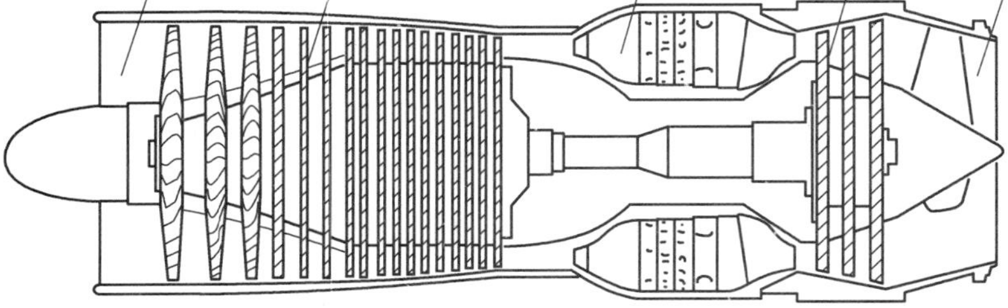

图 1-2　涡喷发动机

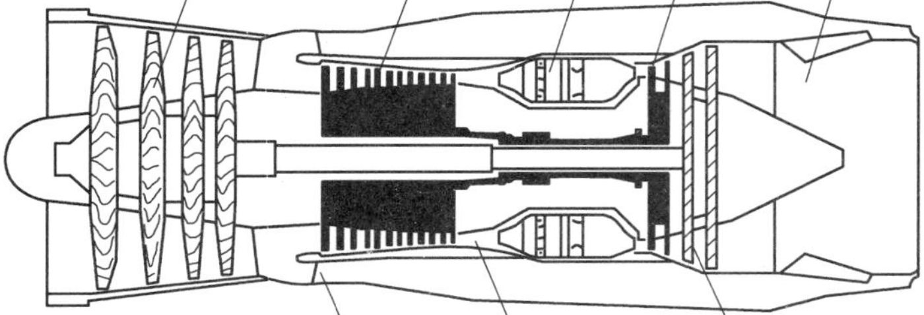

图 1-3　涡扇发动机

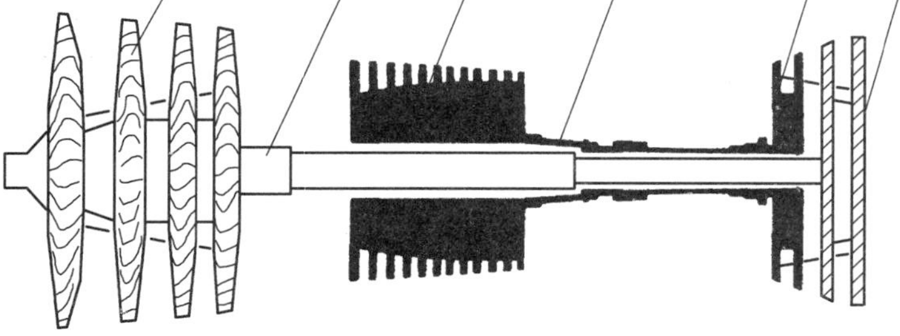

图 1-4　双转子的结构

Hans von Ohain 研制出了燃气涡轮喷气发动机。与活塞式发动机相比，喷气式发动机具有推力大、自重轻、体积小、振动小等重要特点，它一问世便显示出它更适合作为飞机动力的优势。在随后的 70 多年里，航空燃气涡轮发动机的技术日臻成熟，已达到很高水平。大型涡轮风扇发动机的推力比最初研制的涡轮喷气式发动机高了 100 倍左右，推重比提高了 10 倍左右，而民用发动机的耗油率则下降了 50% 以上。现代大型客机均采用大涵道比涡轮风扇发动机，而军用战斗机的涡扇发动机则多为

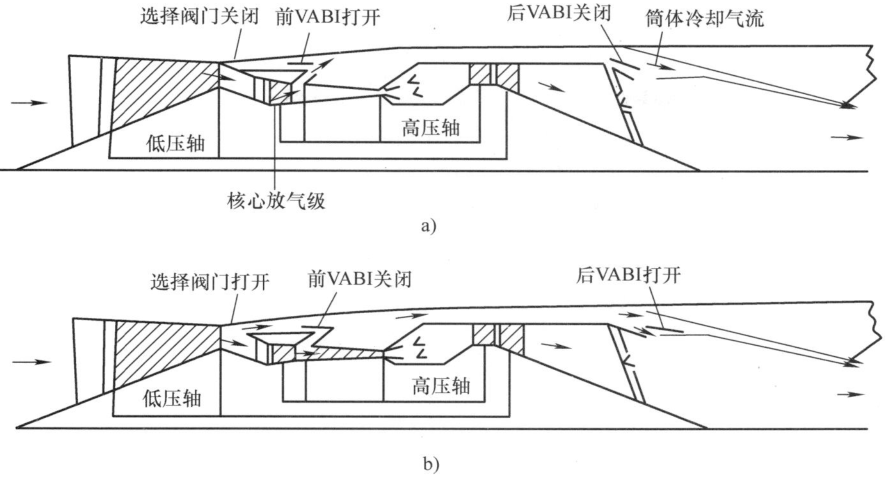

图 1-5　变循环发动机的工作模式

a）涡喷模式　b）涡扇模式

小涵道比，之所以有如此区别是由于这两类飞机对发动机性能要求的指标有所不同的缘故[7]。以下为节省篇幅，仅针对近几代军用航空发动机在结构和性能上的一些重要特征与特点，分四个方面做简要回顾。

1.1.1　近几代军用航空发动机的结构特点及性能

自 20 世纪 40 年代以来，军用航空发动机已研制发展了四代，第五代目前正在研制中。以第三代军用航空发动机为例（见表 1-1），如 F100、F110、АЛ－31Φ、RB199 以及 M53 等，它是目前世界发达国家现役主力战斗机所装备的发动机，其性能特点是：推重比为 7.0～8.0，平均级增压比为 1.3～1.4，总增压比为 21～35，燃烧室温升为 850～950K，高压涡轮单级落压比为 3.5～4.2，涡轮进口温度为 1600～1750K，加力温度为 2000～2100K。其他参数见表 1-1。

表 1-1　典型第三代战斗机及其发动机

机型	用途	生产年份	动力装置	国家及地区
F－16	单发歼击机	1978 年	F100－PW－220、 F100－PW－229、 F110－GE－100、 F110－GE－129	美国
苏－27	双发歼击机	1984 年	АЛ－31Φ	苏联
米格－29	双发歼击机	1983 年	РД－33	苏联
苏－35	双发歼击机	20 世纪 90 年代	АЛ－31Φ 改型	苏联
狂风 Tornado	双发歼击机	1978 年	RB199	欧洲
幻影 2000	双发歼击机	1983 年	M53	法国

第三代军用航空发动机的结构特点：风扇为3～4级、高压压气机为7～9级，叶片负荷较高，大多数采用可调的静子叶片结构；采用环形或是短环形燃烧室，其长度较第二代发动机缩短了1/2，并且温升提高；高压涡轮、低压涡轮通常都取为1～2级，采用耐高温、高负荷设计，单级涡轮落压比提高；涡轮叶片采用复合气冷空心结构的定向凝固或单晶材料，涡轮进口温度提高；加力燃烧室采用分区供油和先进的火焰稳定器，其长度较第二代发动机缩短了1/3。加力温度提高，尾喷管采用收敛扩张型，发动机的控制系统采用全权限数字电子控制（FADEC）。

从20世纪80年代中期起，发达航空国家开始为新一代战斗机研制新的发动机。美国空军对20世纪90年代后的战斗机提出了5S特性（隐身性、超声速巡航、短距起降、超机动性、高维修性）的要求，自此航空发动机进入先进的涡扇发动机时期。典型的第四代军用发动机，如F119、F120、F135、F136、EJ200和АЛ－41Ф等，其发动机的主要参数和用途见表1-2。

表1-2　典型第四代军用发动机的主要参数和用途

性能参数	发动机型号						
	F119	F120	F135	F136	EJ200	M88－2	АЛ－41Ф
加力推力/daN	15570	—	—	—	8826	8473	18000
不加力推力/daN	9790	—	—	—	5880	5444	—
加力耗油率	2.4	—	—	—	1.73	1.80	—
不加力耗油率	0.62	—	—	—	0.79	0.89	—
推重比	>10	—	—	—	<10	8.8	<10
总增压比	26	—	—	—	26	25	—
涡轮前温度/K	1977	—	—	—	1803	1850	1743～1843
涵道比	0.2～0.3	0.32	0.57	0.32	0.4	0.3～0.5	—
用途	F－22	—	—	—	EF2000	阵风	米格战斗机
备注	常规	变循环	常规	变循环	常规	—	—

第四代军用发动机的性能特点：推重比为9.0～10.0；涵道比为0.2～0.4；总增压比为26～35；涡轮进口温度为1800～2000K，比第三代提高了200K；三级风扇增加比可达4.5左右；耗油率降低了8%～10%；可靠性提高了一倍；耐久性提高了2倍。第四代军用发动机的结构特点：风扇为2～3级，高压压气机为5～6级，压缩系统采用非定常三维黏性气动设计，使平均级增压比提高到1.45～1.50；采用进口可调导叶和弯掠叶片设计，以提高效率和喘振裕度；采用低、中等展弦比设计；采用空心宽弦叶片以及整体叶盘设计以减轻自重；燃烧室多为短环形燃烧室，燃烧系统采用高紊流度强旋流、带蒸发管的头部回流以获得高的燃烧效率和均匀的出口温度分布；采用气动雾化、空气雾化等喷嘴，提高燃油雾化质量；采用浮动壁火焰筒设计；采用高燃油空气比燃烧技术；另外，燃烧室采用对流气膜复合冷

却、Lamilloy 层板结构冷却技术或者 Transply 层板结构等；第四代军用发动机高压涡轮均为单级，低压涡轮为 1 ~ 2 级；涡轮系统也采用非定常全三维黏性气动设计以提高涡轮的气动载荷；高低压涡轮采用对转设计；涡轮叶片采用多通道强迫对流加气膜冷却、铸冷加 Lamilloy 冷却等技术，采用电子束物理气相沉积的热障涂层以提高涡轮的冷却效率；加力燃烧室多为内外涵燃烧、采用结构一体化的短加力燃烧室；尾喷管系统采用二元收扩俯仰矢量喷管、轴对称矢量喷管，收敛 - 扩张全方位矢量喷管等设计技术，注意实现短距离起落和非常规机动；第四代军用发动机的控制系统采用第三代双余度 FADEC 全权限数字电子控制，对发动机实行故障诊断和处理，并根据飞机推进系统一体化确定发动机的最佳工作参数。总之，第四代军用航空发动机具有高推重比、小涵道比、高总压比、高涡轮进口温度等特点，更为重要的是在这代发动机中已有变循环的类型（见表 1-2）。另外，在新材料的使用方面，第四代军用航空发动机也大量采用了新型复合材料并结合强度计算采取了许多新的结构设计，以便减轻发动机的重量和提高发动机的寿命。

1.1.2　变循环发动机的基本概念及第五代军用航空发动机的研制

变循环发动机（variable cycle engine，VCE）是一种通过改变发动机一些部件的几何形状、尺寸或位置调节其热力循环参数（如增压比、涡轮进口温度、空气流量和涵道比），改变发动机循环工作的模式（如涡喷模式、涡扇模式和冲压发动机模式等），使发动机在各种飞行情况下都能工作在最佳状态[8-12]。对于涡喷/涡扇领域的变循环发动机来讲，变循环发动机研究的重点是改变涵道比，例如飞机发动机在爬升、加速和超声速飞行时，涵道比减小，接近涡喷发动机的性能，以增大推力；在起飞和亚声速飞行时，加大涵道比，以涡扇发动机的状态工作，降低耗油率和噪声。VCE 的优点就是在宽广的飞行包线内，这种发动机能保持很好的推进效率和较低的耗油率。实践表明，VCE 技术以其内在的性能优势能够满足新一代多功能战斗机所需求的多用途、宽包线的要求，因此受到了各航空强国的重视，并成为当前第五代军用航空发动机研制的主攻方向之一。

第五代军用航空发动机很可能是目前正在研制的推重比为 12 ~ 15 的小涵道比加力涡扇发动机。根据 IHPTET（综合高性能涡轮发动机技术）计划和 VAATE（经济可承受的多用途先进涡轮发动机）计划等的研究情况，到 2020 年这代军用航空发动机可以研制出来，预计其性能为：总压比为 40，平均级增压比为 2.0 ~ 2.5，推重比为 12 ~ 15，涵道比为 0.10 ~ 0.35，涡轮进口温度为 2000 ~ 2250K，推力超过 200kN，耗油率比第四代军用航空发动机下降 25%；这代发动机将采用大量先进技术来提高发动机的综合性能，例如采用多外涵道技术（即除了传统涡扇发动机的高压核心机和低压外涵道之外，还将在外圈增加可开合第 2 外涵道）以满足未来自适应发动机的要求。借助于多外涵道技术，通常起飞时第 2 外涵道关闭，减小涵道比并提高核心机流量以增加推力；巡航时第 2 外涵道打开，以增大涵道比并降低耗油率。

VCE 技术成功地解决了现代先进战机对单位推力和耗油率之间的矛盾，能够在同一台发动机上根据飞行需求变换工作模式：当起飞、加速及超声速飞行需要高单位推力时，发动机以纯涡喷模式工作；当亚声速巡航、待机时，发动机以小涵道比混排涡扇模式工作。这也是 VCE 被誉为未来飞行器最佳动力装置之一的根本原因。

1.1.3 双外涵 VCE 与常规涡扇在结构上的基本区别

双外涵变循环发动机与常规涡扇发动机在结构上的基本区别就在于将风扇分成前风扇与后风扇这两部分，而且两个风扇位于不同的轴上。后风扇与压气机相连接，称为核心机驱动的风扇级（CDFS），它和压气机在同一根轴上。后风扇由高压涡轮驱动，而低压涡轮驱动前风扇。前后风扇都有各自的出口涵道，以便在宽广的飞行工作范围内更好地控制各涵道的空气流量。

选择阀门体现了发动机变循环特征，用于控制发动机的涡喷和涡扇两种工作模式。另外，其他控制部件还有前 VABI 和后 VABI 以及可调导向器的低压涡轮。前 VABI 是一个用于控制核心涵道空气流量的阀门，由它控制内涵道的放气量、控制前部分风扇的喘振裕度。后 VABI 是改变涵道气流马赫数的阀门，它可使涵道气流和核心机气流掺混时达到静压平衡。此外，后 VABI 还起到简化喷管结构、独立控制高压和低压转子转速的作用。

在起飞或者亚声速飞行巡航时，发动机被构造为双外涵模式工作，通过提高风扇转子转速以及打开前 VABI 和后 VABI，使前风扇通过最大流量。核心机由于转速间的匹配问题而不能吞入全部气流，多余的将通过前 VABI 加入到涵道气流。通过调节前 VABI，提高涵道比，改善推进效率，进而改进循环性能和降低耗油率。

在爬升、加速和超声速飞行时，发动机以单涵道模式工作。前 VABI 关闭，后风扇和高压压气机通过全部前风扇的流量产生高单位推力以满足飞行需要。在该模式工作时，前风扇被设置为具有与飞机进气道提供空气流量相匹配的能力。

1.1.4 变循环发动机研制的五次飞跃及成功实例

迄今为止，VCE 技术已有 50 多年的探索与发展的历程。从早期 VCE 概念的提出以及 1956 年初在 SR－71“黑鸟”上投入使用的 J58 发动机（它能够在冲压发动机和涡喷发动机之间进行转换），到目前具有实际使用功能的 F120 发动机和 F136 发动机的研制成功，VCE 设计概念和设计方法大致经历了五次大的技术发展与飞跃（见图 1-6），这其中 GE 公司和 R&R 公司一直肩负着极为重要的角色[13]。

这里还应指出的是，尽管第五代军用发动机目前还处于在研阶段，但它的大方向应该属于变循环发动机这种类型。从第五代军用发动机的研制以及变循环发动机研究的漫长过程可以看出，一个好的、理想的航空发动机需要反复设计、反复试

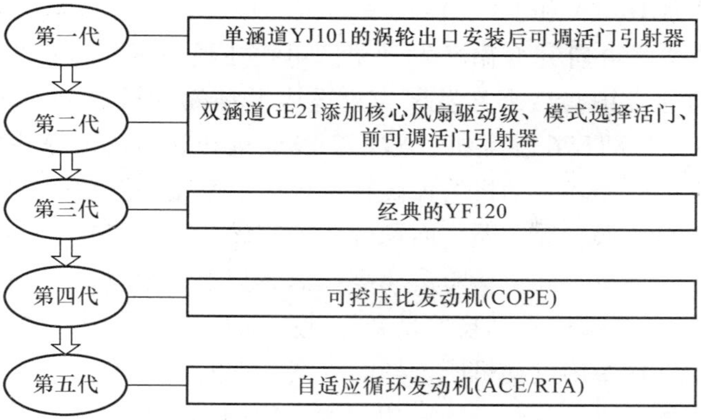

图 1-6　变循环发动机的五次飞跃

验，它要求科研人员要有足够的耐心。事实上，国外对变循环发动机的实质性研究始于 20 世纪 70 年代实施的 NASA 超声速巡航研究（SCR）计划。在实施 SCR 计划的前 3 年时，承担推进系统研制的单位曾从上百个方案中优选出能够满足亚声速和超声速飞行相互矛盾要求的两种变循环发动机，即 GE 公司的双涵道发动机（DBE）和 PW 公司的变流路控制发动机（VSCE）进行集中研究。在 1976 年，还特别制订了单独的超声速推进技术的研究计划即变循环发动机计划。1985 年后，美国的变循环发动机研究计划工作纳入了 NASA 的高速推进研究计划（HSPR），这使得 VSCE 和 VSCE2 这两种方案获得了继续研制的时机。20 世纪 80 年代后期到 21 世纪初，在综合高性能涡轮发动机技术（IHPTET）研究计划下，GE 公司与 Allison 公司以 XTC16/XTC76/XTC77 核心机验证机和 XTE76/XTE77 发动机验证机为平台，开发和验证双外涵变循环发动机技术即可控压比发动机（COPE）技术。21 世纪初，在 IHPTET 研究计划的基础上，又实施了经济可承受的多用途先进涡轮发动机（VAATE）研究计划。该计划不再像 IHPTET 研究计划以提高发动机的综合性能（推重比增大 1 倍）为主要目标，而是以提高经济可承受性（2007 年美国空军要求到 2017 年时比 2000 年的基准发动机水平在发动机的性价比以及在经济可承受性方面要提高 10 倍）为主要目标。2007 年美国空军研究实验室开始“自适应多用途通用发动机技术”（ADVENT）研究计划，其目标是发展在飞行包线内可以改变风扇、核心机的流量和压比，从而优化发动机的性能，其目的是将自适应循环发动机（变循环发动机）技术作为下一代军用发动机的技术进行开发与验证。在变循环发动机的研究方面，GE 和 Allison 公司（现为 Rolls - Royce 公司）一直处于领先地位。以 GE 公司为例，从 YJ101/VCE 验证机（第一代变循环发动机）到 GE21、GE33（XTE45，即后来的 F120）和可控压比发动机（COPE）。F120 是世界上第一种经飞行验证的变循环发动机。另外，Allison 公司在 IHPTET 计划的第一阶段时已成功地试验了 XTC16/1A 和 1B 变循环发动机的核心机。进入第二阶段后，Allison 公司又与 GE 公司联合研究变循环发动机。可控压比发动机（COPE）正由 GE 与 Allison 公司联合研究中，后来又发展为自适应循环发动机（adaptive cycle engine，ACE），并准备用于 XTE76 验证机、XTE77 验证机和联合攻击战斗机（JSF）的备选发动机。通常，变循环发动机的关键技术包括：变循环发动机性能仿真、核心驱动风扇级设计、可调涡轮导向器、面积可调涵道导向器、多变量控制系统、可调面积高压涡轮导向器、单级高负荷跨声速高压涡轮以及双级无导叶对转低压涡轮等。毫无疑问，变循环/自适应发动技术是新一代发动机可能会用到的技术，变循环发动机很可能是第五代军用发动机所选择的方案，它前景广阔、应高度关注。对于新一代变循环航空发动机发展前景的展望问题，中国科学技术协会曾于 2016 年 8 月 18—19 日在成都举办了第 110 期新观点、新学说学术沙龙大会。为此，中国科学技术协会专门发文（科协学函学字［2016］159 号）聘请本书第一作者王保国教授为“新一代变循环航空发动机发展前景大会”的三位领衔专家之一，另外两位分别是甘晓华院士和北京航空航天大学的高歌教授[14]。

1.2 多目标、多学科设计优化方法的提出及其进展

现代科学技术的发展呈现出既高度分化又高度综合的两种明显趋势，一方面是已有的学科不断分化、越分越细，新学科、新领域不断产生；另一方面是不同学科、不同领域之间的相互交叉、相互结合与融合，向综合性、整体化的方向发展。这两种趋势相辅相成，互相促进，系统科学正是在后一发展趋势中涌现出来的新兴科学，它不是以某一个学科领域作为自己的研究对象，而是以各门学科的共同特征、过程和规律作为自己的研究对象。例如，系统科学理论中的系统、结构、信息、功能、控制和反馈等重要概念，不论是自然科学，还是社会科学都能够普遍接受，系统科学为现代科学的整体化趋势提供了“桥梁”和“中介”，使不同学科的“对话”和交流成为可能。因此，系统科学不仅为现代科学中学科的交叉、渗透和融合提供了工具和方法，而且为探索非线性复杂系统提供了新的思维、新的方法[15-18]。

航空发动机是一个十分复杂的高技术系统，发动机的设计涉及热力、气动、燃烧、结构、强度、寿命等许多学科，且这些学科之间存在着高度非线性、时变耦合关系。为了缩短发动机的设计周期，并获得更优方案，人们在 20 世纪 70 年代中期就开始将计算机技术和优化方法应用于发动机的设计[19-29]，但遗憾的是对航空发动机综合性能提高的效果并不十分令人满意。这其中的主要原因是，在进行发动机的设计时未能充分、合理地考虑各学科之间的耦合，未能考虑各学科之间相互影响所产生的协同效应。

1.2.1　MDO 的提出及其研究的基本内容

目前，越来越多的工程科技人员已经认识到，提高发动机综合设计水平的最佳途径是采用多学科多目标优化（multidisciplinary design optimization，MDO）技术。MDO 作为一个独立的研究领域，于 20 世纪 80 年代后期逐渐形成。1982 年美籍波兰人 J. S. Sobieski 提出了 MDO 的设想[30]，提出了层次系统（hierarchic system）、非层次系统（non - hierarchic system）等重要概念。在随后发表的一系列文章中对 MDO 问题进行了进一步阐述，并提出了基于灵敏度分析（sensitivity analysis）的 MDO 方法[31,32]。

MDO 的基本内容可归纳为以下四个方面[33]：

1）MDO 的建模技术。目前建模主要有两大类：一类是可变复杂度建模（variable complexity modeling，VCM）技术，另一类是代理模型技术，例如响应面模型（response surface model，RSM）、Kriging（kriging model，KM）、神经网络模型（artifical neutral network model，ANNM）以及支持矢量机（support vector machine model，SVMM）等。

2）多学科敏感度分析。为了解决多学科耦合系统的敏感度分析，Sobieski 提出了全局敏感度方程（global sensitivity equations，GSE）[32]，值得注意的是，通过 GSE 得到的是整个系统的敏感度分析，而不是子系统（单一学科）的敏感度分析。除 GSE 之外，基于神经网络的灵敏度分析方法[34]也是一类重要的方法。

3）MDO 方法（或策略）。MDO 方法可分为两大类：一类是单级优化方法，另一类是多级优化方法。

4）MDO 的计算环境。MDO 环境，是指能够支撑和实现计算流程的计算环境。在这个计算环境中，能够集成和运行各学科的计算，而且可以实现各学科之间的通信。

1.2.2　国内外 MDO 研究的进展

自 1982 年，Sobieski 发表著名文章（参考文献［30］）仅 4 年之后，1986 年美国四家机构（即 AIAA、NASA、USAF 和 OAI）联合召开第一届“多学科分析与优化”专题会，之后该学术讨论会每两年召开一届，并且已演变成了国际性的学术会议。

随着 MDO 研究的不断深入，1991 年 AIAA 成立了专门的 MDO 技术委员会，并发表了关于多学科设计优化发展现状的白皮书[35]。该白皮书阐述了 MDO 研究的必要性、迫切性，并且给出了 MDO 的定义、MDO 的研究内容以及发展方向。该报告的发表，标志着 MDO 作为一个新的研究领域正式诞生。同年，在德国成立了国际结构优化设计协会（international society for structural optimization，ISSO），1993 年更名为国际结构及多学科设计优化协会（international society for structural and multidisciplinary optimization，ISSMO）。另外，该学会于 1994 年联合 AIAA、NASA 等组织在美国的 Florida 举行了首次正式会议，1995 年 12 月在德国举行了第二次会议，自此以后每隔两年便举行一次成员会议。

1998 年，AIAA 的 MDO 技术委员会就 MDO 在工业中的应用状况以及发展需求对于 10 个工业部门进行了调查，其中包括波音公司的翼身融合飞机、旋翼飞行器的旋翼设计与优化以及 F/A－18E/F 飞机的设计优化；洛克希德·马丁公司的 F－22 飞机的飞机结构/气动一体化设计和 F－16“战隼”飞机的多学科设计与优化；TRW 公司的下一代太空望远镜的多学科设计优化，以及欧洲的 GARTEUR 区域运输机的结构优化等项目。在这些大量调查的基础上，MDO 技术委员会发表了“MDO 的工业应用与需求”的白皮书[36]。

事实上，近 20 年来，航空工业发达国家对飞机、航天、造船以及相关技术领域的 MDO 技术极为重视，政府部门资助了一系列研究计划，而且已取得了一系列重要成果，其中一些研究成果见表 1-3。

表 1-3　MDO 的主要研究机构以及相关成果

国家	研究机构	研究对象与成果
英国	Sheffield 大学	进化计算；使 MDO 应用同现存工业结构相协调
	Durham 大学	发展模仿骨骼生成来进行结构优化的 MDO 方法
	Southampton 大学	在涡轮叶片和低振动人造卫星结构设计等方面进行 MDO 方法的研究
	Synaps，DASA 和 Airbus	利用 MDO 技术改善飞行器机翼的形状设计
	英国 DERA	利用 MDO 技术进行飞行器机翼和机体的综合设计
法国	Pierre 大学	汽车防撞性的 MDO 应用
	De Nice 大学	利用图像处理技术在拓扑优化方面取得显著成果
德国	Siegen 大学	MDO 的研究用于亚毫米级望远镜及铁路运输工具
	Braunschweig 大学	MDO 应用于裂缝及裂纹识别、质量控制、结构可靠性监控等方面
	Stuttgart 大学	开发用于自适应结构设计的 MDO 方法
澳大利亚	Sydney 大学	开发薄壁及冷色结构的 MDO 软件
葡萄牙	Porto 大学	预制梁方面的 MDO 方法
瑞典	Saab Ericsson 空间中心	设计初期和设计后期 MDO 软件的成功应用
波兰	波兰科学研究院	MDO 用于发展仿生机制，探讨人体骨头内部结构及外部特征，并应用于骨植入技术

（续）

国家	研究机构	研究对象与成果
印度	印度科学研究院	进化优化方法，并应用于 VLSI 芯片设计
日本	Osaka Prefecture 大学	卡车架脉冲分配器手柄 MDO 方法的应用
印度尼西亚	Teknologi Bandung 研究院	利用 MDO 技术设计高级水泥材料，其成果应用于 Dassault Aviation、Renault 等公司
中国	大连理工大学	声－结构耦合设计优化
美国	波音公司	描述诸如行为、性能、人机因素、可靠性和系统成本等多样性、多目标 MDO 公理化方法；其防撞性工业软件的成功实施带来可观的经济效益；开发出带有起搏器的双向通信天线
	Altair 工程公司	OptiStruct 软件成功用于带有制造工艺约束的拓扑优化
	Northeastern 大学	开发可执行程序和可视化方法以支持设计决策
	Arizona 大学	探讨利用 MDO 进行敏捷型复合机翼的设计方法，用于改善颤动特性、气流响应和其他性能
	Florida 大学	应用 MDO 开发支柱——撑杆结构机翼的超声速飞机，与传统悬臂梁结构机翼飞机相比，能节省近 20% 的燃料
	Iowa 大学	开发出 MDO 设计过程程序并融入机械多体动力学 ADAMS 软件
	Georgia Tech	空间飞行器及火箭概念设计阶段的 MDO 方法；联合 Lockheed Martin Tactical 飞行器系统及空军武器实验室进行 MDO 不同设计阶段的不确定性建模
	Illinois 大学	将 MDO 研究与 3D 沉浸式虚拟现实技术结合，改观设计输入、输出信息的界面；其 MDO 方法对诸如快速成型、铸造、焊接、聚合体挤压与注入模具等制造工艺影响很大
	Buffalo 大学	研究产品及设计空间可视 MDO 方法，以支持设计决策
	Rice 大学 Boeing 和 Mobil Oil 公司	它们在近似模型方面进行合作研究，以加强不同学科的计算机仿真技术
	Pennsylvania 大学	开发自适应机构拓扑优化的 MDO 方法，并用于微电子机械系统
	Ohio 大学	获得能够解决非连续性约束和大系统优化问题的鲁棒性算法专利
	Sandia 国家实验室	对存储设计问题进行并行优化
	NASA－Langley 实验室	将 MDO 的基本知识应用于工程问题；从系统和心理行为角度检验机组的动力特征
	空军工业研究院及其智能中心	开发 GA 算法用以从不完整信息反求导弹武器系统结构

国内在 MDO 方面的研究工作以大连理工大学、北京航空航天大学、南京航空航天大学、国防科技大学以及华中科技大学等高校最为活跃。这些高校开展的 MDO 研究通常都有很强的工业应用背景，从跟踪国外研究情况到吸收应用，已取得了相当大的进展，并逐步被工业部门所接受。

过去，国内发表的文章和出版的书籍中，一提到多目标、多学科设计优化问题，往往联想到的是 1982 年 NASA TM 83248 的那篇著名文章。其实，按照钱学森先生系统学的观点[15,17,18]，NASA 和 AIAA 白皮书[35,36]提到的多学科仅仅是属于通常的机械设计领域，即“机”的领域。钱学森先生早在 1981 年就提出了创建人－机－环境系统工程学科的建议，并给出了系统最优组合的基本目标是“安全、高效、经济”[37-41]。显然，钱学森先生所给的“系统”比 MDO 中“机”的“系统”要广泛得多。另外，钱学森、许志国、王寿云 1978 年在《文汇报》上发表“组织管理的技术——系统工程”一文，它开启了中国系统科学研究的一个时代，并由此诞生了钱学森复杂系统学。此后，这一复杂系统学的发展经历了三个阶段即 1980—1985 年第一阶段、1986—1990 年第二阶段以及 1991—2001 年第三阶段。用钱学森自己的话来说，到 1981 年他的头脑里已经有了一个系统学的形象轮廓了[42]。对于更多有关钱学森系统学的思想以及他提出的综合集成方法，将在本书第 2 章中作详细讲解，这里不再赘述。

1.3　多目标、多学科设计优化问题面临的机遇与挑战

航空发动机是飞机的“心脏”，它是高温、高压、高转速的复杂精密机械，而且要求自重轻、可靠性高、寿命长、重复使用性强、经济性好的知识密集型的尖端技术设备，其研制与设计难度很大。目前，世界上能够制造飞机的国家很多，但能独立研制航空发动机的只有美国、英国、法国、俄罗斯、中国等少数国家。航空发动机的设计与研制是一项极其复杂的系统工程，它涉及热力学、流体力学，涉及结构、强度、振动、燃烧、传热、机械传动、控制、润滑、电气、工艺、材料、寿命、可靠性、维修性、保障性等。另外，它还涉及计算机科学（软件工程、网络技术、数据库技术、可视化技术以及虚拟现实技术）和优化理论等众多的学科。航空发动机已成为一个国家科技水平、军事实力和综合国力的重要标志之一。

航空发动机的设计属于多学科、多目标的优化组合的非线性问题。值得注意的是，所涉及的许多学科之间存在着复杂的耦合关系，并且各学科之间的性能指标存在着严重的冲突。因此，如何设计出综合性能高、成本低的先进航空发动机并不是一件容易的事。

航空发动机技术的研究与发展，迎来了前所未有的发展机遇与挑战，对此可从如下四方面来说明：

1）世界各工业强国高度重视航空发动机技术的发展。虽然近些年来西方科技

与工业发达国家的财政吃紧，但却不愿意放弃对航空发动机技术的研究与发展。目前世界各工业强国一直在人力、物力加大对航空发动机研制的投入，其经费甚至已超过作为载体的飞行器本身。

2）高综合性能和低成本是未来先进航空发动机设计的必然趋势。航空燃气涡轮发动机问世以后的 70 年间，在技术上已经取得了重大进步：

① 服役战斗机发动机的推重比从 2 提高到 7 ~ 9，已定型并即将投入使用的达 9 ~ 10。

② 民用大涵道比涡扇发动机的最大推力已超过 50 万 N，巡航耗油率从 20 世纪 50 年代涡喷发动机的 1.0kg/(10N · h) 下降到 0.55kg/(10N · h)，噪声下降了 20dB，CO、UHC（未燃尽或部分燃烧碳氢化合物）和 NO_x 分别下降 70%、90% 和 45%。

③ 发动机的可靠性和耐久性倍增，例如军用发动机的空中停车率一般为 (0.2 ~ 0.4)/1000 发动机飞行小时，民用发动机为（0.002 ~ 0.02)/1000 发动机飞行小时。

④ 服役于直升机用涡轴发动机的功重比从 0.2kW/N 提高到 0.46 ~ 0.61W/N，已经定型并即将投入使用的已达 0.68 ~ 0.71kW/N。

⑤ 1988 年，美国首先发起由空军制订并实施，由空军、海军、陆军、国防部预研局、NASA 以及 7 家主要发动机制造商参与的 IHPTET（integrated high performance turbine engine technology，综合高性能涡轮发动机技术）计划[43]。该计划总投资 45 亿美元，从 1988 年开始，2005 年结束，分 3 个阶段共 17 年，其总目标是到 2005 年使航空推力系统的能力翻一番，即推重比或功重比增加 100% ~ 120%，耗油率下降 30% ~ 40%，生产和维修成本降低 35% ~ 60%。IHPTET 计划的研究目标与效益以及发动机各部件研究的进度分别见表 1-4 和表 1-5。

表 1-4　IHPTET 计划的目标与效益

类别	目标	效益
战斗机	推重比提高 100% 耗油率降低 50% 低信号特征	$Ma > 3$ 持续飞行能力 用于超声垂直和短程起落飞机 航程/巡航时间/有效载荷比 F-14 提高 100% 提高生存能力
直升机	功率重力比提高 100% 耗油率降低 30%	航程/有效载荷比 CH-7 提高 100%
巡航导弹	单位推力提高 100% 耗油率降低 40% 零件数减少	空中发射的导弹有洲际航程 高速飞行 成本降低
民用机	耗油率降低 30%	增加航程和有效载荷 延长寿命 降低寿命期费用 改善维修性

表 1-5　IHPTET 计划中各部件的进度

类别	第一阶段	第二阶段	第三阶段
压气机系统	金属基复合材料；后掠空气动力学；耐 704℃ 铝化钛；空心叶片	耐 816℃ 铝化钛和金属基复合材料；刷式封严；纤维增强型金属基复合材料；环形转子；三维黏性计算流体动力学设计	耐 982℃ 铝化钛和金属基复合材料；全复合材料设计；壳式转子
燃烧室	双圆顶/双壁衬套；发汗冷却加力燃烧室衬套；耐 1204℃ 陶瓷	创新圆顶方案；陶瓷基复合材料；加力燃烧室衬套；耐 1538℃ 陶瓷材料；整体式加力燃烧室和喷口	可变几何形状流场结构；一体化设计；非金属衬套；钛金属基复合材料壳体
涡轮	高效冷却；耐 1010℃ 涡轮盘超级合金；高 AN_2 转子；陶瓷叶片，外部气封；耐 1149℃ 防热涂层	改善的冷却效果；三维黏性计算流体动力学设计；耐 1093℃ 金属间化合物；纤维增强性非金属涡轮盘；耐 1370℃ 无冷却	耐 1338℃ 冷却非金属；耐 1371℃ 金属间化合物；耐 1649℃ 无冷却非金属；空气泄漏量减少 50%；轻型静力结构
排气喷管	俯仰推力转向；复合材料衬套；选择冷却；耐 1538℃ 结构	俯仰偏航推力转向；铝化钛金属基复合材料；减小冷却；耐 1538℃ 陶瓷基复合材料壁板	全方向推力转向；全复合材料无冷却设计；耐 982℃ 铝化钛金属基复合材料；耐 1538℃ 陶瓷基复合材料/碳 - 碳

在欧洲，以英国为主、意大利和德国参与，三国共同实施了先进核心军用发动机计划的第 2 阶段（ACME - Ⅱ）计划，英国还与法国联合实施先进军用发动机技术（AMET）计划。ACME - Ⅱ计划的目标是在 2005—2008 年验证推重比 18 ~ 20、耗油率降低 15% ~ 30%、制造成本降低 30% 和寿命期费用降低 25% 的技术。另外，俄罗斯也有类似的计划，其目标是在 2010—2015 年验证的技术，与俄罗斯的第 5 代发动机相比，其重量减轻 30% ~ 50%，耗油率减少 15% ~ 30%，可靠性提高 60% ~ 80%，维修的工作量减少 50% ~ 65%。

这里应特别说明的是，IHPTET 计划实施以来，许多成果已经应用到军用与民用发动机的新型号研制和现有型号的改进改型上：在民用发动机方面有 GE90、PW4084、CFM56 - 7、AE3007 和 FJ44，在军用发动机方面有 F117、F118、F119、F135、F136、F404、F414、F100 和 F110。

⑥ 由于 IHPTET 计划已经取得了丰硕的成果，美国准备从 2006 年开始实施 VAATE（versatile affordable advanced turbine engines，经济可承受的多用途先进涡轮发动机）计划[44]。该计划总的目标是在 2017 年使经济可承受性提高到 F119 发动机的 10 倍。技术验证将分成两个阶段进行，第一阶段到 2010 年，使经济可承受性提高到 F119 发动机的 6 倍；第 2 阶段到 2017 年，使经济可承受性提高到 F119 发

动机的 10 倍。

综上所述，随着航空发动机技术的不断发展，发动机的成本也越来越高，因此如何降低发动机的设计、制造和使用、维修成本便是一个必须要解决的课题。也正是鉴于这种情况，在 IHPTET 计划还未完全结束之际，美国便在 21 世纪初开始了 VAATE 计划，即采用一系列的技术手段去降低发动机的成本。毫无疑问，高综合性能和低成本是航空发动机发展的大趋势。

3）分析 20 世纪 40 年代末到 21 世纪初，战斗机动力大致经历了四次更新换代（见表 1-6）。由表 1-6 可以看出，推重比和涡轮前燃气的温度是划时代的两个重要特征。综观四代军用发动机的发展进程，可以归纳出战斗机对发动机的主要基本要求：①高推重比；②低油耗率，对于第四代机，还要求具备不加力超声速巡航能力；③允许飞机高机动飞行，这要求发动机有强的抗畸变能力并具有推力矢量喷管；④高的隐身性；⑤可靠性与安全性好；⑥一次成本低，使用维修方便。

表 1-6　喷气战斗机动力的四次更新换代

代序	装备时间	发动机	主要特点	装备的典型飞机
第一代	20 世纪 40 年代末	涡轮喷气发动机如 J57J、BK－1、РД－9Б	推重比为 3～4，涡轮前温度为 1200～1300K	F－86、F－100、米格 15、米格 19
第二代	20 世纪 60 年代初	加力涡轮喷气和涡轮风扇发动机如 J79、TF30、M53 － P2、P29 － 300、P11Φ－300	推重比为 5～6，涡轮前温度为 1400～1500K	F－4、F－104、米格 21、米格 23、幻影 F1
第三代	20 世纪 70 年代中	加力涡轮风扇发动机如 F100、F110、F404、RB199、M88－2、РД－33、АЛ－31Φ	推重比为 7.5～8，涡轮前温度为 1600～1700K	F－15、F－16、F－18、米格 29、苏 27、狂风幻影 2000
第四代	21 世纪初	高推重比涡轮风扇发动机如 F119、EJ200、АЛ－41Φ、M88－3	推重比为 9.5～10，涡轮前温度为 1850～2000K	F－22、JSF、EF2000、S－37/54

近些年来，军用航空提出了新的需求：战斗机正朝着多用途、宽包线的方向发展。美国空军在“远程打击攻击机”（LRS）项目研究的基础上强调超声速巡航对于及时攻击和生存性是非常重要的，但同时为了投放快速响应武器，长的航程和续航或待机时间也同样重要。这就要求未来的军用发动机要具有两点，即高速大推力状态和低油耗的经济工作状态。而目前的发动机技术不能同时满足上述两点要求，于是美国空军研究实验室于 2007 年启动了 ADVENT（adaptive versatile engine technology，自适应多用途发动机技术）项目，该项目的目标是发展在飞行包线内可以改变风扇、核心机流量和压比，进而达到优化发动机性能的能力。这些自适应技术在发动机上的一种应用就是变循环发动机（VCE），它既可以满足高速飞行的需

要，也可以满足低速待机长续航时间或远程持久飞行和经济性的要求，使发动机在各种飞行和工作状态下均具备良好的性能。另外，近些年来高超声速飞行器具有极重要的战略地位：它响应快、被攻击目标来不及反应、战略目标无法转移；高超声速的突防能力优于现有任何一种隐身技术，具备“发现即摧毁”的能力。高超声速飞行的关键是动力，因此各国都在大力研究。涡轮发动机具有优异的低速性能，但它不适于马赫数大于 3 ~4 的高速飞行。为了发展既具有优异低速性能，又能在高超声工作的动力，目前主要有两条技术途径：一是以涡轮发动机为基础的与冲压组合的动力（TBCC，turbine based combined cycle），另一则是强预冷发动机。对于 TBCC 的优缺点，在参考文献［1］中有详细论述，这里不予赘述，以下仅简略讨论一下强预冷发动机技术。随着飞行马赫数的提高，发动机进气滞止温度 T_1 不断提高，T_1 越高则越难压缩，而且压气机出口的温度 T_2（见表 1-7）也相应提高。由于燃烧室的加热量与（T_3-T_2）成正比，在 T_3 受涡轮叶片材料限制的情况下，T_2 高意味着在燃烧室里加入的热量降低，显然这是不希望看到的。当飞行马赫数 $Ma=5$ 时，来流温度已高达 1315K，这时发动机的材料已面临非常严峻的问题。英国喷气发动机公司给出了一种有效解决上述问题的强预冷技术，即将高速飞行时进入发动机的空气在气流流过的瞬间（0.01 ~0.05s）降温 800 ~1000K，使这时温度由 1315K 瞬间下降到 300 ~500K，达到通常涡轮发动机可以正常工作的温度。目前，实现强预冷的有效措施有两条，即超临界状态下介质换热（这时换热能力强、换热量大）以及微小尺度下换热单元（例如具有超大长径比的毛细管，其直径小于 1mm、壁厚小于 0.05mm）的换热与循环。采用强预冷技术的最大优点是可以沿用涡轮发动机的一套成熟技术而不需要解决任何新的问题，并且可以避免 TBCC 的各种难题。

表 1-7　飞行高度为 11km 时，T_1 和 T_2 随马赫数的变化

Ma	1.0	2.0	3.0	4.0	5.0
T_1/K	250	390	607	910	1315
T_2/K	542	812	1264	1895	2707

4）面对未来先进的航空发动机，传统的设计方法难以满足，而基于 MDO 技术的综合设计法和钱学森先生倡导的综合集成方法（meta - synthesis method）是解决此难题的最佳途径。当然，目前研制高综合性能、低成本的先进航空发动机就从方法本身和研制过程上仍然有很多困难：

① 从方法本身上讲，航空发动机的设计属于复杂的系统工程，各学科之间存在着十分复杂的耦合关系。另外，各学科所要求的指标之间又多是相互冲突的，如何合理地去平衡各学科指标之间冲突、找出综合性能最优的设计方案，仍是一个需要进一步探讨与完善的课题。

② 从研制过程本身上讲，设计周期长（通常要花 10 ~20 年的时间）、经费投

入多（部件加工、整体试车与外场试飞通常要花几十亿元）、研制风险大，其设计的成败对国家安全、对国民经济都会产生重大的影响。一台发动机通常上万个零件，相互之间要协同工作才能保证发动机的正常运转。在国外，20 世纪 90 年代研制一台 100kN 级推力的加力涡轮风扇发动机要投资 15 亿 ~ 20 亿美元，研制工程周期为 9 ~ 15 年，研制过程蕴藏着巨大的技术与经济上的风险。因此，航空发动机在发达工业强国历来都被列为国家的战略性产业。目前，世界上能自行研制飞机的国家近 30 个，而能够独立研制高性能航空发动机的世界上只有美国、英国、法国、俄罗斯等少数几个国家。

航空发动机 100 多年（1903 年至今）来的历史经验表明，发动机的研制一定要遵循“基础技术→关键技术→核心机→验证机→型号研制”的发展规律，航空发动机本质上应属于试验科学。试验研究与原理研究、模型研究和数值仿真计算，它们是相互耦合、互相支撑、共同发展的，这些研究与计算构成了基础研究的重要内容与关键环节，同时它们也是发展新原理、探索新模型、完善新概念、验证新方法的重要基础，是建立航空发动机自主研发体系的强大基石。

1.4　本书的主要内容

本书是一部系统阐述航空发动机多目标、多学科设计优化方法方面的学术专著，它可作为从事航空航天动力工程以及燃气轮机相关专业工程技术人员进行产品设计时的指导用书，也可作为高等院校航空发动机以及燃气轮机专业研究生的学位课教材。面对航空发动机如此复杂的高技术系统，其设计涉及热力、气动、燃烧、传热、结构、强度、振动、噪声、寿命、材料、工艺和维修等多个学科与领域，且这些学科之间存在着高度非线性、时变和耦合甚至强耦合关系，更为困难的是，设计变量既有确定性的，也有不确定性的。因此，无论从计算数学中多目标优化理论的角度，还是从工程科学中多学科的优化，这些问题本身都是正在研究或者急待解决的前沿课题。

本书采取了华罗庚先生一贯提倡的先简后繁、先易后难的总体写作策略。这种写作方式，我们曾在参考文献［18］中采用过。全书共 4 篇共计 16 章。第 1 章提出航空发动机多目标多学科问题面临的背景、机遇与担负的重任。第 1 篇发动机设计中的综合集成方法及“软系统”评价，应当讲第 1 篇是全书的指导思想，虽然仅含两章（即第 2 章与第 3 章），但它是全书的纲，纲举目张。在第 1 篇中，给出了发动机系统工程中的“硬系统”和“软系统”，给出了钱学森先生提出并倡导的综合集成方法（meta – synthesis method，MSM）以及优化的策略，它恰与 NASA 提出 MDO 具有同工异曲之妙。第 2 篇三元流理论的基础以及几种算法的典型算例，也含两章（即第 4 章与第 5 章），是航空发动机设计的气体动力学与热力学基础。在这两章中，简要介绍了吴仲华先生在 20 世纪 50 年代提出、并在 20 世纪 70 年代进一步发展与完善的三元流理论[20,45-47]。这里需要指出的是，吴仲华先生于1952年在参考文献［45］中正式系统提出他的三元流理论，建议采用S_1与S_2两类流面的交叉迭代获取叶轮机械中的复杂三维流场。时至今日，60多年过去了，他提出的两类流面的重要思想、S_1与S_2流面交叉迭代的技巧以及沿两类流面分析与处理复杂工程流动问题的方法仍然被广泛地应用。更为重要的是，在叶轮机械（包括压气机、涡轮以及风扇等）气动设计的方案论证阶段，中心S_2流面以及任意回转S_1流面计算在气动设计中一直担当着不可或缺的角色。这正如参考文献［48］第89~92页所综述的那样，世界各国在进行叶轮机械的气动设计时，尤其是一些国际上著名航空发动机，如Spey、RB211、JT3D、JT9D、F404等的研制与气动设计时都普遍采用了吴仲华先生的两类流面理论。由于过度劳累，吴仲华先生于1992年9月19日在北京医院逝世。国际著名科学家、原美国加州大学Berkeley（伯克利）分校校长田长霖先生说：“吴仲华先生一生对科学的主要贡献有两个：一个是创立了叶轮机械三元流理论，这已经是举世公认的了；另一个是他提出了工程热物理学科……”。另外，国际学术界为表彰与追思这位世界级杰出的科学家，从1995年起在每两年举办一届的国际吸气式发动机学术会议（international symposium on air-breathing engines）上专门设立了“吴仲华讲座”。因此，在本书中安排第4章与第5章专门讨论吴仲华先生的三元流理论与应用是恰当的。毫无疑问，三元流理论是航空发动机进行设计与分析的气动热力学基础。第3篇是发动机设计的现代优化理论及统筹优化方法，它包括3章，即第6章确定性优化的理论与算法，第7章不确定性优化的理论与方法以及第8章统筹优化方法及统计试验设计方法。很显然，第3篇是全书进行优化的理论基础。这里还要说明的是，我国著名数学家华罗庚先生在统筹优化与多因素、多水平正交试验设计中所做出的贡献，在航空发动机设计方案的初选中，正交试验法已成为国际上普遍采用的方法。第4篇涡扇发动机的现代设计方法以及多目标协同优化，该篇共有8章，即第9~第16章。第4篇是全书的核心，系统地讲述了涡扇发动机设计参数的选择，压气机、风扇、主燃烧室、涡轮、加力燃烧室、进气道和尾喷管七大部件的气动设计以及相应部件之间的匹配与协调。本篇内容十分丰富，它给出了航空涡扇发动机进行确定性设计和非确定性设计的总体框架。

全书在撰写时，始终注意了发动机系统工程中的“硬系统”和“软系统”，始终坚持了“四突出、一兼顾”的方针，即突出基础性、突出实用性、突出设计优化的基本方法、突出设计方法与技术的现代性、兼顾前沿性，力争使读者获得更多的新思想、新知识、新内容、新方法。应该讲，在航空发动机设计中提出“硬系统”和“软系统”的概念，针对发动机设计时考虑确定性和不确定性影响的特点，分别给出多目标多学科设计优化的相应方法与框架，是本书的一大亮点和特色。四位作者力图使本书做到：“概念清晰、内容实用、简明扼要”，看起来这12个字非常普通，但要真正做好可不那么容易，但我们仍会百倍努力。

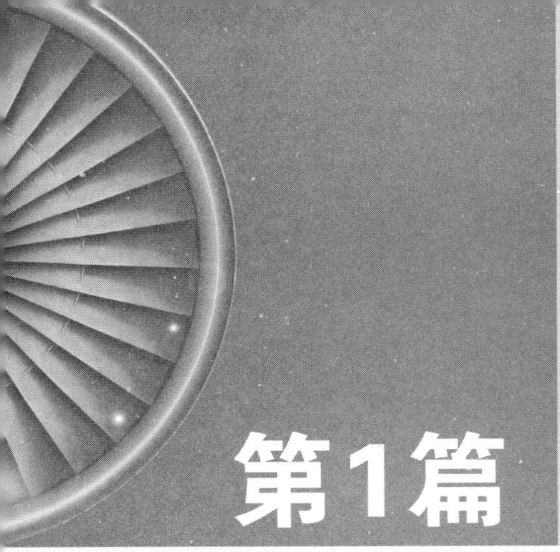

第1篇

发动机设计中的综合集成方法及“软系统”评价

第2章 系统学的思想及综合集成方法

2.1 系统科学和系统学的创建与发展及其基本框架

系统科学是从事物的整体与部分、局部与全局以及层次关系的角度来研究客观世界的。客观世界包括自然界、社会和人自身。能反映事物这个特征最基本和最重要的概念就是系统。所谓系统是指由一些相互关联、相互作用、相互影响的组成部分构成并具有某些功能的整体。系统是系统科学研究和应用的基本对象。而系统观点和系统思想与方法论也就成为系统科学研究客观世界的基本着眼点和出发点[16]。显然，上述所定义的系统在自然界、人类社会和人自身是普遍存在的。

真正将系统作为一门科学学科加以研究，应该是 20 世纪 40 年代前后 Erwin Schrödinger（薛定谔，1887—1961 年）提出负熵概念和 Ludwig von Bertalanffy（贝塔朗菲，1901—1972 年）在《德国哲学周刊》1945 年第 18 期上发表《关于一般系统论》一文之后才开始的。随着 Claude Elwood Shannon（香农，1916—2001 年）的信息论（1948 年）、Norbert Wiener（维纳，1894—1964 年）的控制论（1948 年）、Ilya Prigogine（普里高津，1917—2003 年）的耗散结构理论（1967 年）、Hermann Haken（哈肯，1927—　）的协同学（1997 年）、Manfred Eigen（艾根，1927—　）的超循环理论（1979 年）、Rene Thom（托姆，1923—2002 年）的突变理论（1972 年）、混沌理论、分形学说、集合论、模糊数学、拓扑学说、群论等一系列科学新成就的问世，从不同侧面揭示了系统演化非平衡态的内在非线性机制，从物理、化学、生物、天文、地理、技术以及社会科学等诸多领域揭示出物质世界不同层次上各类系统所共有的某些特征与规律，进而丰富与完善了系统科学的内涵。

现代科学技术的发展呈现出既高度分化又高度综合的两种趋势。一方面是已有的学科不断分化，越分越细，新科学、新领域不断产生；另一方面是不同学科领域之间的相互交叉、相互结合以致融合，向着综合性、整体化的方向发展。这两种趋势是相辅相成、相互促进的。系统科学就是这后一发展趋势中涌现出来的新兴科学。系统是系统科学研究的基本对象，这与自然科学、社会科学与人文科学不同，系统科学能够把这些科学部门的研究对象联系起来作为系统进行综合性整体研究，因此系统科学具有交叉性、综合性、整体性与横断性的重要特征。

对于系统研究来讲，一个是认识系统，另一个是探讨研究系统的科学方法论和方法。按照系统的复杂程度，可将系统分为简单系统、简单巨系统、复杂系统、复杂巨系统。从方法论角度来看，对于简单系统可用直接方法，从子系统间的相互作用综合成全系统的整体功能，如运筹学、控制理论中的方法。对简单巨系统可用统计方法处理，如普利高津和哈肯的自组织理论。但对于开放的复杂巨系统，包括社会系统，却是个新问题。它不是还原论方法或其他已有方法所能处理的，需要有新的方法论和方法。以自然科学中还原论方法为例，按照这一方法论，当今物理学对物质结构的研究已发展到了夸克层次，生物学对生命的研究也到了基因层次，但现实情况却告诉我们，认识了基本粒子还是不能够解释大物质的构造，知道了基因也回答不了生命是什么，这些事实使人们认识到：还原论方法由整体往下分解，研究得越来越细，具有优势；但由下往上，回答不了高层次和整体的问题，这又是它不足的一面。从理论上来看，系统结构与系统环境如何决定系统整体性与功能，揭示系统存在、演化、协同、控制与发展的一般规律，就成为系统学和复杂巨系统学要研究的基本问题。本书以人机系统为研究背景，以系统学（systemology）[15,49]和钱学森先生倡导的综合集成（metasynthesis）思想[17,50]为研究问题时所遵循的途径和路线，总结我们多年来在系统建模方法、系统性能评价以及安全法规建设等方面所完成的一些科研与教学工作以及所取得的一系列成果，并将它们提升为一类普遍性的系统方法。图 2-1 所示为系统科学以及系统学的基本框架，由图 2-1 可以看出，系统方法学属于系统学的一部分，人机系统方法学是针对人机系统而开展的系统方法学方面的研究工作。毫无疑问，这些工作的完成为实现钱学森先生倡导的系统学的创建增添了新鲜血液。

按照我国系统科学界广泛认同的理解，系统学是系统科学的基础理论。系统论（systematicism）又称系统哲学（systems philosophy）是系统科学的哲学。系统学以系统论为思想基础，而系统论以系统学为科学基础。为了认识与了解系统学和系统论，有必要按照时间顺序扼要回顾一下系统科学发展的基本概况。

1. 20 世纪初的系统观点

20 世纪初，Plank（普朗克，1858—1947 年），Bohr（玻尔，1885—1962 年）和 Heisenberg（海森堡，1901—1976 年）的量子论，Einstein（爱因斯坦，1879—1955 年）的相对论，Husserl（胡塞尔，1859—1938 年）的现象学以及 Heidegger（海德格尔，1889—1976 年）的存在主义等都给机械论哲学以沉重打击。就在这一时期，系统观点几乎同时呈现在各个领域。如 Lotka（罗特卡，1880—1949 年）于 1925 年研究一般系统概念，Whitehead（怀特海，1861—1947 年）于 1925 年提出有机机械论哲学，Bertalanffy 于 1925—1926 年提出机体论，Bernard（贝尔纳，1813—1878 年）是机体论思想的先驱，他于 1865 年将协调、秩序、目的性等概念应用于研究有机体。另外，Leontief（里昂惕夫，1906—1999 年）提出投入产出经济学，Parsons（帕森斯，1902—1979 年）创立了结构—功能主义社会学。更为值得一提的是 Bertalanffy 于 1937 年提出了一般系统理论的概念。

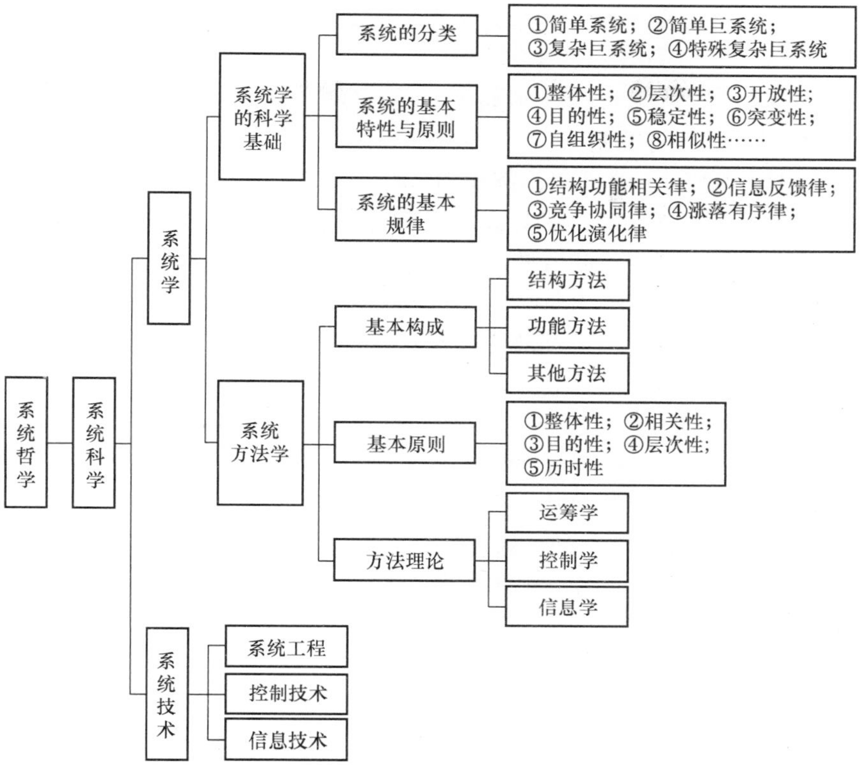

图 2-1　系统科学以及系统学的基本框架

2. 系统科学的开创时代

20 世纪 40 年代是系统科学的开创时期。随着信息产业革命浪潮的冲击，系统工程学、运筹学、控制论、一般系统理论、信息论等新型学科相继问世，这些理论与方法的提出标志着系统科学的开端。1950 年 Bertalanffy 在《科学》杂志上发表了《物理学和生物学中的开放系统理论》一文，并在美国等一些发达国家开始出现了系统运动。1954 年，Bertalanffy 同经济学家 Boulding（保尔丁，1910—1993 年）、生物学家 Rapoport（拉波波特）、生理学家 Gerard（杰拉德，1900—1974 年）成立了"一般系统理论学会"（现改名为"国际系统科学学会"）为推进系统科学的研究奠定了组织基础。

3. 系统科学的重大进展

早在 20 世纪 60 年代，以数学为背景的系统理论已形成三大流派，即 Mesarovic（梅萨洛维克）体系、Klir（克里尔）体系与 Wymore（怀莫尔）体系。此外，Thom 的突变理论（Catastrophe theory，1972 年）和 Mandelbrort（曼德勃罗特）的分型几何学（1977 年）也格外引人注目。以社会科学为背景的系统理论得到了较大的发展，许多社会科学家从社会科学中抽象出系统理论，用系统理论研究社会系统，形成了社会科学领域中的各种系统理论。关于这方面的研究可从以下 7 个方面进行概述：

1）管理技术的系统理论，例如 Leontief 的投入产出分析法、Lange（朗格，1904—1965 年）的经济控制论。

2）经济学基础理论的研究，例如 20 世纪 60 年代初，Boulding 提出的用熵原理研究经济过程，明确地指出消费是一种熵增加过程。我们吃进的物质比所排泄的物质有序度高，因此消费意味着使有序退化为无序，这是一种典型的熵增过程。20 世纪 70 年代初，Gergescu－Roegen（乔治斯库－罗根，1906—1994 年）指出，从物理学的角度看，经济过程是熵的变化过程；力学现象是可逆的，而熵现象是不可逆的。财富是一种开放系统，它是以低熵物能的消费为开端，并以向环境排放出等量的高熵物能为终点的流通过程。1972 年 Georgescu－Roegen 的《熵原理与经济过程》一书出版标志着新的经济学的诞生。

3）Buckley（巴克莱）的社会系统理论为系统科学的发展带来了新的生机，他在 1967 年发表的《社会学与现代系统理论》一书吸取了 Bertalanffy 的一般系统理论、Shannon 的信息论和 Wiener 的控制论中的一些重要概念与观点，从社会学的角度去阐述系统、边界、输入、输出、反馈等概念，并强调这些概念在社会学研究中所起的重要作用。Buckley 主张社会学的系统理论要从微观社会学和宏观社会学层次上展开。在微观层次上，人格是一个潜在的行动系统。在宏观社会学层次上，系统理论模型同样有效。Buckley 试图用系统理论实现社会秩序构建机制和过程的概念化、系统化。

4）以生物学或心理学为背景的系统理论是系统科学领域中兴起较早的领域。1968 年，Bertalanffy 的《一般系统理论》一书问世[51]，它为蓬勃发展的系统运动提供了较完整的指导纲领。另外，S. Miller（米勒）是一般生命系统理论的创始人，他在 1978 年发表的生命系统理论的经典著作《生命系统》为生命系统理论建立了较完整的体系。此外，1977 年 Eigen 发表的《超循环——自然界的一个自组织原理》一文，系统地阐述了超循环理论，这一理论属于分子生物学及分子生物物理学的领域。

5）在控制论和信息论的背景下，系统理论家们在大系统理论、灰色系统理论和模糊系统理论方面获得了新进展，例如 Zadeh 的模糊系统理论和邓聚龙的灰色系统理论等。

6）以物理学为背景的系统理论为系统科学基础理论的深入发展开创了新局面，例如 Prigogine 的耗散结构理论、Haken 的协同学等。

7）以哲学为背景的系统理论，产生了系统哲学、系统观或系统思想，例如 Laszlo（拉兹洛）的系统哲学[52]和 Mario Augusto Bunge（邦格）的系统主义[53]。

4. 系统科学体系的初步建成

20 世纪 80 年代以来，系统科学呈现一派繁荣景象，尤其在研究非线性、分叉、混沌和复杂性科学的过程中，系统自组织理论取得了重大进展。系统科学体系已经建成，系统学的基本框架在逐步构建。以我国学者为例，钱学森[15]、宋健、许国志、戴汝为等在系统科学以及相关领域进行了大量细致深入的研究并取得了可喜的成果，突破还原论、发展整体论，在还原与整体辩证统一的系统论基础上构建现代科学技术体系，探索开放的复杂巨系统的理论与方法并付诸实践，已经成为现代科学技术发展进程中的重大时代课题，参考文献［15，17］便反映出作者们在这些重大时代课题中的新进展。

5. 系统学与复杂系统学的创建与发展

1978 年 9 月 27 日，钱学森、许国志和王寿云在《文汇报》上发表《组织管理的技术——系统工程》一文，开启了我国系统科学研究的一个重要时代。自那以来，在钱学森先生的带领和推动下，我国学者对系统科学的众多领域开展了研究，并初步构建了系统学的基本框架。系统学与复杂系统学的发展经历了以下 4 个阶段。

（1）系统学的设计阶段　1980—1985 年为我国系统学的设计阶段，即第一阶段。当时钱学森先生从他最熟悉的领域出发，不久他就发现运筹学、控制论、信息论等技术学科的局限性，它们带有明显的机械控制论、简单反馈系统、单层次信息的痕迹，无法用于复杂的生命系统和社会系统，而且它们也不是基础科学。钱学森先生明确指出，系统学是研究系统结构与功能（即系统的演化、协同与控制）一般规律的科学。系统学不仅要揭示系统的规律去认识系统，而且还要在认识系统的基础上去控制系统，以使系统具有我们期望的功能。在钱学森心目中，系统学应是能推动生物学、生命科学和社会科学的发展，应该拥有雄厚基础科学的支撑，是系统科学的基础理论。因此，他便转向物理学与数学中已经涌现出的耗散结构论、协同学、超循环论、突变论、微分动力体系以及混沌理论等。当时，钱学森乐观地认为建立系统学已是时代的必然趋势，他甚至还给出了建立系统学的具体途径：把上述这些理论融会贯通起来，用所谓框架法形成一个有序的概念体系就是系统学。但几年过后，中国系统学的发展仍然很艰难，这其中一个重要的客观原因是我国的学科基础较薄弱。

（2）系统学讨论班的重要进展　1986—1990 年为系统学发展的第 2 阶段，在这段时间里，开始有组织的进行系统学讨论班的工作。讨论班由钱学森先生发起，并由朱照宣、于景元、郑应平、周正、姜璐、董镇喜等组成小讨论班，由钱学森亲自指导撰写《系统学》一书。大讨论班则请各方面专家做报告，相互启发、发现问题，最后由钱学森总结、提炼新思想。讨论班的重要成果是体现在对有些问题达成了共识，例如从概念上区分了简单巨系统和复杂巨系统，提出了开放的复杂巨系统的概念；在钱学森的指导下，系统学讨论班以席彤署名在 1988 年 3 月 24 日的《光明日报》上公开发表了该班集体创作的《社会系统研究的方法论》一文，这是我国系统科学研究的一个重要阶段性的理论成果，对此这里需要特作说明。另外，系统学讨论班的另一个重要成果是认识到复杂巨系统问题不能用处理简单巨系统的方法来解决，因此钱学森和系统学讨论班开始全力探讨处理开放复杂巨系统问题的方法论。在 1989 年 5 月初能认识到这一点，这当时在国际上是领先的。在这个阶段，讨论班组织了一系列报告介绍国内外的相关成果，为理论发掘与创新做准备工作，其中 meta - analysis（跨域分析）方法的讨论直接启发了综合集成（meta - synthesis）的概念，这个概念后经钱学森的总结提炼发表在 1989 年第 10 期《哲学研究》刊物上，文章的题目为《基础科学研究应该接受马克思主义哲学的指导》，这篇文章被认为是中国系统科学发展的第 2 个里程碑。

（3）大成智慧工程的提出与发展　1991—2001 年首先重组了系统学小讨论班，并把方向锁定在全力建立开放的复杂巨系统理论的方向上。在这个阶段，钱学森提出从定性到定量的综合研讨厅体系、大成智慧、大成智慧工程、大成智慧学等重要的新概念。2001 年钱学森先生发表了一篇题为《以人为主发展大成智慧工程》的文章，集中反映了他对哲学观的重视。

人脑思维有两种：一种是逻辑思维（抽象思维），这是一种定量、微观处理信息的方式；另一种是形象思维，它是定性、宏观处理信息的方式。而人的创造性主要来自创造性思维，创造性思维是逻辑思维与形象思维的结合，也就是定性与定量相结合，宏观与微观相结合，因此它是人脑创造性的源泉。现今的计算机在逻辑思维方面甚至比人脑做的还快、还好，但在形象思维方面，目前计算机还不能给我们以任何帮助。人 - 机结合以人为主的思维方式，使得它的智能和认知能力都处在最高状态。另外，从定性到定量综合集成方法能够把专家体系、信息与知识体系以及计算机体系有机结合起来，构成一个高度智能化的人 - 机结合与融合体系。这个体系具有综合优势、整体优势和智能优势。它集大成的智慧，因此钱老把这个方法称为大智慧工程方法。这种方法能够把人的思维、思维的成果、人的经验、知识、智慧以及各种情报、资料和信息统一集成起来，从多方面的定性认识上升到定量认识。因此，从定性到定量的综合集成方法是人 - 机结合的信息处理系统，也是人 - 机结合的知识创新系统，还是人 - 机结合的智慧集成系统。钱学森先生把从定性到定量的综合集成方法看成为自己在系统科学中的最大创新，钱先生是大家公认的我国系统科学与系统工程事业的开拓者和奠基者，他也是综合集成思想、方法、理论、技术与应用的开创者。

（4）系统科学理论在我国的某些进展　从定性到定量的综合集成方法是钱学森率领的我国系统科学团队为解决复杂系统问题而做出的重大贡献。综合集成方法既超越了还原论方法，又发展了整体论方法，它的技术基础是以计算机为主的现代信息技术，它的方法基础是系统科学与数学，它的理论基础是思维科学，它的哲学基础是辩证唯物主义的实践论和认识论。运用综合集成方法所形成的理论就是综合集成理论和钱学森创建的系统学，尤其是复杂巨系统学就是这一理论的重要体现。把综合集成方法应用到技术层次上，就是综合集成技术；应用到系统工程，就是综合集成工程。这样一来，从综合集成思想到方法、理论、技术和实践，便形成了一个完整的综合集成体系，因此钱学森的这个贡献是巨大的。最近 10 多年来，在钱学森系统科学思想的感召之下，我国系统科学界在许多方面都取得了一些重要的进展。这些新的进展为系统学的构建与完善，准备了丰富的素材。下面从 6 个方面扼要简述一下 2002 年至今系统科学进展的概况并着重介绍这期间出版的重要著作。

1）北京师范大学方福康教授团队是最早将 Prigogine 的耗散结构理论引入国内并与 Prigogine 学派保持了 20 多年的合作关系。20 世纪 80 年代后，方福康团队逐渐将非平衡相变系统的研究方向扩展到社会经济、教育和生态资源环境等领域，针对这些系统中普遍存在的自组织和复杂性问题进行研究。在经济复杂系统方面，他们的主要研究工作包括经济波动和技术内生经济增长模型、复杂经济系统的演化分析、自然资源环境的突变机制和临界性分析等。在学习与认识神经科学研究方面，以系统科学的多层次视角和涌现机制，对神经系统中信息的传递发生质的飞跃和突变开展科学建模，这些模型可以归类为抽象系统论模型。

2）大连理工大学王众托教授团队自 20 世纪 90 年代以来开展了知识系统工程方面的研究，其中包括知识系统工程的任务、内涵、系统组成的要素和功能，知识系统的组织、人员、技术、经营和文化体系结构以及知识项目的开发等。他们提出了知识系统可以从网络的网络即超网络入手进行建模与分析的思想，并对创新过程中知识的集成、转化与新知识的生成，提出了知识谱系渐进与突进集成等一系列新观点，并出版了《知识系统工程》（2003 年）和《知识管理》（2009 年）两部专著。

3）戴汝为先生的开放复杂智能系统的研究也取得了重大进展。多年来，戴汝为先生团队结合综合集成理论和人机结合智能系统工程技术的研发，特别是最近 10 年来将人机结合的智能系统技术运用到中医药的发展领域，为中医药的研究发展提供了可操作的智能平台。他们于 2008 年出版了《开放复杂智能系统》和《系统学与中医药发展》两部专著。另外，戴汝为团队面对当前世界面临的自然界气候变迁、国家和地区之间的冲突与合作等热点问题，研究了跨越领域、涵盖古今各种智慧的综合。以社会为载体，研究这种社会智能的形成机理、涌现的条件以及具体的实现手段，从而产生一门直接服务于国家建设的学科即社会智能科学。2007 年戴汝为先生出版了《社会智能科学》这部专著，丰富了钱学森提出的社会思维方面的思想。

4）中国科学院系统科学研究所顾基发研究员的团队是国内从事综合集成方法体系与系统学研究的骨干团队之一，他们提出的专家挖掘的新概念与挖掘方法研究为我国老中医经验的挖掘起到了重要推动作用。

5）北京大学马蔼乃教授是将钱学森先生系统科学思想用于地理科学发展的一位年逾七旬仍耕耘不辍的老先生，2005 年、2006 年、2007 年和 2011 年她先后有四部专著出版，令人钦佩。她在地理哲学、地理基础科学、地理技术科学和地理信息工程技术四个层次上都做了细致的研究，展示了马先生深厚的理论功底。

6）2011 年 12 月 2 日，为纪念钱学森先生百岁诞辰，上海理工大学学报编辑部编辑出版了《纪念钱学森诞辰一百周年特刊》。该特刊共分三个部分：第一部分选载了钱先生关于开拓建设系统科学的 8 篇文章；第二部分刊载了系统科学界数位专家关于钱学森系统科学思想的阐述，提供了许多宝贵的史料；第三部分为戴汝为、汪应洛、王众托等 21 位在系统科学领域的著名专家为特刊所撰写的 19 篇文章，这些文章展示了系统科学研究的最新进展。另外，科学出版社还特别策划了《钱学森科学技术思想研究丛书》，成立了丛书编委会，北京大学流体力学教授佘振苏任编委会主编。自 2011 年以来该丛书已有 10 本出版，这对大家研究与解读钱学森先生的创新科学技术思想，对进一步振兴我国系统科学以及我国科学技术的发展将产生巨大的推动作用。

2.2 航空发动机的研制与系统工程之间的关联

按照钱学森先生倡导的系统科学与系统学的基本框架，航空发动机的研制应属于“系统技术”下的“系统工程”领域。系统工程是以研究大规模复杂系统为对象的一门交叉学科。它把自然科学和社会科学的某种思想、理论、方法、策略和手段等根据总体协调的需要，有机地联系起来，把人们的生产、科研或经济活动有效地组织起来，应用定量分析和定性分析相结合的方法和计算等技术工具，对系统的构成要素、组织结构、信息交换和反馈控制等功能进行分析、设计、制造和服务，从而达到最优设计、最优控制和最优管理的目的。毫无疑问，航空发动机的研制仅是系统工程大领域的一个例子，系统工程所研究的领域涵盖了航空发动机研制这个典型问题，因此系统工程领域中发展的理论与方法应该能够指导航空发动机的研究工作。

2.3 钱学森综合集成方法及其优化策略

2.3.1 综合集成方法的提出及主要特点

20 世纪 70 年代末，钱学森先生指出：我们提倡的系统论既不是整体论，也不是还原论，而是整体论与还原论的辩证统一。钱老的这个系统论思想后来发展成为他的综合集成思想[15,50,54]。根据这个思想，钱老又提出了把还原论方法与整体论方法辩证统一起来，即系统论方法。应用这个方法研究系统时，也要从系统整体出发将系统分解，在分解后研究的基础上再综合集合到系统整体，达到从整体上研究和解决问题的目的，这就是钱学森综合集成思想在方法论层次上的体现。综合集成方法的实质是把专家体系、信息与知识体系以及计算机体系进行有机的结合，构建成一个高度智能化的人－机结合体系，这个体系具有综合优势、整体优势和智能优势。它能把人的思维、思维的成果、人的经验、知识、智慧以及各种情报、资料和信息统统集成起来，从多方面的定性认识上升到定量认识。综合集成方法是以思维科学为基础，从思维科学看，人脑和计算机都能够有效地处理信息，但两者差别极大。人脑思维主要有两种：一种是逻辑思维（即抽象思维），它是定量、微观处理信息的方法；另一种是形象思维，它是定性、宏观处理信息的方法，而人的创造性主要来自创造思维，创造思维是逻辑思维和形象思维的结合，也就是定性与定量相结合、宏观与微观相结合，这是人脑创造性的源泉。今天的计算机在逻辑思维方面确实能做很多事情，它甚至比人脑做得还好、还快，而且善于信息的精确处理。但在形象思维方面，现在的计算机还不能为我们提供有效的帮助；至于创造思维就只能依靠人脑了。因此人机结合，大力发展人工智能[55]，大力发展以人为主的思维体系和研究方式会具有更强的创造性和认识客观事物的能力。

综合集成是从整体上考虑并解决问题的系统方法论，这个方法论不同于近代科学中一直沿用的培根式的还原论方法，是现代科学条件下认识方法论上的一次飞跃。综合集成方法是思维科学的应用技术，它既要用到思维科学的成果，又会促进思维科学的发展。这种方法向计算机、网络和通信技术、人工智能技术、知识工程等领域提出了高新技术的问题，另外它又能够用来整理数千万零散的群众意见、提案和专家见解以及领导们的判断，真正做到积少成多、聚沙成塔、集腋成裘。在一般科学研究中，通常需要将科学理论、经验性知识以及专家判断相结合，形成和提出经验性的猜想与假设。这些经验性的假设有时很难用严谨的科学方式加以证明。借助于现代计算机技术、基于各种统计数据和信息资料所建立起的模型，往往要包含大量的参数，而这些模型是建立在经验和对系统理解的基础上而且还要经受真实性的检验。定性的和定量的知识综合集成，将专家群体、统计数据和信息知识有机结合起来，构成一个高度智能化的人机交互系统，它具有综合集成各种知识，从感性上升到理性，从而实现从定性到定量的功能[56]。

综合集成方法论主要具有 5 个特点：①定性研究与定量研究有机结合，贯穿全过程；②科学理论与经验知识相结合，把人们对客观事物的点滴知识综合集成解决问题；③应用系统思想把多种学科结合起来进行综合研究；④根据复杂巨系统的层次结构，把宏观研究与微观研究统一起来；⑤必须有大型计算机系统的支持，不仅要具有管理系统、决策支持系统等方面的功能，而且还要具有综合集成的功能。

2.3.2 综合集成系统的结构与分析

图 2-2 所示为从定性到定量综合集成系统的结构。系统运行至少需要 3 台服务器组成浏览器/服务器（B/S）结构。首先，借助于这种结构用户能够利用浏览器完成研讨活动的整个过程，建立研讨活动的主题；其次，用户可以利用浏览器访问系统中的模型与数据，实现模型/数据的访问功能；最后，系统管理者使用浏览器对整个系统进行管理。综合集成系统中的分布式网络环境是系统依托的硬件、软件环境，是其他几部分研究内容的物质基础。模型库管理系统和数据库管理系统将对分布式网络环

境上的两个最基础的资源（模型、数据）进行有效的管理，为最终用户或系统其他模块提供高效方便的调用手段。研讨系统面向专家群组，它完成专家知识同系统的有机结合，完成专家之间的协同，进而为分析问题提供综合分析手段。

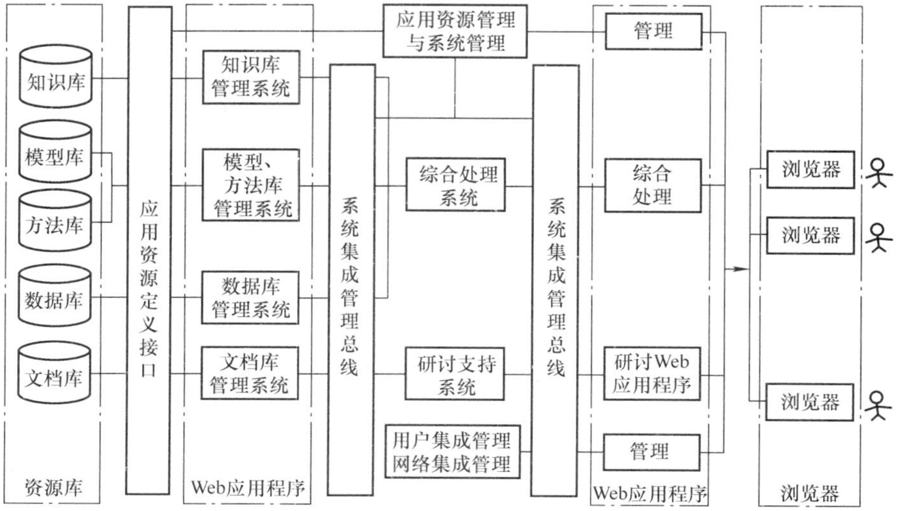

图 2-2　综合集成系统的结构图

2.3.3　综合集成与螺旋式推进

从方法论的角度来看，综合集成方法最早是“定性与定量相结合的综合集成”，而后提出“从定性到定量的综合集成”，这表明已经前进了一大步。另外，对于有众多单位参与的重大研究项目，又可以考虑引入其他系统方法论。例如参考文献［57］采用了物理—事理—人理（WSR）方法和参考文献［58］采用了螺旋式推进（SPIPRO）方法。

首先讨论一下 WSR 系统方法论与综合集成。人机结合的综合集成系统，要实现“人脑加计算机”大于“人脑或者计算机”。众所周知，计算机擅长于处理物理与事理，不擅长处理人理，而人脑擅长处理人理，也能够处理物理与事理，不过其效率不如计算机。因此，如果同时要有效地处理物理、事理、人理，则必须要按照 WSR 方法论把计算机与人脑结合起来，各扬所长。

SPIPRO 系统方法论，又称螺旋式推进（spiral propulsion，简记为 SPIPRO）系统方法论（简称旋进式方法论）。对于该方法论可以归纳为以下 5 点：①从现状到变动着的目标给定一根主轴线；②分析各变量的临界点与允许的界限；③适当的反馈调整；④努力推进事物发展的进展；⑤在过程中追求相对有限的优化。对于这种方法更多的讨论，这里因篇幅所限不再给出，感兴趣者可参阅参考文献［58］等。

2.3.4　基于人机结合综合集成系统体系的优化策略

信息、知识、智慧这是三个不同层次的问题。有了信息未必有知识，有了信息和知识也未必有智慧。信息的综合集成可以获得知识，信息、知识的综合集成可以获得智慧。人类有史以来总是通过人脑获得知识和智慧。而今情况不同了，随着以计算机为主的现代信息技术的发展，我们可以通过人－机结合以人为主的办法来获取知识和智慧，应该讲这是人类发展史上的重大进步。

从认识论的角度来看，对复杂系统以及复杂巨系统（包括社会系统）来讲，由于其跨学科、跨领域的特点，对所研究的问题所提出的经验性假设，通常都不是一个专家，甚至也不是一个研究领域，而是由不同领域、不同学科的专家群体依赖大家的知识和智慧所提出的。对于复杂系统和复杂巨系统问题提出的经验性假设与判据，要证明其正确与否，若仅靠自然科学和数学中所用的各种方法就显得力不从心了，例如社会系统、生物圈（biosphere）中的生命系统、地球上生态系统等问题既不是单纯的逻辑推理，也不可能全部去做试验，因此人－机结合以人为主的思维体系和研究方式为上述问题的研究提供了一种途径。人－机结合以人为主去实现信息、知识和智慧的综合集成，就是说利用不同领域的科学理论和经验知识（其中包括定性知识和定量知识、理性知识和感性知识），通过人机交互、反复比较、逐次逼近，从而实现从定性到定量的认识，进而对经验性假设的正确与否给出一个初步的结论。事实上无论是肯定还是否定了经验性假设，都是认识上的一种进步。在这个基础上，再提出新的经验性假设，并继续进行与上述过程相类似的定量研究。如此循环往复、逐次逼近，它将复杂系统与复杂巨系统这类非结构化问题在采用综合集成方法的逐次逼近过程中化成了结构化序列，完成了用结构化序列去逼近非结构化问题的求解策略。应该讲，对复杂系统问题与复杂巨系统问题，钱学森先生提出与倡导的综合集成方法体系是完成这类系统优化问题的最有效工具，综合集成方法是解决这类问题的最佳优化策略。这里因篇幅所限，不再给出这方面相关的优化算例，对此感兴趣者可参阅参考文献［50，59］等。

在结束本章讨论之前，有必要介绍一下王保国教授带领的 AMME Lab 团队和徐燕骥总工程师率领的中国科学院上海高等研究院新喆机电技术研究团队在人机系统优化与算法方面所做的工作。在王教授的带领下 AMME Lab 团队主要开展与发展了如下 8 种与优化问题相关的新型算法，它们是：①基于运筹学家 T. L. Saaty 教授的层次分析法（AHP）而发展的灰色层次分析法与模糊层次分析法；②基于 L. A. Zadeh 教授的模糊数学而发展的多因素、多级模糊综合评价方法；③基于可拓学（Extension）与物元分析理论而发展的可拓综合单级评价法与可拓综合多级评价法；④基于灰色数学而发展的灰色多层次综合评价法；⑤基于聚类分析理论而发展的灰色关联聚类分析法；⑥基于集对分析（Set Pair Analysis）理论而发展的系统集对分析评价法；⑦基于故障树（Fault Tree）理论而发展的模糊故障树分析法（FFTA）；⑧系统的多属性综合评价法。上述 8 种方法的相关内容可参阅参考文献［40，60－67］等。另外，2011 年 10 月 22 日在北京召开的“隆重纪念伟大科学家钱学森 100 周年诞辰暨人—机—环境系统工程创立 30 周年大会”上，作为特邀大会报告介绍了 AMME Lab 近年来的工作，大会授予王保国教授终身成就奖并颁发证书（本次全国大会两名获奖人之一）。《科学中国人》[68]《中国科技成果》[69]以及《航空动力学报》官方网页等重要杂志和网站都详细报道了 AMME Lab 的学术进展以及所取得的丰硕成果[60,70]。此外，在陈乃兴先生的指导下，中国科学院工程热物理研究所压气机气动设计团队以及上海高等研究院清洁能源技术发展中心的黄伟光副院长团队和徐燕骥总工程师率领的新喆机电技术研究团队在“机的优化”以及国家重点基础研究 973 项目与国家高技术研究 863 项目燃气轮机循环系统，尤其是洁净煤利用的 IGCC（即 Integrated Gasification Combined Cycle）与多联产技术研究中做出了重大贡献。黄伟光曾于 2001 年与 2009 年两次荣获国家科技进步二等奖、2002 年又荣获国家自然科学二等奖；在数值计算方面，1994 年他与陈乃兴先生就曾代表中国科学院参加了国际燃气轮机会议组织的“NASA Rotor 37 盲题大赛”。由于该压气机的试验数据不公布，许多学者不敢公布自己数值计算的结果，因此当时全世界仅有 11 人给大会提交了计算结果，陈乃兴与黄伟光的计算结果被大会评为优秀，这表明我国在叶轮机械三维黏性流动计算方法上已处于当时国际先进水平，他们为祖国赢得了荣誉。另外，徐燕骥团队发表了许多篇富有影响力的重要文章（如参考文献［18］等），这对指导业内新型动力机械的优化设计与性能改进产生了重要影响。

2.4 发动机的多级优化策略及 CSD 方法

2.4.1 多级优化策略

航空发动机属于复杂系统，它的设计属于复杂系统的设计问题。对于复杂系统的设计，由于各学科之间存在强耦合，往往需要反复迭代才能够完成一次可行设计。在设计中，如果不对各学科之间的耦合进行处理，那么巨大的复杂计算使得优化设计无法进行。正是面对这一背景，MDO 将复杂工程系统的设计优化进行了某种程度的分解，将其转化为多个易于处理的子系统问题进行优化，并对各子系统的优化进行有效协调。MDO 过程要求上述分解在保证系统整体协调的基础上保持各学科对局部设计变量进行决策的自主性，以便充分地发挥各学科专家的知识、经验和创造性，获取系统的最优解。

所谓优化过程是指在计算机环境中，求解优化问题的组织与实施过程。对于多学科设计优化问题，由于涉及各个学科之间的耦合与协调优化，通过对学科优化、学科间的协调等进行合理的组织，以便有效地提高求解效率。因此，优化过程是多学科设计优化中一项十分重要的关键技术。

通常，优化过程可分两类：一类是单级优化过程，另一类是多级优化过程。单级优化过程只在系统级进行优化，而各个学科则只进行分析或计算，不进行优化。

多级优化过程是将一个复杂系统的优化问题分解为多个子系统（各个学科）分别进行的优化以及通过某种机制将各个系统（各学科）之间进行的协调。它具有以下优点：①将复杂系统的优化问题分解为若干个子系统（各个学科）进行优化，因这时子系统的规模降低，使得子系统中的优化易于进行；②由于系统分解后得到的子系统（各个学科）与工程实际专业分工的形式一致，便于实现各个学科专家的设计优化自治，更有利于学科专家的知识、经验和创造性的发挥；③可以充分利用多处理器以及分布式的软、硬件条件，通过并行设计压缩设计周期。

目前，单级优化过程常用的有同时优化（all - at - once，AAO）方法[71]、单学科可行（individual discipline feasible，IDF）方法[72]以及多学科可行过程（multidiscipline feasible procedure，MDF 过程[73]）。由于单级优化过程将各学科的所有设计变量和约束都集中到系统级进行优化，这样易导致单级优化过程效率并不高，而且随着问题规模的扩大，其计算量将会超线性的增加。对于航空发动机的设计优化问题，目前采用单级优化过程的文章较少。

多级优化过程主要有面向非层次系统的 CSSO（concurrent subspace optimization，并行子空间优化）方法[74]，CO（collaborative optimization，协作优化）过程[75]，以及面向层次系统的 ATC（analytical target cascading，目标级联分析）方法[76]和 MO（multilevel optimization，递阶优化）过程[77]等。

在即将结束本小段讨论之际，还很有必要介绍一下 Sobieski 在 1998 年提出的 BLISS（bi - level integrated system synthesis，二级集成系统综合）优化策略[78]。这种方法综合了并行子空间方法和协作优化策略的基本思想，包含多个优化器，将优化过程分为系统级和子系统级，并且以全局灵敏度分析为基础。与协作优化策略不同的是，在子系统优化过程中，目标函数是子系统对全局目标函数的贡献值。

BLISS 将设计变量划分为两大类：一类是学科（即局部）设计变量，另一类是系统（即公共，又称全局）设计变量。学科设计变量的优化由各学科层优化器负责，系统设计变量由系统层优化器负责优化，相应地，优化过程也就有两个主要环节：一个是学科层优化，另一个是系统层优化。通常，优化是从一个初始设计点开始，当学科层优化时，系统设计变量固定不变，学科层优化器只需满足本学科的约束条件，优化本学科的局部设计变量；当系统层优化时，局部设计变量国定不变，系统优化器只需满足系统级的约束条件，优化全局设计变量。因此，学科优化和系统优化是交替进行的，直至满足收敛条件、获得系统的最优解。值得注意的是，该方法是在系统级的优化中去协调各子系统间的关系，以实现系统整体性能的优化。

另外，还应说明的是，从线性规划的角度来讲，基本最优灵敏度信息的 BLISS 优化策略实质上是将非线性问题线性化，因此该方法的有效性便取决于多学科问题的非线性程度。对于一般的非线性问题，BLISS 能够收敛于系统的最优解；但如果多学科问题是高度非线性的或者是非凸问题，这时初始点的选取便显得至关重要，这是由于 BLISS 的收敛性对初始点非常敏感。换句话说，对于高度非线性的多学科问题，BLISS 的鲁棒性不是很好。正是由于这一原因，近年来发展了许多联合优化的方法，例如将 CO 与 BLISS 相联合去克服单独采用 CO 过程和单独采用 BLISS 策略时所存在的收敛困难。

2.4.2 CSSO 方法的不断发展以及 CSD 方法

1. 改进的 CSSO 过程

自 1988 年 Sobieski 提出采用 CSSO（并行子空间优化）过程去解决复杂工程中非层次型系统的 MDO 问题以来，该方法已获得广泛应用，并在使用中针对优化过程中存在的不足，许多学者对它作了修改、改进与完善。通常，CSSO 过程是通过求解全局灵敏度方程（global sensitivity equation，GSE）去实现学科解耦合并行优化，因此也称为基于灵敏度的并行子空间优化（CSSO－GSE）过程[31]。

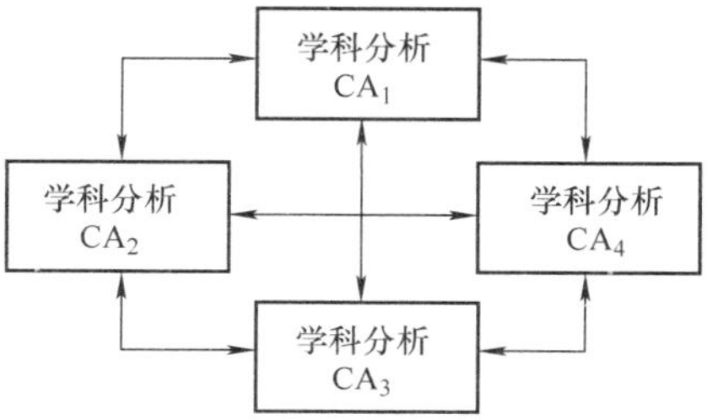

图 2-3 非层次型系统网路示意图

非层次型系统如图 2-3 所示，它是一种网状结构。在图 2-3 中，标记有 CA 的方框表示学科分析（contributing analysis，CA）。图 2-4 所示为以三个学科非层次型系统为例时，基于灵敏度分析的 CSSO 过程的流程框图。以三个学科非层次型系统为例，其优化问题的数学表述为

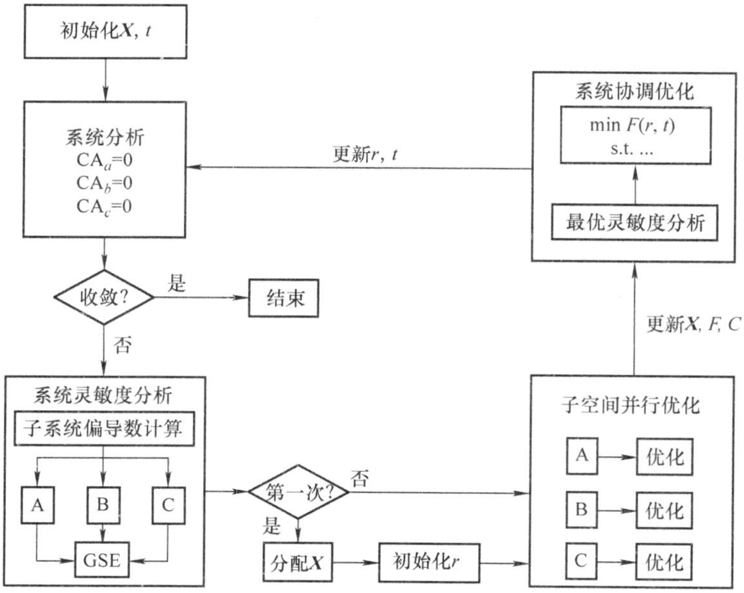

图 2-4 CSSO－GSE 过程的框图

$$\begin{cases}\min\ F(\boldsymbol{X},\boldsymbol{Y},\boldsymbol{P}) & (2\text{-}1)\\ \text{s. t. } g_i(\boldsymbol{X},\boldsymbol{Y},\boldsymbol{P})\geqslant 0(i=1,\cdots,N_g) & (2\text{-}2)\end{cases}$$

$$h_i(\boldsymbol{X},\boldsymbol{Y},\boldsymbol{P})=0(i=1,\cdots,N_h) \quad (2\text{-}3)$$

式中，F 为目标函数；$\boldsymbol{X}$ 为设计变量；$\boldsymbol{Y}$ 为状态变量；$\boldsymbol{P}$ 为设计参数；N_g 为不等式约束的数目；N_h 为等式约束的数目，且有

$$\boldsymbol{X}=[X_a,X_b,X_c]^T,\ \boldsymbol{Y}=[Y_a,Y_b,Y_c]^T \quad (2\text{-}4)$$

图 2-4 所示的流程框图由四个模块构成，即系统分析、系统灵敏度分析、子空间并行优化、系统协调优化。首先执行系统分析，迭代求解学科分析方程组，获得初始设计点；然后进行灵敏度分析，求解全局灵敏度方程（GSE）、获得灵敏度信息即梯度信息；之后利用灵敏度信息和学科协调系数，并行地进行子空间优化以获得优化设计点；最后进行系统的协调优化，在规定的移动限制内执行基于梯度的最优化，获得优化的学科协调系数，并传入到下一轮的优化循环。如图 2-4 所示，整个过程循环进行，直到满足给定的收敛准则，最终获得满足约束条件的系统最优设计。为了较清晰描述 CSSO 过程，以下对其中的某些模块的功能讨论如下：

1）系统分析。在初始化设计变量 $\boldsymbol{X}$ 和平衡系数 t 给定之后，CSSO 过程开始进行系统分析（system analysis，SA）。所谓系统分析是指给定系统设计变量 $\boldsymbol{X}$，通过求解一组系统状态方程 $\boldsymbol{Y}=f(\boldsymbol{X},\boldsymbol{P})$ 得到系统状态变量 $\boldsymbol{Y}$ 的分析过程。另外，设计空间按学科或子系统分成若干子空间，每个子空间一般是单独进行一个学科分析。设计变量也按子空间数分成了子矢量，这就使得各个子空间都有自己的设计子矢量和状态子矢量，这些子矢量也将用于其后独立子空间优化中。对于三个学科的非层次型系统，在设计变量（X_a，X_b，X_c），初始化之后，迭代求解学科分析方程组 (2-5)，即

$$\begin{cases}CA_a[(X_a,Y_b,Y_c),Y_a]=0\\ CA_b[(X_b,Y_a,Y_c),Y_b]=0\\ CA_c[(X_c,Y_a,Y_b),Y_c]=0\end{cases} \quad (2\text{-}5)$$

便可得到状态变量（Y_a，Y_b，Y_c）。值得注意的是，式（2-5）之所以讲它表示了各子系统之间存在的一种耦合关系，是由于在式 (2-5) 中，每一个子系统的输入包含了其他子系统的输出。图 2-5 和图 2-6 分别反映了三个子系统时，子系统之间的一种耦合关系。

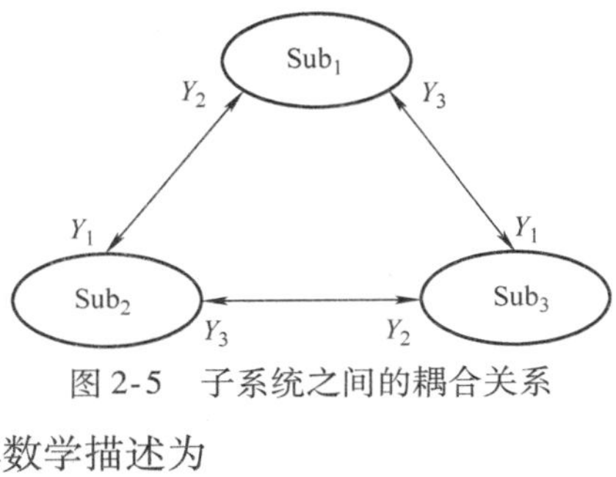

图 2-5　子系统之间的耦合关系

对于三学科非层次型系统的优化问题，其数学描述为

$$\begin{cases}\min\ F(\boldsymbol{X},\boldsymbol{Y},\boldsymbol{P})\\ \text{s. t. } g_i(\boldsymbol{X},\boldsymbol{Y},\boldsymbol{P})\geqslant 0(i=1,2,\cdots,N_g)\end{cases} \quad (2\text{-}6)$$

$$h_i(\boldsymbol{X},\boldsymbol{Y},\boldsymbol{P})=0(i=1,2,\cdots,N_h)$$

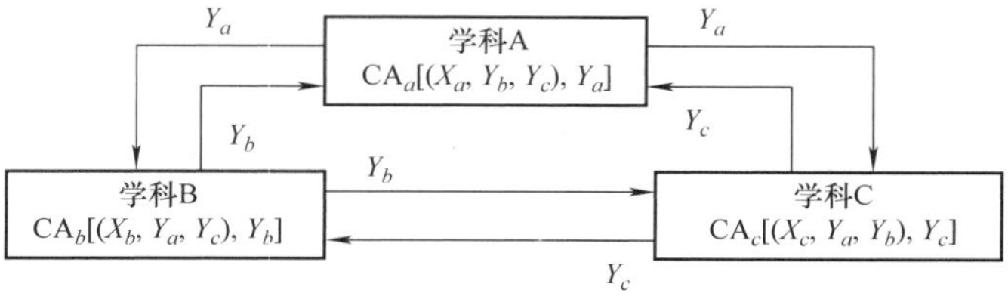

图 2-6　三学科非层次型系统时子系统间的耦合

式中，F 为目标函数；$\boldsymbol{X}$ 为设计变量；$\boldsymbol{Y}$ 为状态变量；$\boldsymbol{P}$ 为设计参数；N_{g} 为不等式约束的数目；N_{h} 为等式约束的数目；另外 $\boldsymbol{X}$ 与 $\boldsymbol{Y}$ 定义为

$$\boldsymbol{X}=[X_a, X_b, X_c]^{\mathrm{T}},\ \boldsymbol{Y}=[Y_a, Y_b, Y_c]^{\mathrm{T}} \tag{2-7}$$

2）系统灵敏度分析。图 2-4 所示为 Sobieski 在 1988 年间提出的 CSSO 过程，这种过程虽较传统的分解优化方法有很大优势，但由于在 CSSO 过程中，用于系统协调优化的目标函数采取的是一阶线性的简单近似，精度有限，而且要通过责任系数 r 和平衡系数 t 来控制执行过程，因此优化过程的实现较为繁杂。

3）改进的 CSSO 过程。Renaud 和 Gabriele 等在 Sobieski 的 CSSO 过程的基础上改进了系统协调优化方法[79]。与原来的 CSSO 一样，改进后的 CSSO 也要进行系统分析、要求解耦合的学科分析；也要计算子系统的偏导数、求解 GSE 方程；另外，其子空间优化也采取了并行进行。不同之处在于，原 CSSO 过程的系统协调优化方法被新的近似系统分析并协调优化方法所取代，在改进的 CSSO 过程中，不再需要责任系数 r 和平衡系数 t 去协调子空间中的约束，它采用了 Rasmussen 的累积近似函数[80]构造一阶或者二阶近似的系统，因此提高了精度，提高了收敛速度。改进的 CSSO 过程的流程框图如图 2-7 所示，整个优化过程分为 3 个步骤，即系统分析与解耦、子空间并行优化以及系统近似与协调过程。

如图 2-7 所示，在设计变量初始化之后，便开始进行系统分析及解耦过程。该过程由系统分析和系统灵敏度分析两个步骤组成，这两个步骤与 Sobieski 的 CSSO 过程中的系统分析和灵敏度分析一样。改进的 CSSO 过程仍需要利用 GSE 求解系统的灵敏度导数，去维持和更新系统耦合。

在获得了系统灵敏度的导数之后，便可对子空间进行临时解耦，开始并行地去优化子空间。在此过程中，需要考虑子空间问题的表述、优化和分析，所获得的设计信息存入设计数据库，以便构造系统近似。设计数据库不仅存储设计变量、状态变量等设计信息，还存储了系统灵敏度分析中获得的导数信息以及其他一些可用信息，这些信息也将用于构造系统的近似。

借助于设计数据库中的信息，便可以采用适当的近似方法去构造较准确的系统。Renaud 和 Gabriele 采用 Rasmussen 的累积近似方法构造了一阶或者二阶的近似系统。之后，对这个近似的系统进行优化，并由此获得新的设计变量。在 Renaud

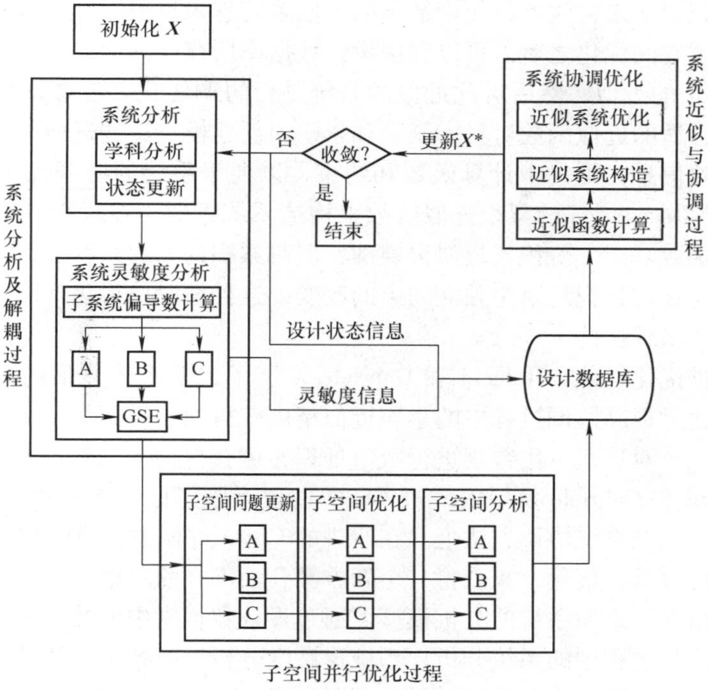

图 2-7　改进的 CSSO 过程框图

和 Gabridle 改进的 CSSO 过程中，对非层次型系统分解时，仍需要将设计变量 $\boldsymbol{X}$ 按子系统数目 N_s 分成子矢量，然后将这些子矢量分配到单独的子空间中优化，而且这种划分是唯一的。对于改进的 CSSO，最初是不允许设计变量重叠的，后来在参考文献［81］中做了进一步改进，使得改进的 CSSO 过程可以处理子空间设计变量重叠的情况。改进的 CSSO 过程也需要利用灵敏度信息去计算 GSE 方程，以便维持和更新系统的耦合，构造近似的系统。

通过系统分析，在给定初始设计变量 $\boldsymbol{X}^0$ 下，可获得初始的状态变量 $\boldsymbol{Y}^0$；另外，有系统灵敏度分析也可获得系统灵敏度导数 $\mathrm{d}\boldsymbol{Y}/\mathrm{d}\boldsymbol{X}$；如果此时假设约束已经作为状态变量进行了划分，并且获得了约束对设计变量的灵敏度。于是，接着便可开始子空间并化了。与 Sobieski 的 CSSO 一样，改进的 CSSO 也采取了累积约束的概念[79]，将子空间中的约束转换为一个数，累积约束可以采用 Kresselmeier - Steinhuser 函数形式表达出来。由于累积约束只与不等式约束相关，因此在式 (2-6) 中对系统进行数学描述时要区分不等式约束和等式约束。

子空间优化过程结束后，所获得的优化信息（其中包括优化所得到的设计变量、状态变量以及累积约束值等）都直接存入到设计数据库中。在系统分析中获得的设计状态信息包括设计变量、状态变量、目标函数、约束函数等，以及在系统灵敏度分析中所获得的梯度信息也已存入设计数据库中。所有这些信息，在设计数据库中逐渐积累下来，就可以使构造出的近似系统越来越精确。

在并行子空间优化之后，可以利用设计数据库所存储的信息对系统问题构造关于（$\boldsymbol{X}^0$，$\boldsymbol{Y}^0$）的近似，然后对此近似的系统进行协调优化。近似系统的构造问题是采用一些合适的近似函数对目标函数和累积误差建模。这些近似函数利用设计数据库中的有效信息，可集中计算函数和约束，以便于系统的协调优化。Renaud 和 Gabriele 采用 Rasmussen 的累积近似函数来构造系统近似。在系统近似与协调过程中，对目标函数基于一阶积累近似很准确，但对累积约束的累积近似有限。一阶累积近似不容易处理累积约束中独立约束的改变，这种情况使得目标函数值在非层次型系统优化中出现振荡。

为了改进优化性能，Renaud 和 Gabriele 发展了二阶系统近似的协调过程，其二阶改进是通过提高协调过程中的累积近似精度获得的。设计数据库存储了已获得的设计点信息，对这些可用数据进行数值处理，可获得构造二阶积累近似所需的基函数。Renaud 和 Gabriele 发展的改进 CSSO 过程克服了原 CSSO 过程的许多缺陷。其主要改进体现在系统协调方法上。在改进的 CSSO 过程中，协调方法是对系统构造近似并进行分析、优化，来获得一个新方案，而不是简单地对子空间优化的结果去进行线性组合。近似系统的分析模型可通过设计数据库中的数据来构造。设计数据库来源于优化过程中的系统分析、系统灵敏度分析以及各子空间并行优化所获得的设计信息。这个数据库在迭代过程中不断丰富，相应的近似系统分析模型也就不断精确。正是由于改进的 CSSO 过程保持了原 CSSO 的优点，同时又通过采用对构造较精确的系统近似模型进行协调优化，避免了迭代过程的振荡现象，提高了优化的收敛性与设计的自主性。

2. CSSO - RS 过程以及 CSD 方法

虽然 Sobieski 以及 Renaud 等人提出与改进的 CSSO 过程能够实现 MDO，并且与传统的系统设计优化方法相比有很大的进步。但应该看到，这两种 CSSO 过程都是基于 GSE 信息，也就是说其优化过程中都需要计算导数，因此这就使得两种过程只能处理连续变量的设计问题，而实际工程中有很多问题的设计都具有离散型的设计变量。另外，为了保证 GSE 近似的精度，需要采用移动限制策略，这也使得 CSSO 过程具有局限性。鉴于上述原因，参考文献［82］提出了基于响应面（response surface，RS）的 CSSO 过程。

在 CSSO - RS 过程中，每个子空间优化时的非局部状态变量和系统协调中的近似系统分析模型均采用响应面方法表达，采用响应面方法不仅可以减小计算量，而且成为各子空间（子系统）之间进行信息交换的纽带。CSSO - RS 方法不仅可以处理连续设计变量问题，也可以处理离散设计变量问题或者是既有连续变量也有离散变量的混合问题。这种方法可以充分利用循环过程的数据，可以把迭代循环产生的数据都在数据库中累积下来，各子空间设计优化的结果可作为进一步构造响应面时的数据，它能够提高响应面的精度，并且可以加快设计收敛的速度。

通常，CSSO – RS 过程从选择一组基准设计（点）开始。一般可选择一个处于设计空间中心的基准设计点，其他基准设计点以此点为基础向设计空间的各方面偏移。而后，对这些基准设计点进行系统分析、求解耦合的学科分析、获得系统状态，并将这些信息都送入响应面的数据库中，构造系统初始的响应面近似。另外，系统的响应面近似可以为子空间优化提供非局部状态信息，以达到临时解耦的目的。

构建系统响应面近似的方法可以有很多种，其中采用神经网络构造响应面近似仅是其中的一种。在系统近似完成之后，各子空间就可以采用合适的分析方法或者根据设计经验自由地优化系统设计。这里要注意的是，各子空间也是对同一个系统目标函数用各自的本地设计变量进行优化。子空间设计优化容易解决本地设计状态信息，所利用的非本地状态信息则通过系统响应面近似得到。对非本地状态的设计决策也就反映了子空间的本地设计对其他子空间以及系统的目标、约束函数的影响。

子空间并行优化之后，便执行系统分析。子空间的设计变量通过系统分析就可获得相应的状态信息。这些设计信息都送入响应面数据库中，因此数据库在优化循环中逐步扩大，构造出的系统响应面也越来越精确。另外，在系统分析所得的数据更新了响应面数据库后，便可重新构造系统的响应面近似，并对这个近似的系统进行协调优化。通常，系统级的协调优化过程其计算成本较低，对于给定的一组设计变量能够快速计算其近似的系统状态。此外，系统级协调优化过程可获得单个最优设计，也可获得多个候选设计。协调优化过程中产生的设计用于系统分析时，又可再次更新响应面数据库，构造出新的系统响应面近似。响应面的精度也随着设计循环过程的进行而不断提高，子空间优化以及系统级协调优化的结果也越来越好。整个优化过程也就不断循环进行，直到获得的设计满足收敛准则。

这是要指出的是，CSSO – RS 方法对非局部信息的分配比较成功，而且确定最优系统设计的能力也比较强。在实际设计中，尽管可以采用各种有效方法去提高子空间最优化的能力，但获得最优设计所需的学科分析以及系统分析的数量还是比较大，尤其是在问题很复杂时，该方法的收敛速度还很有限。为加快 CSSO – RS 的收敛速度、降低优化过程中系统分析的数量，参考文献［82］中引入了梯度信息。这些梯度信息用于神经网络的循环之中，可改进系统响应面近似的精度，从而使优化过程可更快地寻找最优的设计。另外，在 CSSO – RS 过程中如果采用传统的神经网络，则需要足够的数据才能准确表述局部梯度信息，因此这就需要大量高成本的系统分析以及学科分析。相比之下，如果采用结合梯度信息的神经网络能提高神经网络的映射性能，可以极大地减少系统分析的数量，有利于提高优化收敛速度，获得更好的设计，从而能够改善 CSSO – RS 的优化性能。特别是对于规模较大的复杂系统，这时可得到十分明显的效益。当然，上述做法所付出的代价是增加了神经网络的训练成本。但总的看来，采用这种结合梯度信息的 CSSO – RS 方法还是很有潜力的。

目前，对于 CSSO – RS 过程的改进，主要表现在两大方面：一方面是将梯度信息用于神经网络的循环之中，改善系统响应面近似的精度；另一方面是对子空间优化方法进行改进，其中这方面的典型代表是 CSD（concurrent subspace design，并行子空间设计）方法。

CSD 流程（见图 2-8）也是从选择一组基准设计开始。对这些基准设计进行系统分析，获得的设计信息便可对设计数据库初始化，然后用初始设计数据库构造系统的响应面近似。之后在子空间并行设计时，所用到的非本地信息由系统响应面近似来获得。子空间的设计结果通过系统分析后再对设计数据库进行扩展更新，以便构造新的系统响应面近似。另外，借助于对响应面近似的系统进行系统级优化，可获得协调最优解。

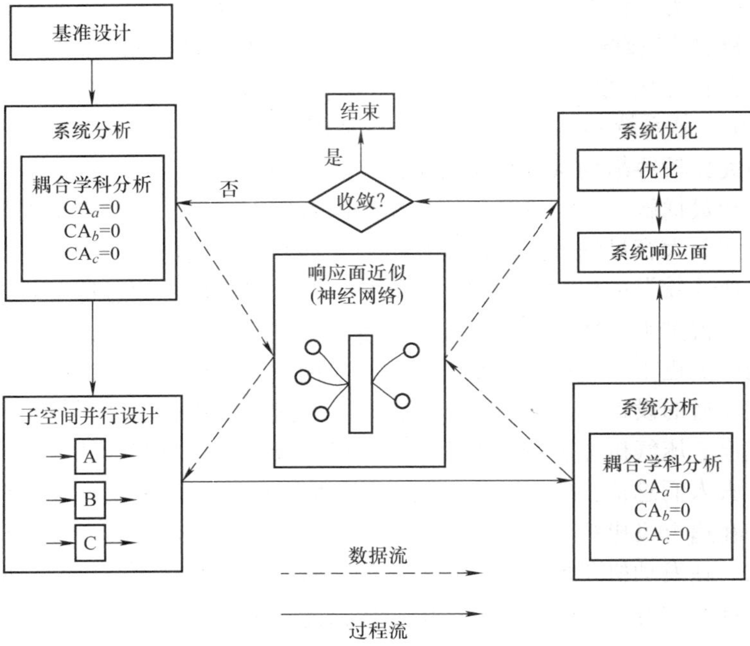

图 2-8　CSD 流程框图

此外，在进行各个子空间的设计时，CSD 方法允许各个学科的设计者独立并行地采用各种现有的分析工具和设计方法，只要能提出合适的设计方案即可。这些分析工具可以是专业的计算机软件，也可以利用系统数据或者试验的数据。所采取的设计方法并不局限于常规的优化方法，还可以是专家系统、逻辑判断等，甚至可以是设计者的直觉判断和创造性思维。因此，这就使得在 CSD 过程中，最大限度地利用了设计者的干预能力和设计经验，极大地提高了设计的灵活性。总之，CSD 过程对原来的 CSSO－RS 过程进行了进一步的发展与扩展，使其更有灵活性，使用起来效果更好。另外，从系统科学的角度上看，CSD 过程充分地体现了综合集成的思想，是复杂系统工程中值得推广的一类通用方法。

第3章

系统评价指标及“软系统”评价的几种方法

3.1 发动机系统工程中的“硬系统”和“软系统”

系统工程作为一门交叉学科，日益向着多种学科渗透和交叉的方向发展，并且非常需要将社会学、经济学、系统科学、数学、计算机科学与技术、控制理论等众多学科加以融合与应用。在系统工程中，通常所研究的系统对象可分为两类，即“硬系统”和“软系统”。所谓硬系统一般是指偏工程、物理型的，它们的机理比较明显，因此比较容易用数学模型表达出来，并且可以用较好的定量方法去计算出系统的行为和最优解。这类硬系统虽然结构良好，但常常因为计算复杂，计算量太大，需要高速、大容量的计算机，计算的花费太高。

所谓“软系统”，一般是偏社会、偏经济型的，它们的机理往往并不清楚，较难用完全数学模型来表述，因此常用定量与定性相结合。“软系统”的一个主要特点是在系统中加进了人的因素，吸取了人的判断和直感。

航空发动机的设计属于复杂的系统工程，早年学术界对航空发动机的几个主要部件如进气道、压气机、风扇、燃烧室、涡轮、加力燃烧室和尾喷管有较细致的研究，因此过去人们总认为发动机设计工程属于“硬系统”。但随着航空科学技术的不断提高，在追求飞机高性能的同时，对航空发动机的稳健性和可靠性提出了越来越高的要求。在发动机研制过程中，由于知识缺乏、设计和制造缺陷以及发动机产品所处运行环境的变化等多种不确定性影响，造成了航空发动机在运行过程中部分性能指标产生变化和偏移，甚至有时发生严重偏差而引起故障和失效。这里不妨列举3个航天工程中的例子：一个例子是美国航空航天局曾对2500个航天器在轨故障进行了调查，发现在航天器的在轨故障中，有21.4%是由于环境的不确定性影响超出了预期范围，有30.3%是由于零部件质量以及加工、装配质量等存在不确定性；另一个例子是以2011年4月出现在轨故障的日本先进陆地观测卫星（ALOS）为例，根据调查分析出现故障是由于太阳电池阵拉伸弹簧没有预留足够的变形公差，以及对低温下太阳电池阵的膨胀和收缩估计不足，导致太阳能帆板底部焊点出现故障并最终无法为卫星提供电能；第3个例子是美国“哈勃”望远镜由于主镜镜面加工误差导致成像质量远低于预期指标，最后不得不花3亿多美元送宇航员对其进行在轨维修。对于这方面更多的例子可参阅参考文献［83］，这里不再赘述。因此，为了降低飞行器系统和航空发动机系统发生故障的风险和损失，需要在飞行器总体设计和航空发动机总体设计阶段充分考虑各类不确定性影响，通过对方案的特别设计与优化，使其在追求航天器与发动机性能最优的同时，降低系统性能对不确定性影响的敏感程度以及在不确定性影响下降低发生故障的失效概率，提高系统整体的稳健性和可靠性。因此，在现代航空发动机的设计中，不能简单地认为发动机是“硬系统”，而应该充分考虑不确定性对发动机性能带来的影响，这时更应将发动机作“软系统”来处理。

3.2 系统评价的主要指标

在现代航空、航天工程和航空发动机设计制造系统中，人是一个重要因素，环境的影响也绝对不可忽视。为此，钱学森先生早在1981年就提出与倡导人—机—环境系统工程（以下简称人机环境系统工程）的概念。因此，只有在人机环境系统工程的框架下，考虑与评价航天器与航空发动机的总体性能才是恰当的、合理的。

3.2.1 系统总体性能评价的四项指标

在人机环境系统中，人本身是个复杂的子系统，机（例如航空发动机或其他机器）也是个复杂的子系统，再加上各种不同的环境影响，便构成了人机环境这个复杂系统。面对如此庞大的系统，如何判断它是否实现了最优组合呢？这里给出评价任一个人机环境系统的四项评价指标：“安全、环保、高效、经济”。所谓“安全”是指在系统中不出现对人体的生理危害或伤害。所谓“环保”是指爱护人类赖以生存的地球家园，不要破坏大自然的生态环境，不要污染地球大气层以及外层宇宙空间。另外，还要使产品和所研制的系统满足绿色设计、清洁生产，有利于人类环境生态系统的健康发展。要严格执行1996年ISO颁布的ISO 14000系列标准。这个标准涉及大气、水质、土壤、天然资源、生态等环境保护方针在内的计划、运营、组织、资源等整个管理体系标准，它集成了世界各国在环境管理实践方面的精华；它有利于规范各国的行动，使其符合自然生态的发展规律，有利于地球环境的保护与改善，保障全球环境资源的合理利用，促进整个人类社会的持续正常发展。所谓“高效”是指使系统的工作效率最高，使用价值最大。所谓“经济”是在满足系统上述技术要求的前提下，尽可能投资最省，即要保证系统整体的经济性。

3.2.2 各项评价指标的内涵与评价方法

人机环境系统工程的最大特色是，它在认真研究人、机、环境三大要素本身性能的基础上，不单纯着眼于单个要素的优劣，而是充分考虑人、机、环境三大要素之间的有机联系，从全系统的整体上提高系统的性能。图3-1所示为总体性能分析与研究的示意图，借助于该图，下面分别从“安全”“环保”“高效”“经济”这四个方面对总体性能进行评价。

1. 安全性的评价

在人机环境系统中，安全性能评价的基本方法有两种，一种是事件树分析法（即ETA），也有人称作决策树分析法（即 DTA），另一种是故障树分析法（即 FTA），这里仅讨论后一种方法。故障树分析法（又称事故树分析法）是 H. A. Watson（沃森）提出的，后来美国航空航天局（NASA）做了进一步的发展并广泛地用于工程硬件（机器）的安全可靠性的分析与评价。故障树分析法是一种图形演绎方法，它把故障、事故发生的系统加以模型化，围绕系统发生的事故或失效事件，做层层深入的分析，直至追踪到引起事故或失效事件发生的全部最原始的原因为止。对故障树可作定性评价与定量评价。因此，故障树分析法主要由三部分组成：建树、定性分析与定量分析。其中建树是 FTA 的基础与关键。故障树的定性评价包括：①利用布尔代数化简事故树；②求取事故树的最小割集或最小径集；③完成基本事件的重要度分析；④给出定性评价结论。故障树的定量评价包括：①确定各基本事件的故障率或失误率，并计算其发生的概率；②计算出顶事件发生的概率，并将计算出的结果与通过统计分析得出的事故发生概率作比较，如果两者不相符，则必须重新考虑故障树图是否正确（也就是说要检查事件发生的原因是否找全，上下层事件间的逻辑关系是否正确）以及基本事件的故障率、失误率是否估计得过高或者过低等；③完成各基本事件的概率重要度分析和临界重要度（又称危险重要度）分析。

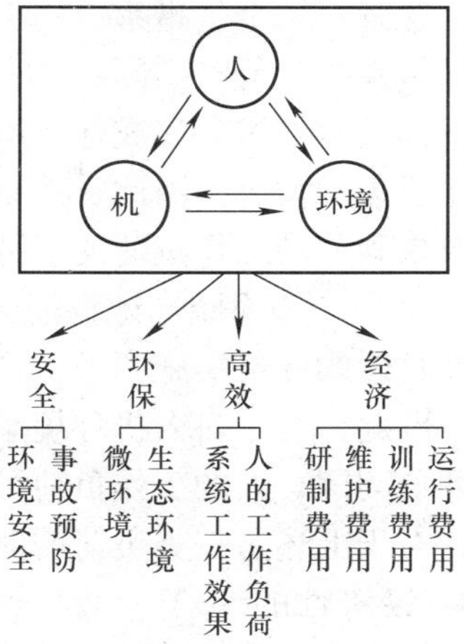

图 3-1　总体性能评价的四项指标

这里应该强调的是，在进行故障树分析时，有些因素（或事件）的故障概率是可以定量计算的，有些因素是无法定量计算的，这将给系统的总体安全性能的定量计算带来困难，这也正是人机环境系统安全性能评价比一般工程系统更困难、更复杂的原因。尽管如此，通过故障树分析法我们仍然能够找出复杂事故的各种潜在因素，所以故障树分析法是人们进行人机环境系统可靠性分析和研究的一种重要手段。而且随着模糊数学的发展，以往那些不能定量计算的因素，也将能借助于模糊数学进行量化处理，这就使得故障树分析法在人机环境系统安全性能的评价中发挥出更有效的作用。

2. 环保指标的评价

应使所研制的产品满足绿色设计、清洁生产的规定指标，使所研制的人机系统不对环境生态系统造成干扰，不危及生态系统的健康。

3. 高效性能的评价

所谓“高效”就是要使系统的工作效率最高。这里所指的系统工作效率最高有两个含意：一个是指系统的工作效果最佳，二是人的工作负荷要适宜。所谓工作效果是指系统运行时实际达到的工作要求（例如速度快、精度高、运行可靠等）；所谓工作负荷是指人完成任务所承受的工作负担或工作压力，以及人所付出的努力或者注意力的大小。因此，系统的高效性能（也即系统的工作效率）定义为系统工作效果和人的工作负荷的函数，即

$$\text{系统高效性能} = f(\text{系统工作效果，人的工作负荷}) \tag{3-1}$$

在具体的评价实施中，工作效果的评价一般都有较成熟的理论计算方法与工程方法。因此，为了对人机环境系统的高效性能进行评价，重点是要解决人的工作负荷的评价问题。人的工作负荷可分为体力负荷、智力负荷和心理负荷三类，因篇幅所限，对于上述这三类负荷的测定与量化过程就不再给出。

4. 经济性的评价

一般来说，系统的经济性能包括 4 个方面：一是研制费用，二是维护费用，三是训练费用，四是使用费用。对经济性能的评价通常采用三种方法：一是参数分析法，二是类推法，三是工程估算法。在国外（例如美国 NASA 等机构），广泛采用 RCA、PRICE 模型，进行费用的估算。对于相关的文献，这里不再给出。

5. 总体性能的综合评价指标

对总体性能的评价必须要考虑“安全”“环保”“高效”“经济”这四项评价指标。对于多目标非线性优化问题，一个最常用的办法是引入加权因子，即将多个指标综合为一个指标，这里定义综合评价指标为 Q，其表达式为

$$Q = \alpha_1 \times (\text{安全}) + \alpha_2 \times (\text{环保}) + \alpha_3 \times (\text{高效}) + \alpha_4 \times (\text{经济}) \tag{3-2}$$

式中，α_1、α_2、α_3 与 α_4 分别为针对各个相应评价指标的加权系数，并且有

$$\alpha_1 + \alpha_2 + \alpha_3 + \alpha_4 = 1 \tag{3-3}$$

这里，α_1、α_2、α_3、α_4 的取值视具体情况而定。显然，上述加权系数的给定带有很大的经验性和主观性。另外，对于多目标多学科优化问题，在本书的第三篇中将给出一系列的优化策略和方法，这里不再介绍。

3.3 航空发动机性能评价的指标

发动机是飞机的心脏，对于军用飞机来讲，发动机性能的优劣，直接影响着飞机的飞行和它的战斗力。另外，发动机的故障，严重时也会威胁到飞行员的生命安全、影响到飞机的安全飞行。因此，对航空发动机性能的评价，绝对不能够抛开飞行员的安全和飞机飞行的环保问题而不顾，去单纯地分析与评价航空发动机的性能。应该讲，过去高等院校叶轮机械、燃气轮机和航空发动机原理教科书与相关专著中，对于叶轮机械、燃气轮机或者航空发动机的总体性能评价指标都从不同的侧

面讨论过[84－156]。但应说明的是，对于航空发动机而言，目前许多教材所给出的总体性能评价指标还欠全面。

在通常航空发动机原理的教材与著作中，航空发动机的主要性能指标常给出四项：①推力；②单位推力；③推重比和功重比；④热效率、推进效率和总效率。在人机环境系统工程的著作与全国规划教材中，也给出四项[18,41,40]，即“安全、环保、高效、经济”。依赖这里的四项指标[18,41]去分析航空发动机系统所给指标可以发现：推力、单位推力、推重比均属于“高效”的范畴，而热效率、总效率等与“经济”相关。显然，这里缺少“安全”与“环保”这极为重要的两项评价指标。事实上，在发动机设计中高压涡轮前总温度直接与材料强度与发动机安全相关；压气机的失速喘振直接与发动机压缩系统的稳定性和发动机的安危相关；对战斗机来讲，飞行器的隐身对飞行器具有良好的生存力和作战能力至关重要，而发动机进气道和尾喷管的红外隐身是其重要部分，换句话说，发动机尾喷管和进气道的红外隐身能力直接关系到战斗机的安危。因此，对于现代航空发动机而言，如果不去评价其“安全”指标，这样的发动机是没有资格成为现代飞机，尤其战斗机的动力装置的。

20世纪90年代后期以来，航空界提出了“绿色”航空的概念。所谓“绿色”航空，是指在飞机整个寿命运行周期内对生态环境与人类的健康和安全都产生最小影响的航空技术，这其中最主要与最关键的航空发动机的设计技术，应该在降低污染排放与降低噪声方面狠下功夫。相应地，航空发动机界也提出了“绿色”发动机的概念并且对低污染排燃烧室的设计、飞机和发动机噪声问题以及尾喷管的红外隐身开展了深入的研究。这里要说明的是，协和号超声速飞机正是由于推进系统和飞机机体的噪声过大，才令其在2003年10月停飞。另外，对于污染排放限制问题，国际民用航空组织（ICAO）已经公布了关于民用航空发动机限排标准的几个版本，而且限制越来越严格。这里还应指出，在撰写参考文献［157］时，专门请当时在中国铁建中非莱基投资有限公司工作的王伟律师参加。王伟律师是北京大学法律、哲学双学位校级优秀本科毕业生，大学毕业后去国外深造，参考文献［18］的前言中有她的介绍。她在钱学森系统学的哲学基础以及航空航天科学中环境保护法的研究方面发表过多篇重要文章[157－161]。此外，撰写参考文献［157］时，还请中国科学院上海高等研究院、北京理工大学宇航学院和中国科学院工程热物理研究所共同撰写，该文的第一作者王保国教授当时还全职担任中国航空研究院新技术研究所的高级气体动力学顾问，因此这篇文章对指导航空发动机设计很有价值。由于这篇文章详细讨论了民用航空涡扇发动机设计的法律及气动问题，这对深刻理解与认识钱学森系统工程的思想、认识系统评价应该遵循“安全、环保、高效、经济”四项指标的要求，是很有帮助的。

3.4 “软系统”评价的几种方法

目前，对于复杂系统的建模，已有许多方法，例如参考文献［18，39，41］中曾详细讨论了确定性系统的数学建模，还讨论了随机性系统的数学建模、灰色系统的数学建模以及模糊系统的数学建模这几类方法。很显然，后三类属于不确定性数学建模问题，从数学方法本身上讲具有一定的挑战性。类似地，对于系统的评价，尤其是“软系统”的评价都涌现出许多方法。通常，对于系统（包括“硬系统”和“软系统”）评价的理论大致可分为三类。

3.4.1 模糊综合评价法

自 L·A·Zadeh（查德）教授 1965 年提出模糊集理论的概念以来，模糊数学得到迅速发展与广泛应用。这里我们首先讨论模糊关系及其运算方面的内容，然后介绍模糊评判的相关计算。

1. 模糊关系及其运算

论域 $U=\{x\}$ 上的模糊集合 A 由隶属函数 $\mu_A(x)$ 来表征，其中 $\mu_A(x)$ 在闭区间［0，1］中取值，$\mu_A(x)$ 的大小反映了 x 对于模糊集合 A 的隶属程度。令论域 U 上模糊集之全体用 $F(U)$ 来表示，并且设两个模糊集合 A，$B\in F(U)$，则 A 与 B 的并集 $A\cup B$ 的隶属函数定义为

$$\mu_{A\cup B}(x)=\max[\mu_A(x),\mu_B(x)]=\mu_A(x)\vee\mu_B(x)\quad(\forall x\in U)\tag{3-4}$$

A 与 B 的交集 $A\cap B$ 的隶属函数定义为

$$\mu_{A\cap B}(x)=\min[\mu_A(x),\mu_B(x)]=\mu_A(x)\wedge\mu_B(x)\quad(\forall x\in U)\tag{3-5}$$

A 的补集 A^C 的隶属函数定义为

$$\mu_{A^C}(x)=1-\mu_A(x)\quad(\forall x\in U)\tag{3-6}$$

上述定义的图形表示如图 3-2 所示。在式（3-4）与式（3-5）中，Zadeh 算子“$\vee$”表示“取最大值”运算；“$\wedge$”表示“取最小值”运算。对于 n 个模糊子集 A_i（$i=1$，2，…，n）的“交”与“并”可以表示为

$$S=A_1\cap A_2\cap\cdots\cap A_n=\bigcap_{i=1}^{n}A_i\tag{3-7}$$

$$T=A_1\cup A_2\cup\cdots\cup A_n=\bigcup_{i=1}^{n}A_i\tag{3-8}$$

于是 S 的隶属函数为

$$\mu_S(x)=\bigwedge_{i\in Z}\mu_{A_i}(x)\tag{3-9}$$

这里，Z 为指标集并且 $\forall i\in Z$；对于 T 的隶属函数为

$$\mu_T(x)=\bigvee_{i\in Z}\mu_{A_i}(x)\tag{3-10}$$

令模糊子集 A、B，则 A 与 B 的代数积为 $A\cdot B$，于是它的隶属函数为

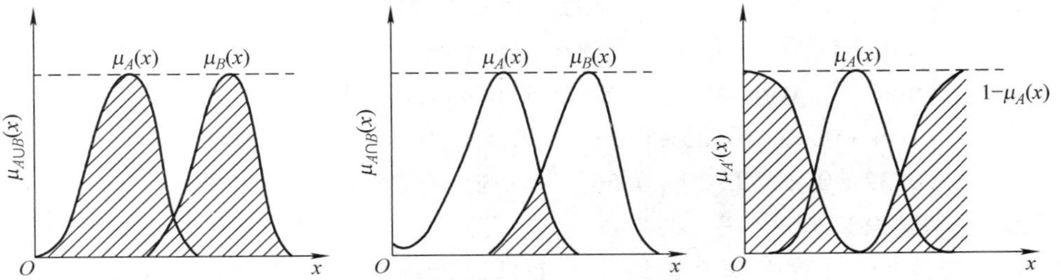

图3-2　各种运算隶属函数的示意图

$$\mu_{A\cdot B}(x)=\mu_A(x)\cdot\mu_B(x) \tag{3-11}$$

A 与 B 的代数和为 $A+B$，于是它的隶属函数为

$$\mu_{A+B}(x)=\begin{cases}\mu_A(x)+\mu_B(x) & [\mu_A(x)+\mu_B(x)\leqslant 1]\\ 1 & [\mu_A(x)+\mu_B(x)>1]\end{cases} \tag{3-12}$$

下面讨论模糊矩阵的合成运算：设两个模糊矩阵 $P=(p_{ij})_{m\times n}$，$Q=(q_{jk})_{n\times l}$，它们的合成运算 $P\circ Q$ 其结果是一个模糊矩阵 R，这里，$R=(r_{ik})_{m\times l}$，而“$\circ$”为合成算子。模糊关系合成类似于普通关系矩阵的合成运算，只是将矩阵中相应二元素的“相乘”“相加”运算用广义模糊“与”“或”运算所替代。虽然广义模糊运算有很多种，但常用的有以下两种：

1）$M(\wedge,\ \vee)$，即广义模糊“与”运算为“取小”运算，广义模糊“或”运算为“取大”运算，于是有

$$r_{ik}=\bigvee_{j=1}^{n}(p_{ij}\wedge q_{jk})\quad(i=1,2,\cdots,m;\ k=1,2,\cdots,l) \tag{3-13}$$

$$\mu_{r_{ik}}=\bigvee_{j=1}^{n}(\mu_{p_{ij}}\wedge\mu_{q_{jk}}) \tag{3-14}$$

2）$M(\cdot,\ +)$，即广义模糊“与”运算为“代数积”，广义模糊“或”为有上界1的代数和，于是有

$$r_{ik}=\min\{1,\sum_{j=1}^{n}(p_{ij}\cdot q_{jk})\} \tag{3-15}$$

$$\mu_{r_{ik}}=\min\{1,\sum_{j=1}^{n}(\mu_{p_{ij}}\cdot\mu_{q_{jk}})\} \tag{3-16}$$

式中，$i=1,\ 2,\ \cdots,\ m$；$k=1,\ 2,\ \cdots,\ l$；

例题1：假设 A 和 B 均为 $X=\{x_1,\ x_2\}$ 到 $Y=\{y_1,\ y_2\}$ 的模糊关系，并且 $A=\begin{pmatrix}0.5 & 0.3\\ 0.4 & 0.8\end{pmatrix}$，$B=\begin{pmatrix}0.8 & 0.5\\ 0.3 & 0.7\end{pmatrix}$，试分别在 $M(\wedge,\ \vee)$ 模式与 $M(\cdot,\ +)$ 模式下完成 $A\circ B$ 的计算。

解：在 $M(\wedge,\ \vee)$ 模式下，A 与 B 的模糊关系合成为

$$A\circ B=\begin{pmatrix}(0.5\wedge 0.8)\vee(0.3\wedge 0.3) & (0.5\wedge 0.5)\vee(0.3\wedge 0.7)\\ (0.4\wedge 0.8)\vee(0.8\wedge 0.3) & (0.4\wedge 0.5)\vee(0.8\wedge 0.7)\end{pmatrix}=\begin{pmatrix}0.5 & 0.5\\ 0.4 & 0.7\end{pmatrix}$$

在 M（·，+）模式下，A 与 B 的模糊关系合成为

$$A^\circ B=\begin{pmatrix}\min(1,\ 0.5\times0.8+0.3\times0.3) & \min(1,\ 0.5\times0.5+0.3\times0.7)\\ \min(1,\ 0.4\times0.8+0.8\times0.3) & \min(1,\ 0.4\times0.5+0.8\times0.7)\end{pmatrix}$$

$$=\begin{pmatrix}0.4+0.09 & 0.25+0.21\\ 0.32+0.24 & 0.20+0.56\end{pmatrix}=\begin{pmatrix}0.49 & 0.46\\ 0.56 & 0.76\end{pmatrix}$$

2. 模糊综合评判

在综合评判中，存在两个论域：一个是评价等级论域（又称评价集），如优秀、良好、合格、不合格等，记为

$$V=\{v_1,v_2,\cdots,v_n\} \tag{3-17}$$

另一个是对问题评价有重要关系的影响因素论域（又称因素集），记为

$$U=\{u_1,u_2,\cdots,u_m\} \tag{3-18}$$

在综合评判时，一般先按各个影响因素分别单独评价（单因素评判），再根据各因素在问题评价中所处的地位与所起的作用，对各个单因素评价结果进行修正与综合，从而获得最后的评定结果。

（1）单因素评判　对因素 u_i 而言，假设被评价事物对第 j 个评价等级 v_j 的隶属度，记为

$$\mu_{v_j}(u_i)=r_{ij} \tag{3-19}$$

于是该事物在评价集上的模糊矢量（它是个行矢量）为

$$\boldsymbol{r}_i=(r_{i1},r_{i2},\cdots,r_{in})$$

这里，$i=1$，2，…，m；于是 m 个因素所对应的 m 个模糊矢量便构成了一个评价矩阵 $\boldsymbol{R}$ 为

$$\boldsymbol{R}=\begin{pmatrix}\boldsymbol{r}_1\\ \boldsymbol{r}_2\\ \cdots\\ \boldsymbol{r}_m\end{pmatrix}=\begin{pmatrix}r_{11} & r_{12} & \cdots & r_{1n}\\ r_{21} & r_{22} & \cdots & r_{2n}\\ \cdots & \cdots & \cdots & \cdots\\ r_{m1} & r_{m2} & \cdots & r_{mn}\end{pmatrix} \tag{3-20}$$

（2）多因素综合评判　对于因素集，如果令 a_i 代表 u_i 对评定作用的隶属度，于是 m 个因素的相应隶属度便构成了一个模糊子集 $\boldsymbol{a}$，它又可以表述为

$$\boldsymbol{a}=(a_1,a_2,\cdots,a_m) \tag{3-21}$$

显然由式（3-21）得到的 $\boldsymbol{a}$ 以及由各单因素评价所组成的矩阵 $\boldsymbol{R}$，便能得到被评价事物的综合评判结果为

$$\boldsymbol{b}=\boldsymbol{a}\circ\boldsymbol{R}=(a_1,a_2,\cdots,a_m)\circ\begin{pmatrix}r_{11} & r_{12} & \cdots & r_{1n}\\ r_{21} & r_{22} & \cdots & r_{2n}\\ \cdots & \cdots & \cdots & \cdots\\ r_{m1} & r_{m2} & \cdots & r_{mn}\end{pmatrix}=(b_1,b_2,\cdots,b_n) \tag{3-22}$$

式中，$\boldsymbol{b}$ 是该被评事物对评价等级的隶属度矢量，其中 b_j 是该事物对评价等级 j 的

隶属度。注意式（3-22）中的模糊关系合成 $\boldsymbol{a}\circ\boldsymbol{R}$ 可以采用 M（∧，∨）模型，也可以采用 M（·，+）模型。当采用 M（∧，∨）模型时，$\boldsymbol{b}$ 的分量便为

$$b_j = \bigvee_{i=1}^{m}(a_i \wedge r_{ij}) = \max[\min(a_1,r_{1j}),\min(a_2,r_{2j}),\cdots,\min(a_m,r_{mj})] \quad (3\text{-}23)$$

这里，$j=1$，2，…，n；显然，考虑多因素时因素 u_i 的评价对任何评价等级 v_j（$j=1$，2，…，n）的隶属度（$a_i\wedge r_{i1}$，$a_i\wedge r_{i2}$，…，$a_i\wedge r_{in}$）都不能大于 a_i，这说明当采用 M（∧，∨）时 $\boldsymbol{a}$ 并没有权矢量的含义。由于 b_j 只选（$a_i\wedge r_{ij}$）中最大值，而不考虑其他因素的影响，因此这是一种“主因素突出型”的综合评判。如果采用 M（·，+）模型，则有

$$b_j = \min\{1, \sum_{i=1}^{m}(a_i r_{ij})\} \quad (3\text{-}24)$$

显然，对评价等级 v_j 的隶属度 b_j 中包括了所有因素（即 u_1，u_2，…，u_m）的影响，而不是像式（3-23）那样仅考虑对 b_j 影响最大的因素。正是由于这里同时考虑了所有因素，所以各 a_i 具有代表各因素重要性的权系数的含义，因而应满足

$$\sum_{i=1}^{m} a_i = 1 \quad (3\text{-}25)$$

的要求。因此这一模型是“加权平均型”的综合评判，在此模型中 $\boldsymbol{a}=(a_1,a_2,\cdots,a_m)$ 具有权矢量的性质。

例题2：今对某型汽车进行评判，评价因素论域为 U = {工作质量，易操作性，价格便宜} = {u_1，u_2，u_3}，评语论域为 V = {很好，较好，可以，不好} = {v_1，v_2，v_3，v_4}，单就“工作质量”评判，经专家试验考查，有50%的人认为“很好”，40%的人认为“较好”，10%的人认为“可以”，没有人认为“不好”，即 $\boldsymbol{r}_1=[0.5, 0.4, 0.1, 0]$；其他单因素评判所得的模糊矢量为 $\boldsymbol{r}_2=[0.4, 0.3, 0.2, 0.1]$，$\boldsymbol{r}_3=[0.1, 0.1, 0.3, 0.5]$，试求隶属度矢量 $\boldsymbol{b}$。

解：依题意，单因素评价矩阵为

$$\boldsymbol{R} = \begin{pmatrix} 0.5 & 0.4 & 0.1 & 0.0 \\ 0.4 & 0.3 & 0.2 & 0.1 \\ 0.1 & 0.1 & 0.3 & 0.5 \end{pmatrix}$$

假设客户购买时主要考虑的是汽车的工作质量，而后要求价格较低，对于易操作的要求放到最后，因此选取权系数矢量为

$$\boldsymbol{a}=(0.5, 0.2, 0.3)$$

如果综合评判按 M（·，+）模型进行，于是有

$$\boldsymbol{b}=\boldsymbol{a}\circ\boldsymbol{R}=(0.5,0.2,0.3)\circ\begin{pmatrix} 0.5 & 0.4 & 0.1 & 0.0 \\ 0.4 & 0.3 & 0.2 & 0.1 \\ 0.1 & 0.1 & 0.3 & 0.5 \end{pmatrix}=(0.36,0.29,0.18,0.17)$$

（3）多级综合评判　对于复杂问题的评判，往往需要考虑的因素很多，而且

这些因素还可能分属于不同的层次，为此可以先把所有因素按某些属性分成几类，在每一类范围内开展第一级综合评判，之后再根据各类评判的结果进行第二级的综合评判。对于更复杂的问题还可分成更多层次进行多级综合评判。下面我们以二级评判为例，其主要步骤如下：

1）令评价集为 $V=\{v_1, v_2, v_3, v_4\}$；对于因素论域 U 则首先把 U 按照各因素的属性划分为 S 个互不相交的子集：$U=\{U_1, U_2, \cdots, U_S\}$；设每个子集 $U_k=\{u_{k1}, u_{k2}, \cdots, u_{km}\}$，这里，$k=1, 2, \cdots, S$；值得注意的是，对于不同的子集其 m 可以不同。

2）分别在每个因素子集 U_k 范围内进行综合评判。即先根据子集 U_k 中的各因素所起作用的大小给出各因素的权重分配为

$$\boldsymbol{a}_k=(a_{k1}, a_{k2}, \cdots, a_{km}) \quad (k=1,2,\cdots,S) \tag{3-26}$$

将 U_k 的各单因素进行评定，所得的模糊矢量 $\boldsymbol{r}_{ki}$（$i=1, 2, \cdots, m$）组成评价矩阵 $\boldsymbol{R}_k$，即

$$\boldsymbol{R}_k=\begin{pmatrix}\boldsymbol{r}_{k1}\\ \boldsymbol{r}_{k2}\\ \cdots\\ \boldsymbol{r}_{km}\end{pmatrix}=\begin{pmatrix}r_{k11} & r_{k12} & \cdots & r_{k1n}\\ r_{k21} & r_{k22} & \cdots & r_{k2n}\\ \cdots & \cdots & \cdots & \cdots\\ r_{km1} & r_{km2} & \cdots & r_{kmn}\end{pmatrix} \tag{3-27}$$

这里，$k=1, 2, \cdots, S$；然后再按式（3-28）求出相应的评价等级隶属矢量 $\boldsymbol{b}_k$，即

$$\boldsymbol{b}_k=\boldsymbol{a}_k \circ \boldsymbol{R}_k=[b_{k1}, b_{k2}, \cdots, b_{kn}] \tag{3-28}$$

同样，式中的 $k=1, 2, \cdots, S$。

3）将 $\boldsymbol{b}_1, \boldsymbol{b}_2, \cdots, \boldsymbol{b}_S$ 组成评价矩阵 $\boldsymbol{R}$

$$\boldsymbol{R}=\begin{pmatrix}\boldsymbol{b}_1\\ \boldsymbol{b}_2\\ \cdots\\ \boldsymbol{b}_S\end{pmatrix}=\begin{pmatrix}b_{11} & b_{12} & \cdots & b_{1n}\\ b_{21} & b_{22} & \cdots & b_{2n}\\ \cdots & \cdots & \cdots & \cdots\\ b_{S1} & b_{S2} & \cdots & b_{Sn}\end{pmatrix}=\begin{pmatrix}\boldsymbol{a}_1 \circ \boldsymbol{R}_1\\ \boldsymbol{a}_2 \circ \boldsymbol{R}_2\\ \cdots\\ \boldsymbol{a}_S \circ \boldsymbol{R}_S\end{pmatrix} \tag{3-29}$$

4）令 $\boldsymbol{a}$ 为 S 个因素子集的因素作用模糊矢量，其表达式为

$$\boldsymbol{a}=(a_1, a_2, \cdots, a_S) \tag{3-30}$$

这里，$\boldsymbol{a}$ 应该事先给出，它代表了各子集重要性的权重分配。至此便可得到二级模糊综合评判的数学式，即

$$\boldsymbol{b}=(b_1, b_2, \cdots, b_n)=\boldsymbol{a} \circ \boldsymbol{R} \tag{3-31}$$

式中，$\boldsymbol{R}$ 与 $\boldsymbol{a}$ 分别由式（3-29）与式（3-30）所定义。

例题 3：令对某工程质量问题进行多级模糊综合评判，其评价集（论域）为 $V=\{$优，良，中，低，差$\}=\{v_1, v_2, v_3, v_4, v_5\}$，因素论域 U 为 $U=\{U_1, U_2, \cdots, U_7\}$，其中：

$U_1=\{u_{11}, u_{12}, \cdots, u_{15}\}$，$U_2=\{u_{21}, u_{22}, u_{23}\}$，$U_3=\{u_{31}, u_{32}, \cdots, u_{35}\}$，$U_4=\{u_{41}, \cdots, u_{46}\}$，$U_5=\{u_{51}, u_{52}, u_{53}\}$，$U_6=\{u_{61}, u_{62}, u_{63}\}$，$U_7=\{u_{71}, u_{72}, \cdots, u_{74}\}$

相应的模糊评价矩阵为

$$R_1=\begin{pmatrix}2/9 & 3/9 & 4/9 & 0 & 0\\ 1/9 & 4/9 & 3/9 & 1/9 & 0\\ 2/9 & 4/9 & 2/9 & 1/9 & 0\\ 0 & 3/9 & 4/9 & 2/9 & 0\\ 1/9 & 3/9 & 4/9 & 1/9 & 0\end{pmatrix},\quad R_2=\begin{pmatrix}1/9 & 3/9 & 4/9 & 1/9 & 0\\ 3/9 & 4/9 & 2/9 & 0 & 0\\ 3/9 & 5/9 & 1/9 & 0 & 0\end{pmatrix},$$

$$R_3=\begin{pmatrix}1/9 & 2/9 & 4/9 & 2/9 & 0\\ 2/9 & 5/9 & 2/9 & 0 & 0\\ 1/9 & 2/9 & 5/9 & 1/9 & 0\\ 4/9 & 3/9 & 2/9 & 0 & 0\\ 0 & 3/9 & 5/9 & 1/9 & 0\end{pmatrix},\quad R_4=\begin{pmatrix}4/9 & 3/9 & 2/9 & 0 & 0\\ 2/9 & 5/9 & 2/9 & 0 & 0\\ 3/9 & 5/9 & 1/9 & 0 & 0\\ 0 & 2/9 & 6/9 & 1/9 & 0\\ 0 & 3/9 & 5/9 & 1/9 & 0\\ 5/9 & 2/9 & 2/9 & 0 & 0\end{pmatrix},$$

$$R_5=\begin{pmatrix}3/9 & 4/9 & 1/9 & 1/9 & 0\\ 1/9 & 2/9 & 4/9 & 2/9 & 0\\ 3/9 & 2/9 & 3/9 & 1/9 & 0\end{pmatrix},\quad R_6=\begin{pmatrix}1/9 & 4/9 & 4/9 & 0 & 0\\ 0 & 2/9 & 5/9 & 2/9 & 0\\ 0 & 0 & 7/9 & 2/9 & 0\end{pmatrix},$$

$$R_7=\begin{pmatrix}3/9 & 4/9 & 2/9 & 0 & 0\\ 3/9 & 3/9 & 3/9 & 0 & 0\\ 4/9 & 3/9 & 2/9 & 0 & 0\\ 1/9 & 3/9 & 5/9 & 0 & 0\end{pmatrix}$$

而 $\boldsymbol{a}_1$，$\boldsymbol{a}_2$，$\cdots$，$\boldsymbol{a}_7$ 以及 $\boldsymbol{a}$ 分别为

$$\boldsymbol{a}_1=(0.295, 0.295, 0.082, 0.164, 0.164)$$

$$\boldsymbol{a}_2=(0.634, 0.260, 0.106)$$

$$\boldsymbol{a}_3=(0.524, 0.109, 0.109, 0.198, 0.062)$$

$$\boldsymbol{a}_4=(0.059, 0.344, 0.032, 0.150, 0.106, 0.308)$$

$$\boldsymbol{a}_5=(0.25, 0.25, 0.50)$$

$$\boldsymbol{a}_6=(0.634, 0.260, 0.106)$$

$$\boldsymbol{a}_7=(0.327, 0.27, 0.27, 0.133)$$

$$\boldsymbol{a}=(0.431, 0.047, 0.072, 0.094, 0.186, 0.053, 0.118)$$

试计算出 $\boldsymbol{b}_1$，$\boldsymbol{b}_2$，$\cdots$，$\boldsymbol{b}_7$ 以及 $\boldsymbol{b}$，并且将它们做归一化处理。

解：借助于式（3-28）并注意将式中的“∘”运算符变为“·”，即作普通矩阵乘法，则得

$$\boldsymbol{b}_1=(0.135, 0.375, 0.393, 0.097, 0.000)$$

$$\boldsymbol{b}_2=(0.192, 0.386, 0.351, 0.070, 0.000)$$

$$\boldsymbol{b}_3 = (0.183, 0.288, 0.396, 0.135, 0.000)$$
$$\boldsymbol{b}_4 = (0.284, 0.366, 0.320, 0.280, 0.000)$$
$$\boldsymbol{b}_5 = (0.278, 0.278, 0.306, 0.139, 0.000)$$
$$\boldsymbol{b}_6 = (0.070, 0.340, 0.509, 0.081, 0.000)$$
$$\boldsymbol{b}_7 = (0.334, 0.370, 0.297, 0.000, 0.000)$$

借助于式（3-31）便得到 $\boldsymbol{b}$ 为

$$\boldsymbol{b} = (0.202, 0.348, 0.363, 0.111, 0.000)$$

注意，上面计算出来的 $\boldsymbol{b}_1$、$\boldsymbol{b}_2$、$\boldsymbol{b}_3$、$\boldsymbol{b}_4$、$\boldsymbol{b}_5$、$\boldsymbol{b}_6$、$\boldsymbol{b}_7$ 以及 $\boldsymbol{b}$ 未做归一化处理。显然，根据最大隶属度原则，便可对上述结果做出进一步分析。

综上所述，在多级模糊评价中，如何合理的给出与权重分配相当的 $\boldsymbol{a}_1$、$\boldsymbol{a}_2$、…、$\boldsymbol{a}_S$ 以及 $\boldsymbol{a}$，是件非常关键的事。目前，已有许多行之有效的处理办法，这里因篇幅所限不再讨论。

3.4.2 层次分析法（AHP）

20 世纪 70 年代初美国运筹学家 Saaty 提出一种层次分析（analytical hierarchy process，简称 AHP）法，所谓 AHP 方法就是把系统的复杂问题中的各种因素，根据问题的性质和总目的并按照它们间的相互联系以及隶属关系划分成不同层次的组合，构成一个多层次的系统分析结构模型；接着对每一层次各元素（或因素）的相对重要性做出判断；然后通过各层次因素的单排序与逐层的总排序，最终计算出最低层的诸元素相对最高层的重要性权值，从而确定优劣排序，为决策提供依据。

下面介绍具体分析的过程。

1. 建立层次结构模型

将问题所包含的因素分层，用层次框图描述层次的递阶结构和因素的从属关系。通常可分为最高层、中间层和最低层。最高层表示要解决的问题，即目标。中间层为实现总目标而采取的策略、准则等，一般可分为策略层、约束层和准则层等。最低层表示用于解决问题的措施、方案、政策等。当上一层次次的元素与下一层次的所有元素都有联系时称为完全的层次关系；如果上一层次的元素仅与下一层次的部分元素有联系，此时称为不完全的层次关系。图 3-3 所示为某城市财政支出结构，它属于不完全的层次关系。图 3-4 所示为某企业购买机器有三种产品可供选择时的结构，它属于完全的层次关系。

2. 构造判断矩阵

层次分析法要求逐层计算出有关相互联系的元素间影响的相对重要性并予以量化，组成判断矩阵作为分析的基础。当一个上层次元素与下层次多个元素有联系时，一般难以定出其间的相对重要程度，但如果每次取两个元素来比较，就较易于定出哪个重要哪个次要。今设上一层次中的一个元素 A_k 与下层次 n 个元素 $\widetilde{\boldsymbol{B}} = \{B_1, B_2, \cdots, B_n\}$ 有关，用 b_{ij} 表示（对于因素 A_k 而言）元素 B_i 对元素 B_j 的相对

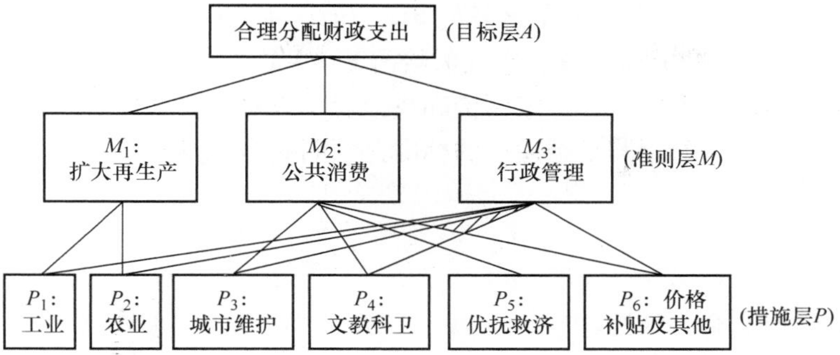

图 3-3　某城市财政支出结构

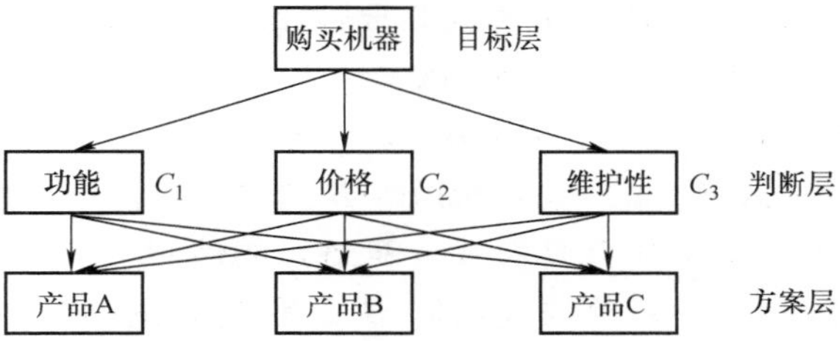

图 3-4　某企业购买机器的分析结构

重要性，于是全部比较结果便构成了对于因素 A_k 的判断矩阵 $\boldsymbol{B}$，这里，$\boldsymbol{B}=(b_{ij})_{n\times n}$，即

A_k	B_1	B_2	…	B_j	…	B_n
B_1	b_{11}	b_{12}	…	b_{1j}	…	B_{1n}
B_2	b_{21}	b_{22}	…	b_{2j}	…	b_{2n}
…	…	…	…	…	…	…
B_i	b_{i1}	b_{i2}	…	b_{ij}	…	b_{in}
…	…	…	…	…	…	…
B_n	b_{n1}	b_{n2}	…	b_{nj}	…	b_{nn}

(3-32)

为了用数值来表示相对重要性的程度，Saaty 教授提出了标度的方法，他认为人们在估计成对事物的差别时，可用 5 种判断级进行描述，见表 3-1。

表 3-1　表示相对重要程度的 5 种判断级

B_i/B_j	相等	稍微重要	明显重要	强烈重要	极端重要
b_{ij}	1	3	5	7	9

如果判断成对事物的差别介于两者之间时，则 b_{ij} 值可取为 2，4，6，8；而倒数则是两对比项颠倒比较的结果。显然，对于判断矩阵有

$$b_{ii}=1, b_{ij}=1/b_{ji}>0 \quad (i,j=1\sim n) \tag{3-33}$$

判断矩阵 $\boldsymbol{B}$ 为 $n\times n$ 阶矩阵，它仅需给出 $n(n-1)/2$ 个元素的数值。判断矩阵中的数值可以根据数据资料、专家评价和决策者本人对该问题的认知状况加以综合平衡后给出。衡量判断矩阵是否适当的标准是判断它是否具有一致性，当判断矩阵满足

$$b_{ij}=\frac{b_{ik}}{b_{jk}} \quad (i,j,k=1\sim n) \tag{3-34}$$

时，则称它具有完全一致性。

3. 层次单排序及其一致性检验

所谓层次单排序是指根据上一层次元素 A_k 的判断矩阵，计算本层次与之有联系的各元素 $\{B_1, B_2, \cdots, B_n\}$ 间相对重要性排序的权值。这可归结为计算判断矩阵的特征值和特征矢量的问题，即计算满足

$$\boldsymbol{B}\cdot\boldsymbol{W}=\lambda_{\max}\boldsymbol{W} \tag{3-35}$$

的 $\lambda_{\max}$ 与相应的 $\boldsymbol{W}$；这里，$\lambda_{\max}$ 为判断矩阵 $\boldsymbol{B}$ 的最大特征根，$\boldsymbol{W}$ 为对应于 $\lambda_{\max}$ 的正规化特征矢量；由于判断矩阵具有式（3-33）的性质，因此它是一种正互反矩阵。数学上可以证明：$n\times n$ 阶的互反阵 $\boldsymbol{B}$ 是完全一致的充要条件［即满足式（3-34）时］为该阵 $\boldsymbol{B}$ 的 $\lambda_{\max}$ 满足 $\lambda_{\max}=n$；此时对应于 $\lambda_{\max}$ 的正规化特征矢量 $\boldsymbol{W}$，其所相应的分量（例如 w_i）即为对应于元素（例如 B_i）的单排序的权值。

由于事物的复杂性以及人们认知的片面性，所构造的判断矩阵不一定具有完全一致性。如果判断矩阵不具有一致性，令这时的判断矩阵为 $\boldsymbol{B}'$，则由特征方程 $\boldsymbol{B}'\cdot\boldsymbol{W}=\lambda\boldsymbol{W}$ 求出的最大特征根 $\lambda'_{\max}$ 就会大于 n，而且 $\lambda'_{\max}$ 比 n 大得越多，$\boldsymbol{B}'$ 的不一致程度就越严重。为此，引入一致性指标 CI（consistent index），即

$$CI=\frac{\lambda_{\max}-n}{n-1} \tag{3-36}$$

来衡量判断矩阵的不一致程度。显然，当判断矩阵具有完全一致性时，则 $CI=0$；为了给出具体的度量指标，Saaty 提出用平均随机一致性指标 RI 来检验判断矩阵是否具有满意的一致性。这里，RI 的表达式为

$$RI=\frac{\lambda'_{\max}-n}{n-1} \tag{3-37}$$

表 3-2 给出了 1 ~9 阶判断矩阵的 RI 值。

表 3-2　判断矩阵的 RI 值

n	1	2	3	4	5	6	7	8	9
RI	0	0	0.58	0.90	1.12	1.24	1.32	1.41	1.45

对于 $n=1$，2 时 RI 只是形式上的取值，因为 1，2 阶判断矩阵总是能完全一致

的。当阶数大于 2 时，则 CI 与 RI 之比，记为 CR，即

$$CR \equiv \frac{CI}{RI} \tag{3-38}$$

称 CR 为随机一致性比。当 $CR<0.10$ 时，则认为判断矩阵具有满意的一致性，否则就必须重新调整判断矩阵，直至具有满意的一致性，这时计算出的最大特征值所对应的特征矢量经规格化后才可以作为层次单排序的权值。

4. 层次总排序及其一致性检验

计算同一层次所有元素对于最高层（总目标层）相对重要性的排序权值，称为层次总排序。这一计算需要从上到下，逐层顺序进行。事实上，对于紧接最高层下的那一层（即第 2 层），其层次单排序即为总排序。现假设进行到 A 层，它包含有 m 个元素（A_1，A_2，…，A_m），得到的层次总排序权值分别为 a_1，a_2，…，a_m；其下一层次 B 包括 n 个元素 B_1，B_2，…，B_n，它们对于 A_j 的层次单排序权值已知，其结果为 b_1^j，b_2^j，…，b_n^j；这里，若 B_i 与 A_j 无关，则 $b_i^j=0$；这样，B 层元素的层次总排序权值便可由表 3-3 得到。

表 3-3　层次总排序

层次 B	层次 A				B 层次总排序权值
	A_1	A_2	…	A_m	
	a_1	a_2	…	a_m	
B_1	b_1^1	b_1^2	…	b_1^m	$\sum_{j=1}^{m}(a_j b_1^j)$
B_2	b_2^1	b_2^2	…	b_2^m	$\sum_{j=1}^{m}(a_j b_2^j)$
…	…	…	…	…	…
B_n	b_n^1	b_n^2	…	b_n^m	$\sum_{j=1}^{m}(a_j b_n^j)$

显然，有

$$\sum_{i=1}^{n}\sum_{j=1}^{m}(a_j b_i^j) = 1 \tag{3-39}$$

层次总排序也要进行一致性检验。检验是从高层到低层逐层进行的。设与 A 层中任一元素 A_j 对应的 B 层中判断矩阵的一致性指标为 CI_j，而平均随机一致性指标为 RI_j，于是 B 层次总排序随机一致性比率 CR 为

$$CR = \frac{CI}{RI} = \frac{\sum_{j=1}^{m}(a_j CI_j)}{\sum_{j=1}^{m}(a_j RI_j)} \tag{3-40}$$

当 $CR \leqslant 0.1$ 时，认为该层次总排序的结果具有满意的一致性，否则需对本层次（指 B 层）的判断矩阵重新调整，直至满足一致性。在式（3-40）中 CI_j 表示与 a_j 对应的 B 层次中判断矩阵的一致性指标；RI_j 表示与 a_j 对应的 B 层次中判断矩阵的平均随机性一致性指标。

5. 层次分析法的计算方法

AHP 计算的根本问题是如何计算判断矩阵的最大特征根 $\lambda_{\max}$ 及其对应的特征矢量 $\boldsymbol{W}$；由于在通常情况下判断矩阵中元素 b_{ij} 的给定是比较粗糙的，因此实际计算时多采用比较简单的近似算法。下面扼要讨论常用的三种计算方法。

（1）幂法　这是一种借助于计算机的数值计算获取最大特征根 $\lambda_{\max}$ 及其对应的特征矢量 $\boldsymbol{W}$ 的方法，其主要计算步骤如下：

1）任取一个与判断矩阵 $\boldsymbol{B}$ 同阶的规格化的初始矢量，设为

$$\begin{cases} \boldsymbol{W}^{(0)} = [w_1^{(0)}, w_2^{(0)}, \cdots, w_n^{(0)}]^{\mathrm{T}} \\ \sum_{i=1}^{n} w_i^{(0)} = 1 \end{cases}$$

2）计算 $\widetilde{\boldsymbol{W}}^{(k+1)}$，其计算式为 $\widetilde{\boldsymbol{W}}^{(k+1)} = \boldsymbol{B} \cdot \boldsymbol{W}^{(k)}$，$(k=0, 1, \cdots)$。

3）进行规格化，令 $\beta = \sum_{i=1}^{n} \widetilde{w}_i^{(k+1)}$，并计算 $\boldsymbol{W}^{(k+1)}$，即 $\boldsymbol{W}^{(k+1)} = \frac{1}{\beta}\widetilde{\boldsymbol{W}}^{(k+1)}$。

4）对于预先给定的精度 ε，当 $|w_i^{(k+1)} - w_i^{(k)}| < \varepsilon$，$0 < \varepsilon < 1$，对所有 $i=1, 2, \cdots, n$ 成立时，则 $\boldsymbol{W}^{(k+1)}$ 即为所求的特征矢量 $\boldsymbol{W}$，然后进行第 5）步计算；否则令 $k := k+1$ 然后转到第 2）步。

5）计算最大特征值 $\lambda_{\max}$，即

$$\lambda_{\max} = \sum_{i=1}^{n} \left\{ \frac{[\boldsymbol{B} \cdot \boldsymbol{W}^{(k+1)}]_i}{n w_i^{(k+1)}} \right\} \tag{3-41}$$

式中，$[\boldsymbol{B} \cdot \boldsymbol{W}^{(k+1)}]_i$ 为判断矩阵 $\boldsymbol{B}$ 与特征矢量 $\boldsymbol{W}^{(k+1)}$ 乘积的第 i 项分量。

（2）方根法　方根法属于一次性算法，其主要步骤如下：

1）计算判断矩阵 $\boldsymbol{B}$ 每行元素的连乘积，即 $M_i = \prod_{j=1}^{n} b_{ij}$，$(i=1, 2, \cdots, n)$。

2）求 M_i 的 n 次方根

$$\widetilde{w}_i = \sqrt[n]{M_i} \quad (i = 1, 2, \cdots, n) \tag{3-42}$$

3）对矢量 $\widetilde{\boldsymbol{W}} = [\widetilde{w}_1, \widetilde{w}_2, \cdots, \widetilde{w}_n]^{\mathrm{T}}$ 规格化，即

$$w_i = \frac{\widetilde{w}_i}{\sum_{i=1}^{n} \widetilde{w}_i} \quad (i = 1, 2, \cdots, n) \tag{3-43}$$

所得矢量 $\boldsymbol{W} = [w_1, w_2, \cdots, w_n]^{\mathrm{T}}$ 便为所求的特征矢量。

4）计算最大特征值 $\lambda_{\max}$，即

$$\lambda_{\max} = \sum_{i=1}^{n}\left[\frac{(\boldsymbol{B}\cdot\boldsymbol{W})_i}{nw_i}\right] \tag{3-44}$$

式中，$(\boldsymbol{B}\cdot\boldsymbol{W})_i$ 为判断矩阵 $\boldsymbol{B}$ 与特征矢量 $\boldsymbol{W}$ 乘积的第 i 项分量。

（3）和积法　和积法也是一次性的计算方法，其步骤如下：

1）将判断矩阵 $\boldsymbol{B}$ 按列作规格化，即

$$\widetilde{b}_{ij} = \frac{b_{ij}}{\sum\limits_{k=1}^{n} b_{kj}} \quad (i,j = 1 \sim n)$$

将规格化矩阵记 $\widetilde{\boldsymbol{B}} = [\widetilde{b}_{ij}]_{n\times n}$

2）对矩阵 $\widetilde{\boldsymbol{B}}$ 按行相加，得

$$\widetilde{w}_i = \sum_{j=1}^{n} \widetilde{b}_{ij} \quad (i = 1 \sim n)$$

记矢量 $\widetilde{\boldsymbol{W}} = [\widetilde{w}_1, \widetilde{w}_2, \cdots, \widetilde{w}_n]^{\mathrm{T}}$

3）将矢量 $\widetilde{\boldsymbol{W}}$ 规格化，即

$$w_i = \frac{\widetilde{w}_i}{\sum\limits_{k=1}^{n} \widetilde{w}_k} \quad (i = 1,2,\cdots,n) \tag{3-45}$$

于是矢量 $\boldsymbol{W} = [w_1, w_2, \cdots, w_n]^{\mathrm{T}}$ 即为矩阵 $\boldsymbol{B}$ 的特征矢量。

4）计算最大特征值 $\lambda_{\max}$，即

$$\lambda_{\max} = \sum_{i=1}^{n}\left[\frac{(\boldsymbol{B}\cdot\boldsymbol{W})_i}{nw_i}\right] \tag{3-46}$$

式中，$(\boldsymbol{B}\cdot\boldsymbol{W})_i$ 为判断矩阵 $\boldsymbol{B}$ 与特征矢量 $\boldsymbol{W}$ 乘积的第 i 项分量。这里，$\boldsymbol{W}$ 由第3）步决定。

例题4：某国有工厂企业有一笔企业留成利润，可由厂方自行决定如何使用。可供选择的方案有：作为奖金发放给职工；扩建职工食堂、托儿所等福利设施；开办职工业余学校和短训班；建立图书馆、职工俱乐部和业余文工队；引进新技术设备，进行企业技术改造等。从调动职工劳动积极性，提高职工文化技术水平，增强企业竞争能力等方面来看，这些方案各有其合理之处。于是如何对这五个方案（见图3-5）进行优劣评价或者按照优劣次序排序，以便从中选择一种方案将企业留成利润合理使用，达到企业发展的目的呢？

解：本题的求解可分6步进行：

1）确定目标层、策略层以及措施层，即把“合理使用企业留成利润”作为目标层 A，以“调动职工劳动生产积极性”“提高生产技术水平”和“改善职工物质文化生活状况”作为策略层（又称准则层 C）。另外，图3-5中给出了五项可供实

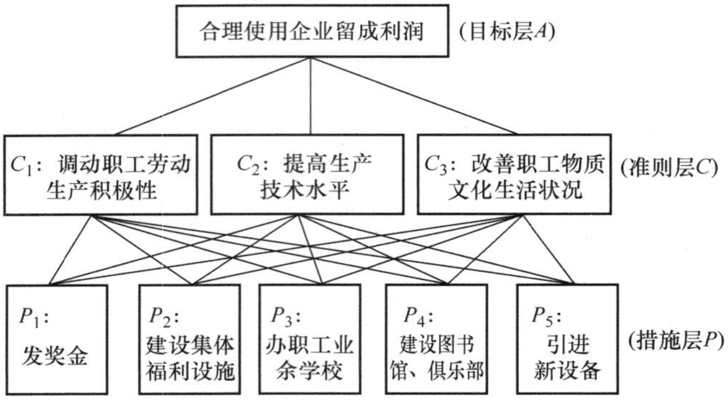

图 3-5　合理使用企业留成利润的 AHP 结构模型图

施的项目，称之为措施层 P。

2）构造 $A-C$ 的判断矩阵。先构造目标层对应于准则层间的判断矩阵，即相对于合理使用企业利润促进企业发展的总目标，比较各准则之间的相对重要性，构造 $A-C$ 的判断矩阵 $\boldsymbol{A}$ 为

$A-C$	C_1	C_2	C_3
C_1	1	1/5	1/3
C_2	5	1	3
C_3	3	1/3	1

3）构造准则层对于方案层 $C-P$ 的判断矩阵。

① 相对于“调动职工劳动积极性”准则，根据各种使用留成利润方案措施之间的相对重要性比较，做出 C_1-P 的判断矩阵 $\boldsymbol{C}_1$ 为

C_1-P	P_1	P_2	P_3	P_4	P_5
P_1	1	2	3	4	7
P_2	1/3	1	3	2	5
P_3	1/5	1/3	1	1/2	1
P_4	1/4	1/2	2	1	3
P_5	1/7	1/5	1	1/3	1

② 相对于“提高生产技术水平”准则，构造各种使用留成利润措施方案之间相对重要性比较，做出 C_2-P 的判断矩阵 $\boldsymbol{C}_2$ 为

C_2-P	P_2	P_3	P_4	P_5
P_2	1	1/7	1/3	1/5
P_3	7	1	5	3
P_4	3	1/5	1	1/3
P_5	5	1/3	3	1

③ 相对于“改善职工物质及文化生活”准则，构造出各种使用企业留成利润

措施方案相对重要性比较，做出 C_3-P 的判断矩阵 $\boldsymbol{C}_3$ 为

C_3-P	P_1	P_2	P_3	P_4
P_1	1	1	3	3
P_2	1	1	3	3
P_3	1/3	1/3	1	1
P_4	1/3	1/3	1	1

4）计算各判断矩阵最大特征根和所对应的特征矢量或权重矢量，并进行一致性检验。

① 对于判断矩阵 $\boldsymbol{A}$，经计算 $\lambda_{\max}=3.038$，而 $\boldsymbol{W}_A$ 为

$$\boldsymbol{W}_A=\begin{pmatrix}0.105\\0.637\\0.258\end{pmatrix},\quad \begin{aligned}CI&=0.019\\RI&=0.580\\CR&=0.033\end{aligned}$$

② 对于判断矩阵 $\boldsymbol{C}_1$，经计算 $\lambda_{\max}=5.126$，而 $\boldsymbol{W}_{C1}$ 为

$$\boldsymbol{W}_{C1}=\begin{pmatrix}0.491\\0.232\\0.092\\0.138\\0.046\end{pmatrix},\quad \begin{aligned}(CI)_1&=0.032\\(RI)_1&=1.120\\CR&=0.028\end{aligned}$$

③ 对于判断矩阵 $\boldsymbol{C}_2$，经计算 $\lambda_{\max}=4.117$，而 $\boldsymbol{W}_{C2}$ 为

$$\boldsymbol{W}_{C2}=\begin{pmatrix}0.055\\0.564\\0.118\\0.263\end{pmatrix},\quad \begin{aligned}(CI)_2&=0.039\\(RI)_2&=0.900\\CR&=0.43\end{aligned}$$

④ 对于判断矩阵 $\boldsymbol{C}_3$，经计算 $\lambda_{\max}=4.000$，而 $\boldsymbol{W}_{C3}$ 为

$$\boldsymbol{W}_{C3}=\begin{pmatrix}0.406\\0.406\\0.094\\0.094\end{pmatrix},\quad \begin{aligned}(CI)_3&=0\\(RI)_3&=0\\CR&=0\end{aligned}$$

5）进行层次总排序及其一致性检验的计算。

根据上述各判断矩阵所计算出的各因素权重结果，将各使用企业利润方案相对于“合理使用企业留成利润、促进企业新发展”总目标的层次总排序计算见表 3-4。

表 3-4 层次总排序

层次 P	层次 C			层次 P 总排序 W
	C_1	C_2	C_3	
	0.105	0.637	0.258	
P_1	0.491	0.000	0.406	0.157
P_2	0.232	0.055	0.406	0.164
P_3	0.092	0.564	0.094	0.393
P_4	0.138	0.118	0.094	0.113
P_5	0.046	0.263	0.000	0.172

层次总排序一致性检验如下：

$$CI = \sum_{i=1}^{3}[c_i(CI)_i] = 0.105 \times 0.032 + 0.637 \times 0.039 + 0.258 \times 0.0 = 0.028$$

$$RI = \sum_{i=1}^{3}[c_i(RI)_i] = 0.105 \times 1.12 + 0.637 \times 0.9 + 0.258 \times 0.0 = 0.691$$

$$CR = \frac{CI}{RI} = \frac{0.028}{0.691} = 0.04$$

6）结论。综上分析，为实现该厂“合理使用企业留成利润、促进企业新发展”这个目标，所考虑的五种方案的相对优先排序为：开办职工业余技术学校 P_3 为 0.393；引进新技术设备、进行企业技术改造 P_5 为 0.172；扩建职工宿舍、食堂、托儿所等福利措施层 P_2 为 0.164；作为奖金发给职工 P_1 为 0.157；建图书馆、俱乐部和文体工队 P_4 为 0.113。显然，这些分析为企业的决策提供了理论依据。

还需说明的是，现行的层次分析法在判断矩阵的建立、一致性检验的方法以及一致性标准（这里规定 $CR \leqslant 0.1$）等方面仍需要进一步去发展与完善（例如，可以将模糊理论与层次分析方法结合起来，发展所谓的模糊层次分析法去建立模糊一致判断矩阵来替代原来通过两两比较构造的判断矩阵），关于这方面的知识可参阅参考文献［18］。

第2篇

三元流理论的基础及几种算法的典型算例

人类实现有动力飞行已有100多年的历史，作为飞机的“心脏”，航空发动机的发展离不开叶轮机械气动热力学的理论与发展。半个多世纪以来，航空燃气涡轮喷气发动机技术，始终沿着高推重比、低油耗、长寿命、高可靠性和低成本的方向飞速发展。航空燃气涡轮发动机的推力已由最初的2～3kN发展到现在的570kN，几乎增大了200倍；耗油率由最初的大于0.1kg/(N·h)降到了0.035kg/(N·h)，降低了约2/3；发动机的寿命也由最初的几十小时发展到了2万～3万h，而推重比则由最初的小于1发展到了大于10。

另外，为了满足航空燃气涡轮发动机的发展需要，航空叶片机的风扇/压气机始终沿着高压比、高速度和高效率的方向不断发展，而涡轮沿着高进口温度、高速度和高效率的方向迈进。风扇/压气机的总增压比已从20世纪40年代初的3～4发展到现在的25～52。此外，为了减小轴向长度和自重，风扇/压气机的级负荷也在不断增大。涡轮的进口温度也从20世纪40年代初的1073K发展到现在的1800～2000K，而现代三代单晶高温合金最高耐温为1376K，这超过600K的温度差只能靠复杂的涡轮叶片冷却技术和隔热涂层技术来解决。

总之，航空发动机是处在高温、高压、高转速且处于很快的加减速瞬变造成应力和热负荷高低周交变的极端恶劣的环境中工作，而且发动机的转速高达1万～6万r/min，相应地离心加速度约为10万g的量级，因此承受如此高温的涡轮叶片在如此高的离心负荷下要保证安全、可靠、长寿命的工作，无疑这是件难度很高的工作。

航空发动机的设计涉及气体动力学、固体力学、热力学、传热学、燃烧学、机械学、材料学、自动控制、加工制造、人机工程学等多个学科。以流动问题为例，气流流过风扇、压气机、燃烧室、涡轮等部件，几何边界条件复杂，流动性质属于强三维、固有非定常、包含转换过程的复杂湍流流动。

正如参考文献［123］和［134］所指出的，叶轮机械内的气体流动与通常空气动力学有两点重大差别：一是叶轮机械（如泵、风扇、压气机、蒸汽轮机、燃气轮机和水轮机等）的主要作用，在于改变流体的能级，而通常空气动力学理论中，气体绕机翼的流动，其总能大体上保持不变；二是在叶轮机械内部的流动，总是被限制在旋转的壁面之间，这显然与空气动力学所研究的外部流动边界大不相同。也正是上述两大特点，使得叶轮机械气体动力学和通常机翼的气体动力学问题有许多显著的差别。

本篇主要包括第4章与第5章，其中第4章主要讲述吴仲华先生创立的叶轮机械三元流理论的基础，并给出S_1与S_2两类流面交叉迭代获取三维流场数值解的基本思想；第5章主要给出了两大类数值方法：一类是吴先生提出的两类流面交叉迭代的数值方法，另一类是直接数值求解Euler方程或Navier－Stokes方程（以下简称N－S方程）组。针对这两大类算法，本章分别给出了相应的典型算例。这里必须强调的是，这两类数值方法各有利弊，前者与叶轮机械三元流理论相配合，更适用于航空发动机的气动设计问题；而后者更有利于求解航空发动机正问题的计算与分析。

第4章 叶轮机械三元流理论的基础

4.1 场论与张量计算基础

4.1.1 基矢量与张量的并矢表示法

1. 基矢量与度量张量

令（y^1，y^2，y^3）代表笛卡儿直角坐标系，（$\boldsymbol{i}_1$，$\boldsymbol{i}_2$，$\boldsymbol{i}_3$）为它的单位切矢量；令（x^1，x^2，x^3）代表任意曲线坐标系，（$\boldsymbol{e}_1$，$\boldsymbol{e}_2$，$\boldsymbol{e}_3$）是该坐标系的基矢量，并用（$\boldsymbol{u}_1$，$\boldsymbol{u}_2$，$\boldsymbol{u}_3$）代表单位基矢量；令 $\boldsymbol{R}$ 为矢径，于是有

$$\boldsymbol{e}_\alpha = \frac{\partial \boldsymbol{R}}{\partial x^\alpha} = \boldsymbol{i}_\beta \frac{\partial y^\beta}{\partial x^\alpha} = \sqrt{g_{\alpha\alpha}}\boldsymbol{u}_\alpha \text{（这里不对 } \alpha \text{ 作和）} \tag{4-1}$$

这里采用了爱因斯坦（Einstein）求和规约。式中，$g_{\alpha\alpha} = \boldsymbol{e}_\alpha \cdot \boldsymbol{e}_\alpha$。令 ε_{ijk} 与 ε^{ijk} 为埃丁顿（Eddington）张量，并且令曲线坐标系（x^1，x^2，x^3）与曲线坐标系（x_1，x_2，x_3）互易，因此（$\boldsymbol{e}_1$，$\boldsymbol{e}_2$，$\boldsymbol{e}_3$）与（$\boldsymbol{e}^1$，$\boldsymbol{e}^2$，$\boldsymbol{e}^3$）构成对偶基矢量（又称倒易基矢量），则有

$$\boldsymbol{e}_i \times \boldsymbol{e}_j = \varepsilon_{ijk}\boldsymbol{e}^k,\quad \boldsymbol{e}^i \times \boldsymbol{e}^j = \varepsilon^{ijk}\boldsymbol{e}_k \tag{4-2}$$

$$\boldsymbol{e}^\alpha = \frac{\partial \boldsymbol{R}}{\partial x_\alpha} = \boldsymbol{i}_\beta \frac{\partial y^\beta}{\partial x_\alpha} = \sqrt{g^{\alpha\alpha}}\boldsymbol{u}^\alpha \quad \text{（这里不对 } \alpha \text{ 作和）} \tag{4-3}$$

$$g^{\alpha\alpha} = \boldsymbol{e}^\alpha \cdot \boldsymbol{e}^\alpha \tag{4-4}$$

式中，$\boldsymbol{u}^\alpha$ 为曲线坐标系（x_1，x_2，x_3）的单位基矢量。令 $g_{\alpha\beta}$ 与 $g^{\alpha\beta}$ 分别表示曲线坐标系（x^1，x^2，x^3）与（x_1，x_2，x_3）的度量张量，则有

$$g_{\alpha\beta} = \boldsymbol{e}_\alpha \cdot \boldsymbol{e}_\beta = \frac{\partial y^k}{\partial x^\alpha}\frac{\partial y^k}{\partial x^\beta} = g_{\beta\alpha} \tag{4-5}$$

$$g^{\alpha\beta} = \boldsymbol{e}^\alpha \cdot \boldsymbol{e}^\beta = \frac{\partial x^\alpha}{\partial y^k}\frac{\partial x^\beta}{\partial y^k} = g^{\beta\alpha} \tag{4-6}$$

并且有

$$\begin{pmatrix} \boldsymbol{e}_1 \\ \boldsymbol{e}_2 \\ \boldsymbol{e}_3 \end{pmatrix} = \begin{pmatrix} \dfrac{\partial y^1}{\partial x^1} & \dfrac{\partial y^2}{\partial x^1} & \dfrac{\partial y^3}{\partial x^1} \\ \dfrac{\partial y^1}{\partial x^2} & \dfrac{\partial y^2}{\partial x^2} & \dfrac{\partial y^3}{\partial x^2} \\ \dfrac{\partial y^1}{\partial x^3} & \dfrac{\partial y^2}{\partial x^3} & \dfrac{\partial y^3}{\partial x^3} \end{pmatrix} \begin{pmatrix} \boldsymbol{i}_1 \\ \boldsymbol{i}_2 \\ \boldsymbol{i}_3 \end{pmatrix} \tag{4-7}$$

$$\begin{pmatrix} \boldsymbol{e}^1 \\ \boldsymbol{e}^2 \\ \boldsymbol{e}^3 \end{pmatrix} = \begin{pmatrix} \dfrac{\partial x^1}{\partial y^1} & \dfrac{\partial x^1}{\partial y^2} & \dfrac{\partial x^1}{\partial y^3} \\ \dfrac{\partial x^2}{\partial y^1} & \dfrac{\partial x^2}{\partial y^2} & \dfrac{\partial x^2}{\partial y^3} \\ \dfrac{\partial x^3}{\partial y^1} & \dfrac{\partial x^3}{\partial y^2} & \dfrac{\partial x^3}{\partial y^3} \end{pmatrix} \begin{pmatrix} \boldsymbol{i}_1 \\ \boldsymbol{i}_2 \\ \boldsymbol{i}_3 \end{pmatrix} \tag{4-8}$$

$$g = \begin{vmatrix} g_{11} & g_{12} & g_{13} \\ g_{21} & g_{22} & g_{23} \\ g_{31} & g_{32} & g_{33} \end{vmatrix}, \frac{1}{\sqrt{g}} = \begin{vmatrix} g^{11} & g^{12} & g^{13} \\ g^{21} & g^{22} & g^{23} \\ g^{31} & g^{32} & g^{33} \end{vmatrix} \tag{4-9}$$

$$g^{ij} = \frac{1}{g}\frac{\partial g}{\partial g_{ij}} = g^{ji} \tag{4-10}$$

$$\sqrt{g} = \boldsymbol{e}_i \cdot (\boldsymbol{e}_j \times \boldsymbol{e}_k) = \frac{\partial(y^1, y^2, y^3)}{\partial(x^1, x^2, x^3)} \equiv J \tag{4-11}$$

$$\frac{1}{\sqrt{g}} = \boldsymbol{e}^i \cdot (\boldsymbol{e}^j \times \boldsymbol{e}^k) = \frac{\partial(x^1, x^2, x^3)}{\partial(y^1, y^2, y^3)} \equiv \frac{1}{J} \tag{4-12}$$

$$\boldsymbol{e}_i \cdot \boldsymbol{e}^j = g_i^j = \delta_i^j, \qquad \boldsymbol{e}^i \cdot \boldsymbol{e}_j = g_j^i = \delta_j^i \tag{4-13}$$

式中，δ_i^j 与 δ_j^i 为克罗奈克（Kronecker）符号。$\partial(y^1,\ y^2,\ y^3)/\partial(x^1,\ x^2,\ x^3)$ 为雅科比（Jacobian）函数行列式。

2. 张量的并矢表示法以及张量的并乘与点积

令 $\boldsymbol{G}$ 表示度量张量（又称单位张量），则在同一个坐标系中可有如下不同种类（协变或逆变）的分量表示：

$$\boldsymbol{G} = g^{ij}\boldsymbol{e}_i\boldsymbol{e}_j = g_{ij}\boldsymbol{e}^i\boldsymbol{e}^j = \delta_j^i\boldsymbol{e}_i\boldsymbol{e}^j = \boldsymbol{e}_j\boldsymbol{e}^j = \delta_i^j\boldsymbol{e}^i\boldsymbol{e}_j = \boldsymbol{e}^j\boldsymbol{e}_j \tag{4-14}$$

令 $\boldsymbol{T}$ 与 $\boldsymbol{S}$ 为任意阶张量，（不妨以二阶张量为例，令 $\boldsymbol{T} = T^{ij}\boldsymbol{e}_i\boldsymbol{e}_j$，而 $\boldsymbol{S} = S_{km}\boldsymbol{e}^k\boldsymbol{e}^m$），则 $\boldsymbol{TS}$ 表示两个张量并乘，便有

$$\boldsymbol{TS} = T^{ij}S_{km}\boldsymbol{e}_i\boldsymbol{e}_j\boldsymbol{e}^k\boldsymbol{e}^m \tag{4-15}$$

而

$$\boldsymbol{ST} = S_{km}T^{ij}\boldsymbol{e}^k\boldsymbol{e}^m\boldsymbol{e}_i\boldsymbol{e}_j \tag{4-16}$$

这时 $\boldsymbol{TS}$ 与 $\boldsymbol{ST}$ 都是四阶张量。显然，张量并乘时顺序不能任意交换，即

$$\boldsymbol{TS} \neq \boldsymbol{ST} \tag{4-17}$$

另外，对于两个张量的双点积有两种定义，一种叫并联式，另一种叫串联式，其结果分别为

$$(\text{并联式})\boldsymbol{T}:\boldsymbol{S} = (T^{ij}\boldsymbol{e}_i\boldsymbol{e}_j):(S_{km}\boldsymbol{e}^k\boldsymbol{e}^m) = T^{ij}S_{km}(\boldsymbol{e}_i \cdot \boldsymbol{e}^k)(\boldsymbol{e}_j \cdot \boldsymbol{e}^m) = T^{ij}S_{ij} \tag{4-18}$$

$$(\text{串联式})\boldsymbol{T}\cdot\cdot\boldsymbol{S} = (T^{ij}\boldsymbol{e}_i\boldsymbol{e}_j)\cdot\cdot(S_{km}\boldsymbol{e}^k\boldsymbol{e}^m) = T^{ij}S_{km}(\boldsymbol{e}_j \cdot \boldsymbol{e}^k)(\boldsymbol{e}_i \cdot \boldsymbol{e}^m) = T^{ij}S_{ji} \tag{4-19}$$

令 $\boldsymbol{V}$ 表示矢量，则 $\boldsymbol{T}$ 与 $\boldsymbol{V}$ 的点积为

$$\boldsymbol{T}\cdot\boldsymbol{V}=(T^{ij}\boldsymbol{e}_i\boldsymbol{e}_j)\cdot(v_k\boldsymbol{e}^k)=T^{ij}v_j\boldsymbol{e}_i \tag{4-20}$$

而 $\boldsymbol{V}$ 与 $\boldsymbol{T}$ 的点积为

$$\boldsymbol{V}\cdot\boldsymbol{T}=(v_k\boldsymbol{e}^k)\cdot(T^{ij}\boldsymbol{e}_i\boldsymbol{e}_j)=v_iT^{ij}\boldsymbol{e}_j=T^{ji}v_j\boldsymbol{e}_i \tag{4-21}$$

这时（$\boldsymbol{T}\cdot\boldsymbol{V}$）与（$\boldsymbol{V}\cdot\boldsymbol{T}$）都变为一阶张量即矢量。显然，当 $\boldsymbol{T}$ 不是对称张量时，则有$(\boldsymbol{T}\cdot\boldsymbol{V})\neq(\boldsymbol{V}\cdot\boldsymbol{T})$。

4.1.2 张量场的微分运算

1. 基矢量的导数及 Christoffel 符号

在曲线坐标系中协变基矢量 $\{\boldsymbol{e}_i\}$ 及其互易基 $\{\boldsymbol{e}^i\}$（又称对偶基）都是曲线坐标 $\{x^i\}$ 的函数，因此 $\boldsymbol{e}_i$ 与 $\boldsymbol{e}^i$ 的全微分分别是

$$\mathrm{d}\boldsymbol{e}_i=\frac{\partial\boldsymbol{e}_i}{\partial x^j}\mathrm{d}x^j \tag{4-22}$$

$$\mathrm{d}\boldsymbol{e}^i=\frac{\partial\boldsymbol{e}^i}{\partial x^j}\mathrm{d}x^j \tag{4-23}$$

令 Γ_{ij}^k和 $\Gamma_{ij,k}$分别表示第二类与第一类 Christoffel 符号，则$\frac{\partial e_i}{\partial x^j}$与$\frac{\partial e^i}{\partial x^j}$可分别表示为

$$\frac{\partial\boldsymbol{e}_i}{\partial x^j}=\Gamma_{ij}^k\boldsymbol{e}_k=\Gamma_{ij,k}\boldsymbol{e}^k \tag{4-24}$$

$$\frac{\partial\boldsymbol{e}^i}{\partial x^j}=-\Gamma_{jk}^i\boldsymbol{e}^k \tag{4-25}$$

$$\Gamma_{ij}^k\equiv\boldsymbol{e}^k\cdot\frac{\partial\boldsymbol{e}_i}{\partial x^j}=-\boldsymbol{e}_i\cdot\frac{\partial\boldsymbol{e}^k}{\partial x^j}=\boldsymbol{e}^k\cdot\frac{\partial\boldsymbol{e}_j}{\partial x^i}=\Gamma_{ji}^k \tag{4-26}$$

$$\Gamma_{ij,k}\equiv\boldsymbol{e}_k\cdot\frac{\partial\boldsymbol{e}_i}{\partial x^j}=\frac{1}{2}\left(\frac{\partial g_{ik}}{\partial x^j}+\frac{\partial g_{jk}}{\partial x^i}-\frac{\partial g_{ij}}{\partial x^k}\right)=\boldsymbol{e}_k\cdot\frac{\partial\boldsymbol{e}_j}{\partial x^i}=\Gamma_{ji,k} \tag{4-27}$$

$$\Gamma_{ij}^k=\frac{1}{2}g^{k\beta}\left(\frac{\partial g_{i\beta}}{\partial x^j}+\frac{\partial g_{j\beta}}{\partial x^i}-\frac{\partial g_{ij}}{\partial x^\beta}\right)=g^{k\beta}\Gamma_{ij,\beta} \tag{4-28}$$

特别是

$$\Gamma_{ij}^i=\frac{1}{2g}\frac{\partial g}{\partial x^j}=\frac{1}{\sqrt{g}}\frac{\partial\sqrt{g}}{\partial x^j}=\frac{\partial\ln\sqrt{g}}{\partial x^j} \tag{4-29}$$

$$\Gamma_{ij,k}=g_{k\beta}\Gamma_{ij}^\beta \tag{4-30}$$

$$\frac{\partial g_{ij}}{\partial x^k}=\frac{\partial(\boldsymbol{e}_i\cdot\boldsymbol{e}_j)}{\partial x^k}=\Gamma_{ik,j}+\Gamma_{jk,i}=\frac{\partial g_{ji}}{\partial x^k} \tag{4-31}$$

注意，在笛卡儿直角坐标系下，Christoffel 符号恒为零。

2. 张量分量对坐标的协变导数

（1）协变导数　在三维空间中，先讨论 n 阶张量场函数 $\boldsymbol{T}=\boldsymbol{T}(\boldsymbol{R})$ 对矢径 $\boldsymbol{R}$ 的导数。根据张量分析中的商规则，这个导数是 $n+1$ 阶张量。张量微分与导数间关

系为

$$\mathrm{d}\boldsymbol{T}=(\mathrm{d}\boldsymbol{R})\cdot\frac{\mathrm{d}\boldsymbol{T}}{\mathrm{d}\boldsymbol{R}}\equiv(\mathrm{d}\boldsymbol{R})\cdot\left(e^k\frac{\partial\boldsymbol{T}}{\partial x^k}\right)=\frac{\partial\boldsymbol{T}}{\partial x^k}\mathrm{d}x^k \tag{4-32}$$

注意$\frac{\partial\boldsymbol{T}}{\partial x^k}$的表达式中，不仅包含分量对坐标的偏导数，也包含并矢基张量对坐标的偏导数。今以 $\boldsymbol{T}$ 为二阶张量为例说明如下：令 $\boldsymbol{T}=T_{ij}\boldsymbol{e}^i\boldsymbol{e}^j$，则

$$\frac{\partial\boldsymbol{T}}{\partial x^k}=\frac{\partial}{\partial x^k}(T_{ij}\boldsymbol{e}^i\boldsymbol{e}^j)=\frac{\partial T_{ij}}{\partial x^k}\boldsymbol{e}^i\boldsymbol{e}^j+T_{ij}\left(\frac{\partial\boldsymbol{e}^i}{\partial x^k}\right)\boldsymbol{e}^j+T_{ij}\boldsymbol{e}^i\left(\frac{\partial\boldsymbol{e}^j}{\partial x^k}\right)=(\nabla_k T_{ij})\boldsymbol{e}^i\boldsymbol{e}^j \tag{4-33}$$

式中，$\nabla_k T_{ij}$为协变分量 T_{ij}对坐标 x^k 的协变导数，显然$\nabla_k T_{ij}$为一个三阶张量的协变分量，其具体表达式为

$$\nabla_k T_{ij}=\frac{\partial T_{ij}}{\partial x^k}-\Gamma^m_{kj}T_{im}-\Gamma^m_{ki}T_{mj} \tag{4-34}$$

类似的有

$$\nabla_k T^{ij}=\frac{\partial T^{ij}}{\partial x^k}+\Gamma^j_{km}T^{im}+\Gamma^i_{km}T^{mj} \tag{4-35}$$

$$\nabla_k T^{i}{}_{\cdot j}=\frac{\partial T^{i}{}_{\cdot j}}{\partial x^k}+\Gamma^i_{km}T^{m}{}_{\cdot j}-\Gamma^m_{kj}T^{i}{}_{\cdot m} \tag{4-36}$$

令 $\boldsymbol{V}$ 为一阶张量（即矢量），即 $\boldsymbol{V}=v_i\boldsymbol{e}^i=v^i\boldsymbol{e}_i$，于是有

$$\frac{\partial\boldsymbol{V}}{\partial x^k}=(\nabla_k v_i)\boldsymbol{e}^i=(\nabla_k v^i)\boldsymbol{e}_i \tag{4-37}$$

$$\left.\begin{aligned}\nabla_k v_i&=\frac{\partial v_i}{\partial x^k}-\Gamma^m_{ki}v_m\\ \nabla_k v^i&=\frac{\partial v^i}{\partial x^k}+\Gamma^i_{km}v^m\end{aligned}\right\} \tag{4-38}$$

（2）度量张量与置换张量的协变导数　在任意曲线坐标系中，度量张量 $\boldsymbol{G}$ 的任何分量（协变、逆变或者混合）的协变导数恒为零，即

$$\nabla_k g_{ij}=0,\nabla_k g^{ij}=0,\nabla_k g^i_j=0 \tag{4-39}$$

并且在任意曲线坐标系中，Eddington 张量（又称置换张量）的分量其协变导数也恒为零，即

$$\nabla_m\varepsilon^{ijk}=0,\nabla_m\varepsilon_{ijk}=0 \tag{4-40}$$

因此，度量张量 $\boldsymbol{G}$ 与置换张量 $\boldsymbol{\varepsilon}$ 对矢径 $\boldsymbol{R}$ 的导数分别是三阶零张量与四阶零张量，即

$$\frac{\mathrm{d}\boldsymbol{G}}{\mathrm{d}\boldsymbol{R}}=0,\ \frac{\mathrm{d}\boldsymbol{\varepsilon}}{\mathrm{d}\boldsymbol{R}}=0 \tag{4-41}$$

下面给出关于度量张量 $\boldsymbol{G}$ 的几个重要恒等式（这里 $\boldsymbol{T}$ 为任意二阶张量，$\boldsymbol{a}$ 与 $\boldsymbol{b}$ 为矢量，φ 为任意标量）：

$$
\left.\begin{aligned}
&\boldsymbol{a}\cdot\boldsymbol{G}=\boldsymbol{G}\cdot\boldsymbol{a}=\boldsymbol{a}\\
&\boldsymbol{T}\cdot\boldsymbol{G}=\boldsymbol{G}\cdot\boldsymbol{T}=\boldsymbol{T}\\
&\boldsymbol{a}\times\boldsymbol{G}=\boldsymbol{G}\times\boldsymbol{a}\\
&\boldsymbol{a}\cdot(\boldsymbol{G}\times\boldsymbol{b})=(\boldsymbol{G}\times\boldsymbol{a})\cdot\boldsymbol{b}=\boldsymbol{a}\times\boldsymbol{b}\\
&\boldsymbol{G}\times(\boldsymbol{a}\times\boldsymbol{b})=\boldsymbol{ba}-\boldsymbol{ab}\\
&(\boldsymbol{a}\times\boldsymbol{G})\cdot\boldsymbol{T}=(\boldsymbol{G}\times\boldsymbol{a})\cdot\boldsymbol{T}=\boldsymbol{a}\times\boldsymbol{T}\\
&\nabla\cdot(\varphi\boldsymbol{G})=\nabla\varphi\\
&\nabla\cdot(\boldsymbol{G}\times\boldsymbol{a})=\nabla\times\boldsymbol{a}\\
&\nabla\times(\varphi\boldsymbol{G})=(\nabla\varphi)\times\boldsymbol{G}
\end{aligned}\right\}\tag{4-42}
$$

式中，∇为哈密顿（Hamilton）算子。

3. 微分算子及张量的梯度、散度和旋度等运算

（1）张量的梯度　引入哈密顿（Hamilton）算子，在任意曲线坐标系中，其定义为

$$
\nabla\equiv\boldsymbol{e}^k\frac{\partial}{\partial x^k}\tag{4-43}
$$

令张量 $\boldsymbol{T}$ 为任意 n 阶张量，则 $\boldsymbol{T}$ 的梯度便为 $n+1$ 阶张量，其定义为（以 $\boldsymbol{T}$ 为二阶张量为例，令 $\boldsymbol{T}=T_{ij}\boldsymbol{e}^i\boldsymbol{e}^j$）

$$
\nabla\boldsymbol{T}=\boldsymbol{e}^k\frac{\partial(T_{ij}\boldsymbol{e}^i\boldsymbol{e}^j)}{\partial x^k}=\boldsymbol{e}^k\boldsymbol{e}^i\boldsymbol{e}^j\ \nabla_kT_{ij}\tag{4-44}
$$

式中，∇_k为张量分量对坐标 x^k 的协变导数，又称协变微分算子。应当指出，张量梯度的定义有两种，一种是左梯度，一种是右梯度，显然本节采用了左梯度的概念。令对矢径 $\boldsymbol{R}$ 求梯度，即

$$
\nabla\boldsymbol{R}=\boldsymbol{e}^k\frac{\partial\boldsymbol{R}}{\partial x^k}=\boldsymbol{e}^k\boldsymbol{e}_k=g_{ij}\boldsymbol{e}^i\boldsymbol{e}^j=g^{ij}\boldsymbol{e}_i\boldsymbol{e}_j\tag{4-45}
$$

也就是说，矢径 $\boldsymbol{R}$ 的梯度是度量张量 $\boldsymbol{G}$；在三维空间中，$x^i=\text{const}$ 的曲面的单位法矢量为 $\boldsymbol{u}^i$

$$
\boldsymbol{u}^i=\frac{\nabla x^i}{\sqrt{g^{ii}}}=\frac{\boldsymbol{e}^i}{\sqrt{g^{ii}}}(\text{这里不对 } i \text{ 作和})\tag{4-46}
$$

$$
\boldsymbol{e}_i=g_{ij}\boldsymbol{e}^j,\boldsymbol{e}^i=g^{ij}\boldsymbol{e}_j\tag{4-47}
$$

$$
\boldsymbol{e}_\beta=\boldsymbol{u}_\beta\ \sqrt{g_{\beta\beta}},\quad \boldsymbol{e}^\beta=\boldsymbol{u}^\beta\ \sqrt{g^{\beta\beta}}\tag{4-48}
$$

这里，$\boldsymbol{u}^\beta$ 与 $\boldsymbol{u}_\beta$ 都是单位矢量，但在一般曲线坐标系中 $\boldsymbol{u}^\beta$ 通常并不与 $\boldsymbol{u}_\beta$ 平行；只有在正交曲线坐标系中，这时 $\boldsymbol{u}^\beta$ 与 $\boldsymbol{u}_\beta$ 才平行并且相等，且有 $\boldsymbol{e}_i /\!/ \boldsymbol{e}^i$（但两者的模通常并不相等)。令 h_i 为拉梅（Lame）系数，即 $h_i=\sqrt{g_{ii}}=\dfrac{1}{\sqrt{g^{ii}}}$，于是在正交曲线坐标系中便有

$$
\left.\begin{aligned}
&\boldsymbol{e}_i=\sqrt{g_{ii}}\boldsymbol{u}_i=h_i\boldsymbol{u}_i(\text{不对 } i \text{ 作和})\\
&\boldsymbol{e}^i=\sqrt{g^{ii}}\boldsymbol{u}^i=\frac{\boldsymbol{u}_i}{h_i}(\text{不对 } i \text{ 作和})\\
&\sqrt{g}=h_1h_2h_3
\end{aligned}\right\}\tag{4-49}
$$

作为正交曲线坐标系的特例，这里给出圆柱坐标系和球面坐标系中的一些重要关

系。对于圆柱坐标系，令（r，θ，z）为圆柱坐标系，（y^1，y^2，y^3）为笛卡儿坐标系，则有

$$\begin{cases} y^1 = r\cos\theta \\ y^2 = r\sin\theta \\ y^3 = z \end{cases} \tag{4-50}$$

其拉梅系数为

$$\begin{cases} h_r = h_1 = 1 \\ h_\theta = h_2 = r \\ h_z = h_3 = 1 \end{cases} \tag{4-51}$$

令 $\boldsymbol{u}_r$，$\boldsymbol{u}_\theta$，$\boldsymbol{u}_z$ 为圆柱坐标系的单位切矢量，而 $\boldsymbol{e}_r$，$\boldsymbol{e}_\theta$，$\boldsymbol{e}_z$ 为柱坐标系的基矢量，则有

$$\begin{cases} \dfrac{\partial \boldsymbol{u}_r}{\partial \theta} = \boldsymbol{u}_\theta \\ \dfrac{\partial \boldsymbol{u}_\theta}{\partial \theta} = -\boldsymbol{u}_r \end{cases} \text{或者} \begin{cases} \dfrac{\partial \boldsymbol{e}_r}{\partial \theta} = \dfrac{\boldsymbol{e}_\theta}{r} \\ \dfrac{\partial \boldsymbol{e}_\theta}{\partial \theta} = -r\boldsymbol{e}_r \end{cases} \tag{4-52}$$

对于球面坐标系（r，θ，φ），它与（y^1，y^2，y^3）间有如下关系

$$\begin{cases} y^1 = r\sin\theta\cos\varphi \\ y^2 = r\sin\theta\sin\varphi \\ y^3 = r\cos\theta \end{cases} \tag{4-53}$$

此球面坐标系的拉梅系数为

$$\begin{cases} h_r = h_1 = 1 \\ h_\theta = h_2 = r \\ h_\varphi = h_3 = r\sin\theta \end{cases} \tag{4-54}$$

令 $\boldsymbol{u}_r$，$\boldsymbol{u}_\theta$，$\boldsymbol{u}_\varphi$ 为球面坐标系的单位切矢量，则有

$$\begin{cases} \dfrac{\partial \boldsymbol{u}_r}{\partial \theta} = \boldsymbol{u}_\theta, \quad \dfrac{\partial \boldsymbol{u}_\theta}{\partial \theta} = -\boldsymbol{u}_r \\ \dfrac{\partial \boldsymbol{u}_r}{\partial \varphi} = \boldsymbol{u}_\varphi \sin\theta, \quad \dfrac{\partial \boldsymbol{u}_\theta}{\partial \varphi} = \boldsymbol{u}_\varphi \cos\theta, \quad \dfrac{\partial \boldsymbol{u}_\varphi}{\partial \varphi} = -(\boldsymbol{u}_r \sin\theta + \boldsymbol{u}_\theta \cos\theta) \end{cases} \tag{4-55}$$

（2）张量的散度与旋度　下面讨论张量的散度。以 $\boldsymbol{T}$ 为二阶张量为例，则 $\boldsymbol{T}$ 的散度将变为一阶张量（即矢量），其表达式为

$$\nabla \cdot \boldsymbol{T} = \boldsymbol{e}^k \frac{\partial (T_{ij}\boldsymbol{e}^i\boldsymbol{e}^j)}{\partial x^k} = \boldsymbol{e}^k \cdot \boldsymbol{e}^i\boldsymbol{e}^j \nabla_k T_{ij} = e_j \nabla_i T^{ij} \tag{4-56}$$

一般来讲，n 阶张量的散度为 $n-1$ 阶张量。类似的，$\boldsymbol{T}$ 的旋度为（仍以二阶张量为例）

$$\nabla \times \boldsymbol{T} = \boldsymbol{e}^k \times \frac{\partial (T_{ij}\boldsymbol{e}^i\boldsymbol{e}^j)}{\partial x^k} = \boldsymbol{e}^k \times \boldsymbol{e}^i\boldsymbol{e}^j \nabla_k T_{ij} = \varepsilon^{kim}\boldsymbol{e}_m\boldsymbol{e}^j \nabla_k T_{ij} = \boldsymbol{\varepsilon} : \nabla \boldsymbol{T} \tag{4-57}$$

这里，$\boldsymbol{\varepsilon}$ 为置换张量。一般来讲，n 阶张量的旋度仍为 n 阶张量。作为特例，讨论一阶张量的散度与旋度。令 $\boldsymbol{V}$ 为一阶张量，则 $\boldsymbol{V}$ 的散度为

$$\nabla \cdot \boldsymbol{V} = \nabla_i v^i = \nabla^i v_i = \frac{1}{\sqrt{g}} \frac{\partial(\sqrt{g} v^i)}{\partial x^i} \tag{4-58}$$

式中，$\nabla^i v_i \equiv g^{ij} \nabla_j v_i$；另外，$\boldsymbol{V}$ 的旋度为

$$\nabla \times \boldsymbol{V} = \boldsymbol{e}^i \times \boldsymbol{e}^j \ \nabla_i v_j = \varepsilon^{ijk} \boldsymbol{e}_k \ \nabla_i v_j = \frac{1}{\sqrt{g}} \begin{vmatrix} \boldsymbol{e}_1 & \boldsymbol{e}_2 & \boldsymbol{e}_3 \\ \nabla_1 & \nabla_2 & \nabla_3 \\ v_1 & v_2 & v_3 \end{vmatrix} = \frac{1}{\sqrt{g}} \begin{vmatrix} \boldsymbol{e}_1 & \boldsymbol{e}_2 & \boldsymbol{e}_3 \\ \dfrac{\partial}{\partial x^1} & \dfrac{\partial}{\partial x^2} & \dfrac{\partial}{\partial x^3} \\ v_1 & v_2 & v_3 \end{vmatrix} \tag{4-59}$$

（3）二阶反对称张量及其反偶矢量　首先讨论任意一阶张量 $\boldsymbol{V}$ 的梯度，显然为

$$\nabla \boldsymbol{V} = \boldsymbol{e}^i \boldsymbol{e}^j \ \nabla_i v_j = \boldsymbol{e}^i \boldsymbol{e}_j \ \nabla_i v^j = \boldsymbol{e}_i \boldsymbol{e}_j \ \nabla^i v^j = \boldsymbol{e}_i \boldsymbol{e}^j \ \nabla^i v_j \tag{4-60}$$

这里，$\nabla \boldsymbol{V}$ 为二阶张量不妨记作 $\boldsymbol{Q}$，$\nabla_i v_j$ 为二阶张量 $\boldsymbol{Q}$ 的协变分量，$\nabla^i v^j$ 为二阶张量 $\boldsymbol{Q}$ 的逆变分量，这里，算子$\nabla^i \equiv g^{ij} \nabla_j$，$\nabla_j$为对坐标 x^j 的协变导数。今将二阶张量 $\boldsymbol{Q}$ 的转置（又称共轭张量）记为（$\nabla \boldsymbol{V}$）$_c$ 即

$$(\nabla \boldsymbol{V})_c \equiv \boldsymbol{e}^j \boldsymbol{e}^i \ \nabla_i v_j = \boldsymbol{e}^i \boldsymbol{e}^j \ \nabla_j v_i \tag{4-61}$$

于是$(\nabla \boldsymbol{V}) + (\nabla \boldsymbol{V})_c$ 变成一个对称张量（不妨将这个对称张量记为 $\boldsymbol{N}$），显然有

$$\boldsymbol{N} \cdot \boldsymbol{a} = \boldsymbol{a} \cdot \boldsymbol{N} \tag{4-62}$$

式中，$\boldsymbol{a}$ 为任意矢量。而$(\nabla \boldsymbol{V})_c - \nabla \boldsymbol{V}$ 为一个反对称二阶张量记为 $\boldsymbol{\Omega}$，将其协变分量记为 Ω_{ij}，于是便恒有

$$\left.\begin{aligned} &\Omega_{ij} = -\Omega_{ji} \\ &\boldsymbol{\Omega} \cdot \boldsymbol{a} = -\boldsymbol{a} \cdot \boldsymbol{\Omega} \\ &\boldsymbol{N} : \boldsymbol{\Omega} = 0 \\ &\boldsymbol{N} : \boldsymbol{ab} = \boldsymbol{ba} : \boldsymbol{N} \\ &\boldsymbol{\Omega} : \boldsymbol{ab} = -\boldsymbol{ba} : \boldsymbol{\Omega} \end{aligned}\right\} \tag{4-63}$$

式中，$\boldsymbol{a}$，$\boldsymbol{b}$ 为任意矢量，$\boldsymbol{N}$ 为二阶对称张量，$\boldsymbol{\Omega}$ 为二阶反对称张量。令 $\boldsymbol{\varepsilon}$ 为置换张量（它是个三阶张量 $\boldsymbol{\varepsilon} = \in^{ijk} \boldsymbol{e}_i \boldsymbol{e}_j \boldsymbol{e}_k = \in_{ijk} \boldsymbol{e}^i \boldsymbol{e}^j \boldsymbol{e}^k$），并且令二阶反对称张量 $\boldsymbol{\Omega}$ 的反偶矢量为 $\boldsymbol{c}$，则 $\boldsymbol{\Omega}$ 与 $\boldsymbol{c}$ 间应该满足如下关系：

$$\left.\begin{aligned} &\boldsymbol{c} = -\frac{1}{2} \boldsymbol{\varepsilon} : \boldsymbol{\Omega} \\ &\boldsymbol{\Omega} = -\boldsymbol{\varepsilon} \cdot \boldsymbol{c} \\ &\boldsymbol{\Omega} \cdot \boldsymbol{a} = \boldsymbol{c} \times \boldsymbol{a} \end{aligned}\right\} \tag{4-64}$$

式中，$\boldsymbol{a}$ 为任意矢量。很容易证明：当 $\boldsymbol{\Omega} = (\nabla \boldsymbol{V})_c - \nabla \boldsymbol{V}$ 时，$\boldsymbol{\Omega}$ 的反偶矢量 $\boldsymbol{c}$ 等于 $\nabla \times \boldsymbol{V}$，即

$$-\frac{1}{2}\boldsymbol{\varepsilon}:[(\nabla\boldsymbol{V})_c-\nabla\boldsymbol{V}]=\nabla\times\boldsymbol{V} \tag{4-65}$$

式中，$\boldsymbol{\varepsilon}$ 为置换张量。另外，很容易验证矢量 $\boldsymbol{V}$ 对矢径 $\boldsymbol{R}$ 的导数等于 $\boldsymbol{V}$ 的梯度的转置，即

$$\frac{\mathrm{d}\boldsymbol{V}}{\mathrm{d}\boldsymbol{R}}=(\nabla\boldsymbol{V})_c \tag{4-66}$$

对于矢径 $\boldsymbol{R}$，其梯度是度量张量，其旋度为零，其散度等于矢径所在空间的维数。

（4）张量的拉普拉斯（Laplace）算子　下面讨论拉普拉斯（Laplace）算子对张量的作用。令 $\boldsymbol{T}$ 为任意二阶张量 $\boldsymbol{T}=\boldsymbol{e}^k\boldsymbol{e}^m T_{km}$，于是拉普拉斯算子作用 T 时便有

$$\begin{aligned}\nabla^2\boldsymbol{T}&=\nabla\cdot\nabla\boldsymbol{T}=\boldsymbol{e}^i\cdot\frac{\partial}{\partial x^i}\left[\boldsymbol{e}^j\frac{\partial(\boldsymbol{e}^k\boldsymbol{e}^m T_{km})}{\partial x^j}\right]\\&=g^{ij}\boldsymbol{e}^k\boldsymbol{e}^m\nabla_i\nabla_j T_{km}=\boldsymbol{e}^i\boldsymbol{e}^j\nabla^k\nabla_k T_{ij}\end{aligned} \tag{4-67}$$

式中，∇^k 为逆变导数，即 $\nabla^k=g^{\alpha k}\nabla_\alpha$。同样地，拉普拉斯算子作用于任意矢量 $\boldsymbol{V}$ 与任意标量 φ 便分别为

$$\nabla^2\boldsymbol{V}=g^{ij}\boldsymbol{e}^k\nabla_i\nabla_j v_k=\boldsymbol{e}^i\nabla^j\nabla_j v_i \tag{4-68}$$

$$\nabla^2\varphi=\nabla\cdot(\nabla\varphi)=g^{ij}\nabla_i\nabla_j\varphi=\nabla^j\nabla_j\varphi=\frac{1}{\sqrt{g}}\frac{\partial}{\partial x^i}\left(g^{ij}\sqrt{g}\frac{\partial\varphi}{\partial x^j}\right) \tag{4-69}$$

（5）张量的两次协变导数及曲率张量　张量的两次算子作用有多种情况，这里先给出一组在工程数学中常用的两次与一次微分算子的作用公式（这里令 φ、φ_1 与 φ_2 分别为任意标量，$\boldsymbol{a}$ 与 $\boldsymbol{b}$ 分别为任意矢量；$\nabla\cdot\nabla=\nabla^2$）：

$$\begin{cases}\nabla\times(\nabla\varphi)=0\\\nabla\cdot(\nabla\times\boldsymbol{a})=0\\\nabla\times(\nabla\times\boldsymbol{a})=\nabla(\nabla\cdot\boldsymbol{a})-\nabla\cdot(\nabla\boldsymbol{a})=\nabla(\nabla\cdot\boldsymbol{a})-\nabla^2\boldsymbol{a}\\\nabla^2(\varphi_1\varphi_2)=\varphi_1\nabla^2\varphi_2+2(\nabla\varphi_1)\cdot(\nabla\varphi_2)+\varphi_2\nabla^2\varphi_1\\\nabla^2(\varphi\boldsymbol{a})=\varphi\nabla^2\boldsymbol{a}+2(\nabla\varphi)\cdot(\nabla\boldsymbol{a})+\boldsymbol{a}\nabla^2\varphi\\\nabla\cdot(\boldsymbol{a}\times\boldsymbol{b})=\boldsymbol{b}\cdot(\nabla\times\boldsymbol{a})-\boldsymbol{a}\cdot(\nabla\times\boldsymbol{b})\\\nabla(\boldsymbol{a}\times\boldsymbol{b})=(\nabla\boldsymbol{a})\times\boldsymbol{b}-(\nabla\boldsymbol{b})\times\boldsymbol{a}\\\nabla(\varphi\boldsymbol{a})=(\nabla\varphi)\boldsymbol{a}+\varphi(\nabla\boldsymbol{a})\\\nabla\times(\varphi\boldsymbol{a})=\varphi(\nabla\times\boldsymbol{a})+(\nabla\varphi)\times\boldsymbol{a}\\\nabla\times(\boldsymbol{a}\times\boldsymbol{b})=\boldsymbol{b}\cdot(\nabla\boldsymbol{a})-\boldsymbol{a}\cdot(\nabla\boldsymbol{b})+\boldsymbol{a}(\nabla\cdot\boldsymbol{b})-\boldsymbol{b}(\nabla\cdot\boldsymbol{a})\\\nabla(\boldsymbol{a}\cdot\boldsymbol{b})=\boldsymbol{b}\cdot(\nabla\boldsymbol{a})+\boldsymbol{a}\cdot(\nabla\boldsymbol{b})+\boldsymbol{b}\times(\nabla\times\boldsymbol{a})+\boldsymbol{a}\times(\nabla\times\boldsymbol{b})\\\nabla\cdot(\varphi\boldsymbol{a})=\varphi(\nabla\cdot\boldsymbol{a})+(\nabla\varphi)\cdot\boldsymbol{a}\\\nabla(\varphi_1\varphi_2)=\varphi_1(\nabla\varphi_2)+\varphi_2(\nabla\varphi_1)\end{cases} \tag{4-70}$$

令 $\boldsymbol{ab}$ 为并矢张量，$\boldsymbol{T}$ 为二阶张量，$\boldsymbol{R}$ 与 $\boldsymbol{G}$ 分别代表矢径与度量张量，则应用算子运算很容易得到下面几个重要关系式：

$$\begin{cases}\nabla\cdot(\nabla\times\boldsymbol{T})=0\\ \nabla\times(\nabla\boldsymbol{a})=0\\ \nabla\times(\nabla\times\boldsymbol{T})=\nabla(\nabla\cdot\boldsymbol{T})-\nabla^2\boldsymbol{T}\\ \nabla\cdot(\boldsymbol{ab})=\boldsymbol{a}\cdot(\nabla\boldsymbol{b})+\boldsymbol{b}(\nabla\cdot\boldsymbol{a})\\ \nabla\times(\boldsymbol{ab})=(\nabla\times\boldsymbol{a})\boldsymbol{b}-\boldsymbol{a}\times(\nabla\boldsymbol{b})\\ \nabla\cdot(\varphi\boldsymbol{ab})=(\nabla\varphi)\cdot\boldsymbol{ab}+\varphi(\nabla\cdot\boldsymbol{a})\boldsymbol{b}+\varphi\boldsymbol{a}\cdot(\nabla\boldsymbol{b})\\ \nabla\cdot[\varphi\boldsymbol{a}(\boldsymbol{R}\times\boldsymbol{b})]=\boldsymbol{R}\times[\nabla\cdot(\varphi\boldsymbol{ab})]+\varphi\boldsymbol{a}\times\boldsymbol{b}\\ \nabla\cdot[\boldsymbol{ab}\times\boldsymbol{R}]=-\boldsymbol{R}\times[\nabla\cdot(\boldsymbol{ab})]\\ \nabla\cdot[(\nabla\boldsymbol{a})_c]=\nabla(\nabla\cdot\boldsymbol{a})\\ \nabla\cdot(\varphi\boldsymbol{G})=\nabla\varphi\end{cases}\tag{4-71}$$

式中，下角标 c 表示张量的转置（又称张量的共轭），例如用 $\boldsymbol{T}$ 代表 $\boldsymbol{ab}$，则 $\boldsymbol{T}_c=\boldsymbol{ba}$。显然，对于任意矢量 $\boldsymbol{V}$ 和任意张量 $\boldsymbol{T}$ 恒有

$$\boldsymbol{T}\cdot\boldsymbol{V}=\boldsymbol{V}\cdot\boldsymbol{T}_c\tag{4-72}$$

另外，对于任意的二阶张量，它还可以用一个矩阵来表达，例如对于二阶张量 $\nabla\boldsymbol{V}$ 来讲，当它的并矢表达式为 $\nabla\boldsymbol{V}=\boldsymbol{e}^i\boldsymbol{e}^j\nabla_i v_j$ 时，它也可以像目前许多教科书中所采用的那样省略并矢标架 $\boldsymbol{e}^i\boldsymbol{e}^j$ 采用矩阵表示，这时 $\nabla\boldsymbol{V}$ 可表示为

$$\begin{pmatrix}\nabla_1 v_1 & \nabla_1 v_2 & \nabla_1 v_3\\ \nabla_2 v_1 & \nabla_2 v_2 & \nabla_2 v_3\\ \nabla_3 v_1 & \nabla_3 v_2 & \nabla_3 v_3\end{pmatrix}\tag{4-73}$$

同样，如果将 $\nabla\boldsymbol{V}$ 表示为 $\boldsymbol{e}_i\boldsymbol{e}_j\nabla^i v^j$，则 $\nabla\boldsymbol{V}$ 省略并矢标架 $\boldsymbol{e}_i\boldsymbol{e}_j$ 后用矩阵表示便为

$$\begin{pmatrix}\nabla^1 v^1 & \nabla^1 v^2 & \nabla^1 v^3\\ \nabla^2 v^1 & \nabla^2 v^2 & \nabla^2 v^3\\ \nabla^3 v^1 & \nabla^3 v^2 & \nabla^3 v^3\end{pmatrix}\tag{4-74}$$

式中，$\nabla^i=g^{\alpha i}\nabla_\alpha$，显然在用上边两个矩阵表达 $\nabla\boldsymbol{V}$ 时所省略的并矢标架并不相同，应格外注意。下面简单讨论一下，张量二阶协变导数的次序可否交换的问题。首先计算一下 $\nabla_k(\nabla_j a_i)-\nabla_j(\nabla_k a_i)$ 的值：

$$\nabla_k(\nabla_j a_i)-\nabla_j(\nabla_k a_i)=a_\beta\left[\frac{\partial}{\partial x^j}\Gamma_{ki}^\beta-\frac{\partial}{\partial x^k}\Gamma_{ji}^\beta+\Gamma_{ki}^\alpha\Gamma_{j\alpha}^\beta-\Gamma_{ji}^\alpha\Gamma_{k\alpha}^\beta\right]=a_\beta R_{ijk}^\beta\tag{4-75}$$

式中，R_{ijk}^β 是四阶混合张量，它完全由度量张量的一阶与二阶偏导数构成，显然在 Euclidean 空间中由于 $\Gamma_{mn}^\alpha=0$，因此 R_{ijk}^β 也恒为零，表明这时张量二阶协变导数的次序可交换。例如平面或任意二维可展曲面（柱面、锥面等）都是二维欧氏空间；而球面是二维 Riemann 空间，这时 R_{ijk}^β 不恒为零；因此 R_{ijk}^β 定义为曲率张量（又称 Riemann－Christoffel 张量）。在黎曼空间中，张量二阶协变导数的次序不可交换。

4.1.3 几个重要的积分关系式

1. 梯度、旋度、散度定义的统一形式及广义奥－高公式

令 τ 为闭曲面 σ 所包围的体积，$\boldsymbol{n}$ 为曲面 σ 的单位外法矢量，φ 与 $\boldsymbol{a}$ 为定义在 σ 内的任意一个标量与任意一个矢量，于是便有一组关于矢量与标量的广义奥－高（Остроградский－Green）公式[162]：

$$\begin{cases}\iiint\limits_{\tau}(\nabla\varphi)\mathrm{d}\tau = \oint\limits_{\sigma}\boldsymbol{n}\varphi\mathrm{d}\sigma \\ \iiint\limits_{\tau}(\nabla\cdot\boldsymbol{a})\mathrm{d}\tau = \oint\limits_{\sigma}\boldsymbol{n}\cdot\boldsymbol{a}\mathrm{d}\sigma \\ \iiint\limits_{\tau}(\nabla\times\boldsymbol{a})\mathrm{d}\tau = \oint\limits_{\sigma}\boldsymbol{n}\times\boldsymbol{a}\mathrm{d}\sigma \end{cases} \tag{4-76}$$

因此，又可得到梯度、散度和旋度定义的统一形式：

$$\begin{cases}\nabla\varphi = \lim\limits_{\tau\to 0}\dfrac{1}{\tau}\oint\limits_{\sigma}\boldsymbol{n}\varphi\mathrm{d}\sigma \\ \nabla\cdot\boldsymbol{a} = \lim\limits_{\tau\to 0}\dfrac{1}{\tau}\oint\limits_{\sigma}\boldsymbol{n}\cdot\boldsymbol{a}\mathrm{d}\sigma \\ \nabla\times\boldsymbol{a} = \lim\limits_{\tau\to 0}\dfrac{1}{\tau}\oint\limits_{\sigma}\boldsymbol{n}\times\boldsymbol{a}\mathrm{d}\sigma \end{cases} \tag{4-77}$$

下面给出张量的散度、梯度和旋度的定义（这里仍以任意二阶张量 $\boldsymbol{T}=\boldsymbol{e}_i\boldsymbol{e}_jT^{ij}=\boldsymbol{e}^i\boldsymbol{e}^jT_{ij}$为例）：

$$\begin{cases}\nabla\cdot\boldsymbol{T} = \lim\limits_{\tau\to 0}\dfrac{1}{\tau}\oint\limits_{\sigma}\boldsymbol{n}\cdot\boldsymbol{T}\mathrm{d}\sigma \\ \nabla\boldsymbol{T} = \lim\limits_{\tau\to 0}\dfrac{1}{\tau}\oint\limits_{\sigma}\boldsymbol{n}\boldsymbol{T}\mathrm{d}\sigma \\ \nabla\times\boldsymbol{T} = \lim\limits_{\tau\to 0}\dfrac{1}{\tau}\oint\limits_{\sigma}\boldsymbol{n}\times\boldsymbol{T}\mathrm{d}\sigma \end{cases} \tag{4-78}$$

相应地，便有关于张量的广义奥－高公式：

$$\begin{cases}\iiint\limits_{\tau}\nabla\cdot\boldsymbol{T}\mathrm{d}\tau = \oint\limits_{\sigma}\boldsymbol{n}\cdot\boldsymbol{T}\mathrm{d}\sigma \\ \iiint\limits_{\tau}\nabla\boldsymbol{T}\mathrm{d}\tau = \oint\limits_{\sigma}\boldsymbol{n}\boldsymbol{T}\mathrm{d}\sigma \\ \iiint\limits_{\tau}\nabla\times\boldsymbol{T}\mathrm{d}\tau = \oint\limits_{\sigma}\boldsymbol{n}\times\boldsymbol{T}\mathrm{d}\sigma \end{cases} \tag{4-79}$$

特别是当 $\boldsymbol{T}=\boldsymbol{ab}$ 时，则有

$$
\begin{aligned}
\oint\!\!\!\oint_{\sigma}\boldsymbol{b}(\boldsymbol{n}\cdot\boldsymbol{a})\mathrm{d}\sigma &= \iiint_{\tau}[(\boldsymbol{a}\cdot\nabla)\boldsymbol{b}+\boldsymbol{b}(\nabla\cdot\boldsymbol{a})]\mathrm{d}\tau \\
&= \iiint_{\tau}\nabla\cdot(\boldsymbol{ab})\mathrm{d}\tau = \oint\!\!\!\oint_{\sigma}\boldsymbol{n}\cdot(\boldsymbol{ab})\mathrm{d}\sigma
\end{aligned}
\tag{4-80}
$$

注意到

$$
\frac{\partial}{\partial n}=\boldsymbol{n}\cdot\nabla \tag{4-81}
$$

这里，$\boldsymbol{n}$ 为单位矢量，又可很方便地得到格林第一、第二等有关公式：

$$
\begin{cases}
\oint\!\!\!\oint_{\sigma}\varphi\dfrac{\partial\psi}{\partial n}\mathrm{d}\sigma = \oint\!\!\!\oint_{\sigma}\boldsymbol{n}\cdot(\varphi\nabla\psi)\mathrm{d}\sigma = \iiint_{\tau}[\varphi\nabla^2\psi+(\nabla\varphi)\cdot(\nabla\psi)]\mathrm{d}\tau \\
\oint\!\!\!\oint_{\sigma}\left(\varphi\dfrac{\partial\psi}{\partial n}-\psi\dfrac{\partial\varphi}{\partial n}\right)\mathrm{d}\sigma = \iiint_{\tau}(\varphi\nabla^2\psi-\psi\nabla^2\varphi)\mathrm{d}\tau \\
\oint\!\!\!\oint_{\sigma}\boldsymbol{n}\cdot[\boldsymbol{a}\times(\nabla\times\boldsymbol{b})]\mathrm{d}\sigma = \iiint_{\tau}\{\nabla\times\boldsymbol{a})\cdot(\nabla\times\boldsymbol{b})-\boldsymbol{a}\cdot[\nabla\times(\nabla\times\boldsymbol{b})]\}\mathrm{d}\tau \\
\oint\!\!\!\oint_{\sigma}\boldsymbol{n}\cdot\boldsymbol{a}(\nabla\cdot\boldsymbol{b})\mathrm{d}\sigma = \iiint_{\tau}\{(\nabla\cdot\boldsymbol{a})(\nabla\cdot\boldsymbol{b})+\boldsymbol{a}\cdot[\nabla(\nabla\cdot\boldsymbol{b})]\}\mathrm{d}\tau \\
\oint\!\!\!\oint_{\sigma}\boldsymbol{n}\cdot\varphi(\nabla\times\boldsymbol{a})\mathrm{d}\sigma = \iiint_{\tau}(\nabla\varphi)\cdot(\nabla\times\boldsymbol{a})\mathrm{d}\tau
\end{cases}
\tag{4-82}
$$

式中，φ 与 ψ 为任意标量；$\boldsymbol{a}$ 与 $\boldsymbol{b}$ 为任意矢量。对于任意张量 $\boldsymbol{T}$，则上面的有关公式又可被推广：

$$
\begin{cases}
\oint\!\!\!\oint_{\sigma}\boldsymbol{n}\cdot[\boldsymbol{a}\times(\nabla\times\boldsymbol{T})]\mathrm{d}\sigma = \iiint_{\tau}\{(\nabla\times\boldsymbol{a})\cdot(\nabla\times\boldsymbol{T})-\boldsymbol{a}\cdot[\nabla\times(\nabla\times\boldsymbol{T})]\}\mathrm{d}\tau \\
\oint\!\!\!\oint_{\sigma}(\boldsymbol{n}\cdot\boldsymbol{a})\boldsymbol{T}\mathrm{d}\sigma = \iiint_{\tau}[\boldsymbol{a}\cdot\nabla\boldsymbol{T}+(\nabla\cdot\boldsymbol{a})\boldsymbol{T}]\mathrm{d}\tau \\
\oint\!\!\!\oint_{\sigma}\boldsymbol{n}\cdot\varphi(\nabla\times\boldsymbol{T})\mathrm{d}\sigma = \iiint_{\tau}(\nabla\varphi)\cdot(\nabla\times\boldsymbol{T})\mathrm{d}\tau
\end{cases}
\tag{4-83}
$$

2. 线积分与面积分间的相互关系以及广义 Stokes 公式

令曲面 σ（非封闭面）以曲线 L 为边界，$\mathrm{d}\boldsymbol{R}$ 为沿环路方向的线积分元；$\boldsymbol{n}$ 为 σ 的单位法矢量，并且 $\mathrm{d}\boldsymbol{R}$ 与 $\boldsymbol{n}$ 构成右手螺旋关系。于是一组广义 Stokes 公式为

$$
\begin{cases}
\oint_L \boldsymbol{a} \cdot \mathrm{d}\boldsymbol{R} = \iint_\sigma (\nabla \times \boldsymbol{a}) \cdot \boldsymbol{n} \mathrm{d}\sigma \\
\oint_L \varphi \mathrm{d}\boldsymbol{R} = \iint_\sigma (\boldsymbol{n} \times \nabla\varphi) \mathrm{d}\sigma \\
\oint_L \boldsymbol{a} \times \mathrm{d}\boldsymbol{R} = -\iint_\sigma (\boldsymbol{n} \times \nabla) \times \boldsymbol{a} \mathrm{d}\sigma \\
\oint_L (\boldsymbol{a}\mathrm{d}\boldsymbol{R})_c = \iint_\sigma \boldsymbol{n} \times (\nabla \boldsymbol{a}) \mathrm{d}\sigma \\
\oint_L \varphi \boldsymbol{a} \cdot \mathrm{d}\boldsymbol{R} = \iint [\varphi(\nabla \times \boldsymbol{a}) + (\nabla\varphi) \times \boldsymbol{a}] \cdot \boldsymbol{n} \mathrm{d}\sigma \\
\oint_L (\varphi \nabla\psi) \cdot \mathrm{d}\boldsymbol{R} = \iint_\sigma (\nabla\varphi) \times (\nabla\psi) \cdot \boldsymbol{n} \mathrm{d}\sigma = -\oint_L (\psi \nabla\varphi) \cdot \mathrm{d}\boldsymbol{R}
\end{cases}
\tag{4-84}
$$

式中，φ 与 ψ 为任意标量；$\boldsymbol{a}$ 为任意矢量。对于任意二阶张量 $\boldsymbol{T}$，则上述部分公式又可被推广为

$$
\oint_L \boldsymbol{T}_c \cdot \mathrm{d}\boldsymbol{R} = \iint_\sigma \boldsymbol{n} \cdot (\nabla \times \boldsymbol{T}) \mathrm{d}\sigma \tag{4-85}
$$

式中，$\boldsymbol{T}_c$ 为 $\boldsymbol{T}$ 的转置张量。

4.2 物理场在两类坐标系中的转换

4.2.1 一般非惯性相对坐标系

本节讨论两类坐标系：一类是和地面固连在一起的绝对坐标系（x^1，x^2，x^3），另一类是动坐标系（ξ^1，ξ^2，ξ^3），它相对于绝对坐标系既有平动又有旋转，因此这是一个非惯性相对坐标系，简称相对坐标系。在绝对坐标系中任一质点的位置（矢径）、速度和加速度分别称为绝对矢径、绝对速度和绝对加速度，并分别用 $\boldsymbol{r}_{\mathrm{a}}$、$\boldsymbol{v}$和 $\boldsymbol{a}$ 表示，时间用 t 表示。随体导数（又称质点导数、全导数或物质导数）用$\dfrac{D}{Dt}$表示。考虑到在讨论两类坐标系下参数转换时观察者所处位置的重要性，本节特用$\dfrac{D_{\mathrm{a}}}{Dt}$表示对绝对观察者而言所观察到的全导数（或随体导数），用$\dfrac{D_{\mathrm{R}}}{Dt}$表示对相对观察者而言所观察到的全导数（或随体导数）。另外，还令绝对坐标系与相对坐标系的原点分别为 O 与 O_{R}，令相对坐标系原点的矢径为 r_0，并令质点的相对矢径与相对速度分别为 $\boldsymbol{r}_{\mathrm{R}}$ 与 $\boldsymbol{w}$，因此便有如下关系：

$$\boldsymbol{r}_{\mathrm{a}}=\boldsymbol{r}_0+\boldsymbol{r}_{\mathrm{R}} \tag{4-86}$$

注意到

$$\frac{D_{\mathrm{a}}q}{Dt}=\frac{D_{\mathrm{R}}q}{Dt} \tag{4-87}$$

$$\frac{D_{\mathrm{a}}\boldsymbol{B}}{Dt}=\frac{D_{\mathrm{R}}\boldsymbol{B}}{Dt}+\boldsymbol{\omega}\times\boldsymbol{B} \tag{4-88}$$

这里，q 与 $\boldsymbol{B}$ 分别为任意标量与任意矢量。于是绝对速度、绝对加速度与相对速度、相对加速度间的关系便可非常方便地获得，其表达式分别为

$$\begin{aligned}\boldsymbol{v}&=\frac{D_{\mathrm{a}}\boldsymbol{r}_{\mathrm{a}}}{Dt}=\frac{D_{\mathrm{a}}\boldsymbol{r}_0}{Dt}+\frac{D_{\mathrm{a}}\boldsymbol{r}_{\mathrm{R}}}{Dt}=\frac{D_{\mathrm{a}}\boldsymbol{r}_0}{Dt}+\frac{D_{\mathrm{R}}\boldsymbol{r}_{\mathrm{R}}}{Dt}+\boldsymbol{\omega}\times\boldsymbol{r}_{\mathrm{R}}\\&=\boldsymbol{w}+\left(\frac{D_{\mathrm{a}}\boldsymbol{r}_0}{Dt}+\boldsymbol{\omega}\times\boldsymbol{r}_{\mathrm{R}}\right)=\boldsymbol{w}+\boldsymbol{v}_{\mathrm{e}}\end{aligned} \tag{4-89}$$

$$\begin{aligned}\boldsymbol{a}&=\frac{D_{\mathrm{a}}\boldsymbol{v}}{Dt}=\frac{D_{\mathrm{a}}\boldsymbol{w}}{Dt}+\frac{D_{\mathrm{a}}\boldsymbol{v}_{\mathrm{e}}}{Dt}=\frac{D_{\mathrm{R}}\boldsymbol{w}}{Dt}+\frac{D_{\mathrm{a}}\boldsymbol{v}_0}{Dt}+2\boldsymbol{\omega}\times\boldsymbol{w}+\boldsymbol{\omega}\times(\boldsymbol{\omega}\times\boldsymbol{r}_{\mathrm{R}})+\left(\frac{D_{\mathrm{a}}\boldsymbol{\omega}}{Dt}\right)\times\boldsymbol{r}_{\mathrm{R}}\\&=\boldsymbol{a}_{\mathrm{r}}+\boldsymbol{a}_{\mathrm{e}}+\boldsymbol{a}_{\mathrm{c}}\end{aligned} \tag{4-90}$$

式中

$$\begin{cases}\boldsymbol{a}_{\mathrm{r}}=\dfrac{D_{\mathrm{R}}\boldsymbol{w}}{Dt}=\dfrac{\partial_{\mathrm{R}}\boldsymbol{w}}{\partial t}+\boldsymbol{w}\cdot\nabla_{\mathrm{R}}\boldsymbol{w}\\ \boldsymbol{a}=\dfrac{D_{\mathrm{a}}\boldsymbol{v}}{Dt}=\dfrac{\partial_{\mathrm{a}}\boldsymbol{v}}{\partial t}+\boldsymbol{v}\cdot\nabla_{\mathrm{a}}\boldsymbol{v}\\ \boldsymbol{a}_{\mathrm{e}}=\dfrac{D_{\mathrm{a}}\boldsymbol{v}_0}{Dt}+\left(\dfrac{D_{\mathrm{a}}\boldsymbol{\omega}}{Dt}\right)\times\boldsymbol{r}_{\mathrm{R}}+\boldsymbol{\omega}\times(\boldsymbol{\omega}\times\boldsymbol{r}_{\mathrm{R}})\\ \boldsymbol{a}_{\mathrm{c}}=2\boldsymbol{\omega}\times\boldsymbol{w}\\ \boldsymbol{v}_0=\dfrac{D_{\mathrm{a}}\boldsymbol{r}_0}{Dt}\\ \boldsymbol{v}_{\mathrm{e}}=\boldsymbol{v}_0+\boldsymbol{\omega}\times\boldsymbol{r}_{\mathrm{R}}\\ \boldsymbol{w}=\dfrac{D_{\mathrm{R}}\boldsymbol{r}_{\mathrm{R}}}{Dt}\end{cases} \tag{4-91}$$

这里，$\boldsymbol{a}$、$\boldsymbol{a}_{\mathrm{r}}$、$\boldsymbol{a}_{\mathrm{e}}$ 与 $\boldsymbol{a}_{\mathrm{c}}$ 分别称为绝对加速度、相对加速度、牵连加速度和哥里奥利（Coriolis）加速度；$\boldsymbol{v}_0$ 与（$\boldsymbol{\omega}\times\boldsymbol{r}_{\mathrm{R}}$）分别为相对坐标系平移牵连速度与旋转牵连速度；而 $\boldsymbol{\omega}\times(\boldsymbol{\omega}\times\boldsymbol{r}_{\mathrm{R}})$ 为向心加速度，$\boldsymbol{w}$ 为流体质点的相对速度。另外，$\dfrac{\partial_{\mathrm{a}}}{\partial t}$表示对绝对观察者而言所观察到的关于时间的偏导数；$\dfrac{\partial_{\mathrm{R}}}{\partial t}$表示对相对观察者而言所观察到的关于时间的偏导数；算子∇_{R}与∇_{a}分别表示在相对坐标系中（ξ^1，ξ^2，ξ^3）中与在绝对坐标系（x^1，x^2，x^3）中完成哈密顿算子的作用。在两类坐标系的相互转换中，下面的两个关系式也非常有用，它们是

$$\frac{\partial_{\mathrm{a}}q}{\partial t}=\frac{\partial_{\mathrm{R}}q}{\partial t}-(\boldsymbol{\omega}\times\boldsymbol{r}_{\mathrm{R}})\cdot\nabla_{\mathrm{R}}q \tag{4-92}$$

$$\frac{\partial_a \boldsymbol{B}}{\partial t} = \frac{\partial_R \boldsymbol{B}}{\partial t} + \boldsymbol{\omega} \times \boldsymbol{B} - (\boldsymbol{\omega} \times \boldsymbol{r}_R) \cdot \nabla_R \boldsymbol{B} \tag{4-93}$$

这里，q 与 $\boldsymbol{B}$ 分别代表任意标量与任意矢量。值得注意的是，如果相对坐标系选作柱坐标系（r，φ，z）时，则很容易证明下面两式成立，即

$$\omega \frac{\partial_R q}{\partial \varphi} = (\boldsymbol{\omega} \times \boldsymbol{r}_R) \cdot \nabla_R q \tag{4-94}$$

$$\omega \frac{\partial_R \boldsymbol{B}}{\partial \varphi} = (\boldsymbol{\omega} \times \boldsymbol{r}_R) \cdot \nabla_R \boldsymbol{B} \tag{4-95}$$

4.2.2 特殊的相对坐标系及物理场在两类坐标系间的转换

在叶轮机械气动热力学中常采用这种特殊的相对坐标系 $\boldsymbol{r}_0 \equiv 0$，即相对坐标系固连于动叶轮上并以角速度 ω 绕叶轮机械的转动轴旋转。这里仍约定任意曲线坐标系（x^1，x^2，x^3）为绝对坐标系，任意曲线坐标系（ξ^1，ξ^2，ξ^3）为相对坐标系，并且约定柱坐标系（r，θ，z）与柱坐标系（r，φ，z）分别为绝对坐标系与相对坐标系，而且还约定这时叶轮旋转方向与 z 轴正方向构成右手螺旋系。在上述约定下，式（4-89）与式（4-90）简化为

$$\boldsymbol{v} = \boldsymbol{w} + \boldsymbol{\omega} \times \boldsymbol{r}_R \tag{4-96}$$

$$\begin{aligned} \frac{D_a \boldsymbol{v}}{Dt} &= \frac{D_R \boldsymbol{w}}{Dt} + 2\boldsymbol{\omega} \times \boldsymbol{w} + \boldsymbol{\omega} \times (\boldsymbol{\omega} \times \boldsymbol{r}_R) + \left(\frac{D_a \boldsymbol{\omega}}{Dt}\right) \times \boldsymbol{r}_R \\ &= \frac{\partial_a \boldsymbol{v}}{\partial t} + \boldsymbol{v} \cdot \nabla_a \boldsymbol{v} = \frac{\partial_a \boldsymbol{v}}{\partial t} + \nabla_a \left(\frac{v^2}{2}\right) - \boldsymbol{v} \times (\nabla_a \times \boldsymbol{v}) \end{aligned} \tag{4-97}$$

注意到

$$\boldsymbol{\omega} \times (\boldsymbol{\omega} \times \boldsymbol{r}_R) = -\omega^2 \nabla_R \left(\frac{r^2}{2}\right) \tag{4-98}$$

这里，r 为流体质点离旋转轴的距离即柱坐标系中的坐标 r；当 $\boldsymbol{\omega} = \text{const}$ 时，则式（4-97）简化为

$$\begin{aligned} \frac{D_a \boldsymbol{v}}{Dt} &= \frac{D_R \boldsymbol{w}}{Dt} + 2\boldsymbol{\omega} \times \boldsymbol{w} - \nabla_R \left(\frac{\omega^2 r^2}{2}\right) \\ &= \frac{\partial_R \boldsymbol{w}}{\partial t} + \nabla_R \left(\frac{w^2}{2}\right) - \boldsymbol{w} \times (\nabla_a \times \boldsymbol{v}) - \nabla_R \left(\frac{\omega^2 r^2}{2}\right) \end{aligned} \tag{4-99}$$

另外还有如下关系式成立：

$$\begin{cases} \nabla_a q = \nabla_R q \\ \nabla_a \cdot \boldsymbol{B} = \nabla_R \cdot \boldsymbol{B} \\ \nabla_a \boldsymbol{B} = \nabla_R \boldsymbol{B} \\ \nabla_a \times \boldsymbol{B} = \nabla_R \times \boldsymbol{B} \\ \nabla_a \cdot \boldsymbol{v} = \nabla_R \cdot \boldsymbol{w} \\ \nabla_a \times \boldsymbol{v} = \nabla_R \times \boldsymbol{w} + 2\boldsymbol{\omega} \end{cases} \tag{4-100}$$

式中，q 为任意标量；$\boldsymbol{B}$ 为任意矢量。考虑到式（4-100）、式（4-87）与式（4-88）的关系，并且为了方便下文的书写因此对于空间哈密顿算子∇_a与∇_R中的下

角标 a 与 R 可以省略；标量随体导数的下角标 a 与 R 也可省略，但矢量随体导数的下角标 a 与 R 不可省略；另外，由式（4-92）与式（4-93）可知，对时间的偏导数，如果省略下角标 a 或者 R 将导致计算与概念上的错误。

在叶轮机械气体动力学中，滞止转子焓（total rothalpy 或者 stagnation rothalpy）I 的概念十分重要，它首次被吴仲华教授提出并定义为[45]

$$I = h + \frac{\boldsymbol{w} \cdot \boldsymbol{w}}{2} - \frac{(\omega r)^2}{2} \tag{4-101}$$

这里，h 为静焓，r 为柱坐标系下的 r 值。于是相对坐标系下叶轮机械三维流动基本方程组（当 $\omega = \text{const}$ 时）为

$$\frac{\partial_{\mathrm{R}}\rho}{\partial t} + \nabla \cdot (\rho \boldsymbol{w}) = 0 \tag{4-102}$$

$$\frac{D_{\mathrm{R}}\boldsymbol{w}}{Dt} + 2\boldsymbol{\omega} \times \boldsymbol{w} + \boldsymbol{\omega} \times (\boldsymbol{\omega} \times \boldsymbol{r}) = -\frac{1}{\rho}\nabla p + \frac{1}{\rho}\nabla \cdot \boldsymbol{\Pi} \tag{4-103}$$

$$\frac{DI}{Dt} = \frac{1}{\rho}\frac{\partial_{\mathrm{R}}p}{\partial t} + \dot{q} + \frac{1}{\rho}\nabla \cdot (\boldsymbol{\Pi} \cdot \boldsymbol{w}) \tag{4-104}$$

式中，$\boldsymbol{\Pi}$、p 与 ρ 分别为黏性应力张量、压强与密度；$\dot{q}$ 为外界对每单位质量气体的传热率，它与熵 S、温度 T、耗散函数 ϕ 间有下列关系：

$$T\frac{DS}{Dt} = \dot{q} + \frac{\phi}{\rho} \tag{4-105}$$

相对运动方程的另一种形式，即克罗柯（Crocco）动力学方程为

$$\frac{\partial_{\mathrm{R}}\boldsymbol{w}}{\partial t} + (\nabla \times \boldsymbol{v}) \times \boldsymbol{w} = T\nabla S - \nabla I + \frac{1}{\rho}\nabla \cdot \boldsymbol{\Pi} \tag{4-106}$$

相应地，绝对运动方程为

$$\frac{\partial_{\mathrm{a}}\boldsymbol{v}}{\partial t} + (\nabla \times \boldsymbol{v}) \times \boldsymbol{v} = T\nabla S - \nabla H + \frac{1}{\rho}\nabla \cdot \boldsymbol{\Pi} \tag{4-107}$$

式中，H 为总焓，即 $H = h + \frac{1}{2}(\boldsymbol{v} \cdot \boldsymbol{v})$，相应地能量方程为

$$\frac{DH}{Dt} = \frac{1}{\rho}\frac{\partial_{\mathrm{a}}p}{\partial t} + \dot{q} + \frac{1}{\rho}\nabla \cdot (\boldsymbol{\Pi} \cdot \boldsymbol{v}) \tag{4-108}$$

4.3　积分型与微分型三元流理论的基本方程

4.3.1　一般控制体及 Reynolds 定理

热力学系统，简称系统，被定义为确定的物质的任意集合。系统以外的一切都称为环境。系统与环境之间一般存在着相互作用，例如传热、传质或做功。控制体定义为流体流过的、相对于某坐标系所取的任一个确定的空间体积。占据控制体的

流体本身是随着时间而改变的。控制体的边界面称为控制面，它总是封闭表面，但可以是单连通的，也可以是多连通的。凡与环境之间无质量交换的系统称为封闭系统（又称为封闭体系），它的基本特点如下：

1）系统的边界随着流体一起运动。系统的体积、边界的形状可随时间变化。

2）系统的边界与外界没有质量交换。

3）在系统的边界上受到外部（环境）作用在系统上的表面力。

4）在系统的边界上，系统与外界可以有功和热的交换。

凡与环境之间有质量交换的系统，称为开口系统。因此，该系统的边界就是上面所定义的控制面，控制面内的容积就是上面所定义的控制体。显然，开口系统对应于当地观点（欧拉表示法）。而封闭系统在气体动力学中对应于随体观点（拉格朗日表示法）。开口系统的基本特点如下[163]：

1）控制体和控制面相对于某坐标系可以是固定不动的，也可以随时间按一定规律改变其位置与形状。

2）在控制面上可以有质量交换，即流体通过控制面流进、流出。

3）在控制面上受到控制体以外物体施加在控制体之内流体上的力。

4）在控制面上有功、热和能量的交换。

令 $\tau^*(t)$ 是某个移动着的体积（控制体），它有边界面（控制面）$\boldsymbol{\sigma}^*(t)$ 和单位外法线矢量 $\boldsymbol{n}$；令控制面局部边界速度为 $\boldsymbol{b}$ 并且可在整个表面 $\sigma^*(t)$ 上变化，因此这样一个任意移动着的体积就是通常定义的一般控制体。对于一般控制体，雷诺定理可给出如下表达式[164]：

$$\frac{\mathrm{d}}{\mathrm{d}t}\iiint\limits_{\tau^*(t)}\varphi\mathrm{d}\tau = \iiint\limits_{\tau^*(t)}\frac{\partial\varphi}{\partial t}\mathrm{d}\tau + \oint\limits_{\sigma^*(t)}\varphi(\boldsymbol{b}\cdot\boldsymbol{n})\mathrm{d}\sigma \tag{4-109}$$

$$\frac{\mathrm{d}}{\mathrm{d}t}\iiint\limits_{\tau^*(t)}\boldsymbol{a}\mathrm{d}\tau = \iiint\limits_{\tau^*(t)}\frac{\partial\boldsymbol{a}}{\partial t}\mathrm{d}\tau + \oint\limits_{\sigma^*(t)}\boldsymbol{a}(\boldsymbol{b}\cdot\boldsymbol{n})\mathrm{d}\sigma \tag{4-110}$$

式中，φ 与 $\boldsymbol{a}$ 分别代表任意标量与任意矢量。另外对于 $\boldsymbol{b}$ 值可由多种选取方式，可以定义多种形式的控制面，例如若 $\boldsymbol{b}=0$ 时，该控制面可定义为第一类控制面，此时控制面没有运动，即该面固定在空间中；若 $\boldsymbol{b}=\boldsymbol{v}$（这里$\boldsymbol{v}$为流体速度）时，即控制面跟随所研究的流体微团一起运动，该面可定义为第二类控制面，这时它所包围的体积被称为物质体积；若选取 $\boldsymbol{b}\neq0$ 且 $\boldsymbol{b}\neq\boldsymbol{v}$时，这类控制面可定义为第三类控制面。显然，将雷诺定理应用到物质体积上，则式（4.109）和式（4.110）变为

$$\frac{\mathrm{d}}{\mathrm{d}t}\iiint\limits_{\tau(t)}\varphi\mathrm{d}\tau = \iiint\limits_{\tau(t)}\frac{\partial\varphi}{\partial t}\mathrm{d}\tau + \oint\limits_{\sigma(t)}\varphi(\boldsymbol{v}\cdot\boldsymbol{n})\mathrm{d}\sigma \tag{4-111}$$

$$\frac{\mathrm{d}}{\mathrm{d}t}\iiint\limits_{\tau(t)}\boldsymbol{a}\mathrm{d}\tau = \iiint\limits_{\tau(t)}\frac{\partial\boldsymbol{a}}{\partial t}\mathrm{d}\tau + \oint\limits_{\sigma(t)}\boldsymbol{a}(\boldsymbol{v}\cdot\boldsymbol{n})\mathrm{d}\sigma \tag{4-112}$$

4.3.2　一般控制体下气体运动的基本方程

1. 流体力学基本方程组的积分与微分形式

在一般控制体下，流体力学基本方程组为

$$\frac{\mathrm{d}}{\mathrm{d}t}\iiint_{\tau^*(t)}\rho\mathrm{d}\tau+\oiint_{\sigma^*(t)}\rho(\boldsymbol{v}-\boldsymbol{b})\cdot\boldsymbol{n}\mathrm{d}\sigma=0 \tag{4-113}$$

$$\frac{\mathrm{d}}{\mathrm{d}t}\iiint_{\tau^*(t)}\rho\boldsymbol{v}\mathrm{d}\tau+\oiint_{\sigma^*(t)}\rho\boldsymbol{v}(\boldsymbol{v}-\boldsymbol{b})\cdot\boldsymbol{n}\mathrm{d}\sigma=\iiint_{\tau^*(t)}\rho\boldsymbol{f}\mathrm{d}\tau+\oiint_{\sigma^*(t)}\boldsymbol{n}\cdot\boldsymbol{\pi}\mathrm{d}\sigma \tag{4-114}$$

$$\frac{\mathrm{d}}{\mathrm{d}t}\iiint_{\tau^*(t)}\rho e_t\mathrm{d}\tau+\oiint_{\sigma^*(t)}\rho e_t(\boldsymbol{v}-\boldsymbol{b})\cdot\boldsymbol{n}\mathrm{d}\sigma=\iiint_{\tau^*(t)}\rho\boldsymbol{f}\cdot\boldsymbol{v}\mathrm{d}\tau+\oiint_{\sigma^*(t)}(\boldsymbol{n}\cdot\boldsymbol{\pi})\cdot\boldsymbol{v}\mathrm{d}\sigma-\oiint_{\sigma^*(t)}\boldsymbol{q}\cdot\boldsymbol{n}\mathrm{d}\sigma \tag{4-115}$$

$$\frac{\mathrm{d}}{\mathrm{d}t}\iiint_{\tau^*(t)}\rho S\mathrm{d}\tau+\oiint_{\sigma^*(t)}\rho S(\boldsymbol{v}-\boldsymbol{b})\cdot\boldsymbol{n}\mathrm{d}\sigma=\iiint_{\tau^*(t)}\frac{\phi}{T}\mathrm{d}\tau+\iiint_{\tau^*(t)}\frac{\nabla\cdot(-\boldsymbol{q})}{T}\mathrm{d}\tau \tag{4-116}$$

式中，$\boldsymbol{\pi}$ 为应力张量；e_t 为单位质量气体所具有的广义内能；$\boldsymbol{f}$ 为作用在单位质量流体上的体积力；$\boldsymbol{q}$ 为热流矢量；ϕ 为耗散函数；ρ、$\boldsymbol{v}$、T 与 S 分别为密度、速度、温度与熵。值得注意的是，式（4-116）右边的第二项是由导热引起的熵的增长率，右边第一项则是由内摩擦引起熵的增长率。另外，由流体力学[165,166]可知，牛顿（Newton）流体的本构方程为

$$\boldsymbol{\pi}=\pi_{ij}\boldsymbol{e}^i\boldsymbol{e}^j=\pi^{ij}\boldsymbol{e}_i\boldsymbol{e}_j=2\mu\boldsymbol{D}+(-p+\lambda\nabla\cdot\boldsymbol{v})\boldsymbol{I} \tag{4-117}$$

这里，$\boldsymbol{D}$ 为应变速率张量或变形速率张量，λ 和 μ 分别为第二黏性系数和动力黏性系数，$\boldsymbol{I}$ 为度量张量（有时又称为单位张量）。引入膨胀黏性系数（又称为容积黏性系数）$\mu'=\lambda+\frac{2}{3}\mu=0$ 的 Stokes 假定，并注意到：

$$\boldsymbol{D}=\frac{1}{2}[\nabla\boldsymbol{v}+(\nabla\boldsymbol{v})_c] \tag{4-118}$$

$$\boldsymbol{I}=g^{ij}\boldsymbol{e}_i\boldsymbol{e}_j=g_{ij}\boldsymbol{e}^i\boldsymbol{e}^j \tag{4-119}$$

因此式（4-117）可简化为

$$\boldsymbol{\pi}=\boldsymbol{\Pi}-p\boldsymbol{I}=2\mu\boldsymbol{D}-\left(p+\frac{2}{3}\mu\nabla\cdot\boldsymbol{v}\right)\boldsymbol{I} \tag{4-120}$$

这里，$\boldsymbol{\Pi}$ 为黏性应力张量；显然应力张量 $\boldsymbol{\pi}$ 与黏性应力张量 $\boldsymbol{\Pi}$ 的协变分量分别为

$$\pi_{ij}=\Pi_{ij}-pg_{ij} \tag{4-121}$$

$$\Pi_{ij}=\mu\left(\nabla_i v_j+\nabla_j v_i-\frac{2}{3}g_{ij}\nabla_k v^k\right) \tag{4-122}$$

另外，式（4-115）中单位质量流体的广义内能 e_t 与热力学狭义内能 e 间的关系为

$$e_t=e+\frac{1}{2}(\boldsymbol{v}\cdot\boldsymbol{v}) \tag{4-123}$$

在式（4-116）中，单位体积流体所具有的耗散函数 ϕ 与热流矢量 $\boldsymbol{q}$ 分别定义为

$$\phi=\left[\left(\mu'-\frac{2}{3}\mu\right)(\nabla\cdot\boldsymbol{v})\boldsymbol{I}+2\mu\boldsymbol{D}\right]:\boldsymbol{D}=\boldsymbol{\Pi}:\boldsymbol{D}=\Pi^{ij}\nabla_i v_j=\boldsymbol{\Pi}:\nabla\boldsymbol{v} \tag{4-124}$$

$$\boldsymbol{q}=-k\nabla T \tag{4-125}$$

这里，k 为传热系数，而 Π^{ij} 为黏性应力张量的逆变分量，v_j 为 $\boldsymbol{v}$ 的协变分量，∇_i 为协变导数。注意到 $\boldsymbol{I}:\boldsymbol{D}=\nabla\cdot\boldsymbol{v}$ 并引入 Stokes 假定，于是式（4-124）简化为

$$\phi=2\mu\left[\boldsymbol{D}:\boldsymbol{D}-\frac{1}{3}(\nabla\cdot\boldsymbol{v})^2\right] \tag{4-126}$$

应特别指出的是，将雷诺定理式（4-109）、式（4-110）与广义奥－高公式（4-79）分别用于式（4-113）、式（4-114）、式（4-115）和式（4-116）的左边，并注意使用 $\frac{\partial\rho}{\partial t}+\nabla\cdot(\rho\boldsymbol{v})=0$ 这一条件，则左边变为

$$\frac{\mathrm{d}}{\mathrm{d}t}\iiint_{\tau^*(t)}\rho\mathrm{d}\tau+\oint_{\sigma^*(t)}\rho(\boldsymbol{v}-\boldsymbol{b})\cdot\boldsymbol{n}\mathrm{d}\sigma=\iiint_{\tau^*(t)}\left[\frac{\partial\rho}{\partial t}+\nabla\cdot(\rho\boldsymbol{v})\right]\mathrm{d}\tau \tag{4-127}$$

$$\frac{\mathrm{d}}{\mathrm{d}t}\iiint_{\tau^*(t)}\rho\boldsymbol{v}\mathrm{d}\tau+\oint_{\sigma^*(t)}\rho\boldsymbol{v}(\boldsymbol{v}-\boldsymbol{b})\cdot\boldsymbol{n}\mathrm{d}\sigma=\iiint_{\tau^*(t)}\left(\rho\frac{\mathrm{d}\boldsymbol{v}}{\mathrm{d}t}\right)\mathrm{d}\tau \tag{4-128}$$

$$\frac{\mathrm{d}}{\mathrm{d}t}\iiint_{\tau^*(t)}\rho e_t\mathrm{d}\tau+\oint_{\sigma^*(t)}\rho e_t(\boldsymbol{v}-\boldsymbol{b})\cdot\boldsymbol{n}\mathrm{d}\sigma=\iiint_{\tau^*(t)}\left(\rho\frac{\mathrm{d}e_t}{\mathrm{d}t}\right)\mathrm{d}\tau \tag{4-129}$$

$$\frac{\mathrm{d}}{\mathrm{d}t}\iiint_{\tau^*(t)}\rho S\mathrm{d}\tau+\oint_{\sigma^*(t)}\rho S(\boldsymbol{v}-\boldsymbol{b})\cdot\boldsymbol{n}\mathrm{d}\sigma=\iiint_{\tau^*(t)}\left(\rho\frac{\mathrm{d}S}{\mathrm{d}t}\right)\mathrm{d}\tau \tag{4-130}$$

借助于式（4-127）~式（4-130），则式（4-113）~式（4-116）变为

$$\iiint_{\tau^*(t)}\left[\frac{\partial\rho}{\partial t}+\nabla\cdot(\rho\boldsymbol{v})\right]\mathrm{d}\tau=0 \tag{4-131}$$

$$\iiint_{\tau^*(t)}\left(\rho\frac{\mathrm{d}\boldsymbol{v}}{\mathrm{d}t}\right)\mathrm{d}\tau=\iiint_{\tau^*(t)}(\rho\boldsymbol{f}+\nabla\cdot\boldsymbol{\pi})\mathrm{d}\tau \tag{4-132}$$

$$\iiint_{\tau^*(t)}\left(\rho\frac{\mathrm{d}e_t}{\mathrm{d}t}\right)\mathrm{d}\tau=\iiint_{\tau^*(t)}[\rho\boldsymbol{f}\cdot\boldsymbol{v}+\nabla\cdot(\boldsymbol{\pi}\cdot\boldsymbol{v})-\nabla\cdot\boldsymbol{q}]\mathrm{d}\tau \tag{4-133}$$

$$\iiint_{\tau^*(t)}\left(\rho\frac{\mathrm{d}S}{\mathrm{d}t}\right)\mathrm{d}\tau=\iiint_{\tau^*(t)}\left[\frac{\phi}{T}-\frac{\nabla\cdot\boldsymbol{q}}{T}\right]\mathrm{d}\tau \tag{4-134}$$

由于被积函数的连续性及积分域的任意性，于是上述积分方程的微分形式便可得到，其具体形式为

$$\frac{\partial\rho}{\partial t}+\nabla\cdot(\rho\boldsymbol{v})=0 \tag{4-135}$$

$$\frac{\mathrm{d}\boldsymbol{v}}{\mathrm{d}t}=\boldsymbol{f}+\frac{\nabla\cdot\boldsymbol{\pi}}{\rho}=\boldsymbol{f}+\frac{1}{\rho}(\nabla\cdot\boldsymbol{\Pi}-\nabla p) \tag{4-136}$$

$$\frac{\mathrm{d}e_t}{\mathrm{d}t}=\boldsymbol{f}\cdot\boldsymbol{v}+\frac{1}{\rho}\nabla\cdot(\boldsymbol{\pi}\cdot\boldsymbol{v})-\frac{\nabla\cdot\boldsymbol{q}}{\rho} \tag{4-137}$$

$$T\frac{\mathrm{d}S}{\mathrm{d}t}=\frac{\phi}{\rho}-\frac{\nabla\cdot\boldsymbol{q}}{\rho} \tag{4-138}$$

应当指出，上述流体力学基本方程，其中包括积分形式（4-113）~式（4-116）与微分形式（4-135）~（4-138）在一般流体力学教科书中都可找到与此相对应的形式，不过这里给出的表达式更通用、更简洁一点。另外，对于上边的能量方程和熵方程还可进一步整理与变换。将式（4-136）两边点乘以$\boldsymbol{v}$，然后减去式（4-137），并注意到式（4-123）便得

$$\rho\frac{\mathrm{d}e}{\mathrm{d}t}=\boldsymbol{\pi}:\nabla\boldsymbol{v}-\nabla\cdot\boldsymbol{q}=\boldsymbol{\pi}:\boldsymbol{D}-\nabla\cdot\boldsymbol{q} \tag{4-139}$$

注意到

$$\boldsymbol{\pi}:\boldsymbol{D}=\boldsymbol{\Pi}:\boldsymbol{D}-\rho p\frac{\mathrm{d}\frac{1}{\rho}}{\mathrm{d}t} \tag{4-140}$$

$$\rho\dot{Q}=-\nabla\cdot\boldsymbol{q} \tag{4-141}$$

这里，$\dot{Q}$是单位时间内传给单位质量气体的热量，于是式（4-139）变为

$$\frac{\mathrm{d}e}{\mathrm{d}t}+p\frac{\mathrm{d}\frac{1}{\rho}}{\mathrm{d}t}=\frac{\varphi}{\rho}+\dot{Q} \tag{4-142}$$

显然，式（4-139）与式（4-142）是广泛采用的能量方程的两种形式。另外，将式（4-141）代入到式（4-138）得

$$T\frac{\mathrm{d}S}{\mathrm{d}t}=\dot{Q}+\frac{\phi}{\rho} \tag{4-143}$$

应该指出，在热力学书籍中，往往将式（4-143）写成克劳修斯（Clausius）不等式的形式，即

$$T\frac{\mathrm{d}S}{\mathrm{d}t}\geqslant\dot{Q} \tag{4-144}$$

另外，将雷诺定理应用于式（4-113）~式（4-116），则有

$$\iiint\limits_{\tau^*(t)}\frac{\partial\rho}{\partial t}\mathrm{d}\tau+\oint\limits_{\sigma^*(t)}\rho(\boldsymbol{v}\cdot\boldsymbol{n})\mathrm{d}\sigma=0 \tag{4-145}$$

$$\iiint\limits_{\tau^*(t)}\frac{\partial(\rho\boldsymbol{v})}{\partial t}\mathrm{d}\tau+\oint\limits_{\sigma^*(t)}\rho\boldsymbol{v}(\boldsymbol{v}\cdot\boldsymbol{n})\mathrm{d}\sigma=\iiint\limits_{\tau^*(t)}\rho\boldsymbol{f}\mathrm{d}\tau+\oint\limits_{\sigma^*(t)}\boldsymbol{n}\cdot\boldsymbol{\pi}\mathrm{d}\sigma \tag{4-146}$$

$$\iiint\limits_{\tau^*(t)}\frac{\partial(\rho e_{\mathrm{t}})}{\partial t}\mathrm{d}\tau+\oint\limits_{\sigma^*(t)}\rho e_{\mathrm{t}}(\boldsymbol{v}\cdot\boldsymbol{n})\mathrm{d}\sigma=\iiint\limits_{\tau^*(t)}\rho\boldsymbol{f}\cdot\boldsymbol{v}\mathrm{d}\tau+\oint\limits_{\sigma^*(t)}(\boldsymbol{n}\cdot\boldsymbol{\pi})\cdot\boldsymbol{v}\mathrm{d}\sigma-\oint\limits_{\sigma^*(t)}\boldsymbol{q}\cdot\boldsymbol{n}\mathrm{d}\sigma \tag{4-147}$$

$$\iiint\limits_{\tau^*(t)}\frac{\partial(\rho S)}{\partial t}\mathrm{d}\tau+\oint\limits_{\sigma^*(t)}\rho S(\boldsymbol{v}\cdot\boldsymbol{n})\mathrm{d}\sigma=\iiint\limits_{\tau^*(t)}\left(\frac{\phi}{T}+\frac{\nabla\cdot(-\boldsymbol{q})}{T}\right)\mathrm{d}\tau \tag{4-148}$$

上述方程组已广泛用于工程计算，具有很好的通用性。另外，由于被积函数的连续

性及积分域的任意性，于是可方便得到微分型守恒基本方程组：

$$\frac{\partial \rho}{\partial t}+\nabla \cdot (\rho \boldsymbol{v})=0 \tag{4-149}$$

$$\frac{\partial (\rho \boldsymbol{v})}{\partial t}+\nabla \cdot (\rho \boldsymbol{v}\,\boldsymbol{v})=\rho \boldsymbol{f}+\nabla \cdot \boldsymbol{\pi}=\rho \boldsymbol{f}+\nabla \cdot \boldsymbol{\Pi}-\nabla p \tag{4-150}$$

$$\frac{\partial (\rho e_{\mathrm{t}})}{\partial t}+\nabla \cdot [(\rho e_{\mathrm{t}}+p)\boldsymbol{v}]=\rho \boldsymbol{f}\cdot \boldsymbol{v}+\nabla \cdot (\boldsymbol{\Pi}\cdot \boldsymbol{v})-\nabla \cdot \boldsymbol{q} \tag{4-151}$$

$$\frac{\partial (\rho S)}{\partial t}+\nabla \cdot (\rho S\boldsymbol{v})=\frac{1}{T}(\phi-\nabla \cdot \boldsymbol{q}) \tag{4-152}$$

注意式（4-150）中$\boldsymbol{\Pi}$为黏性应力张量，通常$\nabla \cdot \boldsymbol{\Pi}$可具体表示为

$$\nabla \cdot \boldsymbol{\Pi}=\mu\,\nabla^2\boldsymbol{v}+\frac{\mu}{3}\nabla(\nabla \cdot \boldsymbol{v})+2(\nabla\mu)\cdot(\nabla\boldsymbol{v})+(\nabla\mu)\times(\nabla\times\boldsymbol{v})-\frac{2}{3}(\nabla \cdot \boldsymbol{v})(\nabla\mu) \tag{4-153}$$

$$\boldsymbol{\Pi}=\tau_{ij}\boldsymbol{e}^i\boldsymbol{e}^j=\tau^{ij}\boldsymbol{e}_i\boldsymbol{e}_j \tag{4-154}$$

另外，式（4-149）、式（4-150）与式（4-151）又可整理为如下形式：

$$\frac{\partial \boldsymbol{U}}{\partial t}+\frac{\partial (\boldsymbol{E}-\boldsymbol{E}_v)}{\partial x}+\frac{\partial (\boldsymbol{F}-\boldsymbol{F}_v)}{\partial y}+\frac{\partial (\boldsymbol{G}-\boldsymbol{G}_v)}{\partial z}=0 \tag{4-155}$$

式中

$$\boldsymbol{U}=(\rho,\ \rho V_1,\ \rho V_2,\ \rho V_3,\ \varepsilon)^{\mathrm{T}} \tag{4-156}$$

$$(\boldsymbol{E},\ \boldsymbol{F},\ \boldsymbol{G})=\begin{pmatrix} \rho V_1 & \rho V_2 & \rho V_3 \\ \rho V_1 V_1+p & \rho V_2 V_1 & \rho V_3 V_1 \\ \rho V_1 V_2 & \rho V_2 V_2+p & \rho V_3 V_2 \\ \rho V_1 V_3 & \rho V_2 V_3 & \rho V_3 V_3+p \\ (\varepsilon+p)V_1 & (\varepsilon+p)V_2 & (\varepsilon+p)V_3 \end{pmatrix} \tag{4-157}$$

$$(\boldsymbol{E}_v,\boldsymbol{F}_v,\boldsymbol{G}_v)=\begin{pmatrix} 0 & 0 & 0 \\ \tau_{xx} & \tau_{xy} & \tau_{xz} \\ \tau_{yx} & \tau_{yy} & \tau_{yz} \\ \tau_{zx} & \tau_{zy} & \tau_{zz} \\ a_1 & a_2 & a_3 \end{pmatrix} \tag{4-158}$$

$$\begin{pmatrix} a_1 \\ a_2 \\ a_3 \end{pmatrix}=\begin{pmatrix} \tau_{xx} & \tau_{xy} & \tau_{xz} & k\partial T/\partial x \\ \tau_{yx} & \tau_{yy} & \tau_{yz} & k\partial T/\partial y \\ \tau_{zx} & \tau_{zy} & \tau_{zz} & k\partial T/\partial z \end{pmatrix}\begin{pmatrix} V_1 \\ V_2 \\ V_3 \\ 1 \end{pmatrix} \tag{4-159}$$

$$\varepsilon=\rho e_t=\rho\left[e+\frac{1}{2}(\boldsymbol{v}\cdot\boldsymbol{v})\right]=\rho c_V T+\frac{1}{2}\rho V^2 \tag{4-160}$$

$$V^2=\boldsymbol{v}\cdot\boldsymbol{v}=(V_1)^2+(V_2)^2+(V_3)^2 \tag{4-161}$$

这里，ε 与 e_t 分别为单位体积流体的广义内能与单位质量流体的广义内能。应当注意式（4-155）是在直角笛卡儿坐标系（x，y，z）下给出的守恒型 $N-S$ 方程组，矢量 $\boldsymbol{E}$、$\boldsymbol{F}$ 与 $\boldsymbol{G}$ 分别代表 x、y 与 z 方向的无黏矢通量；矢量 $\boldsymbol{E}_v$、$\boldsymbol{F}_v$ 与 $\boldsymbol{G}_v$ 分别代表 x、y 与 z 方向上由于黏性及热传导所引起的矢量项；τ_{xx}，τ_{xy}，…，τ_{zz} 为黏性应力张量的分量，v_1、v_2 与 v_3 为速度矢量 $\boldsymbol{v}$ 沿 x、y 与 z 方向的分速度；ρ、p、T 与 k 分别代表流体的密度、压强、温度与传热系数；c_V 为比定容热容。显然，这里，（x，y，z）为惯性坐标系。对于非惯性坐标系，本章 4.2 节已有过讨论，这里我们仅给出叶轮机械中经常采用的相对坐标系下（当 $\boldsymbol{\omega}=\text{const}$ 时）三维流动基本方程组的弱守恒形式。为便于讨论，这里取相对坐标系为笛卡儿直角坐标（x_1，x_2，x_3），并令 $\boldsymbol{v}$ 与 $\boldsymbol{w}$ 分别代表绝对速度与相对速度；令 V_1，V_2 与 V_3 分别代表绝对速度 $\boldsymbol{v}$ 沿绝对笛卡儿坐标系（x，y，z）三个方向的分速度；令 W_1、W_2 与 W_3 分别代表相对速度矢量 $\boldsymbol{w}$ 沿相对笛卡儿坐标系（x_1，x_2，x_3）三个方向的分速度；这里，$\boldsymbol{v}$ 与 $\boldsymbol{w}$ 间服从式（4-96）式，于是式（4-102）、式（4-103）和式（4-104）可以整理为如下形式：

$$\frac{\partial_R \rho}{\partial t}+\nabla_R\cdot(\rho\boldsymbol{w})=0 \tag{4-162}$$

$$\frac{\partial_R(\rho\boldsymbol{v})}{\partial t}+\nabla_R\cdot(\rho\boldsymbol{w}\boldsymbol{v})=\nabla_R\cdot\boldsymbol{\Pi}-\nabla_R p-\rho\boldsymbol{\omega}\times\boldsymbol{v} \tag{4-163}$$

$$\frac{\partial_R \varepsilon}{\partial t}+\nabla_R\cdot(\varepsilon\boldsymbol{w})=\nabla_R\cdot(\boldsymbol{\Pi}\cdot\boldsymbol{v})-\nabla_R\cdot(p\boldsymbol{v})+\nabla_R\cdot(k\,\nabla_R T) \tag{4-164}$$

以下省略下角标 R 并把上述方程组在相对笛卡儿坐标系（x_1，x_2，x_3）下写成如下弱守恒形式：

$$\frac{\partial\widetilde{\boldsymbol{U}}}{\partial t}+\frac{\partial(\widetilde{\boldsymbol{E}}-\widetilde{\boldsymbol{E}}_v)}{\partial x_1}+\frac{\partial(\widetilde{\boldsymbol{F}}-\widetilde{\boldsymbol{F}}_v)}{\partial x_2}+\frac{\partial(\widetilde{\boldsymbol{G}}-\widetilde{\boldsymbol{G}}_v)}{\partial x_3}=\boldsymbol{N} \tag{4-165}$$

式中

$$\widetilde{\boldsymbol{U}}=(\rho,\ \rho V_1,\ \rho V_2,\ \rho V_3,\ \varepsilon)^{\mathrm{T}} \tag{4-166}$$

$$(\widetilde{\boldsymbol{E}},\widetilde{\boldsymbol{F}},\widetilde{\boldsymbol{G}})=\begin{pmatrix}\rho W_1 & \rho W_2 & \rho W_3\\ \rho W_1V_1+p & \rho W_2V_1 & \rho W_3V_1\\ \rho W_1V_2 & \rho W_2V_2+p & \rho W_3V_2\\ \rho W_1V_3 & \rho W_2V_3 & \rho W_3V_3+p\\ (\varepsilon+p)W_1 & (\varepsilon+p)W_2 & (\varepsilon+p)W_3\end{pmatrix} \tag{4-167}$$

$$(\widetilde{\boldsymbol{E}}_v,\widetilde{\boldsymbol{F}}_v,\widetilde{\boldsymbol{G}}_v)=\begin{pmatrix}0 & 0 & 0\\ \tau_{x_1x_1} & \tau_{x_1x_2} & \tau_{x_1x_3}\\ \tau_{x_2x_1} & \tau_{x_2x_2} & \tau_{x_2x_3}\\ \tau_{x_3x_1} & \tau_{x_3x_2} & \tau_{x_3x_3}\\ \widetilde{a}_1 & \widetilde{a}_2 & \widetilde{a}_3\end{pmatrix} \tag{4-168}$$

$$\begin{pmatrix}\tilde{a}_1\\\tilde{a}_2\\\tilde{a}_3\end{pmatrix}=\begin{pmatrix}\tau_{x_1x_1} & \tau_{x_1x_2} & \tau_{x_1x_3} & k\partial T/\partial x_1\\\tau_{x_2x_1} & \tau_{x_2x_2} & \tau_{x_2x_3} & k\partial T/\partial x_2\\\tau_{x_3x_1} & \tau_{x_3x_2} & \tau_{x_3x_3} & k\partial T/\partial x_3\end{pmatrix}\begin{pmatrix}W_1\\W_2\\W_3\\1\end{pmatrix}\tag{4-169}$$

式中，矢量 $\tilde{\boldsymbol{U}}$ 的定义与式（4-156）的 $\boldsymbol{U}$ 相同，而且这里式（4-166）中 $\boldsymbol{\varepsilon}$ 的定义也同式（4-160）。在式（4-165）中，右端项 $\boldsymbol{N}$ 是由于相对坐标系的旋转而产生的，可由式（4-170）定义：

$$\boldsymbol{N}=\begin{pmatrix}0\\0\\\rho\omega V_3\\-\rho\omega V_2\\0\end{pmatrix}\tag{4-170}$$

应该指出：上述两个方程组即式（4-155）与式（4-165）在进行压气机级（包含动叶与静叶）与涡轮级（包括涡轮导叶与涡轮转子）的三维流场计算时格外方便。当然，也可将式（4-163）与式（4-164）改写为如下形式：

$$\frac{\partial_{\mathrm{R}}(\rho\boldsymbol{w})}{\partial t}+\nabla_{\mathrm{R}}\cdot(\rho\boldsymbol{w}\boldsymbol{w})=\nabla_{\mathrm{R}}\cdot\boldsymbol{\Pi}-\nabla_{\mathrm{R}}p-2\rho\boldsymbol{\omega}\times\boldsymbol{w}+\rho(\omega)^2r\tag{4-171}$$

$$\frac{\partial_{\mathrm{R}}e_0}{\partial t}+\nabla_{\mathrm{R}}\cdot[(e_0+p)\boldsymbol{w}]=\nabla_{\mathrm{R}}\cdot(\boldsymbol{\Pi}\cdot\boldsymbol{w})+\nabla_{\mathrm{R}}\cdot(k\nabla_{\mathrm{R}}T)+\rho(\omega)^2(\boldsymbol{w}\cdot\boldsymbol{r})\tag{4-172}$$

式中，$\boldsymbol{r}$ 为矢径，而 e_0 定义为单位体积的流体所具有的相对广义内能，即

$$e_0=\rho\left(c_VT+\frac{1}{2}\boldsymbol{w}\cdot\boldsymbol{w}\right)\tag{4-173}$$

因此式（4-162）、式（4-171）与式（4-172）又可在（x_1，x_2，x_3）相对笛卡儿坐标系中写成另一种形式的弱守恒 $N-S$ 方程组。

2. 涡量与胀量的输运方程

如果令

$$\tilde{\boldsymbol{\omega}}\equiv\nabla\times\boldsymbol{v}\tag{4-174}$$

$$\theta\equiv\nabla\cdot\boldsymbol{v}\tag{4-175}$$

这时 $\tilde{\boldsymbol{\omega}}$ 与 θ 分别称为涡量与胀量，则式（4-153）便可写为

$$\nabla\cdot\boldsymbol{\Pi}=\mu\nabla^2\boldsymbol{v}+\frac{\mu}{3}\nabla\theta+2(\nabla\mu)\cdot(\nabla\boldsymbol{v})+(\nabla\mu)\times\tilde{\boldsymbol{\omega}}-\frac{2}{3}\theta(\nabla\mu)\tag{4-176}$$

显然，如果认为 μ 均布时，则式（4-176）便简化为

$$\nabla\cdot\boldsymbol{\Pi}=\mu\nabla^2\boldsymbol{v}+\frac{\mu}{3}\nabla\theta\tag{4-177}$$

引入运动黏性系数 $\gamma\equiv\frac{\mu}{\rho}$，于是将式（4-177）两边除以 ρ 后再取旋度，便有

$$\nabla \times \left(\frac{\nabla \cdot \boldsymbol{\Pi}}{\rho}\right) = \gamma\, \nabla^2 \widetilde{\boldsymbol{\omega}} + (\nabla \gamma) \times (\nabla^2 \boldsymbol{v}) + \frac{1}{3}(\nabla \gamma) \times (\nabla \theta) \tag{4-178}$$

注意推导式（4-178）时使用了如下恒等式，即

$$\nabla \times (\nabla^2 \boldsymbol{B}) = \nabla^2 (\nabla \times \boldsymbol{B}) \tag{4-179}$$

这里，$\boldsymbol{B}$ 为任意矢量。于是，将式（4-136）两边取旋度并注意到式（4-179）后，便有

$$\begin{aligned}
\frac{\mathrm{d}\widetilde{\boldsymbol{\omega}}}{\mathrm{d}t} - \widetilde{\boldsymbol{\omega}} \cdot (\nabla \boldsymbol{v}) + \theta \widetilde{\boldsymbol{\omega}} &= \frac{\partial \widetilde{\boldsymbol{\omega}}}{\partial t} + \nabla \cdot (\boldsymbol{v}\widetilde{\boldsymbol{\omega}} - \widetilde{\boldsymbol{\omega}}\boldsymbol{v}) = \frac{\partial \widetilde{\boldsymbol{\omega}}}{\partial t} + \nabla \times (\widetilde{\boldsymbol{\omega}} \times \boldsymbol{v}) \\
&= \nabla \times \boldsymbol{f} - \nabla \times \left(\frac{\nabla p}{\rho}\right) + \gamma\, \nabla^2 \widetilde{\boldsymbol{\omega}} + (\nabla \gamma) \times (\nabla^2 \boldsymbol{v}) + \\
&\quad \frac{1}{3}(\nabla \gamma) \times (\nabla \theta)
\end{aligned} \tag{4-180}$$

如果是运动黏性系数 γ 均布时，

并注意到

$$\nabla \times \left(\frac{\nabla p}{\rho}\right) = -(\nabla T) \times (\nabla S) \tag{4-181}$$

则式（4-180）可简化为

$$\frac{\mathrm{d}\widetilde{\boldsymbol{\omega}}}{\mathrm{d}t} - \widetilde{\boldsymbol{\omega}} \cdot (\nabla \boldsymbol{v}) + \theta \widetilde{\boldsymbol{\omega}} = \nabla \times \boldsymbol{f} + (\nabla T) \times (\nabla S) + \gamma\, \nabla^2 \widetilde{\boldsymbol{\omega}} \tag{4-182}$$

式（4-182）常称为涡量动力学方程，又称涡量输运方程。类似地，将式（4-136）两边取散度便得到关于胀量（expanon）的输运方程，其具体形式为

$$\frac{\mathrm{d}\theta}{\mathrm{d}t} + \boldsymbol{D} : \boldsymbol{D} + \frac{1}{2}(\widetilde{\boldsymbol{\omega}} \cdot \widetilde{\boldsymbol{\omega}}) = \nabla \cdot \boldsymbol{f} - \nabla \cdot \left(\frac{\nabla p}{\rho}\right) + \frac{4}{3}\gamma\, \nabla^2 \theta + (\nabla \gamma) \cdot (\nabla^2 \boldsymbol{v}) + \frac{\gamma}{3}(\nabla \gamma) \cdot (\nabla \theta) \tag{4-183}$$

式中，$\boldsymbol{D}$ 为应变速率张量。显然，如果认为运动黏性系数均布时，则式（4-183）可简化为

$$\frac{\mathrm{d}\theta}{\mathrm{d}t} + \boldsymbol{D} : \boldsymbol{D} + \frac{1}{2}(\widetilde{\boldsymbol{\omega}} \cdot \widetilde{\boldsymbol{\omega}}) = \nabla \cdot \boldsymbol{f} - \nabla \cdot \left(\frac{\nabla p}{\rho}\right) + \frac{4}{3}\gamma\, \nabla^2 \theta \tag{4-184}$$

由式（4-182）与式（4-184）可以看出：在胀量输运方程中含有涡量，而在涡量输运方程中又含有胀量，两者相互耦合着。

4.3.3　运动气体热力学的第一定律

当气体在流场中运动时，任取一个质量为 Δm 的微元封闭体系，热力学第一定律可用如下普遍形式表达：

$$\frac{\mathrm{d}E}{\mathrm{d}t} = \dot{Q} - \dot{L} \tag{4-185}$$

式中，$\dot{Q}$ 和 $\dot{L}$ 分别表示单位时间内外界对所考察体系的传热率和该体系对外界的作功率，而 $\mathrm{d}E/\mathrm{d}t$ 则是该体系的内能对时间的导数。在具体表达式（4-185）中的三项时，不论观察是否静止或观察者随体系一起运动，$\dot{Q}$ 总是表示由于所取体系的温

度和外界温度之间的差别所引起的穿过体系边界的传热率，但是体系中内能的增加率和体系边界上力对外界的作功率是随着观察者的不同而不同。下面分别导出在如下两种情况下，$\mathrm{d}E/\mathrm{d}t$ 和 $\dot{L}$ 的表达式。

1. 观察者静止不动

在不考虑体积力的情况下，这时观察者看到的单位质量气体对外的作功率为 $-\frac{1}{\rho}\nabla\cdot(\boldsymbol{\pi}\cdot\boldsymbol{v})$，并注意到

$$\nabla\cdot(\boldsymbol{\pi}\cdot\boldsymbol{v})=\nabla\cdot(\boldsymbol{\Pi}\cdot\boldsymbol{v})-\nabla\cdot(p\boldsymbol{v}) \tag{4-186}$$

式中，$\boldsymbol{\pi}$ 与 $\boldsymbol{\Pi}$ 分别为应力张量与黏性应力张量；于是$\frac{1}{\rho}\nabla\cdot(p\,\boldsymbol{v})$为这时观察者所观察到的单位质量气体对外所做的压缩功率；这时观察者所看到的单位质量气体内能的增加率为$\frac{\mathrm{d}}{\mathrm{d}t}\left(e+\frac{\boldsymbol{v}\cdot\boldsymbol{v}}{2}\right)$，这里，$e$ 为气体热力状态函数的狭义内能，$\boldsymbol{v}$为气体流动速度。通常 $e+\frac{\boldsymbol{v}\cdot\boldsymbol{v}}{2}\equiv e_t$，并定义 e_t 为单位质量气体具有的广义内能。因此，对于单位质量的气体而言，此时式（4-185）便可变为

$$\frac{\mathrm{d}e_t}{\mathrm{d}t}=\frac{\dot{Q}}{\Delta m}-\frac{\dot{L}}{\Delta m}=\frac{\dot{Q}}{\Delta m}+\frac{1}{\rho}\nabla\cdot(\boldsymbol{\pi}\cdot\boldsymbol{v})=\frac{\nabla\cdot(\boldsymbol{\pi}\cdot\boldsymbol{v})}{\rho}-\frac{\nabla\cdot\boldsymbol{q}}{\rho} \tag{4-187}$$

式中，$\boldsymbol{q}$ 为热流矢量，$\boldsymbol{q}=-k\,\nabla T$。

2. 观察者随气体一起运动（即随体观察者）

在不考虑体积力的情况下，这时观察者所观察到的单位质量气体对外作功率为 $p\frac{\mathrm{d}\frac{1}{\rho}}{\mathrm{d}t}-\frac{\phi}{\rho}$，这里，单位体积流体所具有的耗散函数 ϕ 为

$$\phi=\boldsymbol{\Pi}:\boldsymbol{D}=\boldsymbol{\Pi}:\nabla\boldsymbol{v} \tag{4-188}$$

这里，$\boldsymbol{D}$ 为应变速率张量。此外，$p\frac{\mathrm{d}\frac{1}{\rho}}{\mathrm{d}t}$项为通常热力学教科书[167,168]上所讲的单位质量气体所做的压缩功率。另外，这时观察者所看到的单位质量气体内能的增加率为$\frac{\mathrm{d}e}{\mathrm{d}t}$；对于单位质量的气体来讲，此时式（4-185）便可写为

$$\frac{\mathrm{d}e}{\mathrm{d}t}=\frac{\phi}{\rho}-p\frac{\mathrm{d}\frac{1}{\rho}}{\mathrm{d}t}-\frac{\nabla\cdot\boldsymbol{q}}{\rho} \tag{4-189}$$

4.3.4 运动气体热力学的第二定律

考虑一个单相的 k 个化学组元的单位质量均匀系统，于是热力学第二定律的基本微分方程（又称为 Gibbs 方程）为[167]

$$TdS = de + pd\nu - \sum_{i=1}^{k}(\mu_i dc_i) \tag{4-190}$$

式中，e 为单位质量气体具有的内能（简称比内能）；ν 为比容；S 为比熵；c_i 为组元 i 的质量分数；μ_i 为组元 i 的化学势。对于可逆变化，则有

$$\sum_{i=1}^{k}(\mu_i dc_i) = 0 \tag{4-191}$$

由于可逆变化仅仅对于平衡系统才发生，所以在局部平衡态的假设下，流场中任意流体微团恒有

$$TdS = de + pd\nu = de + pd\left(\frac{1}{\rho}\right) = dh - \frac{1}{\rho}dp \tag{4-192}$$

另外，将连续方程整理为

$$p\nabla\cdot\boldsymbol{v} = p\rho\frac{d(1/\rho)}{dt} \tag{4-193}$$

代入到式（4-192）便有

$$\rho\frac{de}{dt} + p\nabla\cdot\boldsymbol{v} = \rho T\frac{dS}{dt} \tag{4-194}$$

然后，代到式（4-189）便推出

$$\rho\frac{ds}{dt} = \frac{\phi}{T} - \frac{\nabla\cdot\boldsymbol{q}}{T} \tag{4-195}$$

注意到

$$\nabla\cdot\left(\frac{\boldsymbol{q}}{T}\right) = \frac{\nabla\cdot\boldsymbol{q}}{T} - \boldsymbol{q}\cdot\frac{\nabla T}{T^2} \tag{4-196}$$

式中，$\frac{\boldsymbol{q}}{T}$称为熵通量。于是将式（4-196）代入到式（4-195）后得到

$$\rho\frac{dS}{dt} + \nabla\cdot\left(\frac{\boldsymbol{q}}{T}\right) = \frac{\phi}{T} + k\frac{(\nabla T)^2}{T^2} \geqslant 0 \tag{4-197}$$

式中，S 为比熵。显然，由于式中耗散函数 ϕ 与传热系数 k 都是正数，故式（4-197）右端两项之和是正的。因此式（4-197）是热力学第二定律在流体力学中的又一种表达形式。引入单位体积里的熵产生率[167]，其符号为 ϑ，即

$$\vartheta = \frac{1}{T}\left[\phi - \boldsymbol{q}\cdot\left(\frac{\nabla T}{T}\right)\right] = \frac{\phi}{T} + k\frac{(\nabla T)^2}{T^2} \tag{4-198}$$

它反映了不可逆过程所产生的熵。考虑到熵为广延量，用 S^* 表示一流体集合所具有的熵，于是积分式（4-197）使用奥 - 高公式便得到

$$\frac{dS^*}{dt} = \iiint_{\tau}\vartheta d\tau + \oiint_{\sigma}\frac{\boldsymbol{q}}{T}\cdot\boldsymbol{n}d\sigma \tag{4-199}$$

显然，无论上面所考虑的流体集合内部如何进行复杂的功与热量的交换，只要在流体集合的边界上热流处处为零，那么这个给定的流体集合就是热力学的热孤立系统，这时

$$dS^* \geq 0 \tag{4-200}$$

即一个孤立系统的熵是永远不会减少的。

4.3.5 气体的黏性系数、传热系数与扩散系数

1. 黏性系数

在流体力学中，流体的黏性系数有两个：一个称为动力黏性系数μ，另一个称为运动黏性系数γ，两者间的关系为

$$\gamma = \mu/\rho \tag{4-201}$$

在国际单位制中，μ的单位是$N \cdot s/m^2$或$Pa \cdot s$，在工程单位中μ的单位是$kgf \cdot s/m^2$，两者的关系为$1Pa \cdot s = 0.102 kgf \cdot s/m^2$；而$\gamma$的单位在国际单位制中为$m^2/s$，显然它的量纲中仅有长度和时间，即具有运动量的量纲，故取名为运动黏性系数。

气体的动力黏性系数随着温度的升高而增大，再加上气体的密度随着温度的升高而减少，因此当温度升高时气体的运动黏性系数迅速增大。应当指出，当压强不变时，不同温度下的气体动力黏性系数μ可以根据萨瑟兰（Sutherland）公式计算：

$$\mu \approx \mu_0 \left(\frac{T}{T_0}\right)^{1.5} \frac{T_0 + C}{T + C} \tag{4-202}$$

式中，μ_0为温度T_0时的动力黏性系数；C常称为萨瑟兰常数，取决于气体的种类。表4.1给出了几种气体的μ_0、T_0及C值。当然，也可以用幂次律去估算气体的μ值，即

$$\mu \approx \mu_0 \left(\frac{T}{T_0}\right)^{n} \tag{4-203}$$

式中，$T_0 = 273.15K$；μ_0为$T = T_0$时的动力黏性系数；n为取决于气体种类的常数（见表4-1）；另外，试验证实，在压强不太高时，压强对于气体动力黏性系数的影响很小。因此，压强变化小于$10^6 Pa$时，可以不考虑动力黏性系数的变化。此外，参考文献［169］还给出了气体动力黏性系数随压强增加时的修正曲线，可供需用者查阅。

表4-1 几种气体的μ_0，T_0及C值

气体	T_0/K	$\mu_0/10^{-4}Pa \cdot s$	C/K	n	适用的温度范围/K
空气	273.15	0.716	110.6	0.666	210～1900
氩气	273.15	0.2125	144.4	0.72	200～1500
氮气	273.15	0.1663	106.7	0.67	222～1500
氧气	273.15	0.1919	138.9	0.69	230～2000
氢气	273.15	0.08411	96.7	0.68	224～1100
CO	273.15	0.1657	136.1	0.71	230～1500
CO_2	273.15	0.1370	222.2	0.79	200～1700

2. 传热系数

无论流体是静止的还是运动的，只要其中的温度场不均匀，热量就由高温处向低温处传递。在温度分布不均匀的连续介质中，仅仅由于各部分直接接触，而没有宏观相对运动所发生的热量传递称为热传导。一般来说，绝大多数流体的热传导性是各向同性的，其热传导规律服从傅里叶（Fourier）导热定律，即

$$\boldsymbol{q} = -k\,\nabla T \tag{4-204}$$

式中，$\boldsymbol{q}$ 为热流矢量；k 为传热系数；T 为温度；∇T 为温度对空间坐标的梯度。试验证明，对于大多数接近完全气体的气体，其传热系数 k 几乎与动力黏性系数 μ 成正比。引入普朗特（Prandtl）数 Pr，即

$$Pr = \frac{\mu c_p}{k} \tag{4-205}$$

式中，c_p 为气体的比定压热容。对于这类气体，它的 Pr 数几乎与温度和压强无关，而仅取决于气体的种类。例如空气的 Pr 值在273.15K时为0.720，在1273.15K时为0.706，两者相差甚小。但对于某些非完全气体，例如干饱和蒸汽，其 Pr 数随温度有明显的变化。

3. 扩散系数

当流体的密度分布不均匀时，流体的质量就会从高密度区迁移到低密度区，这种现象称为扩散。扩散现象又可分为两类：一类是在单组分流体中由于其自身密度差所引起的扩散，称为自扩散；另一类是在两种组分的混合介质中由于各组分各自密度差在另一组分中所引起的扩散，称为互扩散。由流体力学可以知道，自扩散系数与流体的动力黏性系数 μ 有关；互扩散现象服从菲克（Fick）扩散定律，假定 j 组元为均质介质，这里仅考虑 i 组元在 j 组元中的扩散并认为扩散为各向同性时，于是有

$$\boldsymbol{J}_{ij} = -D_{ij}\nabla\rho_i \tag{4-206}$$

式中，$\boldsymbol{J}_{ij}$ 为在单位时间内 i 组元在 j 组元中通过单位面积传递的质量流矢量；D_{ij} 为 i 组元在 j 组元中的质量扩散系数，简称扩散系数；ρ_i 为 i 组元的分密度。

4.3.6 滞止参数、临界参数及气动函数

在可压缩流体动力学中，我们常引入三种特定的参考状态：①滞止状态（参数的下角标以“0”表示）；②临界状态（参数的下角标以“*”表示）；③最大速度（V_{max}）状态。应该指出，处于任何状态的流体，都可以经过假想的等熵过程转变为对应的滞止状态、临界状态和最大速度状态，因此参考状态可以是该问题中真实存在的状态，也可以是该实际问题中并不存在的状态。但对于绝能等熵流动来说，参考状态往往是真实存在的。

1. 滞止状态与滞止参数

滞止状态是流体质点由某一个真实状态经等熵过程或者经过假想的等熵过程速

度减小到0，这时流体质点的状态称为该真实状态所对应的滞止状态，这种状态下流体质点所具有的流动参数称为该真实状态的滞止参数。应该指出，滞止参数是点函数，它与流动的过程无直接关系。借助于上面的定义，则滞止焓 h_0 与静焓之间的关系为

$$h_0 = h + \frac{v^2}{2} \tag{4-207}$$

对于完全气体，则 $h = c_p T$，因此，式（4-207）可改写为

$$T_0 = T + \frac{v^2}{2c_p} \tag{4-208}$$

根据完全气体的等熵关系，于是可得到如下关于 p_0，ρ_0 与 a_0 的表达式：

$$\left(\frac{T}{T_0}\right)^{\frac{\gamma}{\gamma-1}} = \frac{p}{p_0} \tag{4-209}$$

$$\frac{p}{p_0} = \left(\frac{\rho}{\rho_0}\right)^{\gamma} \tag{4-210}$$

$$\frac{p}{p_0} = \left(\frac{a}{a_0}\right)^{\frac{2\gamma}{\gamma-1}} \tag{4-211}$$

式中，p_0、ρ_0 与 a_0 分别为滞止压强（又称总压）、滞止密度与滞止声速；h_0 为滞止焓又称为总焓；T_0 为滞止温度又称总温；而 p、ρ 与 T 分别称作静压、静密度与静温，这里“静”的含意是指站在与流体质点一起运动的坐标系上测量到的流体参数，也就是说当测量仪器随气流一起运动时所测流体的参数值。另外，注意到完全气体的比定压热容 c_p 与比热容比 γ 间的关系，以及马赫数的定义，则式（4-208）、式（4-209）、式（4-210）与式（4-211）分别可变为

$$\frac{T}{T_0} = \tau(Ma) = \left(1 + \frac{\gamma-1}{2}Ma^2\right)^{-1} \tag{4-212}$$

$$\frac{p}{p_0} = \pi(Ma) = \left(1 + \frac{\gamma-1}{2}Ma^2\right)^{-\frac{\gamma}{\gamma-1}} \tag{4-213}$$

$$\frac{\rho}{\rho_0} = \varepsilon(Ma) = \left(1 + \frac{\gamma-1}{2}Ma^2\right)^{-\frac{1}{\gamma-1}} \tag{4-214}$$

$$\frac{a}{a_0} = \alpha(Ma) = \left(1 + \frac{\gamma-1}{2}Ma^2\right)^{-\frac{1}{2}} \tag{4-215}$$

式中，$\tau(Ma)$、$\pi(Ma)$、$\varepsilon(Ma)$ 分别称作定比热容情况下的温度函数、压强函数、密度函数。

另外，将式（4-213）写为

$$\frac{p_0}{p} = \left(1 + \frac{\gamma-1}{2}Ma^2\right)^{\frac{\gamma}{\gamma-1}} \tag{4-216}$$

借助于高等数学中的二项式级数展开，式（4-216）可展成如下级数：

$$\frac{p_0}{p}=1+\frac{\gamma}{2}Ma^2+\frac{\gamma}{8}Ma^4+\frac{(2-\gamma)}{48}\gamma Ma^6+\cdots \tag{4-217}$$

注意到马赫数的定义后它又可变为

$$p_0=p+\frac{1}{2}\rho v^2\ \left(1+\frac{1}{4}Ma^2+\frac{2-\gamma}{24}Ma^4+\cdots\right) \tag{4-218}$$

对于空气，取 $\gamma=1.4$，由式（4-218）可得到可压缩空气的动压为

$$p_0-p=\frac{1}{2}\rho v^2\left(1+\frac{1}{4}Ma^2+\frac{1}{40}Ma^4+\cdots\right) \tag{4-219}$$

对于不可压缩流，则动压为

$$p_0-p=\frac{1}{2}\rho v^2 \tag{4-220}$$

由式（4-219）与式（4-220）的比较可以看出当 $Ma\leqslant 0.3$ 时，忽略气体压缩引起的动压所产生的相对误差不超过 2.3%，因此工程上对 $Ma\leqslant 0.3$ 的流动完全可以作为不可压缩流动处理。

2. 临界状态与临界参数

临界状态是流动速度 v 等于当地声速 a 的状态，也就是流动马赫数等于 1 的状态。与滞止状态一样，临界状态可能存在于真实流动之中，也可能是将某个真实状态通过一个假想等熵过程来达到临界状态。临界状态时的流动参数称为临界参数；出现临界状态的截面称为临界截面。对于完全气体，借助于上面的定义，并注意到所考查点处的静焓 h、流速 v 以及该点所对应的临界声速 a_* 应满足如下形式的能量方程，即

$$h+\frac{v^2}{2}=\frac{a^2}{\gamma-1}+\frac{v^2}{2}=\frac{a_*^2}{\gamma-1}+\frac{a_*^2}{2}=\frac{\gamma+1}{\gamma-1}\frac{a_*^2}{2} \tag{4-221}$$

将式（4-207）变为用 a_0、a 与 v 表达的式子，即

$$h+\frac{v^2}{2}=\frac{a^2}{\gamma-1}+\frac{v^2}{2}=\frac{1}{\gamma-1}a_0^2 \tag{4-222}$$

于是比较式（4-221）与式（4-222）便得到 a_* 与 a_0 间的关系式为

$$\left(\frac{a_*}{a_0}\right)^2=\frac{2}{\gamma+1} \tag{4-223}$$

当然，式（4-223）也可借助于取 $M=1$ 时代入式（4-215）得到。因此，借助于 $M=1$ 时代入式（4-212）、式（4-213）与式（4-214）便得到临界参数 T_*、p_*、ρ_* 与滞止参数 T_0、p_0、ρ_0 间的关系：

$$\frac{T_*}{T_0}=\frac{2}{\gamma+1} \tag{4-224}$$

$$\frac{p_*}{p_0}=\left(\frac{2}{\gamma+1}\right)^{\frac{\gamma}{\gamma-1}} \tag{4-225}$$

$$\frac{\rho_*}{\rho_0}=\left(\frac{2}{\gamma+1}\right)^{\frac{1}{\gamma-1}} \tag{4-226}$$

而 a_* 与 T_0 间的关系可由式（4-223）得到，即

$$a_*=\sqrt{\frac{2\gamma}{\gamma+1}RT_0} \tag{4-227}$$

同滞止参数一样，临界状态参数可以是实际存在的（例如当气流的 $Ma=1$ 时），也可以是借助于一个假想的等熵过程达到的。临界状态参数是点函数，在任意流动过程中的任何一点处流体都具有确定的临界状态参数。另外，还必须注意，声速和临界声速这是两个不同的概念。声速是在气体所处状态下实际存在的，它的大小可由当地的静温度确定；而临界声速是由该处的总温度所确定，因此只有当气流的马赫数 $Ma=1$ 时临界声速才实际存在。对于任意流动过程中的任一点处，都有确定的声速和与此对应的临界声速，并且只有在临界截面上两者才相等。

3. 速度系数

在气体动力学中，除了马赫数作为量纲为 1 的速度外，还可用另一个量纲为 1 的速度，它定义为气流速度与临界声速的比，称为速度系数，以 λ 表示，即

$$\lambda=\frac{v}{a_*} \tag{4-228}$$

与 Ma 数相比，引用 λ 数的好处之一是在绝能流动的流场中，临界声速 a_* 全场是常数，因此由 λ 值的大小便可直接判断出该点速度模的大小。另外，λ 数与 Ma 数间的关系为

$$\lambda=\frac{v}{a_*}=\frac{v}{a}\cdot\frac{a}{a_*}=Ma\left[\frac{2+(\gamma-1)Ma^2}{\gamma+1}\right]^{-\frac{1}{2}} \tag{4-229}$$

或者

$$\lambda^2=\frac{Ma^2}{1+\frac{\gamma-1}{\gamma+1}(Ma^2-1)}=\frac{\frac{\gamma+1}{2}Ma^2}{1+\frac{\gamma-1}{2}Ma^2} \tag{4-230}$$

$$Ma^2=\frac{\lambda^2}{1-\frac{\gamma-1}{2}(\lambda^2-1)}=\frac{\frac{2}{\gamma+1}\lambda^2}{1-\frac{\gamma-1}{\gamma+1}\lambda^2} \tag{4-231}$$

由式（4-230）与式（4-231）可知：$Ma<1$ 的亚声速流动对应着 $\lambda<1$；$Ma=1$ 的声速流对应着 $\lambda=1$；$Ma>1$ 的超声速流对应着 $\lambda>1$，因此也可用 λ 作为亚声速和超声速流动的判断标志。另外，当 $Ma\to\infty$ 时，λ 有最大值 $\sqrt{\frac{\gamma+1}{\gamma-1}}$，所以有时用 λ 要比用 Ma 更加方便些。利用式（4-231）可方便地把气体动力学函数写成关于 λ 的函数

$$\frac{T}{T_0}=\tau(\lambda)=1-\frac{\gamma-1}{\gamma+1}\lambda^2 \tag{4-232}$$

$$\frac{p}{p_0}=\pi(\lambda)=\left(1-\frac{\gamma-1}{\gamma+1}\lambda^2\right)^{\frac{\gamma}{\gamma-1}} \tag{4-233}$$

$$\frac{\rho}{\rho_0}=\varepsilon(\lambda)=\left(1-\frac{\gamma-1}{\gamma+1}\lambda^2\right)^{\frac{1}{\gamma-1}} \tag{4-234}$$

$$\frac{a}{a_0}=\alpha(\lambda)=\left(1-\frac{\gamma-1}{\gamma+1}\lambda^2\right)^{\frac{1}{2}} \tag{4-235}$$

这里，$\tau(\lambda)$、$\pi(\lambda)$和$\varepsilon(\lambda)$分别称作定比热容情况下的温度函数、压强函数和密度函数。

4. 最大速度状态

速度达到最大，焓值为 0 时的状态称为最大速度状态，它同样是一种参考状态，它可由某一个真实状态经过假想的等熵变化过程去达到。借助于上面的定义，则 $v_{\max}$与静参数之间的关系为

$$h_0=c_pT_0=h+\frac{v^2}{2}=c_pT+\frac{v^2}{2}=\frac{v_{\max}^2}{2} \tag{4-236}$$

因此

$$v_{\max}=\sqrt{\frac{2}{\gamma-1}\gamma RT_0}=a_*\sqrt{\frac{\gamma+1}{\gamma-1}}=a_0\sqrt{\frac{2}{\gamma-1}} \tag{4-237}$$

注意，最大速度 $v_{\max}$仅仅是一个理论上的极限值，实际上是不可能达到的。由式(4-237) 可以看出，对于确定的气体，$v_{\max}$只取决于总温 T_0；在绝能流动中，由于 T_0 为常数，因此 $v_{\max}$常被用作参考速度。

5. 流量函数 $q(\lambda)$与 $q(Ma)$

在气动计算中，常常会遇到质量流量的计算问题。先引入流量函数 $q(\lambda)$或者 $q(Ma)$，即

$$q(\lambda)\equiv\frac{\rho v}{\rho_*a_*}=\frac{v}{a_*}\cdot\frac{\rho/\rho_0}{\rho_*/\rho_0}=\lambda\left(\frac{\gamma+1}{2}-\frac{\gamma-1}{2}\lambda^2\right)^{1/(\gamma-1)} \tag{4-238}$$

$$q(Ma)\equiv\frac{\rho v}{\rho_*a_*}=\frac{\rho}{\rho_0}\cdot\frac{\rho_0}{\rho_*}\cdot\frac{v}{a}\cdot\frac{a}{a_0}\cdot\frac{a_0}{a_*}=\frac{Ma}{\left(\frac{2}{\gamma+1}+\frac{\gamma-1}{\gamma+1}Ma^2\right)^{(\gamma+1)/[2(\gamma-1)]}} \tag{4-239}$$

这里，ρv 称为比流量或密度，它表示单位时间内通过单位面积的质量流量。由式(4-238) 和式 (4-239) 可知，流量函数 q 是 λ 数（或者 Ma）的函数，对这个函数 $q(\lambda)$作数学分析：显然，当 $\lambda<1$（亚声速流动）时，比流量 ρv 随着 λ 数的增大而增加，此时速度的增加率大于密度的减小率；当 $\lambda>1$（超声速流动）时，情况刚好相反，ρv 随着 λ 的增大而减小。特别有意义的是，当 $\lambda=1$（流动达临界状

态）时，比流量 ρv 值最大，即

$$\frac{\mathrm{d}q(\lambda)}{\mathrm{d}\lambda}=0 \text{ 或者} \frac{\mathrm{d}q(Ma)}{\mathrm{d}Ma}=0 \tag{4-240}$$

由式（4-240）便可得到 $\lambda=1$，或者 $Ma=1$；类似地，也可以对函数 $q(Ma)$ 作上面的数学分析。图 4-1a 与图 4-1b 所示分别为流量函数随 Ma 数与流量函数随 λ 的变化关系曲线。从这两张图中可以清楚地看出：一个流量函数对应着两个马赫数 Ma（或速度系数 λ），其中一个是亚声速 Ma 数（或 λ 数），另一个是超声速 Ma 数（或 λ 数），应用时必须判断流动属于哪个范围，才能确定其对应的 Ma 数（或 λ 数）值。

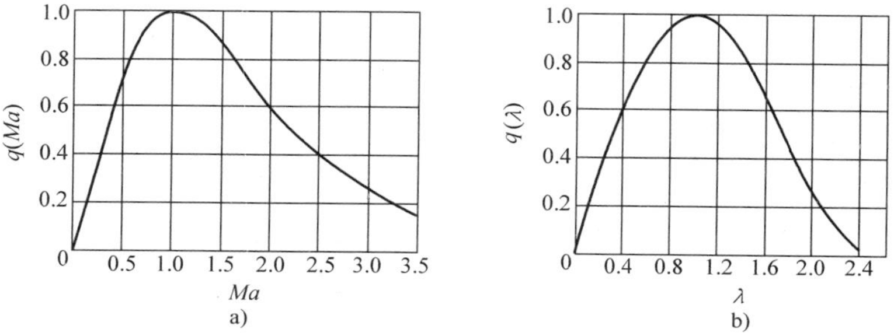

图 4-1　流量函数随 Ma 数（或 λ 数）的变化曲线

6. 冲量函数

在用积分形式的动量方程作内流计算时经常会遇到（$p+\rho v^2$）的计算，这里，p、ρ 与 v 分别为压强、密度与速度矢量的模。借助于完全气体的假定及有关气动函数，便可很方便地得出如下表达式：

$$p+\rho v^2=\frac{\gamma+1}{2\gamma}\rho v a_*\left(\frac{1}{\lambda}+\lambda\right)=p_0\left(\lambda+\frac{1}{\lambda}\right)q(\lambda)\left(\frac{2}{\gamma+1}\right)^{\frac{1}{\gamma-1}} \tag{4-241}$$

令 $z(\lambda)$ 与 $f(\lambda)$ 分别具有如下定义：

$$z(\lambda)\equiv\lambda+\frac{1}{\lambda} \tag{4-242}$$

$$f(\lambda)\equiv q(\lambda)z(\lambda)\left(\frac{2}{\gamma+1}\right)^{\frac{1}{\gamma-1}} \tag{4-243}$$

于是式（4-241）可写为

$$p+\rho v^2=p_0 f(\lambda) \tag{4-244}$$

或者

$$f(\lambda)=\frac{p+\rho v^2}{p_0} \tag{4-245}$$

这里，$f(\lambda)$ 称为冲量函数。

4.3.7　几个重要的特殊方程

1. 伯努利方程及广义伯努利方程

首先由运动方程

$$\frac{\mathrm{d}\boldsymbol{v}}{\mathrm{d}t}=\boldsymbol{f}+\frac{1}{\rho}(\nabla\cdot\boldsymbol{\Pi}-\nabla p) \tag{4-246}$$

出发（式中 $\boldsymbol{\Pi}$ 与 $\boldsymbol{f}$ 分别代表黏性应力张量与单位质量上的彻体力），两边点乘 $\boldsymbol{v}$ 并注意到

$$\nabla\cdot(\boldsymbol{\Pi}\cdot\boldsymbol{v})-\boldsymbol{v}\cdot(\nabla\cdot\boldsymbol{\Pi})=\phi\equiv\boldsymbol{\Pi}:\nabla\boldsymbol{v} \tag{4-247}$$

$$\boldsymbol{v}\cdot\frac{\mathrm{d}\boldsymbol{v}}{\mathrm{d}t}=\frac{\mathrm{d}}{\mathrm{d}t}\left(\frac{v^2}{2}\right) \tag{4-248}$$

以及连续方程与耗散函数 ϕ 的定义，则得到

$$\frac{\mathrm{d}}{\mathrm{d}t}\left(\frac{v^2}{2}\right)=\boldsymbol{f}\cdot\boldsymbol{v}+\frac{1}{\rho}[\nabla\cdot(\boldsymbol{\Pi}\cdot\boldsymbol{v})-\phi]-\frac{1}{\rho}\left(\frac{\mathrm{d}p}{\mathrm{d}t}-\frac{\partial p}{\partial t}\right) \tag{4-249}$$

或者

$$\frac{\mathrm{d}}{\mathrm{d}t}\left(\frac{v^2}{2}\right)+\frac{1}{\rho}\left(\frac{\mathrm{d}p}{\mathrm{d}t}-\frac{\partial p}{\partial t}\right)=\boldsymbol{f}\cdot\boldsymbol{v}+\frac{1}{\rho}[\nabla\cdot(\boldsymbol{\Pi}\cdot\boldsymbol{v})-\phi] \tag{4-250}$$

这就是黏性气体的广义伯努利（Bernoulli）方程，式中 v 为速度矢量 $\boldsymbol{v}$ 的模。对于定常无黏流，在忽略了彻体力 $\boldsymbol{f}$ 后则式（4-250）被退化为

$$\frac{\mathrm{d}}{\mathrm{d}t}\left(\frac{v^2}{2}\right)+\frac{1}{\rho}\frac{\mathrm{d}p}{\mathrm{d}t}=0 \tag{4-251}$$

如果将式（4-251）沿流线进行空间积分，则得到

$$\frac{v^2}{2}+\int\frac{\mathrm{d}p}{\rho}=c(t) \tag{4-252}$$

式中，$c(t)$ 是积分常数，对于某一确定的时刻沿着流线不变，但对于不同的流线，该常数一般可取不同值。式（4-252）就是通常流体力学教科书上常给出的沿流线伯努利方程的形式。如果流体是正压的，即密度只是压强的函数，则这时可以引入压力函数 $\Re$

$$\Re=\int\frac{\mathrm{d}p}{\rho} \tag{4-253}$$

则有

$$\nabla\Re=\frac{1}{\rho}\nabla p \tag{4-254}$$

于是定常、无黏、正压流体沿流线的伯努利方程（在忽略了彻体 $\boldsymbol{f}$ 后）为

$$\frac{v^2}{2}+\Re=c(t)\text{（沿流线）} \tag{4-255}$$

2. 涡量输运方程及涡量场的空间特性

（1）涡量场的空间特性　令 $\tilde{\boldsymbol{\omega}}\equiv\nabla\times\boldsymbol{v}$，定义为涡量，为描述涡量场的空间特

性，引入沿流线的正交自然坐标系：令沿流线方向的弧长为 S，单位切矢量为 $\boldsymbol{t}$，指向曲率中心的单位法矢量（主法矢量）为 $\boldsymbol{n}$，并令沿 $\boldsymbol{n}$ 方向的变量记为 n；而 $\boldsymbol{b}$ 为单位副法矢量，即 $\boldsymbol{b}=\boldsymbol{t}\times\boldsymbol{n}$，相对应的这个方向的变量为 b；于是（$\boldsymbol{t}$，$\boldsymbol{n}$，$\boldsymbol{b}$）便构成一组右手单位正交曲线标架。在这组标架中，速度 $\boldsymbol{v}=v\boldsymbol{t}=\{v,\ 0,\ 0\}$，涡量 $\widetilde{\boldsymbol{\omega}}=\boldsymbol{t}\widetilde{\omega}_S+\boldsymbol{n}\widetilde{\omega}_n+\boldsymbol{b}\widetilde{\omega}_b=\{\widetilde{\omega}_S,\widetilde{\omega}_n,\widetilde{\omega}_b\}$，因此有

$$\widetilde{\boldsymbol{\omega}}=\nabla\times(v\boldsymbol{t})=(\nabla v)\times\boldsymbol{t}+v(\nabla\times\boldsymbol{t}) \tag{4-256}$$

式（4-256）中右边第一项即

$$(\nabla v)\times\boldsymbol{t}=\left(\boldsymbol{t}\frac{\partial v}{\partial S}+\boldsymbol{n}\frac{\partial v}{\partial n}+\boldsymbol{b}\frac{\partial v}{\partial b}\right)\times\boldsymbol{t}=\boldsymbol{n}\frac{\partial v}{\partial b}-\boldsymbol{b}\frac{\partial v}{\partial n} \tag{4-257}$$

式（4-257）用到了 Frenet－Serret 公式，即

$$\begin{cases}\dfrac{\partial \boldsymbol{t}}{\partial S}=k_1\boldsymbol{n}\\[2ex]\dfrac{\partial \boldsymbol{n}}{\partial S}=-k_1\boldsymbol{t}+k_2\boldsymbol{b}\\[2ex]\dfrac{\partial \boldsymbol{b}}{\partial S}=-k_2\boldsymbol{n}\end{cases} \tag{4-258}$$

式中，k_1 为空间流线的曲率；k_2 为流线的挠率。又

$$\nabla\times\boldsymbol{t}=\boldsymbol{t}\times\frac{\partial \boldsymbol{t}}{\partial S}+\boldsymbol{n}\times\frac{\partial \boldsymbol{t}}{\partial n}+\boldsymbol{b}\times\frac{\partial \boldsymbol{t}}{\partial b}=k_1\boldsymbol{b}+\left(\boldsymbol{n}\times\frac{\partial \boldsymbol{t}}{\partial n}+\boldsymbol{b}\times\frac{\partial \boldsymbol{t}}{\partial b}\right) \tag{4-259}$$

很容易证明：

$$\boldsymbol{n}\cdot\left(\boldsymbol{n}\times\frac{\partial \boldsymbol{t}}{\partial n}+\boldsymbol{b}\times\frac{\partial \boldsymbol{t}}{\partial b}\right)=0 \tag{4-260}$$

$$\boldsymbol{b}\cdot\left(\boldsymbol{n}\times\frac{\partial \boldsymbol{t}}{\partial n}+\boldsymbol{b}\times\frac{\partial \boldsymbol{t}}{\partial b}\right)=0 \tag{4-261}$$

因此可以令 $\left(\boldsymbol{n}\times\dfrac{\partial \boldsymbol{t}}{\partial n}+\boldsymbol{b}\times\dfrac{\partial \boldsymbol{t}}{\partial b}\right)=k_3\boldsymbol{t}$，这里，$k_3$ 定义为

$$k_3\equiv\boldsymbol{t}\cdot(\nabla\times\boldsymbol{t})=\boldsymbol{b}\cdot\frac{\partial \boldsymbol{t}}{\partial n}-\boldsymbol{n}\cdot\frac{\partial \boldsymbol{t}}{\partial b} \tag{4-262}$$

将式(4-257)与式(4-259)代入式(4-256)便有

$$\widetilde{\boldsymbol{\omega}}=\widetilde{\omega}_S\boldsymbol{t}+\boldsymbol{n}\widetilde{\omega}_n+\boldsymbol{b}\widetilde{\omega}_b=k_3v\boldsymbol{t}+\boldsymbol{n}\frac{\partial v}{\partial b}+\left(k_1v-\frac{\partial v}{\partial n}\right)\boldsymbol{b} \tag{4-263}$$

另外，螺旋量 $\widetilde{\boldsymbol{\omega}}\cdot\boldsymbol{v}$ 与 Lamb 矢量 $\widetilde{\boldsymbol{\omega}}\times\boldsymbol{v}$ 也很容易得到，它们的表达式为

$$\widetilde{\boldsymbol{\omega}}\cdot\boldsymbol{v}=k_3v^2 \tag{4-264}$$

$$\widetilde{\boldsymbol{\omega}}\times\boldsymbol{v}=\left(k_1v^2-v\frac{\partial v}{\partial n}\right)\boldsymbol{n}-\left(v\frac{\partial v}{\partial b}\right)\boldsymbol{b} \tag{4-265}$$

（2）涡量输运方程　涡量与胀量的输运方程，已由式（4-182）与式（4-184）给出。注意到

$$(\nabla S)\times(\nabla T)=\nabla\times\left(\frac{\nabla p}{\rho}\right)=-\frac{1}{\rho^2}(\nabla\rho)\times(\nabla p) \tag{4-266}$$

注意式（4-266）中的 S 代表熵。于是式（4-182）变为

$$\frac{\mathrm{d}\tilde{\boldsymbol{\omega}}}{\mathrm{d}t}-\tilde{\boldsymbol{\omega}}\cdot(\nabla\boldsymbol{v})+\theta\tilde{\boldsymbol{\omega}}=\nabla\times\boldsymbol{f}+\frac{1}{\rho^2}(\nabla\rho)\times(\nabla p)+\frac{\mu}{\rho}\nabla^2\tilde{\boldsymbol{\omega}} \tag{4-267}$$

式中，$\theta\equiv\nabla\cdot\boldsymbol{v}$。如果流体是正压的，则有

$$(\nabla\rho)\times(\nabla p)=0 \tag{4-268}$$

因此，正压、无黏流体时式（4-267）退化为

$$\frac{\mathrm{d}\tilde{\boldsymbol{\omega}}}{\mathrm{d}t}-\tilde{\boldsymbol{\omega}}\cdot(\nabla\boldsymbol{v})+\theta\tilde{\boldsymbol{\omega}}=\nabla\times\boldsymbol{f} \tag{4-269}$$

如果再假定彻体力 $\boldsymbol{f}$ 有势，则式（4-269）又可进一步退化为 Helmholtz 方程，即

$$\frac{\mathrm{d}\tilde{\boldsymbol{\omega}}}{\mathrm{d}t}-\tilde{\boldsymbol{\omega}}\cdot(\nabla\boldsymbol{v})+\theta\tilde{\boldsymbol{\omega}}=0$$

这个方程的最大优点是方程中不出现压强、彻体力与密度，而只包含速度 $\boldsymbol{V}$ 与涡量 $\tilde{\boldsymbol{\omega}}$。显然，这个方程可以同时适用于可压缩流体与不可压缩流体。

3. Kelvin 定理和 Crocco 方程

（1）Kelvin 定理　取封闭流体线 $c(t)$，计算这条闭流体线的速度环量 $\varGamma$ 对时间的变化率，即

$$\frac{\mathrm{d}\varGamma}{\mathrm{d}t}=\frac{\mathrm{d}}{\mathrm{d}t}\oint_{c(t)}\boldsymbol{v}\cdot\mathrm{d}\boldsymbol{r}=\oint\left[\frac{\mathrm{d}}{\mathrm{d}t}(\boldsymbol{v}\cdot\mathrm{d}\boldsymbol{r})\right]=\oint_c\left(\frac{\mathrm{d}\boldsymbol{v}}{\mathrm{d}t}\cdot\mathrm{d}\boldsymbol{r}\right)+\oint_c\mathrm{d}\left(\frac{v^2}{2}\right)=\oint_c\left(\frac{\mathrm{d}\boldsymbol{v}}{\mathrm{d}t}\cdot\mathrm{d}\boldsymbol{r}\right) \tag{4-270}$$

又

$$\frac{\mathrm{d}\boldsymbol{v}}{\mathrm{d}t}=\boldsymbol{f}-\frac{1}{\rho}\nabla p+\frac{1}{3}\frac{\mu}{\rho}\nabla(\nabla\cdot\boldsymbol{v})+\frac{\mu}{\rho}\nabla^2\boldsymbol{v} \tag{4-271}$$

如果流动无黏、彻体力（或称体积力、质量力）$\boldsymbol{f}$ 有势，且流体正压，则存在着压力函数 $\Re$ 与体积力的势函数 U 使

$$\boldsymbol{f}=-\nabla U \tag{4-272}$$

$$\frac{1}{\rho}\nabla p=\nabla\Re \tag{4-273}$$

成立，于是这时式（4-271）退化为

$$\frac{\mathrm{d}\boldsymbol{v}}{\mathrm{d}t}=-\nabla U-\nabla\Re \tag{4-274}$$

将式（4-274）代入式（4-270）得

$$\frac{\mathrm{d}\varGamma}{\mathrm{d}t}=-\oint_c[\nabla U+\nabla\Re]\cdot\mathrm{d}\boldsymbol{r}=-\oint_c\mathrm{d}(U+\Re)=0 \tag{4-275}$$

也就是说，在体积力有势，流体正压的条件下，理想流体沿任一条封闭流体线的速度环量不随时间变化，这就是惯性坐标系中的 Kelvin（凯尔文）定理。

（2）速度环量和旋度的关系　由 Stokes 公式，对于连续的流动则有

$$\varGamma=\oint_c\boldsymbol{v}\cdot\mathrm{d}\boldsymbol{r}=\iint_\sigma(\nabla\times\boldsymbol{v})\cdot\boldsymbol{n}\mathrm{d}\sigma \tag{4-276}$$

式中，σ 是以曲线 c 为周界的任意开口曲面；$\boldsymbol{n}$ 是曲面 σ 的单位法矢量；$(\nabla \times \boldsymbol{v}) \cdot \boldsymbol{n}\mathrm{d}\sigma$ 是旋度在微元曲面 $\mathrm{d}\sigma$ 上的通量，又称涡通量。式（4-276）表明，沿封闭曲线 c 所取的速度环量等于通过以该封闭曲线为界的任意开口曲面的涡通量。

（3）Crocco 方程　由无黏流的运动方程

$$\frac{\mathrm{d}\boldsymbol{v}}{\mathrm{d}t}=\frac{\partial \boldsymbol{v}}{\partial t}+(\boldsymbol{v}\cdot\nabla)\boldsymbol{v}=-\frac{1}{\rho}\nabla p \tag{4-277}$$

由热力学第一定律与第二定律可得到焓与熵间的关系式为

$$T\mathrm{d}S=\mathrm{d}h-\frac{1}{\rho}\mathrm{d}p \tag{4-278}$$

式中，S、h、T 与 p 分别为熵、焓、温度和压强。注意到

$$(\boldsymbol{v}\cdot\nabla)\boldsymbol{v}=\nabla\left(\frac{\boldsymbol{v}^2}{2}\right)-\boldsymbol{v}\times(\nabla\times\boldsymbol{v}) \tag{4-279}$$

将式（4-278）与式（4-279）代入到式（4-277）后得到

$$\frac{\partial \boldsymbol{v}}{\partial t}-\boldsymbol{v}\times(\nabla\times\boldsymbol{v})=T\nabla S-\nabla h_0 \tag{4-280}$$

式中，$h_0=h+\frac{1}{2}v^2$，可将它称为总焓。式（4-280）称为克罗柯（Crocco）方程。如果流动定常且全场均能，即 $h+\frac{v^2}{2}=\mathrm{const}$，那么式（4-280）被退化为

$$\boldsymbol{v}\times(\nabla\times\boldsymbol{v})=-T\nabla S \tag{4-281}$$

显然可得到如下结论：如果流场无黏、定常、均能、均熵，那么该流场为无旋场；反之，当来自均匀流场的气流通过曲线激波后，流线之间的熵值不再相等，也就是说，流场是非均熵的，于是那里的流场必然是有旋的。注意，这里所说的均能、均熵在概念上有别于等能、等熵。前者是从当地观点出发，指流场各处的能量相等和熵值相等；后者是从随体观点出发，指流体质点的能量和熵值沿迹线不变。

4. 流函数方程和势函数方程

三维与二维空间中的流函数：对于定常、无黏、三维流动，可引入两个流函数 ψ_1 与 ψ_2，使

$$\rho\boldsymbol{v}=(\nabla\psi_1)\times(\nabla\psi_2)=\rho v^k\boldsymbol{e}_k \tag{4-282}$$

成立，这里，v^k 为速度$\boldsymbol{v}$的逆变分速度，显然这时它满足：

$$v^1=\frac{1}{\rho\sqrt{g}}\frac{\partial(\psi_1,\psi_2)}{\partial(x^2,x^3)} \tag{4-283}$$

$$v^2=\frac{1}{\rho\sqrt{g}}\frac{\partial(\psi_1,\psi_2)}{\partial(x^3,x^1)} \tag{4-284}$$

$$v^3=\frac{1}{\rho\sqrt{g}}\frac{\partial(\psi_1,\psi_2)}{\partial(x^1,x^2)} \tag{4-285}$$

式中，$(x^1,\ x^2,\ x^3)$ 为任意曲线坐标系，$\sqrt{g}=\boldsymbol{e}_1\cdot(\boldsymbol{e}_2\times\boldsymbol{e}_3)$，$\boldsymbol{e}_i$ 为 $(x^1,\ x^2,\ x^3)$

的基矢量。显然式（4-282）自动满足连续方程。对于二维定常、无黏流动，不妨令 $\psi_1=\psi_1(x^1,\ x^2)=\psi(x,\ y)$，$\psi_2=\psi_2(x^3)$，并用 u 与 $\tilde{v}$ 表示流速在直角坐标系 $(x,\ y)$ 下的分速度，于是在直角坐标系 $(x,\ y)$ 中式（4-282）被退化为

$$\rho \boldsymbol{v}=\rho u \boldsymbol{i}+\rho \tilde{v} \boldsymbol{j}=\boldsymbol{i}\frac{\partial \psi}{\partial y}-\boldsymbol{j}\frac{\partial \psi}{\partial x} \tag{4-286}$$

这里式中取 $\partial\psi_2/\partial z=1$，于是推出

$$\begin{cases}\dfrac{\partial \psi}{\partial y}=\rho u\\ \dfrac{\partial \psi}{\partial x}=-\rho \tilde{v}\end{cases} \tag{4-287}$$

如果流线为空间曲线，不妨令沿线方向的弧长为 l，它的单位切矢量为 $\boldsymbol{t}$，流线的单位主法矢量为 $\boldsymbol{n}$，而副法矢量为 $\boldsymbol{b}$，这里，$(\boldsymbol{t},\ \boldsymbol{n},\ \boldsymbol{b})$ 构成右手系，并用式（4-258）给出的 Frenet－Serret 公式。对于无黏、定常、三维流动，则沿 $\boldsymbol{t}$ 方向与 $\boldsymbol{n}$ 方向的运动方程为

$\boldsymbol{t}$ 方向：

$$\rho v\frac{\partial v}{\partial l}=-\frac{\partial p}{\partial l} \tag{4-288}$$

$\boldsymbol{n}$ 方向：

$$\rho v\frac{\partial v_{\mathrm{n}}}{\partial l}=-\frac{\partial p}{\partial n} \tag{4-289}$$

并且有

$$\boldsymbol{v}=v_1\boldsymbol{t}+\boldsymbol{n}v_{\mathrm{n}}+\boldsymbol{b}v_{\mathrm{b}}=v\boldsymbol{t} \tag{4-290}$$

$$\frac{\partial v_{\mathrm{n}}}{\partial l}=v\frac{\partial \theta}{\partial l}=vk_1 \tag{4-291}$$

$$\frac{\partial v_{\mathrm{n}}}{\partial n}=v\frac{\partial \theta}{\partial n} \tag{4-292}$$

这里，k_1 为流线的曲率，显然它是由沿流线角度 θ 的变化率来决定的，即 $\dfrac{\partial \theta}{\partial l}=k_1$；另外，流函数在 l 方向与 n 方向上的变化率分别为

$$\frac{\partial \psi}{\partial n}=\rho v \tag{4-293}$$

$$\frac{\partial \psi}{\partial l}=-\rho v_{\mathrm{n}}=0 \tag{4-294}$$

对于流线为平面曲线时，其连续方程可写为

$$\frac{\partial(\rho v)}{\partial l}+\rho v\frac{\partial \theta}{\partial n}=0 \tag{4-295}$$

注意到

$$v\frac{\partial}{\partial n}=u\frac{\partial}{\partial y}-\tilde{v}\frac{\partial}{\partial x} \tag{4-296}$$

$$v\frac{\partial}{\partial l}=u\frac{\partial}{\partial x}+\tilde{v}\frac{\partial}{\partial y} \tag{4-297}$$

$$v^2 = u^2 + \tilde{v}^2 \tag{4-298}$$

很容易证明有如下几个关系式成立：

$$\frac{\partial^2\psi}{\partial l^2} + \frac{\partial^2\psi}{\partial n^2} = \frac{\partial^2\psi}{\partial x^2} + \frac{\partial^2\psi}{\partial y^2} \tag{4-299}$$

$$\frac{\partial^2\psi}{\partial n^2} = \frac{u^2}{v^2}\frac{\partial^2\psi}{\partial y^2} - \frac{2u\tilde{v}}{v^2}\frac{\partial^2\psi}{\partial x\partial y} + \frac{\tilde{v}^2}{v^2}\frac{\partial^2\psi}{\partial x^2} = \frac{\partial(\rho v)}{\partial n} \tag{4-300}$$

$$\frac{\partial^2\psi}{\partial l^2} = \frac{u^2}{v^2}\frac{\partial^2\psi}{\partial x^2} + \frac{2u\tilde{v}}{v^2}\frac{\partial^2\psi}{\partial x\partial y} + \frac{\tilde{v}^2}{v^2}\frac{\partial^2\psi}{\partial y^2} \tag{4-301}$$

如果流动是无旋的，即

$$\frac{\partial v}{\partial n} - v\frac{\partial\theta}{\partial l} = 0 \tag{4-302}$$

则由式（4-293）与式（4-294）有

$$\frac{\partial^2\psi}{\partial n^2} = \frac{\partial(\rho v)}{\partial n} = Ma^2\frac{\partial^2\psi}{\partial l^2} + \rho\frac{\partial v}{\partial n} \tag{4-303}$$

将式（4-302）代入式（4-303）消去$\frac{\partial v}{\partial n}$，并注意到式（4-291）得

$$\frac{\partial^2\psi}{\partial n^2} = (Ma^2 - 1)\frac{\partial^2\psi}{\partial l^2} \tag{4-304}$$

于是式（4-304）可变为$(Ma^2 - 1)\left(\frac{\partial^2\psi}{\partial l^2} + \frac{\partial^2\psi}{\partial n^2}\right) - Ma^2\frac{\partial^2\psi}{\partial n^2} = 0$ (4-305)

将式（4-299）与式（4-300）代入到式（4-305）便得到二维、定常、无黏、无旋流动下的流函数方程：

$$\left(1 - \frac{u^2}{a^2}\right)\frac{\partial^2\psi}{\partial x^2} - 2\frac{u\tilde{v}}{a^2}\frac{\partial^2\psi}{\partial x\partial y} + \left(1 - \frac{\tilde{v}^2}{a^2}\right)\frac{\partial^2\psi}{\partial y^2} = 0 \tag{4-306}$$

对于定常、无黏、可压缩绝热流动的流体，由连续性方程，有

$$(\boldsymbol{v}\cdot\nabla)\rho = -\rho\nabla\cdot\boldsymbol{v} \tag{4-307}$$

将声速方程两边点乘$\boldsymbol{v}$得到

$$\boldsymbol{v}\cdot\nabla p = a^2(\boldsymbol{v}\cdot\nabla)\rho \tag{4-308}$$

将式（4-307）代入式（4-308）消去密度项后得

$$\boldsymbol{v}\cdot\nabla p = -a^2\rho\nabla\cdot\boldsymbol{v} \tag{4-309}$$

对于理想气体，忽略彻体力时的葛罗米柯（И . С . Громеко）或者 Lamb 型的运动方程为

$$\frac{\partial\boldsymbol{v}}{\partial t} + \nabla\left(\frac{v^2}{2}\right) - \boldsymbol{v}\times(\nabla\times\boldsymbol{v}) = -\nabla p \tag{4-310}$$

如果流动是定常无旋的，则式（4-310）退化为

$$\nabla\left(\frac{v^2}{2}\right) = -\frac{1}{\rho}\nabla p \tag{4-311}$$

将式（4-311）两边点乘速度$\boldsymbol{v}$后得

$$(\boldsymbol{v}\cdot\nabla)p+\rho(\boldsymbol{v}\cdot\nabla)\left(\frac{v^2}{2}\right)=0 \tag{4-312}$$

由式（4-309）与式（4-312）中消去压力项后得到

$$(\boldsymbol{v}\cdot\nabla)\left(\frac{v^2}{2}\right)-a^2\,\nabla\cdot\boldsymbol{v}=0 \tag{4-313}$$

式（4-313）经常被许多教科书中称作为气体动力学的基本方程。将式（4-313）在直角坐标系中展开并加以整理得

$$\begin{aligned}&\left(1-\frac{u^2}{a^2}\right)\frac{\partial u}{\partial x}+\left(1-\frac{\widetilde{v}^2}{a^2}\right)\frac{\partial \widetilde{v}}{\partial y}+\left(1-\frac{w^2}{a^2}\right)\frac{\partial w}{\partial z}-\frac{u\widetilde{v}}{a^2}\left(\frac{\partial \widetilde{v}}{\partial x}+\frac{\partial u}{\partial y}\right)\\&-\frac{uw}{a^2}\left(\frac{\partial w}{\partial x}+\frac{\partial u}{\partial z}\right)-\frac{\widetilde{v}w}{a^2}\left(\frac{\partial w}{\partial y}+\frac{\partial \widetilde{v}}{\partial z}\right)=0\end{aligned} \tag{4-314}$$

无旋流场必然存在速度势 $\varphi(x,\ y,\ z)$，其定义为

$$\boldsymbol{v}=\nabla\varphi=u\boldsymbol{i}+\widetilde{v}\boldsymbol{j}+w\boldsymbol{k} \tag{4-315}$$

于是式（4-314）变为

$$\begin{aligned}&\left(1-\frac{u^2}{a^2}\right)\frac{\partial^2\varphi}{\partial x^2}+\left(1-\frac{\widetilde{v}^2}{a^2}\right)\frac{\partial^2\varphi}{\partial y^2}+\left(1-\frac{w^2}{a^2}\right)\frac{\partial^2\varphi}{\partial z^2}-\frac{2u\widetilde{v}}{a^2}\frac{\partial^2\varphi}{\partial x\partial y}\\&-\frac{2uw}{a^2}\frac{\partial^2\varphi}{\partial x\partial z}-\frac{2\widetilde{v}w}{a^2}\frac{\partial^2\varphi}{\partial y\partial z}=0\end{aligned} \tag{4-316}$$

这是一个典型的非线性二阶偏微分方程，这是由于方程各项系数含有 u、$\widetilde{v}$、w，它们也是 φ 的函数，而且声速 a 也是关于 φ 的函数。对于不可压缩无旋流动，这时可认为$a\to\infty$，因此式（4-316）退化为

$$\frac{\partial^2\varphi}{\partial x^2}+\frac{\partial^2\varphi}{\partial y^2}+\frac{\partial^2\varphi}{\partial z^2}=0 \tag{4-317}$$

这是大家熟知的拉普拉斯方程。

在结束本节讨论之前，还想以二维流动为例，采用流线坐标系（l，n）给出一些有益的结果：引起势函数 φ，即$\nabla\varphi=\boldsymbol{v}$，并且有

$$\frac{\partial\varphi}{\partial l}=v,\frac{\partial\varphi}{\partial n}=v_n=0 \tag{4-318}$$

在这个坐标系下，速度$\boldsymbol{v}$的散度变为

$$\nabla\cdot\boldsymbol{v}=\frac{\partial v}{\partial l}+v\frac{\partial\theta}{\partial n}=Ma^2\frac{\partial V}{\partial l}=Ma^2\frac{\partial^2\varphi}{\partial l^2} \tag{4-319}$$

式中，θ 的定义同式（4-292）；仿照流函数方法中式（4-304）的推导过程，对势函数 φ 也有类似关系式：

$$\frac{\partial^2\varphi}{\partial n^2}=(Ma^2-1)\frac{\partial^2\varphi}{\partial l^2} \tag{4-320}$$

也可写为

$$(1-Ma^2)\frac{\partial v}{\partial l}+v\frac{\partial \theta}{\partial n}=0 \tag{4-321}$$

方程（4-320）是二维、定常、无黏、无旋流动下采用流线坐标（l，n）时的势函数方程。显然它与式（4-316）是等价的，但这里的表达更为简捷，在讨论偏微分方程判型问题时更方便。

5. 运动介质中的声学方程

经典声学中都假定声源传播的介质是静止的，并且还假定声波是在黏性不起主要作用的流体中传播，所以认为介质流体是无黏的且不计热量耗散，因此经典声学多研究线性声学问题，并着重研究小振幅声波的传播规律。随着现代科技的发展，非线性声学已日益显示出其重要性。例如现代强力喷气发动机以及其他强功率机器发出声音的声压级可达 160～180dB，甚至更大。如果以 180dB 为例，它相当于 $2.8\times10^4\text{N/m}^2$的声压振幅值，其相应的质点速度幅值为 67m/s，显然它不属于小振幅的范围。另外，大量的试验与研究表明有限振幅声波在介质中传播时介质的黏性以及声波传播中所导致的热传导吸收等直接影响着声波的吸收系数。甚至在流体力学研究中经常采用的容积黏性系数$\mu'=0$ 的 Stokes 假定，在许多非线性声学问题中已不再继续有效。声雷诺数的概念已在现代气动声学中采用，并且运动介质中声的传播问题已引起人们重视，气动声学已成为现代气体动力学课程内容的一部分。

（1）广义动量通量密度张量及 Lighthill 方程　声音是一种弹性波，凡是具有弹性的介质如空气、液体、固体都可以传递声波。声波的传递过程必然会引起介质中压强的交替变化，这个交变的压强叫声压；声波也造成介质质点的振荡，若质点振荡的方向顺着声波传播的方向则这种波为纵波；若质点振荡方向与声波传播的方向垂直，则称为横波。显然，声波它是靠介质的压缩和膨胀传递信息，因此属于纵波，又称为胀缩波；靠剪切应力传递信息的属于横波，又称为切变波。

莱特希尔（Lighthill）方程是从流体力学基本方程组导出的。由流体力学基础知道，对于有源非定常流动其连续方程为

$$\frac{\partial \rho}{\partial t}+\nabla\cdot(\rho\boldsymbol{v})=\rho q_0 \tag{4-322}$$

式中，q_0 为源（或汇）强度。运动方程为

$$\frac{\partial}{\partial t}(\rho\boldsymbol{v})+\nabla\cdot(\rho\boldsymbol{v}\boldsymbol{v})=\rho\boldsymbol{f}+\nabla\cdot\boldsymbol{\Pi}-\nabla p \tag{4-323}$$

将式（4-323）两边取散度后并用式（4-322）消去$\nabla\cdot(\rho\boldsymbol{v})$项得

$$\frac{\partial^2\rho}{\partial t^2}=\frac{\partial(\rho q_0)}{\partial t}+\nabla\cdot[\nabla\cdot(\rho\boldsymbol{v}\boldsymbol{v})-\nabla\cdot\boldsymbol{\Pi}+\nabla p-\rho\boldsymbol{f}] \tag{4-324}$$

在式（4-324）两边减去$\nabla^2(a_1^2\rho)$后得

$$\frac{\partial^2\rho}{\partial t^2}-\nabla^2(a_1^2\rho)=\frac{\partial(\rho q_0)}{\partial t}+\nabla\cdot(\nabla\cdot\boldsymbol{T})-\nabla\cdot(\rho\boldsymbol{f}) \tag{4-325}$$

式中，a_1 是某一参考声速。这里，$\boldsymbol{T}$ 为广义动量通量密度张量，其表达式为

$$\boldsymbol{T} \equiv \rho \boldsymbol{v}\boldsymbol{v} - \boldsymbol{\Pi} + (p - a_1^2 \rho)\boldsymbol{I} \tag{4-326}$$

这里，$\boldsymbol{\Pi}$、ρ 与 p 分别为黏性应力张量、密度与压强；$\boldsymbol{I}$ 为单位张量。显然，如若略去黏性应力张量，则式（4-326）便退化为$\boldsymbol{T}_1$，其表达式为

$$\boldsymbol{T}_1 \equiv \rho \boldsymbol{v}\boldsymbol{v} + (p - a_1^2 \rho)\boldsymbol{I} \tag{4-327}$$

相应的式（4-325）便退化为

$$\frac{\partial^2 \rho}{\partial t^2} - \nabla^2 (a_1^2 \rho) = \frac{\partial (\rho q_0)}{\partial t} + \nabla \cdot (\nabla \cdot \boldsymbol{T}_1) - \nabla \cdot (\rho \boldsymbol{f}) \tag{4-328}$$

式（4-328）是近代声学中重要的方程之一。声音是一种振荡，声学更多的是着眼于脉动声压的传播。应该指出式（4-327）给出的应力张量项，在近场中既含有流动项，又带有稳定的和脉动的压强，以及它们之间的复杂相互作用。因此，它们并非全部都是真正的物理声源，只有部分能够转化为声能。声学更关心远场，即近场脉动压强中能够向远场传播的部分，或者说能够转化为声能的部分。

（2）考虑各种黏性系数的运动方程　在声学研究中，由于频散、色散现象的出现和对弛豫过程的研究，有时除考虑介质流体的剪切黏性系数 μ（在通常流体力学教科书中称动力黏性系数）外，还要考虑体黏系数（又称第二黏性系数）μ_V 与转动黏性系数 μ_r 的影响。这时运动方程可写为

$$\rho \frac{\mathrm{d}\boldsymbol{v}}{\mathrm{d}t} = \rho \boldsymbol{f} - \nabla p + \mu \nabla^2 \boldsymbol{v} + \nabla\left[\left(\frac{1}{3}\mu + \mu_V\right)(\nabla \cdot \boldsymbol{v})\right] - (\nabla \mu)(\nabla \cdot \boldsymbol{v}) + \mu_r \nabla \times (2\boldsymbol{\omega} - \nabla \times \boldsymbol{v}) \tag{4-329}$$

式中，$\boldsymbol{\omega}$ 为平均转动角速度（而不是涡量）。由于弛豫时间一般来说很短，在长时间内 $\boldsymbol{\omega}$ 与$\frac{1}{2}$（$\nabla \times \boldsymbol{v}$）实际上是相等的，因此在有些时候可以忽略式（4-329）右端最后一项，这时便得到了 $N-S$ 方程最常见的形式：

$$\rho \frac{\mathrm{d}\boldsymbol{v}}{\mathrm{d}t} = \rho \boldsymbol{f} - \nabla p + \mu \nabla^2 \boldsymbol{v} + \nabla\left[\left(\frac{1}{3}\mu + \mu_V\right)(\nabla \cdot \boldsymbol{v})\right] - (\nabla \mu)(\nabla \cdot \boldsymbol{v}) \tag{4-330}$$

如果假设 μ 与 μ_V 不是空间坐标的函数，则式（4-330）又可退化为

$$\rho \frac{\mathrm{d}\boldsymbol{v}}{\mathrm{d}t} = \rho \boldsymbol{f} - \nabla p + \mu \nabla^2 \boldsymbol{v} + \left(\frac{1}{3}\mu + \mu_V\right)\nabla(\nabla \cdot \boldsymbol{v}) \tag{4-331}$$

这里，黏性应力张量 $\boldsymbol{\Pi}$ 为

$$\boldsymbol{\Pi} = \mu[\nabla \boldsymbol{v} + (\nabla \boldsymbol{v})_c] + \left(\mu_V - \frac{2}{3}\mu\right)(\nabla \cdot \boldsymbol{v})\boldsymbol{I} \tag{4-332}$$

（3）定常流动背景下的声学方程　如果背景流场不是静止的而是定常的、无黏的，令其流动参数为 p_1、ρ_1、$\boldsymbol{v}_1$、a_1，它们都不是时间的函数。设外界有某种扰动，造成流场变化为 p'、ρ' 与$\boldsymbol{v}'$，即扰动后的参数为$\boldsymbol{v} = \boldsymbol{v}_1 + \boldsymbol{v}'$，$\rho = \rho_1 + \rho'$，$p = p_1 + p'$；为使讨论更简单，假设不存在交变的质量源。背景参数满足

$$\nabla \cdot (\rho_1 \boldsymbol{v}_1) = 0 \tag{4-333}$$

$$\nabla \cdot (\rho_1 \boldsymbol{v}_1 \boldsymbol{v}_1) = \rho_1 \boldsymbol{f} - \nabla p_1 \tag{4-334}$$

当然扰动后的 p、ρ 与 $\boldsymbol{v}$ 满足式（4-328），于是将式（4-328）减去式（4-334）后得到关于扰动量的线性控制方程

$$\frac{\partial^2 \rho'}{\partial t^2} - a_1^2 \nabla^2 \rho' = \nabla \cdot (\nabla \cdot \boldsymbol{T}') - \nabla \cdot (\rho' \boldsymbol{f}) \tag{4-335}$$

式中，$\boldsymbol{T}'$ 为

$$\boldsymbol{T}' \equiv \rho_1 \boldsymbol{v}_1 \boldsymbol{v}' + \rho_1 \boldsymbol{v}' \boldsymbol{v}_1 + \rho' \boldsymbol{v}_1 \boldsymbol{v}_1 + (p' - a_1^2 \rho') \boldsymbol{I} \tag{4-336}$$

显然式（4-335）是线性化的非定常无黏气体动力学方程，同时也是定常流动背景下的声学方程。如果背景流场是静止的，即 $\boldsymbol{v}_1 = 0$，并且还略去 $\nabla \cdot (\rho' \boldsymbol{f})$ 项时，于是式（4-335）退化为

$$\frac{\partial^2 \rho'}{\partial t^2} - a_1^2 \nabla^2 \rho' = 0 \tag{4-337}$$

这就是普通理论声学中常讨论的声传播方程（又称声波动方程）。

6. 定常可压缩流动中速度、压强与马赫数间的关系

对于定常无黏流，由式（4-251）得速度沿流线的变化规律是

$$v \mathrm{d}v + \frac{1}{\rho} \mathrm{d}p = 0 \tag{4-338}$$

这里，$\mathrm{d}v$ 和 $\mathrm{d}p$ 是沿流线微元长度上速度和压强的变化。当压强改变时，声速也将发生变化，其关系式为

$$\mathrm{d}p = \left(\frac{\partial p}{\partial a^2} \right)_S \mathrm{d}a^2 \tag{4-339}$$

由热力学知道，声速也可由式（4-340）给出

$$a^2 = \left(\frac{\partial p}{\partial \rho} \right)_S = -\hat{v}^2 \left(\frac{\partial p}{\partial \hat{v}} \right)_S = -\frac{\hat{v}^2}{(\partial \hat{v} / \partial p)_S} \tag{4-340}$$

将式（4-340）对 p 求导数，并注意引入基本气动导数 $\varGamma$，于是得到

$$\left(\frac{\partial a^2}{\partial p} \right)_S = 2\hat{v} [\varGamma - 1] \tag{4-341}$$

式中，$\varGamma$ 定义为

$$\varGamma \equiv \frac{a^4}{2\hat{v}^3} \left(\frac{\partial^2 \hat{v}}{\partial p^2} \right)_S \tag{4-342}$$

注意上面三个式子中 $\hat{v} = 1/\rho$，它定义为比容；应用式（4-341）与式（4-339），则式（4-338）变为

$$v \mathrm{d}v + \frac{a}{\varGamma - 1} \mathrm{d}a = 0 \tag{4-343}$$

由马赫数定义 $Ma = v/a$ 可得到

$$\frac{\mathrm{d}Ma}{Ma} = \frac{\mathrm{d}v}{v} - \frac{\mathrm{d}a}{a} \tag{4-344}$$

由式（4-343）与式（4-344）消去 da 项便得

$$\frac{\mathrm{d}v}{v}=\frac{1}{1+(\Gamma-1)Ma^2}\frac{\mathrm{d}Ma}{Ma} \tag{4-345}$$

式（4-345）表明，在 $\Gamma\geqslant1$ 时，马赫数将随着流体速度的增加而单调地增加，这个结论非常重要。对于基本气动导数 Γ，还可以得到如下两种表达形式，即

$$\Gamma=\frac{\hat{v}^3}{2a^2}\left(\frac{\partial^2 p}{\partial\hat{v}^2}\right)_S=\frac{1}{a}\left[\frac{\partial(\rho a)}{\partial\rho}\right]_S \tag{4-346}$$

式中，(ρa) 称作声阻抗。作为特例，对于完全气体则这时 $\Gamma=\dfrac{\gamma+1}{2}$；对于定常无黏流动，沿任一条给定流线则有

$$h+\frac{v^2}{2}=h_0=\text{const} \tag{4-347}$$

式中，h_0 为滞止焓。式（4-347）就是沿流线的能量方程，它还可以写成

$$\frac{h_0-h}{a^2}=\frac{Ma^2}{2} \tag{4-348}$$

将$(h-h_0)$与$(a^2-a_0^2)$均展开为$(p-p_0)$的 Tayloy（泰勒）级数，即

$$h-h_0=\left(\frac{\partial h}{\partial p}\right)_S(\Delta p)+\frac{1}{2}\left(\frac{\partial^2 h}{\partial p^2}\right)_S(\Delta p)^2+\frac{1}{6}\left(\frac{\partial^3 h}{\partial p^3}\right)_S(\Delta p)^3+\cdots$$

$$a^2-a_0^2=\left(\frac{\partial a^2}{\partial p}\right)_S(\Delta p)+\frac{1}{2}\left(\frac{\partial^2 a^2}{\partial p^2}\right)_S(\Delta p)^2+\frac{1}{6}\left(\frac{\partial^3 a^2}{\partial p^3}\right)_S(\Delta p)^3+\cdots$$

式中，$\Delta p=p-p_0$，将上面两式代入到式（4-348）并适当整理后可得

$$p_0-p=\frac{1}{2}\rho_0v^2\left[1-\frac{1}{4}Ma^2+\frac{1}{24}(4\Gamma-3)Ma^4\cdots\right] \tag{4-349}$$

这就是沿流线伯努利方程的另一种表达形式，显然它与式（4-252）相比，更多地突出了流体的可压缩性。

7. 完全气体及多方气体、正压流体的数学描述

（1）完全气体的数学描述　这里首先对气体状态方程所采用的几种模型略做一点总结。从热力学来讲，对于一个均匀的热力学系统，状态方程只存在两种类型：一种是热（thermal）状态方程 $p=p(\rho^{-1},T)$；一种是量热（caloric）状态方程 $e=e(\rho^{-1},T)$，这里，e 为内能。上面这两个关系式并不彼此独立，其制约关系由下面推出：

对量热状态方程作微分

$$\mathrm{d}e=\left(\frac{\partial e}{\partial T}\right)_{\hat{v}}\mathrm{d}T+\left(\frac{\partial e}{\partial\hat{v}}\right)_T\mathrm{d}\hat{v}$$

这里，$v=\rho^{-1}$。将上式代入到式（4-192）中并整理后可得到

$$\mathrm{d}s=\frac{1}{T}\left(\frac{\partial e}{\partial T}\right)_{\hat{v}}\mathrm{d}T+\left[\frac{1}{T}\left(\frac{\partial e}{\partial\hat{v}}\right)_T+\frac{p}{T}\right]\mathrm{d}\hat{v} \tag{4-350}$$

因熵是状态量，可写为 $S=S(T,\hat{v})$ 即

$$\mathrm{d}s=\left(\frac{\partial s}{\partial T}\right)_{\hat{v}}\mathrm{d}T+\left(\frac{\partial s}{\partial \hat{v}}\right)_{T}\mathrm{d}\hat{v}$$

比较上面两式并注意到数学上二次偏导数应相等的条件便得到

$$\left(\frac{\partial e}{\partial \hat{v}}\right)_{T}=T\left(\frac{\partial p}{\partial T}\right)_{\hat{v}}-p \tag{4-351}$$

这个方程就是两种类型状态方程间的制约关系（又称相关方程，或称 Maxwell 关系式）。显然将式（4-351）代入到式（4-350）中便得到熵的相关微分表达，可参阅下文中的式（4-372）。

在气体动力学中，通常不讨论一般形式的热状态方程，而是局限于热（thermal）完全气体，它满足 Clapeyron 方程，即

$$p=RT\rho=RT/v \tag{4-352}$$

将式（4-352）代入到式（4-351）便得到$(\partial e/\partial\hat{v})_T=0$，因此对热完全气体，有

$$e=e(T) \tag{4-353}$$

这种气体没有分子内聚力，不能凝聚成液体或固体（在有限温度范围内，热完全气体不出现临界点）。相反，如果量热状态方程是 $e=e(T)$ 的话，那么量热状态方程必须满足式（4-351），便可以得到

$$T\left(\frac{\partial p}{\partial T}\right)_{\hat{v}}-p=0$$

积分上式便得到

$$p=\left(\frac{RT}{\hat{v}}\right)g(\hat{v}) \tag{4-354}$$

式中，$g(\hat{v})$是任一个积分函数。归纳一下，将式（4-351）用于上面所说的两类状态方程便有如下两种相应的结果，即

$$p=RT/\hat{v}\Rightarrow e=e(T)\text{（对于热状态方程）}$$

和

$$e=e(T)\Rightarrow p=\left(\frac{RT}{\hat{v}}\right)g(\hat{v})\text{（对于量热状态方程）}$$

现引入以 $h=e+p\hat{v}=e+(p/\rho)$所定义焓的定义，于是对于热完全气体来说，这时焓为

$$h=e(T)+RT=h(T)=\int_{T_0}^{\mathrm{T}}c_p\mathrm{d}T+h_0 \tag{4-355}$$

而

$$e=e(T)=\int_{T_0}^{\mathrm{T}}c_V\mathrm{d}T+e_0 \tag{4-356}$$

这时 e、h 只与 T 有关，而且它们的导数也只相差一个气体常数，即

$$\frac{\mathrm{d}h}{\mathrm{d}T}=\frac{\mathrm{d}e}{\mathrm{d}T}+R \tag{4-357}$$

由式（4-355）与式（4-356）可以表明：热完全气体的内能 e 和焓 h 都仅是温度的函数，它们与其他参数无关。这时气体的比定压热容、比定容热容和比热容比也

都是温度的函数。显然，如果用

$$e = （常数）T \tag{4-358}$$

去定义一种量热完全气体的话，这会使气体动力学所研究的问题进一步简化。在这种情况下，由式（4-357），得

$$h = (常数 + R)T \tag{4-359}$$

现在可以给量热完全气体下定义了，它是比热容（包括 c_V 与 c_p）与比热容比 γ 都为常数的热完全气体。对于量热完全气体来说，有

$$\left.\begin{aligned} e &= c_V T \\ h &= c_p T \\ p &= \rho R T \end{aligned}\right\} \tag{4-360}$$

也就是说，对于量热完全气体来讲，式（4-354）被退化为 Clapeyron 方程，即相当于任意积分函数 $g(\hat{v}) = 1$。必须注意，热完全气体不一定就是量热完全气体，但是，凡是量热完全气体的，它必定是热完全气体。在本书中，量热完全气体（thermally perfect gas）又常简称为完全气体。显然，对于完全气体则

$$\frac{S}{R} = \ln\left[\frac{T^{1/(\gamma-1)}}{\rho}\right] + 常数$$

或者

$$p = \left(\frac{p_1}{\rho_1^{\gamma}}\right)\rho^{\gamma}\exp\left[\frac{S - S_1}{c_V}\right] \tag{4-361}$$

（2）多方气体及正压流体的数学描述　从气体的热状态方程 $p = p(\hat{v}, s)$ 出发（这里，$\hat{v}$ 与 s 分别代表气体的比容与熵），仿照量热完全气体的推导过程，在推导中仍然引入比热容（c_V，c_p）与比热容比 γ 都取为常数以及气体为热完全气体的假定，则可得到

$$p = B(S)\rho^{\gamma} \tag{4-362}$$

式中，$B(S) = (\gamma - 1)\exp\left(\frac{S - S_0}{c_V}\right)$，这里，$S_0$ 是一个适当的常数，γ 为比热容比。显然，比较式（4-362）与式（4-361）可以发现两者在确定熵值时略有不同。在气体动力学的许多专业文献中，还特别将式（4-362）所定义的气体称为多方气体（polytropic gas）。对于多方气体，除满足式（4-362）外还有式（4-363）成立，即

$$\left.\begin{aligned} e &= \frac{B(S)}{\gamma - 1}\rho^{\gamma-1} = c_V T \\ a^2 &= B(S)\gamma\rho^{\gamma-1} = \gamma R T \\ RT &= B(S)\rho^{\gamma-1} \end{aligned}\right\} \tag{4-363}$$

式中，a 代表气体的当地声速；$B(S)$ 是关于熵的函数，它的定义同式（4-362），即

$$B(S) = (\gamma - 1)\exp\left(\frac{S - S_0}{c_V}\right) \tag{4-364}$$

对于正压流体，则认为密度只是压强的函数并且与其他的热力学变数（例如温度、湿

度）无关。从数学上讲，正压流体一定存在一个力势函数（常称作压力函数）$\widetilde{\Pi}$ 使

$$\nabla\widetilde{\Pi}=\frac{1}{\rho}\nabla p \tag{4-365}$$

成立；也就是说，$\widetilde{\Pi}=\int_L\frac{\mathrm{d}p}{\rho}$ 与积分曲线 L 无关；换句话说，$\frac{\mathrm{d}p}{\rho}$ 应该是 $\widetilde{\Pi}$ 的全微分。

4.4　热力学特征函数及函数行列式

1. 热力学函数与普遍微分关系式

（1）特征函数及普遍微分关系式　考虑单位质量的气体，引入四个热力学特征函数：内能 e、焓 h、海姆霍兹自由能 f、吉布斯自由焓 g，并且取 $e=e(\hat{v},\ s)$、$h=h(p,\ s)$、$f=f(T,\ \hat{v})$、$g=g(T,\ p)$，其中

$$h=e+p\hat{v} \tag{4-366}$$

$$f=e-TS \tag{4-367}$$

$$g=h-TS \tag{4-368}$$

在式（4-366）中，$\hat{v}$ 的含义同式（4-350）。对于封闭均匀系统的可逆过程，其热力学基本微分方程为

$$\left.\begin{aligned}\mathrm{d}e&=T\mathrm{d}S-p\mathrm{d}\hat{v}+\sum_{i=1}^{k}(\mu_i\mathrm{d}c_i)\\ \mathrm{d}h&=T\mathrm{d}S+\hat{v}\mathrm{d}p+\sum_{i=1}^{k}(\mu_i\mathrm{d}c_i)\\ \mathrm{d}f&=-S\mathrm{d}T-p\mathrm{d}\hat{v}+\sum_{i=1}^{k}(\mu_i\mathrm{d}c_i)\\ \mathrm{d}g&=-S\mathrm{d}T+\hat{v}\mathrm{d}p+\sum_{i=1}^{k}(\mu_i\mathrm{d}c_i)\end{aligned}\right\} \tag{4-369}$$

为了更简便，在以下讨论中均不考虑化学势的影响，于是由基本微分方程的全微分条件便可导出下列热力学关系式：

$$\left.\begin{aligned}T&=\left(\frac{\partial e}{\partial S}\right)_{\hat{v}}=\left(\frac{\partial h}{\partial S}\right)_p\\ p&=-\left(\frac{\partial e}{\partial\hat{v}}\right)_S=-\left(\frac{\partial f}{\partial\hat{v}}\right)_T\\ v&=\left(\frac{\partial e}{\partial p}\right)_S=\left(\frac{\partial g}{\partial p}\right)_T\\ S&=-\left(\frac{\partial f}{\partial T}\right)_{\hat{v}}=-\left(\frac{\partial g}{\partial T}\right)_p\end{aligned}\right\} \tag{4-370}$$

再利用全微分中两项交叉导数相等条件，便得到麦克斯韦关系式：

$$\left.\begin{aligned}\left(\frac{\partial T}{\partial \hat{v}}\right)_S &= -\left(\frac{\partial p}{\partial S}\right)_{\hat{v}}\\ \left(\frac{\partial T}{\partial p}\right)_S &= \left(\frac{\partial \hat{v}}{\partial S}\right)_p\\ \left(\frac{\partial p}{\partial T}\right)_{\hat{v}} &= \left(\frac{\partial S}{\partial \hat{v}}\right)_T\\ \left(\frac{\partial \hat{v}}{\partial T}\right)_p &= -\left(\frac{\partial S}{\partial p}\right)_T\end{aligned}\right\} \tag{4-371}$$

因此，在不考虑化学势的情况下又可得出关于熵 S、内能 e、焓 h 以及比热容的普遍微分关系：

$$\begin{aligned}\mathrm{d}S &= \frac{c_V}{T}\mathrm{d}T + \left(\frac{\partial p}{\partial T}\right)_{\hat{v}}\mathrm{d}\hat{v} = \frac{c_p}{T}\left(\frac{\partial T}{\partial \hat{v}}\right)_p\mathrm{d}\hat{v} + \frac{c_V}{T}\left(\frac{\partial T}{\partial p}\right)_{\hat{v}}\mathrm{d}p\\ &= \frac{c_p}{T}\mathrm{d}T - \left(\frac{\partial \hat{v}}{\partial T}\right)_p\mathrm{d}p\end{aligned} \tag{4-372}$$

$$\begin{aligned}\mathrm{d}e &= c_V\mathrm{d}T + \left[T\left(\frac{\partial p}{\partial T}\right)_{\hat{v}} - p\right]\mathrm{d}\hat{v} = c_V\left(\frac{\partial T}{\partial p}\right)_{\hat{v}}\mathrm{d}p + \left[c_p\left(\frac{\partial T}{\partial \hat{v}}\right)_p - p\right]\mathrm{d}\hat{v}\\ &= \left[c_p - p\left(\frac{\partial \hat{v}}{\partial T}\right)_p\right]\mathrm{d}T - \left[P\left(\frac{\partial \hat{v}}{\partial p}\right)_T + T\left(\frac{\partial \hat{v}}{\partial T}\right)_p\right]\mathrm{d}p\end{aligned} \tag{4-373}$$

$$\begin{aligned}\mathrm{d}h &= \left[c_V + \hat{v}\left(\frac{\partial p}{\partial T}\right)_{\hat{v}}\right]\mathrm{d}T + \left[T\left(\frac{\partial p}{\partial T}\right)_{\hat{v}} + \hat{v}\left(\frac{\partial p}{\partial \hat{v}}\right)_T\right]\mathrm{d}\hat{v}\\ &= c_p\mathrm{d}T + \left[\hat{v} - T\left(\frac{\partial \hat{v}}{\partial T}\right)_p\right]\mathrm{d}p\\ &= \left[\hat{v} + c_V\left(\frac{\partial T}{\partial p}\right)_{\hat{v}}\right]\mathrm{d}p + c_p\left(\frac{\partial T}{\partial \hat{v}}\right)_p\mathrm{d}\hat{v}\end{aligned} \tag{4-374}$$

$$c_V = \left(\frac{\partial e}{\partial T}\right)_{\hat{v}} = T\left(\frac{\partial S}{\partial T}\right)_{\hat{v}} \tag{4-375}$$

$$c_p = \left(\frac{\partial h}{\partial T}\right)_p = T\left(\frac{\partial S}{\partial T}\right)_p \tag{4-376}$$

$$c_p - c_V = T\left(\frac{\partial p}{\partial T}\right)_{\hat{v}}\left(\frac{\partial \hat{v}}{\partial T}\right)_p = T\left(\frac{\partial S}{\partial \hat{v}}\right)_T\left(\frac{\partial \hat{v}}{\partial T}\right)_p \tag{4-377}$$

（2）热系数　引入三个热系数即压缩系数 β_T 或 β_S、弹性系数（又称压强系数）α_v 以及热膨胀系数（又称体胀系数）α_p，其具体定义式为

$$\beta_T = -\frac{1}{\hat{v}}\left(\frac{\partial \hat{v}}{\partial p}\right)_T = \frac{1}{\rho}\left(\frac{\partial \rho}{\partial p}\right)_T \tag{4-378}$$

$$\beta_S = -\frac{1}{\hat{v}}\left(\frac{\partial \hat{v}}{\partial p}\right)_S = \frac{1}{\rho}\left(\frac{\partial \rho}{\partial p}\right)_S \tag{4-379}$$

$$\alpha_v = \frac{1}{p}\left(\frac{\partial p}{\partial T}\right)_{\hat{v}} \tag{4-380}$$

$$\alpha_p = \frac{1}{\hat{v}}\left(\frac{\partial \hat{v}}{\partial T}\right)_p = -\frac{1}{\rho}\left(\frac{\partial \rho}{\partial T}\right)_p \tag{4-381}$$

式中，β_T 与 β_S 分别称作等温压缩系数与等熵压缩系数。这里，$\hat{v}$ 与 ρ 分别代表比容与密度。系数 α_v 常称作定容压力温度系数或压力的温度系数；系数 α_p 称为等压热膨胀系数。显然，β_T 是体积弹性模量的倒数。引入比热容比 γ，很容易证明 γ 是等温压缩系数与等熵压缩系数之比，即

$$\gamma \equiv \frac{c_P}{c_V} = \frac{\beta_T}{\beta_S} \tag{4-382}$$

并且这三个热系数 α_p、α_v 与 β_T 之间的关系为

$$\alpha_p = p\beta_T\alpha_v \tag{4-383}$$

这里式（4-383）应用了下面的微分关系即

$$\left(\frac{\partial \hat{v}}{\partial T}\right)_p = -\left(\frac{\partial \hat{v}}{\partial p}\right)_T\left(\frac{\partial p}{\partial T}\right)_{\hat{v}} \tag{4-384}$$

对于压缩系数，气体要比液体大得多。例如空气在一个大气压下的 $\beta_T = 10^{-5}\,\mathrm{m^2/N}$，而水的 $\beta_T = 5\times 10^{-10}\,\mathrm{m^2/N}$，可见空气的压缩系数要比水的压缩系数大四个量级。对于实际工程问题，一般认为只要 $\left|\frac{\mathrm{d}\rho}{\rho}\right| \geqslant 5\%$ 时，才去考虑流动的可压缩性特征。对于高速气体流动通常 $\left|\frac{\mathrm{d}\rho}{\rho}\right| > 5\%$，因此高速流可压缩性效应的研究成为气体动力学的重要内容之一。

（3）理想气体及相关的微分关系　理想气体又称为完全气体，其状态方程，又称 clapeyron（克拉珀龙）方程为

$$p = \rho RT \tag{4-385}$$

或者

$$p\hat{v} = RT \tag{4-386}$$

$$\frac{\mathrm{d}p}{p} + \frac{\mathrm{d}\hat{v}}{\hat{v}} = \frac{\mathrm{d}T}{T} \tag{4-387}$$

前面给出的关于比热容 c_V 与 c_p，内能 e，焓 h 及熵 S 的普遍关系式，这时将退化为

$$e = c_V T,\ \mathrm{d}e = c_V \mathrm{d}T \tag{4-388}$$

$$h = c_p T,\ \mathrm{d}h = c_p \mathrm{d}T \tag{4-389}$$

$$c_p - c_V = R \tag{4-390}$$

$$c_V = \frac{R}{\gamma - 1} \tag{4-391}$$

$$c_p = \frac{\gamma R}{\gamma - 1} \tag{4-392}$$

$$\mathrm{d}S = c_V\frac{\mathrm{d}T}{T} + R\frac{\mathrm{d}\hat{v}}{\hat{v}} = c_V\frac{\mathrm{d}T}{T} - R\frac{\mathrm{d}\rho}{\rho} = c_p\frac{\mathrm{d}T}{T} - R\frac{\mathrm{d}p}{p} = c_V\frac{\mathrm{d}p}{p} + c_p\frac{\mathrm{d}\hat{v}}{\hat{v}} \tag{4-393}$$

或者

$$d\left(\frac{S}{R}\right)=\frac{1}{\gamma-1}\frac{dp}{p}-\frac{\gamma}{\gamma-1}\frac{d\rho}{\rho}=\frac{1}{\gamma-1}d\ln p-\frac{\gamma}{\gamma-1}d\ln\rho$$
$$=\frac{1}{\gamma-1}d\ln T-d\ln\rho=\frac{\gamma}{\gamma-1}d\ln T-d\ln p \tag{4-394}$$

式中，γ 为比热容比；v 为气体的比容；R 为气体常数，对于不同的气体它有不同的值，其计算公式为

$$R=R_0/M \tag{4-395}$$

这里，R_0 为普适气体常数，它对所有气体都是同样值[$R_0=8314\mathrm{J/(kmol\cdot K)}$]；$M$ 为摩尔质量，对于空气 $M=28.95\mathrm{kg/kmol}$，而空气的 R 为 $287\mathrm{J/(kg\cdot K)}$。

2. 函数行列式及其重要性质

1）设三个函数 f、g、h 都是两个独立变数 x、y 的函数，则恒有

$$\left(\frac{\partial f}{\partial g}\right)_h=1\Big/\left(\frac{\partial g}{\partial f}\right)_h \tag{4-396}$$

$$\left(\frac{\partial f}{\partial g}\right)_x=\frac{(\partial f/\partial y)_x}{(\partial g/\partial y)_x} \tag{4-397}$$

$$\left(\frac{\partial y}{\partial x}\right)_f=-\frac{(\partial f/\partial x)_y}{(\partial f/\partial y)_x} \tag{4-398}$$

$$\left(\frac{\partial f}{\partial g}\right)_h\left(\frac{\partial g}{\partial h}\right)_f\left(\frac{\partial h}{\partial f}\right)_g=-1 \tag{4-399}$$

$$\left(\frac{\partial f}{\partial x}\right)_g=\left(\frac{\partial f}{\partial x}\right)_y+\left(\frac{\partial f}{\partial y}\right)_x\left(\frac{\partial y}{\partial x}\right)_g \tag{4-400}$$

在许多教科书中，常称式（4-396）为倒数关系式，称式（4-399）为循环关系式。

2）设四个函数 f、g、h、k 都是两个独立变数 x、y 的函数，则恒有

$$\frac{\partial(f,g)}{\partial(h,k)}=\frac{\partial(f,g)}{\partial(x,y)}\Big/\frac{\partial(h,k)}{\partial(x,y)} \tag{4-401}$$

$$\frac{\partial(f,g)}{\partial(x,y)}=1\Big/\frac{\partial(x,y)}{\partial(f,g)} \tag{4-402}$$

$$\left(\frac{\partial f}{\partial g}\right)_h=\frac{\partial(f,h)}{\partial(g,h)} \tag{4-403}$$

$$\left(\frac{\partial f}{\partial g}\right)_h=\frac{\partial(f,h)}{\partial(x,y)}\Big/\frac{\partial(g,h)}{\partial(x,y)} \tag{4-404}$$

$$\left(\frac{\partial f}{\partial x}\right)_g=\frac{\partial(f,g)}{\partial(x,y)}\Big/\left(\frac{\partial g}{\partial y}\right)_x \tag{4-405}$$

$$\frac{\partial(f,g)}{\partial(x,y)}=\begin{vmatrix}\partial f/\partial x & \partial f/\partial y\\ \partial g/\partial x & \partial g/\partial y\end{vmatrix} \tag{4-406}$$

3）设六个函数 f、g、h、u、v、w 都是三个独立变数 x、y、z 的函数，则恒有

$$\frac{\partial(f,g,h)}{\partial(u,v,w)}=\frac{\partial(f,g,h)}{\partial(x,y,z)}\Big/\frac{\partial(u,v,w)}{\partial(x,y,z)} \tag{4-407}$$

$$\left(\frac{\partial f}{\partial x}\right)_{g,h}=\frac{\partial(f,g,h)}{\partial(x,y,z)}\bigg/\frac{\partial(g,h)}{\partial(y,z)} \tag{4-408}$$

$$\left(\frac{\partial f}{\partial g}\right)_{x,h}=\frac{\partial(f,h)}{\partial(y,z)}\bigg/\frac{\partial(g,h)}{\partial(y,z)} \tag{4-409}$$

$$\frac{\partial(f,g,h)}{\partial(x,y,z)}\equiv\begin{vmatrix}\partial f/\partial x & \partial f/\partial y & \partial f/\partial z\\ \partial g/\partial x & \partial g/\partial y & \partial g/\partial z\\ \partial h/\partial x & \partial h/\partial y & \partial h/\partial z\end{vmatrix} \tag{4-410}$$

4）设 x、y、z 三个变量之间存在一定的函数关系，如果把任一个变量视为其余两个变量的函数，则恒有

$$\left(\frac{\partial z}{\partial x}\right)_{y}=1\bigg/\left(\frac{\partial x}{\partial z}\right)_{y} \tag{4-411}$$

$$\left(\frac{\partial x}{\partial y}\right)_{z}\left(\frac{\partial y}{\partial z}\right)_{x}\left(\frac{\partial z}{\partial x}\right)_{y}=-1 \tag{4-412}$$

在许多教科书中，也将式（4-411）和式（4-412）分别称作倒数关系式与循环关系式。

5）设 x、y、z、m 为四个变量，如果仅有两个独立变量，其余两个为所选变量的函数，则恒有

$$\left(\frac{\partial x}{\partial y}\right)_{m}\left(\frac{\partial y}{\partial z}\right)_{m}\left(\frac{\partial z}{\partial x}\right)_{m}=1 \tag{4-413}$$

$$\left(\frac{\partial x}{\partial m}\right)_{z}=\left(\frac{\partial x}{\partial m}\right)_{y}+\left(\frac{\partial x}{\partial y}\right)_{m}\left(\frac{\partial y}{\partial m}\right)_{z} \tag{4-414}$$

显然，这里式（4-414）与式（4-400）有类似之处。式（4-413）与式（4-414）常被称作链式关系式。

6）函数行列的重要性质：

$$\frac{\partial(f,g)}{\partial(x,y)}=-\frac{\partial(g,f)}{\partial(x,y)}=-\frac{\partial(f,g)}{\partial(y,x)} \tag{4-415}$$

$$\frac{\partial(f,g)}{\partial(x,y)}=\frac{\partial(g,f)}{\partial(y,x)} \tag{4-416}$$

$$\frac{\partial(f,y)}{\partial(x,y)}=\left(\frac{\partial f}{\partial x}\right)_{y} \tag{4-417}$$

$$\frac{\partial(h,m)}{\partial(x,y)}=1\bigg/\frac{\partial(x,y)}{\partial(h,m)} \tag{4-418}$$

$$\frac{\partial(f,g)}{\partial(x,y)}=\frac{\partial(f,g)}{\partial(h,m)}\frac{\partial(h,m)}{\partial(x,y)} \tag{4-419}$$

式中，f 与 g 均为独立变量 x、y 的函数，并且 h 与 m 也为 x、y 的函数。

4.5　绝对坐标系中 N－S 方程组的强守恒与弱守恒型

4.5.1　绝对坐标系与非惯性相对坐标系间的转换关系

在现代战术武器和航空动力装置中，弹体飞行器的旋转飞行和航空发动机叶轮机械的高速旋转是经常会遇到的两类技术。弹体的旋转飞行使飞行弹体产生 Magnus 空气动力效应，使静态不稳定的炮弹变为动态稳定飞行；在航空喷气发动机中，转动的压气机与涡轮连接在同一根轴上，两者之间装有燃烧室，空气连续不断地被吸入压气机，并在其中压缩增压后进入燃烧室；在燃烧室中喷油燃烧使进入燃烧室的空气变为高温高压燃气，而后再进入涡轮中膨胀做功。综上所述，尽管高速旋转的飞弹与叶轮机中高速旋转的转子，它们各有不同的工作目的，但在对它们进行流场计算与分析时都要涉及两类重要的坐标系：一类是绝对坐标系，另一类是非惯性相对坐标系。为了便于本小节下文的叙述，对这两类坐标系进行了如下的假定与符号约定：绝对坐标系（x^1，x^2，x^3）与地面固连，取动坐标系（ξ^1，ξ^2，ξ^3）相对于绝对坐标系（x^1，x^2，x^3）可以既有平动又有旋转，因此（ξ^1，ξ^2，ξ^3）是一个非惯性相对坐标系，简称相对坐标系。如图 4.2 所示，在绝对坐标系中任一质点的矢径、速度和加速度分别用$\boldsymbol{r}_{\mathrm{a}}$、$\boldsymbol{v}$和 $\boldsymbol{a}$ 表示，在非惯性相对坐标系中令质点的相对矢径与相对速度分别为$\boldsymbol{r}_{\mathrm{R}}$ 与 $\boldsymbol{w}$，于是有

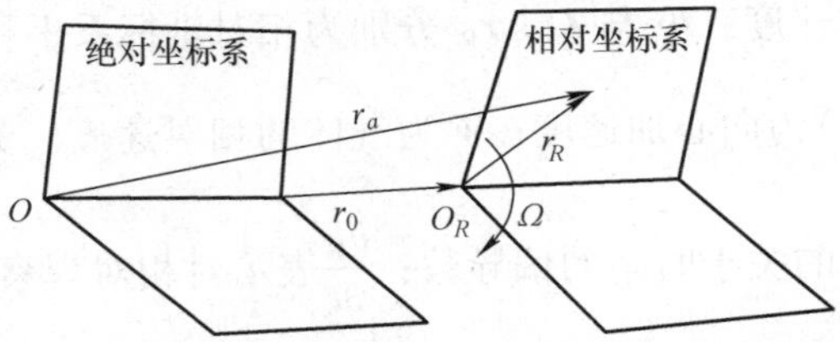

图 4-2　绝对坐标系与相对坐标系

$$\boldsymbol{r}_{\mathrm{a}}=\boldsymbol{r}_0+\boldsymbol{r}_{\mathrm{R}} \tag{4-420}$$

注意到

$$\frac{\mathrm{d}_{\mathrm{a}}q}{\mathrm{d}t}=\frac{\mathrm{d}_{\mathrm{R}}q}{\mathrm{d}t} \tag{4-421}$$

$$\frac{\mathrm{d}_{\mathrm{a}}\boldsymbol{B}}{\mathrm{d}t}=\frac{\mathrm{d}_{\mathrm{R}}\boldsymbol{B}}{\mathrm{d}t}+\boldsymbol{\Omega}\times\boldsymbol{B} \tag{4-422}$$

式中，$\frac{\mathrm{d}_{\mathrm{a}}}{\mathrm{d}t}$表示对绝对观察者而言所观察到的全导数（又称随体导数）；$\frac{\mathrm{d}_{\mathrm{R}}}{\mathrm{d}t}$表示对相对观察者而言所观察到的全导数；$q$ 与 $\boldsymbol{B}$ 分别表示任意标量与任意矢量；$\boldsymbol{\Omega}$ 代表相对坐标系绕一固定轴旋转的角速度矢量（见图 4-2）。绝对速度$\boldsymbol{v}$、绝对加速度 $\boldsymbol{a}$、相对速度 $\boldsymbol{w}$ 间的关系为[170]

$$\boldsymbol{v}=\frac{\mathrm{d}_{\mathrm{a}}\boldsymbol{r}_{\mathrm{a}}}{\mathrm{d}t}=\boldsymbol{w}+\left(\frac{\mathrm{d}_{\mathrm{a}}\boldsymbol{r}_0}{\mathrm{d}t}+\boldsymbol{\Omega}\times\boldsymbol{r}_{\mathrm{R}}\right)=\boldsymbol{w}+\boldsymbol{v}_{\mathrm{e}} \tag{4-423}$$

$$\boldsymbol{a}=\frac{\mathrm{d_a}\boldsymbol{v}}{\mathrm{d}t}=\boldsymbol{a}_\mathrm{r}+\boldsymbol{a}_\mathrm{e}+\boldsymbol{a}_\mathrm{c} \tag{4-424}$$

式中

$$\boldsymbol{a}_\mathrm{r}=\frac{\mathrm{d_R}\boldsymbol{w}}{\mathrm{d}t}=\frac{\partial_\mathrm{R}\boldsymbol{w}}{\partial t}+\boldsymbol{w}\cdot\nabla_\mathrm{R}\boldsymbol{w} \tag{4-425}$$

$$\boldsymbol{a}_\mathrm{e}=\frac{\mathrm{d_a}\boldsymbol{v}_0}{\mathrm{d}t}+\left(\frac{\mathrm{d_a}\boldsymbol{\Omega}}{\mathrm{d}t}\right)\times\boldsymbol{r}_\mathrm{R}+\boldsymbol{\Omega}\times(\boldsymbol{\Omega}\times\boldsymbol{r}_\mathrm{R}) \tag{4-426}$$

$$\boldsymbol{a}_\mathrm{c}=2\boldsymbol{\Omega}\times\boldsymbol{w} \tag{4-427}$$

$$\boldsymbol{a}=\frac{\mathrm{d_a}\boldsymbol{v}}{\mathrm{d}t}=\frac{\partial_\mathrm{a}\boldsymbol{v}}{\partial t}+\boldsymbol{v}\cdot\nabla_\mathrm{a}\boldsymbol{v} \tag{4-428}$$

$$\boldsymbol{v}_0=\frac{\mathrm{d_a}\boldsymbol{r}_0}{\mathrm{d}t} \tag{4-429}$$

$$\boldsymbol{v}_\mathrm{e}=\boldsymbol{v}_0+\boldsymbol{\Omega}\times\boldsymbol{r}_\mathrm{R} \tag{4-430}$$

$$\boldsymbol{w}=\frac{\mathrm{d_R}\boldsymbol{r}_\mathrm{R}}{\mathrm{d}t} \tag{4-431}$$

式中，$\boldsymbol{a}$、$\boldsymbol{a}_\mathrm{r}$、$\boldsymbol{a}_\mathrm{e}$ 与 $\boldsymbol{a}_\mathrm{c}$ 分别表示绝对加速度、相对加速度、牵连加速度与 Coriolis 加速度；$\boldsymbol{v}_0$ 与 $\boldsymbol{\Omega}\times\boldsymbol{r}_\mathrm{R}$ 分别为相对坐标系平移牵连速度与旋转牵连速度；$\boldsymbol{\Omega}\times(\boldsymbol{\Omega}\times\boldsymbol{r}_\mathrm{R})$为向心加速度；$\boldsymbol{w}$ 为气体的相对速度。另外，$\frac{\partial_\mathrm{a}}{\partial t}$表示对绝对观察者而言所观察到的关于时间的偏导数；$\frac{\partial_\mathrm{R}}{\partial t}$表示对相对观察者而言所观察到的关于时间的偏导数；算子∇_R与∇_a分别表示在相对坐标系（ξ^1、ξ^2、ξ^3）中与在绝对坐标系（x^1、x^2、x^3）中进行 Hamilton 算子的运算。

在两类坐标系的相互转换中，下面两个关系式十分重要，它们是

$$\frac{\partial_\mathrm{a}q}{\partial t}=\frac{\partial_\mathrm{R}q}{\partial t}-(\boldsymbol{\Omega}\times\boldsymbol{r}_\mathrm{R})\cdot\nabla_\mathrm{R}q \tag{4-432}$$

$$\frac{\partial_\mathrm{a}\boldsymbol{B}}{\partial t}=\frac{\partial_\mathrm{R}\boldsymbol{B}}{\partial t}+\boldsymbol{\Omega}\times\boldsymbol{B}-(\boldsymbol{\Omega}\times\boldsymbol{r}_\mathrm{R})\cdot\nabla_\mathrm{R}\boldsymbol{B} \tag{4-433}$$

式中，q 与 $\boldsymbol{B}$ 的定义分别同式（4-421）与式（4-422）。

4.5.2 绝对坐标系中叶轮机械 N－S 方程组

在绝对坐标系中，N－S 方程组的微分型守恒形式为

$$\frac{\partial\rho}{\partial t}+\nabla\cdot(\rho\boldsymbol{v})=0 \tag{4-434}$$

$$\frac{\partial(\rho\boldsymbol{v})}{\partial t}+\nabla\cdot(\rho\boldsymbol{v}\boldsymbol{v})=\rho\boldsymbol{f}+\nabla\cdot\boldsymbol{\Pi}-\nabla p \tag{4-435}$$

$$\frac{\partial(\rho e_t)}{\partial t}+\nabla\cdot[(\rho e_t+p)\boldsymbol{v}]=\rho\boldsymbol{f}\cdot\boldsymbol{v}+\nabla\cdot(\boldsymbol{\Pi}\cdot\boldsymbol{v})-\nabla\cdot\boldsymbol{q} \tag{4-436}$$

为书写简便，式（4-434）~式（4-436）中将$\frac{\partial_a}{\partial t}$与$\nabla_a$分别简记为$\frac{\partial}{\partial t}$与$\nabla$，这里，$\frac{\partial_a}{\partial t}$与$\nabla_a$的含义与式（4-428）相同。

在直角笛卡儿坐标系（x，y，z）中，令$\boldsymbol{i}$、$\boldsymbol{j}$、$\boldsymbol{k}$为（x，y，z）坐标系中的单位矢量，$\boldsymbol{E}$、$\boldsymbol{F}$与$\boldsymbol{G}$为无黏通量；$\boldsymbol{E}_v$、$\boldsymbol{F}_v$与$\boldsymbol{G}_v$为黏性通量，令$\boldsymbol{V}$为气体的速度，因此在省略了体积力$\boldsymbol{f}$的情况下，式（4-434）~式（4-436）可以整理为如下形式：

$$\frac{\partial\boldsymbol{U}}{\partial t}+\nabla\cdot\boldsymbol{H}=0 \tag{4-437}$$

$$\frac{\partial\boldsymbol{U}}{\partial t}+\frac{\partial(\boldsymbol{E}-\boldsymbol{E}_v)}{\partial x}+\frac{\partial(\boldsymbol{F}-\boldsymbol{F}_v)}{\partial y}+\frac{\partial(\boldsymbol{G}-\boldsymbol{G}_v)}{\partial z}=0 \tag{4-438}$$

式（4-437）中，符号$\boldsymbol{H}$与$\boldsymbol{U}$的定义分别为

$$\boldsymbol{H}=\boldsymbol{i}(\boldsymbol{E}-\boldsymbol{E}_v)+\boldsymbol{j}(\boldsymbol{F}-\boldsymbol{F}_v)+\boldsymbol{k}(\boldsymbol{G}-\boldsymbol{G}_v) \tag{4-439}$$

$$\boldsymbol{U}=[\rho,\rho V_1,\rho V_2,\rho V_3,\rho e_t]^{\mathrm{T}} \tag{4-440}$$

在式（4-440）中，V_1、V_2、V_3与$\boldsymbol{v}$的关系为

$$\boldsymbol{v}=\boldsymbol{i}V_1+\boldsymbol{j}V_2+\boldsymbol{k}V_3 \tag{4-441}$$

另外，在式（4-438）中，$\boldsymbol{E}$、$\boldsymbol{F}$、$\boldsymbol{G}$、$\boldsymbol{E}_v$、$\boldsymbol{F}_v$与$\boldsymbol{G}_v$的表达式已在参考文献［171］中给出，这里因篇幅所限不再给出。

4.5.3　绝对坐标系中 N-S 方程组的强守恒与弱守恒型

在绝对坐标系中，选取柱坐标系（r，θ，z），令（r，θ，z）构成右手系，其基矢量为$\boldsymbol{e}_r$、$\boldsymbol{e}_\theta$、$\boldsymbol{e}_z$，并用$\boldsymbol{i}_r$、$\boldsymbol{i}_\theta$、$\boldsymbol{i}_z$表示单位基矢量，用$\boldsymbol{v}$表示气体的速度矢量，用V_r、V_θ、V_Z表示物理分速度，于是有

$$\boldsymbol{e}_r=\boldsymbol{i}_r,\quad \boldsymbol{e}_\theta=r\boldsymbol{i}_\theta,\quad \boldsymbol{e}_z=\boldsymbol{i}_z \tag{4-442}$$

$$\frac{\partial\boldsymbol{i}_r}{\partial\theta}=\boldsymbol{i}_\theta,\frac{\partial\boldsymbol{i}_\theta}{\partial\theta}=-\boldsymbol{i}_r \tag{4-443}$$

$$\frac{\partial\boldsymbol{e}_r}{\partial\theta}=\frac{\boldsymbol{e}_\theta}{r},\frac{\partial\boldsymbol{e}_\theta}{\partial\theta}=-r\boldsymbol{e}_r \tag{4-444}$$

$$\boldsymbol{v}=\boldsymbol{i}_rV_r+\boldsymbol{i}_\theta V_\theta+\boldsymbol{i}_zV_z \tag{4-445}$$

因此 N-S 方程组式(4-437)在(r,θ,z)坐标系下变为弱守恒形式：

$$\frac{\partial\hat{\boldsymbol{U}}}{\partial t}+\frac{\partial(\hat{\boldsymbol{E}}-\hat{\boldsymbol{E}}_v)}{\partial r}+\frac{\partial(\hat{\boldsymbol{F}}-\hat{\boldsymbol{F}}_v)}{r\partial\theta}+\frac{\partial(\hat{\boldsymbol{G}}-\hat{\boldsymbol{G}}_v)}{\partial z}=\boldsymbol{N} \tag{4-446}$$

在式（4-446）中$\hat{\boldsymbol{E}}$、$\hat{\boldsymbol{E}}_v$、$\hat{\boldsymbol{F}}$、$\hat{\boldsymbol{F}}_v$、$\hat{\boldsymbol{G}}$、$\boldsymbol{G}_v$、$\boldsymbol{N}$的表达式已在参考文献［171］中给

出。另外，$\hat{\boldsymbol{U}}$ 的表达式为

$$\hat{\boldsymbol{U}}=r[\rho,\ \rho V_r,\ r\rho V_\theta,\ \rho V_z,\ \rho e_t]^{\mathrm{T}} \tag{4-447}$$

值得注意的是，这里，式（4-446）是弱守恒型，而式（4-438）是强守恒型。比较式（4-438）与式（4-446）还可以发现 $\boldsymbol{U}$ 与 $\hat{\boldsymbol{U}}$ 不同，而且动量方程是在不同方向上列出的，前者分别是沿 $\boldsymbol{i}_x$、$\boldsymbol{i}_y$、$\boldsymbol{i}_z$ 方向给出，而后者分别是沿 $\boldsymbol{i}_r$、$\boldsymbol{i}_\theta$、$\boldsymbol{i}_z$ 方向给出。

在绝对坐标系中，选取一个笛卡儿直角坐标系（x，y，z）与另一个任意曲线坐标系（ξ，η，ζ），并假定两个坐标系间存在着如下的变换关系

$$\begin{cases} t=\tau \\ x=x(\tau,\xi,\eta,\zeta) \\ y=y(\tau,\xi,\eta,\zeta) \\ z=z(\tau,\xi,\eta,\zeta) \end{cases} \tag{4-448}$$

相应地还有

$$\begin{cases} \tau=t \\ \xi=\xi(t,x,y,z) \\ \eta=\eta(t,x,y,z) \\ \zeta=\zeta(t,x,y,z) \end{cases} \tag{4-449}$$

借助于两个坐标系间的变换，可以将（t，x，y，z）系中的式（4-438）变换到（τ，ξ，η，ζ）系中为

$$\frac{\partial\widetilde{\boldsymbol{U}}}{\partial t}+\frac{\partial(\widetilde{\boldsymbol{E}}-\widetilde{\boldsymbol{E}}_v)}{\partial\xi}+\frac{\partial(\widetilde{\boldsymbol{F}}-\widetilde{\boldsymbol{F}}_v)}{\partial\eta}+\frac{\partial(\widetilde{\boldsymbol{G}}-\widetilde{\boldsymbol{G}}_v)}{\partial\zeta}=0 \tag{4-450}$$

在式（4-450）中，$\widetilde{\boldsymbol{E}}-\widetilde{\boldsymbol{E}}_v$、$\widetilde{\boldsymbol{F}}-\widetilde{\boldsymbol{F}}_v$、$\widetilde{\boldsymbol{G}}-\widetilde{\boldsymbol{G}}_v$ 的表达式已在参考文献［171］中给出。另外，在式（4-450）中符号 $\widetilde{\boldsymbol{U}}$ 的定义为

$$\widetilde{\boldsymbol{U}}=J[\rho,\rho u,\rho\widetilde{v},\rho w,\rho e_t]^{\mathrm{T}} \tag{4-451}$$

式中，u、v、w 与气体速度$\boldsymbol{v}$间的关系为

$$\boldsymbol{v}=\boldsymbol{i}u+\boldsymbol{j}\widetilde{v}+\boldsymbol{k}w \tag{4-452}$$

另外，在式（4-451）中，符号 J 的定义为

$$J\equiv\frac{\partial(x,y,z)}{\partial(\xi,\eta,\zeta)} \tag{4-453}$$

如果令上述曲线坐标系（ξ，η，ζ）的基矢量为 $\boldsymbol{e}_\xi$、$\boldsymbol{e}_\eta$、$\boldsymbol{e}_\zeta$，并且将动量方程沿着 $\boldsymbol{e}_\xi$、$\boldsymbol{e}_\eta$、e_ζ 方向列出后，这时可以得到如下形式的弱守恒 N－S 方程组[172,173]：

$$\frac{\partial}{\partial t}\left\{\sqrt{g}\begin{pmatrix}\rho\\ \rho v^1\\ \rho v^2\\ \rho v^3\\ \rho e_t\end{pmatrix}\right\}+\frac{\partial}{\partial x^j}\left\{\sqrt{g}\begin{pmatrix}\rho v^j\\ \rho v^j v^1+g^{1j}p\\ \rho v^j v^2+g^{2j}p\\ \rho v^j v^3+g^{3j}p\\ (\rho e_t+p)v^j\end{pmatrix}\right\}-\frac{\partial}{\partial x^j}\left\{\sqrt{g}\begin{pmatrix}0\\ \mu\left(\nabla^j v^1+\frac{1}{3}g^{1j}\nabla\cdot\boldsymbol{v}\right)\\ \mu\left(\nabla^j v^2+\frac{1}{3}g^{2j}\nabla\cdot\boldsymbol{v}\right)\\ \mu\left(\nabla^j v^3+\frac{1}{3}g^{3j}\nabla\cdot\boldsymbol{v}\right)\\ \mu\widetilde{M}^j+\lambda_k g^{ij}\frac{\partial T}{\partial x^i}\end{pmatrix}\right\}=\begin{pmatrix}0\\ \widetilde{N}^1\\ \widetilde{N}^2\\ \widetilde{N}^3\\ 0\end{pmatrix} \tag{4-454}$$

在式（4-454）中，$\sqrt{g}$的定义为

$$\sqrt{g}=\boldsymbol{e}_\xi\cdot(\boldsymbol{e}_\eta\times\boldsymbol{e}_\zeta)=J \tag{4-455}$$

另外，在式（4-454）中，v^1、v^2、v^3 为速度$\boldsymbol{v}$在（ξ，η，ζ）曲线坐标系中的逆变分速；g^{ij}、g^{1j}、g^{2j}、g^{3j}表示曲线坐标系（ξ，η，ζ）的逆变度量张量，例如 g^{ij} 定义为

$$g^{ij}=\boldsymbol{e}^i\cdot\boldsymbol{e}^j \tag{4-456}$$

这里，（$\boldsymbol{e}^1$，$\boldsymbol{e}^2$，$\boldsymbol{e}^3$）与（$\boldsymbol{e}_1$，$\boldsymbol{e}_2$，$\boldsymbol{e}_3$）构成对偶基矢量。此外，在式（4-454）中，符号 $\widetilde{M}^j$、$\widetilde{N}^1$、$\widetilde{N}^2$、$\widetilde{N}^3$ 的定义已在参考文献［172，173］中给出。这里还要说明的是，在式（4-454）中，为便于张量表达，已特意将曲线坐标系 ξ、η、ζ 改写为 x^1、x^2、x^3，将基矢量 $\boldsymbol{e}_\xi$、$\boldsymbol{e}_\eta$、$\boldsymbol{e}_\zeta$ 改写为 $\boldsymbol{e}_1$、$\boldsymbol{e}_2$、$\boldsymbol{e}_3$；同样，比较式（4-450）与式（4-454）可以发现，尽管 N－S 方程组都在同一个曲线坐标系中写出，但由于动量方程的列出方向不同，所得到的方程组也就不同，前者为强守恒型，后者为弱守恒型，而且沿不同方向所得到的动量方程的项数也不相同，对于这一点应格外注意。

4.6　相对坐标系中 N－S 方程组及广义 Bernoulli 方程

对于式（4-420），在叶轮机械气动热力学中，常采用 $\boldsymbol{r}_0=0$ 的特殊相对坐标系[45,46,174,175]，在这种特殊相对坐标系中式（4-423）与式（4-424）简化为

$$\boldsymbol{v}=\boldsymbol{w}+\boldsymbol{\Omega}\times\boldsymbol{r}_{\mathrm{R}} \tag{4-457}$$

$$\boldsymbol{a}=\frac{\mathrm{d_a}\boldsymbol{v}}{\mathrm{d}t}=\frac{\mathrm{d_R}\boldsymbol{w}}{\mathrm{d}t}+2\boldsymbol{\Omega}\times\boldsymbol{w}-\boldsymbol{\Omega}\cdot\boldsymbol{\Omega}\nabla_{\mathrm{R}}\left(\frac{\boldsymbol{r}_{\mathrm{R}}\cdot\boldsymbol{r}_{\mathrm{R}}}{2}\right)+\left(\frac{\mathrm{d_a}\boldsymbol{\Omega}}{\mathrm{d}t}\right)\times\boldsymbol{r}_{\mathrm{R}}=\frac{\partial_{\mathrm{a}}\boldsymbol{v}}{\partial t}+\boldsymbol{v}\cdot\nabla_{\mathrm{a}}\boldsymbol{v} \tag{4-458}$$

当 $|\boldsymbol{\Omega}|=\mathrm{const}$ 时，则式（4-458）又可简化为

$$\frac{\mathrm{d_a}\boldsymbol{v}}{\mathrm{d}t}=\frac{\partial_{\mathrm{R}}\boldsymbol{w}}{\partial t}+\nabla_{\mathrm{R}}\left(\frac{\boldsymbol{w}\cdot\boldsymbol{w}}{2}\right)-\boldsymbol{w}\times(\nabla_{\mathrm{a}}\times\boldsymbol{v})-\nabla_{\mathrm{R}}\left(\frac{\Omega^2r^2}{2}\right) \tag{4-459}$$

在式（4-459）中，r 代表流体质点离旋转轴的距离，即圆柱坐标系中的 r 坐标；Ω 定义为

$$\Omega = |\boldsymbol{\Omega}| \tag{4-460}$$

另外，在这个特殊的相对坐标系中，下列几个关系式也是常用的

$$\nabla_{\mathrm{a}} q = \nabla_{\mathrm{R}} q \tag{4-461}$$

$$\nabla_{\mathrm{a}} \cdot \boldsymbol{B} = \nabla_{\mathrm{R}} \cdot \boldsymbol{B} \tag{4-462}$$

$$\nabla_{\mathrm{a}} \boldsymbol{B} = \nabla_{\mathrm{R}} \boldsymbol{B} \tag{4-463}$$

$$\nabla_{\mathrm{a}} \times \boldsymbol{B} = \nabla_{\mathrm{R}} \times \boldsymbol{B} \tag{4-464}$$

$$\nabla_{\mathrm{a}} \cdot \boldsymbol{v} = \nabla_{\mathrm{R}} \cdot \boldsymbol{w} \tag{4-465}$$

$$\nabla_{\mathrm{a}} \times \boldsymbol{v} = \nabla_{\mathrm{R}} \times \boldsymbol{w} + 2\boldsymbol{\Omega} \tag{4-466}$$

式中，q 为任意标量，$\boldsymbol{B}$ 为任意矢量。在叶轮机械气体动力学中，吴仲华教授在 20 世纪 50 年代首次引入滞止转子焓（total rothalpy 或者 stagnation rothalpy）I 的概念[47]，其定义为

$$I = h + \frac{\boldsymbol{w} \cdot \boldsymbol{w}}{2} - \frac{(r\Omega)^2}{2} \tag{4-467}$$

式中，h 为静焓；符号 Ω 和 r 的含义分别与式（4-460）和式（4-459）相同。于是在 $\boldsymbol{\Omega} = \mathrm{const}$ 的非惯性特殊相对坐标系中，叶轮机械三维流动的基本方程组为

$$\frac{\partial_{\mathrm{R}} \rho}{\partial t} + \nabla \cdot (\rho \boldsymbol{w}) = 0 \tag{4-468}$$

$$\frac{d_{\mathrm{R}} \boldsymbol{w}}{\mathrm{d}t} + 2\boldsymbol{\Omega} \times \boldsymbol{w} + \boldsymbol{\Omega} \times (\boldsymbol{\Omega} \times \boldsymbol{r}) = -\frac{1}{\rho} \nabla p + \frac{1}{\rho} \nabla \cdot \boldsymbol{\Pi} \tag{4-469}$$

$$\frac{\mathrm{d}_{\mathrm{a}} I}{\mathrm{d}t} = \frac{1}{\rho} \frac{\partial_{\mathrm{R}} p}{\partial t} + \dot{q} + \frac{1}{\rho} \nabla \cdot (\boldsymbol{\Pi} \cdot \boldsymbol{w}) \tag{4-470}$$

式中 I、$\boldsymbol{\Pi}$、p、ρ 分别代表滞止转子焓、黏性应力张量、压强、密度；$\dot{q}$ 为外界对每单位质量气体的传热率，它与熵 S、温度 T、耗散函数 Φ 之间的关系为

$$T \frac{\mathrm{d}S}{\mathrm{d}t} = \dot{q} + \frac{\Phi}{\rho} \tag{4-471}$$

借助于式（4-471），则 Crocco 形式的绝对运动的动量方程与相对运动的动量方程分别为

$$\frac{\partial_{\mathrm{a}} \boldsymbol{v}}{\partial t} + (\nabla \times \boldsymbol{v}) \times \boldsymbol{v} = T \nabla S - \nabla H + \frac{1}{\rho} \nabla \cdot \boldsymbol{\Pi} \tag{4-472}$$

$$\frac{\partial_{\mathrm{R}} \boldsymbol{w}}{\partial t} + (\nabla \times \boldsymbol{v}) \times \boldsymbol{w} = T \nabla S - \nabla I + \frac{1}{\rho} \nabla \cdot \boldsymbol{\Pi} \tag{4-473}$$

在式（4-472）中，H 为总焓，即

$$H = h + \frac{1}{2}(\boldsymbol{v} \cdot \boldsymbol{v}) \tag{4-474}$$

相应地能量方程可写为

$$\frac{\mathrm{d_a}H}{\mathrm{d}t}=\frac{1}{\rho}\frac{\partial_{\mathrm{a}}p}{\partial t}+\dot{q}+\frac{1}{\rho}\nabla\cdot(\boldsymbol{\Pi}\cdot\boldsymbol{v}) \tag{4-475}$$

在流体满足正压条件下，式（4-469）又可以改写为

$$\frac{\partial_{\mathrm{R}}\boldsymbol{w}}{\partial t}+\nabla_{\mathrm{R}}\left[\frac{\boldsymbol{w}\cdot\boldsymbol{w}}{2}-\frac{(r\Omega)^2}{2}+\int\frac{1}{\rho}\mathrm{d}p\right]=\frac{1}{\rho}\nabla_{\mathrm{R}}\cdot\boldsymbol{\Pi}+\boldsymbol{w}\times(\nabla_{\mathrm{R}}\times\boldsymbol{w})-2\boldsymbol{\Omega}\times\boldsymbol{w} \tag{4-476}$$

对于定常、无黏、正压流体，则式（4-476）可变为

$$\nabla_{\mathrm{R}}\left[\frac{\boldsymbol{w}\cdot\boldsymbol{w}}{2}-\frac{(r\Omega)^2}{2}+\int\frac{1}{\rho}\mathrm{d}p\right]=\boldsymbol{w}\times(\nabla\times\boldsymbol{v}) \tag{4-477}$$

如果用任一微元长度矢量 $\mathrm{d}\hat{\boldsymbol{S}}$ 与式（4-477）作数性积，便有

$$\mathrm{d}\left[\frac{w^2}{2}-\frac{(r\Omega)^2}{2}+\int\frac{\mathrm{d}p}{\rho}\right]=[\boldsymbol{w}\times(\nabla\times\boldsymbol{v})]\cdot\mathrm{d}\hat{\boldsymbol{S}} \tag{4-478}$$

式中，符号 w 定义为

$$w=|\boldsymbol{w}| \tag{4-479}$$

欲使式（4-478）可积，则必须使式（4-478）右端的三个矢量 $\boldsymbol{w}$、$\nabla\times\boldsymbol{v}$ 与 $\mathrm{d}\hat{\boldsymbol{S}}$ 共面，或其中一个矢量为零，或其中任两个矢量平行。这里只讨论如下三种情况：

1）当相对运动的流线与绝对运动的涡线相重合，即 $\boldsymbol{w}$ 与 $\nabla\times\boldsymbol{v}$ 平行时，于是在全流场有

$$\frac{w^2}{2}-\frac{(r\Omega)^2}{2}+\int\frac{\mathrm{d}p}{\rho}=\text{const（沿全流场）} \tag{4-480}$$

此积分为 Lamb 积分。

2）当积分路线沿相对流线进行，即 $\boldsymbol{w}$ 与 $\mathrm{d}\hat{\boldsymbol{S}}$ 平行时，于是沿着每一条流线有

$$\frac{w^2}{2}-\frac{(r\Omega)^2}{2}+\int\frac{\mathrm{d}p}{\rho}=\text{const（沿流线）} \tag{4-481}$$

而沿不同的相对流线，其积分常数可以不同。这里式（4-481）常称为非惯性相对坐标系中的 Bernoulli 积分。

3）当 $\mathrm{d}\hat{\boldsymbol{S}}$ 与 $\nabla\times\boldsymbol{v}$ 平行时，于是沿每一条涡线便有式（4-482）成立，即

$$\frac{w^2}{2}-\frac{(r\Omega)^2}{2}+\int\frac{\mathrm{d}p}{\rho}=\text{const（沿涡线）} \tag{4-482}$$

4.7　吴仲华的两类流面交叉迭代及三元流理论

对于叶轮机械内的复杂三维流动，20 世纪 50 年代初吴仲华先生首先提出了著名的两类相对流面的普遍理论[45]，提出了 S_1 流面、S_2 流面、沿流面导数、流片厚度以及转子焓等重要概念，十分巧妙地将三维流场的计算问题转化为在 S_1 相对流面与 S_2 相对流面之间的交替迭代求解，如图 4-3 所示。显然，要详细的讨论吴仲

华两类流面的普遍理论不是本专著研究的重点范畴，下面仅对几个重要概念以及在任意回转 S_1 面上流函数 ψ 的主方程以及在中心 S_2 流面上的主方程进行简要的说明。

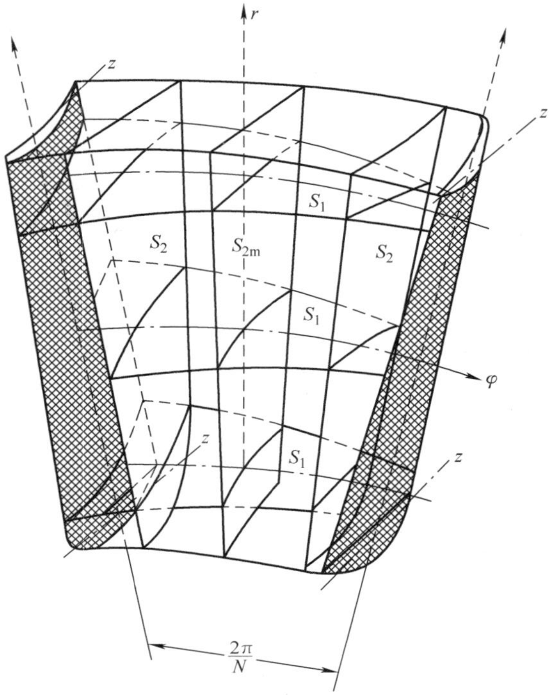

图 4-3　S_1 与 S_2 相对流面

1. S_1 与 S_2 相对流面

这里讨论两类相对流面，吴仲华先生将它们命名为 S_1 流面与 S_2 流面。S_1 流面是这样形成的：对于圆柱坐标系（r，φ，z），在一个叶栅流道的前缘或后缘或中间某个位置取 $z=\text{const}$ 的平面与 $r=\text{const}$ 的圆柱面的相交线。此相交线为一圆弧。通过该圆弧相交线的流线所张成的面（流面）便称为 S_1 流面（见图 4-4），这里圆弧相交线称为 S_1 流面的生成线。显然，通常在叶轮机械中 S_1 流面应为一个翘曲的空间流面。

平均 S_2 流面是这样形成的：对于圆柱坐标系（r，φ，z），在叶栅的前缘或后缘或在叶栅流道中间某个位置上取 $z=\text{const}$ 的平面。该平面与叶片相交形成一个截面，取该截面的中心线作为平均 S_2 流面的生成线，通过此生成线所张成的面（流面）便称为平均 S_2 流面（又称为中心 S_2 流面），通常记作 S_2（见图 4-5）。一般来讲，平均 S_2 流面既不是由叶片型面中心线的叠加所组成，也不是叶栅流道的几何中心面，而是一张空间的翘曲流面。

2. 沿流面的偏导数与全导数

对于径向式叶轮机械，在柱坐标系（r，φ，z）中，如果选用（r，φ）作为自

变量时，令 S_1 流面的方程为

$$S_1(r,\varphi,z)=S_1[r,\varphi,z(r,\varphi)]=0 \tag{4-483}$$

令 q 为 S_1 流面上的任一物理量，它是 r、φ 的函数，即 $q=q(r,\ \varphi)$，于是在 S_1 流面上沿 r 方向、φ 方向的流面导数以及全导数分别为

$$\frac{\bar{\partial} q}{\bar{\partial} r}=\frac{\partial q}{\partial r}-\frac{n_r}{n_z}\frac{\partial q}{\partial z} \tag{4-484}$$

$$\frac{\bar{\partial} q}{r\bar{\partial}\varphi}=\frac{\partial q}{r\partial\varphi}-\frac{n_\varphi}{n_z}\frac{\partial q}{\partial\varphi} \tag{4-485}$$

$$\frac{\mathrm{d}q}{\mathrm{d}t}=w_r\frac{\bar{\partial} q}{\bar{\partial} r}+\frac{w_\varphi}{r}\frac{\bar{\partial} q}{\bar{\partial}\varphi} \tag{4-486}$$

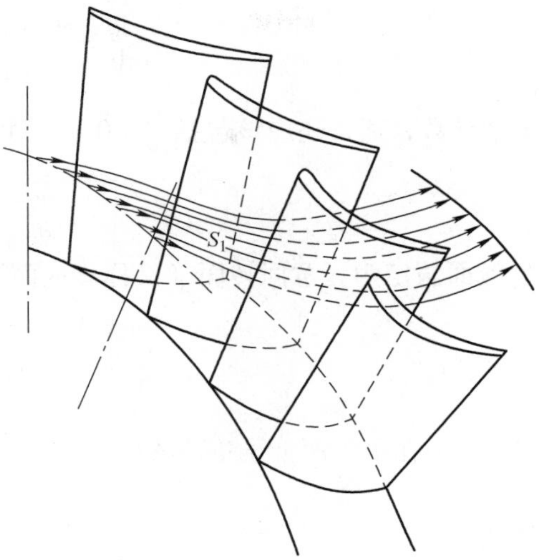

图 4-4　S_1 流面

式中，n_r、n_φ、n_z 为相对流面 S_1 上任意一点处的单位法矢量 $\boldsymbol{n}$ 在 r、φ、z 方向上的分量，此 $\boldsymbol{n}$ 必与该处的相对速度 $\boldsymbol{w}$ 垂直，所以有

$$\boldsymbol{n}\cdot\boldsymbol{w}=0 \tag{4-487}$$

或者

$$n_r w_r+n_\varphi w_\varphi+n_z w_z=0 \tag{4-488}$$

式中，$\boldsymbol{n}$ 也可借助于式（4-483）给出，即

$$\boldsymbol{n}=\frac{\nabla S_1}{|\nabla S_1|} \tag{4-489}$$

对于轴流式以及混流式叶轮机械，在柱坐标系（r，φ，z）中，如选用（φ，z）作为自变量时，令 S_1 流面的方程为

$$S_1(r,\varphi,z)=S_1[r(\varphi,z),\varphi,z]=0 \tag{4-490}$$

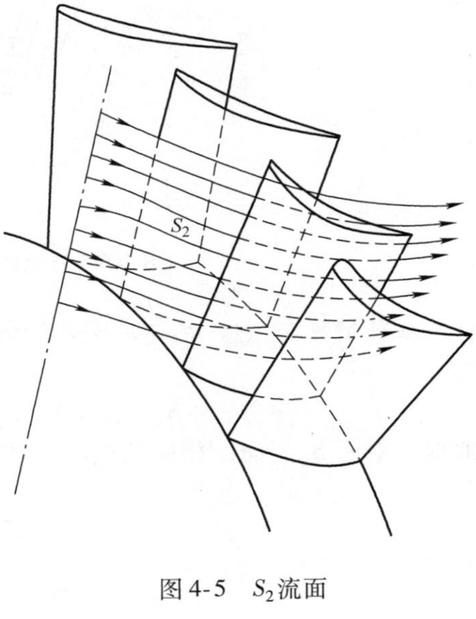

图 4-5　S_2 流面

类似地，有

$$\frac{\bar{\partial} q}{r\bar{\partial}\varphi}=\frac{\partial q}{r\partial\varphi}-\frac{n_\varphi}{n_r}\frac{\partial q}{\partial r} \tag{4-491}$$

$$\frac{\bar{\partial} q}{\bar{\partial} z}=\frac{\partial q}{\partial z}-\frac{n_z}{n_r}\frac{\partial q}{\partial r} \tag{4-492}$$

$$\frac{\mathrm{d}q}{\mathrm{d}t}=\frac{w_\varphi}{r}\frac{\bar{\partial} q}{\bar{\partial} \varphi}+w_z\frac{\bar{\partial} q}{\bar{\partial} z} \tag{4-493}$$

对于全导数，通常还应该包括$\frac{\partial q}{\partial t}=0$项，由于这里假定相对流面为定常的，因此有

$$\frac{\partial q}{\partial t}=0 \tag{4-494}$$

当S_1流面假定为任意回转面（又称旋成面）时，则有

$$n_\varphi=0 \tag{4-495}$$

令

$$-\frac{n_z}{n_r}=\frac{w_r}{w_z}=\tan\sigma \tag{4-496}$$

式中，σ为在子午面上子午流线的切线与轴线方向间的夹角，如图4-6所示。

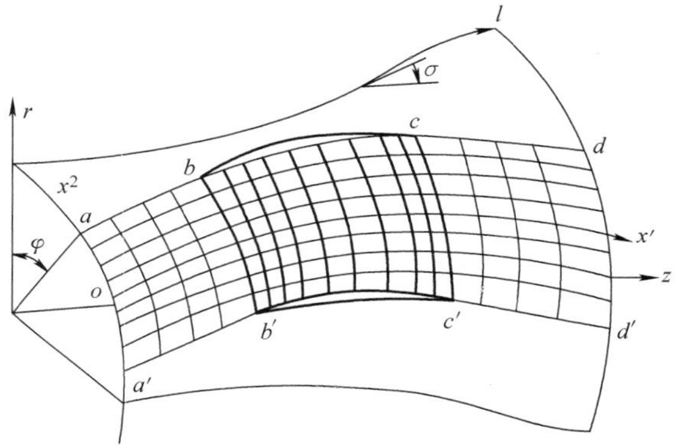

图4-6　任意回转面的S_1相对流面

另外，在柱坐标系（r，φ，z）中，如选用（r，z）作为自变量时，令S_2流面的方程为

$$S_2(r,\varphi,z)=S_2[r,\varphi(r,z),z]=0 \tag{4-497}$$

类似地，对于S_2流面，相应的流面导数以及全导数分别为

$$\frac{\bar{\partial} q}{\bar{\partial} r}=\frac{\partial q}{\partial r}-\frac{n_r}{n_\varphi}\frac{\partial q}{r\partial \varphi} \tag{4-498}$$

$$\frac{\bar{\partial} q}{\bar{\partial} z}=\frac{\partial q}{\partial z}-\frac{n_z}{n_\varphi}\frac{\partial q}{r\partial \varphi} \tag{4-499}$$

$$\frac{\mathrm{d}q}{\mathrm{d}t}=w_r\frac{\bar{\partial} q}{\bar{\partial} r}+w_z\frac{\bar{\partial} q}{\bar{\partial} z} \tag{4-500}$$

同样对于S_2流面也有

$$\boldsymbol{n}\cdot\boldsymbol{w}=0 \text{ 或 } \boldsymbol{w}\cdot\nabla S_2=0 \tag{4-501}$$

3. 流片厚度

对于S_1流面，如选用（φ，z）为自变量时，则可引入变量b，通常b也是

(φ，z) 的函数，其定义式为

$$\frac{\mathrm{d}(\ln b)}{\mathrm{d}t} = -C_1(\varphi,z) + \frac{n_z}{n_r}\frac{w_z}{r} \tag{4-502}$$

式中，$C_1(\varphi, z)$ 为

$$C_1(\varphi,z) = -\frac{1}{n_r}\left[\frac{n_r}{r}\frac{\partial(rw_r)}{\partial r} + n_\varphi\frac{\partial w_\varphi}{\partial r} + n_z\frac{\partial w_z}{\partial r}\right] \tag{4-503}$$

对定常流动，有

$$\nabla\cdot(\rho \boldsymbol{w}) = 0 \tag{4-504}$$

注意到式（4-491）~式（4-493）、式（4-502），则式（4-504）便可变为

$$\frac{\bar{\partial}(b\rho w_\varphi)}{\bar{\partial}\varphi} + \frac{\bar{\partial}(rb\rho w_Z)}{\bar{\partial}z} = 0 \tag{4-505}$$

这就是 S_1 相对流面上的连续方程。它的最大特点是包含有 b，而 b 可以认为是 S_1 流面的流片厚度（见图4-7）。

对于 S_2 流面，如选用（r，z）作为自变量，则可引入变量 B，通常 B 是（r，z）的函数，其定义为

$$\frac{\mathrm{d}(\ln B)}{\mathrm{d}t} = -C_2(r,z) \tag{4-506}$$

式中，$C_2(r, z)$ 为

$$C_2(r,z) = -\frac{1}{rn_\varphi}\left[n_r\frac{\partial w_r}{\partial\varphi} + n_\varphi\frac{\partial w_\varphi}{\partial\varphi} + n_z\frac{\partial w_z}{\partial\varphi}\right] \tag{4-507}$$

注意到式（4-498）~式（4-500）、式（4-506），则式（4-504）便可变为

$$\frac{\bar{\partial}(rB\rho w_r)}{\bar{\partial}r} + \frac{\bar{\partial}(rB\rho w_Z)}{\bar{\partial}z} = 0 \tag{4-508}$$

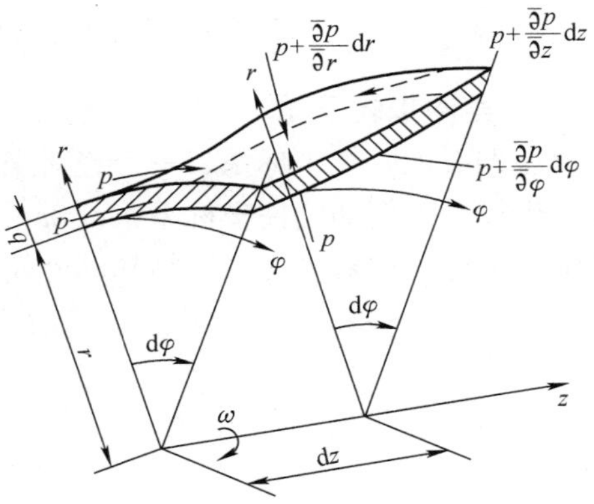

图4-7 径向厚度为 b 的流片（对 S_1 流面而言）

这就是 S_2 相对流面上的连续方程。同样地，它的最大特点也是包含有 B，而 B 也可以认为是 S_2 流面的流片厚度有关的参量。如果取图4-8所示的这样一个流片的微元体，对它可写出质量守恒方程，便为

$$\frac{\bar{\partial}(\tau\rho w_r)}{\bar{\partial}r} + \frac{\bar{\partial}(\tau\rho w_Z)}{\bar{\partial}z} = 0 \tag{4-509}$$

式中，τ 也为 S_2 流面的流片厚度有关的参量；比较式（4-508）和式（4-509）可知，B 与流片的角厚度 τ/r 成正比，即

$$B \propto \frac{\tau}{r} \tag{4-510}$$

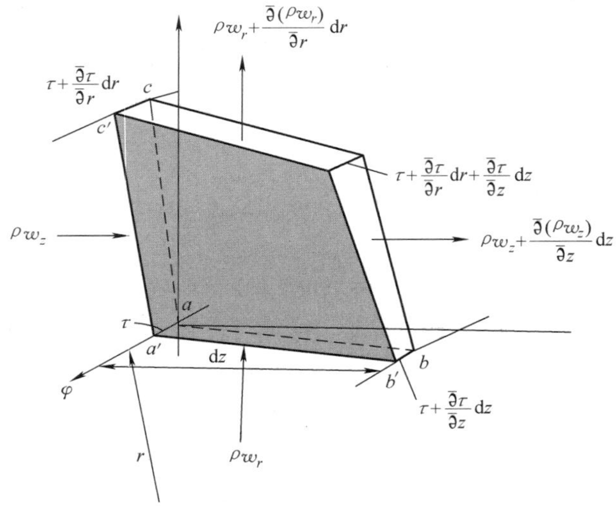

图 4-8　推导连续方程式（4-509）用的示意图

4. 吴仲华转子焓

首先引入两个坐标系，一个绝对坐标系，例如圆柱坐标系（r，θ，z）；另一个相对坐标系，例如圆柱坐标系（r，φ，z）。通常两个坐标系的 z 轴重合于叶轮的旋转轴。另外，相对坐标系固结在动叶轮上并随叶轮一起转动，于是便有

$$\theta = \varphi + \omega t \tag{4-511}$$

$$v_r = w_r, \quad v_z = w_z \tag{4-512}$$

$$v_\theta = w_\varphi + \omega r \tag{4-513}$$

式中，v_r、v_θ、v_z 为绝对速度矢量 $\boldsymbol{v}$ 沿 r、θ、z 方向上的分速度；w_r、w_φ、w_z 为相对速度矢量 $\boldsymbol{w}$ 沿 r、φ、z 方向上的分速度。在相对坐标系中，动量方程为

$$\frac{\partial \boldsymbol{w}}{\partial t} + \boldsymbol{w} \cdot (\nabla \boldsymbol{w}) = \frac{1}{\rho}\nabla \cdot \boldsymbol{\Pi}' - \frac{1}{\rho}\nabla p \tag{4-514}$$

或者

$$\frac{\partial \boldsymbol{w}}{\partial t} + \nabla\left(\frac{\boldsymbol{w} \cdot \boldsymbol{w}}{2}\right) - \boldsymbol{w} \times (\nabla \times \boldsymbol{w}) - \omega^2 \boldsymbol{r} + 2\boldsymbol{\omega} \times \boldsymbol{w} = \frac{1}{\rho}\nabla \cdot \boldsymbol{\Pi}' - \frac{1}{\rho}\nabla p \tag{4-515}$$

式中，$\boldsymbol{\omega}$ 为相对转动坐标系的旋转角速度；$\boldsymbol{\Pi}'$ 为黏性应力张量；p 为压强。

注意到

$$\nabla \times \boldsymbol{V} = \nabla \times \boldsymbol{w} + 2\boldsymbol{\omega} \tag{4-516}$$

于是式（4-515）可写为

$$\frac{\partial \boldsymbol{w}}{\partial t} + \nabla\left(\frac{\boldsymbol{w} \cdot \boldsymbol{w}}{2}\right) - \nabla\left(\frac{w^2 r^2}{2}\right) - \boldsymbol{w} \times (\nabla \times \boldsymbol{v}) = \frac{1}{\rho}\nabla \cdot \boldsymbol{\Pi}' - \frac{1}{\rho}\nabla p \tag{4-517}$$

由 Gibbs 恒等式，即

$$T\mathrm{d}s = \mathrm{d}h - \frac{1}{\rho}\mathrm{d}p \tag{4-518}$$

其中 h、s、p、T 分别代表焓、熵、压强、温度。相应地，由式（4-518）又可得到

$$T\,\nabla s = \nabla h - \frac{1}{\rho}\nabla p \tag{4-519}$$

现在定义一个新的热力学函数 I，其表达式为

$$I \equiv h + \frac{\boldsymbol{w}\cdot\boldsymbol{w}}{2} - \frac{\omega^2 r^2}{2} \tag{4-520}$$

这里，I 便称为著名的吴仲华相对滞止转子焓，有时简称为转子焓。借助于式（4-519）、式（4-520），则式（4-517）又可变为

$$\frac{\partial \boldsymbol{w}}{\partial t} - \boldsymbol{w}\times(\nabla\times\boldsymbol{v}) = T\,\nabla S - \nabla I + \frac{1}{\rho}\nabla\cdot\boldsymbol{\Pi}' \tag{4-521}$$

对于定常流，则式（4-521）又可简化为

$$\boldsymbol{w}\times(\nabla\times\boldsymbol{v}) = \nabla I - T\,\nabla S - \frac{1}{\rho}\nabla\cdot\boldsymbol{\Pi}' \tag{4-522}$$

式（4-522）便是吴仲华方程，它是国内外广泛采用的著名方程式。另外，从热力学第一定律又可以很方便地得出相对于转动叶片运动的能量方程为

$$\frac{\mathrm{d}I}{\mathrm{d}t} = \dot{q} + \frac{1}{\rho}\frac{\partial p}{\partial t} + \frac{1}{\rho}\nabla\cdot(\boldsymbol{\Pi}'\cdot\boldsymbol{w}) \tag{4-523}$$

式中，$\dot{q}$ 代表外界对单位质量气体的传热量，通常 $\dot{q}$ 可以表示为

$$\dot{q} = \frac{1}{\rho}\nabla\cdot(\lambda\,\nabla T) \tag{4-524}$$

这里，λ 为热导率。显然，在相对坐标系下，对于定常流动，如果忽略了传热，忽略了气体的黏性，则这时式（4-523）可变为

$$\frac{\mathrm{d}I}{\mathrm{d}t} = 0 \tag{4-525}$$

即在这种情况下，转子焓 $I = \mathrm{const}$。

5. 沿流面的流函数主方程、流面可积性条件以及叶片力

对于 S_1 流面，由连续方程式（4-505）引入流函数 ψ，即满足如下关系：

$$\frac{\bar{\partial}\psi}{\bar{\partial}\varphi} = rb\rho w_z,\quad \frac{\bar{\partial}\psi}{\bar{\partial}z} = -b\rho w_\varphi \tag{4-526}$$

另外，仅考虑定常无黏流动，于是式（4-522）可简化为

$$\boldsymbol{w}\times(\nabla\times\boldsymbol{v}) = \nabla I - T\,\nabla S \tag{4-527}$$

利用式（4-526）以及式（4-527）可以导出 S_1 流面上流函数主方程，其表达式为

$$\left(1-\frac{w_{\varphi}^{2}}{a^{2}}\right)\frac{1}{r^{2}}\frac{\bar{\partial}^{2}\psi}{\bar{\partial}\varphi^{2}}-2\frac{w_{\varphi}w_{z}}{a^{2}}\frac{1}{r}\frac{\bar{\partial}^{2}\psi}{\bar{\partial}\varphi\bar{\partial}z}+\left(1-\frac{w_{z}^{2}}{a^{2}}\right)\frac{\bar{\partial}^{2}\psi}{\bar{\partial}z^{2}}+\frac{N}{r}\frac{\bar{\partial}\psi}{\bar{\partial}\varphi}+M\frac{\bar{\partial}\psi}{\bar{\partial}z}=0 \tag{4-528}$$

这里，M 与 N 项的具体表达式不再给出，感兴趣者可参阅参考文献［45］。

对于 S_2 流面，由连续方程式（4-508），类似地可定义流函数 ψ，满足

$$\frac{\bar{\partial}\psi}{\bar{\partial}r}=rB\rho w_{z},\quad \frac{\bar{\partial}\psi}{\bar{\partial}z}=-rB\rho w_{r} \tag{4-529}$$

类似地可导出 S_2 流面上流函数主方程，其表达式为

$$\left(1-\frac{w_{r}^{2}}{a^{2}}\right)\frac{\bar{\partial}^{2}\psi}{\bar{\partial}r^{2}}-2\frac{w_{r}w_{z}}{a^{2}}\frac{\bar{\partial}^{2}\psi}{\bar{\partial}r\bar{\partial}z}+\left(1-\frac{w_{z}^{2}}{a^{2}}\right)\frac{\bar{\partial}^{2}\psi}{\bar{\partial}z^{2}}+\widetilde{N}\frac{\bar{\partial}\psi}{\bar{\partial}r}+\widetilde{M}\frac{\bar{\partial}\psi}{\bar{\partial}z}=0 \tag{4-530}$$

式中，$\widetilde{N}$ 与 $\widetilde{M}$ 项的具体表达式这里不再给出了。不过，这里还需要对 $\widetilde{N}$ 项中所包含的叶片力 $\boldsymbol{F}$ 作些说明：在 S_2 流面中，叶片力 $\boldsymbol{F}$ 定义为

$$\boldsymbol{F}=-\frac{1}{n_{\varphi}r}\frac{1}{\rho}\frac{\partial p}{\partial\varphi}\boldsymbol{n} \tag{4-531}$$

它满足 S_2 流面的可积性条件，即

$$\boldsymbol{F}\cdot(\nabla\times\boldsymbol{F})=0 \tag{4-532}$$

或者

$$\boldsymbol{F}\cdot\boldsymbol{w}=0 \tag{4-533}$$

也可写为

$$\frac{\bar{\partial}}{\bar{\partial}r}\left(\frac{F_{Z}}{rF_{\varphi}}\right)=\frac{\bar{\partial}}{\bar{\partial}z}\left(\frac{F_{r}}{rF_{\varphi}}\right) \tag{4-534}$$

式中，F_r、F_{φ} 与 F_Z 是 $\boldsymbol{F}$ 的分量，即

$$\boldsymbol{F}=(F_{r},F_{\varphi},F_{Z})^{\mathrm{T}} \tag{4-535}$$

注意，在 S_1 与 S_2 流面理论中，流面的可积性条件十分重要，而且流片厚度与叶片力是流面理论的两大支柱，正是使用它们才建立起两类流面之间的联系、建立起在三维流场中两类流面之间的整体协调关系，对此感兴趣者可参阅参考文献［45］。显然，式（4-528）与式（4-530）都是关于流函数 ψ 的二阶偏微分方程，而且都是非线性的，因此它们的求解需要计算流体力学中的数值方法。

4.8 对一组含转子焓与熵方程组的讨论

吴仲华先生于 1952 年在参考文献［45］中正式系统提出与发表他的三元流理论，建议采用 S_1 与 S_2 两类流面的交叉迭代获取叶轮机械中的复杂三维流场。时至

今日，60 多年过去了，他提出的两类流面的重要思想、S_1 与 S_2 流面交叉迭代的技巧以及沿两类流面分析与处理复杂工程流动问题的方法仍然被广泛地应用。更为重要的是，在叶轮机械（包括压气机、涡轮以及风扇等）气动设计的方案论证阶段，中心 S_2 流面以及任意回转的 S_1 流面在气动设计中一直担当着不可或缺的角色。正如参考文献［48］第 89～92 页所综述的那样，世界各国在进行叶轮机械的气动设计时，尤其是一些国际上的著名航空发动机，如 Spey、RB211、JT3D、JT9D、F404 等的研制与气动设计都普遍采用了吴仲华先生的两类流面理论。学术界对吴先生的贡献给予了高度评价，国际著名科学家、原美国加州大学 Berkeley 分校校长田长霖先生说："吴仲华先生一生对科学的主要贡献有两个，一是创立叶轮机械三元流理论，这已经是举世公认的了；另一是他提出了工程热物理学科……"。另外，国际学术界为表彰与追思这位世界级杰出的科学家，从 1995 年起在每两年举办一届的国际吸气式发动机学术会议（international symposium on air - breathing engines）上专门设立了"吴仲华讲座"。

吴仲华三元流理论（简称"吴氏三元流理论""吴氏三维流动理论"或"吴氏理论"）的基本方程组为[47,20,48]

$$\nabla\cdot(\rho\boldsymbol{w})=0 \tag{4-536}$$

$$\boldsymbol{w}\times(\nabla\times\boldsymbol{v})\approx\nabla I-T\,\nabla S \tag{4-537}$$

$$\frac{\mathrm{d}I}{\mathrm{d}t}\approx 0 \tag{4-538}$$

$$\frac{\mathrm{d}S}{\mathrm{d}t}>0 \tag{4-539}$$

式中，I、S、ρ、T、$\boldsymbol{v}$和 $\boldsymbol{w}$ 分别代表吴仲华相对滞止焓（简称吴仲华转子焓）、熵、气体密度、温度、绝对速度和相对速度。在定常流动的假设下，与式（4-536）～式（4. 539）相对应的在严格意义下相对坐标系中的方程有如下四个，即

$$\nabla\cdot(\rho\boldsymbol{w})=0 \tag{4-540}$$

$$\boldsymbol{w}\times(\nabla\times\boldsymbol{v})=\nabla I-T\,\nabla S-\frac{1}{\rho}\nabla\cdot\boldsymbol{\Pi} \tag{4-541}$$

$$\frac{\mathrm{d}I}{\mathrm{d}t}=\frac{1}{\rho}\nabla\cdot(\boldsymbol{\Pi}\cdot\boldsymbol{w})+\dot{q} \tag{4-542}$$

$$T\frac{\mathrm{d}S}{\mathrm{d}t}=\dot{q}+\frac{\Phi}{\rho} \tag{4-543}$$

式中，$\boldsymbol{\Pi}$、$\dot{q}$ 与 Φ 分别表示气体的黏性应力张量、传热率与耗散函数。比较式（4-536）～式（4-539）与式（4-540）～式（4-543）可以发现，在吴先生给出的动量方程中省略了$\left(-\frac{1}{\rho}\nabla\cdot\boldsymbol{\Pi}\right)$项，在能量方程中省略了$\left(\dot{q}+\frac{1}{\rho}\nabla\cdot(\boldsymbol{\Pi}\cdot\boldsymbol{w})\right)$项，吴先生认为黏性力的作用与黏性力做功都可以反映到流体熵增的变化。在叶轮机械试验测量中，流动损失是容易测得的，而且又不难得到这一损失与熵增的变化关

系，因此在式（4-536）~式（4-539）中所省略的项在一定程度上可以用相应熵增值的变化来代替。毫无疑问，吴先生给出的这种近似与简化是恰当的、合理的。遵照上述观点，吴仲华先生给出的式（4-536）~式（4-539）明显的不同于叶轮机械的一般无黏流动方程组。另外，还有一点必须要指出：在研究三维流动时，式（4-540）~式（4-543）中所包含的6个标量，仅有5个独立。事实上只要将式（4-541）两边点乘 $\boldsymbol{w}$ 并注意补充上非定常项，便有

$$\boldsymbol{w}\cdot\frac{\partial \boldsymbol{w}}{\partial t}=-\boldsymbol{w}\cdot\nabla I+\boldsymbol{w}\cdot(T\nabla S)+\frac{1}{\rho}\boldsymbol{w}\cdot(\nabla\cdot\boldsymbol{\Pi}) \tag{4-544}$$

注意到热力学 Gibbs 关系和转子焓定义，有

$$\frac{\partial h}{\partial t}-\frac{1}{\rho}\frac{\partial p}{\partial t}=T\frac{\partial S}{\partial t} \tag{4-545}$$

$$\frac{\partial I}{\partial t}+\boldsymbol{w}\cdot\nabla I=\frac{\partial h}{\partial t}+\boldsymbol{w}\cdot\frac{\partial w}{\partial t}+\boldsymbol{w}\cdot\nabla I \tag{4-546}$$

式中，h 为气体的静焓。将式（4-544）~式（4-546）中三个式子相加便得到式（4-542）。

“吴氏理论”的核心思想是：首先引入沿流面的导数、流片厚度以及流面之间的作用力（简称叶片力）这三个重要概念，将复杂的三维流动问题分解为广义二维意义下沿 S_1 与 S_2 两类流面上的流动，其中两类流面的交线就是相对流线。吴仲华先生发现：沿相对流线运动时，略去黏性与传热的影响，转子焓不变，这使得能量方程变得十分简洁；而后，吴先生引入流面上流函数的概念，获得了在两类流面上气体流动时流函数主方程[45]。为了便于工程计算，20世纪50年代初，吴先生提出了任意回转 S_1 流面和中心 S_2 流面的重要概念，这是“吴氏理论”走向工程计算所采取的非常重要的措施，这一简化很快在国际工程界和工业设计部门中被广泛采纳。参考文献［171］详细给出了流面导数、流片厚度、叶片力等重要概念的定义式与表达式，给出了用沿流面导数表达的 S_1 流面的流函数主方程与 S_2 流面的流函数主方程的表达式，这里因篇幅所限不再给出。为了使两类流面上的流函数主方程的表达式更具有通用性，20世纪60年代中期吴仲华先生引入了非正交曲线坐标系，引进了曲线坐标系下相对速度的物理分量，发展了应用任意非正交曲线坐标系的叶轮机械三元流理论[20]，这就为三元流场计算的源程序编写奠定了坚实的理论基础[47,21,22]。吴文权、刘翠娥、朱荣国、陈乃兴、刘高联、曹孝瑾、葛满初、陈静宜、刘殿魁、凌志光、邹滋祥、吴帮贤、汪庆桓、蔡睿贤、徐建中、卢文强等同志在吴仲华先生的直接率领下，中国科学院工程热物理研究所的强大科研团队，编制出一批用于求解 S_1 流面与 S_2 流面的正问题和反问题源程序，其中包括无黏流与黏性流动两大类型。那时，在与英国帝国工学院 D. B. Spalding 教授本人的交流中发现，我国吴仲华先生所率领的中国科学院团队所编制的流场计算源程序的精度要比 Spalding 教授所率领的英国团队高。为了便于两类流面间的交叉迭代，得到精度

较高的三维流场收敛解，吴先生又提出了任意翘曲的 S_1 流面与多个翘曲的 S_2 流面的重要概念，提出了采用多个 S_1 流面与多个 S_2 流面之间交叉迭代的计算方法[47]，他亲自率领华耀南、王保国、朱根兴、赵晓路、王正明、蒋洪德、陈宏冀、秦立森、张家麟、吕盘明、俞大帮、孙春林、乔宗淮、吴忆峰等由中国科学院研究生院首届（1978 届）和 1979 届研究生们组成的青年团队编制大型跨声速三维流场计算的叶轮机械气动设计源程序，与此同时也激励了中国科学院计算所、清华大学、北京航空航天大学、哈尔滨工业大学、复旦大学、中国科技大学、西北工业大学、西安交通大学、航空部 606 所、上海汽轮机厂、上海机械学院等单位从事流场计算的研究人员与教授们率领各自的团队动手编制流场计算源程序的热潮。国内外大量数值计算的实践表明，吴仲华先生给出的计算方法物理概念清晰，计算简便易行。正是基于这个原因，“吴氏理论” 至今仍然广泛地用在先进的航空发动机以及燃气轮机的气动设计中。

4.9　三维空间中两类流面的流函数主方程及拟流函数

1. 标量函数法

令 ψ_1 和 ψ_2 是两个辅助函数，（x^1，x^2，x^3）代表某一个曲线坐标系，并且令

$$\psi_1 = \psi_1(x^1, x^2, x^3) \tag{4-547}$$

$$\psi_2 = \psi_2(x^1, x^2, x^3) \tag{4-548}$$

即 ψ_1 与 ψ_2 分别为 x^1、x^2、x^3 的函数。令 $\boldsymbol{w}$ 仍代表相对速度，并且有

$$\rho \boldsymbol{w} = (\nabla\psi_1) \times (\nabla\psi_2) \tag{4-549}$$

于是容易推出

$$w^1 = \frac{1}{\rho\sqrt{g}} \frac{\partial(\psi_1, \psi_2)}{\partial(x^2, x^3)} \tag{4-550}$$

$$w^2 = \frac{1}{\rho\sqrt{g}} \frac{\partial(\psi_1, \psi_2)}{\partial(x^3, x^1)} \tag{4-551}$$

$$w^3 = \frac{1}{\rho\sqrt{g}} \frac{\partial(\psi_1, \psi_2)}{\partial(x^1, x^2)} \tag{4-552}$$

$$w_\beta = g_{\beta k} \frac{1}{\rho} \epsilon^{ijk} \frac{\partial\psi_1}{\partial x^i} \frac{\partial\psi_2}{\partial x^j} \tag{4-553}$$

式中，w^1、w^2、w^3 为速度 $\boldsymbol{w}$ 在曲线坐标系（x^1，x^2，x^3）中的逆变分量；w_β 为 $\boldsymbol{w}$ 的协变分量；$\boldsymbol{\epsilon}^{ijk}$ 为 Eddington 张量；ψ_1 与 ψ_2 为曲线坐标系（x^1，x^2，x^3）下的辅助函数，这种获取辅助函数 ψ_1 与 ψ_2 的方法常称作标量函数法。下面给出三个特例：

1）将式（4-550）~式（4-553）在圆柱坐标系下进行展开，便得到参考文献

[176] 给出的形式。

2）将式（4-550）~式（4-553）在直角坐标系下进行展开，便得到参考文献[177] 给出的形式。

3）传统的流函数方法可以看作是上述标量函数法的特殊情况。事实上，如果取

$$\psi_1 = \psi_1(x^1, x^2, x^3) \tag{4-554}$$

$$\psi_2 = \psi_2(x^3) = \text{const} \tag{4-555}$$

并且令 $w^3 = 0$ 时，则式（4-549）变为

$$\rho \boldsymbol{w} = \frac{1}{\sqrt{g}}\left(\frac{\partial \psi_1}{\partial x^2}\boldsymbol{e}_1 - \frac{\partial \psi_1}{\partial x^1}\boldsymbol{e}_2\right)\frac{\partial \psi_2}{\partial x^3} \tag{4-556}$$

如果取

$$\frac{1}{\tilde{\tau}} = |\nabla \psi_2| = \frac{\partial \psi_2}{\partial x^3} \tag{4-557}$$

于是式（4-550）与式（4-551）便退化为

$$w^1 = \frac{1}{\tilde{\tau}\rho\sqrt{g}}\frac{\partial \psi_1}{\partial x^2} \tag{4-558}$$

$$w^2 = \frac{-1}{\tilde{\tau}\rho\sqrt{g}}\frac{\partial \psi_1}{\partial x^1} \tag{4-559}$$

对于定常、无黏、等角速度 $\boldsymbol{\omega}$ 旋转下的 Crocco 型理想气体动量方程为

$$\begin{vmatrix} \boldsymbol{e}^1 & \boldsymbol{e}^2 & \boldsymbol{e}^3 \\ w^1 & w^2 & w^3 \\ \dfrac{\partial w_3}{\partial x^2} - \dfrac{\partial w_2}{\partial x^3} & \dfrac{\partial w_1}{\partial x^3} - \dfrac{\partial w_3}{\partial x^1} & \dfrac{\partial w_2}{\partial x^1} - \dfrac{\partial w_1}{\partial x^2} \end{vmatrix} = (\nabla I - T\nabla S) + 2\boldsymbol{\omega} \times \boldsymbol{w} \tag{4-560}$$

这时沿 $\boldsymbol{e}^2$ 方向上 ψ_1 的方程可由式（4-560）得到，其表达式为

$$\frac{\partial}{\partial x^\alpha}\left(\frac{\sqrt{g}}{\tilde{\tau}\rho}g^{\alpha\beta}\frac{\partial \psi_1}{\partial x^\beta}\right) = (2\sqrt{g})\omega^3 + \frac{1}{w^1}\left(\frac{\partial I}{\partial x^2} - T\frac{\partial S}{\partial x^2}\right) \tag{4-561}$$

显然，如果省略了式（4-561）中 ψ_1 的下角标“1”，便得到我们熟知的 S_1 流面弱守恒型流函数主方程[29]。这里，$\tilde{\tau}$ 为流片厚度。

2. 矢量函数法

令（x^1，x^2，x^3）为曲线坐标系，$\boldsymbol{w}$ 代表流体的相对速度，w_i 为在（x^1，x^2，x^3）曲线坐标系上的协变分速度。引入矢量函数 $\boldsymbol{f}$ 并用 f_i 表示 $\boldsymbol{f}$ 在曲线坐标系（x^1，x^2，x^3）上的协变分量，而且 $\boldsymbol{f}$ 满足

$$\rho \boldsymbol{w} = \nabla \times \boldsymbol{f} \tag{4-562}$$

于是便有

$$w^1=\frac{1}{\rho\sqrt{g}}\left(\frac{\partial f_3}{\partial x^2}-\frac{\partial f_2}{\partial x^3}\right)\tag{4-563}$$

$$w^2=\frac{1}{\rho\sqrt{g}}\left(\frac{\partial f_1}{\partial x^3}-\frac{\partial f_3}{\partial x^1}\right)\tag{4-564}$$

$$w^3=\frac{1}{\rho\sqrt{g}}\left(\frac{\partial f_2}{\partial x^1}-\frac{\partial f_1}{\partial x^2}\right)\tag{4-565}$$

$$w_\beta=\frac{1}{\rho}g_{\beta k}\epsilon^{ijk}\frac{\partial f_j}{\partial x^i}\tag{4-566}$$

式中，符号 ϵ^{ijk} 与 $g_{\beta k}$ 的含义同式（4-553）。将式（4-562）~式（4-566）代入到式（4-560）后便得到关于 f_1、f_2 和 f_3 的方程组。与上面标量函数法的处理类似，这里仅列举关于上述 f_1、f_2 和 f_3 的方程组的一个特例：如果取 $f_1=0$，并且在满足式（4-562）的条件下，令这时的 f_2 和 f_3 分别记为 $\widetilde{f}_2$ 和 $\widetilde{f}_3$，于是式（4-563）~式（4-566）便退化为

$$w^1=\frac{1}{\rho\sqrt{g}}\left(\frac{\partial \widetilde{f}_3}{\partial x^2}-\frac{\partial \widetilde{f}_2}{\partial x^3}\right)\tag{4-567}$$

$$w^2=\frac{1}{\rho\sqrt{g}}\left(-\frac{\partial \widetilde{f}_3}{\partial x^1}\right)\tag{4-568}$$

$$w^3=\frac{1}{\rho\sqrt{g}}\left(\frac{\partial \widetilde{f}_2}{\partial x^1}\right)\tag{4-569}$$

$$w_\beta=\frac{1}{\rho\sqrt{g}}\left[g_{1\beta}\left(\frac{\partial \widetilde{f}_3}{\partial x^2}-\frac{\partial \widetilde{f}_2}{\partial x^3}\right)-g_{2\beta}\frac{\partial \widetilde{f}_3}{\partial x^1}+g_{3\beta}\frac{\partial \widetilde{f}_2}{\partial x^1}\right]\tag{4-570}$$

将式（4-567）~式（4-570）代入到式（4-560）后并注意使用

$$\boldsymbol{e}_i=g_{ij}\boldsymbol{e}^j\tag{4-571}$$

便可以得到沿 $\boldsymbol{e}_1$、$\boldsymbol{e}_2$ 和 $\boldsymbol{e}_3$ 方向上的动量方程：

$$\begin{aligned}&\epsilon^{\beta\alpha m}w_\beta g_{k\alpha}\epsilon^{ijk}\frac{\partial}{\partial x^i}\left\{\frac{1}{\rho\sqrt{g}}\left[g_{1j}\left(\frac{\partial \widetilde{f}_3}{\partial x^2}-\frac{\partial \widetilde{f}_2}{\partial x^3}\right)-g_{2j}\frac{\partial \widetilde{f}_3}{\partial x^1}+g_{3j}\frac{\partial \widetilde{f}_2}{\partial x^1}\right]\right\}\\&=\left[g^{im}\left(\frac{\partial I}{\partial x^i}-T\frac{\partial S}{\partial x^i}\right)+2\omega_i w_j\epsilon^{ijm}\right]\qquad m=1,2,3\end{aligned}\tag{4-572}$$

这里，式（4-572）就是关于 $\widetilde{f}_2$ 和 $\widetilde{f}_3$ 的通用方程组。应指出，在参考文献［178］中又将式（4-567）~式（4-570）所定义的 $\widetilde{f}_2$ 和 $\widetilde{f}_3$ 称作拟流函数（streamlike function）。

第5章 叶轮机械中的两类流面迭代和三维直接解法

5.1 叶轮机械气动计算与设计的发展进程

从流体力学宏观的角度来讲，叶轮机械气动计算大体上经历了六个发展阶段（见图5-1）：第一阶段是一元流，其中包括一元不可压缩流和一元可压缩流，另外也包括广义一元流；第二阶段是二元流，其中包括不可压缩平面流和可压缩平面流；第三阶段包括吴仲华先生创立的S_1流面与S_2流面理论以及由外流机翼理论引入到叶栅流问题的面元法；第四阶段是吴仲华先生创立的三元流理论和两类流面交叉迭代。对于流面迭代，应包括吴仲华先生20世纪50年代提出的多个回转S_1流面和一个中心S_2流面构成的准三元迭代以及吴仲华先生20世纪70年代间提出的多个翘曲S_1流面和多个S_2流面间构成的完全三元迭代；第五阶段是三维定常流的Euler或者N－S方程的直接解法；第六阶段是非定常、可压缩、湍流的数值求解方法。毫无疑问，吴仲华先生在上述六个阶段的前四个阶段，尤其是在第三阶段与第四阶段上做出了重大贡献。

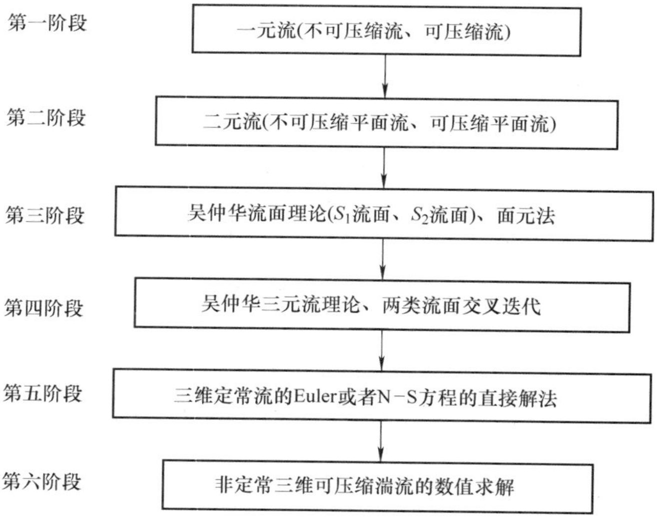

图5-1　叶轮机械气动计算发展的六个阶段

以航空发动机为例，发动机的气动设计经历了四个发展阶段（见图5-2）：第一阶段为一元流设计，在通常航空发动机书中多讲述这类设计方法；第二阶段为广义二元流设计和准三元设计，例如吴仲华先生提出的多个S_1流面与一个中心S_2流面构筑三维流场的设计思想就属于这一类；第三阶段为定常三维设计，例如吴仲华先生提出的多个翘曲S_1流面和多个S_2流面构筑三维流场的设计思想就属于这一类；第四阶段为非定常、三维精细设计，这正是目前工程热物理界和航空发动机设计人员主攻的方向与课题。

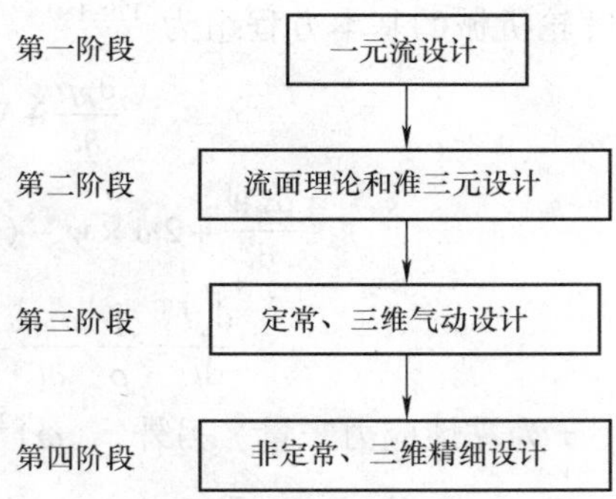

图 5-2　航空发动机气动设计发展的四个阶段

5.2　S_1流面的基本方程及跨声流函数方程的数值解

本节仅讨论气体沿着翘曲 S_1 流面（广义二维流面）的跨声速流动问题，其中平面叶栅流和绕任意回转面的流动问题为其特例，令相对曲线坐标系（x^1，x^2）取在所研究的流面上，并且选取拟流线方向为 x^1 坐标（见图 5-3），x^3 坐标垂直于该流面，而且通常选取任意非正交曲线坐标系（x^1，x^2，x^3）构成右手系。由于等 x^3 面为流面，因此速度矢量 $\boldsymbol{w}$ 必然同此流面相切，于是有

$$w^3 \equiv 0 \tag{5-1}$$

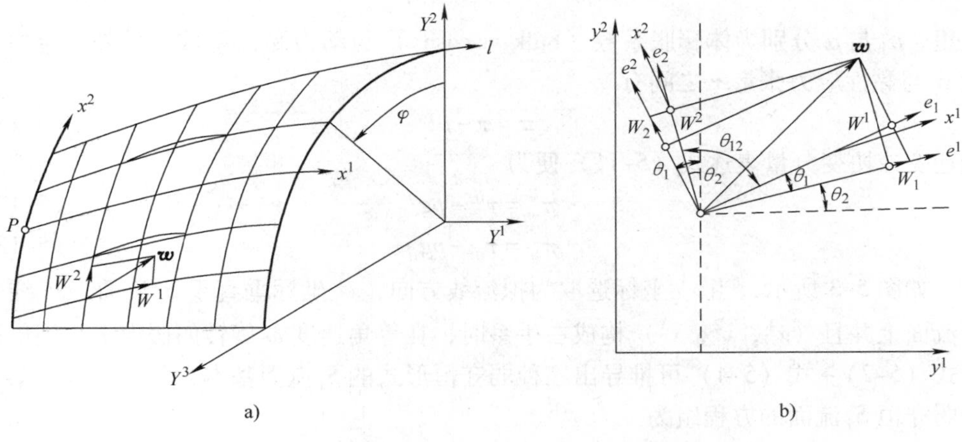

图 5-3　翘曲 S_1 相对流面以及张在流面上的曲线坐标

a）张在 S_1 流面上的任意曲线坐标系　b）速度的物理分量

5.2.1　三种形式的 S_1 流面基本方程组

假定流体是可压缩的完全气体，服从 Clapeyron 状态方程。因此，在等 ω 旋转

下，叶轮机械的基本方程组为[179,180]

$$\frac{\partial_R \rho}{\partial t} + \nabla \cdot (\rho \boldsymbol{w}) = 0 \tag{5-2}$$

$$\frac{\mathrm{d}_R \boldsymbol{w}}{\mathrm{d}t} + 2\omega \times \boldsymbol{w} - (\omega)^2 \boldsymbol{r} = \frac{1}{\rho}\nabla \cdot \boldsymbol{\tau} - \frac{1}{\rho}\nabla p \tag{5-3}$$

$$\frac{\mathrm{d}_a I}{\mathrm{d}t} = \frac{1}{\rho}\frac{\partial_R p}{\partial t} + \dot{q} + \frac{1}{\rho}\nabla \cdot (\boldsymbol{\tau} \cdot \boldsymbol{w}) \tag{5-4}$$

式中，$\boldsymbol{\tau}$ 为黏性应力张量。另外，$(\omega)^2\boldsymbol{r}$ 以及 $\dot{q}$ 和 p 还有如下关系式：

$$(\omega)^2 \boldsymbol{r} = \nabla \frac{(\omega r)^2}{2} \tag{5-5}$$

$$\rho \dot{q} = \nabla \cdot (\lambda \nabla T) \tag{5-6}$$

$$p = \frac{k-1}{k}\left[\tilde{I} - \frac{1}{2}\rho(w)^2 + \frac{1}{2}\rho(\omega r)^2\right] \tag{5-7}$$

这里，$\tilde{I}$为单位体积的气体所具有的转子焓，即

$$\tilde{I} = \rho I \tag{5-8}$$

如果用 $\boldsymbol{\pi}$ 与 $\boldsymbol{D}$ 分别代表应力张量与变形速率张量，则有

$$\boldsymbol{D} = \frac{1}{2}[\nabla \boldsymbol{v} + (\nabla \boldsymbol{v})_{\mathrm{c}}] \tag{5-9}$$

$$\boldsymbol{\pi} = -p\boldsymbol{I} + 2\mu \boldsymbol{D} + (\mu_{\mathrm{b}} - \frac{2}{3}\mu)(\nabla \cdot \boldsymbol{v})\boldsymbol{I} \tag{5-10}$$

这里，μ_{b}与 μ 分别为体膨胀系数（bulk viscosity）与动力黏性系数。另外，应力张量 $\boldsymbol{\pi}$ 与黏性应力张量 $\boldsymbol{\tau}$ 之间有

$$\boldsymbol{\pi} = \boldsymbol{\tau} - p\boldsymbol{I} \tag{5-11}$$

用逆变或协变分量表达式（5-11）便为

$$\pi^{ij} = \tau^{ij} - pg^{ij} \tag{5-12}$$

$$\pi_{ij} = \tau_{ij} - pg_{ij} \tag{5-13}$$

如图 5-3 所示，当 x^1 坐标选取为拟流线方向，x^3 坐标垂直于 S_1 流面，x^2 线位于流面上并且（x^1，x^2，x^3）构成右手系时，在等角速度 ω 旋转的假设下，则借助于式（5-2）~式（5-4）可推导出三种弱守恒形式的 S_1 流面基本方程组，其中第一种弱守恒 S_1 流面的方程组为

$$\frac{\partial}{\partial t}\begin{pmatrix} \rho \\ \rho w^1 \\ \rho w^2 \\ \tilde{I} \end{pmatrix} + \nabla_i \begin{pmatrix} \rho w^i \\ \rho w^1 w^i - \tau^{1i} \\ \rho w^2 w^i - \tau^{2i} \\ \tilde{I} w^i \end{pmatrix} + \frac{\partial}{\partial x^i}\begin{pmatrix} 0 \\ pg^{1i} \\ pg^{2i} \\ 0 \end{pmatrix} = \begin{pmatrix} 0 \\ \hat{\beta}_1 \\ \hat{\beta}_2 \\ \hat{\beta}_3 \end{pmatrix} \tag{5-14}$$

式中，∇_i代表协变导数；w^i 代表相对速度 $\boldsymbol{w}$ 的逆变分量（$i=1$，2）；τ^{1i} 与 τ^{2i} 为黏性应力张量 $\boldsymbol{\tau}$ 的逆变分量；在式（5-14）中，符号$\hat{\beta}_1$、$\hat{\beta}_2$和$\hat{\beta}_3$不是张量，它们的含

义已在参考文献［173］中给出。另外，在式（5-14）中，$\widetilde{I}$ 与转子焓 I 有如下关系：

$$\widetilde{I}=\rho I \tag{5-15}$$

这里，$\widetilde{I}$ 代表单位体积的气体所具有的转子焓。如果将式（5-14）展开并且适当合并，则有

$$\frac{\partial}{\partial t}\begin{pmatrix}\rho\\ \rho w^1\\ \rho w^2\\ \widetilde{I}\end{pmatrix}+\frac{\partial}{\partial x^1}\begin{pmatrix}\rho w^1\\ \rho w^1 w^1+pg^{11}\\ \rho w^2 w^1+pg^{12}\\ \widetilde{I}w^1\end{pmatrix}+\frac{\partial}{\partial x^2}\begin{pmatrix}\rho w^2\\ \rho w^1 w^2+pg^{12}\\ \rho w^2 w^2+pg^{22}\\ \widetilde{I}w^2\end{pmatrix}=\nabla_i\begin{pmatrix}0\\ \tau^{1i}\\ \tau^{2i}\\ 0\end{pmatrix}+\begin{pmatrix}0\\ \hat{\beta}_1\\ \hat{\beta}_2\\ \hat{\beta}_3\end{pmatrix}-\begin{pmatrix}\gamma_1\\ \gamma_2\\ \gamma_3\\ \gamma_4\end{pmatrix} \tag{5-16}$$

式中，符号γ_1、γ_2、γ_3、γ_4的定义已在参考文献［173］中给出。

第二种弱守恒 S_1 流面的方程组为

$$\frac{\partial}{\partial t}\left\{\sqrt{g}\begin{pmatrix}\rho\\ \rho w_1\\ \rho w_2\\ \widetilde{I}\end{pmatrix}\right\}+\frac{\partial}{\partial x^i}\left\{\sqrt{g}\begin{pmatrix}\rho w^i\\ \rho w_1 w^i\\ \rho w_2 w^i\\ \widetilde{I}w^i\end{pmatrix}\right\}+\frac{\partial}{\partial x^1}\begin{pmatrix}0\\ \sqrt{g}p\\ 0\\ 0\end{pmatrix}+\frac{\partial}{\partial x^2}\begin{pmatrix}0\\ 0\\ \sqrt{g}p\\ 0\end{pmatrix}=\begin{pmatrix}\rho\frac{\partial}{\partial t}\sqrt{g}\\ d_1\\ d_2\\ d_3\end{pmatrix} \tag{5-17}$$

式中，w_1 和 w_2 分别为相对速度 $\boldsymbol{w}$ 的协变分量；标记 d_1、d_2 和 d_3 的定义已在参考文献［173］中给出。令 y^1、y^2、y^3 为直角笛卡儿坐标系；而（x^1，x^2，x^3）为曲线坐标系，其基矢量为 $\boldsymbol{e}_1$、$\boldsymbol{e}_2$ 和 $\boldsymbol{e}_3$，于是

$$\sqrt{g}=\boldsymbol{e}_i\cdot(\boldsymbol{e}_j\times\boldsymbol{e}_k)=\frac{\partial(y^1,y^2,y^3)}{\partial(x^1,x^2,x^3)} \tag{5-18}$$

分析第二种弱守恒 S_1 流面的基本方程组式（5-17）可知，式中引入了相对速度的协变分量 w_1 和 w_2，并且黏性项全部放到了等号的右侧。

第三种弱守恒 S_1 流面的主方程为

$$\frac{\partial}{\partial t}\begin{pmatrix}\rho\\ \rho w^1\\ \rho w^2\\ e\end{pmatrix}+\frac{\partial}{\partial x^1}\begin{pmatrix}\rho w^1\\ \rho w^1 w^1+pg^{11}\\ \rho w^1 w^2+pg^{12}\\ (e+p)w^1\end{pmatrix}+\frac{\partial}{\partial x^2}\begin{pmatrix}\rho w^2\\ \rho w^1 w^2+pg^{12}\\ \rho w^2 w^2+pg^{22}\\ (e+p)w^2\end{pmatrix}=\nabla_i\begin{pmatrix}0\\ \tau^{1i}\\ \tau^{2i}\\ \tau^{ij}w_j+\lambda g^{ij}\frac{\partial T}{\partial x^j}\end{pmatrix}+\begin{pmatrix}-\gamma_1\\ -\gamma_2+f^1+p\frac{\partial g^{1i}}{\partial x^i}\\ -\gamma_3+f^2+p\frac{\partial g^{2i}}{\partial x^i}\\ -(e+p)w^j\Gamma^i_{ij}+b\end{pmatrix} \tag{5-19}$$

式中，e 代表单位体积气体所具有的广义内能；τ^{1i}和 τ^{2i}为黏性应力张量 $\boldsymbol{\tau}$ 的逆变分量；Γ^i_{ij}为第二类 Christoffel 符号；记号 γ_1、γ_2和 γ_3的定义同式（5-16）；符号 b 的含义已在参考文献［173］中给出。而f^1和f^2的定义也在参考文献［173］中给出。

5.2.2 沿流面的两种典型流函数主方程

在 S_1 流面的气动分析中，除了使用式（5-16）、式（5-17）和式（5-19）之外，更多习惯于采用沿 S_1 流面的流函数主方程。借助于标量函数法，有[170]

$$\rho \boldsymbol{w} = (\nabla \psi_1) \times (\nabla \psi_2) \tag{5-20}$$

如果取 $\psi_1 = \psi_1(x^1, x^2, x^3)$，$\psi_2 = \psi_2(x^3) =$ 常数；令 $w^3 = 0$，则由式（5-20），得

$$\rho \boldsymbol{w} = \frac{1}{\sqrt{g}}\left(\frac{\partial \psi_1}{\partial x^2}\boldsymbol{e}_1 - \frac{\partial \psi_1}{\partial x^1}\boldsymbol{e}_2\right)\frac{\partial \psi_2}{\partial x^3} \tag{5-21}$$

如果取

$$\frac{1}{\tilde{\tau}} = |\nabla \psi_2| = \frac{\partial \psi_2}{\partial x^3} \tag{5-22}$$

这里，$\tilde{\tau}$ 为流片厚度，于是，由式（5-21），得

$$\left.\begin{aligned} w^1 &= \frac{1}{\tilde{\tau}\rho\sqrt{g}}\frac{\partial \psi_1}{\partial x^2} \\ w^2 &= \frac{-1}{\tilde{\tau}\rho\sqrt{g}}\frac{\partial \psi_1}{\partial x^1} \end{aligned}\right\} \tag{5-23}$$

又由 Crocco 型的运动方程：

$$\frac{\partial \boldsymbol{w}}{\partial t} - \boldsymbol{w} \times (\nabla \times \boldsymbol{w}) = -\nabla I + T\nabla S - 2\boldsymbol{\omega} \times \boldsymbol{w} + \frac{1}{\rho}\nabla \cdot \boldsymbol{\tau} \tag{5-24}$$

对于定常、有黏流，则式（5-24）变为

$$-\begin{vmatrix} \boldsymbol{e}^1 & \boldsymbol{e}^2 & \boldsymbol{e}^3 \\ w^1 & w^2 & w^3 \\ \dfrac{\partial w_3}{\partial x^2} - \dfrac{\partial w_2}{\partial x^3}, & \dfrac{\partial w_1}{\partial x^3} - \dfrac{\partial w_3}{\partial x^1}, & \dfrac{\partial w_2}{\partial x^1} - \dfrac{\partial w_1}{\partial x^2} \end{vmatrix} = -\boldsymbol{e}^i\frac{\partial I}{\partial x^i} + \boldsymbol{e}^i T\frac{\partial S}{\partial x^i} - 2\sqrt{g}\begin{vmatrix} \boldsymbol{e}^1 \boldsymbol{e}^2 \boldsymbol{e}^3 \\ \omega^1 \omega^2 \omega^3 \\ w^1 w^2 w^3 \end{vmatrix} + \boldsymbol{e}^i\frac{g_{ik}}{\rho}\nabla_j \boldsymbol{\tau}^{jk} \tag{5-25}$$

注意到 $w^3 = 0$，并将式（5-25）两边分别点乘 $\boldsymbol{e}_2$，于是便得到沿 $\boldsymbol{e}^2$ 方向定常、黏流的运动方程：

$$w^1\left(\frac{\partial w_2}{\partial x^1} - \frac{\partial w_1}{\partial x^2}\right) + 2\sqrt{g}\omega^3 w^1 = -\frac{\partial I}{\partial x^2} + T\frac{\partial S}{\partial x^2} + \frac{g_{2k}}{\rho}\nabla_j \boldsymbol{\tau}^{jk} \tag{5-26}$$

借助于流函数的定义式（5-23），并注意省略 ψ_1 的下角标，于是式（5-26）可变为

$$\frac{\partial}{\partial x^i}\left(\frac{\sqrt{g}}{\tilde{\tau}\rho}g^{ij}\frac{\partial \psi}{\partial x^j}\right) = 2\sqrt{g}\omega^3 + \frac{1}{w^1}\left(\frac{\partial I}{\partial x^2} - T\frac{\partial S}{\partial x^2}\right) - \frac{g_{2k}}{w^1\rho}\nabla_j \boldsymbol{\tau}^{jk} \tag{5-27}$$

式中，$\boldsymbol{\tau}^{jk}$ 为黏性应力张量的逆变分量；i、j、$k = 1 \sim 2$；如果仅考虑无黏、定常流，式（5-27）可变为

$$\frac{\partial}{\partial x^1}\left\{\frac{\sqrt{g}}{\widetilde{\tau}\rho}\left(g^{11}\frac{\partial\psi}{\partial x^1}+g^{12}\frac{\partial\psi}{\partial x^2}\right)\right\}+\frac{\partial}{\partial x^2}\left\{\frac{\sqrt{g}}{\widetilde{\tau}\rho}\left(g^{21}\frac{\partial\psi}{\partial x^1}+g^{22}\frac{\partial\psi}{\partial x^2}\right)\right\}=2\sqrt{g}\omega^3+\frac{1}{w^1}\left(\frac{\partial I}{\partial x^2}-T\frac{\partial S}{\partial x^2}\right) \tag{5-28}$$

式中，w^1为相对速度 $\boldsymbol{w}$ 沿 x^1坐标方向上的逆变分量；式（5-28）就是无黏、定常 S_1流面的流函数主方程的一种弱守恒形式。

流函数主方程，也可以整理为非守恒形式。常见的也有两种：一种见参考文献［29］，另一种是

$$c_1\frac{\partial^2\psi}{\partial(x^1)^2}+c_2\frac{\partial^2\psi}{\partial x^1\partial x^2}+c_3\frac{\partial^2\psi}{\partial(x^2)^2}=c_4 \tag{5-29}$$

式中，c_1、c_2、c_3和 c_4的定义见参考文献［29］。式（5-29）就是本节所讲的针对无黏、定常 S_1流面而言，流函数主方程，它是一种非守恒形式。这种形式的流函数主方程对于偏微分方程的判型更为直观、方便。借助于特征理论，式（5-29）的判别式为

$$(c_2)^2-4c_1c_3=4(a)^2[(w)^2-(a)^2]\sin^2\theta_{12} \tag{5-30}$$

式中，符号 θ_{12}代表的含义已在参考文献［170］中给出；a 为当地声速。由式（5-30）可知，当 $w>a$ 时，方程式（5-29）属于双曲线型；而当 $w<a$ 时，则式（5-29）属于椭圆型方程；而跨声速流动时，流函数主方程式（5-29）属于混合型方程。

5.2.3　密度函数及“密度双值”问题

令$\widetilde{Q}$为流片密度流量，即

$$\widetilde{Q}=\widetilde{\tau}\rho w\equiv\sqrt{g^{ij}\frac{\partial\psi}{\partial x^i}\frac{\partial\psi}{\partial x^j}} \tag{5-31}$$

对于理想气体，利用热力学基础关系式和流函数的概念，很容易推出 ρ 与 Ma 和$\widetilde{Q}$的下列关系式：

$$\frac{\mathrm{d}(\ln\rho)}{\mathrm{d}(\ln\widetilde{Q})}=\frac{Ma^2}{Ma^2-1} \tag{5-32}$$

式中，Ma 为马赫数，即 $Ma=w/a$。由式（5-32）可得到下面两点结论：

1）对亚声速定常流动，则 ρ 是$\widetilde{Q}$的单调函数。

2）对超声速定常流动，则 ρ 也是$\widetilde{Q}$的单调函数。

如果考虑熵增，则密度 ρ 与速度 w（或者密度流量 ρw）间的关系为[180]

$$\rho/\rho_i=\left\{\left[I+\frac{1}{2}(\omega r)^2-\frac{1}{2}\frac{(\rho w)^2}{\rho^2}\right]/h_i\right\}^{1/(k-1)}e^{-\Delta S/R} \tag{5-33}$$

式中，$\Delta S\equiv S-S_i$；如果整理为 $\boldsymbol{\Sigma}-\boldsymbol{\Phi}$ 的形式，$\boldsymbol{\Sigma}$ 与 $\boldsymbol{\Phi}$ 的含义见文献［170］，则式（5-33）变为

$$\Sigma^2=\left(1-\frac{\Phi}{\Sigma^2}\right)^{\frac{2}{k-1}} \tag{5-34}$$

这里，Σ 与 Φ 分别为 ρ 与 ρw 的函数，而 w 可由式（5-35）决定：

$$(w)^2 = \frac{1}{(\tilde{\tau}\rho\sin\theta_{12})^2}\left[\left(\frac{1}{\sqrt{g_{11}}}\frac{\partial\psi}{\partial x^1}\right)^2 + \left(\frac{1}{\sqrt{g_{22}}}\frac{\partial\psi}{\partial x^2}\right)^2 - 2\frac{\cos\theta_{12}}{\sqrt{g_{11}g_{22}}}\frac{\partial\psi}{\partial x^1}\frac{\partial\psi}{\partial x^2}\right] \tag{5-35}$$

图 5-4 所示为 $\Sigma-\Phi$ 的典型曲线：该曲线的上分支对应于亚声速流动，下分支对应于超声速流动。显然在跨声速流动时，任给定一个 Φ（它是 ρw 的函数）总有两个 Σ 值（它是 ρ 的函数）出现，其中一个对应于亚声速流动，另一个对应于超声速流动。这是传统流函数法求解跨声速流动问题时必然会遇到的困难，即“密度双值”问题。

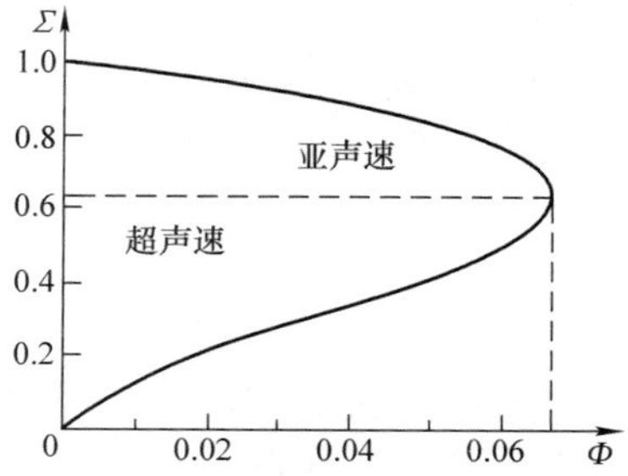

图 5-4　$\Sigma-\Phi$ 曲线

5.2.4　一个新的密度方程

在跨声速流函数场（将第 n 次迭代的流函数场记为 $\{\psi\}^{(n)}$）与密度场（将第 n 次迭代的密度场记为 $\{\rho\}^{(n)}$）迭代的过程中，参考文献［181］提出了一个新的确定密度场的一阶微分方程，它是从连续方程、动量方程和能量方程适当组合得到的，其表达形式为

$$\frac{\partial}{\partial x^1}(C_3/\rho) + \frac{\partial}{\partial x^2}(C_4/\rho) + (C_5/\rho) = C_6 \tag{5-36}$$

式中

$$C_3 = \frac{C_9}{\tilde{\tau}\sqrt{g}}\frac{\partial\psi}{\partial x^2} \tag{5-37}$$

$$C_4 = -\left(\frac{C_9}{\tilde{\tau}\sqrt{g}}\frac{\partial\psi}{\partial x^1} + \frac{k-1}{2k}\frac{\sqrt{g}}{\tilde{\tau}}C_8\right) \tag{5-38}$$

$$C_5 = \frac{C_{10}}{\tilde{\tau}\sqrt{g}} \tag{5-39}$$

$$C_9 \equiv g_{12}\frac{\partial\psi}{\partial x^2} - g_{22}\frac{\partial\psi}{\partial x^1} \tag{5-40}$$

$$C_8 \equiv \left[\frac{\partial\psi}{\partial x^1}\ \frac{\partial\psi}{\partial x^2}\right]\begin{bmatrix} g^{11} g^{12} \\ g^{21} g^{22} \end{bmatrix}\begin{bmatrix} \partial\psi/\partial x^1 \\ \partial\psi/\partial x^2 \end{bmatrix} \tag{5-41}$$

$$C_{10} \equiv \left[\frac{\partial\psi}{\partial x^2}, -\frac{\partial\psi}{\partial x^1}\right]\begin{bmatrix} g_{11} g_{12} \\ g_{21} g_{22} \end{bmatrix}\begin{bmatrix} \Gamma^1_{12}\Gamma^1_{22} \\ \Gamma^2_{12}\Gamma^2_{22} \end{bmatrix}\begin{bmatrix} -\partial\psi/\partial x^2 \\ \partial\psi/\partial x^1 \end{bmatrix} \tag{5-42}$$

这里，Γ^1_{12}、Γ^1_{22} 等为第二类 Christoffel 符号；$\tilde{\tau}$ 与 k 分别为流片厚度和气体的比热容比。

大量数值计算表明[182-185]：在流函数场与密度场的迭代过程中，一旦$\{\psi\}^{(n)}$场得到，则可由密度方程式（5-36）决定出相应的密度场$\{\rho\}^{(n)}$，显然这一处理方案完全避开了“密度双值”问题，为流函数法求解跨声速流动问题提供了一条新的途径。

5.2.5 人工可压缩性及耗散与弥散问题

跨声速流动数值计算的突破性工作是 Murman 和 Cole[186]采用混合差分松弛法（参考文献［187］称它为形式相关法）求解小扰动位势方程，其收敛速度比当时 Magnus 和 Yoshihara 的时间推进法快一个数量级。这种混合差分格式（亚声速区中心差分、超声区迎风差分）之所以能捕获到激波的原因是，在跨声区内选用的一侧差分格式使得修改方程（modified equation）等价于原微分方程内引入了数值黏性项。另外，Jameson 用旋转差分格式[188]求解全位势方程时也在微分方程中添加了人工黏性项。Hafez、South 和 Murman 在分析和归纳了参考文献［188］的旋转差分法后，提出了人工可压缩性的概念，引入了人工密度[189]。因此，人工密度涉及人工黏性以及耗散、弥散的问题。

1. 物理耗散、弥散以及数值耗散、弥散问题

数值格式总会在计算中引入耗散（dissipation）、弥散（dispersion），这种耗散和弥散虽然大致与物理上流动现象出现的耗散和弥散相似，但这却是一种非物理的效应。

考查模型方程：

$$\frac{\partial u}{\partial t}+a\frac{\partial u}{\partial x}=0 \tag{5-43}$$

$$\frac{\partial u}{\partial t}+a\frac{\partial u}{\partial x}=\nu_2\frac{\partial^2 u}{\partial x^2}-\nu_4\frac{\partial^4 u}{\partial x^4} \tag{5-44}$$

与

$$\frac{\partial u}{\partial t}+a\frac{\partial u}{\partial x}=\pm\varepsilon_3\frac{\partial^3 u}{\partial x^3}\pm\varepsilon_5\frac{\partial^5 u}{\partial x^5} \tag{5-45}$$

式中，ν_2、ν_4为二阶、四阶耗散系数；ε_3、ε_5为三阶、五阶弥散系数，并且ν_2、ν_4、ε_3和ε_5都大于零，a为常数，参考文献［190］给出了这三个方程的解析解，显然式（5-44）的解析解其相速度不变，但振幅随时间t的增加不断衰减，这说明该方程是有物理耗散的波动方程。而式（5-45）的解析解，随t的增加，振幅不变但相速度发生了变化，说明该方程具有物理弥散的性质；只有方程式（5-43）是既无物理耗散又无物理弥散，因此它被称作波动方程。然而，如用差分格式数值求解式（5-43）时，也会引入数值耗散或弥散，其阶数依赖于差分格式的精度[191]。通常情况下，如精度为二阶，则会有三阶弥散和最低四阶的耗散；如精度为三阶，则会产生四阶耗散和最低五阶弥散。

2. 人工密度问题

借助于转子焓定义和热力学基本关系，便可以获得密度与密流ρw（简记为b）

间存在着如下关系：

$$[(w)^2-(a)^2]\rho \mathrm{d}\rho=\frac{1}{2}\mathrm{d}(b)^2-C \tag{5-46}$$

式中

$$b\equiv\rho w=\frac{1}{(\widetilde{\tau}\sin\theta_{12})^2}\left[\left(\frac{1}{\sqrt{g_{22}}}\frac{\partial\psi}{\partial x^2}\right)^2+\left(\frac{1}{\sqrt{g_{11}}}\frac{\partial\psi}{\partial x^1}\right)^2-\frac{2\cos\theta_{12}}{\sqrt{g_{11}}\sqrt{g_{22}}}\frac{\partial\psi}{\partial x^1}\frac{\partial\psi}{\partial x^2}\right] \tag{5-47}$$

$$C\equiv(a\rho)^2\left[\mathrm{d}I-\mathrm{d}\left(\frac{S}{R}\right)+\frac{1}{2}\mathrm{d}(\omega r)^2\right] \tag{5-48}$$

这里，I、S、R、$\widetilde{\tau}$、a 分别为转子焓、熵、气体常数、流片厚度和当地声速，w 为相对速度的值；显然对于绝热、等熵、理想气体的平面流动来讲，当坐标系取为直角笛卡儿坐标系（x，y），这时则 $C=0$、$\theta_{12}=90°$，且取 $\widetilde{\tau}\equiv1$，故式（5-46）退化为

$$[(w)^2-(a)^2]\rho \mathrm{d}\rho=\frac{\partial\psi}{\partial x}\mathrm{d}\left(\frac{\partial\psi}{\partial x}\right)+\frac{\partial\psi}{\partial y}\mathrm{d}\left(\frac{\partial\psi}{\partial y}\right) \tag{5-49}$$

于是有

$$\frac{\partial\rho}{\partial x}=\frac{1}{(w)^2-(a)^2}\frac{1}{\rho}\left[\frac{\partial\psi}{\partial x}\frac{\partial^2\psi}{\partial x^2}+\frac{\partial\psi}{\partial y}\frac{\partial^2\psi}{\partial x\partial y}\right] \tag{5-50}$$

$$\frac{\partial\rho}{\partial y}=\frac{1}{(w)^2-(a)^2}\frac{1}{\rho}\left[\frac{\partial\psi}{\partial x}\frac{\partial^2\psi}{\partial x\partial y}+\frac{\partial\psi}{\partial y}\frac{\partial^2\psi}{\partial y^2}\right] \tag{5-51}$$

相应的这时流函数主方程和人工密度分别为[192,16]

$$\frac{\partial}{\partial x}\left(\frac{1}{\widetilde{\rho}}\frac{\partial\psi}{\partial x}\right)+\frac{\partial}{\partial y}\left(\frac{1}{\widetilde{\rho}}\frac{\partial\psi}{\partial y}\right)=0 \tag{5-52}$$

$$\widetilde{\rho}=\rho-\nu\left[\frac{u}{w}\Delta x\frac{\partial\rho}{\partial x}+\frac{v}{w}\Delta y\frac{\partial\rho}{\partial y}\right]\equiv\rho-\nu\frac{\partial\rho}{\partial\widetilde{S}}\Delta\widetilde{S} \tag{5-53}$$

$$\nu=\max\left[0,C_0\left(1-\frac{1}{(w/a)^2}\right)\right] \tag{5-54}$$

将$\dfrac{1}{\widetilde{\rho}}$按一阶 Taylor 公式展开，有

$$\frac{1}{\widetilde{\rho}}\approx\frac{1}{\rho}-\frac{\nu}{\rho^2}\Delta\widetilde{S}\frac{\partial\rho}{\partial\widetilde{S}} \tag{5-55}$$

将式（5-55）、式（5-50）、式（5-51）、式（5-53）、式（5-54）代入到式（5-52）中并整理，便得到一个附加项。在这个附加项中既包含了人工密度的开关函数 ν，又包含了$\partial^3\psi/\partial x^3$、$\partial^3\psi/\partial y^3$、$\partial^3\psi/\partial^2x\partial y$、$\partial^3\psi/\partial x\partial y^2$这样一些高阶项，它们就构成了附加黏性项。其作用与势函数法中引入人工密度[189]所导致的效应相类似，也是亚声速区域用中心差分格式不必加人工黏性，只有超声区用中心差分格式加人工黏性；可以证明这样的处理使超声速区具有迎风差分格式的特征[187]，即相

当于对主方程采用迎风差分所产生的截断误差；其次，当精确到一阶精度时，这里附加的黏性项还有可能使流动过程中熵变化具有单向性，也有可能避免膨胀激波的产生[193]。

在任意曲线坐标系中，我们考查式（5-28），当引入人工密度后则流函数主方程变为[182]

$$\frac{\partial}{\partial x^1}\left[\frac{1}{\tau\widetilde{\rho}\sin\theta_{12}}\sqrt{\frac{g_{22}}{g_{11}}}\frac{\partial\psi}{\partial x^1}-\frac{\cos\theta_{12}}{\tau\widetilde{\rho}\sin\theta_{12}}\frac{\partial\psi}{\partial x^2}\right]+\frac{\partial}{\partial x^2}\left[\frac{1}{\tau\widetilde{\rho}\sin\theta_{12}}\sqrt{\frac{g_{11}}{g_{22}}}\frac{\partial\psi}{\partial x^2}-\frac{\cos\theta_{12}}{\tau\widetilde{\rho}\sin\theta_{12}}\frac{\partial\psi}{\partial x^1}\right]$$

$$=2\sqrt{g}\omega^3+\frac{\sqrt{g_{11}}}{W_1}\left(\frac{\partial I}{\partial x^2}-T\frac{\partial S}{\partial x^2}\right) \tag{5-56}$$

它也可写为紧缩形式：

$$\frac{\partial}{\partial x^i}\left[\frac{\sqrt{g}}{\tau\widetilde{\rho}}g^{ij}\frac{\partial\psi}{\partial x^j}\right]=D^*$$

式中，D^* 代表式（5-28）的右端项；如果引入相对速度 $\boldsymbol{w}$ 的逆变分量，并注意引入人工密度且略去黏性应力项及非定常项，则其流函数主方程变为

$$\frac{\partial}{\partial x^i}\left[\rho\sqrt{g}w^i\left(g_{12}\frac{1}{\tau\widetilde{\rho}\sqrt{g}}\frac{\partial\psi}{\partial x^2}-g_{22}\frac{1}{\tau\widetilde{\rho}\sqrt{g}}\frac{\partial\psi}{\partial x^1}\right)\right]-\rho\sqrt{g}w^i\frac{\partial}{\partial x^2}\left(\frac{g_{i1}}{\tau\widetilde{\rho}\sqrt{g}}\frac{\partial\psi}{\partial x^2}-\frac{g_{i2}}{\tau\widetilde{\rho}\sqrt{g}}\frac{\partial\psi}{\partial x^1}\right)$$

$$=\rho\sqrt{g}\left(-2\sqrt{g}\omega^3w^1-\frac{\partial I}{\partial x^2}+T\frac{\partial S}{\partial x^2}\right) \tag{5-57}$$

在式（5-56）中，W^1 为相对速度 $\boldsymbol{w}$ 在 x^1 方向上的斜角物理分量；在式（5-57）中，w^i 为 $\boldsymbol{w}$ 在（x^1，x^2）坐标系的逆变分量；上述的人工密度由式（5-58）确定：

$$\widetilde{\rho}=\rho-\nu\left[\frac{W^1}{w}\Delta x^1\overleftarrow{\delta}_{x^1}\rho+\frac{W^2}{w}\Delta x^2\overleftrightarrow{\delta}_{x^2}\rho\right] \tag{5-58}$$

式中

$$\nu\equiv\max\left[0,C_0\left(1-\frac{1}{(w/a)^2}\right)\right] \tag{5-59}$$

$$\Delta x^1\overleftarrow{\delta}_{x^1}\rho=\rho_{j,i}-\rho_{j,i-1} \tag{5-60}$$

$$\Delta x^2\overleftrightarrow{\delta}_{x^2}\rho=\begin{cases}\rho_{j,i}-\rho_{j-1,i} & (W^2_{j,i}>0)\\ \rho_{j+1,i}-\rho_{j,i} & (W^2_{j,i}<0)\end{cases} \tag{5-61}$$

另外，在式（5-56）和式（5-57）中，$\boldsymbol{\omega}$ 的逆变分量 ω^3 的值可由下面两种情况分别给出。

1）令流面为翘曲面，其方程为 $r=r(\varphi,\ z)$ 时，有

$$\omega^3=\frac{r\omega}{\sqrt{g}}\frac{\partial r}{\partial z}\frac{\partial(z,\varphi)}{\partial(x^1,x^2)}$$

2）令流面为任意回转面，并且其流面方程为

$$\begin{cases}z=z(l)\\ r=r(l)\end{cases}$$

这里，l 为子午母线，于是有

$$\omega^3 = \frac{r\omega}{\sqrt{g}}\frac{\mathrm{d}r}{\mathrm{d}l} \equiv \frac{r\omega}{\sqrt{g}}\sin\sigma$$

其中角 σ 的含义见参考文献［20］。

5.2.6 守恒型差分算子及不等间距差分的离散

为了较好地捕获激波，Lax 和 Wendroff 提出了守恒型[194]的概念，他们建议采用守恒型方程和守恒型差分格式去模拟含激波的流场。这个建议对以后计算格式的发展产生了重大的影响。事实上，近年来发展的跨声速欧拉方程法、跨声速势函数法和跨声速流函数法基本上都是沿着选取守恒型方程、构造守恒型差分格式[195]去捕获激波求解流场的。在离散守恒型流函数主方程时，本节沿用了守恒型势函数方程采用的半点离散去构造守恒型差分的流行做法[196,197]，于是流函数方程式（5-56）被离散为[29]

$$-\overleftarrow{\delta}_{x^1}\left[\left(\frac{A_{21}}{\tilde{\rho}}\bar{\delta}_{x^1}+\frac{A}{\tilde{\rho}}\bar{\delta}_{x^2}\right)\psi\right]_{j,i+1/2}-\overleftarrow{\delta}_{x^2}\left[\left(\frac{A_{12}}{\tilde{\rho}}\bar{\delta}_{x^2}+\frac{A}{\tilde{\rho}}\bar{\delta}_{x^1}\right)\psi\right]_{j+1/2,i} = -D^*_{j,i} \equiv D_{j,i} \tag{5-62}$$

式中，D^* 表示式（5-56）的右端项；符号 A、A_{12} 和 A_{21} 的定义为

$$A = -(\tilde{\tau}\tan\theta_{12})^{-1} \tag{5-63}$$

$$A_{12} = \frac{1}{\tilde{\tau}\sin\theta_{12}}\sqrt{\frac{g_{11}}{g_{22}}} \tag{5-64}$$

$$A_{21} = \frac{1}{\tilde{\tau}\sin\theta_{12}}\sqrt{\frac{g_{22}}{g_{11}}} \tag{5-65}$$

算子 $\overleftarrow{\delta}_{x^1}$、$\overleftarrow{\delta}_{x^2}$、$\bar{\delta}_{x^1}$ 和 $\bar{\delta}_{x^2}$ 的定义如下：在计算平面中给出了符号 a_j 和 b_i 的含义（见图 5-5），于是

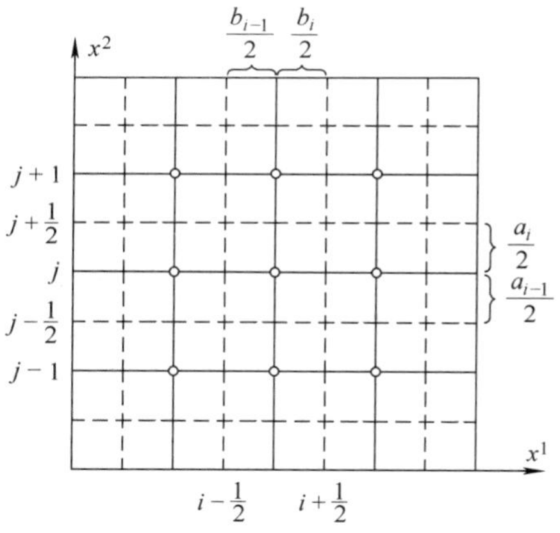

图 5-5 计算平面内的不等距网格及差分格式

$$\overleftarrow{\delta}_{x^1}(\quad)_{j,i+\frac{1}{2}} = \frac{2b_i}{b_{i-1}(b_i+b_{i-1})}(\quad)_{j,i-\frac{1}{2}} - \frac{2(b_{i-1}+b_i)}{b_{i-1}b_i}(\quad)_{j,i} + \frac{2b_{i-1}+4b_i}{b_i(b_{i-1}+b_i)}(\quad)_{j,i+\frac{1}{2}} \tag{5-66}$$

$$\overleftarrow{\delta}_{x^2}(\quad)_{j+\frac{1}{2},i} = \frac{2a_j}{a_{j-1}(a_j+a_{j-1})}(\quad)_{j-\frac{1}{2},i} - \frac{2(a_{j-1}+a_j)}{a_{j-1}a_j}(\quad)_{j,i} + \frac{2a_{j-1}+4a_j}{a_j(a_{j-1}+a_j)}(\quad)_{j+\frac{1}{2},i} \tag{5-67}$$

$$\bar{\delta}_{x^1}(\quad)_{j,i+\frac{1}{2}} = [(\quad)_{j,i+1} - (\quad)_{j,i}]/b_i \tag{5-68}$$

$$\overline{\delta}_{x^2}(\quad)_{j+\frac{1}{2},i} = [(\quad)_{j+1,i} - (\quad)_{j,i}]/a_j \tag{5-69}$$

而$\overline{\delta}_{x^1}(\quad)_{j+\frac{1}{2},i}$与$\overline{\delta}_{x^2}(\quad)_{j,i+\frac{1}{2}}$均是包含 6 点的算子，即

$$\begin{aligned}\overline{\delta}_{x^1}(\quad)_{j+\frac{1}{2},i} &= \frac{b_{i-1}}{2b_i(b_{i-1}+b_i)}[(\quad)_{j+1,i+1} + (\quad)_{j,i+1}] + \\ &\left[\frac{b_{i-1}}{2b_i(b_{i-1}+b_i)} + \frac{b_i - b_{i-1}}{b_i b_{i-1}} - \frac{b_i}{2b_{i-1}(b_i+b_{i-1})}\right][(\quad)_{j,i} + (\quad)_{j+1,i}] - \\ &\frac{b_i}{2b_{i-1}(b_i+b_{i-1})}[(\quad)_{j+1,i-1} + (\quad)_{j,i-1}]\end{aligned} \tag{5-70}$$

$$\begin{aligned}\overline{\delta}_{x^2}(\quad)_{j,i+\frac{1}{2}} &= \frac{a_{j-1}}{2a_j(a_{j-1}+a_j)}[(\quad)_{j+1,i} + (\quad)_{j+i,i+1}] + \\ &\left[\frac{a_{j-1}}{2a_j(a_j+a_{j-1})} + \frac{a_j - a_{j-1}}{a_j a_{j-1}} - \frac{a_j}{2a_{j-1}(a_j+a_{j-1})}\right][(\quad)_{j,i+1} + (\quad)_{j,i}] - \\ &\frac{a_j}{2a_{j-1}(a_j+a_{j-1})}[(\quad)_{j-1,i+1} + (\quad)_{j-1,i}]\end{aligned} \tag{5-71}$$

显然，当改为等间距差分时，则式（5-66）～式（5-71）恰可退化为参考文献［31］和参考文献［16］所给出的形式。

差分方程式（5-62）在内点是一个守恒形式的 9 点格式，简记为

$$\begin{aligned}&\hat{B}_{1j,i}\psi_{j,i-1} + \hat{B}_{2j,i}\psi_{j,i} + \hat{B}_{3j,i}\psi_{j,i+1} + \hat{B}_{4j,i}\psi_{j-1,i-1} + \hat{B}_{5j,i}\psi_{j-1,i} + \hat{B}_{6j,i}\psi_{j-1,i+1} + \\ &\hat{B}_{7j,i}\psi_{j+1,i-1} + \hat{B}_{8j,i}\psi_{j+1,i} + \hat{B}_{9j,i}\psi_{j+1,i+1} = D_{j,i}\end{aligned} \tag{5-72}$$

或者

$$\begin{aligned}&\hat{B}_{1j,i}^{(n)}\xi_{j,i-1}^{(n+1)} + \hat{B}_{2j,i}^{(n)}\xi_{j,i}^{(n+1)} + \hat{B}_{3j,i}^{(n)}\xi_{j,i+1}^{(n+1)} + \\ &\hat{B}_{5j,i}^{(n)}\xi_{j-1,i}^{(n+1)} + \hat{B}_{8j,i}^{(n)}\xi_{j+1,i}^{(n+1)} = \hat{R}_{j,i}^{(n)}\end{aligned} \tag{5-73}$$

式中

$$\xi^{(n+1)} \equiv \psi^{(n+1)} - \psi^{(n)}$$

$$\begin{aligned}\hat{R}_{j,i}^{(n)} &= D_{j,i}^{(n)} - \hat{B}_{1j,i}^{(n)}\psi_{j,i-1}^{(n)} - \hat{B}_{2j,i}^{(n)}\psi_{j,i}^{(n)} - \hat{B}_{3j,i}^{(n)}\psi_{j,i+1}^{(n)} - \\ &\hat{B}_{4j,i}^{(n)}\psi_{j-1,i-1}^{(n)} - \hat{B}_{5j,i}^{(n)}\psi_{j-1,i}^{(n)} - \hat{B}_{6j,i}^{(n)}\psi_{j-1,i+1}^{(n)} - \\ &\hat{B}_{7j,i}^{(n)}\psi_{j+1,i-1}^{(n)} - \hat{B}_{8j,i}^{(n)}\psi_{j+1,i}^{(n)} - \hat{B}_{9j,i}^{(n)}\psi_{j+1,i+1}^{(n)}\end{aligned} \tag{5-74}$$

注意，式（5-73）又可用矩阵形式表示为

$$[\hat{B}]^{(n)}\{\xi\}^{(n+1)} = \{\hat{R}\}^{(n)} \tag{5-75}$$

式中，$[\hat{B}]^{(n)}$表示式（5-73）式左端系数形成的矩阵，这里，上角标（n）表示迭代次数。

5.2.7　密度方程的求解及积分起始线的选定

在流函数场 $\{\psi\}$ 确定后，式（5-36）提供了决定密度场 $\{\rho\}$ 的新方程。它

是一阶微分方程，对于它的数值求解，参考文献［181］进行详细的研究并给出了几种数值求解的方法。

1）将方程整理为

$$\frac{\partial}{\partial x^1}(C_3/\rho)+C_5/\rho=C_6-\frac{\partial}{\partial x^2}(C_4/\rho) \tag{5-76}$$

因此便可沿 x^1 方向进行数值积分而进口站上的密度分布恰提供了这个微分方程定解的边界条件。

在适当划分网格的情况下，也可引入 Lax 格式离散式（5-36）从而由点（$j-1$，$i-1$）与（$j+1$，$i-1$）推出点（j，i）上的密度值；采用这个方法也很方便，这时进气边密度分布提供了该方程的定解条件。

应该指出：如何尽量减少沿路径积分产生的数值积累误差是求解密度方程中最关键的问题之一，这个问题处理得是否恰当直接影响着密度场求解的精度与流场数值求解是否收敛。

2）如将方程整理为

$$\frac{\partial}{\partial x^2}(C_4/\rho)+C_5/\rho=C_6-\frac{\partial}{\partial x^1}(C_3/\rho) \tag{5-77}$$

因此只要给定沿一条 x^2 = 常数线上的 ρ 分布，则积分式（5-77）便获得了密度场。积分起始线上的密度分布可由

$$\rho=\frac{1}{\tilde{\tau}w^1\sqrt{g}}\partial\psi/\partial x^2 \tag{5-78}$$

提供。大量数值试验表明，选用网格中心线作为起始线[181]，向两侧逐步积分获取密度场要比由两侧向中心推进的办法好。

5.2.8 强隐式求解过程（SIP）的数学分析

正如参考文献［170］所分析的那样，线松弛每次迭代中信息传遍一整行，故比点松弛收敛快；但隔行的信息传递仍慢，属于较弱的隐式。近似因式（AF）等 ADI 法每次迭代沿 x 和 y 两个方向交替扫描，信息可较快的传遍全场，然而沿 x 扫描时 y 向参数仍要用上次的值，沿 y 扫描时 x 向参数也要用旧值，所以隐的还不够彻底，Stone 给出一个快速强隐式解法[198]，本节采用了这种解法[180,181]。

Stone 引入了一个非对称的辅助矩阵［B'］，如图 5-6 所示。

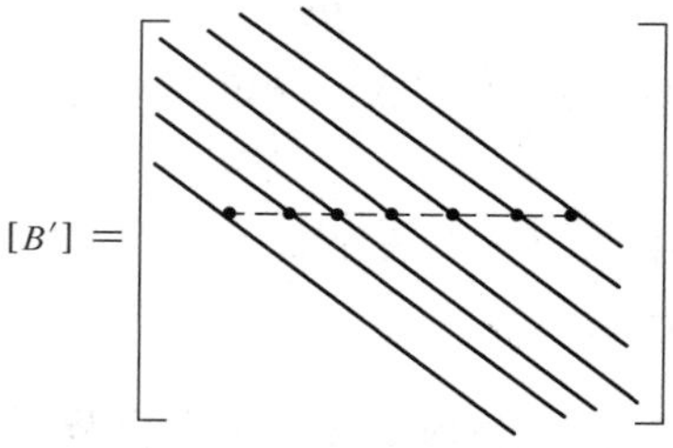

图 5-6　辅助矩阵［B'］

这是一个 7 对角的矩阵，即这个矩阵在每一行上只有 7 个非零元素，这 7 个元素分别是（从左起依次排列为）：$(-\alpha\hat{B}_7)_{j,i}$、$(\hat{B}_7)_{j,i}$、$(-\alpha\hat{B}_6)_{j,i}$、$(\alpha\hat{B}_6+\alpha\hat{B}_7)_{j,i}$、$(-\alpha\hat{B}_7)_{j,i}$、$(\hat{B}_6)_{j,i}$、

$(-\alpha\hat{B}_6)_{j,i}$。于是式（5-75）修改为

$$[\hat{B}+B']^{(n)}\{\xi\}^{(n+1)}=\{\hat{R}\}^{(n)} \tag{5-79}$$

矩阵 $[\hat{B}+B']$ 可分解为一个下三对角的 L 阵和一个上三对角的 U 阵即

$$LU\{\xi\}^{(n+1)}=\{\hat{R}\}^{(n)} \tag{5-80}$$

或者如图 5-7 所示，得

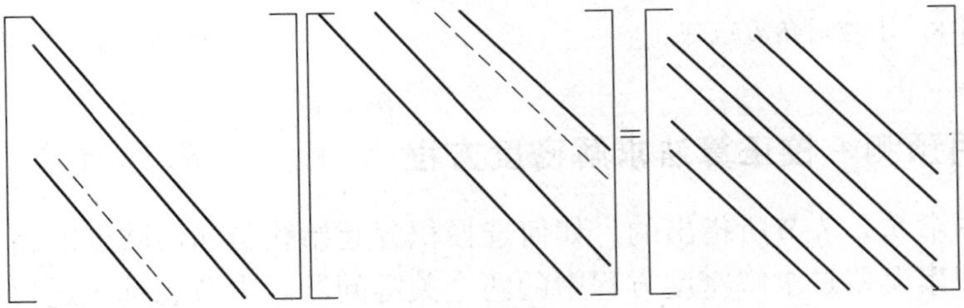

图 5-7　矩阵 L 和 U 相乘得到的七对角矩阵的结构图

这里，矩阵 L 与 U 分别为下三对角阵与上三对角阵，其中下三对角阵在一行中的三个元素（从左到右依次）为 $a'_{j,i}$、$b'_{j,i}$、$c'_{j,i}$；上三对角阵在一行中的三个元素（从左到右依次）为 1、$d'_{j,i}$、$e'_{j,i}$；上述的 L 乘以 U 便得到一个七对角的矩阵，该矩阵在一行中的 7 个元素（从左到右依次）为：$a'_{j,i}$、$a'_{j,i}d'_{j,i-1}$、$b'_{j,i}$、$c'_{j,i}+a'_{j,i}e'_{j,i-1}+b'_{j,i}d'_{j-1,i}$、$c'_{j,i}d'_{j,i}$、$b'_{j,i}e'_{j-1,i}$、$c'_{j,i}e'_{j,i}$。也就是说式（5-80）可写为

$$(a'_{j,i}E_{x^1}^{-}+b'_{j,i}E_{x^2}^{-}+c'_{j,i})^{(n)}(1+d'_{j,i}E_{x^2}^{+}+e'_{j,i}E_{x^1}^{+})^{(n)}\xi_{j,i}^{(n+1)}=\hat{R}_{j,i}^{(n)} \tag{5-81}$$

式中

$$a'_{j,i}=\frac{\hat{B}_{1j,i}}{1+\alpha d'_{j,i-1}} \tag{5-82}$$

$$b'_{j,i}=\frac{\hat{B}_{5j,i}}{1+\alpha e'_{j-1,i}} \tag{5-83}$$

$$c'_{j,i}=\hat{B}_{2j,i}+(\alpha e'_{j-1,i}-d'_{j-1,i})b'_{j,i}+(\alpha d'_{j,i-1}-e'_{j,i-1})a'_{j,i} \tag{5-84}$$

$$d'_{j,i}=(\hat{B}_{8j,i}-\alpha a'_{j,i}d'_{j,i-1})/c'_{j,i} \tag{5-85}$$

$$e'_{j,i}=(\hat{B}_{3j,i}-\alpha b'_{j,i}e'_{j-1,i})/c'_{j,i} \tag{5-86}$$

$$E_{x^1}^{\pm}\xi_{j,i}=\xi_{j,i\pm1},E_{x^2}^{\pm}\xi_{j,i}=\xi_{j\pm1,i} \tag{5-87}$$

应该指出：这里 L 阵和 U 阵的结构遵循了 Stone 的约定[198]，因此还有如图 5-8所示矩阵。

这里 L 阵为一个下三对角阵，图 5-8 中 5 个黑点位置所代表的元素（从上往下，再从左往右）为：$c'_{j,i-1}$、$b'_{j+1,i-1}$、$a'_{j,i}$、$b'_{j,i}$、$c'_{j,i}$。上三对角 U 矩阵如图 5-9 所示。

这里 U 阵为一个上三对角阵，图 5-9 中 5 个黑点位置所代表的元素（从上往下，再从左往右）为：$e'_{j,i-1}$、$d'_{j-1,i}$、1、$d'_{j,i}$、$e'_{j,i}$。

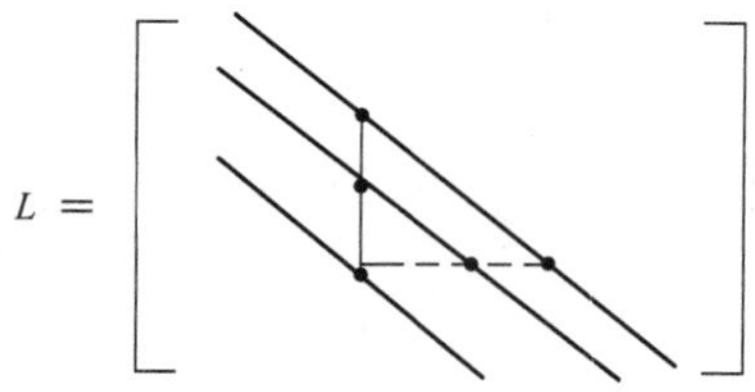

图 5-8　下三对角 L 矩阵

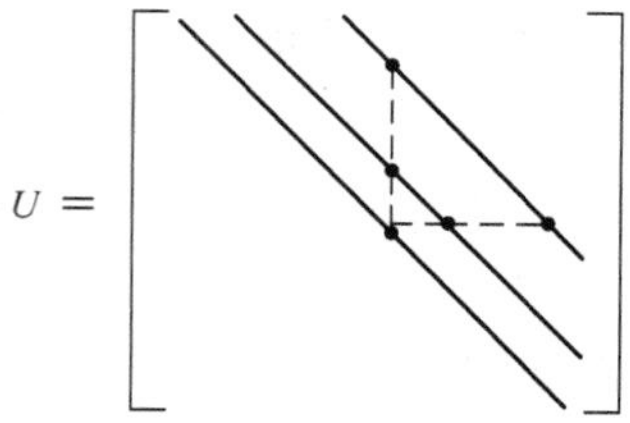

图 5-9　上三对角 U 矩阵

5.2.9　用预测－校正算法求解密度方程

正如本章 5.2.7 节所指出的，如何选择积分起始线与如何减少沿路径积分时产生的数值积累误差是求解密度方程中的两个关键问题。本节想选定进口边界为起始线，而积分路径是沿着拟流线 x^1 方向，数值解法采用了 Hamming 等人发展的五环节预测－校正系统去求解密度方程，进而确定出密度场。

为便于下文叙述，本节特约定：将方程式（5-76）记为

$$\mathrm{d}y/\mathrm{d}x^1 = f(x^1, y) \tag{5-88}$$

注意这里 y 被定义为

$$y \equiv c_3/\rho \tag{5-89}$$

而 $f(x^1, y)$ 代表：

$$f \equiv c_6 - \frac{\partial}{\partial x^2}(c_4/\rho) - c_5/\rho \tag{5-90}$$

五环节预测－校正系统（又称改进的 P－C 算法）应归属于欧拉两步算法的范畴。该算法十分注重事后误差的估计并及时补偿到计算的结果中[199,200]。这里在求解式（5-88）时，采用了如下具体步骤：

$$Q_{i+1} = y_{i-1} + 2hf[(x^1)_i, y_i] \tag{5-91}$$

$$m_{i+1} = Q_{i+1} - 0.8(Q_i - \hat{C}_i) \tag{5-92}$$

$$\widetilde{m}_{i+1} = f[(x^1)_{i+1}, m_{i+1}] \tag{5-93}$$

$$\hat{c}_{i+1} = y_i + 0.5h\{\widetilde{m}_{i+1} + f[(x^1)_i, y_i]\} \tag{5-94}$$

$$y_{i+1} = \hat{c}_{i+1} + 0.2(Q_{i+1} - \hat{c}_{i+1}) \tag{5-95}$$

上述过程被称作预测－校正算法。式中，$i = 2, 3, \cdots$；并且令 $Q_2 - \hat{C}_2 = 0$。大量的计算实践表明，使用式（5-91）~式（5-95）确定密度场是十分方便的。

5.2.10　对称型辅助矩阵及改进的强隐式格式

矩阵元素的排列规律仍遵循 Stone 的约定，于是按照图 5-7 所构成的七对角矩阵，不妨将它记为［A］，则必然具有下列结构，如图 5-10 所示。

7 个黑点位置所代表的元素（从上往下，再从右往左依次）为：$(A_7)_{j,i-1}$、

$(A_6)_{j+1,i-1}$、$(A_5)_{j-1,i}$、$(A_4)_{j,i}$、$(A_3)_{j,i}$、$(A_2)_{j,i}$、$(A_1)_{j,i}$。于是，如果矩阵 [A] 对称，则必有如下关系式：

$$(A_1)_{j,i} = (A_7)_{j,i-1} \tag{5-96}$$

$$(A_2)_{j,i} = (A_6)_{j+1,i-1} \tag{5-97}$$

$$(A_3)_{j,i} = (A_5)_{j-1,i} \tag{5-98}$$

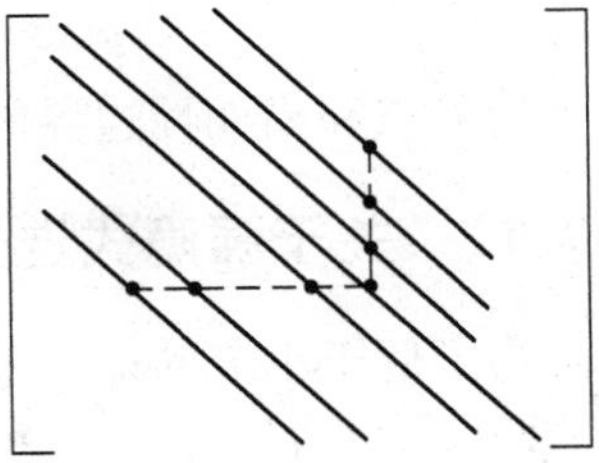

图 5-10　七对角的 [A] 矩阵

1. 构造对称型的 [B] 矩阵

引入 [B] 与 [$\overline{B}$] 矩阵，且满足下列关系：

$$[B] = \frac{1}{2}([\hat{B}] + [\hat{B}]^{\mathrm{T}}) \tag{5-99}$$

$$[\overline{B}] = \frac{1}{2}([\hat{B}] - [\hat{B}]^{\mathrm{T}}) \tag{5-100}$$

式中，上角标 T 表示矩阵转置。另外，矩阵 [$\hat{B}$] 的定义同式（5-75），令

$$\{R\}^{(n)} \equiv \{\hat{R}\}^{(n)} - [\overline{B}]^{(n)}\{\xi\}^{(n)} \tag{5-101}$$

于是式（5-75）变为

$$[B]^{(n)}\{\xi\}^{(n+1)} = \{R\}^{(n)} \tag{5-102}$$

或者为

$$B_{1j,i}^{(n)}\xi_{j,i-1}^{(n+1)} + B_{2j,i}\xi_{j,i}^{(n+1)} + B_{3j,i}\xi_{j,i+1}^{(n+1)} + B_{5j,i}\xi_{j-1,i}^{(n+1)} + B_{8j,i}\xi_{j+1,i}^{(n+1)} = R_{j,i}^{(n)} \tag{5-103}$$

2. 构造对称的辅助矩阵 [$\widetilde{B}$]

引入下面形式的辅助矩阵 [$\widetilde{B}$]（见图 5-11）。[$\widetilde{B}$] 是一个七对角阵，该矩阵一行中 7 个元素，从左往右依次为：$(-\alpha\, b_{j,i-1}\, e_{j-1,i-1})$、$(a_{j,i}\, d_{j,i-1})$、$(-\alpha a_{j-1,i}\, d_{j-1,i-1})$、$\alpha(a_{j-1,i}\, d_{j-1,i-1} + b_{j,i-1}\, e_{j-1,i-1})$、$(-\alpha\, a_{j,i}\, d_{j,i-1})$、$(a_{j-1,i+1} d_{j-1,i})$、$(-\alpha\, b_{j,i} e_{j-1,i})$。

很显然它满足式（5-96）~式（5-98），即矩阵 [$\widetilde{B}$] 具有对称性质，显然这个矩阵不同于 Stone[198] 所引入的辅助阵。

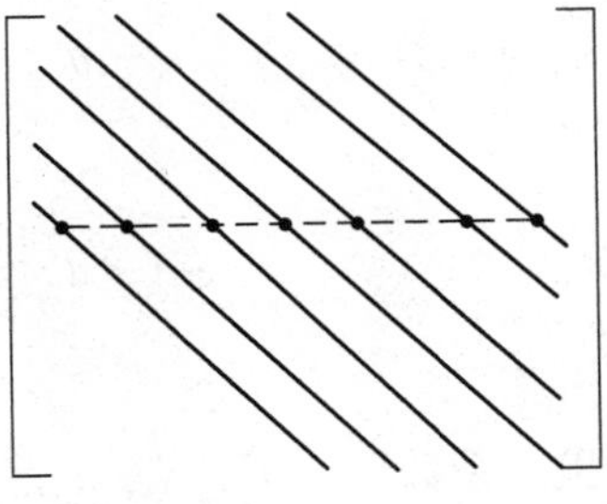

图 5-11　对称辅助矩阵 [$\widetilde{B}$]

3. 数值求解过程

将 $(B+\widetilde{B})$ 作 LU 分解，便有[180]

$$(a_{j,i}E_{x^1}^{-} + b_{j,i}E_{x^2}^{-} + c_{j,i})^{(n)}(1 + d_{j,i}E_{x^2}^{+} + e_{j,i}E_{x^1}^{+})^{(n)}\xi_{j,i}^{(n+1)} = R_{j,i}^{(n)} \tag{5-104}$$

于是，计算便可分两步进行。

1）向前扫描，解出中间变量 $V_{j,i}$，即

$$a_{j,i}^{(n)}V_{j,i-1}^{(n+1)} + b_{j,i}^{(n)}V_{j-1,i}^{(n+1)} + c_{j,i}^{(n)}V_{j,i}^{(n+1)} = R_{j,i}^{(n)} \tag{5-105}$$

2）向后扫描，解出 $\xi_{j,i}^{(n+1)}$ 值，即

$$\xi_{j,i}^{(n+1)} + d_{j,i}^{(n)} \xi_{j+1,i}^{(n+1)} + e_{j,i}^{(n)} \xi_{j,i+1}^{(n+1)} = V_{j,i}^{(n+1)} \tag{5-106}$$

关于边界点和周期性边界的处理可参阅参考文献［180，181］，这里不再重述。

5.2.11 关于强隐式迭代的收敛性问题

为了便于小节的理论分析，因此在计算平面内采用了等间距差分离散，间距为 h；取 $0 < x^1$、$x^2 < 1$。

1. 原始 SIP 过程中一些系数的数学性质

式（5-56）可写为

$$\begin{aligned} & -\frac{\partial}{\partial x^1}\left[a_1(\widetilde{\rho},x^1,x^2)\frac{\partial\psi}{\partial x^1}\right] - \frac{\partial}{\partial x^2}\left[a_2(\widetilde{\rho},x^1,x^2)\frac{\partial\psi}{\partial x^2}\right] \\ & = -D^* + \frac{\partial}{\partial x^1}\left[\frac{A}{\widetilde{\rho}}\frac{\partial\psi}{\partial x^2}\right] + \frac{\partial}{\partial x^2}\left[\frac{A}{\widetilde{\rho}}\frac{\partial\psi}{\partial x^1}\right] \equiv Q'(\widetilde{\rho},x^1,x^2) \end{aligned} \tag{5-107}$$

式中

$$a_1(\widetilde{\rho},x^1,x^2) \equiv A_{21}/\widetilde{\rho}; a_2(\widetilde{\rho},x^1,x^2) \equiv A_{12}/\widetilde{\rho} \tag{5-108}$$

$$a_1(\widetilde{\rho},x^1,x^2) \geqslant a_0 > 0 \qquad i = 1,2 \tag{5-109}$$

并将式（5-107）差分离散，将得到的线性方程组记为

$$[\hat{B}]\{\psi\} = \{Q'\} \tag{5-110}$$

令矩阵［$\hat{B}$］含有的五对角线元素为$\hat{B}_1$、$\hat{B}_5$、$\hat{B}_2$、$\hat{B}_8$、$\hat{B}_3$，并且通常这里的［$\hat{B}$］为对角占优矩阵且

$$\begin{aligned} &(\hat{B}_1)_{j,i} \leqslant 0, (\hat{B}_3)_{j,i} \leqslant 0, (\hat{B}_5)_{j,i} \leqslant 0, (\hat{B}_8)_{j,i} \leqslant 0, \\ &\hat{B}_{1j,i} + \hat{B}_{5j,i} + \hat{B}_{2j,i} + \hat{B}_{8j,i} + \hat{B}_{3j,i} \geqslant 0 \end{aligned} \tag{5-111}$$

它们与系数 a'、b'、c'、d'、e'的关系为

$$a'_{j,i} \leqslant (\hat{B}_1)_{j,i}, b'_{j,i} \leqslant (\hat{B}_5)_{j,i} \tag{5-112}$$

$$-1 < d'_{j,i} \leqslant (\hat{B}_8)_{j,i}/c'_{j,i}, -1 < e'_{j,i} \leqslant (\hat{B}_3)_{j,i}/c'_{j,i} \tag{5-113}$$

$$1 + d'_{j,i} + e'_{j,i} > 0, c'_{j,i} > 0 \tag{5-114}$$

这里，系数 a'、b'、c'、d'、e'由式（5-82）~式（5-86）定义，$\alpha \in$［0，1］。因此，若［$\hat{B}$］非奇异且$[\hat{B}]^{-1} \geqslant 0$，则［$\hat{B}$］为 M 阵，并且由式（5-80）定义的矩阵 L 与 U 也都是 M 阵[201]，于是

$$L^{-1} \geqslant 0, U^{-1} \geqslant 0, [\hat{B} + B']^{-1} \geqslant 0 \tag{5-115}$$

另外在 $\alpha > 0$ 时，矩阵［B'］也正定即

$$[B'] \geqslant 0 \tag{5-116}$$

在［$\hat{B}$］为对角占优阵，［B'］由图 5-6 定义且不等式

$$(\hat{B}_1)_{j,i+1} \geqslant (\hat{B}_3)_{j,i}, \ (\hat{B}_5)_{j+1,i} \geqslant (\hat{B}_8)_{j,i} \tag{5-117}$$

成立的条件下，数学上可以证明：存在着$\alpha^* \in (0,1)$使得$\alpha \in [0, \alpha^*]$时，$[\hat{B}+B']$正定且对于某些β值还有下面的内积关系：

$$([\hat{B}+B']\{u\},\{u\}) > (1-\beta)([\hat{B}]\{u\},\{u\}) \tag{5-118}$$

这里，$0<\beta<1$，$\{u\}$为任意列矢量；符号（×，×）表示内积。

2. 改进的 SIP 中一些系数的数学性质

首先按式（5-107）离散，得到式（5-110）；而后利用式(5-99)～式(5-100)将$[\hat{B}]$进行对称化处理，并将处理后的方程组记为

$$[B]\{\psi\} = \{Q\} \tag{5-119}$$

这里，$[B]$由式（5-99）定义，是个对称阵：

$$(B\psi)_{j,i} = B_{1j,i}\psi_{j,i-1} + B_{5j,i}\psi_{j-1,i} + B_{2j,i}\psi_{j,i} + B_{5j+1,i}\psi_{j+1,i} + B_{1j,i+1}\psi_{j,i+1} \tag{5-120}$$

通常$[B]$为对角占优矩阵，且

$$(B_1)_{j,i} \leqslant 0, (B_5)_{j,i} \leqslant 0, (B_1)_{j,i} + (B_5)_{j,i} \leqslant 0 \tag{5-121}$$

$$a_{j,i} \leqslant (B_1)_{j,i} \leqslant 0, b_{j,i} \leqslant (B_5)_{j,i} \leqslant 0 \tag{5-122}$$

$$-1 < d_{j,i} \leqslant 0,\ -1 < e_{j,i} \leqslant 0 \tag{5-123}$$

$$1 + d_{j,i} + e_{j,i} > 0, c_{j,i} > 0 \tag{5-124}$$

这里，系数a、b、c、d、e由式（5-125）～式（5-129）决定：

$$a_{j,i} = B_{1j,i} - \alpha\, b_{j,i-1} e_{j-1,i-1} \tag{5-125}$$

$$b_{j,i} = B_{5j,i} - \alpha\, a_{j-1,i} d_{j-1,i-1} \tag{5-126}$$

$$c_{j,i} = B_{2j,i} + \alpha(a_{j-1,i} d_{j-1,i-1} + b_{j,i-1} e_{j-1,i-1}) - (a_{j,i} e_{j,i-1} + b_{j,i} d_{j-1,i}) \tag{5-127}$$

$$d_{j,i} = (B_{5j+1,i} - \alpha\, a_{j,i} d_{j,i-1}) / c_{j,i} \tag{5-128}$$

$$e_{j,i} = (B_{1j,i+1} - \alpha\, b_{j,i} e_{j-1,i}) / c_{j,i} \tag{5-129}$$

式中，$\alpha \in [0,1]$。因此，若$[B]$非奇异且$[B]^{-1} \geqslant 0$，并注意到$[B]$的对称性，于是$[B]$为 Stieltjes 矩阵。另外，$[B+\widetilde{B}]$为对称正定阵，显然它的特征值全是正的。

同样，仿照参考文献［202］中式（4-14）的推导过程便可得到如下的结果：

$$([B+\widetilde{B}]\{u\},\{u\}) \geqslant \left(1-\frac{1}{\beta}\right)([B]\{u\},\{u\}) \tag{5-130}$$

式中，符号（×，×）表示内积；$\{u\}$为任意列矢量；而β定义如下：

$$\beta_{j,i} = \frac{1}{-d_{j,i} - e_{j,i}} \tag{5-131}$$

$$\beta \equiv \min_{j,i} \beta_{j,i} \tag{5-132}$$

显然，这里的β定义不同于式（5-118），而且它的取值通常不会小于 1。

3. 关于$[B+\widetilde{B}]$阵的对称正定性

下面证明$[B+\widetilde{B}]$阵的对称正定性问题。

首先将矩阵 $[B+\widetilde{B}]$ 作 LU 分解，其系数 a、b、c、d、e 便可由式(5-125)～式（5-129）计算。显然，由于 $[B]$、$[\widetilde{B}]$ 均为对称阵，于是从式（5-125）～式（5-129）便直接推出

$$a_{j,i}=c_{j,i-1}e_{j,i-1} \tag{5-133}$$

$$b_{j,i}=c_{j-1,i}d_{j-1,i} \tag{5-134}$$

$$a_{j,i}d_{j,i-1}=e_{j,i-1}b_{j+1,i-1} \tag{5-135}$$

因此，由式（5-133）～式（5-135）便直接推出这时的 $L\cdot U$，亦即 $[B+\widetilde{B}]$ 阵满足式（5-96）～式（5-98），故 $[B+\widetilde{B}]$ 为对称阵。

令 diag（$c_{j,i}$）表示在对角线具有 $c_{j,i}$ 元素的对角阵。由式（5-125）～式（5-129)和式（5-96）～式（5-98）便推出

$$L=U^{\mathrm{T}}\cdot \mathrm{diag}(c_{j,i}) \tag{5-136}$$

应当指出，Stone 在参考文献［198］给出的 L 与 U 阵并不满足式（5-136)。这里在式（5-136）中，上角标 T 表示转置。于是，有

$$[B+\widetilde{B}]=L\cdot U=U^{\mathrm{T}}\cdot \mathrm{diag}(c_{j,i})\cdot U=(\mathrm{diag}(\sqrt{c_{j,i}})\cdot U)^{\mathrm{T}}\cdot(\mathrm{diag}(\sqrt{c_{j,i}})\cdot U)\equiv N^{\mathrm{T}}\cdot N \tag{5-137}$$

因此，在矩阵 N 非奇异时，由式（5-137）便表明了矩阵 $[B+\widetilde{B}]$ 的正定性。

4. 改进的 SIP 过程及收敛条件

迭代格式为

$$[B+\widetilde{B}]\{\psi\}^{(n+1)}=[B+\widetilde{B}]\{\psi\}^{(n)}-\omega([B]\{\psi\}^{(n)}-\{Q\}) \tag{5-138}$$

或者

$$[B+\widetilde{B}]\{\xi\}^{(n+1)}=[B+\widetilde{B}]\{\xi\}^{(n)}-\omega([B]\{\xi\}^{(n)}-\{R\}) \tag{5-139}$$

式中，$\widetilde{B}$ 为对称辅助矩阵；列阵 $\{Q\}$ 与 $\{R\}$ 的定义分别同式（5-119）和式(5-102)；ω 是迭代参数，当 $\omega=1$ 时便退化为 Stone 给出的迭代格式，见参考文献［198］中的（13）式。

以下为讨论时书写简练，将 $[B+\widetilde{B}]$ 矩阵、$[B]$ 阵、$\{Q\}$ 阵、$\{\psi\}$ 阵分别简记为 $B+\widetilde{B}$、B、Q 和 ψ；于是式（5-138）可写为

$$(B+\widetilde{B})\psi^{(n+1)}=(B+\widetilde{B})\psi^{(n)}-\omega(B\psi^{(n)}-Q) \tag{5-140}$$

令精确解 ψ 满足

$$(B+\widetilde{B})\psi=(B+\widetilde{B})\psi-\omega(B\psi-Q) \tag{5-141}$$

于是便推出

$$e^{(n+1)}=M_{\omega}e^{(n)} \tag{5-142}$$

式中

$$M_{\omega}\equiv I-\omega(B+\widetilde{B})^{-1}B \tag{5-143}$$

$$e^{(n+1)}\equiv\psi^{(n+1)}-\psi \tag{5-144}$$

这里，I 为单位矩阵；$e^{(n+1)}$ 为对应于迭代矢量 $\psi^{(n+1)}$ 的误差矢量；M_ω 为误差传播矩阵；从数学上讲，若矩阵 M_ω 的谱半径小于 1[记作 $\rho(M_\omega)<1$]，则迭代收敛。

当 B 和 $B+\widetilde{B}$ 为正定阵时，可以从数学上证明：这时（$B+\widetilde{B}$）^{-1}B 也是正定阵；因此，$(B+\widetilde{B})^{-1}B$ 的特征值全为实数。令 $m_1 \equiv \lambda_1 \leqslant \lambda_2 \leqslant \cdots \leqslant \lambda_n \equiv m_2$ 是矩阵 $(B+\widetilde{B})^{-1}B$ 的特征值，于是 $\rho(M_\omega)<1$ 便等价于

$$0<\omega\lambda_i<2 \qquad (i=1,2,\cdots n) \tag{5-145}$$

也就是说，当 ω 取值满足

$$0<\omega<\frac{2}{m_2} \tag{5-146}$$

时，$e^{(n+1)}$ 收敛于零矢量，即迭代收敛。注意这里 m_2 为 $(B+\widetilde{B})^{-1}B$ 的最大特征值。

另外，还可以从数学上证明：

$$m_2 \leqslant \frac{1}{1-\dfrac{1}{\beta}} \tag{5-147}$$

式中，β 的定义由式（5-131）、式（5-132）给出，因此，如果 ω 的选取满足：

$$\omega<2\left(1-\frac{1}{\beta}\right) \tag{5-148}$$

则改进后的 SIP 迭代过程收敛。

需要说明以下两点：

1）当 $\omega=1$，迭代式（5-140）变为

$$\psi^{(n+1)}=(B+\widetilde{B})^{-1}\widetilde{B}\psi^{(n)}+Q \tag{5-149}$$

则式（5-149）的收敛速度取决于谱半径 $\rho\left((B+\widetilde{B})^{-1}\widetilde{B}\right)$ 的大小，而

$$\rho\left((B+\widetilde{B})^{-1}\widetilde{B}\right) \leqslant \|(B+\widetilde{B})^{-1}\widetilde{B}\| \tag{5-150}$$

式中，$\|\cdot\|$ 为任一种模。

2）本节所讨论的 SIP 收敛性问题是在给定 $\{\rho\}$ 场情况下进行的，本节没有讨论 $\{\rho\}$ 场与 $\{\psi\}$ 场间迭代收敛问题。但大量的算例表明，在跨声速计算中，按照本节提出的决定密度场的方法和改进的 SIP 过程，可以得到 $\{\rho\}$ 场与 $\{\psi\}$ 场迭代的收敛数值解，并且能够捕获激波、模拟跨声速流场。

5. 确定最佳松弛因子

令 $\widetilde{Q} \equiv (B+\widetilde{B})^{-1}B$，由于 $\hat{Q}$ 矩阵的正定性，它的所有特征值为正，因此迭代矩阵 M_ω［由式（5-143）定义］的特征值是 ω 的递减函数，于是使 M_ω 的谱半径达到最小的 ω 应使式（5-151）成立[22]：

$$|1-\omega m_2|=1-\omega m_1 \tag{5-151}$$

即

$$\omega_{\text{opt}}=\frac{2}{m_1+m_2} \tag{5-152}$$

式中，m_1 与 m_2 的定义同前。

5.2.12 六个典型算例及与试验的比较

为了考查改进后的 SIP 迭代过程，参考文献［182］给出了六个典型算例，其迭代次数（使残差下降到三个数量级时所需的迭代次数）的比较见表 5-1。

表 5-1 迭代次数的比较

叶型	T_1 $(18A_6I_{4b})$ 08	DCA 2-8-10	DFVLR 18%叶高	DFVLR 45%叶高	DFVLR 68%叶高	DFVLR 89%叶高
进口马赫数	0.658	1.03	0.922	1.086	1.217	1.307
原始 SIP 迭代次数	48	93	—	—	—	—
改进后 SIP 迭代次数	36	77	72	81	118	136

显然改进后的强隐式格式迭代次数均有减少，而且数值计算过程稳定。

图 5-12 ~ 图 5-15 所示分别为德国宇航院（DFVLR）跨声速单级压气机转子四个截面压力分布曲线以及与试验值[203]的比较；图 5-16 所示为全场等马赫线，并且与试验结果[203]以及参考文献［204］的计算结果进行了比较，显然这里的结果要比参考文献［204］给出的计算结果细致而且更接近实测图像。图 5-17 和图 5-18所示分别为 Hobson 叶型叶面马赫数和全场等马赫线的分布，其中图 5-17 所示的分析解是指由速度图法得到的结果。图 5-19 所示为 DCA2-8-10 叶栅进口马赫数为 1.11 工况下残差的收敛曲线；图 5-20 所示为该叶栅在 $M_{ai}=1.11$ 时是否考虑式（5-57）右端项熵增值（图中 ΔS 表示熵增）情况下所得到的不同数值结果，由此可以看出加入熵增对结果会产生一定的影响。

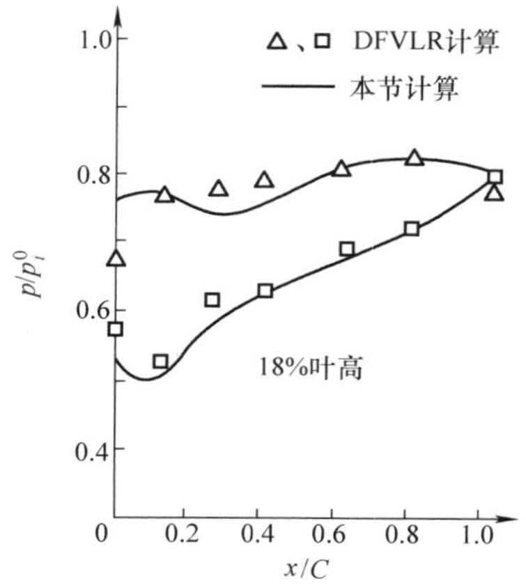

图 5-12 18%叶高截面处的压强分布曲线

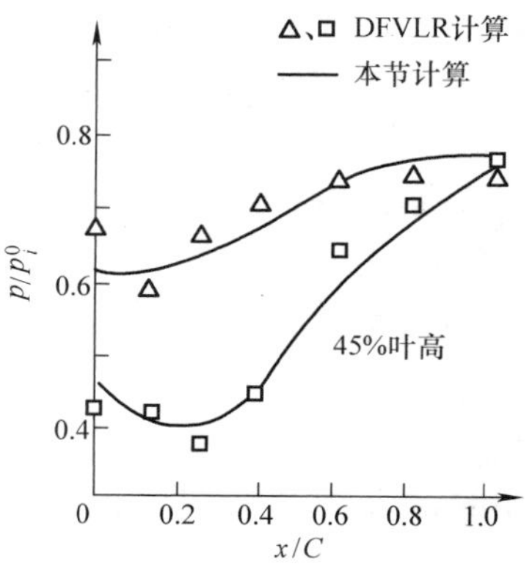

图 5-13 45%叶高截面处的压强分布曲线

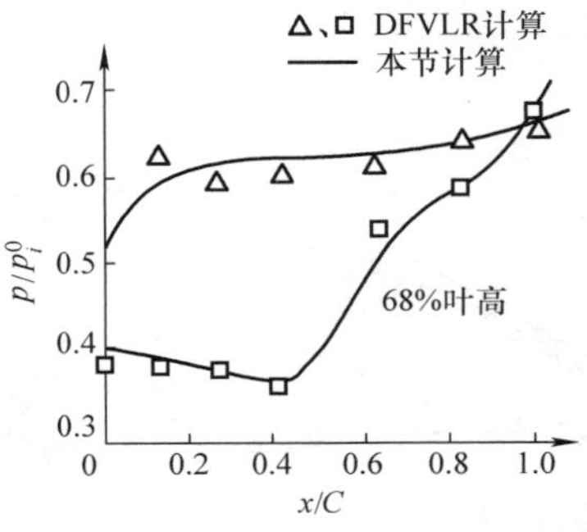

图 5-14　68% 叶高截面处的压强分布曲线

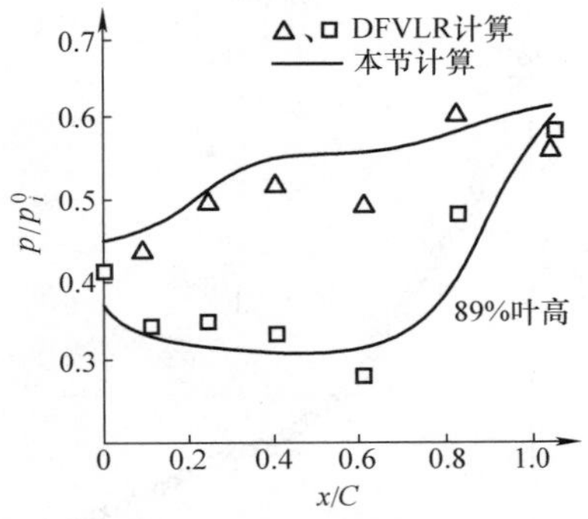

图 5-15　89% 叶高截面处的压强分布曲线

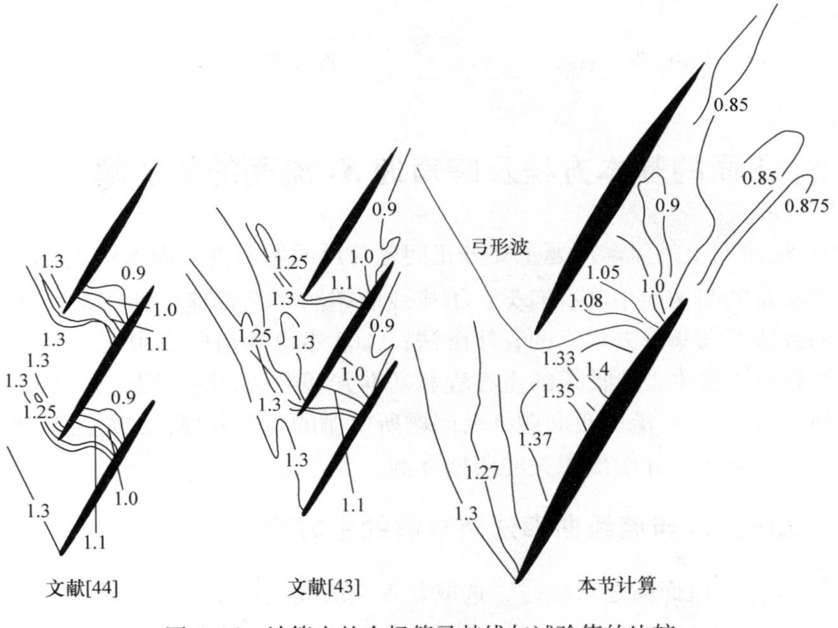

图 5-16　计算出的全场等马赫线与试验值的比较

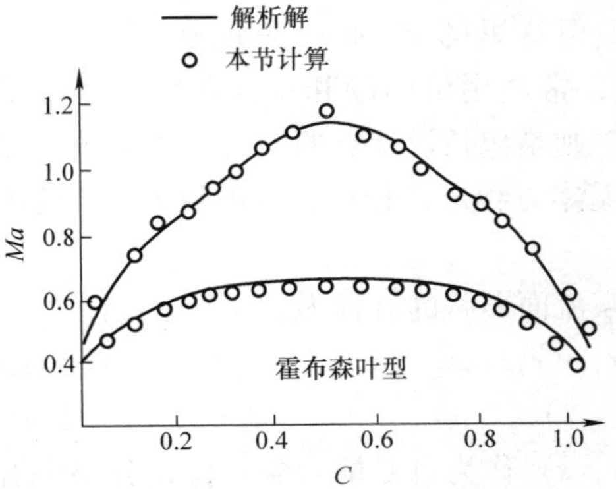

图 5-17　沿叶面的马赫数分布（Hobson 叶型）

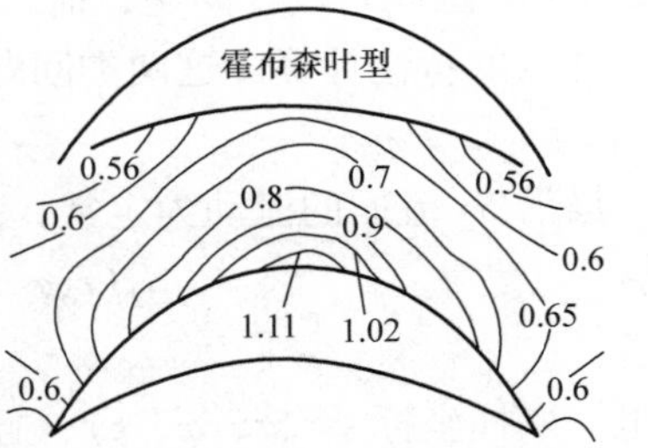

图 5-18　全场等马赫线分布（Hobson 叶型）

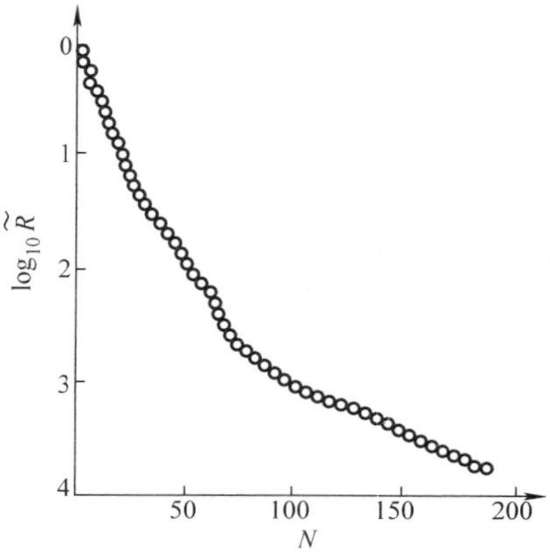

图 5-19 残差的收敛曲线

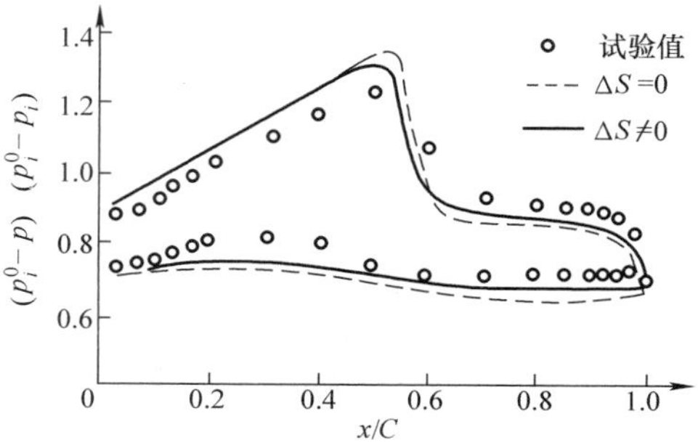

图 5-20 熵增对计算值的影响

5.3 S_2 流面的基本方程及跨声速 S_2 流面的数值解

沿着 S_2 流面上的流动问题主要分正问题与反问题两类，而求解 S_2 流面上流动的数值方法总的归纳起来共有四类：①流线曲率法（又称速度梯度法）；②流函数法与势函数法；③基本方程组的直接解法；④基本方程组的有限元法与边界元法。在这四类数值方法中，所使用的主方程和基本方程组是关键。因此，本节仅重点讨论两个问题：一是 S_2 流面正问题、反问题所遵循的基本方程；二是跨声速 S_2 流面反问题的间断解法，并给出相关的典型算例。

5.3.1 流函数法与流线曲率法所求解的主方程

通常，在 S_1 流面问题求解时，选取非正交曲线坐标系（x^1，x^2，x^3），并且这时将坐标 x^1 与 x^2 都取在流面上。与 S_1 流面的描述不同，讨论 S_2 流面反问题时常取非正交曲线相对坐标系（x^1，x^2，x^3），但这里的 x^1 和 x^2 是取在子午平面上，并且取 $x^3=\varphi$。在叶轮机械的气动力学中，常使用反问题和正问题的术语。所谓“反问题”也就是设计问题，而“正问题”则是包括设计点的气动验算和分析以及非设计点的特性计算。这两类问题使用的基本方程形式相近，但正问题所给的条件不同。

设沿 S_2 流面的流动为定常，并且令 S_2 流面形状的方程为

$$S_2(r,\varphi,z)=S_2[r,\varphi(r,z),z]=0 \tag{5-153}$$

或者

$$\varphi=\varphi(r,z) \tag{5-154}$$

这里，取柱坐标系（r，φ，z），且选取（r，z）作为自变量。令 $\boldsymbol{e}_i$ 与 $\boldsymbol{u}_i$ 分别为沿 x^i 坐标的协变基矢量与协变单位基矢量，$\boldsymbol{e}^i$ 与 $\boldsymbol{u}^i$ 分别为逆变基矢量与逆变单位基矢

量，于是有

$$\boldsymbol{v}=v^i\boldsymbol{e}_i=v_i\boldsymbol{e}^i=V^i\boldsymbol{u}_i=V'_i\boldsymbol{u}^i \tag{5-155}$$

$$\boldsymbol{w}=w^i\boldsymbol{e}_i=w_i\boldsymbol{e}^i=W^i\boldsymbol{u}_i=W'_i\boldsymbol{u}^i \tag{5-156}$$

式中，v^i与w^i分别为$\boldsymbol{v}$与$\boldsymbol{w}$的逆变分量；V^i与W^i分别为$\boldsymbol{v}$与$\boldsymbol{w}$的逆变斜角物理分量；v_i与w_i分别为$\boldsymbol{v}$与$\boldsymbol{w}$的协变分量；V_i与W_i分别为$\boldsymbol{v}$与$\boldsymbol{w}$的协变斜角物理分量。$\boldsymbol{e}_i$与$\boldsymbol{u}_i$、$\boldsymbol{e}^i$与$\boldsymbol{u}^i$、v^i与V^i、v_i与V'_i、w^i与W^i以及w_i与W'_i有如下关系：

$$\boldsymbol{e}_i=\boldsymbol{u}_i\sqrt{g_{ii}},\boldsymbol{e}^i=\boldsymbol{u}^i\sqrt{g^{ii}}\text{（这里不对 } i \text{ 作和）} \tag{5-157}$$

$$V^i=v^i\sqrt{g_{ii}},W^i=w^i\sqrt{g_{ii}}\text{（这里不对 } i \text{ 作和）} \tag{5-158}$$

$$V'_i=v_i\sqrt{g^{ii}},W'_i=w_i\sqrt{g^{ii}}\text{（这里不对 } i \text{ 作和）} \tag{5-159}$$

令 q 为 S_2 流面上的任一物理量，它是 r、z 的函数，即 $q=q(r,\ z)$，于是 S_2 流面的偏导数以及全导数分别为

$$\frac{\overline{\partial} q}{\partial r}=\frac{\partial q}{\partial r}-\frac{n_r}{n_\varphi}\frac{\partial q}{r\partial\varphi}=\frac{\partial q}{\partial r}+\frac{\partial q}{r\partial\varphi}\tan\gamma \tag{5-160}$$

$$\frac{\overline{\partial} q}{\partial z}=\frac{\partial q}{\partial z}-\frac{n_z}{n_\varphi}\frac{\partial q}{r\partial\varphi}=\frac{\partial q}{\partial z}+\frac{\partial q}{r\partial\varphi}\tan\lambda \tag{5-161}$$

$$\frac{\mathrm{d}q}{\mathrm{d}t}=w_r\frac{\overline{\partial} q}{\partial r}+w_z\frac{\overline{\partial} q}{\partial z} \tag{5-162}$$

符号 γ 和 λ 分别为径向流面角和轴向流面角；在式（5-160）~式（5-162）中，用偏导符号上面加一横代表沿流面的导数。对于 S_2 流面，还有

$$\boldsymbol{n}\cdot\boldsymbol{w}=0 \tag{5-163}$$

或者

$$\boldsymbol{w}\cdot\nabla S_2=0 \tag{5-164}$$

在式（5-163）中，$\boldsymbol{n}$ 代表 S_2 流面的单位法矢量，并且有

$$\boldsymbol{n}=\frac{\nabla S_2}{|\nabla S_2|} \tag{5-165}$$

使用了沿流面的偏导数即式（5-160）和式（5-161）后，连续方程和径向运动方程可变为[19]

$$\frac{\overline{\partial}}{\partial r}(rB\rho w_r)+\frac{\overline{\partial}}{\partial z}(rB\rho w_z)=0 \tag{5-166}$$

$$\frac{w_\varphi}{r}\frac{\overline{\partial}(rv_\theta)}{\partial r}+w_z\left(\frac{\overline{\partial} w_z}{\partial r}-\frac{\overline{\partial} w_r}{\partial z}\right)=\frac{\overline{\partial} I}{\partial r}-T\frac{\overline{\partial} S}{\partial r}-F_{2,r} \tag{5-167}$$

在式（5-166）中，符号 B 代表 S_2 流面的角厚度，于是 rB 就是流面的切向厚度；在式（5-167）中，v_θ与w_φ间的关系为

$$v_\theta=w_\varphi+\omega r \tag{5-168}$$

另外，在式（5-167）中，符号 $F_{2,r}$代表叶片力 $\boldsymbol{F}_2$ 沿径向的分量；$\boldsymbol{F}_2$ 的定义式为

$$\boldsymbol{F}_2 = -\frac{\boldsymbol{n}}{\rho n_\varphi}\frac{\partial p}{r\partial\varphi} \tag{5-169}$$

叶片力 $\boldsymbol{F}_2$ 代表了 S_2 流面由于压强在切向的梯度施加于流片上的力。借助于连续方程，即式（5-166），引入流函数 ψ，它满足：

$$\frac{\overline{\partial}\psi}{\partial r} = rB\rho w_z \tag{5-170}$$

$$\frac{\overline{\partial}\psi}{\partial z} = -rB\rho w_r \tag{5-171}$$

并代入式（5-167）后，得到 S_2 流面径向平衡的流函数主方程，其表达式为

$$\frac{\overline{\partial}^2\psi}{\partial r^2} - \frac{1}{r}\frac{\overline{\partial}\psi}{\partial r} + \frac{\overline{\partial}^2\psi}{\partial z^2} = N \tag{5-172}$$

式中，符号 N 的定义已在参考文献［19］中给出。参考文献［20，205，206］和参考文献［19，22］分别详细地给出了 S_2 流面正问题与反问题的流函数方程解法，因此本节对此不作赘述。

求解 S_2 流面的另一类方法是速度梯度法，又称流线曲率法。该方法最显著的特点，在于它把一个通过流面约束将三维空间流动问题降维后得到的二维偏微分方程，进一步简化成一维常微分方程，并且未引入任何附加假设。求解时所使用的主方程可由式（5-167）得到，即

$$w_z\frac{\overline{\partial} w_z}{\partial r} = -\frac{w_\varphi}{r}\frac{\overline{\partial}(rv_\theta)}{\partial r} + \frac{\overline{\partial} I}{\partial r} - T\frac{\overline{\partial} S}{\partial r} + w_z\frac{\overline{\partial} w_r}{\partial z} - F_{2,r} \tag{5-173}$$

对于流线曲率法求解的过程，本节因篇幅所限不予赘述，感兴趣者可参考 Smith[207]、Novak[208]、Katsanis[209,210]、Vanco[211] 以及 Jansen[212] 等人发表的有关流线曲率法方面的文章。

5.3.2　S_2 正、反问题的基本方程组及两类流面的连续方程

叶轮机械中的动量方程，常写为[213]

$$\frac{\mathrm{d}_R}{\mathrm{d}t}\boldsymbol{w} + 2\boldsymbol{\omega}\times\boldsymbol{w} + \boldsymbol{\omega}\times(\boldsymbol{\omega}\times\boldsymbol{r}_R) = -\frac{1}{\rho}\nabla p + \frac{1}{\rho}\nabla\cdot\boldsymbol{\tau} \tag{5-174}$$

或者变为 Crocco 动力学方程的形式，即

$$\frac{\partial_R\boldsymbol{w}}{\partial t} + (\nabla\times\boldsymbol{v})\times\boldsymbol{w} = T\nabla S - \nabla I + \frac{1}{\rho}\nabla\cdot\boldsymbol{\tau} \tag{5-175}$$

也可写为

$$\frac{\partial_R\boldsymbol{w}}{\partial t} + \nabla\left(\frac{\boldsymbol{w}\cdot\boldsymbol{w}}{2}\right) - \boldsymbol{w}\times(\nabla\times\boldsymbol{v}) + \boldsymbol{\omega}\times(\boldsymbol{\omega}\times\boldsymbol{r}_R) = -\frac{1}{\rho}\nabla p + \frac{1}{\rho}\nabla\cdot\boldsymbol{\tau} \tag{5-176}$$

式中，$2\boldsymbol{\omega}\times\boldsymbol{v}$称为 Coriolis 加速度；$\boldsymbol{\omega}\times\boldsymbol{r}_R$和$\boldsymbol{\omega}\times(\boldsymbol{\omega}\times\boldsymbol{r}_R)$分别称为旋转牵连速度和牵连加速度（又称向心加速度）；矢量$\boldsymbol{r}_R$代表相对坐标中的矢径，如取相对圆柱坐标系为（r，φ，z）时，则$\boldsymbol{r}_R$为

$$\boldsymbol{r}_R = x\boldsymbol{i} + y\boldsymbol{j} + z\boldsymbol{k} = r\boldsymbol{i}_r + z\boldsymbol{i}_z \tag{5-177}$$

并且有

$$\boldsymbol{\omega}\times(\boldsymbol{\omega}\times\boldsymbol{r}_R) = -(\omega)^2 r\boldsymbol{i}_r \tag{5-178}$$

$$\boldsymbol{\omega}\times\boldsymbol{w} = -\omega w_\varphi \boldsymbol{i}_r + \omega w_r \boldsymbol{i}_\varphi \tag{5-179}$$

对于式（5-175），假定相对运动为非定常流动并且选用圆柱坐标系（r，φ，z）时，则为

$$\frac{\partial_R w_r}{\partial t} - \frac{w_\varphi}{r}\left[\frac{\partial(r v_\theta)}{\partial r} - \frac{\partial w_r}{\partial \varphi}\right] + w_Z\left(\frac{\partial w_r}{\partial z} - \frac{\partial w_z}{\partial r}\right) = -\frac{\partial I}{\partial r} + T\frac{\partial S}{\partial r} + \frac{1}{\rho}(\nabla\cdot\boldsymbol{\tau})_r \tag{5-180}$$

$$\frac{\partial_R w_\varphi}{\partial t} + \frac{w_r}{r}\left[\frac{\partial(r v_\theta)}{\partial r} - \frac{\partial w_r}{\partial \varphi}\right] - w_Z\left(\frac{\partial w_z}{r\partial \varphi} - \frac{\partial w_\varphi}{\partial z}\right) = -\frac{\partial I}{r\partial \varphi} + \frac{T}{r}\frac{\partial S}{\partial \varphi} + \frac{1}{\rho}(\nabla\cdot\boldsymbol{\tau})_\varphi \tag{5-181}$$

$$\frac{\partial_R w_z}{\partial t} - w_r\left(\frac{\partial w_r}{\partial z} - \frac{\partial w_z}{\partial r}\right) + w_\varphi\left(\frac{\partial w_z}{r\partial \varphi} - \frac{\partial w_\varphi}{\partial z}\right) = -\frac{\partial I}{\partial z} + T\frac{\partial S}{\partial z} + \frac{1}{\rho}(\nabla\cdot\boldsymbol{\tau})_z \tag{5-182}$$

如果假设相对运动为定常、无黏，则上述 Crocco 动力学方程组又可简化为

$$\frac{\mathrm{d}_R w_r}{\mathrm{d}t} - \frac{(v_\theta)^2}{r} = -\frac{1}{\rho}\frac{\partial p}{\partial r} \tag{5-183}$$

$$\frac{1}{r}\frac{\mathrm{d}_R(r v_\theta)}{\mathrm{d}t} = -\frac{1}{\rho}\frac{\partial p}{r\partial \varphi} \tag{5-184}$$

$$\frac{\mathrm{d}_R w_z}{\mathrm{d}t} = -\frac{1}{\rho}\frac{\partial p}{\partial z} \tag{5-185}$$

式中

$$v_\theta = w_\varphi + \omega r \tag{5-186}$$

$$\theta = \varphi + \omega t \tag{5-187}$$

$$\frac{\mathrm{d}_R}{\mathrm{d}t} = \frac{\partial}{\partial t} + w_r\frac{\partial}{\partial r} + w_\varphi\frac{\partial}{r\partial \varphi} + w_z\frac{\partial}{\partial z} \tag{5-188}$$

如果假设沿 S_2 流面的流动是定常、无黏，借助于式（5-160）~式（5-162），则式（5-180）~式（5-182）可简化为

$$-\frac{w_\varphi}{r}\frac{\bar{\partial}(r v_\theta)}{\partial r} + w_z\left(\frac{\bar{\partial} w_r}{\partial z} - \frac{\bar{\partial} w_z}{\partial r}\right) = -\frac{\bar{\partial} I}{\partial r} + T\frac{\bar{\partial} S}{\partial r} + F_r \tag{5-189}$$

$$\frac{w_r}{r}\frac{\bar{\partial}(r v_\theta)}{\partial r} + \frac{w_z}{r}\frac{\bar{\partial}(r v_\theta)}{\partial z} = F_\varphi \tag{5-190}$$

$$-w_r\left(\frac{\overline{\partial w_r}}{\partial z}-\frac{\overline{\partial w_z}}{\partial r}\right)-\frac{w_\varphi}{r}\frac{\overline{\partial (r v_\theta)}}{\partial z}=-\frac{\overline{\partial I}}{\partial z}+T\frac{\overline{\partial S}}{\partial z}+F_z \tag{5-191}$$

式中，偏导数符号上的横线代表沿流面导数。符号F_r、F_φ与F_z是S_2流面上的叶片力$\boldsymbol{F}_2$沿r、φ与z方向的分量，并且有

$$\boldsymbol{F}_2=\boldsymbol{i}_r F_r+\boldsymbol{i}_\varphi F_\varphi+\boldsymbol{i}_z F_z=-\frac{1}{\rho}\frac{\boldsymbol{n}}{rn_\varphi}\frac{\partial p}{\partial \varphi}=-\frac{1}{r\,n_\varphi}\left(\frac{\partial h}{\partial \varphi}-T\frac{\partial S}{\partial \varphi}\right)\boldsymbol{n} \tag{5-192}$$

在式（5-192）中，符号h代表静焓。由于叶片力$\boldsymbol{F}_2$与S_2流面相垂直，即有

$$\boldsymbol{F}_2\cdot\boldsymbol{w}=F_r w_r+F_\varphi w_\varphi+F_z w_z=0 \tag{5-193}$$

基于流面的定义，则有

$$\boldsymbol{n}\cdot\boldsymbol{w}=0 \tag{5-194}$$

或者

$$n_r w_r+n_\varphi w_\varphi+n_z w_z=w_r\tan\gamma-w_\varphi+w_z\tan\lambda=0 \tag{5-195}$$

由图5-21，引入角σ与角β；注意到速度关系

$$w_r=w_m\sin\sigma=w\cos\beta\sin\sigma \tag{5-196}$$

$$w_\varphi=w\sin\beta \tag{5-197}$$

$$w_z=w_m\cos\sigma=w\cos\beta\cos\sigma \tag{5-198}$$

于是S_2流面方程式（5-195）可写为

$$\tan\gamma\sin\sigma+\tan\lambda\cos\sigma-\tan\beta=0 \tag{5-199}$$

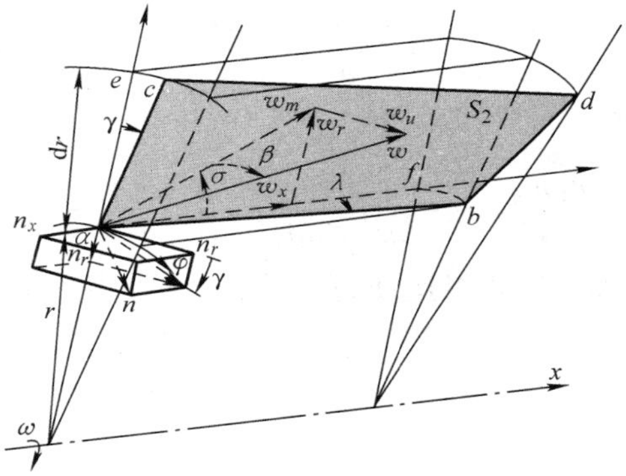

图5-21　S_2流面的形状以及流面角

它是S_2流面方程用角度表达的关系式。另外，借助于径向流面角γ和轴向流面角λ还可以得到叶片力$\boldsymbol{F}_2$分量的如下关系：

$$F_r=\frac{1}{\rho}\frac{\partial p}{r\partial \varphi}\tan\gamma=-F_\varphi\tan\gamma \tag{5-200}$$

$$F_\varphi=-\frac{1}{\rho}\frac{\partial p}{r\partial \varphi} \tag{5-201}$$

$$F_z=\frac{1}{\rho}\frac{\partial p}{r\partial \varphi}\tan\gamma=-F_\varphi\tan\lambda \tag{5-202}$$

此外，对于S_2流面，能量方程为

$$\frac{\mathrm{D}I}{\mathrm{D}t}=w_r\frac{\overline{\partial I}}{\partial r}+w_z\frac{\overline{\partial I}}{\partial z}=0 \tag{5-203}$$

综上所述，在S_2流面的气动方程中，最基本的方程有6个，即动量方程的3个分式［如式（5-189）~式（5-191）］、连续方程［如式（5-166）］、能量方程［如式（5-203）］、叶片力$\boldsymbol{F}_2$与S_2流面的正交关系［如式（5-193）］。对于S_2流

面的正问题（分析问题）来讲，因为这时流面形状是给定的，即给定径向流面角 γ 和轴向流面角 λ，于是便又给出了式（5-200）和式（5-202）。因此，连同最基本的 6 个方程和式（5-200）、（5-202），这样共有 8 个独立方程，含关于 w_r、w_φ、w_z、F_r、F_φ、F_z、转子焓 I 和熵 S 这 8 个未知数，因此该问题便可解。

对于 S_2 流面的反问题（设计问题），如果假定 S_2 流面是连续光滑的曲面，则叶片力 $\boldsymbol{F}_2$ 应满足流面可积性条件，即

$$\boldsymbol{F}_2 = \nabla \times \boldsymbol{F}_2 = 0 \tag{5-204}$$

可以证明[45]：由式（5-204）可推出：

$$\frac{\bar{\partial}}{\partial r}\left(\frac{F_z}{r F_\varphi}\right) = \frac{\bar{\partial}}{\partial z}\left(\frac{F_r}{r F_\varphi}\right) \tag{5-205}$$

或者

$$\frac{\bar{\partial}}{\partial r}\left(\frac{\tan\lambda}{r}\right) = \frac{\bar{\partial}}{\partial z}\left(\frac{\tan\gamma}{r}\right) \tag{5-206}$$

成立。因此，式（5-205）或者式（5-206）就是设计问题时的一个限制条件。在反问题中，除了这个条件之外，还应补充一个条件，例如引入扭向规律、规定切向分速v_θ沿径向分布。这样，对于反问题，仍是 8 个独立方程去求解 8 个未知数。

在即将结束本小节讨论之前，有必要总结一下吴仲华先生在科学技术方面为人类所做出的重大贡献，主要体现在以下三个方面。

1）20 世纪 50 年代初，吴先生相继发表“径向平衡”“通流理论”等多项研究成果，一步步推进了叶轮机械设计理论由简单向精确、由低级向高级的方向发展，并且在此基础上提出了能够全面反映气体运动参量的三维变化，使用任意流片形状和厚度变化的 S_1 和 S_2 两类流面交叉迭代的三元流通用理论。

2）20 世纪 60 年代，吴先生率先将贴体正交曲线网格引入到叶轮机械内部的流场计算。他将张量分析与计算这一数学工具与三元流通用理论进行完美的结合，提出了使用非正交曲线坐标和非正交速度分量 S_1 和 S_2 流面上的基本方程，并在中国科学院工程热物理研究所亲自率领科研团队发展了一整套叶轮机械内部亚声速、跨声速、超声速流动的计算方法，编制了设计问题和分析问题的计算机程序。更为可贵的是，这套程序已成功地用于叶轮机械的气动设计，用于 20 世纪 70 年代引进英国罗 · 罗公司以及斯贝 MK202 型航空发动机的改型设计上。在吴先生的亲自率领下，一支由中国科学院 1978 届和 1979 届研究生为主力的研究团队，成功地将航空涡扇发动机的五级风扇切顶加上了零级即低跨声速压气机级，以增大流量和压比、加大功率。试验表明，加零级后的六级低压压气机的效率达到了 88% 的设计值[47]。正是由于这些大量的工程实践与试验测量结果，丰富与完善了数值方法与所编制的源程序。

3）吴先生在 20 世纪 80 年代对能源的利用，提出了“按照能量品味的高低进

行梯级利用”的科学用能原则与策略[214]，这对指导我国燃气轮机循环系统的设计，尤其是发展洁净煤利用的 IGCC（即 integrated gasification combined cycle）与多联产技术提供了强有力的指导与分析工具。对于吴先生在科学技术领域所取得的重大成果，这里仅选取部分与本章相关的内容。另外，在接下来要讨论的第 5.3.3 小节和第 5.3.4 小节里，主要是讨论吴先生提出并大力倡导的使用非正交曲线坐标和非正交速度分量去求解沿流面流动的流场计算问题，着重讨论 S_2 流面跨声速流动时的势函数方程和流函数方程的数值解法。

这里还十分有必要说明一下通常 S_1 流面和 S_2 流面流动问题中，半测地坐标系的选取、度规系数与角速度逆变分量的计算以及沿流面流动时连续方程的形式问题。对于这几个基本问题，虽然十分重要，但在国内外目前出版的相关著作与教材中却很难见到这方面的详细表述。

在图 5-22a 中，给出了叶栅中 S_1 流面和 S_2 流面的相互相交的立体图。对于 S_1 流面，在该流面上取 Gauss（高斯）坐标系（x^1，x^2），它张在流面上如图 5-22b 所示，而 x^3 垂直于 S_1 流面，这样便构成了半测地坐标系（x^1，x^2，x^3）。另外，S_1 流面族所在的三维欧氏空间或黎曼空间中的三维坐标系，在图 5-22b 中被取为三维直角笛卡儿坐标（y^1，y^2，y^3）。令 g_{ij} 代表（x^1，x^2，x^3）三维空间的协变度量张量，$a_{\alpha\beta}$ 是（x^1，x^2）坐标面上的协变度量张量，并且分别有

$$g_{ij}=\frac{\partial y^k}{\partial x^i}\frac{\partial y^k}{\partial x^j}=\boldsymbol{e}_i\cdot\boldsymbol{e}_j=g_{ji}(i、j=1\sim3) \tag{5-207}$$

$$a_{\alpha\beta}=\frac{\partial y^k}{\partial x^\alpha}\frac{\partial y^k}{\partial x^\beta}=\boldsymbol{e}_\alpha\cdot\boldsymbol{e}_\beta=a_{\beta\alpha}(\alpha、\beta=1\sim2) \tag{5-208}$$

令 x^1 和 x^2 坐标间的夹角为 θ_{12}，于是有

$$g_{12}=g_{21}=a_{12}=a_{21}=\boldsymbol{e}_1\cdot\boldsymbol{e}_2=\sqrt{a_{11}}\sqrt{a_{22}}\cos\theta_{12} \tag{5-209}$$

对于半测地坐标系（x^1，x^2，x^3）来讲，如果 x^3 取为法向测地线的弧长 S，于是有[215]

$$g_{33}=1,\ g_{13}=g_{23}=g_{31}=g_{32}=0 \tag{5-210}$$

$$g_{\alpha\beta}=a_{\alpha\beta},\ g^{\alpha\beta}=a^{\alpha\beta} \tag{5-211}$$

$$g=\begin{vmatrix} g_{11} & g_{12} & g_{13}\\ g_{21} & g_{22} & g_{23}\\ g_{31} & g_{32} & g_{33}\end{vmatrix}=\begin{vmatrix} g_{11} & g_{12} & 0\\ g_{21} & g_{22} & 0\\ 0 & 0 & g_{33}\end{vmatrix} \tag{5-212}$$

$$a=\begin{vmatrix} a_{11} & a_{12}\\ a_{21} & a_{22}\end{vmatrix}=a_{11}a_{22}\sin^2\theta_{12} \tag{5-213}$$

$$g=g_{11}g_{22}g_{33}\sin^2\theta_{12} \tag{5-214}$$

令半测地坐标系（x^1，x^2，x^3）的局部标架为（$\boldsymbol{e}_1$，$\boldsymbol{e}_2$，$\boldsymbol{e}_3$），其共轭局部标架为（$\boldsymbol{e}^1$，$\boldsymbol{e}^2$，$\boldsymbol{e}^3$），于是有

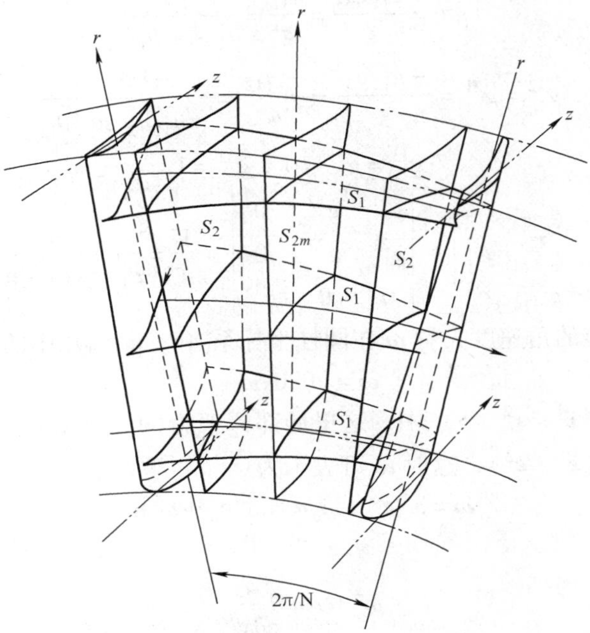

a)

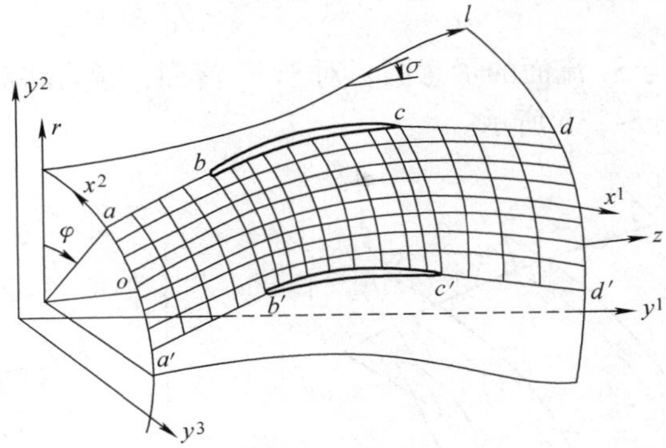

b)

图 5-22　S_1 与 S_2 流面的构成以及张在 S_1 流面上的 x^1 与 x^2 坐标

$$\boldsymbol{e}^i = \frac{\boldsymbol{e}_j \times \boldsymbol{e}_k}{\sqrt{g}} \tag{5-215}$$

$$g^{ij} = \boldsymbol{e}^i \cdot \boldsymbol{e}^j = g^{ji} \tag{5-216}$$

$$g^{11} = \frac{g_{22}g_{33}}{g} = \frac{a_{22}}{a} = \frac{1}{a_{11}\sin^2\theta_{12}} \tag{5-217}$$

$$g^{22} = \frac{g_{11}g_{33}}{g} = \frac{a_{11}}{a} = \frac{1}{a_{22}\sin^2\theta_{12}} \tag{5-218}$$

$$g^{12} = g^{21} = \frac{-g_{12}g_{33}}{g} = \frac{-a_{12}}{a} = \frac{-\cos\theta_{12}}{\sqrt{a_{11}a_{22}}\sin^2\theta_{12}} \tag{5-219}$$

$$g^{13} = g^{31} = 0\ ,\ g^{33} = 1 \tag{5-220}$$

$$\begin{vmatrix} g^{11} & g^{12} & g^{13} \\ g^{21} & g^{22} & g^{23} \\ g^{31} & g^{32} & g^{33} \end{vmatrix} = \begin{vmatrix} g^{11} & g^{12} & 0 \\ g^{21} & g^{22} & 0 \\ 0 & 0 & g^{33} \end{vmatrix} = \frac{1}{g} = \frac{1}{g_{11}g_{22}g_{33}\sin^2\theta_{12}} \tag{5-221}$$

另外，令叶轮旋转的角速度矢量 $\boldsymbol{\omega}$ 在圆柱坐标系（r，φ，z）中的表达式为

$$\boldsymbol{\omega} = [0,0,\omega] \tag{5-222}$$

在半测地坐标系（x^1，x^2，S）中，这里局部标架为($\boldsymbol{e}_1$，$\boldsymbol{e}_2$，$\boldsymbol{n}$)，而($\boldsymbol{e}_1$，$\boldsymbol{e}_2$）的共轭局部标架为（$\boldsymbol{e}^1$，$\boldsymbol{e}^2$），这时 $\boldsymbol{\omega}$ 可表示为

$$\boldsymbol{\omega} = \omega_\alpha \boldsymbol{e}^\alpha + \omega_3 \boldsymbol{n} = \omega^\alpha \boldsymbol{e}_\alpha + \omega^3 \boldsymbol{n} \tag{5-223}$$

因而有

$$\omega^\alpha = \omega a^{\alpha\beta}\frac{\partial z}{\partial x^\beta} \tag{5-224}$$

$$\omega^3 = \boldsymbol{\omega}\cdot\boldsymbol{n} = \frac{1}{\sqrt{a}}\boldsymbol{\omega}\cdot(\boldsymbol{e}_1 \times \boldsymbol{e}_2) = \frac{\omega}{\sqrt{a}}\frac{\partial(r,\varphi)}{\partial(x^1,x^2)} \tag{5-225}$$

图 5-23a 所示为 S_1 与 S_2 流面的示意图，对于 S_2 流面，常常将高斯坐标 x^1 与 x^2 选取在子午面上，如图 5-23b 所示。

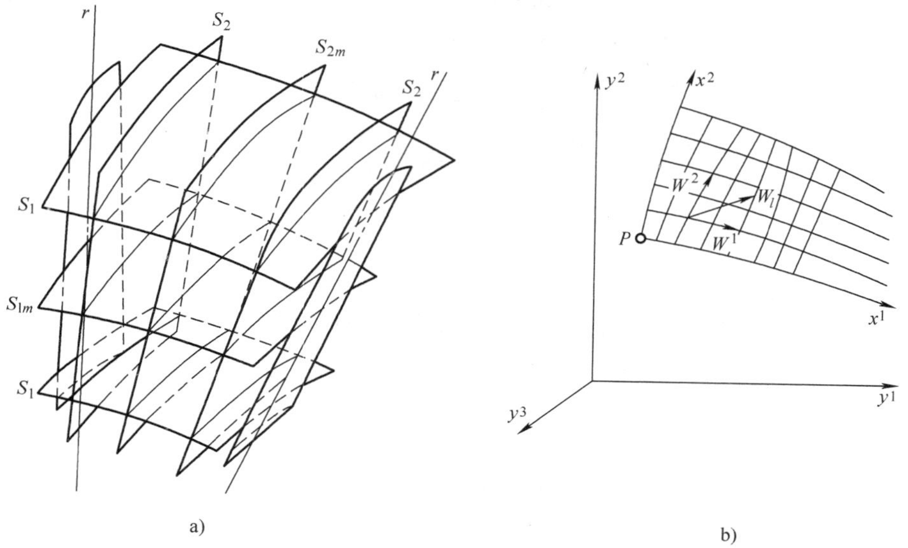

图 5-23　S_1 与 S_2 流面的示意图以及用子午面上的 x^1 与 x^2 坐标描述 S_2 流面

令（y^1，y^2，y^3）为笛卡儿坐标系，于是有

$$\boldsymbol{R}=y^1\boldsymbol{i}+y^2\boldsymbol{j}+y^3\boldsymbol{k} \tag{5-226}$$

引入圆柱坐标系（r，φ，z），有

$$\begin{cases} y^1=r\cos\varphi \\ y^2=r\sin\varphi \\ y^3=z \end{cases} \tag{5-227}$$

如果选取（$\widetilde{x}^1$，$\widetilde{x}^2$）=（r，z）作为曲面高斯坐标系，而曲面形状的方程表示为

$$\varphi=\varphi(r,z)=\varphi(\widetilde{x}^1,\widetilde{x}^2) \tag{5-228}$$

于是在（$\widetilde{x}^1$，$\widetilde{x}^2$）坐标系中的度量张量为

$$\widetilde{a}_{11}=\frac{\partial y^i}{\partial \widetilde{x}^1}\frac{\partial y^i}{\partial \widetilde{x}^1}=1+r^2\left(\frac{\partial\varphi}{\partial r}\right)^2 \tag{5-229}$$

$$\widetilde{a}_{22}=\frac{\partial y^i}{\partial \widetilde{x}^2}\frac{\partial y^i}{\partial \widetilde{x}^2}=1+r^2\left(\frac{\partial\varphi}{\partial z}\right)^2 \tag{5-230}$$

$$\widetilde{a}_{12}=\frac{\partial y^i}{\partial \widetilde{x}^1}\frac{\partial y^i}{\partial \widetilde{x}^2}=r^2\frac{\partial\varphi}{\partial r}\frac{\partial\varphi}{\partial z} \tag{5-231}$$

$$\widetilde{a}=\widetilde{a}_{11}\widetilde{a}_{22}-(\widetilde{a}_{12})^2=1+\left(r\frac{\partial\varphi}{\partial r}\right)^2+\left(r\frac{\partial\varphi}{\partial z}\right)^2 \tag{5-232}$$

对于 S_2 流面，如果取（$\widetilde{x}^1$，$\widetilde{x}^2$）=（r，z）作为高斯坐标系，这时 S_2 流面形状的方程表示为式（5-228），这时曲面的度量张量用式（5-229）~式（5-232）表示；如果取（x^1，x^2）为任意的高斯坐标系，并且它与（$\widetilde{x}^1$，$\widetilde{x}^2$）有如下关系：

$$\begin{cases} r=\widetilde{x}^1=r(x^1,x^2) \\ z=\widetilde{x}^2=z(x^1,x^2) \end{cases} \tag{5-233}$$

因此在新的坐标系（x^1，x^2）下，其度量张量$a_{\alpha\beta}$可由如下张量变换规律确定：

$$\begin{cases} a_{\alpha\beta}=\widetilde{a}_{\alpha'\beta'}\dfrac{\partial \widetilde{x}^{\alpha'}}{\partial x^{\alpha}}\dfrac{\partial \widetilde{x}^{\beta'}}{\partial x^{\beta}} \\ \sqrt{a}=\sqrt{\widetilde{a}}\dfrac{\partial(\widetilde{x}^1,\widetilde{x}^2)}{\partial(x^1,x^2)}=\sqrt{\widetilde{a}}\dfrac{\partial(r,z)}{\partial(x^1,x^2)} \end{cases} \tag{5-234}$$

其中$\widetilde{a}_{\alpha'\beta'}$和$\sqrt{a}$由式（5-229）~式（5-232）给出。

另外，对于 S_2 流面由式（5-228），注意到式（5-233），于是有

$$\begin{cases} \dfrac{\partial\varphi}{\partial x^1}=\dfrac{\partial\varphi}{\partial r}\dfrac{\partial r}{\partial x^1}+\dfrac{\partial\varphi}{\partial z}\dfrac{\partial z}{\partial x^1} \\ \dfrac{\partial\varphi}{\partial x^2}=\dfrac{\partial\varphi}{\partial r}\dfrac{\partial r}{\partial x^2}+\dfrac{\partial\varphi}{\partial z}\dfrac{\partial z}{\partial x^2} \end{cases} \tag{5-235}$$

并注意用式（5-235），得

$$\frac{\partial(r,\varphi)}{\partial(x^1,x^2)}=\frac{\partial\varphi}{\partial z}\frac{\partial(r,z)}{\partial(x^1,x^2)} \tag{5-236}$$

于是借助于式（5-236），则式（5-224）和式（5-225）变为

$$\begin{cases} \omega^{\alpha} = \omega\, a^{\alpha\beta} \dfrac{\partial z}{\partial x^{\beta}} \\ \omega^{3} = \dfrac{r\omega}{\sqrt{a}} \dfrac{\partial \varphi}{\partial z} \dfrac{\partial(r,z)}{\partial(x^{1},x^{2})} \end{cases} \tag{5-237}$$

式（5-237）就是 S_2 流面计算时，角速度 $\boldsymbol{\omega}$ 的逆变分量的表达式。

下面推导沿 S_1 流面与 S_2 流面的连续方程。在半测地线坐标系（x^1，x^2，x^3）中，令x^1坐标线与x^2坐标线张在流面上；沿流面曲线坐标x^3可表示为x^1和x^2的函数

$$x^3 = x^3(x^1, x^2) \tag{5-238}$$

q 为沿流面任一参数，它仅为坐标x^1和x^2的函数，即

$$q = q[x^1, x^2, (x^1, x^2)] \tag{5-239}$$

于是 q 沿流面的偏导数分别为[47,175,215]

$$\begin{cases} \dfrac{\overline{\partial q}}{\partial x^{1}} = \dfrac{\partial q}{\partial x^{1}} - \dfrac{n_1}{n_3} \dfrac{\partial q}{\partial x^{3}} \\ \dfrac{\overline{\partial q}}{\partial x^{2}} = \dfrac{\partial q}{\partial x^{2}} - \dfrac{n_2}{n_3} \dfrac{\partial q}{\partial x^{3}} \end{cases} \tag{5-240}$$

式中，偏导数符号上的横线表示该参数 q 沿流面的偏导数；n_1、n_2、n_3 代表流面上任一点处单位法矢量的分量。由定常流的连续方程

$$\frac{\partial(\sqrt{g}\rho w^{1})}{\partial x^{1}} + \frac{\partial(\sqrt{g}\rho w^{2})}{\partial x^{2}} + \frac{\partial(\sqrt{g}\rho w^{3})}{\partial x^{3}} = 0 \tag{5-241}$$

或者

$$\frac{\partial(\sqrt{g}\rho w^{i})}{\partial x^{i}} = 0 \ (i = 1 \sim 3) \tag{5-242}$$

式中，w^i 为相对速度 $\boldsymbol{w}$ 的逆变分量；另外，在流面上，任一参数 q 沿任一流线对时间的全导数可表示为

$$\frac{\mathrm{d}q}{\mathrm{d}t} = w^{1} \frac{\overline{\partial q}}{\partial x^{1}} + w^{2} \frac{\overline{\partial q}}{\partial x^{2}} \tag{5-243}$$

令

$$\frac{\mathrm{d}\ln\tilde{\tau}}{\mathrm{d}t} \equiv \frac{n_1}{n_3} \frac{\partial w^{1}}{\partial x^{3}} + \frac{n_2}{n_3} \frac{\partial w^{2}}{\partial x^{3}} + \frac{\partial w^{3}}{\partial x^{3}} \tag{5-244}$$

将式（5-241）的前两项普通导数用式（5-240）的沿流面导数更换并注意使用连续方程进行并项与简化，而后引入关于 $\tilde{\tau}$ 的定义式（5-244）并注意使用式（5-243），于是式（5-241）可变为

$$\frac{\overline{\partial}(\sqrt{g}\tilde{\tau}\rho w^{1})}{\partial x^{1}} + \frac{\overline{\partial}(\sqrt{g}\tilde{\tau}\rho w^{2})}{\partial x^{2}} = 0 \tag{5-245}$$

式中，w^1 和 w^2 为 $\boldsymbol{w}$ 的逆变分量。式（5-245）便是沿 S_1 流面的连续方程。

对于 S_2 流面，这时 x^1 和 x^2 张在子午面上，因此沿流面 S_2 的任一参数 q，它对 S_2 流面的偏导数分别为

$$\begin{cases}\dfrac{\overline{\partial} q}{\partial x^1}=\dfrac{\partial q}{\partial x^1}-\dfrac{n_1}{n_3}\dfrac{\partial q}{\partial x^3}\\[2ex]\dfrac{\overline{\partial} q}{\partial x^2}=\dfrac{\partial q}{\partial x^2}-\dfrac{n_2}{n_3}\dfrac{\partial q}{\partial x^3}\end{cases}\tag{5-246}$$

式中，n_1、n_2、n_3 代表 S_2 流面上任一点处单位法矢量 $\boldsymbol{n}$ 的分量，并且这里半测地坐标系的 x^3 坐标，它的基矢量应该与子午面垂直。对于 S_2 流面，注意到

$$\frac{\mathrm{d}q}{\mathrm{d}t}=w^1\frac{\overline{\partial} q}{\partial x^1}+w^2\frac{\overline{\partial} q}{\partial x^2}\tag{5-247}$$

类似于 S_1 流面中式（5-245）的推导过程，可得关于 S_2 流面的连续方程，即

$$\frac{\overline{\partial}(\sqrt{g}\widetilde{\tau}\rho w^1)}{\partial x^1}+\frac{\overline{\partial}(\sqrt{g}\widetilde{\tau}\rho w^2)}{\partial x^2}=0\tag{5-248}$$

式中，$\widetilde{\tau}$ 满足：

$$\frac{\mathrm{d}\ln\widetilde{\tau}}{\mathrm{d}t}\equiv\frac{n_1}{n_3}\frac{\partial w^1}{\partial x^3}+\frac{n_2}{n_3}\frac{\partial w^2}{\partial x^3}+\frac{\partial w^3}{\partial x^3}\tag{5-249}$$

式中，n_1、n_2、n_3 是对于 S_2 流面的法向单位矢量。这里要指出，表面上式（5-245）与式（5-248）以及式（5-244）与式（5-249）的形式分别相同，但由于它们对应的流面不同，前者为 S_1，后者为 S_2，各自选取的半测地坐标系不同，前者在 S_1 流面时，坐标 x^1 与 x^2 张在流面上；后者在 S_2 流面时，坐标 x^1 与 x^2 张在子午面上，因此各类流面 $\widetilde{\tau}$ 的含义也就不同[46]。

5.3.3　跨声速 S_2 流面势函数方程的人工可压缩性迭代解法

1. $\Phi-\rho-\Gamma$ 迭代

选取非正交曲线相对坐标系（x^1，x^2，x^3），其中 x^1 与 x^2 取在子午面上，并取 x^3 沿 φ 方向时，在等熵、相对运动为定常和绝对运动为无旋的情况下，沿 S_2 流面的连续方程为

$$\frac{\overline{\partial}}{\partial x^\alpha}(\widetilde{\tau}\rho\sqrt{g}w^\alpha)=0\ (\alpha=1,2)\tag{5-250}$$

由无旋流假设引入势函数 Φ，它满足

$$\nabla\Phi=\boldsymbol{v}=\boldsymbol{w}+\boldsymbol{\omega}\times\boldsymbol{r}\tag{5-251}$$

能量方程

$$I = h + \frac{1}{2}\boldsymbol{w} \cdot \boldsymbol{w} - \frac{1}{2}(\omega r)^2 = \text{const}\ (\text{沿流线}) \tag{5-252}$$

设相对流面在相对坐标系中的方程为

$$\widetilde{S}(r,\varphi,z)=0 \tag{5-253}$$

令 $\boldsymbol{n}$ 为流面的法向单位矢量，于是 $\boldsymbol{n}$ 必与$\nabla\widetilde{S}$ 平行，而且相对 $\boldsymbol{w}$ 必与 $\boldsymbol{n}$ 正交，即

$$n_r W_r + n_\varphi W_\varphi + n_z W_z = 0 \text{ 或} n_r w^r + r n_\varphi w^\varphi + n_z w^z = 0 \tag{5-254}$$

式中，W_r、W_φ、W_z 为 $\boldsymbol{w}$ 的协变物理分量；w^r、w^φ、w^z为 $\boldsymbol{w}$ 的逆变分量。另外，$\boldsymbol{w}$ 也应与$\nabla\widetilde{S}$ 正交，即在实用上，常将 S_2 流面的几何形状方程表达成显式，即

$$\varphi=\varphi(r,z) \tag{5-255}$$

或者

$$\widetilde{S}(r,\varphi,z)=\varphi-\varphi(r,z)=0 \tag{5-256}$$

故有

$$\frac{\partial\widetilde{S}}{\partial r}=\frac{-\overline{\partial}\varphi}{\partial r},\frac{\partial\widetilde{S}}{\partial\varphi}=1,\frac{\partial\widetilde{S}}{\partial z}=\frac{-\overline{\partial}\varphi}{\partial z} \tag{5-257}$$

令 $\mathrm{d}\boldsymbol{\sigma}$ 是 S_2 流面的切矢量

$$\mathrm{d}\boldsymbol{\sigma}=\boldsymbol{i}_r\mathrm{d}r+\boldsymbol{i}_\varphi r\mathrm{d}\varphi+\boldsymbol{i}_z\mathrm{d}z \tag{5-258}$$

由于 $\mathrm{d}\boldsymbol{\sigma}$ 与$\nabla\widetilde{S}$ 正交，于是有

$$\frac{\partial\widetilde{S}}{\partial r}\mathrm{d}r+\frac{\partial\widetilde{S}}{\partial\varphi}\mathrm{d}\varphi+\frac{\partial\widetilde{S}}{\partial z}\mathrm{d}z=0 \tag{5-259}$$

借助于式（5-257），则式（5-259）变为

$$W'_\varphi=r\left(W'_r\frac{\overline{\partial}\varphi}{\partial r}+W'_z\frac{\overline{\partial}\varphi}{\partial z}\right) \tag{5-260}$$

或者

$$w^\varphi=w^r\frac{\overline{\partial}\varphi}{\partial r}+w^z\frac{\overline{\partial}\varphi}{\partial z} \tag{5-261}$$

式中，W'_r、W'_φ和 W'_z 为 $\boldsymbol{w}$ 的协变物理分量；w^r、w^φ和 w^z 为 $\boldsymbol{w}$ 的逆变分量。通常，式（5-260）和式（5-261）称为 S_2 流面的流面关系式。令 $\Gamma\equiv r\,v_\theta$，并注意到

$$\frac{\partial\Phi}{\partial\varphi}=\frac{\partial\Phi}{\partial\theta}=\Gamma \tag{5-262}$$

可得到 S_2 流面上势函数的普通导数与流面导数之间的相互关系为

$$\frac{\overline{\partial}\Phi}{\partial x^\alpha}=\frac{\partial\Phi}{\partial x^\alpha}+\frac{\partial\varphi}{\partial x^\alpha}\Gamma \tag{5-263}$$

由于

$$w^i=g^{ij}\frac{\partial\Phi}{\partial x^j}(i,j=1\sim2)$$

于是有

$$\frac{\overline{\partial}}{\partial x^1}\left(\tilde{c}_1\rho\frac{\overline{\partial\Phi}}{\partial x^1}+\tilde{c}_2\rho\frac{\overline{\partial\Phi}}{\partial x^2}-\tilde{c}_3\rho\right)+\frac{\overline{\partial}}{\partial x^2}\left(\tilde{c}_4\rho\frac{\overline{\partial\Phi}}{\partial x^1}+\tilde{c}_5\rho\frac{\overline{\partial\Phi}}{\partial x^2}-\tilde{c}_6\rho\right)=0 \tag{5-264}$$

式中

$$\tilde{c}_1=\tau g^{11}\sqrt{g},\ \tilde{c}_2=\tilde{c}_4=\tau g^{12}\sqrt{g},\ \tilde{c}_5=\tau g^{22}\sqrt{g} \tag{5-265}$$

$$\tilde{c}_3=\tau\Gamma\sqrt{g}\left(g^{11}\frac{\partial\varphi}{\partial x^1}+g^{12}\frac{\partial\varphi}{\partial x^2}\right) \tag{5-266}$$

$$\tilde{c}_6=\tau\Gamma\sqrt{g}\left(g^{12}\frac{\partial\varphi}{\partial x^1}+g^{22}\frac{\partial\varphi}{\partial x^2}\right) \tag{5-267}$$

式（5-264）就是 S_2 流面上全守恒型势函数方程，它是用来迭代求解势函数 Φ 的主方程。在 S_2 正问题中，τ、$\partial\varphi/\partial x^1$、$\partial\varphi/\partial x^2$ 三个量是已知的，而 ρ 和 Γ 可以用上一次迭代得到的 Φ 值计算，由式（5-252）和式（5-260）以及等熵关系可分别得到 ρ 与 Γ 的表达式，即

$$\rho=\rho_I\left\{1-\frac{1}{2I}\left[(w)^2-(\omega r)^2\right]\right\}^{\frac{1}{\gamma-1}} \tag{5-268}$$

$$\Gamma=r^2\left(\omega+w^1\frac{\partial\varphi}{\partial x^1}+w^2\frac{\partial\varphi}{\partial x^2}\right) \tag{5-269}$$

其中，ρ_I为气体焓值等于 I 时某一参考状态的 ρ 值。w、逆变物理分速 W^1 和 W^2 的表达式分别为

$$(w)^2=(\omega r)^2+(W^1)^2+(W^2)^2+2W^1W^2\cos\theta_{12}+\left(\frac{\Gamma}{r}\right)^2-2\omega\Gamma \tag{5-270}$$

$$W^1=\sqrt{g_{11}}w^1=\sqrt{g_{11}}\left(g_{11}\frac{\partial\Phi}{\partial x^1}+g^{12}\frac{\partial\Phi}{\partial x^2}\right) \tag{5-271}$$

$$W^2=\sqrt{g_{22}}w^2=\sqrt{g_{22}}\left(g^{21}\frac{\partial\Phi}{\partial x^1}+g^{22}\frac{\partial\Phi}{\partial x^2}\right) \tag{5-272}$$

式（5-264）、式（5-268）和式（5-269）便构成了一个完整的迭代求解给定 S_2 流面上等熵跨声速流的方程组。求解时需用 Φ、ρ 和 Γ 三个量的迭代，这里称之为 $\Phi-\rho-\Gamma$迭代。当有超声速区域存在时，式（5-264）中的 ρ 值要用人工密度代替[189,193]。

2. 差分格式和边界条件

在 x^1 方向取 $i=1\sim M$，在 x^2 方向取 $j=1\sim N$，并且取 $\Delta x^1=\Delta x^2=1$，因此式（5-264）、式（5-268）和式（5-269）分别可用半点中心差分离散化[193]，主方程式（5-264）变为

$$\left[\tilde{c}_1\rho\frac{\overline{\partial\Phi}}{\partial x^1}+\tilde{c}_2\rho\frac{\overline{\partial\Phi}}{\partial x^2}-\tilde{c}_3\rho\right]_{i+\frac{1}{2},j}-\left[\tilde{c}_1\rho\frac{\overline{\partial\Phi}}{\partial x^1}+\tilde{c}_2\rho\frac{\overline{\partial\Phi}}{\partial x^2}-\tilde{c}_3\rho\right]_{i-\frac{1}{2},j}$$
$$+\left[\tilde{c}_4\rho\frac{\overline{\partial\Phi}}{\partial x^1}+\tilde{c}_5\rho\frac{\overline{\partial\Phi}}{\partial x^2}-\tilde{c}_6\rho\right]_{i,j+\frac{1}{2}}-\left[\tilde{c}_4\rho\frac{\overline{\partial\Phi}}{\partial x^1}+\tilde{c}_5\rho\frac{\overline{\partial\Phi}}{\partial x^2}-\tilde{c}_6\rho\right]_{i,j-\frac{1}{2}}=0 \tag{5-273}$$

求解上述方程组的边界条件如图 5-24 所示。

上、下游边界 AB、CD 分别取在转子的上、下游两倍左右弦长处，该处的径向分速取为零。在 AB 上给定滞止压强、滞止温度、进气角和质量流量。在 CD 上给定出气角或气流周向分速的径向分布。然后运用简单径向平衡条件，求出进、出口边界面上的气流速度的径向分布以及求解微分方程式（5-264）所需要的第二类边界条件。边界 BC 和 AD 是固体壁面，在其上可应用流动相切条件，即 $w^2=0$。这一条件可由式（5-274）和式（5-275）来体现：

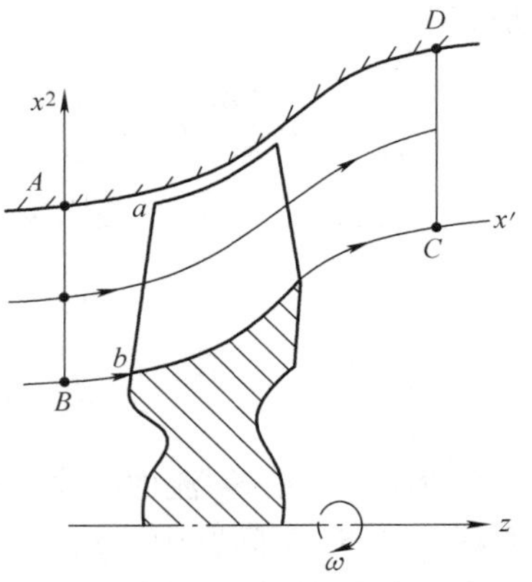

图 5-24　S_2 流面上的求解域 $ABCD$

$$(\widetilde{\tau\rho\sqrt{g}w^2})_{i,J+\frac{1}{2}} = -(\tau\rho\sqrt{g}w^2)_{i,J-\frac{1}{2}} \tag{5-274}$$

$$(\widetilde{\tau\rho\sqrt{g}w^2})_{i\pm\frac{1}{2},J} = 0 \tag{5-275}$$

式中，$J=1$ 或 N。将式（5-274）和式（5-275）代入式（5-273）便可得到已嵌进壁边界条件的边界网点上主方程的差分形式。

3. 典型算例

典型算例选取了德国 DFVLR 单级跨声速轴流式压气机转子的最高效率点试验工况进行验算。进行 S_2 计算时，计算网格为 63×11，其中叶间 31 站，上游 17 站，下游 15 站。当全场收敛标准取全场相对气流 M 数的最大相对改变量 $\varepsilon<0.4\times10^{-3}$ 时，在 UNIVAC1100 机上计算 S_2 流场只用 7min。计算所用的边界条件是：质量流量为 17.3kg/s，转速为 20260r/min，来流滞止温度为 288.2K，滞止压强为 101600N/m^2，下游出气边界由试验数据给定 v_θ 的分布。借助于中心 S_2 流面的计算，图 5-25 所示为相对马赫数等值线在子午面上的投影，图中 a、b、c、d 四条点画线分别代表 89%、68%、45% 和 18% 叶高截面。这个结果与参考文献［204］中的激光测速试验结果基本吻合，计算得到的激波位置比试验确定的滞后 2～3 个网格。尤其值得注意的是，通过激波时流面形状和各流动变量都发生了陡峭的变化，如图 5-26 所示。由该图可以看到：通过激波时流线明显地折向了激波面。图 5-27 所示为中心 S_2 流面上等 M 线的分布，由该图可以明显地看出通过激波的突跃。另外，由图 5-28 也可以看到通过激波时 S_1 流片厚度所发

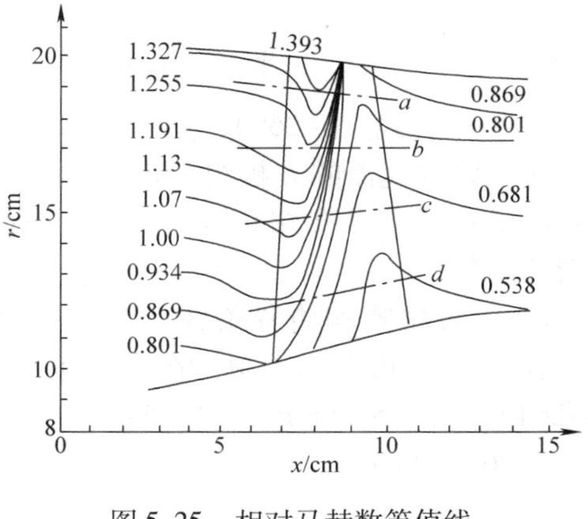

图 5-25　相对马赫数等值线的分布曲线（DFVLR 转子）

生的突变。参考文献［216］中给出了更多有关中心 S_2 流面跨声速势函数方程的计算结果。

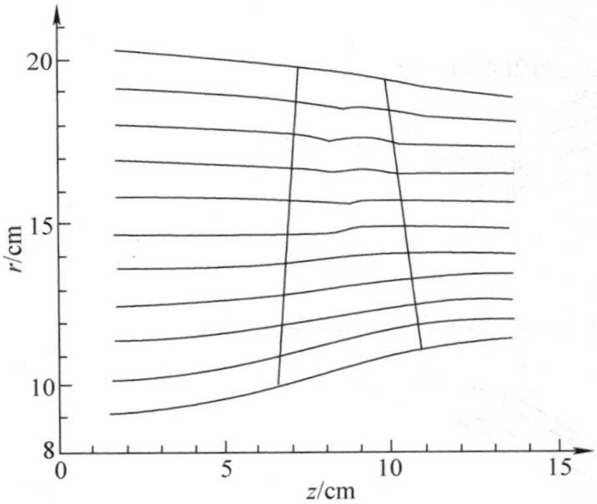

图 5-26　中心 S_2 流面（S_{2m}）上流线在子午面上的投影

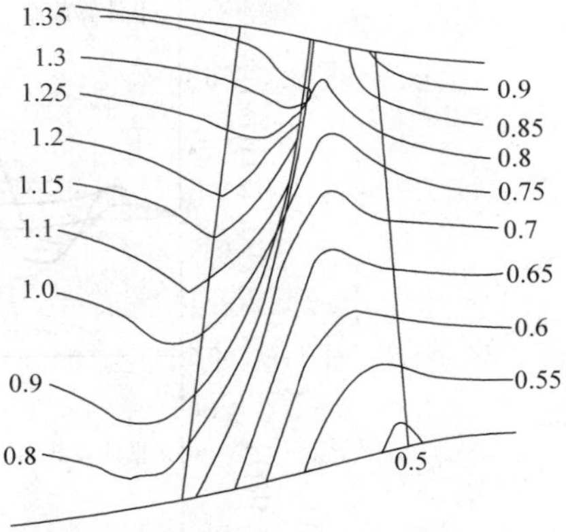

图 5-27　中心 S_2 流面的等 Ma 线分布曲线

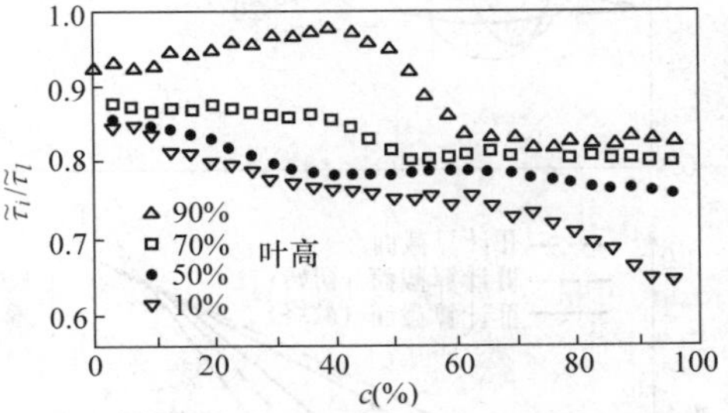

图 5-28　几个典型叶高处 S_1 流面相对径向厚度的轴向分布

5.3.4　跨声速 S_2 流面正、反问题的流函数解

与等熵势函数方法相比，跨声流函数方法可以考虑沿流线熵以及旋度的变化，这就使得 S_2 流面的计算结果更加贴近真实的流动。通常，使用两类流面迭代求解叶轮机械三元内部流动的问题，常会遇到正问题与反问题两大类。仅就 S_2 流面的流函数方法而言，S_2 流面流函数方法的反问题计算在国内外都开展的较为广泛。在国内，参考文献［22，217］就是两篇很优秀的文章。对于跨声速 S_2 反问题，需要输入流片厚度 $\tilde{\tau}$ 和角动量 $V_\theta r$ 的变化。作为例子，这里给出中心 S_2 流面流片厚度 $\tilde{\tau}$ 和角动量 $V_\theta r$ 沿轴向的分布如图 5-29 和图 5-30 所示。

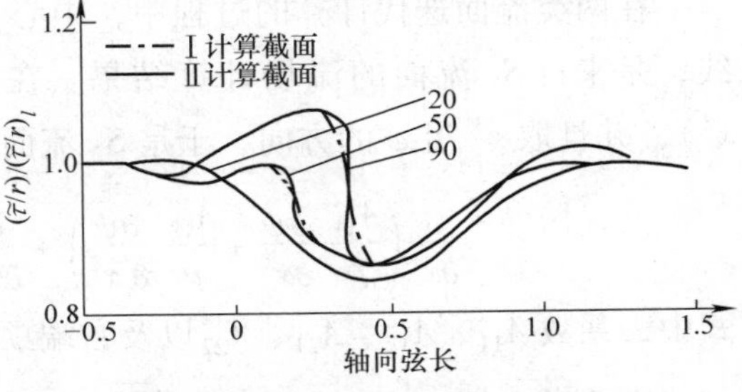

图 5-29　流片厚度 $\tilde{\tau}$ 的输入值沿轴向的分布

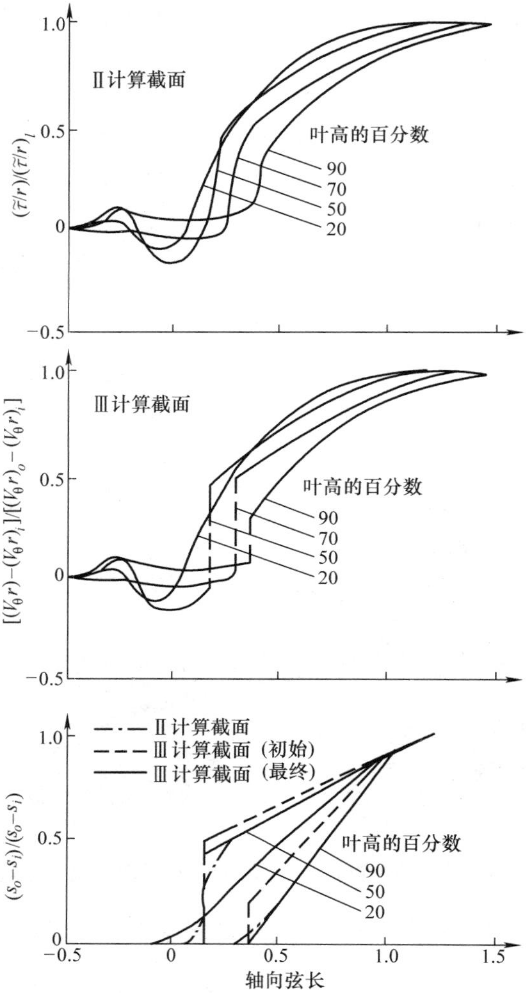

图 5-30　$V_\theta r$ 的输入值沿轴向的分布

在两类流面迭代计算的过程中，中心 S_2 流面所需输入的 $\tilde{\tau}$ 分布和 $V_\theta r$ 分布曲线，是来自 S_1 流面的流场计算结果。在子午面上，选取非正交曲线坐标（x^1，x^2），并且取 x^3 沿 φ 的方向，于是 S_2 流面的流函数主方程为

$$\frac{\bar{\partial}}{\partial x^1}\left(\frac{A_{11}}{\rho}\frac{\bar{\partial}\psi}{\partial x^1}+\frac{A_{12}}{\rho}\frac{\bar{\partial}\psi}{\partial x^2}\right)+\frac{\bar{\partial}}{\partial x^2}\left(\frac{A_{21}}{\rho}\frac{\bar{\partial}\psi}{\partial x^1}+\frac{A_{22}}{\rho}\frac{\bar{\partial}\psi}{\partial x^2}\right)=C \tag{5-276}$$

式中，系数 A_{11}、A_{12}、A_{21}、A_{22} 以及右端项 C 分别定义为

$$A_{11}=\frac{\sqrt{a_{22}}}{\tilde{\tau}\sqrt{a_{11}}\sin\theta_{12}}, A_{12}=\frac{-\cos\theta_{12}}{\tilde{\tau}\sin\theta_{12}}=A_{21} \tag{5-277}$$

$$A_{22}=\frac{\sqrt{a_{11}}}{\widetilde{\tau}\ \sqrt{a_{22}}\sin\theta_{12}} \tag{5-278}$$

$$C=\frac{\sqrt{a_{11}}}{W^1}\left[\frac{-w_\varphi}{r}\frac{\overline{\partial}}{\partial x^2}(v_\theta r)+\frac{\overline{\partial} I}{\partial x^2}-T\frac{\overline{\partial} S}{\partial x^2}-f_2\right] \tag{5-279}$$

$$f_2=\frac{\overline{\partial}\varphi}{\partial x^2}\left[\frac{W^1}{\sqrt{a_{11}}}\frac{\overline{\partial}}{\partial x^1}(v_\theta r)+\frac{W^2}{\sqrt{a_{22}}}\frac{\overline{\partial}}{\partial x^2}(V_\theta r)\right] \tag{5-280}$$

其中，W^1 与 W^2 分别代表相对速度 $\boldsymbol{w}$ 在坐标 x^1 与 x^2 上的逆变物理分量[47]。参考文献［22，217］中的数值计算表明，当子午面速度小于声速时，求解 S_2 流面反问题的流函数主方程属于椭圆方程，采用线松弛求解方法不会遇到困难。图 5-31 所示为中心 S_2 流面反问题数值计算与试验测量值的比较。

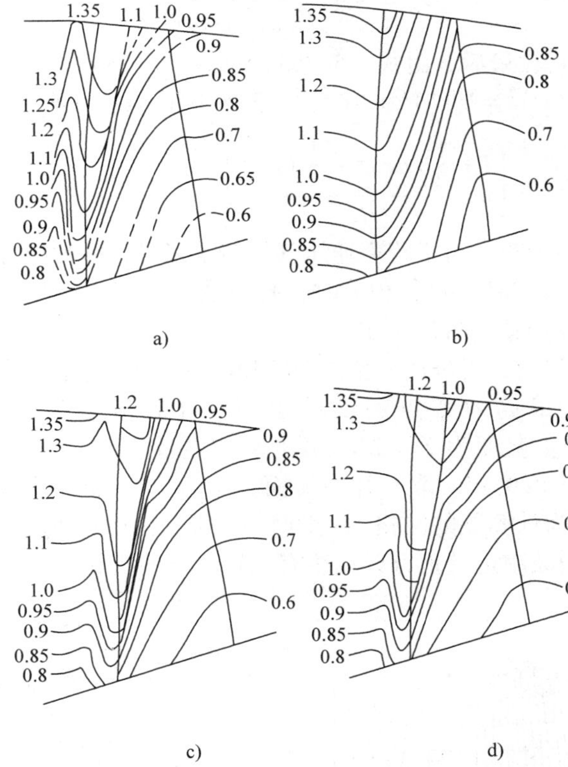

图 5-31　中心 S_2 流面上等马赫线的分布与试验测量的比较

a）试验值　b）计算值（Ⅰ截面）　c）计算值（Ⅱ截面）　d）计算值（Ⅲ截面）

这里的输入流片厚度 $\widetilde{\tau}$ 和角动量 $v_\theta r$ 的分布分别采用图 5-29 和图 5-30 所示的曲线。这里计算的算例仍是 DFVLR 的那个总压比为 1.51 的跨声速压气机转子[204]。由图 5-29 的计算结果可以看出，不同的 $\widetilde{\tau}$ 与 $v_\theta r$ 的分布，对 S_{2m}流面上等马赫线的分布影响很大。另外，在 S_2 流面反问题的计算中，只要子午面速度不超声，流函数主方程就不是混合型方程，这时由流函数场去求解密度场时也就不会出现密度双值问题。只有当子午速度超过声速时，才会有双值问题出现。

对于 S_2 流面的正问题，只要相对速度 $|\boldsymbol{w}|$ 超过声速，就会出现密度的双值问题。这时，可用我们在跨声速 S_1 流面计算中已成功使用的一些方法[179-181]。首先由速度梯度方程，即

$$\frac{\bar{\partial}}{\partial x^2}(\sqrt{a_{11}}W^1)=-\frac{\bar{\partial}}{\partial x^2}(\sqrt{a_{11}}\cos\theta_{12}W^2)+\frac{\bar{\partial}}{\partial x^1}[(W^1\cos\theta_{12}+W^2)\sqrt{a_{22}}]+C \tag{5-281}$$

其中符号 C 的含义同式（5-279）。

沿 x^2 方向对式（5-281）进行积分，以确定逆变物理分速 W^1 的分布；然后由

$$W^2=-W^1\frac{\sqrt{a_{22}}\partial\psi/\partial x^1}{\sqrt{a_{11}}\partial\psi/\partial x^2} \tag{5-282}$$

得到物理分速 w^2；最后，由式（5-283）和式（5-284）

$$(w)^2=(W^1)^2+(W^2)^2+2W^1W^2\cos\theta_{12}+W_\varphi^2 \tag{5-283}$$

$$\rho=\rho_{i^0}\left[\frac{I+\frac{1}{2}(\omega r)^2-\frac{1}{2}(w)^2}{H_i}\right]^{\frac{1}{\gamma-1}}\exp[S^*-S_i^*] \tag{5-284}$$

确定出全场 ρ 和 w 的分布。对于跨声速压气机转子来讲，叶片根部流动一般是亚声速流动，所以对式（5-281）进行积分时，起始线可以选在动叶根部，并且起始线上的 ρ 和 w 值可用亚声速的方法确定。

对于 S_2 流面正问题，仍可选取德国 DFVLR 单级跨声速轴流式压气机转子进行计算。计算仍选定最高效率点的试验工况，这时流量为 17.3kg/s，转速为 20260r/min，来流滞止温度为 288.2K，滞止密度为 1.203kg/m³，来流进口 $v_\theta r$ 为 0，出口 $v_\theta r$ 按照试验值给定。取叶片中弧面为中心 S_2 流面，前后空段沿流线 $v_\theta r$ 不变。图 5-32 所示为计算域的网格图，图 5-33 所示为中心 S_2 流面上的子午流线的分布，在大致为激波附近的地方，流线有比较明显的折转。

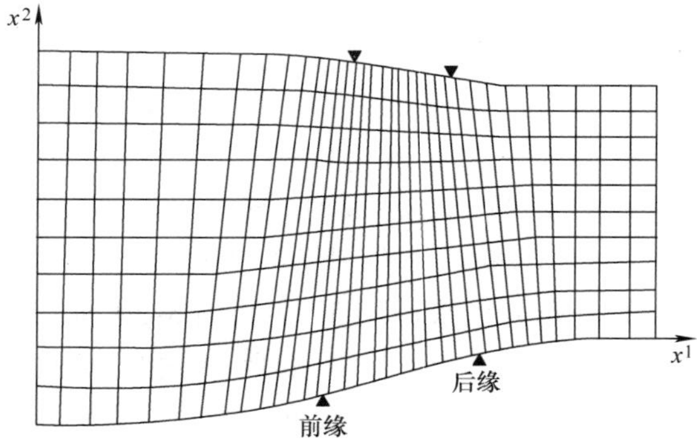

图 5-32　计算域的网格图

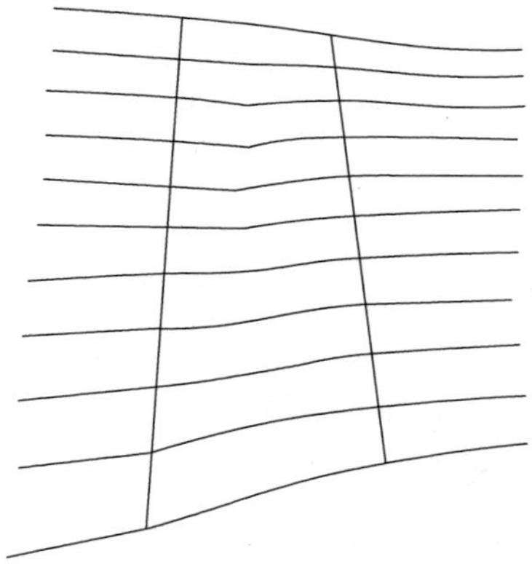

图 5-33　中心 S_2 流面上的子午流线

5.4　两类流面跨声速准三元的迭代解

用一个中心 S_2 流面和几个 S_1 流面交替迭代的三元流设计方法是吴仲华先生早在 20 世纪 50 年代建立的“三元流通用理论”中的重要内容之一，这种方法早已广泛地用在英国、美国、法国、中国等国的航空发动机公司的产品设计中。正是由于这方面的素材太丰富了，所以本节仅挑选在吴仲华先生的亲自率领下，中国科学院工程热物理研究所团队所完成的两个典型算例：一个是 CAS 压气机转子的跨声速 S_1 与 S_2 流面的准三元解，另一个是 DFVLR 压气机转子的跨声速 S_1 与 S_2 流面的准三元解。

5.4.1　CAS 典型算例

为了进一步分析压气机内三维流场的特征与校验吴仲华先生的三元流理论，中国科学院工程热物理研究所和沈阳航空发动机公司联合设计与制造了一台研究跨声速流动的单级轴流式压气机（简称 CAS 压气机）[218]。该压气机的设计参数：流量为 61kg/s，转子叶尖切线速度为 400m/s，轮毂比为 0.4，级压比为 1.5，绝热效率为 85%，并要求有足够的喘振裕度和抗畸变能力。为获取该转子的气动性能，中国科学院工程热物理研究所团队在吴仲华先生的亲自率领下，用双焦点激光测速仪（L2F）详细测量了该转子在 0.6～0.9 设计转速下的转子内流场，图 5-34 所示为该压气机子午流道形状及测量点的位置。对于 0.6 和 0.7 设计转速时的工况，为高亚声速流场；在 0.8 和 0.9 设计转速时工况下，转子通道内流场出现了局部超声速区域，其叶尖马赫数分别为 1.08 和 1.18，激光测量点选在了最高效率点附近。图 5-35 所示为 0.8 工况时两个叶高截面（第⑧个与第⑩个截面）处 S_1 流面上的等马赫数分布以及与 L2F 激光测量数据的比较；图 5-36 所示为 0.9 工况时，S_2 流面上的等马赫线分布与 L2F 激光测量数据的比较。由图 5-35 和图 5-36 可以看到，计算与测量数据大体上符合较好。对于这两个工况下更多的计算结果与分析可参阅参考文献［219］。

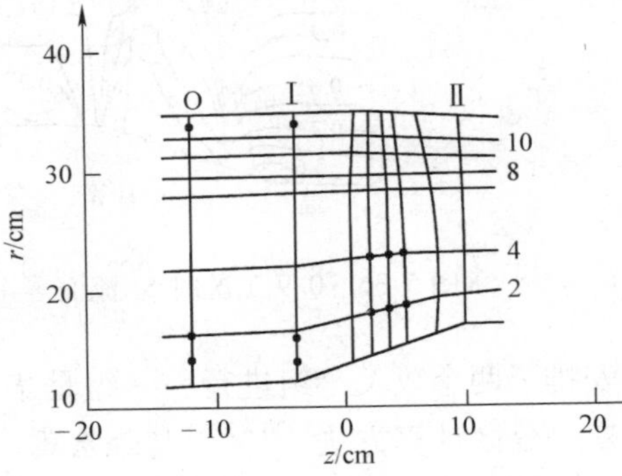

图 5-34　子午流道及测量点的位置

5.4.2　DFVLR 典型算例

在吴仲华先生的直接率领下，对德国 DFVLR 流场采取两类流面的准三元迭代

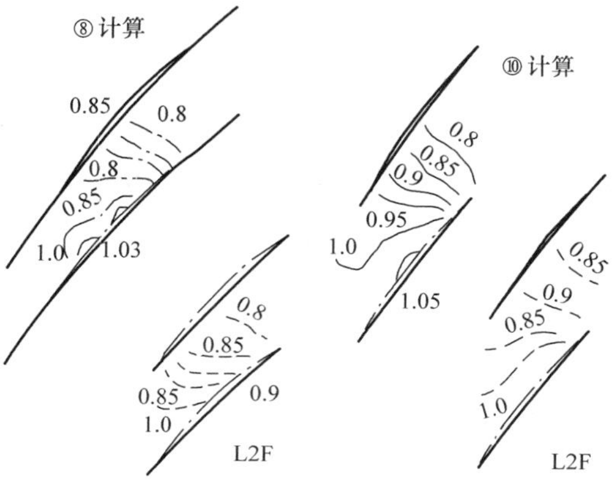

图 5-35　0.8 工况时 S_1 流面等 M 线分布与激光测量数据的比较

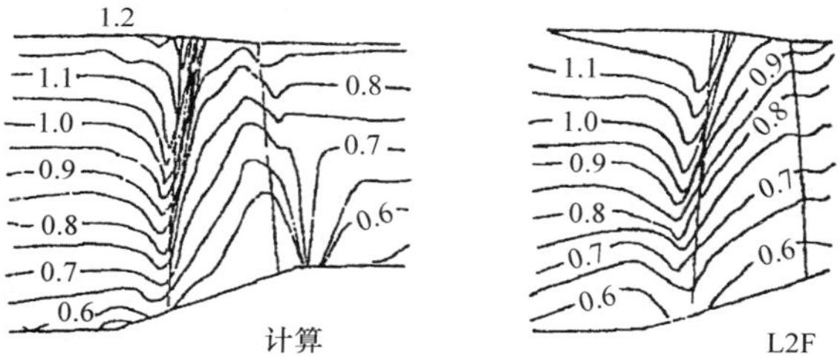

图 5-36　0.9 工况时 S_2 流面等 M 线分布与激光测量数据的比较

解曾安排了两个攻关小组进行：一组是华耀南、王保国、黄小燕等人的 S_1 流面激波捕获一分区计算方法[220-226]与陈宏冀、王正明等人的含激波 S_2 流面反问题的间断解法[217]相配合，使得 S_1 流面的计算能够较精确地为 S_2 流面的计算提供流片厚度 $\tilde{\tau}$ 和角动量 $v_\theta r$ 的分布，以便使 S_2 的计算更贴近工程实际；另一组是赵晓路、王正明、张家麟、陈宏冀等分别进行的 S_1 流面跨声速流函数法[227,228]与 S_2 流面反问题流场线松弛解法[22]所构成的一类迭代方法并进行三元流场的跨声速势函数解法[229]与两类流面迭代方法之间的比较。对于上述这些两类流面的详细迭代过程，在参考文献［46］中吴先生本人已做了较完整的归纳与总结，因此本小节不再赘述，这里仅给出 DFVLR 算例采用 S_1 流面分区计算时准三元迭代时的某些结果。

德国 DFVLR 试验用的压气机转子，其基本数据：设计滞止压比为 1.51，流量为 17.3kg/s，转速为 20260r/min，叶片数为 28，叶片前缘顶部直径为 339mm，轮毂比为 0.5，转子叶片由 MCA 叶型构成。S_1 流面分区计算，在参考文献［170］的第 49 ~ 第 60 页中有详述。计算时，沿叶高取了 7 个 S_1 流面和一个中心 S_2 流面；在 S_1 流面的计算中，通道波前用特征线法，栅前外伸弓形波采用自动伸展，图 5-37所示为栅前周期性条件实现的典型流动模型，由于采取了激波自动伸展技术去生成栅前脱体曲线激波，这就使得这里的处理不同于参考文献［230］。通道激波后跨声速区域或亚声速区域的计算采用了我们自己编制的跨声速流函数法程序[180,181,220,222]；Rankine – Hugoniot 条件用于调整通道激波的形状，并且完成两区之前的关联。图 5-38 所示为通道激波后流场的计算域，图 5-39 所示为调整槽道激波的形状与放大图（这里调整前为 2 号波，调整后为 1 号波），图 5-40 所示为 DCA2 – 8 – 10 叶栅采用分区计算后得到的全场等马赫线分布图。图 5-41 所示为 DFVLR 单级跨声速轴流式压气机转子内的三个流面Ⅰ、Ⅱ、Ⅲ，给出了它们与 68%、89%、100% 叶高截面的比较，两者差别不太大，所以可以参照参考文献［204］的试验数据。图 5-42 所示为 S_1 流面计算时需要输入的流片厚度 $\tilde{\tau}$ 的分布曲线。图 5-43 所示为流面Ⅰ、Ⅲ上沿三条流线［10%（虚线）、50%（点画线）、90%（实线）］时 $v_\theta r$、Ma 和角 β 的分布。图 5-44 所示

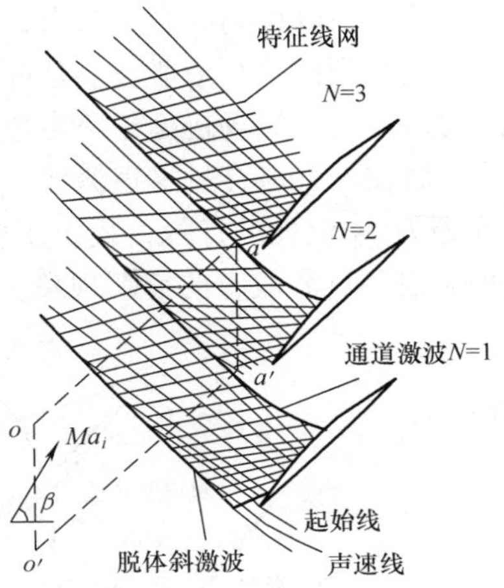

图 5-37　栅前激波的自动伸展技术

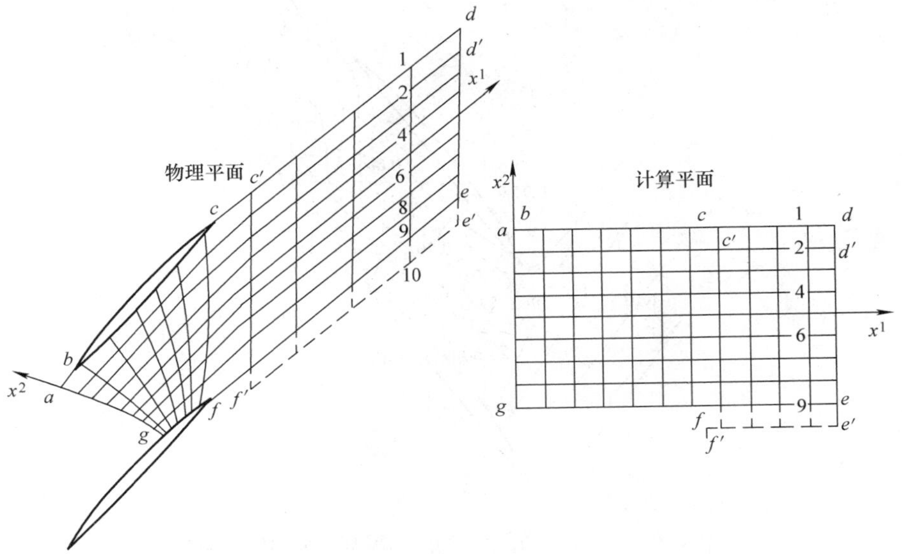

图 5-38　计算域的物理平面和计算平面

为第Ⅲ流面上叶面马赫数的分布，图 5-45 所示为这个流面槽道激波后的流线分布以及被捕获到的又一道激波。从叶面马赫数分布曲线图上也可以清楚地看到：气流穿过通道波后，流场仍处于跨声速状态，通道波后叶面又出现一个波峰，之后形成又一道激波，气流穿过这道激波时要再次发生参数的突跃和流动的折转。另外，图 5-46 还为 S_2 流面的计算，提供了所需的输入数据。由这张图已清楚地显示出流片厚度τ_2 在穿过激波时的突跃现象。

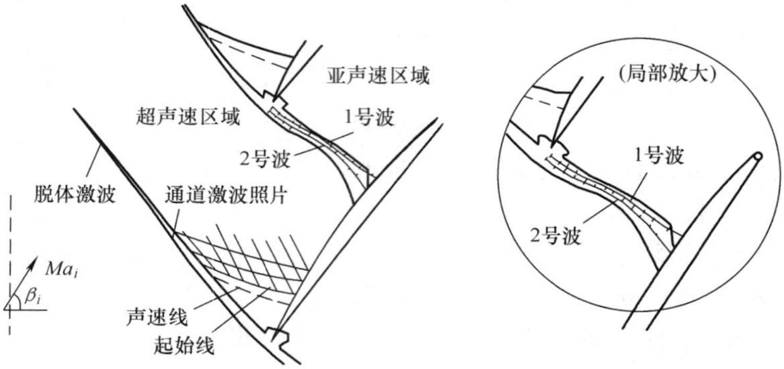

图 5-39　调整前后槽道激波的形状

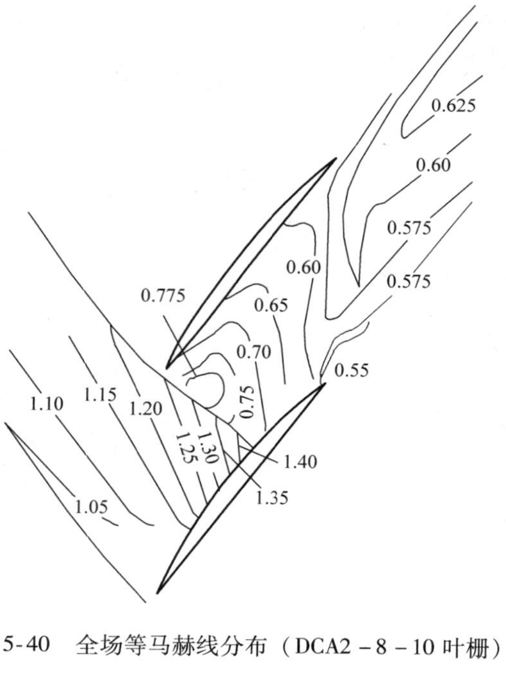

图 5-40　全场等马赫线分布（DCA2 - 8 - 10 叶栅）

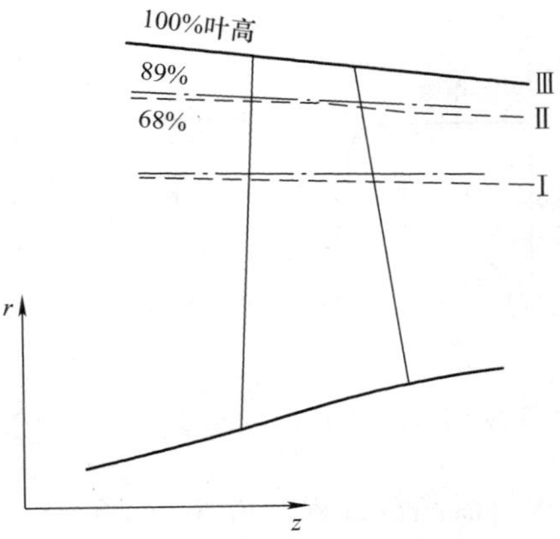

图 5-41　流面Ⅰ、Ⅱ、Ⅲ与叶高截面的比较

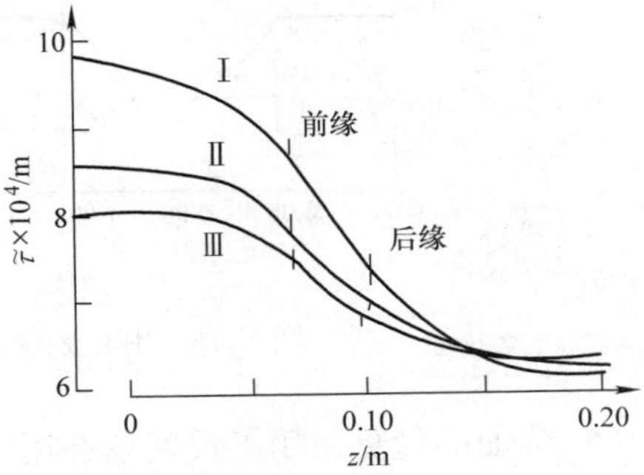

图 5-42　S_1 流面计算时需要输入的流片厚度

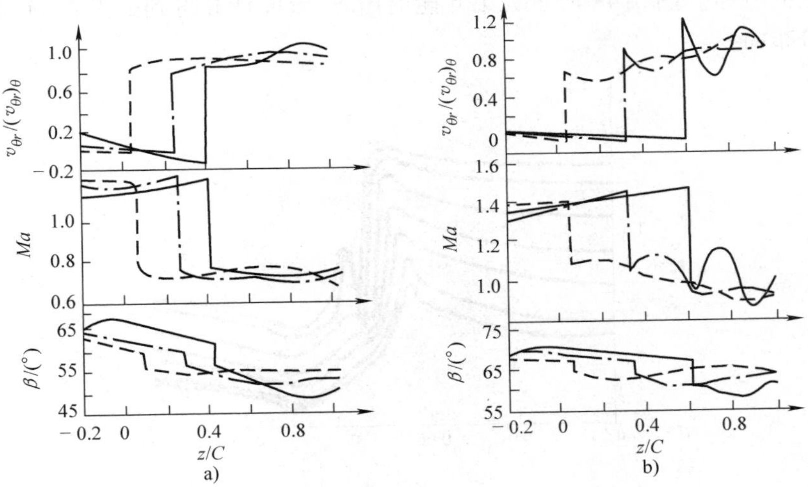

图 5-43

a）流面Ⅰ上，$v_\theta r$、Ma、β 沿流线的分布　b）流面Ⅲ上，$v_\theta r$、Ma、β 沿流线的分布

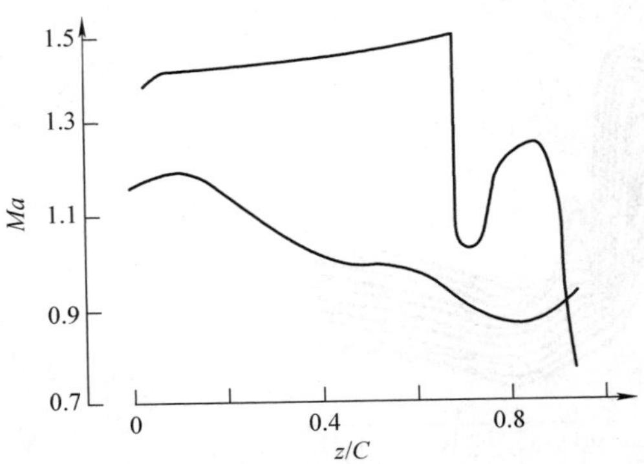

图 5-44　流面Ⅲ上叶面马赫数的分布

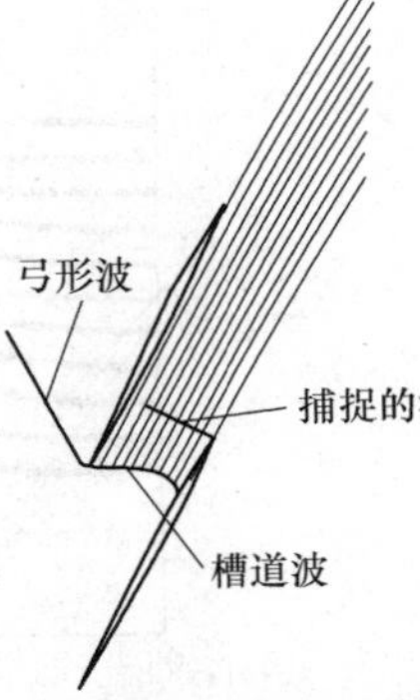

图 5-45　流面Ⅲ上槽道波后的流场以及捕捉到的激波

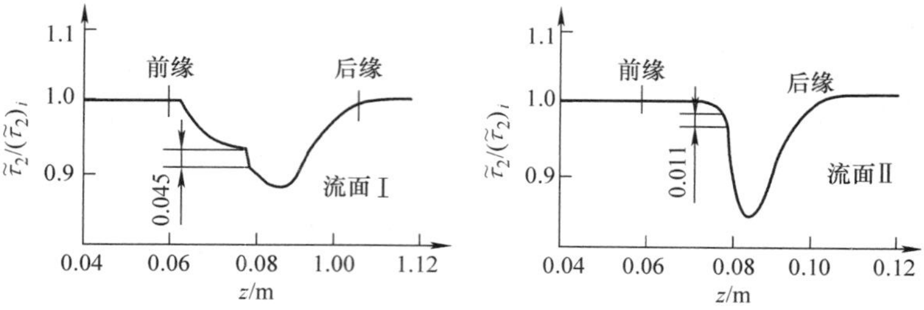

图 5-46　中心流线上通道激波处$\widetilde{\tau}_2$ 的突跃现象

S_2 流面的计算采用了反问题并用线松弛法求解流函数方程获得 S_2 流场；S_1 与 S_2 流面之间的迭代共进行了 6 轮，图 5-47 所示为第 6 轮时七个 S_1 流面上沿中心流线马赫数的分布。图 5-48 所示为第 6 轮时由 S_2 流面计算得到的沿着 11 条流线马赫数的分布曲线。

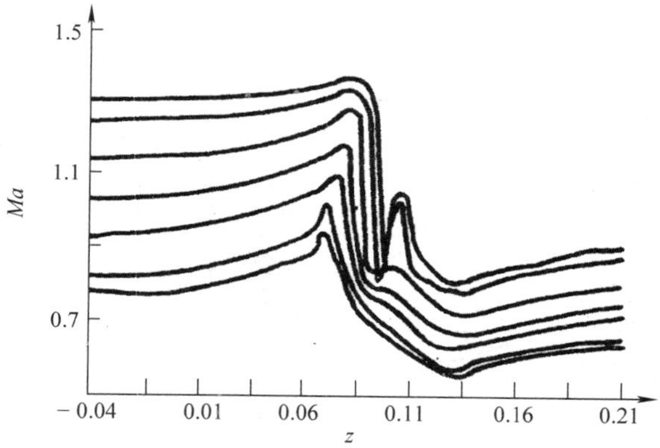

图 5-47　七个 S_1 流面中心流线上马赫数的分布（第 6 轮）

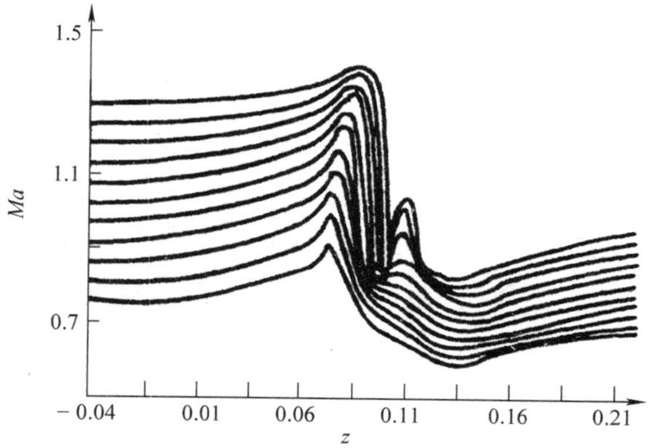

图 5-48　中心 S_2 流面上沿着 11 条流线马赫数的分布（第 6 轮）

如果采用

$$\left| \left(Ma_{S_1}^{(n)} - Ma_{S_2}^{(n)} \right) / Ma_{S_1}^{(n)} \right|_{\max} < \varepsilon \tag{5-285}$$

作为收敛判据。式中上角标 n 为迭代轮数，下角标 S_1 和 S_2 分别表示 S_1 流面和中心 S_{2m} 流面的计算结果经过 6 轮迭代之后，便达到了 5.6% 的精度。图 5-49 所示为最后一轮迭代时叶片压力面、中心 S_2 流面、叶片吸力面的等马赫数分布曲线，所得结果较贴近激光测量值。另外，参考文献［231］还给出了 S_1 流面不分区计算时，采用 S_1 与 S_2 迭代求解 DFVLR 压气机转子中跨声速流动的准三元迭代解，可供感兴趣者参考。

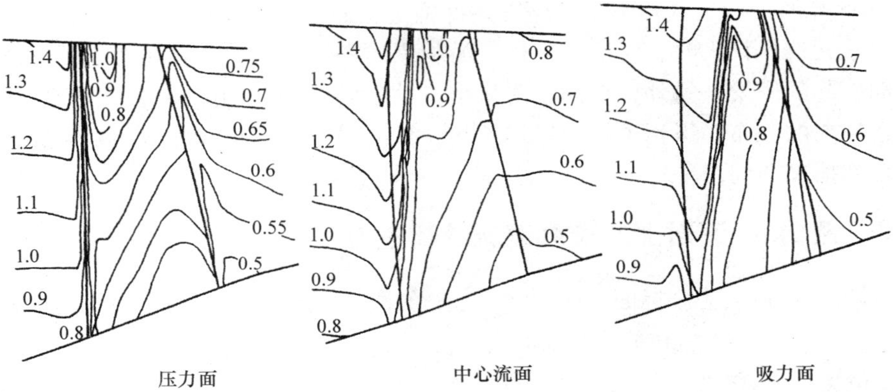

图 5-49　叶片压力面、中心 S_2 流面、叶片吸力面的等马赫数分布曲线

在结束本小节讨论之际，扼要总结一下采用分区 S_1 计算和实施准三元迭代时，我们所采取的以下四项措施：

1）进口气流高马赫数时，采用了 S_1 流面跨声速流场的分区解法。

2）S_1 流面与 S_2 流面计算时，加熵需要一致。

3）两轮迭代中，相互传递的参数应该注意适当地松弛。

4）计算时还需要加入适当的流量修正系数，并且还要计入边界层的影响。

5.5　两类流面跨声速全三元的迭代解

在吴仲华先生的率领下，全三元迭代解团队，大致上可分成两大组：一组是汪庆恒、吴文权、朱根兴、李卫红、葛满初等[232,233]对高亚声速流场的全三元迭代计算；另一组是赵晓路、秦立森等对 CAS 压气机转子跨声速流场 S_1 与 S_2 流面的全三元迭代计算[234,235]。对于上述吴仲华团队的工作，吴先生在参考文献［46］中已做过全面的总结。因此，本节仅对 CAS 跨声速流场问题的全三元迭代略作讨论。

5.5.1 跨声速两类流面全三元迭代框图及边条的处理

两类流面全三元迭代的过程，这里不妨以 6 个翘曲 S_1 流面和 7 个 S_2 流面为例，如图 5-50 所示。在全三元迭代中，如何恰当地给出翘曲 S_1 流面的上下游边界条件乃是一个进一步研究的课题。对于翘曲的 S_1 流面，其上下游边界通常是不满足周期性边界条件[236]。计算分析可以发现：当轴流式压气机 S_1 流面翘曲量不大时，为简化计算，在前后缘上下游很小一个区域上使用第一类边界条件，其他区域则仍采用周期边界条件。另外，流场出口处的气体状态则使用试验测量值。此外，S_1 流面计算的下游出气角不是由库塔条件确定，而是由 S_2 流面计算所提供。

全三元迭代计算时，考虑了气体上游积累的黏性效应，并且还考虑了气体通过激波而引起的熵增。另外，借助于测量出口站上的滞止压力p_0和滞止温度 T_0 以及扭矩在径向的分布，得到了转子平均效率，算出熵增沿叶高的分布。这一熵增值反映了全部损失的周向平均值。

5.5.2 翘曲 S_1 流面上的跨声速流函数主方程

取翘曲 S_1 流面为坐标面，即 x^1 与 x^2 张在 S_1 流面上，x^3 取为 $\boldsymbol{r}$ 方向，如图 5-51 所示。令 x^1、x^2、x^3 的基矢量分别为 $\boldsymbol{e}_1$、$\boldsymbol{e}_2$、$\boldsymbol{e}_3$；令 $\boldsymbol{i}_r$、$\boldsymbol{i}_z$、$\boldsymbol{i}_\varphi$分别为（r，φ，z）系中的单位矢量，有

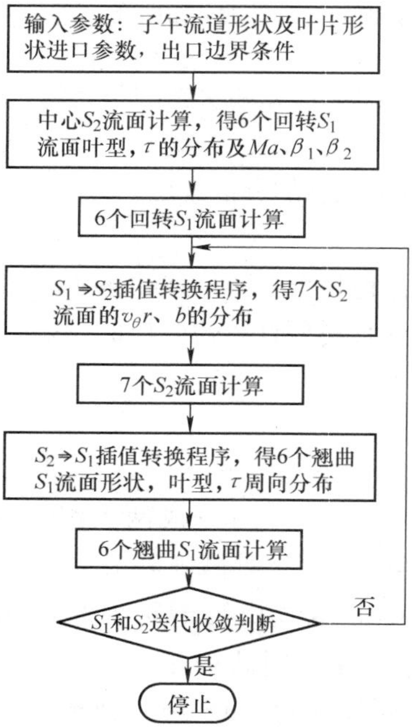

图 5-50　两类流面全三元迭代

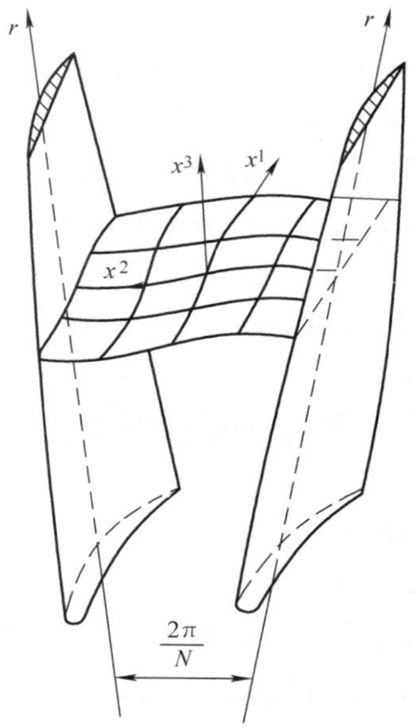

图 5-51　任意翘曲 S_1 流面的坐标系

$$\boldsymbol{e}_1 = \frac{\partial r}{\partial x^1}\boldsymbol{i}_r + \frac{\partial z}{\partial x^1}\boldsymbol{i}_z + r\frac{\partial \varphi}{\partial x^1}\boldsymbol{i}_\varphi \tag{5-286}$$

$$\boldsymbol{e}_2 = \frac{\partial r}{\partial x^2}\boldsymbol{i}_r + \frac{\partial z}{\partial x^2}\boldsymbol{i}_z + r\frac{\partial \varphi}{\partial x^2}\boldsymbol{i}_\varphi \tag{5-287}$$

$$\boldsymbol{e}_3 = \frac{\partial r}{\partial \psi_1}\boldsymbol{i}_r,\ \frac{\partial r}{\partial \psi_1} = \tau_r \tag{5-288}$$

在这个坐标系下，翘曲 S_1 流面上跨声速流动的流函数主方程为

$$\begin{aligned}&\frac{\partial}{\partial x^1}\left(\frac{g_{22}}{\tilde{\rho}\sqrt{g}}\frac{\partial \psi}{\partial x^1} - \frac{g_{12}}{\tilde{\rho}\sqrt{g}}\frac{\partial \psi}{\partial x^2}\right) + \frac{\partial}{\partial x^2}\left(\frac{g_{11}}{\tilde{\rho}\sqrt{g}}\frac{\partial \psi}{\partial x^2} - \frac{g_{12}}{\tilde{\rho}\sqrt{g}}\frac{\partial \psi}{\partial x^1}\right)\\ &= 2\omega\cos(\boldsymbol{n},\boldsymbol{i}_r)\sqrt{\frac{\partial(z,\varphi)}{\partial(x^1,x^2)}} + \frac{1}{W^1}\left(\frac{\partial I}{\partial x^2} - T\frac{\partial S}{\partial x^2}\right)\end{aligned} \tag{5-289}$$

其中$\tilde{\rho}$为人工密度，其表达式为

$$\tilde{\rho} = \rho - \tilde{\mu}\rho_S\Delta\tilde{S},\ \tilde{\mu} = \max\left[0, C\left(1 - \frac{1}{Ma^2}\right)\right] \tag{5-290}$$

引入人工密度后，便可使用中心差分格式对主方程式（5-289）离散，离散后获得的非线性方程组可采用 *LU* 分解法快速求解。另外，采用速度积分法确定速度场和密度场的分布[227,228,180]。通常，采用上述速度积分法时，积分起始线选在叶栅槽道所划网络的中线上[236,183]。

5.5.3　两类流面全三元迭代的部分数值结果

在吴仲华先生的直接率领下，两类流面全三元迭代工作，选取了 CAS 压气机转子在 0.9 倍设计转速下的跨声速流场。对于这个工况，中国科学院工程热物理研究所组织了由房宗义、章南山、宋耀祖、强德甫等人组成的双焦点激光测量团队，在吴先生的亲自安排下，他们做了十分细致的测量工作[237]，这就为两类流面的全三元迭代工作搭建了坚实的校验平台。在 0.9 倍设计转速下，该转子的流量为 55.6kg/s、压比为 1.427，效率为 0.92，转速为 10026r/min，S_1 流面的最高进口马赫数为 1.18。图 5-52 所示为从叶片根部到顶部沿着叶高按流量均分的 11 个翘曲 S_1 流面中的六个流面（第 1 个、第 3 个、第 5 个、第 7 个、第 9 个和第 11 个）上的相对马赫数等值线图。

由这些图可以清楚地看出，上游来流 *M* 数在叶片根部为 0.6，在叶片顶部已达到 1.25 左右。另外，在根部第 1 个和第 2 个流面上，在进口处气流全部为亚声速；在第 3 ~ 第 5 个流面上，大都为亚声速，仅在前缘附近出现局部的超声速；从第 6 个流面开始，全部流场为超声速流动。此外，通道激波和脱体激波最初是从第 3 个流面的前缘附近产生的，随着半径的增大逐渐加强。通道激波沿着流动向下游移动，沿周向往压力面伸展，在第 7 个流面上与前缘的脱体弓形曲线激波汇合，贯穿了叶片通道，并继续往下游移动，在第 11 个流面上与叶片低压面相交于 1/2 弦长

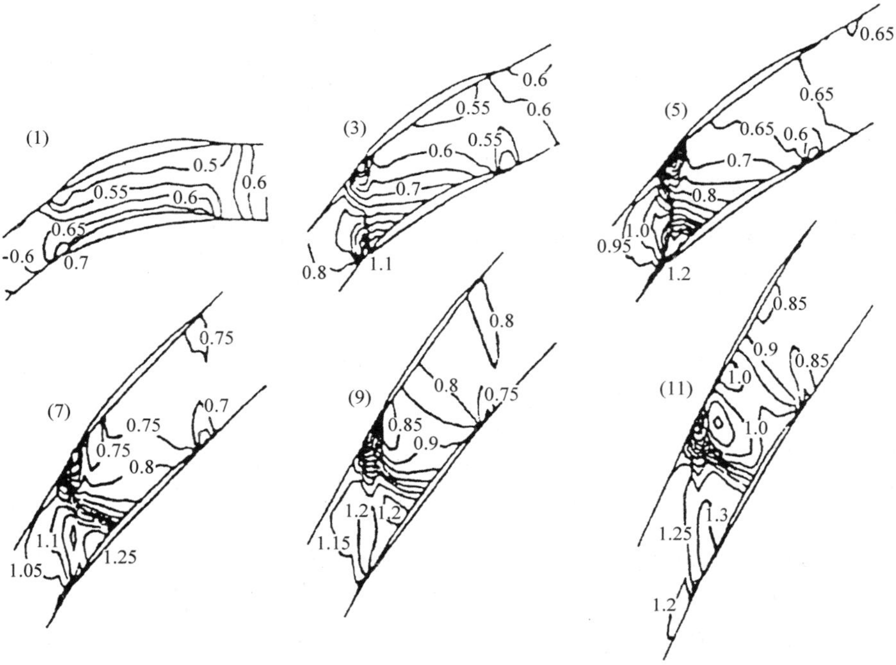

图 5-52　六个 S_1 流面上的等 Ma 线分布图

处。表 5-2 给出了上述 6 个 S_1 流面的相关参数，其中包括各个 S_1 流面远前方来流马赫数Ma_i，叶片进出气角β_1 和β_2，下游与上游的流片厚度比τ_c/τ_a 和τ_d/τ_b 以及流面所在半径位置及翘曲情况。其中字母 a、b 和 c、d 分别代表上游和下游的上、下边界点。

表 5-2　六个 S_1 流面的相关参数

S_1	M_1	β_1	β_2	$r_a(m)$	$r_b(m)$	$r_c(m)$	$r_d(m)$	τ_c/τ_a	τ_d/τ_b
(1)	0.6061	-38.76	3.795	0.1370	0.1370	0.1628	0.1628	0.7002	0.6458
(3)	0.7577	-51.26	-27.525	0.2026	0.2000	0.2118	0.2100	0.8097	0.8619
(5)	0.8854	-57.43	-38.455	0.2467	0.2433	0.2480	0.2470	0.8594	0.8906
(7)	0.9936	-61.29	-45.75	0.2825	0.2792	0.2793	0.2789	0.8968	0.8932
(9)	1.0932	-64.138	-51.269	0.3137	0.3118	0.3078	0.3078	0.9203	0.8632
(11)	1.1817	-66.164	-56.247	0.3426	0.3426	0.3354	0.3354	0.9491	0.8994

对于 S_2 流面来讲，从叶片的压力面到吸力面方向采用了如下流量均分的方式划分了七个 S_2 流面，这其中，从第 1 个 S_2 流面到叶片的高压面和从第 7 个 S_2 流面到叶片的低压面各占总流量的 5%，由第 1 个到第 7 个 S_2 流面之间则流量均分。图 5-53 所示为上述七个 S_2 流面中三个流面（即第 1 个、第 4 个和第 7 个 S_2 流面）

上的相对马赫数等值线的分布图。

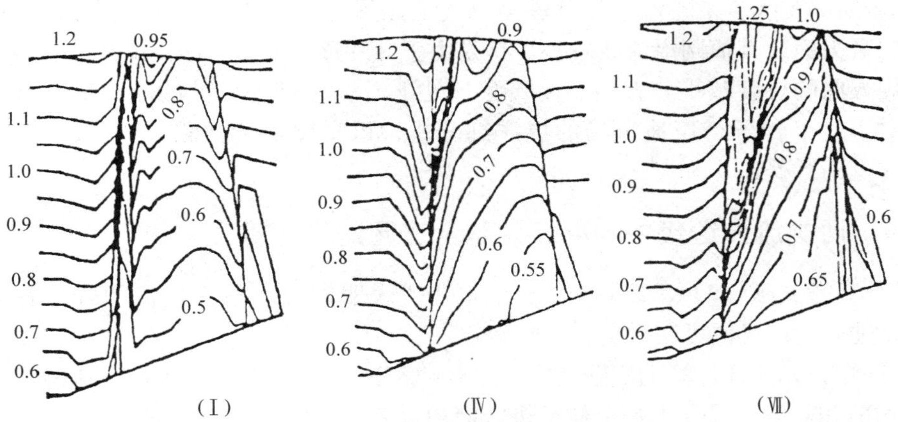

图 5-53　三个 S_2 流面上相对马赫数的等值线分布

由这些图可以看出，各个 S_2 流面上马赫数的等值线的径向分布规律是相同的，而沿圆周方向相同半径处从第 1 个到第 7 个 S_2 流面则略呈增加，外壳由 1.18 到 1.21。另外，下游 Ma 数沿径向的分布在各个流面上基本一致，也表明了至此在圆周方向已趋于均匀。在第 1 个与第 2 个 S_2 流面上，叶片前缘的前、后各有一道波形，尤其是靠近高压面的第 1 个 S_2 流面更明显，它表明了来流经过栅前弓形脱体激波后重新膨胀加速，并穿过通道激波的流动过程。在圆周方向，从第 1 个 S_2 流面到第 7 个 S_2 流面时通道激波越来越强，向内径伸展，位置向下游后移。在中心 S_2 流面（即第 4 个 S_2 流面）上，通道激波在外径已处于 1/4 弦长处，在第 7 个 S_2 流面上已移到约 1/2 的弦长处。图 5-54 所示为五个 S_3 截面（即与 S_1 流面和 S_2 流面准正交的横截面）[47,170]上的等 Ma 线分布图，其中 $J=1$ 的 S_3 截面位于叶片前缘处，$J=21$ 的 S_3 截面位于叶片后缘处，$J=5$、9、11 时的三个 S_3 截面位于叶片的前后缘之间。

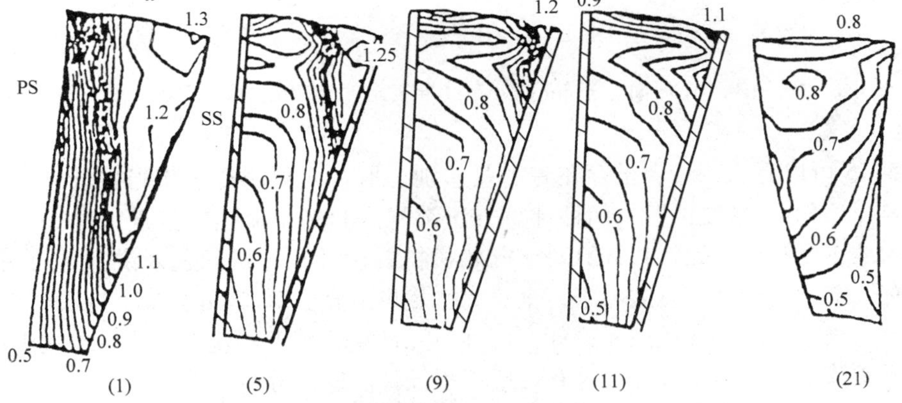

图 5-54　五个 S_3 截面上的等 Ma 线分布图

由图 5-54 可以看出，从叶片进口处到第 11 站（即 1/2 弦长处），通道激波面与 S_3 截面的交线越来越短，并且逐渐靠近低压面。气流 Ma 数的梯度方向由压力面指向吸力面，其值则沿流线减小。这是由于叶片逐渐变直，曲率减小，从而使流动圆周方向的梯度减小。大约在 4/5 弦长处下游，靠近外径处的流动周向渐趋均匀。对于这个转子跨声速流场的更详细分析，可参阅参考文献［47，234，235］等，这里不再赘述。

5.5.4 两类流面迭代中的准三元与全三元迭代计算

1）参考文献［234，235］的全三元迭代表明，以准三元迭代的收敛解为初值，经过七轮迭代便可获得全三元收敛解。

2）全三元迭代计算的实践表明，尽管跨声速转子的流场要比亚声速静子流场 S_2 流面的相对翘曲量要大一个数量级，但相对翘曲量仍然很少，不超过 2%。

3）与准三元跨声速迭代计算相比，全三元迭代计算比较繁复，计算所花费的时间要比准三元迭代多一倍。图 5-55 所示为准三元与全三元迭代时中心 S_2 流面上相对马赫数等值线的分布图以及与 L2F 测量值的比较。

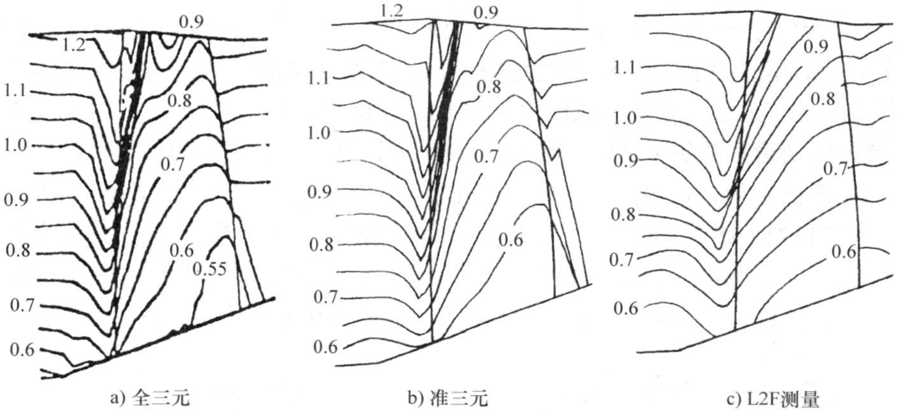

图 5-55 中心 S_2 流面上等 Ma 线分布（准三元、全三元、L2F 测量）的比较

从图 5-55 可以看出，三者虽存在着一些差别，但在变化趋势上相当接近。尤其是中心 S_2 流面上的激波位置，两种计算方法都与试验测量值比较接近，这表明两类流面的准三元和全三元迭代计算对于叶轮机械的设计和分析问题来讲都是可信的，都具有一定的代表性。总的看来，全三元迭代更适宜于对流场的详细分析研究，用来指导、改进跨声压气机三元设计；而准三元计算，其工作量小，结果也能满足工程需要的精度，可用于叶片设计和一般工程设计问题的分析计算。

5.6 叶轮机械定常与非定常计算的直接解法

在叶轮机械的气动设计中，通常有两大类计算方法：一类是两类流面交叉迭代方法[47]，另一类是直接解法。对于 Euler 和 N－S 方程组的直接解法，在国外开展的较早，例如参考文献［238 －247］等。在国内，沈孟育和周盛[248]、张耀科[249,250]、周新海[251]、朱方元[252]、蒋滋康[253,254]、李德元[255]、忻孝康[256]、王保国[257,170]、陈乃兴[258,123]、应隆安[259]、黄伟光[260－264]等都较早地开展了这方面的研究工作。这里应该特别说明的是近 30 年来，叶轮机械内三维定常流场直接解法所发表的文章非常多，虽然非定常流动方面的文章相比定常流动问题要少些，但还是不断地有相关的文章发表。面对如此丰富的资料与文章，本节仅选取了两个主要侧面，即本书四位作者所在团队所熟悉并且是数十年来一直所进行的研究工作：一个是对定常流选取了高精度、高分辨率的有限体积离散和高效率的 LU－TVD 杂交算法，另一个是对非定常流动问题选取了显式的高精度 Runge－Kutta方法和隐式的双时间步长迭代算法。以下分成四个小问题略作研究。

5.6.1 有限体积法中黏性项与传热项的计算

在任意曲线坐标系中，对 N－S 方程组中的动量方程沿着什么方向写出，它是直接影响着 N－S 方程中项数多少以及计算量大小的重要问题，绝对不可小视[172,173,265,170,48,266]，为此我们曾对不同的展开方式以及展开后方程的具体形式进行过细致的分析。参考文献［265，267］明确指出，如果令 Cartesian 坐标系（y^1，y^2，y^3）的单位矢量为 $\boldsymbol{i}$、$\boldsymbol{j}$、$\boldsymbol{k}$；令贴体曲线坐标系（x^1，x^2，x^3）的基矢量为 $\boldsymbol{e}_1$、$\boldsymbol{e}_2$、$\boldsymbol{e}_3$ 时，将 N－S 方程组中的动量方程沿 $\boldsymbol{i}$、$\boldsymbol{j}$、$\boldsymbol{k}$ 方向展开，并且采用有限体积法的离散技巧，通过对单元体的积分使微分方程组的阶数降低，使得原来为二阶导数的黏性项降为一阶，这就有效地减少了计算量；再加上引入两个辅助对称矩阵 $\hat{\boldsymbol{A}}$ 与 $\hat{\boldsymbol{B}}$，使得黏性项的计算十分简捷，近 20 年来数值计算的大量实践表明，参考文献［265，267］给出的处理方法非常成功。

首先，这里给出两种流动下的 N－S 方程组：一种是外流计算中常用的绝对坐标系中的方程组，这里绝对速度用 $\boldsymbol{v}$ 表示；另一种是内流中，尤其是叶轮机械中常取固连于叶轮上的转动坐标系（又称相对坐标系）中的方程组，这里用 $\boldsymbol{v}$ 与 $\boldsymbol{w}$ 分别代表绝对速度与相对速度，用 ω 代表坐标系的转动角速度矢量的模，这两组 N－S 方程的表达式为

对于外流，有

$$\frac{\partial}{\partial t}\iiint_{\Omega}\begin{bmatrix}\rho \\ \rho\boldsymbol{v} \\ e\end{bmatrix}\mathrm{d}\Omega + \oiint_{\partial\Omega}\boldsymbol{n}\cdot\begin{bmatrix}\rho\boldsymbol{v} \\ \rho\boldsymbol{v}\boldsymbol{v}-\boldsymbol{\pi} \\ e\boldsymbol{v}-\boldsymbol{\pi}\cdot\boldsymbol{v}-\lambda\nabla T\end{bmatrix}\mathrm{d}s = 0 \tag{5-291}$$

对于叶轮机械中的相对坐标系，有

$$\frac{\partial_R \rho}{\partial t} + \nabla_R \cdot (\rho \boldsymbol{w}) = 0 \tag{5-292}$$

$$\frac{\partial_R (\rho \boldsymbol{v})}{\partial t} + \nabla_R \cdot (\rho \boldsymbol{w} \boldsymbol{v}) = \nabla_R \cdot \boldsymbol{\pi} - \rho \boldsymbol{\omega} \times \boldsymbol{v} \tag{5-293}$$

$$\frac{\partial_R e}{\partial t} + \nabla_R \cdot (e \boldsymbol{w}) = \nabla_R \cdot (\boldsymbol{\pi} \cdot \boldsymbol{v}) + \nabla_R \cdot (\lambda \nabla_R T) \tag{5-294}$$

或者

$$\frac{\partial_R}{\partial t} \iiint_{\Omega} \begin{pmatrix} \rho \\ \rho \boldsymbol{v} \\ e \end{pmatrix} \mathrm{d}\Omega + \oint_{\partial\Omega} \boldsymbol{n} \cdot \begin{pmatrix} \rho \boldsymbol{w} \\ \rho \boldsymbol{w} \boldsymbol{v} - \boldsymbol{\pi} \\ e \boldsymbol{w} - \boldsymbol{\pi} \cdot \boldsymbol{v} - \lambda \nabla T \end{pmatrix} \mathrm{d}s = - \iiint_{\Omega} \begin{pmatrix} 0 \\ \rho \boldsymbol{\omega} \times \boldsymbol{v} \\ 0 \end{pmatrix} \mathrm{d}\Omega \tag{5-295}$$

在式（5-291）~式（5-295）中$\frac{\partial_R}{\partial t}$代表在相对坐标系中对时间求偏导，$\nabla_R$ 代表在相对坐标系中完成算子∇的计算，$\boldsymbol{\pi}$ 代表应力张量，e 代表单位体积气体所具有的广义内能，$\boldsymbol{v}$与 $\boldsymbol{w}$ 分别为绝对速度与相对速度，T 与 λ 分别为温度与热导率。$\boldsymbol{\pi}$ 与 e 的表达式分别为

$$\boldsymbol{\pi} \equiv \mu [\nabla \boldsymbol{v} + (\nabla \boldsymbol{v})_c] - \left(p + \frac{2}{3}\mu \nabla \cdot \boldsymbol{v}\right) \boldsymbol{I} \tag{5-296}$$

$$e \equiv \rho \left(c_V T + \frac{1}{2} \boldsymbol{v} \cdot \boldsymbol{v} \right) \tag{5-297}$$

$$\boldsymbol{v} \equiv u \boldsymbol{i} + v \boldsymbol{j} + w \boldsymbol{k} = u_1 \boldsymbol{i} + u_2 \boldsymbol{j} + u_3 \boldsymbol{k} \tag{5-298}$$

式中，$\boldsymbol{I}$ 为单位张量；p 为压强；u、v 与 w 为在直角 Cartesian 坐标系下的分速度。$\boldsymbol{v}$与 $\boldsymbol{w}$ 间的关系为

$$\boldsymbol{v} \equiv \boldsymbol{w} + \boldsymbol{\omega} \times \boldsymbol{r}_R \tag{5-299}$$

这里，$\boldsymbol{r}_R$ 为矢径。显然式（5-292）~式（5-295）所给出的形式十分有利于相对坐标系与绝对坐标系间的相互转换，有利于源程序的编制，使之既可计算叶轮机械中的静叶排绕流，又可计算动叶排绕流。为此，在下文的讨论中仅以式（5-291）为主。取体心为（α，δ，γ）的单元体，这里不妨假定为六面体，并且约定：如果体心的坐标为（α，δ，γ）时，则包含该体心的单元体也成为（α，δ，γ），相应的这个单元体的体积记作 $\Omega_{\alpha\delta\gamma}$；将式（5-291）用于单元体（$\alpha$，$\delta$，$\gamma$）时，便有

$$\frac{\partial}{\partial t} \iiint_{\Omega} \begin{bmatrix} \rho \\ \rho \boldsymbol{v} \\ e \end{bmatrix} \mathrm{d}\Omega + \sum_{\beta=1}^{6} \begin{bmatrix} \rho \boldsymbol{S} \cdot \boldsymbol{v} \\ \rho \boldsymbol{S} \cdot \boldsymbol{v} \boldsymbol{v} + p \boldsymbol{S} \\ (e + p) \boldsymbol{S} \cdot \boldsymbol{v} \end{bmatrix}_{\beta} - \sum_{\beta=1}^{6} \begin{bmatrix} 0 \\ \boldsymbol{S} \cdot \boldsymbol{\Pi} \\ \boldsymbol{S} \cdot \boldsymbol{\Pi} \cdot \boldsymbol{v} + \lambda \boldsymbol{S} \cdot \nabla T \end{bmatrix}_{\beta} = 0 \tag{5-300}$$

式中，$\boldsymbol{\Pi}$ 为黏性应力张量；$\boldsymbol{S}$ 代表单元体表面的外法矢

$$\boldsymbol{S} \equiv S \boldsymbol{n} = S_1 \boldsymbol{i} + S_2 \boldsymbol{j} + S_3 \boldsymbol{k} \tag{5-301}$$

这里，S 为单元体的表面积。下面分三个方面说明式（5-300）中黏性项计算的技巧。先讨论 $\sum\limits_{\beta=1}^{6}(\boldsymbol{S}\cdot\boldsymbol{\Pi})_\beta$ 项的计算[265,267]：

$$\sum_{\beta=1}^{6}(\boldsymbol{S}\cdot\boldsymbol{\Pi})_\beta=\sum_{\beta=1}^{6}\left\{\mu\boldsymbol{S}\cdot[\nabla\boldsymbol{v}+(\nabla\boldsymbol{v})_c]-\frac{2}{3}\mu\boldsymbol{S}(\nabla\cdot\boldsymbol{v})\right\}_\beta \tag{5-302}$$

注意到

$$\begin{cases}\nabla\boldsymbol{v}=(\nabla u)\boldsymbol{i}+(\nabla v)\boldsymbol{j}+(\nabla w)\boldsymbol{k}\\(\nabla\boldsymbol{v})_c=\boldsymbol{i}(\nabla u)+\boldsymbol{j}(\nabla v)+\boldsymbol{k}(\nabla w)\end{cases} \tag{5-303}$$

在单元体体心处的$\boldsymbol{v}$知道后，如何计算单元体表面 β 上的$\boldsymbol{v}$，这属于数据重构问题。假设单元体表面 β 处的$\boldsymbol{v}$得到了，则单元体体心处的$(\nabla u)|_{体心}$便可由梯度的基本定义得到，即

$$(\nabla u)|_{体心}=\lim_{\Omega\to 0}\frac{\oiint\limits_{\partial\Omega}u\boldsymbol{n}\mathrm{d}s}{\Omega}=\left[\frac{1}{\Omega}\sum_{\beta=1}^{6}(uS_1)_\beta\right]\boldsymbol{i}+\left[\frac{1}{\Omega}\sum_{\beta=1}^{6}(uS_2)_\beta\right]\boldsymbol{j}+\left[\frac{1}{\Omega}\sum_{\beta=1}^{6}(uS_3)_\beta\right]\boldsymbol{k} \tag{5-304}$$

同样对于$\nabla v|_{体心}$与$\nabla w|_{体心}$来讲，也会有类似的关系式。引入定义在体心上的符号 $\overline{b}_{ij}$，即

$$\overline{b}_{ij}|_{体心}=\frac{1}{\Omega}\sum_{\beta=1}^{6}(u_iS_j+u_jS_i)_\beta \tag{5-305}$$

于是由式（5-305）为矩阵元素所构成的矩阵 $\overline{\boldsymbol{B}}$ 是个对称阵。类似的，在各个单元体体心上的 $\overline{\boldsymbol{B}}$ 矩阵得到后，利用某种方式的数据重构又可得到单元体表面上的 $\hat{\boldsymbol{B}}$ 矩阵，即

$$\hat{\boldsymbol{B}}=\begin{pmatrix}\hat{b}_{11}&\hat{b}_{12}&\hat{b}_{13}\\\hat{b}_{21}&\hat{b}_{22}&\hat{b}_{23}\\\hat{b}_{31}&\hat{b}_{32}&\hat{b}_{33}\end{pmatrix} \tag{5-306}$$

它也是一个对称阵，称作辅助矩阵。注意这里 $\hat{\boldsymbol{B}}$ 的任一元素 $\hat{b}_{ij}$都定义在单元体的表面上。借助于对称的辅助矩阵 $\hat{\boldsymbol{B}}$，则式（5-302）可写为

$$\sum_{\beta=1}^{6}(\boldsymbol{S}\cdot\boldsymbol{\Pi})_\beta=\sum_{\beta=1}^{6}\left(\mu[S_1,S_2,S_3]\cdot\hat{\boldsymbol{B}}\cdot[\boldsymbol{i},\boldsymbol{j},\boldsymbol{k}]^{\mathrm{T}}-\frac{2}{3}\mu(\nabla\cdot\boldsymbol{v})\boldsymbol{S}\right)_\beta \tag{5-307}$$

式中

$$(\nabla\cdot\boldsymbol{v})_\beta=\frac{1}{2}(\hat{b}_{11}+\hat{b}_{22}+\hat{b}_{33})_\beta \tag{5-308}$$

相应地，还有

$$(\nabla\cdot \boldsymbol{v})\big|_{体心} = \frac{1}{\Omega}\sum_{\beta=1}^{6}(uS_1 + vS_2 + wS_3)_\beta = \frac{1}{2}(\tilde{b}_{11} + \tilde{b}_{22} + \tilde{b}_{33})_{体心} \tag{5-309}$$

再讨论 $\sum_{\beta=1}^{6}(\boldsymbol{S}\cdot\boldsymbol{\Pi}\cdot\boldsymbol{v})_\beta$ 项的计算，借助于式（5-307），有

$$\sum_{\beta=1}^{6}(\boldsymbol{S}\cdot\boldsymbol{\Pi}\cdot\boldsymbol{v})_\beta = \sum_{\beta=1}^{6}\left\{(\mu[S_1,S_2,S_3]\cdot\hat{\boldsymbol{B}}\cdot[\boldsymbol{i},\boldsymbol{j},\boldsymbol{k}]^{\mathrm{T}})\cdot\boldsymbol{v} - \frac{2}{3}\mu(\nabla\cdot\boldsymbol{v})\boldsymbol{S}\cdot\boldsymbol{v}\right\} \tag{5-310}$$

引入定义在单元体 β 面上的符号 $\hat{a}_{ij}$，其表达式为

$$\hat{a}_{ij}\big|_{\beta面} \equiv (u_iS_j + u_jS_i) \tag{5-311}$$

显然由 $\hat{a}_{ij}$ 所构成的矩阵 $\hat{\boldsymbol{A}}$ 也是对称阵，它也称为辅助矩阵，于是式（5-310）可写为

$$\sum_{\beta=1}^{6}(\boldsymbol{S}\cdot\boldsymbol{\Pi}\cdot\boldsymbol{v})_\beta = \sum_{\beta=1}^{6}\left\{\frac{\mu}{6}(\hat{a}_{11},\hat{a}_{22},\hat{a}_{33})\tilde{\boldsymbol{\Pi}}\begin{bmatrix}\hat{b}_{11}\\ \hat{b}_{22}\\ \hat{b}_{33}\end{bmatrix} + \mu(\hat{a}_{12}\hat{b}_{12} + \hat{a}_{13}\hat{b}_{13} + \hat{a}_{23}\hat{b}_{23})\right\} \tag{5-312}$$

式中，矩阵 $\tilde{\boldsymbol{\Pi}}$ 定义为

$$\tilde{\boldsymbol{\Pi}} = \begin{pmatrix} 2 & -1 & -1 \\ -1 & 2 & -1 \\ -1 & -1 & 2 \end{pmatrix} \tag{5-313}$$

最后，计算 $\sum_{\beta=1}^{6}(\boldsymbol{S}\cdot\lambda\nabla T)_\beta$ 项，它属于传热项。由式（5-297）得

$$p = (\gamma - 1)\left(e - \frac{1}{2}\rho\boldsymbol{v}\cdot\boldsymbol{v}\right) \tag{5-314}$$

式中，γ 为比热容比。因此在迭代计算中，一旦得到了 ρ 与 e 值便可直接获得 p 值；有了 ρ 与 p，则由 $T=p/(\rho R)$ 便可得到温度 T 值。另外，注意在体心上定义 $\overline{C}_i$，其表达式为

$$\overline{C}_i\big|_{体心} = \frac{1}{\Omega}\sum_{\beta=1}^{6}\left(\frac{p}{\rho}S_i\right)_\beta \tag{5-315}$$

于是在单元体体心上 $\nabla\left(\frac{p}{\rho}\right)$ 为

$$\nabla\left(\frac{p}{\rho}\right)\bigg|_{体心} = \overline{C}_1\boldsymbol{i} + \overline{C}_2\boldsymbol{j} + \overline{C}_3\boldsymbol{k} \tag{5-316}$$

相应地，在 β 面上的 $\overline{C}_i$ 值也可借助于某种方式的数值重构得到，于是便有

$$\sum_{\beta=1}^{6}(\boldsymbol{S}\cdot\lambda\nabla T)_\beta=\sum_{\beta=1}^{6}\left(\frac{\lambda}{R}S_1\hat{C}_1+S_2\hat{C}_2+S_3\hat{C}_3\right)_\beta \tag{5-317}$$

式中，R 为气体常数；综上所述，借助于式（5-307）、式（5-312）和式（5-317）中的黏性项与热传导项是十分方便的，它极大地减少了计算工作量，而且便于编程和完成三维流场的数值计算[268－281]。

5.6.2　有限体积法中的高效率 LU 及 Gauss－Seidel 算法

引入 Favre 平均，则在直角 Cartesian 坐标系下连续方程、动量方程和能量方程分别为[8,12,39,282]

$$\frac{\partial\bar{\rho}}{\partial t}+\frac{\partial(\bar{\rho}\tilde{u}_i)}{\partial x_i}=0 \tag{5-318}$$

$$\frac{\partial(\bar{\rho}\tilde{u}_j)}{\partial t}+\frac{\partial(\bar{\rho}\tilde{u}_i\tilde{u}_j)}{\partial x_i}+\frac{\partial\bar{p}}{\partial x_j}-\frac{\partial}{\partial x_i}\left[\tau_{ij}^{(l)}+\bar{\rho}\tau_{ij}^{(t)}\right]=0 \tag{5-319}$$

$$\begin{aligned}&\frac{\partial}{\partial t}\left[\bar{\rho}\left(C_v\tilde{T}+\frac{1}{2}\tilde{u}_i\tilde{u}_i+K\right)\right]+\frac{\partial}{\partial x_j}\left[\bar{\rho}\tilde{u}_j\left(\tilde{h}+\frac{1}{2}\tilde{u}_i\tilde{u}_i+K\right)\right]\\&=\frac{\partial}{\partial x_j}\left\{\left[-(q_L)_j-(q_t)_j\right]+\left[\overline{\tau_{ij}^{(l)}u_i''-\rho u_j''\frac{1}{2}u_i''u_i''}\right]\right\}+\frac{\partial}{\partial x_j}\left[\tilde{u}_i(\tau_{ij}^{(l)}+\bar{\rho}\tau_{ij}^{(t)})\right]\end{aligned} \tag{5-320}$$

或者用矢量与张量表达为

$$\frac{\partial\bar{\rho}}{\partial t}+\nabla\cdot(\bar{\rho}\tilde{\boldsymbol{v}})=0 \tag{5-321}$$

$$\frac{\partial(\bar{\rho}\tilde{\boldsymbol{v}})}{\partial t}+\nabla\cdot\left[\bar{\rho}\tilde{\boldsymbol{v}}\tilde{\boldsymbol{v}}+\left(\bar{p}+\frac{2}{3}\bar{\rho}K\right)\boldsymbol{I}\right]-\nabla\cdot\left[\boldsymbol{\tau}^{(l)}+\bar{\rho}\,\boldsymbol{\tau}^{(t)}{}_1\right]=0 \tag{5-322}$$

$$\begin{aligned}&\frac{\partial}{\partial t}\left(\bar{\rho}C_v\tilde{T}+\frac{1}{2}\bar{\rho}\tilde{\boldsymbol{v}}\cdot\tilde{\boldsymbol{v}}+\bar{\rho}K\right)+\nabla\cdot\left\{\left[\left(\bar{\rho}C_v\tilde{T}+\frac{1}{2}\bar{\rho}\tilde{\boldsymbol{v}}\cdot\tilde{\boldsymbol{v}}+\bar{\rho}K\right)+\bar{p}+\frac{2}{3}\bar{\rho}K\right]\tilde{\boldsymbol{v}}\right\}\\&-\nabla\cdot\left[(\boldsymbol{\tau}^{(l)}+\bar{\rho}\,\boldsymbol{\tau}^{(t)}{}_1)\cdot\tilde{\boldsymbol{v}}\right]-\nabla\cdot\left[(\lambda_l+\lambda_t)\nabla\tilde{T}\right]-\nabla\cdot\left[\left(\mu_l+\frac{\mu_t}{\sigma_t}\right)\nabla K\right]=0\end{aligned} \tag{5-323}$$

在式（5-318）~式（5-323）中，有

$$\tilde{\boldsymbol{v}}\equiv\boldsymbol{i}\tilde{u}_1+\boldsymbol{j}\tilde{u}_2+\boldsymbol{k}\tilde{u}_3 \tag{5-324}$$

$$\tau_{ij}^{(l)}\equiv\mu_l\left(\frac{\partial\tilde{u}_i}{\partial x_j}+\frac{\partial\tilde{u}_j}{\partial x_i}\right)+\left(\mu_l'-\frac{2}{3}\mu_l\right)\frac{\partial\tilde{u}_\alpha}{\partial x_\alpha}\delta_{ij} \tag{5-325}$$

$$\bar{\rho}\tau_{ij}^{(t)}\equiv-\overline{\rho u_i''u_j''}=\mu_t\left(\frac{\partial\tilde{u}_i}{\partial x_j}+\frac{\partial\tilde{u}_j}{\partial x_i}\right)+\left(\mu_t'-\frac{2}{3}\mu_t\right)\frac{\partial\tilde{u}_\alpha}{\partial x_\alpha}\delta_{ij}-\frac{2}{3}\bar{\rho}K\delta_{ij} \tag{5-326}$$

或者

$$\tau_{ij}^{(l)} + \overline{\rho}\tau_{ij}^{(t)} = (\mu_l + \mu_t)\left(\frac{\partial \widetilde{u}_i}{\partial x_j} + \frac{\partial \widetilde{u}_j}{\partial x_i}\right) + \left[\left(\mu_l' - \frac{2}{3}\mu_l\right) + \left(\mu_t' - \frac{2}{3}\mu_t\right)\right]\frac{\partial \widetilde{u}_\alpha}{\partial x_\alpha}\delta_{ij} - \frac{2}{3}\overline{\rho}K\delta_{ij} \tag{5-327}$$

$$\overline{\rho}K \equiv \frac{1}{2}\overline{\rho u_i'' u_j''} \tag{5-328}$$

$$\overline{p} = \overline{\rho}R\widetilde{T} \tag{5-329}$$

$$(q_L)_j \equiv -\lambda_l \frac{\partial \widetilde{T}}{\partial x_j},\ (q_t)_j \equiv \overline{\rho u_j'' h''} = -\lambda_t \frac{\partial \widetilde{T}}{\partial x_j} \tag{5-330}$$

$$\overline{-\rho u_i'' u_i'' u_j''} = \frac{\mu_t}{\sigma_k}\frac{\partial K}{\partial x_j},\ \overline{\tau_{ij}^{(l)} u_i''} = \mu_l \frac{\partial K}{\partial x_j} \tag{5-331}$$

$$\overline{\rho}\,\boldsymbol{\tau}^{(t)} \equiv \mu_t[\nabla\widetilde{\boldsymbol{v}} + (\nabla\widetilde{\boldsymbol{v}})_c] + \left(\mu_t' - \frac{2}{3}\mu_t\right)(\nabla \cdot \widetilde{\boldsymbol{v}})\boldsymbol{I} - \frac{2}{3}\overline{\rho}K\,\boldsymbol{I} = \overline{\rho}\,\boldsymbol{\tau}_1^{(t)} - \frac{2}{3}\overline{\rho}K\boldsymbol{I} \tag{5-332}$$

$$\boldsymbol{\tau}^{(l)} \equiv \mu_l[\nabla\widetilde{\boldsymbol{v}} + (\nabla\widetilde{\boldsymbol{v}})_c] + \left(\mu_l' - \frac{2}{3}\mu_l\right)(\nabla \cdot \widetilde{\boldsymbol{v}})\boldsymbol{I} \tag{5-333}$$

$$\boldsymbol{v} \equiv \widetilde{\boldsymbol{v}} + \boldsymbol{v}'',\ T \equiv \widetilde{T} + T'' \tag{5-334}$$

在式（5-318）~式（5-323）中，K 代表湍流脉动动能，在很多情况下，湍流脉动动能 K 与湍流能量耗散率 ε 的影响是需要考虑的，K 与 ε 通常满足各自的输运方程。这里，ε 的定义为[8,12]

$$\varepsilon = \nu\overline{\left(\frac{\partial u_i''}{\partial x_j} + \frac{\partial u_j''}{\partial x_i}\right)\left(\frac{\partial u_i''}{\partial x_j} + \frac{\partial u_j''}{\partial x_i}\right)} \tag{5-335}$$

这里，ν 为气体的运动黏性系数。

在高超声速再入飞行的许多状况下，气流大都处于湍流流动，因此那里的流动在不考虑化学反应与热力学非平衡问题时应服从式（5-318）~式（5-320）或者式（5-321）~式（5-323）。在本节下文讨论计算方法的过程中，为突出算法与方便叙述，因此暂不引入湍流模式问题而仍以讨论方程式（5-291）为主。下面主要讨论结构网格下有限体积的高效率 LU 算法。

为便于下文讨论，这里省略黏性项，于是式（5-291）退化为 Euler 方程，并整理为如下形式：

$$\frac{\partial}{\partial t}\iiint_{\Omega} U \mathrm{d}\Omega + \oiint_{\partial\Omega} \boldsymbol{n} \cdot (\boldsymbol{iE} + \boldsymbol{jG} + \boldsymbol{kH})\mathrm{d}S = 0 \tag{5-336}$$

令

$$\boldsymbol{F} \equiv \boldsymbol{S} \cdot (\boldsymbol{iE} + \boldsymbol{jG} + \boldsymbol{kH}) = \boldsymbol{F}(\boldsymbol{U}) \tag{5-337}$$

$$\boldsymbol{A} \equiv \frac{\partial \boldsymbol{F}}{\partial \boldsymbol{U}} = \boldsymbol{S} \cdot (\boldsymbol{iB}_1 + \boldsymbol{jB}_2 + \boldsymbol{kB}_3) = S_1\boldsymbol{B}_1 + S_2\boldsymbol{B}_2 + S_3\boldsymbol{B}_3 = \boldsymbol{A}(\boldsymbol{U}) \tag{5-338}$$

式中，$\boldsymbol{B}_1$、$\boldsymbol{B}_2$ 与 $\boldsymbol{B}_3$ 分别代表 $\boldsymbol{E}$、$\boldsymbol{G}$ 与 $\boldsymbol{H}$ 对 $\boldsymbol{U}$ 的 Jacobian 矩阵，其定义为

$$\boldsymbol{B}_1 \equiv \frac{\partial \boldsymbol{E}}{\partial \boldsymbol{U}},\boldsymbol{B}_2 \equiv \frac{\partial \boldsymbol{G}}{\partial \boldsymbol{U}},\boldsymbol{B}_3 \equiv \frac{\partial \boldsymbol{H}}{\partial \boldsymbol{U}} \tag{5-339}$$

引入符号$\boldsymbol{F}(\boldsymbol{U}_P)|_{S_{i+\frac{1}{2}}}$与$\boldsymbol{A}(\boldsymbol{U}_P)|_{S_{i+\frac{1}{2}}}$，其定义为

$$\boldsymbol{F}(\boldsymbol{U}_P)|_{S_{i+\frac{1}{2}}} \equiv \boldsymbol{S}_{i+\frac{1}{2}} \cdot [\boldsymbol{i}\boldsymbol{E}(\boldsymbol{U}_p) + \boldsymbol{j}\boldsymbol{G}(\boldsymbol{U}_p) + \boldsymbol{k}\boldsymbol{H}(\boldsymbol{U}_p)] \tag{5-340}$$

$$\boldsymbol{A}(\boldsymbol{U}_P)|_{S_{i+\frac{1}{2}}} \equiv \boldsymbol{S}_{i+\frac{1}{2}} \cdot [\boldsymbol{i}\boldsymbol{B}_1(\boldsymbol{U}_p) + \boldsymbol{j}\boldsymbol{B}_2(\boldsymbol{U}_p) + \boldsymbol{k}\boldsymbol{B}_3(\boldsymbol{U}_p)] \tag{5-341}$$

式中，$\boldsymbol{S}_{i+\frac{1}{2}}$代表单元体（$i$，$j$，$k$）与单元体（$i+1$，$j$，$k$）间所夹那个面的面矢量。在本节下文讨论中还约定，当点 P 取在面 $\boldsymbol{S}_{i+\frac{1}{2}}$的面心处时则省略面的标号直接用$\boldsymbol{F}_{i+\frac{1}{2}}$与$\boldsymbol{A}_{i+\frac{1}{2}}$去代替$\boldsymbol{F}(\boldsymbol{U}_{i+\frac{1}{2}})|_{S_{i+\frac{1}{2}}}$与$\boldsymbol{A}(\boldsymbol{U}_{i+\frac{1}{2}})|_{S_{i+\frac{1}{2}}}$；另外，下文还约定用$\widetilde{\boldsymbol{F}}$表示$\boldsymbol{F}$的数值通量。借助 Harten 的 TVD 格式中构造数值通量的类似办法，这里可构造出$\widetilde{\boldsymbol{F}}$的表达式，即

$$\widetilde{\boldsymbol{F}}_{i+\frac{1}{2}} = \boldsymbol{F}^+(\boldsymbol{U}_i)|_{S_{i+\frac{1}{2}}} + \boldsymbol{F}^-(\boldsymbol{U}_{i+1})|_{S_{i+\frac{1}{2}}} + \frac{1}{2}\boldsymbol{R}_{i+\frac{1}{2}} \cdot (\boldsymbol{\Phi}^+ + \boldsymbol{\Phi}^-)_{i+\frac{1}{2}} \tag{5-342}$$

式中，$\boldsymbol{\Phi}^+$与$\boldsymbol{\Phi}^-$为列阵；$\boldsymbol{R}$ 为矩阵 $\boldsymbol{A}$ 的右特征矢量矩阵，即

$$\boldsymbol{A} = \boldsymbol{R} \cdot \boldsymbol{\Lambda} \cdot \boldsymbol{R}^{-1} \tag{5-343}$$

这里，$\boldsymbol{\Lambda}$ 为 $\boldsymbol{A}$ 的特征值所构成的对角阵。式（5-342）中$\boldsymbol{F}^+$、$\boldsymbol{F}^-$、$\boldsymbol{\Phi}^+$与$\boldsymbol{\Phi}^-$的定义分别为

$$\boldsymbol{F}^+(\boldsymbol{U}_i)|_{S_{i+\frac{1}{2}}} \equiv m_{i+\frac{1}{2}}[\boldsymbol{F}(\boldsymbol{U}_i)|_{S_{i+\frac{1}{2}}} + \gamma_{i+\frac{1}{2}}\boldsymbol{U}_i] \tag{5-344}$$

$$\boldsymbol{F}^-(\boldsymbol{U}_{i+1})|_{S_{i+\frac{1}{2}}} \equiv (1 - m_{i+\frac{1}{2}})[\boldsymbol{F}(\boldsymbol{U}_{i+1})|_{S_{i+\frac{1}{2}}} - l_{i+\frac{1}{2}}\boldsymbol{U}_{i+1}] \tag{5-345}$$

$$\boldsymbol{\Phi}^+_{i+\frac{1}{2}} \equiv \boldsymbol{\Lambda}^+_{i+\frac{1}{2}} \cdot [\min\bmod(\boldsymbol{R}^{-1}_{i+\frac{1}{2}} \cdot \Delta_{i-\frac{1}{2}}\boldsymbol{U}, \boldsymbol{R}^{-1}_{i+\frac{1}{2}} \cdot \Delta_{i+\frac{1}{2}}\boldsymbol{U})] \tag{5-346}$$

$$\boldsymbol{\Phi}^-_{i+\frac{1}{2}} \equiv -\boldsymbol{\Lambda}^-_{i+\frac{1}{2}} \cdot [\min\bmod(\boldsymbol{R}^{-1}_{i+\frac{1}{2}} \cdot \Delta_{i+\frac{1}{2}}\boldsymbol{U}, \boldsymbol{R}^{-1}_{i+\frac{1}{2}} \cdot \Delta_{i+\frac{3}{2}}\boldsymbol{U})] \tag{5-347}$$

$$\boldsymbol{\Lambda}^+_{i+\frac{1}{2}} \equiv m_{i+\frac{1}{2}}(\boldsymbol{\Lambda}_{i+\frac{1}{2}} + \gamma_{i+\frac{1}{2}}\boldsymbol{I}), \boldsymbol{\Lambda}^-_{i+\frac{1}{2}} \equiv (1 - m_{i+\frac{1}{2}})(\boldsymbol{\Lambda}_{i+\frac{1}{2}} - l_{i+\frac{1}{2}}\boldsymbol{I}) \tag{5-348}$$

$$\boldsymbol{\Lambda} = \boldsymbol{\Lambda}^+ + \boldsymbol{\Lambda}^-, \quad \boldsymbol{R}^{-1} \cdot \boldsymbol{A} \cdot \boldsymbol{R} = \boldsymbol{\Lambda} \tag{5-349}$$

$$\Delta_{i+\frac{1}{2}}\boldsymbol{U} \equiv \boldsymbol{U}_{i+1} - \boldsymbol{U}_i \tag{5-350}$$

这里，$\boldsymbol{I}$ 为单位矩阵；另外，m、l 与 γ 间满足

$$m_{i+\frac{1}{2}} = \left(\frac{l}{\gamma + l}\right)_{i+\frac{1}{2}} \tag{5-351}$$

对于式（5-336），采用有限体积离散的隐格式时，其表达式为

$$\frac{\Omega_{ijk}}{\Delta t}\delta\boldsymbol{U}^{(n)}_{ijk} + [\boldsymbol{F}_{i+\frac{1}{2}} + \boldsymbol{F}_{i-\frac{1}{2}} + \boldsymbol{F}_{j+\frac{1}{2}} + \boldsymbol{F}_{j-\frac{1}{2}} + \boldsymbol{F}_{k+\frac{1}{2}} + \boldsymbol{F}_{k-\frac{1}{2}}]^{(n+1)} = 0 \tag{5-352}$$

其中 Ω_{ijk}为单元体（$\boldsymbol{i}$，$\boldsymbol{j}$，$\boldsymbol{k}$）的体积，$\delta\boldsymbol{U}^{(n)}_{ijk}$的定义为

$$\delta\boldsymbol{U}^{(n)}_{ijk} \equiv \boldsymbol{U}^{(n+1)}_{ijk} - \boldsymbol{U}^{(n)}_{ijk} \tag{5-353}$$

这里，上角标（n）与（$n+1$）代表第（n）次与第（$n+1$）次的迭代，又称作第（n）与第（$n+1$）时间层；为了求解式（5-352），需要对 $\boldsymbol{F}^{(n+1)}$进行线化处理，采用

$$\boldsymbol{F}^{(n+1)}_{i+\frac{1}{2}} \approx \boldsymbol{F}^{(n)}_{i+\frac{1}{2}} + \boldsymbol{A}^{+,(n)}_{i+\frac{1}{2}} \cdot \delta\boldsymbol{U}^{(n)}_{ijk} + \boldsymbol{A}^{-,(n)}_{i+\frac{1}{2}} \cdot \delta\boldsymbol{U}^{(n)}_{i+1,j,k} \tag{5-354}$$

其中

$$\boldsymbol{A}_{i+\frac{1}{2}}^{+}=m_{i+\frac{1}{2}}(\boldsymbol{A}_{i+\frac{1}{2}}+\gamma_{i+\frac{1}{2}}\boldsymbol{I}) \tag{5-355}$$

$$\boldsymbol{A}_{i+\frac{1}{2}}^{-}=(1-m_{i+\frac{1}{2}})(\boldsymbol{A}_{i+\frac{1}{2}}-l_{i+\frac{1}{2}}\boldsymbol{I}) \tag{5-356}$$

于是主方程式（5-352）经线化处理后变为

$$\begin{aligned}&\delta\boldsymbol{U}_{ijk}^{(n)}+\Delta\tau[\boldsymbol{A}_{i+\frac{1}{2}}^{+}\cdot\delta\boldsymbol{U}_{ijk}^{(n)}+\boldsymbol{A}_{i+\frac{1}{2}}^{-}\cdot\delta\boldsymbol{U}_{i+1}^{(n)}+\boldsymbol{A}_{j+\frac{1}{2}}^{+}\cdot\delta\boldsymbol{U}_{ijk}^{(n)}+\boldsymbol{A}_{j+\frac{1}{2}}^{-}\cdot\delta\boldsymbol{U}_{j+1}^{(n)}+\\&\boldsymbol{A}_{k+\frac{1}{2}}^{+}\cdot\delta\boldsymbol{U}_{ijk}^{(n)}+\boldsymbol{A}_{k+\frac{1}{2}}^{-}\cdot\delta\boldsymbol{U}_{k+1}^{(n)}+\boldsymbol{A}_{i-\frac{1}{2}}^{+}\cdot\delta\boldsymbol{U}_{i-1}^{(n)}+\boldsymbol{A}_{i-\frac{1}{2}}^{-}\cdot\delta\boldsymbol{U}_{ijk}^{(n)}+\boldsymbol{A}_{j-\frac{1}{2}}^{+}\cdot\delta\boldsymbol{U}_{j-1}^{(n)}+\\&\boldsymbol{A}_{j-\frac{1}{2}}^{-}\cdot\delta\boldsymbol{U}_{ijk}^{(n)}+\boldsymbol{A}_{k-\frac{1}{2}}^{+}\cdot\delta\boldsymbol{U}_{k-1}^{(n)}+\boldsymbol{A}_{k-\frac{1}{2}}^{-}\cdot\delta\boldsymbol{U}_{ijk}^{(n)}]=-(\Delta\tau)\boldsymbol{R}_{ijk}^{*,(n)}\end{aligned} \tag{5-357}$$

这里，$\delta\boldsymbol{U}_{i+1}^{(n)}$与$\delta\boldsymbol{U}_{k-1}^{(n)}$分别省略了下角标$j$、$k$与$i$、$j$；对于$\delta\boldsymbol{U}_{i-1}^{(n)}$、$\delta\boldsymbol{U}_{k+1}^{(n)}$、…也省略了相应的下角标；符号$\Delta\tau$与$\boldsymbol{R}^{*,(n)}$残差的定义为

$$\Delta\tau=\frac{\Delta t}{\Omega_{ijk}} \tag{5-358}$$

$$\boldsymbol{R}^{*,(n)}=(\boldsymbol{F}_{i+\frac{1}{2}}+\boldsymbol{F}_{i-\frac{1}{2}}+\boldsymbol{F}_{j+\frac{1}{2}}+\boldsymbol{F}_{j-\frac{1}{2}}+\boldsymbol{F}_{k+\frac{1}{2}}+\boldsymbol{F}_{k-\frac{1}{2}})^{(n)} \tag{5-359}$$

将式（5-357）的左端作 LU 分解，便得到了下面两个方程组[257,283,284]

L 算子：

$$\begin{aligned}&[\boldsymbol{I}+\Delta\tau(\boldsymbol{A}_{i+\frac{1}{2}}^{+}+\boldsymbol{A}_{j+\frac{1}{2}}^{+}+\boldsymbol{A}_{k+\frac{1}{2}}^{+})]\cdot\delta\widetilde{\boldsymbol{U}}_{ijk}^{(n)}=-(\Delta\tau)\boldsymbol{R}_{ijk}^{*,(n)}-\\&(\Delta\tau)(\boldsymbol{A}_{i-\frac{1}{2}}^{+}\cdot\delta\boldsymbol{U}_{i-1}^{(n)}+\boldsymbol{A}_{j-\frac{1}{2}}^{+}\cdot\delta\boldsymbol{U}_{j-1}^{(n)}+\boldsymbol{A}_{k-\frac{1}{2}}^{+}\cdot\delta\boldsymbol{U}_{k-1}^{(n)})\end{aligned} \tag{5-360}$$

U 算子：

$$\begin{aligned}&[\boldsymbol{I}+\Delta\tau(\boldsymbol{A}_{i-\frac{1}{2}}^{-}+\boldsymbol{A}_{j-\frac{1}{2}}^{-}+\boldsymbol{A}_{k-\frac{1}{2}}^{-})]\cdot\delta\boldsymbol{U}_{ijk}^{(n)}=\delta\widetilde{\boldsymbol{U}}_{ijk}^{(n)}-\\&(\Delta\tau)(\boldsymbol{A}_{i+\frac{1}{2}}^{-}\cdot\delta\boldsymbol{U}_{i+1}^{(n)}+\boldsymbol{A}_{j+\frac{1}{2}}^{-}\cdot\delta\boldsymbol{U}_{j+1}^{(n)}+\boldsymbol{A}_{k+\frac{1}{2}}^{-}\cdot\delta\boldsymbol{U}_{k+1}^{(n)})\end{aligned} \tag{5-361}$$

显然，它们均可逐点推进，计算起来十分方便。在 Euler 方程的数值求解中，为了避开引入人工黏性，参考文献［257］引入了杂交格式的思想，将式（5-360）等号右端第一项修改为$-(\Delta\tau)\widetilde{\boldsymbol{R}}_{ijk}^{(n)}$，其中$\widetilde{\boldsymbol{R}}_{ijk}^{(n)}$定义为

$$\widetilde{\boldsymbol{R}}_{ijk}^{(n)}=(\widetilde{\boldsymbol{F}}_{i+\frac{1}{2}}+\widetilde{\boldsymbol{F}}_{i-\frac{1}{2}}+\widetilde{\boldsymbol{F}}_{j+\frac{1}{2}}+\widetilde{\boldsymbol{F}}_{j-\frac{1}{2}}+\widetilde{\boldsymbol{F}}_{k+\frac{1}{2}}+\widetilde{\boldsymbol{F}}_{k-\frac{1}{2}})^{(n)} \tag{5-362}$$

这里，$\widetilde{\boldsymbol{F}}_{i+\frac{1}{2}}$的定义前文已给出，其他，如$\widetilde{\boldsymbol{F}}_{j+\frac{1}{2}}$等也可相应地给出。借助于式（5-362），则式（5-360）变为

$$\begin{aligned}&[\boldsymbol{I}+\Delta\tau(\boldsymbol{A}_{i+\frac{1}{2}}^{+}+\boldsymbol{A}_{j+\frac{1}{2}}^{+}+\boldsymbol{A}_{k+\frac{1}{2}}^{+})]\cdot\delta\widetilde{\boldsymbol{U}}_{ijk}^{(n)}=-(\Delta\tau)\widetilde{\boldsymbol{R}}_{ijk}^{(n)}-\\&(\Delta\tau)[\boldsymbol{A}_{i-\frac{1}{2}}^{+}\cdot\delta\widetilde{\boldsymbol{U}}_{i-1}^{(n)}+\boldsymbol{A}_{j-\frac{1}{2}}^{+}\cdot\delta\widetilde{\boldsymbol{U}}_{j-1}^{(n)}+\boldsymbol{A}_{k-\frac{1}{2}}^{+}\cdot\delta\widetilde{\boldsymbol{U}}_{k-1}^{(n)}]\end{aligned} \tag{5-363}$$

于是式（5-363）与式（5-361）便构成了三维 Euler 方程组 LU－TVD 杂交格式，它具有高效率、高分辨率的特征，是 Jameson A. 提出的 LU－SGS 格式的进一步发展。这里还应指出的是，在高超声速气动热力学计算中，有限体积法在采用结构网格时易于纳入高精度格式，更重要的是它在壁面热流计算中具有优势，因此我们课题组所编制的源程序[257,283,284]就是以式（5-363）为出发点的。另外，国外的许多优秀的 CFD 软件也都广泛采用有限体积法[285]。

5.6.3　非结构网格下有限体积的 Gauss – Seidel 迭代法

在非结构网格下，考虑积分型 N – S 方程组：

$$\frac{\partial}{\partial t}\iiint_{\Omega}\boldsymbol{U}\mathrm{d}\Omega+\oiint_{\partial\Omega}\boldsymbol{n}\cdot[\boldsymbol{i}(\boldsymbol{E}_{\mathrm{I}}+\boldsymbol{E}_{\mathrm{V}})+\boldsymbol{j}(\boldsymbol{G}_{\mathrm{I}}+\boldsymbol{G}_{\mathrm{V}})+\boldsymbol{k}(\boldsymbol{H}_{\mathrm{I}}+\boldsymbol{H}_{\mathrm{V}})]\mathrm{d}S=0 \tag{5-364}$$

式中，$\boldsymbol{E}_{\mathrm{I}}$、$\boldsymbol{G}_{\mathrm{I}}$ 与 $\boldsymbol{H}_{\mathrm{I}}$ 分别代表沿 x、y 与 z 方向上的无黏矢通量；$\boldsymbol{E}_{\mathrm{V}}$、$\boldsymbol{G}_{\mathrm{V}}$ 与 $\boldsymbol{H}_{\mathrm{V}}$ 分别代表沿 x、y 与 z 方向上的黏性及热传导所引起的矢通量；$\boldsymbol{i}$、$\boldsymbol{j}$ 与 $\boldsymbol{k}$ 分别为沿 x、y 与 z 方向上的单位矢量。引入广义并矢张量 $\boldsymbol{f}$，其定义为

$$\boldsymbol{f}\equiv\boldsymbol{i}(\boldsymbol{E}_{\mathrm{I}}+\boldsymbol{E}_{\mathrm{V}})+\boldsymbol{j}(\boldsymbol{G}_{\mathrm{I}}+\boldsymbol{G}_{\mathrm{V}})+\boldsymbol{k}(\boldsymbol{H}_{\mathrm{I}}+\boldsymbol{H}_{\mathrm{V}}) \tag{5-365}$$

考察选定的网格单元体 i，并将物理量置于网格单元体中心，于是将式(5-364)用于网格单元体 i 便得到主方程的半离散形式，即

$$\Omega_i\frac{\partial\boldsymbol{U}_i}{\partial t}+\sum_{j=nb(i)}[(\boldsymbol{n}_{i,j}\cdot\boldsymbol{f}_{i,j})S_{i,j}]=0 \tag{5-366}$$

这里，$nb(i)$ 代表单元 i 的相邻单元；下角标（i，j）代表单元体 i 与单元体 j 的交界面；$\boldsymbol{f}_{i,j}$ 表示界面（i，j）处的广义并矢张量；$\boldsymbol{n}_{i,j}$ 代表界面（i，j）的外法向单位矢量。$\boldsymbol{S}_{i,j}$ 为界面（i，j）的面积，Ω_i 为单元体 i 的体积。引入 $\boldsymbol{F}^{\mathrm{I}}_{i,j}$ 与 $\boldsymbol{F}^{\mathrm{V}}_{i,j}$，其定义式为

$$\boldsymbol{F}^{\mathrm{I}}_{i,j}\equiv\boldsymbol{n}_{i,j}\cdot(\boldsymbol{i}\boldsymbol{E}_{\mathrm{I}}+\boldsymbol{j}\boldsymbol{G}_{\mathrm{I}}+\boldsymbol{k}\boldsymbol{H}_{\mathrm{I}})_{i,j} \tag{5-367}$$

$$\boldsymbol{F}^{\mathrm{V}}_{i,j}\equiv\boldsymbol{n}_{i,j}\cdot(\boldsymbol{i}\boldsymbol{E}_{\mathrm{V}}+\boldsymbol{j}\boldsymbol{G}_{\mathrm{V}}+\boldsymbol{k}\boldsymbol{H}_{\mathrm{V}})_{i,j} \tag{5-368}$$

显然，有

$$\boldsymbol{F}^{\mathrm{I}}_{i,j}+\boldsymbol{F}^{\mathrm{V}}_{i,j}=\boldsymbol{n}_{i,j}\cdot\boldsymbol{f}_{i,j} \tag{5-369}$$

这里，$\boldsymbol{F}^{\mathrm{I}}_{i,j}$ 由对流项构成，称之为无黏通量；$\boldsymbol{F}^{\mathrm{V}}_{i,j}$ 由黏性项与热传导项构成，常简称之为黏性通量；对于（i，j）面上无黏通量 $\boldsymbol{F}^{\mathrm{I}}_{i,j}$ 的计算如采用 Roe 的矢通量差分分裂，即

$$\begin{aligned}\widetilde{\boldsymbol{F}}^{\mathrm{I}}_{i,j}&=\frac{1}{2}[\boldsymbol{F}^{\mathrm{I}}_{\mathrm{L}}+\boldsymbol{F}^{\mathrm{I}}_{\mathrm{R}}-|\boldsymbol{A}_{\mathrm{Roe}}|\cdot(\boldsymbol{U}_{\mathrm{R}}-\boldsymbol{U}_{\mathrm{L}})]_{i,j}\\&=\frac{1}{2}[\boldsymbol{F}^{\mathrm{I}}(\boldsymbol{U}^{\mathrm{L}}_{i,j})+\boldsymbol{F}^{\mathrm{I}}(\boldsymbol{U}^{\mathrm{R}}_{i,j})-|\boldsymbol{A}_{\mathrm{Roe}}|\cdot(\boldsymbol{U}^{\mathrm{R}}_{i,j}-\boldsymbol{U}^{\mathrm{L}}_{i,j})]\end{aligned} \tag{5-370}$$

其中上角标 L 与 R 为边界左右的物理状态，$\boldsymbol{A}_{\mathrm{Roe}}$ 为在 Roe 平均下无黏通量 Jacobian 阵 $\partial\widetilde{\boldsymbol{F}}^{\mathrm{I}}_{i,j}/\partial\boldsymbol{U}$；注意这里

$$|\boldsymbol{A}_{\mathrm{Roe}}|=\boldsymbol{R}_{\mathrm{A}}\cdot|\boldsymbol{\Lambda}_{\mathrm{A}}|\cdot\boldsymbol{R}_{\mathrm{A}}^{-1} \tag{5-371}$$

对于半离散方程式（5-295），如果在时间方向上取 Euler 后向差分，则有

$$\frac{\Omega_i}{\Delta t}[\boldsymbol{U}_i^{(n+1)}-\boldsymbol{U}_i^{(n)}]+(\boldsymbol{R}_i^{*})^{(n+1)}=0 \tag{5-372}$$

式中，残差 $\boldsymbol{R}_i^{*}$ 定义为

$$\boldsymbol{R}_i^* \equiv \sum_{j=nb(i)} [(\boldsymbol{F}_{i,j}^{\mathrm{I}} + \boldsymbol{F}_{i,j}^{\mathrm{V}}) S_{i,j}] \tag{5-373}$$

将$(\boldsymbol{R}_i^*)^{(n+1)}$进行局部线化，有

$$(\boldsymbol{R}_i^*)^{(n+1)} = (\boldsymbol{R}_i^*)^{(n)} + \sum_{j=nb(i)} \left\{ \left[\left(\frac{\partial}{\partial \boldsymbol{U}} \boldsymbol{F}_{i,j}^{\mathrm{I}} \right)^{(n)} + \left(\frac{\partial}{\partial \boldsymbol{U}} \boldsymbol{F}_{i,j}^{\mathrm{V}} \right)^{(n)} \right] S_{i,j} \cdot \delta \boldsymbol{U}_{i,j}^{(n)} \right\} \tag{5-374}$$

如果用$\widetilde{\boldsymbol{F}}_{i,j}^{\mathrm{I}}$代替式（5-374）中的$\boldsymbol{F}_{i,j}^{\mathrm{I}}$，于是$\boldsymbol{R}_i^*$变为$\widetilde{\boldsymbol{R}}_i$，则有

$$(\widetilde{\boldsymbol{R}}_i)^{(n+1)} = (\widetilde{\boldsymbol{R}}_i)^{(n)} + \sum_{j=nb(i)} [(\boldsymbol{A}_{ij,L}^{\mathrm{I}} + \boldsymbol{A}_{ij,R}^{\mathrm{I}} + \boldsymbol{A}_{ij}^{\mathrm{V}})^{(n)} S_{ij} \cdot \delta \boldsymbol{U}_{i,j}^{(n)}] \tag{5-375}$$

式中，矩阵$\boldsymbol{A}_{ij,L}^{\mathrm{I}}$、$\boldsymbol{A}_{ij,R}^{\mathrm{I}}$与$\boldsymbol{A}_{ij}^{\mathrm{V}}$均为 Jacobian 阵，其定义为

$$\boldsymbol{A}_{ij,L}^{\mathrm{I}} \equiv \frac{\partial}{\partial \boldsymbol{U}} \boldsymbol{F}_{ij,L}^{\mathrm{I}}, \quad \boldsymbol{A}_{ij,R}^{\mathrm{I}} \equiv \frac{\partial}{\partial \boldsymbol{U}} \boldsymbol{F}_{ij,R}^{\mathrm{I}} \tag{5-376}$$

$$\boldsymbol{A}_{ij}^{\mathrm{V}} \equiv \frac{\partial}{\partial \boldsymbol{U}} \boldsymbol{F}_{ij}^{\mathrm{V}} \tag{5-377}$$

为了便于求解，这里将式（5-375）近似为

$$(\widetilde{\boldsymbol{R}}_i)^{(n+1)} = (\widetilde{\boldsymbol{R}}_i)^{(n)} + \sum_{j=nb(i)} [(\boldsymbol{A}_{i,ij}^{\mathrm{I}} + \boldsymbol{A}_{i,ij}^{\mathrm{V}})^{(n)} S_{ij} \cdot \delta \boldsymbol{U}_i^{(n)}] + \sum_{j=nb(i)} [(\boldsymbol{A}_{j,ij}^{\mathrm{I}} + \boldsymbol{A}_{j,ij}^{\mathrm{V}})^{(n)} S_{ij} \cdot \delta \boldsymbol{U}_j^{(n)}] \tag{5-378}$$

式中

$$\boldsymbol{A}_{i,ij}^{\mathrm{I}} \equiv \frac{\partial}{\partial \boldsymbol{U}} \boldsymbol{F}_{i,ij}^{\mathrm{I}} = \frac{\partial}{\partial \boldsymbol{U}} [\boldsymbol{n}_{i,j} \cdot (\boldsymbol{i}\boldsymbol{E}_{\mathrm{I}} + \boldsymbol{j}\boldsymbol{G}_{\mathrm{I}} + \boldsymbol{k}\boldsymbol{H}_{\mathrm{I}})_i] \tag{5-379}$$

$$\boldsymbol{A}_{j,ij}^{\mathrm{I}} \equiv \frac{\partial}{\partial \boldsymbol{U}} \boldsymbol{F}_{j,ij}^{\mathrm{I}} = \frac{\partial}{\partial \boldsymbol{U}} [\boldsymbol{n}_{i,j} \cdot (\boldsymbol{i}\boldsymbol{E}_{\mathrm{I}} + \boldsymbol{j}\boldsymbol{G}_{\mathrm{I}} + \boldsymbol{k}\boldsymbol{H}_{\mathrm{I}})_j] \tag{5-380}$$

$$\boldsymbol{A}_{i,ij}^{\mathrm{V}} \equiv \partial \boldsymbol{f}_2(\boldsymbol{U}_i, \boldsymbol{U}_j) / \partial \boldsymbol{U}_i \tag{5-381}$$

$$\boldsymbol{A}_{j,ij}^{\mathrm{V}} \equiv \partial \boldsymbol{f}_2(\boldsymbol{U}_i, \boldsymbol{U}_j) / \partial \boldsymbol{U}_j \tag{5-382}$$

$$\boldsymbol{f}_2(\boldsymbol{U}_i, \boldsymbol{U}_j) \approx \mu \boldsymbol{I}_{\mathrm{V}} \cdot (\boldsymbol{q}_i^{\mathrm{V}} - \boldsymbol{q}_j^{\mathrm{V}}) \frac{\boldsymbol{r}_{i,j} \cdot \boldsymbol{n}}{\boldsymbol{r}_{i,j} \cdot \boldsymbol{r}_{i,j}} \tag{5-383}$$

$$\boldsymbol{I}_{\mathrm{V}} \equiv \mathrm{diag}\left[0, 1, 1, 1, \frac{1}{(\gamma - 1) Pr}\right] \tag{5-384}$$

$$\boldsymbol{q}^{\mathrm{V}} \equiv \left[0, u, v, w, \gamma \frac{p}{\rho}\right] \tag{5-385}$$

式中，γ 与 Pr 分别代表气体的比热容比与 Prandtl 数；p 与 ρ 分别为气体的压强与密度；$\boldsymbol{r}_{i,j}$代表由单元体 i 的中心点到单元体 j 的中心点的矢量。显然，这里在计算$\boldsymbol{A}_{i,ij}^{\mathrm{V}}$与$\boldsymbol{A}_{j,ij}^{\mathrm{V}}$时没去直接计算$\boldsymbol{F}_{i,j}^{\mathrm{V}}$，而是采用了上述近似的办法。大量的计算证实上述这种处理是有效的、可行的。借助于式（5-378），则式（5-372）最后可整理为如下形式：

$$\left\{\frac{\boldsymbol{I}}{(\Delta t)_i}\Omega_i+\beta\sum_{j=nb(i)}\left[S_{ij}(\boldsymbol{A}_{i,ij}^{\mathrm{I}}+\boldsymbol{A}_{i,ij}^{\mathrm{V}})\right]\right\}\cdot\delta\boldsymbol{U}_i^{(n)}=-(\widetilde{\boldsymbol{R}}_i)^{(n)}-\beta\sum_{j=nb(i)}\left[S_{ij}(\boldsymbol{A}_{j,ij}^{\mathrm{I}}+\boldsymbol{A}_{j,ij}^{\mathrm{V}})\cdot\delta\boldsymbol{U}_j^{(n)}\right] \tag{5-386}$$

式中，$\boldsymbol{I}$ 为单位矩阵；β 为格式开关函数，当 $\beta=1$ 时为隐格式，当 $\beta=0$ 时为显格式。对于隐格式，则式（5-386）可用 Gauss－Seidel 点迭代进行求解。

5.6.4　非结构网格下有限体积法的双时间步长迭代格式

对于非定常流动问题，常采用 A. Jameson 提出的双时间步（dual－time－step）的求解方法[286]，当时 Jameson 是用于结构网格的流体力学问题，这里将它用到非结构网格下并且采用有限体积法求解流场。首先考虑非结构网格下半离散形式的 N－S方程

$$\frac{\partial\boldsymbol{U}_i}{\partial t}+\frac{\boldsymbol{R}_i}{\Omega_i}=0 \tag{5-387}$$

引入伪时间项，则式（5-387）变为

$$\frac{\partial\boldsymbol{U}_i}{\partial\tau}+\frac{\partial\boldsymbol{U}_i}{\partial t}+\frac{\boldsymbol{R}_i}{\Omega_i}=0 \tag{5-388}$$

这里，τ 代表伪时间，t 为物理时间；对物理时间项采用二阶逼近，而伪时间项用一阶逼近时则式（5-388）变为[287]

$$\frac{\boldsymbol{U}_i^{(n),(k+1)}-\boldsymbol{U}_i^{(n),(k)}}{\Delta\tau}+\left\{\frac{3\boldsymbol{U}_i^{(n),(k+1)}-4\boldsymbol{U}_i^{(n)}+\boldsymbol{U}_i^{(n-1)}}{2\Delta t}+\frac{\boldsymbol{R}_i^{(n),(k)}}{\Omega_i}+\frac{1}{\Omega_{ij}}\sum_{j=nb(i)}\left[(\boldsymbol{A}_{i,ij}^{\mathrm{I}}+\boldsymbol{A}_{i,ij}^{\mathrm{V}})^{(n),(k)}\cdot S_{ij}\delta\boldsymbol{U}_i^{(n),(k)}\right]+\frac{1}{\Omega_{ij}}\sum_{j=nb(i)}\left[(\boldsymbol{A}_{j,ij}^{\mathrm{I}}+\boldsymbol{A}_{j,ij}^{\mathrm{V}})^{(n),(k)}\cdot S_{ij}\delta\boldsymbol{U}_j^{(n),(k)}\right]\right\}=0 \tag{5-389}$$

式中，S_{ij}代表单元体 i 与单元体 j 的交界面的面积；另外，上角标（n）代表物理时间层，（k）代表伪时间层；这里上角标（k）表示内迭代，上角标（n）表示外迭代。而符号 $\delta\boldsymbol{U}_i^{(n),(k)}$ 的定义为

$$\delta\boldsymbol{U}_i^{(n),(k)}\equiv\boldsymbol{U}_i^{(n),(k+1)}-\boldsymbol{U}_i^{(n),(k)} \tag{5-390}$$

对上角标（k）进行迭代，当迭代收敛时，$\boldsymbol{U}^{(n),(k)}\to\boldsymbol{U}^{(n),(k+1)}$，于是这时有

$$\boldsymbol{U}^{(n+1)}:=\boldsymbol{U}^{(n),(k+1)} \tag{5-391}$$

这就是说通过内迭代获得了（$n+1$）物理时间层上的 $\boldsymbol{U}$ 值。这里内迭代的收敛标准可取为

$$\frac{\|\boldsymbol{U}^{(n),(k+1)}-\boldsymbol{U}^{(n),(k)}\|_2}{\|\boldsymbol{U}^{(n),(k+1)}-\boldsymbol{U}^{(n)}\|_2}\leqslant\varepsilon_1 \tag{5-392}$$

这里，ε_1 可在 $10^{-3}\sim10^{-2}$的范围内取值。将式（5-389）整理后，又可得

$$\left\{\Omega_i\left(\frac{1}{\Delta\tau}+\frac{3}{2\Delta t}\right)\boldsymbol{I}+\sum_{j=nb(i)}\left[\left(\boldsymbol{A}_{i,ij}^{\mathrm{I}}+\boldsymbol{A}_{i,ij}^{\mathrm{V}}\right)^{(n),(k)}S_{ij}\right]\right\}\cdot\delta\boldsymbol{U}_i^{(n),(k)}$$
$$=-\boldsymbol{R}_i^{(n),(k)}+\frac{\boldsymbol{U}_i^{(n)}-\boldsymbol{U}_i^{(n-1)}}{2\Delta t}\Omega_i-\sum_{j=nb(i)}\left[\left(\boldsymbol{A}_{j,ij}^{\mathrm{I}}+\boldsymbol{A}_{j,ij}^{\mathrm{V}}\right)^{(n),(k)}S_{ij}\cdot\delta\boldsymbol{U}_j^{(n),(k)}\right]$$
(5-393)

由式（5-393），借助于 Gauss－Seidel 点迭代便可解出 $\delta\boldsymbol{U}_i^{(n),(k)}$ 值。

5.7 可压缩湍流的 RANS 与 DES 分析法

本节扼要讨论可压缩湍流的数值模拟问题。目前，湍流数值模拟主要有 3 种方法，即直接数值模拟（简称 DNS，direct numerical simulation）、大涡数值模拟（简称 LES，large eddy simulation）和 Reynolds 平均 N－S 方程组数值模拟（简称 RANS，reynolds averaged navier－stokes simulation）。直接数值模拟不需要对湍流建立模型，而是采用数值计算的方法直接去求解流动问题所服从的 N－S 控制方程组。由于湍流属于多尺度的不规则流动，要获得所有尺度的流动信息便需要很高的空间与时间的分辨率，换句话说便是需要巨大的计算机内存和耗时很长的计算量。目前这种方法只能用于计算槽道或圆管之类的低雷诺数简单湍流流动，它还不能作为预测复杂湍流流动的普遍方法。在工程计算中广泛采用的是 Reynolds 平均 N－S 数值模拟方法，这种方法是将流动的质量、动量和能量方程进行统计平均后建立模型，因此这种方法是从 Reynolds 平均方程或密度加权平均 N－S 方程出发，结合具体湍流问题的边界条件进行求解。对于 RANS 中的不封闭项，可通过给定合适的湍流模型使之封闭。这种方法通常不需要计算各种尺度的湍流脉动，它只计算平均运动，对空间分辨率的要求较低，计算工作量也比较小。大涡数值模拟是 20 世纪 70 年代提出的一种湍流数值模拟的新方法，其基本思想是采用滤波方法将湍流流场中的脉动运动分解为大尺度（低波数区）脉动和小尺度（高波数区）脉动的运动；大尺度涡的行为强烈地依赖于边界条件，而且大涡是各向异性的。小尺度涡的结构具有共同的特征，它们受边界条件的影响较小，在统计上小涡是各向同性的。不同尺度的旋涡之间还存在着能量级串（energy cascade）现象。在湍流中，大尺度涡会把能量逐级传递给小尺度涡，最后在某一最小尺度（即 kolmogorov 尺度）上被耗散掉。大尺度湍流脉动直接由 N－S 控制方程使用数值求解，仅对小尺度湍流脉动建立模型。显然，该方法对空间分辨率的要求远小于直接数值模拟方法。比较 LES 与 RANS 两种方法可以发现：Reynolds 平均的湍流涡黏模型主要适用于平衡湍流（即湍动能生成项等于湍动能耗散项）或者接近平衡湍流的流动，这时它可以预测出湍流边界层和它的分离，但这种方法在预测大规模分离流动方面仍存在着困难；大涡数值模拟则适用于非平衡的复杂湍流流动。LES 可以成功的预测分离流动，并且具有很好的精确度，但对于高 Reynolds 数的流动，使用这种方法计算量过大。以飞机机翼为例，令 Reynolds 数为 7×10^7，则 LES 所需要的计算量要在超过 10^{11} 的网格点与接近10^7 的推进步上完成计算，显然这样大的计算量目前计算机的发展水平还很难实现。认真分析一下 LES 在高 Reynolds 数下的计算量问题会发现，这里计算量主要用在了边界层的模拟，而边界层外区域的计算量相对有限，并且不是太大。另外，从工程应用的角度上讲，LES 方法往往并不需要应用于流场的所有区域，例如翼型绕流问题，一个翼型的前缘或压力面的这些区域用 RANS 方法就足够了。在复杂流动中，并非处处是非平衡的复杂湍流，在接近平衡的湍流区域（例如不分离的顺压梯度边界层）便可采用 RANS 模型，或者高精度、高分辨率的 RKDG 有限元模型[288-293]；而在非平衡的湍流区（例如分离再附区和钝体尾迹的涡脱落区）就可采用 LES 模型[294-300]。显然，这种将流场分成相应的 RANS 模拟区域与 LES 模拟区域的思想，既保证了计算的准确性，又可以大幅度的节省计算资源，在工程应用上极具优势，文献［300］正是具体体现了这一思想。对此，本节分 8 个小问题进行扼要的讨论，其具体内容是：①数值解的精度与耗散、色散行为间的关系；②物理尺度与网格尺度、激波厚度与湍流结构；③基于 Favre 平均的可压缩湍流方程组；④可压缩湍流的大涡数值模拟及其控制方程组；⑤RANS 与 LES 组合杂交方法的概述；⑥关于 RANS、DES 以及 LES 方法中 ν_T 的计算；⑦可压缩湍流中的 $k-\omega$ 模型；⑧RANS 计算与 DES 区域分析相结合的高效算法。

5.7.1　数值解的精度与耗散、色散行为间的关系

随着 Reynolds 数的增加，湍流尺度的范围增加得很快，在高 Reynolds 数的可压缩湍流场中，最大尺度的物理量与最小尺度的物理量之比经常大于10^6，因此要模拟多尺度复杂的湍流流动，一方面要求网格要足够的密集，另一方面还要求数值方法要有较高的逼近精度，尤其是对控制方程中对流项的逼近精度。S. B. Pope 曾分别给出了采用 DNS 计算时网格数量 N_1 与 Reynolds 数以及数值模拟在时间上的推进步数 N_2 与 Reynolds 数之间的关系为

$$N_1^3 \approx 4.4 Re_L^{9/4} \approx 0.06 Re_\lambda^{9/2} \tag{5-394}$$

$$N_2 \approx 9.2 Re_\lambda^{3/2} \tag{5-395}$$

式中，Re_L 与Re_λ 分别代表基于湍流场积分尺度 L 的 Reynolds 数与基于 Taylor 微尺度 λ 的 Reynolds 数。显然，由式（5-394）和式（5-395）可知，对于高 Reynolds 数流动问题采用 DNS 计算所需要的计算资源是非常巨大的。另外，当离散方程的数值格式和迭代推进的步长选定后，所能够正确模拟的波数范围也就确定了，超过这个范围的更高波数的数值模拟结果，往往是非物理的。差分格式的精度分析多是讨论数值方法对所感兴趣小尺度物理量的刻画能力，而高波效应的分析则是讨论在数值解中那些不能正确模拟物理量的高波分量对于数值结果可能带来的影响。这种影响主要反映在对数值解的耗散特性与色散特性的影响。通常，高精度差分格式所带来的耗散特性与色散特性在数值解中表现为小尺度量的各向异性效应，而这种各

向异性效应既反映在波的传播特性方面，也表现在波的幅值变化上，因此差分格式所带来的这些效应便可能成为对所感兴趣小尺度物理量的污染源。在数值解中的耗散特性可能影响小尺度量（高波数分量）在流动过程中的幅值变化，而色散特性又可能影响小尺度量的流动结构。因此，为保证在数值结果中对所感兴趣的物理量能得到正确的刻画，就必须对高波数效应加以控制。

对于多维问题，这种高波数效应还表现为色散与耗散效应在空间的各向异性特性，尤其在捕捉激波时，这时高波数效应表现得更为明显。在数值计算中，低阶精度的耗散型数值格式使激波厚度抹得更宽，高阶精度格式由于色散效应使得数值解中高波分量错位而导致激波附近的非物理的数值振荡，因此如何选取格式精度，并对非物理的行为加以控制，是有待深入开展的课题之一。

5.7.2 物理尺度与网格尺度、激波厚度与湍流结构

对 N－S 方程进行离散时，黏性项和对流项的离散都会产生误差。为了使物理黏性不被数值黏性所污染，对网格 Reynolds 数加以限制是需要的。这里对网格 Reynolds 数的限制应当理解为对于局部网格 Reynolds 数的限制，而局部网格 Reynolds 数是基于局部速度与局部黏性来定义的，显然在黏性流的边界层内，特别是在物面附近，局部 Reynolds 数要比来流处的小得多。特别应指出的是，通常一些文献中常要求满足：

$$\mu \frac{\Delta t}{(\Delta x)^2} \leqslant \frac{1}{2}, \ Re_{\Delta x} \leqslant 2 \tag{5-396}$$

作为黏性流计算的一个条件，其实，式（5-396）这个限制是针对线性 Burgers 方程采用二阶精度中心差分格式离散时所得到的关系式，它并不能代表普遍情况下的一般关系式。把 $Re_{\Delta x} \leqslant 2$ 作为黏性计算的一个条件，这是一个非常苛刻的条件（因为通常高速黏性流 Reynolds 数都非常大）。对模型方程进行数值分析可以发现，随着格式精度的提高，可以大大放宽对网格 Reynolds 数的限制。另外，对于同阶的格式精度而言，采用紧致型格式或强紧致型格式时对网格 Reynolds 数的限制也会更加宽松些。

在数值模拟一个具体的物理问题时，需要对感兴趣的物理尺度有所了解，这样才能正确地选择数值方法和划分计算网格，例如对于多尺度复杂流动的可压缩流场中的激波，就不能都看成无厚度的间断面。在可压缩流的湍流中，那里的激波厚度与湍流流场中的最小流动结构的尺度是同量级的。由于可压缩湍流场中的激波往往是非定常的，甚至是随机的，因此便要求选用较高精度的数值格式，并能够很好地捕捉到所感兴趣的各种不同尺度的物理量，也就是说要求所选用的数值方法对激波有着高的分辨能力，在激波附近能抑制非物理的高频振荡，而且所感兴趣的不同尺度的物理量穿过激波时又不能被污染。所以，网格尺度的确定是件非常困难的事，对此还没有成熟的理论处理办法。目前仅能通过一些对黏性项与对流项进行一些简

单的 Fourier 分析给以启示。另外，在取定计算误差的情况下，采用较高的格式精度可以使捕捉到的波数范围变得更宽，并且还可以放大空间步长，显然这对提高计算效率非常有益。

对于超声速和高超声速湍流流场，流场中的涡运动总是与声波的传播相互联系、相互干扰。当湍流场中有激波存在时，将产生局部强耗散区，并将改变湍流场内部的间歇特征；湍流中的激波经常是具有大纵横比的结构：它们的厚度很薄，具有小尺度特征，但在展向存在着随机的长波纹，即展向具有大尺度特征，因此激波与湍流的干扰将产生很强的内在压缩性效应，其表现为湍流中的强脉动压力梯度以及湍流与激波的相互干扰。强压力梯度可以导致壁面摩擦阻力与热流的增加，导致壁面压力脉动与热传导的脉动明显增强。另外，在壁湍流中，很可能会导致物面热结构的破坏。今讨论来流马赫数为 10，取边界层动量厚度为特征长度对应的 Reynolds 数为 14608，介质为氢气时的一个可压缩边界层流动问题的试验结果表明：这时壁面温度与边界层外缘温度之比约为 30∶1。因此，在高超声速再入飞行中湍流场的内在压缩效应绝对不容忽视；为了正确的计算出高超声速下的可压缩湍流流场，故要求数值方法既能分辨湍流场中的最小尺度，又能正确分辨非定常激波束、间断面以及流场中存在的滑移面，因此发展高精度、高分辨率的 WENO 格式和高效率的多步 Runge - Kutta 方法以及双时间步（dual - time - step）的隐式时间离散方法是非常必要的。

5.7.3　基于 Favre 平均的可压缩湍流方程组

为了更简单，在 Cartesian 直角坐标系中给出如下形式以瞬态量表达的 N - S 方程组：

$$\frac{\partial\rho}{\partial t}+\frac{\partial(\rho u_j)}{\partial x_j}=0 \tag{5-397}$$

$$\frac{\partial(\rho u_i)}{\partial t}+\frac{\partial(\rho u_i u_j)}{\partial x_j}=-\frac{\partial p}{\partial x_i}+\frac{\partial\tau_{ij}}{\partial x_j} \tag{5-398}$$

$$\frac{\partial(\rho e)}{\partial t}+\frac{\partial(e\rho u_j)}{\partial x_j}=\frac{\partial}{\partial x_j}(\lambda\frac{\partial T}{\partial x_j})-p\frac{\partial u_j}{\partial x_j}+\Phi \tag{5-399}$$

式中，ρ 与 u_i 分别为气体的密度与分速度；e、T、λ 分别为气体内能、温度、气体的导热系数；τ_{ij}为黏性应力张量的分量；Φ 为黏性耗散函数；p 为压强；e、p、τ_{ij} 与 Φ 分别有如下表达式

$$e=c_V T \tag{5-400}$$

$$p=\rho RT \tag{5-401}$$

$$\tau_{ij}=\mu(\frac{\partial u_i}{\partial x_j}+\frac{\partial u_j}{\partial x_i})-\frac{2}{3}\mu\frac{\partial u_k}{\partial x_k}\delta_{ij} \tag{5-402}$$

$$\Phi=\tau_{ij}\frac{\partial u_i}{\partial x_j} \tag{5-403}$$

这里采用了 Einstein 求和约定。在式（5-402）中，速度梯度张量可分解为应变率张量 $\boldsymbol{S}$ 与旋转率张量 $\boldsymbol{R}$ 之和，其分量表达式为

$$\frac{\partial u_i}{\partial x_j}=S_{ij}+R_{ij} \tag{5-404}$$

$$S_{ij}=\frac{1}{2}\left(\frac{\partial u_i}{\partial x_j}+\frac{\partial u_j}{\partial x_i}\right) \tag{5-405}$$

$$R_{ij}=\frac{1}{2}\left(\frac{\partial u_i}{\partial x_j}-\frac{\partial u_j}{\partial x_i}\right) \tag{5-406}$$

将式（5-397）~式（5-399）中各个变量采用系综平均法分解，并定义如下一个行矢量

$$\boldsymbol{f}=\overline{\boldsymbol{f}}+\boldsymbol{f}' \tag{5-407}$$

式中

$$\boldsymbol{f}=[\rho,u_i,p,e,T,\tau_{ij},\boldsymbol{\Phi}] \tag{5-408}$$

$$\overline{\boldsymbol{f}}=[\overline{\rho},\overline{u}_i,\overline{p},\overline{e},\overline{T},\overline{\tau}_{ij},\overline{\boldsymbol{\Phi}}] \tag{5-409}$$

$$\boldsymbol{f}'=[\rho',u'_i,p',e',T',\tau'_{ij},\boldsymbol{\Phi}'] \tag{5-410}$$

将式（5-397）~式（5-399）做密度加权平均，并注意到各态遍历定理（即时间平稳态过程中随机量的系综平均等于随机过程的时间平均，也就是说这时的系综平均与 Reynolds 时间平均相等），于是得到密度加权平均方程

$$\frac{\partial\overline{\rho}}{\partial t}+\frac{\partial}{\partial x_j}(\overline{\rho}\,\widetilde{u}_j)=0 \tag{5-411}$$

$$\frac{\partial}{\partial t}(\overline{\rho}\,\widetilde{u}_i)+\frac{\partial}{\partial x_j}(\overline{\rho}\,\widetilde{u}_i\widetilde{u}_j)=-\frac{\partial\overline{p}}{\partial x_i}+\frac{\partial}{\partial x_j}(\overline{\tau_{ij}}-\overline{\rho u''_i u''_j}) \tag{5-412}$$

$$\frac{\partial}{\partial t}(\overline{\rho}e^*)+\frac{\partial}{\partial x_j}(\overline{\rho}\,\widetilde{u}_jH)=\frac{\partial}{\partial x_j}\left[-(q_{Lj}+q_{Tj})+\overline{\tau_{ij}u''_i}-\frac{1}{2}\overline{\rho u''_j u''_i u''_i}\right]+\frac{\partial}{\partial x_j}[\widetilde{u}_i(\overline{\tau_{ij}}-\overline{\rho u''_i u''_j})] \tag{5-413}$$

另外，式（5-413）又可写为

$$\frac{\partial}{\partial t}(\overline{\rho}\,\widetilde{h}_0)+\frac{\partial}{\partial x_j}(\overline{\rho}\,\widetilde{u}_j\widetilde{h}_0)=\frac{\partial\overline{p}}{\partial t}-\frac{\partial}{\partial x_j}(\overline{q}_j+\overline{\rho u''_j h''})+\frac{\partial}{\partial x_j}\left(\widetilde{u}_i\overline{\tau}_{ij}+\overline{u''_i\tau_{ij}}-\frac{1}{2}\overline{\rho u''_j}\frac{\overline{\rho u''_i u''_i}}{\overline{\rho}}-\widetilde{u}_i\,\overline{\rho u''_i u''_j}-\frac{1}{2}\overline{\rho u''_i u''_i u''_j}\right) \tag{5-414}$$

在式（5-411）~式（5-414）中，变量 e^*、$\widetilde{h}_0$、k 以及层流热流 q_{Lj} 与湍流热流 q_{Tj} 的定义式分别为

$$e^* \equiv \widetilde{e} + \frac{1}{2}\widetilde{u}_i\widetilde{u}_i + k \tag{5-415}$$

$$\widetilde{h}_0 \equiv \widetilde{h} + \frac{1}{2}\widetilde{u}_i\widetilde{u}_i + \frac{1}{2}\frac{\overline{\rho u_i'' u_i''}}{\overline{\rho}} \tag{5-416}$$

$$k \equiv \frac{1}{2}\frac{\overline{\rho u_i'' u_i''}}{\overline{\rho}} \tag{5-417}$$

$$q_{Lj} = \lambda\frac{\partial \widetilde{T}}{\partial x_j},\ q_{Tj} = \overline{\rho u_j'' h''} \tag{5-418}$$

另外，总焓 h_0 与静焓 h 以及热流矢量 $\boldsymbol{q}$ 分别为

$$h_0 \equiv h + \frac{1}{2}u_i u_i \tag{5-419}$$

$$\boldsymbol{q} = -\lambda\nabla T,\quad h \equiv e + \frac{p}{\rho} \tag{5-420}$$

在本小节中若没有特殊说明，则上画“—”表示 Reynolds 平均，上画“~”表示密度加权平均（Favre 平均）。这里要特别指出的是，在高超声速流动中，压强脉动以及密度脉动都很大，可压缩效应直接影响着湍流的衰减时间，而且当脉动速度的散度足够大时，则湍流的耗散不再与湍流的生成平衡，在这种情况下边界层流动中，至少在近壁区，流动特征被某种局部马赫数（如摩擦马赫数）所控制，因此在 Morkovin 假设下湍流场的特征尺度分析对于高超声速边界层的流动就不再适用。毫无疑问，在高马赫数下湍流边界层流动中所出现湍流脉动量所表征的内在压缩性效应及其对转捩以及湍流特征的影响，应该是人们必须要弄清楚的主要问题之一。另外，对于高超声速钝体绕流问题，来流的小扰动与弓形激波的干扰对边界层流动的感受性以及转捩特征都有很强的影响。对于可压缩流动，如果将扰动波分为声波、熵波和涡波时，DNS 的数值计算表明，来流扰动波与弓形激波干扰在激波后仍然会形成声波、熵波和涡波这三种模态。另外，在边界层中，感受到的主要是压力扰动波（声波扰动），更为重要的是这时边界层内感受到的涡波扰动要比声波扰动小一个量级，所感受到的熵波扰动更小，它要比声波扰动小四五个量级，显然这一结果对深刻理解高超声速边界层的流动问题是有益的。此外，在高超声速绕流中，壁面温度条件对边界层流动的稳定性也有重大影响。DNS 的数值计算表明，在冷壁和绝热壁条件下，边界层有不同的稳定性机制，它将直接影响着边界层转捩位置的正确确定。因此，如何快速有效的预测高超声速边界层的转捩问题仍是一个有待深入研究的课题之一，它直接会影响到飞行器气动力与气动热的正确预测、会影响到航天器的热防护设计问题[300-303]，所以对于这个问题的研究便格外重要。

5.7.4　可压缩湍流的大涡数值模拟及其控制方程组

可压缩湍流的大涡数值模拟控制方程可以将式（5-397）~式（5-399）做密度

加权过滤（Favre 过滤）得到，其表达式为

$$\frac{\partial \hat{\rho}}{\partial t}+\frac{\partial}{\partial x_j}(\hat{\rho}\widetilde{u}_j)=0 \tag{5-421}$$

$$\frac{\partial}{\partial t}(\hat{\rho}\widetilde{u}_i)+\frac{\partial}{\partial x_j}(\hat{\rho}\widetilde{u}_i\widetilde{u}_j)=-\frac{\partial}{\partial x_i}\hat{p}+\frac{\partial}{\partial x_j}(\tau_{ij}^*+\tau_{ij}^s)+\frac{\partial}{\partial x_j}(\hat{\tau}_{ij}-\tau_{ij}^*) \tag{5-422}$$

$$\frac{\partial(\hat{\rho}\widetilde{e}+\frac{1}{2}\hat{\rho}\widetilde{u}_i\widetilde{u}_i)}{\partial t}+\frac{\partial[(\hat{\rho}\widetilde{e}+\frac{1}{2}\hat{\rho}\widetilde{u}_i\widetilde{u}_i+\hat{p})\widetilde{u}_j]}{\partial x_j}=\frac{\partial(\tau_{ij}^*\widetilde{u})}{\partial x_j}+\frac{\partial q_j^*}{\partial x_j}+B^* \tag{5-423}$$

式中，上画“^”表示大涡模拟方法中的过滤运算；上画“⌢”表示密度加权过滤运算（Favre 过滤运算）；τ_{ij}^s为亚格子应力张量分量；τ_{ij}^*是以密度加权过滤后的速度、温度为参数的分子黏性所对应的黏性应力张量分量；$\hat{\tau}_{ij}$代表过滤后的分子黏性所对应的黏性应力张量分量，它们的具体表达式为

$$\tau_{ij}{}^s=\hat{\rho}(\widetilde{u}_i\widetilde{u}_j-\widetilde{u_iu_j}) \tag{5-424}$$

$$\tau_{ij}^*=\mu(\widetilde{T})\left(\frac{\partial\widetilde{u}_i}{\partial x_j}+\frac{\partial\widetilde{u}_j}{\partial x_i}\right) \tag{5-425}$$

$$\hat{\tau}_{ij}=\mu(\hat{T})\left(\frac{\partial\hat{u}_i}{\partial x_j}+\frac{\partial\hat{u}_j}{\partial x_i}\right) \tag{5-426}$$

在式（5-423）中 q_j^* 与 B^* 的表达式分别为

$$q_j^*=-\lambda(\widetilde{T})\frac{\partial\widetilde{T}}{\partial x_j} \tag{5-427}$$

$$B^*=-b_1-b_2-b_3+b_4+b_5+b_6 \tag{5-428}$$

其中

$$b_1=-\widetilde{u}_i\frac{\partial\tau_{ij}^s}{\partial x_j} \tag{5-429}$$

$$b_2=\frac{\partial}{\partial x_j}(\hat{c}_j-\hat{e}\widetilde{u}_j),\quad c_j\equiv eu_j \tag{5-430}$$

$$b_3=\hat{a}-\hat{p}\frac{\partial\widetilde{u}_j}{\partial x_j},\qquad a\equiv p\frac{\partial u_j}{\partial x_j} \tag{5-431}$$

$$b_4=\hat{m}-\hat{\tau}_{ij}\frac{\partial\widetilde{u}_i}{\partial x_j},\qquad m\equiv\tau_{ij}\frac{\partial u_i}{\partial x_j} \tag{5-432}$$

$$b_5=\frac{\partial}{\partial x_j}(\hat{\tau}_{ij}\widetilde{u}_i-\tau_{ij}{}^*\widetilde{u}_i) \tag{5-433}$$

$$b_6=\frac{\partial}{\partial x_j}(\hat{q}_j-q_j^*) \tag{5-434}$$

由式（5-429）~式（5-434）可知，除了式（5-429）中的 b_1 不需要附加模式外，其余五个式中的 $b_2\sim b_6$ 则都需要附加亚格子模式。另外，大涡模拟的方程组还可以整理为式（5-435）~式（5-439）的形式。在 Cartesian 直角坐标系下，针对可压

缩湍流给出 Favre 过滤后的连续方程、动量方程以及几种形式的能量方程：

$$\frac{\partial \hat{\rho}}{\partial t}+\frac{\partial}{\partial x_j}(\hat{\rho}\overset{\frown}{u}_j)=0 \tag{5-435}$$

$$\frac{\partial}{\partial t}(\hat{\rho}\overset{\frown}{u}_i)+\frac{\partial}{\partial x_j}(\hat{\rho}\overset{\frown}{u}_i\overset{\frown}{u}_j+\hat{p}\delta_{ij}-\overset{\frown}{\tau}_{ij})=\frac{\partial}{\partial x_j}\tau_{ij}^{s} \tag{5-436}$$

$$\frac{\partial(\hat{\rho}\overset{\frown}{e})}{\partial t}+\frac{\partial(\hat{\rho}\overset{\frown}{u}_j\overset{\frown}{e})}{\partial x_j}+\frac{\partial}{\partial x_j}\overset{\frown}{q}_j+\hat{p}\overset{\frown}{s}_{kk}-\overset{\frown}{\tau}_{ij}\overset{\frown}{s}_{ij}=-c_v\frac{\partial Q_j}{\partial x_j}-\Pi_d+\varepsilon_v \tag{5-437}$$

$$\frac{\partial(\hat{\rho}\overset{\frown}{h})}{\partial t}+\frac{\partial(\hat{\rho}\overset{\frown}{u}_j\overset{\frown}{h})}{\partial x_j}+\frac{\partial}{\partial x_j}\overset{\frown}{q}_j-\frac{\partial \hat{p}}{\partial t}-\overset{\frown}{u}_j\frac{\partial \hat{p}}{\partial x_j}-\overset{\frown}{\tau}_{ij}\overset{\frown}{s}_{ij}=-c_v\frac{\partial Q_j}{\partial x_j}-\Pi_d+\varepsilon_v \tag{5-438}$$

$$\frac{\partial(\hat{\rho}\overset{\frown}{E})}{\partial t}+\frac{\partial[(\hat{\rho}\overset{\frown}{E}+\hat{p})\overset{\frown}{u}_j+\overset{\frown}{q}_j-\overset{\frown}{\tau}_{ij}\overset{\frown}{u}_i]}{\partial x_j}=-\frac{\partial}{\partial x_j}\left(\gamma c_v Q_j+\frac{1}{2}J_j-D_j\right) \tag{5-439}$$

式中

$$\overset{\frown}{\tau}_{ij}=2\overset{\frown}{\mu}\overset{\frown}{s}_{ij}-\frac{2}{3}\overset{\frown}{\mu}\delta_{ij}\overset{\frown}{s}_{kk},\quad \overset{\frown}{q}_j=-\overset{\frown}{\lambda}\frac{\partial}{\partial x_j}\overset{\frown}{T} \tag{5-440}$$

$$\tau_{ij}^{s}=\hat{\rho}(\overset{\frown}{u}_i\overset{\frown}{u}_j-\overset{\frown}{u_i u_j}) \tag{5-441}$$

$$Q_j=\hat{\rho}(\overset{\frown}{m}_j-\overset{\frown}{u}_j\overset{\frown}{T}),\qquad m_j=u_jT \tag{5-442}$$

$$\Pi_d=\hat{n}_{kk}-\hat{p}\overset{\frown}{s}_{kk},\qquad n_{kk}=ps_{kk} \tag{5-443}$$

$$\varepsilon_v=\hat{b}-\overset{\frown}{\tau}_{ij}\overset{\frown}{s}_{ij},\qquad b=\tau_{ij}s_{ij} \tag{5-444}$$

$$J_j=\hat{\rho}(\overset{\frown}{a}_j-\overset{\frown}{u}_j\overset{\frown}{u_k u_k}),\quad a_j=u_ju_ku_k \tag{5-445}$$

$$D_j=\overset{\frown}{c}_j-\overset{\frown}{\tau}_{ij}\overset{\frown}{u}_i,\qquad c_j=\tau_{ij}u_i \tag{5-446}$$

$$h=e+\frac{p}{\rho},E=e+\frac{1}{2}u_iu_i,e=c_vT \tag{5-447}$$

$$s_{ij}=\frac{1}{2}\left(\frac{\partial u_i}{\partial x_j}+\frac{\partial u_j}{\partial x_i}\right) \tag{5-448}$$

以上是可压缩湍流大涡模拟方法的主要方程。对于上述动量方程以及能量方程的右端项都需要引入湍流模型。显然，可压缩湍流的大涡数值模拟要比不可压缩湍流的大涡模拟困难得多。另外，还应该指出的是，如果令 $u(\boldsymbol{x},\ t)$ 代表湍流运动的瞬时速度，则 $\hat{u}(\boldsymbol{x},\ t)$ 表示过滤后的大尺度速度；$\bar{u}(\boldsymbol{x},\ t)$ 是系综平均速度，而 $u'(\boldsymbol{x},t)=u(\boldsymbol{x},t)-\bar{u}(\boldsymbol{x},t)$ 表示包含所有尺度的脉动速度的量，其中 $u(\boldsymbol{x},\ t)-\hat{u}(\boldsymbol{x},\ t)$ 代表着 $u'(\boldsymbol{x},\ t)$ 中的大尺度脉动的量。另外，Reynolds 应力张量，这里用 $\boldsymbol{\tau}_{\mathrm{RANS}}$ 表示，亚格子应力张量，这里用 $\boldsymbol{\tau}_{\mathrm{SGS}}$ 表示，在密度加权过滤运算下它的分量表达为式（5-424）中的 τ_{ij}^{s}，其并矢张量的表达式分别为

$$\boldsymbol{\tau}_{\mathrm{RANS}} = -\overline{\rho \boldsymbol{u}''\boldsymbol{u}''} \tag{5-449}$$

$$\boldsymbol{\tau}_{\mathrm{SGS}} = \hat{\rho}(\widetilde{\boldsymbol{u}\boldsymbol{u}} - \widetilde{\boldsymbol{u}}\widetilde{\boldsymbol{u}}) \tag{5-450}$$

显然，上面两个应力张量的物理含义大不相同。因此，弄清 RANS 中 Reynolds 平均与 LES 中的过滤运算（又称滤波操作）以及$\boldsymbol{\tau}_{\mathrm{RANS}}$与$\boldsymbol{\tau}_{\mathrm{SGS}}$这几个重要概念是十分必要的。

5.7.5 RANS 与 LES 组合杂交方法的概述

湍流脉动具有多尺度的性质，高 Reynolds 数湍流包含很宽的尺度范围，大涡模拟方法就是借助于过滤技术在物理空间中将大尺度脉动与其余的小尺度脉动分离，即通过对湍流运动的过滤将湍流分解为可解尺度湍流（包含大尺度脉动）与不可解尺度湍流运动（也就是说包含所有小尺度脉动）；对于可解尺度湍流的运动则使用大涡数值模拟的控制方程组直接求解，而小尺度湍流脉动的质量、动量和能量的输运及其对大尺度运动的作用则采用亚格子模型的方法，从而使可解尺度的运动方程封闭。一般来讲，LES 方法能获得比 RANS 方法更为精确的结果，但 LES 的计算量要比 RANS 大得多。LES 特别适用于有分离的非平衡复杂湍流，而 RANS 多用于平衡湍流（湍动能生成等于湍动能的耗散）或者接近平衡的湍流区域。在高速飞行器的绕流流场中，并非处处是非平衡的复杂湍流流动，因此发展将 RANS 与 LES 相互组合杂交的方法是非常必要的。

通常 RANS 与 LES 组合杂交方法可分为两大类：一类为全局组合杂交方法（global hybrid RANS/LES），它要对 RANS/LES 的界面进行连续处理，即不需要专门在界面处进行湍流脉动的重构，因此也称之为弱耦合方法（weak RANS/LES coupling）；另一类是分区组合方法（zonal hybrid RANS/LES），它要在界面上重构湍流脉动，因此称之为强耦合方法（strong RANS/LES coupling）。在目前的工程计算中，第一类方法应用较广，以下讨论的分离涡模型（detached eddy simulation，DES）便属于全局组合杂交方法中的一种。分离涡模型方法的基本思想是用统一的涡黏输运方程（如选取 1992 年 Spalart P. R. 和 Allmaras S. R. 提出的 S－A 涡黏模式），以网格分辨尺度去区分 RANS 和 LES 的计算模式。这里，为突出 DES 方法的基本要点，又不使叙述过于繁长，于是便给出了量纲为 1 的如下方程组：

$$\frac{\partial \bar{u}_i}{\partial t} + \frac{\partial \bar{u}_i \bar{u}_j}{\partial x_j} = -\frac{\partial \bar{p}}{\partial x_i} + \frac{1}{Re}\frac{\partial^2 \bar{u}_i}{\partial x_j \partial x_j} + \frac{\partial \bar{\tau}_{ij}}{\partial x_j} \tag{5-451}$$

$$\frac{\partial \bar{u}_i}{\partial x_i} = 0 \tag{5-452}$$

$$\bar{\tau}_{ij} - \frac{2}{3}\bar{\tau}_{kk}\delta_{ij} = 2\nu_t \bar{s}_{ij} \tag{5-453}$$

$$\bar{s}_{ij}=\frac{1}{2}\left(\frac{\partial \bar{u}_i}{\partial x_j}+\frac{\partial \bar{u}_j}{\partial x_i}\right) \tag{5-454}$$

涡黏系数方程采用 Spalart - Allmaras 模式（见文献［300］）：

$$\frac{\partial \nu^*}{\partial t}+u_j\frac{\partial \nu^*}{\partial x_j}=c_{b1}s_1\nu^*-c_{w1}f_w\left(\frac{\nu^*}{d^*}\right)^2+\frac{1}{\sigma}\left\{\frac{\partial}{\partial x_j}\left[(\nu+\nu^*)\frac{\partial \nu^*}{\partial x_j}\right]+c_{b2}\left(\frac{\partial \nu^*}{\partial x_j}\frac{\partial \nu^*}{\partial x_j}\right)\right\} \tag{5-455}$$

显然上述流动控制方程组与 Spalart - Allmaras 模式是针对不可压缩湍流流动而言的，对于可压缩湍流流动，则式（5-455）可改写为

$$\frac{\mathrm{d}(\rho\nu^*)}{\mathrm{d}t}=c_{b1}\rho s_1\nu^*-c_{w1}\rho f_w\left(\frac{\nu^*}{d^*}\right)^2+\frac{1}{\sigma}\left\{\frac{\partial}{\partial x_j}\left[(\mu+\rho\nu^*)\frac{\partial \nu^*}{\partial x_j}\right]+c_{b2}\rho\left(\frac{\partial \nu^*}{\partial x_j}\frac{\partial \nu^*}{\partial x_j}\right)\right\} \tag{5-456}$$

这里，μ 为分子黏性；式（5-455）与式（5-456）中符号 f_w、s_1 等的表达式为

$$\nu_t=\nu^*f_{v1},f_{v1}=\frac{\vartheta^3}{\vartheta^3+c_{v1}^3},\vartheta=\frac{\nu^*}{\nu},f_{v3}=1 \tag{5-457}$$

$$f_w=g\left(\frac{1+c_{w3}^6}{g^6+c_{w3}^6}\right)^{\frac{1}{6}},g=r+c_{w2}(r^6-r) \tag{5-458}$$

$$r=\frac{\nu^*}{s_1k_1^2(d^*)^2},s_1=f_{v3}\sqrt{2\Omega_{ij}\Omega_{ij}}+\frac{\nu^*}{k_1^2(d^*)^2}f_{v2} \tag{5-459}$$

$$f_{v2}=1-\frac{\vartheta}{1+\vartheta f_{v1}},\ \Omega_{ij}=\frac{1}{2}\left(\frac{\partial \bar{u}_i}{\partial x_j}+\frac{\partial \bar{u}_j}{\partial x_i}\right) \tag{5-460}$$

对于式（5-459）中的 s_1 量，也可以引入其他进一步的修正表达式，于是便可得到相应修正的 Spalart - Allmaras 模型。在式（5-451）~式（5-460）中，系数 c_{b1}、σ、c_{b2}、k_1、c_{w1}、c_{w2}、c_{w3}、c_{v1} 分别为

$$c_{b1}=0.1355,\sigma=\frac{2}{3},c_{b2}=0.622,\ k_1=0.41 \tag{5-461}$$

$$c_{w1}=\frac{c_{b1}}{k_1^2}+\frac{(1+c_{b2})}{\sigma},\ c_{w2}=0.3,\ c_{w3}=2.0,\ c_{v1}=7.1 \tag{5-462}$$

在式（5-455）~式（5-459）中，d^* 是 RANS 与 LES 的分辨尺度，其值可由式（5-463）定义

$$d^*=\min(d_{\mathrm{RANS}},d_{\mathrm{LES}}) \tag{5-463}$$

$$d_{\mathrm{RANS}}=Y,\ d_{\mathrm{LES}}=c_{\mathrm{DES}}\Delta \tag{5-464}$$

Y 是网格点与壁面间的垂直距离；Δ 为网格尺度，对于非均匀网格则有

$$\Delta = \max(\Delta x, \Delta y, \Delta z) \tag{5-465}$$

系数 $c_{\mathrm{DES}}=0.65$；值得注意的是：RANS 与 LES 的分辨尺度 d^* 是一个非常重要的参数，如何合理的定义它，一直是近些年来 RANS 与 LES 组合杂交方法研究的核心问题之一，其中美国的 P. R. Spalart 团队、法国的 P. Sagaut 团队等在这方面都做了大量的非常细致的研究工作。参考文献［300］采纳了 Spalart 团队在 2008 年提出的 Improved DDES 方法中的分辨尺度，并成功地提出了将全场 RANS 与局部 DES 分析相结合，产生了一个高效率的工程新算法，计算了第一代载人飞船 Mercury[304]、第二代载人飞船 Gemimi[305]、人类第一枚成功到达火星上空的 Fire－Ⅱ探测器、具有丰富风洞试验数据（来流马赫数从 0.5 变到 2.86）的 NASA 巡航导弹、具有高升阻比的 Waverider（乘波体）以及具有大容积效率与高升阻比的 CAV（common aero vehicle）等 6 种国际上著名飞行器的流场，完成上述 6 个典型飞行器的 63 个工况的数值计算。计算结果表明：这样获得的数值结果（其中包括气动力和气动热）与相关风洞试验数据或飞行测量数据较贴近并且流场的计算效率较高，因此全场 RANS 计算与局部 DES 分析相结合的算法是流场计算与工程设计分析中值得推荐的快速方法。对于分辨尺度的选取，式（5-463）仅仅给出了一种选择方式，它可以有多种方式，关于这个问题目前仍然处于探索中。

5.7.6 关于 RANS、DES 及 LES 方法中 ν_t 的计算

为了说明 RANS 与 LES 方程在表达结构形式上的相似特点，这里给出量纲为 1 的不可压缩湍流动量方程的 RANS 与 LES 的表达式，它们分别是

$$\frac{\partial \overline{u}_i}{\partial t} + \frac{\partial}{\partial x_j}(\overline{u}_i \overline{u}_j) + \frac{\partial \overline{p}}{\partial x_i} = \frac{1}{Re}\frac{\partial}{\partial x_j}\left(\nu \frac{\partial}{\partial x_j}\overline{u}_i\right) + \frac{\partial}{\partial x_j}\tau_{ij}^{\mathrm{RANS}} \tag{5-466}$$

$$\frac{\partial \hat{u}_i}{\partial t} + \frac{\partial}{\partial x_j}(\hat{u}_i \hat{u}_j) + \frac{\partial \hat{p}}{\partial x_i} = \frac{1}{Re}\frac{\partial}{\partial x_j}\left(\nu \frac{\partial}{\partial x_j}\hat{u}_i\right) + \frac{\partial}{\partial x_j}\tau_{ij}^{\mathrm{LES}} \tag{5-467}$$

式中，上画“—”代表 Reynolds 平均，上画“^”代表过滤运算（或称滤波操作）；下面将式（5-466）与式（5-467）统一写为如下形式：

$$\frac{\partial \overline{u}_i}{\partial t} + \frac{\partial}{\partial x_j}(\overline{u}_i \overline{u}_j) = -\frac{\partial}{\partial x_i}\overline{p} + \frac{1}{Re}\frac{\partial}{\partial x_j}\tau_{ij}^{\mathrm{mol}} + \frac{\partial}{\partial x_j}\tau_{ij}^{\mathrm{turb}} \tag{5-468}$$

式中

$$\tau_{ij}^{\mathrm{mol}} = 2\nu \overline{s}_{ij}, \quad \overline{s}_{ij} = \frac{1}{2}\left(\frac{\partial \overline{u}_i}{\partial x_j} + \frac{\partial \overline{u}_j}{\partial x_i}\right) \tag{5-469}$$

这里必须说明的是，在式（5-468）中，对于 LES 来讲，上画“—”代表滤波操作；对于 RANS 来讲，上画“—”代表 Reynolds 平均。另外，对于 DES 和 RANS 来讲，可以用 S－A 湍流模型使控制方程组封闭。引入涡黏系数 ν_t，有

$$\tau_{ij}^{\text{turb}} + \frac{1}{3}\delta_{ij}\tau_{kk}^{\text{turb}} = 2\nu_{\text{t}}\overline{s}_{ij} \tag{5-470}$$

这里 ν_{t} 可以借助于式（5-455）得到 ν^*，然后再由式（5-457）得到 ν_{t}；对于 LES，可引入 Smagorinsky 模型，有

$$\nu_{\text{t}} = l^2 |\overline{s}_{ij}| \tag{5-471}$$

$$l = c_{\text{s}}\Delta\left[1 - \exp\left(\frac{-y^+}{A^+}\right)^3\right]^{0.5} \tag{5-472}$$

$$\Delta \equiv (\Delta x \Delta y \Delta z)^{\frac{1}{3}}, y^+ = \frac{y u_\tau}{\nu} \tag{5-473}$$

$$u_\tau = \sqrt{\frac{\tau_w}{\rho}}, A^+ = 25 \tag{5-474}$$

这里，c_{s} 为 Smagorinsky 常数，因此，对于 LES 来讲，由式（5-471）得到 ν_{t}，便可得到式（5-470）所需要的 τ_{ij}^{turb} 值。

5.7.7　可压缩湍流中的 $k-\omega$ 模型

由流体力学基本方程组可以获得基于 Reynolds 平均和 Favre 平均的湍动能 k 方程以及比耗散率 ω（令耗散率为 ε，则 $\omega = \varepsilon/k$，称作比耗散率）的方程，即

$$\begin{aligned}\frac{\partial}{\partial t}(\overline{\rho}k) + \frac{\partial}{\partial x_j}(\overline{\rho}\widetilde{u}_j k) = & -\overline{\rho u_i'' u_j''}\frac{\partial \widetilde{u}_i}{\partial x_j} \\ & + \frac{\partial}{\partial x_j}\left[\overline{\tau_{ij}u_i''} - \frac{1}{2}\overline{\rho u_j'' u_i'' u_i''} - \overline{p' u_j''}\right] - \overline{\rho}\varepsilon - \overline{u_i''}\frac{\partial \overline{p}}{\partial x_i} + \overline{p'\frac{\partial u_i''}{\partial x_i}}\end{aligned} \tag{5-475}$$

$$\frac{\partial}{\partial t}(\overline{\rho}\omega) + \frac{\partial}{\partial x_j}(\overline{\rho}\widetilde{u}_j\omega) = \frac{\partial}{\partial x_j}\left[(\mu_l + \sigma\mu_t)\frac{\partial \omega}{\partial x_j}\right] + \alpha\frac{\omega}{k}P_k - \overline{\rho}\beta_\omega^*\omega^2 \tag{5-476}$$

对式（5-475）和式（5-476）进行模化后，最后得到引入湍流马赫数 Mat 并考虑了可压缩性修正的 $k-\omega$ 两方程湍流模式，其形式为

$$\begin{aligned}\frac{\partial}{\partial t}(\overline{\rho}k) + \frac{\partial}{\partial x_j}(\overline{\rho}\widetilde{u}_j k) = & -\overline{\rho u_i'' u_j''}\frac{\partial \widetilde{u}_i}{\partial x_j}(1 + \alpha_2 Mat) \\ & + \frac{\partial}{\partial x_j}\left[(\mu_l + \mu_t\sigma^*)\frac{\partial k}{\partial x_j}\right] - \overline{\rho}k\omega\beta_k^* - \frac{1}{\sigma_\rho}\frac{\mu_t}{(\overline{\rho})^2}\frac{\partial \overline{\rho}}{\partial x_i}\frac{\partial \overline{p}}{\partial x_i}\end{aligned} \tag{5-477}$$

$$\frac{\partial}{\partial t}(\overline{\rho}\omega) + \frac{\partial}{\partial x_j}(\overline{\rho}\widetilde{u}_j\omega) = \frac{\partial}{\partial x_j}\left[(\mu_l + \sigma\mu_t)\frac{\partial \omega}{\partial x_j}\right] - \overline{\rho}\omega^2\beta_\omega^* + \alpha\frac{\omega}{k}P_k \tag{5-478}$$

式（5-475）~式（5-478）中，上画“—”表示 Reynolds 平均；上画“~”表示 Favre 平均；P_k 代表湍动能的生成项；符号 α_2、σ^*、σ、σ_ρ、β_k、β_ω 以及 α 均为相关系数；湍流马赫数 Mat 以及 β_ω^*、β_k^* 和 τ_{ij} 等的定义分别为

$$Mat \equiv \frac{\left[\overline{(\boldsymbol{V}')^2}\right]^{\frac{1}{2}}}{\overline{a}} \tag{5-479}$$

$$\boldsymbol{V}' \equiv u'\boldsymbol{i} + v'\boldsymbol{j} + w'\boldsymbol{k} \tag{5-480}$$

$$\beta_\omega^* \equiv \beta_\omega - 1.5\beta_k F(Mat) \tag{5-481}$$

$$\beta_k^* \equiv \beta_k [1 + 1.5F(Mat) - \alpha_3 Mat^2] \tag{5-482}$$

$$\tau_{ij} \equiv (\tau_l)_{ij} + (\tau_t)_{ij} \tag{5-483}$$

$$(\tau_l)_{ij} \equiv \mu_l \left(\frac{\partial u_i}{\partial x_j} + \frac{\partial u_j}{\partial x_i} - \frac{2}{3}\frac{\partial u_k}{\partial x_k}\delta_{ij} \right) \tag{5-484}$$

$$(\tau_t)_{ij} \equiv -\frac{2}{3}\rho k \delta_{ij} + \mu_t \left(\frac{\partial u_i}{\partial x_j} + \frac{\partial u_j}{\partial x_i} - \frac{2}{3}\frac{\partial u_k}{\partial x_k}\delta_{ij} \right) \tag{5-485}$$

$$\overline{\tau_{ij}u_i''} - \frac{1}{2}\overline{\rho u_j'' u_i'' u_i''} = \left(\mu_l + \frac{\mu_t}{\sigma_k} \right)\frac{\partial k}{\partial x_j} \tag{5-486}$$

$$P_k = -\overline{\rho u_i'' u_j''}\frac{\partial \widetilde{u}_i}{\partial x_j} \tag{5-487}$$

式中，$F(Mat)$ 代表关于 Mat 的函数；另外，又可将式（5-477）等号右端最后两项记为 Q_k^*，即

$$Q_k^* \equiv -\bar{\rho} k \omega \beta_k^* - \frac{1}{\sigma_\rho}\frac{\mu_t}{(\bar{\rho})^2}\frac{\partial \bar{\rho}}{\partial x_i}\frac{\partial \bar{p}}{\partial x_i} \tag{5-488}$$

借助于式（5-505），则式（5-477）可改写为

$$\frac{\partial}{\partial t}(\bar{\rho} k) + \frac{\partial}{\partial x_j}(\bar{\rho}\widetilde{u}_j k) = -\overline{\rho u_i'' u_j''}\frac{\partial \widetilde{u}_i}{\partial x_j}(1 + \alpha_2 Mat) + \frac{\partial}{\partial x_j}\left[(\mu_l + \sigma^* \mu_t)\frac{\partial k}{\partial x_j} \right] + Q_k^* \tag{5-489}$$

因此式（5-489）与式（5-478）便构成了通常考虑湍流马赫数修正的 $k-\omega$ 两方程湍流模式。

最后需要指出的是：$k-\omega$ 模型也可用于 DES 方法中，便得到了 $k-\omega$ 模型的 DES 方法。这种方法与基于 S－A 模型的 DES 方法一样，在复杂湍流流场的计算中都有广泛的应用。另外，在湍流计算中，多尺度、多分辨率计算是湍流计算的重要特征[306]，因此小波分析与小波奇异分析技术等在湍流计算中是绝对不可忽视的；发展高阶精度、低耗散、低色散，提高有效带宽（effective bandwidth），注意格式的保单调（montonicity－preserving，MP）、发展优化的 WENO 格式以及紧致与强紧致格式等已成为目前人们选用数值格式的主要方向。对于湍流模型，我们 AMME Lab 团队常使用 Baldwin－Lomax 零方程模型、Spalart－Allmaras 一方程模型和 $k-\omega$ 两方程模型；对于转捩模型，我们多使用 Abu－Ghannam & Shaw（AGS）模型和 Menter & Langtry（M－L）模型；目前已有一些用于高超声速流动的新转捩模型（如参考文献［300］中的参考文献［34］等）。但应当指出的是：可压缩流的转捩模型，目前仍是一个急需进一步研究与完善的课题；转捩位置对非定常分离流的特性有着很大的影响，因此对非定常流计算时转捩问题更应该认真考虑。

在高超声速流场计算中，激波与湍流边界层之间的干涉是一个普遍存在的重要

物理现象。激波对边界层的干涉导致了边界层内湍流的动量输运与热量输运呈现出强烈的非平衡特征，并且使得边界层的湍流脉动能量显著增大，使得边界层外层大尺度湍流结构与边界层内层小尺度脉动结构之间相互作用以及非线性调制（modulation）作用进一步增强，这种非线性的调制作用对壁湍流的恢复有着促进作用，使得激波与湍流边界层干涉的恢复区往往出现较高的壁面剪切力，因此在对高超声速流场分析时也应格外注意。此外，当湍流场中出现非定常激波束时，高波数谱范围增加，湍流场中物理量的尺度范围也就明显增大，这时对数值方法的空间分辨率提出了更高的要求，也就是说这里必须要考虑对非定常、非稳定激波以及激波－湍涡干扰能力的分辨，显然，这是个有待进一步研究与完善的课题。随着航天事业的发展，对高超声速再入飞行过程中广义 N－S 方程的湍流数值求解将会促进这项课题的发展。

5.7.8　RANS 计算与 DES 区域分析相结合的高效算法

1. RANS 与 LES 间的分辨尺度

在现代航空航天高新技术领域中，无论是绕飞行器的外部流动问题，或者是航空发动机内部的流动，流场的涡系结构越来越复杂[166,171,307,308]，对计算这类流场所采用的数值方法的要求也越来越高。从 20 世纪 60 年代开始，计算流体力学进入了第一阶段，即线性计算流体力学阶段，其表现形式是面元法的应用。面元法由于计算量小、使用方便，成为 20 世纪 60 年代中期到 80 年代初期现代飞机设计中不可缺少的一种有效设计工具。20 世纪 70 年代初期，以 Murman & Cole 提出的小扰动速度势方程的混合差分法、求解全位势方程的 Jameson 旋转差分格式以及求解原始变量 Euler 方程组的时间推进法（如 MacCormack 格式、Denton 格式等）为代表，它们标志着计算流体力学进入到非线性无黏流的阶段，并且开辟了计算跨声速流场的新领域[309,5]。20 世纪 70～80 年代间，全位势方法（或 Euler 方程组）加上边界层的耦合方法已成为飞机设计中计算设计状态时的一种经济、准确、有效的方法，是计算流场中只有微弱激波时的很好的模型。以美国 Boeing 公司为例，每年几乎 2000 次地使用全位势加边界层的耦合方法去解决飞机设计中出现的大量问题。20 世纪 80 年代以后，在黏性项的处理和 N－S 方程组的求解方面，出现了以 Jameson 为代表的有限体积法和以 MacCormack 为代表的多步显隐格式，这标志着计算流体力学进入了求解 N－S 方程的初级阶段。参考文献［42，31，43］用 FORTRAN 语言编制了高速进气道三维源程序并成功地在小型计算机（“286 计算机”加“加速板”）上完成了大题目，计算了三维流场。当时求解的是 Euler 方程与 N－S 方程两种。在这个阶段，计算流体力学的各类方法都发展得很快，例如以 Harten 为代表的 TVD 格式、WENO 格式以及基于小波奇异分析的流场计算方法[292]等。以 MacCormack 的格式为例，仅在 1969—1984 年这短短的 15 年间，MacCormack 本人就曾先后四次（即 1969 年、1972 年、1980 年和 1984 年）对他的显隐格式进行了改进。20 世纪 80 年代，虽然计算流体力学在定常流动方面涌现出许多成功的算法，但在非定常流动领域却仍处于探索性的过程中。1991 年 Jameson 提出了双时间步（dual - time - step）方法，这标志着计算流体进入了求解非定常 N - S 方程组的初期探索阶段。另外，我们课题组也成功地将这一方法推广于非结构网格下非定常流场的数值计算。

尽管计算流体力学在 20 世纪 80 年代以来已获得了飞速发展，但随着航空航天技术的高度发展，计算流体力学在某些领域中仍然显得十分薄弱，尤其是在高超声速飞行器气动力与气动热的计算上。在一些高超声速流场的计算中，常会出现在同一个计算工况下仅仅由于网格密度以及差分格式所取精度的不同，就造成算出的热流分布有量级的差别。正是由于计算出的热流精度不高才使得飞行器的热防护设计带来了很大的困难。另外，随着航天技术的发展，空中变轨技术也提到了日程，变轨控制技术迫切需要流体力学工作者准确地给出飞行器气动力与气动热的分布。高超声速再入飞行器，常采用大钝头体的气动结构与布局。因此这里的流场常常处于高温、高速、热力学非平衡与化学反应非平衡的状态，那里的空气已成了分子、原子、离子和电子组成的多组元化学气体的混合物；再加上再入飞行器的壁面条件（即催化壁条件与非催化壁条件，不同的壁面条件对壁面附近气体组分的分布影响也很大）十分复杂，它们要比叶轮机械叶片表面的壁面条件复杂得多，因此导致了流场的计算十分困难[310,311]。此外，在高超声速流动下，这时流场的特性可能包含流动的转捩（尤其是转捩位置的确定）、湍流、激波与激波间的干扰、激波与湍流的相互作用（尤其是流动分离导致的激波与边界层间的干扰）、流动的分离与再附等复杂现象，显然这些内容涉及流体力学的许多前沿领域。这里必须指出，目前国际上对于可压缩湍流的研究还处在起步阶段[312]，虽然湍流的 DNS（direct numerical simulation）和 LES（large eddy simulation，大涡模拟）方法已用于可压缩湍流的研究中，但当前所研究的对象还具有局限性：一是形状十分简单；二是来流马赫数较低，与高超声速飞行器的飞行马赫数（如 $Ma_\infty = 29$）相比还相差甚远；三是来流 Reynolds 数也较低。另外，如要进行 LES 计算，在时间与空间离散上还需要使用高阶精度的数值格式，以确保格式的数值耗散不会淹没物理亚格子黏性。因此将 DNS 或 LES 真正的用于工程计算去计算一个绕高超声速飞行器的复杂流动，不是近十年能够实现的事。此外，这里还要说明的是：RANS 方法可以很好地给出边界层内的流动结构，但难以准确地预测出大尺度分离流动；DES 方法可以较好地模拟大尺度分离的湍流大涡结构，而且 DES 方法对附着的边界层可通过湍流模型的长度尺度自动切换为 RANS 模拟，从而有效地解决了采用 LES 方法时所出现的高 Reynolds 数壁面湍流（为保证能够正确地分辨近壁区的湍流拟序结构及其演化过程，所需要的巨大计算量）问题所带来的困惑。换句话说，DES 方法在网格密度足够时进行着 LES 计算（在这个区域，亚格子应力模型发挥作用），在网格相对不够细密时进行着 RANS 模拟（在这个区域，Reynolds 应力模型发挥作用）。面对上述这些客观现实与 DES 的特点，参考文献［300］提出了一种将 RANS 与 DES 相结合去计算高超声速流场数值方法的框架，首先对飞行器进行全流场的 RANS 数值计算，获得初步的流场结构；然后对大分离区域（如有必要的话）采用 DES 分析技术，以便捕捉到较准确的湍流大涡结构及其涡系演化过程，并用于 Mercury、Gemini、Fire－II、Waverider 以及 CAV 等国际上著名 6 种飞行器的流场分析，完成了 63 工况的数值计算，所得流场的数值结果（其中包括气动力与气动热）与相应试验数据较为贴近，因此这是一种在流场工程计算与流场分析中值得推荐的快速方法。

为了更简便，这里给出直角笛卡儿坐标系下没有考虑体积力时的 N－S 方程组，即

$$\frac{\partial}{\partial t}\rho+\frac{\partial}{\partial x_j}(\rho u_j)=0 \tag{5-490}$$

$$\frac{\partial}{\partial t}(\rho u_i)+\frac{\partial}{\partial x_j}(\rho u_i u_j)=-\frac{\partial}{\partial x_i}p+\frac{\partial}{\partial x_j}\tau_{ij} \tag{5-491}$$

$$\frac{\partial}{\partial t}e^*+\frac{\partial}{\partial x_j}(u_j e^*)=-\frac{\partial}{\partial x_i}(pu_j)+\frac{\partial}{\partial x_j}(u_i\tau_{ij})-\frac{\partial}{\partial x_j}q_j \tag{5-492}$$

式中，τ_{ij}为黏性应力张量的分量；e^*为广义内能；q_j为热流分量；ρ与u_j分别为密度与速度分量。对式（5-490）~式（5-492）做时间统计平均并注意引入密度加权的 Favre 平均，于是可得到 RANS 方程组，并且方程组出现了 Reynolds 应力张量项；对式（5-490）~式（5-492）进行空间滤波，将大尺度的涡直接数值求解而小尺度的湍流脉动则通过亚格模型进行模化处理，于是得到 LES 下 N－S 方程组（简称 LES 方程组），并且方程组出现了亚格子应力张量项。因此，Reynolds 应力张量项和亚格子应力张量项的封闭问题便成了求解 RANS 方程组和求解 LES 方程组时的关键技术。

1997 年美国 Boeing 公司的 P. R. Spalart 团队提出了 DES 的思想框架，这种 DES 方法是一种使用单一湍流模型的三维非定常数值方法，其湍流模型在网格密度足够的区域时，发挥亚格子应力模型的作用，进行 LES 计算（相当于求解 LES 方程组）；而在网格不够细密的区域时，发挥 Reynolds 应力模型的作用，进行 RANS 计算（相当于求解 RANS 方程组）。DES 方法的核心思想就是用统一的涡黏输运方程（这里仍采用 Spalart－Allmaras 的涡黏模型）获得ν^*值进而得到ν_t，而 RANS 与 LES 之间的分辨尺度定义为l_{DES}，表达式为

$$l_{\mathrm{DES}}=\overline{f_{\mathrm{d}}}(1+f_{\mathrm{e}})l_{\mathrm{RANS}}+(1-\overline{f_{\mathrm{d}}})l_{\mathrm{LES}} \tag{5-493}$$

式中，l_{RANS}与l_{LES}分别代表 RANS 的尺度与 LES 的尺度；符号$\overline{f_{\mathrm{d}}}$与$f$的定义见参考文献［300］。显然，按式（5-493）定义出的分辨尺度对解决边界层内对数律的不匹配问题是十分有益的。在 DES 方法的框架下，ν^*满足 Spalart－Allmaras 模式，其输运方程为

$$\frac{\mathrm{d}(\rho\nu^*)}{\mathrm{d}t}=c_{\mathrm{b1}}\rho s_1\nu^*-c_{\mathrm{w1}}f_{\mathrm{w}}\rho\left(\frac{\nu^*}{l_{\mathrm{DES}}}\right)^2+\frac{\rho}{\sigma}\{\nabla\cdot[(\nu+\nu^*)\nabla\nu^*]+c_{\mathrm{b2}}(\nabla\nu^*)^2\} \tag{5-494}$$

式中

$$s_1 = f_{v3}\sqrt{2\Omega_{ij}\Omega_{ij}} + \frac{\nu^*}{k_1^2\,(l_{\mathrm{DES}})^2} f_{v2} \tag{5-495}$$

$$\gamma = \frac{\nu^*}{s_1 k_1^2\,(l_{\mathrm{DES}})^2} \tag{5-496}$$

$$g = \gamma + c_{w2}(\gamma^6 - \gamma),\ f_w = g\left(\frac{1 + c_{w3}^6}{g^6 + c_{w3}^6}\right)^{1/6} \tag{5-497}$$

$$\Omega_{ij} = \frac{1}{2}\left(\frac{\partial u_i}{\partial x_j} - \frac{\partial u_j}{\partial x_i}\right) \tag{5-498}$$

式中，其他符号见参考文献［48］。另外，要注意到 ν_t 与 ν^* 的关系为

$$\nu_t = f_{v1}\nu^* \tag{5-499}$$

$$f_{v1} = \frac{\chi^3}{\chi^3 + c_{v1}^3},\ \chi^3 \equiv \frac{\nu^*}{\nu} \tag{5-500}$$

这里，ν 为流体的分子运动黏性系数。

2. DES 方法的程序实现

在已有的 RANS 源程序的基础上完成 DES 程序的编制并不困难，这里仅给出程序实现中的一些要点。采用 DES 方法时，使用的方程应从 LES 方程组出发，时间离散采用双时间步（dual time step）的隐式时间离散法[286]，空间离散大体上与参考文献［286］相同，也是采用有限体积法，但这里采用的是结构网格。黏性项的计算仍然沿用原来的方法处理[300]，而无黏对流项的计算与参考文献［286］略有不同。令 F_{DES}代表方程离散后单元体表面的无黏对流通量，其表达式为

$$F_{\mathrm{DES}} = f_{\mathrm{DES}} F_{\mathrm{RANS}} + (1 - f_{\mathrm{DES}}) F_{\mathrm{LES}} \tag{5-501}$$

$$f_{\mathrm{DES}} = \frac{\overline{f_d}(1 + f_e)}{1 + f_e \overline{f_d}} \tag{5-502}$$

在式（5-501）与式（5-502）中，F_{RANS}与 F_{LES}分别代表 RANS 的通量与 LES 的通量；符号$\overline{f_d}$与 f_e 的含义与式（5-493）相同。另外，在参考文献［300］程序的修订中，采用了在 LES 的计算中选取高阶中心型格式的做法。

3. RANS 与 DES 相结合的工程算法

这里提出了一种将 RANS 与 DES 相结合的工程算法。该算法的基本思想：首先对飞行器流场进行 RANS 方法的数值计算，以得到初步的流场结构；然后再对那些大分离或者凭实践经验认为可能出现严重分离的区域采用 DES 方法计算，以便捕捉到较为准确、细致的涡系结构，得到较为准确的飞行器壁面气动力与气动热分布。显然，这种算法应当属于分区算法的一种，采用这种方法后可以使分区更加合理一些，计算量更小一些，更利于工程上的快速计算。

4. NASA Langley 巡航导弹多工况流场的计算

NASA Langley（兰利）巡航导弹外形如图 5-56 所示，它由弹体、弹翼和尾翼组成。弹长为 109.86cm，弹径为 12.70cm，弹翼、水平尾翼以及垂直尾翼都采用 NACA 65A006 翼型，弹翼后掠角为 58°；这里进行了来流马赫数分别为 0.8、1.2、2.0、2.5，攻角 α 分别为 0°、4°、6°、8° 与 10°，共计 20 个工况的 RANS 计算。图 5-57 与图 5-58 分别给出了不同攻角下升力系数 C_l、阻力系数 C_d 随马赫数的变化曲线。

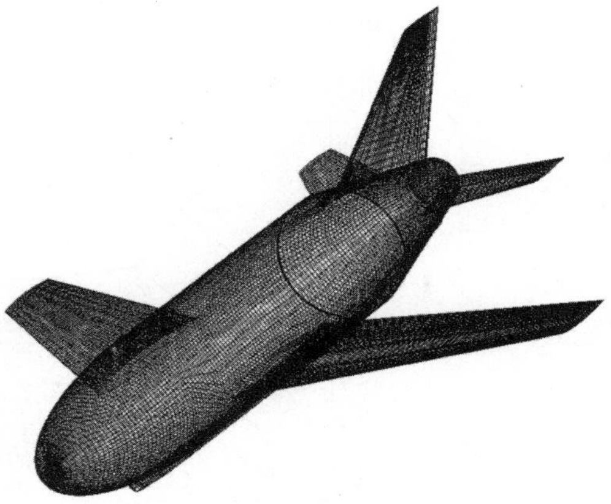

图 5-56 巡航导弹外形及表面网格分布

由图 5-57 可以看出，当马赫数为超声速流动时，升力系数随着马赫数的增大而变小。由图 5-58 可以看出，对于超声速流动，随着马赫数增加，阻力系数在渐渐变小。参考文献［300］中详细地给出了多种工况下巡航导弹表面的压强等值线的分布图。由这些图可以看出，当攻角为 0°时压强最大点为导弹头部的驻点处；当来流攻角逐渐大于 0°时，驻点渐渐下移，而且高压区在上表面的分布区域逐渐减小，而在下表面的高压区渐渐变大。表 5-3 给出了四种马赫数（0.8、1.2、2.0 和 2.5）和五个攻角（0°、4°、6°、8°和 10°）时采用 AMME Lab（aerothermodynamics and man - machine - environment laboratory）自己编制的 RANS 源程序算出的结果与参考文献［313］的风洞试验值相比较，可以看到在上述 20 个工况下两者符合的相当好，从而显示了所编 RANS 源程序的可靠性。

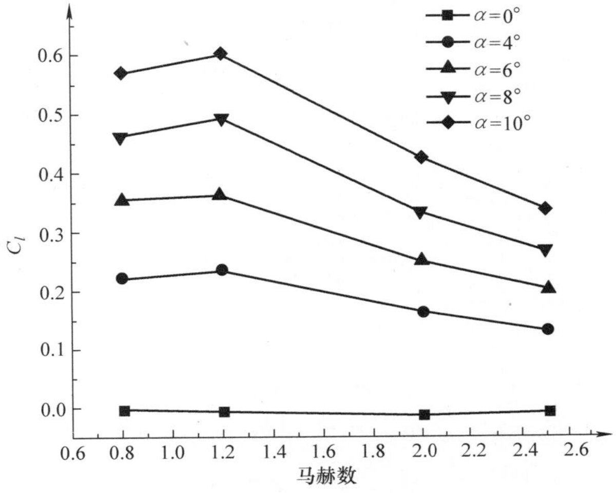

图 5-57 不同攻角下升力系数随马赫数的变化

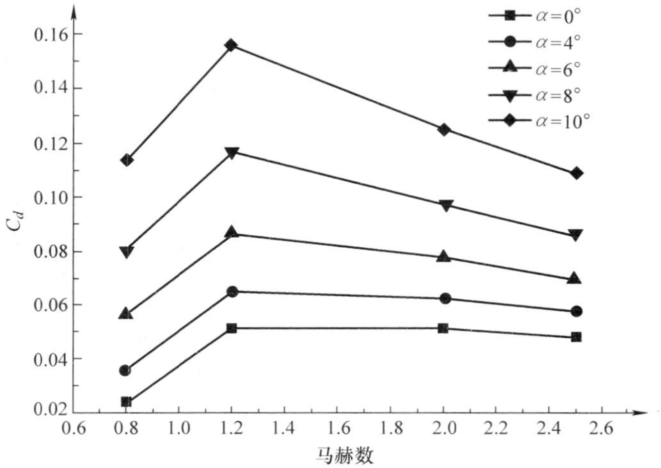

图 5-58　不同攻角下阻力系数随马赫数的变化

表 5-3　风洞试验值与计算值的比较

Ma	类别	项目	0°	4°	6°	8°	10°
0. 8	C_l	试验	0	0. 220	0. 370	0. 520	0. 610
		计算	-0. 004	0. 222	0. 357	0. 464	0. 570
	C_d	试验	0. 020	0. 030	0. 050	0. 079	0. 110
		计算	0. 024	0. 036	0. 056	0. 080	0. 13
1. 2	C_l	试验	0	0. 240	0. 360	0. 500	0. 610
		计算	-0. 009	0. 236	0. 363	0. 492	0. 604
	C_d	试验	0. 047	0. 061	0. 081	0. 112	0. 151
		计算	0. 051	0. 065	0. 086	0. 117	0. 156
2. 0	C_l	试验	-0. 020	0. 170	0. 260	0. 340	0. 430
		计算	-0. 013	0. 164	0. 250	0. 333	0. 424
	C_d	试验	0. 051	0. 063	0. 076	0. 098	0. 125
		计算	0. 051	0. 062	0. 077	0. 097	0. 125
2. 5	C_l	试验	-0. 010	0. 140	0. 210	0. 280	0. 350
		计算	-0. 009	0. 132	0. 201	0. 269	0. 336
	C_d	试验	0. 047	0. 057	0. 068	0. 087	0. 107
		计算	0. 048	0. 057	0. 069	0. 086	0. 108

5. Mercury 与 Gemini 两代载人飞船流场的计算与分析

Mercury 飞船是美国第一代载人飞船，Mercury 飞船计划始于 1958 年 10 月，结束于 1963 年 5 月，历时 4 年 8 个月，总共进行了 25 次飞行试验，其中 6 次为载人飞行试验，图 5-59 所示为 Mercury 飞船的外形[314]。在参考文献［300］的流场计算中，共进行了 3 种工况（①Ma_∞ = 6.9、α = 5°；②Ma_∞ = 5.34、α = 5°；③Ma_∞ = 3.28、α = 2°）的流场计算，三种工况的飞行高度都为 20km。

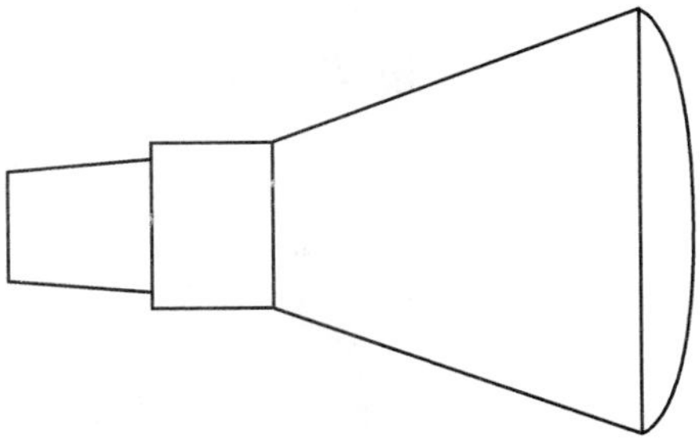

图 5-59　Mercury 飞船的外形

参考文献［300］给出了来流 Ma_∞ = 5.34、攻角 α = 5°时绕飞船周围与沿飞船表面的压强等值线的分布；本书的图 5-60 所示为 Ma_∞ = 6.9、α = 5°时绕飞船周围的温度等值线的分布；图 5-61 所示为 Ma_∞ = 3.28 时全场等马赫数线的分布。从这些图中可以看出在飞行器头部和尾部温度较高，而且头部的脱体激波很强，那里的等马赫数线与压强等值线都比较密集。

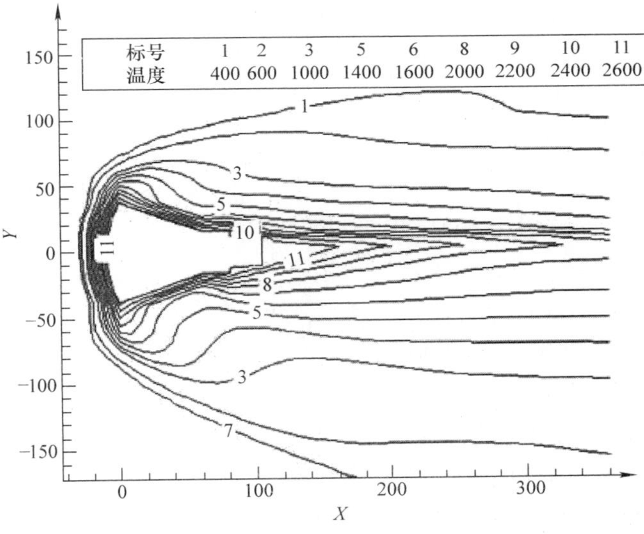

图 5-60　绕飞船周围的温度等值线

Gemini 飞船是美国第二代载人飞船，Gemini 飞船始于 1961 年 11 月，结束于 1966 年 11 月，历时 5 年，总共进行了 12 次飞行试验，其中 2 次无人飞行、10 次载人飞行，图 5-62 所示为 Gemini 飞船的外形[315]。在参考文献［300］的流场计算中，共进行了三种来流马赫数（3.15、4.44 和 7.0）以及两个攻角（0°与 −10°）总共 6 种工况的计算。参考文献［300］分别给出了上述工况下温度、压强和马赫数等值线分布图以及全场流线分布的相关结果，这里因篇幅所限仅给出 2 张图，图 5-63 与图 5-64，它们所示分别为 Gemini 飞船绕流的全场压强、温度与马

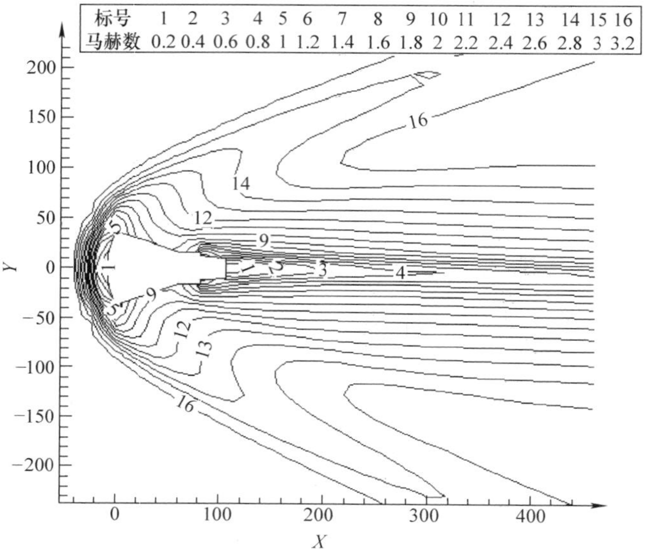

图 5-61 $Ma_\infty=3.28$、$\alpha=2°$时全场等马赫数线的分布

赫数的等值线分布。这些结果为飞行器的气动力与气动热计算准备了基础数据，为飞船的气动设计奠定了基础。

6. 两种高升阻比的 Waverider 与 CAV 流场计算

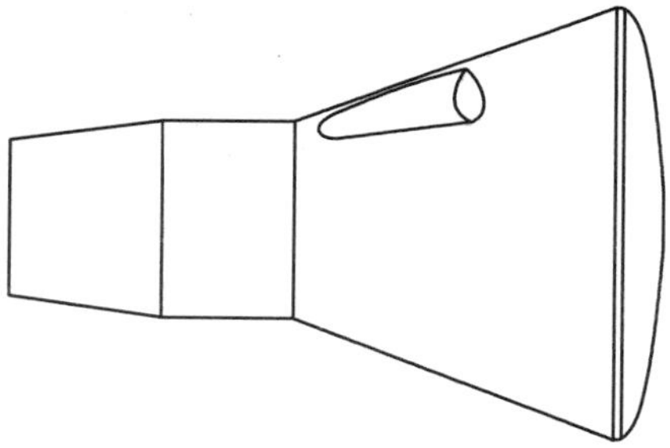

图 5-62 Gemini 飞船的外形

1959 年 Nonweiler 首次提出从已知流场构造三维高超声速飞行器外形的方法，提出了 Waverider（乘波体）的概念。1981 年 Rasmussen 提出了由锥形流动生成乘波体（简称锥导乘波体）；1987 年 Anderson 将黏性效应引入乘波体的优化过程中；1990 年 Sobieczky 提出了 OC（osculating cone，吻切锥）理论；从 1993 年开始乘波体的气动布局设计进入了工程应用阶段；1997 年 Gillum 和 Lewis 进行了马赫数分别为 10、14 和 16.5 的乘波体风洞试验；1998 年前后 Cockrell 和 Strohmeyer 等人进行了乘波体在设计条件下的稳定性问题研究；2001 年 Lobia 将乘波体的黏性效应、容积效率以及载荷效率引入到乘波体的优化设计过程中，因此乘波体已成为近年来国际上航天飞行器以及高速远程巡航导弹的候选外形。2010 年 4 月 22 日由 Boeing 公司建造的高超声速新型 CAV/SMV（space maneuver vehicle）类的飞行器 X－37B 成功发射，这标志着这种高超声速飞行器具备机动变轨与躲避的功能，可以作为一种非常安全的通用空天平台，固守住太空战略制高点。X－37B 在气动布局、自动化、新材料以及隐形设计等方面十分成功，集成

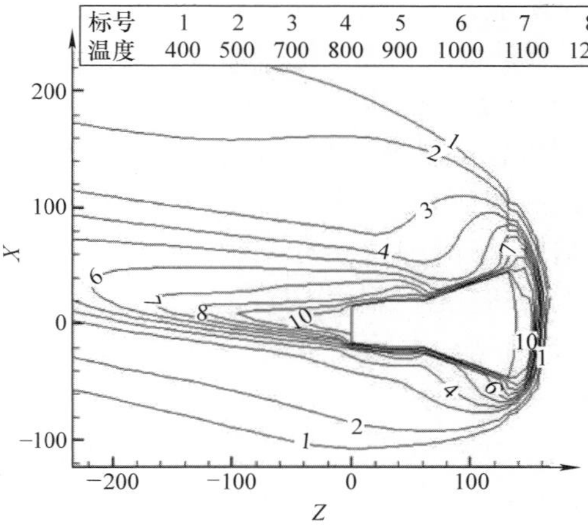

图 5-63　绕飞船周围的温度等值线

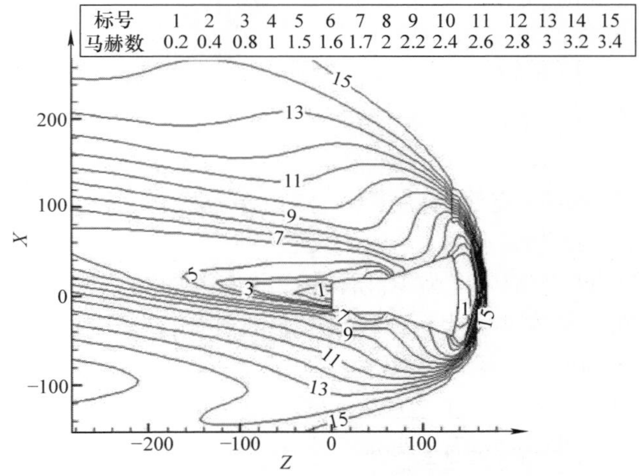

图 5-64　Gemini 飞船绕流的等马赫线分布

了当代最优秀的技术成果。2010 年 5 月 26 日高超声速 X－51A 验证机首飞成功，该试验飞行的原计划是由 B－52H 轰炸机携带 *X*－51A 升空后，在大约 15km 的高空，飞行马赫数为 4.6～4.8，然后助推器分离，X－51A 借惯性滑行数秒后，超燃冲压发动机依次点燃乙烯和燃油，达到热平衡后便仅用 JP－7 碳氢燃料作动力实现不断加速，历经 300s 左右使 X－51A 的最终飞行速度达到马赫数 6.5；在燃料耗尽后，X－51A 验证机将无动力滑行 500s，随后坠入太平洋。整个 X－51A 的实际试验过程进展得也相当顺利，虽然超燃冲压发动机 SJX61－2（由 PWR 公司专门研制）由于发动机舱后部温度高于设计值而仅工作了 140s（原计划为 300s），飞行速度仅达马赫数为 5.0（原计划为 6.5）左右，但这次试验成功地完成了超燃冲压发动机研制中的一些关键技术：先点燃乙烯，过渡到乙烯与 JP－7 燃料的混合燃烧，达到 JP－7 的燃烧条件后，仅使用 JP－7 碳氢燃料燃烧，并持续了 140s，因此试验方认为这次 X－51A 的试验仍然是很成功的。X－51 验证机的机身长为 4.26m，采用镍合金制造，空载约为 635kg，在总体布局上采用了楔形头部、乘波体机身、腹部进气道与控制面，头部采用钨合金材料（外部覆盖了二氧化硅隔热层），X－51 飞行时产生激波，看似飞行在激波顶上，而且压缩的空气被引入到矩形发动机进气道中，因此属于楔形乘波体结构，看上去是介于航天飞机和未来巡航导弹的构型之间，它是发展临近空间吸气式高超声速飞行器的首选外形之一。另外，Boeing 公司还在着手考虑 X－51B 至 X－51H 等一系列发展型号的研究工作，而且还考虑持久冲压发动机（robust scramjet）计划，并打算在 X－51B 上使用热喉道冲压发动机，继续使用碳氢燃料，但结构会更简单而且能够使验证机持续保持马赫数在 5.0 的水平上高超声速飞行。参考文献［300］生成了一种锥形乘波体，并进行了马赫数为 4、6 和 7 时总共 7 个工况的流场计算，这里仅讨论来流马赫数为 7 时的情况。图 5-65 所示为 Waverider 外形，计算工况为 20km 高空飞行、来流马赫数为 7，来流攻角为 0°。

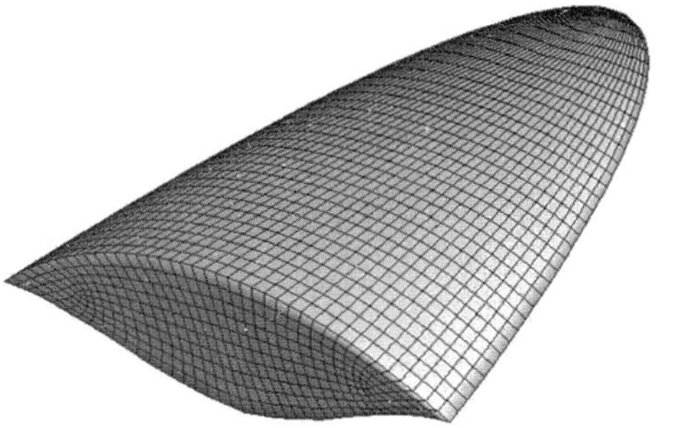

图 5-65 Waverider 外形

图 5-66～图 5-68 所示分别为乘波体相应截面处周围流场的流线、等马赫线和压强等值线的分布。从这些图中可以看出，高压气流都集中在下表面，这说明这里乘波体的设计是成功的。

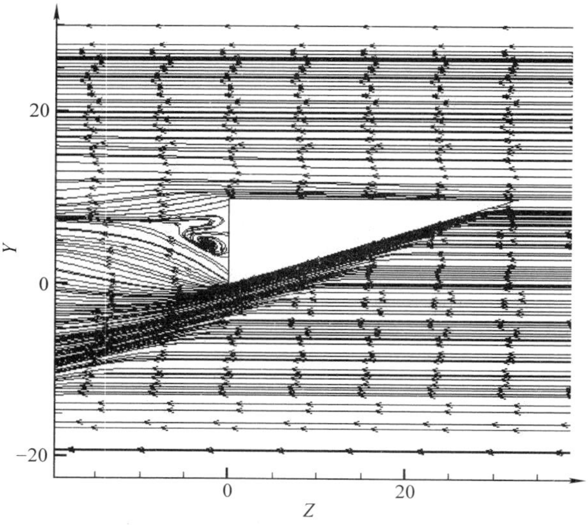

图 5-66 乘波体对称面上的流线

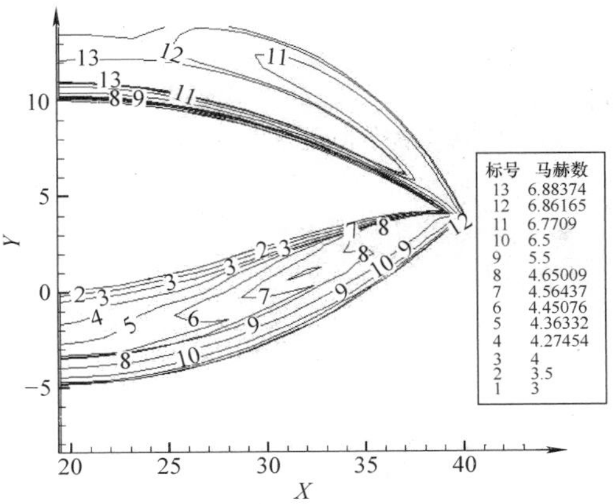

图 5-67　乘波体尾部截面周围流场的等马赫线分布

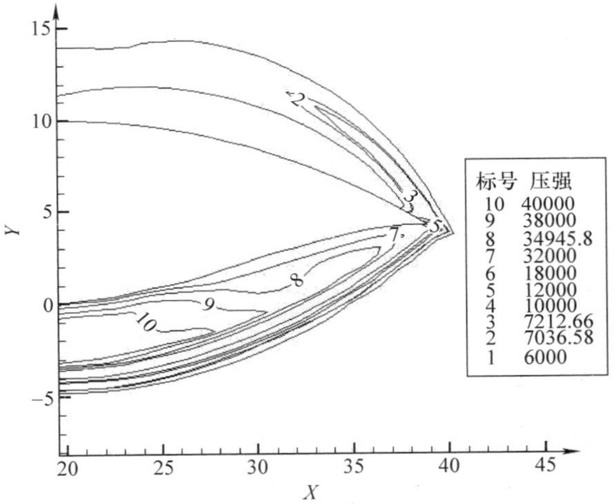

图 5-68　乘波体尾部截面周围流场的压强等值线分布

CAV（common aero vehicle）又称通用航空航天飞行器，是一种高超声速再入机动滑翔的飞行器，其中美国 Falcon 计划中提出的 CAV 以及 HyTech 计划的巡航马赫为 7 ~ 8，射程为 1390km 的弹用飞行器中的典型代表，它们是目前国际上高度重视的一类飞行器。图 5-69 所示为参考文献［300］计算所选取的 CAV 外形以及计算时所划分的网格图，其中图 5-69a 所示为轴测图，图 5-69b 所示为正视图。

图 5-70 ~ 图 5-72 所示分别为 CAV 相应的截面上周围流场压强等值线的分布，这里计算的工况：来流马赫数为 6，飞行高度为 20km。更多数值结果可参阅参考文献［300］。

7. Fire – II 火星探测器流场的计算以及局部区域的 DES 分析

Fire – II 探测器于 1964 年 12 月 28 日发射，1965 年 7 月 14 日到达火星上空

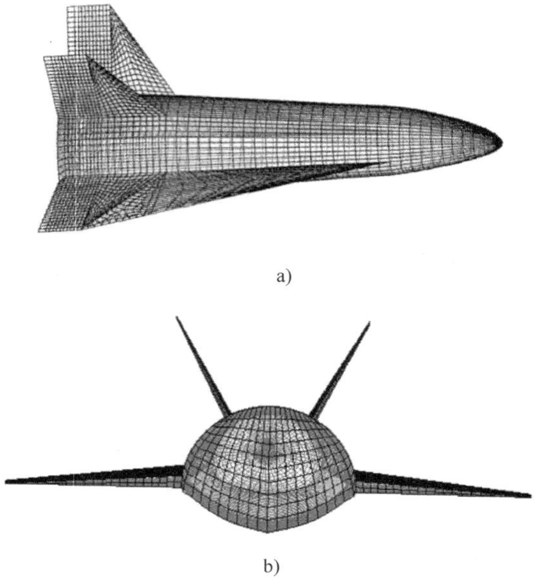

图 5-69 CAV 的外形及计算时网格的划分
a）轴测图 b）正视图

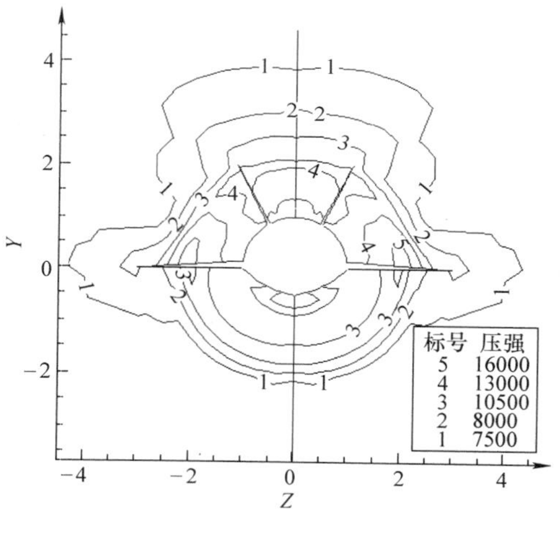

图 5-70 CAV 尾部截面处流场压强等值线的分布（$\alpha=0°$）

9800km 处成为第一枚成功访问火星的航天器。而 Viking 是世界上第一个在火星着陆的飞行器。1975 年 8 月 20 日与 9 月 9 日，Viking 1 号与 Viking 2 号探测器发射，两个探测器分别于 1976 年 7 月 20 日和 1976 年 9 月 3 日在火星表面成功着陆并进行了大量的探测工作。更有趣的是，Near 探测器与爱神星（Eros）在 2000 年 2 月

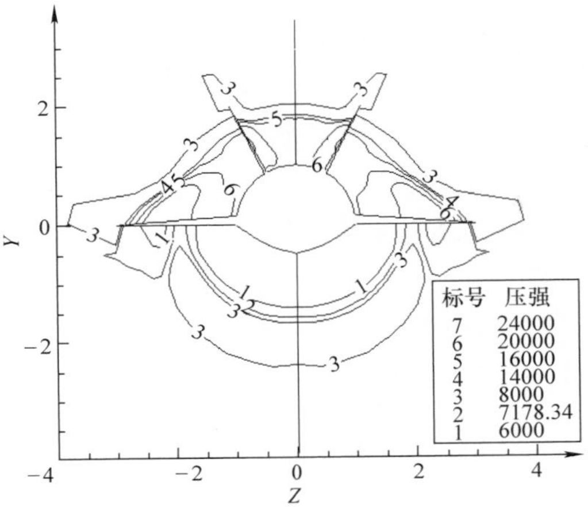

图 5-71　CAV 尾部截面处流场压强等值线的分布（$\alpha=10°$）

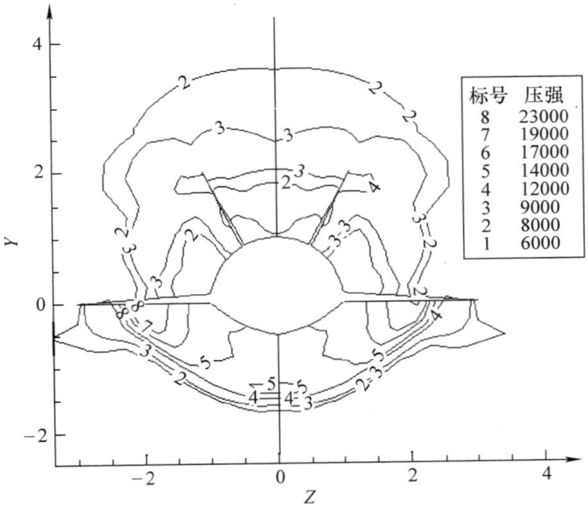

图 5-72　CAV 尾部截面处流场压强等值线的分布（$\alpha=-10°$）

14 日情人节之际的幽会。1996 年 2 月 17 日 Near 探测器由 Delta II 号火箭发射升空，1999 年 1 月 10 日进入绕爱神星运行的轨道，2000 年 2 月 14 日 Near 探测器以相对爱神星速度约为 1m/s 的相对速度飞行，从而使爱神星得以利用其微弱的引力将 Near 探测器拉进了围绕它运行的轨道，形成了情人节之时探测器与爱神星幽会的壮观景象。2001 年 2 月 12 日 Near 探测器以 1.6m/s 的速度成功地降落在爱神星表面。对于金星（Venus）的探测，1962 年 8 月 27 日发射了 Mariner 2 号探测器，于1962年12月14日到达金星上空3500km处，首次测得了金星的大气温度；Magellan金星探测器1989年5月4日有Atlantis号航天飞机送入地球低轨道，然后再由一枚固体火箭推入飞向金星的轨道，1990年8月10日进入距金星最近点310km的椭圆轨道，1990年9月15日Magellan探测器首次获得了第一张完整的金星地图，一直到1994年10月12日该探测器在金星轨道工作了4年2个月零2天，绕金星15018圈，对99%的金星地貌全景进行了测绘。对于木星（Jupiter）的探测，Galileo木星探测器是世界上第一个木星专用的探测器，它于1989年10月18日发射，1995年12月7日到达木星轨道并绕木星飞行。另外，2011年8月5日Juno（朱诺）号木星探测器发射。该探测器经5年长达32亿km的飞行，将于2016年7月抵达木星轨道并在木星上空5000km的高度飞行。我们AMME Lab对Viking、Mars Microprobe与Galileo等国际著名探测器的绕流进行了大量的数值计算，并发表了多篇学术论文与著作[316,317,311]。因此，人类对火星、木星等星球的探索是非常执着的。图5-73所示为Fire－II探测器的外形[318]，参考文献［300］计算了来流马赫数分别为5、6、7，来流攻角为0°、－10°与10°，总共9种工况下的流场，我们AMME Lab团队计算了35km高空处、来流速度为4950m/s、来流马赫数为16、攻角为0°时的流场。本节则进一步完善来流马赫数为16时流场的计算，并给出较为贴近飞行数据的壁面热流分布。在$Ma_\infty=16$的计算工况下，这里主要考虑5组元（N_2、O_2、N、O和NO）17种化学基元化学反应，即

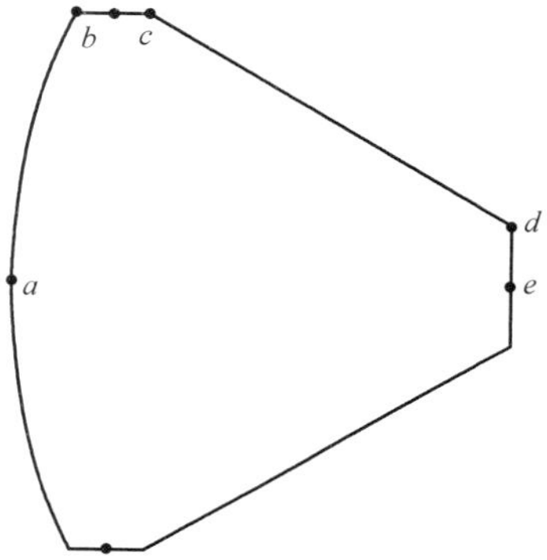

图5-73　Fire－II探测器的外形

$$\left.\begin{aligned}&N_2+M\rightleftharpoons 2N+M\\&O_2+M\rightleftharpoons 2O+M\\&NO+M\rightleftharpoons N+O+M\\&N_2+O\rightleftharpoons NO+N\\&NO+O\rightleftharpoons O_2+N\end{aligned}\right\}\tag{5-503}$$

式中，M为反应碰撞单元；化学反应速率遵循Arrhenius模型。对于考虑热力学非平衡与化学非平衡的N－S方程组，参考文献［319］做过详细讨论并完成了大量算例。这里主要对参考文献［319］的源程序进行修改、引入S－A湍流模型并引入式（5-493）所定义的分辨尺度l_{DES}，使原来的RANS源程序变为DES源程序。换句话说，是使编制的DES在程序上实现RANS与LES之间的组合。即在执行RANS时湍流模式采用了Spalart－Allmaras湍流模型；在执行LES时采用了Smagorinski亚格子应力模型；这里还特别注意了LES需要采用高阶精度的时间与空间离

散格式，以确保格式的数值耗散不会淹没物理的亚格子黏性；而 RANS 和 LES 之间的切换是借助于分辨尺度 l_{DES}来实现的。还必须要特别指出的是：这里发展 DES 程序的目的并不是用于全场的数值计算，而仅仅是用于局部区域（严重大分离区域）的进一步计算与分析。为此，在对 Fire－II 探测器进行了 RANS 计算后，再对图 5-74 所示的 $AB_1B_2B_3B_4D$ 区域进行 DES 的计算与分析，这个区域涡系十分复杂，而且有较大的回流现象。因篇幅所限，这里不准备给出在上述区域中进行 DES 计算的详细过程，仅给出计算出的沿壁面 $Acde$ 热流分布以及计算出的 μ_t/μ_∞ 的曲线，如图 5-75 与图 5-76 所示。

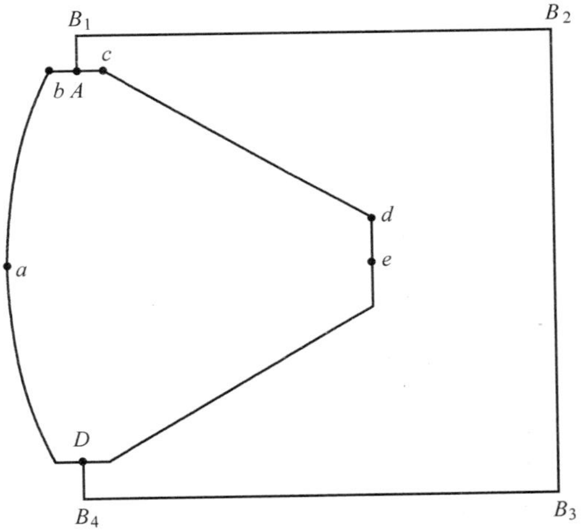

图 5-74　用于 DES 分析的区域

在 Fire－II 的后体区域（含物面 cde 以及 de 面以后的尾流区）中，计算出的 μ_t/μ_l 值为 25～370，这里 μ_t 为计算出的当地湍流黏性系数，μ_l 为当地的分子黏性系数。显然，在这个区域中如果只考虑层流的黏性系数而不考虑湍流的黏性系数时，会使流场计算（尤其是壁面区域的换热计算）产生较大的误差。图 5-77 所示为采用 RANS 计算时沿壁面 abA 的热流分布曲线。另外，与飞行数据[318]比较后可以发现：对局部区域采用 DES 计算与分析后所得到的壁面热流分布（见图 5-75）与飞行数据较为贴近，它比 RANS 的计算结果要好一些。

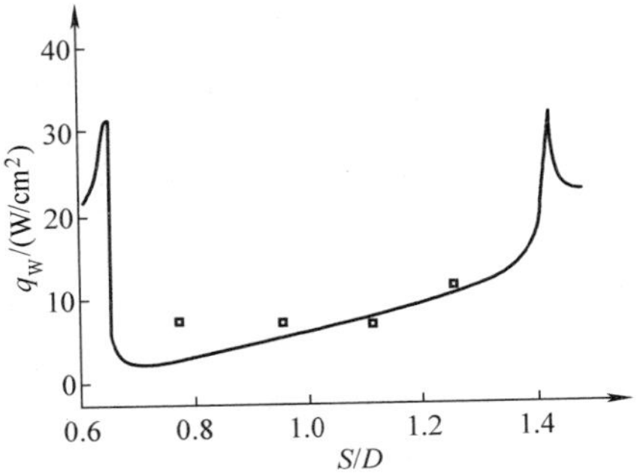

图 5-75　沿壁面 $Acde$ 的热流分布

8. 本节的3个结论

1）参考文献［300］提出了一种将RANS与DES相结合的流场计算工程算法。该算法的核心思想：首先进行全场的RANS计算，而后对严重大分离的局部区域采用DES分析技术。这样的处理虽然并非真正意义上的DES，但这样近似后所得到的数值结果贴近了试验值；另外，在计算的时间上它要比全场的LES以及全场的DES大大节省了时间，符合工程快速计算的特点。

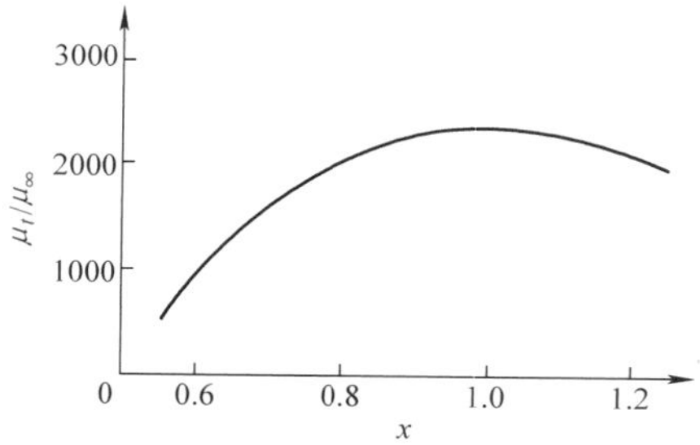

图5-76　沿尾部对称轴方向上的μ_t/μ_∞分布

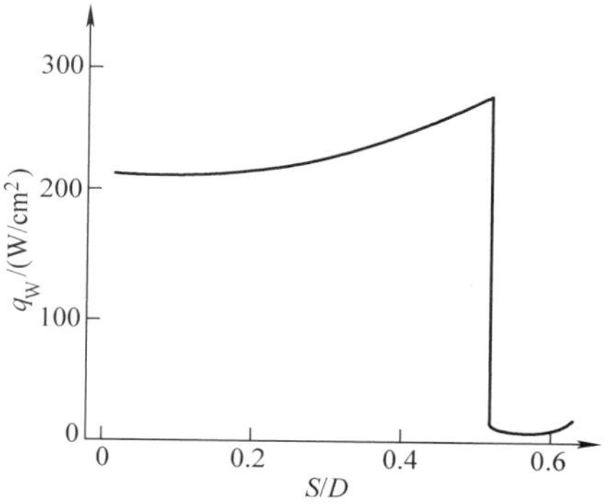

图5-77　沿壁面abA的热流

2）完成了6个国际上著名的飞行器63个工况的流场计算，大量的计算结果表明飞行器的许多工况采用RANS计算可以得到工程上的满意结果；另外，参考文献［319］中的大量算例也都显示：使用RANS程序可以得到工程上满意的气动力分布；计算出的气动热与试验数据或飞行数据相比虽有误差，但仍然能有效地指导飞行器的热防护设计。鉴于上述情况，在通常高超声速来流的情况下，考虑热化学非平衡的RANS计算是可以给出工程上所需要的气动力与气动热的结果。仅在飞行马赫数很高，流场中大分离严重时，需要细致地考虑热力学与化学非平衡的影响[300]，并且还要求在准确地计算飞行器壁面热流分布的情况下，才在局部大分离的那些区域中采用DES分析技术。

3）参考文献［310］认为在求解N－S方程的研究中，开展多组分、考虑非平衡态气体的振动以及热化学非平衡态效应的守恒性N－S方程组的高分辨率、高效率、高精度算法是必要的；对于某些再入飞行工况，考虑辐射以及弱电离气体的影响也是需要的；对于流场中存在严重大分离的区域，我们认为采用全场RANS计算与局部区域DES分析相结合的技术是非常必要的；对于湍流模型，我们团队常使用Baldwin－Lomax零方程模型和Spalart－Allmaras一方程模型；对于转捩模型，我们多使用Abu－Ghannam&Shaw（AGS）模型和Menter&Langtry（M－L）模型。目前已有一些用于高超声速流动的新模型，例如参考文献［320］等，但应指出的是可压缩湍流的转捩模型目前仍是一个需要进一步研究与完善的问题。转捩位置对于非定常分离流的特征有着很大的影响，因此对于非定常流计算时的转捩问题更应慎重考虑。

5.8　小波多分辨奇异分析方法及其典型算例

随着各类飞行器以及高性能、高负荷叶轮机械的飞速发展，叶轮机内以及高速气流绕过各类飞行器的三维流动越来越复杂，湍流与激波间的相互作用、各种涡系之间的相互作用越来越严重，多尺度物理流动问题已成为现代流场计算时必须考虑的主要因素之一。对于流场中多尺度问题的求解，近 20 年发展起来的小波分析方法[292]具有独特的优势；对于捕捉激波间断以及滑移面问题，TVD、ENO、WENO 以及优化的 WENO 等高分辨率格式已在复杂流场的计算中发挥了重要作用；对于湍流的计算问题，无论是 RANS 方法还是 DNS 或者 LES 方法，采用高精度格式都显得格外重要。然而，无论是采用高分辨率格式，还是采用高精度格式，计算时都会占用较多的 CPU（central processing unit）时间，因此如何提高计算效率便成为一个要迫切解决的难题。这里提出了一种新的流场计算方法，它从小波多分辨奇异分析出发，将高阶 WENO 格式与高阶中心差分格式巧妙地结合起来，一系列典型的数值算例都显示了这里所提出的新方法的有效性与可行性。这里将分 12 个专题予以介绍：①在多维空间中 Hölder 指数的计算；②二维张量积小波分析；③三维张量积小波分析；④Hölder 指数计算的具体实施过程；⑤流场计算时小波多分辨奇异分析技术的加入；⑥二维前台阶绕流问题；⑦二维双马赫反射问题；⑧二维 Riemann 初值问题；⑨跨声速 RAE2822 翼型的二维绕流问题；⑩VKI－LS59 涡轮叶栅的绕流计算；⑪NASA Rotor37 转子的三维流场计算；⑫NASA Rotor67 风扇转子的三维流场计算。

5.8.1　在多维空间中 Hölder 指数的计算

在复杂流场中，为了分析空间各点任意一个物理量的奇异性，常引入 Hölder 指数（也可用 Lipschitz 指数）[292]。以二维空间为例，令流场中任意一物理量可以用函数 $f(x,y)$ 表达，并在 (x_0,y_0) 具有局部 Hölder 指数 α，即

$$|f(x_0+h,y_0+k)-f(x_0,y_0)| \leqslant A\,(h^2+k^2)^{\alpha/2} \tag{5-504}$$

式中，$\sqrt{h^2+k^2}$ 是点（x_0，y_0）邻域内的一个小量；A 为常数。注意到小波变换系数的模 $Mf(s,x,y)$ 与函数 $f(x,y)$ 的 Hölder 指数 α 间的关系：

$$|Mf(s,x,y)| \leqslant \widetilde{K} s^{\alpha} \tag{5-505}$$

式中，$Mf(s,x,y)$ 为小波变换系数的模；s 为伸缩因子；$\widetilde{K}$ 为常数。这里应指出

的是，直接利用式（5-505）去确定 Hölder 指数 α 并不是件容易的事，为此引入小波变换模极大值 $r_{i,j}^{k}$ 的概念，今以二进小波进行离散，即伸缩因子 s 取为 2^k，并令 $x=i\Delta x$，$y=j\Delta y$，为方便下文叙述，将离散后小波变换系数的模简记为 $Mf(2^k,\ i,\ j)$，于是小波变换模极大值为

$$r_{i,j}^{k}=\max_{\substack{i-2^k p\leqslant m\leqslant i+2^k q\\ j-2^k p'\leqslant n\leqslant j+2^k q'}}|Mf(2^k,m,n)|\leqslant\widetilde{K}2^{k\alpha} \tag{5-506}$$

或者

$$\log_2(r_{i,j}^{k})\leqslant k\alpha+\log_2(\widetilde{K}) \tag{5-507}$$

式中，k 代表与伸缩因子有关的参数；$[-p,\ q]\times[-p',\ q']$ 为母小波函数的紧支集。式（5-507）就是计算 Hölder 指数 α 的主要表达式。

5.8.2 二维张量积小波分析

在二维空间中考虑多分辨分析 $\{V_k^2\}_{k\in z}$，这里闭子空间 V_k^2 的分辨率为 2^k；由于 $V_k^2\subset V_{k-1}^2$，令 W_k^2 是 V_k^2 在 V_{k-1}^2 空间上的正交补空间，于是二维张量积小波的多分辨分析便可由下面的张量积组成：

$$\begin{aligned}\boldsymbol{V}_k^2&=\boldsymbol{V}_k\otimes\boldsymbol{V}_k\\ \boldsymbol{W}_k^2&=(\boldsymbol{V}_k\otimes\boldsymbol{W}_k)\oplus(\boldsymbol{W}_k\otimes V_k)\oplus(\boldsymbol{W}_k\otimes\boldsymbol{W}_k)\end{aligned} \tag{5-508}$$

显然，式（5-508）表明了小波空间 W_k^2 是由如下 3 个小波基所构成，即

$$\begin{cases}\psi^1(x,y)=\varphi(x)\psi(y)\\ \psi^2(x,y)=\psi(x)\varphi(y)\\ \psi^3(x,y)=\psi(x)\psi(y)\end{cases} \tag{5-509}$$

或者

$$\begin{cases}\psi_{i,j}^{1,k}(x,y)=2^{-k}\varphi(2^{-k}x-i)\psi(2^{-k}y-j)\\ \psi_{i,j}^{2,k}(x,y)=2^{-k}\psi(2^{-k}x-i)\varphi(2^{-k}y-j)\\ \psi_{i,j}^{3,k}(x,y)=2^{-k}\psi(2^{-k}x-i)\psi(2^{-k}y-j)\end{cases} \tag{5-510}$$

这里，$\varphi(x)$ 和 $\psi(x)$ 分别为一维空间中小波的尺度函数和小波函数。令 ψ^1、ψ^2 和 ψ^3 分别代表相关的小波函数，如果令 $W^{\psi^1}f(s,\ x,\ y)$，$W^{\psi^2}f(s,\ x,\ y)$ 和 $W^{\psi^3}f(s,\ x,\ y)$ 分别代表对函数 $f(x,\ y)$ 和相应的小波进行变换，其表达式为

$$\begin{cases}W^{\psi^1}f(s,x,y)\equiv(f*\psi_s^1)=\dfrac{1}{s}\displaystyle\iint f(\widetilde{u},\widetilde{v})\psi^1\left(\frac{x-\widetilde{u}}{s},\frac{y-\widetilde{v}}{s}\right)\mathrm{d}\widetilde{u}\mathrm{d}\widetilde{v}\\ W^{\psi^2}f(s,x,y)\equiv(f*\psi_s^2)=\dfrac{1}{s}\displaystyle\iint f(\widetilde{u},\widetilde{v})\psi^2\left(\frac{x-\widetilde{u}}{s},\frac{y-\widetilde{v}}{s}\right)\mathrm{d}\widetilde{u}\mathrm{d}\widetilde{v}\\ W^{\psi^3}f(s,x,y)\equiv(f*\psi_s^3)=\dfrac{1}{s}\displaystyle\iint f(\widetilde{u},\widetilde{v})\psi^3\left(\frac{x-\widetilde{u}}{s},\frac{y-\widetilde{v}}{s}\right)\mathrm{d}\widetilde{u}\mathrm{d}\widetilde{v}\end{cases} \tag{5-511}$$

而这时上述小波变换系数的模为

$$Mf(s,x,y) \equiv \sqrt{|W^{\psi^1}f(s,x,y)|^2 + |W^{\psi^2}f(s,x,y)|^2 + |W^{\psi^3}f(s,x,y)|^2} \tag{5-512}$$

注意式（5-511）中符号 $f*\psi_s^1$、$f*\psi_s^2$ 和 $f*\psi_s^3$ 表示相应的卷积，而式（5-512）中 $|W^{\psi^1}f(s,x,y)|$ 表示 $W^{\psi^1}f(s,x,y)$ 的模。将 s 取为 2^k，以二进小波进行离散，并将离散后的小波变换系数和小波变换系数的模分别简记为 $W^{\psi^1}f(2^k,i,j)$ 和 $Mf(2^k,i,j)$，因此这时二维张量积小波变换系数的递推关系式以及小波变换系数模的表达式为

$$\begin{cases} W^{\Phi}f(2^k,i,j) = \sum\limits_m \sum\limits_n h_m h_n W^{\Phi}f(2^{k-1},i+2^{k-1}m,j+2^{k-1}n) \\ W^{\psi^1}f(2^k,i,j) = \sum\limits_m \sum\limits_n h_m g_n W^{\Phi}f(2^{k-1},i+2^{k-1}m,j+2^{k-1}n) \\ W^{\psi^2}f(2^k,i,j) = \sum\limits_m \sum\limits_n g_m h_n W^{\Phi}f(2^{k-1},i+2^{k-1}m,j+2^{k-1}n) \\ W^{\psi^3}f(2^k,i,j) = \sum\limits_m \sum\limits_n g_m g_n W^{\Phi}f(2^{k-1},i+2^{k-1}m,j+2^{k-1}n) \\ Mf(2^k,i,j) = \sqrt{|W^{\psi^1}f(2^k,i,j)|^2 + |W^{\psi^2}f(2^k,i,j)|^2 + |W^{\psi^3}f(2^k,i,j)|^2} \end{cases} \tag{5-513}$$

其中，$\{h_m\}$ 和 $\{g_m\}$ 分别表示一维情况下的低通小波滤波器系数和高通小波滤波器系数。另外，这里 Φ 为二维空间中的尺度函数。

5.8.3　三维张量积小波分析

在三维空间中考虑多分辨分析 $\{V_k^3\}_{k\in z}$，这里闭子空间 V_k^3 的分辨率为 2^k；由于 $V_k^3 \subset V_{k-1}^3$，令 W_k^3 是 V_k^3 在 V_{k-1}^3 空间上的正交补空间，于是三维张量积小波的多分辨分析便可由下面的张量积组成：

$$\begin{aligned} \boldsymbol{V}_k^3 &= \boldsymbol{V}_k \otimes \boldsymbol{V}_k \otimes \boldsymbol{V}_k \\ \boldsymbol{W}_k^3 &= (\boldsymbol{V}_k \otimes \boldsymbol{V}_k \otimes \boldsymbol{W}_k) \oplus (\boldsymbol{V}_k \otimes \boldsymbol{W}_k \otimes \boldsymbol{V}_k) \oplus \\ &\quad (\boldsymbol{V}_k \otimes \boldsymbol{W}_k \otimes \boldsymbol{W}_k) \oplus (\boldsymbol{W}_k \otimes \boldsymbol{V}_k \otimes \boldsymbol{V}_k) \oplus \\ &\quad (\boldsymbol{W}_k \otimes \boldsymbol{V}_k \otimes \boldsymbol{W}_k) \oplus (\boldsymbol{W}_k \otimes \boldsymbol{W}_k \otimes \boldsymbol{V}_k) \oplus (\boldsymbol{W}_k \otimes \boldsymbol{W}_k \otimes \boldsymbol{W}_k) \end{aligned} \tag{5-514}$$

显然，式（5-514）表明了小波空间 W_k^3 是由如下 7 个小波基所构成，即

$$\begin{cases} \psi^1(x,y,z) = \varphi(x)\varphi(y)\psi(z) \\ \psi^2(x,y,z) = \varphi(x)\psi(y)\varphi(z) \\ \psi^3(x,y,z) = \varphi(x)\psi(y)\psi(z) \\ \psi^4(x,y,z) = \psi(x)\varphi(y)\varphi(z) \\ \psi^5(x,y,z) = \psi(x)\varphi(y)\psi(z) \\ \psi^6(x,y,z) = \psi(x)\psi(y)\varphi(z) \\ \psi^7(x,y,z) = \psi(x)\psi(y)\psi(z) \end{cases} \tag{5-515}$$

或者

$$\begin{cases}\psi_{i_1,i_2,i_3}^{1,k}(x,y,z)=2^{-3k/2}\varphi(2^{-k}x-i_1)\varphi(2^{-k}y-i_2)\psi(2^{-k}z-i_3)\\ \psi_{i_1,i_2,i_3}^{2,k}(x,y,z)=2^{-3k/2}\varphi(2^{-k}x-i_1)\psi(2^{-k}y-i_2)\varphi(2^{-k}z-i_3)\\ \psi_{i_1,i_2,i_3}^{3,k}(x,y,z)=2^{-3k/2}\varphi(2^{-k}x-i_1)\psi(2^{-k}y-i_2)\psi(2^{-k}z-i_3)\\ \psi_{i_1,i_2,i_3}^{4,k}(x,y,z)=2^{-3k/2}\psi(2^{-k}x-i_1)\varphi(2^{-k}y-i_2)\varphi(2^{-k}z-i_3)\\ \psi_{i_1,i_2,i_3}^{5,k}(x,y,z)=2^{-3k/2}\psi(2^{-k}x-i_1)\varphi(2^{-k}y-i_2)\psi(2^{-k}z-i_3)\\ \psi_{i_1,i_2,i_3}^{6,k}(x,y,z)=2^{-3k/2}\psi(2^{-k}x-i_1)\psi(2^{-k}y-i_2)\varphi(2^{-k}z-i_3)\\ \psi_{i_1,i_2,i_3}^{7,k}(x,y,z)=2^{-3k/2}\psi(2^{-k}x-i_1)\psi(2^{-k}y-i_2)\psi(2^{-k}z-i_3)\end{cases} \tag{5-516}$$

这里，$\varphi(x)$ 和 $\psi(x)$ 分别为一维空间的小波尺度函数和小波函数。令 ψ^1，…，ψ^7 分别代表相关的小波函数，$W^{\psi^1}f(s,\ x,\ y,\ z)$，…，$W^{\psi^7}f(s,\ x,\ y,\ z)$ 分别代表对函数 $f(x,\ y,\ z)$ 和相应的小波进行变换，其表达式为

$$W^{\psi^1}f(s,x,y,z)\equiv(f*\psi_s^1)=\frac{1}{s^{3/2}}\iint f(\tilde{u},\tilde{v},\tilde{t})\psi^1\left(\frac{x-\tilde{u}}{s},\frac{y-\tilde{v}}{s},\frac{z-\tilde{t}}{s}\right)\mathrm{d}\tilde{u}\mathrm{d}\tilde{v}\mathrm{d}\tilde{t}$$

$$W^{\psi^2}f(s,x,y,z)\equiv(f*\psi_s^2)=\frac{1}{s^{3/2}}\iint f(\tilde{u},\tilde{v},\tilde{t})\psi^2\left(\frac{x-\tilde{u}}{s},\frac{y-\tilde{v}}{s},\frac{z-\tilde{t}}{s}\right)\mathrm{d}\tilde{u}\mathrm{d}\tilde{v}\mathrm{d}\tilde{t}$$

$$W^{\psi^3}f(s,x,y,z)\equiv(f*\psi_s^3)=\frac{1}{s^{3/2}}\iint f(\tilde{u},\tilde{v},\tilde{t})\psi^3\left(\frac{x-\tilde{u}}{s},\frac{y-\tilde{v}}{s},\frac{z-\tilde{t}}{s}\right)\mathrm{d}\tilde{u}\mathrm{d}\tilde{v}\mathrm{d}\tilde{t}$$

$$W^{\psi^4}f(s,x,y,z)\equiv(f*\psi_s^4)=\frac{1}{s^{3/2}}\iint f(\tilde{u},\tilde{v},\tilde{t})\psi^4\left(\frac{x-\tilde{u}}{s},\frac{y-\tilde{v}}{s},\frac{z-\tilde{t}}{s}\right)\mathrm{d}\tilde{u}\mathrm{d}\tilde{v}\mathrm{d}\tilde{t}$$

$$W^{\psi^5}f(s,x,y,z)\equiv(f*\psi_s^5)=\frac{1}{s^{3/2}}\iint f(\tilde{u},\tilde{v},\tilde{t})\psi^5\left(\frac{x-\tilde{u}}{s},\frac{y-\tilde{v}}{s},\frac{z-\tilde{t}}{s}\right)\mathrm{d}\tilde{u}\mathrm{d}\tilde{v}\mathrm{d}\tilde{t}$$

$$W^{\psi^6}f(s,x,y,z)\equiv(f*\psi_s^6)=\frac{1}{s^{3/2}}\iint f(\tilde{u},\tilde{v},\tilde{t})\psi^6\left(\frac{x-\tilde{u}}{s},\frac{y-\tilde{v}}{s},\frac{z-\tilde{t}}{s}\right)\mathrm{d}\tilde{u}\mathrm{d}\tilde{v}\mathrm{d}\tilde{t}$$

$$W^{\psi^7}f(s,x,y,z)\equiv(f*\psi_s^7)=\frac{1}{s^{3/2}}\iint f(\tilde{u},\tilde{v},\tilde{t})\psi^7\left(\frac{x-\tilde{u}}{s},\frac{y-\tilde{v}}{s},\frac{z-\tilde{t}}{s}\right)\mathrm{d}\tilde{u}\mathrm{d}\tilde{v}\mathrm{d}\tilde{t}$$

(5-517)

同二维情况类似，这时小波变换系数的模为

$$Mf(s,x,y,z)\equiv\sqrt{|W^{\psi^1}f(s,x,y,z)|^2+\cdots+|W^{\psi^7}f(s,x,y,z)|^2} \tag{5-518}$$

注意式（5-517）中符号 $f*\psi_s^1$，…，$f*\psi_s^7$ 表示卷积，而式（5-518）中 $|W^{\psi^1}f(s,\ x,\ y,\ z)|$ 表示 $W^{\psi^1}f(s,\ x,\ y,\ z)$ 的模。仍然以二进小波进行离散，即伸缩因子 s 取为 2^k，并令 $x=i_1\Delta x$，$y=i_2\Delta y$，$z=i_3\Delta z$，为方便下文叙述，仍然将 $W^{\psi^1}f(s,\ x,\ y,\ z)$ 简记为 $W^{\psi^1}f(2^k,\ i_1,\ i_2,\ i_3)$，$Mf(s,\ x,\ y,\ z)$ 简记为 $Mf(2^k,\ i_1,\ i_2,\ i_3)$，此时三维张量积小波变换系数的递推关系式以及小波变换系数模的表达式为

$$\begin{cases} W^{\psi}f(2^k,i_1,i_2,i_3) = \sum\limits_l \sum\limits_m \sum\limits_n h_l h_m h_n W^{\Phi} f(2^{k-1},i_1+2^{k-1}l,i_2+2^{k-1}m,i_3+2^{k-1}n) \\ W^{\psi^1}f(2^k,i_1,i_2,i_3) = \sum\limits_l \sum\limits_m \sum\limits_n h_l h_m g_n W^{\Phi} f(2^{k-1},i_1+2^{k-1}l,i_2+2^{k-1}m,i_3+2^{k-1}n) \\ W^{\psi^2}f(2^k,i_1,i_2,i_3) = \sum\limits_l \sum\limits_m \sum\limits_n h_l g_m h_n W^{\Phi} f(2^{k-1},i_1+2^{k-1}l,i_2+2^{k-1}m,i_3+2^{k-1}n) \\ W^{\psi^3}f(2^k,i_1,i_2,i_3) = \sum\limits_l \sum\limits_m \sum\limits_n h_l g_m g_n W^{\Phi} f(2^{k-1},i_1+2^{k-1}l,i_2+2^{k-1}m,i_3+2^{k-1}n) \\ W^{\psi^4}f(2^k,i_1,i_2,i_3) = \sum\limits_l \sum\limits_m \sum\limits_n g_l h_m h_n W^{\Phi} f(2^{k-1},i_1+2^{k-1}l,i_2+2^{k-1}m,i_3+2^{k-1}n) \\ W^{\psi^5}f(2^k,i_1,i_2,i_3) = \sum\limits_l \sum\limits_m \sum\limits_n g_l h_m g_n W^{\Phi} f(2^{k-1},i_1+2^{k-1}l,i_2+2^{k-1}m,i_3+2^{k-1}n) \\ W^{\psi^6}f(2^k,i_1,i_2,i_3) = \sum\limits_l \sum\limits_m \sum\limits_n g_l g_m h_n W^{\Phi} f(2^{k-1},i_1+2^{k-1}l,i_2+2^{k-1}m,i_3+2^{k-1}n) \\ W^{\psi^7}f(2^k,i_1,i_2,i_3) = \sum\limits_l \sum\limits_m \sum\limits_n g_l g_m g_n W^{\Phi} f(2^{k-1},i_1+2^{k-1}l,i_2+2^{k-1}m,i_3+2^{k-1}n) \\ Mf(2^k,i_1,i_2,i_3) = \sqrt{|W^{\psi^1}f(2^k,i_1,i_2,i_3)|^2+\cdots+|W^{\psi^7}f(2^k,i_1,i_2,i_3)|^2} \end{cases} \tag{5-519}$$

其中，h_m 和 g_m 分别表示一维情况下的低通小波滤波器系数和高通小波滤波器系数；另外，这里 Φ 为三维空间中的尺度函数。

5.8.4　Hölder 指数计算的具体实施过程

以二维空间中的函数 $f(x,\ y)$ 为例，这里扼要给出 Hölder 指数 α 的具体实施步骤，在下面叙述中，以二进小波进行离散，即伸缩因子 s 取为 2^k，并令 $x=i\Delta x$，$y=j\Delta y$，为方便下文叙述，将 $f(x,\ y)$ 简记为 $f(i,\ j)$；另外离散后的小波变换系数和小波变换系数的模分别简记为 $W^{\psi^1}f(2^k,\ i,\ j)$ 和 $Mf(2^k,\ i,\ j)$。此时 Hölder 指数 α 的具体实施步骤为：

1）输入离散函数值：$\{f(0,0),f(0,1),\cdots,f(Nx,Ny)\}$。

2）借助于式（5-519）分别计算出离散后的 3 个小波变换系数，即

$$\{W^{\psi^1}f(2^k,0,0),W^{\psi^1}f(2^k,0,1),\cdots,W^{\psi^1}f(2^k,Nx,Ny)\}$$
$$\{W^{\psi^2}f(2^k,0,0),W^{\psi^2}f(2^k,0,1),\cdots,W^{\psi^2}f(2^k,Nx,Ny)\}$$
$$\{W^{\psi^3}f(2^k,0,0),W^{\psi^3}f(2^k,0,1),\cdots,W^{\psi^3}f(2^k,Nx,Ny)\}$$

$$k=1,2,3$$

3）借助于式（5-518）计算小波变换系数的模 $Mf(2^k,\ i,\ j)$。

4）借助于式（5-506）确定小波变换模极大值 $r_{i,j}^k$。

5）借助于式（5-507），便可以获得在（i，j）点处关于 Hölder 指数 $\alpha_{i,j}$ 的近似表达式，即

$$\alpha_{i,j} \approx [\log_2(r_{i,j}^3 / r_{i,j}^1)]/2 \quad (0 \leqslant i \leqslant Nx, 0 \leqslant j \leqslant Ny) \tag{5-520}$$

5.8.5 流场计算时小波多分辨奇异分析技术的加入

为了实施这里提出的小波多分辨奇异分析的流场计算新方法，首先要利用小波多分辨分析技术对计算结果（这里指计算过程中每一次迭代的中间结果）进行分析，得到整个计算域中当前解的奇异性，然后进行下一个时间步迭代时便可利用上一步的小波分析的结果，去选择合适的差分格式，以便构造出一种计算效率高而且能够保证计算精度的混合算法。应指出，这里新方法能够很方便地加入到原有的计算源程序中，加入小波多分辨奇异分析后的求解过程如图 5-78 所示。

为了保证时间积分的精度，采用具有 TVD 性质的三步 Runge – Kutta 方法（简记为 R – K），并将空间导数离散，于是控制方程便可半离散化为

$$\boldsymbol{U}_t = L(\boldsymbol{U}) \tag{5-521}$$

式中，$\boldsymbol{U} = [\rho, \rho u, \rho v, \rho w, e]^{\mathrm{T}}$ 为守恒变量，相应时间积分的 TVD 三步 Runge – Kutta 格式为

$$\begin{aligned} \boldsymbol{U}^{(1)} &= \boldsymbol{U}^n + \Delta t L(\boldsymbol{U}^n) \\ \boldsymbol{U}^{(2)} &= \frac{3}{4}\boldsymbol{U}^n + \frac{1}{4}\boldsymbol{U}^{(1)} + \frac{1}{4}\Delta t L(\boldsymbol{U}^{(1)}) \\ \boldsymbol{U}^{n+1} &= \frac{1}{3}\boldsymbol{U}^n + \frac{2}{3}\boldsymbol{U}^{(2)} + \frac{2}{3}\Delta t L(\boldsymbol{U}^{(2)}) \end{aligned} \tag{5-522}$$

今对任一物理变量 ξ 进行小波多分辨的奇异分析，则小波分析的加入方法有两种：一种方法是在一个完整的时间步后进行一次小波多分辨奇异分析，并将分析的结果用于下一个时间步的每一个 Runge – Kutta 步数值通量的计算，这种方法的示意图如图 5-79b 所示；另一种方法则是在每完成一个 R – K 步后就进行小波分析，并将分析的结果用于下一个 R – K 步的计算，这种方法的示意图如图 5-79a 所示。当利用小波多分辨奇异分析结果后，便可有效的选择差分格式去计算数值通量，例如在光滑区域采用无耗散的中心差分格式（其数值通量记作 $\hat{\boldsymbol{F}}^{\mathrm{CTR}}$），在奇异区域采用无振荡的 TVD 格式（其数值通量记作 $\hat{\boldsymbol{F}}^{\mathrm{TVD}}$），该过程如图 5-80 所示，其中 $\hat{\boldsymbol{F}}$ 为无黏数值通量。

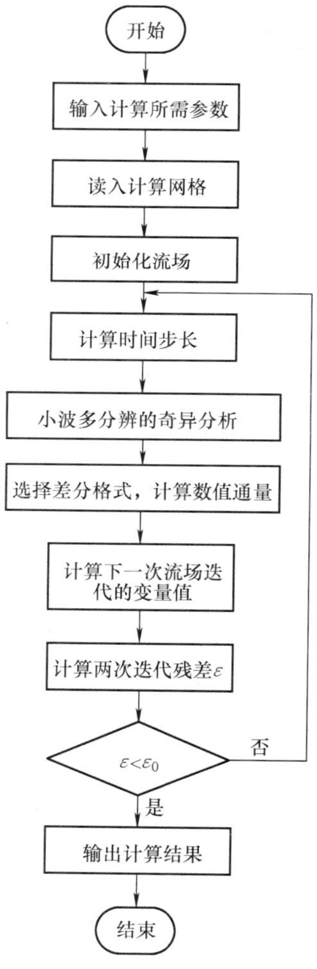

图 5-78 加入小波多分辨奇异分析后的求解过程

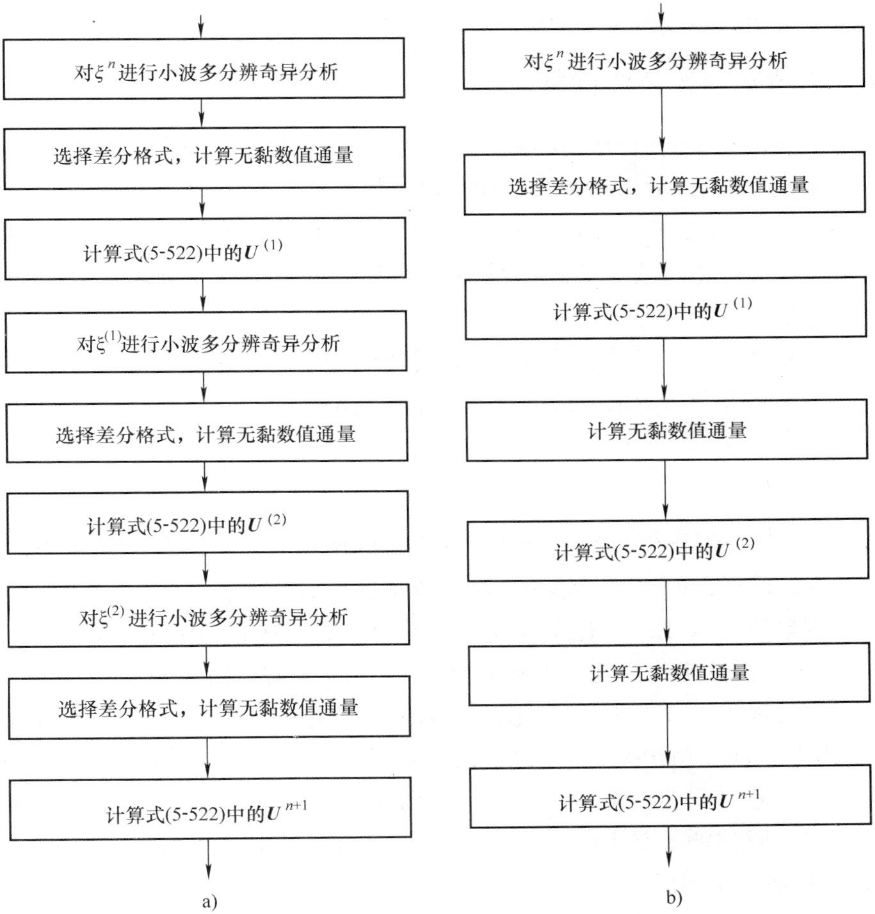

图 5-79　两种加入小波高分辨率的奇异分析方法

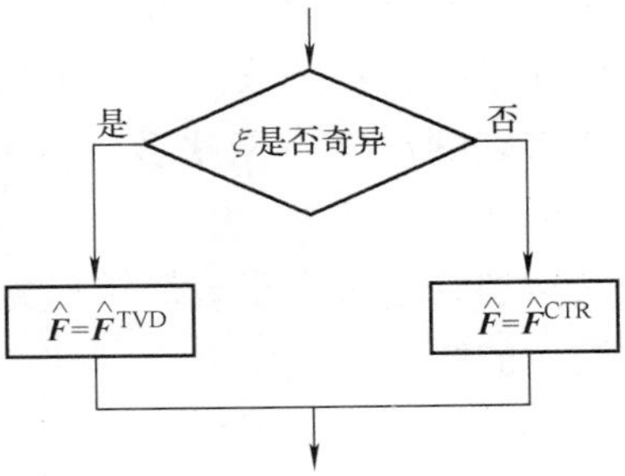

图 5-80　小波多分辨奇异分析自适应选择数值通量

针对上面提出的几种新方法，这里可以方便地加入到原有的 CFD 源程序中。在我们已有 CFD 源程序[267,272,292]的基础上，给出了流场小波多分辨奇异分析新方法的具体实施过程，并对典型算例进行了计算。在下面进行小波奇异分析的过程中，采用了消失矩 N 为 2 的 Daubechies 小波进行计算；另外，在对流场控制方程的离散过程中，光滑区域采用 4 阶中心差分格式，奇异区域采用 Harten – Yee 的二阶迎风型 TVD

格式或5阶WENO格式；此外，在对式（5-522）求解的过程中，每完成一个R-K步后便进行小波多分辨奇异分析。

5.8.6 二维前台阶绕流问题

进口马赫数为3的前台阶算例是一个检验激波捕捉高分辨率格式的一个常用算例。计算采用二维Euler方程模型，相关输入数据见参考文献［292］。计算中采用480×160网格进行计算，取CFL数为0.8，$\varepsilon=1.0\times10^{-3}$，选用气体的密度作为小波多分辨奇异分析时的变量$\xi$，并将分析后得到的奇异点分布区域采用Harten-Yee的二阶迎风型TVD格式。

为了排除计算机本身性能所带来的计算时间的不同，这里引入压缩比μ作为衡量小波多分辨奇异分析数值方法的计算效率，其定义为

$$\mu=\frac{N_{\mathrm{Tol}}}{N_{\mathrm{Reg}}}\tag{5-523}$$

其中N_{Tol}为计算总网格数，N_{Reg}为奇异点所在的网格数。可以看出，压缩比越大，奇异点所在的网格占的比例就越小，计算效率提高的就越多。

该算例最终会变成一个稳态流动，那时流场的结构相对来讲比较简单。而当时间$t=4.0$时刻时流动仍处于非稳定阶段，此时在前台阶附近形成一道脱体弓形激波，这道激波与上壁面相交形成反射波，当激波比较强时，形成λ波（马赫杆），由上壁面反射出来的波再次碰到前台阶的上表面，于是又产生了新的一道反射波。随着时间的逐渐增长，整个流场复杂激波系也逐渐变化，最终形成一个基本稳定的脱体激波流场，当$t=15$以后流场基本达到稳定。图5-81所示为480×160网格下不同时刻（$t=0.5\sim10.0$）时密度等值线的分布，图中的密度是相对值（无单位）；图5-82所示为上述不同时刻时对密度进行小波多分辨奇异分析后得到的奇异点所在网格分布。由图中可以清晰地看到，在不同时刻小波多分辨奇异分析都能较为准确的分析出各种间断的位置，从而可以较为合理的选择数值通量的计算方法。表5-4给出了不同时刻下对密度进行小波多分辨奇异分析时所得到的奇异点网格数（这里用N_{WENO}表示对奇异点的网格均采用WENO格式时网格的个数），由表中可以看出，随着计算时间的增加，压缩比μ先减小然后又增加，这是由于流场结构先变复杂，最后趋于稳定，因此流场结构又变得相对简单的缘故。

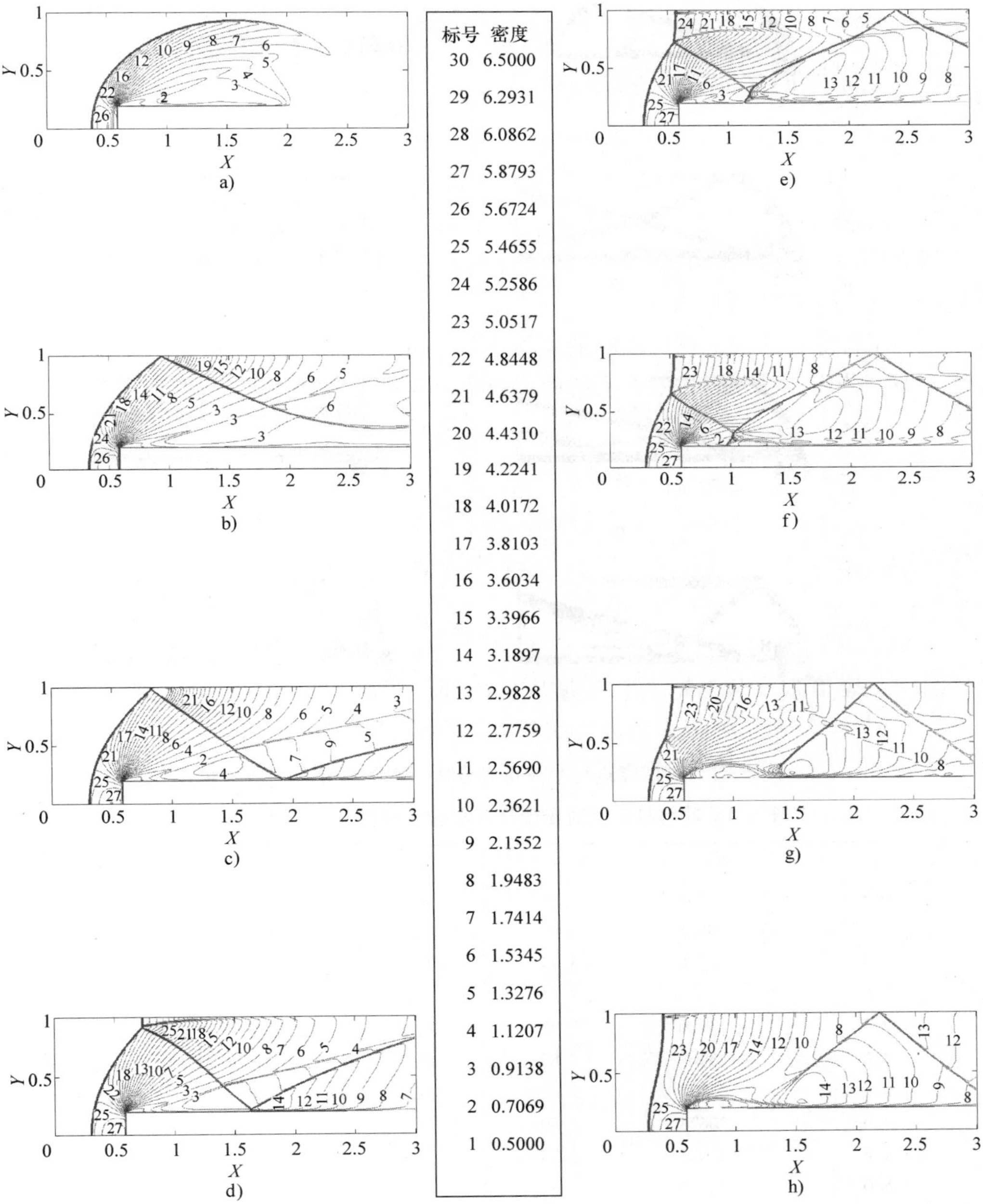
标号 密度
30 6.5000
29 6.2931
28 6.0862
27 5.8793
26 5.6724
25 5.4655
24 5.2586
23 5.0517
22 4.8448
21 4.6379
20 4.4310
19 4.2241
18 4.0172
17 3.8103
16 3.6034
15 3.3966
14 3.1897
13 2.9828
12 2.7759
11 2.5690
10 2.3621
9 2.1552
8 1.9483
7 1.7414
6 1.5345
5 1.3276
4 1.1207
3 0.9138
2 0.7069
1 0.5000
X
Y
a)
b)
c)
d)
e)
f)
g)
h)

图 5-81　前台阶算例不同时刻等密度线分布

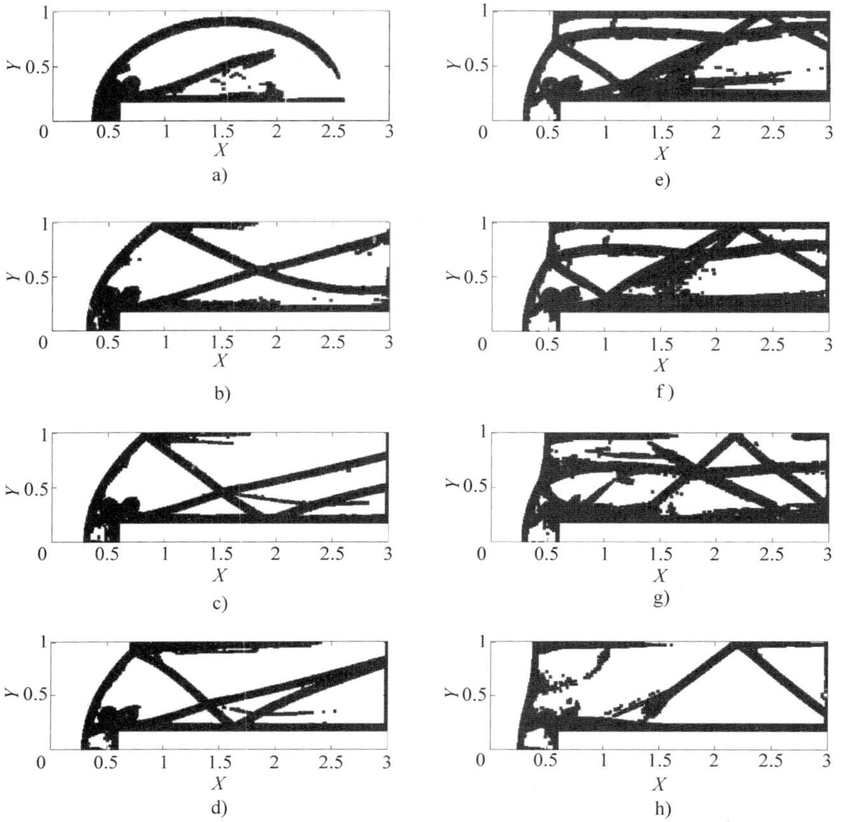

图 5-82　对密度进行小波奇异分析所得的奇异点网格分布

表 5-4　前台阶算例对密度进行小波多分辨奇异分析的结果

t	N_{WENO}	μ	t	N_{WENO}	μ
0. 5	14598	5. 26	8. 0	25899	2. 97
1. 0	19921	3. 86	8. 5	23864	3. 22
1. 5	20355	3. 77	9. 0	21930	3. 50
2. 0	21911	3. 51	9. 5	20919	3. 67
2. 5	24960	3. 08	10. 0	19140	4. 01
3. 0	26567	2. 89	10. 5	18208	4. 22
3. 5	28937	2. 65	11. 0	20186	3. 80
4. 0	30674	2. 50	11. 5	18790	4. 09
4. 5	32085	2. 39	12. 0	18031	4. 26
5. 0	32510	2. 36	12. 5	18951	4. 05
5. 5	32953	2. 33	13. 0	19102	4. 02
6. 0	33277	2. 31	13. 5	18929	4. 06
6. 5	34314	2. 24	14. 0	18707	4. 11
7. 0	30489	2. 52	14. 5	18273	4. 20
7. 5	28297	2. 71	15. 0	18985	4. 05

5.8.7　二维双马赫反射问题

所谓马赫反射问题，原始的模型是模拟激波在斜面上的反射问题，如图 5-83a 所示。一个平面正激波从左向右运动，该激波运动到 D 点以后，与楔形边 DC 相互作用，楔形边 DC 为固壁面，在 DC 壁面上出现反射波，在反射波区域附近流场结构十分复杂，根据来流马赫数的不同，一般可以分为马赫反射和双马赫反射。当来流马赫数比较小时，在楔形边 DC 上形成一个马赫杆（λ 波）和一个接触间断，随着来流马赫数逐渐增大，在楔形边 DC 的反射区附近将形成两个马赫杆和两个接触间断，称为双马赫反射。该算例也是一个检验激波捕捉高分辨率格式常用算例之一。

在模拟图 5-83a 双马赫反射问题时，计算域是不规则的，为了简化模型，本算例将计算域设定在规则的矩形区域，即以 D 点为坐标原点，DC 为 x 轴建立坐标系，这时计算模型如图 5-83b 所示，取 1 个单位宽和 4 个单位长，计算域大小为 $[0, 4] \times [0, 1]$，反射壁面处于计算域的底部 DC，一个马赫数为 10 的斜强激波放置在 $x = 1/6$，$y = 0$ 处，并与 x 轴成 60°，计算域记为 $O'A'B'CO'$，其中，$O'A'$、$A'B'$、$B'C$、CO' 为计算边界，相关的计算参数见参考文献［292］。

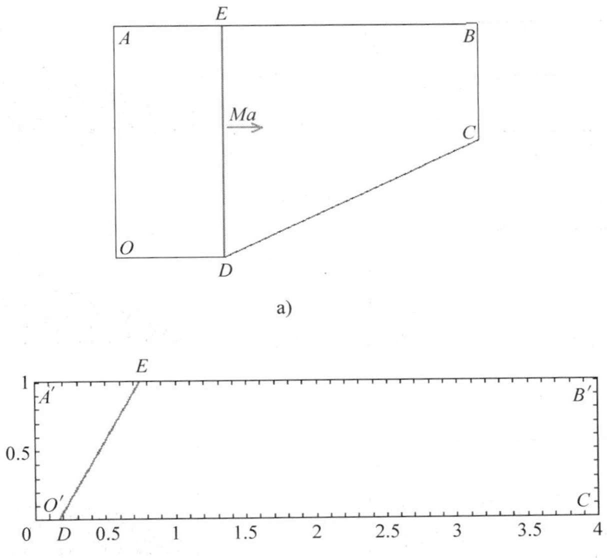

图 5-83　双马赫反射算例计算域

a）原始模型　b）计算模型

计算中采用 640 × 160、1280 × 320 和 1920 × 480 三种不同网格进行计算，取

CFL 数为 0.8，$\varepsilon=0.001$，仍然选用密度作为小波多分辨奇异分析时的变量，得到流场的 Hölder 指数 α；因此在方程离散中，光滑区域采用 4 阶中心差分格式，奇异区域采用 5 阶 WENO 格式，计算的最终时间 t 取为 0.2。

图 5-84a ~ c 分别为 $t=0.2$ 时 640×160、1280×320 以及 1920×480 网格下计算所得的等密度线分布（图中的密度是相对值，无单位），而图 5-84d ~ f 分别为 640×160、1280×320 以及 1920×480 网格下对密度进行小波多分辨奇异分析时所获得的奇异点所在网格的分布，表 5.5 给出了在不同网格下，不同计算时刻对密度进行小波多分辨奇异分析时得到的奇异点所在网格数以及相应的压缩比 μ。分析所得到的计算结果可以发现，$t=0.2$ 时的流场结构是较为复杂的，在斜激波与下壁面的反射点附近的流动区域内形成了两个马赫杆（或 λ 波）和两个滑移线（接触间断），尤其是第二个滑移线，它很靠近下壁面，在网格比较粗的时候格式很难捕捉到，只有当网格比较细的时候该滑移线才比较明显。从计算结果来看，网格较粗时，滑移线上的剪切涡完全被抹掉了，只有当网格比较细的时候滑移线上的剪切涡才能被捕捉到，这种现象应值得我们关注。总的看来，小波多分辨奇异分析数值新方法保持了 WENO 格式对激波捕捉的高分辨率特性，而且没有出现振荡，格式也基本上是稳定的。

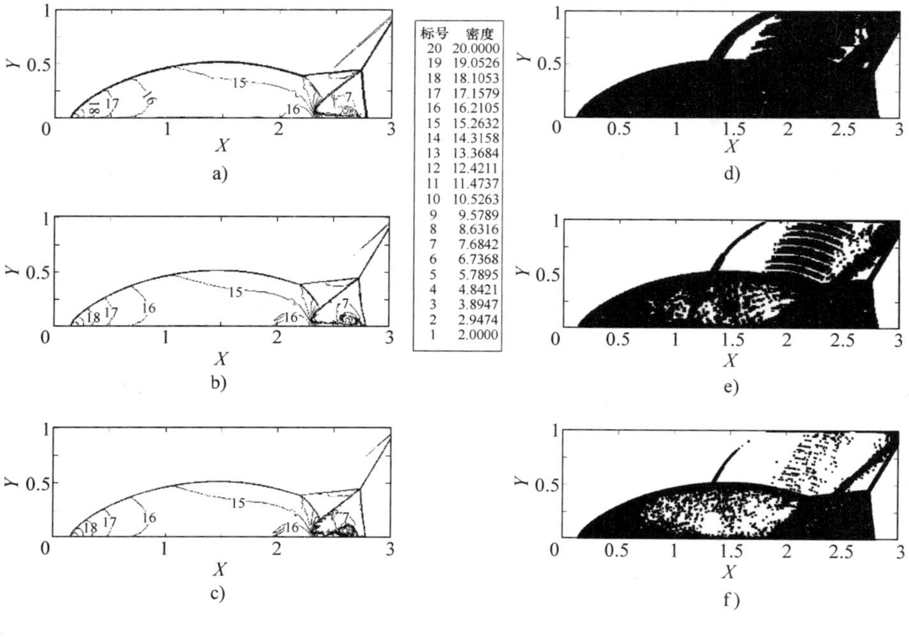

图 5-84 双马赫反射算例在不同网格下的计算结果

表 5-5　双马赫反射算例小波多分辨奇异分析的结果

t	计算网格					
	640×160		1280×320		1920×480	
	N_{WENO}	μ	N_{WENO}	μ	N_{WENO}	μ
0.02	6378	16.06	20452	20.03	42103	21.89
0.04	10437	9.81	36405	11.25	74223	12.42
0.06	14695	6.97	51250	7.99	97843	9.42
0.08	19085	5.37	63201	6.48	120784	7.63
0.10	23532	4.35	76080	5.38	139499	6.61
0.12	27781	3.69	89800	4.56	152574	6.04
0.14	32009	3.20	101574	4.03	162225	5.68
0.16	36588	2.80	111606	3.67	164332	5.61
0.18	41726	2.45	120841	3.39	166616	5.53
0.20	47049	2.18	130804	3.13	181136	5.09

5.8.8　二维 Riemann 初值问题

二维 Riemann 初值问题的计算情况十分复杂，计算仍然采用二维 Euler 方程，计算域如图 5-85 所示，初始时刻四个区域 1、2、3、4 内气体的状态各不相同，根据初始状态的差异可以出现很多复杂的现象，包括运动激波、稀疏波、滑移线（接触间断）等基本现象。

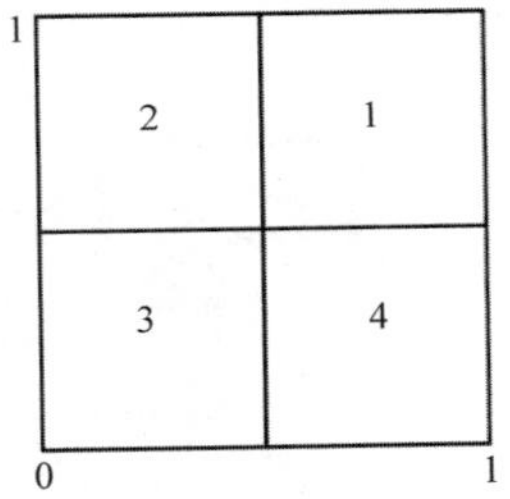

图 5-85　二维 Riemann 初值问题

对于多变气体，Lax 将二维 Riemann 初值问题划分为 6 大类 19 种情况[321]：四稀疏波结构 2 种情况、四激波结构 2 种情况、四滑移线结构 2 种情况、双滑移线双稀疏波结构 4 种情况、双滑移线双激波结构 4 种情况以及双滑移线单稀疏波单激波结构 5 种情况。这里仅选取其中 3 个典型算例进行计算，相应的初值条件见表 5-6。

表 5-6　二维 Riemann 初值问题的 3 个典型算例以及初始状态

算例	(ρ_1, u_1, v_1, p_1)	(ρ_2, u_2, v_2, p_2)	(ρ_3, u_3, v_3, p_3)	(ρ_4, u_4, v_4, p_4)
1	(1.0000, 0.7500, −0.5000, 1.0000)	(2.0000, 0.7500, 0.5000, 1.0000)	(1.0000, −0.7500, 0.5000, 1.0000)	(3.0000, −0.7500, −0.5000, 1.0000)
2	(1.0000, 0.1000, 0.0000, 1.0000)	(0.5313, 0.8276, 0.0000, 0.4000)	(0.8000, 0.1000, 0.0000, 0.4000)	(0.5313, 0.1000, 0.7276, 0.4000)
3	(0.5313. 0.1000, 0.1000, 0.4000)	(1.0222, −0.6179, 0.1000, 1.0000)	(0.8000, 0.1000, 0.1000, 1.0000)	(1.0000, 0.1000, 0.8276, 1.0000)

计算中在光滑区域采用 4 阶中心差分格式，奇异区域采用 5 阶 WENO 格式进行离散，需要说明的是，由于有些情况的初始时刻密度是连续的，而压力或速度出现了间断，为了确保计算能够进行，计算中对式（5-521）中的 4 个守恒量分别进行小波奇异性分析，得到了各个守恒量的相应 Hölder 指数 α，其表达式为

$$\alpha_{i,j} = \min[\alpha_{i,j}(\rho), \alpha_{i,j}(\rho u), \alpha_{i,j}(\rho v), \alpha_{i,j}(e)] \tag{5-524}$$

计算中采用 480×480 计算网格，小波多分辨奇异分析的截断阈值 $\varepsilon = 1.0\times10^{-3}$。

图 5-86 所示为 3 个典型算例在奇异区域采用 5 阶 WENO 格式的计算结果。算例 1 在 4 个子区域间断面上形成 4 个滑移线，算例 2 在 4 个子区域间断面上形成 2 个滑移线和 2 个激波，算例 3 在 4 个子区域间断面上形成 2 个滑移线、1 个稀疏波和 1 个激波。

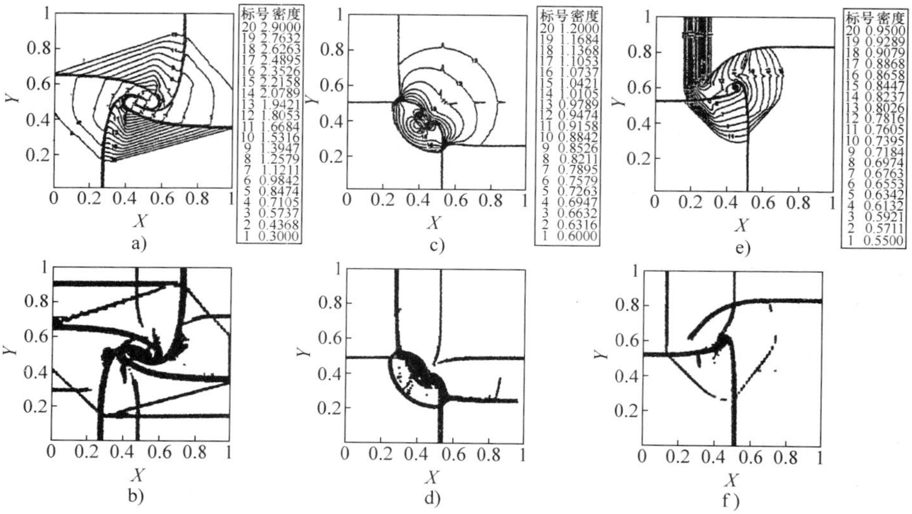

图 5-86　二维 Riemann 初值问题 3 个典型算例的计算结果

a)、c)、e) 等密度线分布　b)、d)、f) 奇异点所在网格分布

图 5-86a 所示为算例 1 在 $t=0.2$ 时刻等密度线分布，图 5-86b 所示为算例 1 在 $t=0.2$ 时刻对流场进行小波多分辨奇异分析得到的奇异点网格分布，图 5-86c 所示为算例 2 在 $t=0.3$ 时刻等密度线分布，图 5-86d 所示为算例 2 在 $t=0.3$ 时刻对流场进行小波多分辨奇异分析得到的奇异点网格分布，图 5-86e 所示为算例 3 在 $t=0.2$ 时刻等密度线分布，图 5-86f 所示为算例 3 在 $t=0.2$ 时刻对流场进行小波多分辨奇异分析得到的奇异点网格分布。表 5.7 列出了 3 个算例不同时刻对流场小波多分辨奇异分析得到的奇异点网格数以及压缩比。

表 5-7　二维 Riemann 初值问题的 3 个典型算例奇异分析的结果

算例	t	N_{TVD}	μ	N_{WENO}	μ
1	0.10	46386	4.97	51110	4.51
	0.20	55925	4.12	51348	4.48
2	0.15	16163	14.25	16774	13.74
	0.30	23217	9.92	21131	10.90
3	0.10	17757	12.98	19512	11.81
	0.20	24005	9.60	18362	12.55

5.8.9　跨声速 RAE2822 翼型的二维绕流问题

RAE2822 是一个典型的二维跨声速绕流流动的经典算例，参考文献［292］给出了该翼型的具体尺寸以及相关试验数据，计算的参数设置如下：来流马赫数为 0.729，攻角为 2.31°，基于弦长的雷诺数为 6.5×10^6。

计算时采用 C 型网格，网格数为 369×65。计算过程中对马赫数进行小波多分辨奇异分析，截断阈值取 $\varepsilon=1.0\times10^{-2}$；在方程离散中，对奇异区域采用 5 阶 WENO 格式计算无黏数值通量，在光滑区域则采用 4 阶中心差分格式计算无黏数值通量，黏性项采用 2 阶或者 4 阶中心差分离散。计算所得的表面压力系数分布与试验值吻合较好。图 5-87a 所示为等马赫线分布，图 5-87b 所示为对马赫数进行小波多分辨奇异分析时得到的奇异点所在网格的分布。从计算结果可以看出，小波多分辨奇异分析能够准确地捕捉到上表面的激波，新方法所得的计算结果是令人满意的，而该算例在趋于收敛时奇异网格点数为 2988，压缩比为 8.03。

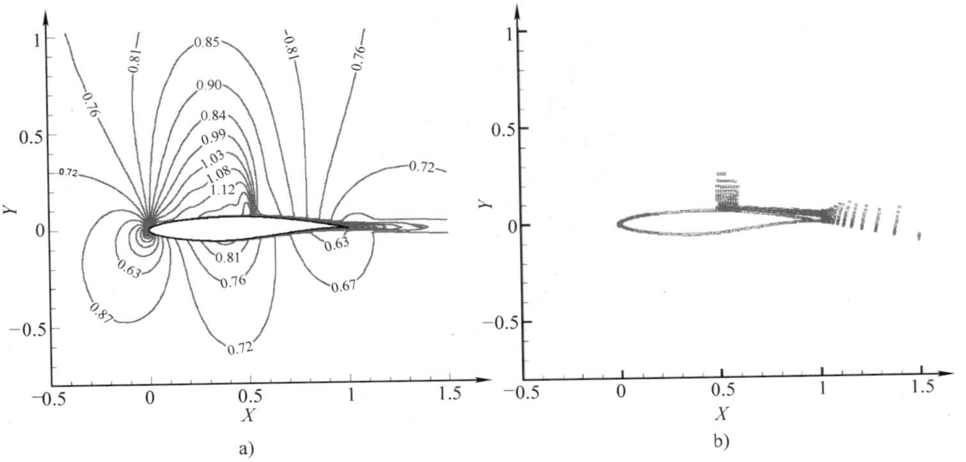

图 5-87　RAE2822 二维跨声速绕流流动算例计算结果

a）等马赫线分布　b）奇异点所在网格分布

5.8.10　VKI－LS59 涡轮叶栅的绕流计算

VKI－LS59 叶栅是个大头、大弯曲、有攻角的平面涡轮叶栅，参考文献［292］给出了叶型参数及相关试验数据，计算的参数设置如下：进口总压强为 2.3×10^5Pa，进口总温度为 280K，进口气流角为 30°，出口静压强为 1.2×10^5Pa。

计算网格取为 160×32，计算过程中对马赫数进行小波多分辨奇异分析，截断阈值取 $\varepsilon=1.0\times10^{-2}$；在方程离散中，在奇异区域采用 5 阶 WENO 格式计算无黏数值通量，在光滑区域则采用 4 阶中心差分格式计算无黏数值通量，黏性项采用 2 阶或者 4 阶中心差分离散。

图 5-88a 所示为叶栅通道内的等马赫线分布，图 5-88b 所示为对马赫数进行小波奇异分析时得到的奇异点网格分布，从中可以看到新格式能很好地捕捉到斜切口（叶栅喉部以后的通道区域）处的激波。小波奇异分析也能够很好地捕捉到该激波

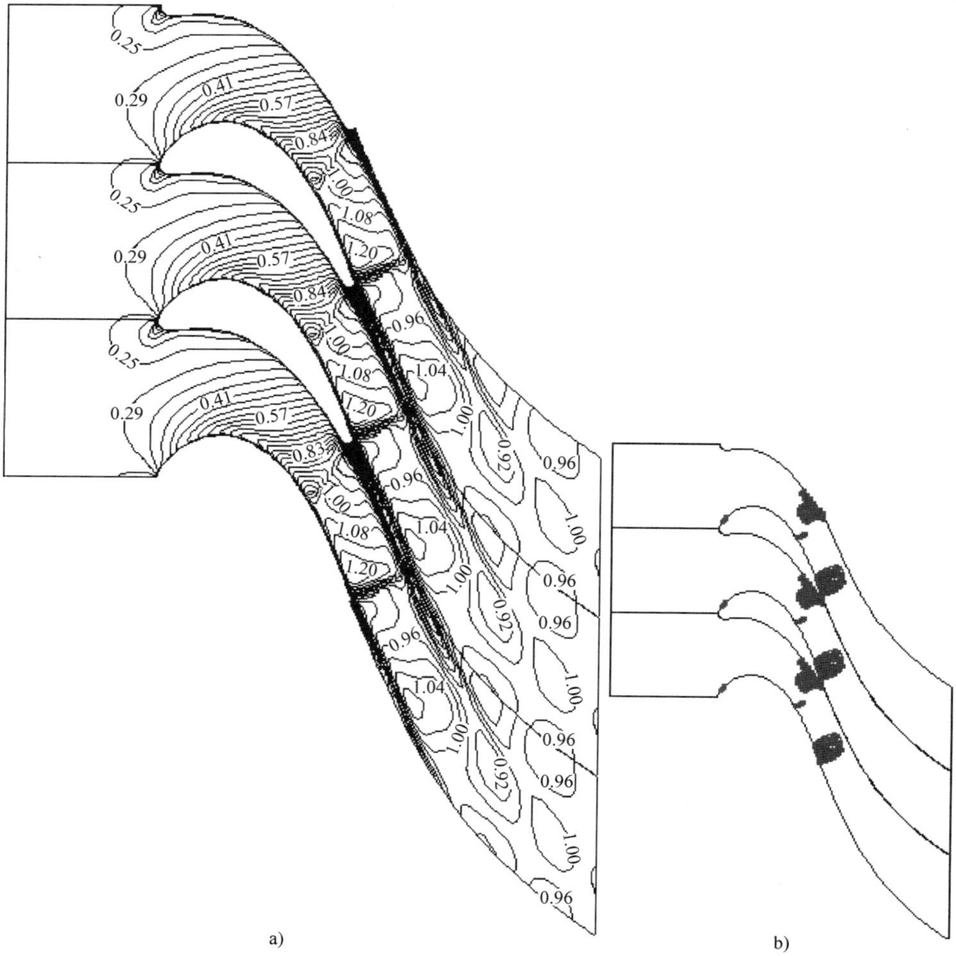

a)　　　　b)

图 5-88　二维跨声速 VKI－LS59 涡轮叶栅绕流算例计算结果（一）

a）等马赫线分布　b）奇异点所在网格分布

的位置，图 5-89a 所示为叶栅通道内的等熵线分布，图 5-89b 所示为等压强线分

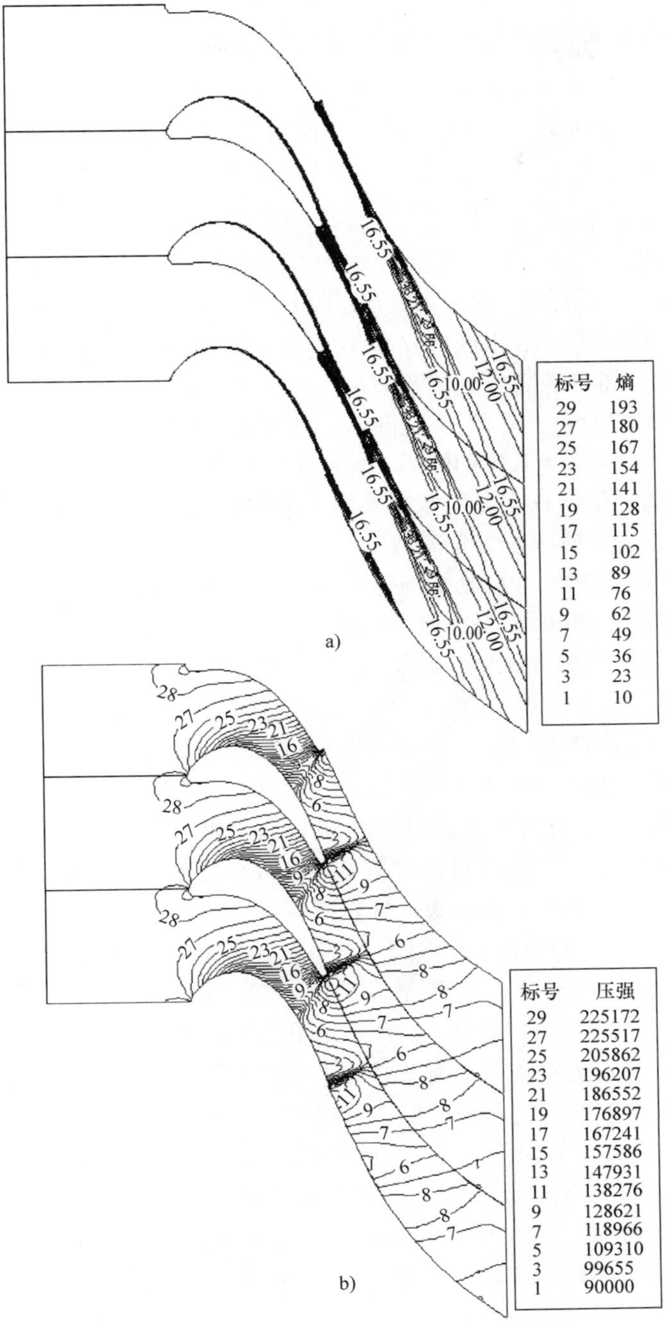

图 5-89　二维跨声速 VKI－LS59 涡轮叶栅绕流算例计算结果（二）

a）等熵线分布　b）等压强线分布

布。该算例在趋于收敛时奇异网格点数为471，压缩比为10.87。

5.8.11 NASA Rotor37 转子的三维流场计算

NASA Rotor37 是著名的跨声速轴流压气机算例之一，对于这个算例，许多国家的科学家与学者都计算过，如 J. D. Denton、C. Hah、W. N. Dawes、陈乃兴、黄伟光等（见参考文献［123，322］等）。参考文献［323，292］给出了它的叶型参数及相关试验数据，其主要气动设计参数：总压强比为2.106，总温度比为1.27，绝热效率为0.877，转子转速为17188.7r/min，叶尖速度为454.136m/s，径高比为0.7，展弦比为1.19，转子叶片数为36，设计流量为20.19kg/s，轴向进气。这里计算采用的进出口参数：进口总压强为101325Pa，进口总温度为288.2K，出口静压强为9×10^4Pa。

计算采用$160\times64\times48$的H型网格，计算过程中对马赫数进行小波多分辨奇异分析，截断阈值取$\varepsilon=1.0\times10^{-2}$；在方程离散中，奇异区域采用5阶WENO格式计算无黏数值通量，在光滑区域则采用4阶中心差分格式计算无黏数值通量，黏性项采用2阶或者4阶中心差分离散。

图5-90所示为30%叶高处S_1流面上的计算结果，图5-90a所示为相对马赫数等值线分布，图5-90b所示为对相对马赫数进行小波多分辨奇异分析得到的奇异点所在网格的分布，图5-90c所示为奇异点所在网格的三维轴测图。

图5-91所示为70%叶高处S_1流面上的计算结果，图5-91a所示为相对马赫数等值线分布，图5-91b所示为对相对马赫数进行小波多分辨奇异分析得到的奇异点所在网格的分布，图5-91c所示为奇异点所在网格的三维轴测图。

图5-92所示为压力面附近S_2流面上的计算结果，图5-92a所示为相对马赫数等值线分布，图5-92b所示为对相对马赫数进行小波多分辨奇异分析得到的奇异点所在网格的分布，图5-92c所示为奇异点所在网格的三维轴测图，紧靠叶片的第一层网格的y^+在2~29的范围内，图5-92中取的是靠近压力面的第5层网格（y^+的定义见参考文献［166］）。

图5-93所示为中心S_2流面上的计算结果，图5-93a所示为相对马赫数等值线分布，图5-93b所示为对相对马赫数进行小波多分辨奇异分析得到的奇异点所在网格的分布，图5-93c所示为奇异点所在网格的三维轴测图。

图5-94所示为吸力面附近S_2流面上的计算结果，图5-94a所示为相对马赫数等值线分布，图5-94b所示为对相对马赫数进行小波多分辨奇异分析得到的奇异点所在网格的分布，图5-94c所示为奇异点所在网格的三维轴测图，紧靠叶片的第一层网格的y^+在2~32的范围内，图5-94中取的是靠近吸力面的第5层网格。

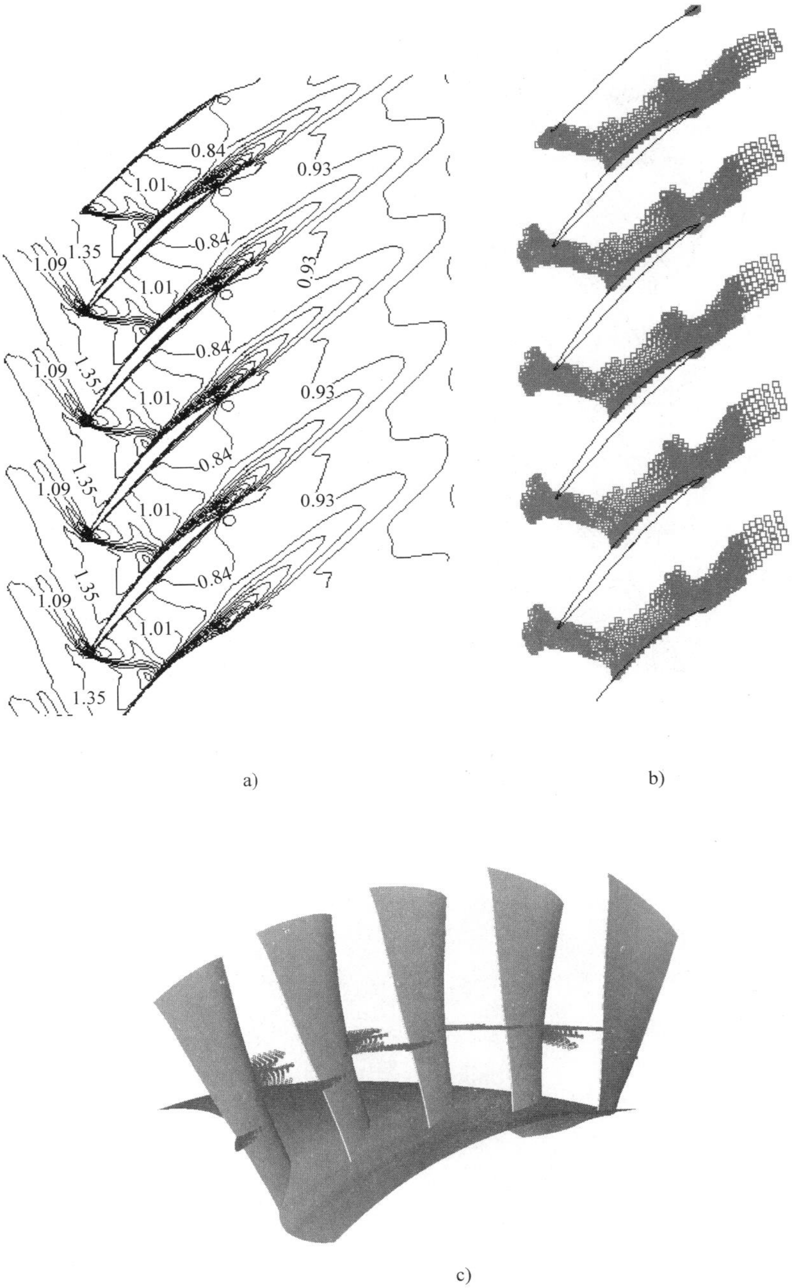

a)　　b)

c)

图 5-90　NASA Rotor37 跨声速轴流压气机转子算例 30% 叶高处 S_1 流面计算结果

a）相对马赫数等值线分布　b）奇异点所在网格分布　c）奇异点所在网格的三维轴测图

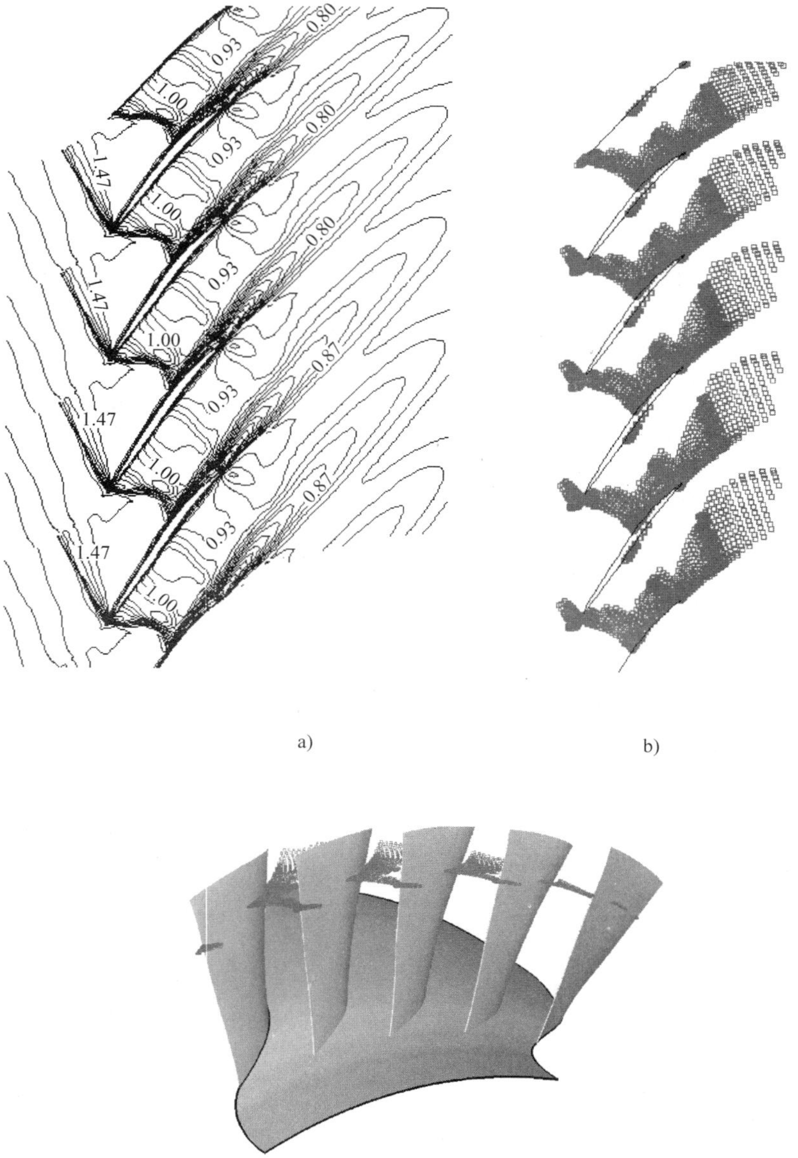

图 5-91　NASA Rotor37 跨声速轴流压气机转子算例 70% 叶高处 S_1 流面计算结果

a）相对马赫数等值线分布　b）奇异点所在网格分布　c）奇异点所在网格的三维轴测图

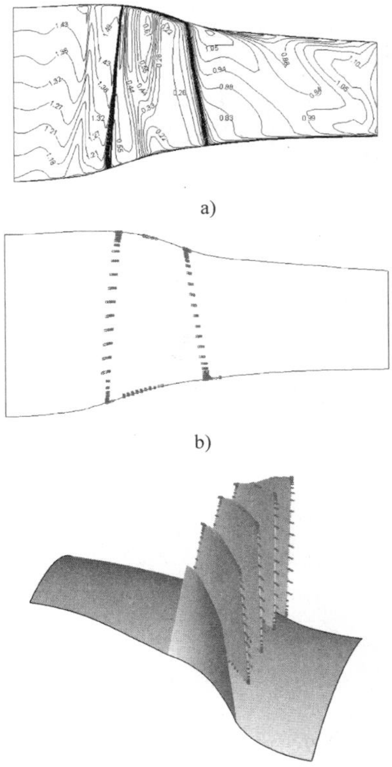

图 5-92　NASA Rotor37 跨声速轴流压气机转子算例压力面附近 S_2 流面计算结果

a）相对马赫数等值线分布　b）奇异点所在网格分布　c）奇异点所在网格的三维轴测图

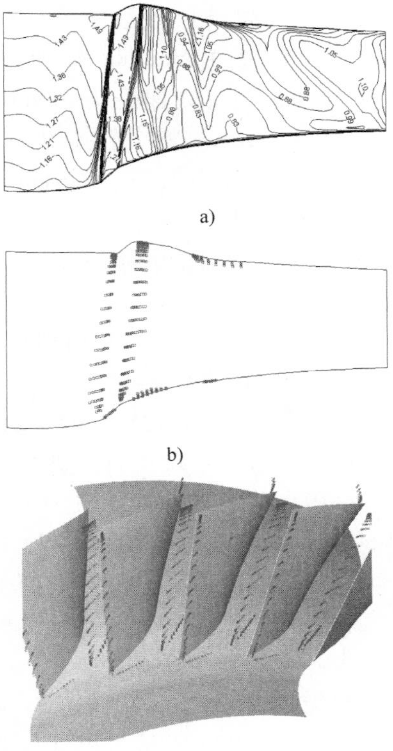

图 5-93　NASA Rotor37 跨声速轴流压气机转子算例中心 S_2 流面计算结果

a）相对马赫数等值线分布　b）奇异点所在网格分布　c）奇异点所在网格的三维轴测图

对于跨声速压气机的计算来讲，能够准确地捕捉到流场的激波的形状与分布是有效地进行气动设计的重要依据，由图 5-90 ~ 图 5-94 可以清楚地看到采用小波多分辨奇异分析方法有利于捕捉到这些复杂波系的位置。该算例在趋于计算收敛时所得到的奇异点所在网格数为 71945，这时的压缩比为 6.83，显然这对提高计算效率是非常有利的。

5.8.12　NASA Rotor67 风扇转子的三维流场计算

Rotor67 是 NASA 公布的又一个著名的跨声速轴流风扇算例。同样地对于这个算例，许多国家的科学家与学者都计算过，如 J. D. Denton、C. Hah、W. N. Dawes、J. R. Wood、R. V. Chima、陈乃兴、黄伟光以及 T. W. von Backstrom 等（见参考文献［123，324］等）。参考文献［325，292］给出了它的叶型参数及相关试验数据，其主要气动设计参数：设计压强比为1.63，设计流量为33.25kg/s，叶尖相对马赫数为1.38，相应线速度为429m/s，设计转速为16043r/min。整个转子共有22个叶片，叶片的展弦比为1.58，轴向进气。这里计算采用的进出口参数：进口总压强为101325Pa，进口总温度为288.2K，出口静压强为1×10^5Pa。

针对进口区、叶片区与出口区的特点，这里采用了HOH型网格，这3个区的网格数分别为16×64×64、256×64×24和40×64×64；计算过程中对马赫数进行小波多分辨奇异分析，截断阈值取$\varepsilon=1.0\times10^{-2}$，在方程的离散中，奇异区域采用5阶WENO格式计算无黏数值通量，光滑区域则采用4阶中心差分格式计算无黏数值通量，黏性项采用2阶或者4阶中心差分离散。

图5-95所示为70%叶高处S_1流面上的计算结果，图5-95a所示为相对马赫数等值线分布，图5-95b所示为根据试验值绘出的马赫数等值线分析，图5-95c所示为对相对马赫数进行小波多分辨奇异分析得到的奇异点所在网格的分布，图5-95d所示为奇异点所在网格的三维轴测图。

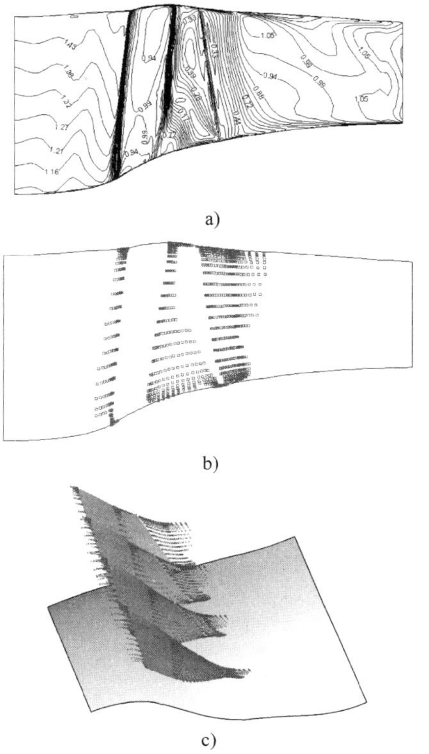

图5-94 NASA Rotor37跨声速轴流压气机转子算例吸力面附近S_2流面计算结果

a）相对马赫数等值线分布 b）奇异点所在网格分布 c）奇异点所在网格的三维轴测图

图5-96所示为吸力面附近S_2流面上的计算结果，图5-96a所示为相对马赫数等值线分布，图5-96b所示为对相对马赫数进行小波多分辨奇异分析得到的奇异点网格分布，图5-96c所示为奇异点所在网格分布的三维轴测图，紧靠叶片的第一层网格的y^+在2.5~25的范围内，图5-96中取的是靠近吸力面的第5层网格。

由图5-95和图5-96可以清楚地看到叶片通道中存在着复杂的激波结构与涡系分布，使用本节的方法能够有效地捕捉到这些流场信息。该算例在趋于计算收敛时奇异点所在网格数为72901，这时的压缩比为8.54，显然采用小波多分辨奇异分析方法对提高整个流场的计算效率是非常有利的。

这里对小波多分辨奇异分析技术做一个总结，主要有以下结论：

1）在我们AMME Lab已有的CFD源程序[267,272,319]的基础上，完成了二维与三维小波多分辨奇异分析数值新方法的源程序编写工作[292]，并使用该程序对前台阶问题、双马赫反射问题、二维Riemann初值问题、跨声速RAE2822翼型的二维

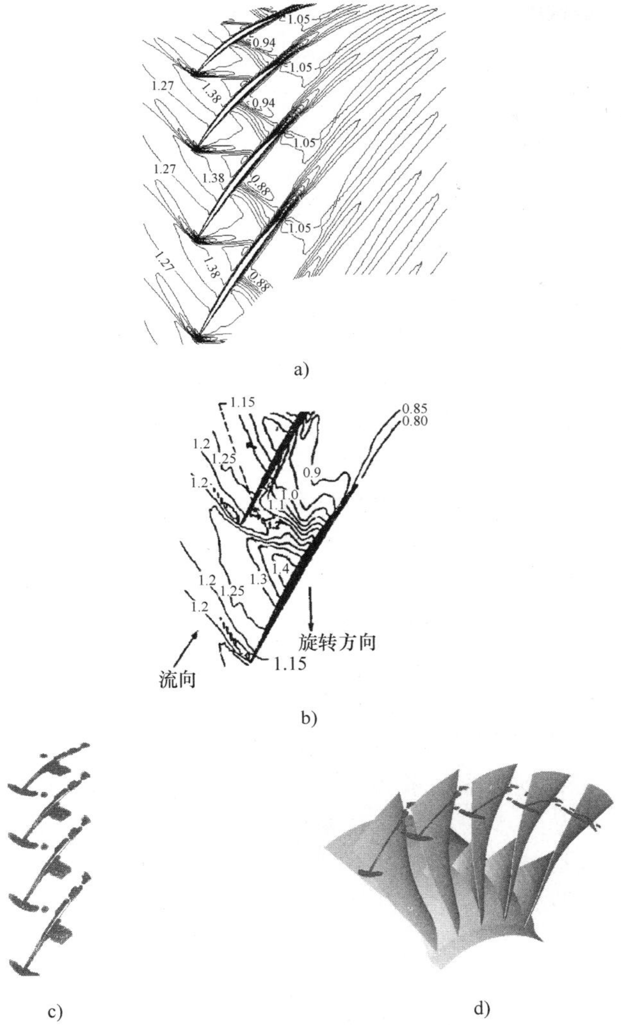

图 5-95　NASA Rotor67 跨声速轴流风扇
算例 70% 叶高处 S_1 流面计算结果

a）相对马赫数等值线分布　b）试验值　c）奇异点所在网格分布　d）奇异点所在网格的三维轴测图

绕流问题、VKI－LS59 涡轮二维叶栅的跨声速绕流问题、NASA Rotor37 与 NASA Rotor67 的三维黏性流场进行了计算，典型算例显示了所编程序的可行性与有效性。

2）典型算例的数值结果表明：小波多分辨奇异分析可以准确地捕捉到流场中的激波、滑移线以及稀疏波（稀疏波只在波头和波尾的局部区域判断为间断）；新方法能够有效地对各种内外流场进行数值计算，能捕捉到流场中的各种间断以及复杂的涡系结构，计算结果中并没有出现振荡现象。

3）参考文献［292］所给出的大量数值结果还表明小波多分辨奇异分析数值新方法既能保持 TVD、WENO 格式在间断上的高分辨率性质，又能较大程度的提高流场计算的效率，从完成的前台阶问题、双马赫反射问题以及二维 Riemann 初值问题上都说明这一点。另外，新格式的计算效率比传统的 TVD 格式或 WENO 格式有较大的提高（能够提高 3 ~5 倍），从这里所完成的 RAE2822 翼型绕流问题、VKI – LS59 涡轮叶栅的绕流问题、NASA Rotor37 与 NASA Rotor67 的三维黏性流场算例也可以说明这一点，当上述 4 个算例的流场在趋于计算收敛时，其相应的压缩比 μ 分别为 8.03、10.87、6.83 和 8.54，显然压缩比越高，对提高流场的计算效率越有利，因此它充分显示了小波多分辨奇异分析这种新算法的高效率。

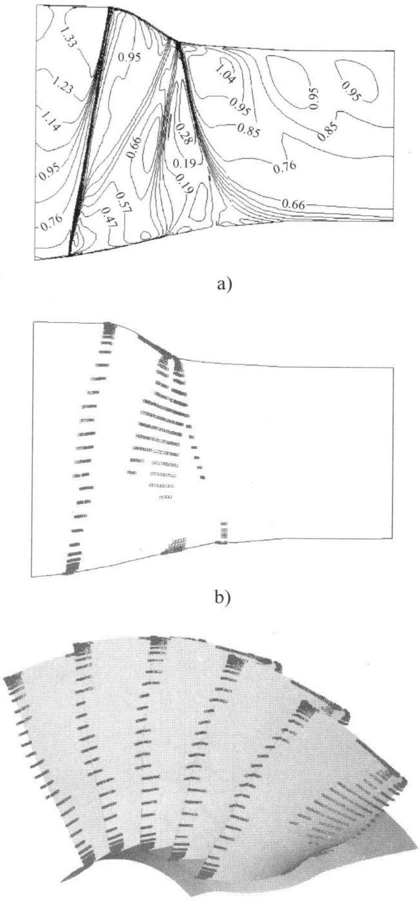

a)

b)

c)

图 5-96 NASA Rotor67 跨声速轴流风扇算例吸力面附近 S_2 流面计算结果

a）相对马赫数等值线分布 b）奇异点所在网格分布 c）奇异点所在网格的三维轴测图

4）借助于小波多分辨奇异分析技术，将流场的奇异点区域与光滑区域分开，因此便可以在流场的奇异点区域采用高精度的 WENO 格式，例如这里算例均采用了 5 阶的 WENO 格式进行计算，在流场的光滑区域采用高精度的中心差分格式，例如这里的算例均采用了 4 阶的中心差分格式，如果流场计算需要的话，还可以采用更高形式的强紧致格式以便更细致的刻划与分析流场的涡系结构。大量数值计算的经验表明提高格式精度可以放宽对网格雷诺数的限制，而且采用高精度格式，对于刻划与分析流场的细致涡系结构是非常必要的，它要比常规的二阶精度流场计算给出更多、更丰富、更细致、更准确的流场信息。在保证局部网格雷诺数应该满足的限制条件下，可以有效地降低网格划分的数量。高精度格式的上述这些特点，对高超声速飞行器复杂绕流问题中的气动力、气动热以及热防护分析、对叶轮机械中跨声速复杂流场的计算以及跨声速压气机转子叶尖间隙流动的分析都显得格外重要。

5）对于高超声速再入飞行问题的非定常流动[70,266,326]以及高性能、高负荷航空发动机内部跨声速或超声速三维复杂流场[170]，存在着激波与黏性边界层之间的相互作用，存在着十分复杂的激波结构以及可压缩湍流场中普遍存在的大小涡系结构，存在着多尺度复杂的流动问题。因此，对于这类流场的数值计算选取高精度格式以及低耗散高分辨率格式是必然的、恰当的。为了使这类流场的数值离散更合理、全场数值计算的效率更高，小波多分辨奇异分析技术必然要担当重要角色。换句话说，高精度格式、高分辨率格式、小波多分辨奇异分析技术三者总是密不可分的。

5.9　流动转捩问题以及 RANS 和 LCTM 的耦合求解

近 20 多年来，各航空航天强国都非常重视高推重比、低耗油率航空涡扇发动机和变循环发动机的研制，非常重视临近空间（near space）高超声速飞行器两类动力，即 TBCC（turbine based combined cycle）和 RBCC（rocket based combined cycle）的研制与完善工作。在先进的航空发动机内流和飞行器外流的流动问题中，其流场十分复杂，而且流动的失稳、转捩现象普遍存在着。随着高超声速飞行器和航空发动机性能越来越高，借助于流场的分析，完成气动问题的精细化设计已成为新一代飞行器设计和航空发动机设计的重要手段。能否准确地预测出复杂流场的涡旋结构和流场的特性是直接影响实现精细化设计的重要基础，而边界层的转捩及其对摩擦阻力、流动分离以及分离点位置等所产生的重大影响，已成为气动精细设计中一个极为重要的问题。特别是在中等雷诺数范围，这时层流区域和湍流区域具有相同的量级，使用全层流或全湍流的计算方法都会导致很大的计算误差，在这种情况下也就更加凸显了转捩计算的重要性。

在流动转捩问题的研究中，各国学者开展了大量的研究工作并提出了多个转捩模型，而德国 F. R. Menter 团队所提出与发展的 LCTM（local correlation - based transition model），在众多的转捩模型中表现得十分突出，它是一类非常优秀的转捩模型，并且可以十分方便地融入现代 CFD 的程序中。在该模型中，转捩动量厚度雷诺数$Re_{\theta t}$（简记为 R_t）的值在边界层外由当地自由流湍流度 T_u、流向压力梯度参数 λ_θ 等参数所构成的经验关联函数得到，在边界层内的值则通过 $\hat{R}e_{\theta t}$的输运方程获得。这里，$\hat{R}e_{\theta t}$是为区别于边界层外由经验关联函数得到的$Re_{\theta t}$而给出的符号，在下文将 $\hat{R}e_{\theta t}$简记为$\hat{R}_t$。另外，在转捩模拟中，还采用了间歇因子 γ 的输运方程。该方程右端的生成项 P_γ 是关于转捩区长度的调节函数 F_{length}（简记为 F_l）、启动 P_γ 的 F_{onset}函数、应变率的模 S 和间歇因子 γ 的函数。这里，F_l 与转捩起始位置的判断直接相关。

在 γ 输运方程中，该方程右端的破坏/再层流化（destruction/relaminarization）项 E_γ 是涡量的模 Ω、间歇因子 γ 以及 F_{turb}的函数。此外，在完成 $\gamma-\hat{R}_t$ 转捩计算中，还引入了涡量雷诺数Re_Ω，并注意到流动接近分离时Re_Ω 和动量厚度雷诺数Re_θ之间的密切关系式，这时可以用Re_Ω 代替Re_θ，于是Re_Ω 和$\hat{R}_t$ 便一起构成了“当地

转捩”的判据。总之，F. R. Menter 团队的工作十分出色，因此他们在 SST（shear - stress - transport）$k-\omega$ 湍流模式的基础上加入了上述 $\gamma-\hat{R}_t$ 转捩模型以及相关的经验关联公式的一系列做法便构成了 RANS 和 LCTM 耦合的总体框架，它代表了国际上当前转捩模型发展的主流方向。RANS 和 LCTM 耦合的基本运算步骤可归纳为：①利用前一个时间步的平均场以及间歇因子 γ 值，由 $\hat{R}_t$ 输运方程求得 $\hat{R}_t$；②由间歇因子 γ 输运方程（含 $\hat{R}_t$ 的影响）求解本时间步的 γ；③通过有效黏性系数 μ_{eff} 去影响平均场。毫无疑问，$\hat{R}_t$ 的输运方程是连接经验关联公式和间歇因子 γ 输运方程的纽带，这种处理方式可以避免了对于平均场的积分。RANS 和 LCTM 耦合求解的总体框架，反映了 Menter 团队的重要特色。

5.9.1 转捩机制的复杂性

在航空发动机内流和绕飞行器外部的流动中，转捩过程通常会受到来流湍流度、来流马赫数、压力梯度、压气机/涡轮叶片的几何翼型或飞行器外部形状等诸多因素的影响。例如在高空飞行时，来流湍流度较低（通常小于 0.1%），层流中的 TS（tollmien - schlichting）波或横流不稳定波的非线性指数增长将导致湍斑的出现，之后流动便会迅速发展为完全湍流状态，这种过程称为自然转捩或横流转捩；而在叶轮机械中来流湍流度较高（通常大于 1%），这时边界层的扰动不再服从指数规律，这类转捩称为旁路（bapass）转捩。另外，逆压梯度会导致层流边界层与壁面分离，从而引发分离流转捩；反之，顺压梯度还会导致湍流边界层的再层流化。总之，流动转捩的机制十分复杂，至今对它的物理机理缺乏深刻的了解，尚无能够统一描述不同类型转捩过程的物理模型。

5.9.2 预测转捩的两类研究方法

从工程实用的角度出发，目前流动转捩的预测方法大致可分为两类：一类是基于线性稳定性理论（linear stability theory，LST）的 e^N 方法；另一类是基于雷诺平均的湍流/转捩模型方法。基于稳定性理论的方法是通过对平均流场的分析，计算层流中扰动的发展。但由于典型的扰动方程抛物化法（parabolized stability equation，PSE）和线性稳定理论方法难与现代 CFD 程序相融合，直接数值模拟（DNS）和大涡模拟（LES）又受到计算机发展水平的限制，因此只能用于简单流场的模拟。从便于工程实用的角度来看，半经验的 e^N 方法还是最常用的转捩预测方法。另外，对于湍流/转捩模型的方法，由于该理论抓住了转捩过程的统计特性，计算周期短而且对计算条件的要求也较低，因此这类方法也是十分有效的。

在转捩过程中，流动在一段时间内是湍流的，而在另一段时间内是非湍流或层流的，这种在同一空间位置的湍流和层流交替变化的现象称为间歇现象。学界普遍认为，湍流模式理论是以雷诺平均方程及相关的雷诺应力输运方程为基础，依靠理论、物理认知和工程经验相结合，通过引入一系列合理的数学、物理模型和假设，建立起湍流平均量封闭方程组的理论体系，并且还将充分发展的湍流流动看作是转捩过程的延续。此外，学界还将间歇因子与湍流模式相耦合，发展间歇因子的输运方程已经成为学界同仁们的共识。

目前，国内外学术界对湍流/转捩模型的研究大致可归纳成三个方向：①低雷诺数湍流模型及其修正形式；②考虑间歇性的转捩模型；③基于当地变量的 $\gamma-Re_{\theta t}$转捩模型。为节省篇幅，以下仅讨论最后这个研究方向。

5.9.3　RANS 和 LCTM 耦合的总体框架

令上画“~”代表 Favre 平均量，上画“—”代表时间平均。另外，用 R_t 代表转捩动量厚度雷诺数；用 $\hat{R}_t$ 代表转捩动量厚度雷诺数的当地量；用 F_l 和 R_c 分别代表转捩区长度的调节函数和临界动量厚度雷诺数。在笛卡儿坐标系中，对于可压缩流，引入 Favre 平均并且注意对$\widetilde{u_i''u_j''}$、$\widetilde{u_i''T''}$、$\overline{u_i''\tau_{ij}'^{(l)}}$和$\widetilde{u_i''u_i''u_j''}$等未知关联项进行模化与封闭，最后可得到可压缩流的 RANS（reynolds averaged navier - stokes）方程组为

$$\frac{\partial\bar{\rho}}{\partial t}+\frac{\partial}{\partial x_i}(\bar{\rho}\,\tilde{u}_i)=0 \tag{5-525}$$

$$\frac{\partial}{\partial t}(\bar{\rho}\,\tilde{u}_i)+\frac{\partial}{\partial x_j}(\bar{\rho}\,\tilde{u}_i\,\tilde{u}_j)=-\frac{\partial}{\partial x_i}\bar{p}+\frac{\partial}{\partial x_i}\left[2(\mu_l+\mu_{\text{eff}})\left(\tilde{S}_{ij}-\frac{1}{3}\delta_{ij}\tilde{S}_{kk}\right)\right] \tag{5-526}$$

$$\frac{\partial}{\partial t}(\bar{\rho}\tilde{E})+\frac{\partial}{\partial x_j}[\bar{\rho}\tilde{u}_j(\tilde{E}+\bar{p}/\bar{\rho})]=\frac{\partial}{\partial x_j}\left[2\tilde{u}_i(\mu_l+\mu_{\text{eff}})\left(\tilde{S}_{ij}-\frac{1}{3}\delta_{ij}\tilde{S}_{kk}\right)+c_p\left(\frac{\mu_l}{Pr}+\frac{\mu_{\text{eff}}}{Pr_t}\right)\frac{\partial\tilde{T}}{\partial x_j}\right] \tag{5-527}$$

式中，$\tilde{S}_{ij}$为应变量张量 $\boldsymbol{S}$ 的分量；$\tilde{E}$ 为单位质量气体所具有的广义内能；μ_l 为分子黏性系数；μ_{eff}为有效黏性系数；Pr 为普朗特数。另外，如采用 Warren 和 Hassan 的假设，则μ_{eff}的表达式为

$$\mu_{\text{eff}}=(1-\gamma)\mu_{nt}+\gamma\mu_t \tag{5-528}$$

式中，μ_t 为湍流黏性系数；μ_{nt}表示不稳定扰动波对有效黏性系数的贡献；γ 为间歇因子。对μ_t 的模化可采用 SST（shear stress transport）湍流模型；而模化μ_{nt}时可假设它与湍流脉动是相似的，其具体表达式这里不再给出。湍动能 k 的输运方程为

$$\frac{\partial}{\partial t}(\bar{\rho}k)+\frac{\partial}{\partial x_j}(k\,\bar{\rho}\tilde{u}_j)=D_k-\varepsilon-\widetilde{u_i''u_j''}\frac{\partial\tilde{u}_i}{\partial x_j} \tag{5-529}$$

式中，D_k、ε 分别为 k 方程中的破坏（destruction）项和耗散项。另外，式(5-529)右端最后一项代表 k 方程的生成项即 P_k，它又可表达为

$$P_k=2\mu_{\text{eff}}\left(\tilde{S}_{ij}\tilde{S}_{ij}-\frac{1}{3}\tilde{S}_{kk}\tilde{S}_{mm}\right)+\frac{2}{3}\tilde{S}_{kk}\bar{\rho}k \tag{5-530}$$

而 k 方程的 D_k 可写为

$$D_k = \frac{\partial}{\partial x_j}\left[(\mu_l + \mu_{\text{eff}})\frac{\partial k}{\partial x_j}\right] \tag{5-531}$$

比耗散率 ω 的方程为

$$\frac{\partial}{\partial t}(\bar{\rho}\omega) + \frac{\partial}{\partial x_j}(\omega\bar{\rho}\tilde{u}_j) = \frac{\partial}{\partial x_j}\left[(\mu_l + \sigma_\omega\mu_{\text{eff}})\frac{\partial \omega}{\partial x_j}\right] + P_\omega - D_\omega + cd_\omega \tag{5-532}$$

式中，P_ω 为 ω 的生成项；符号 D_ω 和 d_ω 的含义可参阅参考文献［299］。
间歇因子 γ 的输运方程为

$$\frac{\partial}{\partial t}(\bar{\rho}\gamma) + \frac{\partial}{\partial x_j}(\gamma\bar{\rho}\tilde{u}_j) = \frac{\partial}{\partial x_j}\left[(\mu_l + \mu_{\text{eff}})\frac{\partial \gamma}{\partial x_j}\right] + P_\gamma - E_\gamma \tag{5-533}$$

式中，P_γ 为 γ 方程的生成项，这里，P_γ 和 E_γ 的表达式分别为

$$P_\gamma = P_{\gamma 1} + P_{\gamma 2} \tag{5-534}$$

$$E_\gamma = E_{\gamma 1} + E_{\gamma 2} \tag{5-535}$$

$$P_{\gamma 1} = F_l c_{a1}\bar{\rho}\tilde{S}\left[\gamma F_{\text{onset}}\right]^{0.5}(1 - c_{e1}\gamma) \tag{5-536}$$

在式（5-536）中，函数 F_{onset} 用于启动 γ 输运方程的生成项 P_γ，它与 R_c 密切相关。另外，$\hat{R}_t$ 如果代表当地转捩动量厚度雷诺数时，则 R_c 便为 $\hat{R}_t$ 的经验关联函数，它可以表示为

$$R_c = f_1(\hat{R}_t) \tag{5-537}$$

此外，F_l 如果代表转捩区长度的调节函数时，它是关于当地转捩动量厚度雷诺数 $\hat{R}_t$ 的经验关联函数，即

$$F_l = f_2(\hat{R}_t) \tag{5-538}$$

因篇幅所限，函数 $f_1(\hat{R}_t)$、$f_2(\hat{R}_t)$ 和 F_{onset} 的表达式这里就不再给出，感兴趣者可参考 2009 年 R. B. Langtry 和 F. R. Menter 在 AIAA 学报上发表的文章。

为了使读者能够从宏观上了解式（5-537）和式（5-538）这两个基于大量试验数据归纳整理的经验关系式，图 5-97 和图 5-98 所示为根据平板吹风试验整理出的拟合曲线。毫无疑问，离开大量的风洞吹风试验数据是无法归纳与整理出上述这样的经验关联关系的。

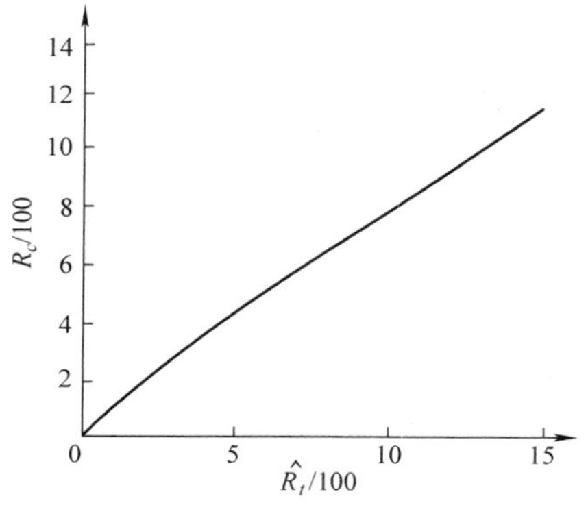

图 5-97　$R_c - \hat{R}_t$ 经验关联曲线

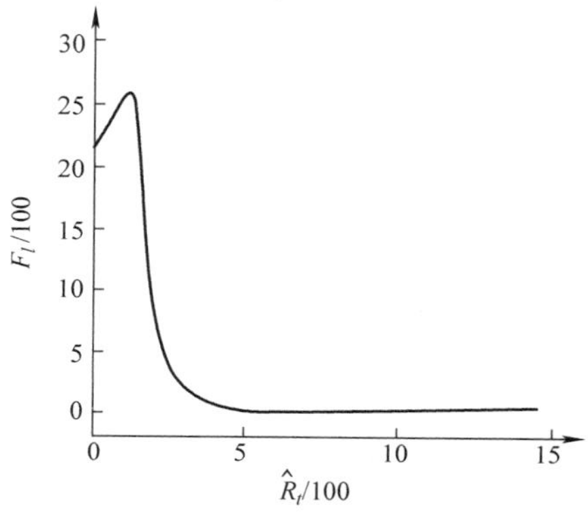

图 5-98　$F_l - \hat{R}_t$ 经验关联曲线

由边界层理论，转捩动量厚度雷诺数 R_t 是边界层外自由湍流度 T_u、流向压力梯度参数 λ_θ 等的函数。对于关联函数 R_t，Langtry 和 Menter 建议为

$$R_t=\left(1173.51-589.428T_u+\frac{0.2196}{T_u^2}\right)F(\lambda_\theta)\qquad T_u\leqslant 1.3 \tag{5-539}$$

$$R_t=331.50\,(T_u-0.5658)^{-0.671}F(\lambda_\theta)\qquad T_u>1.3 \tag{5-540}$$

式中，$F(\lambda_\theta)$代表了压力梯度的影响函数；R_t 是用当地的湍流度 T_u 和压力梯度参数 λ_θ 计算的，λ_θ 的定义式为

$$\lambda_\theta=\frac{\rho\theta^2}{\mu}\frac{\mathrm{d}U}{\mathrm{d}s} \tag{5-541}$$

式中，θ、s 和 U 分别代表动量厚度、流线的弧长和当地的速度。值得注意的是，使用式（5-539）和式（5-540）只能计算边界层之外的 R_t 值，边界层之内的$\hat{R}_t$ 要通过求解关于$\hat{R}_t$ 的输运方程得到。$\hat{R}_t$ 的输运方程为

$$\frac{\partial}{\partial t}(\bar{\rho}\,\hat{R}_t)+\frac{\partial}{\partial x_j}(\bar{\rho}\,\tilde{u}_j\,\hat{R}_t)=P_{\theta t}+\frac{\partial}{\partial x_j}\left[\sigma_{\theta t}(\mu_l+\mu_t)\frac{\partial}{\partial x_j}\hat{R}_t\right] \tag{5-542}$$

式中 $P_{\theta t}$的表达式为

$$P_{\theta t}=c_{\theta t}\frac{\rho}{t_1}(R_t-\hat{R}_t)(1-F_{\theta t}) \tag{5-543}$$

$$t_1=\frac{500\mu}{\rho U^2} \tag{5-544}$$

式中，U 是当地速度。同样，为节约篇幅，这里，$F_{\theta t}$的表达式也不再给出，感兴趣者可参阅 F. R. Menter 和 R. B. Langtry 的相关文章，如 ASME Paper 2004 – GT – 53452 和 2004 – GT – 53434 等。

应指出，$\hat{R}_t$ 是间歇因子 γ 的输运方程中实际使用的当地转捩动量厚度雷诺数，因此经验关联函数 F_l 和 R_c 都是关于$\hat{R}_t$ 的函数，即式（5-538）和式（5-537）。另外，转捩模型只是获得了间歇因子 γ，还需要与湍流模型联合才能够模拟转捩过程。以 SST 湍流模型为例，这里简要说明用间歇因子 γ 修正 k 方程中生成项、破坏项的有关细节。用 γ 修正 k 方程后，这时 k 方程变为

$$\frac{\partial}{\partial t}(\bar{\rho}k)+\frac{\partial}{\partial x_j}(k\bar{\rho}\,\tilde{u}_j)=\frac{\partial}{\partial x_j}\left[(\mu_l+\sigma_k\mu_t)\frac{\partial k}{\partial x_j}\right]+\hat{P}_k-\hat{D}_k \tag{5-545}$$

$$\hat{P}_k=\gamma_{\mathrm{eff}}P_k \tag{5-546}$$

$$\hat{D}_k=\min[1,\max(\gamma_{\mathrm{eff}},0.1)]D_k \tag{5-547}$$

$$\gamma_{\mathrm{eff}}=\max(\gamma,\gamma_{\mathrm{sep}}) \tag{5-548}$$

式中，P_K 与 D_K 是 SST 模型中原来的生成项与破坏项，符号 γ_{sep}表示与流动分离相关的间歇因子，因篇幅所限，γ_{sep}的表达式不再给出。

5.9.4　RANS 和 LCTM 的耦合求解

RANS 和 LCTM 耦合求解的总体框架是建立在 RANS 方程组、湍流模型（如

SST $k-\omega$ 湍流模型）和 $\gamma-\hat{R}_t$ 转捩模型相互耦合的基础上，其求解的基本框架如图 5-99 所示。从德国 F. R. Menter 团队和美国 Boeing 公司 R. B. Langtry 团队所给出的大量算例上看，对高性能叶轮机和先进的飞行器进行气动的精细设计时，采用 RANS 和 LCTM 耦合求解的总体框架是必要的。另外，由图 5-99 所给出的求解基本框架还可以看出在求解 γ 输运方程和 $\hat{R}_t$ 输运方程的过程中，基于大量试验的经验关联关系式（5-537）和式（5-538）起到了重要作用。正因如此，航空发动机部件的吹风试验是获得航空发动机部件先进气动设计的基础，风洞试验和航空发动机台架试车是进行航空发动机气动设计的必要环节和基础性设备，因此这些装置与设备的建设是应该大力加强、发展与完善的。

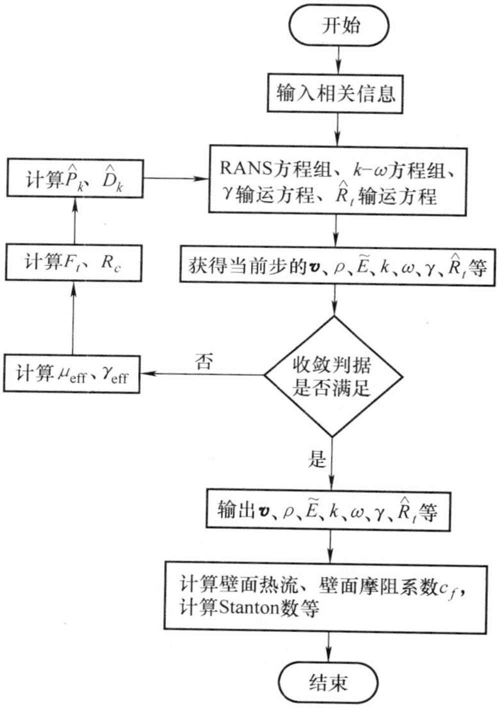

图 5-99　RANS 和 LCTM 耦合求解的基本框架

第3篇

发动机设计的现代优化理论及统筹优化方法

航空发动机是一个十分复杂的高技术系统，其设计涉及多个学科，而且所涉及的因素有确定性的，也有不确定性的。所谓确定性是指客观事物联系和发展过程中有规律的、必然的、清晰的、精确的属性。所谓不确定性是指客观事物联系和发展中无序的、或然的、模糊的、近似的属性。确定与不确定既有本质区别，又有内在联系，两者之间的关系是辩证统一的。另外，在多学科设计优化问题或数学规划问题中，若所有的系数都是确定的，则称其为确定性多学科设计优化或确定性规划问题。在不造成混淆与误解时，也常称为确定多学科设计优化或确定规划问题；若多学科设计优化问题或数学规划问题中的某些系数具有某种不确定性，则称其为不确定性多学科设计优化或不确定性规划问题。在不造成混淆与误解时，也常称为不确定多学科设计优化或不确定规划问题。

确定性 MDO（multidisciplinary design optimization，多学科设计优化）和不确定性多学科设计优化（uncertainty－based multidisciplinary design optimization，UMDO）分别是美国航空航天学会（AIAA）于 1991 年和美国国家航空航天局（NASA）于 2002 年发表的两个白皮书中阐述的两类重要设计方法。确定性 MDO 方法主要是通过充分利用各个学科之间的相互作用所产生的协同效应，以获得系统的整体最优解；UMDO 方法是在 MDO 方法的基础上进一步充分考虑不确定性的交叉传递影响，在追求整体性能最优的同时提高设计方案的稳健性（robust）和可靠性（reliability）。到目前为止，在两个白皮书发表仅短短的十几年间，这两类设计方法在主要航天和航空大国已用于高超声速乘波体和飞行器的设计，用于可重复使用的运载器、翼身融合飞行器、支架翼飞机、下一代太空望远镜（NGST）、X－33、X－43A、F－22 等各类飞行器的设计。

本篇共包含三章，分别从确定性优化理论、不确定性优化理论和正交试验设计三大方面进行研究。

第6章 确定性优化理论与算法

从计算数学的角度来看，确定性优化理论与算法是一个较成熟的重要数学分支。所谓确定性优化或确定性规划问题，是指优化或规划问题中的所有系数都是确定的；如果优化或规划问题中的某些系数具有某种不确定性，则称其为不确定性优化或不确定规划问题。对于不确定性优化问题，也常常简称为不确定优化问题。其实，人们对最优化问题的探讨和研究，早在17世纪Newton发明微积分时就已提出了极值问题，后来又出现Lagrange乘子法。1847年Cauchy研究了函数值沿什么方向下降最快的问题，提出了最速下降法。20世纪40年代以来，特别是电子计算机的日益发展与应用，使得最优化理论和算法迅速地发展起来。至今已出现线性规划、整数规划、非线性规划、几何规划、动态规划、随机规划、网络流等多个数学分支，最优化理论和算法在实际应用中所发挥的作用越来越大[327-329]。

非线性优化是计算数学与运筹学的交叉学科，它诞生于20世纪50年代，奠基性的工作是H. W. Kuhn和A. W. Tucker的最优性定理。由于它的基础性，从20世纪70年代起非线性优化就成为国际上数学规划中的主流和最受重视的分支学科之一。另外，由W. Fenchel与R. T. Rochafellar等人于20世纪60年代系统化的凸分析理论，为研究最优化问题的对偶性、最优性等基本性质提供了必不可少的数学工具。此外，在数值解法方面，20世纪六七十年代开发了拟牛顿法、序列二次规划方法等各种适用于求解现实问题的方法。伴随着N. Karmarkar于1984年提出的内点法及其各式各样的推广，以及针对半定规则和凸优化等问题的牛顿法研究的进展，实际上最优化理论的发展在20世纪90年代已经进入了一个崭新的阶段。

确定性多目标优化问题的研究，最早可追溯到18世纪。1772年Franklin提出了多目标如何进行协调的问题。1836年Cournot从经济学角度提出了多目标问题的模型，1896年Pareto首次从数学角度提出了多目标最优决策问题。后来，Arrow等人在1953年提出了有效点的概念，于是多目标优化（或多目标规划、或多目标决策）问题便逐渐受到人们的关注。现在，多目标优化、多目标规划和多目标决策问题已经成为现代数学理论、运筹学和管理科学的重要研究方向之一[330-338]。

6.1 经典的确定性多目标优化决策模型存在的问题

多目标优化问题有许多共同的特点，其中最显著的是目标之间的不可公度性和目标之间的矛盾性。所谓目标之间的不可公度性是指各个目标没有统一的度量标准，因而难以进行比较。目标之间的矛盾性是指如果采用某一方案去改进某一目标值，可能会使另一目标的值变好或变坏。由于多个目标之间的矛盾性和不可公度性，因此不能简单地把多个目标归并为单个目标，并使用单目标优化问题的方法去求解多目标优化问题。

通常，每个多目标优化决策问题，总会涉及下列 5 个基本要素：

1）优化决策变量（又称设计变量）：

$$\boldsymbol{x}=(x_1,x_2,\cdots,x_n)^{\mathrm{T}} \tag{6-1}$$

2）目标函数：

$$\boldsymbol{f}(\boldsymbol{x})=[f_1(\boldsymbol{x}),f_2(\boldsymbol{x}),\cdots,f_m(\boldsymbol{x})]^{\mathrm{T}},m\geqslant 2 \tag{6-2}$$

3）可行解集：

$$X\subseteq R^n,X=\{x\in R^n|_{g_i(x)\leqslant 0},i=1,2,\cdots,p;h_r(\boldsymbol{x})=0,r=1,2,\cdots,q\} \tag{6-3}$$

4）偏好关系。

5）解的定义。如何在已知的偏好关系下定义 $\boldsymbol{f}$ 在 X 上的最好解。

一般地，多目标优化决策问题可描述为

$$\min\boldsymbol{f}(\boldsymbol{x})=[f_1(\boldsymbol{x}),f_2(\boldsymbol{x}),\cdots,f_m(\boldsymbol{x})]^{\mathrm{T}} \tag{6-4}$$

$$\text{s. t.}\begin{cases}g_i(\boldsymbol{x})\leqslant 0 \quad (i=1,2,\cdots,p) & (6\text{-}5)\\ h_r(\boldsymbol{x})=0 \quad (r=1,2,\cdots,q) & (6\text{-}6)\end{cases}$$

其中，$\boldsymbol{x}$ 为 n 维优化决策矢量。与传统的单目标数学规划问题不同，在多目标优化问题（也称为多目标规划问题或者多目标决策问题）中，通常不存在能使得所有目标函数同时得到优化的最优解。也就是说，如果可行解 $\boldsymbol{x}$ 是某些目标函数的最优解，但 $\boldsymbol{x}$ 常常不会是其余目标函数的最优解。因此，绝对最优解在多目标优化问题中通常是不存在的，此时应引入有效解（或非劣解）的概念[339-344]。这里应指出的是，有效解集中有效解的数目非常多，因此这就导致了多目标决策中的一个本质问题，即如何根据决策者的主观价值判断对有效解进行好坏的比较，换句话说，决策者根据某种决策原则在有效解之间进行权衡，从而找出最终的满意解。但不同的决策者在有效解集中所选择的满意解一般也是不同的。如果决策者的偏好结构能用一个效用函数 $u[f_1(\boldsymbol{x}),\ f_2(\boldsymbol{x}),\ \cdots,\ f_m(\boldsymbol{x})]$ 表示时，那么便可选择一个有效解使得效用函数 $u(\cdot)$ 达到最大值，于是便可得到决策者的满意解。此时，原来的多目标优化问题就转化为单目标优化问题：

$$\max u[f_1(\boldsymbol{x}),f_2(\boldsymbol{x}),\cdots,f_m(\boldsymbol{x})] \tag{6-7}$$

$$\text{s. t. }\boldsymbol{x}\in X \tag{6-8}$$

如果决策者的偏好结构不明确知道，也就无法一次确定效用函数，则可以考虑让决策者多次给出其偏好的局部信息，然后进行多次迭代并找到最终方案，此类方法被称为交互式优化法。

在经典的确定性多目标优化决策模型式（6-4）~式（6-6）中，各种数据和信息都被假定为绝对精确，目标和约束也都假定有严格的定义并有良好的数学表示。然而，在现实工程问题中的目标函数、约束条件等是很难用数学公式表示清楚的，因此确定性多目标优化决策模型是不足以处理所有的实际工程问题。此时不确定性多目标优化决策模型会更普遍些，其中随机多目标优化决策和模糊多目标优化决策问题一直被学术界认为是最有前途的两个分支领域[345,346]，在本书的第 7 章将研究这两方面的内容。

6.2　系统优化与子系统优化之间的关系

MDO 是一项新兴的前沿技术，其中 MDO 系统分解技术、MDO 系统物理建模、MDO 策略、MDO 优化算法技术以及 MDO 计算大框架是 MDO 问题要研究的几个主要大领域。

无论是层次系统还是非层次系统，我们都希望对系统进行分解后还能保持原系统的性质。假设系统 S 由 I 个既相对独立又相互联系的子系统 $S_i=(i=1,2,\cdots,I)$ 组成，下面便针对这一个系统来讨论系统优化与子系统优化之间的关系。

6.2.1　子规划问题 SP_i 与局部最优

为了不失一般性，这里给出对第 i 个子系统单独进行优化设计的数学模型，即子规划 SP_i 问题

$$\mathrm{SP}_i:\mathrm{Find}\quad \boldsymbol{X}_i=(x_{i1},x_{i2},\cdots,x_{iNi})^{\mathrm{T}}\in R^{Ni} \tag{6-9}$$

$$\min\quad f_i(\boldsymbol{X}_i) \tag{6-10}$$

$$\mathrm{s.t.}\quad g_{ij}(\boldsymbol{X}_i)\leqslant 0\quad (j=1,2,\cdots,J_i) \tag{6-11}$$

此模型包括任意的设计变量以及任意的线性或非线性的目标函数和约束函数。

引入 Lagrange（格拉朗日）函数 $L_i(\boldsymbol{X}_i)$，即

$$L_i(\boldsymbol{X}_i)=f_i(\boldsymbol{X}_i)+\sum_{j=1}^{J_i}\lambda_{ij}g_{ij}(\boldsymbol{X}_i) \tag{6-12}$$

子规划在 $\boldsymbol{X}_i^*$ 点取极值的 Kuhn－Tucker 必要条件为

在 $\boldsymbol{X}_i^*$ 点应该有

$$\nabla L_i(\boldsymbol{X}_i)=\nabla f_i(\boldsymbol{X}_i)+\sum_{j=1}^{J_i}\lambda_{ij}\nabla g_{ij}(\boldsymbol{X}_i)=0 \tag{6-13}$$

$$\lambda_{ij}\geqslant 0\quad (j=1,2,\cdots,J_i) \tag{6-14}$$

$$\lambda_{ij}g_{ij}(\boldsymbol{X}_i)=0\quad (j=1,2,\cdots,J_i) \tag{6-15}$$

$$g_{ij}(\boldsymbol{X}_i)\leqslant 0\quad (j=1,2,\cdots,J_i) \tag{6-16}$$

如果子规划 SP_i 是凸规划，则 $\boldsymbol{X}_i^*$ 就是其最优解，并称其为系统优化中第 i 个子系统的局部最优解。因此，采用各种优化方法分别求出 I 个子系统的子规划 SP_i $(i=1,2,\cdots,I)$，便可以得到所有子系统的局部最优解 $\boldsymbol{X}_i^*$ $(i=1,2,\cdots,I)$。

6.2.2 总规划问题 TP 与全局最优

为描述整个系统的全局最优化设计，以下给出总规划问题 TP 的数学模型，即

$$\text{TP: Find} \quad \boldsymbol{X}=(x_1,x_2,\cdots,x_N)^{\mathrm{T}}\in R^N \tag{6-17}$$

$$\min \quad f(\boldsymbol{X}) \tag{6-18}$$

$$\text{s.t.} \quad g_i(\boldsymbol{X})\leqslant 0 \quad (j=1,2,\cdots,J) \tag{6-19}$$

引入 Lagrange 函数 $L(\boldsymbol{X})$，即

$$L(\boldsymbol{X}) = f(\boldsymbol{X}) + \sum_{j=1}^{J_i}\lambda_j \nabla g_j(\boldsymbol{X}) \tag{6-20}$$

总规划 TP 在 $\boldsymbol{X}^*$ 点取极值的 Kuhn – Tucker 必要条件为

$$\nabla L(\boldsymbol{X}) = \nabla f(\boldsymbol{X}) + \sum_{j=1}^{J_i}\lambda_j \nabla g_j(\boldsymbol{X}) = 0 \tag{6-21}$$

$$\lambda_j \geqslant 0 \quad (j=1,2,\cdots,J_i) \tag{6-22}$$

$$\lambda_j g_j(\boldsymbol{X}) = 0 \quad (j=1,2,\cdots,J_i) \tag{6-23}$$

$$g_j(\boldsymbol{X}) \leqslant 0 \quad (j=1,2,\cdots,J_i) \tag{6-24}$$

如果总规划 TP 为凸规划，则 $\boldsymbol{X}$ 便为 TP 的最优解，并称其为系统优化的全局最优解。

6.2.3 局部最优组合为全局最优的三个条件

局部最优组合为全局最优必须具备如下三个条件：

1）总规划 TP 的设计变量 $\boldsymbol{X}$ 应该由所有子规划 SP_i设计变量 $\boldsymbol{X}_i$（$i=1$，2，…，I）的全体组成，即

$$\boldsymbol{X}=(\boldsymbol{X}_1,\boldsymbol{X}_2,\cdots,\boldsymbol{X}_I)^{\mathrm{T}}=(x_1,x_2,\cdots,x_N)^{\mathrm{T}}\in R^N \tag{6-25}$$

其中

$$N = \sum_{i=1}^{I} N_i \tag{6-26}$$

这里，N_i 为子规划 SP_i 设计变量 $\boldsymbol{X}_i$ 的维数。

2）总规化 TP 的目标函数 f 对各子规划 SP_i 的目标函数 f_i 来讲，应是增函数，即

$$\frac{\partial f(\boldsymbol{X})}{\partial f_i} \geqslant 0 \tag{6-27}$$

式中

$$f(\boldsymbol{X}) = f[f_1(\boldsymbol{X}_1), f_2(\boldsymbol{X}_2), \cdots, f_I(\boldsymbol{X}_I)] \tag{6-28}$$

3）总规划 TP 的约束应是所有子规划 SP_i 约束的全体，即可将总规划 TP 的约束

$$g_j(\boldsymbol{X}) \leqslant 0 \quad (j=1,2,\cdots,J) \tag{6-29}$$

表示为

$$g_{ij}(\boldsymbol{X}_i) \leqslant 0 \quad (j=1,2,\cdots,J_i;i=1,2,\cdots,I) \tag{6-30}$$

这时，有

$$J = \sum_{i=1}^{I} J_i \tag{6-31}$$

6.2.4　一般系统完成子系统理想分解的困难

局部最优组合为全局最优应满足第 6.2.3 节的 3 个条件，也就是说要求各个子规划 SP_i 是完全独立的，要求它们之间没有任何的耦合关系。但实际上，一般系统的优化问题都比较复杂，而且各子系统之间往往存在着各种不同形式的耦合。因而，一般系统优化往往不能同时满足局部最优组合为全局最优组合的 3 个条件。

事实上，尽管局部最优组合为全局最优的第一条件在一般系统中可以得到满足，但是第 2 个条件和第 3 个条件对于一般系统优化来讲通常是得不到满足的。由于 3 个条件不能同时满足，换句话说就是不能通过求解各子规划 SP_i 来获得全局的最优解，因此也就必须直接去求解总规划的 TP 问题。而总规划的 TP 问题一般要比子规划 SP_i 的规模大得多、复杂得多，而且难以用一般传统的求解理论与方法进行集中的分析与综合优化计算，正是由于这个原因，近 20 年来人们才大力开展了对 MDO 理论与算法的研究工作。

6.3　设计空间中常用的四类搜索策略

在确定性和不确定性 MDO 问题中，设计空间的搜索策略是 MDO 研究的一个重要内容。在 MDO 问题中，由于计算复杂、信息交换复杂和结构层次复杂，因此直接应用传统的优化方法已不太合适，一般采取试验设计技术、近似方法等一起进行 MDO 问题的求解。在设计空间中，常用的有四类搜索策略：①经典的优化方法，其中包括间接最优化方法和直接最优化方法，它们应属于局部优化方法；②全局最优化方法，包括隧道函数法和填充函数法；③现代优化算法，包括一系列全局优化启发式算法和仿生智能优化方法。④混合优化策略和 MCO 方法，这是今后搜索算法的一个主要发展方向。

6.3.1　经典的间接最优化方法

当目标函数可微并且梯度可以通过某种方法求得时，利用梯度信息便可以建立更为有效的最优化方法，这类方法常称为间接最优化方法或者使用导数的最优化方法或者微分法。其中代表性的间接最优化方法例如最速下降法、牛顿法、共轭梯度法、拟牛顿法（又称变尺度法）、信赖域方法和序列二次规划（SQP）方法等。下面仅对信赖域方法和 SQP 方法进行简单讨论。

1. 信赖域方法

无约束优化问题的信赖方法最早由 Powell 于 1970 年提出，而后得到广泛研究。后来 Davidon 于 1980 年在二次模型的基础上提出了信赖域方法的锥模型[347]。信赖域方法虽不如线搜索那样成熟，但由于其强的收敛性和可靠性，使得信赖域方法的研究越来越受到重视。从本质上讲，信赖域方法和线搜索方法的区别在于线搜索方法是借助搜索方向将一个多元函数的极值问题转化为一单元函数的极值问题，而信赖域方法是在一值得“信赖”的区域内将复杂的目标函数用一个简单的二次函数近似进行。

信赖域方法是一种具有整体收敛性的算法，如果问题还满足 Hesse 矩阵为正定的条件，则还可以得到局部的二阶收敛特性，因此它的收敛速度是相当快的。它的主要缺点是计算和存储 Hesse 矩阵的工作量很大，并且有的目标函数的 Hesse 矩阵很难计算。

当目标函数具备类似二次型的形式时，采用信赖域方法是一个很好的选择。

2. 序列二次规划方法

序列二次规划（SQP）方法，最早由 Wilson（1963）提出，但直到 20 世纪 70 年代中期才引起重视并得到发展。其中，Han（韩世平，1976）和 Powell（1977）的工作最为重要。因此，有时称 SQP 方法为 Wilson - Han - Powell 方法。SQP 方法产生的迭代点未必是可行点，所以 SQP 方法属于“不可行”算法。从数值效果和稳定性方面讲，它是目前求解约束优化问题的一类最有效的方法[348,349]。

6.3.2 经典的直接最优化方法

当目标函数不可微，或者目标函数的梯度存在但难于计算时，可采用如下方法即仅需通过比较目标函数值的大小来移动迭代点，它只假定目标函数连续，因而应用范围广，可靠性好。这种方法，在学术界称作直接最优化方法。比较有代表性的直接最优化方法有：转轴（rotating coordinate）法、单纯形法（simplex method）和方向加速法等，下面仅对与单纯形法和方向加速法相关的两种方法进行简单的讨论。

1. 可变容差多面体法

可变容差多面体法属于单纯形类方法，它发展于 20 世纪 70 年代。这种方法无须利用函数的梯度性质，该方法的基本思想是允许优化变量在一定的误差内不满足约束条件，随着迭代过程的进行，这个误差越来越小，因而在计算中得到的近似可行点的序列逐渐收敛到原问题的极值点。该方法是一种直接方法，且其基础是单纯形方法，它只具备线性收敛特性，因此收敛速度较慢，只适合优化变量较少的情况，这是该方法存在的缺点。

2. 基于增广 Lagrange 乘子的 Powell 方法

基于增广 Lagrange 乘子的 Powell 方法（方向加速法）是将增广 Lagrange 乘子

的思想与求无约束极值的 Powell 方法相结合而产生的一种求约束极值的算法。由于这种算法以 Powell 方法为基础，因此该算法的计算效率高于其他的直接优化方法。

6.3.3　全局最优化方法

因为梯度型数值方法在迭代过程中过多地依赖约束函数和目标函数在已产生点的函数值信息和梯度信息，而这些信息只能反映函数值的局部变化情况，因此梯度型方法大多只能获得问题的局部最优解。如果要求全局最优解，则需要用多个初始点分别进行计算，然后在得到的多个局部最优解中取其最优者当作全局最优解。

近些年来，全局优化理论和方法有了一些进展，例如 Levy 和 Montalvo 的隧道函数法以及 Ge 的填充函数法已在全局最优化问题中取得了一些成功的结果，但相对于局部优化的数值算法，全局优化算法还不成熟[350-352]，因为人们至今还没有找到一个令人满意的全局最优解的有效算法和检验准则。

6.3.4　现代优化算法

现代优化计算方法，主要包括禁忌搜索（tabu search，TS）算法、模拟退火（simulated annealing，SA）算法、遗传算法（genetic algorithms，GA）、蚁群优化算法（ant colony optimization algorithm，ACO algorithms）和人工神经网络（artificial neural networks，ANN）算法等。这些算法属于全局优化启发式算法，它们借助于现代计算机作为工具，对复杂的组合最优化问题的求解具有普遍的适用性。上述这些算法都以人类、生物的行为方式或物质的运动形态为背景，经过数学抽象建立了算法模型。这些算法具有以下特性：

1）这些算法都属于随机搜索型方法，这里随机性是指这些方法在确定下一步搜索方向时都要使用随机数发生器。

2）在搜索最优解的过程中，这些算法不需要函数的导数信息，只依赖于对目标函数的重复求值运算。

3）应用广泛，尤其是 SA 算法和进化算法（evolutionary algorithms，EA）对设计空间没有太多的苛刻要求，设计变量可以是连续变量，也可以是离散变量，设计空间可以是非凸空间，也可以是不连续的空间。这里进化算法包括遗传算法、遗传规划（genetic programming，GP）、进化策略（evolution strategies，ES）和进化规划（evolutionary programming，EP）。它们都是模拟自然界进化的搜索过程而发展起来的一种随机搜索技术。进化算法擅长全局搜索，然而局部搜索能力不足。研究发现，进化算法可以用极快的速度达到最优解的 90% 左右，但要达到真正最优解则要花费很长的时间。

6.3.5 混合优化策略和 MCO 方法

无论是经典的优化方法，还是智能优化方法，都有其各自的优缺点和适用范围。注意全局性启发式算法与局部性搜索算法的结合（如传统优化算法与智能优化算法的结合），通用算法与问题特殊信息的结合已成为今后发展搜索算法的一个主要方向[353-357]。

现有的混合算法有两种方式：一种方式是以顺序优化的方式进行混合，也就是说，后一个优化方法利用前一个优化方法的最优值进行初始优化；另一种方式是将某一种优化方法加入到另一个优化方法的优化过程中进行混合，例如采用某些局部搜索方法与遗传算法的混合等。

另外，多种方法协作优化（multimethod collaborative optimization，MCO）方法也是目前 MDO 问题正在搜索的方向之一。数值计算实践表明，MCO 法在求解复杂优化问题的全局最优解时具有一定的优势[358,359]。

6.4 高维多目标优化的 PCA – NSGA Ⅱ 降维算法

2006 年在 IEEE 国际学术会议上，K. Deb 和 D. Saxena 提出将 PCA（principal component analysin）方法与 NSGA Ⅱ（nondominated sorting genetic algorithm Ⅱ）方法相融合的思想，发展了一种高效率的多目标化降维方法，即 PCA – NSGA Ⅱ算法。该算法的基本思想是：利用 PCA 方法对主要优化目标按照重要性及目标相关性进行分类，注意将负相关性最强并且最重要的两个设计指标作为设计目标，以保证首要目标达到严格的 Pareto 解，并将其他目标作为可变约束。于是，上述高维的多目标问题最终转化为双目标问题。在 PCA – NSGA Ⅱ算法中，主成分分析（PCA）起到了关键作用。为了确定最重要的目标，就必须分析相关矩阵的特征矢量（主成分），通过提取第一特征矢量的最正和最负的两个元素，可以辨别出最重要的两个矛盾目标，因此上述方法又可称为基于主成分分析的目标缩减方法。我们 AMME Lab 团队曾经用 PCA – NSGA Ⅱ算法完成过许多典型的多目标设计优化的算例，PCA – NSGA Ⅱ算法的基本框图如图 6-1 所示。数值实践表明：该算法大大节省了优化计算的时间，而且通过引入可变约束缩小了搜索空间，从而有效地提高了优化效率。毫无疑问，PCA – NSGA Ⅱ算法是高维多目标优化问题中值得推广的一种好算法。

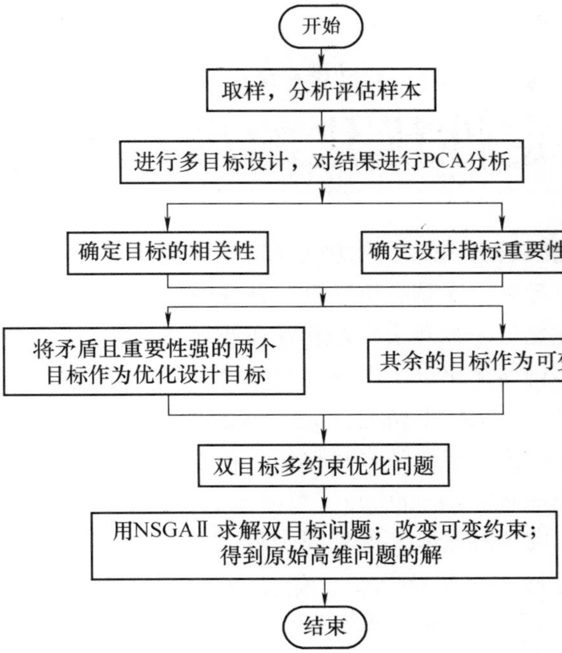

图 6-1　PCA－NSGA Ⅱ算法的基本框图

第7章 不确定性优化的理论与方法

传统的多目标优化问题多局限于确定性多目标优化与决策问题的研究，即不考虑随机性、模糊性、粗糙性、模糊随机性以及其他的多重不确定性。但实际情况告诉我们，不确定性是优化与决策问题中普遍存在的现象。随着人们对不确定性的认识逐渐深入，对随机多目标优化以及模糊多目标优化的研究也就逐渐开展。另外，在不造成混淆与误解时，也常将不确定性优化问题简称为不确定优化问题。本章共分四节分别对随机多目标优化和模糊多目标优化的相关问题作了扼要研究。此外，作为第6、7两章的总结，第7.4节还专门对确定多目标、数学规划模型、随机多目标数学规划模型和模糊多目标数学规划模型进行了较详细的对比分析。应该讲，内容十分精彩。

参考文献［360］指出，借助于随机规划和多目标规划的思想，可以把随机多目标规划（stochastic multiobjective programming，SMP）问题转化为如下两种方式：一种是转化为等价的确定多目标规划问题，然后再利用确定多目标规划方法加以求解，这种方法常称为多目标方法；另一种是转化为随机单目标规划问题，这种方法常称为随机方法。

7.1 Chebyshev 问题的单目标规划处理

考虑如下随机多目标规划（SMP）问题：

$$\min\{Z_1(\boldsymbol{x},\boldsymbol{w}) = \boldsymbol{c}^1(\boldsymbol{w})^{\mathrm{T}}\boldsymbol{x},\cdots,Z_r(\boldsymbol{x},\boldsymbol{w}) = \boldsymbol{c}^r(\boldsymbol{w})^{\mathrm{T}}\boldsymbol{x}\} \tag{7-1}$$

$$\text{s. t.}\quad \boldsymbol{x}\in D(\boldsymbol{w}) = \{\boldsymbol{x}\in R^n \mid \boldsymbol{A}(\boldsymbol{w})\boldsymbol{x}\leqslant \boldsymbol{b}(\boldsymbol{w}),\boldsymbol{x}\geqslant 0\} \tag{7-2}$$

其中$\boldsymbol{A}(\boldsymbol{w}) = [a_{ij}(\boldsymbol{w})]_{m\times n}$为定义在概率空间｛$\Omega$，$K$，$P$｝上的实随机矩阵。

$\boldsymbol{b}(\boldsymbol{w}) = [b_1(\boldsymbol{w}),b_2(\boldsymbol{w}),\cdots,b_m(\boldsymbol{w})]^{\mathrm{T}}$为实随机矢量。

$\boldsymbol{c}^r(\boldsymbol{w})^{\mathrm{T}} = [c_l^r(\boldsymbol{w})]_{n\times 1}$为$n$维列矢量；另外，在概率空间｛$\Omega$，$K$，$P$｝中，$\Omega$为$R^s(s = mn + m + rn)$中 Borel 集；$K$为$\Omega$中所有 Borel 子集的$\sigma$代数；$P$为概率。$\boldsymbol{x}$为$n$维列矢量，$\boldsymbol{w}$为随机矢量。对于不同的样本点$\boldsymbol{w}\in\Omega$，对应的目标函数族$\{Z_k(\times,\boldsymbol{w})$，$k=1$，2，$\cdots$，$r\}$是不同的。

对于给定的样本点$\boldsymbol{w}\in\Omega$，SMP 问题可以转化为确定多目标规划问题，即

$$\min\{Z_1(\boldsymbol{x}) = (\boldsymbol{c}^1)^{\mathrm{T}}\boldsymbol{x},\cdots,Z_r(\boldsymbol{x}) = (\boldsymbol{c}^r)^{\mathrm{T}}\boldsymbol{x}\} \tag{7-3}$$

$$\text{s. t.}\ \boldsymbol{x}\in D = \{\boldsymbol{x}\in R^n \mid \boldsymbol{A}\boldsymbol{x}\leqslant \boldsymbol{b},\boldsymbol{x}\geqslant 0\} \tag{7-4}$$

引入合成函数 $Z(x)=\max_{1\leqslant k\leqslant r}Z_k(\boldsymbol{x})$，式（7-3）与式（7-4）便可以转化为单目标规划问题：

$$\min_{\boldsymbol{x}\in D}\max_{1\leqslant k\leqslant r}Z_k(x) \tag{7-5}$$

7.2　随机多目标规划的期望值模型

这里考虑随机矢量 $\boldsymbol{w}$ 为连续随机矢量 $\boldsymbol{c}$ 时的SMP问题，即

$$\min_{\boldsymbol{x}\in D}\boldsymbol{Z}(x,\ \boldsymbol{c})=[Z_1(\boldsymbol{x},\boldsymbol{c}),Z_2(\boldsymbol{x},\boldsymbol{c}),\cdots,Z_k(\boldsymbol{x},\boldsymbol{c})] \tag{7-6}$$

其中可行域 $D\subseteq R^n$ 为确定凸集。用多目标方法获得SMP问题有效解的思路[361]是将式（7-6）中每个随机目标函数转化为与其等价的确定形式，获得与式（7-6）等价的确定多目标规划（确定 multiobjective programming，确定MP）问题，并且将确定多目标规划问题的有效解定义为原随机多目标规划问题的有效解。为了获得确定多目标规划问题的有效解，最重要的方法之一是加权法，也就是说需要考虑以下问题：

$$\min f(\boldsymbol{x},\boldsymbol{c})=\sum_{k=1}^{\hat{K}}\mu_k Z_k(\boldsymbol{x},\boldsymbol{c}) \tag{7-7}$$

其中 $\boldsymbol{\mu}=[\mu_1,\ \mu_2,\ \cdots,\ \mu_{\hat{K}}]^{\mathrm{T}}$ 是权系数矢量，$\mu_k>0$。

为了求解式（7-7），可以采取期望值标准、最小方差标准等将式（7-7）转化为确定的数学规划问题。例如，采用期望值标准时，便有如下确定规划问题：

$$\min_{\boldsymbol{x}\in D}\bar{f}(\boldsymbol{x})=\sum_{k=1}^{\hat{K}}\mu_k\,\overline{Z}_k(\boldsymbol{x}) \tag{7-8}$$

其中，$\bar{f}(\boldsymbol{x})$ 是 $f(\boldsymbol{x})=\sum_{k=1}^{\hat{K}}\mu_k Z_k(\boldsymbol{x},\boldsymbol{c})$ 的期望值，$\overline{Z}_k(\boldsymbol{x})$ 是 $\boldsymbol{Z}(\boldsymbol{x},\boldsymbol{c})$ 的数学期望。数学上可以证明[334]：如果 $Z_1(\boldsymbol{x}),Z_2(\boldsymbol{x}),\cdots,Z_{\hat{K}}(\boldsymbol{x})$ 为凸函数，D 为凸集，若 $\boldsymbol{x}^*$ 是式（7-9），即

$$\min_{\boldsymbol{x}\in D}\{Z_1(\boldsymbol{x}),\ Z_2(\boldsymbol{x}),\cdots,Z_{\hat{K}}(\boldsymbol{x})\} \tag{7-9}$$

的恰当有效解，则存在 $\mu_1,\ \mu_2,\ \cdots,\ \mu_{\hat{K}}$，使得 $\boldsymbol{x}^*$ 是式（7-10），即

$$\min_{x\in D}\sum_{k=1}^{\widetilde{K}}\mu_k Z_k(\boldsymbol{x}) \tag{7-10}$$

的最优解，这里，$\mu_k>0$ 并且 $k=1,\ 2,\ \cdots,\ \hat{k}$。另外，若 $\boldsymbol{x}^*$ 是式（7-10）的最优解，$\mu_k>0$，则 $\boldsymbol{x}^*$ 是式（7-9）的恰当有效解。

7.3　模糊多目标线性规划和非线性规划的模型与解法

一般的模糊多目标规划模型可写为

$$\widetilde{\min}\boldsymbol{f}(\boldsymbol{x},\widetilde{\boldsymbol{a}})=[f_1(\boldsymbol{x},\widetilde{\boldsymbol{a}}_1),f_2(\boldsymbol{x},\widetilde{\boldsymbol{a}}_2),\cdots,f_m(\boldsymbol{x},\widetilde{\boldsymbol{a}}_m)] \tag{7-11}$$

$$\text{s. t.}\begin{cases}g_i(\boldsymbol{x},\widetilde{\boldsymbol{b}}_i)\lesssim 0 & (i=1,2,\cdots,p)\\ h_r(\boldsymbol{x},\widetilde{\boldsymbol{c}}_r)\simeq 0 & (r=1,2,\cdots,q)\end{cases} \tag{7-12}$$

式中，$\boldsymbol{x}$ 为 n 维决策变量；$\widetilde{\boldsymbol{a}}_k(k=1, 2, \cdots, m)$、$\widetilde{\boldsymbol{b}}_i(i=1, 2, \cdots, p)$、$\widetilde{\boldsymbol{c}}_r(r=1, 2, \cdots, q)$均为模糊系数矢量。符号“$\lesssim$”表示模糊不等号，它表示“基本上小于或等于”。“$\simeq$”表示模糊符号，它表示“基本上等于”。“$\widetilde{\min}$”表示“尽可能使用目标函数小”。在上述模糊多目标规划模型式（7-11）和式（7-12）中，可以由下面三个方面与确定多目标规划问题加以区别：①带模糊目标函数，即给出的目标是含糊的，且通常带有理想水平值，并且目标函数的目的值允许有回旋余地；②带模糊约束，通常$\lesssim$、$\gtrsim$、$\simeq$表示系统的约束条件允许有一定的偏差和弹性；③带模糊系数，模糊系数可以出现在目标函数或出现在系统的约束条件中。对于决策者的模糊要求，通常需要决策者主观设定隶属函数$\mu_k[f_k(\boldsymbol{x})](k=1, 2, \cdots, m)$、$\mu_i[g_i(\boldsymbol{x})](i=1, 2, \cdots, p)$以及$\mu_r[h_r(\boldsymbol{x})](r=1, 2, \cdots, q)$。隶属函数可取为线性函数、分段线性函数、双曲函数和反双曲函数等形式。

这里应指出的是，模糊性可能是指人类的语言和行为的含糊性，或者数据的不确定性，以及由于知识有限或理解的不足使得信息不能够清楚的表达或描述。如果模糊性是由于主观知识或客观工具造成的，例如“加工时间大约6min”，这就是基于主观的模糊性，通常可以用隶属函数表示；如果模糊性是由于不完备的信息，例如“投资的利润大约为3元或2.5~3.1元”，则它就是一种基于可能性的模糊性，通常要用区间表示，用可能性分布进行刻画，它反映的是某事物或事件发生的可能性。

7.3.1 模糊多目标线性规划问题的一般模型与解法

模糊多目标线性规划问题的一般模型为

$$\widetilde{\max}\ \widetilde{c}_{k1}x_1(+)\widetilde{c}_{k2}x_2(+)\cdots(+)\widetilde{c}_{kn}x_n \quad (k=1, 2, \cdots, K) \tag{7-13}$$

$$\text{s. t.}\begin{cases}\widetilde{a}_{i1}x_1(+)\widetilde{a}_{i2}x_2(+)\cdots(+)\widetilde{a}_{in}x_n\lesssim\widetilde{B}_i & (i=1, 2, \cdots, m)\\ x_1, x_2, \cdots, x_n\geqslant 0\end{cases} \tag{7-14}$$

式中，$\widetilde{c}_{kj}$、$\widetilde{a}_{ij}$和$\widetilde{B}_i$均为模糊函数。式（7-13）中，符号“(+)”表示“两个模糊数相加”。对于式（7-13）与式（7-14）所描述的线性规划问题，包含以下几种特殊情况：

1）目标函数是确定的，即

$$\max Z_k(\boldsymbol{x})=c_{k1}x_1+c_{k2}x_2+\cdots+c_{kn}x_n \quad (k=1, 2, \cdots, K) \tag{7-15}$$

2）部分或全部约束是确定的，即

$$g_i(\boldsymbol{x}) = a_{i1}x_1 + a_{i2}x_2 + \cdots + a_{in}x_n \leqslant b_i \quad (i = 1, 2, \cdots, m) \tag{7-16}$$

3）部分或全部约束是软约束，即

$$g_i(\boldsymbol{x}) = a_{i1}x_1 + a_{i2}x_2 + \cdots + a_{in}x_n \underset{\sim}{\leqslant} \widetilde{B}_i(i = 1, 2, \cdots, m) \tag{7-17}$$

如果目标函数和约束条件中左边是不确定的，则式（7-13）与式（7-14）表示的是对目的实现和模糊约束的满意度的偏好。当目标函数和约束条件中的系数是模糊系数时，便可用可能性分布函数的形式表示数据的不完备或模糊性。

对于模糊多目标线性规划问题，参考文献［362－365］已对该规划问题提出了相关的几种解法，并进行了详细论证，感兴趣读者可参阅。

7.3.2　模糊多目标非线性规划的几种模型与解法

模糊多目标非线性规划问题，最先由 Orlovski 于 1984 年提出[366]。随后的几种主要解法基本上都是由 Sakawa 及其合作者提出的[367－373]，尤其是对带模糊目标的多目标非线性规划（MONLP）问题、带模糊系数的多目标非线性规划（α－MONLP）问题以及带模糊目标的模糊多目标非线性规划（GMONLP）问题等进行了十分详细的研究。因此，对上述这些模型的具体解法，这里不再赘述。

7.4　三大类多目标数学规划模型的对比与分析

从数学模型的角度，可以将数学模型分成三大类：第一类是确定型数学模型（简称确定数学模型），该类模型的背景对象具有确定性或固定性，研究对象之间具有必然的关系，例如参考文献［374－378］等所研究的优化方法就属于这一类；第二类是随机数学模型，这类模型的背景对象具有或然性和随机性，例如参考文献［379－383］所研究的对象就属于这一类；第三类是模糊数学模型，这类模型的背景对象及其关系均具有模糊性，例如参考文献［338，384－387］所研究的就属于这一类。基于上述分类并结合实际决策问题的背景，可将多目标规划问题分为三大类，即确定多目标规划、随机多目标规划和模糊多目标规划这三种类型。以下用三个小节分别对确定多目标规划、随机多目标规划、模糊多目标规划问题进行两两比较与分析。

7.4.1　确定性与随机性多目标规划模型

确定性多目标规划模型一般可以描述为

$$\min \boldsymbol{f}(\boldsymbol{x}) = [f_1(\boldsymbol{x}), f_2(\boldsymbol{x}), \cdots, f_m(\boldsymbol{x})] \tag{7-18}$$

$$\text{s. t.} \begin{cases} g_i(\boldsymbol{x}) \leqslant 0 & (i = 1,2,\cdots,p) \\ h_r(\boldsymbol{x}) = 0 & (r = 1,2,\cdots,q) \end{cases} \tag{7-19}$$

式中，$\boldsymbol{x}$ 为 n 维决策矢量；$g_i(\boldsymbol{x}) \leqslant 0$ 和 $h_r(\boldsymbol{x}) = 0$ 为约束条件；$f_k(\boldsymbol{x})(k = 1, 2, \cdots,$

m)为目标函数。与单目标数学规划不同，模型式（7-18）与式（7-19）通常无法找到绝对最优解。另外，对于确定性多目标规划式（7-18）与式（7-19）的解法也不同于单目标数学规划，多采用评价函数法[388,389]、目的规划法[390,391]、分层序列法[342,392]、交互规划法[334,393-395]以及隶属函数法[396-401]等几类。

在经典的多目标规划模型式（7-18）与式（7-19）中，通常都假设$f_k(\boldsymbol{x})$、$g_i(\boldsymbol{x})$和$h_f(\boldsymbol{x})$所涉及的所有数据都是精确的，有关决策信息也是充分和完全的。另外，目标和约束都假定有严格的定义和良好的数学表示。因而，理论上存在一个分明的解空间$\boldsymbol{X}$，找出满意解使系统的综合效用得到最大，这便是通常“最优”的含义。但是，这种精确的数据结构和严格的优化准则往往会使决策者无所适从。因为实际问题中的目标函数、约束条件等是很难用数学式表达清楚的，所以这种为了数学上处理方便而附加的种种严格限制与假设，往往与实际要决策的问题不相符。

实际上，随机现象是广泛存在的。在由对必然现象的处理扩大到对偶然现象的处理时，概率统计分析发挥了重要作用。在式（7-18）和式（7-19）中，如果目标函数$f_k(\boldsymbol{x})$或约束函数$g_i(\boldsymbol{x})$、$h_f(\boldsymbol{x})$中的数据或系数是随机的，这样目标函数和约束函数将会变为随机变量，即变为$f_k(\boldsymbol{x},\ \boldsymbol{w})$、$g_i(\boldsymbol{x},\ \boldsymbol{w})$、$h_r(\boldsymbol{x},\ \boldsymbol{w})$，与此同时，模型式（7-18）和式（7-19）将变为随机多目标规划模型，即

$$\min \boldsymbol{f}(\boldsymbol{x},\ \boldsymbol{w}) = [f_1(\boldsymbol{x},\boldsymbol{w}),f_2(\boldsymbol{x},\boldsymbol{w}),\cdots,f_m(\boldsymbol{x},\boldsymbol{w})] \tag{7-20}$$

$$\text{s. t.} \begin{cases} g_i(\boldsymbol{x},\boldsymbol{w}) \leqslant 0 & (i = 1,2,\cdots,p) \\ h_r(\boldsymbol{x},\boldsymbol{w}) = 0 & (r = 1,2,\cdots,q) \end{cases} \tag{7-21}$$

其中$\boldsymbol{w}$为定义在概率空间上的随机矢量。

对于模型式（7-20）与式（7-21）中出现的随机矢量$\boldsymbol{w}$，出于不同的管理目的和技术要求，所采用的方法也就自然不同。通常，第一类处理模型式（7-20）与式（7-21）中随机变量的方法是期望值模型，即在期望值约束下，使目标函数的概率期望值得到最优的模型。对于这种处理，在本书第7.2节已作讨论。第二种方法是由Charnes和Cooper提出的机会约束规划，主要针对约束条件中含有随机矢量，并且必须在观测到随机变量的实现之前做出决策的情况，参考文献［402-404］对这个问题作了详细讨论。第三类随机规划是相关机会规划模型，参考文献［405］做了详细讨论，感兴趣读者可参考。所有上述这三种处理方法的一个关键想法在于设法将含随机变量的目标函数以及含随机变量的约束条件分别进行转化，以得到适合一定管理目的和需要的确定性多目标规划问题。

7.4.2 确定性与模糊性多目标规划模型

确定性数学模型是建立在经典集合论——Cantor集合的基础上。在经典集合论中，元素与集合的关系是，要么元素属于要么不属于某个集合，两者必居其一。如果用特征函数来描述元素与集合之间的关系时，特征函数的取值或为0或为1，只

能描述非此即彼的清晰概念。在与经典集合论对应的二值推理逻辑中，一个命题或真或假，两者必居其一。这种非此即彼、非真即假的绝对思维方式虽然对近代数学的产生与发展起了很大作用，但也因此导致了由其自身逻辑引发的各种悖论[338]。

这里应说明的是，在由对确定性数学模型转变到对不确定性数学模型的研究时，最初人们仅考虑的是不确定事件的一种表现形式——随机性。但不确定事件还有另一种表现形式，即事件本身状态的不很分明，致使不同的人观察同一事件会有不同的感觉，得出不同的结论。

Zadeh 教授认为，人脑除识别“非此即彼”的清晰对象外，还要识别“亦此亦彼”的模糊现象。而且，人脑对事物的认识和推理并不是基于 {0，1} 二值逻辑，而是基于 [0，1] 区间内的连续值逻辑。于是，1965 年 Zadeh 教授首先提出了模糊集合的概念，并且用隶属函数去刻画元素对集合属于程度的连续过渡性，即元素从属于集合到不属于集合的渐变过程。将经典集合的二值逻辑 {0，1} 推广到 [0，1] 区间内的连续值逻辑[406]。从而，模糊集合论提供了对模糊现象进行定量描述和分析运算的方法。1970 年，Bellman 和 Zadeh 在确定性多目标规划的基础上，提出了模糊规划的基本模型[346]，即

$$\widetilde{\min}\boldsymbol{f}(\boldsymbol{x},\widetilde{\boldsymbol{a}})=[f_1(\boldsymbol{x},\widetilde{\boldsymbol{a}}_1),f_2(\boldsymbol{x},\widetilde{\boldsymbol{a}}_2),\cdots,f_m(\boldsymbol{x},\widetilde{\boldsymbol{a}}_m)] \tag{7-22}$$

$$\text{s. t.}\begin{cases}g_i(\boldsymbol{x},\widetilde{\boldsymbol{b}}_i)\underset{\sim}{\leqslant}0 & (i=1,2,\cdots,p)\\ h_r(\boldsymbol{x},\widetilde{\boldsymbol{c}}_r)\underset{\sim}{=}0 & (r=1,2,\cdots,q)\end{cases} \tag{7-23}$$

式中，$\boldsymbol{x}$ 为 n 维决策列矢量；$\widetilde{\boldsymbol{a}}_k(k=1,2,\cdots,m)$、$\widetilde{\boldsymbol{b}}_i(i=1,2,\cdots,p)$、$\widetilde{\boldsymbol{c}}_r(r=1,2,\cdots,q)$均为模糊系数矢量。当模型式（7-22）与式（7-23）中模糊系数的隶属函数退化为只取 0、1 两值时，模型式（7-22）与式（7-23）变为确定性多目标规划模型式（7-18）与式（7-19）。

对于模糊多目标规划问题，参考文献 [362－364] 中已给出不同的分类方法，在本书第 7.3 节中曾讨论了两类：一类是带模糊约束的模糊多目标规划模型，另一类是带模糊系数的模糊多目标规划模型。针对第一类模型已经有许多算法[365]，它们的共同特点都是借助于反映决策者主观偏好的隶属函数，将模糊目标和模糊约束分别进行转化，最后使问题回到确定性多目标规划问题的处理上。同样，对于第二类模型的处理，通过引入表示客观事件发生可能性的可能性分布函数，最终也是将问题回到对确定性多目标规划问题的处理上[366,399,373]。

7.4.3　随机性与模糊性多目标规划模型

随机多目标规划和模糊多目标规划，它们分别建立在统计数学和模糊数学的基础上。两者虽同属不确定数学，但它们之间存在以下三点区别：

1）所谓随机性是就事件的发生与否而言的，事件本身的含义是确定的，由于条件不充分，事件的发生与否有多种可能性，在 [0，1] 上取值的概率分布函数

就是描述这种随机性。所谓模糊性是就元素对集合的隶属函数关系而言的，事件本身的含义是不确定的，但事件的发生与否是确定的，因而元素（事件）对集合的隶属关系是不确定的，在［0，1］上取值的隶属函数就描述了这样的模糊性。

2）统计数学是放弃“因果决定论”的，它反映了“一因多果”的随机性。因此，随机性是由于因果律破缺所造成的一种不确定性。特别应指出的是，无论是统计数学，还是普通数学，它们所赖以生存的基石——集合论，是满足互补律的。模糊数学摆脱了“非此即彼”的确定性，反映了“亦此亦彼”的模糊性。因此，模糊性是因互补律破缺所造成的一种不确定性。

3）统计数学把数学的应用范围从必然现象扩大到偶然现象的领域，而模糊数学把数学的应用范围从清晰现象扩大到模糊现象的领域。

总之，从表现形式上看，随机性是一种外在因果的不确定性，而模糊性是一种内在结构的不确定性；从信息观点上看，随机性只涉及信息的量，而模糊性则涉及信息的含义。因此，模糊性是一种比随机性更深刻的不确定性。在现实生活中，模糊性的存在要比随机性的存在更为广泛，尤其是主观认识领域，模糊性的作用也要比随机性的作用重要得多。

数学上可以证明[407]：当随机变量的分布函数与模糊参数的隶属函数满足一定条件时，两个模型是等价的。

最后还要指出的是，在多目标规划问题中，由于不确定性可能同时包含模糊性和随机性。因此，为了更加符合实际情况，应该研究模糊随机多目标规划问题或者随机模糊多目标规划问题，例如参考文献［408－410］讨论了带模糊随机系数的线性规划问题；参考文献［411，412］讨论了一类带模糊系数的机会约束规划模型；参考文献［413］讨论了随机模糊相关机会规划；参考文献［414，415］讨论了模糊随机约束规划问题。

随机模糊变量这一概念的提出，使得不确定规划理论的研究范畴由随机规划、模糊规划、模糊随机规划拓展到随机模糊规划。所谓随机模糊规划是指在随机模糊环境下的优化理论，其中参考文献［416］给出随机模糊期望值模型是这类问题的一种特殊模型。

模糊随机变量是模糊随机现象的一种数学描述，它有多种定义方式，其中参考文献［417，418］分别在1978年和1979年就给出了模糊随机变量的定义。此后，参考文献［419，420］又给出了不同的可测性。简单地讲，模糊随机变量是从概率空间到模糊变量构成的集类的可测函数，其实质是一个取值为模糊变量的随机变量[421]。不同于模糊随机变量，随机模糊变量是从可能性空间到随机变量集合的函数[422,423]。正是由于随机模糊变量这一概念的提出，使得不确定规划理论的研究范畴由随机规划、模糊规划、模糊随机规划拓展到了随机模糊规划。

在现代航空航天系统工程，尤其是航空发动机系统工程中，所遇到的不确定性，主要涉及不定性、不固定性、不可靠性、不可预知性、随机性、意义含糊、易变性、不完全性、未知然而有界性、不规则性等[424 - 434]。因此，早在 20 世纪 90 年代初，国外已开始关注模糊数学和非概率集合理论，并且人们已开始借助于非概率集合理论（non - probabilistic set - theory）方法，例如凸模型（convex models）、区间分析（interval analysis）等方法去解决复杂工程结构中的不确定性问题。非概率集合理论是继概率论、模糊集合之后的又一个处理不确定性的数学工具，其主要特点如下：①与概率理论不同，它不需要知道不确定变量的概率分布密度，只需知道不确定变量所在的范围，不确定变量的分布范围要比不确定变量的概率分布密度更容易确定；②非概率集合理论可以给出结构响应所在的范围或鲁棒裕度。结构响应所在的范围要比概率分布密度更容易确定、更容易理解。因此，非概率集合理论可以看成是对概率型可靠性理论的一种补充、一种深化，它开辟了研究结构系统可靠性的新途径。

综上所述，不确定理论是概率论、可信性理论、信赖性理论、灰色理论（grey theory，它以灰朦胧集为基础）[435,436]、可拓理论（它以可拓集合为基础并处理非确定性的不相容问题）[437 - 439]以及非概率集合理论的统称，同时它还包括着凸集合、区间数学、非概率集合理论凸方法、灰色数学与灰色预测、可拓学与可拓决策、模糊随机理论、随机模糊理论、双重随机理论、双重模糊理论、双重粗糙理论、模糊粗糙理论、粗糙模糊理论、随机粗糙理论、粗糙随机理论等方面的内容。因此，不确定规划问题，紧紧贴近工程实际，其内容是十分丰富的。本小节仅是从众多素材中抽取部分核心内容，并且以最少篇幅扼要讨论。需要进一步了解这方面更详细内容的读者，可参阅参考文献［427，338，424 - 426］等。

第8章 统筹优化方法及统计试验设计方法

8.1 华罗庚的统筹优化方法及其重大影响

8.1.1 致力于我国管理科学化的首位数学家

华罗庚先生是世界著名的数学家，是我国解析数论、矩阵几何学、典型群、自守函数论、多复变函数论、偏微分方程、高维数值积分等领域的创始人和开拓者。对于华罗庚的工作，世界著名数学家、菲尔茨奖获得者丘成桐曾给予高度评价。丘先生认为，20世纪中国近代数学能超越西方或与之并驾齐驱的三位数学家及其贡献：一是陈省身在示性类方面的工作，一位是华罗庚在多复变函数方面的工作，一位是冯康在有限元计算方面的工作。华罗庚先生不仅在基础数学理论方面为人类做出了巨大贡献，而且在数学的应用，特别是在服务于工农业生产方面也为人类做出了重大贡献。在基础数学理论研究方面，他一生为我们留下了10部巨著：《堆垒素数轮》(1953)、《指数和的估价及其在数论中的应用》(1963)、《多复变函数论中的典型域的调和分析》(1957)、《数论引导》(1957)、《典型群》(与万哲先合著，1963)、《从单位圆谈起》(1962)、《数论在近似分析中的应用》(与王元合著，1978)、《二阶两个自变数两个未知函数的常系数线性偏微分方程组》(与吴兹潜、林伟合著，1979)、《优选法》(1981)以及《计划经济大范围最优化数学理论》(1987)，其中8部已经译为外文出版。他的《堆垒素数论》系统地总结、发展与改进了G. H. 哈代与J. E. 李特尔伍德的方法以及维诺格拉多夫三角和估计方法等，出版40余年来其主要结果仍居世界领先地位，该书先后被译为俄、匈、日、德、英文出版，成为20世纪经典数论著作之一。另外，华罗庚先生早在20世纪60年代，在中国科学技术大学数学系讲授高等数学时撰写的《高等数学引论》(共分四册)堪称高等数学的典范教材。这套教材夯实了一代人的数学基础，使他们受益终生。此外，1964年，华罗庚先生以国外的CPM(关键线路法)和PERT(计划评审)方法为核心进行提炼加工，去伪存真、通俗形象化，提出了中国式的统筹方法。20世纪70年代初，华罗庚提出了“在管理上搞统筹，在工艺上搞优化”的主张。那时国内普遍认为管理只凭经验，不是科学，华罗庚是第一个倡导并致力于我国管理科学化的数学家。

早在1958年，华罗庚就率领万哲先、越民义、王元、吴方等一批中国科学院数学研究所的科研人员走出院所，来到工农业生产单位去寻求线性规划的实际应用案例，取得了一批应用与理论成果。在推广统筹法的同时，华罗庚还注意到当时国际上刚出现的最优化方法。他认为 Wilde D J 在 1964 年出版的《Optimum Seeking Methods》（Prentice Hall，NJ，1964）书中提出的方法对合理安排试验、改进工艺参数很有用处，应用面会很广。这就是华罗庚先生后来提出并推广优选法、采用分数法和黄金分割法的缘由之一。从 1972 ~1985 年，华罗庚率领的统筹法和优选法（简称“双法”）推广小分队到过 28 个省市自治区，各地的工矿企业以推广优选法和统筹法入手，掀起了群众性的科学试验活动，取得了丰硕的成果。

事实上，华罗庚先生很早就关注多目标优化问题，早在 1974 年《科学通报》上便发表了有关多目标优化的重要文章[440]。另外，他一直关注数学建模与优化问题，并用于大范围经济问题的预测研究。关于华罗庚先生在优选法和统筹法方面的研究，读者可参阅参考文献［441 – 448］。

8.1.2　推动了正交试验方法的新发展

优选法和试验设计，一直是学术界不断研究的课题。在优选法中，如何安排试验与进行调试最有效，1952 年美国学者 J. Kiefer 解决了这个问题。他成功地证明了 Fibonacci 法是采用分割方法寻求一维极小化问题的最优策略，当 $K\to\infty$ 时 Fibonacci 序列中前后两个数之比 $F_K/F_{K+1}\to 0.618$；而且还进一步证明了 Fibonacci 法的缩减速度要比 0.618 法快，但由于 0.618 法十分简单易行，因而获得广泛应用。另外，在试验设计方面，Fisher R A 是现代统计科学的奠基人之一，早在 20 世纪 30 年代，他就在试验设计和统计分析方面做出了一系列工作[449]。20 世纪 40 年代，由于军事上的需要，美国军方大量开展试验设计方法的研究与实践。20 世纪 50 年代，日本著名统计学家田口玄一将试验设计中应用最广的正交设计方法表格化，并且于 1951 年出版了第一本介绍正交表的书。此外，1957—1958 年间，田口玄一出版了《试验设计》（共两册）。20 世纪 60 年代末期，华罗庚先生将 Kiefer 的方法通俗化，并命名为“优选法”，在我国进行了普及与推广，因此使得优选法，如黄金分割法、Fibonacci 法等，在国民经济以及军事部门获得了极其广泛的应用，并且取得了丰富的成果。1978 年，当时七机部由于导弹设计要求，提出了一个五因素的试验，希望每个因素的水平数要多于 10，而且要求试验总次数不超过 50，显然当时的优选方法和正交设计表都不能直接采用。在这种情况下，就必须改进当时的优选方法并且重新构造正交表。后来方开泰和王元经过几个月的共同研究，应用数论方法，舍弃正交设计的“整齐可比性”，终于提出了只考虑试验点在试验范围内的均匀散布的导弹试验设计方法，即所谓均匀设计，很好地解决了当时七机部提出的导弹设计问题。

均匀设计方法（uniform design）[450,451]，于 1978 年提出，该方法应属于数论方法中“伪蒙特卡罗方法”的一个应用，它比其他试验设计方法（如正交设计试验法、单纯形试验法）所需的试验次数更少。例如安排一个3因素6水平的试验，如选用正交表则至少要做36次试验，而采用均匀设计试验法选用均匀设计表仅需要6次。因此，均匀设计方法是继正交设计方法之后更新的发展，是华罗庚先生倡导与普及优选法之后取得的又一个新成果。

8.1.3 推广“双法”的重大意义

华罗庚先生在20世纪60年代中期至80年代时，在全国推广运筹法和优选法（简称“双法”）[445,447]，所起的作用绝对不是仅仅使广大科技工作者了解了0.618方法和统筹法，更重要的是带动了全国去重视管理、重视工艺设计、重视科学决策、重视优化理论研究、重视祖国的国民经济建设和国防建设工作。20世纪70年代中期，华罗庚曾率领他的“双法”小分队到全国各地工矿企业推广优选法和统筹法，他总结出36个字，即“大统筹，广优选，联运输，精统计，抓质量，理数据，建系统，策发展，利工具，巧计算，重实践，明真理”。前30个字指明了10个大方向，后6个字给出了评价标准。现在看来，华罗庚先生指明的10大方向如今都已经发展壮大成为分支学科；他推广的“双法”如今已成为1991年美国航空航天学会（AIAA）和2002年美国国家航空航天局（NASA）所发布的关于优化方面两个白皮书的重要内容。

另外，对于华罗庚先生推广“双法”的重大意义，我们还想从引发中国科学院自身体制建设的侧面给出三个方面的分析：

1）由于“双法”的推广，1981年3月31日“中国优选法统筹法与经济数学研究会”成立，华罗庚先生首任理事长。这个学会的成立，对我国运筹学的研究、优化理论尤其是多目标线性决策理论、多目标非线性决策理论以及不确定规划理论的研究产生了巨大的推动力。另外，对于我国的工业工程、经济数学、计量经济学的健康发展也给予了保障。如今，在我国的经管类学院，运筹学已成为必修的学位课；在我国许多大学的数学系，多目标优化和不确定性规划问题已成为重要的研究方向。

2）由于“双法”的推广，促使了中科院数学研究所的发展与壮大、也促使了中国科学院的体制建设，使更多的科学家们认识到：科研首先应为祖国的国民经济建设服务、为祖国的国防建设服务。中国科学院数学研究所成立于1952年，华罗庚先生为首任所长（1952—1982），其中1961年在钱学森、华罗庚、许国志的倡导下建立运筹室；1962年，由于国家任务的需要，由关肇直先生、宋健组建控制理论研究室。1979年年底，中国科学院决定从数学所分出成立系统科学研究所，由关肇直先生首任所长，从事控制理论、运筹理论、统计学、系统工程以及相关数学边缘学科的研究。关肇直先生是我国著名数学家、系统与控制学家，他是我国现代控制理论的开拓者与传播人，1979年他参与了系统科学研究所的创建工作，他在人造卫星测轨、导弹制导、潜艇控制等一系列项目中为国家做出了重要贡献。另外，1979 年在钱学森、关肇直等 21 位学者的倡议下成立了中国系统工程学会，关肇直先生首任理事长，它标志着中国系统工程科学的研究上了一个新台阶。事实上，钱学森先生从“两弹一星”工程项目退下来后所进行的系统学、系统工程、系统科学、综合集成方法（meta – synthesis methodology）、开放复杂的巨系统研究都属于系统工程学会应该研究的学术前沿。此外，1979 年中国科学院还成立了应用数学研究所，华罗庚任所长，秦元勋任副所长。秦先生曾兼任中国核工业部九院理论部副主任（当时邓稼先任主任），为我国第一颗原子弹和氢弹的威力计算工作做出了贡献，他开辟了计算物理学这一新的分支学科。1982 年，我国成立了“计算物理学会”，秦元勋先生首任该学会的理事长；1984 年又创办了《计算物理》杂志，秦元勋先生任主编。总之，在华罗庚“双法”的推动下，中国科学院已成为服务于祖国国民经济建设和国防建设的主战场，这种办所建院的主导思想也体现在后来“四所合一院”的体制改革上。1998 年 12 月中国科学院数学所、系统科学所、应用数学所以及计算数学与科学工程计算所四所整合成立中国科学院数学与系统科学研究院，它是一个综合性的国家学术研究机构，覆盖了数学与系统科学的主要研究方向。此外，中国数学会、中国运筹学会、中国系统工程学会三个全国一级学会挂靠在该研究院。

3）1985 年 6 月，经中国科学院批准，中国科学院应用数学所优选法与管理科学研究室等组建中国科学院科技政策与管理科学研究所。该所成立 30 多年来，为国家的发展战略、公共管理和科技管理做了大量的工作。2016 年 10 月 28 日，经中央机构编制委员会办公室批准，中国科学院科技政策与管理科学研究所更名为中国科学院科技战略咨询研究院，它标志着该研究院已划入国家高水平科技智库的重要载体和综合集成平台。国家的发展战略、公共管理和科技管理的决策与评价，需要涉及运筹学、系统科学、思维科学、经济科学。它属于复杂巨系统的多目标优化与决策问题，需要钱学森倡导的系统学的思想和华罗庚先生倡导的运筹学与优化理论的结合，需要大数据的分析和综合集成系统的建模与分析，需要来自不同专业背景和学科领域的专家们共同参与、协同决策[18]。

随着工程与技术的复杂化、大型化与精密化、经济计划与管理的科学化与综合化，使得一个环节决策的好坏，对经济效果有重大的影响。因此，要求寻求最优的设计与决策，以获得最好的经济或技术效果，这就促使最优化技术的迅速发展。为了说明政策的制定的确需要从事多目标优化的数学工作者参与这一事实，这里给出 20 世纪 80 年代国外农业政策制定的典型例子。农业活动在人类的生活中总是起着关键作用，尤其是美国、加拿大和澳大利亚这些先进的农业大国。但是，由于在农产品市场上需求和供给的不确定性，这些国家在制定有效的农业政策时面临重大挑战。以美国的农业为例，看一下制定农业政策的复杂性，下面给出该问题所呈现的以下四个特征：

1）问题涉及多重目标。这些目标包括预算、生产水平、农场收入、消费价格、通货膨胀率、自然资源环境的质量等。一些目标是相互矛盾的，而另一些目标是互补的。

2）有多个决策者参与决策。一般地在美国主要有三个利益群：①联邦政府的官员和议会成员的政策制定者；②农民；③国内和国际消费者。当一个群体不能绝对支配另一个群体时，政策制定的过程包括一个复杂的商谈。

3）该问题可以被考虑为一个二级决策过程。第一级决策来自于代表农业部门的农民。他们的决策可影响第二级的政府政策制定者的决策。政府政策制定者给农民政策或规章，当然会影响农民的农业活动。

4）未来的农业市场是不确定的。不是在确定的或已给的经济情形的农业市场下去寻找一个最优政策，问题应简明地陈述确定出可处理不同经济情形的最优政策集，换句话说，所寻求的数学表达式应该具有处理可变的未来农业市场的预测能力。

参考文献［452］首先提出了对竞争市场均衡问题的线性规划方法，从那之后许多研究者开始着手研究能明确地表述和解决市场均衡问题的线性以及非线性的模型[453－455]。参考文献［456，457］发展了一个多目标的二级数学规划模型，其特点是它使用了一个有关目标的平衡分析显示一些可能的选择性的农业政策。为了处理计算的复杂性，参考文献［458］提出了一个试探性的方法估计最优农业政策。他们在这个方法的较低级水平中，使用了试验设计方法去估计政策手段和已给行为变量的预定系统的目标变量间的函数关系并且用较低级水平产生的数据去建立一个较高级的多个线性规划模型，去找寻政策手段表示的非劣的农业政策。参考文献［457］给出的二级农业政策制定的基本框架，这里先给出如下两级水平：

① 较低级水平。生产者（$\boldsymbol{x}_1$）的一个预先给定的关系系统，采用参考文献［458］的因素设计决定多目标（$\boldsymbol{x}_0$）和政策制定者（$\boldsymbol{x}_2$）间的线性关系，有

$$\left.\begin{aligned} x_{01} &= a_{11}x_{21} + \cdots + a_{1n}x_{2n} + c_1e_1 \\ x_{02} &= a_{21}x_{21} + \cdots + a_{2n}x_{2n} + c_2e_2 \\ &\cdots \\ x_{0q} &= a_{q1}x_{21} + \cdots + a_{qn}x_{2n} + c_qe_q \end{aligned}\right\} \tag{8-1}$$

这里，a_{ij}是计量x_{2j}的单位变化对效果变量x_{0i}的影响系数；c_i是e_i的系数；e_i是第i个目标的方差；x_{2j}是第j个政策手段。另外，这里$i=1, 2, \cdots, q$；$j=1, 2, \cdots, n$。

② 较高级水平。根据较低级模型给出的数据a_{ij}、c_i和e_i，去建立较高级水平的模型为

$$\max \boldsymbol{\lambda}^{\mathrm{T}}(x_{01}, x_{02}, \cdots, x_{0q}) \tag{8-2}$$

$$\text{s.t.}\begin{cases} B_1x_{21} + B_2x_{22} + \cdots + B_nx_{2n} \leqslant (b_1, b_2, b_3)[r_1, r_2, r_3]^{\mathrm{T}} \\ x_{ij} \geqslant 0, j = 1, \cdots, n \end{cases} \tag{8-3}$$

这里，$\boldsymbol{\lambda}=[\lambda_1, \lambda_2, \cdots, \lambda_q]^{\mathrm{T}}$ 为标准的权；$\boldsymbol{r}=[r_1, r_2, r_3]^{\mathrm{T}}$ 为约束水平的权。在政策制定时，($\boldsymbol{\lambda}$，$\boldsymbol{r}$）存在，但未知。B_j 是政策手段 x_{2j} 对约束的影响；矢量 b_1、b_2、b_3 是“繁荣”“常规”“衰退”的未来农业市场预知的约束水平或政策手段限度。上述由式（8-1）~式（8-3）所构成的模型称为多目标和多经济情形模型，使用这个模型处理未来农业市场的不确定性的方法不同于以往的随机模型的处理方式。在随机模型（如参考文献［459］）中，不确定性是通过优先给出的概率分布，然后求解问题来处理的；而在多目标和多经济情形模型中，不确定性在没有给出概率分布的情况下通过参数（$\boldsymbol{\lambda}$，$\boldsymbol{r}$）系统地产生的。在求解模型后，就开始计算任何适当分布得最优期望政策或选择（$\boldsymbol{\lambda}$，$\boldsymbol{r}$）的任何偏好值的最优政策。因此，多目标和多经济情形模型的不确定性的方法是全新的，它比通常随机模型的方法更通用化。关于多目标和多经济情形模型的更详细研究，可参阅参考文献［460］。

8.2 单变量的一维搜索和多变量的搜索方法

8.2.1 一维搜索

所谓一维搜索，又称线性搜索，就是指单变量函数的最优化，它是多变量函数最优化的基础。许多多变量函数的搜索法就是用一系列的单变量搜索过程来实现的。一维搜索的方法很多，归纳起来大体上可分成两类：一类是试探法，即需要按某种方式找试探点，通过一系列的试探点来确定单变量函数的极小点，0.618 法和 Fibonacci 法都属于试探法；另一类是函数逼近法，又称插值法，这类方法是用某种较简单的曲线逼近本来的函数曲线，通过求逼近函数的极小点来估计目标函数的极小点，如牛顿法、割线法、抛物线法、三次插值法、有理插值法等都属于函数逼近法。本小节仅讨论一维搜索的 0.618 法和 Fibonacci 法。

13 世纪意大利人 Fibonacci 曾经考虑过这样的一串数：

$$\begin{cases} F_0 = F_1 = 1 \\ F_{k+2} = F_k + F_{k+1} \quad (k \geqslant 0) \end{cases} \tag{8-4}$$

称之为 Fibonacci 序列，这个整数序列为

$$1,1,2,3,5,8,13\cdots\cdots \tag{8-5}$$

用 Fibonacci 数列的规律进行区间消去的一种搜索优化法称为 Fibonacci 法或者称分数法。这个序列的前后两项的比为一个分数序列：$\left\{\dfrac{F_k}{F_{k+1}}\right\}$。

该分数序列为

$$1,\frac{1}{2},\frac{2}{3},\frac{3}{5},\frac{5}{8},\frac{8}{13},\frac{13}{21}\cdots\cdots \tag{8-6}$$

由整数序列的定义可知，从 $k=2$ 起，每一项都是前两项的和，并且有

$$F_{k+1}=F_k+F_{k-1} \quad k>1 \tag{8-7}$$

$$\frac{F_k}{F_{k+1}}+\frac{F_{k-1}}{F_{k+1}}=1 \tag{8-8}$$

成立。研究分数序列，可以发现一种很有趣的关系，见表 8-1。

表 8-1　F_{k-1}/F_k 序列

k	0	1	2	3	4	5	6	7	8	∞
F_k	1	1	2	3	5	8	13	21	34	—
F_{k-1}/F_k	—	1	0.5	0.66667	0.6	0.625	0.61538	0.61905	0.61765	0.618034

即存在如下关系

$$\lim_{k\to\infty}\frac{F_k}{F_{k+1}}=\frac{F_{k-1}}{F_k}=0.61803398 \tag{8-9}$$

Kiefer J 首先研究用 Fibonacci 数列搜索一维函数 $f(x)$ 的最优值，其方法是：在 [0，1] 区间内选择 λ_1、λ_2 两点，令 $\lambda_1=\frac{F_{k-1}}{F_{k+1}}$，$\lambda_2=\frac{F_k}{F_{k+1}}$，比较 $f(\lambda_1)$ 与 $f(\lambda_2)$，然后消去一段，缩短了搜索范围后继续迭代，当搜索区间小于给定的精度值时，迭代结束。因为选择的是一个分数，因此这种方法称作分数法。

为了说明方法的本质，先设区间为 [0，1]，具体算法如下：

第一次搜索时，在 [0，1] 区间取 $\lambda_1^{(1)}$、$\lambda_2^{(1)}$ 两点，这里右上角标号（ * ）表示迭代次数。取

$$\lambda_1^{(1)}=\frac{F_{k-1}}{F_{k+1}} \tag{8-10}$$

$$\lambda_2^{(1)}=\frac{F_k}{F_{k+1}} \tag{8-11}$$

由式（8-8）可知

$$\lambda_1^{(1)}+\lambda_2^{(1)}=1 \tag{8-12}$$

设 $f[\lambda_1^{(1)}]\leqslant f[\lambda_2^{(1)}]$，则消去 $[\lambda_2^{(1)},1]$ 这一段，在剩下的区间这一段 $[0,\lambda_2^{(1)}]$ 进行第二次搜索。若 $f[\lambda_1^{(1)}]>f[\lambda_2^{(2)}]$，则应消去 $[0,\lambda_1^{(1)}]$ 这一段，在 $[\lambda_1^{(1)},1]$ 区间进行第二次搜索。无论哪种情况，都使区间长度由 $L_0=1$ 减小到 $L_1=\frac{F_k}{F_{k+1}}$。

第二次搜索时，设在 $[0,\lambda_2^{(1)}]$ 区间内进行。取新的两点 $\lambda_1^{(2)}$、$\lambda_2^{(2)}$，令

$$\lambda_2^{(2)}=\lambda_1^{(1)}=\frac{F_{k-1}}{F_{k+1}} \tag{8-13}$$

则 $[\lambda_2^{(2)},\lambda_2^{(1)}]$ 这一段长度为

$$\lambda_2^{(1)}-\lambda_2^{(2)}=\frac{F_k}{F_{k+1}}-\frac{F_{k-1}}{F_{k+1}}=\frac{F_{k-2}}{F_{k+1}} \tag{8-14}$$

取

$$\lambda_1^{(2)} = \frac{F_{k-2}}{F_{k+1}} \tag{8-15}$$

则 $\lambda_1^{(2)}$ 和 $\lambda_2^{(2)}$ 为$[0, \lambda_2^{(1)}]$之间的对称点。这样在新的一轮迭代中，只要求函数值 $f[\lambda_1^{(2)}]$，与原已求出的 $f[\lambda_1^{(1)}]=f[\lambda_2^{(2)}]$ 进行比较，即可消去一段，进行第三次迭代，这时搜索区间由 $L_1=F_k/F_{k+1}$ 缩减为 $L_2=\frac{F_{k-1}}{F_{k+1}}$。

随着迭代次数 k 的增加，搜索区间长度的变化见表 8-2，因而对于给定 k 次迭代后的搜索区间长度 δ，便可以计算出应有的迭代次数。

表 8-2　搜索区间长度的变化

迭代次数 k	0	1	2	…	$k-1$	k
搜索区间长度	1	$\frac{F_k}{F_{k+1}}$	$\frac{F_{k-1}}{F_{k+1}}$	…	$\frac{2}{F_{k+1}}$	$\frac{1}{F_{k+1}}$

在上面 Fibonacci 法中已经说明，当 $k\to\infty$ 时，Fibonacci 序列中前后两个数之比 $F_k/F_{k+1}\to 0.618$。这点可以证明如下：把式（8-7）两端同除以 F_k，得

$$\frac{F_{k+1}}{F_k} = 1 + \frac{F_{k-1}}{F_k} \tag{8-16}$$

令

$$\lim_{k\to\infty}\frac{F_k}{F_{k+1}} = \frac{F_{k-1}}{F_k} = \tau \tag{8-17}$$

则有

$$\frac{1}{\tau} = 1+\tau \text{ 或 } \tau^2+\tau-1=0 \tag{8-18}$$

解之，有

$$\tau = \frac{1}{2}(\sqrt{5}-1) = 0.61803398 \approx 0.618 \tag{8-19}$$

如果每次缩短区间比例均为 0.618 时，这种搜索方法称为 0.618 法。应该说明的是，0.618 法每次按固定的比例缩减区间的长度，而 Fibonacci 法每次迭代所得区间的长度是不同的。例如设原区间长度为 L_0，则 $\tilde{k}$ 次迭代后用 Fibonacci 法所得区间长度为 $L_{\tilde{k}}$，用两种方法（Fibonacci 法与 0.618 法）计算得到的区间长度$\frac{L_{\tilde{k}}}{L_0}$见表 8-3。

表 8-3　两种方法计算得到的区间长度

方法	$\tilde{k}$				
	1	2	3	4	5
Fibonacci 法	0.5	0.333	0.2	0.125	0.0777
0.618 法	0.618	0.382	0.23	0.146	0.083

由表8-3可见，Fibonacci法的缩减速度要比0.618法快，在k选取很大整数时，分数法比0.618法的效率高17%左右。对于这两种方法而言，大约每分割10次，可以提高两位精度。这里还应指出的是，0.618法要求一维搜索的函数是单峰函数（unimodal function），而实际上所遇到的函数不一定是单峰，可能产生搜索得到的函数值反而大于初始区间端点处函数值的情况。对于这种情况，参考文献[461]给出了解决的办法，感兴趣者可参阅。

8.2.2 多变量函数的寻优搜索方法

多变量函数的搜索方法可分为三类：第一类是仅仅使用函数值的直接搜索法；第二类是梯度法，即需要计算函数的一阶导数；第三类是二阶方法，即需要求$f(x)$的一阶导数和二阶导数。值得注意的是，由于没有一种方法（或一类方法）能够同样有效地解决所有非线性函数的最优化问题，各种方法都有各自的优缺点和适用范围，因此这里只能对多变量函数寻优所涉及的主要方法略作说明，但这里给出了这些方法的重要特点，给出了详细讨论这些算法的重要参考文献。

仅仅使用函数值的多变量直接搜索又可以分成两类：一类是启发式方法，另一类是理论方法。坐标轮换法、Hooke - Jeeves模式搜索法、单纯形搜索法都属于启发式搜索法。所谓坐标轮换法就是轮流地沿每一个坐标轴方向一维寻优，直到几个方向同时满足为止。这里还应指出的是，这种方法不能沿着脊线方向搜索，而实际上往往又是脊线方向寻优更为便利。而Hooke - Jeeves模式搜索法收到了较好的效果。它从初始基点开始，包括了两种类型的移动：一种是探测移动，另一种是模式移动即探测移动依次沿n个坐标轴进行，用以确定新的基点和有利于函数值下降的方向。模型移动沿相邻两个基点连线方向进行，试图顺着“山谷”使函数值更快地减小。这种方法搜索策略很简单，而且所需计算机的内存也很少，因此Hooke - Jeeves法在工程上获得了广泛的应用。对于单纯形搜索法，由于在通常优化书中均有介绍，对该算法本身就不再赘述，这里仅给出这个方法的特点。单纯形方法在搜索开始阶段效率较高，但在试验点接近极小点时，其收敛速度明显变慢，因此这个方法可以用于搜索的开始段为宜。

Powell共轭方向法属于理论方法，它是直接搜索法中最为成功的一种，特别是经过Zangwill和Brent修正后更为有效。这种算法是基于二次型目标函数的算法，可以证明，对于具有二次型形式的目标函数，利用共轭方向作为搜索方向，经过有限次单维搜索，就可以达到其极值点，并且这种方法具有二次收敛性。

在实际工程问题中，通常目标函数值是可利用的最为可靠的信息，它往往是可以直接进行物理测量的。但直接搜索法也有缺点：为了找到最优解，往往需要计算目标函数值的次数过多。这自然使我们想起使用梯度的信息。1847年，Cauchy提出了最速下降法，它是用目标函数的负梯度方向作为每步迭代的搜索方向，因而该方法属于一阶梯度法。其实，最速下降方向仅是算法的局部性质。对于许多问题，最速下降法并非“最速下降”，而是下降非常缓慢。数值试验表明，当目标函数的等值线接近于一个圆（球）时，采用最速下降法下降较快，而当目标函数的等值线是一个扁长的椭球时，采用最速下降法开始几步下降较快，后来就出现锯齿现象，下降就十分缓慢。

Newton 法采用了一阶和二阶导数的信息，它利用目标函数的二次 Taylor 展开，并将其极小化。设$f(x)$是二次可微的实函数，$x_k \in R^n$，Hesse 矩阵$\nabla^2 f(x_k)$正定。我们在 x_k 附近用二次 Taylor 展开近似f，有

$$f(x_k+S) \approx g^{(k)}(S) = f(x_k) + \nabla f(x_k)^{\mathrm{T}} S + \frac{1}{2} S^{\mathrm{T}} \nabla^2 f(x_k) S \tag{8-20}$$

其中，$S = x - x_k$，$g^{(k)}(S)$为$f(x)$的二次近似。将式（8-20）右边极小化，得

$$x_{k+1} = x_k - [\nabla^2 f(x_k)]^{-1} \nabla f(x_k) \tag{8-21}$$

这就是 Newton 法迭代公式。在这个公式中，步长因子 $\alpha_k = 1$。令

$$G_k \equiv \nabla^2 f(x_k),\ g_k \equiv \nabla f(x_k) \tag{8-22}$$

于是式（8-21）可写为

$$x_{k+1} = x_k - G_k^{-1} g_k \tag{8-23}$$

数学上可以证明，对于正定二次函数，Newton 法一步即可达到最优解。对于非二次函数，Newton 法并不能保证经有限次迭代求得最优解。当初始点远离最优解时，G_k 不一定正定。Newton 方向不一定是下降方向，因此其收敛性不能保证。

负曲率方向法是对上述 Newton 法的一种改进。当初始点远离局部极小值点时，Hesse 矩阵$\nabla^2 f(x_k)$可能不正定。在这种情况下，采用负曲率方向法是有效的。该方法与普通 Newton 法的主要区别：对于非正定 Hesse 矩阵，先强迫正定，在接近稳定点时采用负曲率方向；对于对称不定的 Hesse 矩阵，采用对称不定分解。负曲率方向的 Newton 法是参考文献［462］于 1968 年首先提出的，而对称不定分解方法是参考文献［463］于 1977 年提出的。

由于初始点远离最优点时，负梯度方向是最速下降方向，这是一阶梯度类方法的长处；而另一方面，在靠近最优点附近，Newton 法产生了一个理想的搜索方向，Marquardt 于 1963 年提出的方法恰恰是利用了上述两种方法的优点，而避免其缺点。另外，力图避免上述两种方法缺点的还有共轭梯度法。这种方法最早是由 Hestenes 与 Stiefel 于 1952 年提出，用于求解线性方程组。1964 年，参考文献［464］将这种方法用于解无约束的极小化问题。共轭梯度法是先沿负梯度方向（最速下降方向）搜索第一步，然后沿与该负梯度方向共轭的方向进行搜索，从而提高了算法的有效性和可能性。它具有二次收敛性，能迅速达到最优点。共轭梯度法程序简单，容易实现。

在工程计算中，Newton 法之所以成功使用，其关键是它利用了 Hesse 矩阵提供的曲率信息。而计算 Hesse 矩阵工作量大，并且有的目标函数的 Hesse 矩阵很难计算，甚至不容易求出，这就导致了仅能利用目标函数一阶导数的方法。拟 Newton

法就是利用目标函数值 f 和一阶导数 g 的信息，构造出目标函数的曲率近似。而不需要明显形式 Hesse 矩阵，同时具有收敛速度快的特点。变尺度法（又称 DFP 法）、BFS 法都属于拟 Newton 法。

DFP 法，是由 Davidon 于 1959 年提出，而后由 Fletcher 和 Powell 于 1963 年进一步发展的[465]。Powell 已经证明，对于采用精确的线性搜索，当 f 是一致凸的二阶连续可微函数时，DFP 方法具有总体收敛的性质；对于采用不精确线性搜索的 Wolfe－Powell 准则，Powell 证明了当 f 是凸的二阶连续可微函数，且 $f(x)$ 有界时，BFGS 方法具有总体收敛的性质。20 世纪 60 年代后期，在大量计算的实践中发现，DFP 法在数值稳定性方面存在一些问题，产生数值不稳定的原因是多方面的，例如计算机舍入误差，目标函数中存在非二次项，一维搜索精度不够等，从而使搜索方向不是共轭的，甚至不是函数下降方向。1970 年，Broyden、Fletcher、Goldfarb 和 Shanno 提出了一种更为稳定的算法，称为 BFGS 法[466,467]。大量的数值计算实践表明：DFP 法和 Newton 法优于 Powell 法；对于大型计算问题，DFP 法优于 Newton 法；而在数值稳定性方面，BFGS 法优于 DFP 法[468]。BFGS 方法是迄今最好的拟 Newton 方法，它具有 DFP 法所具有的各种性质，并且当采用不精确线性搜索的 Wolfe－Powell 准则时，BFGS 方法还具有总体收敛性质。在数值计算的实践中，BFGS 法的确表现出优于 DFP 法，尤其是当与低精度的线性搜索方法一起连用时，上述特点就更加明显。

令 H_k^{DFP} 代表借助于 DFP 法时第 k 次迭代的 Hesse 逆近似，H_k^{BFGS} 代表借助于 BFGS 法第 k 次迭代的 Hesse 逆近似。考虑如下校正族

$$H_{k+1}^{\varphi}=(1-\varphi)H_{k+1}^{\mathrm{DFP}}+\varphi H_{k+1}^{\mathrm{BFGS}} \tag{8-24}$$

其中，φ 是一个参数。于是式（8-24）称为 Broyden 族校正。数学上可以证明[469,470]：如果 f 是正定二次函数，G 是其 Hesse 矩阵，那么当采用精确线性搜索时，Broyden 族校正具有遗传性质和方向共轭性质。因为 DFP 和 BFGS 修正都满足拟 Newton 条件，因此 Broyden 族的所有成员均满足这个条件。于是，DFP 方法所具有的许多性质，Broyden 方法也具有。值得注意的是，Broyden 族并非对 φ 的所有取值都能保持正定性。事实上，当 $\varphi<0$ 时，H^{φ} 有可能奇异。因此，为保证正定性，φ 应取非负数值。

拟 Newton 法是无约束最优化方法中最有效的一类算法。它有许多优点，例如迭代中仅需一阶导数，不必计算 Hesse 矩阵；当 H_k 正定时，算法产生的方向均为下降方向，并且这类算法具有二次终止性等。对于一般情形，具有超线性收敛速率，而且还具有 n 步二级收敛速率。但拟 Newton 法也有缺点，它所需的存储量较大，对于大型问题，可能会遇到存储方面的困难。

8.3 正交设计、均匀设计及序贯均匀设计

自 1935 年英国著名统计学家 Fisher R A 出版《The Design of Experiments》（试

验设计）一书以来，试验设计这个新型方法已获得极广泛地应用。试验设计（design of experiments，DOE）方法是以概率论和数理统计学为理论基础。常用的 DOE 方法有全因子设计、正交设计（又称正交试验）、均匀设计、D_ 最优试验设计、拉丁超立方试验设计以及 1979 年日本田口玄一先生首次提出包括稳健性设计和灵敏度分析在内的参数设计方法[471]等。本节着重讨论正交设计与均匀设计两类试验设计方法。所谓正交试验，就是利用数理统计和正交性原理，从大量的试验数据中挑选适量的具有代表性、典型性的点，应用正交表来合理安排试验，然后利用正交表的特点对试验结果进行计算与分析，找出各因素对优化目标影响的主次顺序，选出最佳的试验方案[472]。而均匀设计是多因素、部分因子设计的主要方法之一。它单纯从均匀性出发，根据试验点在设计空间内充分“均匀分散”的原则，20 世纪 80 年代初王元和方开泰为使用者构造了一套最早的均匀设计表，至今均匀设计试验法已成为科学工作者安排试验设计的重要方法。

8.3.1　正交试验设计法

正交表用符号 L_n（$q_1^{m_1}q_2^{m_2}\cdots q_r^{m_r}$）表示，它是一个 $n \times m$ 的矩阵，其中 $m = m_1 + \cdots + m_r$；这里，L 表示正交表，L 的下角标 n 表示进行试验的次数，q_i 为因子的水平数，$i=1$，2，…，r；m_i 为表中 q_i 水平因子的列数，r 为表中不同水平数的数目。当所有因子的水平数相同时称这类表为对称正交表。例如水平数为 q 时，则 L_n（q^m）便表示该正交表可安排最多 m 个因子，每个因子均为 q 水平，总共要做 n 次试验的对称正交表。而正交表 $L_n(q_1^{m_1}\cdots q_r^{m_r})$ 当 $r>1$ 时，则称它们为非对称正交表或者称混合水平正交表。参考文献［451，473］给出了相关的正交表，需要的读者可参考使用。

要进行正交试验设计，首先要选用合适的正交表，进行表头设计。一般来讲，选用正交表和设计正交表表头要注意以下 10 点：

1）正交表的自由度为试验次数减 1。

2）正交表中各列的自由度为该列的水平数减 1。

3）各因子的自由度为该因子的水平数减 1。

4）各交互作用的自由度为该交互作用中每个因子对应的自由度的乘积。

5）因子的自由度应等于所在列的自由度。

6）交互作用的自由度应等于所在列的自由度或其之和。

7）所有因子与交互作用的自由度之和不能超过所选正交表的自由度。

8）表头设计时应尽量避免混杂现象的出现。

9）当试验的数目不够多、混杂现象不可避免时，试验者应当保证主效应，其次是保证低阶交互作用，试验者应当设计试验让混杂发生在较为次要的交互作用之间。

10）对于多水平的多因子试验，采用均匀试验设计仍可以用较少的试验达到预期的效果。

正交试验设计是基于方差分析模型来构造的，将同样大小的设计进行分类的依据是同构。两个正交设计，若通过行变换、列交换和同列水平的置换将其中一个变为另一个，那么这两个设计称为同构。从方差分析模型的角度，两个同构的正交设计具有相同的统计推断能力。

正交表可分为两大类：一类是正规的正交设计，对于这类设计，任意两个因子的交互作用仅反映在正交表的某些列；另一类是非正规正交设计，非正规正交表的混杂现象比较复杂，任两列的交互作用并不集中在正交表的某一列，而是散布到正交表的许多列。对此感兴趣的读者可参阅参考文献［474－476］。

8.3.2 均匀试验设计法

均匀设计是20世纪80年代初由王元和方开泰先生提出的[477,478]，当时是为解决导弹弹道系统的指挥仪而设计的。30多年来，均匀设计的理论发展迅速，应用十分广泛。从学科上讲，均匀试验设计、正交试验设计以及稳健试验设计（robust experimental design）都属于统计试验设计这个分支学科所研究的重要内容之一。均匀试验设计也是计算机仿真试验设计（computer experiments）的重要方法之一，同时也是一种稳健试验设计。

另外，正交试验设计和均匀试验设计都属于部分因子设计，前者是通过正交性来选取试验点，而后者通过均匀性来选取。表面上看，两者的选取原则很不相同，实际上两种准则有许多共性。首先从试验设计的角度，给出以下7种均匀性度量（偏差）：①L_p星偏差；②中心化L_2偏差（CD_2）；③修正的L_2星偏差（MD_2）；④可卷L_2偏差（WD_2）；⑤Lee偏差（LD）；⑥对称化L_2偏差（SD_2）；⑦离散偏差（DD）。在华罗庚和王元先生写的数论方法，尤其是高维积分时[479]，最普遍采用的是L_p星偏差。但是在试验设计中，需要定义新的偏差，使所定义的偏差能满足置换不变性、反射不变性，考虑低维投影的均匀性且给出显式的偏差表达式等。参考文献［480，481］基于泛函分析中的再生核希尔伯特空间的理论将古典的诸偏差表成了统一形式，并且成功地定义了中心化偏差、可卷偏差和离散偏差等。上面给出的MD_2、CD_2、WD_2、SD_2、LD和DD这6种再加上星偏差都是均匀性的测度，每种偏差都有其自身的特点，今归纳如下：

1）所有的偏差均具有对设计矩阵的行变换和列变换的不变性。

2）L_p星偏差未考虑设计点投影的均匀性，而其他的均匀性测度MD_2、CD_2、WD_2、SD_2、LD和DD都照顾到所有的低维投影的均匀性。

3）L_p星偏差不满足反射不变性，而MD_2、CD_2、WD_2、SD_2、LD和DD均满足反射不变性。

4）理论上分析，用中心化偏差和可卷偏差来构造均匀试验设计比较合适，具有更好的均匀性，因为它们对试验点有更多的选择。

5）离散偏差和 Lee 偏差可用于探索与分析均匀设计、因子设计和组合设计之间的关系。

正交试验设计要求一维和二维投影均匀性，均匀试验设计要求一维和 S 维整体的均匀性（这里 S 为试验所取得因素个数），方开泰先生等[482]已证明：用 CD_2 偏差来完成均匀设计 $U_4(2^3)$、$U_8(2^7)$、$U_{12}(2^{11})$、$U_{16}(2^{15})$、$U_9(3^4)$、$U_{12}(3\times 2^3)$、$U_{16}(4^5)$、$U_{16}(4\times 12^{13})$、$U_{18}(2\times 3^7)$等，发现它们均为正交设计。这里应补充说明的是，在均匀设计表，如 $U_n(q^s)$型均匀设计表中，n 为试验次数，s 为因素个数，q 为水平数。

以下简单给出实施均匀试验设计的主要步骤：

1）选定合理的因素、因素的试验范围及其水平数。

2）对于选定的试验次数 n、因素个数 s 和水平数 q_1、q_2、…、q_s，去选取均匀设计表。

3）按选取的均匀设计进行试验，并得到相应的响应值。

4）根据因素的取值及相应的响应值建立合适的模型。

5）根据建立的模型给出响应与因素之间的关系，同时寻求其极值点。

6）如果需要扩大或者缩小因素的试验范围时，可追加一些试验，以便获取更准确的极值点数据。

8.3.3 序贯均匀试验设计

序贯试验设计方法是应用十分广泛的一类试验设计法，如优选法、响应面设计法和均匀序贯试验等都属于这一类。对于序贯均匀设计，参考文献［483，484］曾作过详细研究，这里仅通过一个典型算例去说明这个方法的高效性。

考虑函数

$$f(x,\ y) = 2\exp\left\{-\frac{1}{4}[x^2+(y-5)^2]\right\}+\exp\left\{-\frac{1}{2}\left[\frac{(x-3)^2}{4}+y^2\right]\right\}+\exp\left\{-\frac{1}{2}[(x+3)^2+y^2]\right\} \tag{8-25}$$

式中，$(x,\ y)\in R^2$，求其全局的最优值和全局的最优点。这个函数 $f(x,\ y)$有三个极值点，其位置分别在（0，5）、（−3，0）和（3，0），并且在（0，5）处为全局最优点，即时 $\boldsymbol{x}^*=[0,5]$时，$f(\boldsymbol{x}^*)=f(0,\ 5)\approx 2.00000125$，而另外两个局部最优点为 $f(3,0)\approx 1.00125347$ 和 $f(-3,0)\approx 1.01236245$；由于函数 $f(x,\ y)$是连续的，因此可以用常见的优化算法，例如 Newton − Guass 法、最速下降法等去求解。然而这些算法非常依赖于初始值的选取，若选取不当，则易陷入两个局部最优点[484]。

下面分别采用均匀设计方法和序贯均匀设计方法求式（8-25）的全局最优值

和全局最优点。试验区域 $\Omega=[-6, 7]\times[-3, 9]$，使 Ω 外部的区域函数 $f(x, y)$ 的取值很接近于0。在区域 Ω 中构造不同试验次数 n 的均匀设计。由于 n 很大，对于该两因素试验可采用由 Fibonacci 序列出发构造的均匀设计，试验结果见表 8-4。该表中第一列为试验次数 n，第二列 M_n 表示该试验次数下的近似最优值，第三和第四列为近似最优点的 $\boldsymbol{x}^*$ 和 $\boldsymbol{y}^*$，第五列 ε 表示 M_n 与真实值 M 的误差比例，即

$$\varepsilon=\frac{M_n-M}{M} \tag{8-26}$$

表 8-4　用均匀设计求函数式（8-26）的全局最优

n	M_n	x_n^*	y_n^*	ε
610	1.999873	−0.022131	4.996721	-6.391×10^{-5}
987	1.991490	0.039007	5.127660	-4.256×10^{-3}
1597	1.997214	0.076706	5.0513460	-1.394×10^{-3}
2584	1.997147	−0.071014	4.943498	-1.427×10^{-3}
4181	1.996320	0.008730	4.914375	-1.840×10^{-3}
6765	1.998951	−0.047672	5.031042	-5.249×10^{-4}
10946	1.999669	0.023159	5.019916	-1.662×10^{-4}
17711	1.999454	0.001609	4.966913	-2.739×10^{-4}
28657	1.999967	−0.011707	4.999930	-1.714×10^{-5}
46368	1.999696	−0.019938	4.979684	-1.528×10^{-4}
75025	1.999825	0.015348	5.015328	-8.822×10^{-5}
121393	1.999970	−0.003217	5.007595	-1.574×10^{-5}

由表 8-4 的数据可知，不同试验次数的均匀设计，其近似的全局最优点（x_n^*，y_n^*）都很靠近全局最优点（0，5），并且近似的全局最优解 M_n 也靠近真实值 2，因此采用均匀设计法求最优问题，不易陷入局部最优解。与传统优化算法相比，这也是均匀设计的一个优点。但随着试验次数 n 的增加，其收敛到真实值的速度不太快，例如，当 $n=121393$ 时近似值与真实值仍存在一定的误差。

正如前面讨论的，用均匀设计求最优问题时，不易陷入局部最优解，但是其收敛速度较慢。下面用序贯均匀设计法求函数 $f(x, y)$ 的全局最优值和全局最优点。序贯试验中[483]，第一步的试验次数可适当多些，例如，$n_1=1200$ 时得到最大响应值作为近似的全局最优解，而相应的设计点（x_1^*，y_1^*）作为近似的全局最优点。根据这些数据去调整下一步试验的试验区域，并记为 $\Omega^{(1)}$。在 $\Omega^{(1)}$ 上寻找均匀设计，因 $\Omega^{(1)}$ 比原来的区域 $\Omega^{(0)}$ 要小，因此其试验次数也可以适当少些，例如取 $n=120$；以后的试验采用同样的均匀设计方法，并逐步减小区域。由于序贯过程的每步结果至少不比前一步试验的结果差，因此由表 8-5 可以看到，当进行到第 11 步序贯试验时，其估计值与真实值的误差比 $\varepsilon=-1.863\times10^{-8}$，而此时总的试验次数仅为 $N=1200+120\times10=2400$，而前面的直接用均匀设计求其最优时，即使当$n=121393$，误差比例 $\varepsilon=-1.574\times10^{-5}$，显然它与序贯试验的结果相差甚

大。看来恰当地使用 20 世纪 90 年代初期王元和方开泰先生提出的序贯均匀试验设计法，的确具有试验设计的高效率。

表 8-5　用序贯均匀设计法求函数式（8-26）的全局最优

n	M_n	x_n^*	y_n^*	ε
1200	1.98912808	0.039583	4.855000	-5.437×10^{-3}
120	1.98912808	0.039583	4.855000	-5.437×10^{-3}
120	1.99648562	−0.109375	4.967500	-1.758×10^{-3}
120	1.99648562	−0.109375	4.967500	-1.758×10^{-3}
120	1.99996682	0.002344	5.008125	-1.721×10^{-5}
120	1.99997957	0.000651	5.006563	-1.084×10^{-5}
120	1.99998449	−0.000195	5.005781	-8.378×10^{-6}
120	1.99999688	0.003613	5.001484	-2.186×10^{-6}
120	1.99999752	0.003402	5.001289	-1.865×10^{-6}
120	2.00000121	−0.000301	4.999824	-1.863×10^{-8}
120	2.00000121	−0.000301	4.999824	-1.863×10^{-8}

8.4　基于试验设计与响应面模型的叶型寻优 GPAM 策略

21 世纪初期，陈乃兴先生领导的中国科学院工程热物理研究所团队提出了：用叶型中弧线和叶型厚度分布曲线描述叶型，用 12 个设计参数进行叶型参数化，采取了以梯度为基础的参数分析法在响应面上寻优，并将得到的最优点进行 CFD 校验的处理方法。参考文献［123，485，486］称这种求解策略为 GPAM (gradient – based parameterization analysis method)，大量的数值计算的实践表明，这是一种十分简捷而高效的处理方法。

8.4.1　中弧线与厚度分布曲线方程系数的确定

以某涡轮叶型为例，通常将叶型分成前缘、后缘、内弧、背弧四部分，如图 8-1 所示。叶型前缘和后缘分别用圆弧$\overset{\frown}{A_1A_2}$和$\overset{\frown}{C_1C_2}$来构造。设前后缘小圆圆心分别为 Q_1 和 Q_2，半径分别为 R_1 和 R_2。在参数化造型时，将叶型中弧线 Q_1Q_2 在最大弯度处分成两段；另外，将叶型厚度分布曲线在最大厚度处也分成两段，并分别用两个多项式来表达。为便于说明，图 8-2a 和图 8-2b 所示分别为压气机和涡轮的参数化造型方

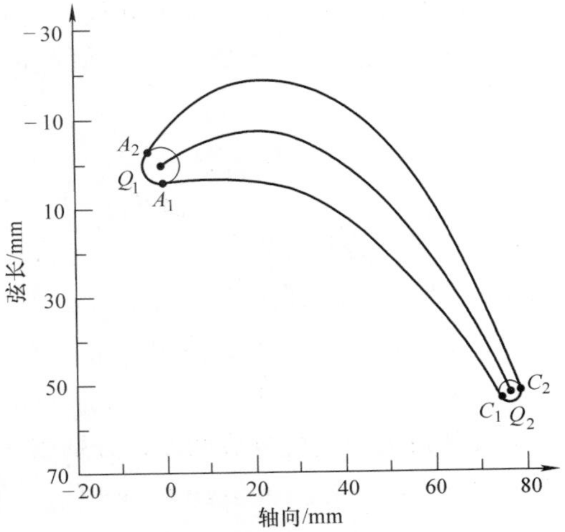

图 8-1　叶型的内弧和背弧

法的示意图。在图 8-2 中，每张图都有以中弧线为横坐标的厚度分布曲线和以叶型轴向弦长为横坐标的中弧线曲线。

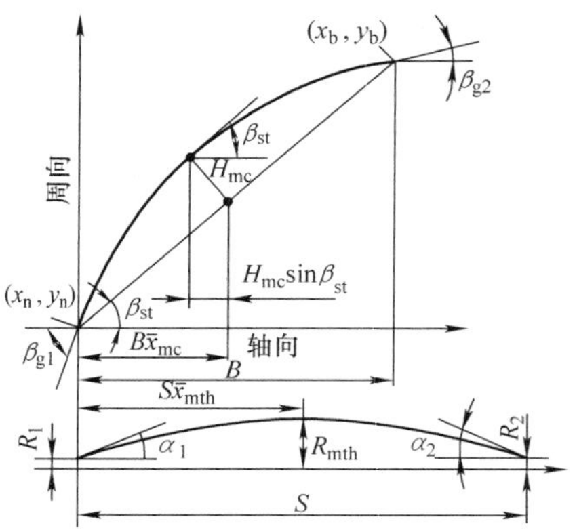

a)

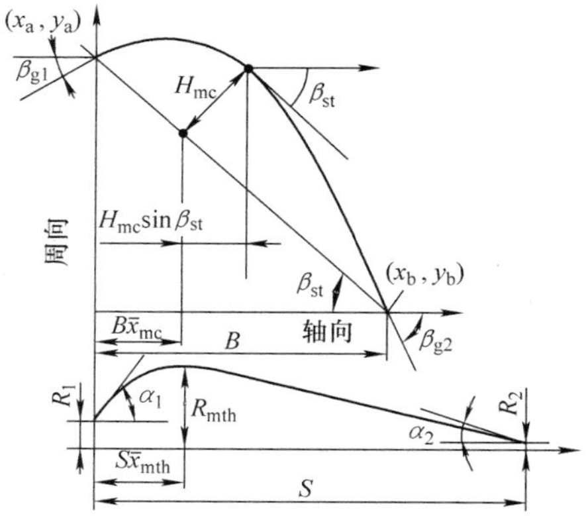

b)

图 8-2　叶型参数化造型方法

a）压气机　b）涡轮

对于叶型中弧线，其参数有：叶型轴向弦长 B、最大弯度 H_{mc} 与最大弯度的位置 $\bar{x}_{mc}$、安装角 β_{st}、叶片进口和出口的几何角 β_{g1} 和 β_{g2}。

对于叶型厚度分布曲线的参数有：中弧线长度 S、最大厚度 R_{mth} 和最大厚度的位置 $\bar{x}_{mth}$、前/后缘小圆半径 R_1 和 R_2、前/后缘厚度梯度角 α_1 和 α_2。

在上述参数中，$\bar{x}_{mc}$ 和 $\bar{x}_{mth}$ 分别定义为

$$\bar{x}_{mc}=\frac{x_{mc}}{B},\ \bar{x}_{mth}=\frac{x_{mth}}{S} \tag{8-27}$$

这里应说明的是，S 不是一个独立设计变量，这是由于一旦叶型中弧线形状确定了，则 S 便随之而定。于是叶型中弧线和厚度分布可分别用如下六个设计变量表达为

$$y_{cam}=f_{cam}(B,\ H_{mc},\ \bar{x}_{mc},\ \beta_{st},\ \beta_{g1},\ \beta_{g2}) \tag{8-28}$$

$$y_{thi}=f_{thi}(R_{mth},\ R_1,\ R_2,\ \bar{x}_{mth},\ \alpha_1,\ \alpha_2) \tag{8-29}$$

在对中弧线进行参数化时，常取 $Q_1(x_a,\ y_a)$ 为基准点，设 Q_1 坐标为（0，0）。如果令最大弯度点的坐标为（x_{max}，y_{max}），则有

$$\begin{cases}x_{max}=B\cdot\bar{x}_{mc}-H_{mc}\cdot\sin\beta_{st}\\ y_{max}=B\cdot\bar{x}_{mc}\cdot\tan\beta_{st}+H_{mc}\cdot\cos\beta_{st}\end{cases} \tag{8-30}$$

将中弧线从最大弯度处分成两段，分别用一个 3 次多项式曲线来定义，即

$$y_{cam1}=C_{10}+C_{11}x+C_{12}x^2+C_{13}x^3\quad x\in[0,\ x_{mc}] \tag{8-31}$$

$$y_{cam2}=C_{20}+C_{21}x+C_{22}x^2+C_{23}x^3\quad x\in[\ x_{mc},\ B] \tag{8-32}$$

其中 C_{10}、C_{11}、C_{12}、C_{13} 和 C_{20}、C_{21}、C_{22}、C_{23} 分别为 4 个未知系数，式（8-33）和式（8-34）分别给出了确定上面 8 个未知系数的定解条件：

$$\begin{cases} x=0.0, y=0.0 \\ \left.\dfrac{dy}{dx}\right|_{x=0.0}=\tan\beta_{g1} \\ x=B\cdot\bar{x}_{mc}-H_{mc}\cdot\sin\beta_{st}, \quad y=B\cdot\bar{x}_{mc}\cdot\tan\beta_{st}+H_{mc}\cdot\cos\beta_{st} \\ \left.\dfrac{dy}{dx}\right|_{x=B\cdot\bar{x}_{mc}-H_{mc}\cdot\sin\beta_{st}}=\tan\beta_{st} \end{cases} \tag{8-33}$$

$$\begin{cases} x=B\cdot\bar{x}_{mc}-H_{mc}\cdot\sin\beta_{st}, \quad y=B\cdot\bar{x}_{mc}\cdot\tan\beta_{st}+H_{mc}\cdot\cos\beta_{st} \\ \left.\dfrac{dy}{dx}\right|_{x=B\cdot\bar{x}_{B_c}-H_{mc}\cdot\sin\beta_{st}}=\tan\beta_{st} \\ x=x_b=B, \quad y=y_b=B\cdot\tan\beta_{st} \\ \left.\dfrac{dy}{dx}\right|_{x=B}=\tan\beta_{g2} \end{cases} \tag{8-34}$$

联立式（8-31）和式（8-33），得 C_{10}、C_{11}、C_{12}、C_{13}；同理，联立式（8-32）和式（8-34），得 C_{20}、C_{21}、C_{22}、C_{23}。

对于叶型的厚度分布曲线，首先分析压气机叶型，如图 8-3 所示，压气机叶型的中弧线曲率小，并且从前缘到尾缘的厚度分布很平缓，用 3 次多项式可以很好地重构我们遇到的大部分压气机叶型。但对于涡轮叶型，其中弧线曲率很大，并且从前缘到尾缘的厚度分布变化较大。另外，不同叶型的厚度分布规律差别也较大，有的叶型头部厚度远大于尾部，如图 8-4 所示。

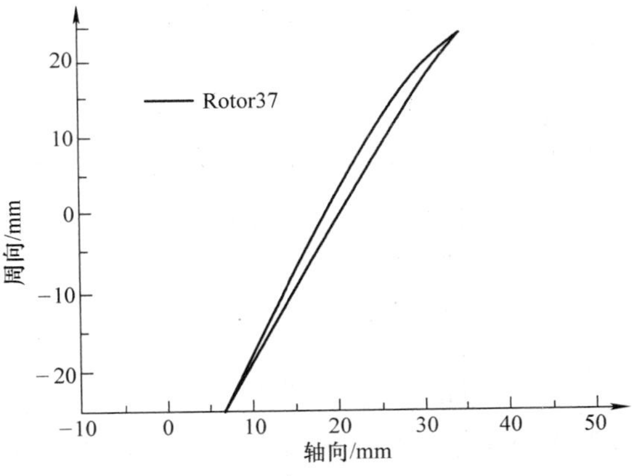

图 8-3　压气机叶型

有的叶型整个厚度分布差别较平缓，如图 8-5 所示的 VKI 跨声速涡轮叶型。

这时简单地选 3 次多项式构造叶型厚度分布已难以满足不同叶型的需求，陈乃

兴先生建议[123]：前半段用 3 次多项式，后半段用 4 次多项式，其表达式为

$$y_{\text{thi1}} = C_{30} + C_{31}x + C_{32}x^2 + C_{33}x^3 \qquad (x \in [o, S \cdot \bar{x}_{\text{mth}}]) \tag{8-35}$$

$$y_{\text{thi2}} = C_{40} + C_{41}x + C_{42}x^2 + C_{43}x^3 + C_{44}x^4 \qquad (x \in [S \cdot \bar{x}_{\text{mth}}, S]) \tag{8-36}$$

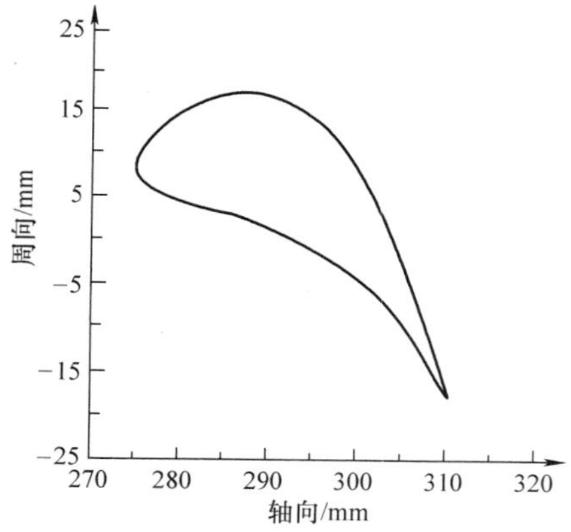

图 8-4　涡轮叶型

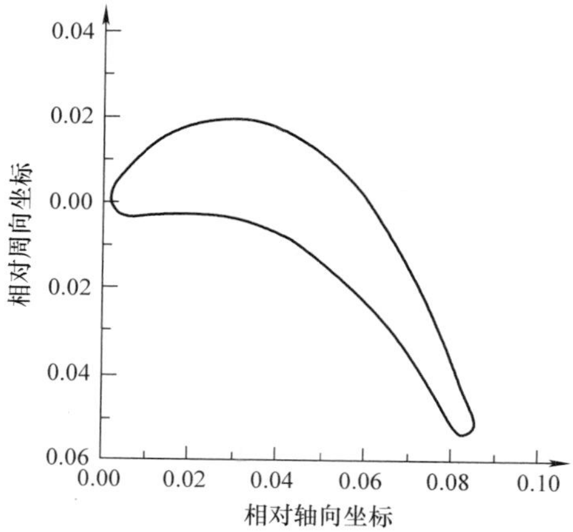

图 8-5　VKI 跨声速涡轮叶型

其中 C_{30}、C_{31}、C_{32}、C_{33}和 C_{41}、C_{42}、C_{43}、C_{44}分别为 4 个未知系数，式（8-37）和式（8-38）分别给出了确定上面 8 个未知系数的定解条件：

$$\begin{cases} x = 0.0, \quad y = R_1 \\ \left.\dfrac{\mathrm{d}y}{\mathrm{d}x}\right|_{x=0.0} = \tan\alpha_1 \\ x = S \cdot \bar{x}_{\text{mth}}, y = R_{\text{mth}} \\ \left.\dfrac{\mathrm{d}y}{\mathrm{d}x}\right|_{x=S \cdot \bar{x}_{\text{mth}}} = 0.0 \end{cases} \tag{8-37}$$

$$\begin{cases} x = S \cdot \bar{x}_{\text{mth}}, \quad y = R_{\text{mth}} \\ \left.\dfrac{\mathrm{d}y}{\mathrm{d}x}\right|_{x=S \cdot \bar{x}_{\text{mth}}} = 0.0 \\ x = S, y = R_2 \\ \left.\dfrac{\mathrm{d}y}{\mathrm{d}x}\right|_{x=S} = \tan\alpha_2 \end{cases} \tag{8-38}$$

这时后半段的 4 次多项式中应还有 5 个未知系数。在重构原型叶型时，采取了先使叶型前半段与原始叶型完全重合，通过调整 C_{40}的值来修正叶型前后半段的厚度分布，进而重构出原始叶型。在随后的优化设计阶段，C_{40}保持不变，即 $C_{40} = \text{const}$，这相当于在 4 次多项式曲线上给定一个已知点（0，y_0），即

$$C_{40} = y_0 \tag{8-39}$$

这样处理后，式（8-36）中的未知系数便只剩下 4 个了。

8.4.2　叶型内弧和背弧坐标的计算

如何把厚度分布转换为叶型的内弧和背弧的坐标，是叶型参数化方法的关键技术之一。中弧线是叶型所有内切圆圆心的连线，如图 8-6 所示。参数化造型所获得的厚度分布值就是这些内切圆的半径，叶型内弧和背弧其实就是各切点的连线。以中弧线上某点 O 为例，取中弧线上与 O 相邻的另一点，根据对应的厚度分布值绘制出两个圆，如图 8-7 所示。求解圆心为 O 点的内切圆所对应的内弧和背弧上的点坐标。令圆心 O 点坐标为（x_k，y_k），圆心 C 点坐标为（x_{k+1}，y_{k+1}），中弧线上 OC 连线可近似认为是直线段。P_1P_3 和 P_2P_4 是两圆的公切线，P_1、P_2、P_3、P_4 为切点，于是

$$ON = x_{k+1} - x_k, CN = y_{k+1} - y_k, CM = R_{k+1} - R_k \tag{8-40}$$

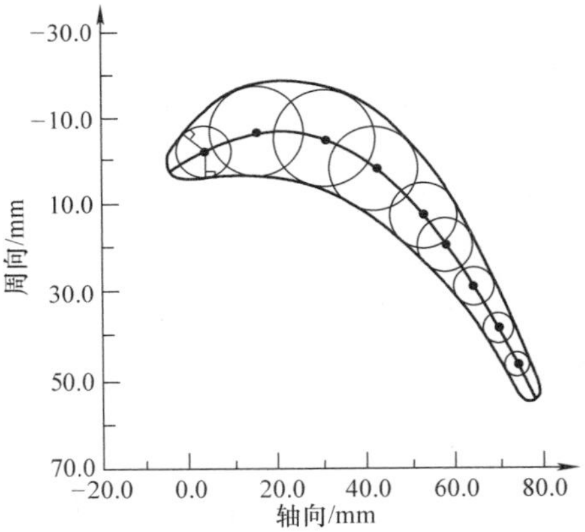

图 8-6　中弧线与叶型内切圆圆心连接

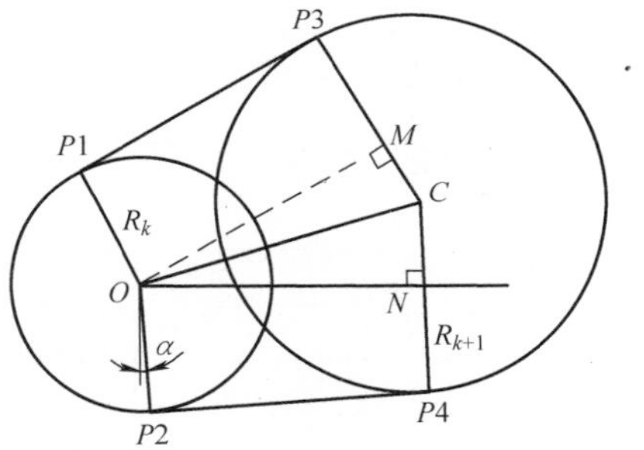

图 8-7　在中弧线上叠加厚度时的计算示意图

因此，有

$$OC = \sqrt{(ON)^2 + (CN)^2}, OM = \sqrt{(OC)^2 - (CM)^2} \tag{8-41}$$

注意到

$$\alpha = \angle CON - \angle MOC = \arctan\frac{CN}{ON} - \arctan\frac{CM}{OM} \tag{8-42}$$

$$\angle MON = \angle CON + \angle MOC = \arctan\frac{CN}{ON} + \arctan\frac{CM}{OM} \tag{8-43}$$

用极坐标表示点 P_1 和点 P_2 的坐标为

P_1 点坐标（R_k，$\frac{\pi}{2} + \angle MON$），$P_2$ 点坐标$\left(R_k, \frac{3\pi}{2} + \alpha\right)$

令

$$\theta_1 = \frac{\pi}{2} + \angle MON,\ \theta_2 = \frac{3\pi}{2} + \alpha \tag{8-44}$$

注意到直角坐标与极坐标间的转换关系：

$$x = R\cos\theta,\ y = R\sin\theta \tag{8-45}$$

可得 P_1 点的坐标 x_{P_1}，y_{P_1}与 P_2 点的坐标 x_{P_2}，y_{P_2}分别为

$$\begin{cases} x_{P_1} = x_k + R_k \cdot \cos\theta_1 \\ y_{P_1} = y_k + R_k \cdot \sin\theta_1 \end{cases} \tag{8-46}$$

$$\begin{cases} x_{P_2} = x_k + R_k \cdot \cos\theta_2 \\ y_{P_2} = y_k + R_k \cdot \sin\theta_2 \end{cases} \tag{8-47}$$

8.4.3 二维平面叶栅优化设计的 GPAM 策略

表 8-6 所列为原始叶型的 12 个设计变量值，图 8-8 所示为原始叶型与使用参数化造型方法重构得到的叶型，从图8-8中可以看出，两者几乎看不到大的差别。原始叶型是 Braunschweig 大学的一个透平叶型，在参考文献［487］中有介绍并有详细的风洞吹风数据。为了便于问题的分析，在进行 CFD 计算时选取了中国科学院工程热物理研究所陈乃兴先生和黄伟光先生课题组的 CFD 求解器，该求解器已经多方验证（verification）与确认（validation）之后认定：在亚声速与跨声速以及马赫数小于 5 的超声速范围内，数值计算结果可信。下面主要讨论四个小问题。

表 8-6 二维原始叶型的 12 个设计变量值

设计变量	变量值	单位
B	76.52	mm
β_{st}	34.57	°
$\bar{x}_{mc}$	0.33	—
H_{mc}	−22.86	mm
β_{g1}	−32.8	°
β_{g2}	65.7	°
$\bar{x}_{mth}$	0.248	—
R_{mth}	11.57	mm
R_1	4.45	mm
R_2	2.38	mm
α_1	24.0	°
α_2	−5.4	°

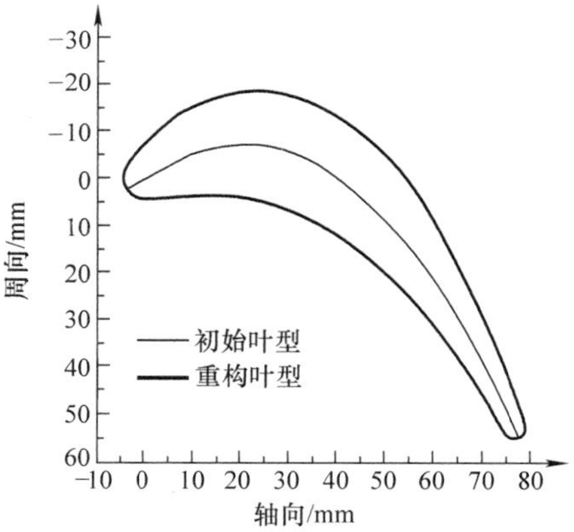

图 8-8 参数化重构的叶型和原始叶型

1. 网格无关性分析

为了分析网格密度对计算结果的影响，采用了两种疏密不同的网格，即57600和20331，并分别选取了出口马赫数分别为0.78和0.97两种工况。图8-9和图8-10所示分别为这两种工况和疏密不同的两种网格下叶型表面等熵马赫数（isentropic mach number）沿叶面的分布图以及与原始叶型风洞试验结果的比较。由图8-9和图8-10可以看到，两种工况下计算得到的等熵马赫数沿叶面的分布与原始叶型在风洞吹风试验的结果基本吻合，而且疏密两种网格计算的结果相同。为缩短设计周期，下面的流场计算均采用稀网格进行。流场计算选用的CFD求解器采用二阶离散格式，湍流模型采取标准的$K-\varepsilon$模型，壁面采用无滑移边界条件，近壁处理采用标准壁面函数。设计工况为入口总压强为185000Pa，入口总温度为313K，入口气流角为30°，出口静压强为101325Pa，出口总温度313K，湍流强度为0.5%。

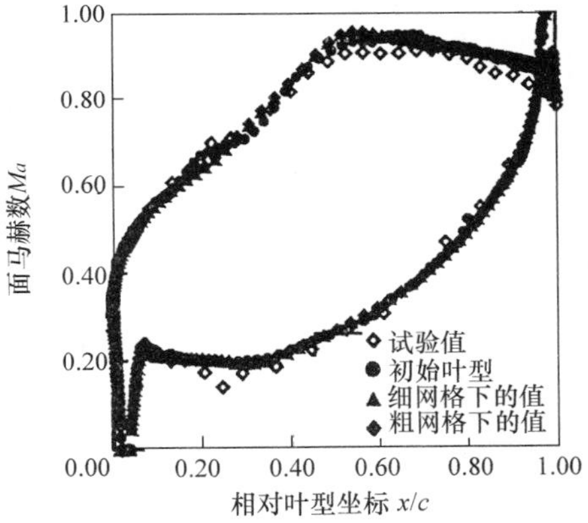

图8-9 $M_2=0.78$时叶型等熵马赫数在两种网格下计算与试验值的比较

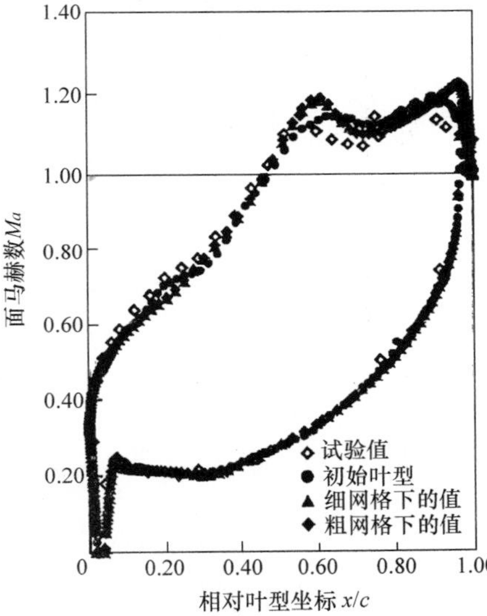

图8-10 $M_2=0.97$时叶型等熵马赫数在两种网格下计算与试验值的比较

2. 对设计变量进行正交试验设计与分析

优化过程说明如下：选取设计目标为叶栅的能量损失系数ξ，其定义为

$$\xi=1-\frac{1-\dfrac{T_2}{T_{01}}}{1-\left(\dfrac{p_2}{p_{01}}\right)^{\frac{\gamma-1}{\gamma}}} \tag{8-48}$$

式中，T_2和p_2分别为叶型出口的静温度和静压强；T_{01}和p_{01}分别为叶型进口的总

温度和总压强；γ 为绝热指数，$\gamma=1.4$。

设计变量在表 8-6 中共列出 12 个，其中轴向弦长 B 与振动频率以及蒸汽的弯应力有关；最大厚度 R_{mth} 与叶片强度直接相关。因此，在气动优化设计的过程中，轴向弦长 B 和最大厚度 R_{mth} 取为初始时的值，使其在优化中保持不变，仅将剩下的 10 个设计量参加二维叶型的正交设计的试验与分析。

选取正交设计表 $L_{27}(3^{13})$，这是一个可以安排三水平、27 次试验的正交表。将其前 10 列用于对 10 个设计变量的初步筛选与分析。表 8-7 给出了 10 个设计变量及其水平的安排，表中长度单位是 mm，角度单位为（°）。表 8-8 给出了采用直观分析法初步分析正交设计所得到的直观分析数据，其中Ⅰ、Ⅱ、Ⅲ是每个因素同一水平对应的指标值之和，它们之间的差异反映了该因素不同水平的优劣。如果要求指标越大越好，则应取Ⅰ、Ⅱ、Ⅲ中最大者所对应的水平；如果要求指标越小越好，则应取Ⅰ、Ⅱ、Ⅲ中最小者所对应的水平。因素的极差 R 是该因素的指标和Ⅰ、Ⅱ、Ⅲ中最大值与最小值之差，它反映了因素对指标影响的主次顺序。由表 8-8 可知，根据极差值的大小，各因素对设计目标的影响程度由大到小排列为

$$\beta_{g2}>R_1>H_{mc}>\alpha_2>\beta_{st}>\bar{x}_{mc}>R_2>\beta_{g1}>\alpha_1>\bar{x}_{mth} \tag{8-49}$$

表 8-7　10 个设计变量及其水平的安排

设计变量	水平 1	水平 2	水平 3
β_{st}	31.113	34.57	38.027
$\bar{x}_{mc}$	0.2997	0.333	0.3663
H_{mc}	−20.574	−22.86	−25.146
β_{g1}	−29.52	−32.8	−36.08
β_{g2}	59.13	65.7	72.27
$\bar{x}_{mth}$	0.2232	0.248	0.2728
R_1	4.005	4.45	4.895
R_2	2.142	2.38	2.618
α_1	21.6	24	26.4
α_2	−4.86	−5.4	−5.94

表 8-8　$L_{27}(3^{13})$ 的正交设计直观分析表

变量	$\bar{x}_{mc}$	H_{mc}	β_{st}	β_{g1}	β_{g2}	$\bar{x}_{mth}$	α_1	α_2	R_1	R_2
Ⅰ	84.58	80.88	82.65	88.27	96.07	85.79	86.25	82.05	80.69	81.37
Ⅱ	91.06	85.65	83.19	82.95	72.61	85.99	84.03	92.06	95.72	86.06
Ⅲ	82.03	91.14	91.82	86.45	88.99	85.88	87.39	83.55	81.26	90.24
R	9.03	10.26	9.17	5.32	23.46	0.20	3.36	10.01	15.03	8.87

对每个因素，以水平值为横坐标，相应的指标和Ⅰ、Ⅱ、Ⅲ为纵坐标，可得到因素变化时设计指标的变化趋势，如图 8-11 所示。可以根据指标随因素的变化趋势调整因素的水平。

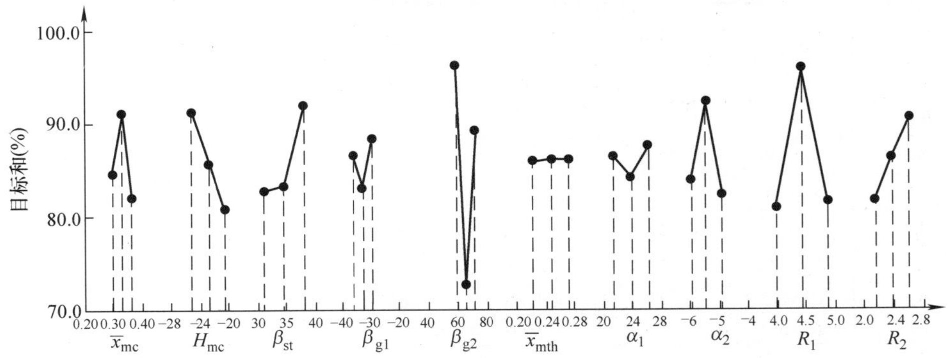

图 8-11 因素水平变化的趋势

各因素水平的选取应遵循两个原则：一是应按照有利于指标的要求来选取；二是应考虑到几何要求、强度要求和加工工艺等原则。就现在的情况，R_1 是叶型进口小圆的半径，它是影响设计目标的主要因素。在设计工况下，小的 R_1 有利于减小叶型损失。然而，在实际运行中都不会是只在设计工况下工作。在变工况时，较大的 R_1 使叶型损失对攻角变化不敏感，并且还可以提高叶栅的攻角稳定性。为了保证一定的攻角稳定性，在优化过程中保持 R_1 恒定不变，只在优化完成之后，根据叶型几何的要求将其做一定的调整。R_2 是叶型出口处的小圆半径，由式（8-49）可知，它对设计目标影响很小，属于次要因素。当 $R_2=0$ 时，可得到最小的能量损失，但由于叶型出口边的厚度要受到强度和加工工艺的限制，叶型出口太薄容易产生裂纹，而且工艺加工也带来困难，所求在本算例中 R_2 取初始值不变。另外，在式（8-49）中，β_{g1}、α_1 和 $\overline{x}_{mth}$ 排在最后三位，它们也属于次要因素，在优化中可以不作为设计变量，而取为初始值不变即可。在优化完成之后，可根据叶型几何的需要对其做适当调整。因此，在下面进行的进一步优化过程中，设计变量由 10 个变为了 5 个，即 β_{g2}、H_{mc}、α_2、β_{st} 和 $\overline{x}_{mc}$。其次，由图 8-11 可知，β_{g2} 最优值存在于给定的变化范围内时，H_{mc}、α_2 和 $\overline{x}_{mc}$ 设置的水平值偏低，β_{st} 水平值偏高。

采用方差分析法对 10 个设计变量的结果进行分析，得到的方差分析见表 8-9。当变量的 F 值在临界值区间内时，说明该变量对目标影响显著。借助于显著性分析可知，各变量对设计目标的影响均不显著。而根据经验，我们知道必然存在对设计目标影响显著的因素。考虑到变量的水平差异是影响方差分析的最重要因素，可知这里设计变量水平取值范围太小，造成了方差分析的不显著。但是，有些几何变量的水平差异又不能太大，否则会导致生成的叶型极不合理。由上述分析可知，方差分析法对某些变化范围较小的设计变量不敏感。

表 8-9　对 10 个设计变量作方差分析

方差来源	平方和	自由度	均方值	F 值	临界性		显著性
					0.05	0.01	
$\bar{x}_{mc}$	4.8117	2	2.4058	0.4589	5.14	10.92	均不显著
H_{mc}	5.8639	2	2.9320	0.5593	5.14	10.92	
β_{st}	5.8840	2	2.9420	0.5612	5.14	10.92	
β_{g1}	1.6246	2	0.8123	0.15495	5.14	10.92	
β_{g2}	32.1729	2	16.0865	3.0686	5.14	10.92	
$\bar{x}_{mth}$	0.0023	2	0.0011	0.0003	5.14	10.92	
α_1	0.6472	2	0.3236	0.0617	5.14	10.92	
α_2	6.4772	2	3.2386	0.6178	5.14	10.92	
R_1	16.1276	2	8.0638	1.5383	5.14	10.92	
R_2	4.3746	2	2.1873	0.4173	5.14	10.92	
e	31.453	6	5.2422	—	—	—	
T	109.44	26	—	—	—	—	

表 8-10 给出了进行正交设计初步分析后 10 个设计变量所得到的优化值，并用这组设计数据进行了叶型与原始叶型的对比，如图 8-12 所示，图中实线为原始叶型，虚线为正交设计分析后的新叶型。

表 8-10　正交分析后的结果

方案	原始叶方	初步优化后叶片	增减量
$\bar{x}_{mc}$	0.333	0.333	—
H_{mc}	-22.86	-20.574	—
β_{st}	34.57	34.57	—
β_{g1}	-32.8	-32.8	—
β_{g2}	65.7	65.7	—
$\bar{x}_{mth}$	0.248	0.284	—
α_1	24	24	—
α_2	-5.4	-4.86	—
R_1	4.45	4.45	—
R_2	2.38	2.38	—
能量损失系数（%）	7.726	7.366	-0.36

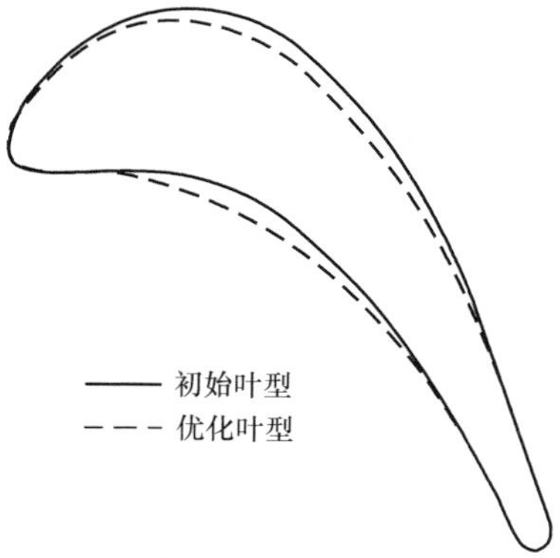

图 8-12　正交设计分析前后的叶型对比

图 8-13 所示为新叶型通道收缩情况。可以看到，其流道由入口到喉部是逐渐收缩的。图 8-14 所示为新叶型与原始叶型表面压力的分布曲线。由图 8-14 可知，原始叶型在经过喉部后，在叶型背弧其压力分布存在一个明显的扩压段。正是由于扩压段的存在，使得背弧处的边界层增厚甚至脱离，从而导致损失增加。优化后的新叶型扩压段明显减小，能量损失系数减小 0.36 个百分点。

图 8-13　流道的收缩

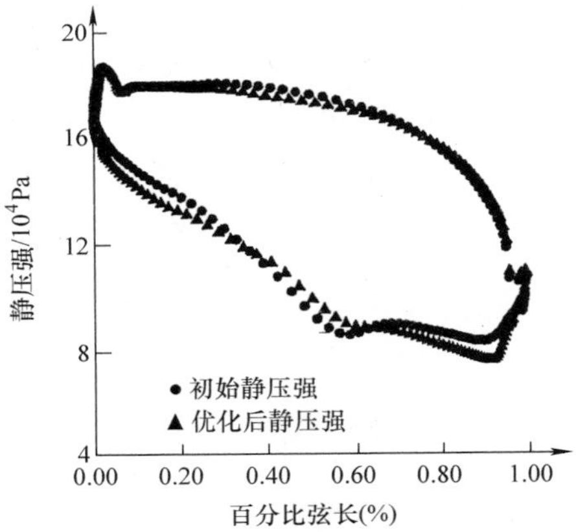

图 8-14　新叶型与原始叶型表面压力的分布曲线

3. 响应面模型的构建

响应面模型的构建，需要选取一定数量的样本并且确定每个样本的响应。在目前得到广泛应用的完全二阶多项式响应面模型中，未知系数的个数近似为设计参数个数的平方。完全二阶多项式响应面模型的一般形式为[48]

$$y^{(k)} = \tilde{a}_o + \sum_{i=1}^{n} [\tilde{a}_i x_i^{(k)}] + \sum_{i=1}^{n-1}\sum_{j=i+1}^{n} [\tilde{a}_{ij} x_i^{(k)} x_j^{(k)}] + \sum_{i=1}^{n} [\bar{a}_{ii} (x_i^{(k)})^2] + \tilde{\varepsilon}^{(k)} \tag{8-50}$$

式中，n 为设计参数个数；$\tilde{\varepsilon}^{(k)}$ 是第 k 次试验的随机误差；$x_i^{(k)}$ 和 $x_j^{(k)}$ 为 x_i 的第 k 次输入和 x_j 的第 k 次输入；$y^{(k)}$ 为第 k 次响应。另外，$\tilde{a}_o$、$\tilde{a}_i$、$\tilde{a}_{ij}$ 和 $\tilde{a}_{ii}$ 均为待定系数，其个数为 n_r，即

$$n_r = \frac{(n+1)(n+2)}{2} \tag{8-51}$$

如果令

$$\boldsymbol{Z} = \begin{pmatrix} 1, \boldsymbol{Z}_1^{(1)}, \boldsymbol{Z}_2^{(1)}, \boldsymbol{Z}_3^{(1)} \\ 1, \boldsymbol{Z}_1^{(2)}, \boldsymbol{Z}_2^{(2)}, \boldsymbol{Z}_3^{(2)} \\ \vdots \quad \vdots \quad \vdots \quad \vdots \\ 1, \boldsymbol{Z}_1^{(n_s)}, \boldsymbol{Z}_2^{(n_s)}, \boldsymbol{Z}_3^{(n_s)} \end{pmatrix} \tag{8-52}$$

$$\boldsymbol{B} = (\widetilde{a}_o, \boldsymbol{b}_1, \boldsymbol{b}_2, \boldsymbol{b}_3)^{\mathrm{T}} \tag{8-53}$$

$$\boldsymbol{Y} = [y^{(1)}, y^{(2)}, \cdots, y^{(n_s)}]^{\mathrm{T}} \tag{8-54}$$

$$\boldsymbol{\varepsilon} = [\widetilde{\varepsilon}^{(1)}, \widetilde{\varepsilon}^{(2)}, \cdots, \widetilde{\varepsilon}^{(n_s)}]^{\mathrm{T}} \tag{8-55}$$

于是式（8-50）可以改写为如下矩阵形式

$$\boldsymbol{Z} \cdot \boldsymbol{B} + \boldsymbol{\varepsilon} = \boldsymbol{Y} \tag{8-56}$$

式中，$\boldsymbol{Z}_1^{(k)}$、$\boldsymbol{Z}_2^{(k)}$、$\boldsymbol{Z}_3^{(k)}$、$\boldsymbol{b}_1$、$\boldsymbol{b}_2$、$\boldsymbol{b}_3$ 均为行矢量，这里，$k=1 \sim n_s$；另外，$\boldsymbol{Z}_1^{(k)}$ 与 $x_1^{(k)}$、$x_2^{(k)}$、…、$x_n^{(k)}$ 有关；$\boldsymbol{Z}_2^{(k)}$ 与 $x_1^{(k)}x_2^{(k)}$、…、$x_{n-1}^{(k)}x_n^{(k)}$ 有关；$\boldsymbol{Z}_3^{(k)}$ 与 $[x_1^{(k)}]^2$、…、$[x_n^{(k)}]^2$ 有关。此外，$\boldsymbol{b}_1$ 与 $\widetilde{a}_i(i=1 \sim n)$ 有关；$\boldsymbol{b}_2$ 与 $\widetilde{a}_{ij}(i=1 \sim n, j=i+1 \sim n)$ 有关；$\boldsymbol{b}_3$ 与 $\bar{a}_{ii}$（$i=1 \sim n$）有关。$\boldsymbol{B}$ 为含 n_r 个待定系数的列矢量。引入标量 L，其定义为

$$L = (\boldsymbol{Y} - \boldsymbol{Z} \cdot \boldsymbol{B})^{\mathrm{T}} \cdot (\boldsymbol{Y} - \boldsymbol{Z} \cdot \boldsymbol{B}) \tag{8-57}$$

在最小二乘的意义下，选择合适的矢量 $\boldsymbol{B}$，使得 L 取最小值，即

$$\frac{\partial L}{\partial \boldsymbol{B}} = 0 \tag{8-58}$$

也就是说，这时待求的矢量 $\boldsymbol{B}$ 应满足：

$$\boldsymbol{B} = (\boldsymbol{Z}^{\mathrm{T}} \cdot \boldsymbol{Z})^{-1} \cdot \boldsymbol{Z}^{\mathrm{T}} \cdot \boldsymbol{Y} \tag{8-59}$$

一旦由式（8-59）获得 $\boldsymbol{B}$，于是 $\widetilde{a}_o$、$\widetilde{a}_{ij}$ 和 $\widetilde{a}_{ii}$ 的值便知道了，由响应面方法所预测的 y 值为

$$y = \widetilde{a}_o + \sum_{i=1}^{n} [\widetilde{a}_i x_i] + \sum_{i=1}^{n-1}\sum_{j=i+1}^{n} [\widetilde{a}_{ij} x_i x_j] + \sum_{i=1}^{n} [\bar{a}_{ii} (x_i)^2] \tag{8-60}$$

正如前面所讨论的，本节设计目标取为叶栅的能量损失系数，经初步正交试验分析后主要考虑的设计变量由 10 个变为 5 个，即 β_{g2}、H_{mc}、α_2、β_{st} 和 $\bar{x}_{mc}$，这其中 α_2 是关于叶型尾缘处厚度梯度角，其余四个变量都是关于叶型中弧线形状的变量。β_{g2} 是叶型出口几何角，其定义为叶型中弧线在出口边的切线与轴向的夹角，它与气流出气角 β_2 是有一些偏差的，这种偏差称为落后角 δ，即

$$\delta = \beta_2 - \beta_{g2} \tag{8-61}$$

由图 8-15 可知，β_{g2} 主要影响叶型中弧线的尾缘部分，对中弧线整体形状影响并不大。因此，这里首先使角 β_{g2} 和 α_2 角取成固定值不变。在采用基于梯度的参数分析法时，响应面模型的构建仅仅考虑安装角 β_{st}、叶型最大厚度相对位置 $\bar{x}_{mc}$ 以及叶型最大弯度 H_{mc} 这 3 个设计变量。显然，由原来叶型的 12 个设计变量到现在主要考虑 3 个，这就大大降低了正交试验的次数，同时也给正交表的选取带来了极大的方便。

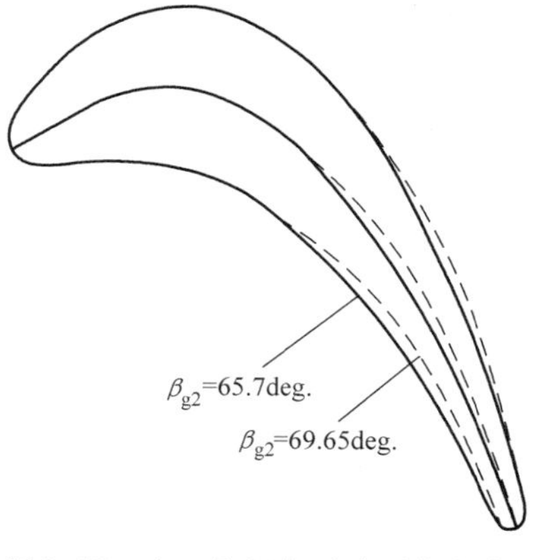

图 8-15　出口几何角对叶型的影响

选取 $L_{25}(5^6)$ 正交表，表头的前三列安

排 3 个设计变量β_{st}、x_{mc}和H_{mc}，每个设计变量取 5 个水平，样本水平值见表 8-11。对正交表$L_{25}(5^6)$的试验方案进行直观分析，表 8-12 给出了$L_{25}(5^6)$正交设计的直观分析数据。由表 8-12 可知，当安装角β_{st}的水平处于 4、最大弯度位置$\bar{x}_{mc}$的水平处于 3 和最大弯度H_{mc}的水平处于 4 时是初步设计方案中最优水平值。图 8-16 所示为目标函数随设计变量变化的趋势，可以看到目标函数在各设计变量的变化范围内存在着极小值，这表明设计变量的范围选择是合理的。

表 8-11　设计变量及其水平值

设计变量	水平 1	水平 2	水平 3	水平 4	水平 5
β_{st}	25.0	27.5	30.0	32.5	35.0
$\bar{x}_{mc}$	0.30	0.34	0.38	0.42	0.46
H_{mc}	-17.0	-19.0	-21.0	23.0	-25.0

表 8-12　$L_{25}(5^6)$正交设计直观分析表

变量	β_{st}	$\bar{x}_{mc}$	H_{mc}
Ⅰ	51.03	46.60	48.55
Ⅱ	44.72	42.35	42.87
Ⅲ	40.742	40.70	40.87
Ⅳ	39.12	41.27	40.74
Ⅴ	39.90	44.58	42.48
R	11.12	5.90	7.80

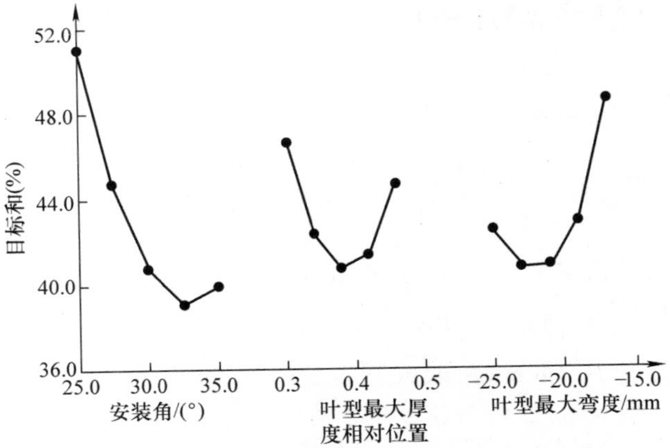

图 8-16　目标函数随设计变量变化的趋势

对于设计变量的初步最优水平组合方案，进行 CFD 计算。另外，在各设计变量的最优水平附近的小范围内，加密最优值附近的样本空间。为此，采用正交表$L_9(3^4)$的前三列对设计变量进行三水平的试验安排，以便得到更精确的最优值，水平安排见表 8-13。注意分析全部样本点的分布图，并注意在必要位置处加入新水平，以加密样本空间。

表 8-13 采用 L_9（3^4）时设计变量及其水平值

设计变量	水平 1	水平 2	水平 3
β_{st}	33.0	34.0	35.6
$\bar{x}_{mc}$	0.36	0.39	0.41
H_{mc}	-20.0	-22.0	-24.0

4. 基于梯度的参数分析方法及其应用

基于梯度的参数分析方法，又称 GPAM（gradient - based parameterization analysis method），在参考文献［123］的第 14.2 节中做了详细讲述，对该方法本身本节不再赘述，这里着重讲述它的应用。使用基于梯度的参数分析方法，便能够得到针对不同设计变量时样本能量损失系数的分布情况，图 8-17 ~ 图 8-19 所示分别为针对安装角 β_{st}、最大弯度相对位置 $\bar{x}_{mc}$ 和最大弯度 H_{mc} 时样本点能量损失系数的分布。在所有样本中，以 $\beta_{st}=36.5°$，$\bar{x}_{mc}=0.42$ 和 $H_{mc}=-19.5$mm 的方案使叶型的能量损失系数最小，即 $\xi=7.22\%$；另外，利用响应面近似分析得到最优点为 $\beta_{st}=35.8°$、$\bar{x}_{mc}=0.40$、$H_{mc}=-19.4$mm、能量损失系数 $\xi_{rsm}=7.20\%$；对响应面方法的最优点进行 CFD 校验，得到能量损失系数 $\xi=7.18\%$，于是有

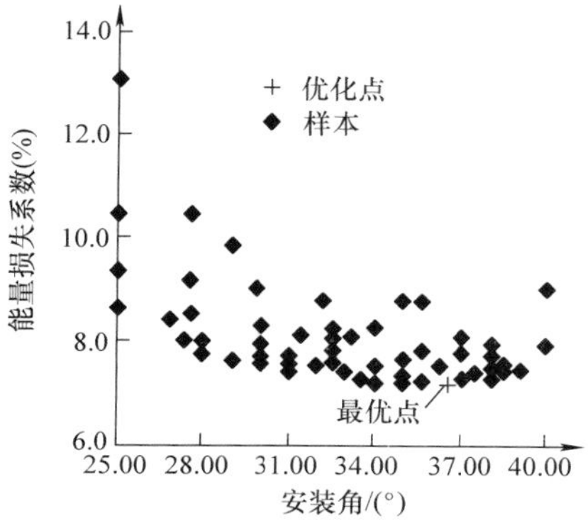

图 8-17 样本点分布——安装角

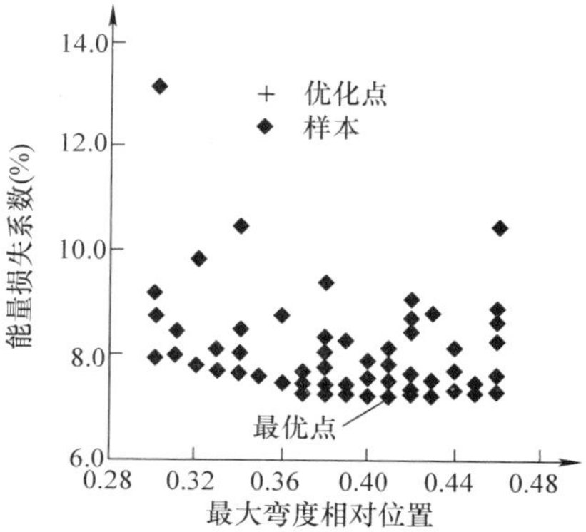

图 8-18 样本点分布——最大弯度相对位置

$$\frac{|\xi-\xi_{rsm}|}{\xi}=\frac{|7.18-7.20|}{7.18}=0.279\% \tag{8-62}$$

可见利用响应面近似模型的极值点与 CFD 的值十分接近。图 8-20 所示为响应面寻优的收敛曲线。借助于参考文献［488］给出的响应面模型评估方面的知识，对所得的响应面模型进行评估。首先计算残差平方和 S_E

$$S_E=\sum_{i=1}^{n}(\hat{y}_i-y_i)^2=5.73331 \tag{8-63}$$

计算总平方和 S_T

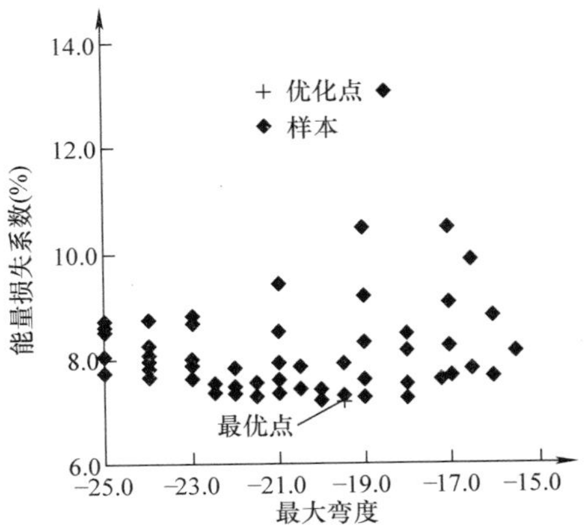

图 8-19　样本点分布——最大弯度

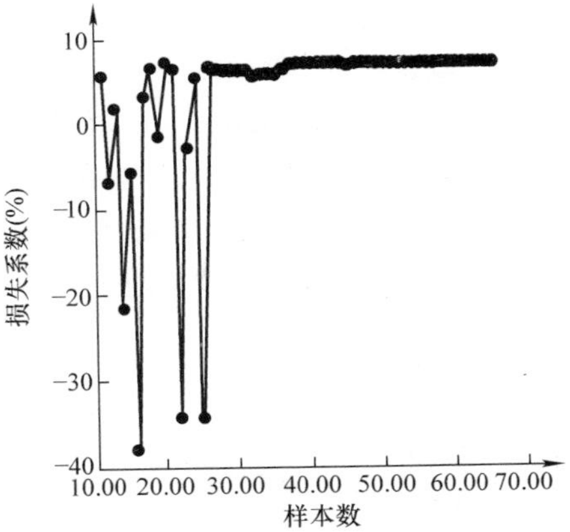

图 8-20　目标函数的收敛历史

$$S_T = \sum_{i=1}^{n}(y_i - \bar{y})^2 = 60.4971 \tag{8-64}$$

再计算相关系数 R^2

$$R^2 = \frac{S_R}{S_T} = \frac{S_T - S_E}{S_T} = 1 - \frac{S_E}{S_T} = 1 - \frac{5.7331}{60.4971} = 0.9052 > 0.9 \tag{8-65}$$

由此可知，基于所得样本空间所建立的响应面模型，能够很好地逼近于真实的目标函数。表 8-14 给出了优化前后设计变量与目标函数值的比较，由表 8-14 可知，采

表 8-14　优化前后设计目标的比较

方案	β_{st}/(°)	$\bar{x}_{mc}$	H_{mc}/mm	损失系数（%）
原始叶片	34.57	0.33	−22.86	7.726
初步优化后叶片	34.57	0.33	−20.57	7.366
响应面优化	35.80	0.40	−19.40	7.186
与原始叶片相比增/减量	—	—	—	−0.54

用响应面方法优化得到的新叶型其能量损失系数比原始叶型减少 0.54 个百分点。图 8-21 所示为原始叶型与使用响应面方法优化获得的新叶型之间的比较，看来叶型优化后变化还较大。

在获得上述三个设计变量的最优值后，再对角 α_2 和 β_{g2} 角寻优。寻优时，H_{mc}、$\bar{x}_{mc}$ 和 β_{st} 取最优值并保持不变。另外，出口几何角 β_{g2} 取初始值不变，首先去寻找出口厚度角 α_2 的最优值。图 8-22 所示为损失系数、膨胀比、质量流量随 α_2

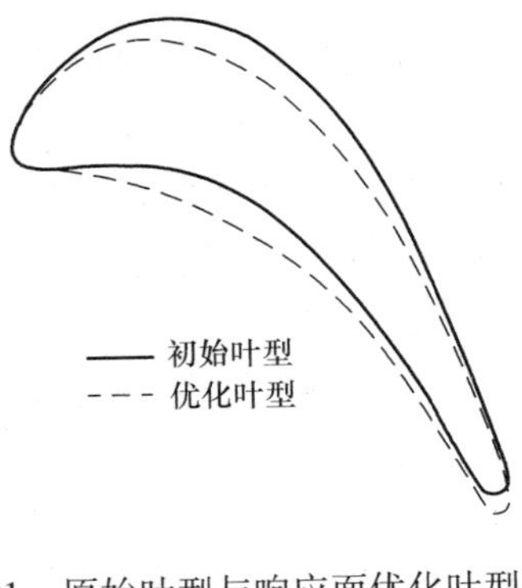

图 8-21　原始叶型与响应面优化叶型的比较（借助于 β_{st}、$\bar{x}_{mc}$ 和 H_{mc} 时）

的变化规律。当 $\alpha_2 \in (-4.5°, -3.5°)$ 范围时，损失系数差别不大，且取到极小值，质量流量约为 11.633kg/s，膨胀比为 1.823。根据几何要求，取 $\alpha_2 = -3.8°$，这时损失系数为 $\xi = 7.152\%$。

固定 β_{st}、$\bar{x}_{mc}$、H_{mc} 和 α_2 这四个设计变量的值，取为上面得到的最优值并保持不变，这时对角 β_{g2} 寻优，如图 8-23 所示，当角 $\beta_{g2} = 64.39°$时，损失系数达到最小值，膨胀比基本不变，此时的损失系数 $\xi = 7.131\%$。

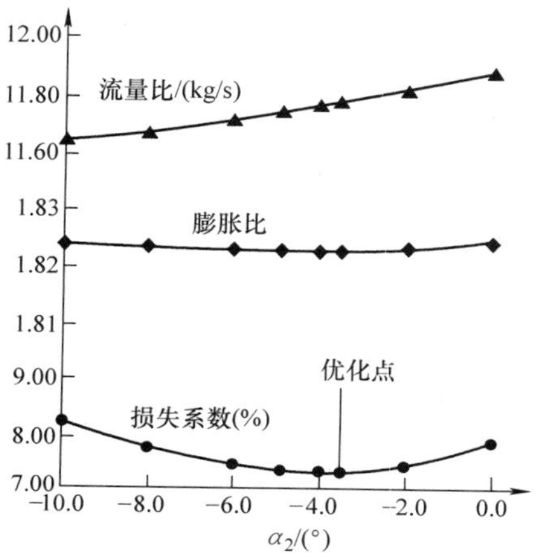

图 8-22　损失系数、膨胀比和质量流量随 α_2 的变化趋势

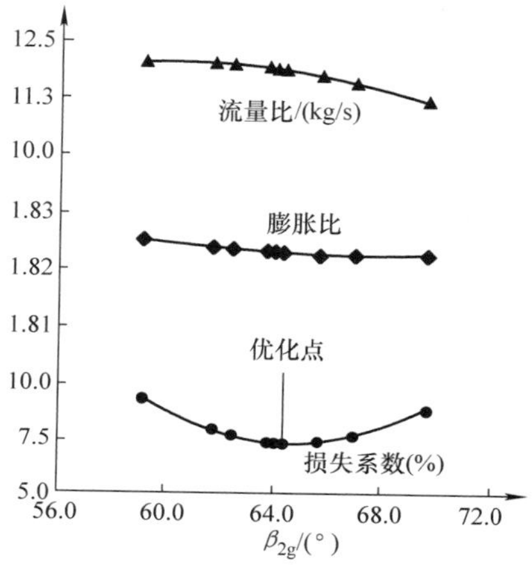

图 8-23　损失系数、膨胀比和质量流量随 β_{g2} 的变化趋势

至此，经过 5 个设计变量的优化，得到了新叶型如图 8-24 的虚线所示，实线为原始叶型。表 8-15 给出了完成 5 个设计变量（β_{st}、$\bar{x}_{mc}$、H_{mc}、α_2、β_{g2}）的优化之后得到的新叶型与原始叶型的损失系数，优化后叶型的损失系数减少了 0.595%。图 8-25 所示为优化后叶型流道的收缩图，优化后的叶型扩压段明显减少，图 8-26 所示为优化前后叶型表面静压的分布曲线。

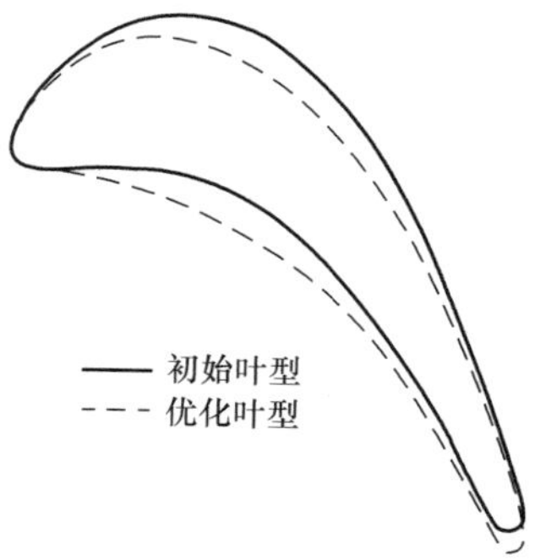

图 8-24　优化前后叶型的比较

综上所述，本节结合实例给出了对叶型进行优化设计的全过程。首先对叶型采用正交设计试验方法，对设计变量进行初步筛选，得到对设计变量影响较大的主要因素（例如本例由 12 个设计变量，筛选后仅先考虑 5 个设计变量）。再通过正交设计安排样本点，并采用响应面方法进行寻优，并注意采用方差分析去检验响应面的逼近程度。经过优化后得到的新叶型比原始叶型的损失系数降低了 0.595 个百分点，膨

胀比没有明显变化。从整个优化过程上看，本方法对研究者的经验依赖性较低。最后要说明的是，这里仅对二维叶型的几何参数进行了优化，并没有对栅距等叶栅的相关参数寻优。

表 8-15　优化前后叶型设计变量和目标函数值的比较

方案	β_{st}	$\bar{x}_{mc}$	H_{mc}	α_2	β_{g2}	损失系数（%）
原始叶片	34.57	0.33	-22.86	-5.4	65.70	7.726
初步优化	34.57	0.33	-20.57	-4.86	65.70	7.366
响应面优化	35.80	0.40	-19.40	-4.86	65.70	7.186
最优叶片	35.80	0.40	-19.40	-3.80	64.39	7.131
增/减量	—	—	—	—	—	-0.595

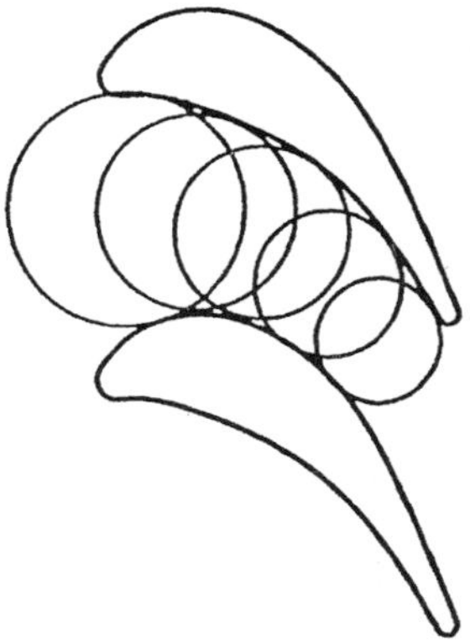

图 8-25　优化后叶型流道收缩图

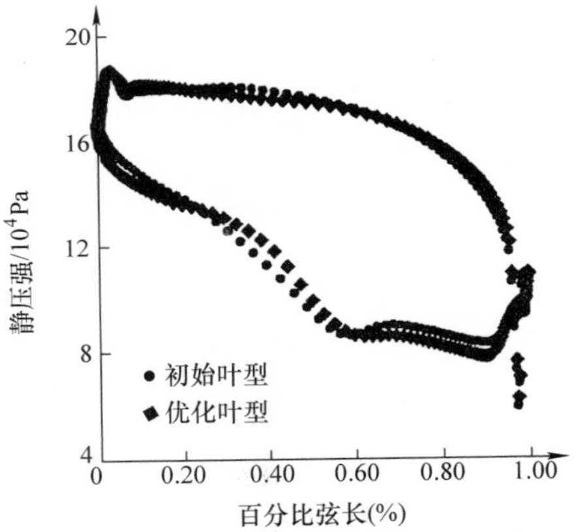

图 8-26　优化前后叶型表面静压分布曲线

第4篇

涡扇发动机的现代设计方法及多目标协同优化

第9章 涡扇发动机设计状态参数选择的基本分析

9.1 几代涡扇发动机的主要性能参数

燃气涡轮发动机的最大影响发生在飞机的推进系统，并且喷气发动机的基本发展是发生在第二次世界大战期间。1937 年英国的 Frank Whittle 和 1939 年德国的 Von Ohain 在大战时相互隔绝、互不了解的特殊情况下，各自独立发明了喷气发动机。一架由 Ohain 发动机提供动力的亨克尔试验飞机于 1939 年 8 月 27 日进行了推进飞机的首次飞行。另外，由 Whittle 发动机提供动力的格罗斯特 - 惠特尔飞机也于 1941 年 5 月 15 日进行了首飞。虽然这些研制仅基于军用要求，并且喷气发动机最初也仅应用在高速军用飞机上，但是上述喷气发动机的问世，宣布了喷气航空新时代的来临。

在喷气发动机的发展历程中，苏联学者也做出了重要贡献。在基础理论方面，1929 年，Б. С. Стечкин（斯捷金）院士发表了《航空喷气发动机理论》；1933 年，Г. И. 卓季可夫在《内燃涡轮问题》一书中提出了等压燃烧理论；1935 年，B. B. 乌瓦罗夫教授在《燃气涡轮》专著里系统地论述了涡轮的工作原理。这些理论研究和成果，为涡喷发动机的研制提供了坚实的理论基础。在工程实践方面，A. M. Люлька（留里卡，1908—1984）院士曾于 1937 年和 1938 年分别提出了采用离心式压气机的涡喷发动机方案（RTD - 1 发动机）和采用轴流压气机的涡喷发动机方案（RD - 1发动机）。推力为4900N 的带有轴流压气机的涡轮喷气发动机于1940 年在列宁格勒的基洛夫工厂完成制造，后因战事紧迫而终止了研制，没有及时进行飞行试验，这使得留里卡院士没有像英国的 Whittle 和德国的 Ohain 那样被世界誉为“喷气发动机之父”。在涡扇发动机的研制方面，苏联第一台涡扇发动机是 П. A. Соловьев（索洛维耶夫，1917—1996）设计局研制的 D - 20P 发动机，涵道比为 1.0，推力为 53kN，耗油率为 0.072kg/N · h，1960 年定型并投入批量生产，用于图 - 124等客机。随后，苏联航空发动机进入了涡扇发动机的大发展时代。在大涵道比的涡扇发动机方面，苏联研制了 NK - 8、D - 30、D - 36、D - 18T、PS - 90 等发动机；在小涵道比的涡扇发动机方面，推出了著名的 AL - 31F 和 RD - 33 军用发动机。另外，库兹涅佐夫设计局于 1983 年成功研制了世界上推力最大的 NK - 321 三转子加力涡扇发动机，加力推力达 245kN，用于图 - 160 超声速战略轰炸机。Н. Д. 库兹涅佐夫院士 1938 年毕业于茹科夫斯基空军工程学院，1943 年在克里莫夫发动机设计局任副总设计师，1946 年专门成立了库兹涅佐夫设计局并任总设计师，他负责在缴获的德国 BMW - 003 涡喷发动机的基础上研制出了 RD - 20 并投入生产，装备米格－9战斗机。该设计局曾研制出15000hp（11185.5kW）的NK－12涡桨发动机，用于安－22远程重型军用运输机和图－95远程战略轰炸机；还研制出了196kN推力的NK－144加力式涡扇发动机，用于图－144超声速民航客机等。

世界上的第一台实用的涡扇发动机是英国罗尔斯·罗伊斯（简称罗·罗）公司在20世纪50年代研制的康维发动机，用于装在VC－10客机上。在康维发动机的基础上，罗·罗公司又研制了经济性与安全性更好的斯贝发动机，用于著名的“三叉戟”客机上。另外，其他国家也相继发展了许多机种，因此20世纪60年代，世界形成了一个涡扇发动机的热潮。这一代民用涡扇发动机的性能参数为：涵道比小于3，总增压比为10～25，巡航耗油率为0.07～0.09kg/N·h。

为了满足远程大中型客机的需要，20世纪七八十年代研制了一批先进的大涵道比涡轮风扇发动机，其中的典型代表有：英国罗·罗公司在1973—1977年研制的RB211（三转子，用于波音747、波音767等），1972—1979年美国与法国联合研制的CFM56（用于波音737、C－135、A320、A340等），1983—1988年美国、英国、日本、联邦德国、意大利五国联合研制的V2500（用于A320、MD－90等）。这些发动机后来又有了进一步的改进与发展，这一代涡扇发动机的性能参数为：涵道比为4～6，总增压比为25～30，巡航耗油率为0.055～0.08kg/N·h，涡轮前温度为1227～1300℃。

20世纪90年代，根据双发远程宽体大型客机波音777的需求，三大发动机公司进一步研制了更先进的大推力涡扇发动机，即英国罗·罗公司的遄达800，美国通用电气公司（简称GE公司）的GE90，美国普·惠公司的PW4084。这一代涡扇发动机的性能参数为：涵道比为6～9，总增压比为38～45，巡航耗油率为0.06kg/N·h，涡轮前温度为1400～1430℃。

波音777投入使用后，欧洲的空中客车公司和美国的波音公司又先后提出发展运载600人左右的4发巨型客机。为此，美国GE和美国普·惠合作发展涵道比为7～8的GP7000，英国罗·罗公司发展涵道比为8.5的遄达900，这些发动机从20世纪90年代后期开始研制。另外，为与GFM56争夺窄体客机市场，美国普·惠公司还提出过涵道比为11的新一代齿轮传动风扇的PW8000发动机方案。该发动机在风扇与低压压气机之间安装了一种新型减速器，使风扇和低压涡轮均可以处于最佳转速下工作。与传统同类发动机相比，PW8000的压气机和涡轮总级数减少40%，叶片数减少50%，耗油率下降9%，它代表了此类发动机的水平。

此外，从20世纪60年代开始，涡扇发动机就被军用飞机大量采用，如美国的TF30和英国的军用斯贝都属于军用加力式涡扇发动机。这一代发动机的性能参数为：推重比为5～6，涡轮前温度为1127～1227℃。20世纪七八十年代，受高性能空中优势战斗机需求的牵引，各国先后推出了一批先进的军用涡扇发动机，如英国、联邦德国、意大利三国联合研制的RB199（用于“狂风”战斗机），美国普·惠公司的F100（用于F－15、F－16），GE公司的F404（用于F/A－18）和F110（用于F－16），苏联研制的RD－33（用于米格－29）和AL－31F（用于苏－27）。这一代军用涡扇发动机的性能参数为：推重比为7～8，技术上采用跨声速压气机、短环形燃烧室、高负荷跨声速涡轮、符合气冷涡轮叶片和单元体结构设计等。

20 世纪 90 年代，各国为第四代战斗机研制了推重比为 10⁻级的小涵道比加力式涡扇发动机，如美国的 F119 和 F135（用于 F－22 和 F－35），欧洲的 EJ200（用于 EF2000 战斗机），法国的 M88－II（用于“阵风”战斗机），俄罗斯的 AL－41F 等。这一代发动机采用矢量喷管和双余度全权电子数字控制，发动机的可靠性、耐久性成倍提高，寿命期费用降低 25% 左右。

综上所述，航空燃气涡轮发动机（包括涡轮喷气发动机、涡轮风扇发动机、涡轮轴发动机和涡轮螺旋桨发动机）发展迅速。第二次世界大战结束之前，世界上批量生产的仅有两种型号的航空燃气涡轮发动机，即英国的 Welland 发动机和德国的 Jumo（004）发动机。Welland 发动机采用单级双侧进气的离心式压气机，而 Jumo（004）发动机的压气机是轴流式的。两种发动机的主要性能参数见表 9-1。

表 9-1　Jumo（004）和 Welland 发动机的主要性能参数

性能指标		Junkers 004B（Jumo 004）	Welland
压气机	形式	轴流式	离心式
	增压比	3.1	4
	级数	8	1
	效率（%）	80	75
	进气温度/K	1073	—
重量推力比		0.83	0.53
单位推力迎风面积/(m^2/N)		0.000067	0.000144
耗油率/(10^{-1}kg/h·kg)		1.40～1.48	1.12
可靠性		低	高
寿命/h		25～35	100

近 60 年来，航空燃气涡轮发动机沿着高推重比、低油耗、长寿命和高可靠性的方向飞速发展。航空燃气涡轮发动机的推力已由最初的 2000～3000N 发展到现在的 570kN，几乎增大了 200 倍；耗油率由最初的大于 0.1kg/(N·h) 降到了 0.035kg/(N·h)，降低了约 2/3；发动机的寿命由最初的几十小时发展到了 2 万～3 万 h；而推重比则由最初的小于 1 发展到了大于 10。图 9-1 和图 9-2 所示分别为

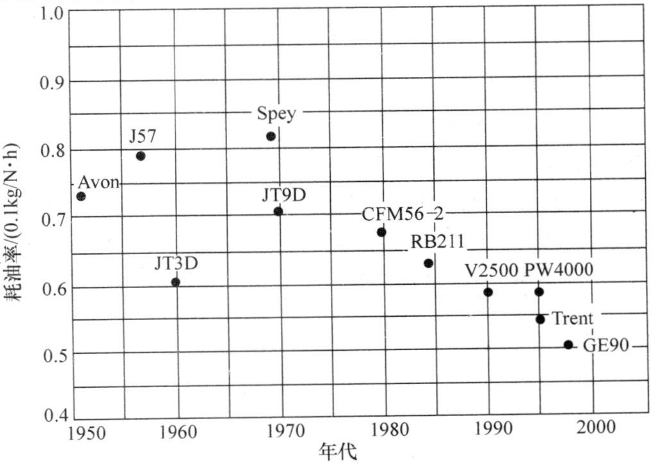

图 9-1　耗油率的发展趋势

民用航空燃气涡轮发动机的耗油率和推重比的发展趋势。图 9-2 中的 IHPTET（integrated high performance turbine engine technologies）是 1988 年美国的综合高性能涡轮发动机技术计划，该计划从 1990 年开始分为三个阶段共 15 年。另外，图 9-2 中的 VAATE（the bersatile affordable advanced turbine engines）计划，即经济可承受的多用途先进涡轮发动机计划。该计划于 2003 年至 2017 年间实施，并对四种类型发动机，即大型涡扇/涡喷发动机、小型涡扇/涡喷发动机、涡轴/涡桨发动机、短寿命发动机提出了具体的性能指标要求。

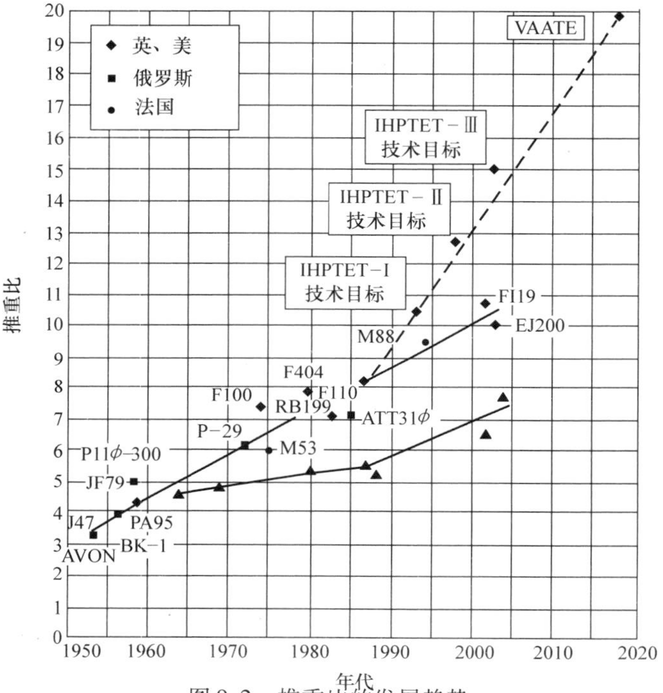

图 9-2 推重比的发展趋势

为了满足航空燃气涡轮发动机的需要，压气机与风扇的发展态势一直沿着高压比、高速度（包括气流速度和叶轮的旋转速度）和高效率，而涡轮沿着高进口温度、高速度和高效率的方向不断发展。压气机的总增压比已从 20 世纪 40 年代初的 3～4，发展到如今的 25～52，而且为了减小轴向长度和自重，压气机与风扇的级负荷也在不断增大。涡轮的进气温度从 20 世纪 40 年代初的 1073K 发展到现在的 1900～2000K，而且出现了超声速涡轮级。表 9-2 给出了一些现代航空燃气涡轮发

表 9-2 现代燃气涡轮发动机的主要参数

飞机	发动机	发动机形式	压气机				涡轮	
			总增压比	级数		平均级增压比	涡轮前温度/K	级数
				风扇	压气机			
F－111	TF30	涡扇	17	3	12	1.208		1＋3
F－15、F－16	F100	涡扇	23	3	10	1.273	1590	2＋2
F－18	F404	涡扇	25	3	7	1.380	1650	1＋1

（续）

飞机	发动机	发动机形式	压气机				涡轮	
			总增压比	级数		平均级增压比	涡轮前温度/K	级数
				风扇	压气机			
B－52	J57	涡喷	14.3		9＋7	1.181		1＋2
Boeing 747	JT9D	涡扇	22	1	3＋11	1.229	1422	2＋4
幻影	M53	涡扇	8.5	3	5	1.307	1473	1＋1
	M88－3	涡扇	27.7	3	6	1.446	1850	1＋1
狂风	RB199	涡扇	24	3	3＋6	1.303	1530	1＋1＋2
米格－29	RD－33	涡扇	23.4	4	9	1.274		
SU－27	AL－31F	涡扇	22.9	4	9	1.272	1650	1＋1
	AL－41F	涡扇	29.4				1910	
EF－2000	EJ200	涡扇	26	3	5	1.503	1803	1＋1
F－22	F119	涡扇	26	3	6	1.436	1973	1＋1
Boeing777	GE90	涡扇	46	1＋3	10	1.313		2＋6
	Trent800	涡扇	39.3	1	8＋6	1.277		1＋1＋5
Boeing787	GEnx－1B	涡扇	49	1＋4	10	1.296		2＋7
Boeing747	GEnx－2B	涡扇	52	1＋3	10	1.326		2＋6

动机的压气机和涡轮的主要参数。从表 9-2 可以看到，所列的发动机形式几乎全为涡扇，它反映了现代航空燃气涡轮发动机发展的一个基本态势。

9.2　AAF 的任务剖面及 AAF 设计点的选择

航空发动机为飞机提供动力，它是飞机的心脏，发动机的性能对飞机的性能有着决定性的影响，而且发动机的设计必须要满足招标书（request for proposal，RFP）所规定的一些特定用途的需要，并受其约束。图 9-3 所示为飞机初步设计的

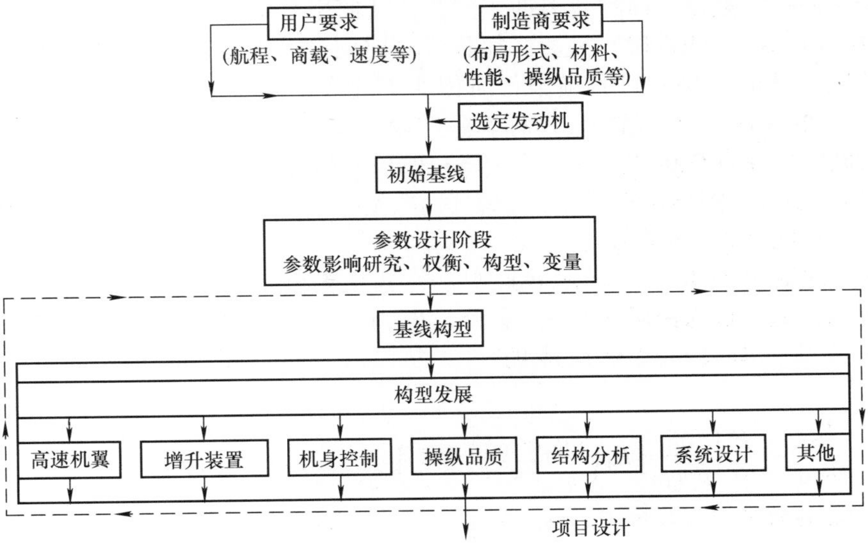

图 9-3　飞机初步设计的流程

流程，图 9-4 所示为国外某型空战战斗机（AAF）13 个航段的任务剖面：

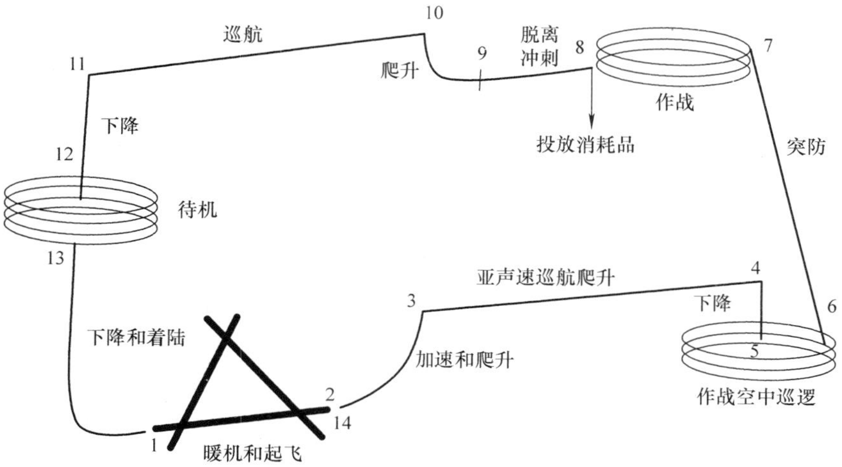

图 9-4　AFF 的任务剖面

① 暖机和起飞（1~2）航段；②加速和爬升（2~3）航段，对军用推力，要求以最短时间爬升到最佳巡航马赫数（BCM）和最佳巡航高度（BCA）；③为以 BCM/BCA 亚声速巡航爬升（3~4）航段，简称亚声速巡航爬升航段；④下降至 3 万 ft（9144m）的（4~5）航段，简称下降；⑤在 3 万 ft（9144m）处完成 20min 作战空中巡逻的待机飞行（5~6）航段，简称作战空中巡逻航段；⑥在 3 万 ft（9144m）高空和 $Ma=1.5$ 做超声速突防至作战空域的（6~7）航段，简称超声速突防航段；⑦作战模型（7~8）航段；⑧以 $Ma=1.5$ 和 3 万 ft（9144m）高空脱离冲刺的（8~9）航段，简称脱离冲刺航段；⑨使用军用推力，以最短时间爬升至 BCM/BCA 的爬升（9~10）航段，简称最短时间爬升航段；⑩以 BCM/BCA 作亚声速巡航爬升的（10~11）航段，简称亚声速巡航爬升航段；⑪下降至 1 万 ft（3048m）的（11~12）航段，简称下降航段；⑫下降至 1 万 ft（3048m）和最长续航时间的马赫数待机 20min（12~13）航段，简称待机航段；⑬下降和着陆的（13~14）航段。图 9-5 所示为航空燃气涡轮发动机设计的基本系统，图 9-6 所示为航空发动机设计的基本步骤。

在上述给出的 RFP（招标书）中，一些主要性能的要求与起飞推力载荷（T_{SL}/m_{TO}）有着极为密切的关系。另外，T_{SL}/m_{TO} 与机翼载荷 m_{TO}/S 之间存在着一种函数关系，即飞机飞行性能的“主方程”，它可以直接由能量守恒定律得到[489]。

$$\frac{T_{SL}}{m_{TO}}=\frac{\beta}{\alpha}\left\{\frac{qS}{\beta m_{TO}}\left[K_1\left(\frac{n\beta}{q}\ \frac{m_{TO}}{S}\right)^2+K_2\left(\frac{n\beta}{q}\ \frac{m_{TO}}{S}\right)+C_{DO}+C_{DR}\right]+\frac{P_S}{v}\right\} \quad (9\text{-}1)$$

式中，T_{SL} 为海平面安装推力；m_{TO} 为起飞质量；C_{DO} 为零升力时的阻力系数；C_{DR} 为附加阻力系数；v 为速度；n 为载荷因数；S 为面积；α 为推力变化率；β 为瞬时

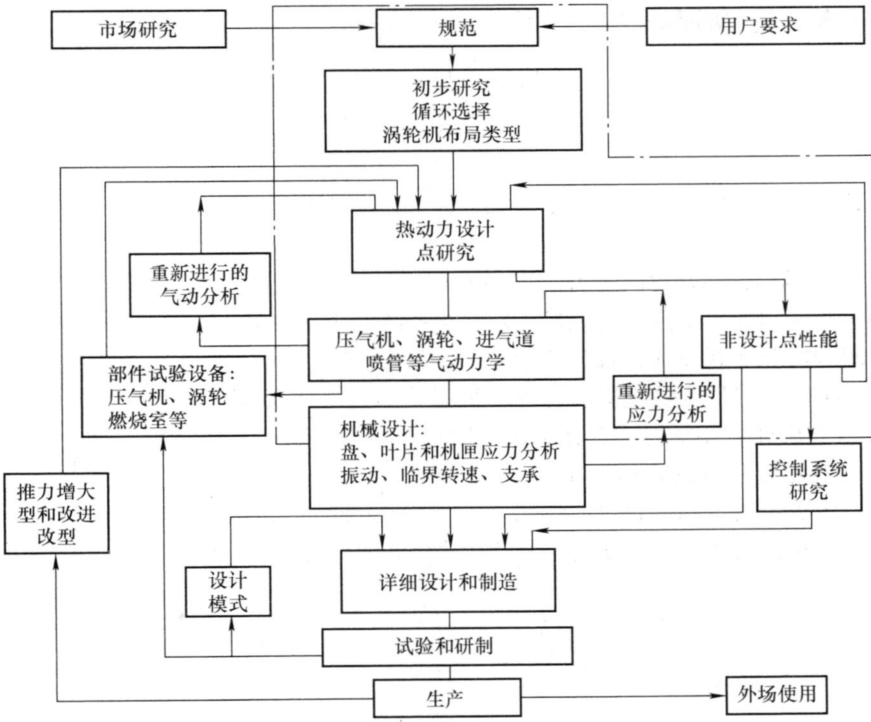

图 9-5 航空燃气涡轮发动机设计的基本系统

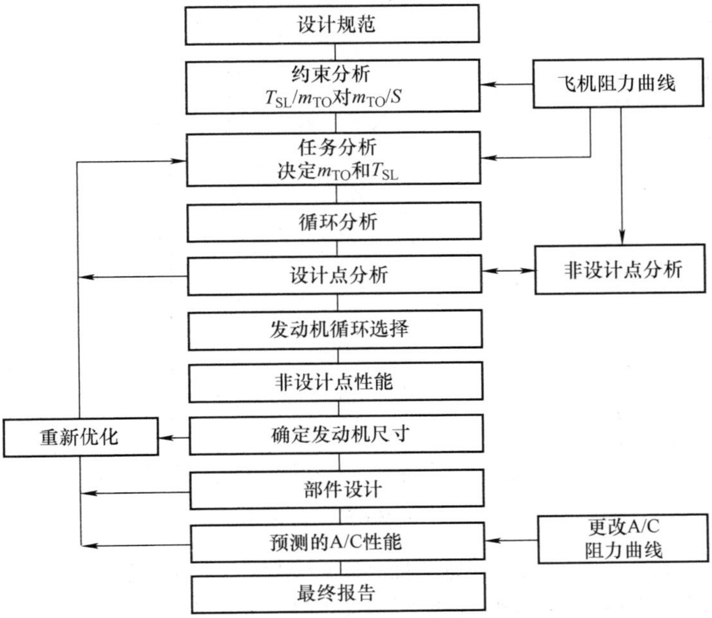

图 9-6 航空发动机设计的基本步骤

质量比；K_1、K_2 为系数；P_S 为单位剩余功率，即

$$P_S = \frac{d}{dt}\left\{h + \frac{v^2}{2g_o}\right\} \tag{9-2}$$

$$q = \frac{1}{2}\rho v^2 \tag{9-3}$$

在推导式（9-1）时，引入了如下升力－阻力曲线关系式的假定，即

$$C_D = K_1 C_L^2 + K_2 C_L + C_{DO} \tag{9-4}$$

式中，C_D 为阻力系数，C_L 为升力系数；K_1 与 K_2 为系数。

图 9-7 所示为一个典型的飞机、发动机系统约束条件分析结果的示例，它反映了在以下四种情况下起飞推力载荷 T_{SL}/m_{TO} 与机翼载荷 m_{TO}/S 之间的关系曲线。这四种情况是：①从给定长度的跑道上起飞（见图中曲线 1）；②在给定高度和所要求的速度下飞行（见图中曲线 2）；③在给定高度和速度下以所要求的速度爬升（见图中曲线 3）；④在给定长度的跑道上不带反推力时着陆（见图中曲线 4）。由图 9-7 可知，落在图中所示“解空间”的 T_{SL}/m_{TO} 和 m_{TO}/S 的任何组合都自动满足所考虑的约束条件。图 9-8 和图 9-9 所示分别为典型战斗机和典型客机的瞬时质量比 β 的取值。

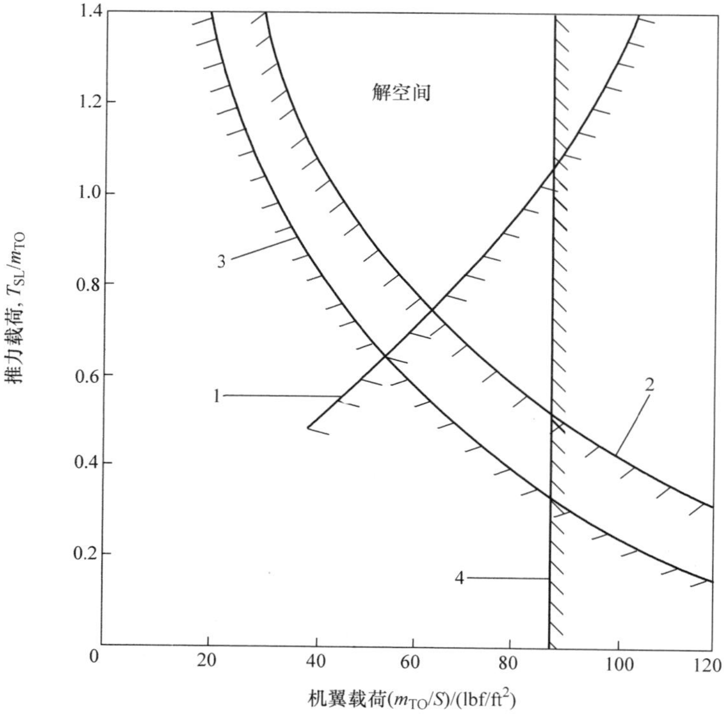

图 9-7　四个航段下起飞推力载荷与机翼载荷间的关系曲线

注：曲线 1 为起飞；曲线 2 为要求的速度；曲线 3 为要求的爬升率；曲线 4 为着陆；1lbf/ft^2 = 47.8803Pa。

为了进一步说明 AAF 设计点的选择问题，表 9-3 给出了一个 AAF 在各任务航段时的性能要求。图 9-10 所示为 AAF 的约束条件全图。由图 9-10 可以得到，该约束

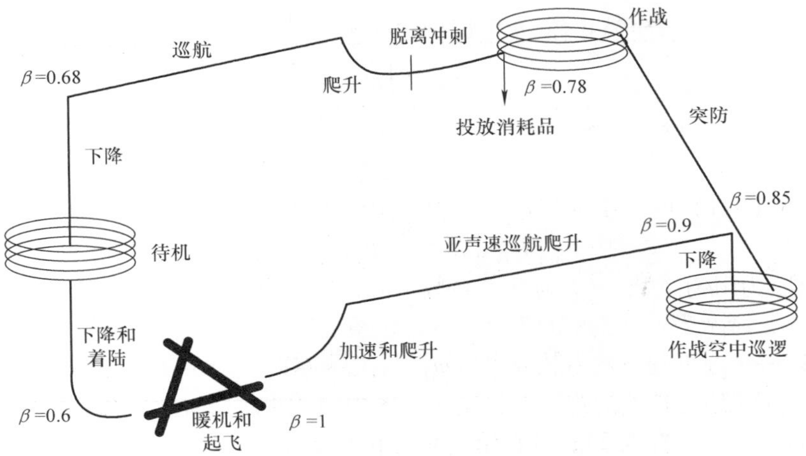

图 9-8　典型战斗机的瞬时质量比 β

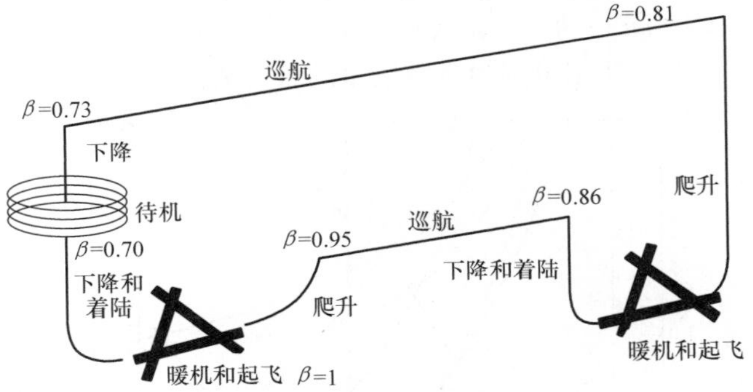

图 9-9　典型客机的瞬时质量比 β

条件下的解空间。当然，AAF 的设计点应在解空间中选取较小的推力载荷为设计点。下面着重分析 AAF 解空间的三个飞行状态，即起飞、超声速巡航和着陆三个航段的飞行。图 9-11 所示为三个约束下战斗机推力载荷 T_{SL}/m_{TO} 与机翼载荷 m_{TO}/S 的关系曲线。另外，图 9-11 还给出了许多国际著名战机的推力载荷与机翼载荷点。十分幸运的是，这里 AAF 的机翼载荷正好处在工业部门的设计经验之内，并且取值足以保证有良好的操纵品质[490,491]。因此，该款 AAF 的设计点可取为

$$\begin{cases} \dfrac{T_{SL}}{m_{TO}} = 1.2 \\ \dfrac{m_{TO}}{S} = 64(1\text{bf/ft}^2) = 3064\text{Pa} \end{cases} \tag{9-5}$$

表 9-3　AAF 在各任务航段时的性能要求

任务航段和分航段		性 能 要 求
1 ~ 2	起　飞	2000ft 压力高度，100℉，$s_{TO} = \varepsilon_G + s_R \leqslant 1500$ft
	加　速	$k_{TO} = 1.2$，$\mu_{TO} = 0.05$，最大推力
	超飞抬前轮	V_{TO}，$t_R = 3$s，最大推力

（续）

任务航段和分航段		性能要求
6～7 和 8～9	超声速突防和脱离冲刺	Ma = 1.5，30000ft，不打开加力（如果可能的话）
7～8	作　战	30000ft
	盘旋 1	Ma = 1.6，一次 360°稳定盘旋，打开加力
	盘旋 2	Ma = 0.9，两次 360°稳定盘旋，打开加力
	加速	Ma 从 0.8 到 1.6，$\Delta t \leqslant 50$s，最大推力
13～14	着陆	2000ft 压力高度，100 °F，$s_L = s_{FR} + s_B \leqslant 1500$ft
	自由滑跑	k_{TD} = 1.15，t_{FR} = 3s，μ_B = 0.18
	制动	阻力伞直径 1.6ft，打开时间≤2.5s
最大马赫数		Ma = 2.0，40000ft，最大推力

注：1ft = 0.3048m，°F = 18℃ + 32。

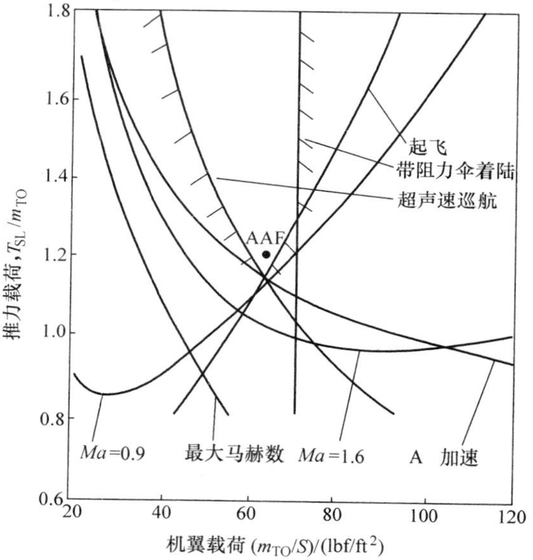

图 9-10　AAF 的约束条件全图

注：1lbf/ft² = 47.8803Pa。

一旦 T_{SL}/m_{TO} 和 m_{TO}/S 选定之后，就有可能计算出在选定的瞬时质量比 β 和载荷因素 n 值，以及给出的飞行高度 H 与速度 v 下单位剩余功率 P_S 的值。由式（9-1）可得

$$P_S = v\left\{\frac{\alpha}{\beta}\left(\frac{T_{SL}}{m_{TO}}\right) - K_1 n^2 \frac{\beta}{q}\left(\frac{m_{TO}}{S}\right) - K_2 n - \frac{C_{DO}}{\frac{\beta}{q}\left(\frac{m_{TO}}{S}\right)}\right\} \tag{9-6}$$

式（9-6）是个非常重要的关系式。借助式（9-6），可以在速度－高度图上画出在军用推力下的等 P_S 曲线（见图 9-12），进而可以得到采用军用推力时以最短时间爬升加速到 BCM/BCA 状态（见图 9-12 中的虚线）的曲线图。

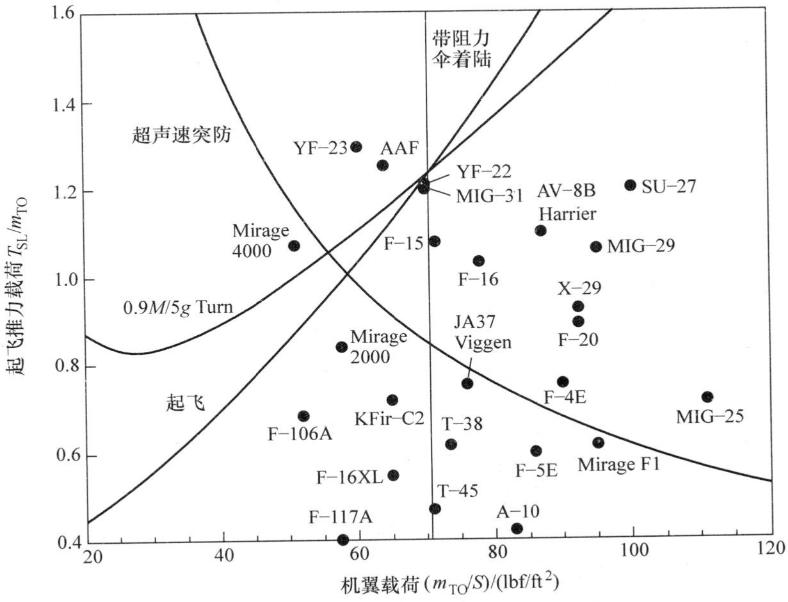

图 9-11　三种航段飞行的约束条件曲线

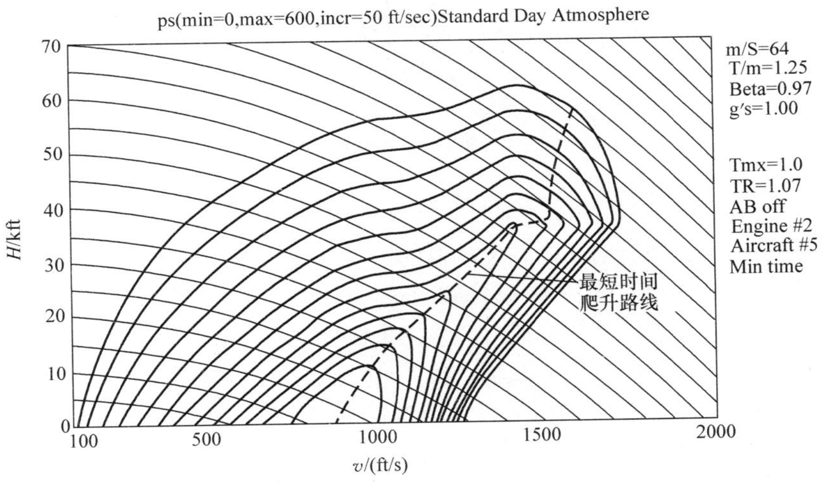

图 9-12　在等 P_S 曲线图上的最短时间爬升路线

令 f_s 为消耗单位燃油的功，于是有如下表达式

$$f_s \approx \frac{P_S}{\alpha \cdot \mathrm{SFC}} \tag{9-7}$$

式中，P_S 为单位剩余功率，α 为安装推力变化率，SFC 为单位燃油消耗率，而 SFC 又可表达为

$$\mathrm{SFC} = C\sqrt{\theta} \tag{9-8}$$

式中，C 是一个事先估计的常数，表 9-4 给出了它的估计值；θ 值可由标准大气特性表查出，它是高度的函数。

借助式（9-7）可以在速度 - 高度图上画出等 f_s 曲线（见图 9-13），进而可以得到由一个高度爬升到另一个高度时最省油的爬升路线（见图 9-13 中的虚线）。

表 9-4 C 的估计值

$SFC = C\theta^{\frac{1}{2}}$	军用推力		最大推力
	亚声速	超声速	
C	1.35	1.45	2.00

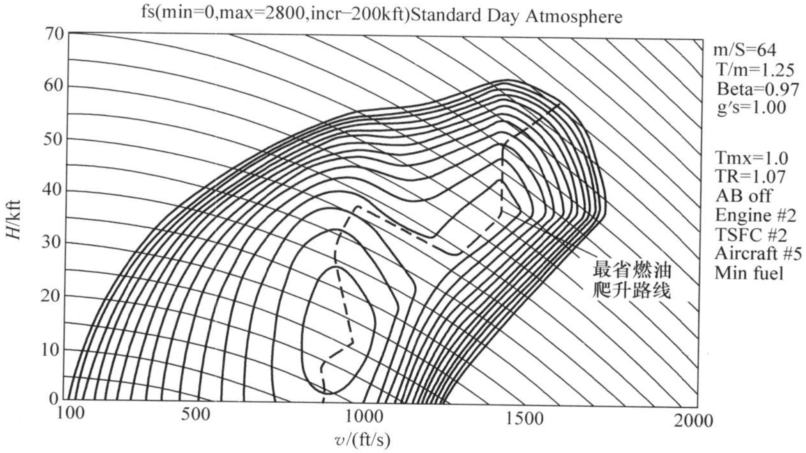

图 9-13 在等 f_s 曲线图上的最省燃油爬升路线

综上所述，借助 AAF 的任务剖面（即 RFP），便可以计算出飞机作战时在某一飞行高度以某一马赫数飞行时所需的发动机的推力与耗油率。另外，也能够计算出，当这台发动机以另一飞行高度和另一马赫数巡航飞行时，所需的发动机的推力、推重比和耗油率。当然，上述这些计算通常应该由飞机设计部门去进行，而发动机设计部门则是依据飞机设计部门所提供的要求，首先进行航空燃气涡轮发动机设计点的气动热力计算与分析，然后进行发动机非设计点性能的计算与分析。另外，还要进行三维 N - S方程的全场求解，并对发动机主要部件进行强度校核；同时还要进行加工、装配，进行地面试车、空中试飞等一系列发动机研究过程中的常规工作。

9.3 四种典型发动机的理想热力循环分析

对于发动机设计人员来讲，在加力和不加力状态下所需要的发动机海平面安装推力是已知的，并且发动机的推力和耗油率随高度和马赫数的变化也是已知的。航空燃气涡轮发动机本质上是一种热力机械，是利用空气作为工质重复进行压缩、加热和放热，产生推力和推进效率的热机，因此又称推进装置。

以涡轮喷气发动机、分别排气的涡扇发动机、混合排气的涡扇发动机和带加力的涡喷发动机为例，分别进行发动机的热力循环分析和发动机主要性能指标的计算。热力循环着重讨论理想循环，其基本假设如下：

1）在循环的各过程中，工质的质量流量为 1kg/s 的空气，它是热力学完全气体，且具有恒定不变的比定压热容 c_p。

2）发动机各部件的效率都为 1.0，即在进气道与压气机为等熵压缩；在涡轮和尾喷管为等熵膨胀；在燃烧室为等压加热；放热过程在发动机外进行的也假定为等压放热。

3）发动机每个部件内的气流假定为一维定常流，尾喷管出口的静压等于外界大气压。

4）为方便讨论与分析，除了进口自由截面和尾喷管出口截面采用气流的静参数外，发动机的其他特征截面采用滞止参数（又称总参数）。另外，考虑到涡轮风扇发动机特征截面符号标注的复杂性，因此在 $p-\widetilde{v}$ 图中，上角用“ * ”表示总参数；在公式中，下角用“t”表示总参数。图 9-14 ~ 图 9-16 所示分别为涡轮喷气发动机、分别排气的涡扇发动机以及混合排气涡扇发动机的特征截面。

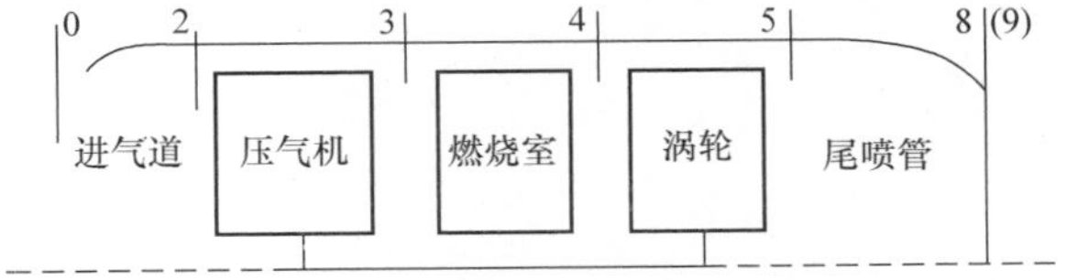

图 9-14　涡轮喷气发动机的特征截面

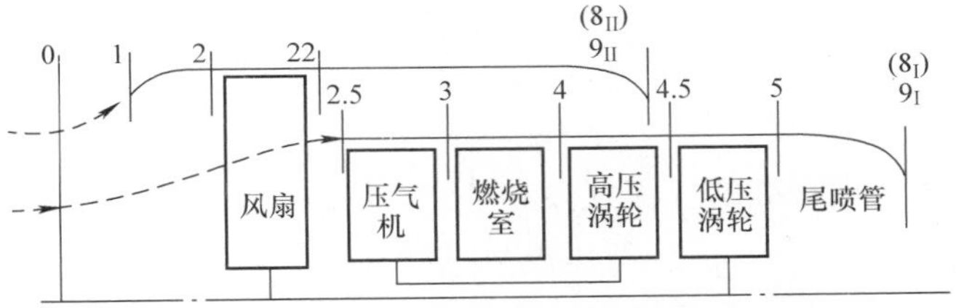

图 9-15　分别排气涡扇发动机的特征截面

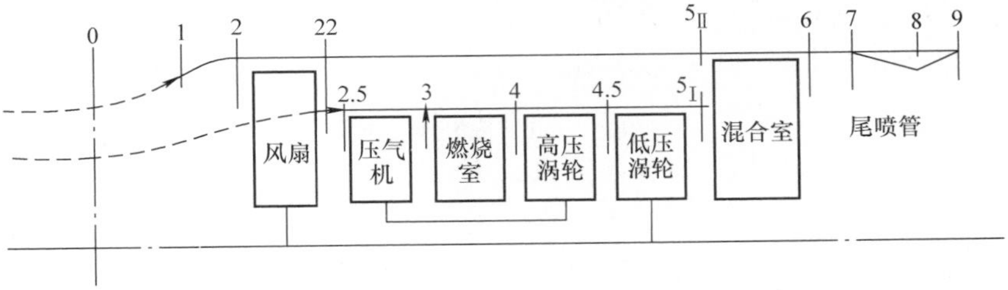

图 9-16　混合排气涡扇发动机的特征截面

9.3.1　涡轮喷气发动机的理想循环

涡轮喷气发动机的理想热力循环又称焦耳（或布雷顿）循环，其 $p-\widetilde{v}$ 图和 $T-S$ 图如图 9-17 所示。这里，比体积 $\widetilde{v}$ 为气体密度 ρ 的倒数，即

$$\tilde{v}=\frac{1}{\rho} \tag{9-9}$$

图 9-17a 中的 0 ~ 3* 为等熵压缩过程，3* ~ 4* 为等压加热过程，4* ~ 9 为等熵膨胀过程，9 ~ 0 为等压放热过程。如果用 L_{id} 表示理想循环过程曲线所包围的面积，即理想循环功，则有

$$L_{id}=\frac{1}{2}(C_9^2-C_0^2) \tag{9-10}$$

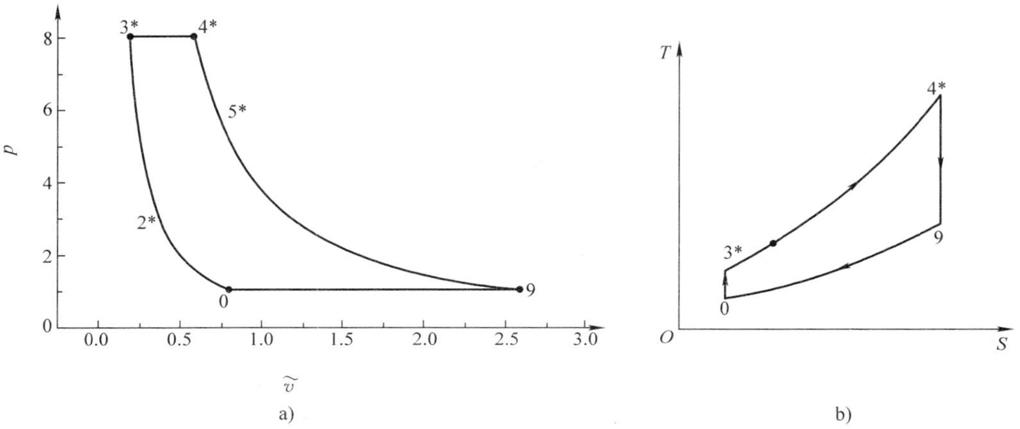

图 9-17　涡轮喷气发动机理想循环的 $p-\tilde{v}$ 图和 $T-S$ 图
a) $p-\tilde{v}$ 图　b) $T-S$ 图

或

$$L_{id}=q_1-q_2 \tag{9-11}$$

其中，C_9 为尾喷管出口处的气流速度；C_0 为 0 - 0 截面的气流速度；q_1 为等压加热（3* ~ 4*）的加热量；q_2 为等压放热过程（9 ~ 0）的放热量。

式（9-10）说明理想循环功在涡喷发动机中用于增加气流的动能；式（9-11）说明理想循环功是由加热量转换而来。引入循环过程（或发动机）的增温比 Δ 和循环过程的总增压比 $\tilde{\pi}$，其定义分别为

$$\Delta=\frac{T_{t4}}{T_0} \tag{9-12}$$

$$\tilde{\pi}=\frac{p_{t3}}{p_0} \tag{9-13}$$

于是式（9-11）可变为

$$L_{id}=c_pT_0(\tilde{e}-1)\left(\frac{\Delta}{\tilde{e}}-1\right) \tag{9-14}$$

式中，$\tilde{e}$ 定义为

$$\tilde{e}=\tilde{\pi}^{\frac{\gamma-1}{\gamma}} \tag{9-15}$$

式（9-14）包含了影响 L_{id} 的两个重要因素：一个是发动机的总增压比 $\tilde{\pi}$（或 $\tilde{e}$），另一个是发动机的增温比 Δ。图 9-18 所示为总增压比 $\tilde{\pi}$ 与理想循环功 L_{id} 的关系曲线。

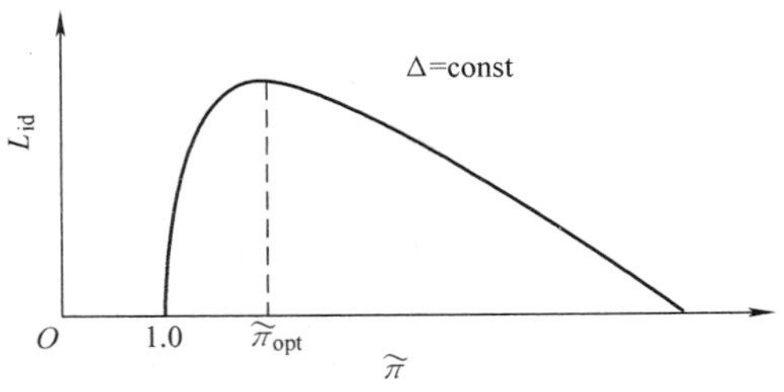

图 9-18　总增压比 $\tilde{\pi}$ 与理想循环功 L_{id} 的关系曲线

由该图 9-18 可以看到：当 $\tilde{\pi}=1.0$ 时，$L_{id}=0$；当 $\tilde{\pi}=\tilde{\pi}_{max}$ 时，$L_{id}=0$。这是由于在其他条件不变时，仅仅增加 $\tilde{\pi}$ 值，随着总温 T_{t3} 的不断增加，当 $\tilde{\pi}$ 等于 $\tilde{\pi}_{max}$ 时，便有 $T_{t3}=T_{t4}$，因此导致加热量 $q_1=0$，故循环功 $L_{id}=0$。由式（9-14），对 $\tilde{e}$ 求偏导并令其导数为零，得最佳增压比 $\tilde{\pi}_{opt}$，即

$$\frac{\partial L_{id}}{\partial \tilde{e}}=c_p T_0\left(\frac{\Delta}{\tilde{e}^2}-1\right)=0$$

于是

$$\tilde{e}_{opt}=\sqrt{\Delta} \tag{9-16}$$

或

$$\tilde{\pi}_{opt}=\Delta^{\frac{\gamma}{2(\gamma-1)}} \tag{9-17}$$

式中，γ 为定熵指数。

将式（9-16）代入式（9-14）后得理想循环功的最大值为

$$(L_{id})_{max}=c_p T_0(\sqrt{\Delta}-1)^2 \tag{9-18}$$

引入理想循环的热效率 η_{ti}，即理想循环功 L_{od} 与加热量 q_1 之比，其表达式为

$$\eta_{ti}=\frac{L_{od}}{q_1}=\frac{q_1-q_2}{q_1}=1-\frac{1}{T_{t4}/T_9}=1-\tilde{\pi}^{\frac{1-\gamma}{\gamma}} \tag{9-19}$$

式（9-19）表明，理想循环的热效率 η_{ti} 仅与总增压比 $\tilde{\pi}$ 有关，而与加热比 Δ 无关，图 9-19 所示为理想循环的热效率 η_{ti} 与总增压比 $\tilde{\pi}$ 的关系曲线，也给出了实际

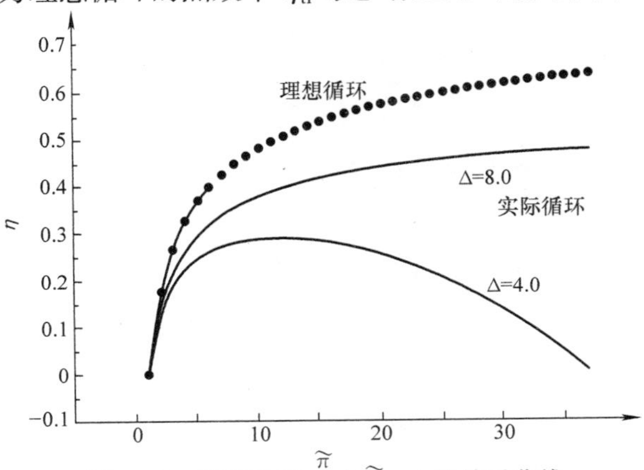

图 9-19　循环效率 η_{ti} 与 $\tilde{\pi}$、Δ 的关系曲线

循环的热效率 η_t（它是实际循环功 L_e 与加热量 q_1 之比）与$\widetilde{\pi}$、Δ 的关系曲线。

综上所述，关于理想循环，给出如下四点结论：

1）增加燃烧室出口（或涡轮进口）总温是提高理想循环功的主要途径之一，但该温度受到涡轮叶片材料和冷却条件的限制。

2）在增温比 Δ（或 T_{t4}）和其他因素不变的情况下，对于理想循环功而言，存在最佳增压比 $\widetilde{\pi}_{opt}$，如图 9-18 所示。

3）最佳增压比$\widetilde{\pi}_{opt}$随着增温比 Δ 值的升高而变大，因此欲获得尽可能大的理想循环功，应该在提高涡轮前总温的同时提高增压比$\widetilde{\pi}$。

4）理想循环的热效率仅是增压比的函数。

9.3.2 涡轮喷气发动机的实际循环

图 9-20 所示为涡轮喷气发动机的实际循环的 $p-\widetilde{v}$图。与理想循环相比，实际循环有以下两个主要特点：

1）工质流过发动机各部件的过程都不是理想过程，而是伴有流动损失的实际过程。例如，图 9-20 中 0 ~ 2* 和 2* ~ 3* 的压缩过程都不是等熵压缩而是多变压缩；在涡轮和尾喷管中的膨胀过程（见图 9-20 中的 4* ~ 9）也不是等熵膨胀而是多变膨胀。另外，在燃烧室中，由于流动阻力和加热阻力的存在，也使得加热过程伴随有总压的降低（即 $p_{t4} < p_{t3}$）。

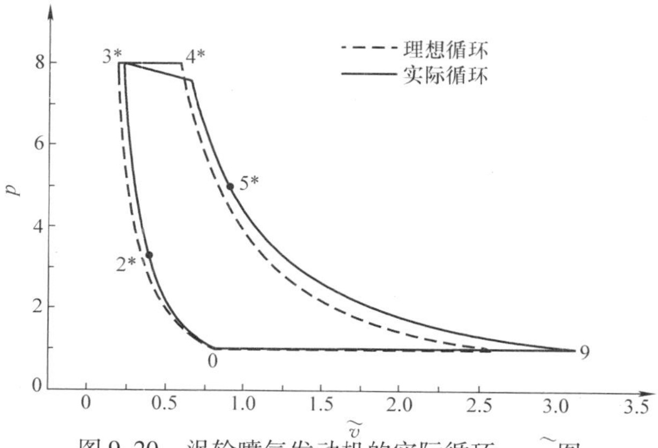

图 9-20　涡轮喷气发动机的实际循环 $p-\widetilde{v}$图

2）工质的成分是变化的。在燃烧室之前的工质是空气，经燃烧室后变为燃气，而且在实际循环过程中，工质的比热容是随着工质的成分和温度而变化的。

首先引入指示功 L_i，它是实际循环过程曲线所包围的面积，即多变膨胀功 L_{np} 与多变压缩功 L_{nc}之差，其表达式为

$$L_i = L_{np} - L_{nc} = \int_{3^*}^{9} \widetilde{v}\,dp - \int_{0}^{3^*} \widetilde{v}\,dp \tag{9-20}$$

其中

$$L_{np} = \frac{1}{2}C_9{}^2 + L_T + L_{net} + L_{rp} \tag{9-21}$$

$$L_{nc} = \frac{1}{2}C_0{}^2 + L_c + L_{rc} \tag{9-22}$$

式中，L_T 与 L_c 分别为带动压气机的涡轮功与压气机功；L_{net} 为外涵风扇的涡轮功；L_{rp} 和 L_{rc} 分别为膨胀过程的摩擦功和压缩过程的摩擦功；C_9 为尾喷管出口处的气流速度。

当压气机功 L_c 和涡轮功 L_T 相等时，则由式（9-20）~式（9-22）得

$$L_i = \frac{1}{2}(C_9{}^2 - C_0{}^2) + L_{net} + L_{rp} + L_{rc} \tag{9-23}$$

如果将式（9-23）等号右端的前两项定义为实际循环的有效功并记作 L_e，即

$$L_e = \frac{1}{2}(C_9{}^2 - C_0{}^2) + L_{net} = L_i - L_{rp} - L_{rc} \tag{9-24}$$

引入实际循环的热效率 η_t，它是 L_e 与加热量 q_1 之比，即

$$\eta_t = \frac{L_e}{q_1} \tag{9-25}$$

由于实际过程中存在损失，因此有

$$\eta_t < \eta_{ti} \tag{9-26}$$

9.3.3　分别排气涡扇发动机的理想循环

图 9-21 所示为分别排气涡扇理想循环的 $p-\widetilde{v}$ 图。由于外涵气流经过进气道和外涵风扇增压后没有喷油加热便经外涵尾喷管排出，所以气流在外涵不产生循环功。这时整个发动机的理想循环功等于内涵理想循环功。就 $4^*\sim9$ 的等熵膨胀过程，对于涡轮喷气发动机来讲，等熵膨胀既在带动压气机的涡轮（即 $4^*\sim4_c^*$）中进行，还在尾喷管（$4^*\sim9$）中进行。对于分别排气涡扇发动机来讲，等熵膨胀在三部分进行：①$4^*\sim4_c^*$ 部分（或称段）是在带动内涵的风扇和压气机的涡轮中进行的等熵膨胀；②$4_c^*\sim5^*$ 段是在带动外涵的风扇的涡轮中进行的等熵膨胀；③$5^*\sim9$ 段是在内涵尾喷管中进行的等熵膨胀。因为点 5^* 只能在点 $4_c^*\sim9$ 的等熵线上变动，它并不影响理想循环功。正因如此，关于涡喷发动机理想循环的四点结论同样也适用于分别排气涡扇发动机的理想循环

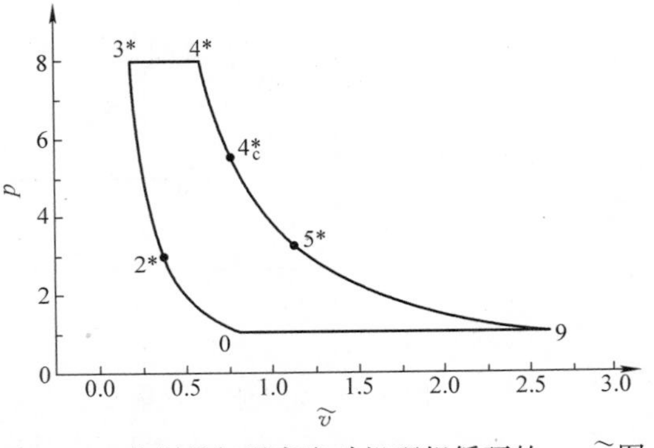

图 9-21　分别排气涡扇发动机理想循环的 $p-\widetilde{v}$ 图

分析。

9.3.4 混合排气涡扇发动机的理想循环

图 9-22 所示为混合排气涡扇发动机（不开加力时）的理想循环。图 9-22a 所示为内涵道的理想循环，它由以下几个过程组成：$0\sim3^*$ 段为等熵压缩；$3^*\sim4^*$ 段为等压加热；$4^*\sim5^*$ 段为等熵膨胀；$5^*\sim6^*$ 段为在混合室中，内、外涵气流的混合，由于内涵气流的温度高于外涵，所以对内涵气流而言是等压放热过程（当不开加力时，点 6^* 与点 7^* 重合）；$7^*\sim9$ 段为在尾喷管中的等熵膨胀；$9\sim0$ 段是等压放热过程。图 9-22b 所示为外涵理想循环，主要由以下几个过程组成：$0\sim22^*$ 段为等熵压缩（点 22^* 与点 5_{II}^* 重合）；$5_{\mathrm{II}}^*\sim6^*$ 段为等压加热；$7^*\sim9$ 段为尾喷管中的等熵膨胀；$9\sim0$ 段为等压放热。

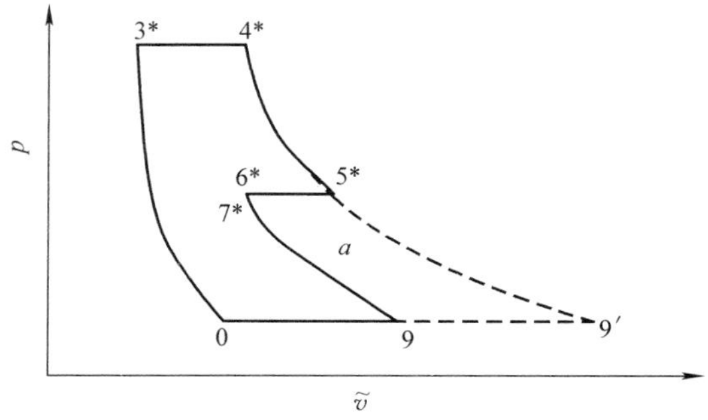

a)

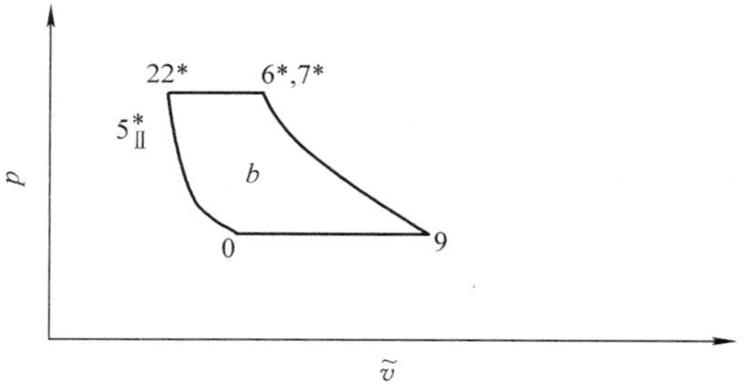

b)

图 9-22　混合排气涡扇发动机（不开加力时）的理想循环
a）内涵理想循环　b）外涵理想循环

分析内涵道理想循环图可以发现，它与涡喷发动机的理想循环相比，图 9-22a 中缺少一块由点 $9\sim7^*\sim5^*\sim9'\sim9$ 围成的循环面积 a。另外在一定的假设下能够证明，外涵理想循环中，由点 $0\sim22^*\sim7^*\sim9\sim0$ 围成的循环面积 b 与内涵理想循环中缺的面积 a 之间，有

$$a=b \tag{9-27}$$

式（9-27）表明，混合排气涡扇发动机的理想循环功等于涡喷发动机的理想循

环功。

9.3.5　带加力的涡轮喷气发动机的理想循环

图 9-23 所示为带加力的涡轮喷气发动机各特征截面的符号。图 9-24 所示为带加力的涡轮喷气发动机理想循环的 $p-\tilde{v}$ 图。

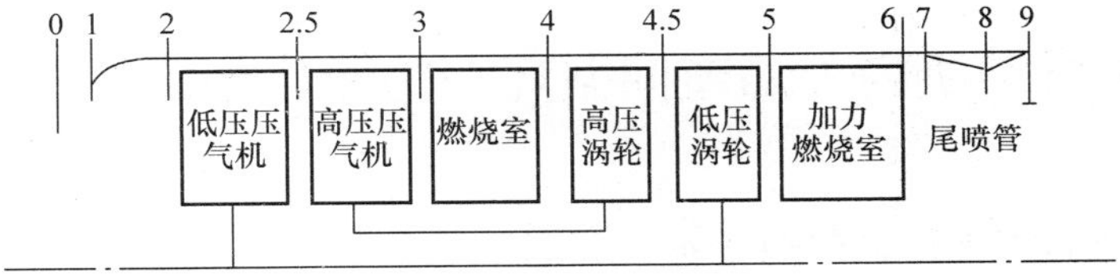

图 9-23　带加力的涡轮喷气发动机各特征截面的符号

在图 9-24 中，$5^*\sim7^*$ 段是涡轮后加力燃烧室的等压加热过程，而 $7^*\sim9_{ab}$ 段是尾喷管中的等熵膨胀过程。令 q_1 为主燃烧室的加热量，q_{ab} 为加力燃烧室的加热量，q 为加给加力涡轮喷气发动机 1kg 空气的总加热量，于是在忽略了燃气与空气比定压热容的差别时，有

$$q=q_1+q_{ab}=c_p(T_{t4}-T_{t3})+c_p(T_{t,ab}-T_{t5}) \quad (9\text{-}28)$$

式中，$T_{t,ab}$ 为加力燃烧室出口温度。

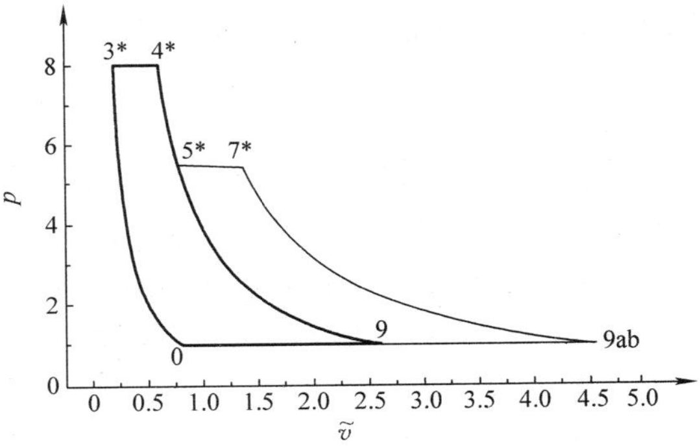

图 9-24　带加力的涡轮喷气发动机理想循环的 $p-\tilde{v}$ 图

注意到压气机功与涡轮功相等，故有

$$c_p(T_{t4}-T_{t5})=c_p(T_{t3}-T_{t1}) \quad (9\text{-}29)$$

式中，T_{t1} 为进气道进口总温。

借助式（9-29），则式（9-28）可变为

$$q=c_p(T_{t,ab}-T_{t1}) \quad (9\text{-}30)$$

由式（9-30）可知，循环的总加热量 q 与 $T_{t,ab}$ 有关，而与增压比 $\tilde{\pi}$ 和涡轮前总温 T_{t4} 无关。换句话说，$\tilde{\pi}$ 和 T_{t4} 的改变只能影响主燃烧室的加热量 q_1，如果 q_1 减小则 q_{ab} 增加；反之，若 q_1 增大则 q_{ab} 减小，但其和 q 仍不变。

令加力时涡轮喷气发动机循环的热效率为 $\eta_{t,ab}$，它是循环功与总加热量之比，即

$$\eta_{t,ab} = \frac{L_{id,ab}}{q} \tag{9-31}$$

因为在一定的飞行条件和一定的 $T_{t,ab}$ 值下，总加热量 q 不变，所以由式（9-31）可知，随着$\tilde{\pi}$的变化，当 $L_{id,ab}$ 为最大值时，热效率 $\eta_{t,ab}$ 也必为最大值，这就是说加力涡轮喷气发动机的理想循环只存在一个最佳增压比$\tilde{\pi}_{opt}$。

9.4 涡扇发动机内外涵道间循环功的最佳分配

9.4.1 内外涵尾喷管最佳的排气速度

这里仅讨论分别排气的涡扇发动机，其内、外涵道之间存在的循环功最佳分配问题。由前面的分析可知，涡扇发动机的热力循环功 L_{id} 一部分用于转换为风扇的机械能，其余部分则用于增加内涵尾喷管排气流的动能，即

$$L_{id} = \frac{1}{2}(C_{9\,\text{I}}^2 - C_0^2) + L_{T\,\text{II}} \tag{9-32}$$

式中，$L_{T\,\text{II}}$ 为以机械能的形式从内涵道提取并传递至外涵道，用于增加外涵道气流的动能和克服外涵道流动损失的那部分循环功。

令$\dot{m}_{\text{I}}$ 和$\dot{m}_{\text{II}}$ 分别为内涵道和外涵道的气体质量流量，η_{II} 为考虑外涵道流动损失的系数（简称外涵损失系数），并且有

$$\dot{m}_{\text{I}} L_{T\,\text{II}} = \dot{m}_{\text{II}} \frac{C_{9\,\text{II}}^2 - C_0^2}{2\eta_{\text{II}}} \tag{9-33}$$

或

$$L_{T\,\text{II}} = B\frac{C_{9\,\text{II}}^2 - C_0^2}{2\eta_{\text{II}}} \tag{9-34}$$

式中，B 为涵道比，即

$$B = \frac{\dot{m}_{\text{II}}}{\dot{m}_{\text{I}}} \tag{9-35}$$

借助式（9-34），则式（9-32）变为

$$L_{id} = \frac{C_{9\,\text{I}}^2 - C_0^2}{2} + \frac{B}{\eta_{\text{II}}}\frac{C_{9\,\text{II}}^2 - C_0^2}{2} \tag{9-36}$$

令 F 和 F_s 分别为发动机的推力和单位推力，并且有

$$F_s = \frac{F}{\dot{m}_{\text{I}} + \dot{m}_{\text{II}}} = \frac{\dot{m}_{\text{I}} F_{S\,\text{I}} + \dot{m}_{\text{II}} F_{S\,\text{II}}}{\dot{m}_{\text{I}} + \dot{m}_{\text{II}}} = \frac{F_{S\,\text{I}} + BF_{S\,\text{II}}}{1 + B} \tag{9-37}$$

假设内、外涵的尾喷管均处于完全膨胀状态，则式（9-37）变为

$$F_s = \frac{C_{9\,\text{I}} - C_0 + B(C_{9\,\text{II}} - C_0)}{1 + B} \tag{9-38}$$

对式（9-38）求导$\frac{dF_s}{dC_{q\,\mathrm{I}}}$，并令其为 0，则有

$$\frac{dF_s}{dC_{9\,\mathrm{I}}}=\frac{1}{1+B}\left(1+B\frac{dC_{9\,\mathrm{II}}}{dC_{9\,\mathrm{I}}}\right)=0 \tag{9-39}$$

因为热力循环过程的循环功 L_{id} 不变，因此对式（9-36）两边同时对 $C_{9\,\mathrm{I}}$ 求导，便可得到

$$\frac{dC_{9\,\mathrm{II}}}{dC_{9\,\mathrm{I}}}=-\frac{C_{9\,\mathrm{I}}}{C_{9\,\mathrm{II}}}\frac{\eta_{\mathrm{II}}}{B} \tag{9-40}$$

将式（9-40）代入到式（9-39），便得到对应于 $F_s=F_{s,\max}$ 时的速度 $C_{9\,\mathrm{I}}$，为

$$C_{9\,\mathrm{I},opt}=\frac{C_{9\,\mathrm{II}}}{\eta_{\mathrm{II}}} \tag{9-41}$$

式（9-41）表明：在给定的循环功 L_{id}、涵道比 B 和外涵损失系数 η_{II} 的条件下，单位推力 F_s 取最大值的物理本质是涡扇发动机内外涵在尾喷管的排气速度满足式（9-41），这时涡扇发动机的推进效率达到最大值。

特别是在理想循环的条件下，这时气流流过外涵道时没有损失，因此涡扇发动机最大单位推力可以在内、外涵的尾喷口速度相等（即 $C_{9\,\mathrm{I}}=C_{9\,\mathrm{II}}$）的条件下去获得。

9.4.2　外涵道风扇的最佳增压比

为了保证内涵尾喷管的出口速度为 $C_{9\,\mathrm{I},opt}$，对于分别排气的涡扇发动机来讲，就必须从内涵燃气流提取相应的机械能 $L_{i\,\mathrm{I},opt}$ 用于外涵道，即

$$L_{i\mathrm{I},opt}=L_{id}-\frac{C_{9\,\mathrm{I},opt}^2-C_0^2}{2} \tag{9-42}$$

另外，从内涵道提取的功应与传给外涵道的功相等，即

$$\dot m_{\mathrm{I}}L_{i\mathrm{I},opt}=\dot m_{\mathrm{II}}L_{k\,\mathrm{II},opt} \tag{9-43}$$

或

$$L_{k\,\mathrm{II},opt}=\frac{1}{B}L_{i\mathrm{I},opt} \tag{9-44}$$

式中，$L_{k\,\mathrm{II},opt}$ 为相应状态下外涵道风扇的压缩功，并且有

$$L_{k\,\mathrm{II},opt}=\frac{C_pT_{t2}}{\eta_{k\,\mathrm{II}}}\left[(\tilde\pi_f)^{\frac{\gamma-1}{\gamma}}-1\right] \tag{9-45}$$

式（9-45）中，$\eta_{k\,\mathrm{II}}$ 为外涵道风扇的压缩效率；$\tilde\pi_f$ 为风扇的增压比。如果假设外涵道风扇的压缩过程为等熵压缩，于是由伯努利方程，得

$$\Delta T_{t,ad}=\frac{1}{2C_p}(C_{9\,\mathrm{II}}^2-C_0^2)=T_{t,22}-T_{t,2} \tag{9-46}$$

另外，还有

$$\Delta T_{t,ad}=T_{t2}\left[(\tilde\pi_f)^{\frac{\gamma-1}{\gamma}}-1\right] \tag{9-47}$$

当内、外涵尾喷管都处于完全膨胀时，

$$F_s=\frac{F}{\dot m_{\mathrm{I}}+\dot m_{\mathrm{II}}}=C_m-C_0 \tag{9-48}$$

而

$$C_m=\frac{C_{9\mathrm{I}}+BC_{9\mathrm{II}}}{1+B} \tag{9-49}$$

其中，C_m 为发动机平均排气速度。因此当循环功在内、外涵道都处于最佳分配时

$$C_{9\mathrm{II}}=\eta_{\mathrm{II}}C_{9\mathrm{I}} \tag{9-50}$$

将式（9-50）代入到式（9-49），得

$$C_m=\frac{1}{1+B}\left(B+\frac{1}{\eta_{\mathrm{II}}}\right)C_{9\mathrm{II}} \tag{9-51}$$

从式（9-46）~式（9-51），便能得到在 $F_s=F_{s,\max}$的条件下，外涵道风扇的最佳增压比为

$$(\tilde{\pi}_{f,opt})^{\frac{\gamma-1}{\gamma}}=1+\frac{\gamma-1}{2+(\gamma-1)Ma_0^2}\tilde{Q}(B,F_s) \tag{9-52}$$

式中，函数$\tilde{Q}(B,F_s)$定义为

$$\tilde{Q}(B,F_s)=\frac{(1+B)^2}{\left(B+\frac{1}{\eta_{\mathrm{II}}}\right)^2}\left[\frac{F_s}{\sqrt{\gamma RT_0}}+Ma_0\right]^2-Ma_0^2 \tag{9-53}$$

借助式（9-52）可以计算出涵道比 B 取不同值时风扇最佳增压比$\tilde{\pi}_{f,opt}$随单位推力 F_s 的变化曲线，如图9-25所示。由图9-25可以看出，当涵道比 B 一定时，随着单位推力 F_s 的增加，则风扇的最佳增压比$\tilde{\pi}_{f,opt}$也将变大。另外，参考文献［492］还给出了在总增压比和单位推力一定的条件下，涵道比 B 对单位燃油消耗率 SFC 和涡轮前总温 T_{t4}的影响曲线，如图9-26和图9-27所示。借助这些计算结果，可以得到如下四点结论：

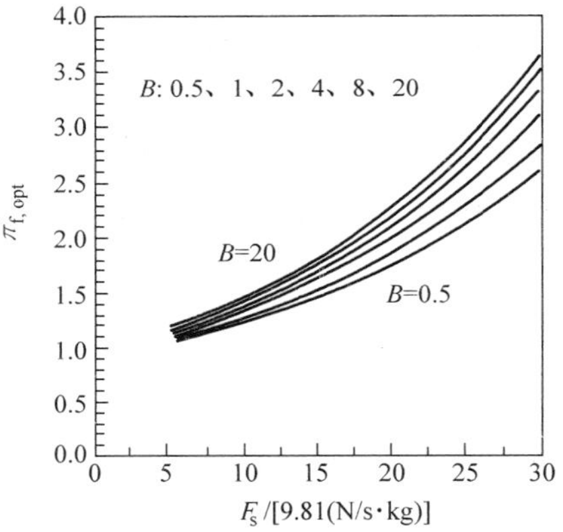

图9-25　风扇最佳增压比$\tilde{\pi}_{f,opt}$随 F_s 的变化曲线（$H=11$km，$Ma_0=0.82$）

1）当单位推力 F_s 一定时，存在着最佳的涵道比 B_{opt}，使耗油率 SFC 达到最小值。

2）随着单位推力 F_s 的增加，其最佳涵道比 B_{opt}降低，并且总增压比对于 B_{opt}的影响较小。

3）当单位推力 F_s较小时，耗油率 SFC 随 B 的变化曲线在 B_{opt}附近较为平坦，

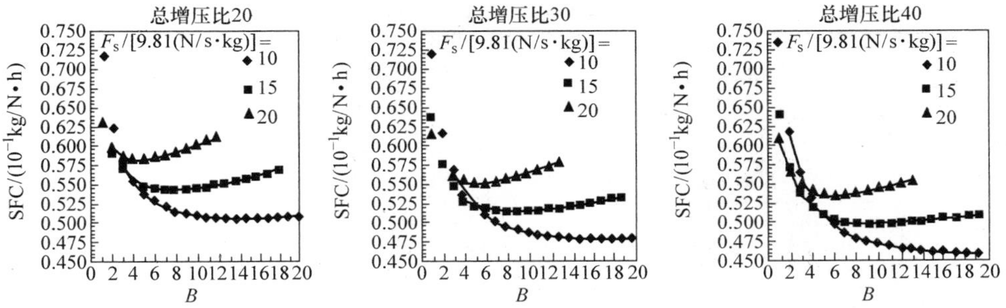

图 9-26　涵道比 B 对耗油率 SFC 的影响曲线（$H=11km$，$Ma_0=0.82$）

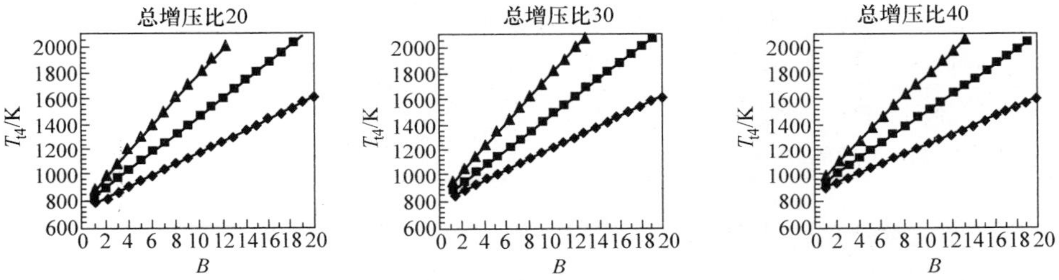

图 9-27　涵道比 B 对涡轮前总温 T_{t4} 的影响曲线（$H=11km$，$Ma_0=0.82$）

因此减小 B 并不会严重增加耗油率的值，但它可以使涡轮前总温 T_{t4} 显著降低。

4）在不同单位推力 F_s 下，SFC – B 的变化曲线相互交叉（见图 9-26），这表明当 B 一定时，存在着是 SFC 达到最小的单位推力 F_s 值。

最后要说明的是，对于分别排气涡扇发动机的功分配系数（即传给外涵的可用功与涡扇发动机全部可用功之比）问题，本小节虽对可用功的分配进行了讨论但没给出功分配系数显式的表达式，感兴趣者可参阅参考文献［493］的第 7.4 节，那里对该系数进行了讨论。另外，对于混合排气涡扇发动机外涵风扇的最佳增压比问题，可参阅参考文献［494］，这里不再赘述。

9.5　混合排气加力涡扇发动机设计点的热力计算与分析

图 9-28 所示为混合排气加力涡扇发动机特征截面的符号，表 9-5 给出了涡扇发动机特征截面符号的含义与名称。

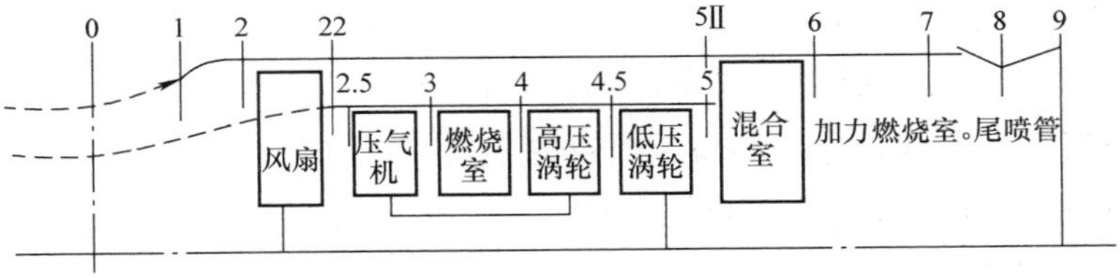

图 9-28　混合排气加力涡扇发动机特征截面的符号

表 9-5　涡扇发动机特征截面符号的含义

截面符号	位　置	截面符号	位　置
0	远前方自由流	4.5	高压涡轮出口、模拟主流冷却气混合器 2# 进口
1	进气道外罩进口		
2	进气道出口、风扇进口	4c	冷却混合器 2# 出口、低压涡轮进口
22	风扇出口		
2.5	高压压气机进口	5	低压涡轮出口、内涵气流混合室进口
3	高压压气机出口		
3a	燃烧室进口	5Ⅱ	外涵气流混合室进口
4	燃烧室出口、高压涡轮导向叶片进口、模拟的冷却混合器 1 号进口、高压涡轮进口（用于 π_{TH}）	6	混合室出口
		7	加力燃烧室出口、尾喷管进口
4a	导向叶片出口、冷却混合器出口、高压涡轮进口（用于高压涡轮膨胀比 $\tilde{\pi}_{TH}$ 定义）	8	尾喷管喉部
		9	尾喷管出口

为进行设计点的热力计算，引入以下三点基本假设：

1）气流是完全气体，流经每一部件时是定常的一维流动。

2）流经进气道、风扇、压气机、涡轮和尾喷管的气体，具有各自恒定不变的比定压热容 c_p、比定容热容 c_V 和定熵指数 γ 值。

3）气流流过燃烧室、混合室和加力燃烧室时，c_p、c_V、γ 以及气体常数 R 值是可变的。

9.5.1　设计点计算要输入的 33 个参数

为了进行设计点的热力计算，通常要给定①飞行条件，即飞行马赫数 Ma、飞行高度 H 及相应的标准大气条件，即温度 T_0 和压强 p_0；②选取发动机工作过程参数，即涵道比 B、风扇（低压压气机）增压比 $\tilde{\pi}_{cL}$、高压压气机增压比 $\tilde{\pi}_{cH}$、总的压气机增压比 $\tilde{\pi}_c$、燃烧室出口总温 T_{t4} 和加力燃烧室出口总温 T_{t7}；③预估的部件效率或损失系数，即进气道总压恢复系数、风扇绝热效率、高压压气机效率 η_{cH}、燃烧效率 η_b、燃烧室总压恢复系数 σ_b、高压涡轮效率 η_{TH}、低压涡轮效率 η_{TL}、混合室总压恢复系数 σ_m、加力燃烧室效率 η_{ab}、加力燃烧室总压恢复系数 σ_{ab}、尾喷管总压恢复系数 σ_c、高压轴机械效率 η_{mH}、低压轴机械效率 η_{mL}、功率提取机械效率 η_{mp}、空气定熵指数 γ、空气比定压热容 c_p、燃气定熵指数 γ_g、燃气比定压热容 c_{pg}、气体常数 $R=0.287\text{kJ/kg}\cdot\text{k}$ 和燃油低热值 $H_f=42900\text{kJ/kg}$；④自高压压气机后提取的空气预估系数，即冷却高压涡轮的 δ_1 和冷却低压涡轮的 δ_2；⑤用于飞机的引气系数 β。综上所述，为进行混合排气加力涡扇发动机设计点的热力计算，应输入上述 33 个参数。

9.5.2　设计状态时 10 个特征截面参数的计算

1. 0－0 截面的参数计算

1）当 $H \leqslant 11\text{km}$ 时，有

$$\begin{cases} T_0 = 288.15 - 6.5H \\ p_0 = 1.0133(1 - H/44.308)^{5.2553} \times 10^5 \end{cases} \tag{9-54}$$

2）当 $H > 11\text{km}$ 时，有

$$\begin{cases} T_0 = 216.7 \\ p_0 = 0.227\exp\left(\dfrac{11 - H}{6.338}\right) \end{cases} \tag{9-55}$$

3）0－0 截面气流速度、总温和总压：

声速
$$a_0 = \sqrt{\gamma RT} \tag{9-56}$$

气流速度
$$C_0 = a_0 \times Ma_0 \tag{9-57}$$

总压
$$p_{t0} = p_0\left(1 + \frac{\gamma - 1}{2}Ma_0^2\right)^{\frac{\gamma}{\gamma - 1}} \tag{9-58}$$

总温
$$T_{t0} = T_0\left(1 + \frac{\gamma - 1}{2}Ma_0^2\right) \tag{9-59}$$

2. 进气道出口参数（p_{t2}和 T_{t2}）的计算

1）进气道出口总压恢复系数 σ_i 可按式（9-60）或式（9-61）近似估算：

当 $M_{a0} \leqslant 1.0$ 时，
$$\sigma_i = 0.97 \tag{9-60}$$

当 $M_{a0} > 1.0$ 时，
$$\sigma_i = 0.97[1 - 0.075(M_{a0} - 1)^{1.35}] \tag{9-61}$$

2）总压：
$$p_{t2} = \sigma_i \times p_{t0} \tag{9-62}$$

3）总温：
$$T_{t2} = T_{t0} \tag{9-63}$$

3. 风扇出口参数（p_{t22}、T_{t22}和 L_{cL}）的计算

1）风扇出口总压：
$$p_{t22} = p_{t2} \times \tilde{\pi}_{cL} \tag{9-64}$$

2）风扇出口总温：
$$T_{t22} = T_{t2}\left(1 + \frac{\tilde{\pi}_{cL}^{\frac{\gamma-1}{\gamma}} - 1}{\eta_{cL}}\right) \tag{9-65}$$

3）风扇每千克空气的消耗功（kJ/kg）：
$$L_{cL} = c_p(T_{t22} - T_{t2}) \tag{9-66}$$

4. 高压压气机出口参数（p_{t3}、T_{t3}和 L_{cH}）的计算

认为其进口总压等于风扇出口总压。

1）总压：
$$p_{t3} = p_{t22}\tilde{\pi}_{cH} \tag{9-67}$$

2）总温：
$$T_{t3} = T_{t22}\left(1 + \frac{\tilde{\pi}_{cH}^{\frac{\gamma-1}{\gamma}} - 1}{\eta_{cH}}\right) \tag{9-68}$$

3）压气机每千克空气的消耗功（kJ/kg）：
$$L_{cH} = c_p(T_{t3} - T_{t22}) \tag{9-69}$$

5. 燃烧室出口参数（f、p_{t4}和 T_{t4}）的计算

1）借助图 9-29，列出燃烧室的能量平衡，为

$$c_{pg}(\dot m_{3a}+\dot m_f)T_{t4}=c_p\,\dot m_{3a}T_{t3}+\eta_b\,\dot m_f H_f \tag{9-70}$$

2）燃烧室油气比：

$$f=\frac{\dot m_f}{\dot m_{3a}}=\frac{c_{pg}T_{t4}-c_pT_{t3}}{\eta_b H_f-c_{pg}T_{t4}} \tag{9-71}$$

3）总压：　$p_{t4}=p_{t3}\sigma_b$　(9-72)

4）总温：　T_{t4} = 选定值　(9-73)

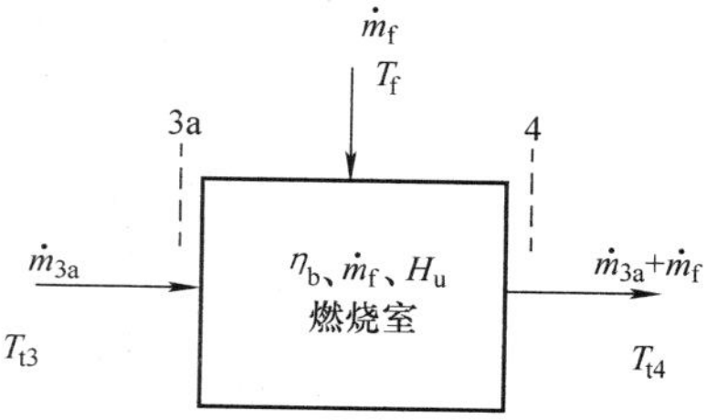

图 9-29　燃烧室的能量平衡

6. 高压涡轮参数（τ_{m1}、$T_{t4.5}$和$\tilde\pi_{TH}$）的计算

1）冷却高压涡轮的空气从高压压气机出口引出，如图 9-30所示。图中$\dot m_c$ 为通过高压压气机的空气质量流量，并且有

$$\dot m_3=\dot m_c,\ \dot m_{3a}=\dot m_c(1-\beta-\delta_1-\delta_2) \tag{9-74}$$

$$\dot m_4=\dot m_c(1-\beta-\delta_1-\delta_2)(1+f) \tag{9-75}$$

$$\dot m_{4a}=\dot m_{4.5}=\dot m_c[(1-\beta-\delta_1-\delta_2)(1+f)+\delta_1] \tag{9-76}$$

$$\dot m_{4c}=\dot m_5=\dot m_c[(1-\beta-\delta_1-\delta_2)(1+f)+\delta_1+\delta_2] \tag{9-77}$$

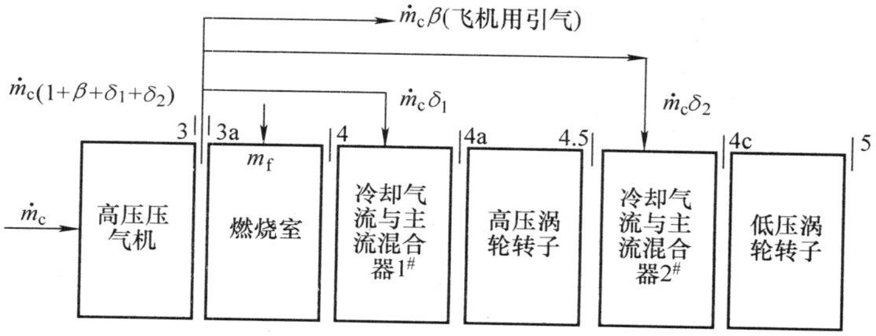

图 9-30　冷却涡轮的气流与主流

冷却空气量为$\dot m_c\delta_1$，这部分冷却空气量是用来冷却高压涡轮导向器和转子叶片。进行热力计算时，假定冷却气流和主流在 1 号混合器（见图 9-30 和图 9-31）中混合后进入涡轮转子做功，混合后的总温由能量平衡求得，并假设混合后的总压等于混合前主流的总压，如图 9-32 所示。混合前后的能量平衡关系为

$$c_p\,\dot m_c\delta_1 T_{t3}+c_{pg}\dot m_4 T_{t4}=c_{pg}\dot m_{4a}T_{t4a} \tag{9-78}$$

于是推得冷却气流与主流混合的温度比 τ_{m1} 为

$$\tau_{m1}=\frac{T_{t4a}}{T_{t4}}=\frac{(1-\beta-\delta_1-\delta_2)(1+f)+c_p\delta_1T_{t3}/(c_{pg}T_{t4})}{(1-\beta-\delta_1-\delta_2)(1+f)+\delta_1} \tag{9-79}$$

$$T_{t4a}=\tau_{m1}T_{t4} \tag{9-80}$$

$$p_{t4a}=p_{t4} \tag{9-81}$$

2）高压涡轮出口总温 $T_{t4.5}$：由高压转子的功率平衡，得

$$c_{pg}\dot m_{4a}(T_{t4a}-T_{t4.5})\eta_{mH}=c_p\,\dot m_c(T_{t3}-T_{t22}) \tag{9-82}$$

进而，有

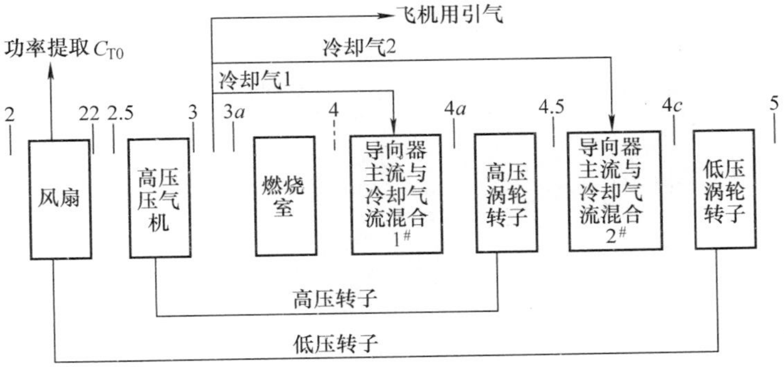

图 9-31　涡轮冷却气流

$$\frac{T_{t4.5}}{T_{t4a}}=1-\frac{c_p(T_{t3}-T_{t22})}{[(1-\beta-\delta_1-\delta_2)(1+f)+\delta_1]\eta_{mH}c_{pg}T_{t4a}} \tag{9-83}$$

3）高压涡轮膨胀比 $\tilde{\pi}_{TH}$：

$$\tilde{\pi}_{TH}=\frac{p_{t4a}}{p_{t4.5}}=\left[1-\left(1-\frac{T_{t4.5}}{T_{t4a}}\right)/\eta_{TH}\right]^{\frac{-\gamma_g}{\gamma_g-1}} \tag{9-84}$$

7. 低压涡轮参数（τ_{m2}、$\tilde{\pi}_{TL}$ 和 p_{t5}）的计算

1）计算方法与高压涡轮类似，首先由 2 号混合器（见图 9-33）的能量平衡求进口总温与出口总温之比 τ_{m2}，得

$$\tau_{m2}=\frac{T_{t4c}}{T_{t4.5}}=\frac{(1-\beta-\delta_1-\delta_2)(1+f)+\delta_1+\delta_2 c_p T_{t3}/(c_{pg}T_{t4.5})}{(1-\beta-\delta_1-\delta_2)(1+f)+\delta_1+\delta_2} \tag{9-85}$$

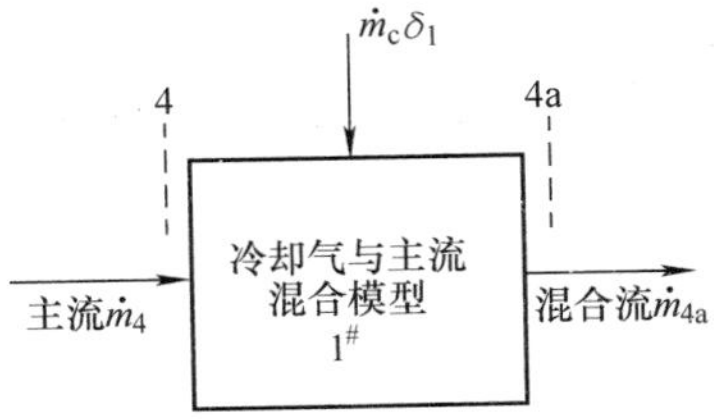

图 9-32　高压涡轮冷却气流与主流的混合模型

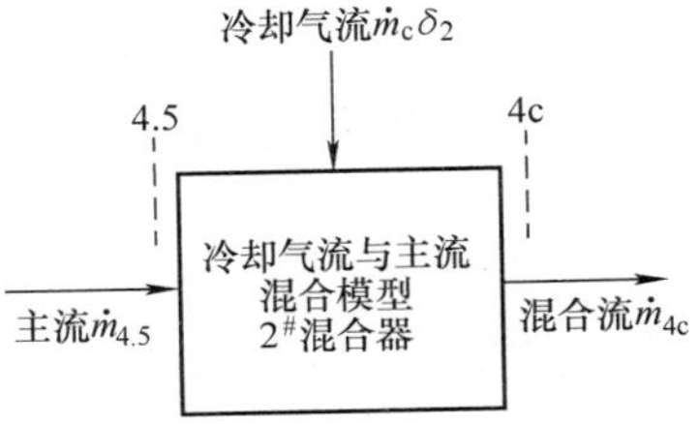

图 9-33　低压涡轮冷却气流与主流的 2 号混合器模型

$$T_{t4c}=\tau_{m2}T_{t4.5} \tag{9-86}$$

$$p_{t4c}=p_{4.5} \tag{9-87}$$

2）低压涡轮出口总温与进口总温之比：

$$\frac{T_{t5}}{T_{t4c}}=1-\frac{[c_p(T_{t22}-T_{t2})+C_{TO}/\eta_{mp}](1+B)}{[(1-\beta-\delta_1-\delta_2)(1+f)+\delta_1+\delta_2]\eta_{mL}c_{pg}T_{t4c}} \tag{9-88}$$

式中，C_{TO} 为相对功率提取系数，它等于提取的功率与发动机总的空气质量流量的

比值。

于是，低压涡轮出口总温为 T_{t5}，即

$$T_{t5}=\frac{T_{t5}}{T_{t4c}}\times T_{t4c} \tag{9-89}$$

3）低压涡轮膨胀比 $\widetilde{\pi}_{TL}$：

$$\widetilde{\pi}_{TL}=\left[1-\left(1-\frac{T_{t5}}{T_{t4c}}\right)/\eta_{TL}\right]^{\frac{-\gamma_g}{\gamma_g-1}} \tag{9-90}$$

4）低压涡轮出口总压 p_{t5}：

$$p_{t5}=\frac{p_{t4c}}{\widetilde{\pi}_{TL}} \tag{9-91}$$

8. 混合室出口参数（B_m、p_m 和 p_{t6}）**的计算**

1）如图 9-34 所示，列能量平衡式，得

$$c_{pg}\dot{m}_5 T_{t5}+c_p\,\dot{m}_{5\,\mathrm{II}}T_{t22}=c_{p6}(\dot{m}_5+\dot{m}_{5\,\mathrm{II}})T_{t6} \tag{9-92}$$

由此求出

$$\frac{T_{t6}}{T_{t5}}=\frac{c_{pg}}{c_{p6}}\frac{1+B_m c_p T_{t22}/(c_{pg}T_{t5})}{1+B_m} \tag{9-93}$$

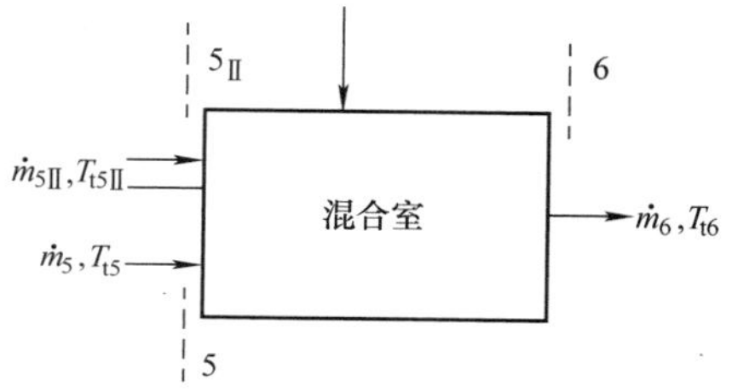

图 9-34　混合室能量平衡

式中，B_m 为混合室进口的涵道比，即

$$B_m=\frac{\dot{m}_{5\,\mathrm{II}}}{\dot{m}_5}=\frac{B}{(1-\beta-\delta_1-\delta_2)(1+f)+\delta_1+\delta_2} \tag{9-94}$$

另外，在式（9-93）中，c_{p6} 为混合气流的比定压热容，它可用质量平均的概念获得，即

$$c_{p6}=\frac{c_{pg}+B_m c_p}{1+B_m} \tag{9-95}$$

2）混合室出口气流总压 p_{t6}：

$$p_{t6}=\sigma_m p_m \tag{9-96}$$

式中，σ_m 为混合室总压恢复系数；p_m 为混合室进口气流的质量平均总压，其表达式为

$$p_m=\frac{p_{t5}+B_m p_{t5\,\mathrm{II}}}{1+B_m}=\frac{p_{t5}+\sigma_{\mathrm{II}}p_{t22}B_m}{1+B_m} \tag{9-97}$$

式中，$p_{t5\,\mathrm{II}}$ 是混合室进口外涵气流的总压；σ_{II} 是外涵风扇出口至混合室进口的总压损失系数。

9. 加力燃烧室参数（f_{ab}、p_{t7} 和 f_o）的计算

1）加力燃烧室的油气比 f_{ab}：f_{ab} 可定义为向加力燃烧室供入的燃油质量流量 $\dot{m}_{fab}$ 与加入加力燃烧室的空气质量流量之比，于是有

$$f_{ab}=\frac{\dot m_{fab}}{\dot m_3+\dot m_{a\,II}-\dot m_B} \tag{9-98}$$

式中，$\dot m_{a\,II}$为外涵的空气质量流量，$\dot m_B$为从高压压气机出口引出至飞机的空气质量流量。借助图9-35，列出加力燃烧室的能量平衡方程为

$$\dot m_{fab}\eta_{ab}H_f+c_{p6}\dot m_6T_{t6}=(\dot m_6+\dot m_{fab})c_{p7}T_{t7} \tag{9-99}$$

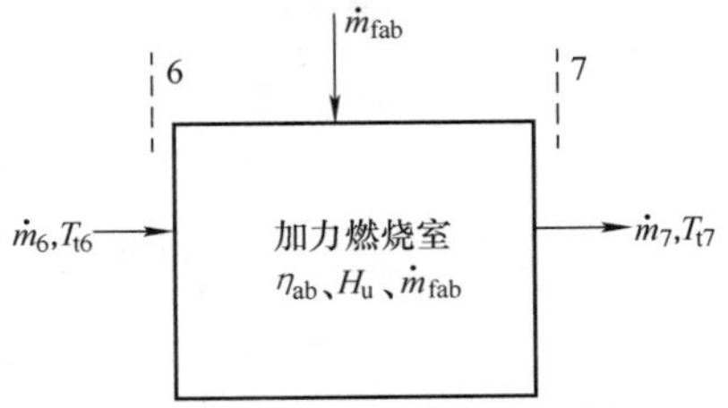

图9-35　加力燃烧室能量平衡

由式（9-99），得

$$\dot m_{fab}=\frac{\dot m_6(c_{p7}T_{t7}-c_{p6}T_{t6})}{\eta_{ab}H_f-c_{p7}T_{t7}} \tag{9-100}$$

又由于

$$\dot m_6=\dot m_c+\dot m_{II}-\dot m_B+\dot m_f \tag{9-101}$$

又因油气比

$$f=\frac{\dot m_f}{\dot m_{3a}} \tag{9-102}$$

于是，由式（9-98）得：

$$f_{ab}=\left(1+f\frac{1-\beta-\delta_1-\delta_2}{1+B-\beta}\right)\left(\frac{c_{p7}T_{t7}-c_{p6}T_{t6}}{\eta_{ab}H_f-c_{p7}T_{t7}}\right) \tag{9-103}$$

式中，T_{t7}为加力燃烧室出口的总温，这是个选定的参数，如果不开加力时，则$T_{t7}=T_{t6}$；c_{p7}为加力燃烧室出口燃气的比定压热容。

2）加力时，发动机总的油气比f_o：其定义为主燃烧室的供油量加上加力燃烧室的供油量与发动机进口的空气质量流量之比，即

$$f_o=\frac{\dot m_f+\dot m_{fab}}{\dot m_3+\dot m_{a\,II}}=\frac{\dot m_f/\dot m_3+\dot m_{fab}/\dot m_3}{1+B} \tag{9-104}$$

注意到

$$\frac{\dot m_f}{\dot m_3}=\frac{(1-\beta-\delta_1-\delta_2)\dot m_f}{\dot m_{3a}}=(1-\beta-\delta_1-\delta_2)f \tag{9-105}$$

$$\frac{\dot m_{fab}}{\dot m_3}=\frac{\dot m_{fab}}{\dot m_3+\dot m_{a\,II}-\dot m_a}\frac{\dot m_3+\dot m_{a\,II}-\dot m_a}{\dot m_3}=f_{ab}(1+B-\beta) \tag{9-106}$$

于是式（9-104）变为

$$f_o=\frac{(1-\beta-\delta_1-\delta_2)f+(1+B-\beta)f_{ab}}{1+B} \tag{9-107}$$

3）加力燃烧室出口气流的总压p_{t7}：

$$p_{t7}=\sigma_{ab}p_{t6} \tag{9-108}$$

式中，σ_{ab}为加力燃烧室总压恢复系数。

10. 尾喷管出口参数（p_{t9}、T_9、a_9和c_q）**的计算**

1）尾喷管出口总压p_{tq}、总温T_{tq}：

$$p_{t9} = \sigma_c p_{t7} \tag{9-109}$$

$$T_{t9} = T_{t7} \tag{9-110}$$

2）假定尾喷管完全膨胀，出口静压 p_9 等于外界大气压，即 $p_9 = p_0$，尾喷管出口截面马赫数为 Ma_9，即

$$Ma_9 = \sqrt{\frac{2}{\gamma_g - 1}\left[\left(\frac{p_{t9}}{p_9}\right)^{\frac{\gamma_g - 1}{\gamma_g}} - 1\right]} \tag{9-111}$$

3）尾喷管出口截面静温 T_9，即

$$T_9 = T_{t9}\left(1 + \frac{\gamma_g - 1}{2}Ma_9^2\right)^{-1} \tag{9-112}$$

4）尾喷管出口声速 a_9 和排气速度 C_9 的表达式，分别为

$$a_9 = \sqrt{\gamma_9 R T_9} \tag{9-113}$$

$$C_9 = a_9 Ma_9 \tag{9-114}$$

9.5.3 发动机单位性能参数的计算

1）单位推力 F_s：F_s 是推力 F 与流入发动机的空气质量流量之比，即

$$F_s = \frac{F}{\dot{m}_3 + \dot{m}_{a\,\mathrm{II}}} = \frac{\dot{m}_9 C_9 + A_9(p_9 - p_o) - \dot{m}_a C_0}{\dot{m}_3 + \dot{m}_{a\,\mathrm{II}}} \tag{9-115}$$

注意

$$\begin{cases} \dot{m}_9 = p_9 C_9 A_9 \\ p_9 = \rho_9 R T_9 \end{cases} \tag{9-116}$$

$$\dot{m}_9 = \dot{m}_3 + \dot{m}_{a\,\mathrm{II}} + \dot{m}_f + \dot{m}_{fab} - \dot{m}_B \tag{9-117}$$

$$\dot{m}_a = \dot{m}_3 + \dot{m}_{a\,\mathrm{II}} \tag{9-118}$$

$$\begin{cases} f_o = \dfrac{\dot{m}_f + \dot{m}_{fab}}{\dot{m}_3 + \dot{m}_{a\,\mathrm{II}}} \\ B = \dfrac{\dot{m}_{a\,\mathrm{II}}}{\dot{m}_3} \end{cases} \tag{9-119}$$

式（9-115）中，A_9 为9截面的截面面积；式（9-117）中，$\dot{m}_B$ 为从高压压气机出口引出至飞机的空气质量流量，于是式（9-115）可变为

$$F_s = \left(1 + f_o - \frac{\beta}{1 + B}\right)\left[C_9 + \frac{RT_9}{C_9}\left(1 - \frac{p_0}{p_9}\right)\right] - C_0 \tag{9-120}$$

2）加力时耗油率 $\mathrm{SFC_{ab}}$：

$$\mathrm{SFC_{ab}} = \frac{3600(\dot{m}_f + \dot{m}_{fab})}{(\dot{m}_3 + \dot{m}_{a\,\mathrm{II}})F_s} = \frac{3600 f_o}{F_s} \tag{9-121}$$

3）不加力时的耗油率 SFC：

$$\mathrm{SFC} = \frac{3600\,\dot{m}_f}{F_s} = \frac{3600 f(1 - \beta - \delta_1 - \delta_2)}{(1 + B)F_s} \tag{9-122}$$

9.5.4　对发动机设计参数选择的一些分析

1. 内涵压气机总增压比 $\tilde{\pi}_c$ 对单位推力 F_s 与耗油率 SFC 的影响

涡扇发动机内涵压气机的总增压比 $\tilde{\pi}_c$ 等于内涵风扇（低压压气机）增压比与高压压气机增压比的乘积。图 9-36 所示为在给定的飞行条件及涵道比 $B=\text{const}$、涡轮前总温 $T_{t4}=\text{const}$ 时，总增压比 $\tilde{\pi}_c$ 对单位推力 F_s、耗油率 SFC 的影响曲线。由图 9-36 可以看出：

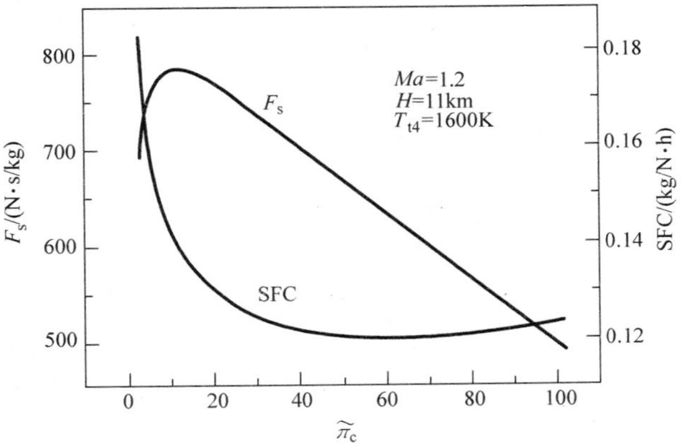

图 9-36　$\tilde{\pi}_c$ 对 F_s 和 SFC 的影响曲线

1）随着 $\tilde{\pi}_c$ 的增加，F_s 先增后减，存在一个极值点，将该点对应的增压比称为最佳增压比，并用 $\tilde{\pi}_{c,opt}$ 表示。通常，F_s 取决于发动机的加热量 Δ 和热效率 η_t 这两个因素，即

$$F_s = f(\Delta, \eta_t) \tag{9-123}$$

当 $\tilde{\pi}_c$ 太小时，η_t 很低，因而 F_s 很小；当 $\tilde{\pi}_c$ 太大时，加热量 Δ 小，因而使得 F_s 较小，故在某个 $\tilde{\pi}_c$ 下，单位推力 F_s 有最大值。

2）随 $\tilde{\pi}_c$ 的增加，耗油率 SFC 先降后升，在某个 $\tilde{\pi}_c$ 值下 SFC 获得一个最小值，将该值对应的增压比称为最经济增压比，并用 $\tilde{\pi}_{c,ec}$ 表示，而且通常还有

$$\tilde{\pi}_{c,ec} > \tilde{\pi}_{c,opt} \tag{9-124}$$

对于战斗机用的发动机来讲，F_s 大是首先考虑的主要因素。对压气机总压比的选择，应该注意如下因素：

① 为使发动机有尽可能大的单位推力，压气机的总增压比应选择在 $\tilde{\pi}_{c,opt}$ 值附近。

② 为兼顾到耗油率要低的要求，应选在 $\tilde{\pi}_{c,opt}$ 值的右边，当然选取的 $\tilde{\pi}_c$ 值总要小于 $\tilde{\pi}_{c,ec}$ 值。

③ 压气机的出口总温不能太大。对于铝合金的压气机叶片和盘来讲，压气机出口温度不超过 875K。

④ 压气机部件的质量应较小。

2. 涡轮前总温 T_{t4} 对单位推力 F_s 与耗油率 SFC 的影响

图 9-37 所示为 T_{t4} 对 F_s 与 SFC 的影响曲线。该曲线对应的条件是：飞行马赫

数 Ma_0 为 1.2，飞行高度 H 为 11km，$\widetilde{\pi}_c=25.0$，$B=0$ 标准大气，不考虑冷却空气、引气以及功率提取的影响。从图 9-37 可以看出：

1）随 T_{t4} 的增加，F_s 随之增加。

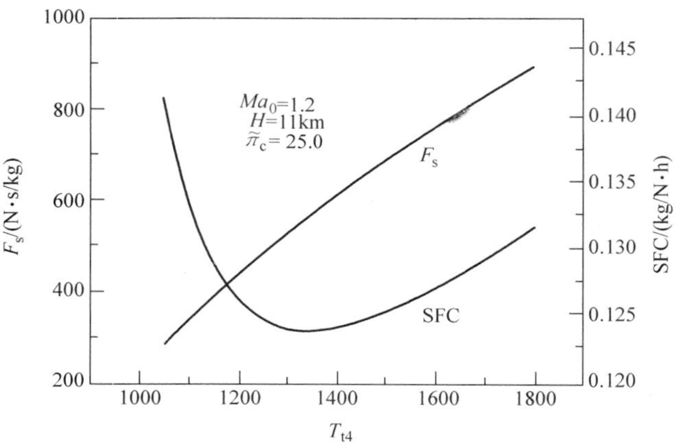

图 9-37 T_{t4} 与 F_s 与 SFC 的影响曲线

2）对于耗油率，存在最小值点，即存在着最经济涡轮前总温 $T_{t4,ec}$ 值；对于战斗机，为追求大的 F_s，故选用尽量高的 T_{t4} 值。就当前水平来讲，T_{t4} 大约为 1850K。另外，还应说明的是，虽然有 $T_{t4,ec}$ 对应与 SFC_{min}，但此时对应的单位推力很小，因此即使是运输机发动机的设计点涡轮前的温度也选取远大于 $T_{t4,ec}$ 值。

3. 涵道比 B、风扇增压比 $\widetilde{\pi}_f$ 对 F_s 与 SFC 的影响

图 9-38 所示为当飞行马赫数为 0.9，飞行高度 H 为 11km，涡轮前总温 $T_{t4}=1850$K 时，涵道比 B、风扇增压比 $\widetilde{\pi}_f$ 对单位推力 F_s 的影响曲线。由图 9-38 可以看出：

1）当 $\widetilde{\pi}_c=\text{const}$ 时，随着 $\widetilde{\pi}_f$ 的增大，F_s 迅速增大。

2）当 $\widetilde{\pi}_c=\text{const}$ 时，随着 $\widetilde{\pi}_f$ 的增大，耗油率也不断增加，这是由于此时排气速度高而导致推进效率降低。

对于战斗机来讲，风扇增压比的选择应考虑以下因素：

1）战斗机发动机应结构简单、工作鲁棒性好、质量小。综合这些因素，为保证非设计点时风扇的稳定裕度，在进口导流叶片可调时，一般风扇不能超过 3 级，因此风扇增压比不大于 5.0。

2）单位推力和耗油率需要折中。一般现代战斗机发动机设计点时，涵道比 B 在 0 ~ 1 之间，而大多数取 $B=0.3\sim0.7$。

4. 加力时对单位推力 F_s 与耗油率 SFC 的影响

加力时的排气速度取决于燃烧室出口的温度 T_{t7} 和尾喷管的膨胀比。如果忽略

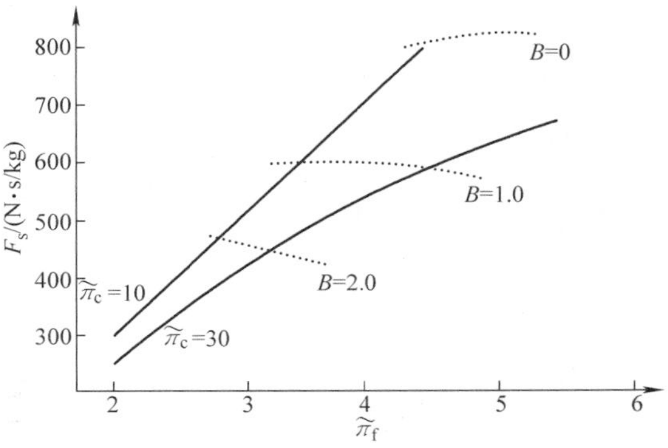

图 9-38　$\widetilde{\pi}_f$、B 对 $\widetilde{\pi}_c$ 与 F_s 的影响曲线

总压的损失，则有

$$\frac{p_{t9}}{p_0}=\frac{p_{t22}}{p_0} \tag{9-125}$$

排气速度为

$$C_{9ab}=\sqrt{2c_{pg}T_{t7}\left[1-\left(\frac{p_0}{p_{t9}}\right)^{\frac{\gamma_g-1}{\gamma_g}}\right]} \tag{9-126}$$

这意味着排气速度只取决于外涵风扇的增压比 p_{t22}/p_0 和加力温度 T_{t7}，因此单位推力 F_s 也就取决于 p_{t22}/p_0 和 T_{t7}，于是当 T_{t7} 固定不变时，唯一的变量是通过尾喷管的压力比。当接通加力时，通常要放大尾喷管喉部的面积，以保证尾喷管的压力比不变。

图 9-39 所示为接通加力与不加力时风扇增压比 $\widetilde{\pi}_f$ 对单位推力 F_s 与耗油率 SFC 的影响曲线。

由图 9-39 可以看出以下现象：

1）加力时，F_s 和 SFC 都比不加力时有大幅度的增加。

2）不加力时，F_s 随 $\widetilde{\pi}_f$ 的增加而迅速增加；而加力时，则增加较为缓慢。

3）不加力时，SFC 随 $\widetilde{\pi}_f$ 的增加而增大；加力时，SFC 随 $\widetilde{\pi}_f$ 的提高而有所降低。

5. 设计点飞行马赫数 Ma_0 对最佳增压比 $\widetilde{\pi}_{c,opt}$ 的影响

图 9-40 所示为飞行在 11km 高空、$T_{t4}=1850$K、$B=0.5$ 时三种不同设计点飞行马赫数 Ma_0 下，单位推力 F_s 与内涵压气机总增压比 $\widetilde{\pi}_c$ 的关系曲线。由图 9.40 可以看出：当设计点飞行马赫数 Ma_0 增加时，对应于最大单位推力 F_s 的内涵压气机总增压比的最佳值 $\widetilde{\pi}_{c,opt}$ 在减小。

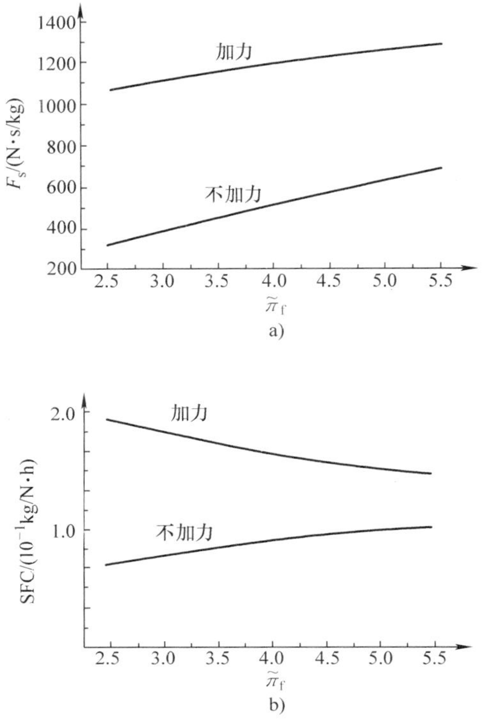

图 9-39　加力与不加力时$\tilde{\pi}_f$对 F_s 与 SFC 的影响曲线

a）单位推力 F_s　b）耗油率 SFC

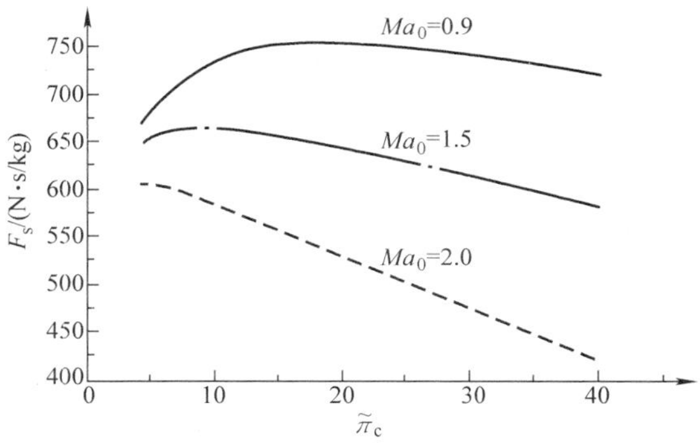

图 9-40　不同设计点飞行马赫数下 F_s 与$\tilde{\pi}_c$ 的关系曲线

9.6　分别排气涡扇发动机设计点的热力分析

分别排气的涡轮风扇发动机一般不带加力燃烧室，并选取较大的涵道比，主要用于大推力、低耗油率和飞行马赫数不超过 0.9 的飞机，图 9-41 所示为这种发动机特征截面的符号。

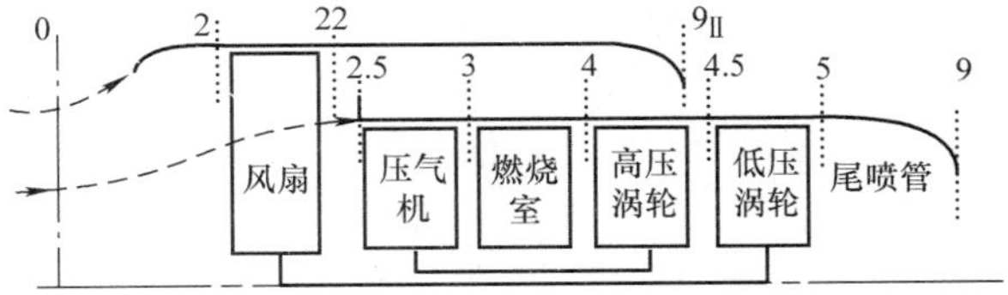

图 9-41　大涵道比分别排气的涡扇发动机特征截面的符号

分别排气涡扇发动机设计点热力计算的方法与混合排气的涡扇发动机的计算类似，不过这里没有混合室混合过程的计算。推力为内涵推力与外涵推力之和，即

$$F = F_{\mathrm{I}} + F_{\mathrm{II}} = \dot{m}_{\mathrm{a\,I}}(C_9 - C_0) + A_9(p_9 - p_0) + \dot{m}_{\mathrm{a\,II}}(C_{9\mathrm{II}} - C_0) + A_{9\mathrm{II}}(p_{9\mathrm{II}} - p_0) - \dot{m}_{\mathrm{a}}C_0 \tag{9-127}$$

式中，A 为截面面积，下角标 9 和下角标 9Ⅱ分别为相应 9 截面和 9Ⅱ截面；$\dot{m}_{\mathrm{a}}$ 为空气质量流量。单位推力 F_{s} 为

$$F_{\mathrm{s}} = \frac{F}{\dot{m}_{\mathrm{a}}} = \frac{F_{\mathrm{I}} + F_{\mathrm{II}}}{\dot{m}_{\mathrm{a\,I}} + \dot{m}_{\mathrm{a\,II}}} = \frac{F_{\mathrm{s\,I}} + BF_{\mathrm{s\,II}}}{1 + B} \tag{9-128}$$

$$F_{\mathrm{s\,I}} = \frac{F_{\mathrm{I}}}{\dot{m}_{\mathrm{a\,I}}},\quad F_{\mathrm{s\,II}} = \frac{F_{\mathrm{II}}}{\dot{m}_{\mathrm{a\,II}}} \tag{9-129}$$

$$B = \frac{\dot{m}_{\mathrm{a\,II}}}{\dot{m}_{\mathrm{a\,I}}} \tag{9-130}$$

耗油率 SFC 为

$$\mathrm{SFC} = \frac{3600\,\dot{m}_{\mathrm{f}}}{F} = \frac{3600f(1 - \beta - \delta_1 - \delta_2)}{F_{\mathrm{s}}(1 + B)} \tag{9-131}$$

式中，f 为主燃烧室的油气比。

1. $\tilde{\pi}_{\mathrm{f}}$ 对分别排气涡扇的 F_{s} 与 SFC 的影响

在飞行马赫数为 0.8、飞行高度为 9km、标准大气条件下、发动机内涵工作参数为$\tilde{\pi}_{\mathrm{c}} = 25$、$T_{\mathrm{t4}} = 1600\mathrm{K}$、涵道比 $B = 5.0$ 时，分别排气涡扇发动机外涵风扇增压比$\tilde{\pi}_{\mathrm{f}}$ 对 F_{s} 与 SFC 的影响曲线如图 9-42 所示。由图 9-42 可以看出以下现象：

1）耗油率 SFC 的曲线有最小值，对应的外涵增压比为最佳外涵增压比并记作 $\tilde{\pi}_{\mathrm{f,opt}}$；如果不考虑发动机部件的损失和内涵向外涵能量传递过程的损失，则最佳外涵增压比对应着内、外涵排气速度相等的流动，即

$$C_9 = C_{9\mathrm{II}} \tag{9-132}$$

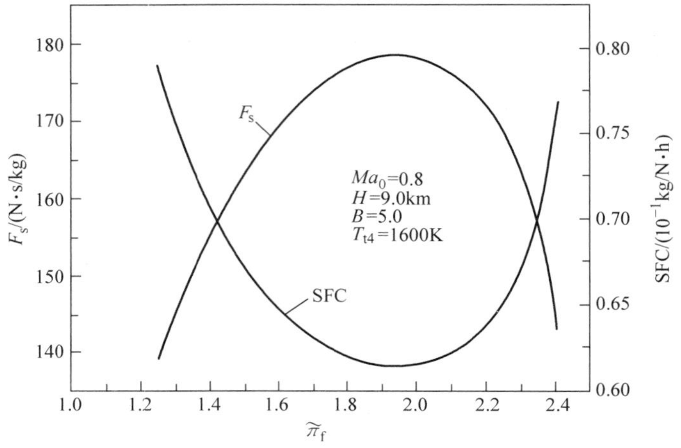

图 9-42 $\tilde{\pi}_f$ 对 F_s 与 SFC 的影响曲线

但实际流动损失总存在，如外涵风扇增压过程、外涵管道流动过程，以及在外涵喷管中的流动都有损失。另外，带动外涵风扇的涡轮膨胀过程也存在损失。由于这些损失的存在，使最佳外涵风扇增压比对应的条件是

$$C_9 > C_{9\,\mathrm{II}} \tag{9-133}$$

在现代涡轮风扇发动机有关部件效率或损失系数的水平下，最佳外涵风扇增压比所对应的外涵和内涵排气速度之比为

$$\left(\frac{C_{9\,\mathrm{II}}}{C_9}\right)_{\mathrm{opt}} \approx 0.8 \tag{9-134}$$

2）外涵风扇增压比为最佳值$\tilde{\pi}_{f,opt}$时，耗油率最小而且同时单位推力最大。

3）图 9-43 所示为不同涵道比 B 时外涵风扇增压比$\tilde{\pi}_f$ 对分别排气涡扇发动机耗油率 SFC 的影响曲线。

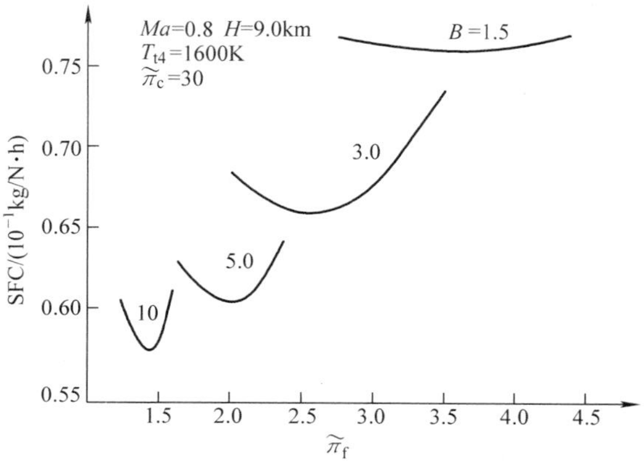

图 9-43 不同 B 值时$\tilde{\pi}_f$ 对分别排气涡扇发动机 SFC 的影响

由图 9-43 可以看出，当涵道比 B 增加时，外涵风扇最佳增压比$\widetilde{\pi}_{f,opt}$值减小。为了更清楚，将这种关系画在图 9-44 上。另外，为便于比较，也将混合排气时外涵风扇最佳增压比（对应的条件为 $p_{t5II}=p_{t5}$）也画在图上。通常在内涵参数、涵道比相同的情况下，混合排气涡扇的外涵风扇最佳增压比小于分别排气涡扇情况的值。

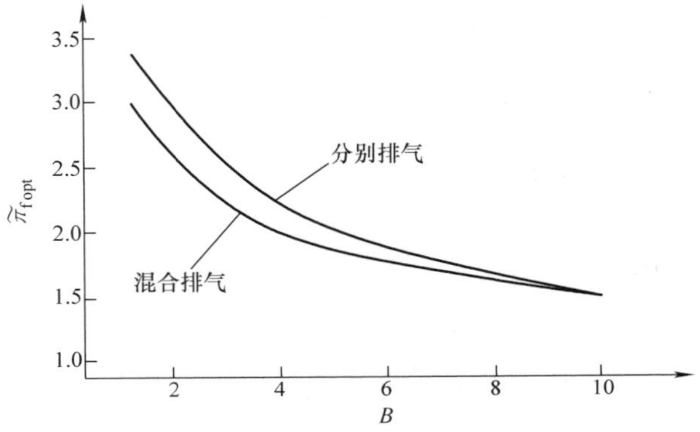

图 9-44　涵道比 B 对外涵风扇最佳增压比$\widetilde{\pi}_{f,opt}$的影响曲线

2. 涵道比 B 对 F_s 与 SFC 的影响

在给定飞行条件（飞行马赫数、飞行高度）、内涵过程参数（$\widetilde{\pi}_f$、T_{t4}）、外涵风扇增压比$\widetilde{\pi}_f$ 以及各部件效率和损失系数情况下，选择一系列的涵道比 B 值，便可以计算出针对分别排气涡扇发动机的 B 对单位推力 F_s 以及耗油率 SFC 的影响曲线，如图 9-45 所示。由图 9-45 可以看出以下现象：

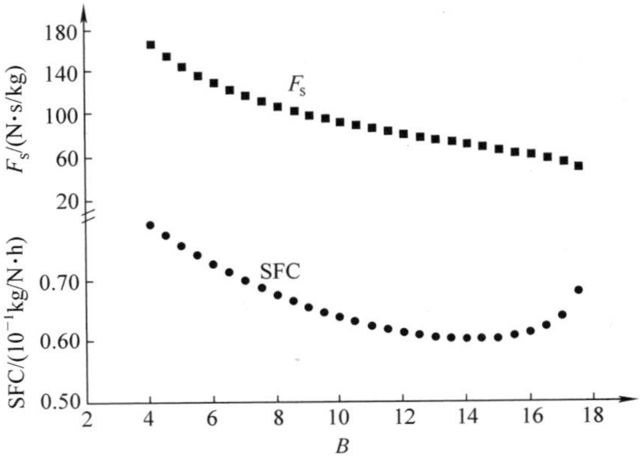

图 9-45　涵道比 B 对分别排气涡扇发动机单位推力 F_s 与耗油率 SFC 的影响曲线

（飞行马赫数 $Ma=0.8$，高度 $H=9\text{km}$，$T_{t4}=1600\text{K}$）

1）对 F_s 而言，涵道比 B 增加，则 F_s 单调下降，不存在最佳的涵道比。

2）对 SFC 而言，随着涵道比 B 的增加，耗油率先降后升，存在最佳涵道比 B_{opt} 对应着耗油率的最小值。

3）由于对每一个外涵风扇增压比 $\widetilde{\pi}_f$，都有一个最佳涵道比 B_{opt}，如图 9-46 所示。所以，给出一系列的 $\widetilde{\pi}_f$，便可得到相应一系列的最佳涵道比的值 B_{opt}，这样可形成图 9-46 所示的虚线。这条虚线有极小值，它所对应的耗油率为耗油率绝对最小值。

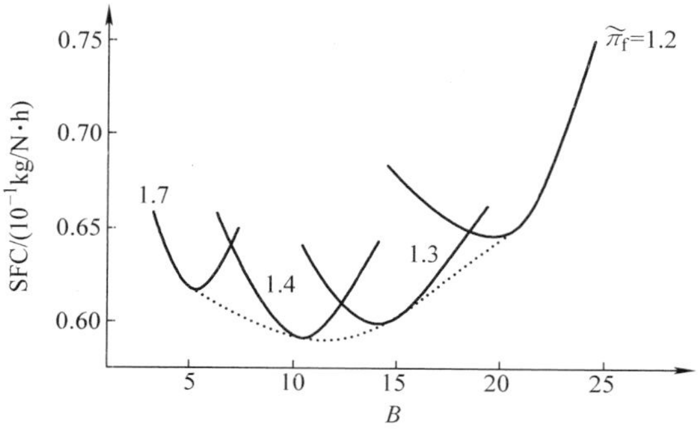

图 9-46　不同 $\widetilde{\pi}_f$ 下，涵道比 B 对分别排气涡扇发动机耗油率 SFC 的影响曲线

（飞行马赫数 $Ma=0.8$，高度 $H=9$km，$T_{t4}=1600$K，$\widetilde{\pi}_c=30$）

第10章 发动机非设计点性能计算的几种方法

航空燃气涡轮喷气发动机的设计点，对应着一定的油门杆位置、飞行速度、飞行高度和大气条件。当设计条件中的任何一个发生变化时，发动机便会偏离设计点而处于非设计点工作。当发动机处于非设计点工作时，为保证其安全可靠地运转，通常是借助控制因素（控制量）来影响发动机的工作过程。常用的控制因素有：①燃烧室供油量；②加力燃烧室供油量；③尾喷管最小截面积。其他还可能有风扇、压气机静子叶片安装角及涡轮导向器喉部面积等。

在给定的油门杆位置时，被控参数随飞行条件和大气条件的变化规律称为发动机给定状态的调节规律（或称控制规律）。外界条件的变化，一般可用进气道进口总温 T_{t1}（或者发动机进口总温 T_{t2}，实际上 $T_{t1}=T_{t2}$）表示，如果被控参数是涡轮进口总温 T_{t4}，则控制规律的一般表达式为

$$T_{t4}=f(T_{t1}) \tag{10-1}$$

即 T_{t4} 是 T_{t1} 的给定函数，这时的控制因素是燃烧室供油量 $\dot{m}_f$，被控制参数是 T_4；如果有两个控制因素，如供油量 $\dot{m}_f$ 和尾喷管最小截面积 A_8，则相应地有两个控制参数，如高压涡轮前温度 T_{t4} 和低压转速 n_1，其控制规律的一般形式为

$$T_{t4}=f_1(T_{t1}) \tag{10-2}$$

$$n_1=f_2(T_{t1}) \tag{10-3}$$

因此，给定了油门杆位置和调节规律，给定了飞行条件和大气条件，就确定了发动机部件的共同工作点，也就确定了非设计点上发动机的工作过程参数。

获得发动机特性的方法可分为两大类[85,96,146,156]：一类是试验方法，另一类是理论计算方法。对于理论计算方法，本章着重讨论借助部件特性曲线进行的通用计算方法和引入一些基本假设后的近似计算方法。

10.1 基于部件性能的发动机特性通用计算方法

发动机在设计点的性能很容易通过热力计算得到，然而非设计点的性能计算却大不相同。当发动机的工作条件偏离了设计点时，发动机的工作过程参数要发生变化，部件的效率和总压恢复系数等也要变化，必须在确定出这些参数后才能进行热力计算、得到发动机的推力和耗油率等参数。这些参数的变化决定于发动机各部件的相互约束，即部件的共同工作，因此部件的共同工作的概念是发动机特性计算的基础。特性计算任务首先是确定部件的共同工作点，也就是求解出满足流量平衡和

功率平衡等约束关系的部件在其自身特性图上的工作点。

下面以小涵道比混合排气涡扇发动机为例，说明通用计算方法。

10.1.1 发动机特性计算的已知条件

已知条件可归纳为以下五个方面：

1）发动机设计点的有关参数。

2）各部件，如风扇/压气机、燃烧室、涡轮和加力燃烧室等发动机部件的特性曲线或经验公式。

3）给定油门杆位置、飞行马赫数、飞行高度和大气条件。

4）选取发动机调节规律，如选取发动机几何形状不可变，主燃烧室供油量控制低压转子转速不变，如选取

$$\dot{m}_{\mathrm{f}} \rightarrow n_1 = \mathrm{const},\ A_8 = \mathrm{const} \tag{10-4}$$

加力时的发动机调节规律，如选取

$$\begin{cases} \dot{m}_{\mathrm{f}} \rightarrow n_1 = \mathrm{const} \\ \dot{m}_{\mathrm{f,ab}} \rightarrow T_{\mathrm{t7,ab}} = \mathrm{const} \\ A_{8,\mathrm{ab}} \rightarrow \tilde{\pi}_{\mathrm{TL}} = \mathrm{const} \end{cases} \tag{10-5}$$

5）风扇/压气机可调静子叶片的角度，一般为

$$\begin{cases} \varphi_1 = \varphi_1 = (\bar{n}_{1\mathrm{cor}}) \\ \varphi_2 = \varphi_2 = (\bar{n}_{2\mathrm{cor}}) \end{cases} \tag{10-6}$$

式中，$\bar{n}_{1\mathrm{cor}}$和$\bar{n}_{2\mathrm{cor}}$分别为关于 n_1 和 n_2 的相对换算转速，并且有

$$\bar{n}_{1\mathrm{cor}} = \frac{n_{1\mathrm{cor}}}{n_{1\mathrm{cor,d}}} = \frac{n_1/\sqrt{T_{\mathrm{t2}}}}{(n_1/\sqrt{T_{\mathrm{t2}}})_{\mathrm{d}}} \tag{10-7}$$

$$\bar{n}_{2\mathrm{cor}} = \frac{n_2/\sqrt{T_{\mathrm{t2.5}}}}{(n_2/\sqrt{T_{\mathrm{t2.5}}})_{\mathrm{d}}} \tag{10-8}$$

式中，下角标“d”为设计点的参数。

10.1.2 假定六个参数后的计算步骤

基本计算思路是，由 0 - 0 截面至尾喷管出口截面进行热力计算，遇到未知量时就假定一个初值，最后根据平衡技术求其精确值。对于小涵道比混合排气涡扇发动机来讲，假定的未知量有六个：①风扇（或低压压气机）的增压比$\tilde{\pi}_{\mathrm{cL}}$；②高压涡轮前温度 T_{t4}；③高压压气机的增压比$\tilde{\pi}_{\mathrm{cH}}$；④高压压气机相对换算转速$\bar{n}_{2\mathrm{cor}}$；⑤高压涡轮进口换算流量$\dot{m}_{4\mathrm{cor}}$；⑥低压涡轮进口换算流量$\dot{m}_{4.5\mathrm{cor}}$。

主要步骤如下（以下从 11 个方面，即 11 步进行讨论与计算）：

1）根据飞行条件、大气条件计算 0 - 0 截面的总压和总温等参数。

2）计算进气道出口参数。

$$总温：T_{t2}=T_{t0} \tag{10-9}$$

$$总压：p_{t2}=\sigma_i p_{t0}$$

式中，σ_i 为进气道总压恢复系数，可按式（10-10）或式（10-11）估计：

当 $Ma_0 \leqslant 1$ 时，$\sigma_i=\sigma_{i,\max}=0.97$　　（10-10）

当 $Ma_0>1.0$ 时，$\sigma_i=\sigma_{i,\max}=[1-0.075(Ma_0-1)^{1.35}]$　　（10-11）

3）风扇（或低压压气机）出口总压和总温参数的计算。风扇（或低压压气机）的 $\widetilde{\pi}_{cL}$ 和 η_{cL} 可表示为如下函数形式：

$$\begin{cases}\widetilde{\pi}_{cL}=f(\bar{\dot{m}}_{Fcor},\bar{n}_{1cor},\varphi_1)\\ \eta_{cL}=f(\bar{\dot{m}}_{Fcor},\bar{n}_{1cor},\varphi_1)\end{cases} \tag{10-12}$$

式中，φ_1 为可调静子叶片角；$\bar{\dot{m}}_{Fcor}$ 和 $\bar{n}_{1cor}$ 分别为风扇进口相对流量和 n_1 的相对换算转速，这里 $\bar{\dot{m}}_{Fcor}$ 定义为

$$\bar{\dot{m}}_{Fcor}=\frac{\dot{m}_{Fcor}}{\dot{m}_{Fcor,d}} \tag{10-13}$$

在给定的角 φ_1 下，图 10-1 所示为典型风扇（或低压压气机）通用特性图。由于

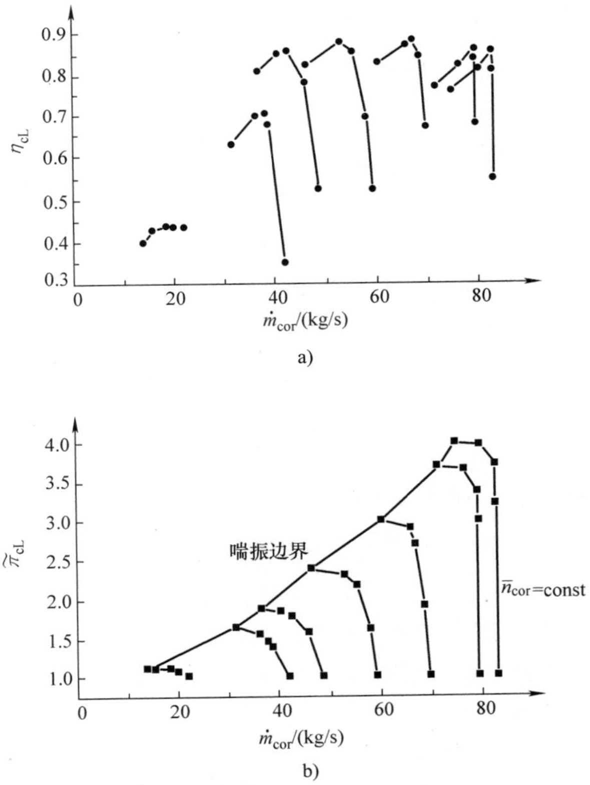

图 10-1　典型风扇（或低压压气机）通用特性图

a）η_{cL} 与 $\dot{m}_{cor}$ 的关系　b）$\widetilde{\pi}_{cL}$ 与 $\dot{m}_{cor}$ 的关系

选定的调节规律为n_1 = const，因此由给定的飞行条件和大气条件，便得到相对换算转速$\bar{n}_{1cor}$值。由$\bar{n}_{1cor}$的值便可确定 φ_1 的值。另外，假定$\tilde{\pi}_{cL}$的初值，这样就知道了$\bar{n}_{1cor}$、$\tilde{\pi}_{cL}$和 φ_1 值，便可由风扇特性曲线插值求出风扇进口相对换算流量，进而可以再一次插值求得风扇的效率。然后，便可以计算出压气机出口总压、总温、风扇（或低压压气机）进口空气质量流量$\dot{m}_F$ 和风扇消耗的功率，这里风扇进口空气质量流量$\dot{m}_F$ 为

$$\dot{m}_F = \dot{m}_{Fcor}\sqrt{\frac{288.15}{T_{t2}}}\cdot\frac{p_{t2}}{1.0133\times10^5} \tag{10-14}$$

风扇功率 N_{cL}

$$N_{cL} = \dot{m}_F(h_{t22} - h_{t2}) \tag{10-15}$$

4）高压压气机出口总温、总压等参数的计算。与风扇的特性计算相似，因此高压压气机的增压比$\tilde{\pi}_{cH}$和 η_{cH}可写为如下函数形式

$$\begin{cases}\tilde{\pi}_{cH} = f(\dot{m}_{2.5cor}, \bar{n}_{2cor}, \varphi_2) \\ \eta_{cH} = f(\bar{\dot{m}}_{2.5cor}, \bar{n}_{2cor}, \varphi_2)\end{cases} \tag{10-16}$$

式中，φ_2 为可调静子角。

在给定的角度 φ_2 下，典型高压压气机的特性图如图 10-2 所示。利用高压压气机特性图可以进行高压压气机的有关参数计算，其基本步骤如下：

① 假设相对换算转速$\bar{n}_{2cor}$和高压压气机增压比$\tilde{\pi}_{cH}$值；

② 由 $\bar{n}_{2cor}$ 的值可确定 φ_2 的值；

③ 由$\bar{n}_{2cor}$、π_{cH} 和 φ_2 的值，借助高压压气机特性图，通过插值得到高压压气机进口相对换算流量$\bar{\dot{m}}_{2.5cor}$和效率 η_{cH}。

④ 高压压气机进口的总温等于风扇出口总温；高压压气机进口的总压近似地等于风扇出口的总压。其余参数的计算，如高压压气机出口的总压 p_{t3}、总温 T_{t3}、进口空气质量流量$\dot{m}_3$、功 L_{cH}和功

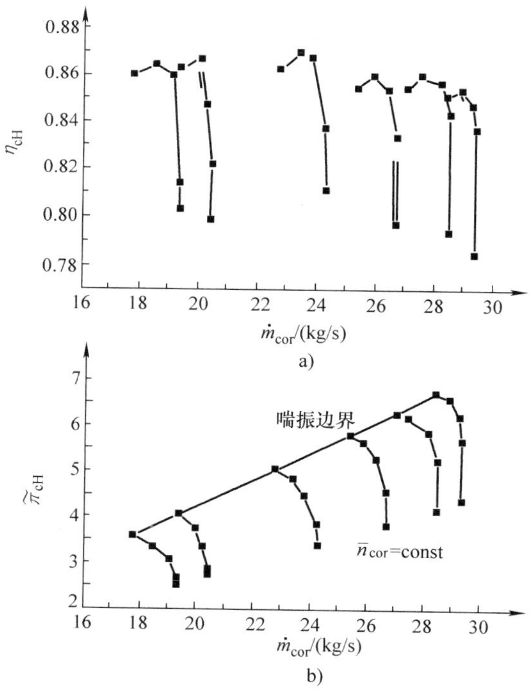

图 10-2　典型高压压气机特性图

a）η_{cH}与$\dot{m}_{cor}$的关系　b）$\tilde{\pi}_{cH}$与$\dot{m}_{cor}$的关系

率等的计算方法与风扇的情况类似。

5）燃烧室出口的参数和油气比等参数的计算。

① 燃烧室进口的空气质量流量$\dot{m}_{3a}$：因为高压压气机进口的空气质量流量为$\dot{m}_3$，通常从其出口引出一部分空气量$(\delta_1+\delta_2)\dot{m}_3$去冷却涡轮（$\delta_1$ 和 δ_2 分别为冷却高压涡轮和低压涡轮的冷却空气系数，在特性计算时，假设其值不变）。另外，还有一部分流量$\beta\dot{m}_1$供飞机使用。于是，有

$$\dot{m}_{3a}=\dot{m}_3(1-\delta_1-\delta_2-\beta) \tag{10-17}$$

② 假定燃烧室出口气流的总温T_{t4}值。借助燃烧室的特性曲线去确定燃烧效率η_b值。燃烧室的特性曲线η_b一般是关于燃烧室进口总压p_{t3}和温升（$T_{t4}-T_{t3}$）的函数，如图 10-3 所示。因此，一旦假定T_{t4}值，便可由燃烧室特性曲线查得燃烧效率η_b值。

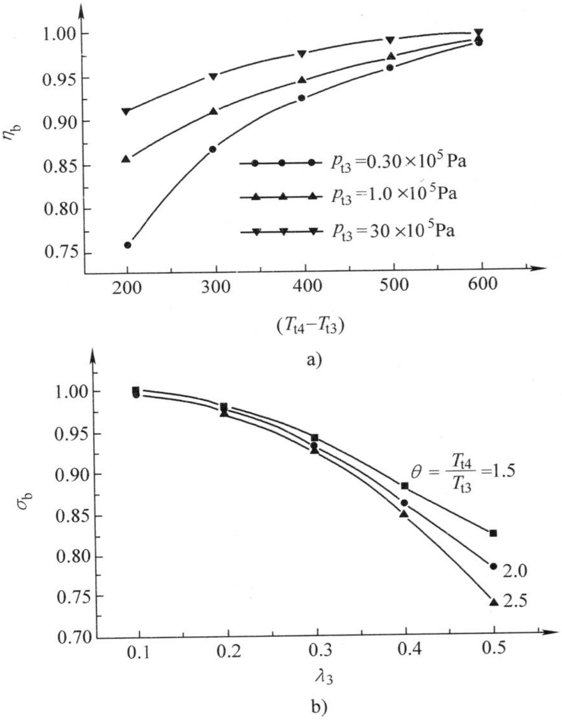

图 10-3　燃烧室特性曲线图

a）η_b 与温升的关系　b）σ_b 与 λ_3 的关系

③ 计算燃烧室的油气比f：

$$f=\frac{\dot{m}_f}{\dot{m}_{3a}}=\frac{h_{t4}-h_{t3}}{\eta_b H_f-h_{t4}} \tag{10-18}$$

式中，h_{t4}为燃烧室出口燃气的总焓；h_{t3}为压气机出口空气的总焓；H_f为燃油的低热值。

由式（10-18）可知，h_{t4} 和 η_b 也都是油气比 f 的函数，所以要采用迭代计算才能确定 f 值。

④ 燃烧室出口燃气质量流量 $\dot{m}_4$ 以及出口总压 p_{t4}：

$$\dot{m}_4 = \dot{m}_{3a} + \dot{m}_f = \dot{m}_{3a}(1+f) \tag{10-19}$$

$$p_{t4} = \sigma_b p_{t3} \tag{10-20}$$

6）高压涡轮出口总压 $p_{t4.5}$ 和总温 $T_{t4.5}$ 等参数的计算。

① 先假定高压涡轮进口的换算流量 $\dot{m}_{4cor}$ 值，并利用式（9-79）计算出 T_{t4a} 值，于是高压涡轮的换算转速 n_{THcor} 为

$$n_{THcor} = \frac{n_2}{\sqrt{T_{t4a}}} \tag{10-21}$$

② 因高压涡轮特性一般为

$$\frac{L_{TH}}{T_{t4a}} = f(n_{THcor}, \dot{m}_{4cor}) \tag{10-22}$$

$$\eta_{TH} = f(n_{THcor}, \dot{m}_{4cor}) \tag{10-23}$$

图 10-4 所示为典型高压涡轮的特性图。由 n_{THcor} 和 $\dot{m}_{4cor}$ 值可获得 η_{TH} 和 L_{TH}/T_{t4a} 值。

③ 计算高压涡轮出口总焓 $h_{t4.5}$ 和总温 $T_{t4.5}$。

由

$$L_{TH} = h_{t4a} - h_{t4.5} \tag{10-24}$$

计算 $h_{t4.5}$ 值，而后由总焓 $h_{t4.5}$ 可迭代计算出总温 $T_{t4.5}$ 值。

④ 计算出等熵膨胀时高压涡轮出口理想的总焓 $h_{t4.5i}$ 和理想的总温 $T_{t4.5i}$。

因

$$\eta_{TH} = \frac{h_{t4} - h_{t4.5}}{h_{t4} - h_{t4.5i}} \tag{10-25}$$

便可算出 $h_{t4.5i}$，进而算出理想出口处的总温 $T_{t4.5i}$ 值。

⑤ 高压涡轮出口总压 $p_{t4.5}$。可根据等熵膨胀过程的温度变化与压力变化的关系，即

$$\int_{T_{t4}}^{T_{t4.5i}} c_{pg} \frac{dT}{T} = R_g \ln\left(\frac{p_{t4.5}}{p_{t4}}\right) \tag{10-26}$$

因式中只有一个未知数 $p_{t4.5}$，因此迭代计算可得 $p_{t4.5}$ 值。

⑥ 高压涡轮的功率 N_{TH}：

$$N_{TH} = \dot{m}_4 L_{TH} \tag{10-27}$$

7）低压涡轮出口总压 p_{t5} 和总温 T_{t5} 等参数的计算。

① 假定低压涡轮进口换算流量的初值 $\dot{m}_{4.5cor}$ 值。

② 借助式（9-86）得 T_{t4c}，进而得

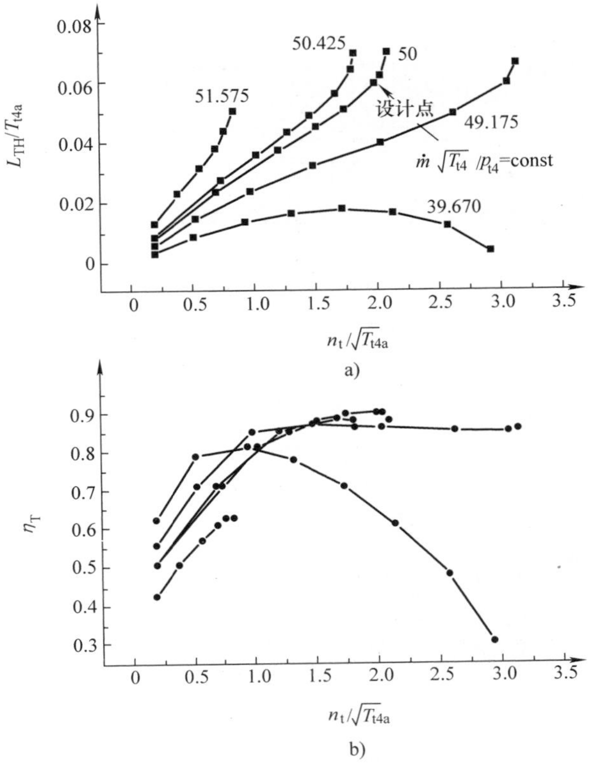

图 10-4　典型高压涡轮的特性图

a）L_{TH}/T_{t4a} 与 $n_t/\sqrt{T_{t4a}}$ 的关系　b）η_T 与 $n_t/\sqrt{T_{t4a}}$ 的关系

$$n_{TLcor}=\frac{n_1}{\sqrt{T_{t4c}}} \tag{10-28}$$

③ 由 $\dot{m}_{4.5cor}$ 和 n_{TLcor} 值，借助低压涡轮特性图插值确定出效率 η_{TL} 和功参数 $L_{TL}/T_{t4.5}$ 值。

④ 其他参数的计算，如低压涡轮出口总压 p_{t5}、总温 T_{t5} 和功率 N_{TL} 等的算法与高压涡轮类似。

8）外涵道参数计算。

① 外涵道的空气质量流量 $\dot{m}_{a\text{II}}$ 等于风扇的质量流量 $\dot{m}_2$ 减去高压压气机进口的质量流量 $\dot{m}_3$，即

$$\dot{m}_{a\text{II}}=\dot{m}_2-\dot{m}_3 \tag{10-29}$$

② 外涵道出口的总压、总温分别等于风扇出口的总压 p_{t22} 和总温 T_{t22}。另外，图 10-5 所示为混合排气加力涡扇发动机特征截面符号。

外涵道出口总压 $p_{t5\text{II}}$、总温 $T_{t5\text{II}}$ 和质量流量 $\dot{m}_{5\text{II}}$ 的计算如下：

总压 $p_{t5\text{II}}$ 由外涵道的总压恢复系数 σ_{II} 计算，即

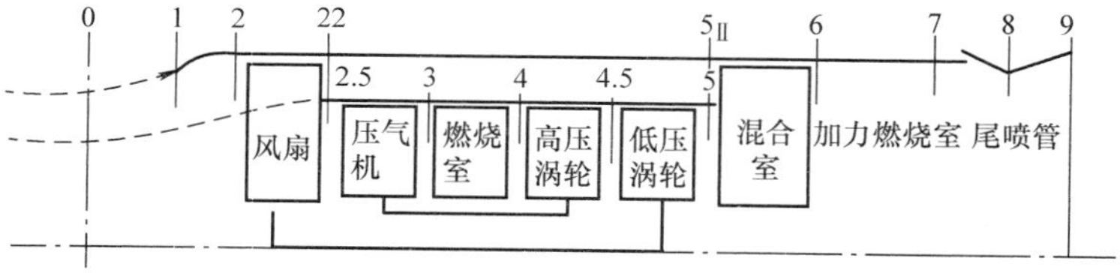

图 10-5　混合排气加力涡扇发动机特征截面符号

$$p_{t5\,\mathrm{II}} = \sigma_{\mathrm{II}} p_{t22} \tag{10-30}$$

总温 $T_{t5\,\mathrm{II}}$ 为

$$T_{t5\,\mathrm{II}} = T_{t22} \tag{10-31}$$

质量流量$\dot{m}_{5\,\mathrm{II}}$为

$$\dot{m}_{5\,\mathrm{II}} = \dot{m}_{a\,\mathrm{II}} \tag{10-32}$$

9）混合室的参数计算。混合室中的气流混合计算十分复杂，为简化计算引入如下假设：混合室为圆筒形等截面，如图 9-34 所示；两股气流进入混合室时，气流流动方向平行、静压相等；在出口（见图 9-34 中的 6 截面）气流完全混合均匀；不考虑混合过程中的散热损失和气流与壁面的摩擦损失。

混合室中参数计算的任务，是根据给定的混合室几何参数，在已知进口两股气流参数下计算出口气流的总压、总温参数，其大致步骤和主要公式如下：

① 混合室内涵进口参数，即总温 T_{t5}、总压 p_{t5} 和气流质量流量$\dot{m}_5$；油气比 f_s 为

$$f_s = \frac{\dot{m}_f}{(1-\beta)\dot{m}_3} \tag{10-33}$$

另外，对于静压 p_5，则可由气流质量流量$\dot{m}_5$、总压 p_{t5}、总温 T_{t5} 和截面积 A_5 算出。

② 混合室外涵进口参数，如$\dot{m}_{5\,\mathrm{II}}$、$p_{t5\,\mathrm{II}}$、$T_{t5\,\mathrm{II}}$ 和 $p_{5\,\mathrm{II}}$ 等参数均已求出。混合室出口参数，如混合室出口的气流质量流量$\dot{m}_6$为

$$\dot{m}_6 = \dot{m}_5 + \dot{m}_{5\,\mathrm{II}} \tag{10-34}$$

油气比 f_6 为

$$f_6 = \frac{\dot{m}_f}{\dot{m}_1 - \beta\dot{m}_3} \tag{10-35}$$

混合室出口总焓 h_{t6} 和总温 T_{t6} 可由混合室进、出口能量平衡方程计算出 h_{t6}，而后再计算出总温 T_{t6} 值。h_{t6} 由式（10-36）求出：

$$\dot{m}_5 h_{t5} + \dot{m}_{5\,\mathrm{II}} h_{t5\,\mathrm{II}} = \dot{m}_6 h_{t6} \tag{10-36}$$

则流量方程为

$$K_5 A_5 \frac{p_{t5}}{\sqrt{T_{t5}}} q(\lambda_5) + K_{5\,\mathrm{II}} A_{5\,\mathrm{II}} \frac{p_{t5\,\mathrm{II}}}{\sqrt{T_{t5\,\mathrm{II}}}} q(\lambda_{5\,\mathrm{II}}) = K_6 A_6 \frac{p_{t6}}{\sqrt{T_{t6}}} q(\lambda_6) \tag{10-37}$$

式中，$q(*)$为流量函数。

另外，由动量方程又可推出

$$p_{t5}A_5f(\lambda_5)+p_{t5\,\mathrm{II}}A_{5\,\mathrm{II}}f(\lambda_{5\,\mathrm{II}})=p_{t6}A_6f(\lambda_6) \tag{10-38}$$

在式（10-37）和式（10-38）中，函数 $q(*)$ 和 $f(*)$ 都是气动函数。由式（10-37）和式（10-38）便可求出 p_{t6} 和 λ_6 值。

10）加力燃烧室参数的计算。带有加力燃烧室的发动机，可以在加力状态下工作，也可以在非加力状态下工作。因为加力燃烧室所选的调节规律为

$$\begin{cases}\dot m_{f,ab}\rightarrow T_{ab}=\mathrm{const}\\ A_{8,ab}\rightarrow\tilde{\pi}_{TL}=\mathrm{const}\end{cases} \tag{10-39}$$

所以低压涡轮的膨胀比 $\tilde{\pi}_{TL}$ 不变，不影响发动机高压和低压转子的共同工作。因此，可先在不开加力的情况下确定发动机的共同工作点。在此基础上，如需计算加力时发动机的性能，只要再继续进行加力燃烧室参数的计算就可以了。

加力燃烧室参数计算时，已知加力燃烧室进口（即混合室出口的参数），如 p_{t6}、T_{t6}、$\dot m_6$、f_6 和 h_{t6} 等，需要计算的是加力燃烧室出口的总压 p_{t7} 和油气比 f_{ab} 等参数，其计算的主要步骤如下：

① 根据给定的加力温度 T_{t7} 值计算加力燃烧室的供油量 $\dot m_{fab}$ 和油气比 f_7 等参数。根据加力燃烧室进、出口的能量平衡，有

$$\dot m_6h_{t6}+\dot m_{fab}\eta_{ab}H_f=(\dot m_6+\dot m_{fab})h_{t7} \tag{10-40}$$

或

$$\dot m_{fab}=\frac{\dot m_6h_{t7}-\dot m_6h_{t6}}{\eta_{ab}H_f-h_{t7}} \tag{10-41}$$

其中，η_{ab} 为加力燃烧室的燃烧效率，通常可由加力燃烧室特性曲线确定。该特性的一般形式为

$$\eta_{ab}=f(\alpha_7,\ p_{t6},\ T_{t6}) \tag{10-42}$$

式中，α_7 为

$$\alpha_7=\frac{1}{f_7L_0} \tag{10-43}$$

式（10-43）中，f_7 为加力燃烧室出口处的油气比；L_0 为单位质量的燃料完全燃烧所需要的空气量，即理论空气量。对于航空煤油，$L_0=14.7$kg 空气/kg 燃料。

油气比 f_7 是加力燃烧室出口截面总的燃油量与空气量之比，即

$$f_7=\frac{\dot m_f+\dot m_{fab}}{\dot m_2-\beta\,\dot m_3} \tag{10-44}$$

② 计算加力燃烧室出口总压 p_{t7}：

$$p_{t7}=\sigma_{ab}p_{t6} \tag{10-45}$$

式中，σ_{ab} 为加力燃烧室的总压恢复系数，其值可由加力燃烧室特性确定。

11）尾喷管参数的计算。

① 尾喷管喉道面积 A_8 的计算，应根据给定的调节规律确定，如所选定的调节

规律为 $A_8=\text{const}$；如果尾喷管喉道面积可调，则一般 A_8 是油门杆角度 $\widetilde{\varphi}$ 和进气道进口总温 T_{t1} 的函数，即

$$A_8=f(\widetilde{\varphi},T_{t1}) \tag{10-46}$$

② 尾喷管喉部总压和总温，可近似认为分别等于加力燃烧室出口的总压和总温，即

$$p_{t8}=p_{t7},\ T_{t8}=T_{t7} \tag{10-47}$$

③ 通过尾喷管喉道的燃气质量流量为

$$\dot{m}_8=KA_8\frac{p_{t8}}{\sqrt{T_{t8}}}q(\lambda_8) \tag{10-48}$$

式中，K 为流量方程中的常数，它与油气比和温度有关；$q(\lambda_8)$ 为喉部截面的气动函数。

10.1.3 六个偏差方程及其迭代求解

对双转子混合排气涡扇发动机来讲，检验六个参数初选值是否合适，是通过检验以下六个共同工作条件是否满足来进行的。为此，引入了以下六个偏差函数：

1）低压涡轮/风扇流量平衡的偏差函数 E_1。借助低压涡轮与风扇（低压压气机）间流量应平衡的概念，由风扇出口流入内涵的空气质量流量 $\dot{m}_3$、主燃烧室供油量 $\dot{m}_f$ 等参数便可以计算出低压涡轮进口（导向器喉部截面）燃气换算质量流量 $\dot{m}^*_{4.5\text{cor}}$ 为

$$\dot{m}^*_{4.5\text{cor}}=\frac{[\dot{m}_3(1-\beta+\delta_1)+\dot{m}_f]\sqrt{T_{t4.5}}}{p_{t4.5}} \tag{10-49}$$

式中，β 为飞机引气系数，δ_1 为高压涡轮冷却流量系数。

利用低压涡轮特性曲线计算涡轮出口参数时，试取了一个低压涡轮换算流量的初值 $\dot{m}_{4.5\text{cor}}$，于是定义低压涡轮/风扇流量平衡的偏差函数 E_1 为

$$E_1=\frac{\dot{m}_{4.5\text{cor}}-\dot{m}^*_{4.5\text{cor}}}{\dot{m}_{4.5\text{cor}}} \tag{10-50}$$

2）由低压涡轮功率 N_{TL} 与风扇（低压压气机）功率 N_{CL} 间应平衡，引入低压涡轮/风扇功率平衡偏差函数 E_2，为

$$E_2=\frac{N_{TL}-N_{CL}}{N_{CL}} \tag{10-51}$$

3）由通过高压涡轮的气流质量流量与高压压气机间的气流质量流量应平衡，引入高压涡轮/高压压气机流量平衡偏差函数 E_3，为

$$E_3=\frac{\dot{m}_{4\text{cor}}-\dot{m}^*_{4\text{cor}}}{\dot{m}_{4\text{cor}}} \tag{10-52}$$

式中，$\dot{m}^*_{4\text{cor}}$ 为

$$\dot{m}_{4\text{cor}}^{*}=\frac{[\dot{m}_3(1-\beta+\delta_2)+\dot{m}_\text{f}]\sqrt{T_{\text{t}4}}}{p_{\text{t}4}} \tag{10-53}$$

另外，式（10-52）中的$\dot{m}_{4\text{cor}}$值，是利用高压涡轮特性曲线计算其出口参数时，试取的那个换算质量流量的初值$\dot{m}_{4\text{cor}}$。

4）由高压涡轮的功率应与高压压气机功率间平衡的概念，引入高压涡轮/高压压气机功率平衡的偏差函数 E_4，为

$$E_4=\frac{N_{\text{TH}}-N_{\text{CH}}}{N_{\text{CH}}} \tag{10-54}$$

5）由混合室进口内涵气流与外涵气流静压强应相等的概念，引入混合室进口静压平衡的偏差函数 E_5，为

$$E_5=\frac{p_5-p_{5\text{II}}}{p_5} \tag{10-55}$$

6）由加力燃烧室出口的气流质量流量应该与尾喷管的气流质量流量相等的概念，引入尾喷管气流质量流量的偏差函数 E_6，为

$$E_6=\frac{\dot{m}_8-\dot{m}_8^{*}}{\dot{m}_8} \tag{10-56}$$

其中，$\dot{m}_8^{*}$ 为

$$\dot{m}_8^{*}=\dot{m}_2-\beta\dot{m}_3+\dot{m}_\text{f}+\dot{m}_{\text{fab}} \tag{10-57}$$

这里计算的是加力燃烧室出口气流的质量流量。另外，式（10-56）中的$\dot{m}_8$ 是根据给定的尾喷管最小截面面积 A_8，由式（10-58）计算出的尾喷管的气流质量流量，即

$$\dot{m}_8=KA_8q(\lambda_8)\frac{\sigma_\text{e}p_{\text{t}8}}{\sqrt{T_{\text{t}8}}} \tag{10-58}$$

式中，σ_e 为尾喷口进口至最小截面的总压恢复系数，这里可取设计点值。

至此，得到了六个偏差函数，显然偏差函数是所选取的变量初值的函数。为便于书写，我们用 x_1、x_2、x_3、x_4、x_5、x_6 分别为所选的六个参量，于是有

$$\begin{cases}E_1=f_1(x_1,\ x_2,\ \cdots,\ x_6)\\E_2=f_2(x_1,\ x_2,\ \cdots,\ x_6)\\\vdots\qquad\qquad\vdots\\E_6=f_6(x_1,\ x_2,\ \cdots,\ x_6)\end{cases} \tag{10-59}$$

式（10-59）为非线性函数的方程组。对于这个方程组，求解的方法有很多，这里仅讨论最简单的一种处理方法。

令式（10-59）写为

$$E_i=f_i(x_1,\ x_2,\ \cdots,\ x_6)\qquad(i=1\sim6) \tag{10-60}$$

于是

$$dE_i = \sum_{j=1}^{6} \frac{\partial f_i}{\partial x_j} dx_j \quad (i = 1 \sim 6) \tag{10-61}$$

写为差分形式，便为

$$\Delta E_i = \sum_{j=1}^{6} \frac{\Delta f_i}{\Delta x_j} dx_j \quad (i = 1 \sim 6) \tag{10-62}$$

又可写为

$$0 - E_i^k = \frac{E_i^k - E_i^{(k-1)}}{x_i^k - x_i^{(k-1)}} (x_i^{(k+1)} - x_i^k) \quad (i = 1 \sim 6) \tag{10-63}$$

或者写为

$$x_i^{(k+1)} = x_i^k - E_i^k \frac{x_i^k - x_i^{(k-1)}}{E_i^{(k)} - E_i^{(k-1)}} \quad (i = 1 \sim 6) \tag{10-64}$$

式（10-63）和式（10-64）中，上角标 k、$(k-1)$ 和 $(k+1)$ 分别为第 k 次、第 $k-1$ 次和第 $k+1$ 次迭代的值。如此按式（10-64）进行迭代，直到所有偏差的绝对值接近零时为止。

10.2 混合排气涡扇发动机特性的近似计算方法

10.2.1 基本假设

1）混合室进口两股气流的静压相等，即

$$p_5 = p_{5\,\mathrm{II}} \tag{10-65}$$

而混合室出口的总压 p_{t6} 等于混合室进口两股气流总压的质量平均再乘以混合室的总压恢复系数 σ_m，并且假设 $\sigma_m = \mathrm{const}$。

2）高压涡轮、低压涡轮的导向器和尾喷管都处于临界或超临界状态。

3）风扇、高压压气机以及高、低压涡轮的多变压缩率 e_c 和多变膨胀率 e_t 不变。

4）空气和燃气均为完全气体，比定压热熔等于常数不变，即

空气：$c_p = 1.005\mathrm{kJ/(kg \cdot K)}$，$\gamma = 1.4$

燃气：$c_{pg} = 1.244\mathrm{kJ/(kg \cdot K)}$，$\gamma_g = 1.3$

气体常数：$R = 287\mathrm{J/(kg \cdot K)}$

5）高压压气机出口的引气系数 β 和涡轮冷却空气系数 δ_1 和 δ_2 不变；冷却空气与主流混合的温度比 τ_{m1} 和 τ_{m2} 不变。另外，表示功率提取大小的功率提取参数 C_{T0} 不变。

6）进气道总压恢复系数 σ_i 可按式（10-66）或式（10-67）估计：

$$\text{当 } Ma_0 \leqslant 0 \text{ 时，} \sigma_i = 0.97 \tag{10-66}$$

$$\text{当 } Ma_0 > 1.0 \text{ 时，} \sigma_i = 0.97[1.0 - 0.075(Ma_0 - 1)^{1.35}] \tag{10-67}$$

其他部件的总压恢复系数不变。另外，燃烧效率和机械效率也不变。

7）尾喷管完全膨胀时，$p_9 = p_0$。

8）加力时，尾喷管喉部截面适当放大，不影响加力燃烧室前面主发动机部件的工作。

9）主燃烧室油气比 f 和开加力时加力燃烧室的油气比 f_{ab} 远小于1.0，在公式中如遇到 $(1+f)$ 或 $(1+f+f_{ab})$ 时，则可以假设它们取为设计状态的值。

另外，在下面讨论中为书写简捷，引入四个符号 e_c 和 e_T 以及 $\tilde{e}_c$ 和 $\tilde{e}_T$。

① 多变压缩效率 e_c。在等熵过程中，有

$$\frac{T_2}{T_1} = \left(\frac{p_2}{p_1}\right)^{\frac{\gamma-1}{\gamma}} \tag{10-68}$$

实际压缩过程的温度比要高于等熵过程的温度比，其增加的程度用多变压缩效率 e_c 予以度量，即

$$\frac{T_2}{T_1} = \left(\frac{p_2}{p_1}\right)^{\frac{\gamma-1}{\gamma e_c}} \tag{10-69}$$

显然，风扇或压气机的绝热效率 η_c 和多变压缩效率 e_c 有如下关系：

$$\eta_c = \frac{\tilde{\pi}_c^{\frac{\gamma-1}{\gamma}} - 1}{(\tilde{\pi}_c)^{\frac{\gamma-1}{\gamma e_c}} - 1} \tag{10-70}$$

② 多变膨胀效率 e_T。涡轮是膨胀过程，用多变膨胀效率 e_T 表示，于是有

$$\frac{T_2}{T_1} = \left(\frac{p_2}{p_1}\right)^{\frac{(\gamma-1)e_T}{\gamma}} \tag{10-71}$$

涡轮绝热效率 η_T 与多变膨胀效率 e_T 的关系为

$$\eta_T = \frac{1 - \dfrac{T_2}{T_1}}{1 - \tilde{\pi}_T^{\frac{(\gamma-1)e_T}{\gamma}}} \tag{10-72}$$

③ 令 $\tilde{\pi}_c$ 为压气机的增压比，则符号 $\tilde{e}_c$ 定义为

$$\tilde{e}_c = \tilde{\pi}_c^{\frac{\gamma-1}{\gamma}} \tag{10-73}$$

④ 令 $\tilde{\pi}_T$ 为涡轮落压比，则符号 $\tilde{e}_T$ 定义为

$$\tilde{e}_T = \tilde{\pi}_T^{\frac{\gamma_g-1}{\gamma_g}} \tag{10-74}$$

10.2.2　计算时的已知条件

1）设计点的参数为已知，并用带下角标“d”的符号表示；通常，设计点对应于最大状态的油门杆位置。

2）已知发动机的最大状态调节规律，用函数

$$T_{t4}=f(T_{t2}) \tag{10-75}$$

表示，即高压涡轮进口总温 T_{t4} 是发动机进口总温 T_{t2} 的已知函数。

3）给定飞行条件（即飞行马赫数和高度）；采用标准大气条件，大气温度和大气压力随高度的变化规律。

10.2.3 主要的计算步骤

如图 10-6 所示，这里计算是针对混合排气涡扇发动机进行。主要计算过程分为 18 步，其各步计算过程如下：

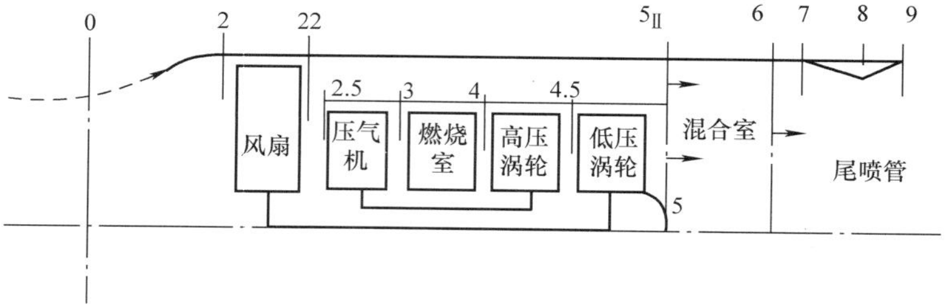

图 10-6　混合排气涡扇发动机主要特征截面的符号

1）计算 0－0 截面的参数。

2）计算进气道出口的总压、总温等参数。

3）选取风扇增压比的初值 $\widetilde{\pi}_{cL}$（外层迭代开始），计算风扇出口的总压和总温，即

$$p_{t22}=p_{t2}\widetilde{\pi}_{cL} \tag{10-76}$$

$$T_{t22}=T_{t2}(\widetilde{\pi}_{cL})^{\frac{\gamma-1}{\gamma e_{cL}}} \tag{10-77}$$

式中，e_{cL} 为风扇的多变压缩效率。

4）根据高压转子功率平衡，借助式（9-83）并由图 10-7 以及式（10-78）和式（10-79），即

$$\frac{T_{t4.5}}{T_{t4a}}=\left(\frac{T_{t4.5}}{T_{t4a}}\right)_d=\text{const} \tag{10-78}$$

$$T_{t4a}=\tau_{m1}T_{t4} \tag{10-79}$$

式中，T_{t4} 为涡轮进口总温，其值由调节规律决定。

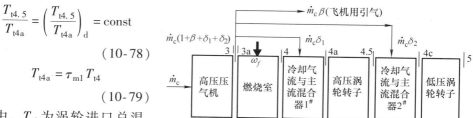

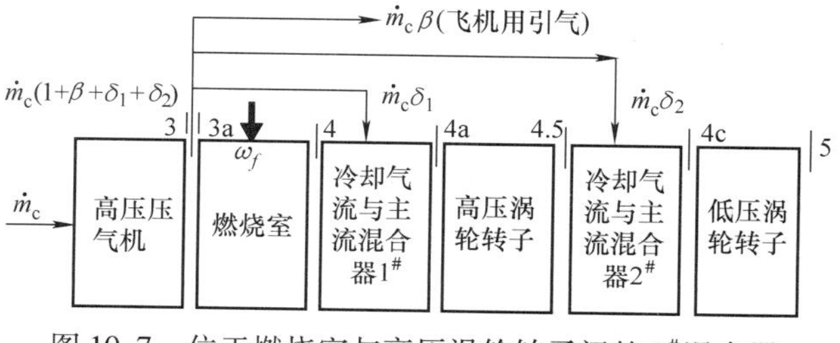

图 10-7　位于燃烧室与高压涡轮转子间的 1# 混合器

另外，β、δ_1、δ_2、τ_{m1} 和 η_{mH} 分别取设计点的值；f 为燃烧室油气比，也取设计点的值。因此，这时由式（9-83）便可以计算出高压压气机出口的总温 T_{t3}；进而还可以得到高压压气机出口总压 p_{t3}：

$$p_{t3}=p_{t22}\left(\frac{T_{t3}}{T_{t22}}\right)^{\frac{\gamma e_{cH}}{\gamma-1}} \tag{10-80}$$

式中，e_{cH}为高压压气机的多变压缩效率。

5）借助式（9-71）得到主燃烧室的油气比f，并由式（10-81）计算燃烧室出口的总压p_{t4}：

$$p_{t4}=\sigma_6 p_{t3} \tag{10-81}$$

6）利用高压涡轮膨胀比等于设计点值不变，因此高压涡轮出口的总压$p_{t4.5}$和总温$T_{t4.5}$为

$$p_{t4.5}=\frac{p_{t4}}{(\tilde{\pi}_{TH})_d} \tag{10-82}$$

$$T_{t4.5}=\left(\frac{T_{t4.5}}{T_{t4a}}\right)_d T_{t4a} \tag{10-83}$$

7）因τ_{m2}等于设计点的取值，因此T_{t4c}可由式（10-84）得到，即

$$T_{t4c}=\tau_{m2}T_{t4.5} \tag{10-84}$$

于是在假定涵道比B初值（即内层迭代）的情况下，利用低压转子功率平衡，由式（9-88）便可计算出低压涡轮的温度比$\frac{T_{t5}}{T_{t4c}}$以及总温T_{t5}值。

8）计算低压涡轮膨胀比$\tilde{\pi}_{TL}$和出口总压p_{t5}：

$$\tilde{\pi}_{TL}=\left(\frac{T_{t4c}}{T_{t5}}\right)^{\frac{\gamma_g}{(\gamma_g-1)e_{TL}}} \tag{10-85}$$

$$p_{t5}=\frac{p_{t4.5}}{\tilde{\pi}_{TL}} \tag{10-86}$$

式中，e_{TL}为低压涡轮多变膨胀效率。

9）计算通过高压涡轮导向器的燃气质量流量$\dot{m}_4$，为

$$\dot{m}_4=(\dot{m}_4)_d\frac{p_{t4}}{(p_{t4})_d}\sqrt{\frac{(T_{t4})_d}{T_{t4}}} \tag{10-87}$$

10）因为燃烧室进、出口的空气质量流量是不变的，即

$$\dot{m}_{a4}=\dot{m}_{a3} \tag{10-88}$$

又由于

$$\dot{m}_4=\dot{m}_{a4}+\dot{m}_f=\dot{m}_{a4}(1+f) \tag{10-89}$$

便可得到$\dot{m}_{a4}$。由于

$$\dot{m}_{a4}=(1-\beta-\delta_1-\delta_2)\dot{m}_3 \tag{10-90}$$

便可得到高压压气机进口空气的质量流量$\dot{m}_3$值。

11）计算低压涡轮后的燃气质量流量$\dot{m}_5$，为

$$\dot{m}_5=(1-\beta)\dot{m}_3+\dot{m}_f \tag{10-91}$$

12）根据低压涡轮后的参数 $\dot{m}_5$、p_{t5}、T_{t5}和面积A_5，计算出混合室进口内涵气流的静压 p_5 值。

13）根据外涵的空气质量流量、风扇后的总压 p_{t22}、总温 T_{t22}、外涵道总压恢复系数以及截面 $A_{5Ⅱ}$，计算混合室进口外涵气流的静压 $p_{5Ⅱ}$。

14）比较上面第 12）步与第 13）步计算的静压，若不相等，则从第 7）步开始重新选取涵道比 B 重复第 7）~第 14）步的计算过程，直到满足一定的允差要求，这表明内层迭代成功。

15）通过尾喷管的气流质量流量$\dot{m}_8$（不加力时）为

$$\dot{m}_8 = (1 + B - \beta)\dot{m}_3 + \dot{m}_f \tag{10-92}$$

16）借助式（9-93）~式（9-97），计算出混合室出口的总压 p_{t6}和总温 T_{t6}值。

17）根据 p_{t6}和 T_{t6}值，计算通过尾喷管的质量流量$\dot{m}_8$，为：

$$\dot{m}_8 = (\dot{m}_8)_d \frac{p_{t6}}{(p_{t6})_d}\sqrt{\frac{(T_{t6})_d}{T_{t6}}} \tag{10-93}$$

18）比较第 15）步和第 17）步计算出的质量流量$\dot{m}_8$，如果两者不满足一定的允差，则要重选风扇增压比$\tilde{\pi}_{cL}$值并重复计算第 13）~第 18）步的计算，直到外层迭代成功。内层迭代与外层迭代都成功后，就可得到发动机的共同工作点，进而可计算发动机的性能参数。

10.3 分别排气涡扇发动机特性的近似计算方法

图 10-8 所示为带有中压压气机的大涵道比分别排气涡扇发动机的示意图。现代远程民航客机一般采用大涵道比（B=4 ~8）分别排气不加力的涡扇发动机以获得巡航状态下较低的耗油率。由图 10-8 可知，风扇及其后面的中压压气机在同一个轴上，并由低压涡轮驱动形成低压转子；中压压气机后面的高压压气机由高压涡轮驱动形成高压转子。风扇、中压压气机组成的压缩系统总增压比可达 40 左右。图 10-8 中的设计点参数为：H = 11km，Ma_0 = 0.85，T_{t4} = 1500K，风扇增压比$\tilde{\pi}_{cL}$ = 1.6，中压压气机增压比$\tilde{\pi}_{cI}$ = 1.56，高压压气机增压比$\tilde{\pi}_{cH}$ = 16，B = 6.0；调节规律：T_{t4} = const。

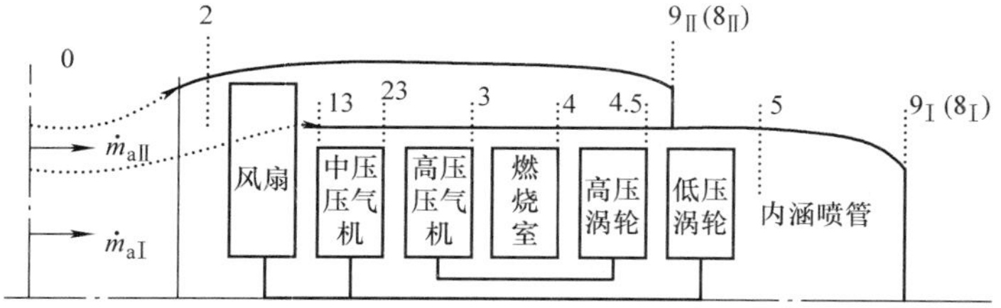

图 10-8　带有中压压气机的大涵道比分别排气涡扇发动机的示意图

10.3.1 近似计算方法中的$\tilde{\pi}_{cL}$迭代

计算的已知条件以及进气道出口总压 p_{t2}、总温 T_{t2} 的计算，在本章 10.2 节中已给出。这里仅给出主要的 12 个步骤和相关公式：

1）选取风扇增压比$\tilde{\pi}_{cL}$的初值。

2）计算风扇出口的总温 T_{t13} 和总压 p_{t13}：

$$T_{t13}=T_{t2}(\tilde{\pi}_{cL})^{\frac{\gamma-1}{\gamma e_F}} \tag{10-94}$$

式中，e_F 为风扇的多变效率，它应等于设计点值。

另外，p_{t13} 为

$$p_{t13}=p_{t2}\tilde{\pi}_{cL} \tag{10-95}$$

3）计算通过外涵的空气流量$\dot{m}_{2\,\mathrm{II}}$。在巡航状态下，外涵尾喷管一般处于临界或超临界的状态，地面起飞时也接近临界状态。近似计算时，假设外涵尾喷管总是临界或超临界的，因此有

$$\dot{m}_a=(\dot{m}_{a\,\mathrm{II}})_d\frac{p_{t13}}{(p_{t13})_d}\sqrt{\frac{(T_{t13})_d}{T_{t13}}} \tag{10-96}$$

式中，带下角标“d”的参数为设计点值，是已知的。

4）假定通过中压压气机的总温升（$T_{t23}-T_{t13}$）与通过风扇的总温升（$T_{t13}-T_{t2}$）成正比，由此可计算出 T_{t23}，于是中压压气机出口总压 p_{t23} 为

$$p_{t23}=p_{t13}\left(\frac{T_{t23}}{T_{t13}}\right)^{\frac{\gamma e_{\mathrm{I}}}{\gamma-1}} \tag{10-97}$$

式中，e_{I} 为中压压气机的多变效率，它等于设计点的值。中压压气机的增压比$\tilde{\pi}_{c\mathrm{I}}$为

$$\tilde{\pi}_{c\mathrm{I}}=\frac{p_{t23}}{p_{t13}} \tag{10-98}$$

5）忽略通过高压压气机空气质量流量与通过高压涡轮燃气质量流量的差别，于是借助高压转子功率平衡原则，有

$$c_p(T_{t3}-T_{t23})=c_{pg}T_{t4}\left(1-\frac{T_{t4.5}}{T_{t4}}\right) \tag{10-99}$$

式中，$\frac{T_{t4.5}}{T_{t4}}$为高压涡轮出口与进口总温比值。

由于假定高低压涡轮导向器始终处在临界或超临界的状态，因此有

$$\frac{T_{t4.5}}{T_{t4}}=\left(\frac{T_{t4.5}}{T_{t4}}\right)_d \tag{10-100}$$

借助式（10-100），则式（10-99）变为

$$T_{t3}=T_{t23}+\frac{c_{pg}}{c_p}T_{t4}\left[1-\left(\frac{T_{t4.5}}{T_{t4}}\right)_d\right] \tag{10-101}$$

式中，T_{t4}为高压涡轮进口总温，它由给定的调节规律 $T_{t4}=f(T_{t1})$确定。

另外，高压压气机出口总压p_{t3}和高压压气机增压比$\widetilde{\pi}_{cH}$也可由式（10-102）和式（10-103）获得，即

$$p_{t3}=p_{t23}\left(\frac{T_{t3}}{T_{t23}}\right)^{\frac{\gamma e_{cH}}{\gamma-1}} \tag{10-102}$$

$$\widetilde{\pi}_{cH}=\frac{p_{t3}}{p_{t23}} \tag{10-103}$$

式中，e_{cH}为高压压气机多变压缩效率，它等于设计点值。

6）计算燃烧室出口的总压 p_{t4}和总温 T_{t4}：

$$p_{t4}=\sigma_c p_{t3} \tag{10-104}$$

$$T_{t4}=f(T_{t1})\text{，由调节规律决定} \tag{10-105}$$

7）计算通过内涵的空气质量流量，该流量可用高压涡轮导向器临界截面处的参数去表达，并假定该截面始终处于临界或超临界状态，于是有

$$\dot{m}_{a\,\mathrm{I}}=(\dot{m}_{a\,\mathrm{I}})_d\frac{p_{t4}}{(p_{t4})_d}\sqrt{\frac{(T_{t4})_d}{T_{t4}}} \tag{10-106}$$

8）计算高压涡轮出口总温 $T_{t4.5}$和总压 $p_{t4.5}$，注意到已假定高压涡轮和低压涡轮导向器处于临界或超临界状态，并注意到高压涡轮多变膨胀效率 e_{TH}不变，则有

$$T_{t4.5}=T_{t4}\left(\frac{T_{t4.5}}{T_{t4}}\right)_d \tag{10-107}$$

$$p_{t4.5}=p_{t4}\left(\frac{T_{t4.5}}{T_{t4}}\right)^{\frac{\gamma_g}{(\gamma_g-1)e_{TH}}} \tag{10-108}$$

式中，e_{TH}为高压涡轮的多变膨胀功率，它等于设计点的值。

9）计算涵道比 B：

$$B=\frac{\dot{m}_{a\,\mathrm{II}}}{\dot{m}_{a\,\mathrm{I}}} \tag{10-109}$$

10）计算低压涡轮出口总温 T_{t5}和总压 p_{t5}，注意到已假定低压涡轮导向器和内涵尾喷管处于临界或超临界状态，并注意到低压涡轮多变膨胀效率 e_{TL}不变，则有

$$T_{t5}=T_{t4.5}\left(\frac{T_{t5}}{T_{t4.5}}\right)_d \tag{10-110}$$

$$p_{t5}=p_{4.5}\left(\frac{T_{t5}}{T_{t4.5}}\right)^{\frac{\gamma_g}{(\gamma_g-1)e_{TL}}} \tag{10-111}$$

式中，e_{TL}为低压涡轮的多变膨胀功率，它等于设计点的值。

11）由低压转子的平衡，有

$$\dot{m}_{a\,\mathrm{I}}c_{pg}(T_{t4.5}-T_{t5})=\dot{m}_{a\,\mathrm{I}}c_p(T_{t23}-T_{t2})+\dot{m}_{a\,\mathrm{II}}c_p(T_{t13}-T_{t2}) \tag{10-112}$$

$$B=\frac{\dot{m}_{a\,\mathrm{II}}}{\dot{m}_{a\,\mathrm{I}}} \tag{10-113}$$

借助式（10-113），则由式（10-112）中又可求得涵道比 B 的值。

12）比较第 11）步和第 9）步涵道比 B 的值，若在一定允差之内，则说明风扇增压比$\tilde{\pi}_{cL}$选初值成功，否则重选$\tilde{\pi}_{cL}$值并重复第 1）步 ~ 第 12）步的过程，直到迭代收敛。

10.3.2　分别排气涡扇的高度与速度特性

这里给出带有中压压气机的分别排气涡扇发动机的一个例子，其设计点的相关参数为：$H = 11\text{km}$，$Ma_0 = 0.85$，$p_0 = 0.227 \times 10^5\text{Pa}$，$T_0 = 216.5\text{K}$，风扇增压比$\tilde{\pi}_{cI} = 1.56$，高压压气机增压比$\tilde{\pi}_{cH} = 16$，涡轮进口总温 $T_{t4} = 1500\text{K}$，涵道比 $B = 6.0$，风扇、压气机以及涡轮的多变效率均为 0.90，调节规律：$T_{t4} = 1500\text{K} = \text{const}$。图 10-9 和图 10-10 所示分别为带有中压压气机的大涵道比分别排气涡扇发动机相对推力$\overline{F}_N$ 随飞行高度 H 的变化曲线和相对耗油率$\overline{\text{SFC}}$随飞行高度 H 的变化曲线。图 10-11 所示为带有中压压气机大涵道比分别排气涡扇发动机相对单位推力$\overline{F}_S$、相对涵道比$\overline{B}$和相对油气比$\overline{f}$随飞行高度 H 的变化曲线。定性地说，推力和耗油率等参数随飞行高度的变化规律与涡轮喷气发动机相应参数的变化规律相同。唯一不同的是涵道比的变化，涡喷发动机的涵道比恒等于零，而涡扇的涵道比在变化。外涵空气质量流量决定于风扇的增压比，而内涵的空气质量流量决定于总的增压比。随着飞行高度的增大，风扇、中压压气机和高压压气机的增压比都是增加的（$H < 11\text{km}$），因此内涵空气质量流量增加大于外涵，所以涵道比随 H 的增大而减小。在飞行高度 $H > 11\text{km}$ 后，由于外界大气温度不变，各增压比不变，故涵道比也不变。

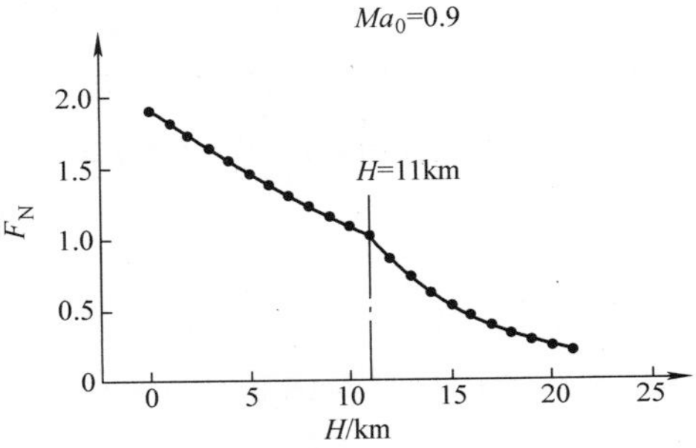

图 10-9　大涵道比分别排气涡扇发动机的$\overline{F}_N$ 随 H 的变化曲线

图 10-12 所示为大涵道比分别排气涡扇发动机的相对推力$\overline{F}$和相对耗油率$\overline{\text{SFC}}$随飞行马赫数 Ma_0 的变化曲线。图 10-13 所示为相对单位推力$\overline{F}_S$、相对涵道比$\overline{B}$和相对总油气比 $\overline{f}_0$ 随飞行马赫数 Ma_0 的变化曲线。从上述两张图中可以看到，推力随着飞行马赫数的增加而单调下降。由于大涵道比发动机的排气速度低，涵道比

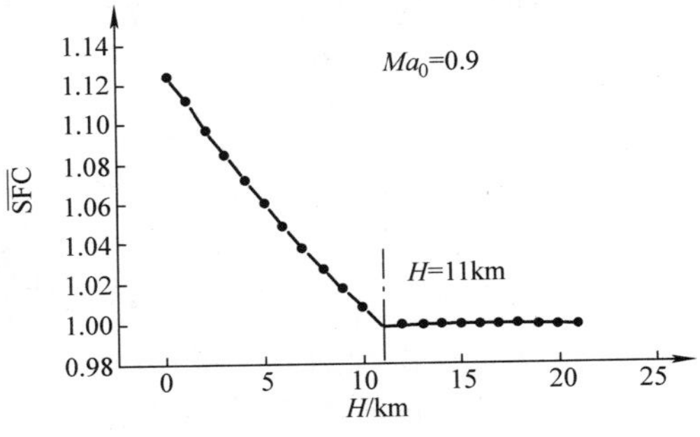

图 10-10　大涵道比分别排气涡扇发动机的$\overline{\text{SFC}}$随 H 的变化曲线

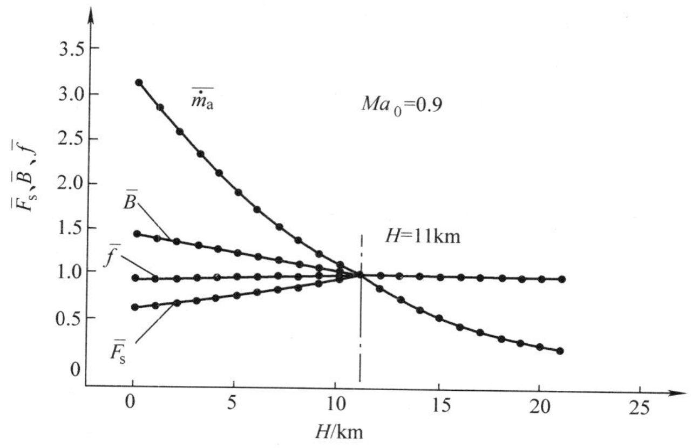

图 10-11　大涵道比分别排气涡扇发动机的$\bar{F}_S$、$\bar{B}$和$\bar{f}$随 H 的变化曲线

越大则排气速度越低，因此当飞行 Ma_0 增大时涵道比也加大、致使单位推力比涡喷发动机的单位推力下降得更快，这也就造成随着 Ma_0 的增加，发动机推力单调下降的原因。

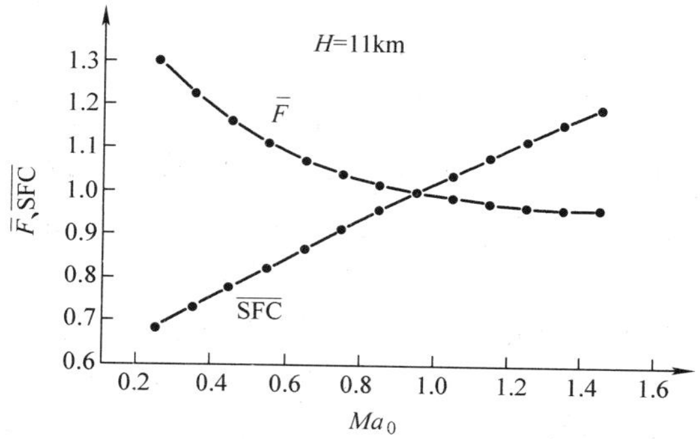

图 10-12　大涵道比分别排气涡扇发动机的$\bar{F}$和$\overline{SFC}$随 Ma_0 的变化曲线

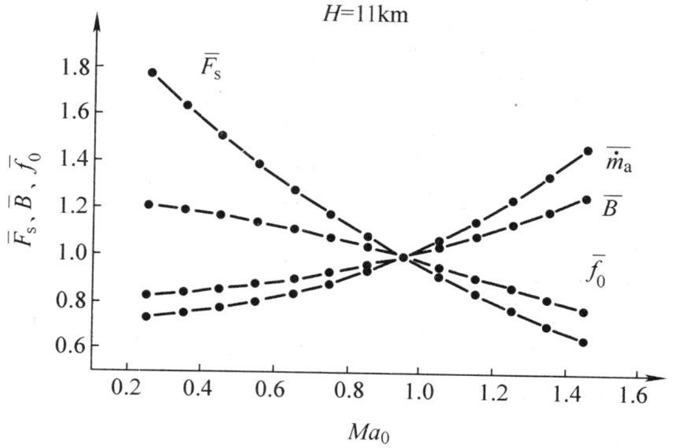

图 10-13　大涵道比分别排气涡扇发动机的$\bar{F}_S$、$\bar{B}$和$\bar{f}_0$ 随 Ma_0 的变化曲线

令$\widetilde{\pi}_{\mathrm{I}}$和$\widetilde{\pi}_{\mathrm{II}}$分别为内涵道的总增压比和外涵道的总增压比，其表达式分别为

$$\widetilde{\pi}_{\mathrm{I}}=\widetilde{\pi}_{\mathrm{cL}}\widetilde{\pi}_{i}\widetilde{\pi}_{\mathrm{cI}}\widetilde{\pi}_{\mathrm{cH}} \tag{10-114}$$

$$\widetilde{\pi}_{\mathrm{II}}=\widetilde{\pi}_{\mathrm{cL}}\widetilde{\pi}_{i} \tag{10-115}$$

式中，$\widetilde{\pi}_{i}$为进气道的速度冲压比；$\widetilde{\pi}_{\mathrm{cL}}$为风扇增压比；$\widetilde{\pi}_{\mathrm{cI}}$为中压压气机增压比；$\widetilde{\pi}_{\mathrm{cH}}$为高压压气机增压比。

当尾喷管处于临界或超临界时，外涵空气质量流量近似地正比于外涵总增压比$\widetilde{\pi}_{\mathrm{II}}$；内涵空气质量流量取决于内涵的总增压比$\widetilde{\pi}_{\mathrm{I}}$。图 10-14 所示为大涵道比分别排气涡扇发动机的$\widetilde{\pi}_{i}$、$\widetilde{\pi}_{\mathrm{I}}$和$\widetilde{\pi}_{\mathrm{II}}$随飞行马赫数$Ma_0$的变化曲线。由图 10-14 可以看出，当$Ma_0$增加时，$\widetilde{\pi}_{\mathrm{I}}$和$\widetilde{\pi}_{\mathrm{II}}$都增加，但$\widetilde{\pi}_{\mathrm{II}}$增加得更快些，因此涵道的总增压比随$Ma_0$的增加而增加。另外，图 10-15 所示为大涵道比分别排气涡扇各部件进、

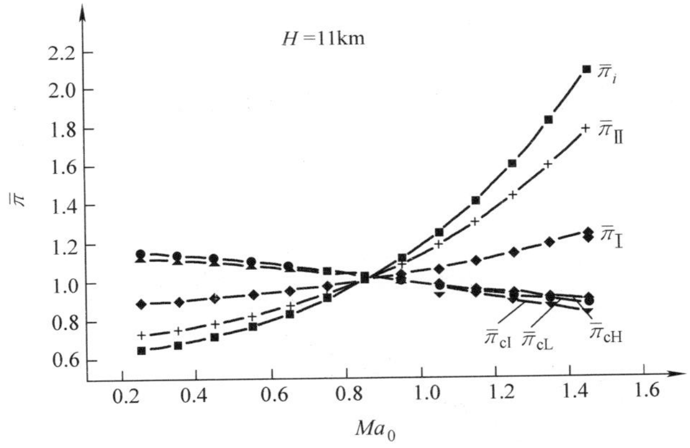

图 10-14　大涵道比分别排气涡扇发动机的$\widetilde{\pi}_{i}$、$\widetilde{\pi}_{\mathrm{I}}$和$\widetilde{\pi}_{\mathrm{II}}$随$Ma_0$的变化曲线

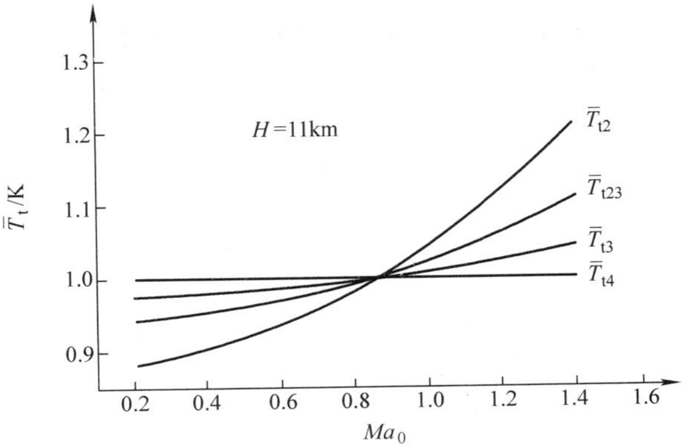

图 10-15　大涵道比分别排气涡扇发动机的各部件进、出口总温相对值随Ma_0的变化曲线

出口总温的相对值随飞行马赫数 Ma_0 的变化曲线。图 10-16 和图 10-17 所示分别为不同飞行高度 H 下相对推力$\overline{F}$和相对耗油率$\overline{SFC}$随飞行马赫数 Ma_0 的变化曲线。从图10-15～图 10-17 中可以看出，这些曲线的大体变化规律与涡喷发动机的变化规律相类似。

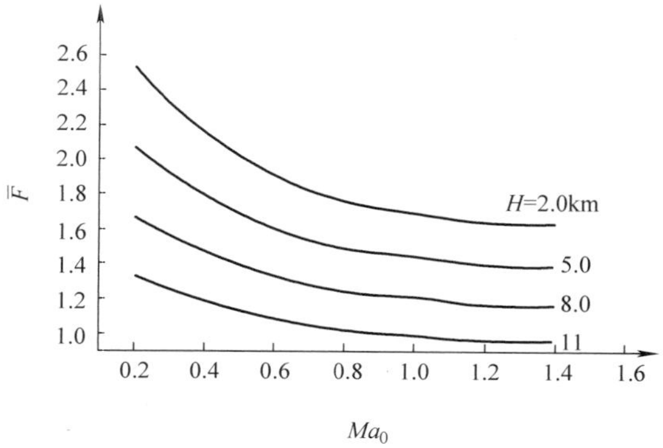

图 10-16 大涵道比分别排气涡扇发动机的$\overline{F}$随 Ma_0 的变化曲线

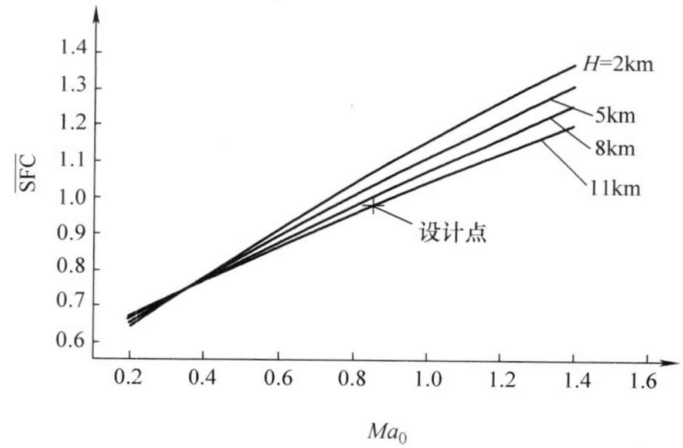

图 10-17 大涵道比分别排气涡扇发动机的$\overline{SFC}$随 Ma_0 的变化曲线

第11章 压气机/风扇的气动设计基础和设计优化

从已有的压气机/风扇的气动设计理论中抽取最核心的理论基础，充分发挥已有的压气机/风扇的设计准则和经验数据在工程设计中的作用，进行压气机/风扇的初步气动设计，并在此基础上进行压气机/风扇的部件优化。这样做，妥善地解决了各种现代优化算法中对迭代初值要求苛刻的矛盾，更有利于优化迭代的收敛。

11.1 轮缘功的多种表达形式

在航空发动机的气动设计领域，国内外曾经出版过许多非常著名的著作，如 Стечкин[84,85]、吴仲华[47]、陈乃兴[123]、Vavra[134]、Horlock[126]、Gostelow[132]、Cumpsty[109]、Oates[489]、Mattingly[88]等人的学术著作，以及 NASA 出版的 NASA SP－36[108]等专著。这些重要的著作，一直是人们进行航空发动机气动设计的理论基础。以 Стечкин 院士的两部名著《喷气发动机原理：叶片机》和《喷气发动机原理：工作过程及特性》为例，这两部重要著作曾分别于 1956 年和 1958 年以俄文出版发行，张惠民教授和王宏基教授等分别于 1958 年和 1961 年译成中文译本。毫无疑问，Стечкин 院士的这两部重要著作，在我国学界产生了重大影响。从 1956 年至今虽已 60 余年，航空发动机设计技术有了突飞猛进的发展，但发动机设计的理论基础仍然搭建在“叶片机与燃烧”和“工作过程及特性”这两大块坚实的平台上。“叶片机（包括风扇、压气机和涡轮）与燃烧”和“工作过程及特性”的理论基础仍然是气动热力学，正因如此，吴仲华先生[45,46]、陈乃兴先生[112,113,123]、陈懋章先生[166,495,496]、Wennerstrom[497－499]、Dixon[127]、Denton[500－503]、Lakshminarayana[504]等著名科学家都在他们的著作与发表的论文中多次强调发动机设计中气动热力学的重要性。为此，本书在讲述发动机部件和整机的气动设计时，注意了对相关的气动热力学最基础部分的研究与讲述。在叶轮机械（包括压气机与涡轮等）中，轮缘功是一个十分重要的概念[505－507]。本节仅讨论轮缘功的两种基本表达形式，它们分别是流体力学中动量矩方程和能量方程。

在定常、无黏和忽略彻体力的条件下，叶轮机第一 Euler 方程为

$$L_{\mathrm{u}} = \omega(r_2 v_{\mathrm{u2}} - r_1 v_{\mathrm{u1}}) \tag{11-1}$$

式中，L_{u} 为工作轮对单位质量气体所做的功；ω 为工作轮旋转的角速度；v_{u2} 和 v_{u1} 分别为动叶出口和进口处气流绝对速度的切向分量；r_1、r_2 见图 11-1。

在叶轮机基元流动（见图 11-1）的分析中，式（11-1）可写为

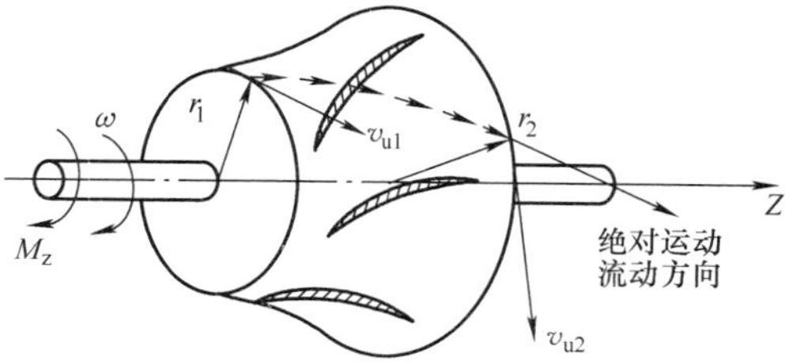

图 11-1　叶轮机基元流动的示意图

$$L_u = \omega[(rv_u)_2 - (rv_u)_1] \tag{11-2}$$

这里 rv_u 是特征截面按流量进行平均的环量，即

$$rv_u = \frac{\int_A (rv_u)\rho(\boldsymbol{v}\cdot\boldsymbol{n})\mathrm{d}A}{\int_A \rho(\boldsymbol{v}\cdot\boldsymbol{n})\mathrm{d}A} \tag{11-3}$$

由绝对速度$\boldsymbol{v}$与相对速度 $\boldsymbol{w}$ 之间的关系，则式（11-1）又可写为

$$L_u = \frac{1}{2}(v_2^2 - v_1^2) + \frac{1}{2}(w_1^2 - w_2^2) + \frac{1}{2}(u_2^2 - u_1^2) \tag{11-4}$$

其中

$$\boldsymbol{v} = \boldsymbol{w} + \boldsymbol{u} \tag{11-5}$$

式（11-4）称为叶轮机第二 Euler 方程。式（11-1）和式（11-2）是通过动量矩方程获得的。由于绝对速度的切向分量 v_u 不是一个容易测得的量，因此轮缘功也可通过能量方程得到，即

$$L_u = \frac{1}{2}(v_2^2 - v_1^2) + \int_{p_1}^{p_2} \frac{1}{\rho}\mathrm{d}p + L_f \tag{11-6}$$

式（11-6）等号右端的第 2 项对于压气机来讲，它为压缩功；右端的第 3 项 L_f 为流阻损失功。人们常将式（11-6）称为广义 Bernoulli 方程，这是一种用机械能形式表达的能量方程。对于可压缩流动，为计算压缩功，常引入多变指数 m，这时多变过程可写为

$$\frac{p}{\rho^m} = \mathrm{const} \tag{11-7}$$

并注意到压气机的多变压缩效率 e_c，于是有

$$m = \frac{re_c}{\gamma - 1} \tag{11-8}$$

图 11-2 所示为焓熵图上各种不同的压缩过程。图 11-3 所示为压气机圆柱切面上动叶与静叶的速度三角形。对于多变过程，其压缩功 L_{pol} 为

$$L_{pol} \equiv \int_{p_1}^{p_2} \frac{1}{\rho}\mathrm{d}p = \frac{m}{m-1}RT_1\left[\left(\frac{p_2}{p_1}\right)^{\frac{m-1}{m}} - 1\right] \tag{11-9}$$

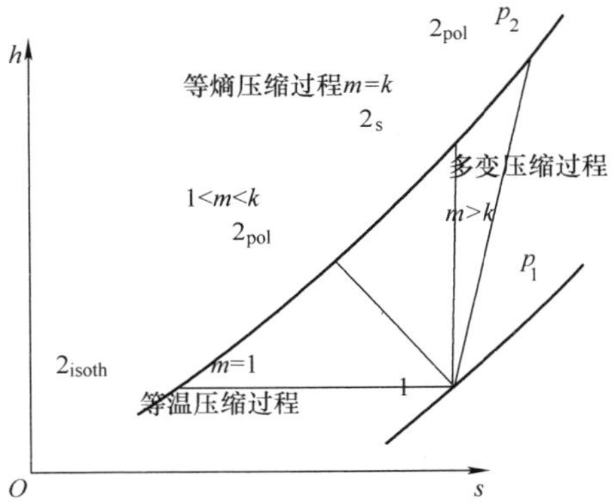

图 11-2　各种压缩过程的焓熵图

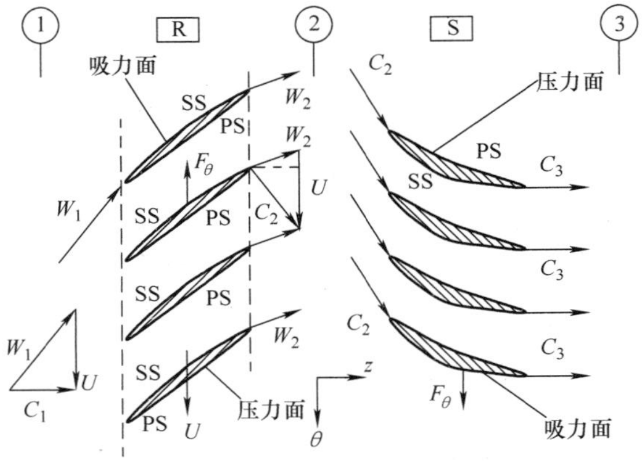

图 11-3　动叶与静叶的速度三角形

11.2　压气机中绝热效率与多变效率间的关系

压气机绝热效率是理想等熵过程所需功与实际过程所消耗功之比，即

$$\eta_c \equiv \frac{h_{t,2s}-h_{t,1}}{h_{t,2}-h_{t,1}} = \frac{\dfrac{T_{t,2s}}{T_{t,1}}-1}{\dfrac{T_{t,2}}{T_{t,1}}-1} \tag{11-10}$$

式中，下角标“t”表示滞止参数；η_c 为压气机的绝热效率。

注意到

$$\frac{T_{t,2s}}{T_{t,1}} = \left(\frac{p_{t,2s}}{p_{t,1}}\right)^{\frac{\gamma-1}{\gamma}} = \left(\frac{p_{t,2}}{p_{t,1}}\right)^{\frac{\gamma-1}{\gamma}} = (\tilde{\pi}_c)^{\frac{\gamma-1}{\gamma}} \tag{11-11}$$

$$\frac{T_{t,2}}{T_{t,1}} = \tilde{\tau}_c \tag{11-12}$$

借助式（11-11）和式（11-12），则式（11-10）变为

$$\eta_c = \frac{(\tilde{\pi}_c)^{\frac{\gamma-1}{\gamma}}-1}{\tilde{\tau}_c-1} \tag{11-13}$$

压气机的多变效率 e_c 定义为

$$e_c = \frac{\mathrm{d}h_{t,s}}{\mathrm{d}h_t} \tag{11-14}$$

由热力学第一和第二定律，有

$$T_t\mathrm{d}s = \mathrm{d}h_t - \frac{\mathrm{d}p_t}{\rho_t} \tag{11-15}$$

在等熵过程中，即 $\mathrm{d}s=0$，$\mathrm{d}h_t=\mathrm{d}h_{t,s}$，于是有

$$dh_{t,s} = \frac{dp_t}{\rho_t} \tag{11-16}$$

将式（11-16）代入到式（11-14），可得

$$e_c = \frac{\dfrac{dp_t}{p_t}}{\dfrac{\gamma}{\gamma-1}\dfrac{dT_t}{T_t}} \tag{11-17}$$

又可写为

$$\frac{dp_t}{p_t} = \frac{\gamma e_c}{\gamma-1}\frac{dT_t}{T_t} \tag{11-18}$$

对式（11-18）进行积分，从进口积分到出口，得

$$\frac{p_{t,2}}{p_{t,1}} = \widetilde{\pi}_c = \left(\frac{T_{t,2}}{T_{t,1}}\right)^{\frac{\gamma e_c}{\gamma-1}} = (\widetilde{\tau}_c)^{\frac{\gamma e_c}{\gamma-1}} \tag{11-19}$$

令

$$K_1 \equiv \frac{\gamma-1}{\gamma e_c} = \frac{1}{m} \tag{11-20}$$

式中，m 为多变指数，见式（11-8），于是借助式（11-20），则式（11-19）又可写为

$$\widetilde{\tau}_c = (\widetilde{\pi}_c)^{K_1} \tag{11-21}$$

将式（11-21）代入式（11-13）后，得

$$\eta_c = \frac{(\widetilde{\pi}_c)^{\frac{\gamma-1}{\gamma}} - 1}{(\widetilde{\pi}_c)^{K_1} - 1} \tag{11-22}$$

式（11-22）便给出了压气机绝热效率（又称等熵效率）η_c 与多变效率 e_c 以及增压比 $\widetilde{\pi}_c$ 间的关系，图 11-4 所示为压气机绝热效率 η_c 随增压比 $\widetilde{\pi}_c$ 的变化曲线。

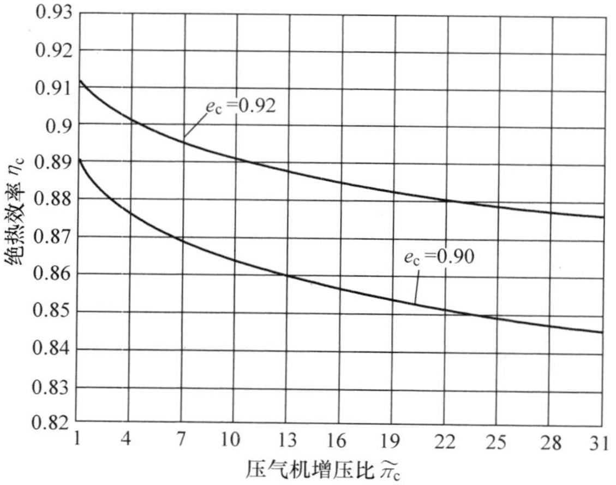

图 11-4　η_c 随 $\widetilde{\pi}_c$ 的变化曲线（当 e_c = 0.9 和 e_c = 0.92 时）

这里应注意的是，压气机绝热效率 η_c 是增压比的函数，而多变效率 e_c 与增压比是相互独立的。当前，压气机多变效率 e_c 的典型取值在 0.88 ~0.92 这个范围。另外，令 e_c 为压气机的多变效率，它是多变压缩功与实际输入功之比；令 m 为多变指数，于是有

$$e_c = \frac{\dfrac{\gamma - 1}{\gamma}}{\dfrac{m-1}{m}} \tag{11-23}$$

理论上可以证明[113]，多变效率 e_c 就是无限小压缩过程的绝热效率 η_c。

11.3 气动设计中增压比和效率的选择

正如参考文献［108，118，88，508，126］所分析的，决定轴流压气机级压比的影响因素有许多种，如气动负荷系数、叶尖切线速度、叶片的几何特征（如展弦比）等，因此在进行轴流压气机的顶层设计方案阶段，必须要精心分析并进行必要的试验研究。一旦压气机各级的加功量和效率确定了，那各级的增压比自然也就确定了。

11.3.1 影响增压比的几个主要因素

1. 叶尖切线速度

在轴流压气机发展初期，由于当时对跨声速基元级流动的机理认识不足，转子叶尖的马赫数被限制在 1.0 左右（叶尖切线速度控制在 300m/s，甚至更低）。直到 20 世纪 70 年代，人们逐渐弄清了超声速来流叶栅的损失机制，以 MIT、DLR、NASA 为代表的研究机构和团队终于将轴流压气机的设计推向了“跨声速”的时代，采用激波增压比使压气机单级压比大幅度提高。表 11-1 给出了几个高压压气机性能的比较。可以看到，压气机叶尖切线速度的不断提高已成为一个亮点。

表 11-1 高压压气机性能的比较

型号	总压比	级数	平均级压比	叶尖切线速度/(m/s)	载荷系数
CJ805/J79	12.5	17	1.162	291	0.257
CF6 -50	13.0	14	1.207	360	0.209
CFM56	12	9	1.318	396	0.255
E^3	23	10	1.368	456	0.244

表 11-2 给出了当代军机航空发动机风扇性能的比较。从表 11-2 可以看出，军机发动机风扇的叶尖切线速度已提高到了 430 ~500m/s。选用较高的风扇叶尖切线速度对单级压比的提高是有利的，但这一措施也会受到如下两大因素制约：①材料强度的制约，叶片离心力与叶尖切线速度的二次方成正比，同时也会导致转子轮盘

自重的增加；②转子叶尖马赫数的制约，当前军机转子的叶尖马赫数已达 1.6，如再进一步提高会导致槽道激波显著增强、效率急剧下降。

表 11-2　当代军机航空发动机风扇性能的比较

型号	总压比	级数	平均级压比	叶尖切线速度/(m/s)	载荷系数
АЛ-31Ф	3.62	4	1.379	470	0.172
РД-33	3.15	4	1.332	430	0.179
WP13	3.34	3	1.495	398	0.316
F110	3.2	3	1.474	440	0.234
F119	4.8	3	1.687	500	0.300

这里应特别说明的是，与军用小涵道比风扇相比，当代大涵道比民机风扇叶尖切线速度呈现出下降的趋势（见图 11-5）。之所以如此，是由于国际环保组织对民航机噪声污染限制的法规已有十分明确的规定，民航降噪是刚性指标。

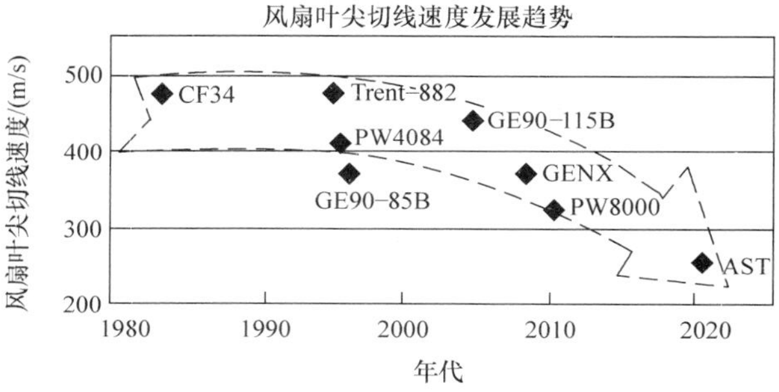

图 11-5　大涵道比风扇叶尖切线速度的变化趋势

2. 负荷水平

在压气机叶尖切线速度给定时，压气机增压比的大小便直接取决于负荷系数。以表 11-2 为例，典型的第三代军用航空发动机 F110 风扇的负荷系数在 0.2 左右，第四代军用发动机 F119 风扇的负荷系数为 0.3 左右。从轴流压气机过去几十年发展的历程上看，每一次提高级负荷都十分谨慎。

确定压气机负荷水平最基础的依据是叶型的负荷水平限制，这里扩散因子（又称 D 因子）是一个重要的评估参数。S. Lieblein 在 D 因子方面做了大量的研究[509,510]，这里给出一个仅依赖于叶栅进出口参数的扩散因子表达式，即[509]

$$D_{\mathrm{f}} = \left[1 - \frac{w_2}{w_1}\right] + \left[\frac{\Delta v_{\mathrm{u}}}{2\sigma w_1}\right] \tag{11-24}$$

式中，第一个方括号表示了气流在叶栅中的减速扩压，这里 w_1 与 w_2 分别为叶栅进口与出口的相对速度；第二个方括号表示了气流在叶栅中的折转；另外，σ 为叶栅稠度。

Lieblein 等人曾对 NACA－65 叶型和 C4 叶型在最小损失攻角下进行了大量的试验，并给出了尾迹动量厚度和扩散因子间的关系，如图 11-6 所示。由图 11-6 可以看出，当扩散因子超过 0.6 时，尾迹动量厚度会急剧增加，这也意味着损失在急剧增大。

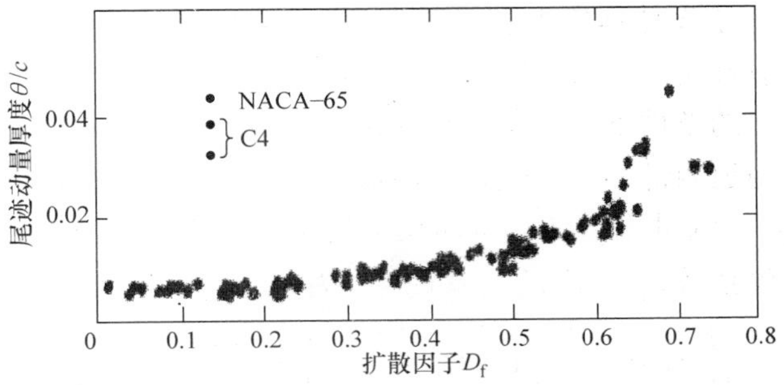

图 11-6　尾迹动量厚度随 D_f 的变化趋势

3. 展弦比

20 世纪 70 年代以来，美国开始探索第四代推重比为 10 的发动机风扇设计技术，其中最重要的特点是小展弦比、高负荷、高通流的风扇相关技术的研究，美国称为 HTFC 计划。与推重比为 8 的第三代涡扇发动机的风扇叶片的展弦比相比，HTFC 计划确定的风扇转子叶片的展弦比进一步明显减小；由于叶片的高度变化不大，展弦比的降低是通过增加叶片弦长来实现的，因此小展弦比设计一般也称宽弦设计。表 11-3 给出了 HTFC 计划的基准转子（Wennerstrom 和 Buzzel 曾对转子进行过改型设计，对静子也进行了重新设计）与代表第三代涡扇发动机风扇水平的 Rotor67 的特性进行了对比。从表 11-3 中可以看出，HTFC 计划的基准转子在叶尖进口相对马赫数和负荷系数方面都明显地高于 Rotor67，达到了 0.339；由于采用了宽弦设计，其展弦比降到 1.32。

表 11-3　HTFC 基准转子与 Rotor67 转子特性的比较

特性	HTFC 基准转子	Rotor67 转子
叶尖切线速度/(m/s)	457	427
叶尖相对马赫数	1.675	1.38
总压比	1.964	1.63
负荷系数（基于转子叶尖）	0.339	0.265
单位面积流量/[kg/(s·m^2)]	192.5	188.6
展弦比	1.32	1.56

几十年来，压气机展弦比的变化趋势是不断降低的。目前，高负荷风扇/压气机中，叶片的展弦比已下降到 1 左右。小展弦比的设计对压气机的失速裕度带来好处的同时，也受到其他因素的制约。因此，对于高效率的大涵道比涡扇发动机的风扇和压气机来讲，一般采用中等展弦比设计，以获得更高的级效率。

11.3.2 影响效率的主要因素

作为多级压气机的顶层方案设计，以平均半径为基础的一维设计是整体方案成败的最关键环节，正如许多参考文献（如参考文献［88，108，112，113，97］等）所指出的，一维设计本质上就是确定流量系数 ϕ、负荷系数（包括 ψ 和 ψ_T）以及反力度（包括热力反力度 Ω_T 和运动反力度 Ω_K）的合理匹配。在已知上述三个量纲为 1 的参数的条件下，平均半径的速度三角形便完全确定，也就是说这就基本确定了压气机通道内部的扩压过程，因而由速度三角形便推出压气机的绝热效率 η_c 与负荷系数 ψ_T、流量系数 ϕ、运动反力度 Ω_K 以及静叶栅的能量损失系数 ζ_S、动叶栅的能量损失系数 ζ_R 之间的关系式[113]为

$$\eta_c = 1 - \frac{1}{\psi_T}\left\{\zeta_S\left[\phi^2 + \left(1 - \Omega_K + \frac{\psi_T}{4}\right)^2\right] + \zeta_R\left[\phi^2 + \left(\Omega_K + \frac{\psi_T}{4}\right)^2\right]\right\} \tag{11-25}$$

在压气机气动设计中，式（11-25）是非常重要的基础关系式。压气机设计时常使用的 Smith 图（见图 11-7）就是在一个确定的反力度条件下绘制出的流量系数 ϕ、负荷系数 ψ_T 对压气机绝热效率 η_c 的影响曲线。

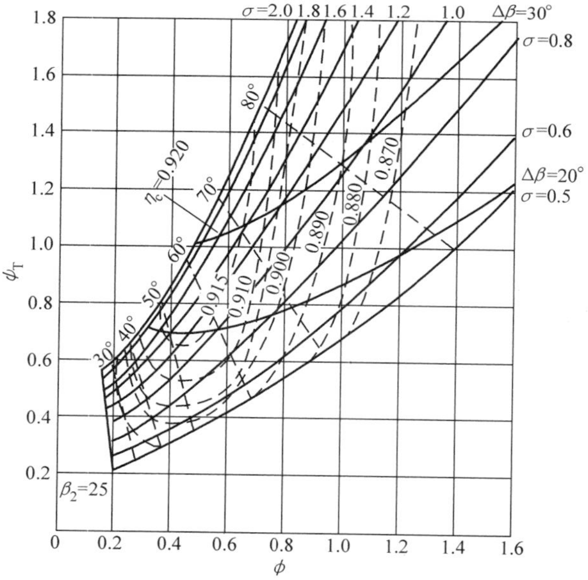

图 11-7 流量系数 ϕ、负荷系数 ψ_T 对绝热效率 η_c 的影响曲线

11.4 轴流压气机/风扇的初步气动设计

为便于讲述压气机或者风扇设计的大体步骤，这里不妨结合一台轴流压气机的

例子进行说明。根据以下设计点参数的四项要求，即

① 在标准海平面条件下起飞，即 $T_0=298\text{K}$，$p_0=101\text{kPa}$，$\gamma=1.4$，$c_p=1004\text{J/kg}\cdot\text{K}$，马赫数 $Ma_0=0$。

② 压气机的总增压比为 20。

③ 压气机的多变效率 e_c 取为常值，即 $e_c=0.9$。

④ 质量流量 $\dot{m}$ 为 100kg/s。

并具有如下三个设计选项，即①假定无进气导向器 IGV；②使用重复级概念；③假定轴向速度 v_Z 为常值。

试设计一台轴流压气机。结合发动机的设计过程，给出压气机设计的经验参数值以及常用的设计准则。

应该讲，这些经验数据和设计准则，对希望学习压气机设计的人员是十分有益的。以下给出压气机初步设计的八个主要步骤：

1）通常，可将压气机或风扇进口截面的轴向马赫数 Ma_{z1} 约取为 0.5，因此发动机进口的静温 T_1、声速 a_1、轴向速度 v_{z1}、静压 p_1 和密度 ρ_1 分别为

$$T_1=T_{t1}/\left[1+\frac{1}{2}(\gamma-1)Ma_{z1}^2\right]\approx 283.8\text{K}$$

$$a_1=\sqrt{(\gamma-1)c_{p1}T_1}=337.6\text{m/s}$$

$$v_{z1}\approx 168.8\text{m/s}$$

$$p_1=p_{t1}/\left[1+\frac{1}{2}(\gamma-1)Ma_{z1}^2\right]^{\frac{\gamma}{\gamma-1}}\approx 85.14\text{kPa}$$

注意到气体常数为

$$R=\frac{(\gamma-1)c_p}{\gamma}=286.86\text{J/kg}\cdot\text{K}$$

因此，发动机进口截面的密度 ρ_1 为

$$\rho_1=\frac{p_1}{RT_1}=1.046\text{kg/m}^3$$

由定常、均匀流动的连续方程

$$\dot{m}=\rho Av=\rho_1A_1v_{z1} \tag{11-26}$$

借助式（11-26），可求得发动机进口面积 A_1 为

$$A_1=\frac{\dot{m}}{\rho_1v_{z1}}\approx 0.5664\text{m}^2$$

注意到发动机进口截面 A_1 可用叶尖半径与轮毂半径之比来表达，即

$$A_1=\pi r_{t1}^2\left[1-\left(\frac{r_{h1}}{r_{t1}}\right)^2\right] \tag{11-27}$$

2）通常，叶根与叶尖的半径比取为 0.4（可以高至 0.5，或低至 0.3）；确立叶尖半径处的马赫数为叶尖相对马赫数 Ma_{r1}；在本算例中，取

$$\frac{r_{h1}}{r_{t1}}=0.5$$

计算发动机进口截面的叶尖半径 r_{t1}，即

$$r_{t1}=\sqrt{\frac{A_1}{\pi\left[1-\left(\frac{r_{h1}}{r_{t1}}\right)^2\right]}}\approx 0.49\text{m}$$

因此轮毂半径 r_{h1} 为

$$r_{h1}=\frac{r_{h1}}{r_{t1}}r_{t1}=0.245\text{m}$$

3）计算压气机出口参数。由总压比和进口总压，得出口总压 $p_{t,exit}$ 为

$$p_{t,exit}=2020\text{kPa}$$

压气机的温度与压强通过多变效率 e_c 相联系，即

$$\widetilde{\tau}_c=\frac{T_{t,exit}}{T_{t,1}}=(\widetilde{\pi}_c)^{K_1} \tag{11-28}$$

式中，K_1 由式（11-20）决定。

由式（11-28）可计算出 $\widetilde{\tau}_c\approx 2.5884$，于是出口总温为

$$T_{t,exit}=771.3\text{K}$$

假设压气机出口没有切向速度，并且轴向速度沿压气机为常值的假定，于是有

$$v_{exit}=v_{z,exit}=\text{const}=168.8\text{m/s}$$

计算压气机出口的静温 T_{exit}，即

$$T_{exit}=T_{t,exit}-\frac{v_{exit}^2}{2c_p} \tag{11-29}$$

假定气体为完全气体，$c_p=1004\text{J/(kg}\cdot\text{K)}=\text{const}$，于是由式（11-29），得

$$T_{exit}=757.14\text{K}$$

出口声速 a_{exit} 和压气机出口马赫数 Ma_{exit} 分别为

$$a_{exit}=\sqrt{(\gamma-1)c_pT_{exit}}\approx 551.4\text{m/s}$$

$$Ma_{exit}=\frac{168.8}{551.4}\approx 0.306$$

值得注意的是，常值轴向速度的假设，导致了压气机出口马赫数的下降，而马赫数的下降，对燃烧室来讲是好事，因通常要求将压气机出口流动降至马赫数 0.2 才能保证高效的燃烧。借助燃烧室的扩压器，必须将气流减速至马赫数为 0.2～0.3。

由 Ma_{exit} 和出口总压 $p_{t,exit}$，求出口的 p_{exit}、出口密度 ρ_{exit} 以及出口面积 A_{exit} 和压气机出口轮毂的半径 $r_{h,exit}$ 值，分别为

$$p_{exit}=p_{t,exit}\Big/\left[1+\frac{1}{2}(\gamma-1)Ma_{exit}^2\right]^{\frac{\gamma}{\gamma-1}}\approx 1892.9\text{kPa}$$

$$\rho_{\text{exit}}=\frac{p_{\text{exit}}}{RT_{\text{exit}}}\approx 8.715\text{kg/m}^3$$

$$A_{\text{exit}}=\frac{\dot{m}}{\rho_{\text{exit}}v_z}\approx 0.06797\text{m}^2$$

如果假设叶尖半径为常数，即 $r_t=\text{const}$，可求得

$$r_{h,\text{exit}}=\sqrt{r_t^2-\frac{A_{\text{exit}}}{\pi}}\approx 0.4677\text{m}$$

这样，求出压气机出口的通道高度（或叶高）为 0.02258m，即约 2.2cm，图 11-8 所示为这时的示意图。

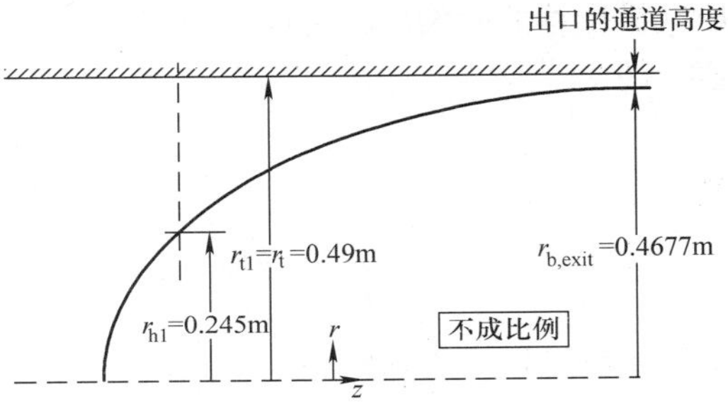

图 11-8 子午通道示意图

如果环形面积 A 用中径半径 r_m 和通道的高度表达，则有

$$A=2\pi r_m(r_t-r_h) \tag{11-30}$$

因出口面积为 0.06797m^2，因此中径半径 r_m 与通道高度 h_{blade} 之积为

$$r_m h_{\text{blade}}\approx 0.010818\text{m}^2$$

即

$$h_{\text{blade}}=\frac{0.010818}{r_m} \tag{11-31}$$

式（11-31）表明，叶高与中径半径成反比。为此，下面进行三种选择的分析（见图 11-9）：

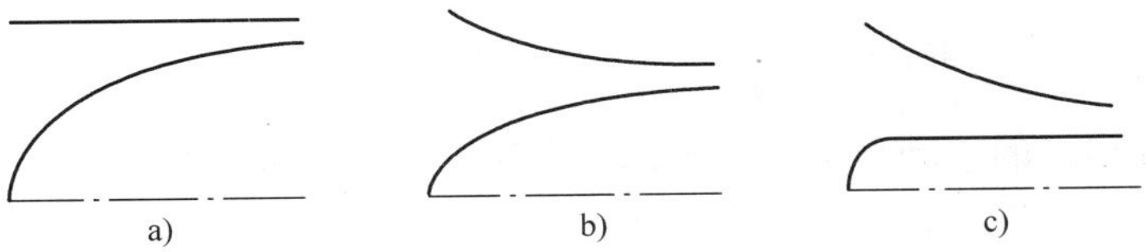

图 11-9 三种类型的子午通道

a）叶尖半径为常值 b）中径半径为常值 c）轮毂半径为常值

① 叶尖半径为常值，这导致 h_{blade} 为 2.2cm；

② 中径半径为常值，$r_m=(r_h+r_t)/2=0.3677\text{m}$，导致 h_{blade} 为 2.94cm；

③ 轮毂半径为常值，则出口叶高或者通道高度 h_{blade} 约为 4.07cm。

由此可见，上述①与②间叶高差异很小，而③的叶高几乎是①的两倍。

4）对于发动机进口截面（即 1 截面），通常 Ma_{r1} 应是超声速的，约为 1.2～1.5（当 Ma_z 取 0.5 时）。这里

$$Ma_{r1}=\sqrt{M_{z1}^2+M_{T1}^2} \tag{11-32}$$

式中，Ma_{T1}为叶尖切向马赫数，即

$$Ma_{T1} = \frac{\omega r_1}{a_1} \tag{11-33}$$

Ma_{T1}应大于1。

计算发动机进口截面（即1截面）上的中径半径r_{m1}，为

$$r_{m1} = \frac{1}{2}(r_{h1} + r_{t1}) = 0.3675\text{m}$$

对压气机推荐的叶尖旋转速度，通常取$u_{tip} = 450\text{m/s}$，可根据这个速度来决定轴的转速，即

$$u_{tip} = \omega r_t$$

于是

$$\omega = \frac{u_{tip}}{r_t} \approx 918.4\text{rad/s} = 8770\text{r/min}$$

于是发动机进口中径处的动叶转速为

$$u_m = u_{tip}\left(\frac{r_m}{r_t}\right) \approx 337.5\text{m/s}$$

动叶进口的角α_1与角β_1分别为

$$\alpha_1 = 0$$

$$\beta_1 = \arctan\left(\frac{u_m}{v_{z1}}\right) = \arctan\left(\frac{337.5}{168.8}\right) \approx 63.43°$$

相对速度w_{m1}为

$$w_{m1} = 377.4\text{m/s}$$

而发动机进口中径处的相对进口马赫数$Ma_{r1,m}$为

$$Ma_{r1,m} = \frac{w_{m1}}{a_1} = 1.12 \quad \text{（中径为超声速）}$$

为了确定动叶出口的流动角度，可先选取中径处的反力度为0.5，即

$$\Omega = 0.5$$

注意到

$$\Omega_m = 1 - \frac{v_{u,1m} + v_{u,2m}}{2U} \tag{11-34}$$

由于选取中径处的反力度为0.5，这导致了$v_{u,2m} = u_m$，这样就要求动叶相对出口流动为纯轴向的，角$\beta_{2m} = 0$。上述这种选择的问题，在于中径处的净流动偏转角约63°，这意味着叶片需要过大的弯度，这样大的扩压会导致边界层的分离。对于这点，也可以看一下D因子得以证实。由D因子的表达式

$$D_{r,m} = 1 - \frac{w_{1m}}{w_{2m}} + \frac{|\Delta v_u|}{2\sigma_m w_{1m}} \tag{11-35}$$

因$w_{2m} = v_z = 168.8\text{m/s}$，$w_{1m} = [(168.8)^2 + (337.5^2)]^{1/2} = 377.4\text{m/s}$，$\Delta v_u =$

337.5m/s，取中径处的稠度 $\sigma_m=1$，这样计算得到的中径处的 D 因子为

$$D_{r,m}=1.053\ (\text{不可能接受的})$$

这样的流动偏转，边界层不可能承受，边界层会失速分离。因为当 D 因子高于 0.55 时，表示边界层处于失速的边缘。另外，de Haller 准则指导着对叶片扩压的限制，即 de Haller 准则为

$$\frac{w_2}{w_1}\geqslant 0.72 \tag{11-36}$$

由 de Haller 准则，求得中径处的出口相对速度 w_{2m} 和 β_2 角分别为

$$w_{2m}=271.1\text{m/s}$$

$$\beta_2=\arccos(168.8/271.1)\approx 51.6^\circ$$

动叶出口的相对切向速度 $w_{u,2m}$ 为

$$w_{u,2m}=v_{z2}\tan\beta_{2m}\approx 212.9\text{m/s}$$

中径处的载荷系数 ψ_m 为

$$\psi_m=124.6/337.5\approx 0.369$$

绝对切向速度为

$$v_{u,2m}\approx(337.5-212.9)\text{m/s}=124.6\text{m/s}$$

中径处的动叶出口绝对流动角 $\alpha_{2m}=\arctan(124.6/168.8)\approx 36.4^\circ$

动叶出口的绝对速度 v_{2m} 为

$$v_{2m}=[v_z^2+v_{u,2m}^2]^{1/2}=209.8\text{m/s}$$

这样，如果要达到一个重复级的设计，静叶必须使流动偏转 36.4°，并且将轴向速度降至 168.8m/s，由 de Haller 准则，则减速为

$$\frac{v_3}{v_2}=\frac{168.8}{209.8}=0.805$$

显然满足了 de Haller 准则的要求。

另外，中径处的反力度 Ω_m 为

$$\Omega_m=1-\frac{v_{u,1m}+v_{u,2m}}{2U_m}=0.815$$

5）通常，选取叶型相对厚度在叶根附近约 10%，在超声速叶尖附近约 3%，中间呈线性过渡，这是推荐叶型设计时的一个准则。现在对中径处进行动叶设计。在开始进行中径处动叶叶片的翼型设计前，可先确定叶片上形成湍流边界层所要求的最小弦长，即在所有飞行高度上满足

$$Re_c>3\times 10^5 \tag{11-37}$$

这个准则。因此，这就需要用飞行包线中最高飞行高度对应的低密度飞行状态来计算所需要的弦长。在 16km 高空上，空气的密度为海平面的 0.136 倍，即

$$\rho_1\approx 0.136\times 1.046\text{kg/m}^3\approx 0.142\text{kg/m}^3 \tag{11-38}$$

空气的运动黏性系数 μ/ρ 约为海平面的 5.849 倍，即为 $8.54\times 10^{-5}\text{m}^2/\text{s}$，因此由

$$Re_c = \frac{w_{1m} \cdot C_m}{\nu_1} = \frac{377.4(\mathrm{m/s}) \times C_m}{8.54 \times 10^{-5}\mathrm{m^2/s}} \geqslant 3 \times 10^5 \tag{11-39}$$

式中，C_m 为中径处叶型的弦长。

由式（11-39），得

$$C_m > 6.8\mathrm{cm}$$

另外，还要考虑以下问题：①叶片结构计算（要求弦长更宽）；②叶片展弦比（多指向宽弦设计）；③叶片振动模态（Campbell 图）。因此，设计时应增大这个最小弦长值。图 11-10 所示为中径处动叶选用的双圆弧转子叶片叶型以及相关的气流角。对于中径处的动叶片叶型，相对进口流动与上表面平行，所以攻角 i 为

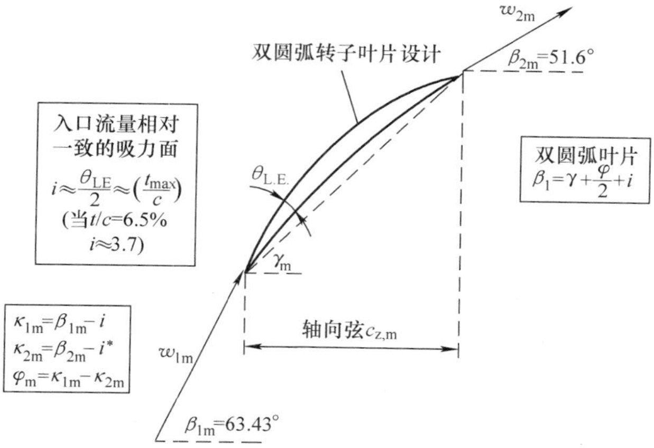

图 11-10　双圆弧叶型及其相关的气流角

$$i \approx \frac{\theta_{LE}}{2} \approx \frac{t_{max}}{c} \tag{11-40}$$

借助式（11-40），得 $i \approx 3.7°$。另外，偏转角可以用 Cater 基本法则的估算值再加 2°来获得，即

$$\delta^* \approx \frac{\Delta\beta}{4\sqrt{\sigma}} + 2° \tag{11-41}$$

式中，σ 为叶栅稠度。

借助式（11-41），得 $\delta^* \approx 5°$。至此，中径处叶片的前缘角 k_{1m}，叶片的尾缘角 k_{2m}，翼型弯角 φ_m，双圆弧翼型叶片的安装角 γ 便可得到，其表达式分别为

$$k_{1m} = \beta_{1m} - i \tag{11-42}$$

$$k_{2m} = \beta_{2m} - i^* \tag{11-43}$$

$$\varphi_m = k_{1m} - k_{2m} \tag{11-44}$$

$$\gamma = \beta_1 - \frac{\varphi}{2} - i \tag{11-45}$$

借助式（11-42）~式（11-45），得

$$k_{1m}\approx 59.7°,\ k_{2m}\approx 46.6°,\ \varphi_m\approx 13.1°,\ \gamma\approx 60.6°$$

令动叶叶片数用符号 N_{R1} 表示，取中径处的稠度为 1；在中径处弦长 C_m 已求得且中径处稠度取为 1 时，则 N_{R1} 为

$$N_{R1}=\frac{2\pi r_{m1}}{C_m} \tag{11-46}$$

取动叶弦长为 7cm，中径半径为 0.3677m，借助式（11-46）可得第一级动叶的叶片数为 $N_{R1}=33$。

6）进行中径处的静叶叶片设计，通常要求动叶和静叶叶排的轴向间距保持在（0.23 ~ 0.25）V_z 的范围（或者取叶排间距为轴向弦长的 1/4 左右）。静叶叶片的设计在绝对坐标系下进行，利用前面已算出的动叶出口绝对气流角，得这时静叶有

$$\alpha_2=36.4°$$

$$\alpha_3=0°\text{（重复级的概念）}$$

为了计算静叶进口的马赫数，首先应计算动叶下游中径处的静温 T_{2m} 和声速 a_{2m} 值。为此要使用叶轮机第一 Euler 方程，即

$$T_{t2,m}=T_{t1}+u_m(v_{u2}-v_{u1})/c_p \tag{11-47}$$

由 $T_{t1}=298K$，$u_m=337.5m/s$，$v_{u1}=0$，$v_{u2}=124.6m/s$，$c_p=1004J/(kg\cdot K)$，并借助式（11-47），得 $T_{t2,m}=339.9K$；然后利用静温与总温间的关系，得到 $T_{2m}\approx 318K$，声速 $a_{2m}=357.3m/s$，$v_{2m}=209.8m/s$，马赫数 $Ma_{2m}=209.8/357.3\approx 0.587$，即静叶为亚声速流动。

因为是亚声流，可从 Mellor 的数据中选取 NACA－65 系列的叶栅[126]并且选取的稠度 $\sigma=1.25$。另外，由静叶进口角与出口角分别为 α_2 和 α_3，由 Mellor 数据，安装角 $\gamma\approx 15°$。

7）计算级压比和级数。中径处的第一级总温升为 $\Delta T_t=41.9K$，根据重复级及假定随后级的叶片旋转速度 u 在中径处保持不变，于是得到每级的 $\Delta T_t=41.9K$ 的结论。另外，由以前的计算得压气机总的滞止温升为

$$\Delta T_{t,comp}=771.3K-298K=473.3K$$

而如果每级产生 41.9k 的总温升高，便要求 11.29 级来达到压气机总的滞止温度的升高（在中径处）。如果以中径表示压气机的行为，则压气机选定为 12 级、即 $N_{stag}=12$。如果计算出每级的级压比并画在图 11-11 上，这时经 12 级后，压气机中径处的压比为 22.5，它大于压气机设计比 20。这里应说明的是，中径表示的并不是级压比的平均值。事实上，中径远离了损失是主导的端壁，因而实际的压比要比按中径估算得低。另外，多变效率 e_c 也不应该沿多级压气机取为一个常值。在压缩过程中，多变效率在前几级可以取为 0.90 甚至 0.92，但在后几级则要取低，如可低至 0.85。

8）动叶叶片应力的计算。动力叶片主要承受着离心应力、弯曲、振动和热应

力，对于它们的详细计算，这里不再给出，感兴趣者可参阅参考文献［88，97，101，511，512，513］。

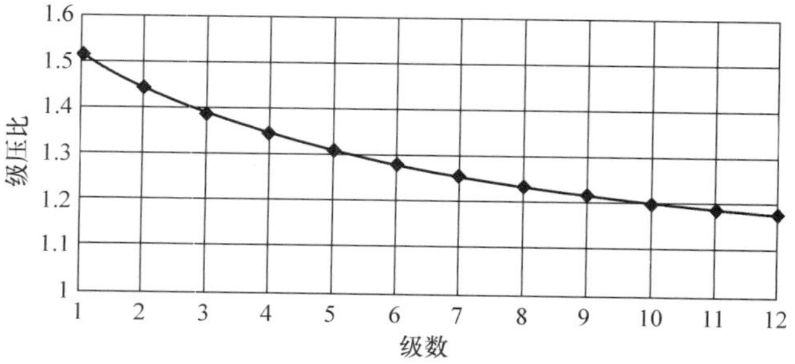

图 11-11　12 级压气机的级压比

11.5　压气机部件的设计优化

压气机/风扇属于发动机的一个部件，它的优化仅是发动机整体设计优化的一个部分。如果将发动机设计取为一个系统，那么压气机/风扇的设计仅是一个子系统。发动机的设计优化问题，从数学上讲，是一个多目标、非线性、多约束条件的优化问题。这其中，一部分可能属于确定性的非线性规划范畴，另一部分（如可能是灰色量、模糊量、随机量）则可能属于不确定性的非线性规划范畴。为便于说明与研究，这里仅讨论确定性非线性规划问题。对于这类非线性问题，数学家已提出了一些行之有效的优化方法。求解非线性规划问题的算法，无论是有约束的，还是无约束的，都是采取构造下降迭代算法。即从某个初始点出发，根据一定的算法规则，产生一个使目标函数值有所下降的新的点；再从这个新的点出发，重复上述过程，这样可得到一个点列，在一定的条件下，这个点列将趋于极小点或我们所期望的其他点（如平稳点、K－T 点等）。在非线性规划问题中，许多算法对初始点的选取要求较高。

事实上，在发动机压气机的设计中，叶片（包括动叶片与静叶片）设计是十分重要的一个环节，对此在本书第 8.4 节已进行了全面的论述，并且还特别推荐了陈乃兴先生在参考文献［123］中给出的高效优化方法。图 11-12 所示为供压气机优化用的拓扑结构。在压气机气动热力学发展的历程中，风洞吹风试验是必不可少的试验设备。翼型吹风、平面叶栅吹风和环形叶栅风洞试验是三个完全不同的概念上的吹风试验[112]。正是在大量风洞试验的基础上，人们成功地建立了一套设计静叶、动叶、静叶叶栅和动叶叶栅的经验数据（如英国的 C 系列和美国的 NACA 65 系列叶型等），并且早在 1965 年，NASA 就在总结了 1956 年以前 356 份资料的基础上，提出了一套压气机气动设计体系，这就是著名的 NASA SP－36，并由王宏基

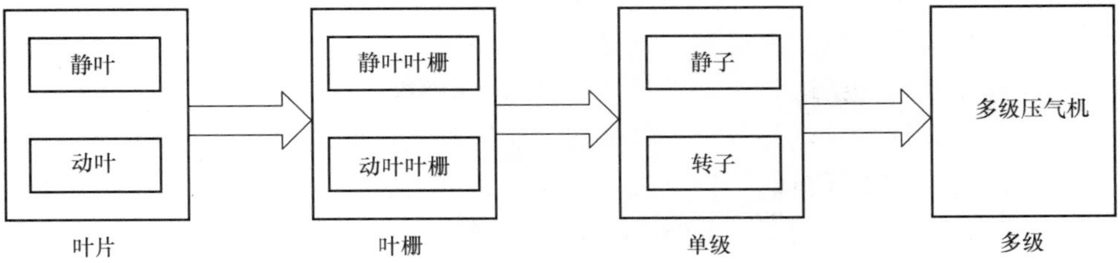

图 11-12　供压气机优化用的拓扑结构

教授以秦鹏为笔名翻译为中文，于 1975 年出版[111]。之后，这套方法又经世界众多学者们的努力，目前压气机的经验设计体系早已初步搭建，世界著名的三大航空发动机公司 Rolls Royce（RR）公司、General Electric（GE）公司和 Pratt&Whitney（P&W）公司都有自己十分成熟的航空发动机经验设计体系，这是完成现代航空发动机整体优化时最宝贵的初始设计平台。作为压气机的一个最初步的设计，本书第 11.4 节中给出了相关的八个具体步骤，这对渴望学习的人员来讲十分宝贵。另外，表 11-4 给出了航空发动机压气机设计时一些重要参数的取值范围和准则。

表 11-4　压气机参数的取值范围和准则

参数	取值范围	典型值
流量系数 ϕ	$0.3 \leqslant \phi \leqslant 0.9$	0.6
D 因子	$D \leqslant 0.6$	0.45
轴向马赫数	$0.3 \leqslant Ma_z \leqslant 0.6$	0.5
反力度	$0.1 \leqslant \Omega \leqslant 0.90$	0.5（$Ma<1$）
基于弦长的雷诺数	$Re_c \geqslant 300000$	500000
叶尖相对马赫数（第 1 级动叶）	$(Ma_{1r})_{tip} \leqslant 1.7$	1.3 ~ 1.4
级平均稠度	$1.0 \leqslant \sigma \leqslant 2.0$	1.4
级平均展弦比	$1.0 \leqslant AR \leqslant 4.0$	1.0
多变效率	$0.85 \leqslant e_c \leqslant 0.92$	0.90
轮毂旋转速度	$\omega r_h \leqslant 380\text{m/s}$	300m/s
叶尖旋转速度	$\omega r_t \leqslant 500\text{m/s}$	450m/s
载荷系数	$0.2 \leqslant \psi \leqslant 0.5$	0.35
DCA 叶片（范围）	$0.8 \leqslant Ma \leqslant 1.2$	—
NACA－65 叶片（范围）	$Ma \leqslant 0.8$	—
De Haller 准则	$v_2/v_1 \geqslant 0.72$	0.65
叶片前缘半径	$r_{L.E.}=(5\% \sim 10\%)\ t_{max}$	$5\% t_{max}$
每轴的压气机压比	$\widetilde{\pi}_c < 20$	20
叶排轴向间距	$0.23C_z \sim 0.25C_z$	$0.25C_z$
风扇展弦比	2 ~ 5	≈3
压气机展弦比	1 ~ 4	≈2
楔形比	0.8 ~ 1.0	0.8

由图 11-12 可以看到，即使在完成了压气机的单级设计后，进行多级压气机的设计仍不是件轻松的事。多级压气机设计的一个难点在于不同转速、不同工况下各级都要能够相互匹配的工作。在设计点，多级压气机各级显然可以匹配，因为一个压气机的合理设计本身就保证了各级的流动状况都是比较理想的，各级的流动也是匹配的。但是，当压气机的工作点发生了改变，或者转速发生改变时，各级工作状态的变化趋势便明显不同了，此时将会导致各级之间工作的失调，从而带来匹配的问题。

各级的正确匹配往往是决定压气机设计是否成功的最关键因素，一个小的失误就可以使某一级或者某排叶片明显偏离其设计流动状态，并且可能导致全台压气机运行的失败。在多级压气机设计过程中，需要准确预测出各级的性能，为此要准确地估计各排叶片堵塞情况，但十分遗憾的是，目前还没有准确的方法能够可靠地预测出多级压气机中各排叶片的堵塞情况。在传统的设计体系中，新设计选取的堵塞系数往往是参考以往成功压气机的堵塞系数；在现代设计体系中，全三维的数值计算技术虽对此有所改进，但并没有完全解决，目前还做不到依靠三维数值计算就能完全解决压气机气动设计的成熟程度，在现代压气机的设计中，压气机的试验仍是必不可少的关键环节。

对于多级压气机来讲，进口折合流量的一点变化会在后面各级中依次放大，多级压气机出口折合流量与进口折合流量的比值遵循式（11-48）给出的规律，即

$$\frac{\dot{m}_{\mathrm{cor},2}}{\dot{m}_{\mathrm{cor},1}} \approx \sqrt{\frac{A_1}{A_2}}(\tilde{\pi}_{\mathrm{stag}})^{-0.85} \tag{11-48}$$

式中，下角标“2”与“1”分别为多级压气机的出口与进口值；A_1 与 A_2 为进口级面积与出口级面积；符号$\tilde{\pi}_{\mathrm{stag}}$为多级压气机的总增压比。

当多级压气机的工作转速降低后，由于其进出口面积比不会发生改变，因此必然导致出口级的折合流量相对进口级的增加很多。总增压比越大，则增加越多，因此多级压气机工作转速下降时，必然导致出口级率先进入堵塞状态。一旦出口级进入堵点之后，多级压气机的进口流量就被限定了，此时进一步降低转速会导致进口级迅速进入失速状态，这就是为什么多级压气机有时会出现前喘后堵的工作状态。多级压气机的总增压比越高，出现前喘后堵的现象也就越严重。因此，多级压气机一般在设计中必须考虑非设计工况，同时高增压比的多级压气机还要采取可调静子等防喘措施。

对于上述现象，我们再利用压气机特性曲线以及速度三角形做如下解释：在轴流压气机的设计中，如果每级的轴向速度不变，那么随着气流由压气机进口向下游发展，气流的密度不断增大，在设计时通道面积是随之减小的，而每级所需的流道面积是在设计状态下确定的，在其他工作条件下，流道面积不变会导致流过压气机的轴向速度发生了变化。压气机在低转速工作时，温升和压比都低于设计值，这就导致密度减小、后面级的轴向速度增大，以致后面级最终发生堵塞限制了流量。因

此在低转速下，流量由后面级的堵塞决定。随着转速的提高，级中的气流密度逐渐增大至设计值，压气机后面级可以通过前面级流过的全部气流，最终进口发生堵塞。图 11-13 所示为由于进口堵塞造成的垂直形等转速线。

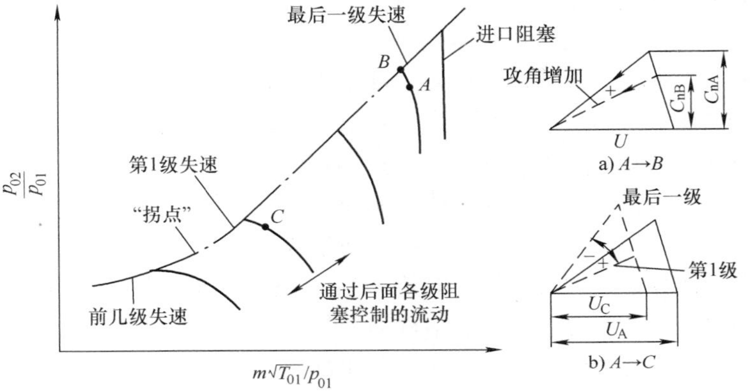

图 11-13　堵塞造成的垂直形等转速线

当压气机在设计状态工作时，所有级都在设计值 v_z/U 以及设计攻角下工作。如果将设计点 A 沿等转速特性线向喘点 B 移动，那么压气机出口的密度随压强提高而增大，但质量流量的变化非常微小，因此造成压气机末级的轴向速度降低、攻角增大，如图 11-13a 所示。即使攻角增大的幅值很小，也会引起转子叶片失速，因此压气机在高转速下的喘振都是由末级失速引发的。

当转速从点 A 降到点 C 时，流量通常比转速降得更快，其结果导致进口轴向速度减小，进口级叶片的攻角增大，如图 11-13b 所示。而后面级的压强和密度降低，使得轴向速度较大，导致攻角减小。因此，低转速下的喘振可能是进口级的失速引发的。对于轴流式压气机来说，它可以在前几级都失速的情况下依然正常工作，通常认为此时压气机进入了喘振线上的"拐点"，这种现象在高性能压气机中经常会遇到。

综上所述，多级压气机的匹配问题，是目前国内外学术界正在大力开展的一项前沿工作，它直接关系到多级压气机的工作安全。另外，压气机失速边界的准确预测，使用现代三维 N－S 方程的数值计算还不可能准确得到。因此，多级压气机的部件车台试验还必不可少。

尽管多级压气机在喘振状态时，使用现代三维数值计算技术还有待进一步发展，但多级压气机在其他工作的状态，使用 N－S 方程都可以得到满意解，这就意味着进行压气机部件的优化问题时，只要采用目前已有的压气机经验设计体系，设计出压气机并作为优化问题的初始点，那么总可以得到比初始设计更加满意的多级压气机。

在最后结束本章压气机/风扇设计优化问题的讨论时，还很有必要讨论一下跨声速风扇叶片的颤振特性计算和叶片的反扭设计问题。叶轮机械叶片颤振问题是影响其可靠性的最严重问题之一，尤其是现代发动机设计时大推重比的要求，需要提高压气机与风扇的级增压比并使用轻质的新型材料。而现代压气机的前几级和跨声速风扇内部普遍存在着较强的激波/边界层干涉，存在着近失速点激波诱导的边界层分离等现象。因此，过去那些经典的基于线化的气动力模型以及相应的叶片颤振预测方法，如变形激盘法、单/双参数经验模型法等，其预测的精度都不太高。目前广泛采用基于流固耦合的气动弹性分析模型，对于该类模型大致有三种方法：①能量法；②半耦合法；③全耦合法。流固耦合方法是交替求解流体和结构体的运动方程组，在每个物理时间步，流场的气动参数和结构体的运动需要进行交替迭代求解。首先，计算在气动力作用下的叶片/全环叶片（full assembly fan blade）各个模态的模态力，并求解各个模态的结构动力学方程，得到每个模态的广义位移；然后，采用线性叠加各个模态，得到叶片表面每一个点的变形；以叶片外其他边界静止或滑动为约束条件，采用变形网格技术，移动流场中所有网格点，以满足给定的叶片变形条件；最后，以变化后的网格作为初值，迭代求解非定常可压缩雷诺平均 Navier - Stokes 方程，得到下一时刻的流场。如此进行以上循环，以达到计算时间或收敛性目标为止。数值计算表明：①采用模态叠加方法求解结构动力学方程的气动弹性模型，不但有效地提高了时域法颤振分析的计算效率，而且可以同时进行多个振动模态、多节径的叶片振动分析，并且可以兼顾流固耦合方法和能量法的优点；②在跨声速流动情况下，激波的非线性作用对于扭转振型的作用大于弯曲为主的振型；弯曲耦合振型具有良好的节径无关性。

风扇在工作的过程中，其叶片要受到气动力、离心力和热应力的共同作用，叶片会产生伸长、展开等复杂的变形，会以加工的形状（冷态叶型）变为工作转速下的叶型（热态叶型），而热态叶型又受转速和负载的制约，因此不同气动工况下其热态叶型是略有不同的。在航空发动机的叶片设计中，通常都是根据气动性能、强度及寿命等要求设计出在设计工况下的叶片最佳气动几何形状（热叶片），然后再利用结构分析对设计叶型进行反推，以求得冷态加工叶型（“热到冷”），即叶片反扭设计。另外，许多涉及叶片变形方面的研究，如气动弹性的强迫响应、颤振等问题，往往需要知道叶片在非设计气动工况下的精确叶型。以冷态加工叶型为分析起点，得到工作热态下叶片形状的预估形状，即所谓“冷到热”的过程。国外的研究表明，叶片形状的细微差别会影响叶尖间隙和气流角等，使得风扇内的流动和设计工况有一定差别，特别是对跨声速风扇，叶片变形可能会引起激波位置的位移，从而偏离最佳设计点，进而影响了叶轮机械的性能、效率，甚至还会导致气动弹性稳定性的下降。1991 年，Srivastava 等人在《Journal of Propulsion and Power》（推进与动力杂志）第 7 卷 5 期上发表文章指出：“发现变形量的微小差异，将引起叶片负载 40% 的变化”。由于现代发动机大推重比的需求，要求风扇叶片高负荷、轻自重，于是便采用新型轻质复合材料、空心结构，这就使得叶片相对刚性下降，在大的气动载荷下，较之常规风扇更容易产生较大的变形，气动力的非线性效应更加明显。

对于叶片反扭设计方面的研究，国外开展的较早，早在 1975 年，Ohtsuka 就在《Journal of Engineering for Power》1975 年第 97 卷第 2 期上讨论了叶片的反扭设计问题。这里需要强调的是，无论是“冷到热”还是“热到冷”的叶型计算，都必须要求反推的冷态叶型具有较高的精度，才能够实现计算的热态叶型与叶片实际工作状态的叶型相一致。因此，开展精确预估风扇叶片反扭过程的方法研究是十分重要的，尤其是开展大涵道比跨声速风扇的气动设计。图 11-14 所示为一个叶片反扭设计的流固耦合方法流程框图，其主要的四个步骤如下：

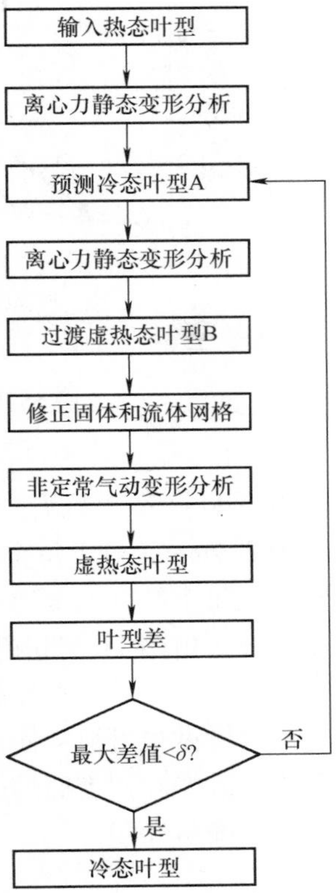

图 11-14　叶片反扭设计的流固耦合方法流程框图

1）以设计的热态叶型为起点，首先计算仅有离心力作用时的叶片静态变形，然后将原始热态叶型减去离心静变形便可得到一个预测的冷态叶型，这里称其为冷态叶型 A。

2）对此叶型再次进行离心静态变形分析，便得到过渡虚热态叶型 B；修正固体和流体网格，进行叶片的固有振动特性分析，以获得流固耦合分析中模态叠加所需的结构分析模态集。

3）在过渡虚热态叶型 B 上进行定常流动分析，叶片当成不变形刚体，假设其没有在气动负载下变形。将定常流动结果作为初场，进行流固耦合的非定常流动计算，以获得气动负载对变形的影响。其中，压力载荷与叶片位移在每一物理时间步，在流体界面与固体界面之间进行交换，当系统达到平衡时，气动负载所引起的变形也就确定了。

4）判断虚热态叶型与原始热态叶型间的叶型差是否满足收敛条件。若不满足，则把此叶型差加到预测冷态叶型 A 上得到新一轮的预测冷态叶型。重复上述步骤，直到虚热态叶型与原始热态叶型满足收敛条件 δ，于是便得到了冷态的加工叶型。

图 11-15 所示为叶片前缘和尾缘处冷态叶型与热态叶型的差异以及扭转角随叶高的变化。风扇设计参数：转速为 16043r/min，效率为 92.9%，流量为 33.25kg/s，叶根处的展弦比为 1.58。材料参数：弹性模量为 112GPa，泊松比为 0.3，密度为 4440kg/m^3。有关该风扇更详细的数据可参阅 1989 年 NASA Technical Report

2879 研究报告。

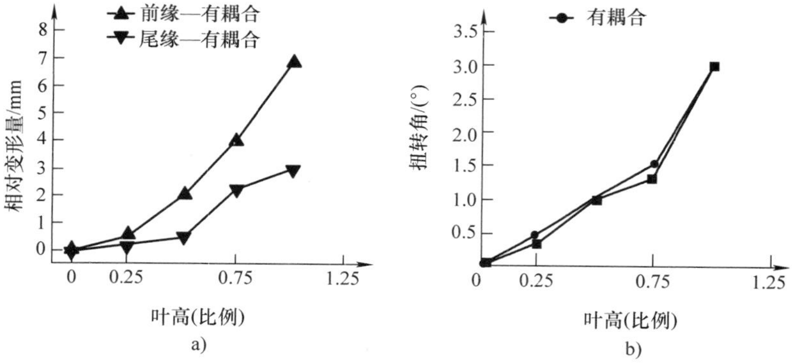

图 11-15　叶片反扭计算得到的参数随叶高的变化
a）最大变形量　b）扭矩角

由图 11-15a 可以看到，借助流固耦合方法得到的叶尖截面前缘变形为 6.9mm，尾缘为 2.9mm；对于每个叶高截面，叶尖前缘的变化总是大于尾缘，导致了叶片扭转角在每个叶高截面上都发生了变化，而且叶尖截面的变化最大，在叶根处为零。另外，由图 11-15b 还可以看出，扭转角沿着叶高方向的变化不是线性的。因此，过去传统上采取将热态叶片扭转一个角度来预估冷态加工的叶片的做法是不准确的，这样做很可能会使得叶片在热态时偏离了设计点的工作状态。另外，叶片的变形也会改变叶片表面的压力分布，引起激波位置的变化，进而影响了跨声速风扇的工作效率与性能。

第12章 燃烧与传热的理论基础及主燃烧室的气动设计

在航空发动机的气动设计中，燃烧室的设计与压气机和涡轮部件相比，涉及的学科更多，既有物理类的学科，如热力学、传热学、流体力学、多相流体力学及物理化学等，也有化学类学科，如化学动力学、化学热力学。它既涉及上述许多基础学科，还涉及机械设计原理、强度与应力分析、材料力学、弹性力学、弹塑性力学及断裂力学等。另外，还涉及特殊材料的分析、工程经济性分析以及大量的工艺、装配、试验问题。此外，燃烧室的设计还涉及零件的维修与工程全周期寿命的估算。更重要的是，目前燃烧室的设计还较多地依赖于设计者的经验数据，缺乏系统的、切实可行的理论分析。

燃烧室设计的迅速发展是由航空发动机的迅速发展所决定的，回顾几十年由单管燃烧室到环管燃烧室、再由环形燃烧室到短环形燃烧室的发展历程中，燃烧室的压强由不到10atm（$1\text{atm}=1.01325\times10^5\text{Pa}$）发展到20atm，再发展到30atm，现在正向50atm迈进，下一步还要提高到70atm。另外，燃烧室油气比从不到0.02提高到0.03，而后再提高到0.046，下一步的发展态势可能超过0.06。总体来讲，现在燃烧室已由常规燃烧室的设计[128,514-520]发展到以低污染为代表的民用燃烧室和以高油气比为代表的军用燃烧室的先进燃烧室。对于这类高温升和超高温升的燃烧室设计，还有许多关键技术难题需要人们去研究、去解决。换句话讲，超高温升、低污染排放的燃烧室设计在技术上还很不成熟。为此，本章立足于讨论燃烧室设计所涉及的燃烧学、传热学以及多相反应流流体力学中的基础理论问题，给出燃烧波的重要特征，列出几种典型的时间尺度。此外，本章仅对燃烧室设计中的几个关键技术问题展开讨论，而不去探讨主燃烧室设计的具体细节。这是由于对于燃烧室的常规设计，国内外已有一些专著进行这方面的探讨。正是由于燃烧室的设计经验数据和经验关系式较多，而且燃烧室的结构十分复杂，因此用较少的篇幅很难讲清楚。对燃烧室常规设计感兴趣者可参阅参考文献［128，514，515，517］。

12.1 气动力学突跃面的分类及一维燃烧波的分析

12.1.1 气体动力突跃面存在的条件与突跃面分类

在气体动力学或高速气动热力学中，都有流体动力突跃面的出现。突跃面存在的条件至少可以归纳出以下四条：

1）突跃面应满足质量守恒、动量守恒和能量守恒定律。

2）突跃面上单位质量介质的熵值应满足热力学第二定律。

3）突跃面在其结构上必须要与物理上可实现的过程相适应；这里“物理上”一词应该包括任何反应中的化学方面的以及化学动力学方面的考虑。

4）突跃面的内在结构必须是稳定的，换句话讲，一个平衡解如果受到了当地流体动力所允许的扰动时，它应具有能回到平衡解的能力。

气体动力突跃面常按照介质越过突跃面时所遵循的状态方程有无变化加以划分：如果突跃面两侧介质的状态方程相同时，这种突跃面称为激波；如果部分凝结了的气体经过突跃面后变成了没有凝结的状态，这种突跃面称为蒸发突跃；在空气动力问题或风洞问题中还可能会出现凝结突跃，这也是一类很重要的突跃面；燃烧是一种强烈的放热和发光的快速化学反应过程，燃烧常伴有火焰，而且燃烧有许多种形式，例如，按照化学反应传播的特性和方式来分，可以分成强烈热分解、缓燃和爆震等形式。强烈热分解的特点是化学反应在整个物质内部展开，反应速度与环境温度有关，温度升高，反应速度加快，当温度很高时，就会导致爆炸现象。缓燃就是通常所说的燃烧，其产生的能量是通过热传导、热扩散以及热辐射的方式传入未燃混合物，逐层加热、逐层燃烧，从而实现缓燃波的传播。缓燃波通常称为火焰面，它的传播速度较慢，一般为 0.1～1.0m/s（层流）或者每秒几米到几十米（湍流），目前大部分燃烧系统均采用缓燃波，它相对于未燃烧的反应物以亚声速传播。爆震波的传播不是通过传热传质发生的，它是依靠激波的压缩作用使未燃混合气的温度不断跳跃升高，而引起化学反应，使燃烧波不断向未燃混合气推进。这种形式的传播很快，是一种超声速燃烧波，速度可高达 3000m/s 左右，相对于未燃烧的反应物以超声速传播。

12.1.2　一维燃烧波分析及 C－J 理论模型

Chapman 于 1899 年和 Jouguet 于 1905 年分别提出了将燃烧波处理成包含化学反应的强间断面的假设，认为反应发生在厚度为零的火焰烽面上。令一维燃烧波以速度 u_w 向未燃的静止气体中推进，于是一维流动时连续方程、动量方程和能量方程分别为

$$\rho_2(u_w - v_b) = \rho_1 u_w \tag{12-1}$$

$$p_2 + \rho_2(u_w - v_b)^2 = p_1 + \rho_1 u_w^2 \tag{12-2}$$

$$\frac{p_2}{\rho_2} + \frac{1}{2}(u_w - v_b)^2 + e_2 = \frac{p_1}{\rho_1} + \frac{1}{2}u_w^2 + e_1 \tag{12-3}$$

式中，ρ_1、ρ_1和 e_1 分别为未燃气体的压强、密度和单位质量未燃气体所具有的内能；p_2、p_2 和 e_2 分别为已燃气体的压强、密度和单位质量已燃气体所具有的内能，v_b 为已燃气体的速度。

由式（12-1）和式（12-2）消去 v_b，得

$$\frac{p_2-p_1}{\dfrac{1}{\rho_1}-\dfrac{1}{\rho_2}}=\rho_1^2u_w^2 \tag{12-4}$$

由式（12-1）、式（12-2）和式（12-3）消去 u_w 和 v_b，得

$$\frac{1}{2}(p_2+p_1)\left(\frac{1}{\rho_1}-\frac{1}{\rho_2}\right)=e_2-e_1 \tag{12-5}$$

或

$$\frac{1}{2}(p_2-p_1)\left(\frac{1}{\rho_1}+\frac{1}{\rho_2}\right)=h_2-h_1 \tag{12-6}$$

式（12-6）中，h_2 与 h_1 分别为单位质量已燃气体所具有的焓值与单位质量未燃气体所具有的焓值，其表达式分别为

$$h_1=e_1+\frac{p_1}{\rho_1} \tag{12-7}$$

$$h_2=e_2+\frac{p_2}{\rho_2} \tag{12-8}$$

通常，将式（12-5）与式（12-6）称为 Rankine - Hugoniot 方程，有时也简称为 Hugoniot 方程。令 u_1 与 u_2 分别为

$$u_w-v_b=u_2 \tag{12-9}$$

$$u_w=u_1 \tag{12-10}$$

则式（12-1）、式（12-2）和式（12-3）可变为

$$\rho_1u_1=\rho_2u_2=m \tag{12-11}$$

$$p_1+mu_1=p_2+mu_2 \tag{12-12}$$

$$h_1+\frac{u_1^2}{2}=h_2+\frac{u_2^2}{2} \tag{12-13}$$

为了更简便，设比热容不变，并且 h_1 与 h_2 表示为

$$h_1=c_{p_1}T_1+Q \tag{12-14}$$

$$h_2=c_{p_2}T_2 \tag{12-15}$$

式（12-14）中，Q 为反应释放的热量。

将式（12-14）与式（12-15）代入到式（12-16），并注意使用多方气体或理想气体的状态方程，得

$$\frac{\gamma}{\gamma-1}\left(\frac{p_2}{\rho_2}-\frac{p_1}{\rho_1}\right)-\frac{1}{2}(p_2-p_1)\left(\frac{1}{\rho_1}+\frac{1}{\rho_2}\right)=Q \tag{12-16}$$

式（12-16）中，γ 为气体的比热容比。

方程式（12-16）为 Rankine - Hugoniot 方程的一种常用形式，在 p 与 $\frac{1}{\rho}$ 平面上是一条双曲线。

另外，由连续方程式（12-11）与动量方程式（12-12）可推出 Rayleigh 关系

式，即

$$\frac{p_2 - p_1}{\frac{1}{\rho_1} - \frac{1}{\rho_2}} = m^2 \tag{12-17}$$

12.1.3 Rankine – Hugoniot 曲线的分析

图 12-1 所示为燃烧的状态图。它可以通过 Rankine – Hugoniot 曲线加以说明，这条曲线表示了由初始状态 $\left(\frac{1}{\rho_1}, p_1\right)$ 和给定的 Q 时，所有可能到达终态 $\left(\frac{1}{\rho_2}, p_2\right)$ 的状态图，以下分四点做扼要说明：

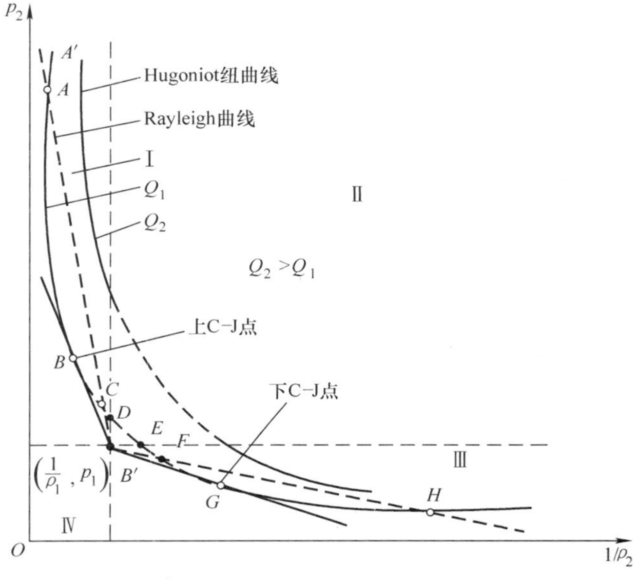

图 12-1　燃烧的状态图

1）图 12-1 中的 $B'\left(\frac{1}{\rho_1}, p_1\right)$ 为初始状态，通过点 B' 分别作平行于 p_2 轴和 $\frac{1}{\rho_2}$ 轴的平行线，将平面分成四个区域（Ⅰ、Ⅱ、Ⅲ、Ⅳ）。过程的终态只能发生在Ⅰ区与Ⅲ区，不可能发生在Ⅱ区与Ⅳ区，因此 Hugoniot 曲线中的 DE 段是没有物理意义的。

2）图 12-1 中的交点 A、B、C、D、E、F、G、H 等是可能的终态。区域Ⅰ是爆震区，这里燃烧波后气体被压缩，速度减慢，而燃烧波以超声速在混合气中传播；区域Ⅲ是缓燃区，这里燃烧波后气体膨胀，速度加快，而燃烧波以亚声速在混合气中传播。

3）Rayleigh 曲线与 Hugoniot 曲线分别相切于点 B 与点 G，B 点称为上 C－J 点，具有终点 B 的波称为 C－J 爆震法。AB 段为强爆震段，BD 段为弱爆震段。EG 段为弱缓燃波段，GH 段为强缓燃波段。

4）当 $Q=0$ 时，则 Hugoniot 曲线通过初态 $B'\left(\frac{1}{\rho_1},\ p_1\right)$点，这时就是通常气体动力学中的激波。当 $Q_2>Q_1$ 时，对应于 Q_2 的 Hugoniot 曲线位于对应于 Q_1 的 Hugoniot 曲线的右上方。

12.1.4 爆轰波的 ZND 模型

C－J 理论模型把化学反应区假设为一个强间断面，认为反应区为零厚度，这与实际情况有一定差别。20 世纪 40 年代，Y. Zeldovich（1940 年）、J. von Neumann（1942 年）和 W. Döring（1943 年）等人进一步完善了 C－J 模型，建立了爆轰波的 ZND 的模型。他们认为，爆轰波是由激波以及一个紧随其后的化学反应区构成，激波本身没有化学反应，激波把反应物预热到很高的温度，因而反应区中化学反应速率很高，反应物一边反应一边以一定的速度跟随激波运动，当它的反应全部完成时，它已落后于激波一段距离，这段距离就是化学反应区（见图 12-2）。

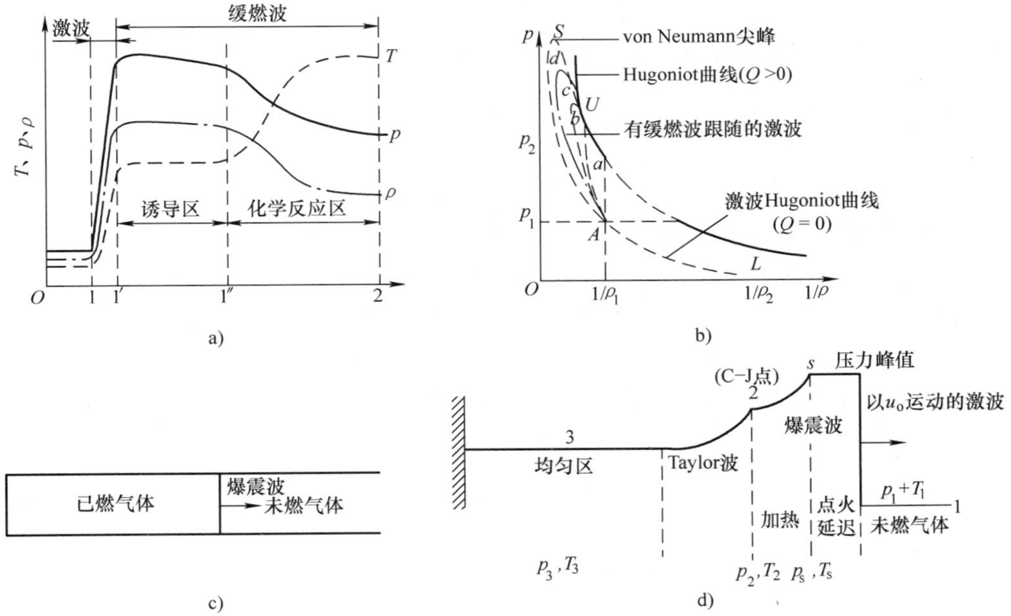

图 12-2　一维 ZND 爆轰波内热力学参数的变化

a）主要参数变化　b）p 与 ρ 变化曲线　c）爆震管内的爆震波　d）爆震波传播的压强分析

在反应区内，反应物经历了化学反应从开始到完成的全过程，最后转变成反应产物（即爆轰产物）。在反应区后，C－J 理论仍就有效。在图 12-2 中，位置 1 是前导激波。如果反应速率满足 Arrhenius 定律，则在紧靠激波后缘的一个区域内由于温度不高，反应速率仍然缓慢地增加，因此压强、温度和密度的变化相对比较平坦，这个区域为诱导区。诱导区结束后，反应速率变大，气体参数发生剧烈的变化，当化学反应接近完成时，则热力学参数趋于它们的平衡值，图中位置 2 为 C-J 平面，激波前锋到充分反应位置的距离约为 1cm。上面讨论的是化学反应释能机制造成的爆轰波。这里顺便说明的是，迄今为止，完全弄清楚反应机理的燃烧反应为数并不多，这是由于我们所研究的分子或原子的尺度约为 10^{-8}cm，分子间反应实际所需的时间约 10^{-13}s，要直接观察一个分子与另一个分子发生反应的过程，就需要有能力去分辨 10^{-9}cm 尺度，而且时间分辨力要达 10^{-14}s 的试验手段。在激光出现之前，时间分辨率只能达到 ms 数量级，激光问世后，可达飞秒数量级（10^{-15}s），这就使得化学反应中最基本的动态过程有了直接观察的可能，这为燃烧反应动力学的研究与发展奠定了基础。

爆轰波内的化学反应可以有很多个反应道，引入矢量$\tilde{\boldsymbol{\lambda}}$，它的每个分量代表一个反应道的反应进程变量$\tilde{\lambda}_i$。为了更简单，将爆轰波看成强间断面，这里不准备详细讨论化学反应过程，用量$\tilde{\boldsymbol{\lambda}}$描述化学反应进展的程度。例如，未燃物质（即化学反应的反应物）有$\tilde{\boldsymbol{\lambda}}=0$，对已完全燃烧的物质（即化学反应的生成产物）有$\tilde{\boldsymbol{\lambda}}=1$。引入比热力学能（即单位质量的热力学能）函数$e\left(p,\ \dfrac{1}{\rho},\ \tilde{\lambda}\right)$，它含有 p、ρ 与$\tilde{\boldsymbol{\lambda}}$三个参量。理想气体的比热力学能函数为

$$e\left(p,\frac{1}{\rho},\tilde{\lambda}\right)=\frac{p}{(\gamma-1)\rho}-\tilde{\lambda}Q \tag{12-18}$$

如果假设爆轰波已达到稳定，其反应区内是定常的一维层流流动，为此将坐标系（即相对坐标系）固连在爆轰波上。在相对坐标系中，气体的相对速度为 u，令爆轰波运动的速度为 u_w，气体相对于静止参考系的速度为 v 时，则有

$$v=u_w-u \tag{12-19}$$

在相对坐标系中，考虑黏性项与传热项时，一维非定常化学反应流体力学的方程组为

$$\frac{\partial\rho}{\partial t}+\frac{\partial}{\partial x}(\rho u)=0 \tag{12-20}$$

$$\frac{\partial}{\partial t}(\rho u)+\frac{\partial}{\partial x}\left(\rho u^2+p-\frac{4}{3}\mu\frac{\partial u}{\partial x}\right)=0 \tag{12-21}$$

$$\frac{\partial}{\partial t}\left[\rho\left(e+\frac{u^2}{2}\right)\right]+\frac{\partial}{\partial x}\left[\rho u\left(e+\frac{u^2}{2}\right)+pu-\frac{4}{3}\mu u\frac{\partial u}{\partial x}-\tilde{\kappa}\frac{\partial T}{\partial x}\right]=0 \tag{12-22}$$

式中，u 为气体沿 x 方向的速度；μ 与$\tilde{\kappa}$分别代表气体的黏性系数与传热系数；e 与 T 都是关于 p、$\dfrac{1}{\rho}$与 $\tilde{\boldsymbol{\lambda}}$ 的函数，即

$$e \equiv e\left(p, \frac{1}{\rho}, \tilde{\boldsymbol{\lambda}}\right) \tag{12-23}$$

$$T \equiv T\left(p, \frac{1}{\rho}, \tilde{\boldsymbol{\lambda}}\right) \tag{12-24}$$

$$\tilde{\boldsymbol{\lambda}} = [\tilde{\lambda}_1, \tilde{\lambda}_2, \cdots, \tilde{\lambda}_k]^{\mathrm{T}} \tag{12-25}$$

引入反应率 $\boldsymbol{r}$，则 $\tilde{\boldsymbol{\lambda}}$ 与 $\boldsymbol{r}$ 间关系为

$$\frac{\mathrm{d}\tilde{\lambda}}{\mathrm{d}t} = \boldsymbol{r}\left(p, \frac{1}{\rho}, \tilde{\boldsymbol{\lambda}}\right) \tag{12-26}$$

只要反应率 $\boldsymbol{r}$ 已知，则（12-20）~式（12-22）和式（12-26）包含了 $K+3$ 个方程，因此便可以用来求解 ρ、u、p 和 $\tilde{\boldsymbol{\lambda}}$ 这 $K+3$ 个未知量。

对于定常反应流来讲，将（12-20）~式（12-22）积分，得

$$\rho u = \rho_0 u_0 = \text{const} \tag{12-27}$$

$$p + \rho u^2 - \frac{4}{3}\mu \frac{\mathrm{d}u}{\mathrm{d}x} = p_0 + \rho_0 u_0^2 \tag{12-28}$$

$$e + \frac{p}{\rho} + \frac{u^2}{2} - \frac{4}{3}\mu \frac{\mathrm{d}u}{\mathrm{d}x} - \frac{\tilde{k}}{\rho u}\frac{\mathrm{d}T}{\mathrm{d}x} = e_0 + \frac{p_0}{\rho_0} + \frac{u_0^2}{2} \tag{12-29}$$

式中，p_0、u_0、ρ_0、e_0 为各量的初始值，它可以取为爆轰波波前的初始状态，也可以取为其他已知状态。当初始值取爆轰波波前状态，而 p、u、ρ、e 取为爆轰波终态时，如果认为反应流为定常且终态的黏性和热传导项可以忽略时，则式（12-27）~式（12-29）可变为

$$\rho u = \rho_0 u_0 \tag{12-30}$$

$$p + \rho u^2 = p_0 + \rho_0 u_0^2 \tag{12-31}$$

$$e + \frac{p}{\rho} + \frac{u^2}{2} = e_0 + \frac{p_0}{\rho_0} + \frac{u_0^2}{2} \tag{12-32}$$

另外，只要已知状态方程

$$e = e\left(p, \frac{1}{\rho}, \tilde{\boldsymbol{\lambda}}\right) \tag{12-33}$$

和反应率

$$\boldsymbol{r} = \boldsymbol{r}\left(p, \frac{1}{\rho}, \tilde{\boldsymbol{\lambda}}\right) \tag{12-34}$$

再加上反应方程

$$\frac{\mathrm{d}\tilde{\boldsymbol{\lambda}}}{\mathrm{d}x} = \frac{\mathrm{d}t}{\mathrm{d}x}\frac{\mathrm{d}\tilde{\boldsymbol{\lambda}}}{\mathrm{d}t} = \frac{1}{u}\boldsymbol{r} \tag{12-35}$$

则上述方程式（12-30）~式（12-35）便可求解。借助 ZND 爆轰模型，图 12-3 给出了在爆轰波波阵面内所发生的历程。在先导激波的强烈冲击下，由初始状态点 B 突跃到 N_1 点状态，在 N_1 点温度和压强突然升高，爆轰化学反应发生，因此便不断地放出能量，使介质的状态随之不断发生变化，而且状态的变化过程始终沿着

Rayleigh 曲线进行，即反应进程变量$\tilde{\lambda}$由 0（即点 N_1）变到 1（即终点 M）；对于稳定传播的爆轰波，该状态点即为 C－J 点；对于强爆轰，该终态点为 K 点。因此在该模型中，只可能出现强爆轰解和 C－J 爆轰解，不可能出现弱解。另外，在 ZND 模型中，激波后的最高压强值称为 von Newmann 尖峰（见图 12-4 中 p_s）。C－J 面后为爆轰产物的等熵膨胀区，又称 Taylor 膨胀波，在该区压强平缓下降。

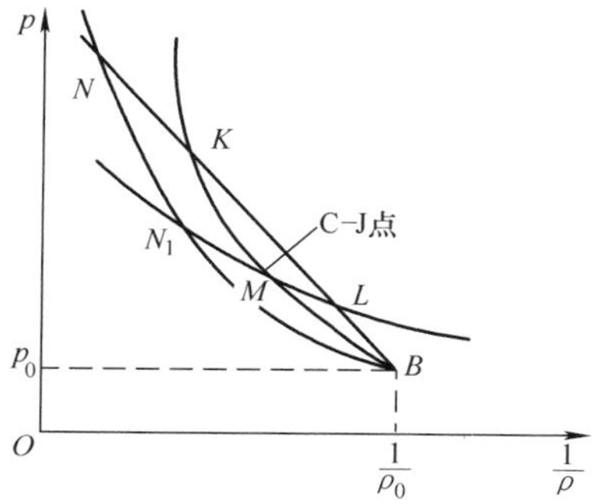

图 12-3　爆轰波压强的变化

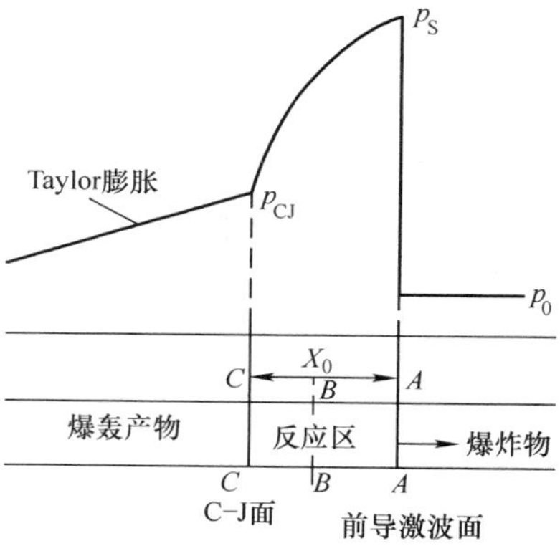

图 12-4　爆轰波的 ZND 模型

12.2　多组分气相黏性反应流的基本方程组

12.2.1　组元 S 的连续方程及总的连续方程

令$\boldsymbol{v}_S$和$\boldsymbol{u}_S$分别代表组元 S 的运动速度与扩散速度，$\boldsymbol{v}$代表气体混合物的运动速度，于是有[70,266]

$$\boldsymbol{v}_S = \boldsymbol{v} + \boldsymbol{u}_S \tag{12-36}$$

令$\dot{\omega}_S$ 为组元 S 的单位体积化学生成率，于是组元 S 的连续方程为

$$\frac{\partial \rho_S}{\partial t} + \nabla \cdot (\rho_S \boldsymbol{v}_S) = \dot{\omega}_S \tag{12-37}$$

引入组元 S 的质量扩散流矢 $\boldsymbol{J}_S$，即

$$\boldsymbol{J}_S = \rho_S \boldsymbol{u}_S = -\rho D_S \nabla Y_S - D_S^T \nabla(\ln T) \tag{12-38}$$

式中，D_S 和 D_S^T 分别为组元 S 的二元扩散系数与组元 S 的热扩散系数；令 Y_S 为质量比数，其表达式为

$$Y_S = \frac{\rho_S}{\rho}$$

由于通常 D_S^T很小，于是省略了温度梯度项后，式（12-38）变为

$$\boldsymbol{J}_S = \rho_S \boldsymbol{u}_S \approx -\rho D_S \nabla Y_S \tag{12-39}$$

将式（12-39）代入到式（12-37）后，得

$$\rho \frac{\mathrm{d}Y_{\mathrm{S}}}{\mathrm{d}t} - \nabla \cdot (\rho D_{\mathrm{S}} \nabla Y_{\mathrm{S}}) = \dot{\omega}_{\mathrm{S}} \tag{12-40}$$

考虑到

$$\sum_S Y_{\mathrm{S}} = 1, \qquad \sum_S \rho_{\mathrm{S}} = \rho, \qquad \sum_S \dot{\omega}_{\mathrm{S}} = 0 \tag{12-41}$$

于是混合气的连续方程为

$$\frac{\partial \rho}{\partial t} + \nabla \cdot (\rho \boldsymbol{v}) = 0 \tag{12-42}$$

12.2.2　组元 S 的动量方程及总的动量方程

通常，组元 S 的动量方程为[521,522,70]

$$\frac{\partial(\rho_{\mathrm{S}} \boldsymbol{v}_{\mathrm{S}})}{\partial t} + \nabla \cdot (\rho_{\mathrm{S}} \boldsymbol{v}_{\mathrm{S}} \boldsymbol{v}_{\mathrm{S}}) + \nabla p_{\mathrm{S}} - \nabla \cdot \boldsymbol{\Pi}_{\mathrm{S}} = \rho_{\mathrm{S}} \boldsymbol{f}_{\mathrm{S}} \tag{12-43}$$

式中，p_{S}为组元 S 的分压强，$\boldsymbol{\Pi}_{\mathrm{S}}$ 为对应于组元 S 的黏性应力张量；$\boldsymbol{f}_{\mathrm{S}}$ 为组元 S 每单位质量所受到的体积力矢量[523]。

另外，省略体积力后，则总的动量方程为

$$\rho \frac{\mathrm{d}\boldsymbol{v}}{\mathrm{d}t} = -\nabla p + \nabla \cdot \boldsymbol{\Pi} \tag{12-44}$$

式中，$\boldsymbol{\Pi}$ 为混合气的黏性应力张量，p 为压强。

12.2.3　组元 S 的能量方程及总的能量方程

组元 S 的能量方程为[521,523,70]

$$\frac{\partial(\rho_{\mathrm{S}} E_{\mathrm{t,S}})}{\partial t} + \nabla \cdot [\rho_{\mathrm{S}} \boldsymbol{v}_{\mathrm{S}} E_{\mathrm{t,S}} - (\boldsymbol{\Pi}_{\mathrm{S}} - p_{\mathrm{S}} \boldsymbol{I}) \cdot \boldsymbol{v}_{\mathrm{S}} + \boldsymbol{q}_{\mathrm{S}}] = \dot{Q}_{\mathrm{S,f}} - Q_{\mathrm{R,S}} \tag{12-45}$$

式中，$E_{\mathrm{t,S}}$为组元 S 的广义内能；$\boldsymbol{q}_{\mathrm{S}}$ 为组元 S 的热流矢量；$\dot{Q}_{\mathrm{S,f}}$为由于碰撞等原因而导致的能量生成；$Q_{\mathrm{R,S}}$为由于辐射能量而导致的损失；$\boldsymbol{I}$ 为单位张量。

总的能量方程为

$$\frac{\partial(\rho E_{\mathrm{t}})}{\partial t} + \nabla \cdot [(\rho E_{\mathrm{t}} + p)\boldsymbol{v} + \boldsymbol{q} - \boldsymbol{\Pi} \cdot \boldsymbol{v}] = \nabla \cdot \left[\rho \sum_S (h_{\mathrm{S}} D_{\mathrm{S}} \nabla Y_{\mathrm{S}})\right] + \dot{Q}_{\mathrm{f}} - Q_{\mathrm{R}} \tag{12-46}$$

式中，h_{S} 为组元 S 的静焓；$\boldsymbol{q}$ 为

$$\boldsymbol{q} = \sum_S \boldsymbol{q}_{\mathrm{S}} = -\lambda \nabla T \tag{12-47}$$

式中，λ 为热导率。

ρE_{t} 为

$$\rho E_{\mathrm{t}} = \sum_S (\rho_{\mathrm{S}} E_{\mathrm{t,S}}) \tag{12-48}$$

式中，E_t代表单位质量混合气体所具有的广义内能。

令 $\boldsymbol{\pi}$ 代表混合气体的应力张量，即

$$\boldsymbol{\pi} = \boldsymbol{\Pi} - p\boldsymbol{I} = 2\mu\boldsymbol{D} - \left(p + \frac{2}{3}\mu\nabla\cdot\boldsymbol{v}\right)\boldsymbol{I} \tag{12-49}$$

式中，$\boldsymbol{D}$ 为变形速率张量。

借助式（12-49），并省略式（12-46）等号右边项时，则式（12-46）可简化为

$$\rho\frac{\mathrm{d}e}{\mathrm{d}t} = \boldsymbol{\pi}:\nabla\boldsymbol{v} + \nabla\cdot(\lambda\nabla T) \tag{12-50}$$

式中，e 代表单位质量混合气体所具有的热力学狭义内能，其定义式为

$$e = E_t - \frac{1}{2}\boldsymbol{v}\cdot\boldsymbol{v} \tag{12-51}$$

令 $\boldsymbol{b}$ 与 $\boldsymbol{a}$ 为任意矢量与标量，则恒有下面两式成立：

$$\rho\frac{\mathrm{d}\boldsymbol{a}}{\mathrm{d}t} \equiv \frac{\partial(\rho\boldsymbol{a})}{\partial t} + \nabla\cdot(\rho\boldsymbol{a}\boldsymbol{v}) \tag{12-52}$$

$$p\frac{\mathrm{d}\boldsymbol{b}}{\mathrm{d}t} \equiv \frac{\partial(\rho\boldsymbol{b})}{\partial t} + \nabla\cdot(\rho\boldsymbol{v}\boldsymbol{b}) \tag{12-53}$$

另外，注意到

$$\boldsymbol{\pi}:\nabla\boldsymbol{v} = \boldsymbol{\Pi}:\nabla\boldsymbol{v} - p\nabla\cdot\boldsymbol{v} = \boldsymbol{\Phi} - p\nabla\cdot\boldsymbol{v} \tag{12-54}$$

借助式（12-52）~式（12-54），则式（12-50）又可变为

$$\rho\frac{\mathrm{d}e}{\mathrm{d}t} = \nabla\cdot(\lambda\nabla T) + \boldsymbol{\Phi} - p\nabla\cdot\boldsymbol{v} - \nabla\cdot\boldsymbol{q}_r \tag{12-55}$$

或

$$\frac{\partial(\rho e)}{\partial t} + \nabla\cdot(\rho e\boldsymbol{v}) = \nabla\cdot(\lambda\nabla T) + \boldsymbol{\Phi} - p\nabla\cdot\boldsymbol{v} - \nabla\cdot\boldsymbol{q}_r \tag{12-56}$$

式中，$\nabla\cdot\boldsymbol{q}_r$ 代表辐射热项，$\boldsymbol{q}_r$ 为辐射热能矢量，其定义式为[70]

$$\boldsymbol{q}_r = \iint\boldsymbol{\Omega}I_\nu\mathrm{d}\nu\mathrm{d}\boldsymbol{\Omega} \tag{12-57}$$

$$\mathrm{d}\boldsymbol{\Omega} \equiv \sin\theta\mathrm{d}\theta\mathrm{d}\varphi \tag{12-58}$$

$$\nabla\cdot\boldsymbol{q}_r = 4\sigma T^4/l_p \tag{12-59}$$

式（12-57）~式（12-59）中，σ 为 Stefan－Boltzmann 常数，l_p 为 Planck 平均吸收长度，I_v 为辐射强度，T 为温度；角 θ 与角 φ 分别为天顶角和圆周角，$\mathrm{d}\boldsymbol{\Omega}$ 为立体角元；在燃烧室问题中，$\boldsymbol{q}_r$常表示为[523]

$$\boldsymbol{q}_r = \varepsilon\sigma(T^4 - T_0^4)\boldsymbol{I} \tag{12-60}$$

式中，ε 为发射率；$\boldsymbol{I}$ 为单位矢量；T_0为环境温度。

如果假设混合气体为多变过程，并令多变指数为 n ；借助连续方程，由气体的多变过程便可推得

$$\frac{\mathrm{d}p}{\mathrm{d}t} = -np\nabla \cdot \boldsymbol{v} \tag{12-61}$$

特别是对于绝热过程，令绝热指数为 γ，则有

$$\frac{\mathrm{d}p}{\mathrm{d}t} = -\gamma p\nabla \cdot \boldsymbol{v} \tag{12-62}$$

引入焓 h 的定义式，即

$$h = e + \frac{p}{\rho} \tag{12-63}$$

借助式（12-63），则式（12-55）又可变为

$$\rho \frac{\mathrm{d}h}{\mathrm{d}t} = \nabla \cdot (\lambda \nabla T) + \boldsymbol{\Phi} - np\nabla \cdot \boldsymbol{v} - \nabla \cdot \boldsymbol{q}_{\mathrm{r}} \quad (\text{多变过程}) \tag{12-64}$$

或

$$\rho \frac{\mathrm{d}h}{\mathrm{d}t} = \nabla \cdot (\lambda \nabla T) + \boldsymbol{\Phi} - \gamma p\nabla \cdot \boldsymbol{v} - \nabla \cdot \boldsymbol{q}_{\mathrm{r}} \quad (\text{绝热过程}) \tag{12-65}$$

借助式（12-52），则式（12-64）又可变为

$$\frac{\partial(\rho h)}{\partial t} + \nabla \cdot (\rho h\boldsymbol{v}) = \nabla \cdot (\lambda \nabla T) + \boldsymbol{\Phi} - np\nabla \cdot \boldsymbol{v} - \nabla \cdot \boldsymbol{q}_{\mathrm{r}} \tag{12-66}$$

借助式（12-47），则式（12-66）又可变为

$$\frac{\partial(\rho h)}{\partial t} + \nabla \cdot (\rho h\boldsymbol{v}) = \nabla(\lambda \nabla T) + \boldsymbol{\Phi} - np\nabla \cdot \boldsymbol{v} - \nabla \cdot \boldsymbol{q}_{\mathrm{r}} \tag{12-67}$$

类似地，对绝热过程则有

$$\frac{\partial(\rho h)}{\partial t} + \nabla \cdot (\rho h\boldsymbol{v}) = -\nabla \cdot \boldsymbol{q} + \boldsymbol{\Phi} - \gamma p\nabla \cdot \boldsymbol{v} - \nabla \cdot \boldsymbol{q}_{\mathrm{r}} \tag{12-68}$$

在燃烧学基础理论中，式（12-67）或式（12-68）是两个十分重要的表达式[524,525]。

在许多工程问题的分析中，也可以不用引入式（12-64）或（12-65）所假定的热力过程，而直接使用如下形式的能量方程[526-533]：

$$\rho \frac{\mathrm{d}h}{\mathrm{d}t} = \nabla \cdot (\lambda \nabla T) + \boldsymbol{\Phi} + \frac{\mathrm{d}p}{\mathrm{d}t} - \nabla \cdot \boldsymbol{q}_{\mathrm{r}} \tag{12-69}$$

另外，令 S 为熵，$\boldsymbol{\Phi}$ 为耗散函数，则它们之间有式（12-70）成立，即

$$T\frac{\mathrm{d}S}{\mathrm{d}t} = \frac{\mathrm{d}e}{\mathrm{d}t} + p\frac{\mathrm{d}}{\mathrm{d}t}\left(\frac{1}{\rho}\right) = \frac{\boldsymbol{\Phi}}{\rho} + \frac{1}{\rho}\nabla \cdot (\lambda \nabla T) - \frac{1}{\rho}\nabla \cdot \boldsymbol{q}_{\mathrm{r}} \tag{12-70}$$

在三维流场计算中，式（12-70）给出了可以校验熵增场、耗散函数场和温度梯度场三场之间相互协调的重要关系，这个关系式非常重要。此外，用滞止总焓 H 表示的能量方程在燃烧学中也普遍采用[534-539]，这种方式的能量方程为

$$\rho \frac{\mathrm{d}H}{\mathrm{d}t} = \frac{\partial p}{\partial t} + \nabla \cdot (\lambda \nabla T) + \nabla \cdot (\boldsymbol{\Pi} \cdot \boldsymbol{v}) - \nabla \cdot \boldsymbol{q}_{\mathrm{r}} \tag{12-71}$$

式中，$\boldsymbol{\Pi}$ 为黏性应力张量；H 为滞止总焓，其表达式为

$$H = h + \frac{1}{2}\boldsymbol{v} \cdot \boldsymbol{v} \tag{12-72}$$

注意到

$$\nabla \cdot (\boldsymbol{\Pi} \cdot \boldsymbol{v}) = \boldsymbol{v} \cdot (\nabla \cdot \boldsymbol{\Pi}) + \Phi \tag{12-73}$$

于是式（12-71）又可变为

$$\rho \frac{\mathrm{d}H}{\mathrm{d}t} = \frac{\partial p}{\partial t} + \nabla \cdot (\lambda \nabla T) + \Phi + \boldsymbol{v} \cdot (\nabla \cdot \boldsymbol{\Pi}) - \nabla \cdot \boldsymbol{q}_{\mathrm{r}} \tag{12-74}$$

式中，Φ 为耗散函数。

12.3　单相与两相可压缩湍流燃烧的大涡模拟技术

12.3.1　单相多组元化学反应湍流流动及其基本方程

有化学反应和燃烧的流动总是多组分的。先讨论单相多组元化学反应湍流。令 $\boldsymbol{v}_i$ 和$\boldsymbol{v}$分别为 i 组元相对于实验室坐标系的速度和混合气相对于实验室坐标系的速度；令 $\boldsymbol{u}_i$ 为 i 组元相对于混合气的运动速度（即组元 i 的扩散速度），于是有

$$\boldsymbol{v}_i = \boldsymbol{v} + \boldsymbol{u}_i \tag{12-75}$$

令 Y_i 为 i 组元的质量分数，于是组元 i 瞬态的连续方程为

$$\frac{\partial}{\partial t}(\rho Y_i) + \nabla \cdot (\rho \boldsymbol{v} Y_i) = \nabla \cdot (\rho \widetilde{D} \nabla Y_i) + \dot{\omega}_i \tag{12-76}$$

或

$$\rho \frac{\mathrm{d}Y_i}{\mathrm{d}t} - \nabla \cdot (\rho \widetilde{D} \nabla Y_i) = \dot{\omega}_i \tag{12-77}$$

式（12-76）和式（12-77）中，$\widetilde{D}$为扩散函数，$\dot{\omega}_i$ 为 i 组元单位体积化学生成率。

在由 R 个基元反应组成的反应机理中，第 j 个反应的反应速率 w_j 为

$$w_j = k_{fj} \prod_{\alpha=1}^{\sigma} \left(\frac{\rho Y_\alpha}{M_\alpha} \right)^{\nu'_{\alpha j}} - k_{bj} \prod_{\alpha=1}^{\sigma} \left(\frac{\rho Y_\alpha}{M_\alpha} \right)^{\nu''_{\alpha j}} \tag{12-78}$$

式中，k_{fj}和 k_{bj}分别为正反应和逆反应的反应速率系数，它们一般都是温度的函数；指数 $\nu'_{\alpha j}$和 $\nu''_{\alpha j}$分别为第 j 个基元反应第 α 种组元在正反应和逆反应的化学计量系数；M_α 为第 α 种组元的分子量。

化学反应源项 $\dot{\omega}_i$ 是基元反应中所有反应生成速率的和，即

$$\dot{\omega}_i = M_i \sum_{j=1}^{R} [(\nu''_{ij} - \nu'_{ij}) w_j] \tag{12-79}$$

并且所有组元化学反应源项的和等于零，即

$$\sum_{i=1}^{\sigma} \dot{\omega}_i = 0 \tag{12-80}$$

瞬态连续方程、动量方程和能量方程分别为

$$\frac{\partial}{\partial t}\rho + \nabla \cdot (\rho \boldsymbol{v}) = 0 \tag{12-81}$$

$$\frac{\partial(\rho \boldsymbol{v})}{\partial t} + \nabla \cdot (\rho \boldsymbol{v}\boldsymbol{v}) = -\nabla p + \nabla \cdot \boldsymbol{\Pi} + \rho \boldsymbol{g} \tag{12-82}$$

$$\frac{\partial(\rho h)}{\partial t} + \nabla \cdot (\rho h \boldsymbol{v}) = -\nabla \cdot \boldsymbol{J}^{\mathrm{q}} + \frac{\mathrm{d}p}{\mathrm{d}t} + \boldsymbol{\Phi} + q_{\mathrm{R}} \tag{12-83}$$

式中，$\boldsymbol{\Phi}$ 为耗散函数，q_{R} 为辐射换热；$\boldsymbol{J}^{\mathrm{q}}$ 为由热传导和组分扩散所引起的焓的输运两部分热通量，即

$$\boldsymbol{J}^{\mathrm{q}} = -\lambda \nabla T + \sum_{i=1}^{\sigma} (h_i \boldsymbol{J}^i) \tag{12-84}$$

其中 $\boldsymbol{J}^i$ 为

$$\boldsymbol{J}^i = -\rho D_i \nabla Y_i \tag{12-85}$$

将式（12-84）和式（12-85）代入到式（12-83），并略去耗散函数 $\boldsymbol{\Phi}$ 后，得

$$\frac{\partial(\rho h)}{\partial t} + \nabla\cdot(\rho h \boldsymbol{v}) = \frac{\mathrm{d}p}{\mathrm{d}t} + \nabla\cdot\left(\frac{\lambda}{c_p}\nabla h\right) - \sum_{i=1}^{\sigma}\left\{h_i \nabla\cdot\left[\left(\frac{\lambda}{c_p} - \rho D_i\right)\nabla Y_i\right]\right\} + q_{\mathrm{R}} \tag{12-86}$$

引入 Favre 平均，则式（12-81）、式（12-82）、式（12-76）和式（12-83）变为

$$\frac{\partial}{\partial t}\bar{\rho} + \frac{\partial}{\partial x_j}(\bar{\rho}\,\tilde{u}_j) = 0 \tag{12-87}$$

$$\frac{\partial(\bar{\rho}\,\tilde{u}_i)}{\partial t} + \frac{\partial}{\partial x_j}(\bar{\rho}\tilde{u}_i\,\tilde{u}_j) = -\frac{\partial \bar{p}}{\partial x_i} + \frac{\partial}{\partial x_j}\bar{\boldsymbol{\tau}}_{ij} + \frac{\partial}{\partial x_j}(-\bar{\rho}\,\tilde{a}_1) + \bar{\rho} g_i \tag{12-88}$$

$$\frac{\partial(\bar{\rho}\tilde{Y}_i)}{\partial t} + \frac{\partial}{\partial x_j}(\bar{\rho}\tilde{Y}_i\,\tilde{u}_j) = -\frac{\partial}{\partial x_j}\bar{J}_j^i + \frac{\partial}{\partial x_j}(-\bar{\rho}\tilde{a}_2) + \bar{\dot{\omega}}_i \tag{12-89}$$

$$\frac{\partial(\bar{\rho}\tilde{h})}{\partial t} + \frac{\partial}{\partial x_j}(\bar{\rho}\tilde{h}\tilde{u}_j) = -\frac{\partial}{\partial x_j}\bar{J}_j^{\mathrm{q}} + \frac{\partial}{\partial x_j}(-\bar{\rho}\tilde{a}_3) + \frac{\mathrm{d}}{\mathrm{d}t}\bar{P} + \bar{q}_{\mathrm{R}} \tag{12-90}$$

式中，符号 a_1、a_2、a_3 分别定义为

$$a_1 \equiv u''_i u''_j \tag{12-91}$$

$$a_2 \equiv u''_j Y''_i \tag{12-92}$$

$$a_3 \equiv h'' u''_j \tag{12-93}$$

在 Favre 平均的方程中，仅增加了 $-\bar{\rho}\tilde{a}_1$、$-\bar{\rho}\tilde{a}_2$ 和 $-\bar{\rho}\tilde{a}_3$ 等湍流输运通量。在湍流问题中，分子输运通量通常要比湍流输运通量小很多，可以忽略。例如，考虑圆管的湍流问题，如以圆管直径为特征长度的雷诺数为 10^5 时，取湍流强度 $\frac{u'}{\tilde{u}} = 0.05$，则计算可以得到

$$\frac{\overline{\rho}\widetilde{a}_1}{\overline{\tau}_{ij}} \approx 250 \tag{12-94}$$

在 Favre 平均的方程中，需要模拟的量有：$-\overline{\rho}\widetilde{a}_1$、$-\overline{\rho}\widetilde{a}_2$、$-\overline{\rho}\widetilde{a}_3$、$\overline{\dot{\omega}}_i$、$\overline{q}_R$。这里雷诺应力和标量通量仍采用 Bousinesq 假定，即

$$-\overline{\rho}\widetilde{a}_1 = \mu_t\left(\frac{\partial \widetilde{u}_i}{\partial x_j} + \frac{\partial \widetilde{u}_j}{\partial x_i}\right) - \frac{2}{3}\left(\overline{\rho}k + \mu_t \frac{\partial \widetilde{u}_\alpha}{\partial x_\alpha}\right)\delta_{ij} \tag{12-95}$$

$$-\overline{\rho}\widetilde{a}_2 = \frac{\mu_t}{\sigma}\frac{\partial Y_i}{\partial x_j} \tag{12-96}$$

$$-\overline{\rho}\widetilde{a}_3 = \frac{\mu_t}{\sigma}\frac{\partial \widetilde{h}}{\partial x_j} \tag{12-97}$$

湍流涡黏性系数 μ_t 为

$$\mu_t = \frac{\frac{1}{b_1}C_\mu k^2}{\varepsilon} \tag{12-98}$$

式中，b_1 定义为

$$b_1 \equiv \left[1 + A\left(\frac{I_\rho}{Ma_t}\right)\right]^{3/2} \tag{12-99}$$

在式（12-96）~式（12-99）中，模型系数 $C_\mu = 0.09$，$\sigma = 0.9$，$A = 5 \sim 10$，I_ρ 为密度湍流强度，Ma_t 为湍流马赫数。为了计算 μ_t，还需要给出湍流动能 k 和湍流动能耗散率 ε 的计算方程。k 与 ε 的方程分别为

$$\frac{\partial}{\partial t}(\overline{\rho}k) + \frac{\partial}{\partial x_j}(\overline{\rho}k\,\widetilde{u}_j) = \frac{\partial}{\partial x_j}(-\overline{\rho}\widetilde{a}_4 - \overline{u''_j p'} + \overline{u''_i \tau_{ij}}) - \overline{\rho}\widetilde{a}_1\frac{\partial \widetilde{u}_i}{\partial x_j}$$
$$-\overline{p'\frac{\partial u''}{\partial x_i}} - \overline{u''_i}\left(\frac{\partial \overline{p}}{\partial x_i} - \frac{\partial \overline{\tau}_{ij}}{\partial x_j}\right) - \overline{\tau'_{ij}\frac{\partial u''_i}{\partial x_j}} \tag{12-100}$$

式中，a_1 的定义同式（12-91）；a_4 的定义为

$$a_4 \equiv k'' u''_j \tag{12-101}$$

在式（12-100）中，压力－速度散度的相关项需要模拟，为此 J. R. Viegas 和 C. C. Horstman 在 AIAA Paper 1978－1165 中提出如下模型：

$$\overline{p'\frac{\partial u''_i}{\partial x_i}} = \xi\,\overline{\rho}\frac{k}{\gamma}Ma^2\frac{\partial \overline{u}_i}{\partial x_i} \tag{12-102}$$

式中，Ma 为局部马赫数；γ 为比热容比；ξ 为模型常数，$\xi = 0.73$。

在变密度湍流中，耗散率在参考文献［540］中分解成三个部分：

$$\overline{\rho}\varepsilon = \overline{\tau'_{ij}\frac{\partial u''_i}{\partial x_j}} = \overline{\rho}\varepsilon_s + \overline{\rho}\varepsilon_d + \overline{\rho}\varepsilon_{nh} \tag{12-103}$$

其中

$$\varepsilon_{\mathrm{s}}=\frac{2\mu}{\bar{\rho}}\overline{\omega'_{ij}\omega'_{ij}} \tag{12-104}$$

$$\varepsilon_{\mathrm{d}}=\frac{4}{3}\times\frac{\mu}{\bar{\rho}}\overline{\left(\frac{\partial u''_i}{\partial x_i}\right)^2} \tag{12-105}$$

$$\varepsilon_{\mathrm{nh}}=\frac{2\mu}{\bar{\rho}}\left[\frac{\partial^2}{\partial x_i\partial x_j}\overline{u''_iu''_j}-\frac{\partial}{\partial x_j}\overline{\left(u''_j\frac{\partial u''}{\partial x_i}\right)}\right] \tag{12-106}$$

式（12-103）~式（12-106）中 ε_{s} 与常密度流动中湍流动能耗散率相同，需要用耗散率方程求解；ε_{d} 是由于脉动速度的散度不等于零造成的；$\varepsilon_{\mathrm{nh}}$ 与流场不均匀性有关，通常可以将它省略。

1991 年，S. Sarkar 提出用式（12-107）模化：

$$\varepsilon_{\mathrm{d}}=\alpha_1 Ma_{\mathrm{t}}^2\varepsilon_{\mathrm{s}} \tag{12-107}$$

式中，Ma_{t} 为湍流马赫数；$\alpha_1=1$ 为模型常数。

为了与湍流动能方程 k 相匹配，1987 年，D. Vandromme 提出要求解如下形式的耗散率方程：

$$\frac{\partial}{\partial t}(\bar{\rho}\varepsilon)+\frac{\partial}{\partial x_j}(\bar{\rho}\varepsilon\tilde{u}_j)=\frac{\partial}{\partial x_j}\left(\frac{\mu_{\mathrm{t}}}{\sigma_\varepsilon}\frac{\partial\varepsilon}{\partial x_j}\right)-c_{\varepsilon1}\frac{\varepsilon}{k}\bar{\rho}\tilde{a}_1\frac{\partial\tilde{u}_i}{\partial x_j}-c_{\varepsilon2}\bar{\rho}\frac{\varepsilon^2}{k}$$
$$+c_{\varepsilon3}\frac{\varepsilon}{k}\overline{p'\frac{\partial u''_i}{\partial x_i}}-c_{\varepsilon4}\frac{\varepsilon}{k}\overline{u''_i}\frac{\partial\bar{p}}{\partial x_i}-c_{\varepsilon5}\bar{\rho}\varepsilon\frac{\partial\tilde{u}_i}{\partial x_i} \tag{12-108}$$

式（12-108）等号右边的前三项与常密度方程中的相同，第四项和第五项是为了与湍流动能方程式（12-100）中相应的项相匹配而提出的，第六项是为了模拟湍流通过激波时长度尺度的变化而引入的。模型系数 σ_ε、$c_{\varepsilon1}$、$c_{\varepsilon2}$ 与常密度流动相同，$c_{\varepsilon3}$、$c_{\varepsilon4}$、$c_{\varepsilon5}$ 的数量级都为 1。

12.3.2　单相可压缩湍流燃烧的大涡模拟

可压缩湍流的大涡模拟（LES）问题，在本书第 5 章的 5.7 节中已做过详细讨论，这里仅结合燃烧和化学反应湍流问题略作说明。经过 Favre 滤波后，湍流反应流的控制方程为

$$\frac{\partial\hat{\rho}}{\partial t}+\frac{\partial}{\partial x_j}(\hat{\rho}\widehat{u}_j)=0 \tag{12-109}$$

$$\frac{\partial(\hat{\rho}\widehat{u}_{\mathrm{t}})}{\partial t}+\frac{\partial}{\partial x_j}[\hat{\rho}\widehat{u}_i\widehat{u}_j+\hat{p}\delta_{ij}-(\tau_{ij}^*+\tau_{ij}^{\mathrm{s}})-(\hat{\tau}_{ij}-\tau_{ij}^*)]=0 \tag{12-110}$$

$$\frac{\partial(\hat{\rho}\widehat{E})}{\partial t}+\frac{\partial}{\partial x_i}[(\hat{\rho}\widehat{E}+\hat{p})\widehat{u}_i+q_i^*-\widehat{u}_j\hat{\tau}_{ij}+H_i^{\mathrm{s}}+\sigma_i^{\mathrm{s}}]=0 \tag{12-111}$$

$$\frac{\partial(\hat{\rho}\widehat{Y}_j)}{\partial t}+\frac{\partial}{x_i}\left(\hat{\rho}\widehat{u}_i\widehat{Y}_j-\hat{\rho}D_j\frac{\partial\widehat{Y}_j}{\partial x_i}+\phi_{i,j}^{\mathrm{s}}+\theta_{i,j}^{\mathrm{s}}\right)=\hat{\dot{\omega}}_j\quad(j=1\sim N) \tag{12-112}$$

式中，上画“^”表示大涡模拟方法中的过滤运算；上画“~”表示密度加权过滤

运算（Favre 过滤运算）；$\hat{\tau}_{ij}$的定义为

$$\hat{\tau}_{ij}=\mu\left(\frac{\partial \hat{u}_i}{\partial x_j}+\frac{\partial \hat{u}_j}{\partial x_i}\right)-\frac{2}{3}\mu\frac{\partial \hat{u}_k}{\partial x_k}\delta_{ij} \tag{12-113}$$

另外，H_i^{s}、σ_i^{s}、$\phi_{i,j}^{\mathrm{s}}$和 $\theta_{i,j}^{\mathrm{s}}$的定义分别为

$$H_i^{\mathrm{s}}\equiv\hat{\rho}(\widehat{b}_7-\widehat{E}\widehat{u}_i)+(\overline{pu_i}-\overline{p}\widehat{u}_i) \tag{12-114}$$

$$\sigma_i^{\mathrm{s}}\equiv\overline{u_j\tau_{ij}}-\widehat{u}_j\hat{\tau}_{ij}\text{或者 }\sigma_i^{\mathrm{s}}\equiv\widehat{c}_i-\widehat{u}_j\hat{\tau}_{ij} \tag{12-115}$$

$$\phi_{i,j}^{\mathrm{s}}\equiv\hat{\rho}(\widehat{b}_8-\widehat{u}_i\widehat{Y}_j) \tag{12-116}$$

$$\theta_{i,j}^{\mathrm{s}}\equiv\hat{\rho}(\widehat{b}_9-\widehat{U}_{i,j}\widehat{Y}_j) \tag{12-117}$$

其中，$\widehat{b}_7$、$\widehat{b}_8$、$\widehat{b}_9$、$\widehat{c}_i$ 的定义分别为

$$\widehat{b}_7\equiv\widehat{Eu_i},\ \widehat{b}_8\equiv\widehat{u_iY_j} \tag{12-118}$$

$$\widehat{b}_9\equiv\widehat{U_{i,j}Y_j},\ \widehat{c}_i\equiv\widehat{\tau_{ij}u_j} \tag{12-119}$$

$U_{i,j}$为组元 i 的扩散速度在 j 方向的分量。亚网格应力张量 τ_{ij}^{s}模化后为

$$\tau_{ij}^{\mathrm{s}}=2\hat{\rho}\nu_{\mathrm{t}}\left(\widehat{S}_{ij}-\frac{1}{3}\widehat{S}_{kk}\delta_{ij}\right)-\frac{2}{3}\hat{\rho}k^{\mathrm{s}}\delta_{ij} \tag{12-120}$$

其中$\widehat{S}_{ij}$为

$$\widehat{S}_{ij}=\frac{1}{2}\left(\frac{\partial \widehat{u}_i}{\partial x_j}+\frac{\partial \widehat{u}_j}{\partial x_i}\right) \tag{12-121}$$

对滤波后的反应速率 $\hat{\dot{\omega}}_j$ 的封闭，可利用亚网格 EBU（即 eddy－break－up）模型。由于化学反应速率取决于燃料和氧的混合，因此反应速率受控于混合速率。可以假设 EBU 模型中分子混合所需要的时间与一个亚网格涡团完全被耗散所需要的时间相同，认为亚网格流体混合时间 τ_{mix}与亚网格湍流动能 k^{s} 和它的耗散率 ε^{s} 之比成正比[541]，即

$$\tau_{\mathrm{mix}}\propto\frac{k^{\mathrm{s}}}{\varepsilon^{\mathrm{s}}}\propto\frac{C_{\mathrm{EBU}}\overline{\Delta}}{\sqrt{2k^{\mathrm{s}}}} \tag{12-122}$$

这里，模型系数 $C_{\mathrm{EBU}}=1$，该混合时间尺度的反应速率为

$$\dot{\omega}_{\mathrm{mix}}=\frac{1}{\tau_{\mathrm{mix}}}\min\left(\frac{1}{2}[\mathrm{O}_2],[\text{燃料}]\right) \tag{12-123}$$

有效反应速率为

$$\dot{\omega}_{\mathrm{EBU}}=\min(\dot{\omega}_{\mathrm{mix}},\dot{\omega}_{\mathrm{kin}}) \tag{12-124}$$

式中，$\dot{\omega}_{\mathrm{kin}}$为 Arrhenius 反应速率。

为了封闭式（12-109）~式（12-112），可以利用作为特征长度尺度的局部网格尺寸$\overline{\Delta}$和亚网格动能 k^{s} 来确定亚网格应力张量 τ_{ij}^{s}；令亚网格湍动能 k^{s} 定义为

$$k^{\mathrm{s}}=\frac{1}{2}(\widehat{u_iu_i}-\widehat{u}_i\widehat{u}_i) \tag{12-125}$$

它可以由以下的输运方程求得[542]

$$\frac{\partial}{\partial t}(\hat{\rho}k^{s})+\frac{\partial}{\partial x_j}(\hat{\rho}\widehat{u}_j k^{s})=\frac{\partial}{\partial x_j}\left[\hat{\rho}\left(\frac{\nu}{p_{\mathrm{r}}}+\frac{\nu_{\mathrm{t}}}{p_{\mathrm{rt}}}\right)\frac{\partial k^{s}}{\partial x_j}\right]+P^{\mathrm{S}}-D^{\mathrm{S}} \tag{12-126}$$

式中，P^{S} 和 D^{S} 分别为亚网格湍流动能的产生项和耗散项，其表达式分别为

$$P^{\mathrm{S}}=\tau_{ij}^{\mathrm{s}}\frac{\partial \widehat{u}_i}{\partial x_j} \tag{12-127}$$

$$D^{\mathrm{S}}=\frac{\partial}{\partial x_i}(\widehat{u}_j\tau_{ij}^{\mathrm{s}}) \tag{12-128}$$

或

$$D^{\mathrm{S}}=\frac{c_{\varepsilon}\hat{\rho}(k^{\mathrm{s}})^{3/2}}{\overline{\Delta}} \tag{12-129}$$

12.3.3　可压缩湍流两相流动与燃烧问题的大涡模拟

LES 和 DNS（direct numerical simulation）方法能研究化学反应与湍流相互作用的结构细节，这就为更好地了解两相燃烧的机理打下了基础。正是由于这个缘故，近年来国内外许多学者开展了用 LES 或者 DNS 方法模拟气粒两相流动以及燃烧方面的工作。例如，参考文献［543］采用了六阶紧致差分格式和三阶 Runge – Kutta 方法，直接模拟在同轴热射流中湍流油雾火焰稳定燃烧；参考文献［544］采用八阶紧致差分格式和四阶 Runge – Kutta 方法，直接模拟带有蒸发油珠的二维湍流流动，计算中发现油珠影响湍流结构，未蒸发油球对湍流有所抑制，油珠蒸发可加强湍流，因此加快了化学反应速率；参考文献［545］采用 LES 方法，研究了燃气轮机燃烧室超临界燃烧和污染物 CO 生成问题；参考文献［546］采用双流体模型对两相流进行大涡模拟；参考文献［547，548］分别于 2007 年和 2010 年，用 LES 方法计算了德国宇航中心氢燃料超燃冲压发动机的燃烧问题。这里要特别指出的是，在超声速燃烧冲压发动机中，物理时间尺度和化学时间尺度相差很大。假定一个飞行器在高超声速的低马赫数段（如马赫数为 6 ~ 8）飞行时，燃烧室进口的马赫数在 2 ~ 3 之间，而一个合理的燃烧室长度不超过几米，因此气体驻留时间的量级是几毫秒，这就要求发动机在极短的时间内高效地完成所有的气动热力学过程，以保证燃料释放足够的热量，进而在尾喷管内形成推力。参考文献［266］给出一个化学反应中的时间尺度，如图 12-5 所示。化学反应速率取决于温度、压强、组分和组分浓度，通常时间尺度跨度为 10^{-10} ~ 1s。分子运输过程的时间尺度跨度较小，为 10^{-4} ~ 10^{-2}s。

快速的化学反应对应的是平衡条件，非常缓慢的化学过程对应的是冻结条件。在这些情况下，化学反应和流场分析是可以解耦的，然而这些情况很少会在超音速燃烧冲压发动机中出现。从化学动力学的角度来讲，反应完全放热所需要的时间取决于点火延迟时间和燃烧时间。对于具有高雷诺数和中等 Damköhler 数特点的分布

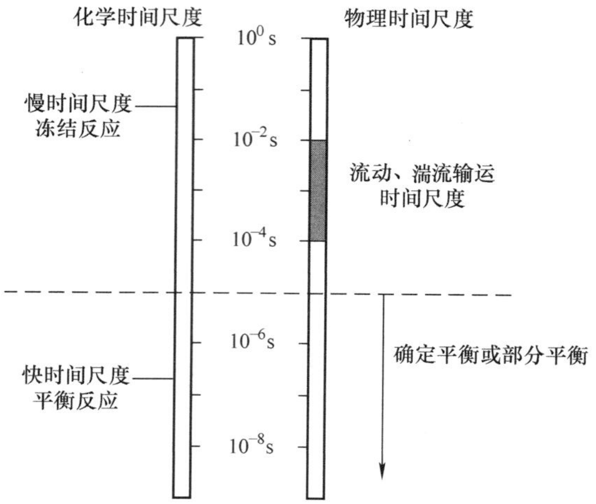

图 12-5　化学反应流动中的时间尺度

式燃烧区，对点火延迟时间和燃烧时间分别处理和累加是合适的。在这里，Damköhler 数 Da_k 可定义为 Kolmogorov 时间尺度 τ_k 与反应时间 τ_c 之比，即

$$Da_k = \frac{\tau_k}{\tau_c} \tag{12-130}$$

在超声速燃烧的整个工况范围内，Da_k 大约等于 1。对于一个氢气 - 空气系统来讲，预估的燃烧时间与高超声速飞行器在马赫数为 6 ~ 8 飞行时燃气驻留时间接近。因此，除非在某处使用火焰稳定装置来延长驻留时间，否则在超燃冲压发动机中放热的化学反应过程是不可能在燃烧室内完成的。另外，在研究湍流脉动与火焰之间的相互作用问题时，也常将 Damköhler 数 Da_k 定义为湍流中最大尺度涡的时间尺度 τ（l_0）与火焰面的时间尺度 τ_F 之比，即

$$Da_k = \frac{\tau(l_0)}{\tau_F} \tag{12-131}$$

式中，l_0 为涡流流场中最大尺度涡的长度尺度。

令 l_F 与 S_L 分别为层流火焰前锋厚度与火焰传播速度，则有

$$\tau_F = \frac{l_F}{S_L} \tag{12-132}$$

令湍流中 Kolmogorov 涡时间尺度为 $\tau(\eta)$，则 Karlovitz 数 Ka 为

$$Ka \equiv \frac{\tau_F}{\tau(\eta)} \tag{12-133}$$

这里应指出，当 $Ka<1$ 并且 $Da_k>10$ 时，化学反应特征时间比 Kolmogorov 尺度特征时间小，表明化学反应速率很快，反应区很薄，火焰面模型假设成立；当 $Ka>1$ 并且 $Da_k>10$ 时，流场属于薄反应面模式区，火焰面模型假设近似成立；当

$Ka>1$ 并且 $Da_k<10$ 时，化学反应速率比较缓慢，反应区较厚，火焰面假设模型不成立。

大涡模拟气粒两相流动、液雾蒸发和燃烧，主要有两种模型：一种是随机离散模型（stachastic separated flow，SSF），另一种是双流体模型。对于 SSF 模型，其基本思想是对于稀疏气粒两相流动，在拉格朗日坐标系下直接计算颗粒蒸发前的各颗粒群沿着各自轨道的运动、质量损失以及能量的变化。当颗粒小于某一尺寸后可认为全部蒸发，并与气体完全混合。在欧拉坐标系下，可采用大涡模拟处理气相场，并注意将颗粒群沿轨道中由于阻力、蒸发或燃烧而引起的颗粒群速度、温度以及尺寸变化，作为质量、动量、能量以及亚网格湍流动能源项加入到气相场中，以实现气相和液相间相互耦合。在液雾燃烧流场中，参照式（12-109）~式（12-112）与式（12-126）的思路，对于气液两相流而言，经过滤波处理后大涡模拟的连续方程、动量方程、能量方程、组元的连续方程和亚网格湍流动能方程分别为

$$\frac{\partial\hat{\rho}}{\partial t}+\frac{\partial}{\partial x_j}(\hat{\rho}\widehat{u}_j)=\dot{\rho}_s \tag{12-134}$$

$$\frac{\partial(\hat{\rho}\widehat{u}_i)}{\partial t}+\frac{\partial}{\partial x_j}[\hat{\rho}\widehat{u}_i\widehat{u}_j+\hat{p}\delta_{ij}-(\tau_{ij}^*+\tau_{ij}^s)-(\hat{\tau}_{ij}-\tau_{ij}^*)]=(\dot{F}_s)_i \tag{12-135}$$

$$\frac{\partial(\hat{\rho}\widehat{E})}{\partial t}+\frac{\partial}{\partial x_i}[(\hat{\rho}\widehat{E}+\hat{p})\widehat{u}_i+q_i^*-\hat{u}_j\hat{\tau}_{ij}+H_i^s+\sigma_i^s]=\dot{Q}_s \tag{12-136}$$

$$\frac{\partial(\hat{\rho}\widehat{Y}_j)}{\partial t}+\frac{\partial}{\partial x_i}\left(\hat{\rho}\widehat{u}_i\widehat{Y}_j-\hat{\rho}D_j\frac{\partial\widehat{Y}_j}{\partial x_i}+\phi_{i,j}^s+\theta_{i,j}^s\right)=\hat{\dot{\omega}}_j+(\dot{S}_s)_j \tag{12-137}$$

$$\frac{\partial(\hat{\rho}k^s)}{\partial t}+\frac{\partial}{\partial x_j}(\hat{\rho}\widehat{u}_jk^s)=\frac{\partial}{\partial x_j}\left[\hat{\rho}\left(\frac{\nu}{p_r}+\frac{\nu_t}{p_{rt}}\right)\frac{\partial k^s}{\partial x_j}\right]+P^s-\varepsilon^s+F_k \tag{12-138}$$

式中，$\dot{\rho}_s$、$(\dot{F}_s)_i$、$\dot{Q}_s$、$(\dot{S}_s)_j$ 分别为气液两相之间相互作用的质量、动量、能量和组分 j 的容积平均交换率，把这些源项加入到气相方程组中，构成气相和液相之间的相互耦合；F_k 为亚网格湍流动能源项，它表示颗粒与小尺度旋涡之间相互作用对 k^s 的影响，它可模化为

$$k^s=\langle u_iF_i\rangle-\widehat{u}_i\langle F_i\rangle \tag{12-139}$$

式中，F_i 为耦合力；符号 < > 表示对亚网格所有颗粒轨道进行平均。

对于 $\dot{\rho}_s$、$(\dot{F}_s)_i$、$\dot{Q}_s$、$(\dot{S}_s)_j$ 的表达式，目前有许多种处理方法，这里仅给出最简单的一种情况。对于 $\dot{\rho}_s$、$(\dot{F}_s)_i$、$\dot{Q}_s$，其表达式分别为

$$\dot{\rho}_s=\frac{\pi\rho_p}{6V}\sum[(d_p^3)_{in}-(d_p^3)_{out}] \tag{12-140}$$

$$(\dot{F}_s)_i=\frac{\pi\rho_p}{6V}\sum[(u_pd_p^3)_{in}-(u_pd_p^3)_{out}] \tag{12-141}$$

$$\dot{Q}_s=\frac{\pi\rho_p}{6V}\sum\{C_p[(T_pd_p^3)_{in}-(T_pd_p^3)_{out}]-[(d_p^3)_{in}-(d_p^3)_{out}]q_e+\frac{1}{2}\sum[(u_p^2d_p^3)_{in}-(u_p^2d_p^3)_{out}]\} \tag{12-142}$$

式（12-140）~式（12-142）中，下角标“p”表示液相颗粒，d_p 为颗粒直径，V 为网格的体积。

对于液相颗粒来讲，颗粒的轨迹和速度分别为

$$\frac{d(x_p)_i}{dt}=(u_p)_i \tag{12-143}$$

$$\frac{d(u_p)_i}{dt}=\frac{3}{4}C_D Re_p\left(\frac{\mu_g}{\rho_p d_p^2}\right)[u_i-(u_p)_i] \tag{12-144}$$

式中，下角标“g”与“p”分别为气相和液相；C_D 为颗粒阻力系数，Re_p 为颗粒的雷诺数。

因篇幅所限，有关SSF模型的求解细节这里就不做进一步的讨论了，可参阅参考文献［549］；对于双流体模型这里也不做介绍，可参阅参考文献［550］。

最后，在结束本节讨论之前，有必要简单介绍一下我国科学家在燃烧以及湍流多相流方面所做出的贡献。以王宏基、宁榥、周力行、庄逢辰、范维澄、朱森元、刘兴洲、王应时、高歌和黄兆祥[515]等为代表的我国科学家，在燃烧、多相湍流与热机领域做了大量的基础理论方面的工作[551-569]。限于篇幅，这里仅介绍王宏基教授和高歌教授的贡献。王宏基教授率领的团队在超燃冲压发动机方面做了一系列探讨，并在我国最早出版了这方面的专著[558]。另外，这个团队在脉冲爆震发动机方面做了许多创新性的研究并出版了专著[570,571]。王宏基教授早在1961就翻译了Стечкин院士的名著[85]，1975年又以秦鹏为笔名翻译了NASN SP-36这部专著[111]。王宏基教授翻译的这些国外名著已成为国内学者学习航空发动机原理和进行轴流式压气机气动设计的宝贵教材。高歌教授早在20世纪80年代就发明了沙丘稳定器，这是我国近40多年来在喷气推进技术上的重大发明之一，而且这种稳定器已经成功地装配在涡喷六和涡喷七等发动机上，使得这些发动机的加力状态和非加力状态的性能均有较显著的改进。因此，高歌教授1984年荣获国家发明一等奖。1985年2月，时任国家最高领导人在中南海接见了高歌教授和宁榥先生，并合影留念。

12.4 模拟燃烧问题的非定常高分辨率高精度算法

燃烧室设计的重要基础是燃烧学，它是一门研究燃烧现象及其基本规律的科学。燃烧是可燃物和助燃剂之间发生的强烈快速化学反应，同时伴随着发光、放热的现象。在航空发动机的燃烧室中，煤油液体燃烧的雾化、液滴的蒸发、破碎、点火、火焰的传播，以及湍流与燃烧的相互作用现象普遍存在，湍流燃烧、湍流混合、分子扩散和化学反应之间的相互作用，使得燃烧场的数值模拟比压气机流场和涡轮流场的计算困难得多。首先，燃烧过程是剧烈的化学反应，反应过程中放出大量热能，这实际上是化学反应的某种状态变化（化学热力学），并具有较快的反应速度（化学动力学）。化学反应的求解对于化学非平衡流方程会导致刚性问题。刚

性的大小可以通过化学反应流动的 Damköhler 数（Da）来衡量。当流场局部区域在 $Da >>$ 时，流场控制方程便呈现病态，即方程刚性严重，导致数值计算失稳或者收敛困难。对于反应流方程的刚性处理，在超声速气动热力学领域中，已有许多成功的解耦处理方法[70]，这里就不再赘述。其次，航空发动机燃烧是燃料燃烧化学反应、湍流流动、传热传质共同作用的多相、多尺度、多组分复杂的物理化学过程，其流场十分复杂，因此燃烧问题的数值计算必须发展非定常流的高分辨率、高精度算法，这正是本节要讨论的算法。第三，煤油燃烧的喷雾、液滴的蒸发、破碎、混合、点火、燃烧，以及火焰传播和火焰与湍流的相互作用，其过程十分复杂，用数值方法将这些复杂的现象捕捉出来，除了采用高分辨率和高精度算法之外，界面模拟方法[572-577]也是一类十分有效的算法。另外，对于液滴的破碎、蒸发等过程的描述，发展离散相液滴的两相耦合方法也是十分便捷。在本书第 12.4 节中，给出了欧拉 - 拉格朗日方法下将两相运动分别建模并相互耦合。液滴对气相的作用是以源项的形式被添加到气相方程式中，而且采用拉格朗日方法计算液滴离散相物理参数，相比其他方法要简便得多。另外，如果使用微小液滴的瞬时蒸发模型或者强对流条件下单液滴蒸发模型，便可以十分方便地进行液滴蒸发的两相大涡模拟。

下面仅针对非定常流动的高分辨率高精度格式以及处理策略讨论五个方面的问题：动网格下的 ALE 格式、带可调参数的低耗散保单调优化迎风格式、高精度 RKDG 有限元方法、隐式双时间步长迭代格式、浸入边界法及自适应 Descartes 网格生成技术，并给出处理上述这些问题的框架与策略，为进一步开展这些方面的研究奠定基础。

1. 动网格下的 N - S 方程以及 ALE 格式的发展

如果令 $\boldsymbol{v}$ 和 $\boldsymbol{u}_{\mathrm{r}}$ 分别为流体的绝对速度和网格运动速度，$\boldsymbol{F}_{\mathrm{inv}}$ 与 $\boldsymbol{F}_{\mathrm{vis}}$ 分别为对流无黏性部分的矢通量与黏性部分的矢通量。$\boldsymbol{v}$ 和（$\boldsymbol{n}\cdot\boldsymbol{F}_{\mathrm{inv}}$）的表达式分别为

$$\boldsymbol{v} \equiv u\boldsymbol{i} + v\boldsymbol{j} + w\boldsymbol{k} \tag{12-145}$$

$$\boldsymbol{n}\cdot\boldsymbol{F}_{\mathrm{inv}} \equiv \boldsymbol{F}_{\mathrm{inv}}^{M} = \begin{pmatrix} \rho\boldsymbol{v}_{\mathrm{r}} \\ \rho u\boldsymbol{v}_{\mathrm{r}} + n_x p \\ \rho v\boldsymbol{v}_{\mathrm{r}} + n_y p \\ \rho w\boldsymbol{v}_{\mathrm{r}} + n_z p \\ \rho H\boldsymbol{v}_{\mathrm{r}} + n_t p \end{pmatrix} \tag{12-146}$$

式中，H 为总焓；$\boldsymbol{n}$ 为边界的单位外法矢量；v_{t} 和 v_{r} 的定义为

$$v_{\mathrm{t}} = \boldsymbol{n}\cdot\boldsymbol{u}_{\mathrm{r}} = n_x\frac{\partial x}{\partial t} + n_y\frac{\partial y}{\partial t} + n_z\frac{\partial z}{\partial t} \tag{12-147}$$

$$v_{\mathrm{r}} = \boldsymbol{n}\cdot(\boldsymbol{v} - \boldsymbol{u}_{\mathrm{r}}) \tag{12-148}$$

于是动网格下，选取 Descartes 直角坐标系，积分形式的 N - S 方程组为

$$\frac{\partial}{\partial \boldsymbol{t}}\iiint_{\tau}\boldsymbol{W}d\tau + \oiint_{\sigma}\boldsymbol{n}\cdot\boldsymbol{F}_{\mathrm{inv}}d\sigma = \oiint_{\sigma}\boldsymbol{n}\cdot\boldsymbol{F}_{\mathrm{vis}}d\sigma \tag{12-149}$$

式中，$\boldsymbol{W}$ 的定义为

$$\boldsymbol{W} \equiv \begin{pmatrix} \rho \\ \rho u \\ \rho v \\ \rho w \\ \rho e_{\mathrm{t}} \end{pmatrix} \tag{12-150}$$

式中，e_{t} 的定义同式（4-123）。

对于动网格问题（例如：导弹发射时将坐标系建在地面上研究运动导弹的绕流问题；航空发动机压气机长叶片进行气动弹性计算，需要考虑叶片的变形时；微型扑翼飞行器的绕流问题），在非定常流动中经常会遇到。求解这类问题最常用的是 ALE（arbitrary - lagrangian - eulerian，ALE）格式[578]，该格式共分三步进行：①显式 Lagrange 计算，即只考虑压强梯度分布对速度和能量改变的影响（在动量方程中，压强取前一时刻的量，因而是显式格式）；②用隐式格式解动量方程，把第一步求得的速度分量作为迭代求解的初始值；③重新划分网格，完成网格之间输运量的计算。参考文献［255］中给出了更详细的过程，供感兴趣者参考。应特别指出的是，自 1964 年 W. F. Noh 首先提出 ALE 格式以来，A. A. Amsden 和 C. W. Hirt 率先于 1973 年根据 ALE 方法编制了名为 YAQUI 的源程序；在其基础上，C. W. Hirt 于 1974 年发表了关于 ALE 格式方面的重要文章[578]。事实上，40 多年来 ALE 格式一直在不断完善、不断改进并广泛地用于航空、航天和爆炸力学、工程热物理等众多工程技术领域中。参考文献［579］也从侧面反映了 ALE 格式在改进与完善过程中的一些进展。

2. 用于非定常多尺度流动的一类优化 WEO 格式

近年来，高精度算法一直为计算流体力学界所关注，其重要原因是由于求解可压缩复杂湍流问题、计算声学问题、电磁流体力学问题、叶轮机械气动设计问题以及高超声速飞行器热防护问题时需要去发展这些方法。因此，绝对不是格式的精度越高就越好，而应该以能否分辨与捕捉到所关注的物理尺度下的物理现象，以及能否具有高的计算效率作为选取格式的标准。高精度算法是工具，它不是目的，从这个意义上讲，“发展高分辨率、高效率、高精度算法”的提法更为合理些。

非定常的流动问题往往是多尺度复杂涡系下的流动问题，尤其是高超声速先进飞行器的气动设计和现代高性能涡轮喷气发动机的气动优化设计问题中总会遇到转捩位置的确定、流动分离导致的激波与边界层干扰、不同焓值热流之间的掺混、高温涡轮中热斑点的位置，以及高超声速再入飞行时飞行器壁面热流分布等一些关键问题。正是为了使这些问题得到有效解决，这里才再次讨论高精度格式的问题。这里必须指出的是，面对上述十分复杂、非常广泛的物理现象，目前还不可能得到一个通用的格式，用它解决上述所有物理问题。事实上，任何一种数值离散格式都有它的限制条件，有它所面对的对象和适用的范围，有它自身所刻画的耗散效应与色

散效应。因此，所选用的数值格式必须与所关注的物理问题相适应，这是选取数值格式的最基本原则。

下面扼要讨论一下可压缩湍流的直接数值模拟（DNS）与大涡模拟（LES）计算时对数值格式的要求。一方面，为了捕捉小尺度流动结构以及复杂的湍流结构需要高阶的或者低耗散的数值格式，过大的数值耗散会抹平湍流的小尺度结构，会使脉动能量过度衰减，导致计算结果的失真。大量的数值计算表明，高精度的保单调（monotonicity preserving，MP）格式对于小尺度流动结构的模拟性能明显优于高阶精度的 WENO 格式。正是基于 MP 格式的基本思想，舒其望教授于 2000 年提出了 MPWENO 格式，计算表明，这种格式的稳定性与计算效率都要比原始的 WENO 格式高。另一方面，通常高阶激波捕捉格式的有效带宽（effective bandwidth）仍然较低，它无法高效率地对湍流问题进行 DNS 或者 LES 计算。令 k 与 $\widetilde{k}$ 分别为波数与数值解波数（modified wavenumber），首先对线性格式的带宽特性进行简单分析。令谐波函数 $f(x)=e^{ikx}$ 为测试函数，因 $f'(x)$ 为

$$f'(x)=ike^{ikx}=ikf(x) \tag{12-151}$$

令 Δ 为离散的网格间距，$x_n=x+n\Delta$ 有

$$f(x_n)=e^{ik(x+n\Delta)}=e^{ikn\Delta}f(x) \tag{12-152}$$

对于一般的线性差分格式，一阶导数的近似值可以表示为

$$\widetilde{f}'(x)=\frac{1}{\Delta}\sum_n\left[a_nf(x_n)\right]=\frac{1}{\Delta}\sum_n\left[a_ne^{ikn\Delta}f(x)\right] \tag{12-153}$$

引入 $\widetilde{k}$，则式（12-153）变为

$$\widetilde{f}'(x)=i\widetilde{k}f(x) \tag{12-154}$$

在不失一般性的情况下，令 $\Delta=1$，则由式（12-153）与式（12-154）得

$$\widetilde{k}=-i\sum_n(a_ne^{ikn}) \tag{12-155}$$

式（12-155）给出了各种线性格式下 $\widetilde{k}$ 与 k 之间的关系，即格式的带宽特性。其中，式（12-155）的实部代表格式的带宽分辨率，虚部代表格式的带宽耗散。图 12-6 所示为线性格式的带宽特性，其中图 12-6a 为实部，图 12-6b 为虚部。由图 12-6a 可以看出，$\widetilde{k}$ 与 k 之间的误差随着 k 的增加而增大，这意味着对小尺度脉动计算时，数值格式会产生较大的误差。另外，比较同阶的显式格式与紧致格式，紧致格式有更好的带宽分辨率特性。此外，还有一点要指出：$2n$ 阶的中心格式（图 12-6a 上用黑方块表示）与显式的（$2n-1$）阶迎风格式具有相同的带宽分辨率。由图 12-6b 可以看出，迎风格式的带宽耗散集中于高波数端，这意味着格式对小尺度流动结构有较强的抑制作用；从图 12-6b 还可以看出，迎风格式的阶数越高，则其在整个带宽上的耗散越低，即高阶迎风格式更有利于小尺度湍流结构的捕捉和脉动能量的保持。

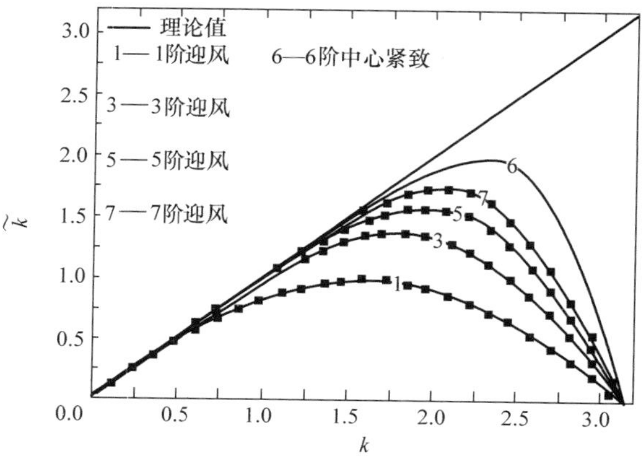

a)

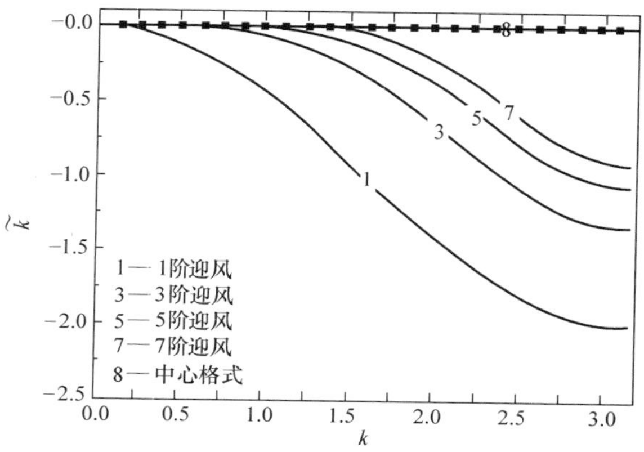

b)

图 12-6　线性格式的带宽特性

通常，5 阶和 7 阶精度的线性迎风格式分别为

$$\widetilde{f}^{L(5)}_{i+\frac{1}{2}}=\frac{1}{60}(2f_{i-2}-13f_{i-1}+47f_i+27f_{i+1}-3f_{i+2}) \tag{12-156}$$

$$\widetilde{f}^{L(7)}_{i+\frac{1}{2}}=\frac{1}{420}(-3f_{i-3}+25f_{i-2}-101f_{i-1}+319f_i+214f_{i+1}-38f_{i+2}+4f_{i+3}) \tag{12-157}$$

对于 5 阶迎风格式，如果引入一个（$i+3$）点使其在形式上构成以点$\left(i+\frac{1}{2}\right)$对称的 5 阶迎风格式。在（$i+3$）点处配一权重系数 c_1，则带参数 c_1 的 5 阶线性迎风格式便为

$$\widetilde{f}'^{L(5)}_{i+\frac{1}{2}}=\frac{1}{60}(a_{-2}f_{i-2}+a_{-1}f_{i-1}+a_0f_i+a_1f_{i+1}+a_2f_{i+2}+c_1f_{i+3}) \tag{12-158}$$

借助 Taylor 展开，在满足截断误差为 5 阶精度的条件下，可得如下系数间的关系：

$$\begin{pmatrix} a_{-2} \\ a_{-1} \\ a_0 \\ a_1 \\ a_2 \end{pmatrix} = \begin{pmatrix} -c_1+2 \\ 5c_1-13 \\ -10c_1+47 \\ 10c_1+27 \\ -5c_1-3 \end{pmatrix} \tag{12-159}$$

当 $c_1=0$ 与 $c_1=1$ 时，式（12-158）分别等同于 5 阶迎风格式与 6 阶显式中心格式。值得注意的是，$c_1=1$ 时为零耗散。为了保证格式（12-158）的迎风特性，参数 c_1 的取值范围为［0，1］，图 12-7b 所示为 c_1 变化时相应格式的耗散特性。由图 12-7b 可以看出，通过调节参数 c_1 可以任意控制 5 阶迎风格式的数值耗散的水平。由图 12-7b 还可以看出，当 c_1 为 0.3 时，5 阶带参数 c_1 的迎风格式的带宽耗

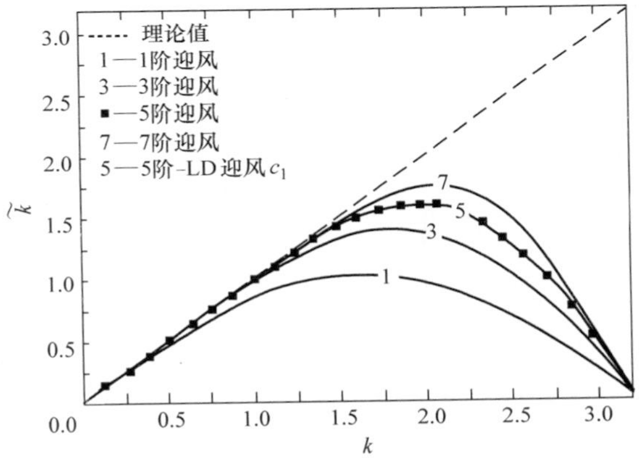

a)

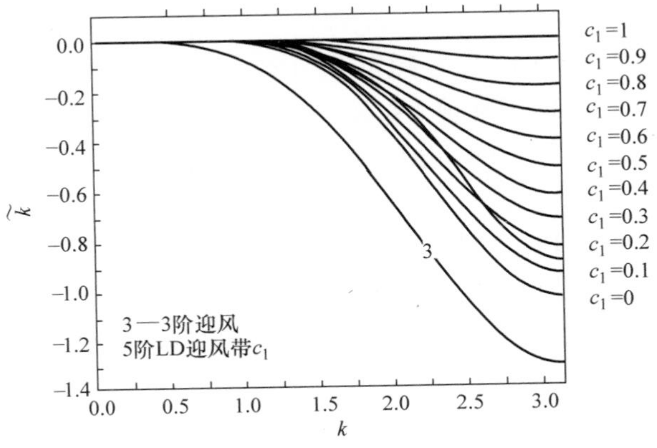

b)

图 12-7　含 c_1 的迎风格式及其带宽特性

散可以降到与通常 7 阶迎风格式相接近的水平。图 12-7a 所示分别为几种差分格式下$\widetilde{k}$与 k 的关系曲线。

对于 7 阶迎风格式，同样地如果引入一个（$i+4$）点，使其在形式上构成以点$\left(i+\dfrac{1}{2}\right)$对称的 7 阶迎风格式。在（$i+4$）点处配一权重系数 c_2，则相应地带参数的 7 阶线性迎风格式有

$$\widetilde{f}'^{L(7)}_{i+\frac{1}{2}}=\frac{1}{280}(a_{-3}f_{i-3}+a_{-2}f_{i-2}+a_{-1}f_{i-1}+a_0f_i+a_1f_{i+1}+a_2f_{i+2}+a_3f_{i+3}+c_2f_{i+4})\tag{12-160}$$

借助 Taylor 展开，在满足截断误差为 7 阶精度的条件下，可得到如下系数间的关系：

$$\begin{pmatrix}a_{-3}\\a_{-2}\\a_{-1}\\a_0\\a_1\\a_2\\a_3\end{pmatrix}=\begin{pmatrix}c_2-2\\-7c_2+\dfrac{50}{3}\\21c_2-\dfrac{202}{3}\\-35c_2+\dfrac{638}{3}\\35c_2+\dfrac{428}{3}\\-21c_2-\dfrac{76}{3}\\7c_2+\dfrac{8}{3}\end{pmatrix}\tag{12-161}$$

当 $c_2=0$ 与 $c_2=1$ 时，式（12-160）分别等同于 7 阶迎风格式与 8 阶显式中心格式。值得注意的是，$c_2=1$ 时为零耗散。当 c_2 从 0 变到 1 时（见图 12-8b），式（12-160）的带宽频率等同于常规 7 阶迎风格式的带宽分辨率（见图 12-8a），而带宽耗散则由通常 7 阶迎风格式的耗散值降到零，因此调节参数 c_2 可以使式（12-160）的带宽耗散发生变化。

综上所述，式（12-158）是带可调参数 c_1 的 5 阶迎风格式，它具有可变格式耗散的特征；式（12-160）是带可调参数 c_2 的 7 阶迎风格式，它也具有可变格式耗散的特征，关于这点非常重要。事实上，迎风型低耗散格式是进行复杂湍流计算时所关注的格式之一[580－588]。

应该指出，仅对线性部分进行优化是不足以提高激波捕捉格式对湍流的模拟能力的，参考文献［582］已注意了使用限制器来进一步降低 WENO 格式的非线性误差。这里使用参考文献［589］建议的激波探测器函数：

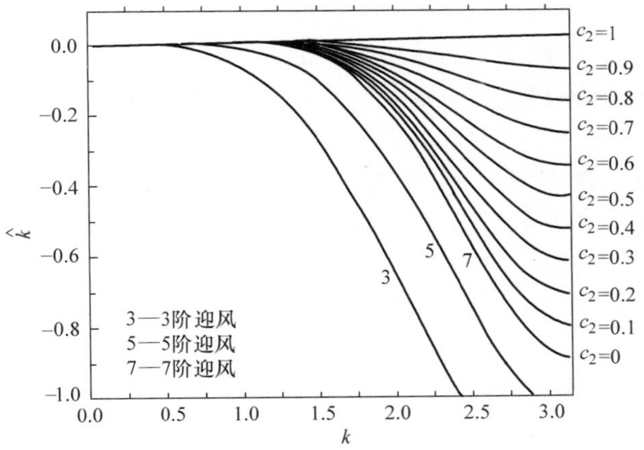

图 12-8　含 c_2 的迎风格式及其带宽特性

$$\Phi_i = \left|\frac{p_{i+1}-2p_i+p_{i-1}}{p_{i+1}+2p_i+p_{i-1}}\right| \frac{(\partial u_k/\partial x_k)^2}{(\partial u_k/\partial x_k)^2+\omega_k\omega_k+\alpha} \tag{12-162}$$

式中，Φ_i 为网格点 i 处的激波探测函数的值；ω_k 为涡量值；α 是个防止分母为零的小量。

由式（12-162）可以看出，Φ_i 由两部分组成：一部分为压强梯度项，另一部分为速度散度项。对于 7 阶精度的格式来讲，点$\left(i+\frac{1}{2}\right)$处的激波探测函数值为

$$\Phi_{i+1/2} = \max(\Phi_{i-3}, \Phi_{i-2}, \Phi_{i-1}, \Phi_i, \Phi_{i+1}, \Phi_{i+2}, \Phi_{i+3}, \Phi_{i+4}) \tag{12-163}$$

当 $\Phi_{i+1/2}$满足阈值条件

$$\Phi_{i+1/2} > \varphi \tag{12-164}$$

时，则使用 MP（monotonicity preserving）限制器由式（12-165）最终确定出界面上的值，即

$$\widetilde{f}_{i+1/2} = \mathrm{median}(\widetilde{f}^L_{i+1/2}, f^{\min}, f^{\max}) \tag{12-165}$$

其中，$f^{\min}$与$f^{\max}$按参考文献［590］的 MP 限制器决定，$\widetilde{f}^L_{i+1/2}$由式（12-158）或式（12-160）求出。另外，Median（）为中值函数，定义为

$$\mathrm{median}(f_1, f_2, f_3) \equiv f_1 + \min\bmod(f_2 - f_1, f_3 - f_1) \tag{12-166}$$

如果 $\Phi_{i+1/2}$不满足式（12-164）时，则认为该界面处于光滑流场区域，于是最终界面上的$\widetilde{f}_{i+1/2}$为

$$\widetilde{f}_{i+1/2} = \widetilde{f}^L_{i+1/2} \tag{12-167}$$

这里还应该说明的是，式（12-164）中 φ 的取值范围为 0.001 ~ 0.1。φ 值应当取的足够小，以保证所有的激波都识别出来。另外，为了有效地加快高精度格式的收敛速度，引入多重网格法[39]、V 型循环或者 W 型循环，在保证收敛结果为高精度

的同时，注意利用低阶精度格式耗散大的特点，去改善高精度格式在迭代计算中收敛速度慢的弱点。多重网格法从实质上讲是为了快速获得细网格上的计算结果。在迭代中，引入了与细网格存在特定关系的粗网格上的计算过程，注意将低阶精度算法用到 V 型循环或者 W 型循环的初场计算中。

3. 高精度高分辨率 RKDG 有限元方法

20 世纪 90 年代以来，以 B. Cockburn 和舒其望教授为代表的 RKDG（runge - kutta discontinuous galerkin，RKDG）有限元方法引人注目，RKDG 在许多方面显示出很好的效能。RKDG 方法指在空间采用 DG（discontinuous galerkin，DG）离散，结合显式 Runge - Kutta 时间积分进行求解的一类方法，它完全继承了间断 Galerkin 有限元方法的诸多优点，既保持了有限元法（FEM）与有限体积法（FVM）的优点，又克服了 FEM 与 FVM 它们各自的不足[288 - 293]；DG 方法与连续的 Galerkin 有限元方法（又称传统 Galerkin 有限元）相比，它不要求全局定义的基函数（即试探函数），也不要求残差与全局定义的近似空间垂直，而是利用完全间断的局部分片多项式空间作为近似解和试探函数空间，具有显式离散特性。与一般有限体积法相比，它也允许单元体边界处的解存在间断，但在实现高阶精度离散时并不需要通过扩大网格点模板上的数据重构来实现，具有更强的局部性与灵活性。正是由于该方法通过提高单元插值多项式的次数来构造高阶格式，因此理论上可以构造任意高阶精度的计算格式而不需要增加节点模板，这就克服了有限体积法构造高阶格式时需要扩大节点模板（Stencil）的缺点，DG 方法所具有的这一特点非常重要。另外，DG 方法对网格的正交性和光滑性的要求不高，既可用于结构网格也可用于非结构网格，而且不需要像一般有限元方法那样去考虑连续性的限制，因此可以对网格进行灵活的加密或者减疏处理，有利于自适应网格的形成。此外，该方法建立在单元体内方程余量加权积分式为零的基础上，这就避免了求解大型稀疏矩阵的问题，有利于提高计算效率；再者，DG 方法数学形式简洁、与显式 Runge - Kutta 方法相结合时程序执行简单，稳定性好，而且有利于并行算法的实现，因此该方法近年来颇受重视，发展很快。

三维 N - S 方程用式（12-168）表达，即

$$\frac{\partial U}{\partial t} + \nabla \cdot \boldsymbol{F}^{\mathrm{I}}(U) = \nabla \cdot \boldsymbol{F}^{\mathrm{v}}(U, \nabla U) \tag{12-168}$$

式中，$\boldsymbol{F}^{\mathrm{I}}(U)$ 与 $\boldsymbol{F}^{\mathrm{v}}$（$U$, ∇U）分别简记为 $\boldsymbol{F}^{\mathrm{I}}$ 与 $\boldsymbol{F}^{\mathrm{v}}$，注意这里 $\boldsymbol{F}^{\mathrm{I}}$ 与 $\boldsymbol{F}^{\mathrm{V}}$ 的定义为

$$\boldsymbol{F}^{\mathrm{I}} = \boldsymbol{F}^{\mathrm{I}}(U) \equiv \boldsymbol{i}F_1^{\mathrm{I}} + \boldsymbol{j}F_2^{\mathrm{I}} + \boldsymbol{k}F_3^{\mathrm{I}} \tag{12-169}$$

$$\boldsymbol{F}^{\mathrm{v}} = \boldsymbol{F}^{\mathrm{v}}(U, \nabla U) \equiv \boldsymbol{i}F_1^{\mathrm{V}} + \boldsymbol{j}F_2^{\mathrm{V}} + \boldsymbol{k}F_3^{\mathrm{V}} \tag{12-170}$$

这里 U、F_1^{I}、F_2^{I}、F_3^{I}、F_1^{V}、F_2^{V} 与 F_3^{V} 均为 5×1 的列矩阵，因下文中不想引入复杂的广义并矢张量的概念，为了避免概念上的混淆，对上述 7 个列矩阵采用了不用黑体的做法。显然 $\boldsymbol{F}^{\mathrm{I}}$ 的分量与无黏通量相关，$\boldsymbol{F}^{\mathrm{v}}$ 的分量还与黏性项以及热传导项相关。引入张量 $\boldsymbol{D}$，其表达式为

$$\boldsymbol{D}=\boldsymbol{e}^{\alpha}\boldsymbol{e}^{\beta}D_{\alpha\beta} \tag{12-171}$$

式中，$D_{\alpha\beta}$为 5×5 的矩阵，同样，为避免概念的混淆，$D_{\alpha\beta}$也不用黑体。

这里 $\boldsymbol{D}$ 与 $\boldsymbol{F}^{\mathrm{v}}$ 有如下关系，即

$$\boldsymbol{F}^{\mathrm{v}}=\boldsymbol{D}\cdot\nabla U=\boldsymbol{e}^{i}D_{ij}\frac{\partial U}{\partial x^{j}} \tag{12-172}$$

式中，$\boldsymbol{e}^{i}$ 为曲线坐标系（x^1，x^2，x^3）中的逆变基矢量。

下面从五个方面扼要讨论 RKDG 方法中的几项关键技术。

（1）间断 Galerkin 有限元空间离散　为便于表述、突出算法的本身特点，故以三维 Euler 方程为出发点，其表达式为

$$\frac{\partial U}{\partial t}+\nabla\cdot\boldsymbol{F}=0 \tag{12-173}$$

这里为书写简洁，式（12-168）中的 $\boldsymbol{F}^{\mathrm{I}}$ 省略了上角标 I 后直接记作 $\boldsymbol{F}$，并且有

$$\frac{\partial\boldsymbol{F}}{\partial U}=\boldsymbol{i}\frac{\partial F_1}{\partial U}+\boldsymbol{j}\frac{\partial F_2}{\partial U}+\boldsymbol{k}\frac{\partial F_3}{\partial U}=\boldsymbol{i}A+\boldsymbol{j}B+\boldsymbol{k}C \tag{12-174}$$

同样，这里矩阵 A、B 与 C 也采用了不用黑体的做法。在式（12-173）中，U 是随时间以及空间位置变化的未知量，即 $U=U(\boldsymbol{x},\ t)$；DG 离散首先将原来连续的计算域 Ω 剖分成许多小的、互不重叠的单元体 Ω_k，即 $\Omega=\bigcup\limits_{k=1}^{\mathrm{Ne}}\Omega_k$；在单元体 Ω_k 上选取合适的基函数序列 $\{\varphi_k^l\}_{l=1,\cdots,N}$；在 DG 空间离散中这些基函数仅仅与空间坐标有关，而与时间无关。令 N 为 Ω_k 上近似解的自由度，它与方程的空间维度 d 以及空间离散的精度有关。在单元 Ω_k 上的近似解函数 U_{h} 可以表示为基函数序列的展开，即

$$U_{\mathrm{h}}(\boldsymbol{x},t)\big|_{\Omega_k}=\sum_{l=1}^{N}C_k^{(l)}(t)\varphi_l^{(k)}(\boldsymbol{x}) \tag{12-175}$$

式中，$C_k^{(l)}(t)=\{C_1^{(l)},C_2^{(l)},\cdots,C_m^{(l)}\}_k^{\mathrm{T}}$ 为展开系数，它只与时间有关；m 为方程（12-173）式的分量个数。

通常人们将采用 p 阶多项式基函数的 DG 离散称为具有 $p+1$ 阶精度的 DG 方法，在下文的讨论中也沿用了这种说法。将 U_{h} 代入式（12-173）便得到在单元体 Ω_k 上的残差 $R_{\mathrm{h}}(\boldsymbol{x},t)$，即

$$R_{\mathrm{h}}(\boldsymbol{x},t)=\frac{\partial U_{\mathrm{h}}^{k}}{\partial t}+\nabla\cdot\boldsymbol{F}(U_{\mathrm{h}}^{k}) \tag{12-176}$$

在 Galerkin 加权余量法中，方程残差（又称余量）要求分别与权函数正交，即它们的内积为 0。在 Galerkin 方法中，权函数取为基函数，于是要求内积为零就意味着有

$$\int_{\Omega_k}R_{\mathrm{h}}(\boldsymbol{x},t)\varphi_{l'}^{(k)}\mathrm{d}\boldsymbol{x}=0\qquad(1\leqslant l'\leqslant N) \tag{12-177}$$

即得到单元体 Ω_k 上的积分方程为

$$\int_{\Omega_k} \varphi_{l'}^{(k)} \left[\frac{\partial U_{\mathrm{h}}^{k}}{\partial t} + \nabla \cdot \boldsymbol{F}(U_{\mathrm{h}}^{k}) \right] \mathrm{d}\boldsymbol{x} = 0 \qquad (1 \leqslant l' \leqslant N) \tag{12-178}$$

将式（12-178）进行分部积分变换和注意使用 Green 公式，可得到如下形式：

$$\int_{\Omega_k} \varphi_{l'}^{(k)} \frac{\partial U_{\mathrm{h}}^{k}}{\partial t} \mathrm{d}\boldsymbol{x} + \oint_{\partial\Omega_k} \varphi_{l'}^{(k)} \boldsymbol{F}^{\mathrm{R}} \cdot \boldsymbol{n} \mathrm{d}s - \int_{\Omega_k} \boldsymbol{F} \cdot \nabla \varphi_{l'}^{(k)} \mathrm{d}\boldsymbol{x} = 0 \qquad (1 \leqslant l' \leqslant N) \tag{12-179}$$

式中，$\partial\boldsymbol{\Omega}_k$ 为单元体 $\boldsymbol{\Omega}_k$ 的边界；$\boldsymbol{F}^{\mathrm{R}}$ 为 $\boldsymbol{F}$ 的某种近似。

因为在 DG 方法中，单元交界处允许间断的存在，因此在计算域内部单元交界处往往会存在两个近似解：一个是本单元的近似函数在边界处的值，这里用 U_{L} 表示；另一个是相邻单元上的近似函数在该边界处的值，用 U_{R} 表示。这样便构成了典型的 Riemann 问题。为了正确描述该边界处相邻两单元的数值行为，方程式（12-179）中的 $\boldsymbol{F}^{\mathrm{R}} \cdot \boldsymbol{n}$ 需要采用某种近似计算得到，这些近似方法可用式（12-180）概括：

$$\boldsymbol{F}^{\mathrm{R}} \cdot \boldsymbol{n} = H(U_{\mathrm{L}}, U_{\mathrm{R}}, \boldsymbol{n}) \tag{12-180}$$

式中，$\boldsymbol{n}$ 为本单元体边界的外法向单位矢量。

如果将式（12-175）代入式（12-179）并注意到展开系数 $C_k^{(l)}$ 与空间位置无关，因此可以移到积分号之外，得

$$\sum_{l=1}^{N} \left[\left(\frac{\partial C_k^{(l)}}{\partial t} \right) \int_{\Omega_k} \varphi_{l'}^{(k)} \varphi_l^{(k)} \mathrm{d}\boldsymbol{x} \right] + \oint_{\partial\Omega_k} \varphi_{l'}^{(k)} \boldsymbol{F}^{\mathrm{R}} \cdot \boldsymbol{n} \mathrm{d}s - \int_{\Omega_k} \boldsymbol{F} \cdot \nabla \varphi_{l'}^{(k)} \mathrm{d}\boldsymbol{x} = 0 \qquad (1 \leqslant l' \leqslant N) \tag{12-181}$$

引入质量矩阵 $\boldsymbol{M}_k$ 以及与展开系数相关的列阵 $\boldsymbol{C}_k$，其表达式为

$$\boldsymbol{M}_k \equiv \begin{pmatrix} m_{11} & m_{12} & \cdots & m_{1N} \\ m_{21} & m_{22} & \cdots & m_{2N} \\ \vdots & \vdots & & \vdots \\ m_{N1} & m_{N2} & \cdots & m_{NN} \end{pmatrix}, \boldsymbol{C}_k \equiv \begin{pmatrix} C_k^{(1)} \\ C_k^{(2)} \\ \vdots \\ C_k^{(N)} \end{pmatrix}, \boldsymbol{m}_{l'}^{(k)} \equiv \begin{pmatrix} m_{l'1}^{(k)} \\ m_{l'2}^{(k)} \\ \vdots \\ m_{l'N}^{(k)} \end{pmatrix}^{\mathrm{T}} \tag{12-182}$$

其中

$$m_{l'l}^{(k)} = \int_{\Omega_k} \varphi_{l'}^{(k)} \varphi_l^{(k)} \mathrm{d}\boldsymbol{x} \tag{12-183}$$

借助式（12-182）和式（12-183），则式（12-181）又可写为如下形式的半离散格式：

$$\boldsymbol{m}_{l'}^{(k)} \cdot \frac{\mathrm{d}\boldsymbol{C}_k}{\mathrm{d}t} + \oint_{\partial\Omega_k} \varphi_{l'}^{(k)} \boldsymbol{F}^{\mathrm{R}} \cdot \boldsymbol{n} \mathrm{d}s - \int_{\Omega_k} \boldsymbol{F} \cdot \nabla \varphi_{l'}^{(k)} \mathrm{d}\boldsymbol{x} = 0 \qquad (1 \leqslant l' \leqslant N) \tag{12-184}$$

显然一旦求出全场各单元体的 $C_k^{(l)}$，则由式（12-175）便可得到全场各单元的

U 值。

(2) 基函数的选取以及局部空间坐标系　基函数的选取与单元体的形状有一定的关系，例如，对四面体单元，其基函数可以由体积坐标来构造，因此也就不需要进行坐标系变换，即没有必要由（x，y，z）整体坐标系（又称全局坐标系）转变（ξ，η，ς）局部坐标系。对于三棱柱单元或者任意形状的六面体单元，则必须要进行由（x，y，z）转变为（ξ，η，ς）的变换，以便得到基函数序列。对于单元 $\boldsymbol{\Omega}_k$，引入局部坐标与全局坐标间的变换矩阵

$$\boldsymbol{J}_k \equiv \left(\frac{\partial(x,y,z)}{\partial(\xi,\eta,\varsigma)}\right), J_k = |\boldsymbol{J}_k| \tag{12-185}$$

于是式（12-179）可变为

$$J_k \int_{\Omega_k} \varphi_{l'}^{(k)} \frac{\partial U_{\mathrm{h}}^k}{\partial t} \mathrm{d}\boldsymbol{\xi} + \oint_{\partial\Omega_k} \varphi_{l'}^{(k)} H(U_{\mathrm{h}}^k, U_{\mathrm{h}}^{k'}, \boldsymbol{n}) \mathrm{d}s - J_k \int_{\Omega_k} \boldsymbol{F}^{\mathrm{T}} \cdot [\boldsymbol{J}_k^{-1} \cdot (\nabla_{\xi}\varphi_{l'}^{(k)})] \mathrm{d}\boldsymbol{\xi} = 0 \tag{12-186}$$

式中，

$$\mathrm{d}\boldsymbol{\xi} \equiv \mathrm{d}\xi \mathrm{d}\eta \mathrm{d}\varsigma,\ \mathrm{d}\boldsymbol{x} = \mathrm{d}x\mathrm{d}y\mathrm{d}z \tag{12-187}$$

$$\mathrm{d}x\mathrm{d}y\mathrm{d}z = \left|\frac{\partial(x,y,z)}{\partial(\xi,\eta,\varsigma)}\right| \mathrm{d}\xi\mathrm{d}\eta\mathrm{d}\varsigma \tag{12-188}$$

关于坐标变换后面元的相应表达式，这里不再给出，感兴趣者可以参阅华罗庚先生的著作[162]。在有限元方法中，通常选取离散单元上的局部坐标系（ξ，η，ς），并构造多项式序列作为基函数。多项式序列所包含的元素个数 N 与解的近似精度（$p+1$）以及所研究问题的空间维度 d 有关，即 $N=N(P,\ d)$。例如，对于三维问题，有

$$N = \frac{(p+1)(p+2)(p+3)}{3!} \tag{12-189}$$

式中，p 为多项式的精度，$p+1$ 为计算求解的精度；N 也为三维空间中 p 次多项式函数空间中的基函数个数。

DG 离散中常用的基函数形式有指数幂单项式（Monomial polynomials）、Lagrange 插值多项式、Legendre 正交多项式和 Chebychev 正交多项式等，具体基函数的表达形式因篇幅所限不再给出。

在式（12-186）中，第一项与第三项体积分的计算采用了 Gauss 积分，根据不同的精度，借助各类单元体相应的 Gauss 积分点位置与权函数去完成体积分的计算，有关计算细节可参阅华罗庚和王元先生的著作[291]或者其他专著[591]，这里不再赘述。

(3) 数值通量的近似计算　在方程式（12-180）中，$\boldsymbol{F}^{\mathrm{R}} \cdot \boldsymbol{n}$ 的计算非常重要。另外，在 DG 方法中，常使用的计算数值通量近似方法有很多，如 Roe 的近似 Riemann 数值通量、Godunov 数值通量近似、Harten – Lax – van Leer 的数值通量近

似（简称 HLL flux）、基于特征值的通量近似、Engquist - Osher 数值通量近似、保熵的 Roe 数值通量近似及 Lax - Friedrichs 数值通量近似等，这里仅讨论 Lax - Friedrichs 近似，它计算量较小、构造也最简单，但精度不是太高。为了便于叙述与简洁，考虑一维 Euler 方程

$$\frac{\partial \boldsymbol{U}}{\partial t}+\frac{\partial \boldsymbol{F}(\boldsymbol{U})}{\partial x}=0 \tag{12-190}$$

注意到

$$\boldsymbol{F}=\boldsymbol{A}(\boldsymbol{x})\cdot\boldsymbol{U},\ \boldsymbol{A}=\frac{\partial \boldsymbol{F}}{\partial \boldsymbol{U}} \tag{12-191}$$

$$\boldsymbol{F}^{\mathrm{R}}=\boldsymbol{A}_{\mathrm{L}}\cdot\boldsymbol{U}_{\mathrm{L}}+\boldsymbol{A}_{\mathrm{R}}\cdot\boldsymbol{U}_{\mathrm{R}} \tag{12-192}$$

基于特征值的数值通量近似为

$$\boldsymbol{A}_{\mathrm{L}}=\frac{\boldsymbol{A}+\theta|\boldsymbol{A}|}{2},\ \boldsymbol{A}_{\mathrm{R}}=\frac{\boldsymbol{A}-\theta|\boldsymbol{A}|}{2} \tag{12-193}$$

而 $|\boldsymbol{A}|$ 可通过下列关系确定

$$|\boldsymbol{A}|=\boldsymbol{R}_{\mathrm{A}}\cdot|\boldsymbol{\Lambda}_{\mathbf{A}}|\cdot\boldsymbol{R}_{\mathrm{A}}^{-1} \tag{12-194}$$

式中，$|\boldsymbol{\Lambda}|$ 为

$$|\boldsymbol{\Lambda}|=\begin{pmatrix}|\lambda_1| & 0 & 0\\ 0 & |\lambda_2| & 0\\ 0 & 0 & |\lambda_3|\end{pmatrix} \tag{12-195}$$

如果取

$$\boldsymbol{\Lambda}^{+}=\mathrm{diag}(\lambda_i^{+}),\ \lambda_i^{+}=\frac{1}{2}(\lambda_i+\theta|\lambda_i|) \tag{12-196}$$

$$\boldsymbol{\Lambda}^{-}=\mathrm{diag}(\lambda_i^{-}),\ \lambda_i^{-}=\frac{1}{2}(\lambda_i-\theta|\lambda_i|) \tag{12-197}$$

这里 θ 为迎风参数；Lax - Friedrichs 数值通量近似为

$$\boldsymbol{A}_{\mathrm{L}}=\frac{\boldsymbol{A}+\theta\lambda_{\max}\boldsymbol{I}}{2},\ \boldsymbol{A}_{\mathrm{R}}=\frac{\boldsymbol{A}-\theta\lambda_{\max}\boldsymbol{I}}{2} \tag{12-198}$$

式中，$\boldsymbol{I}$ 为单位矩阵，λ_i 为 $\boldsymbol{A}$ 的特征值，$\lambda_{\max}$ 为 $\boldsymbol{A}$ 的特征值中绝对值最大的。

（4）间断探测器与限制器　DG 方法通过提高单元体内的插值精度，很容易实现高阶精度的数值格式，而且不需要扩展节点模板，但在间断附近会产生非物理的虚假振荡，导致数值解的不稳定（尤其是采用高阶精度时），因此采用限制器抑制振荡是非常必要的。然而，目前很多方法采用限制器后就要降低求解精度，这就失去了采用高阶格式的意义，如何构建一个高效的、高精度的限制器仍是一项有待解决的课题。目前，常使用的限制器有许多种，如 min mod 斜率限制器、van Leer 限制器、superbee 限制器、van Albada 限制器、Barth - Jesperson 限制器、Moment 限制器以及 Hermite WENO 限制器等。采用 Hermite 插值代替 Lagrange 插值，这就使得每个重构多项式所需要的单元个数大大减少，而且这种插值是基于单元的平均值和

单元的导数值。在我们课题组的 DG 方法计算中，多采用 Barth – Jesperson 限制器与 Hermite WENO 限制器。

如何构建间断探测器，是完成程序编制和实现高精度计算的关键环节之一，大量的数值实践表明[592]：基于小波奇异分析的探测技术是非常有效的，参考文献［48］中提出的 Hölder 指数 α 深刻的度量了奇异点区的特征，这里因篇幅所限相关内容不再展开讨论。

（5）Runge – Kutta 时间积分问题　方程式（12-184）给出了单元体为 Ω_k、指标为 l'、关于展开系数为 $\boldsymbol{C}_k$ 时的半离散方程，对于这个半离散方程，其求解有两类方法：一类是仅在单元体 Ω_k 中对式（12-184）进行时间积分，另一类是汇集所有单元体（即 $\bigcup\limits_{k=1}^{\mathrm{Ne}}\Omega_k=\Omega$）对方程式（12-199）进行时间积分，这里仅讨论第二类方法。集合所有的单元体，便可构成一个关于时间微分的常微分方程组，它可概括地写为如下形式

$$\boldsymbol{M}\cdot\frac{\mathrm{d}}{\mathrm{d}t}\begin{pmatrix}\boldsymbol{C}_1\\ \boldsymbol{C}_2\\ \vdots\\ \boldsymbol{C}_{\mathrm{Ne}}\end{pmatrix}=\boldsymbol{R}^*(\boldsymbol{U})=\widetilde{\boldsymbol{R}}(\boldsymbol{C}) \tag{12-199}$$

或

$$\frac{\mathrm{d}\boldsymbol{C}}{\mathrm{d}t}=\boldsymbol{G}(\boldsymbol{C}) \tag{12-200}$$

式（12-199）和式（12-200）中，$\boldsymbol{M}$ 为计算域所有单元体所组成的质量矩阵；$\boldsymbol{C}$ 为列矢量，它的元素由 $\boldsymbol{C}_k$ 组成，这里 $k=1\sim Ne$；符号 Ne 为计算域单元体的总数；$\widetilde{\boldsymbol{R}}(\boldsymbol{C})$ 为右端项，而 $\boldsymbol{G}(\boldsymbol{C})$ 的表达式为

$$\boldsymbol{G}(\boldsymbol{C})\equiv\boldsymbol{M}^{-1}\cdot\widetilde{\boldsymbol{R}}(\boldsymbol{C}) \tag{12-201}$$

对于方程式（12-200）而言，显式 p 阶 Runge – Kutta 时间积分格式可表示为

$$\begin{cases}\widetilde{\boldsymbol{G}}_1=\boldsymbol{G}[\boldsymbol{C}^{(n)}]\\ \widetilde{\boldsymbol{G}}_2=\boldsymbol{G}[\boldsymbol{C}^{(n)}+(\Delta t)a_{21}\widetilde{\boldsymbol{G}}_1]\\ \cdots\\ \widetilde{\boldsymbol{G}}_p=\boldsymbol{G}[\boldsymbol{C}^{(n)}+(\Delta t)(a_{p1}\widetilde{\boldsymbol{G}}_1+a_{p2}\widetilde{\boldsymbol{G}}_2+\cdots+a_{pp-1}\widetilde{\boldsymbol{G}}_{p-1})]\\ \boldsymbol{C}^{(n+1)}=\boldsymbol{C}^{(n)}+(\Delta t)\sum\limits_{i=1}^{p}(b_i\widetilde{\boldsymbol{G}}_i)\end{cases} \tag{12-202}$$

式中，$\boldsymbol{C}^{(n)}$ 与 $\boldsymbol{C}^{(n+1)}$ 分别为时间层 $t_n=n\Delta t$ 与 $t_{n+1}=(n+1)\Delta t$ 上的 $\boldsymbol{C}$ 值；$\widetilde{\boldsymbol{G}}_i$ 为第 i 阶 Runge – Kutta 格式计算所需要的中间变量；Δt 为时间步长。

参考文献［48］分别给了 3 阶与 4 阶时间精度下 Runge – Kutta 格式的具体表达式。显然，为了保证显式积分的稳定性，Δt 必须满足相应积分格式的 CFL 条件。

通常，为了保证整流场的时间同步性，整场网格的各步积分经常是采用一致的时间步长，因此按稳定性条件，则时间步长必须由整场的最小网格尺寸决定。如果时间步长这样选取的话，有时还可能会导致计算时间过长的现象，如何进一步提高显式 Runge - Kutta 方法中时间积分的计算效率，这是一个有待进一步深入研究的课题。

4. 非结构网格下有限体积法的双时间步长迭代格式

对于非定常流动问题，常采用 A. Jameson 提出的双时间步（dual - time - step）的求解方法，当时 Jameson 是用于结构网格的流体力学问题，这里将它用到非结构网格下并且采用有限体积法求解流场。首先考虑非结构网格下半离散形式的 N - S 方程：

$$\frac{\partial \boldsymbol{U}_i}{\partial t}+\frac{\boldsymbol{R}_i}{\Omega_i}=0 \tag{12-203}$$

引入伪时间项，则式（12-203）变为

$$\frac{\partial \boldsymbol{U}_i}{\partial \tau}+\frac{\partial \boldsymbol{U}_i}{\partial t}+\frac{\boldsymbol{R}_i}{\Omega_i}=0 \tag{12-204}$$

式中，τ 为伪时间；t 为物理时间。

对物理时间项采用二阶逼近，而伪时间项用一阶逼近时，则式（12-204）变为

$$\begin{aligned}\frac{\boldsymbol{U}_i^{(n),(k+1)}-\boldsymbol{U}_i^{(n),(k)}}{\Delta\tau}&+\left\{\frac{3\boldsymbol{U}_i^{(n),(k+1)}-4\boldsymbol{U}_i^{(n)}+\boldsymbol{U}_i^{(n-1)}}{2\Delta t}+\frac{\boldsymbol{R}_i^{(n),(k)}}{\Omega_i}\right.\\&+\frac{1}{\Omega_i}\sum_{j=nb(i)}\left[(\boldsymbol{A}_{i,ij}^{\mathrm{I}}+\boldsymbol{A}_{i,ij}^{\mathrm{V}})^{(n),(k)}\cdot S_{ij}\delta\boldsymbol{U}_i^{(n),(k)}\right]\\&\left.+\frac{1}{\Omega_i}\sum_{j=nb(i)}\left[(\boldsymbol{A}_{j,ij}^{\mathrm{I}}+\boldsymbol{A}_{j,ij}^{\mathrm{V}})^{(n),(k)}\cdot S_{ij}\delta\boldsymbol{U}_j^{(n),(k)}\right]\right\}=0\end{aligned} \tag{12-205}$$

式中，S_{ij}为单元体 i 与单元体 j 的交界面的面积；上角标（n）为物理时间层，它还表示外迭代；上角标（k）为伪时间层，它还表示内迭代；符号 $\delta\boldsymbol{U}_i^{(n),(k)}$ 的定义为

$$\delta\boldsymbol{U}_i^{(n),(k)}\equiv\boldsymbol{U}_i^{(n),(k+1)}-\boldsymbol{U}_i^{(n),(k)} \tag{12-206}$$

对上角标（k）进行内迭代，当迭代收敛时，$\boldsymbol{U}^{(n),(k)}\rightarrow\boldsymbol{U}^{(n),(k+1)}$，于是有

$$\boldsymbol{U}^{(n+1)}:=\boldsymbol{U}^{(n),(k+1)} \tag{12-207}$$

这就是说，通过内迭代获得了（$n+1$）物理时间层上的 $\boldsymbol{U}$ 值。这里内迭代的收敛标准可取为

$$\frac{\|\boldsymbol{U}^{(n),(k+1)}-\boldsymbol{U}^{(n),(k)}\|_2}{\|\boldsymbol{U}^{(n),(k+1)}-\boldsymbol{U}^{(n)}\|_2}\leqslant\varepsilon_1 \tag{12-208}$$

ε_1 可在 $10^{-3}\sim10^{-2}$的范围内取值。将式（12-205）整理后，又可得

$$\begin{aligned}&\left\{\Omega_i\left(\frac{1}{\Delta\tau}+\frac{3}{2\Delta t}\right)\boldsymbol{I}+\sum_{j=nb(i)}\left[(\boldsymbol{A}_{i,ij}^{\mathrm{I}}+\boldsymbol{A}_{i,ij}^{\mathrm{V}})^{(n),(k)}S_{ij}\right]\right\}\cdot\delta\boldsymbol{U}_i^{(n),(k)}\\&=-\boldsymbol{R}_i^{(n),(k)}+\frac{\boldsymbol{U}_i^{(n)}-\boldsymbol{U}_i^{(n-1)}}{2\Delta t}\Omega_i-\sum_{j=nb(i)}\left[(\boldsymbol{A}_{j,ij}^{\mathrm{I}}+\boldsymbol{A}_{j,ij}^{\mathrm{V}})^{(n),(k)}S_{ij}\cdot\delta\boldsymbol{U}_j^{(n),(k)}\right]\end{aligned} \tag{12-209}$$

由式（12-209），借助 Gauss – Seidel 点迭代便可解出 $\delta \boldsymbol{U}_i^{(n),(k)}$ 值。

5. 浸入边界法及自适应 Descartes 网格生成技术

浸入边界法又称 IB（immersed boundary）方法，是 20 世纪 70 年代间才提出的在正交矩形网格上求解运动边界问题的一种新型数值模拟方法。与通常计算流体力学书籍中给出的方法的最大不同处在于，IB 方法不需要依据物体表面去构建贴体曲线坐标系，无论固体形状多么复杂，它总是在简单的长方体网格上进行求解，即使物体在计算域中不断的运动，网格也不需要做任何相应的改变。事实上，在高超声速飞行器的热防护问题（尤其是表面烧蚀问题）、强爆炸问题、燃烧问题、叶片气动弹性问题、转子/静子干涉问题、凝固和融化问题，以及仿生微型飞行器的扑翼等问题中存在着大量的运动边界问题，它们都属于非定常气体动力学的研究范畴。运动界面的追踪问题一直为人们所关注。例如：融冰问题（这是典型的单相 Stefan 问题）；描述溃坝和涌浪自由面发展过程的 VOF（volume of fluids）方法[572]；激波通过气泡问题[593]的 Level Set 方法[594,595]等。其中，VOF 方法和 Level Set 方法是数值求解运动边界、进行界面捕捉的有效方法。浸入边界最早是由 C. S. Peskin 在 1972 年提出的[596,597]，该方法的基本思想是用长方体描述计算域，计算域内部的固体边界条件通过引入力源项来满足。这些源项反映了流动边界与流体的相互作用，也反映了运动边界的性质，它由 Level Set 函数来描述，通过求解带源项的流动方程组和 Level Set 函数使流动满足运动边界条件。因此，IB 方法中最核心的两个步骤是如何获得准确的力源和如何将力源作用于流场。通常，在流动方程中添加源项有两种方式：一种只是在动量方程中加入力源项，另一种是在连续方程中加入质量源项。因此，按照源项处理方法的不同便产生了两大类算法：一类为连续力算法，多应用于生物流和多相流问题，在那里假定源项在离散前就有了解析表达式；另一类为离散力算法，通常在离散前无法得到解析表达式，必须要通过求解离散方程才可以获得源项，这类方法更适用于处理刚性壁面问题。也可以将上述两种源项的处理办法结合起来计算，便产生了众多研究者的不同特色。作为例子，这里给出将两种源项结合的一种具体做法：在动量方程中添加体积力，同时在连续方程中添加质量源（汇），这时流动方程组为

$$\frac{\partial u}{\partial x}+\frac{\partial v}{\partial y}-\tilde{q}=0 \tag{12-210}$$

$$\frac{\partial u}{\partial t}+\frac{\partial}{\partial x}u^2+\frac{\partial}{\partial y}(uv)=\frac{1}{Re}\left(\frac{\partial^2 u}{\partial x^2}+\frac{\partial^2 u}{\partial y^2}\right)-\frac{\partial p}{\partial x}+\tilde{f}_x \tag{12-211}$$

$$\frac{\partial v}{\partial t}+\frac{\partial}{\partial x}(uv)+\frac{\partial}{\partial y}v^2+\frac{1}{Re}\left(\frac{\partial^2 v}{\partial x^2}+\frac{\partial^2 v}{\partial y^2}\right)-\frac{\partial p}{\partial y}+\tilde{f}_y \tag{12-212}$$

式（12-210）~式（12-212）中，$\tilde{q}$ 和 $\tilde{f}_x$、$\tilde{f}_y$ 分别为质量源项和体积力源项。

浸入边界由 Level Set 函数来描述，它的距离函数为

$$\varphi(x,y)=\begin{cases} d & (\text{流体}) \\ 0 & (\text{边界}) \\ -d & (\text{固体}) \end{cases} \tag{12-213}$$

d 为点（x，y）到边界的距离。加入到动量方程中的质量源$\widetilde{f}_x$ 和体积力$\widetilde{f}_y$ 可通过虚拟网格法（ghost cell method）求解（见图 12-9 和图 12-10）。利用无滑移边界条件，由一阶差分得

$$\widetilde{f}_x=\frac{u_g-u}{\Delta t},\ \widetilde{f}_y=\frac{v_g-v}{\Delta t} \tag{12-214}$$

图 12-9 中控制体 $V_{i,j}$ 称为虚拟网格，该网格的中心点 $P_{i,j}$ 在浸入边界内部（见图 12-9），点 P_f 在浸入边界外部。另外，u_g 与 v_g 分别为点 $P_{i,j}$ 的速度，u_f 与 v_f 分别为点 P_f 的速度。对图 12-10 所示的控制体，写出质量守恒方程后便可以得到有关$\widetilde{q}$的表达式。详细的计算过程因篇幅所限，不再赘述。为便于读者了解 IB 方法的处理细节，这里给出相关的代表性文章，如参考文献［598－608］。其中参考文献［605］反映了孙晓峰教授所率领的研究团队在使用 IB 方法进行叶轮机械叶栅流场计算方面所做的工作。

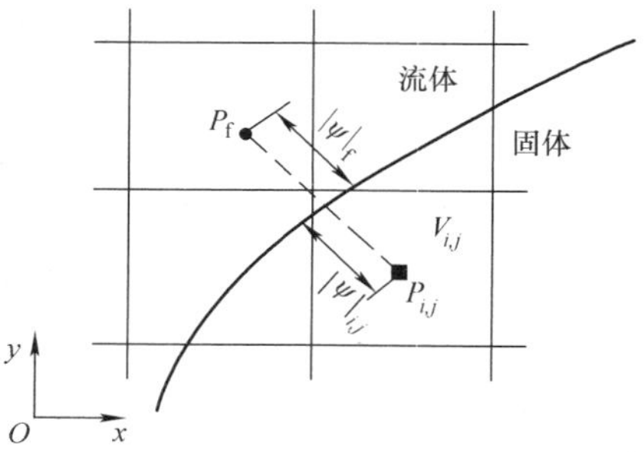

图 12-9　关于体积力的求解

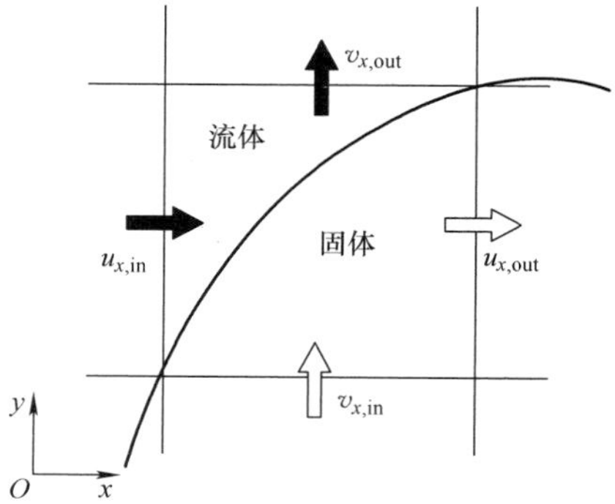

图 12-10　关于质量源的求解

自适应 Descartes 直角结构网格生成技术是 20 世纪 90 年代初才出现的一类新方法，这类方法的核心思想是在均匀分布的 Descartes 直角结构网格上进行有选择的精细调整、加密细化。参考文献［609］给出一种能够高效率地定位激波和剪切层流动特征的自适应细化加密的一个准则：如果满足 $\tau_{ci}^*>\sigma_c^*$ 或者 $\tau_{di}^*>\sigma_d^*$，则该网格单元加密；如果满足 $\tau_{ci}^*<\frac{1}{10}\sigma_c^*$ 并且 $\tau_{di}^*<\frac{1}{10}\sigma_d^*$，则该网格单元粗化。这里 τ_{ci}^* 与 τ_{di}^* 分别定义为

$$\tau_{ci}^*=|\nabla\times\boldsymbol{v}|(l_i)^{\frac{r+1}{r}} \tag{12-215}$$

$$\tau_{di}^*=|\nabla\cdot\boldsymbol{v}|(l_i)^{\frac{r+1}{r}} \tag{12-216}$$

式（12-215）和式（12-216）中，r 为经验参数（通常取为 2.0），l_i 为网格单元 i 的几何尺寸，$\boldsymbol{v}$为网格单元 i 在单元体心处的速度。

σ_c^* 与 σ_d^* 分别定义为

$$\sigma_c^* \equiv \sqrt{\frac{\sum_{i=1}^{n}(\tau_{ci}^*)^2}{n}} \tag{12-217}$$

$$\sigma_d^* \equiv \sqrt{\frac{\sum_{i=1}^{n}(\tau_{di}^*)^2}{n}} \tag{12-218}$$

式中，n 为网格数。

如何将自适应 Descartes 直角网格生成方法与流场的计算求解相耦合一直是许多研究人员从事的课题，这里限于篇幅不再展开讨论。为了使读者了解这一过程的总体发展概况与相关的技术细节，这里给出不同发展时期里代表性的文章，如参考文献［610－618］。其中，参考文献［616－618］反映了高歌教授所率领的研究团队在自适应 Descartes 直角网格生成，以及在这套网格下完成 Euler 方程，或者 N－S 方程数值求解方面所做的工作。这里给出几张由自适应 Descartes 直角网格技术所生成的图（见图 12-11～图 12-13）。

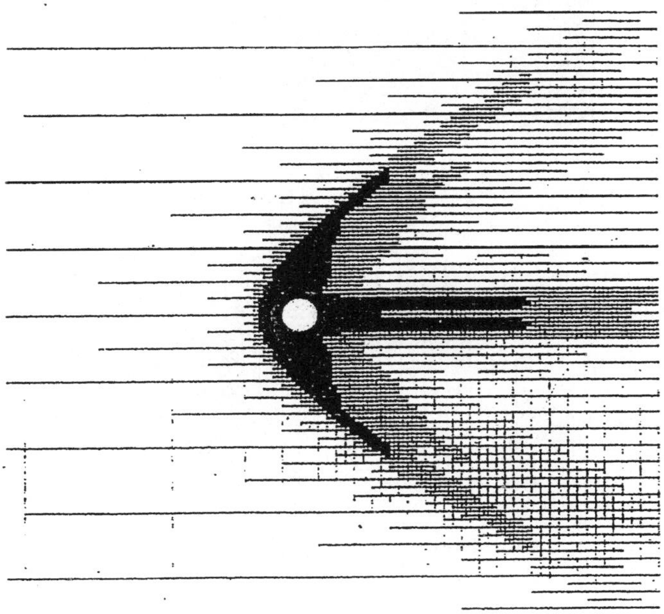

图 12-11　用于超声速圆柱绕流的自适应 Descartes 网格

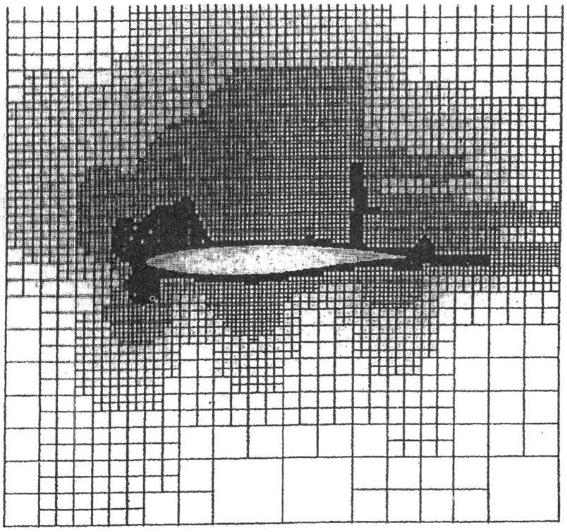

图 12-12　用于含激波跨声速绕流计算的自适应 Descartes 网格

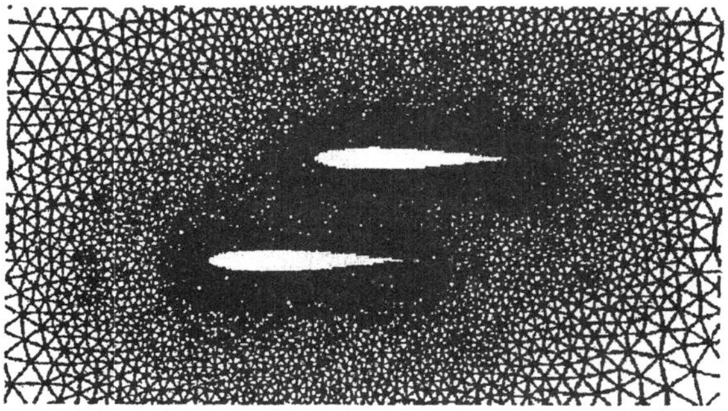

a)

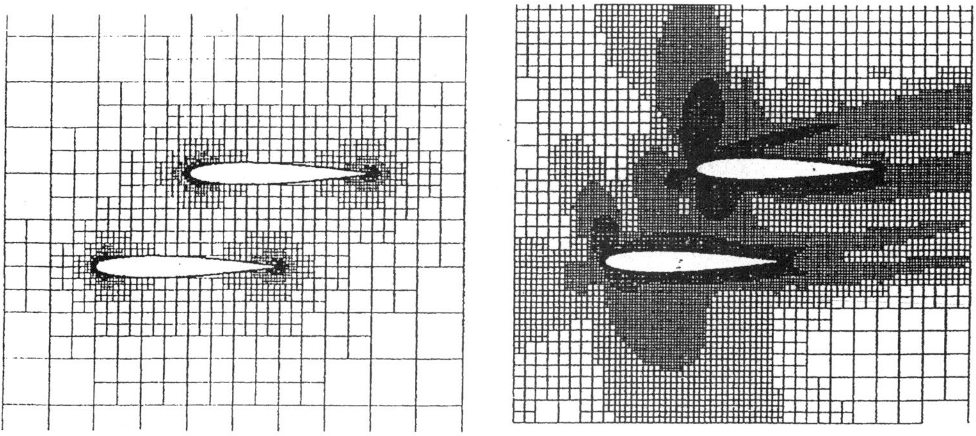

b)

图 12-13　用于双 NACA0012 翼型黏性绕流计算的自适应 Descartes 网格
a）非结构网格　b）结构网格

图 12-11 所示为用于超声速圆柱绕流的自适应 Descartes 网格，网格图已很清楚地表示出圆柱前脱体激波的形状。图 12-12 所示为 RAE2822 翼型在来流马赫数为 0.75、攻角为 3°的工况下计算的自适应 Descartes 网格图，这属于跨声速流动，从图 12-12 中也可以看到翼型上表面靠近尾部型面的激波。以上这两张图是用于 Euler 流计算的，数值计算已经表明，自适应 Descartes 网格方法可以能够有效地识别流场中的稀疏膨胀波和激波的流动特性，并在需要加密的激波区域对网格进行了加密。图 12-13 所示为双 NACA0012 翼型在来流雷诺数 $Re_\infty=500$、来流马赫数 $Ma_\infty=0.8$、攻角为 10°的工况下的自适应 Descartes 网格，由于流场求解的是 N－S 方程，因此由自适应 Descartes 网格技术所生成的壁面网格也非常密集，它是经过 4 次自适应之后生成的网格图。与黏性流场数值计算相耦合的实践表明，自适应加密技术能够准确地捕捉到流场的黏性特征，并在需要细化的地方进行了网格加密，所得到流场的计算结果与参考文献［619］采用非结构网格时所得流场的结果符合良好。最后必须要说明的是，这里自适应 Descartes 网格生成方法是与流场的 Euler 方程组或者 N－S 方程组的求解过程相耦合的，这也是所有自适应网格方法都应该具备的特征，也正是由于两者间的密切耦合才使得生成的网格能够捕捉到流场的许多重要特征，使得需要细化的位置进行了合理的网格加密，使网格的布局简单、合理。

12.5　燃烧室气动设计的几个基础问题

针对航空燃烧室气动设计、性能计算和燃烧室质量评价等方面的问题，本节从理论基础的侧面总结出 13 个方面的内容，供读者参考。这些理论基础上的内容，对深刻认识燃烧室的设计理念、指导发动机燃烧室的气动设计十分有益。同时，也为燃烧室的优化问题奠定必要的基础。

12.5.1　混合气热力学参数的计算

令 e_m、h_m 和 s_m 分别为混合气的比内能、比焓和比熵，其定义式分别为

$$e_m=\frac{\sum_{i=1}^{k}m_ie_i}{\sum_{i=1}^{k}m_i} \tag{12-219}$$

$$h_m=\frac{\sum_{i=1}^{k}m_ih_i}{\sum_{i=1}^{k}m_i} \tag{12-220}$$

$$s_{\mathrm{m}} = \frac{\sum_{i=1}^{k} m_i s_i}{\sum_{i=1}^{k} m_i} \tag{12-221}$$

式中，m_i 为 i 组元的质量，设 m_{m} 为混合物总质量，并且有

$$m_{\mathrm{m}} = \sum_{i=1}^{k} m_i \tag{12-222}$$

令 χ 为摩尔相对浓度，即

$$\chi_i = \frac{n_i}{\sum n_i} = \frac{n_i}{n_{\mathrm{m}}} \tag{12-223}$$

在压强 p_{m} 和温度 T_{m} 下，可以定义第 i 种组分的分容积 V_i，即

$$p_{\mathrm{m}} V_i = n_i \overline{R} T_{\mathrm{m}} \tag{12-224}$$

式中，通用气体常数 $\overline{R} = 8.3146\mathrm{kJ/(kmol \cdot K)}$。 (12-225)

令 p_i 为组元 i 的分压，并注意到

$$\sum p_i V_{\mathrm{m}} = p_{\mathrm{m}} V_{\mathrm{m}} = n_{\mathrm{m}} \overline{R} T_{\mathrm{m}} = \sum n_i R T_{\mathrm{m}} \tag{12-226}$$

由式（12-224）和式（12-226），得

$$\frac{V_i}{V_{\mathrm{m}}} = \frac{n_i}{n_{\mathrm{m}}} \equiv \chi_i \tag{12-227}$$

并且还有

$$\frac{p_i}{p_{\mathrm{m}}} = \frac{V_i}{V_{\mathrm{m}}} = \frac{n_i}{n_{\mathrm{m}}} \tag{12-228}$$

令 $c_{V\mathrm{m}}$、$c_{p\mathrm{m}}$ 和 γ_{m} 分别为混合气体的比定容热容、比定压热容和比热容比，并且分别有

$$c_{V\mathrm{m}} = \frac{\sum m_i c_{V\mathrm{i}}}{m_{\mathrm{m}}} \tag{12-229}$$

$$c_{p\mathrm{m}} = \frac{\sum m_i c_{p\mathrm{i}}}{m_{\mathrm{m}}} \tag{12-230}$$

$$\gamma_{\mathrm{m}} = \frac{c_{p\mathrm{m}}}{c_{V\mathrm{m}}} = \frac{\sum m_i c_{p\mathrm{i}}}{\sum m_i c_{V\mathrm{i}}} \tag{12-231}$$

12.5.2 质量生成率 $\dot{\omega}_i$ 的计算

对于一个由 k 个组元并有 r 个基元反应组成的系统，其反应式一般为

$$\sum_{i=1}^{k}\nu_i^{\prime(s)}Z_i\underset{b}{\overset{f}{\rightleftharpoons}}\sum_{i=1}^{k}\nu_i^{\prime\prime(s)}Z_i,\quad s=1,2,\cdots,r \tag{12-232}$$

式中，Z_i 为任一组元；$\nu_i^{\prime(s)}$ 和 $\nu_i^{\prime\prime(s)}$ 分别为对于 i 组元第 s 个反应式中反应物（反应式左边）和生成物（反应式右边）的计量系数。

组元 Z_i 的净生成率为它在每一个基元反应中的净生成率之和，即

$$\frac{\mathrm{d}[Z_i]}{\mathrm{d}t}=\sum_{s=1}^{r}\frac{\mathrm{d}[Z_i]_s}{\mathrm{d}t}=\sum_{s=1}^{r}[\nu_i^{\prime\prime(s)}-\nu_i^{\prime(s)}]\left\{K_{\mathrm{f}}^{(s)}\prod_j[Z_i]_s^{\nu_j^{\prime(s)}}-K_{\mathrm{b}}^{(s)}\prod_j[Z_i]_s^{\nu_j^{\prime\prime(s)}}\right\} \tag{12-233}$$

在气动热力学中，组元成分一般不用摩尔密度而用组元的质量密度 ρ_i 或者质量比数 Y_i 来描述，并且有

$$\rho_i=\rho Y_i \tag{12-234}$$

因此组元 Z_i 的质量生成率 $\dot{\omega}_i(\mathrm{d}\rho_i/\mathrm{d}t)$ 和质量比数生成率的表达式为

$$\dot{\omega}_i=\frac{\mathrm{d}\rho_i}{\mathrm{d}t}=\rho\frac{\mathrm{d}Y_i}{\mathrm{d}t}=M_i\frac{\mathrm{d}[Z_i]}{\mathrm{d}t} \tag{12-235}$$

式中，$\dot{\omega}_i$ 就是由化学反应所引起的 i 组元的质量生成率；M_i 为组元 i 的分子量；$\mathrm{d}[Z_i]/\mathrm{d}t$ 由式（12-233）决定。

12.5.3　Damköhler 数的计算

Damköhler 数是流动时间 τ_{d} 与反应时间 τ_{c} 之比，即

$$Da=\frac{\tau_{\mathrm{d}}}{\tau_{\mathrm{c}}} \tag{12-236}$$

式中，τ_{d} 和 τ_{c} 分别为

$$\tau_{\mathrm{d}}\approx\frac{L}{v_\infty} \tag{12-237}$$

$$\tau_{\mathrm{c}}^{-1}=2k_{\mathrm{b}}\left(\frac{p}{RT}\right)^2 \tag{12-238}$$

式（12-237）和式（12-238）中，L 为流场的特征长度，v_∞ 为流速，τ_{d} 近似为流体微元在流场中的滞留时间，因此 τ_{d} 也称为流体动力学时间；k_{b} 为复合速率常数；τ_{c} 为化学反应达到平衡所需的时间，它由化学动力学数据确定。

12.5.4　平衡常数 K_{p} 和 K_{n} 的计算

在平衡反应中，正向和逆向反应速率常数的比值称为平衡常数，并用大写字母 K 表示，即

$$K\equiv\frac{k_{\mathrm{f}}}{k_{\mathrm{b}}} \tag{12-239}$$

在达到化学平衡的混合物中，习惯用分压去表达各组分的浓度，并且由于平衡常数是基于分压表达的，因此称为 K_p。表 12-1 给出了常用子反应的平衡常数 K_p。

表 12-1　常用子反应的平衡常数 K_p

序号	反　应	平衡常数
1	$CO_2 + H_2 \longleftrightarrow CO + H_2O$	$K_p = \frac{p_{CO} \cdot p_{H_2O}}{p_{CO_2} \cdot p_{H_2}} = \frac{\chi_{CO} \cdot \chi_{H_2O}}{\chi_{CO_2} \cdot \chi_{H_2}}$
2	$H_2O + \frac{1}{2}N \longleftrightarrow H_2 + NO$	$K_p = \frac{p_{H_2} \cdot p_{NO}}{p_{H_2O} \cdot p_N^{1/2}} = \frac{\chi_{H_2} \cdot \chi_{NO}}{\chi_{H_2O} \cdot \chi_N^{1/2}} \cdot p_m^{1/2}$
3	$2H_2O \longleftrightarrow 2H_2 + O_2$	$K_p = \frac{p_{H_2}^2 \cdot p_{O_2}}{p_{H_2O}^2} = \frac{\chi_{H_2}^2 \cdot \chi_{O_2}}{\chi_{H_2O}^2} \cdot p_m$
4	$H_2O \longleftrightarrow H_2 + O$	$K_p = \frac{p_{H_2} \cdot p_O}{p_{H_2O}} = \frac{\chi_{H_2} \cdot \chi_O}{\chi_{H_2O}} \cdot p_m$
5	$\frac{1}{2}H_2 \longleftrightarrow H$	$K_p = \frac{p_H}{p_{H_2}^{1/2}} = \frac{\chi_H}{\chi_{H_2}^{1/2}} \cdot p_m^{1/2}$
6	$H_2O \longleftrightarrow \frac{1}{2}H_2 + OH$	$K_p = \frac{p_{H_2}^{1/2} \cdot p_{OH}}{p_{H_2O}} = \frac{\chi_{H_2}^{1/2} \cdot \chi_{OH}}{\chi_{H_2O}} \cdot p_m^{1/2}$
7	$N_2 \longleftrightarrow 2N$	$K_p = \frac{p_N^2}{p_{N_2}} = \frac{\chi_N^2}{\chi_{N_2}} \cdot p_m$
8	$C + \frac{1}{2}O_2 \longleftrightarrow CO$	$K_p = \frac{p_{CO}}{p_C \cdot p_{O_2}^{1/2}} \cdot \frac{\chi_{CO}}{\chi_C \cdot \chi_{O_2}^{1/2}} \cdot p_m^{-1/2}$
9	$CO + \frac{1}{2}O_2 \longleftrightarrow CO_2$	$K_p = \frac{p_{CO_2}}{p_{CO} \cdot p_{O_2}^{1/2}} = \frac{\chi_{CO_2}}{\chi_{CO} \cdot \chi_{O_2}^{1/2}} \cdot p_m^{-1/2}$
10	$\frac{1}{2}N_2 + \frac{1}{2}O_2 \longleftrightarrow NO$	$K_p = \frac{p_{NO}}{p_{N_2}^{1/2} \cdot p_{O_2}^{1/2}} = \frac{\chi_{NO}}{\chi_{N_2}^{1/2} \cdot \chi_{O_2}^{1/2}}$
11	$O_2 \longleftrightarrow 2O$	$K_p = \frac{p_O^2}{p_{O_2}} = \frac{\chi_O^2}{\chi_{O_2}} \cdot p_m$
12	$CO_2 \longleftrightarrow CO + \frac{1}{2}O_2$	$K_p = \frac{p_{CO} \cdot p_{O_2}^{1/2}}{p_{CO_2}} = \frac{\chi_{CO} \cdot \chi_{O_2}^{1/2}}{\chi_{CO_2}} \cdot p_m^{1/2}$

K_p仅受温度的影响。另外，如果用质量作用定律中的摩尔浓度表达平衡常数 K，则这时记作 K_n，K_n 为温度和压强两者的函数。综上所述，K_p与 K_n为

$$K_p = K_p(T_m) \tag{12-240}$$

$$K_n = K_n(T_m, p_m) \tag{12-241}$$

12.5.5　Arrhenium 定律

令 E_a 为活化能，$\bar{R}$为通用气体常数，T 为反应物的热力学温度，于是 Arrhenium 定律可表为

$$k_f = p^n f(T)\exp[-E_a/(\overline{R}T)] \tag{12-242}$$

式中，压强 p 的指数 n 取决于参与化学反应碰撞的分子数。例如，碳氢燃料在空气中燃烧涉及两种分子的碰撞，即氢和燃料，这时 $n\approx 2$；如果在化学反应中涉及两种以上分子碰撞的复杂反应，n 可取为 3 或 4。

另外，借助式（12-242），则反应时间 τ_c 又可近似为

$$\tau_c \approx k_f^{-1} = p^{-n}T^{-m}\exp[E_a/(\overline{R}T)] \tag{12-243}$$

式中，n 为 1 ~2，m 为 1.5 ~2.5。

12.5.6　点火和再点火的飞行包线

由于压强对反应速度常数的作用，因此可能引起高海拔位置时的再点火问题。再点火区域如图 12-14 所示，它是针对一个典型碳氢燃料在空气中燃烧的飞行包线。由图 12-14 可以看到，当压强小于 0.2atm 时，由于反应速率太低，在标准温度下燃烧室点火是不大可能的。

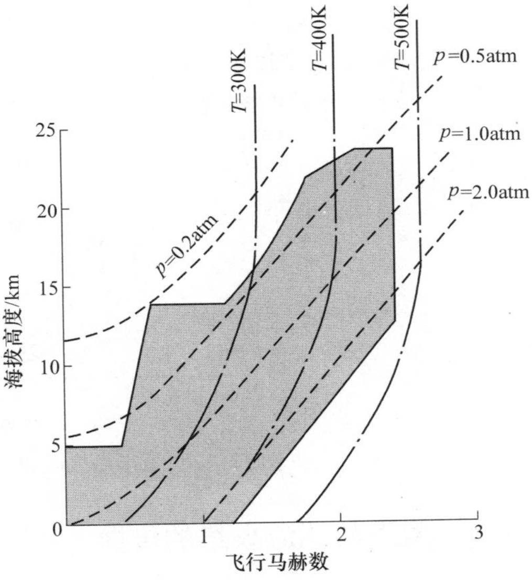

图 12-14　典型碳氢燃料在空气中燃烧的高度 - 马赫数线

注：1atm = 0.1MPa。

12.5.7　可燃极限

令 ϕ 为当量比，它是实际油气比 f 与化学恰当油气比 f_s 之比，即

$$\phi = \frac{f}{f_s} \tag{12-244}$$

对于航空煤油来讲，$f_s = 0.068$，航空煤油的理论空气质量为 14.78kg/kg。另外，令 α 为余气系数，它与 ϕ 的关系为

$$\alpha = \frac{1}{\phi} \tag{12-245}$$

图 12-15 所示为常压下煤油类型燃料在空气中的可燃极限。由图 12-15 可知，在室温常压下，当当量比低于 0.6 或高于 3.0 时，将不可能发生化学反应。图 12-16 所示为油气比与燃烧压强的关系曲线，图 12-17 所示为各种燃料与空气的混合气所需的最小点火能量随当量比的变化曲线。由图 12-17 可以看到，随着燃料相对分子质量的增加，最小点火能量的曲线逐渐向右移动，即向更高当量比的方向移动。

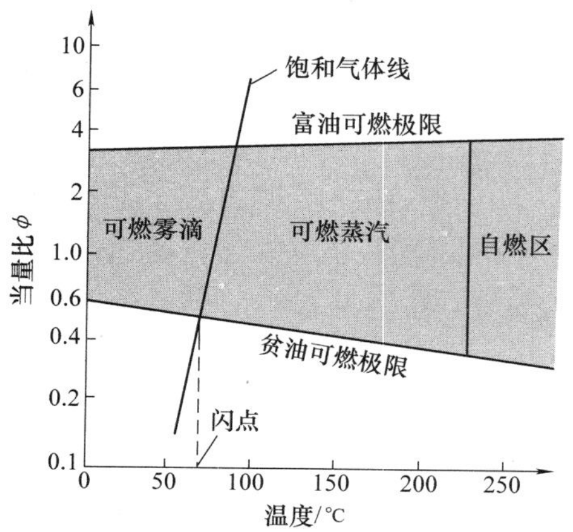

图 12-15　常压下煤油类型燃料在空气中的可燃极限

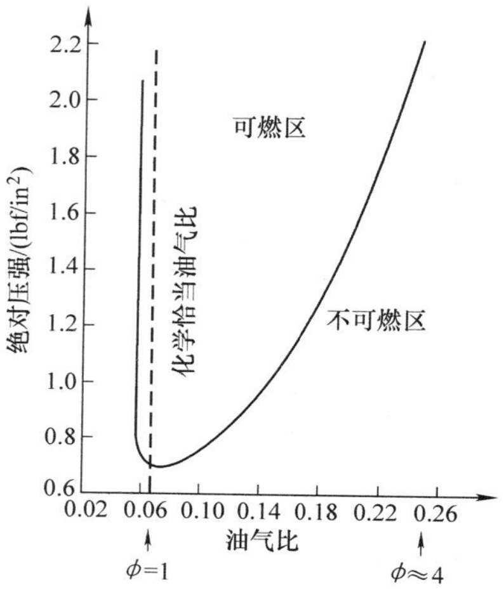

图 12-16　可燃极限与燃烧压强的关系曲线

注：$1\mathrm{lbf/in^2}=6.895\mathrm{kPa}$。

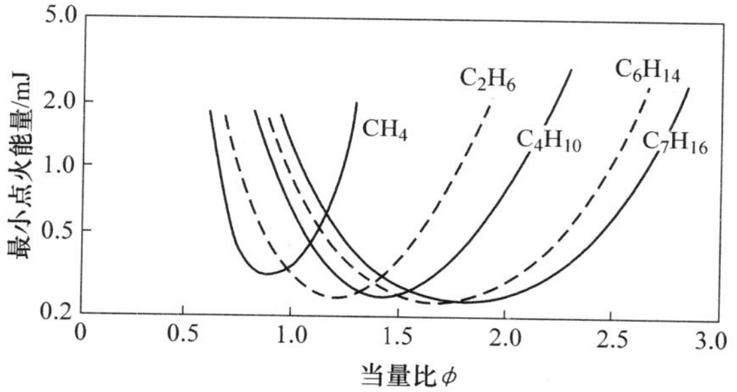

图 12-17　最小点火能量与当量比的变化曲线

12.5.8　层流与湍流火焰的传播

大量的试验表明，层流火焰前锋的结构大体上如图 12-18 所示。设火焰为平面，其表面与管子轴线垂直，火焰前锋面以速度 u_n 传播。火焰前锋区可分为两部分：一个是预热区，其厚度用 δ_p 表示；另一部分为化学反应区，其厚度用 δ_c 表示。实际观察到的火焰前锋是很薄的，常压下一般只有 $10^{-2}\sim10^{-1}$ mm，图 12-18 中 R—R 到 P—P 的区间给出了火焰前锋厚度的放大示意。在化学反应区这个较窄的区域内温度 T 和质量比数 Y_i 都发生了很大变化，出现了很大的温度梯度和质量比数梯

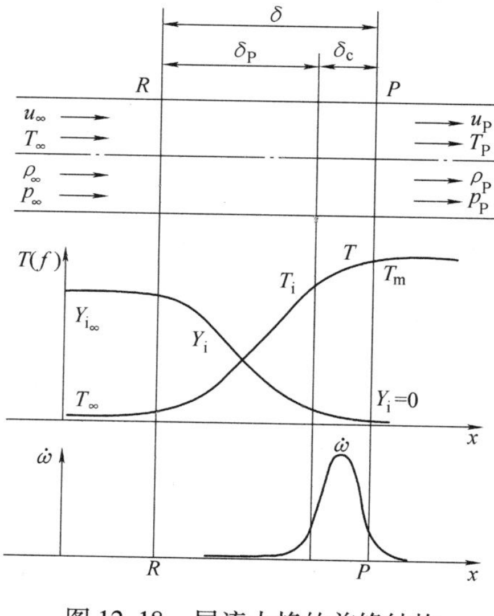

图 12-18　层流火焰的前锋结构

度，在火焰中引起了强烈的扩散和热流。对于层流火焰传播问题，可用如下一维带化学反应的定常、层流来定性描述，其基本方程如下：

连续方程：
$$\rho u=\rho_{\infty}u_{\infty}=\rho_{\infty}u_{\mathrm{n}}=\dot{m} \tag{12-246}$$

动量方程：
$$p\approx \mathrm{const} \tag{12-247}$$

能量方程：
$$\rho u_{\mathrm{n}}c_{\mathrm{p}}\frac{\mathrm{d}T}{\mathrm{d}x}=\frac{\mathrm{d}}{\mathrm{d}x}\left(\lambda\frac{\mathrm{d}T}{\mathrm{d}x}\right)+\dot{\omega}_{\mathrm{i}}Q_{\mathrm{i}} \tag{12-248}$$

扩散方程：
$$\rho u\frac{\mathrm{d}Y_{\mathrm{i}}}{\mathrm{d}x}=\frac{\mathrm{d}}{\mathrm{d}x}\left(\rho D_{\mathrm{i}}\frac{\mathrm{d}Y_{\mathrm{i}}}{\mathrm{d}x}\right)+\dot{\omega}_{\mathrm{i}} \tag{12-249}$$

在式（12-248）中，等号右边第一项为热传导的热流，第二项是化学反应产生热量项。

边界条件如下：

$$x=-\infty:T=T_{\infty},Y_{\mathrm{i}}=Y_{\mathrm{i}\infty},\frac{\mathrm{d}T}{\mathrm{d}x}=0,\frac{\mathrm{d}Y_{\mathrm{i}}}{\mathrm{d}x}=0 \tag{12-250}$$

$$x=+\infty:T=T_{\mathrm{m}},Y_{\mathrm{i}}=0,\frac{\mathrm{d}T}{\mathrm{d}x}=0,\frac{\mathrm{d}Y_{\mathrm{i}}}{\mathrm{d}x}=0 \tag{12-251}$$

求解式（12-246）~式（12-249）和式（12-250）~式（12-251），得

$$u_{\mathrm{n}}=\sqrt{\frac{2\lambda\int_{T_{\infty}}^{T_{\mathrm{m}}}\dot{\omega}_{\mathrm{i}}Q_{\mathrm{i}}\mathrm{d}T}{\rho_{\infty}^{2}c_{p}^{2}(T_{\mathrm{m}}-T_{\infty})^{2}}} \tag{12-252}$$

令

$$\int_{T_{\infty}}^{T_{\mathrm{m}}}\frac{\dot{\omega}_{\mathrm{i}}Q_{\mathrm{i}}}{T_{\mathrm{m}}-T_{\infty}}\mathrm{d}T=Q_{\mathrm{i}}\int_{T_{\infty}}^{T_{\mathrm{m}}}\frac{\dot{\omega}_{\mathrm{i}}}{T_{\mathrm{m}}-T_{\infty}}\mathrm{d}T=Q_{\mathrm{i}}\overline{\dot{\omega}}_{\mathrm{i}} \tag{12-253}$$

引入导温系数 α，即

$$\alpha=\frac{\lambda}{\rho c_{p}} \tag{12-254}$$

并认为化学反应时间 τ 与平均反应速度 $\overline{\dot{\omega}}$ 成反比，即

$$\overline{\dot{\omega}}\propto\frac{1}{\tau} \tag{12-255}$$

于是由式（12-252）得

$$u_{\mathrm{n}}\propto\sqrt{\frac{\alpha}{\tau}} \tag{12-256}$$

式（12-256）表明，层流火焰传播速度与导温系数 α 的平方根成正比，与反应时间 τ 的平方根成反比，即 u_{n} 仅与可燃混合气体的物理化学性质有关。同时，注意到使用 Arrhenium 定律去表达 k_{f}，而后得到 $\overline{\dot{\omega}}$；同时，注意使用气体的 Clapeyron 方程，即

$$\rho=\frac{p}{RT} \tag{12-257}$$

于是由式（12-252）得

$$u_n \propto (p_\infty)^{\frac{n}{2}-1} \tag{12-258}$$

对于大多数的碳氢燃料，由于其反应级数都在 $n=1.5\sim2$ 的范围，因此火焰传播速度 u_n 随压强上升而略有下降，这一现象已被许多试验结果所证实。图 12-19 所示为三种碳氢化合物的可燃混合气的火焰传播速度 u_n 与初温 T_∞ 的关系试验曲线。根据试验数据整理出的关系为

$$u_n \propto T_\infty^m \tag{12-259}$$

式中，m 值为 1.5 ~2。

表 12-2 给出了几种燃料均匀混合气的层流火焰传播速度。从该表可以看出，不同的混合气其火焰传播的 u_n 值变化很大。综上所述，影响可燃混合气体层流火焰传播速度 u_n 的主要因素是混合气体的物理化学性质。由图 12-19 和图 12-20 可知，初始混合温度也对层流火焰传播速度有明显影响。此外，图 12-21 所示的试验结果还显示，当量比也会影响层流火焰的传播速度。

表 12-2　几种燃料均匀混合气的层流火焰传播速度

燃料	氧化剂	u_n/(cm/s)
汽油	空气	45
煤油	空气	36
甲烷	空气	37
乙炔	空气	135
氢	空气	250
氢	氧	1200

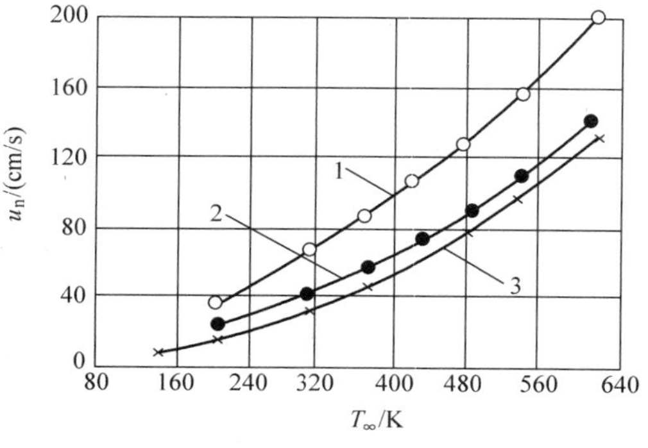

图 12-19　可燃混合气的火焰传播速度 u_n 与初温 T_∞ 的关系试验曲线

1—C_2H_4 + 空气　2—C_3H_8 + 空气　3—CH_4 + 空气

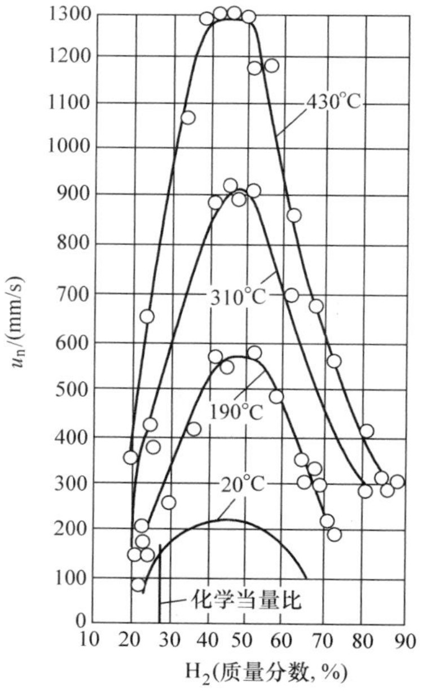

图 12-20　初温对不同比例的氢与空气混合气火焰传播速度的影响

令 δ 为火焰厚度，定性地看，有

$$\frac{\mathrm{d}T}{\mathrm{d}x}\approx\frac{T_{\mathrm{m}}-T_{\infty}}{\delta} \tag{12-260}$$

在预热区中忽略化学反应的影响，于是式(12-248)又近似地有

$$\bar{\lambda}\frac{\mathrm{d}T}{\mathrm{d}x}\approx u_{\mathrm{n}}\rho_{\infty}c_{p}(T_{\mathrm{m}}-T_{\infty}) \tag{12-261}$$

借助式（12-260）和式（12-261），得

$$\frac{T_{\mathrm{m}}-T_{\infty}}{\delta}\approx\frac{u_{\mathrm{n}}\rho_{\infty}c_{p}(T_{\mathrm{m}}-T_{\infty})}{\bar{\lambda}} \tag{12-262}$$

即

$$\delta\approx\frac{\bar{\alpha}}{u_{\mathrm{n}}} \tag{12-263}$$

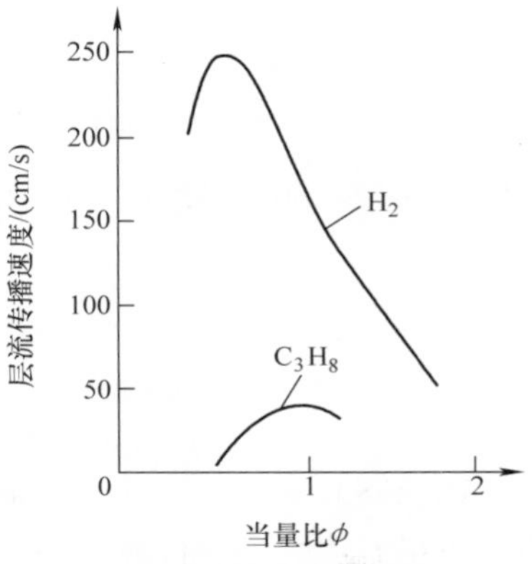

图 12-21　丙烷和氢层流火焰传播速度随当量比的变化曲线

式中，$\bar{\alpha}$为平均导温系数。

上述表明火焰厚度与平均导温系数$\bar{\alpha}$成正比，与火焰传播速度 u_{n}成反比。例如，6% 的 CH_4 和 94% 空气的混合气，其火焰传播速度 u_{n} 为 5cm/s，平均导温系数$\bar{\alpha}=0.2\mathrm{cm^2/s}$，则这时火焰厚度 δ 为 0.4mm。通常，层流火焰厚度只有十分之几甚至百分之几毫米，而且大都小于 1mm，也正是在这样薄的厚度内完成了传热、扩散与化学反应过程。在此薄层内，其温度和浓度梯度较大，而且产生较大的反应热。因此，如果采用计算流体力学方法去捕捉层流火焰面时，就必须要采用高分辨率、高精度和高计算效率的数值格式。

层流火焰的前锋是光滑的，焰锋厚度很薄（通常小于 1mm），火焰传播速度很慢（通常在 0.5～1.5m/s），但是当流速较高时，混合气变为湍流流动，这时的火焰有以下明显特征：①火焰长度缩短；②焰锋变宽，有明显噪声；③焰锋不再是光滑表面，而是抖动的粗糙表面。湍流是流体微团的一种极不规则的运动[620,621]，衡量湍流特性常用湍流尺度 l 和湍流涡黏系数 ε。令 δ 为层流火焰焰锋厚度，当 $l<\delta$ 时称为小尺度湍流，这时湍流焰锋并不发生皱折，只是这时湍流火焰传播速度比层流的快。令 u_{t} 与 u_{n}分别为湍流与层流火焰传播速度，Damköhler 根据相似性原理，得到湍流火焰传播速度 u_{t} 与层流火焰传播速度 u_{n}的比值为

$$\frac{u_{\mathrm{t}}}{u_{\mathrm{n}}}=\sqrt{\frac{\varepsilon}{\nu}} \tag{12-264}$$

式中，ν 为运动黏性系数，ε 为涡黏系数，并有

$$\varepsilon=lu' \tag{12-265}$$

在管内流动时，湍流尺度 l 与管径$\tilde{d}$成正比，而脉动速度 u'与主气流速度 u_{∞} 成

正比，于是有

$$\frac{\varepsilon}{\nu}=\frac{lu'}{\nu}\propto\frac{u_{\infty}\tilde{d}}{\nu}=Re \tag{12-266}$$

借助式（12-266），则式（12-264）变为

$$\frac{u_t}{u_n}\propto\sqrt{Re} \tag{12-267}$$

或

$$u_t\propto u_n\sqrt{Re} \tag{12-268}$$

式（12-268）表明，在小尺度湍流情况下，u_t不仅与可燃混合气的物理化学性质有关，还与流体的流动特性有关，这个重要结论已为许多试验所证实。

当湍流尺度比层流火焰焰锋厚度大时，称为大尺度湍流，工程上大都属于大尺度湍流火焰。按照 Karlovitz 理论，在大尺度强湍流下，湍流火焰传播速度u_t可表示为

$$u_t=u_n+\sqrt{2u'u_n} \tag{12-269}$$

式（12-269）表明，湍流火焰的传播速度u_t不仅与湍流的脉动速度u'有关，而且与层流火焰传播速度u_n也有关。许多试验都证实，u'与u_n是影响大尺度强湍流下u_t的最基本而且最重要的两个因素。图 12-22 所示为试验数据整理后所得的经验公式并以此绘制了三条曲线。经验公式为

$$u_t=a_1(u')^{a_2}(u_n)^{a_3} \tag{12-270}$$

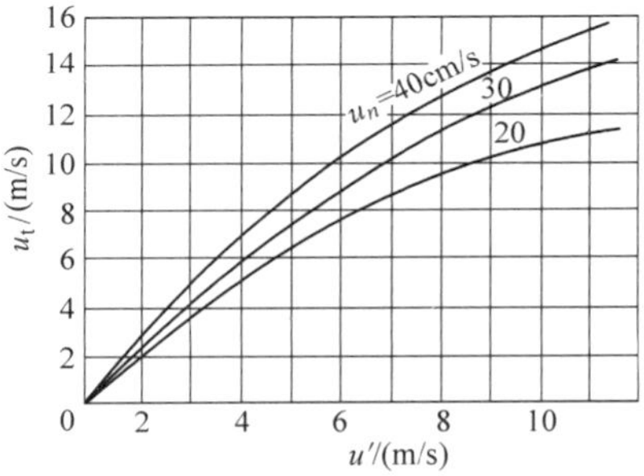

图 12-22　不同 u_n 下，u_t随 u'的变化曲线

式中，$a_1=5.3$，$a_2=0.6\sim0.7$，$a_3=0.4\sim0.3$。

由式（12-269）和式（12-270）可知，为了提高燃烧速度，改善燃烧性能，就必须提高混合气的湍流度，采用u_n大的可燃气体混合物，并且还要提高混合气的压强和温度。在高湍流强度环境（设湍流度为 15% ~30%）下，在平均速度约为 100m/s 的燃料与空气的混合气中，由于湍流而增加的火焰传播速度可能高达 30m/s。因此，在现代航空发动机燃烧室的数值计算中，开展高分辨率、高精度、高计算效率的可压缩、湍流两相反应流的 RANS 与 LES 组合的杂交算法，是一个必然要大力发展的大方向。

12.5.9　燃料液滴的蒸发及爆燃的感应期

1. 油滴寿命的计算

液体燃料的总燃烧时间由蒸发、扩散混合和化学反应三个部分组成。试验表明，由于碳氢燃料的燃烧温度很高，化学反应十分迅速，而蒸发过程却是三者中最

为缓慢的环节。在现代航空发动机燃烧室中，为了强化液体燃烧的燃烧过程，均采取了各种喷雾措施，在燃料燃烧之前把液体燃料雾化成许多尺寸不同的单颗油滴集合而成的油滴群。

首先讨论单个油滴的蒸发问题。建立有热量交换、质量交换的球对称、一维定常、有化学反应、多组分、层流流动的基本方程组。取球坐标系，由连续方程（由三维变一维）有

$$\nabla \cdot (\rho \boldsymbol{v}) = 0 \rightarrow \frac{1}{r^2}\frac{\mathrm{d}(r^2 \rho v)}{\mathrm{d}r} = 0 \tag{12-271}$$

由式（12-271）可推出在半径 r 处的质量流量应等于油滴表面（即 r_d处）的质量蒸发率，即

$$4\pi r^2 \rho v = 4\pi r_\mathrm{d}^2 \rho_\mathrm{d} v_\mathrm{d} = m_\mathrm{f} = \mathrm{const} \tag{12-272}$$

式中，m_f 为油蒸气质量流量。

由组分守恒方程（又称扩散方程）（由三维变一维）有

$$\rho \frac{\mathrm{d}Y_\mathrm{i}}{\mathrm{d}t} - \nabla \cdot (\rho D_\mathrm{i} \nabla Y_\mathrm{i}) = \dot{\omega}_\mathrm{i} \rightarrow \rho v \frac{\mathrm{d}Y_\mathrm{i}}{\mathrm{d}r} = \frac{1}{r^2}\frac{\mathrm{d}}{\mathrm{d}r}\left(r^2 \rho D_\mathrm{i} \frac{\mathrm{d}Y_\mathrm{i}}{\mathrm{d}r}\right) + \dot{\omega}_\mathrm{i} \tag{12-273}$$

式中，$\dot{\omega}_\mathrm{i}$ 为组元 i 的化学生成率。

由能量方程（由三维变一维）有

$$\rho \frac{\mathrm{d}h}{\mathrm{d}t} = \nabla \cdot (\lambda \nabla T) + \dot{\omega}_\mathrm{i} Q_\mathrm{i} \rightarrow \rho v c_p \frac{\mathrm{d}T}{\mathrm{d}r} = \frac{1}{r^2}\frac{\mathrm{d}}{\mathrm{d}r}\left(r^2 \lambda \frac{\mathrm{d}T}{\mathrm{d}r}\right) + \dot{\omega}_\mathrm{i} Q_\mathrm{i} \tag{12-274}$$

式中，Q_i 为化学反应放出的热量。

边界（在 $r = r_\mathrm{d}$）处

$$\lambda \left(\frac{\mathrm{d}T}{\mathrm{d}r}\right)_\mathrm{d} = \rho_\mathrm{d} v_\mathrm{d} q_\mathrm{e} = \frac{m_\mathrm{f}}{4\pi r_\mathrm{d}^2} q_\mathrm{e} \tag{12-275}$$

对于燃料（i 为 f）

$$\rho_\mathrm{d} Y_{\mathrm{f,d}} v_\mathrm{d} - \rho_\mathrm{d} D_{\mathrm{f,d}} \left(\frac{\mathrm{d}Y_\mathrm{f}}{\mathrm{d}r}\right)_\mathrm{d} = \rho_\mathrm{d} v_\mathrm{d} \tag{12-276}$$

在式（12-275）中，q_e 为蒸发热（即燃油的汽化潜热）。在式（12-276）中，下角标“f”表示为燃料的参数。式（12-275）左边表示周围介质传给油滴的热量，而右边表示油滴表面蒸发所吸收的热量。式（12-276）左边两项分别为油滴蒸气以宏观速度 v_d离开油滴表面的扩散量和油滴蒸气的分子扩散量，而右边为油滴蒸发的总扩散量。

借助上面油滴的一维定常、多组分、层流方程组以及相应地边界条件，可以求得油滴蒸发速度 m_f的表达式为

$$m_\mathrm{f} = 4\pi r_\mathrm{d} \frac{\lambda}{c_p} \ln\left[1 + \frac{c_p (T_\infty - T_\mathrm{d})}{q_\mathrm{e}}\right] \tag{12-277}$$

$$m_\mathrm{f} = 4\pi r_\mathrm{d} \rho D_\mathrm{f} \ln\left[1 + \frac{Y_{\mathrm{f,d}}}{1 - Y_{\mathrm{f,d}}}\right] \tag{12-278}$$

式中，T_∞ 与 T_d 分别为 $r=\infty$ 与 $r=d$ 处的温度。

式（12-277）和式（12-278）表明，油滴蒸发的速度取决于周围介质温度、体系的热物性参数、油滴半径 r_d 以及油滴表面燃料组分的质量比数 $Y_{f,d}$。

令

$$B \equiv \frac{c_p(T_\infty - T_d)}{q_e} \tag{12-279}$$

则式（12-277）可改写为

$$m_f = 4\pi r_d \frac{\lambda}{c_p}\ln[1+B] \tag{12-280}$$

现在考察油滴在蒸发时，其尺寸变小的过程。设在 $\Delta\tau$ 时间内，油滴直径变化了 $\Delta\tilde{d}$，因此油滴质量减小的速度应等于通过油滴整个表面的蒸发速度，即

$$-m_f = \rho_f \pi (\tilde{d})^2 \frac{\Delta\tilde{d}}{2\Delta\tau} \tag{12-281}$$

式中，等号左边负号表示随着时间 $\Delta\tau$ 的变化，油滴的直径是减小的。

将式（12-280）代入到式（12-281），并将 $\Delta\tilde{d}/\Delta\tau$ 变为 $\mathrm{d}(\tilde{d})/\mathrm{d}\tau$，得

$$\frac{\mathrm{d}}{\mathrm{d}\tau}(\tilde{d}) = -\frac{8}{\tilde{d}}\frac{\lambda}{\rho_f c_p}\ln[1+B] \tag{12-282}$$

设液滴的初始直径为 $\tilde{d}_0$，式（12-282）从 $\tilde{d}_0$ 积分到 $\tilde{d}$，得

$$(\tilde{d})^2 = (\tilde{d}_0)^2 - \tilde{K}\tau \tag{12-283}$$

式中，$\tilde{K}$ 为蒸发常数，其表达式为

$$\tilde{K} \equiv 8\frac{\lambda}{\rho_f c_p}\ln[1+B] \tag{12-284}$$

因此，油滴蒸发完毕所需时间 τ_e 为

$$\tau_e = (\tilde{d}_0)^2/\tilde{K} \tag{12-285}$$

由式（12-285）可知，油滴的寿命与油滴起始直径 $\tilde{d}_0$ 的大小、燃油和燃气的物理化学常数有关。在给定温差（$T_\infty - T_d$）和燃油物理特性后，油滴的寿命仅与油滴的初始直径 $\tilde{d}_0$ 的平方有关。因此，燃油雾化后若有较多的大颗粒油滴，则燃油蒸发的时间就会大大延长，从而降低了燃烧效率。要缩短燃油蒸发时间，则要求燃料具有较小的雾化细度。目前，在燃气轮机燃烧室中，通常要求滴径的 Sauter 平均直径 SMD 在 20 ~ 200μm 之间变化，而油滴的质量中间直径 MMD 不宜大于 75 ~ 100μm。

2. 爆燃感应期的计算

爆燃感应期定义为在无点火源的情况下，从高温燃料与空气混合物的喷入到火焰出现的时间间隔。这里有两个因素会影响到爆燃感应期：一个是燃料液滴的蒸发，一个是蒸发的燃料和空气的化学反应时间。为了提高蒸发率，液态燃料必须进

行有效的雾化。现代航空发动机燃烧室采用雾化喷嘴将燃料雾化，产生尺寸为 10～400μm 的雾状油滴。令 t_i 为爆燃感应期时间，其表达式为[622]

$$t_i = t_e + t_{rea} \tag{12-286}$$

式中，下角标“i”表示爆燃感应期；下角标“e”表示蒸发时间；下角标“rea”表示燃料与空气的化学反应时间。

燃料液滴的蒸发时间 t_e 可由式（12-285）给出，反应时间 t_{rea} 可用混合温度 T_m（单位为 K）表示[622]：

$$t_{rea} \propto \exp\left(\frac{9160}{T_m}\right) \tag{12-287}$$

或借用 Arrhenium 定律去获得 t_{rea}，这时在初始温度 T_0 下，反应时间与反应速率呈倒数关系，即

$$t_{rea} \propto \exp[E_a/(\overline{R}T_0)] \tag{12-288}$$

图 12-23 所示为燃料与空气混合物的压力和初温对 t_i 的影响曲线，为对数曲线图。它显示了爆燃感应期时间 t_i 随初始温度 T_0 的升高呈指数下降。另外，爆燃感应期时间 t_i 还随着燃烧压强 p 的增加而减小，也就是说有如下规律：

$$t_i \propto \frac{1}{p} \tag{12-289}$$

在现代典型燃气涡轮发动机燃烧室的进口条件下，爆燃感应期时间为 1～2ms。

12.5.10　主燃烧室长度的估算

在发动机的初步设计过程中，需要对主燃烧室和加力燃烧室的长度尺寸进行计算。为了确定主燃烧室的长度 L，必须考虑在燃烧室中流体的滞留时间 t_{res}。通常采用如下关系式去描述 t_{res} 与燃烧室中流体质量流量比间的关系，即

$$t_{res} \approx \frac{\rho_{t3} A_{ref} L}{\dot{m}} \tag{12-290}$$

式中，A_{ref} 为燃烧室最大横截面面积；L 为燃烧室长度；ρ_{t3} 可利用压气机增压比 $\widetilde{\pi}_c$ 的等熵指数来表达，即

$$\rho_{t3} = \rho_{t2}(\widetilde{\pi}_c)^{\frac{1}{\gamma}} \tag{12-291}$$

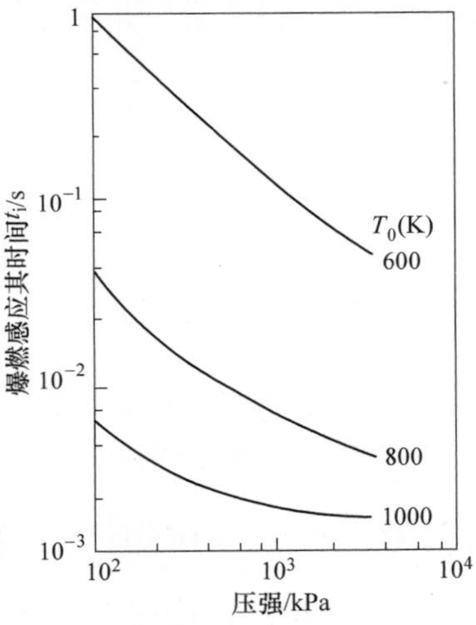

图 12-23　燃料与空气混合物的压强 p 和初温 T_0 对 t_i 的影响曲线

注意到

$$\rho_{t3} \propto (p_{t3})^{\frac{1}{\gamma_c}} \tag{12-292}$$

于是由式（12-290）得

$$L \propto \frac{\dot{m}_3}{A_{\text{ref}}} \frac{t_{\text{res}}}{(p_{t3})^{1/\gamma_c}} \tag{12-293}$$

注意到4截面是高压涡轮进口静子处，并且流动多处临界状态。令 $p_{t4} \approx p_{t3}$，于是式（12-293）中的$\frac{\dot{m}_3}{A_{\text{ref}}}$变为

$$\frac{\dot{m}_3}{A_{\text{ref}}} = \frac{\dot{m}_3}{A_4}\frac{A_4}{A_{\text{ref}}} \propto \frac{p_{t4}}{\sqrt{T_{t4}}}\frac{A_4}{A_{\text{ref}}} \tag{12-294}$$

借助式（12-294）和式（12-292），则式（12-293）变为

$$L \propto \frac{(p_{t3})^{(\gamma_c-1)/\gamma_c}}{\sqrt{T_{t4}}}\frac{A_4}{A_{\text{ref}}}t_{\text{res}} \tag{12-295}$$

在燃烧室中，气流的驻留时间和化学反应时间是可以相互交换的，即

$$t_{\text{res}} \approx t_{\text{rea}} \tag{12-296}$$

由于化学反应时间是与反应速度成反比，由此可得到

$$t_{\text{rea}} \propto (p_{t3})^{-n}(T_{t3})^{-m} \tag{12-297}$$

或采用

$$t_{\text{rea}} \propto (p_{t3})^{-n} \tag{12-298}$$

令

$$r = n - \frac{\gamma_c - 1}{\gamma_c} \tag{12-299}$$

于是借助式（12-296）和式（12-298），则式（12-295）可变为

$$L \propto \frac{1}{\sqrt{T_{t4}}}\frac{A_4}{A_{\text{ref}}}(p_{t3})^{-r} \tag{12-300}$$

对于具有相似设计的主燃烧室，面积比（A_4/A_{ref}）是常数，这样式（12-300）便可变为

$$L \propto \frac{(p_{t3})^{-r}}{\sqrt{T_{t4}}} \tag{12-301}$$

式（12-301）表明，具有相似设计的主燃烧室，其长度 L 随压强 p_{t3} 和温度 T_{t4} 而变化，这就解释了随压气机增压比的增加，主燃烧室长度缩短的原因。

12.5.11 燃烧室中燃烧的组织及其主要特征

燃烧室燃烧组织的设计是燃烧室设计中最基本、最重要的设计过程与关键技术。它主要包括三个方面：①空气流量的分配，即燃烧区的空气动力学问题，图12-24所示为燃烧室中气流的组织和模型；②油，即油的喷射、喷嘴的选择、喷嘴流量、喷嘴压力降的设计及主副油路关系（包括分流阀门打开压力的设计或主油分级的设计）；③油与气的关系，即油雾的穿透、油－气的散布及混合。

燃烧室中气流流动过程的组织也有三个方面的内容：①燃烧区（主要是头部）气流流动过程的组织；②混合区中二股掺冷空气与高温燃气掺混过程的组织；③火

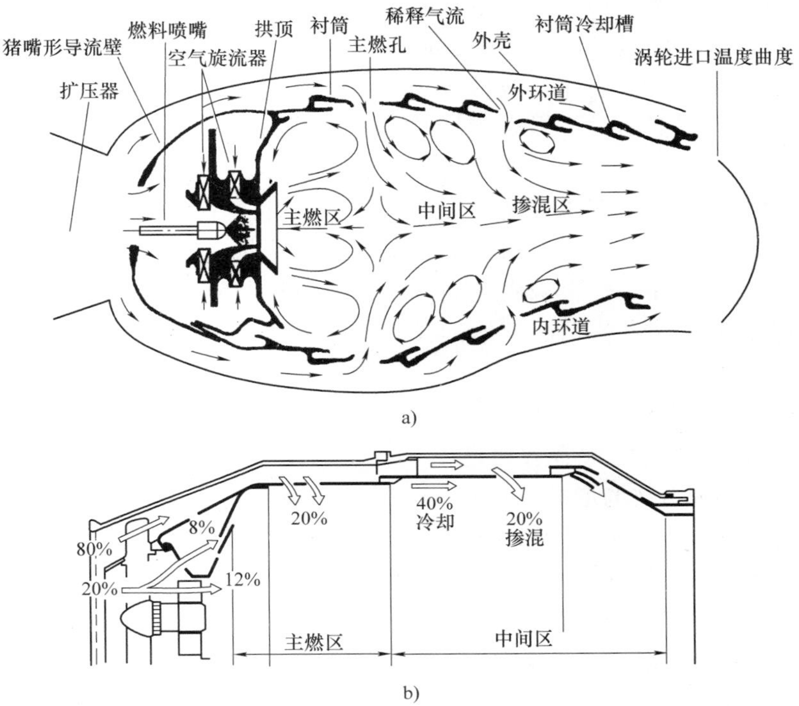

图 12-24　燃烧室中气流的组织和模型

a）双旋流环形燃烧室中的典型流动模型　b）燃烧室中的气流组织

焰筒壁冷却过程的组织。

为保证燃烧室在任何工况下稳定而安全地燃烧，多采取如下措施：

1）采用扩压器，使进入燃烧区的气流从压气机出口的 120 ~ 180m/s 降到 30 ~ 50m/s。因此，突扩式扩压器在高温、高压、大推重比风扇发动机上得到广泛应用。

2）火焰筒的结构形式应把由压气机来的空气分流为两大部分：一部分（常称“一股气流”）直接进入火焰筒前部的燃烧区，参与燃料的燃烧过程，这部分气流约占总空气量的$\frac{1}{4}\sim\frac{1}{3}$；其余部分（常称“二股气流”）通过环腔流经孔、缝和掺混孔，作为冷却空气和掺混用气，进入掺混区与高温燃烧产物掺混。

3）采用“火焰稳定器”。

对于燃烧区中燃料浓度场的组织，主要体现在燃油喷射的设计上。试验表明，液体燃料由喷嘴喷出后，首先会形成一股由无数油滴组成的中空的锥形燃料流，如图 12-25 所示。由于气流径向速度的作用，燃料流的中空锥体还会逐渐扩张，大部分燃料质量将沿 *of* 那个空间轨迹曲面运动，形成一个“燃料炬”，在 *of* 这条燃料炬的轴线上，燃料浓度最大，而余气系数最小，但在这个轴线的两侧，燃料的浓度会迅速下降。试验表明，这种分布很不均匀的燃料浓度场对于提高燃烧的稳定性是有益的，因此在燃烧区燃料浓度场的组织中，要喷射多少油量、副油嘴多少、主油嘴多少、主副油的比例以及雾化锥角如何选择，是否采用主油分级等，这些都是设计者要精心考虑的关键技术细节。

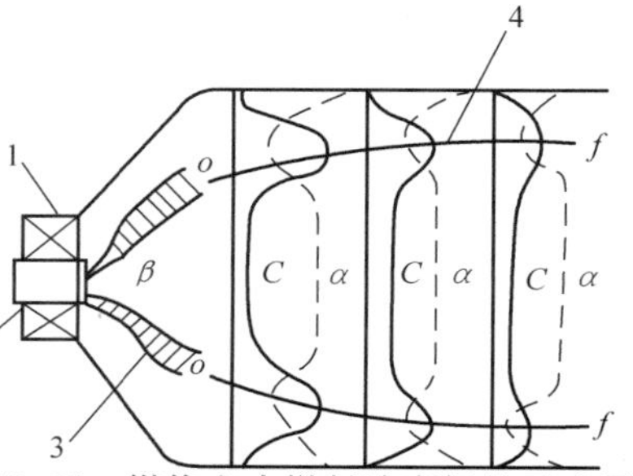

图 12-25　燃烧室中燃料浓度场的示意图
1—旋流器　2—喷油嘴　3—中空的锥形燃料流
4—燃料炬

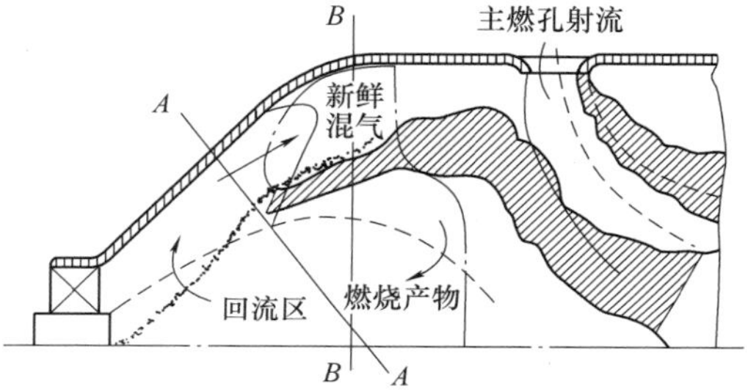

图 12-26　火焰筒头部的燃烧过程示意图

在火焰筒内气流的流动结构和燃料的浓度场合理组织后，就需要讨论在燃烧区中可燃混合物的形成、着火以及燃烧过程的发生与发展。当空气从火焰筒头部进入、燃油从喷嘴喷出后，空气与油雾迅速掺混，并且由放置在头部的点火器对其点燃。火焰形成后，按照稳定条件，火焰前锋应处于图 12-26 所示的回流区边界与燃料炬轴线之间的空间范围内。当混合燃气基本燃烧完毕时，有一部分进入回流区。这部分高温燃气逆流流到喷嘴附近，把刚刚喷入的油滴加热蒸发，形成燃油蒸气。燃油蒸气被带入顺流中，与从旋流器进入的空气迅速掺混，进行扩散和湍流交换，并经历短暂的着火感应期后就着火、起燃，向四周的混合气传播火焰并不断地向外扩张，于是便形成了图 12-26 所示的火焰锋（图中的阴影部分）。作为点火源的混合气团本身，随着燃烧和向下游移去，它的位置与作用让位于一个来自上游的新混合气团。这一过程连续发生、周而复始，在火焰筒头部保持着稳定燃烧。这里必须要说明的是，在燃烧室中可燃混合物燃烧所形成的火焰前锋的厚度是相当厚的，并不像层流火焰那样。现代燃烧室[106,116,514,519,623－639]中的气流流动多属于强扰动类型，它能使燃烧空间的浓度场不断地波动，从而使火焰前锋扭曲变形，而且总是在一定宽度的范围内摆动着。

另外，对于通常航空发动机的燃烧室，按照火焰筒各部分进气的功能，一般旋流器进气量占总空气量的 5% ~10%，主燃孔进气占总空气量的 20% 左右，这两个部分进气构成了燃烧室的主要进气量，它使得主燃区的余气系数在 $\alpha \approx 1$ 的情况下工作。补燃孔进气约占总进气量的 10%，掺混段进气占总进气量的 25% ~30%，冷却火焰筒壁面的空气占总空气量的 35%。从上述这些大致数据可以看出，燃烧室中燃烧的组织设计是件十分细致、十分复杂的技术工作，因此一位从事了 50 多年燃烧室研究与教学的老先生，在他的著作[640]中总结从事先进燃烧室设计与研发体会时，非常坦诚地写道："燃烧室是试出来的，不是画出来的，不能算出来，更绝对不可抄袭或买回来。"该老先生还强调，这里燃烧室的这个"试"字，指做大量的各种类型的试验。正是由于燃烧室的设计很难、经验数据甚多，所以燃烧室的试验在研发的基本阶段应该是大量的，我们十分认同这个观点。对于航空发动机各主要部件，尤其是主燃烧室和加力燃烧室的全尺寸地面台架试车、高空台试车和空中飞行试验，我们在本书第 16.8 节中进行详细的讨论与分析。这里我们再列举几个国外在研制高温升燃烧室的实例。

①GE 公司研制 TAPS 燃烧组织方案。TAPS 由一个中心分级的预燃级和主燃级构成。值班级采用两级反向旋流器匹配文氏管、套筒的旋流杯设计，主燃级采用单级或多级涡流器组件匹配一定长度的预混通道，预燃级的燃油通过离心式喷嘴喷射，主燃级的燃油通过若干周向均布的直射式喷口向预混通道内喷射。预燃级采用扩散燃烧方式，有利于起动和火焰稳定；主燃级采用贫油预混燃烧模式，有利于降低 NO_x 排放。这种 TAPS 燃烧理念在 GE 以及 NASA 资助的相关项目中，经过 10 多年的精心试验研究后，技术才成熟并已服务于波音 787 和 747 宽体飞机。②JAXA 的 lean - staged 燃烧组织方案。该方案采用的是中心分级的燃烧方式，预燃级采用空气预膜雾化，燃烧方式为扩散燃烧。主燃级燃油从周向均布的小孔射出，穿过气流，到达一个用于形成油膜的柱状预膜板上，所形成的油膜在下游内外空气旋流作用下，进一步雾化、预混，燃烧方式为贫油预混燃烧。JAXA 在 2003 年启动 Tech-CLEAN 计划，一直到 2011 年，在 ASME 2011 - GT - 46187 发表的文章中仍可以看到相关研究人员在对 lean - staged 燃烧组织方案进行改进与完善，这种精益求精的作风值得学习。③R - R 公司的 lean - burn 燃烧组织方案。2003 年，R - R 公司开始了 Engine 3E（efficiency，environment and economic）核心机项目，简称 E3E 计划。该计划的目标是，NO_x 排放比 CAEP/2 标准低 35%、CO 低 60%、UHC 低 40%，并要求无可见冒烟。R - R 公司与多所大学以及研究机构合作，进行了关于 lean - burn 方案的多种方法研究，并进行了单头部、双头部、三头部和全环的常压、中压以及高温高压的大量试验，研究了预燃级旋流强度、主燃级旋流强度、主预两级气量分配、值班级喷嘴雾化方式、主燃级雾化方式和套筒几何结构等设计参数对污染物排放、点熄火性能的影响。他们正是从上述这些大量分析与试验中去不断改进与完善 lean - burn 燃烧组织方案，这种成功的科研经验应值得后人借鉴。

12.5.12 燃烧效率和燃烧载荷参数的计算

令燃烧室的进口为 3 - 3 截面、出口 4 - 4 截面，于是燃烧室的能量平衡方程为

$$\dot{m}_a h_{t3,a} + \dot{m}_f H_u \eta_c = (\dot{m}_a + \dot{m}_f) h_{t4,g} - \dot{m}_f \widetilde{h}_f \tag{12-302}$$

式中，下角标"t"为滞止参数（又称总参数）；下角标"a""f"和"g"分别为空气、燃料和燃气的参数值；$\widetilde{h}_f$为温度为 T_f时燃料的单位物理焓（这里 T_f为燃

料进入燃烧室时的温度）；$h_{t4,g}$为余气系数为 α、燃气在总温 T_{t3}时的单位焓；H_u 为燃料的热值；η_c 为燃烧效率。

如果取 T_0（即 288K）作为计算总焓时的基准温度，那么由式（12-302）得到 η_c 的表达式，为

$$\eta_c = \frac{(\dot{m}_a + \dot{m}_f)(h_{t4,g} - h_{o,g}) - \dot{m}_a(h_{t3,a} - h_{o,a}) - \dot{m}_f(\widetilde{h}_f - \widetilde{h}_{o,f})}{\dot{m}_f H_u} \quad (12\text{-}303)$$

式中，$h_{o,g}$、$h_{o,a}$和$\widetilde{h}_{o,f}$分别为燃气、空气和燃料在 T_0温度时的单位焓单位为。

式（12-303）是用焓计算出的燃烧效率。另外，也可以直接测出燃烧室出口燃烧产物中的 CO、UHC（未燃碳氢燃料）、NO_x 以及 CO_2的含量来计算燃烧效率 η_c，其表达式为

$$\eta_c = 1 - \frac{EI_{CO} H_{u,CO} + EI_{CH_4} H_{u,CH_4}}{1000 H_u} \quad (12\text{-}304)$$

式中，EI 为污染排放物指数，用每千克燃料燃烧后所排放的污染物质量来度量；H_u 为燃料的热值。

式（12-304）是目前世界上推荐采用的测量燃烧效率的方法。

燃烧效率是用来度量燃烧室中实际的放热率与理论放热率间的比较。燃料的理论反应热假设为完全燃烧，即没有未燃烧的碳氢燃料且燃烧产物无分解，但实际上，燃料放热要受到燃料雾化、蒸发、混合、点火、化学动力、火焰稳定性、空气流动、衬筒冷却以及燃烧室的气流组织、燃料组织等因素的影响。另外，还有各种时间常数，如滞留时间、化学反应/反应率时间尺度以及蒸发时间、爆燃感应时间等时间常数。因此，早在 20 世纪 60 年代，参考文献［641］就建议引入一个燃烧载荷参数 θ，用它得到的燃烧效率要接近实际燃烧的情况。燃烧载荷参数 θ 的定义为

$$\theta = \frac{(p_{t3})^{1.75} A_{ref} \cdot \widetilde{H}}{\dot{m}_3} \exp\left(\frac{T_{t3}}{b}\right) \quad (12\text{-}305)$$

式中，p_{t3}、T_{t3}和$\dot{m}_3$ 分别为燃烧室进口的总压、总温和燃烧室进口空气的质量流量；A_{ref}为燃烧室最大的横截面积；$\widetilde{H}$为燃烧室的高度；b 是与反应速率相关的参数，b 的表达式为

$$b = 382\left(\sqrt{2} \pm \ln\frac{\phi}{1.03}\right) \quad (12\text{-}306)$$

式中，ϕ 为燃烧室主燃区的当量比。

另外，在式（12-306）中，当 $\phi \leqslant 1.03$ 时，取正号；当 $\phi > 1.03$ 时，取负号。图 12-27 所示为燃烧效率 η_c 与载荷参数 θ 的关系曲线，试验的余气系数 α 取为 4.08。

12.5.13　燃烧室出口温度质量的评定

燃烧室出口温度分布主要关系到涡轮的工作环境以及发动机的热效率。燃烧室出口温度质量有两个量纲为 1 的参数指标：一个指标为出口温度分布系数，另一个指标为径向温度分布不均匀系数。用 PF（即 pattern factor）表示出口温度分布系数，其定义为

$$PF=\frac{T_{4,\max}-T_{4,\mathrm{ave}}}{T_{4,\mathrm{ave}}-T_{3,\mathrm{ave}}} \tag{12-307}$$

式中，$T_{4,\max}$为燃烧室出口处温度的最高值；$T_{4,\mathrm{ave}}$为燃烧室出口的平均温度值；$T_{3,\mathrm{ave}}$为燃烧室进口的平均温度值。

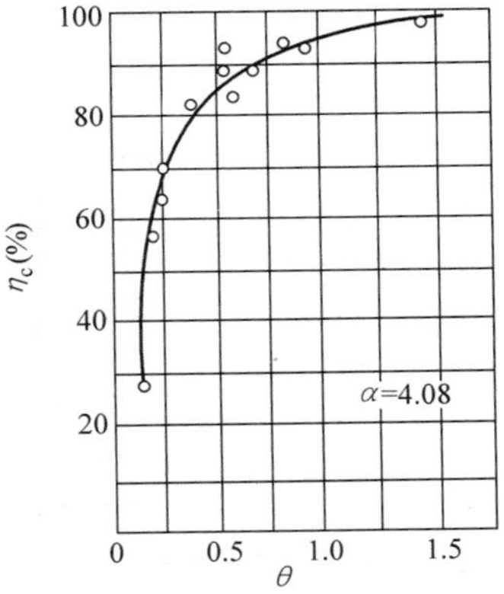

图 12-27　η_c 与 θ 的关系曲线

在现代高温升燃烧室中，这个 PF 参数的理想范围为 0. 15 ~0. 25。径向温度分布不均匀系数用 P_f 表示，其定义为

$$P_f=\frac{T_{4,\mathrm{avc},\max}-T_{3,\mathrm{ave}}}{T_{4,\mathrm{ave}}-T_{3,\mathrm{ave}}} \tag{12-308}$$

式中，$T_{4,\mathrm{avc},\max}$为燃烧室出口周向平均温度的最大值，这里下角标“avc ”为周向平均；$T_{4,\mathrm{ave}}$和 $T_{3,\mathrm{ave}}$的定义同式（12-307）。目前，对参数 P_f 来说，其取值的理想范围为 1. 04 ~1. 08。

第13章 涡轮部件的气动设计及内部流动的控制

涡轮是将燃烧室出口的高温、高压燃气的焓转变为机械能，带动压气机转动的动力装置。在燃气涡轮发动机中，轴流式涡轮通常是多级涡轮，并且每级又是由静止的“喷嘴环”（又称导向器）和旋转的“工作轮”组成。正是由于航空涡扇发动机的涡轮部件是处于高温、高压、高转速的气动环境下工作，再加上燃气涡轮内部具有较强的压强梯度和温度梯度，在相对坐标系中，涡轮转子里运动着的气体微团受有离心惯性力和哥氏惯性力的作用，这就使得涡轮内部的流动非常复杂，存在着各种形式的二次流（包括通道涡、叶尖间隙泄漏流动）、非定常的位势作用（包括激波、膨胀波等）、周期性尾迹流动结构等。另外，涡轮是高温热端部件，为了实现高推重比、高性能的目标，涡轮前的总温越来越高，如图 13-1 所示。第 3 代战斗机涡轮进口温度为 1600 ~ 1700K，第四代战斗机所使用的推重比为 10 发动机，其涡轮进口温度为 1900 ~ 2000K。未来第五代战斗机对发动机的要求更高，新一代航空发动机涡轮进口温度将超过 2200K[642]。如此高的温度已经远远超出材料可承受的工作范围，因此高效的冷却系统在保证涡轮部件和航空发动机的工作可靠性方面扮演着极为重要的角色。目前，航空发动机高压涡轮叶片冷却所需的冷气量甚至超过涡轮进口流量的 20%，这就导致冷气和主流燃气之间的相互影响更为剧烈[643,644]。图 13-2 所示为一种典型的涡轮叶片冷却系统示意图。也正是由于先进涡轮部件的冷却技术十分关键，欧盟 2003 年第六框架计划专门开展了针对涡轮端

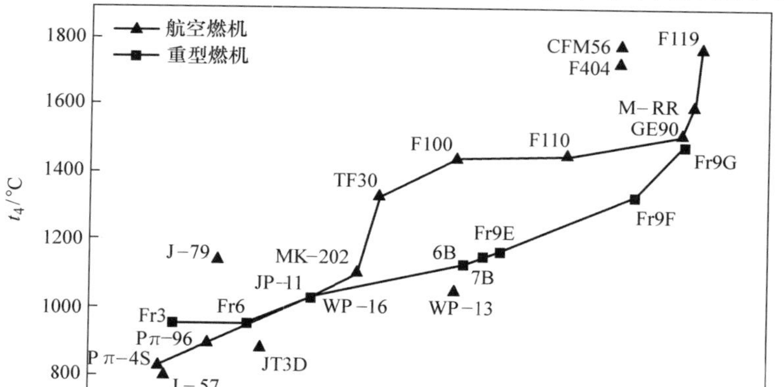

图 13-1　典型发动机涡轮进口温度变化的趋势

区以及叶片气动传热的研究计划（即 aero – thermal investigation of turbine endwalls and blades，AITEB）[645]。

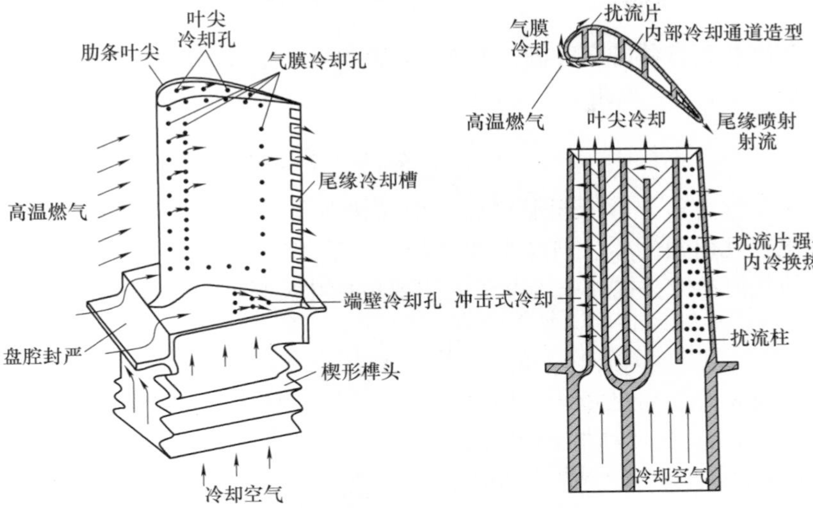

图 13-2　典型的涡轮叶片冷却系统示意图

本章针对现代涡轮部件的设计问题，从七个方面进行了较详细的讨论。另外，为使读者深刻了解涡轮部件气动设计的全过程，本章第 13.8 节分 16 步详细给出了两级冷却涡轮设计的步骤，这为夯实基础知识十分有益。

13.1　涡轮叶片的几种造型方法

描述叶型的几何参数以及叶片造型问题，已在本书第 8.4 节讨论中科院工程热物理研究所陈乃兴先生提出的造型方法时曾略作过讨论。本小节将系统地讨论涡轮叶片的几种造型方法，其中包括传统的涡轮叶片造型方法和现代参数化涡轮叶片造型方法。

13.1.1　叶型几何参数及轮毂与机匣壁面的造型

轴流涡轮叶片叶型几何参数主要包括子午流道的特征参数和叶型几何参数。其中，表征子午流道的特征参数包括涡轮外径 R_H、涡轮内径 R_B、平均半径 R_{av}，即

$$R_{av}=\frac{1}{2}(R_H+R_B) \tag{13-1}$$

或

$$R_{av}=\sqrt{\frac{R_H^2+R_B^2}{2}} \tag{13-2}$$

还包括轴向长度 L、轮毂比 $\overline{d}$，即

$$\overline{d}=\frac{2R_{\mathrm{B}}}{2R_{\mathrm{H}}}=\frac{R_{\mathrm{B}}}{R_{\mathrm{H}}} \tag{13-3}$$

等；表征叶型几何参数的有叶栅弦长 b、安装角 φ（定义为叶型弦线与轴线之间的夹角）、轴向弦长 b_{x}、栅距 t、稠度 τ，即

$$\tau=\frac{b}{t}\quad 或\quad \tau=\frac{b_{\mathrm{x}}}{t} \tag{13-4}$$

还包括前缘楔形角 χ_1、后缘楔形角 χ_2、前缘构造角（或进口几何角）β_1、后缘构造角（或出口几何角）β_2、前缘小圆半径 r_1、后缘小圆半径 r_2。另外，还要加上叶片展向的几何参数去描述三维叶片，主要包括叶片高度 h_{B}、展弦比 AR，即

$$AR=\frac{h_{\mathrm{B}}}{b} \tag{13-5}$$

以及叶尖间隙 δ 等。如果叶片采用了“弯”“掠（sweep）”“扭”的设计，这时还需要给出“弯”“掠”“扭”的起始和终止截面的高度以及与之相应的弯角、掠角和扭角的值。这些参数决定了涡轮叶片的几何形状，也大致决定了涡轮内部的气动热力过程和流场结构。此外，在叶型设计中，喉道宽度 a 和叶型弯角 θ 也是需要关注的几何参数，如图 13-3 所示。

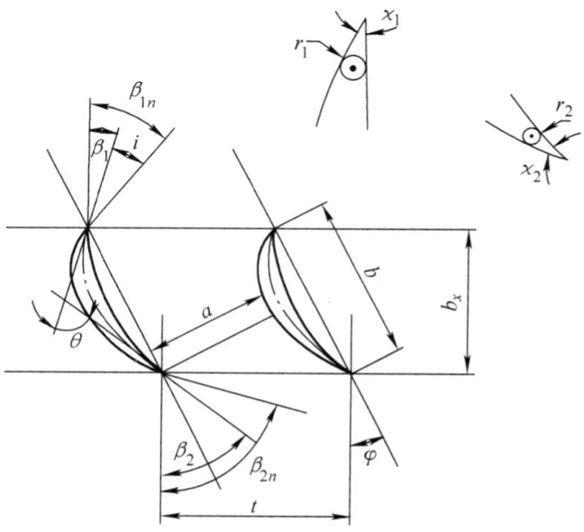

图 13-3　叶型几何参数

以上几何参数都是针对传统的涡轮部件而言的，随着气动设计水平的提高，涡轮气动设计向着精细化流动组织的方向发展，对轮毂壁面和机匣壁面也进行了曲面造型，尤其是轮毂面上非轴对称端壁造型，以及机匣面为配合动叶叶尖气流流动的组织而进行的相关壁面造型。对于这些上凸、下凹的曲面造型，也需要给出坐标点集或曲面方程进行描述。

13.1.2　描述速度三角形的五个量纲为 1 的参数

常规轴流涡轮基元级速度三角形可以用五个量纲为 1 的参数描述，这五个参数是：①载荷系数 H_{T}；②流量系数 ϕ；③反力度 Ω；④轴向速度比 K；⑤进出口中径比 D。这些参数物理意义明确，其中 H_{T} 为涡轮基元级的轮缘功 L_{u} 与圆周速度 u 的平方之比，即

$$H_{\mathrm{T}}=\frac{L_{\mathrm{u}}}{u^2}\approx\frac{\Delta v_{\mathrm{u}}}{u} \tag{13-6}$$

该参数代表了涡轮负荷的相对大小，当 H_T 大时，意味着较大的扭速，在轴向速度一定的条件下，它代表着更大的气流转角，这可能导致较强的端区二次流，从而带来更大的损失；另一方面，H_T 过小，则意味着涡轮径向尺寸过大或者涡轮级数过多。ϕ 为基元级轴向速度 v_a 与圆周速度 u 之比，即

$$\phi = \frac{v_a}{u} \tag{13-7}$$

当流量等参数固定时，较大的 ϕ 表明 v_a 较大，需要的流道面积小，导致子午流道的高度降低，使端区流动所占比重较大，二次流影响严重；另一方面，ϕ 过小则意味着大的子午高度，即叶片的高度相对增大，这会使摩擦面积增加。

对于基元级中的反力度 Ω，主要有能量反力度与运动反力度。能量反力度，即式（13-8），它是流经转子的等熵焓降与基元级的等熵焓降之比；运动反力度，即式（13-9），它是转子中的膨胀功与基元级的轮缘功之比。这两种定义分别为

$$\Omega = \frac{h_1 - h_{2s}}{h_0 - h_{2s}} \tag{13-8}$$

$$\Omega = \frac{h_1 - h_2}{L_u} = \frac{h_1 - h_2}{h_{t0} - h_{t2}} \tag{13-9}$$

这里涡轮级进口截面、转子进口截面和涡轮级出口截面分别用 0 截面、1 截面和 2 截面表示，在式（13-9）中，下角标“t”为滞止参数。图 13-4 所示为涡轮基元级及其速度三角形。

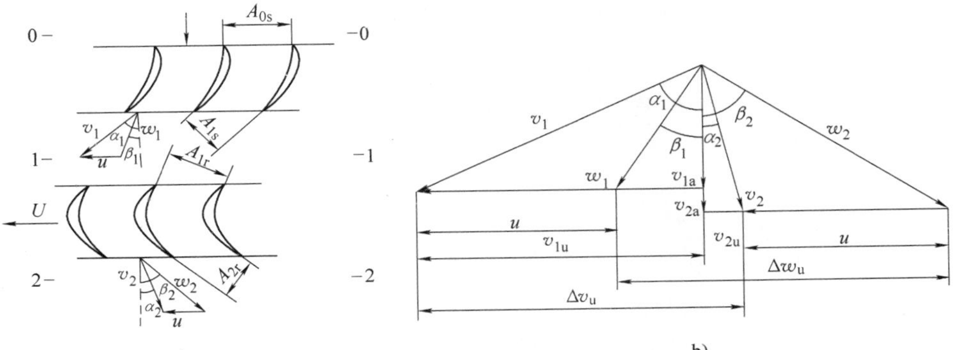

图 13-4　涡轮基元级及其速度三角形

如果假设基元级转子进出口的圆周速度和轴向速度都保持不变，即 $u_1 = u_2$、$v_{a1} = v_{a2}$时，则式（13-9）又可变为

$$\Omega \approx 1 - \frac{v_{u1} - v_{u2}}{2u} \tag{13-10}$$

对于涡轮级的进出口中径比 D 和轴向速度比 K，它们的变化范围较小[107,646]，对涡轮气动性能的影响也有限，因此这里不作赘述。这里主要介绍经典的 Smith 图，它是描述反力度为 0.2～0.6，展弦比为 3～4 时，载荷系数 H_T 和流量系数 φ

对涡轮部件效率的经验关联[647]，如图 13-5 所示。

另外，参考文献［648］等研究人员都进行了验证性试验，结果表明，Smith 图在涡轮机的初步设计中具有很好的实用性。目前，这张图已成为涡轮低维设计空间参数选取的重要参考依据。这里应说明的是，Smith 图是基于 20 世纪 60 年代涡轮水平归纳总结出来的经验关联，对于高升力叶型使用这张图便有困难，为此参考文献［649］基于一维平均中径方法并结合经验模型的修正，在低维设计空间参数的影响方面做了许多改进与开拓工作。另外，参考文献［650］汇总了更多一维平径中径处涡轮设计的资料，感兴趣者可参考。

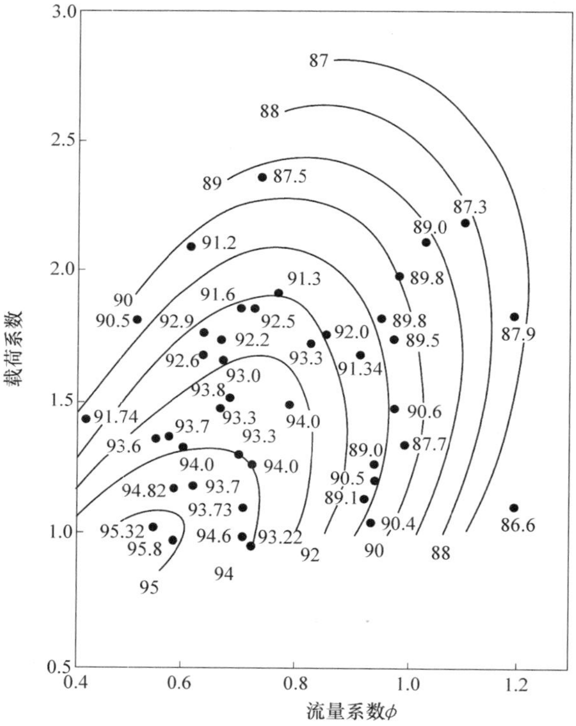

图 13-5　经典 Smith 图

13.1.3　陈乃兴参数化叶片造型方法

中国科学院工程热物理研究所陈乃兴先生提出了一种快速、高效生成叶片的参数化叶片造型方法，大量的数值试验证实，这种方法十分有效[123]。该方法以中弧线外加叶型厚度分布为核心，而且前后缘小圆半径给定，很适应于工程技术人员使用。对于本种方法，在本书第 8.4 节已做了详细讨论，这里就不再介绍。

13.1.4　Pritchard 的参数化叶片造型方法

L. J. Pritchard 在 1985 年提出了一种 11 个参数的参数化叶片造型方法[651]，该方法将叶型分为前缘、压力面和吸力面三条曲线，并以叶片数、叶型截面半径、前缘小圆直径、后缘小圆直径、弦长、安装角、前楔角、后楔角、叶片弯角、进口几何角和出口几何角 11 个参数作为叶型的基本参数，如图 13-6 所示。在设计中，叶型被分成前缘小圆、后缘小圆、压力面型线、吸力面前段型线和吸力面后段型线五个部分，其中叶型的压力面和吸力面采用三次多项式曲线构成，前缘和尾缘部分采用圆弧。另外，五个叶型控制点分别选在压力面的两个端点、吸力面的两个端点和一个内点；采用了多点 Bezier 曲线代替有理 Bezier 曲线。对于这种造型的具体实施过程，这里不予赘述，感兴趣者可参阅参考文献［651］。

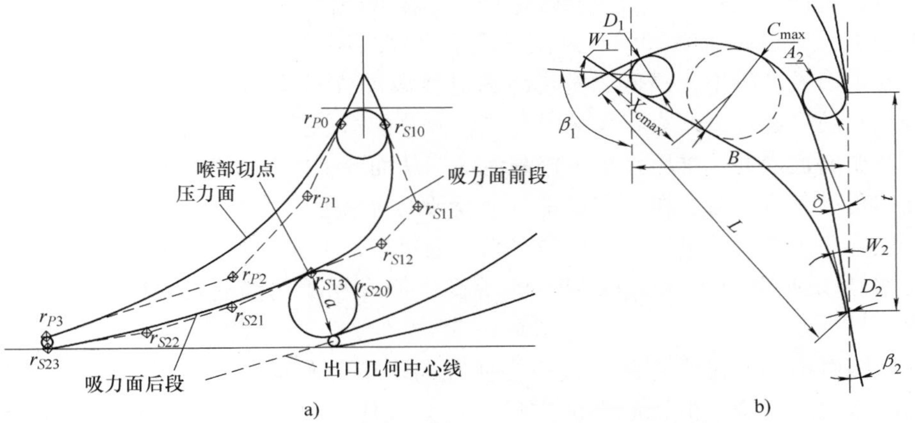

图 13-6　Pritchard 参数化造型方法及控制点示意图

a）喉道部分的叶栅结构　b）叶型结构

13.2　叶片的弯、掠、扭三维复合造型技术

叶片弯的基本思想是 20 世纪 60 年代费里鲍夫与哈尔滨工业大学王仲奇先生共同提出的[652]。与传统叶片的积叠方式不同，“弯”在叶片展向各基元叶型垂直于流向由于相对错位积叠多了一个设计的几何自由度，如图 13-7 所示。衡量“弯”的一个关键参数是弯角，即积叠线端部切线与径向的夹角，并约定：压力面与端壁形成锐角时为正弯，而成钝角时为反弯。采用叶片弯的基本出发点是通过叶片周向弯曲或倾斜，使得叶片表面与气流的作用力在径向的分力不等于零，从而控制压强沿叶高的分布，进而减小径向二次流损失和叶尖泄漏损失。

叶片的“掠”源于外流的高速翼型，衡量“掠”的关键参数是掠角，其定义为当地相对来流速度矢量与叶片前缘切线夹角的余角。因此，“掠”实质上是展向各基元叶型逆流或者顺流方向，相对错位积叠的几何自由度。“掠”型叶片与“弯”型叶片有相似之处，即不同的“掠”与不同的“弯”都会改变径向的压强梯度，导致边界层发生径向的迁移，对原有的二次流分布与各种涡系都会产生影响，但是掠叶片与弯叶片在控制与改变径向压强梯度的机制上是有所不同的，因此其控制与改变流场结构的能力也就有所不差别。从目前的研究与应用来看，对低压涡轮，采用掠型叶片较多。在低压涡轮中，为减小泄漏流量、降低泄漏损失，一般在叶顶10%叶高位置采用“掠”型设计。

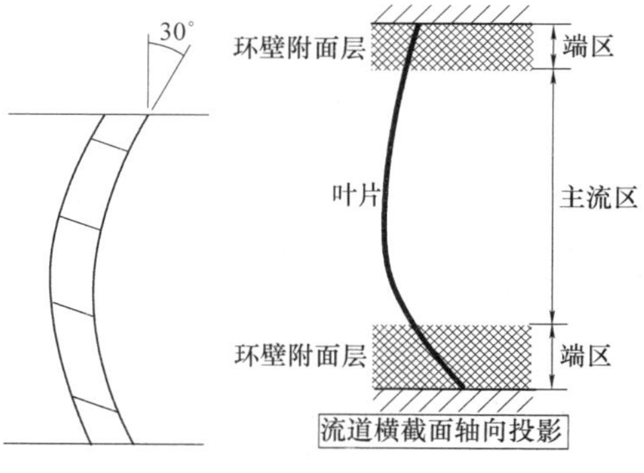

图 13-7　叶片的弯曲及其积叠线示意图

在涡扇发动机中，高低压涡轮间的过渡段的支板采用了“掠”型设计，使过渡段流动的分离得以减小与缓解。总之，叶片的弯、掠和扭三维造型的目的是通过改变叶栅通道内的三维压强场来控制流动，从而降低能量损失，提高涡轮效率。从设计的角度来看，弯、扭、掠都是一个设计的自由度，每增加一个自由度，就为设计提供了一个更大的可用于设计的空间。近年来，上述这种弯、掠、扭三维复合造型技术已用到 Trent 1000、LEAP－X 等高性能大涵道比涡扇发动机涡轮部件的设计中[653,654]。

在结束本小节讨论之际，我们再从径向平衡方程的分析上看一下叶片“弯”对涡轮流动的影响。由径向平衡方程（可参阅任一篇径向平衡的文献，如参考文献［47］）：

$$\frac{1}{Q}\frac{\partial p}{\partial r}=\frac{v_{\mathrm{u}}^{2}}{r}+\frac{w_{\mathrm{m}}^{2}}{r_{\mathrm{m}}}\cos\sigma-\frac{\sin\sigma}{2}\frac{\mathrm{d}w_{\mathrm{m}}^{2}}{\mathrm{d}m}+F_{\mathrm{r}} \tag{13-11}$$

式中，w_{m} 为相对速度 $\boldsymbol{w}$ 沿子午流线的分速度；F_{r} 为

$$F_{\mathrm{r}}=-\frac{n_{\mathrm{r}}}{rn_{\mathrm{u}}}\frac{\partial p}{\rho\partial\theta} \tag{13-12}$$

在叶栅流道内，径向压强的变化由式（13-11）等号右侧的四项决定。第1项为回转面内流体微团旋转时产生的离心惯性力，它对径向压强梯度的贡献总是正的；第2项为子午面内微团做曲线运动时所产生的离心惯性力在径向的分量，当子午流线为凹形时该项为负值，因而它使静压沿径向减小；在叶片机中，可控涡设计就是利用这项来控制沿叶高压强的分布；第3项为沿流面运动的微团在子午方向上产生的加速度惯性力在径向的分量，该力与加速度的方向相反；第4项为叶片对气流的作用力在径向的分力，它可能是正的，也可能是负的。例如，当叶片正弯时，压强沿周向的偏导数为负值，而流面单位法矢量的径向分量也为负值，于是当叶片

正弯时，方程式（13-11）中右侧第四项使压强梯度沿叶高减小。在常规径向叶片中，式（13-11）右端第四项非常小，故可略去不计，但在叶片正弯设计时，如果式（13-11）右端第四项的作用超过其余三项时，则可获得负的径向压强梯度，这就是叶片进行“弯”设计时可以控制径向压强梯度大小的理论依据。

13.3　叶型负荷及叶栅四种效率的计算

载荷系数 H_T 是用来衡量涡轮级负荷大小的，而衡量叶型负荷大小的参数是 Zweifel 系数 Zw 和环量系数 C_0。Zw 定义为作用于叶片上的周向力与某一理想的周向力之比，即

$$Zw = \frac{F_\theta}{b_x(p_{t1} - p_2)} = \frac{\oint p d_x}{b_x(p_{t1} - p_2)} = \oint \frac{p}{p_{t1} - p_2} d\left(\frac{x}{b_x}\right) \tag{13-13}$$

式中，p_{t1} 为叶型进口总压；p_2 为叶型出口静压。

如果采用控制体分析法，则式（13-13）又可改写为

$$Zw = \frac{\rho v_x t \Delta v_\theta}{b_x \dfrac{1}{2}\rho v_2^2} = \frac{2t}{b_x}\sin^2\alpha_2(\cot\alpha_1 + \cot\alpha_2) \tag{13-14}$$

式中，t 为栅距；b_x 为轴向弦长；b_x/t 为叶栅稠度 τ；α_1 与 α_2 为叶栅的进气角与出气角，v_2 为吸力面出口速度。

环量系数 C_0 是从环量的角度来衡量叶型的负荷大小。C_0 定义为叶型的实际环量与某一理想环量之比，即

$$C_0 = \frac{\oint v_S d_S}{v_2 S_0} = \oint \frac{v_S}{v_2} d\left(\frac{S}{S_0}\right) \tag{13-15}$$

式中，v_2 为吸力面出口速度；d_S 为环量积分曲线的微元弧长；S_0 为吸力面计算理想环量时的弧长[655]。

叶栅排的流动损失直接决定着涡轮部件的气动性能。引入叶栅的总压恢复系数 σ 和叶栅的总压损失系数 ζ，即

$$\sigma = \frac{p_{t1}}{p_{t0}} \tag{13-16}$$

$$\zeta = \frac{p_{t0} - p_{t1}}{p_{t1} - p_1} \tag{13-17}$$

式（13-16）和式（13-17）中，下角标“t”为滞止总参数，下角标“0”和“1”分别为叶栅的进口截面和出口截面。

引入涡轮级的等熵滞止效率（又称总对总效率）η、有效效率（又称轮缘效率）η_u、绝热效率（又称静对静效率）η_{ad} 以及多变效率 η_n，其中 η 定义为气流流经涡轮的轮缘功 L_u 与流经涡轮气体的等熵滞止焓降之比，即

$$\eta = \frac{L_u}{h_{t0} - h_{t2,is}} = \frac{h_{t0} - h_{t2}}{h_{t0} - h_{t2,is}} \tag{13-18}$$

η_u 定义为涡轮级轮缘功 L_u 与流经涡轮气体所释放的能量，即从进口总压 p_{t0} 膨胀到出口静压 p_2 的等熵焓降之比，即

$$\eta_u = \frac{h_{t0} - h_{t2}}{h_{t0} - h_{t2,is}} \tag{13-19}$$

由式（13-19）可知，对于同一个涡轮级，η_u 总是小于等熵滞止效率 η。

η_{ad}定义为涡轮级的实际焓降与等熵焓降之比，即

$$\eta_{ad} = \frac{h_0 - h_2}{h_0 - h_{2,is}} \tag{13-20}$$

η_n 则选取多变过程的热力学参数的变化作为基础，若以涡轮中以进、出口气流总参数为初始和最终的多变过程，其多变指数为 n 时，则 η_n 定义为[656-658]

$$\eta_n = \frac{L_u}{\int_{p_{t0}}^{p_{t2}} \frac{1}{\rho} \mathrm{d}p_t} = \frac{h_{t0} - h_{t2}}{\int_{p_{t0}}^{p_{t2}} \frac{1}{\rho} \mathrm{d}p_t} = \frac{\frac{\gamma}{\gamma - 1}}{\frac{n}{n - 1}} \tag{13-21}$$

另外，参考文献［506］详细分析了上述四种效率的适用条件，感兴趣者可参考。

13.4 高压涡轮的气动特点及求解的基本方程

目前，随着大型民用宽弦长设计、小展弦比涡扇发动机和军用小涵道比加力式涡扇发动机的发展，高压涡轮的气动特点正朝着高温、高压、高效率和长寿命的方向发展。以高温、高压不断增加为例，对于大型民用涡扇发动机，GE 公司在 GE90 发动机的基础上研发了 GE_{nx} 发动机；GE 公司还与 PW 公司共同研制了 GP7000 发动机。英国 RR 公司研制了 Trent1000，GE 公司与法国 SNECMA 公司合资的 CFMI 公司正在研制 LEAP－X1C 发动机。目前，RR 公司预研的涡轮进口温度为 2050～2150K，总压比为 50～60。对于军用发动机，在 F120 和 F119 基础上又研制了 F135 等新型发动机。现在的目标是提高推重比为 15～20，涡轮进口温度要提高到 2300～2400K，总压比有可能提高到 40。同时，第六代军用变循环发动机已在着手发展中。

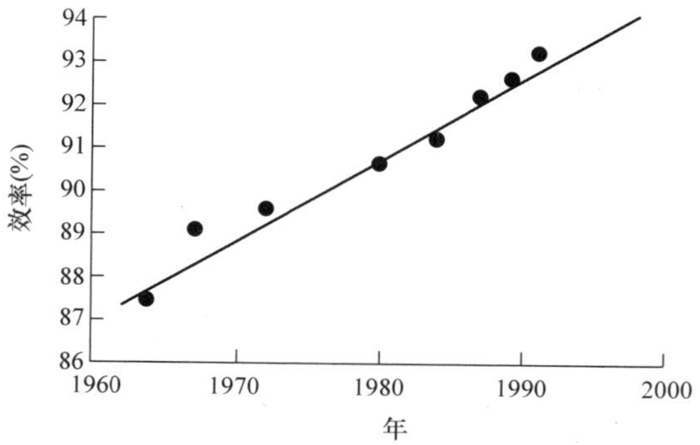

图 13-8　高压涡轮效率随时间的变化曲线

提高高压涡轮气动效率是研制高压涡轮的气动核心问题，图 13-8 所示为高压涡轮效率随时间的变化曲线。从图 13-8 中可以看出，30 年来，高压涡轮的效率提高近

6%。目前，民用高压涡轮的效率可达 92% ~94%，军用涡轮的效率也有明显提高。图 13-9 所示为涡轮流量系数、载荷系数与涡轮效率的关系曲线。高压涡轮载荷系数主要受级压比、温度比和转速的限制，而流量系数与轮毂比的关系较大。鉴于目前高压涡轮的工作情况，由图 13-9 可知，高压涡轮的效率在 90% ~93%之间。

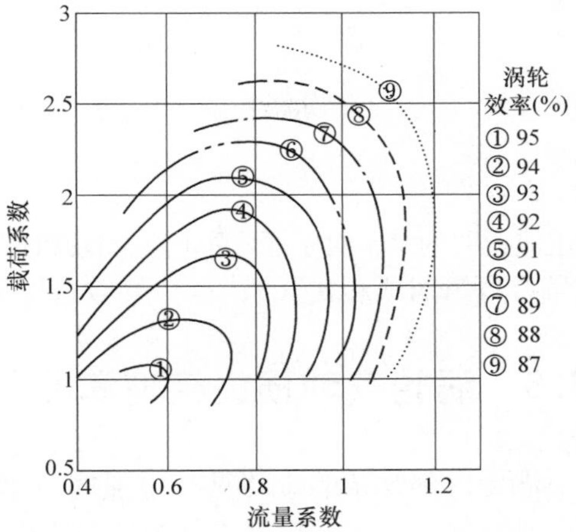

图 13-9　涡轮流量系数、载荷系数与涡轮效率的关系曲线

高压涡轮的进出口分别是燃烧室和低压涡轮，热斑的影响以及高低压涡轮过渡段的设计（逆压梯度、扩压流动、易发生流动分离）都是高压涡轮气动设计所面临的难题。也正是由于高压涡轮的工作环境恶劣，流场状况十分复杂。高压涡轮作为核心机的主要部件[659]，叶片要承受着非常高的热负荷和气动负荷，并且在这种严峻的环境下，高压涡轮的寿命还要达到上万小时，因此对于高压涡轮设计而言，挑战是巨大的。

面临高压涡轮非常高的热负荷，气冷技术是保证涡轮安全工作的关键手段。在气冷涡轮的实际工作中，冷却工质为空气，而主流区域工质为燃气，两者热物理性能相差较大。当冷气量较少时，计算涡轮性能参数时可以不用考虑冷气组分扩散的计算。随着发动机的发展，目前气冷涡轮中冷却气体的流量已占到涡轮入口流量的 20%甚至 30%，并且流动中不同组分存在着较为严重的扩散现象，因此这时对流流动与传热的影响也就不可忽略了，这就是本节要采用有质量源的非定常 N－S 方程组的重要依据。

对于叶轮机械，取相对坐标系，考虑有质量源的 N－S 方程组为

$$\frac{\partial \rho}{\partial t}+\nabla \cdot (\rho \boldsymbol{w})=\dot{m} \tag{13-22}$$

$$\frac{\partial(\rho \boldsymbol{w})}{\partial t}+\nabla \cdot (\rho \boldsymbol{w}\boldsymbol{w}+p\boldsymbol{I}-\boldsymbol{\Pi})=\dot{m}\boldsymbol{v}_{\mathrm{c}}+\rho\omega^2\boldsymbol{r}-2\rho\boldsymbol{\omega}\times\boldsymbol{w}-\rho r\boldsymbol{i}_{\varphi}\dot{\omega} \tag{13-23}$$

$$\frac{\partial(\rho e)}{\partial t}+\nabla \cdot [(\rho e+p)\boldsymbol{w}-\boldsymbol{\Pi}\cdot\boldsymbol{w}-\lambda\nabla T]=\dot{m}H_{\mathrm{c}}+\rho\omega^2(\boldsymbol{r}\cdot\boldsymbol{w})-\rho r(\boldsymbol{i}_{\varphi}\cdot\boldsymbol{w})\dot{\omega} \tag{13-24}$$

式中，矢量 $\boldsymbol{i}_{\varphi}$ 为柱坐标系（r，φ，z）中 φ 方向的单位矢量；$\dot{m}$为单位时间单位体积的冷却介质或抽出气体或冷凝气体的气体质量，为了更简便，设$\dot{m}$为质量元，即单位时间单位体积流出或流入的质量；$\boldsymbol{\Pi}$ 为黏性应力张量，ω 为转子旋转的角速度；e 与$\dot{\omega}$分别定义为[170]

$$e = \int c_V \mathrm{d}T + \frac{1}{2}\boldsymbol{w} \cdot \boldsymbol{w} \tag{13-25}$$

$$\omega \equiv |\boldsymbol{\omega}| \tag{13-26}$$

$$\dot{\omega} = \frac{\mathrm{d}\omega}{\mathrm{d}t} \tag{13-27}$$

这里应说明的是，对于通常不研究发动机起动或变速问题时，因$\dot{\omega}$为0，故式（13-23）等号右边第四项和式（13-24）等号右边第三项均为0。

13.5 涡轮气动损失模型和冷气掺混损失模型

涡轮内部复杂的流动具有很强的三维性、强的剪切和强的非定常黏性流动特征。黏性耗散、剪切掺混以及激波与边界层的相互作用导致了流动过程中的气动损失，如叶型损失、二次流损失、叶尖泄漏损失、冷气掺混损失和其他损失等。这些损失将导致涡轮内部的流通能力和做功能力发生变化，如何将这些损失进行模化和定量评估，对工程设计具有重大的意义。

叶型损失为叶片表面边界层、尾迹以及湍流耗散等所带来的损失，除叶片表面边界层损失外，叶片尾缘边界层脱落的涡系以及尾迹与主流的掺混也会带来尾缘损失和尾迹掺混损失；在跨声速涡轮中，还存在着激波与边界层的相互作用而引起的损失等都属于叶型损失。另外，由于黏性和通道中压强梯度的存在，涡轮端区充满着旋涡，而且旋涡与主流之间作用会引起严重的二次流。在动叶叶尖，流动更复杂，由于叶尖泄漏流的存在，它不但削弱了动叶尖部气流的做功能力，而且还增加了尖部通道的流动堵塞。此外，高温涡轮的冷却气流，如叶片气膜和端壁封严气流等也会与主流发生严重掺混，从而造成严重冷气掺混损失。上述这些损失如何模化、量化，对正确评价高压涡轮的气动性能影响极大。

早在20世纪中期，人们就开始着手分析涡轮内部气动损失的机理并积累了一些经验关系，例如1957年由Ainley和Mathieson模型以及经过Dunham、Came、Kacker和Okapuu等一系列改进与完善之后形成的AMDCKO模型[660]；再如Denton损失模型[661,662]、Coull和Hodson叶型损失模型[663]以及可对冷气掺混损失进行评估的Ito[664]和Lakshminarayana气膜冷却损失模型[665,666]。这些模型各有特色，不同模型的适用范围和精度也各不相同，这就需要读者使用时加以注意。另外，对于上述模型，2006年，R. S. Bunker专门写过涡轮气冷叶片分析方面的手册；韩介秦、杜达和艾卡德出版过燃气轮机传热和冷却技术方面的英文版专著，2005年西安交通大学将其译为中文版，感兴趣者可以阅读上面给出的相关文献。

13.6 寂静效应与时序效应及其工程应用

寂静区（calmed region）指在湍流斑的上游存在一个非湍流区域，该区域对扰动不敏感。因此，寂静区能比周围流体更持久地保持层流状态。寂静区的前缘即是湍流斑的尾缘，在湍流斑内部，剪切应力很大，并且存在着强烈的脉动，而在紧随湍流斑的寂静区，剪切应力则逐渐下降到未受扰动的层流水平。由于寂静区具有比层流更饱满的速度型剖面，对环境扰动不敏感，而且能够抵抗转捩和分离。寂静区的这些特点，对于低压涡轮的气动设计具有非常重要的意义。

寂静效应是近年来高负荷低压涡轮气动领域研究的热点，其本质是上游叶排尾迹与下游叶片排吸力面边界层的相互作用，导致叶型损失发生较为明显的变化。在设计中合理利用寂静效应，可以提高吸力面抗分离的能力，并且减少了摩擦损失，最终达到增大叶片负荷以及提高涡轮性能的目的[667-669]。英国剑桥大学 Hodson HP 等经过 20 余年持续不断的研究，在寂静效应的工程应用方面做出了杰出的贡献。如今，寂静效应的设计方法已在先进航空发动机低压涡轮的设计中获得应用，如 RR 公司的 BR710、BR715、TRENT500、TRENT900、BR700 系列和 GP7000 系列等航空发动机以及大涵道比涡扇发动机[670-672]，该技术的应用能使低压涡轮的气动负荷提高了 30% ~40%。

另外，多级涡轮内部的而非定常作用可能会对下游流动产生显著的影响。现在的研究已表明，时序效应（clocking effects）就是一例。所谓时序效应指相对静止叶排周向的相对位置关系将决定上游尾迹进入下游各通道的相位，从而导致多级涡轮中尾迹对下游流动的影响，并最终影响多级涡轮的气动性能。研究表明，当多级涡轮叶排相对周向位置变化时，部件气动效率的变化幅度可达 0.5%，一般当上游叶排的尾迹通过下游叶片的前缘时出现最高效率，而最低效率出现在上游叶片的尾迹从下游叶片通道中央流过时。此外，试验和计算都表明[673,674]，无论在设计工况还是在非设计工况，静子的时序效应可使涡轮效率改变 0.3%。在设计工况时，不同径向位置最高的效率变化可达 1%。据此，人们认为如果能充分利用叶排间的时序效应，则涡轮气动性能提高 0.8% 是完全可能的[675-678]。

时序效应除了对涡轮部件的总性能产生影响外，它还对多级涡轮内部的边界层结构的演化产生影响[679-681]，例如可以对叶尖泄漏流动以及二次流流动的强度与演化规律产生显著的影响[682-684]。

13.7 低维设计空间中涡轮造型与气动参数的筛选

叶轮机械的气动设计工作可以从低维空间的设计做起。如果使用得当，低维空间设计往往可以抓住叶轮机内部最主要的物理本质，具有举足轻重的作用。事实上，这也是世界各著名航空发动机公司的核心技术之一。低维空间的设计结果是高维空间设计工作的基础，尤其是决定速度三角形的五参数法、经典的 Smith 图法等。

13.7.1 利用一维平均中径与损失模型相结合评估涡轮性能的方法

涡轮级的气动效率可以由速度三角形的五个量纲为 1 的参数和叶片的展弦比来计算。在多级涡轮中，除了每级涡轮的上述五个变量之外，还需要添加功分配系数，于是整个涡轮部件的总效率便可获得。对于上述计算的详细过程，将在第 13.7.3 小节中讨论。

13.7.2 利用一维 Euler 方程和体积力相结合评估涡轮性能的方法

取涡轮流道截面，建立曲线坐标系（m，n，θ），如图 13-10 所示。其中 m 为流向坐标，n 为法向坐标，θ 为周向坐标。令①截面为进口截面，②截面为出口截面。取微元控制体（见图 13-10b）上边界为机匣，下边界为轮毂，建立一维 Euler 方程组：

$$\frac{\partial \boldsymbol{U}}{\partial t}+\frac{\partial \boldsymbol{F}}{\partial m}=\boldsymbol{Q} \tag{13-28}$$

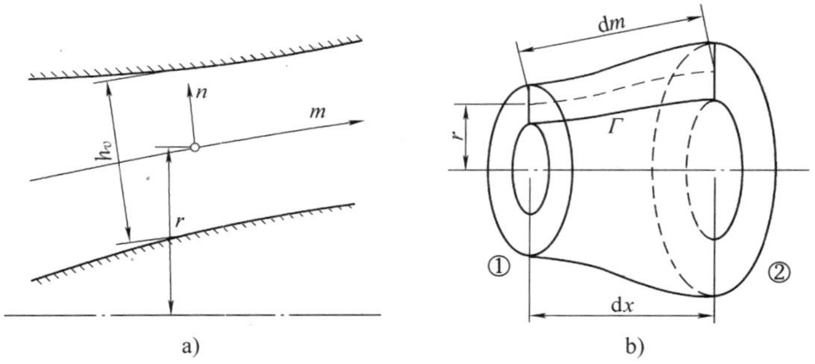

图 13-10 坐标系与控制体

a）涡轮曲线坐标系 b）微元控制体

$$\begin{cases}\boldsymbol{U}=\begin{pmatrix}\rho S\\ \rho S v_m\\ \rho S v_\theta\\ \rho e S\end{pmatrix}\\ \boldsymbol{F}=\begin{pmatrix}\rho S v_m\\ (p+\rho S v_m^2)\\ \rho S v_m v_\theta\\ \rho\left(e+\dfrac{p}{\rho}\right) S v_m\end{pmatrix}\end{cases} \tag{13-29}$$

$$\boldsymbol{Q}=\boldsymbol{Q}_{\mathrm{b}}+\boldsymbol{Q}_{\mathrm{f}}+\boldsymbol{Q}_{\mathrm{g}}+\boldsymbol{Q}_{\mathrm{c}} \tag{13-30}$$

式（13-28）~式（13-30）中，S 为子午流道的横截面积；v_m 为流体的绝对速度在 m 坐标方向上的分量；v_θ 为绝对速度在 θ 坐标方向上的分量；e 为流体的广义内能；体积力源项 $\boldsymbol{Q}$ 由四部分组成：$\boldsymbol{Q}_b$ 为无黏叶片力源项，$\boldsymbol{Q}_f$ 为黏性力源项，$\boldsymbol{Q}_g$ 为几何力源项，$\boldsymbol{Q}_c$ 为冷气源项；$\boldsymbol{Q}_b$、$\boldsymbol{Q}_f$、$\boldsymbol{Q}_g$ 和 $\boldsymbol{Q}_c$ 的表达式分别为

$$\left\{\begin{aligned}\boldsymbol{Q}_b &= \begin{pmatrix}0\\ SF_{b,m}\\ SF_{b,\theta}\\ Sr\Omega F_{b,\theta}\end{pmatrix}\\ \boldsymbol{Q}_f &= \begin{pmatrix}0\\ SF_{f,m}\\ SF_{f,\theta}\\ Sr\Omega F_{f,\theta}\end{pmatrix}\\ \boldsymbol{Q}_g &= \begin{pmatrix}0\\ SF_{g,m}+p\dfrac{\partial S}{\partial m}\\ SF_{g,\theta}\\ Sr\Omega F_{g,\theta}\end{pmatrix}\\ \boldsymbol{Q}_c &= \begin{pmatrix}q_{cool}\\ 0\\ 0\\ q_{cool}\cdot H_{cool}\end{pmatrix}\end{aligned}\right. \tag{13-31}$$

式中，r 如图 13-10 所示，为研究点到涡轮中心轴线的半径；$\boldsymbol{F}_b$、$\boldsymbol{F}_f$ 和 $\boldsymbol{F}_g$ 分别为无黏叶片力矢量、黏性力矢量和几何力矢量，其分量的表达式分别为[685,686]

$$rF_{b,\theta}=\frac{q_m}{\widetilde{V}_o}(r_2v_{\theta,2}-r_1v_{\theta,1}),\ F_{b,m}=-F_{b,\theta}\frac{w_\theta}{w_m} \tag{13-32}$$

$$|\boldsymbol{F}_f|=\rho T\frac{w_m}{w}\frac{\partial S}{\partial m},\ F_{f,m}=-|\boldsymbol{F}_f|\frac{w_m}{|\boldsymbol{w}|} \tag{13-33}$$

$$F_{f,\theta}=-|\boldsymbol{F}_f|\frac{w_\theta}{|\boldsymbol{w}|} \tag{13-34}$$

$$F_{g,m}=\frac{\rho v_\theta^2}{r}\frac{\partial r}{\partial m},\ F_{g,\theta}=-\frac{\rho v_m v_\theta}{r}\frac{\partial r}{\partial m} \tag{13-35}$$

式（13-32）~式（13-35）中，r_1 与 r_2 分别为叶片进口平均中径与叶片出口平

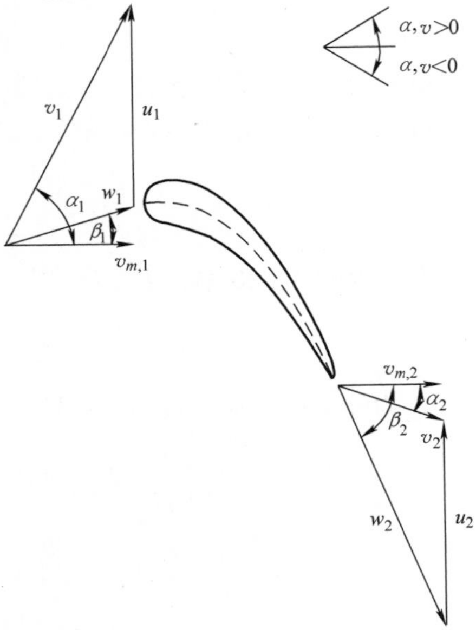

图 13-11　叶片平均中径上的进出口速度三角形

均中径；$v_{\theta,1}$为 r_1 处的 v_θ 值；$v_{\theta,2}$为 r_2 处的 v_θ 值；q_m 为通道的流量；$\widetilde{V}_o$ 为叶片排内气体的体积。

图 13-11 所示为叶片平均中径上的进出口速度三角形。

13.7.3 低维设计空间中考虑环量系数与雷诺数的参数筛选

利用一维性能评估方法，结合数理统计分析工具，即可以分析一维参数对涡轮气动性能的影响规律。对于单级涡轮，由载荷系数 H_T、流量系数 φ、反力度 Ω、轴向速度比 K 和进出口中径比 D，便可以求出图 13-12 所示的各个气流角 α_1、α_2、β_1 和 β_2 的表达式，即

$$\alpha_1 = \arctan \frac{\varphi K}{\frac{H_T}{2} + (1-\Omega)} \tag{13-36}$$

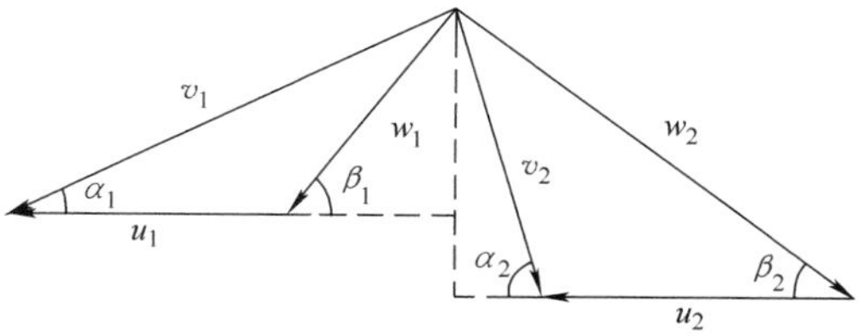

图 13-12 典型涡轮的速度三角形

$$\alpha_2 = \arctan \frac{\varphi}{\frac{H_T}{2} - (1-\Omega)} \tag{13-37}$$

$$\beta_1 = \arctan \frac{\varphi K}{\frac{H_T}{2} - \Omega} \tag{13-38}$$

$$\beta_2 = \arctan \frac{\varphi}{\frac{H_T}{2} - (1-\Omega) + D} \tag{13-39}$$

损失模型采用了一种简单形式，令 ζ_r 和 ζ_s 分别为动叶和导叶的速度损失系数，并令 ξ_p 和 ξ_s 分别为叶型能量损失系数和二次流能量损失系数，于是有

$$\zeta_r = \sqrt{1-(\xi_{p,r}+\xi_{s,r})} \tag{13-40}$$

$$\zeta_s = \sqrt{1-(\xi_{p,s}+\xi_{s,s})} \tag{13-41}$$

令 η 为涡轮级的气动效率，于是有[650]

$$\eta = \frac{2\eta_\delta H_T}{B_1} \tag{13-42}$$

式中，η_δ 为叶尖泄漏损失效率；符号 B_1 的定义为

$$\begin{aligned} B_1 = {} & \varphi^2\left[\left(\frac{1}{\zeta_r^2}-1\right)+K^2\left(\frac{1}{\zeta_s^2}-1\right)\right]+\frac{H_T^2}{4}\left(\frac{1}{\zeta_s^2}+\frac{1}{\zeta_r^2}-2\right) \\ & +H_T\left\{(1-\Omega)\left(\frac{1}{\zeta_s^2}-1\right)+[D-(1-\Omega)]\left(\frac{1}{\zeta_r^2}-1\right)+2\right\} \\ & +[D-(1-\Omega)]^2\left(\frac{1}{\zeta_r^2}-1\right)+(1+\Omega)^2\left(\frac{1}{\zeta_s^2}-1\right) \end{aligned} \tag{13-43}$$

对于多级涡轮，除了每级涡轮的上述五个变量外，还需要添加功分配系数$\widetilde{\lambda}_n$，这里下角标“n”表示第 n 级涡轮，于是各级涡轮的功率 P_n 与涡轮部件总功率 P_T 有如下关系：

$$P_n = \widetilde{\lambda}_n P_T \tag{13-44}$$

并且功分配系数$\widetilde{\lambda}_n$ 有如下约束：

$$\sum_{n=1}^{N} \widetilde{\lambda}_n = 1 \tag{13-45}$$

因此 N 级涡轮部件的总效率 η_T 为

$$\eta_T = \frac{\sum_{n=1}^{N} P_n}{\sum_{n=1}^{N} \frac{P_n}{\eta_n}} = \frac{1}{\sum_{n=1}^{N} \frac{\widetilde{\lambda}_n}{\eta_n}} \tag{13-46}$$

下面以两级低压涡轮为研究对象，用正交试验法筛选主要因素。两级涡轮有 10 个速度三角形量纲为 1 的参数，再加上一个功分配系数，所以有 11 个变量（因素）。如果每个因素取 13 个水平，则形成的总样本数将为 13^{11}，显然工作量太大。为此，先对单级涡轮以 5 因素 13 水平，共形成 $13^5 = 371293$ 个样本。表 13-1 给出了单级涡轮一维参数样本的选择范围与水平数。样本数都选为 13 并且等间距分布。

表 13-1　单级涡轮一维参数样本的选择

参数	最小值	最大值	水平数
载荷系数 H_T	0.70	3.10	13
流量系数 ϕ	0.42	1.28	13
反力度 Ω	0.17	0.53	13
轴向速比 K	0.70	1.30	13
进出口中径比 D	0.82	1.18	13

表 13-2 给出了单级涡轮极差分析的结果。由表 13-2 可知，载荷系数、流量系数和反力度是对涡轮性能起主要作用的因素。

表 13-2　单级涡轮极差分析结果

参数	载荷系数 H_T	流量系数 ϕ	反力度 Ω	轴向速比 K	进出口中径比 D
效率极差 η_{EDA}（%）	5.42	1.84	1.42	0.50	0.43

下面对两级涡轮问题进行极差分析。这时只考虑 7 个参数（即一个功分配系数以及各级涡轮的载荷系数、流量系数和反力度），每个参数取 13 个水平；然后，进行极差分析便可得到两级涡轮时 7 个参数的主次排序顺序。表 13-3 给出了两级涡轮极差分析结果。由表 13-3 可知，载荷系数、流量系数和反力度是影响两级涡轮效率的三个主要因素。这里应说明的是，对于多水平、多因素问题，采用王元和

方开泰先生的均匀设计表安排试验[450,451]，会大大提高筛选的效率，尤其是 13 个水平、7 因素问题更适宜采用均匀设计方法。

表 13-3　两级涡轮极差分析结果

参数	第一级			第二级			W_D
	H_T	φ	Ω	H_T	φ	Ω	
效率极差 η_{EDA}（%）	2.27	0.35	0.27	1.22	0.58	0.51	0.31

随着现代低压涡轮高负荷设计技术的进一步发展，设计中已发现[649]，不仅载荷系数、流量系数和反力度等参数对涡轮性能影响显著，而且叶片的升力系数（也可用环量系数 C_0 代替）和叶片工作时的雷诺数也成了影响涡轮性能的主要因素。参考文献［649］采用一维平均中径方法对高负荷叶型中的流量系数、升力系数和雷诺数等对低压涡轮性能的影响规律进行了分析，得到如下规律：当升力系数增加时，将导致效率下降；另外，当雷诺数小于某一临界值时，效率将随雷诺数的下降呈现加速下降的趋势。事实上，当飞机处于高空巡航状态时，低压涡轮叶片工作雷诺数可降至 $3\times10^4\sim5\times10^4$，远低于自模化雷诺数[687]，特别是低压涡轮出口级更是如此。此时，低雷诺数效应已成为低压涡轮高空工作时影响效率的重要因素之一。我们完全同意参考文献［649］和［506］的建议：在进行低压涡轮设计时，应将载荷系数 H_T、流量系数 φ、反力度 Ω、环量系数 C_0 和雷诺数 Re 这五个量纲为 1 的参数作为影响低压涡轮性能的主要因素。

13.8　涡轮部件气动初步设计的全过程

本节给出一个涡轮部件初步气动设计的大致步骤，供读者参考。首先，通过涡轮的质量流量（设计工况）来自压气机（冷却用气）和燃烧室（主燃气），而且压气机与涡轮同轴旋转；其次，燃烧室出口处的温度与压强（总压）就是涡轮进口所需要的参数。这里要说明的是，为便于叙述，下文采用了图 13-13 所示的两级涡轮及截面编号。

设计涡轮时，应首先给出以下五个参数：①涡轮进口质量流量（如 $\dot{m}_1=10\text{kg/s}$）；②轴的转速（如 $\omega=8770\text{r/m}$）；③涡轮进口总温（如 $T_{t1}=2000\text{K}$）；④涡轮进口总压（如 $p_{t1}=1960\text{kPa}$）；⑤压气机进口中径半径（如 $r_{m1}=0.37\text{m}$）。其次，由压气机出口引冷气为涡轮冷却，冷却空气的相关参数为：①冷气质量流量（如 $\dot{m}_c=10\text{kg/s}$）；②冷气总温（如 $T_{tc}=771\text{K}$）；③冷气总压（如 $p_{tc}=2020\text{kPa}$）。给出环境压强（$p_0=101\text{kPa}$）、温度（如 $T_0=25℃$）和飞行马赫数（如 $Ma_0=0$）。最后，还应给出燃气和空气的气体特性（γ 和 c_p），如选择 $c_{pt}=1243.67\text{J/(kg}\cdot\text{K)}$，$\gamma_t=1.3$；$c_{pc}=1004.5\text{J/(kg}\cdot\text{K)}$，$\gamma_c=1.4$。

下面分 16 步进行设计与计算。

1. 燃气涡轮后总温降 ΔT_t 的计算

令 η_m 为机械效率（如取 0.995），P_c 为提供给压气机的轴功率，P_t 为涡轮轴的功率，于是有

$$P_t = \frac{P_c}{\eta_m} \quad (13\text{-}47)$$

式中，P_c 为

$$P_c \approx \dot{m}_0 c_{pc}(T_{t3} - T_{t2}) \quad (13\text{-}48)$$

例如，取压气机进口总温 T_{t2} 和出口总温 T_{t3} 分别为 298K 和 771K，空气质量流量 $\dot{m}_0$ 为 100kg/s（相当于压气机增压比为 20，多变效率 e_c 为 0.9 时），由式（13-48）得 $P_c = 47.513\text{MW}$，因此涡轮轴功率 $P_t \approx 47.752\text{MW}$。这里要说明的是，燃气涡轮轴功率应是燃气与冷却气做功的总和，它们两者均膨胀到同样的出口温度 $T_{t5,col}$，于是有

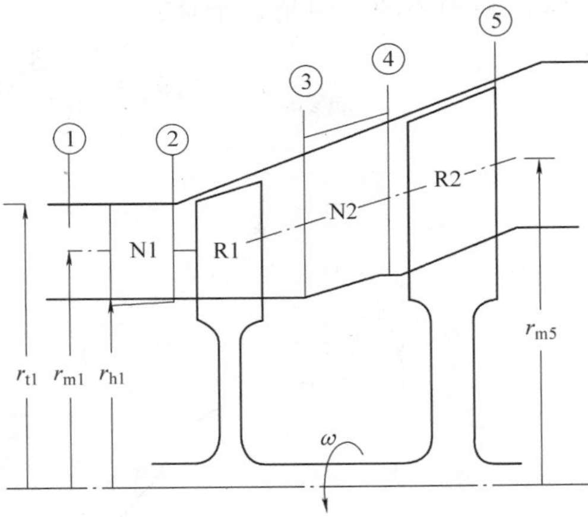

图 13-13　两级涡轮及截面编号

$$P_{t,act} = \dot{m}_0(1-\varepsilon)c_{pt}(T_{t1} - T_{t5,col}) + \varepsilon c_{pc}(T_{tc} - T_{t5,col}) \quad (13\text{-}49)$$

式中，ε 为冷却气体的质量分数（如 $\varepsilon = 0.1$）。

由式（13-49）解得 $T_{t5,col} \approx 1507\text{K}$，于是通过涡轮后的总温降 ΔT_t 为

$$\Delta T_t = T_{t1} - T_{t5,col} \quad (13\text{-}50)$$

这里，ΔT_t 为 493K。如果选择了级反力度 Ω，便可以估计出涡轮的级数。

2. 计算第一级导向器在中径处的进口参数

假定气流沿轴向速度恒定，即

$$v_z = \text{const} \quad (13\text{-}51)$$

现在进行第一级涡轮导向器中径处的设计。因为第一级涡轮导向器工作在阻塞状态，选择第一个喷管出口的马赫数略微超过声速，即

$$Ma_2 = \text{选择值} \quad (13\text{-}52)$$

这里，第一级涡轮导向器出口的设计选择值可取为 1.1。因此，由进口 T_{t4} 和出口马赫数可计算出导向器出口静温 $T_2 \approx 1693\text{K}$、声速 $a_2 = 794.7\text{m/s}$、出口气流绝对速度 $v_2 = 874.2\text{m/s}$。然后再由第一级导向器出口角 $\alpha_2 \approx 60°$，可计算导向器出口的周向分速 $v_{\theta,2}$ 和轴向分速 $v_{z,2}$，它们分别为 757.1m/s 和 437.1m/s。因为采用轴向流速相等的设计方法，即

$$v_1 = v_{z,1} = v_{z,2} \quad (13\text{-}53)$$

一旦有了 v_1，便可由 T_{t1} 算出 T_1、声速 a_1 以及第一级导向器进口燃气的马赫数 Ma_1 值，这里 $Ma_1 = 0.516$。

3. 计算第一级导向器的最佳稠度

最佳轴向稠度 σ_z 由 Zweifel 方法得到，令 ψ_z 为载荷系数、β_1 与 β_2（见图

13-14）为相关的流向角，于是有

$$\sigma_z\psi_z = \frac{2\cos\beta_2}{\cos\beta_1}\sin(\beta_1 - \beta_2) \tag{13-54}$$

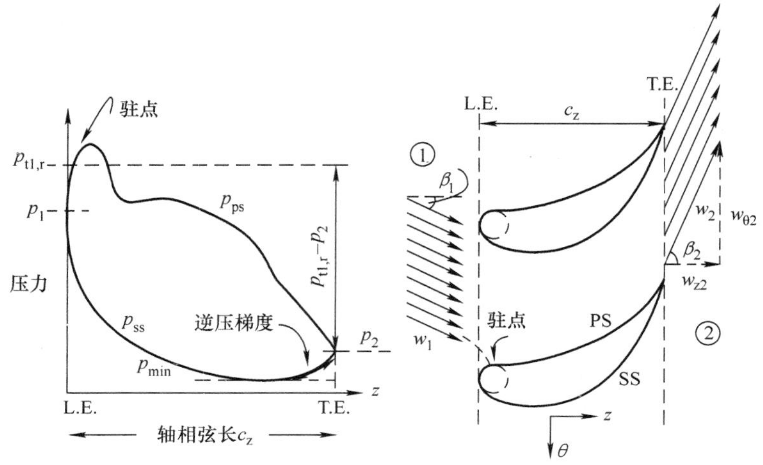

图 13-14　涡轮叶片压力分布与速度三角形示意

因为第一级导向器进口为轴向流动，即 $\alpha_1=0$；又假定出口气流角 $\alpha_2=60°$；从图 13-15 可得最佳轴向稠度参数 $\sigma_z\psi_z\approx0.85$；如果取 $\psi_z=1.0$，则 $\sigma_z\approx0.85$；令 γ_0 为安装角，于是导向器的实际稠度 σ 为

$$\sigma = \frac{\sigma_z}{\cos\gamma_0} \tag{13-55}$$

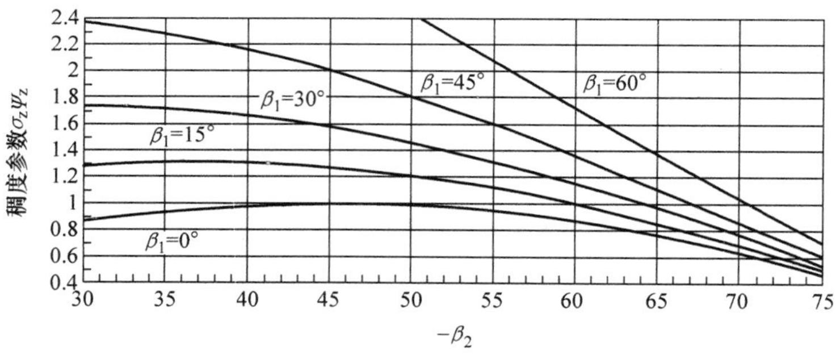

图 13-15　角 β_1 与 β_2 对稠度参数 $\sigma_z\psi_z$ 的影响曲线

在导向器中，安装角 γ_0 的第一个近似值是等于平均流向角 α_m，并注意到

$$\alpha_m = \arctan\left(\frac{v_{\theta m}}{v_z}\right)\approx\gamma_0 \tag{13-56}$$

可以算得 $\gamma_0\approx40.9°$；由式（13-55）得实际最佳稠度为：$\sigma\approx1.1$。

4. 第一级导向器的落后角与喉道尺寸计算

对于涡轮落后角可由 Carter 准则（当出口为亚声速流动时）计算，即

$$\delta^* \approx \frac{m\theta}{\sigma} \approx \frac{\theta}{8\sigma} \tag{13-57}$$

式中，θ 为叶型弯角；σ 为稠度；m 为系数。

当出口为声速或者超声速流动时，则 $\delta^* \approx 0°$。

对于喉道尺寸的计算（见图 13-16），令喉道宽度为 $\widetilde{O}$，叶片间距为 $\widetilde{S}$，出口气流角为 α_2，则有

$$\widetilde{O} = \widetilde{S}\cos\alpha_2 \tag{13-58}$$

上述关系对于亚声流是个可以接受的近似。对于超声速出口（如出口马赫数为 1.3），则要用面积比 $\frac{A}{A^*}$ 校正，即

$$\frac{\widetilde{O}}{\widetilde{S}} = \frac{\cos\alpha_2}{\left(\frac{A}{A^*}\right)_{Ma_2}} \tag{13-59}$$

式中，$\frac{A}{A^*}$ 约为 1.008。

当 $\alpha_2 = 60°$，$Ma_2 = 1.1$ 时，有

$$\frac{\widetilde{O}}{\widetilde{S}} \approx \cos\alpha_2 = 0.5 \quad （当 Ma_2 \leqslant 1）$$

$$\frac{\widetilde{O}}{\widetilde{S}} \approx \frac{\cos\alpha_2}{\left(\frac{A}{A^*}\right)_{Ma_2}} \approx 0.496 \quad （当 Ma_2 = 1.1）$$

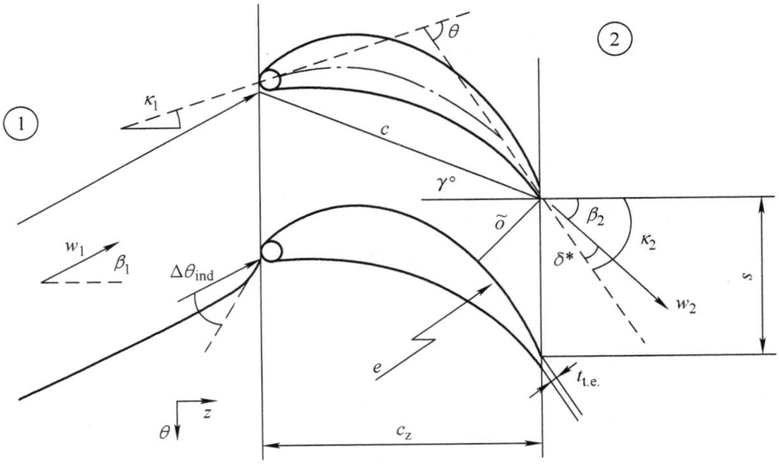

图 13-16　涡轮叶栅的喉道宽度与动叶的进出气角

5. 第一级涡轮导向器的冷却计算

由冷却气侧和燃气侧稳态热量传递方程式，建立冷却气质量分数与燃气、壁面温度以及斯坦顿数的关系式，即

$$\varepsilon \equiv \frac{\dot{m}_{c}}{\dot{m}_{g}} = \frac{c_{pc}}{c_{pg}} \frac{Stc}{Stg}\left(\frac{T_{wc} - T_{c}}{T_{aw} - T_{wg}}\right) \tag{13-60}$$

式中，T_{aw}为绝热壁面温度；T_{wc}与T_{wg}分别为冷却气侧壁面温度与燃气侧壁面温度；Stg与Stc分别为燃气侧的斯坦顿数与冷却气侧的斯坦顿数。根据傅里叶热传导定律和稳态下燃气热量经壁面到冷却气的传递过程，有

$$T_{wc} = T_{wg} - \left(\frac{\widetilde{t}_{w}}{k_{w}}\right)\frac{1}{2\sigma}\rho_{g}\widetilde{v}_{g}c_{pg}Stg(T_{aw} - T_{wg}) \tag{13-61}$$

式中，$\widetilde{v}_{g}$为燃气平均速度；$\widetilde{t}_{w}$为壁厚的初始设计选择值；σ为叶片稠度。

另外，由连续方程建立燃气质量密度ρ_{g}、平均流道马赫数Ma_{g}、总压p_{tg}、总温T_{tg}之间的关系，有

$$\rho_{g}\widetilde{v}_{g} = \frac{\dot{m}_{g}}{A_{g}} = \sqrt{\frac{\gamma_{g}}{R_{g}}}\frac{p_{tg}}{\sqrt{T_{tg}}}Ma_{g}\left(1 + \frac{\gamma - 1}{2}Ma_{g}^{2}\right)^{\frac{-(\gamma+1)}{2(\gamma-1)}} \tag{13-62}$$

式中

$$Ma_{g} \approx \frac{1}{2}(Ma_{1} + Ma_{2}) \tag{13-63}$$

如果取$p_{tg} \approx 1960\text{kPa}$，$T_{tg} \approx 2000\text{K}$，$Ma_{g} = 0.808$，则由式（13-62）得

$$\rho_{g}\widetilde{v}_{g} \approx 1665.9\text{kg}/(\text{m}^{2} \cdot \text{s})$$

如果T_{wg}取为1200K（它是一个设计选择值）、$\widetilde{t}_{w}$取为1.5mm（壁厚也是设计选择值）、k_{w}为壁面热导率［如取镍基合金，它为14.9W/(m·K)］、$Stg \approx 0.005$（燃气侧的斯坦顿数）以及$T_{aw} \approx T_{tg}$（绝热壁面温度，近似取为燃气总温，取为2000K）时，于是由式（13-61），得$T_{wc} = 820.8\text{K}$。另外，根据参考文献［688］的推荐，选取冷却气侧与燃气侧的Stanton数之比，即

$$\frac{Stc}{Stg} \approx 0.5 \tag{13-64}$$

于是由式（13-60）算出$\varepsilon \approx 0.0252$。

6. 第一级涡轮转子中径处的设计计算（采用$v_{z} = \text{const}$的假定）

第一级转子在中径的转速为

$$u_{m} = \omega r_{m} \tag{13-65}$$

式中，$r_{m} = 0.37$。

由式（13-65），得$u_{m} = 399.8\text{m/s}$。令Ma_{3r}为转子出口相对马赫数，它是设计时需要确定的参数。开始时可取$Ma_{3r} = 0.8$（注意其取值上限为0.9），注意到第一级转子处于非壅塞状态。另外，Ma_{3r}可写为

$$Ma_{3r}=\frac{1}{a_3}[v_{z3}^2+w_{\theta3}^2]^{1/2}=0.8 \tag{13-66}$$

由能量守恒定律建立转子进口与出口处的关系，即

$$\frac{a_3^2}{\gamma_t-1}+\frac{w_3^2}{2}=\frac{a_2^2}{\gamma_t-1}+\frac{w_2^2}{2} \tag{13-67}$$

将式（13-66）与式（13-67），解出 $w_{\theta,3}$，得

$$w_{\theta,3}=-\left[\frac{Ma_{3r}^2[a_2^2+(\gamma_t-1)w_{\theta,2}/2]-v_z^2}{1+(\gamma_t-1)Ma_{3r}^2/2}\right]^{1/2} \tag{13-68}$$

式（13-68）之所以有负号，是由于涡轮转子出口气体的周向方向与转子速度方向相反。由式（13-68）得 $w_{\theta,3}$为 -458m/s。相应地 $v_{\theta,3}=-118.2\text{m/s}$，于是反力度 Ω_m 为

$$\Omega_m=1-\frac{v_{\theta m}}{u_m}=1-\frac{v_{\theta,2}+v_{\theta,3}}{2u_m} \tag{13-69}$$

由式（13-69）求得 $\Omega_m\approx0.06$。另外，由

$$w_{\theta,2}=v_{\theta,2}-u_m\rightarrow\beta_2 \tag{13-70}$$

$$w_{\theta,3}\rightarrow\beta_3 \tag{13-71}$$

$$v_{\theta,3}=w_{\theta,3}+u_m\rightarrow\alpha_3 \tag{13-72}$$

$$w_2=[v_{z,2}^2+w_{\theta,2}^2]^{1/2}\rightarrow Ma_{2r} \tag{13-73}$$

借助式（13-70）~式（13-73），依次计算出：$\beta_2\approx43.7°$，$\beta_3\approx-46.3°$，$\alpha_3\approx-15.1°$和 $Ma_{2r}=0.76$。

另外，一级涡轮动叶进口静温 T_2 和相对总温 $T_{t2,r}$分别为

$$T_2=T_{t2}-\frac{v_2^2}{2c_{pt}} \tag{13-74}$$

$$T_{t2,r}=T_2+\frac{v_2^2}{2c_{pt}} \tag{13-75}$$

借助式（13-74）和式（13-75），分别得 $T_2=1692.8\text{K}$，$T_{t2,r}\approx1839.6\text{K}$。由于转子旋转做功，使得气体相对总温也有近 160K 的降低。

由于存在叶型损失、二次流损失以及超声速激波与边界层相互作用的损失，因此要计算喷嘴环出口位置的静压，就需要预估一个总压损失系数$\overline{\omega}_n$ 值。借助图 13-17 预估得总压损失系数$\overline{\omega}_n$ 约为 0.06。

喷嘴环的总压损失系数$\overline{\omega}_n$ 的定义为

$$\overline{\omega}_n\equiv\frac{p_{t1}-p_{t2}}{p_{t1}-p_1} \tag{13-76}$$

由已算出的 p_{t1}和 Ma_1 计算出 p_1，得 $p_1\approx1654\text{kPa}$，由此可得喷嘴环出口总压 $p_{t2}\approx1941.6\text{kPa}$；再由 p_{t2}和 $Ma_2=1.1$ 得静压 $p_2\approx942.5\text{kPa}$；借助 Ma_{2r}取为 0.76，可

得转子进口处相对总压 $p_{t2,r}\approx 1351.5\text{kPa}$。另外，由欧拉涡轮方程和已知的速度三角形，便可计算出转子出口截面的总温 $T_{t3}=1760.9\text{K}$；由式（13-77）算出静温 T_3，即

$$T_3 = T_{t3} - \frac{v_3^2}{2c_{pt}} \tag{13-77}$$

得 $T_3=1678.4\text{K}$。相应的声速 a_3 和转子出口绝对马赫数 Ma_3 均可得，即 $Ma_3=0.572$。如果取第一级转子的总压损失系数 $\overline{\omega}_r=0.08$（它的取值比喷嘴环高，因动叶还有叶尖间隙损失），可算出转子出口相对总压

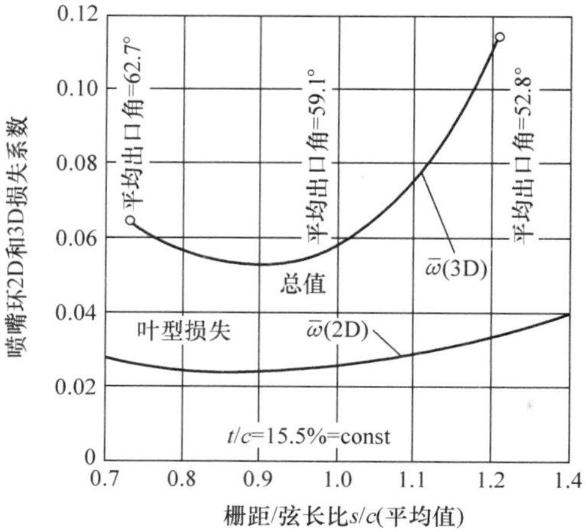

图 13-17　喷嘴环的损失系数与栅距/弦长比之间的关系曲线

$p_{t3,r}$，约为 1318.8kPa；一旦选取了 Ma_{3r}（可选为 0.8），便可计算出 p_3 值为 886.4kPa。然后，根据 Zweifel 的最佳稠度准则[689]去估算第一级涡轮转子的轴向稠度，有

$$\sigma_z\psi_z\approx 1.8$$

取 $\psi_z\approx 1.0$，得 $\sigma_{zr}=1.8$。另外，在中径处的安装角预估为转子的平均流向角 β_m 为

$$\beta_m = \arctan\left(\frac{w_{\theta m}}{v_z}\right) \tag{13-78}$$

由式（13-78）求得 $\beta_m\approx -2.7°$，因此转子的最佳稠度 σ 为

$$\sigma = \frac{\sigma_z}{\cos\gamma_0} \tag{13-79}$$

得 $\sigma\approx 1$。

7. 第一级涡轮转子的落后角计算

通常，Carter 关联式为[690 - 693]

$$\delta^* = \frac{m\theta}{\sigma^n} \tag{13-80}$$

式中，θ 为翼型弯角；σ 为稠度；m 是关于叶栅安装角的一个函数；对压气机叶栅，则 $n=\frac{1}{2}$；对进口导向叶片（或涡轮一样的加速通道）则 $n=1$。

对于涡轮叶片，则有

$$\delta^* = \frac{m\theta}{\sigma_r}\approx\frac{\theta}{8\sigma_r} \tag{13-81}$$

式中，σ_r 为转子的稠度。

由式（13-81）计算出 $\delta^* \approx 10.2°$。

8. 第一级转子冷却的计算

计算转子冷却问题，需要采用相对坐标系，于是有

$$\varepsilon \equiv \frac{\dot{m}_c}{\dot{m}_g} = \frac{c_{pc}}{c_{pg}} \frac{Stc}{Stg} \left(\frac{T_{wc} - T_c}{T_{aw} - T_{wg}} \right) \tag{13-82}$$

其中，冷气侧壁面温度 T_{wc} 为

$$T_{wc} = T_{wg} - \left(\frac{\tilde{t}_w}{k_w} \right) \frac{1}{2\sigma_r} \rho_g \tilde{v}_g c_{pg} Stg (T_{aw} - T_{wg}) \tag{13-83}$$

式中，$\tilde{v}_g$ 为燃气平均速度；$\tilde{t}_w$ 为壁面厚度（因承受离心力较大，故选择稍厚的壁面）；k_w 为高导热材料热导率。

在计算时，$\tilde{t}_w = 2.0\text{mm}$，$k_w = 14.9\text{W}/(\text{m} \cdot \text{K})$，稠度 $\sigma_r = 1.1$，$T_{aw} \approx T_{t2,r} = 1839.6\text{K}$（即第一级绝热壁温值的近似值），$T_{wg} = 1200\text{K}$，$Stg = 0.0065$（因转子通道中湍流更剧烈）。类似于式（13-62），有

$$(\rho_g \tilde{v}_g)_r = \frac{\dot{m}_g}{A_g} = \sqrt{\frac{\gamma_g}{R_g}} \frac{p_{tg,r}}{\sqrt{T_{tg,r}}} Ma_{g,r} \left(1 + \frac{\gamma - 1}{2} Ma_{g,r}^2 \right)^{\frac{-(\gamma+1)}{2(\gamma-1)}} \tag{13-84}$$

燃气马赫数从转子进口 $Ma_{2r} = 0.76$ 变化到出口的 $Ma_{3r} = 0.80$，因此在转子中 $Ma_{g,r}$ 取平均值为 0.78，于是由式（13-84）得

$$(\rho_g \tilde{v}_g)_r \approx 1183.6\text{kg}(\text{m}^2 \cdot \text{s}) \tag{13-85}$$

计算出冷气侧壁面温度 $T_{wc} \approx 826.6\text{K}$；估算出转子中冷却气体的质量分数 $\varepsilon_r \approx 0.035$。至此，第一级涡轮中已经消耗了 6% 的冷却气体，其中导向器中 2.5%，转子中 3.5%，剩下的 4% 用于机匣和第二级冷却。

9. 计算第一级的载荷系数和轴功率

$$W_t = u_m (v_{\theta,2} - v_{\theta,3}) \tag{13-86}$$

$$\psi = \frac{W_t}{u_m^2} \tag{13-87}$$

由式（13-86）和式（13-87）可分别得 $W_t = 297407\text{J/kg}$、$\psi = 2.57$，于是第一级转子发出的轴功率为

$$P_{sta-1} = \dot{m}_{sta-1} \cdot (W_t)_{sta-1} \tag{13-88}$$

这里，$\dot{m}_{sta-1}$ 为 93kg/s，$(W_t)_{sta-1}$ 为 297407J/kg，于是由式（13-88）得 $P_{sta-1} \approx 27.66\text{MW}$，而总的功率应为 47.7MW，所以第二级涡轮是必需的。

10. 第二级燃气涡轮导向器中径设计（采用 $v_z = \text{const}$）

第二级导向器的入口条件为：$T_{t3} = 1760.8\text{K}$，$p_{t3} = 1091.4\text{kPa}$，$v_3 = 452.8\text{m/s}$，$\alpha_3 = -15.1°$。需要选择的第二级设计参数主要有三个：①导向器出口马赫数 Ma_4 或者导向器出口气流角 α_4；②基于气流轴向速度恒定的设计原则，选择导向器出口气流角 α_4（可在 40°～70°之间选取，这里取 $\alpha_4 = 55°$），得到第二级涡轮导向器

的出口马赫数（必须使亚声速的或未壅塞）$Ma_4=0.887$；③第二级中径有一个附加选择，即 r_{m3} 不一定与 r_{m1} 相同。开始可以将它们取为相等来计算，然后可增大半径以获取足够的轴功率，最后得第二级的中径 $r_{m3}=0.47\text{m}$，比第一级中径增加了 10cm。

根据上述这三点选择，计算出第二级导向器出口条件，并假设总压损失系数为 0.06，计算得出口的总压。这些参数是：

$u_3=431.6\text{m/s}$，$w_{\theta,4}=89.3\text{m/s}$，$\beta_4=11.5°$，$w_4=446.1\text{m/s}$，$Ma_{4,r}=0.582$，$p_{t4}=1078.8\text{kPa}$，$p_{r4,r}=824.6\text{kPa}$；取第二级导向器的稠度 $\sigma_{n,2}=0.8$，得偏转角为 10.2°。

对于导向器叶片内部冷却设计，选择：

$Stg=0.0065$，$\tilde{t}_w=2.2\text{mm}$，$Stc/Stg=0.5$，可得：$\rho_g u_g=951.1\text{kg/(m}^2\text{/s)}$，$T_{wc}=802\text{K}$；

最后，可计算得到第二级导向器的冷却气质量分数 $\varepsilon_{n,2}=2.2\%$。另外，第二级导向器的喉道尺寸为 $(\tilde{Q}/\tilde{S})_{n,2}=0.643$。

11. 第二级涡轮转子中径设计（采用 $v_z=\text{const}$）

第二级转子的出口马赫数是一个设计选择参数，这里选取 $Ma_{5r}=0.75$（通常设计选择它总是小于1）。另外，还要假设第二级转子的稠度、冷却壁厚、燃气侧斯坦顿数、冷气和燃气的斯坦顿数之比分别为：$\sigma_{r2}=0.44$，$\tilde{t}_w=2\text{mm}$，$Stg=0.0065$，$Stc/Stg=0.5$。

12. 计算第二级涡轮转子参数

主要结果如下：$T_{t4,r}=1655\text{K}$，$\rho_g\tilde{v}_g=723.1\text{kg/(m}^2\cdot\text{s)}$，$T_{wc}=794.3\text{K}$，第二级转子冷却气质量分数 $\varepsilon_{r,2}=2.07\%$。

第二级转子出口条件为：$v_5=437.5\text{m/s}$，$v_{\theta,5}=19.9\text{m/s}$，$\alpha_5=2.6°$，$Ma_5=0.582$。

13. 计算第二级反力度、载荷系数和转子轴功率

计算得第二级反力度 $\Omega_2=0.373$，第二级载荷系数 ψ 和轴功率 W_t 分别为

$$W_t=u_m(V_{\theta,4}-V_{\theta,5}) \tag{13-89}$$

$$\psi=\frac{W_t}{u_m^2} \tag{13-90}$$

借助式（13-89）和式（13-90），得：$W_t=216248\text{J/kg}$，$\psi=1.161$。

第二级转子的轴功率 P_{sta-2} 为

$$P_{sta-2}=\dot{m}_{sta-2}\cdot(W_t)_{sta-2} \tag{13-91}$$

其中，$\dot{m}_{sta-2}=93\text{kg}$，借助式（13-91），得 $P_{sta-2}=20.11\text{MW}$。

14. 第二级涡轮转子出口总温的修正计算

对于温度和压强的修正，可以通过建立通道中没有冷却气排放的涡轮燃气总温和冷却气总温的能量平衡。由能量守恒，有

$$T_{t5-cool}=\frac{\dot{m}_g c_{pt} T_{t5}+\dot{m}_c c_{pc} T_{tc}}{(\dot{m}_g+\dot{m}_c)\overline{c}_p} \tag{13-92}$$

式中，混合气体的平均比定压热容$\overline{c}_p$为

$$\overline{c}_p=\frac{\dot{m}_g c_{pt}+\dot{m}_c c_{pc}}{\dot{m}_g+\dot{m}_c} \tag{13-93}$$

由式（13-93）得$\overline{c}_p\approx 1220.4\text{J}/(\text{kg}\cdot\text{K})$。

由式（13-92）得混合后的总温 $T_{t5-cool}\approx 1521.8\text{K}$；在设计涡轮之初，由功的平衡由式（13-49）计算出的冷却涡轮出口温度 $T_{t5-cool}\approx 1507\text{K}$。
由计算结果可见，两者数据十分接近，相差不到 1%，这是因为上述这些估算是基于同一个原理的缘故。

15. 冷却涡轮落压比和出口总压的计算

如果按每 1%冷却气体使得冷却燃气涡轮的绝热效率损失约 3%，于是 10%的冷却气体质量将导致燃气涡轮的绝热效率变为 $\eta_t\approx 70\%$，于是涡轮落压比 $\tilde{\pi}_t$ 为

$$\tilde{\pi}_t=\left[1-\frac{1}{\eta_t}\ (1-\tilde{\tau}_t)\right]^{\frac{\gamma_t}{\gamma_t-1}} \tag{13-94}$$

$$\tilde{\tau}_t=\frac{T_{t5-cool}}{T_{t1}},\ \ \tilde{\pi}_t=\frac{p_{t5-cool}}{p_{t1}} \tag{13-95}$$

借助式（13-94）和式（13-95），得 $\tilde{\pi}_t=0.1527$：$p_{t5-cool}=299.2\text{kPa}$。

16. 涡轮环面尺寸与叶片长度的计算

由第一级涡轮导向器进口马赫数$Ma_1\approx 0.516$ 和质量流量可确定导向器进口面积，对于中径为 0.37m，有

$$\dot{m}_1=\sqrt{\frac{\gamma_t}{R_t}}\frac{p_{t1}}{\sqrt{T_{t1}}}A_1 Ma_{z1}\left(1+\frac{\gamma_t-1}{2}Ma_{z1}^2\right)^{\frac{-(\gamma_t+1)}{2(\gamma_t-1)}} \tag{13-96}$$

由式（13-96）可得 $A_1=0.071\text{m}^2$。
由流通面积和平均半径，可计算第一级叶片长度 h_1 为

$$h_1=r_{t1}-r_{h1}=\frac{A_1}{2\pi r_m} \tag{13-97}$$

借助式（13-97），得叶片长度 $h_1\approx 3.054\text{cm}$。

由冷却式涡轮出口总压和总温，利用一维连续方程，得

$$\dot{m}_5=\dot{m}_4+\dot{m}_c=\sqrt{\frac{\gamma_t}{R_t}}\frac{p_{t5-cool}}{\sqrt{T_{t5-cool}}}A_5 Ma_{z,5}\left(1+\frac{\gamma_t-1}{2}Ma_{z,5}^2\right)^{\frac{-(\gamma_t+1)}{2(\gamma_t-1)}} \tag{13-98}$$

由式（13-98）计算出 A_5，得 $A_5\approx 0.4988\text{m}^2$。
假设中径 $r_{m5}=r_{m4}=0.47\text{m}$，于是，有

$$h_5 = r_{t5} - r_{h5} = \frac{A_5}{2\pi r_{m5}} \tag{13-99}$$

借助式（13-99），便可求得第二级涡轮转子叶片的长度 h_5 约为 16.89cm。

现代涡轮是航空发动机设计中最具有技术挑战的部件，难度很大、涉及学科多。在上述设计过程中，遇到了各种硬性设计准则（例如：①壅塞的第一级导向器，要求 $Ma_2>1$；②非壅塞的第一级转子出口，要求 $Ma_{3r}<1$；③非壅塞的第二级转子出口，要求 $Ma_{5r}<1$；④最高壁面温度，要给定 T_{wg} 值；⑤正的反力度，要求 $\Omega>0$），也遇到一系列弹性设计原则（例如：①稠度不一定最佳，即 $\sigma \neq \sigma_{opt}$；②中径可以变化，即 $r_m \neq const$；③出口气流角可不为零，即 $\alpha_{exit} \neq 0$；④壁厚设计并非额定，$\tilde{t}_{wall}=2mm$；⑤反力度 Ω 可在 0～1 选取；⑥可以基于材料的性能选 $T_{wg}=1200K$；⑦载荷系数 $\psi>2$ 也可以接受；⑧可以接受 $v_z \neq const$ 的设计等）。另外，最佳稠度的两大准则，即 Zweifel 准则和 Howell 准则，只有在极有限的范围内才能与试验数据相符，这也是选取稠度时不一定坚持最佳的缘由之一。此外，涡轮冷却主要取决于内部和外部冷却方案以及热保护层的设计。目前，在叶片冷却时，实际内部冷却常采用前缘冲击和内部对流换热冷却，外部冷却则采用气膜或发汗冷却[694-696]，而热保护层的作用是采用导热性能非常差的涂层（如硅基涂料或陶瓷涂层），减少叶片的热量传递。

在结束本章讨论时，很有必要强调一下，目前高温涡轮设计中正在大力开展“calming”效应、“clocking”效应、“hot streak（热斑）”控制、非轴对称端壁造型以及“弯、掠、扭”三维复合造型的工程化设计技术的研究与应用。令人喜悦的是，“calming”效应在发动机设计中已在许多型号获得成功应用，它使得现代大涵道比涡扇发动机低压涡轮的气动负荷水平得到大幅度的提高。应该讲，这些新型的设计技术开阔了设计人员的视野，为新型发动机的设计增添了新的设计自由度。

第14章 加力燃烧室的气动设计与振荡燃烧的抑制

加力燃烧室是航空发动机的重要部件，主要用于军用飞机，为加大发动机推力、增加飞行机动性而短时使用。对于大部分发动机，使用加力燃烧后可，最大状态的推力增加大约50%，对于涡轮风扇发动机则可增加70%以上；而在高空、高速飞行情况下使用加力燃烧，推力可增加1~2倍，甚至更高。美国F－15飞机上使用的F100发动机，其加力燃烧室内温度达2000K，在飞行中推力提高了70%，但由于加力燃烧多在高空飞行时接通，那时进入加力燃烧室的气流处于低压高速，这对点火燃烧、燃烧完全程度和稳定火焰都十分不利。另外，接通加力燃烧室增加推力，也是以较高的耗油率为代价的。因此，加力燃烧一般仅用于军用飞机的起飞、爬升和战斗时、急剧加速时的短时工作。

本章围绕着加力燃烧室气动设计中的理论基础，着重讨论了描述加力燃烧室的主要参数，火焰稳定器的稳定判据，振荡燃烧的抑制，燃烧产生污染物的分析，涡轮、加力燃烧室和尾喷管间的匹配以及加力燃烧室的燃烧诊断技术等问题。这些问题充分地反映了加力燃烧室气动设计的基础侧面，为读者从事加力燃烧室的工程设计提供了一个坚实的理论基础平台。

14.1 描述加力燃烧室的主要参数

带加力燃烧室的涡喷发动机的特征截面如图14-1所示。

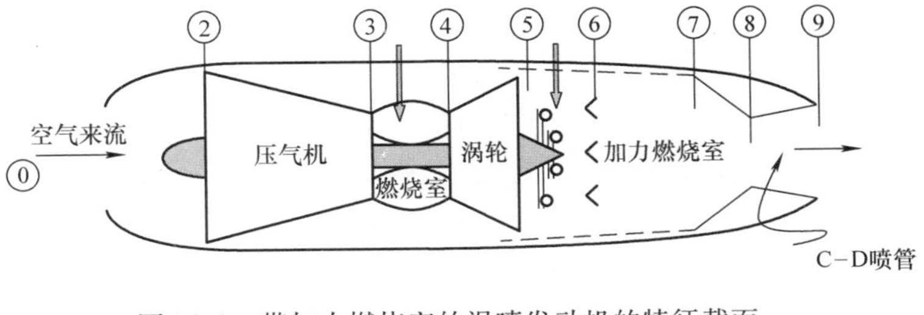

图14-1 带加力燃烧室的涡喷发动机的特征截面

图14-2所示为加力燃烧室的特征截面。

描述加力燃烧室的主要参数有三个，即加力比$\overline{F}_{AB}$、加力耗油率比$\overline{SFC}_{AB}$、加温比$\overline{\tau}_{t,AB}$，其定义分别为

$$\overline{F}_{AB}=\frac{F_{AB}}{F} \tag{14-1}$$

$$\overline{SFC}_{AB}=\frac{SFC_{AB}}{SFC} \tag{14-2}$$

$$\overline{\tau}_{t,AB}=\frac{T_{t5,AB}}{T_{t5}} \tag{14-3}$$

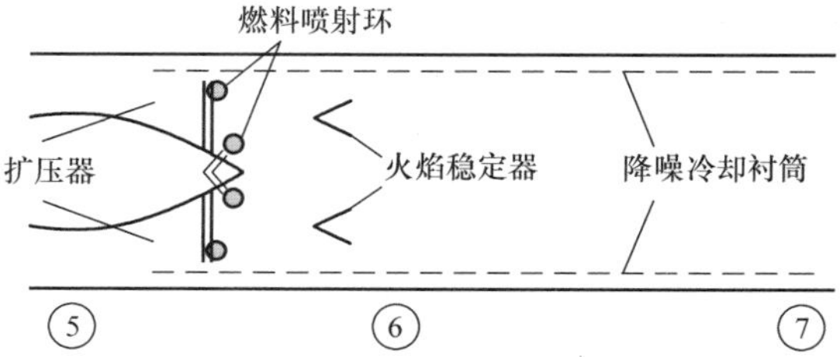

图 14-2　加力燃烧室的特征截面

一般来讲，$\overline{\tau}_{t,AB}$ 大，则 $\overline{F}_{AB}$ 和 $\overline{SFC}_{AB}$ 相应地也大。目前，涡喷发动机 $\overline{\tau}_{t,AB}$ 约为 2；涡扇发动机的 $\overline{\tau}_{t,AB}$ 较高，可达到 2.5，这是由于涡扇发动机外涵掺进一部分新鲜空气，使得进口温度降低，可加入的燃料也较多。

14.1.1　加力比

发动机在地面台架上，当尾喷管排气为亚临界状态、不加力时推力为

$$F=\dot{m}_g v_9 \tag{14-4}$$

式中，$\dot{m}_g$ 为燃气总流量，$\dot{m}_g=\dot{m}_a+\dot{m}_f$。

另外，在式（14-14）中，v_9 为发动机喷管出口截面气流的平均速度，有

$$v_9=\varphi_v\sqrt{2\frac{\gamma_g}{\gamma_g-1}R_g T_{t5}\left[1-\left(\frac{p_0}{p_{t5}}\right)^{\frac{\gamma_g-1}{\gamma_g}}\right]} \tag{14-5}$$

式中，φ_v 为发动机尾喷口的速度系数；γ_g 与 R_g 分别为燃气的绝热指数与气体常数；T_{t5} 和 p_{t5} 分别为涡轮后的总温和总压；p_0 为大气压强。

加力后的推力 F_{AB} 为

$$F_{AB}=\dot{m}_{g\phi}v_{9,AB} \tag{14-6}$$

$$v_{9,AB}=\varphi_{v,AB}\sqrt{2\frac{\gamma_g}{\gamma_g-1}R_g T_{t5,AB}\left[1-\left(\frac{p_0}{p_{t5,AB}}\right)^{\frac{\gamma_g-1}{\gamma_g}}\right]} \tag{14-7}$$

如果近似地认为 $\dot{m}_{g\phi}=\dot{m}_g$，则由式（14-4）与式（14-6）可得

$$\overline{F}_{AB}=\frac{F_{AB}}{F}=\frac{v_{9,AB}}{v_9} \tag{14-8}$$

式（14-8）表明，加力比 $\overline{F}_{AB}$ 等于排气速度比。如果再进一步近似认为 $p_{t5,AB}=p_{t5}$、$\varphi_{v,AB}=\varphi_v$，且认为 γ_g，R_g 不变，则又可得

$$\overline{F}_{AB}=\frac{F_{AB}}{F}=\sqrt{\frac{T_{t5,AB}}{T_{t5}}}=\sqrt{\overline{\tau}_{t,AB}} \tag{14-9}$$

式（14-9）表明，加力比近似等于加温比的平方根。图 14-3 所示为 $\overline{F}_{AB}$ 和 $\overline{SFC}_{AB}$ 与 $\overline{\tau}_{t,AB}$ 的关系曲线，图中以火焰稳定器进口处（即 6 截面）的马赫数 Ma 为参变量，当 Ma 增大时流过稳定器等处的流阻损失加大；当在较大的 Ma 下，$\overline{\tau}_{t,AB}$ 加大、热阻损失加大，使得 $\overline{F}_{AB}$ 增加减慢，而且当 $\overline{\tau}_{t,AB}$ 与 Ma 进一步增大时，反而会使 $\overline{F}_{AB}$

下降。另外，图 14-4 所示为$\overline{F}_{AB}$和$\overline{SFC}_{AB}$随飞行马赫数Ma_H的变化曲线，由图中可知，当Ma_H增大时，$\overline{F}_{AB}$也迅速增大，这表明在高空飞行时，使用加力燃烧更为有效。

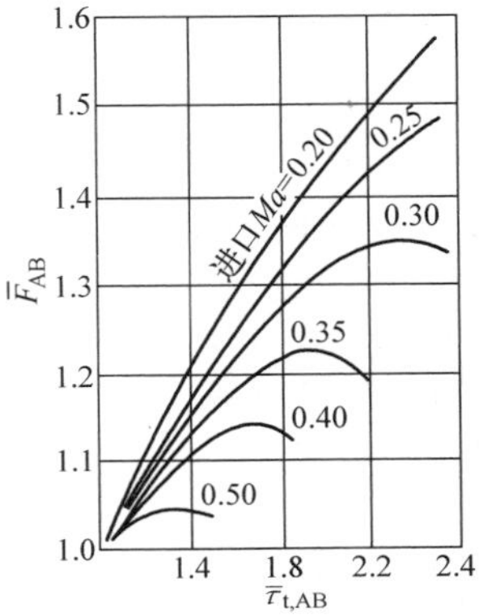

图 14-3　稳定器不同进口马赫数下加力比随温度比的变化曲线

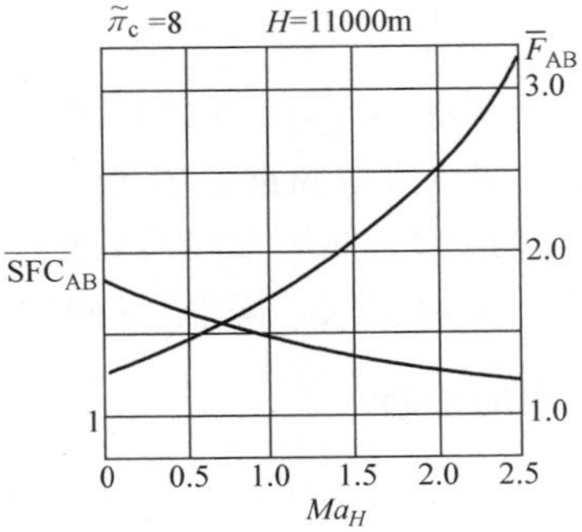

图 14-4　加力比和耗油率比随 Ma_H 的变化曲线

14.1.2　耗油率比

图 14-5 所示为$\overline{F}_{AB}$和$\overline{SFC}_{AB}$随$\overline{\tau}_{t,AB}$的变化曲线。$\overline{\tau}_{t,AB}$越高，则$\overline{SFC}_{AB}$越大，这主要因加力燃烧室的循环热效率和燃烧效率随着$\overline{\tau}_{t,AB}$增加而更加恶化所导致。

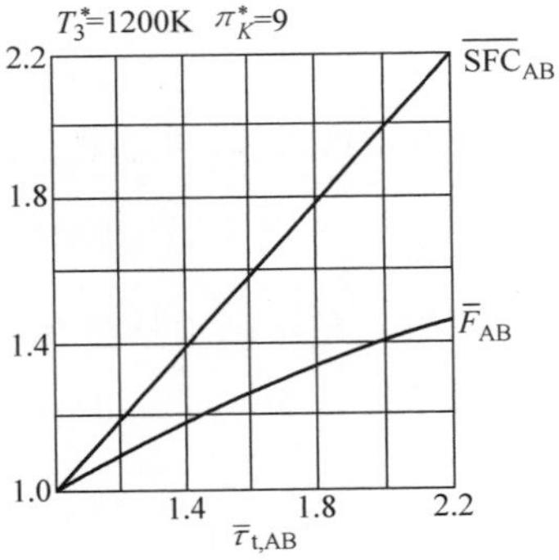

图 14-5　加力比和耗油率比随$\overline{\tau}_{t,AB}$的变化曲线

14.1.3　加力时发动机尾喷口面积的变化

加力燃烧室工作时，由于T_{t5}上升为$T_{t5,AB}$，燃气的比体积增大，如果尾喷口仍是原来适应T_{t5}所处的状态时，则燃气便不可能完全排出，这会导致$p_{t,AB}$升高、涡轮落压比$\tilde{\pi}_t=\dfrac{p_{t4}}{p_{t5}}$下降、发动机转数$n$下降，这时自动调节系数为保持$n=\text{const}$，故向主燃烧室提供油以提高$T_{t4}$，这会给发动机带来超温的恶果。为了保持发动机的主要工作参数（n、T_{t4}和p_{t4}等）不变，当开动加力时必须同时扩大尾喷口面积（即图 14-1 中 9 截面的面积）。由流量公式可得到加力与未加力时的面积比$A_{9,AB}/A_9$为

$$\frac{A_{9,AB}}{A_9}=\sqrt{\frac{T_{t5,AB}}{T_{t5}}}=\sqrt{\overline{\tau}_{t,AB}} \tag{14-10}$$

式（14-10）表明，加力与不加力时的面积比与加温比的平方根成正比。

14.2 火焰稳定器的稳定判据

高度为 h 的 V 形火焰稳定器的尾迹如图 14-6 所示。它会产生一个长度为 L 的中心回流区，尾迹的宽度为 W，流道的高度为 D_0，上游气体的速度为 v_1，而在混合层外围的气流被加速，取其速度为 v_2。这里，定义堵塞比 B 为

$$B = \frac{h}{D_0} \tag{14-11}$$

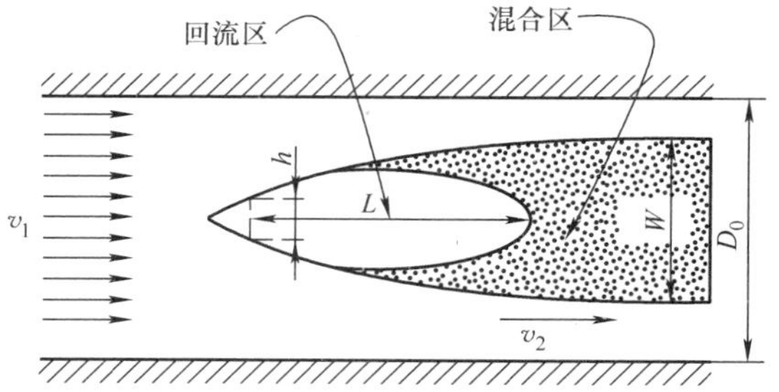

图 14-6　管道的长度、速度与单个稳焰器间的关系

由于堵塞比 B 和尾迹宽度的共同作用，可以得到气流的速度 v_2；只有当混合层中燃料与空气混合物的滞留时间大于反应时间时，混合层中的化学反应才能够持续发生。因此，为保证火焰燃烧的稳定性，两个特征时间之间应保持下面的简单关系，即

$$\tau_{\text{res}} > \tau_{\text{rea}} \tag{14-12}$$

未燃烧气体的驻留时间与某一比值成正比，

$$\tau_{\text{res}} \sim \frac{L}{\bar{v}} \tag{14-13}$$

这里 $\bar{v}$ 是混合层中的平均气体速度。由此，一个量纲为 1 参数 $\bar{v}\tau/L$ 被提出，该参数可以作为一个燃烧稳定的标准；也可在管道中心装一个稳焰器，通过试验可以确定在矩形管道内、在一定化学反应参数范围内的火焰熄火条件。熄火参数用下角标“c”标出，并得到如下关系式[697,698]：

$$\left(\frac{\tau_c v_{2c}}{L}\right)_{\text{blow}} = 1 \tag{14-14}$$

式（14-14）可作为火焰稳定的判据。通过测量 L 和 v_{2c} 可以得到熄火条件下的临界时间 τ_c。这里，v_{2c}/L 为流体动力学参数，而 τ_c 为时间尺度，称为点火时间，它是和稳焰器的几何形状和排列方式无关的，但却依赖于大量参数的共同作用，如油气比、燃料类型、进口温度和加力燃烧室排气污染程度等。Zokoski 对一系列二维和三维稳焰器的试验结果表明，在油气比为化学恰当比时，$\tau_c \approx 0.3\text{ms}$；而在贫油和富油极限下的反应时间 $\tau_c \approx 1.5\text{ms}$。利用上游吹熄速度 v_{1c} 和管道高度 D_0 作为参考速度和特征长度，可建立如下一个更加方便的火焰稳定参数：

$$\frac{\tau_c v_{1c}}{D_0} = \frac{v_{1c}}{v_{2c}} \frac{L}{W} \frac{W}{D_0} \left(\frac{\tau_c v_{2c}}{L}\right) = \frac{v_{1c}}{v_{2c}} \frac{L}{W} \frac{W}{D_0} \tag{14-15}$$

回流区长度与尾迹宽度之比 L/W 近似为 4。

对于不可压缩流体，可近似有

$$\frac{v_{1c}}{v_{2c}} \approx \frac{D_0 - W}{D_0} = 1 - \frac{W}{D_0} \tag{14-16}$$

用式（14-16）代替式（14-15）中的稳定参数，得

$$\frac{\tau_c v_{1c}}{D_0} \approx 4\frac{W}{D_0}\left(1 - \frac{W}{D_0}\right) \tag{14-17}$$

将 $\frac{W}{D_0}$ 作为稳焰器稳定性判据中的一个量纲为 1 的参数十分重要，它可以与稳焰器堵塞比 B 建立起联系（见表 14-1）。

表 14-1　尾迹宽度 W、边界速度 v_2、堵塞比 B 以及楔形角 α 的相关性表

B	$\alpha=15°$			$\alpha=90°$		
	$\frac{W}{h}$	$\frac{v_2}{v_1}$	$\left(\frac{W}{D_0}\right)\left(\frac{v_1}{v_2}\right)$	$\frac{W}{h}$	$\frac{v_2}{v_1}$	$\left(\frac{W}{D_0}\right)\left(\frac{v_1}{v_2}\right)$
0.05	2.6	1.15	0.11	4.0	1.25	0.16
0.10	1.9	1.23	0.15	3.0	1.43	0.21
0.20	1.5	1.42	0.20	2.2	1.75	0.248
0.30	1.3	1.62	0.23	1.7	2.09	0.250
0.40	1.2	1.90	0.25	1.6	2.50	0.248
0.50	1.2	2.3	0.25	1.4	3.16	0.22

Zukoski 做了大量试验与验证，证实在一阶近似下，式（14-17）是正确的与可行的。另外，在工程设计中，通常 V 形稳焰器的顶角为 45°～90°，槽宽 h 为 60～100mm，回流区宽度为 $1.5h$～$2h$，回流区长度为 $3h$～$6h$，堵塞比 B 为 30%～50%。

14.3　三种典型的火焰稳定器

14.3.1　蒸发式火焰稳定器

图 14-7 所示为斯贝发动机加力燃烧室采用的蒸发式火焰稳定器示意图。附加燃油流经盘旋于燃气之中的蛇形管预热之后喷向溅油板，与进入蒸发管的小股空气掺混形成富油混气，从环形稳定器底部喷出，同时从稳定器顶部均匀分布的长方形小孔进至稳定器内部的少量空气与蒸发管喷出的富油空气掺混，在稳定器内形成内回流区。由于这个回流区受 V 形稳定器的保护，因此基本上不变外部主流流动的干扰，并可单独控制附加燃油。无论附加燃油在贫油范围内如何变化，都能保证稳定器内的点火与燃烧。蒸发式稳定器的主要优点如下：

1）扩大了贫油状态的点火和稳定工作范围，并能提高燃烧效率，尤其是来流

速度快、温度低时，其优越性更为突出。例如，蒸发式火焰稳定器贫油点火油气比可小到0.003，而常规V形稳定器则要大于0.025，扩大贫油点火范围几乎近10倍；又如，当来流温度为250℃时，蒸发式火焰稳定器稳定工作的油气比为0.003～0.005，常规V形稳定器只在0.025～0.045的范围工作。

2）可在很小的加力比下实现软点火。例如，斯贝发动机的加力比可在1.06～1.68间进行无级调节，这对改进带加力的发动机性能十分有益。

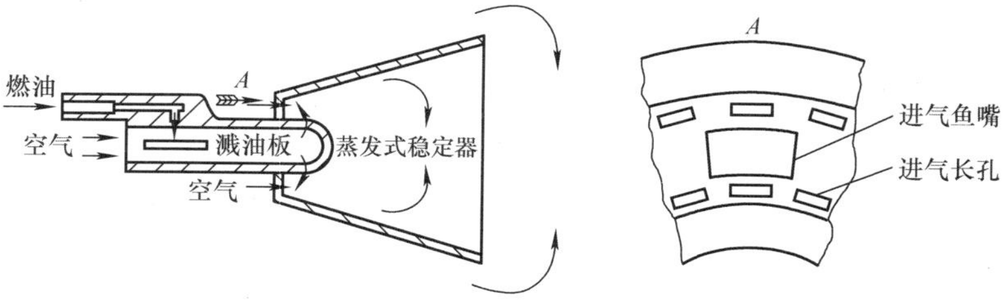

图14-7　蒸发式火焰稳定器示意图

14.3.2　气动火焰稳定装置

图14-8所示为气动火焰稳定的回流示意图。图中给出了逆喷和侧喷两种射入方式。气动火焰稳定装置的优点如下：

1）作为一种可调火焰稳定方式，改变射流气量或压力便可调节回流区的大小与强弱，改变喷射气体成分（如添加燃料或氧气），可达到改善回流区功能的目的。

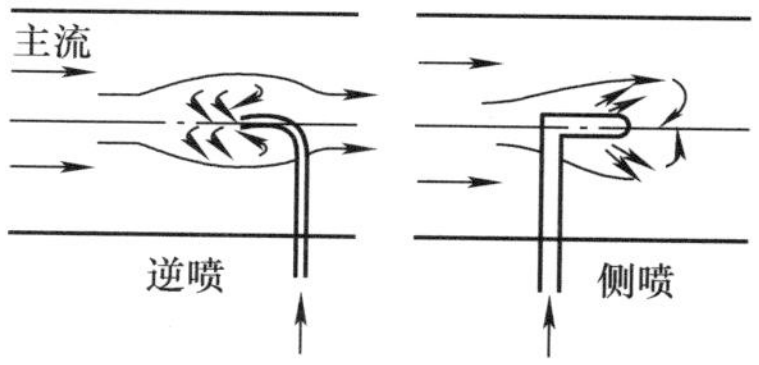

图14-8　气动火焰稳定的回流示意图

2）在非加力工作状态时，可减少阻力损失。

14.3.3　沙丘稳定器

沙丘稳定器是北京航空航天大学高歌在导师宁榥先生的指导下，于20世纪80年代初研制出的火焰稳定装置。它是真正用于航空发动机型号上的我国近40年来在喷气推进技术领域中的重大发明之一，因此1984年高歌荣获国家发明一等奖。

沙丘稳定器主要是利用良好的自然气流结构，既保证了良好的热量和质量交换，又减弱了V形稳定器尾缘旋涡的周期性脱落，增强了稳定火焰的能力，延长了可燃微团的停留时间，并且在一定程度上防止了由于旋涡周期性脱落带来的振荡燃烧的激振因素。沙丘稳定器的研究与试验表明，新月形沙丘形旋涡发生器具有顽强的抗干扰性能。与同样堵塞比的V形稳定器相比，它的阻力下降75%～80%，而且贫油稳定性得到大幅扩展，点火性能也得到改善，可点燃风速比V形槽稳定器高出40%左右，而且燃烧效率也得到提高，在低温、低压下仍然能够保持其原有的性能。

沙丘稳定器不仅用于航空发动机加力燃烧室的型号产品中，而且这种设计理论还在主燃烧室和船舶动力的设计中进行了拓广，这是一种很有生命力的火焰稳定装置。

14.4　振荡燃烧的机理分析与抑制措施

在航空发动机加力燃烧室和冲压发动机燃烧室中，振荡燃烧往往是经常发生的，而振荡燃烧在主燃烧室中则很少出现。振荡燃烧是加力燃烧室筒体内燃烧气体的脉动现象，其频率范围相当宽，从声频到亚声频都有。图 14-9 所示为用压力示波图表示的振荡频率及强度。图 14-9a 为正常平稳燃烧的示波图，其特点是高频和小振幅，频率在 3000Hz 以上，压力脉动幅度 $\frac{\Delta p}{p_0}<10\%$。图 14-9b 为振荡燃烧波形，频率从数十赫到数千赫，其中频率在 200～3000Hz 之间，为高频振荡燃烧。其主要特征是伴有尖叫声，又称啸声燃烧；压力幅度在 $10\%<\frac{\Delta p}{p_0}<20\%$ 范围。高频振荡一般不至于引起熄火，但可引起薄壁零件的颤振和筒体过热，有尖叫的噪声，使人不舒适。频率在 20～30Hz 之间的振荡燃烧，称为低频振荡燃烧。其特点是发出低沉的嗡鸣声，犹如滚雷，又称嗡鸣燃烧。频率介于低频和高频振荡之间的称为中频振荡燃烧。低频和中频振荡燃烧，其压力脉动幅度较大，多 $\frac{\Delta p}{p_0}\geqslant 20\%$，而且很容易导致熄火。图 14-9c 为间歇振荡燃烧，为无节拍的间歇“放炮”，每秒约几次甚至十几次，波形周期长短不同，压力波动幅度很大，幅度 $\frac{\Delta p}{p_0}\geqslant 50\%\sim 100\%$，甚至更大。此振荡发生时破坏性很大，应设法避免这类现象的发生。

另外，按照气体质点振动方向，振荡燃烧又可划分三类，即纵向振荡燃烧、横向震荡燃烧和径向振荡燃烧，对这三种振荡方向的振荡燃烧，这里不展开讨论。

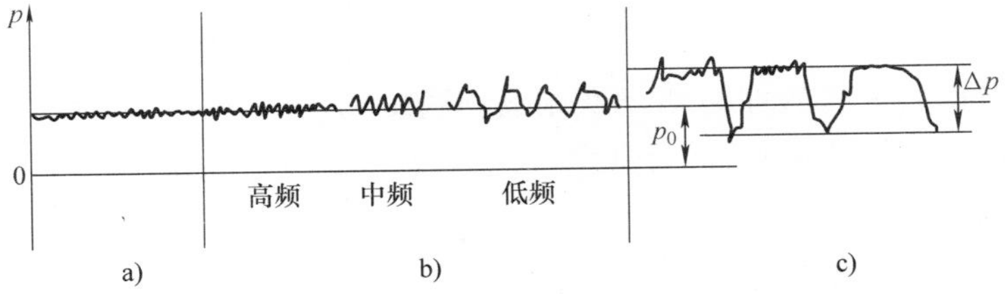

图 14-9　振荡燃烧压力脉冲示波图

a）正常平稳燃烧　b）振荡燃烧　c）间歇振荡燃烧

14.4.1　振荡燃烧的机理分析

引起加力燃烧室工作时振荡燃烧的因素很多，但主要有如下四种：

1）发动机转速引起的燃烧室振荡。这种气流的扰动主要是涡轮叶片旋转，有时还可能有压气机或风扇而引起的旋涡湍流。涡轮的旋转频率 f_n 为

$$f_n = \frac{n}{60} \tag{14-18}$$

它是激起气流脉动的原始频率。这里 n 为转子的转数。如果将频率为 f_n 的脉冲力 $\tilde{F}(f_n, t)$ 用傅氏级数展开，为

$$\tilde{F}(f_n, t) = \tilde{F}_0 + \sum_{k=1}^{\infty} F_k \cos(2k\pi f_n t + \phi_k) \tag{14-19}$$

其中，$\tilde{F}_0$ 为不变的力。如果这些谐力的一个（即 $k=1$ 或 $k=2$）与加力燃烧室气流的自振频率合拍共鸣时，则气流便产生振荡，即使在没有燃烧时由于发动机转速而引起的扰动，也可能引起加力燃烧室气流的振荡。

2）旋涡脱落引起的振荡。加力燃烧室内扩散段有许多障碍物（如整流支板、供油环、喷嘴以及稳定器等），气流流过障碍物后产生旋涡尾迹，特别是火焰稳定器后缘形成的旋涡较强大。旋涡脱落后，在原旋涡区又很快形成新的旋涡，如此周而复始，连续发生强干扰。

令旋涡脱落的频率为 f_v，并可表为

$$f_v = s\frac{v_s}{h} \tag{14-20}$$

式中，v_s 为稳定器所在截面的气流速度（见图 14-10）；s 为量纲为 1 的判别数，一般取 $s=0.195$；

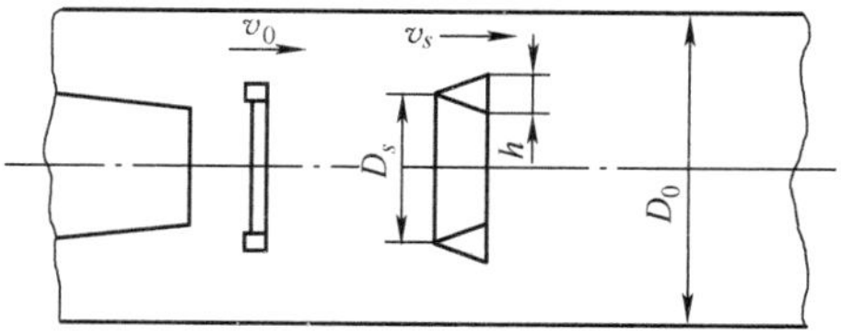

图 14-10　V 形火焰单环稳定器的主要尺寸

如果旋涡脱落频率 f_v 等于气流振荡频率的倍数，也会激起共鸣振荡。为了减少振荡，可以采用多排稳定器而不用单环稳定器，这样做虽然流动损失会大些，但是燃烧效率会高些。另外，采用辐射状稳定器也能使振荡产生的可能性降低，并且燃烧较平稳。

3）供油脉动引起的加力燃烧室振荡。因供油用柱塞泵，容易造成供油压力 Δp_f 的脉动，引起供油量 $\dot{m}_f$ 或局部余气系数 α 的脉动，引起燃烧过程的放热率 q 的脉动。因为

$$\Delta p_f = p_f - p_0 \tag{14-21}$$

所以，供油系统本身的脉动和腔室气体压力脉动，都将导致供油的脉动。另外，在高温低压条件下，油路以及离心式喷嘴旋流室内的周期性气塞现象，也是形成激振的重要原因。

4）燃烧本身引起的脉动和加热的自激振荡作用。燃烧过程要经历新鲜混合气自吸热升温到激烈燃烧的过程，要经历一个着火感应期 τ_i，并且有

$$\tau_i p^2 \exp\left(\frac{-E}{RT}\right) = \text{const} \tag{14-22}$$

如果认为稳定器边缘处的温度不变，于是可认为有

$$p^2\tau_i = \text{const} \tag{14-23}$$

或

$$\tau_i(p_0 \pm \Delta p)^2 = \text{const} \tag{14-24}$$

式中，p_0 为平均混合气的压强；$\pm\Delta p$ 为燃烧时的压力脉动量。

压力脉动导致感应期脉动，于是可观察到火焰锥忽前忽后、忽张忽合，放热量 $\pm\Delta q$ 也呈周期性变动。如果令放热量脉动的燃烧频率为 f_q，当压力脉动频率 f_0 恰好等于脉动燃烧频率 f_q 的倍数时，即 $\pm\Delta p$ 与 $\pm\Delta q$ 同步谐振，便会导致图 14-11a 所示的加热自激振荡现象。从图 14-11a 可看出，当 $0\leqslant\phi\leqslant\frac{\pi}{2}$ 时，则 Δq 与 Δp 将互相促进，激起增幅振荡；当在 $\frac{\pi}{2}\leqslant\phi\leqslant\pi$ 范围时，Δq 与 Δp 相互抵消，导致振荡减弱，如图 14-11b 所示。

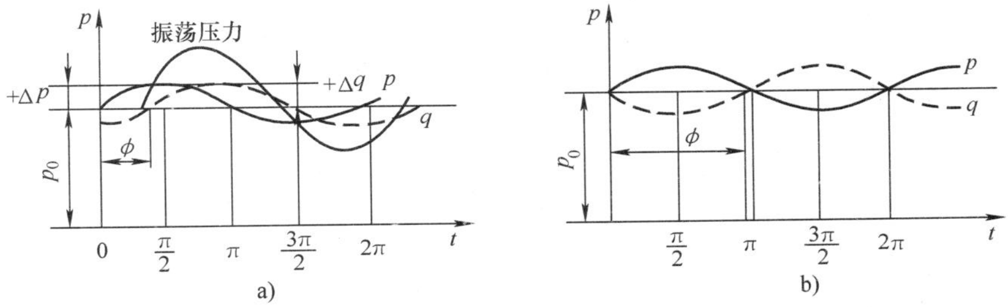

图 14-11　加热自激振荡以及衰减振荡现象

a）加热自激振荡　b）衰减振荡

14.4.2　消除或减弱振荡燃烧的措施

消除或减弱振荡燃烧，常从气动特性的控制、声学特性的控制以及燃烧的组织三个方面着手治理，具体措施如下：

1）精心设计加力燃烧室扩压段以及其间的障碍物，减弱旋涡强度，防止周期脱落，减弱原始的压力脉动。

2）改善火焰稳定器的设计。例如，将单排改为多排，并加辐射形火焰槽；再如，采用沙丘稳定器或者多孔毛细陶瓷稳定器等。

3）设置阻尼装置，如装设多孔防振屏等。

4）改善供油条件，如采用多孔直射式喷嘴分区供油；再如，调整喷油环到稳定器的距离等。

14.5　主燃烧室和加力室中燃烧污染物及其分析

对航空发动机的污染排放，通常有两个关注点：一个是在飞机场起飞和着陆时发

动机的污染排放；另一个是发动机在平流层巡航高度下的污染排放。CO_2 和水蒸气是完全燃烧时的产物，由于商用飞机的排放，这两种产物在平流层内大量沉积，在温室效应的作用下，将会导致全球性变暖。

14.5.1 CO 和 UHC

一氧化碳是由于碳氢燃料不完全燃烧而形成的产物，它不仅是发动机污染物排放的一种，也是低效燃烧的一个来源。发动机在低功率工况的贫油燃烧时，会导致燃烧室的反应速率变缓，由此引起一氧化碳的形成。在未燃烧碳氢化合物（UHC）中，部分燃料未参与燃烧的原因主要由于燃烧雾化、蒸发和驻留的时间不够，或者是被截留到燃烧室衬筒的冷却气膜中。令燃烧室的燃烧效率为 η_b，排放指数为 EI，于是有

$$1-\eta_b=[0.232(EI)_{co}+(EI)_{UHC}]\times 10^{-3} \tag{14-25}$$

图 14-12 所示为 CO 和 UHC 的排放指标，随燃烧室进口温度所发生的变化。CO 和 UHC 是发动机在低功率工况时产生的。

14.5.2 NO 和 NO_2

在主燃区中，当温度高于 1800K 时，高温区域中形成 NO，其生成机理是

$$N_2+O\rightarrow NO+N$$

这里，高温是生成 NO 的必要条件。由此可知，NO 是发动机在高功率工况时产生的。参考文献［699］通过对大量数据进行相关分析，得到了燃烧室进口温度 T_{t3} 与 NO_x 排放指数间的关系曲线，如图 14-13 所示。

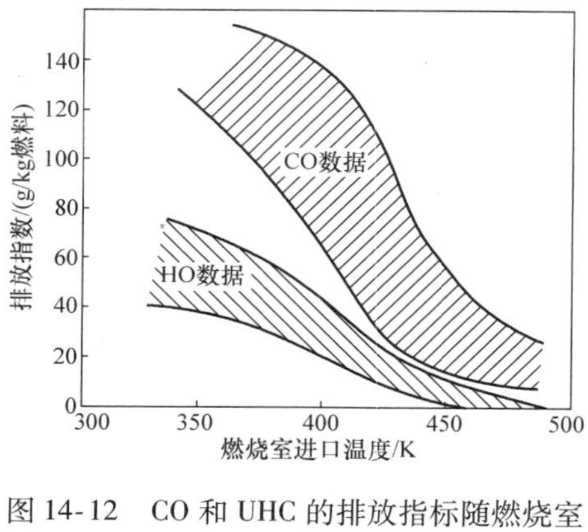

图 14-12　CO 和 UHC 的排放指标随燃烧室进口温度所发生的变化

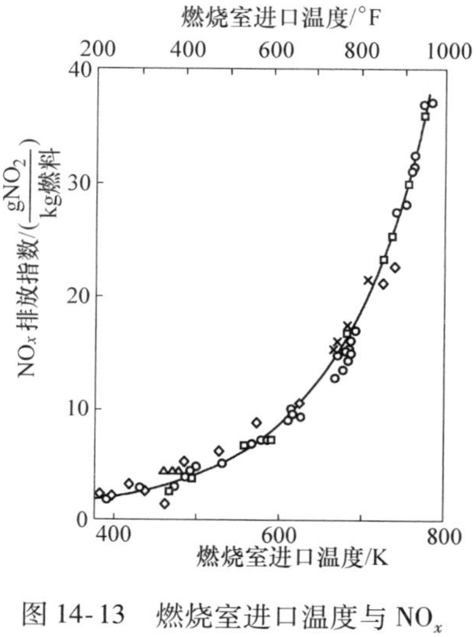

图 14-13　燃烧室进口温度与 NO_x 排放指数间的关系曲线

参考文献［700］给出了压气机压比和飞行马赫数对 NO_x 排放的影响曲线，如图 14-14 所示。

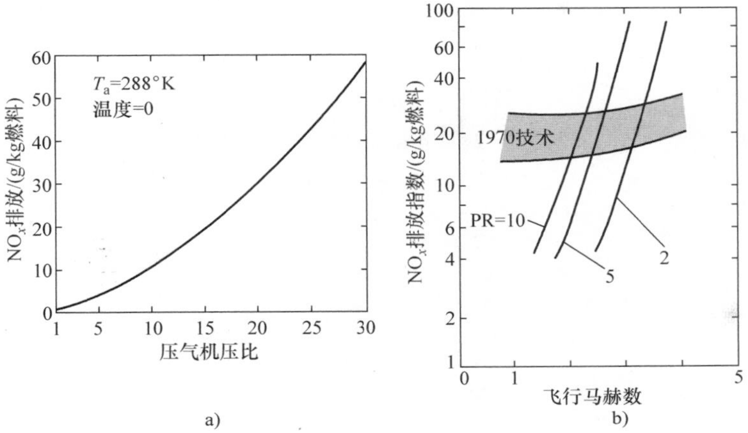

图 14-14　压气机压比和飞行马赫数对 NO_x 排放的影响曲线

a）压力机压比对 NO_x 排放的影响　b）飞行马赫数对 NO_x 排放的影响

另外，参考文献［511］还给出了 NO_x 浓度、p_{t3}、T_{t3} 以及 t_p 间的关系，即

$$[NO_x] \propto t_p \sqrt{p_{t3}} \exp\left(\frac{-2400}{T_{t3}}\right) \tag{14-26}$$

式中，t_p 为在主燃区的驻留时间。

14.5.3　烟粒子数

燃烧室主燃烧区的富油区域会产生碳颗粒，即烟粒子。烟灰颗粒部分地被高温气体消耗，既在燃烧室中间区部分氧化，又以更小的颗粒度进入稀释区。烟粒子主要由碳（96%）、氢和一些氧组成。改善燃料雾化（如采用空气雾化喷嘴）和增强主燃区的混合强度都可以减少烟粒子的形成。烟粒子数 SN 是量化排放物中的烟粒子而定义的参数，如果用 R 表示有烟痕过滤纸的绝对反射率，用 R_0 表示干净过滤纸的绝对反射率，则 SN 可表达为

$$SN \equiv 100\left(1-\frac{R}{R_0}\right) \tag{14-27}$$

14.5.4　分级燃烧及 NO_x 的抑制

在发动机减排中，分级燃烧的概念十分重要。这个概念将传统燃烧室主燃区分为两级：一级是引燃级燃烧室，用于燃烧室低功率工况时的运行；另一级是主级燃烧室，用于最大功率爬升和巡航飞行。分级燃烧对 CO 和 UHC 的排放控制十分有效，但对 NO_x 仍然是一个挑战。为了降低 NO_x 排放，应该降低火焰温度，这就要求燃烧室在较低的当量比 ϕ 下运行（通常要求 $\phi \approx 0.6$）。图 14-15 所示为用于低排放分级燃烧的例子，图 14-15a 为双级双环型燃烧室，图 14-15b 为双级旋流型燃烧

室。这两种类型的燃烧室已分别用于 CF6－50 发动机和 JT9D－7 发动机上。表 14-2 给出了几种燃烧室的排放数据

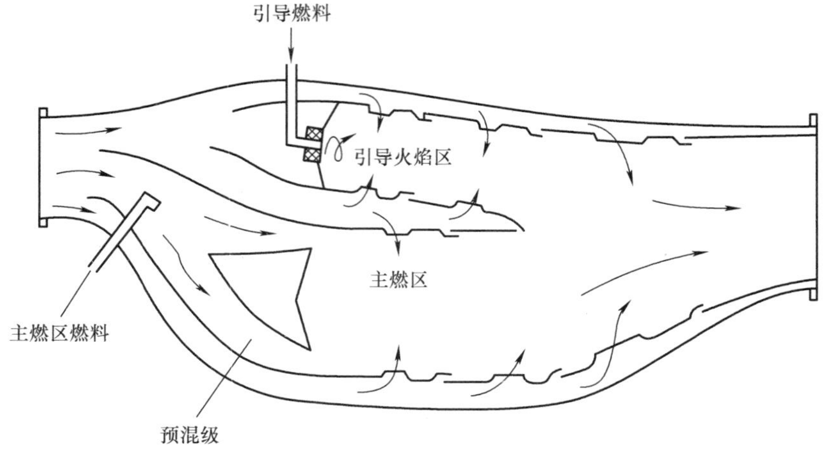

a)

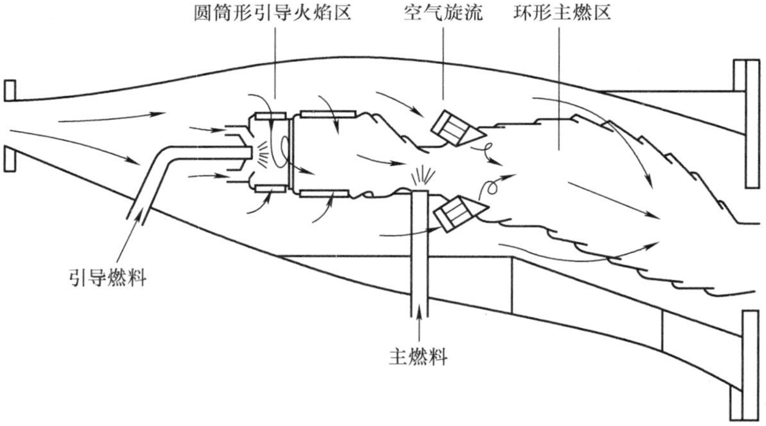

b)

图 14-15　用于低排放分级燃烧的例子

a) GE 公司 CF6－50 发动机径向双级（双环）型　b) P&W 公司 JT9D－7 发动机双级旋流型

表 14-2　几种燃烧室排放的数据

类型	污染物/[g/(kg · thrust · h · cycle)]			
	CO	UHC	NO_x	烟
1979 EPA 标准	4.3	0.8	3.0	20
常规燃烧室	10.8	4.3	7.7	13
CF6－50 双环型燃烧室	6.3	0.3	5.6	25
常规燃烧室	10.4	4.8	6.5	4
JT9D－7 发动机旋流型燃烧室	3.2	0.2	2.7	30

燃烧室喷水可以有效地降低火焰温度并且大幅度的减少 NO_x 的排放，图 14-16 所示为燃烧室中喷水对降低 NO_x 排放的影响曲线。由图 14-16 可以看出，当喷水量与燃料流量之比为 1 时，降低的 NO_x 排放已接近 50%。另外，对于高压比先进的飞机发动机，正在大力研制与发展一种富油燃烧—淬熄—贫油燃烧的模式，参考文献［701］认为，这是发展低 NO_x 排放燃烧室的重要途径之一。表 14-3 给出了 2005 年高速民用运输（HSCT）项目的发动机与 1992 年亚声速发动机所采用的重要参数与方法之间的对比。这张表是 R. A. Merkur 在 1996 年的文章中给出的，这张表也再次显示了采用富油燃烧—淬熄—贫油燃烧的模式对降低 NO_x 的排放十分有益。

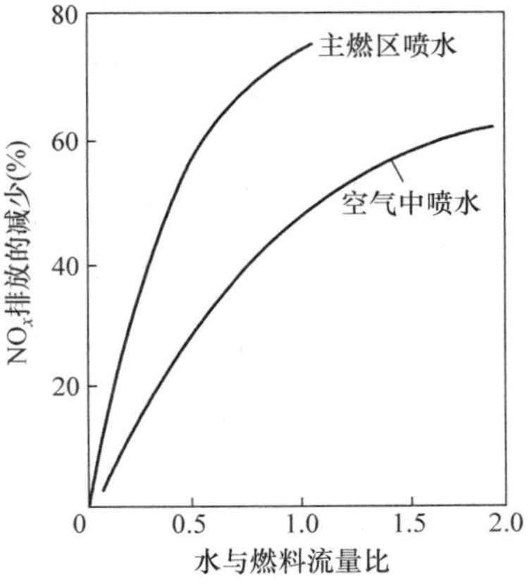

图 14-16　燃烧室中喷水对降低 NO_x 排放的影响曲线

表 14-3　HSCT 项目的发动机与 1992 年亚声速发动机参数的比较

参数	1992 年亚声速发动机	2005 年 HSCT 发动机
当量比	1.0→1.2	<0.7 或 >1.5
气体温度/℉	3700	3400→3750
衬筒温度/℉	<1800	2200→2600
衬筒材料	超耐热合金板或铸件	陶瓷复合材料
冷却方法	冲击/气膜	对流
环境作用	氧化	氧化或还原
NO_x	36～45g/kgf	<5g/kgf

注：℉ =9.8×℃ +32。

14.6　带加力燃烧室的涡喷发动机性能计算

14.6.1　带加力燃烧室涡喷发动机压气机的最优压比

加力燃烧室是用于增加发动机推力的，加力后尽管单位推力耗油率增至 4 倍多，但它只能使航空发动机产生近两倍的推力。图 14-17 所示为带加力燃烧的涡喷发动机的特征截面符号。7 截面和 8 截面分别代表加力燃烧室的出口和喷管喉道。带加力的涡喷发动机喷管为收敛－扩张型，在大范围的工况下，喉道马赫数都为 1，即喉道保持壅塞工况。喷管流量方程为

$$\dot{m}=\sqrt{\frac{\gamma}{R}}\frac{p_{\mathrm{t}}A}{\sqrt{T_{\mathrm{t}}}}Ma\left(\frac{1}{1+\frac{\gamma-1}{2}Ma^2}\right)^{\frac{\gamma+1}{2(\gamma-1)}} \tag{14-28}$$

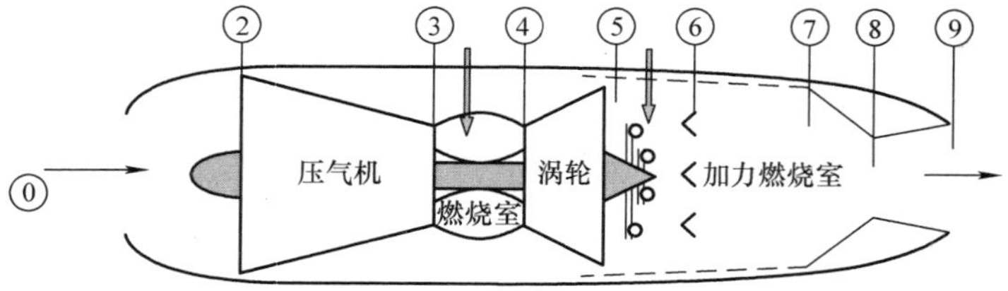

图 14-17　带加力燃烧室的涡喷发动机的特征截面符号

首先由于开加力，令加力燃油量为 $\dot{m}_{\mathrm{f,AB}}$，这时就会比不开加力时需要增加燃气量。当加力燃烧室工作时，喉道马赫数一直保持 1，因此式（14-28）等号右侧最后一个括号内的值将保持不变。虽然燃气的 γ 和 R 都是温度的函数，但此处可以忽略 γ 和 R 值的微小变化，因此式（14-28）等号右侧第一项也认为不变。所以，可以认为开加力与不开加力时喷管喉道面积有如下关系，即

$$\frac{A_{8,\mathrm{AB-ON}}}{A_{8,\mathrm{AB-OFF}}} \approx \sqrt{\frac{A_{8,\mathrm{AB-ON}}}{A_{8,\mathrm{AB-OFF}}}} \tag{14-29}$$

图 14-18 所示为加力燃烧室的特征截面符号。对于加力燃烧室的进口扩压段、喷油管、火焰稳定器等在前面几节中已做了介绍，这里仅讨论加力燃烧室中布有穿孔的管线，其主要具有两个功能：一个是起气冷管道的作用，保护外罩免受高温气体的侵蚀；二是作降噪消声管，抑制由于不稳定燃烧而产生的高频噪声。另外，加力燃烧室可以看作一个带绝缘壁面的绝热管道，可以忽略对外罩的传热，即

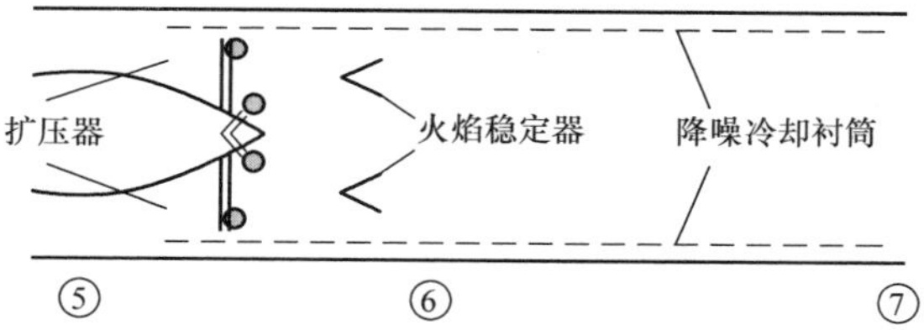

图 14-18　加力燃烧室的特征截面符号

$$(\dot{Q}_{\mathrm{wall}})_{5-7} \approx 0 \tag{14-30}$$

表 14-4 给出了由于加力燃烧室而新增加的几个参数，图 14-19 所示为加力涡喷发动机理想循环的量纲为 1 的 $T-S$ 图。此外，对加力燃烧室应用能量方程，有

$$(\dot{m}_0 + \dot{m}_{\mathrm{f}} + \dot{m}_{\mathrm{f,AB}})h_{\mathrm{t7}} - (\dot{m}_0 + \dot{m}_{\mathrm{f}})h_{\mathrm{t5}} = \dot{m}_{\mathrm{f,AB}} Q_{\mathrm{R,AB}} \eta_{\mathrm{AB}} \tag{14-31}$$

表 14-4　描述加力燃烧室的几个参数

序号	参数	含义
1	$Q_{\mathrm{R,AB}}$	加力燃烧室燃料的（理想）热值
2	$\dot{m}_{\mathrm{f,AB}}$，$T_{\mathrm{t7}}, \tau_{\lambda-\mathrm{AB}} \equiv \frac{c_{p\mathrm{AB}} T_{\mathrm{t7}}}{c_{pc} T_0}$	燃料流量或出口温度
3	$\eta_{\mathrm{AB}} \equiv \frac{(Q_{\mathrm{R,AB}})_{\mathrm{actual}}}{(Q_{\mathrm{R,AB}})_{\mathrm{ideal}}}$	加力燃烧室效率（<1）
4	$\widetilde{\pi}_{\mathrm{AB}} \equiv \frac{p_{\mathrm{t7}}}{p_{\mathrm{t5}}}$	加力燃烧室总压比（<1）

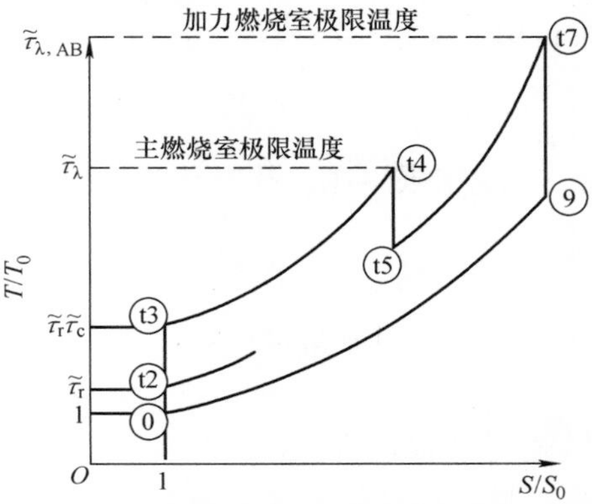

图 14-19　加力涡喷发动机理想循环的量纲为 1 的 $T-S$ 图

其中，$Q_{\mathrm{R,AB}}$为加力燃烧室燃料的（理想）热值。

由式（14-31）又可求出加力燃烧室的油气比f_{AB}为

$$f_{\mathrm{AB}}=\frac{(1+f)(h_{\mathrm{t7}}-h_{\mathrm{t5}})}{Q_{\mathrm{R,AB}}\eta_{\mathrm{AB}}-h_{\mathrm{t7}}}\approx\frac{(1+f)(T_{\mathrm{t7}}-T_{\mathrm{t5}})}{\dfrac{Q_{\mathrm{R,AB}}\eta_{\mathrm{AB}}}{c_{p\mathrm{AB}}}-T_{\mathrm{t7}}}\tag{14-32}$$

式中，$c_{p\mathrm{AB}}$为 T_{t5}与 T_{t7}下的平均比定压热容。

令加力燃烧室出口的总压为 p_{t7}，于是有

$$p_{\mathrm{t7}}=\tilde{\pi}_{\mathrm{AB}}\cdot p_{\mathrm{t5}}\tag{14-33}$$

令 F_{n} 为净推力，并用 η_{th}和 η_{p}分别表示带加力的涡喷发动机的循环热效率和推进效率，其表达式分别为

$$\eta_{\mathrm{th}}=\frac{(\dot{m}_0+\dot{m}_{\mathrm{f}}+\dot{m}_{\mathrm{f,AB}})\dfrac{v_9^2}{2}-\dot{m}_0\dfrac{v_0^2}{2}}{\dot{m}_{\mathrm{f}}Q_{\mathrm{R}}+\dot{m}_{\mathrm{f,AB}}Q_{\mathrm{R,AB}}}\tag{14-34}$$

$$\eta_{\mathrm{p}}=\frac{(F_{\mathrm{n}}/\dot{m}_0)v_0}{(1+f+f_{\mathrm{AB}})\dfrac{v_9^2}{2}-\dfrac{v_0^2}{2}}\tag{14-35}$$

令 $\tilde{\pi}_{\mathrm{n}}$ 为带加力燃烧时涡喷发动机的喷管总压比，v_9 与 Ma_9 分别为带加力涡喷发动机的喷管出口排气速度和出口马赫数，于是 $\tilde{\pi}_{\mathrm{n}}$、Ma_9 和 v_9 的表达式为

$$\tilde{\pi}_{\mathrm{n}}=\left\{\left(\tilde{\pi}_{\mathrm{AB}}\tilde{\pi}_{\mathrm{t}}\tilde{\pi}_{\mathrm{b}}\tilde{\pi}_{\mathrm{c}}\tilde{\pi}_{\mathrm{d}}\tilde{\pi}_{\mathrm{r}}\frac{p_0}{p_9}\right)^{\frac{\gamma-1}{\gamma}}-\eta_{\mathrm{n}}\left[\left(\tilde{\pi}_{\mathrm{AB}}\tilde{\pi}_{\mathrm{t}}\tilde{\pi}_{\mathrm{b}}\tilde{\pi}_{\mathrm{c}}\tilde{\pi}_{\mathrm{d}}\tilde{\pi}_{\mathrm{r}}\frac{p_0}{p_9}\right)^{\frac{\gamma-1}{\gamma}}-1\right]\right\}^{\frac{-\gamma}{\gamma-1}}\tag{14-36}$$

$$Ma_9=\left\{\frac{2}{\gamma-1}\left(\tilde{\pi}_{\mathrm{n}}\tilde{\pi}_{\mathrm{AB}}\tilde{\pi}_{\mathrm{t}}\tilde{\pi}_{\mathrm{b}}\tilde{\pi}_{\mathrm{c}}\tilde{\pi}_{\mathrm{d}}\tilde{\pi}_{\mathrm{r}}\frac{p_0}{p_9}\right)^{\frac{\gamma-1}{\gamma}}-1\right\}\tag{14-37}$$

$$v_9=a_9Ma_9=Ma_9\sqrt{\gamma R\frac{T_{\mathrm{t9}}}{1+\dfrac{\gamma-1}{2}Ma_9^2}}=a_0Ma_9\sqrt{\frac{\tilde{\tau}_{\lambda,\mathrm{AB}}}{1+\dfrac{\gamma-1}{2}Ma_9^2}}\tag{14-38}$$

式（14-36）~式（14-38）中，$\tilde{\pi}_{AB}$、$\tilde{\pi}_t$、$\tilde{\pi}_b$、$\tilde{\pi}_c$和$\tilde{\pi}_d$分别为加力燃烧室总压比、涡轮总压比、主燃烧室总压比、压气机总压比和进气道总压恢复系数；$\tilde{\pi}_r$为冲压比，$\tilde{\pi}_f \equiv \dfrac{p_{t0}}{p_0}$；$\tilde{\pi}_{\lambda,AB}$为加力燃烧室限焓比，其定义式为

$$\tilde{\pi}_{\lambda,AB} = \frac{c_{pAB} T_{t7}}{c_{pc} T_0} \tag{14-39}$$

另外，带加力燃烧的涡喷发动机的比推和单位推力耗油率分别定义为

$$\frac{F_n}{\dot{m}_0} = \frac{(\dot{m}_0 + \dot{m}_f + \dot{m}_{f,AB}) v_9 - \dot{m}_0 v_0 + (p_9 - p_0) A_9}{\dot{m}_0} = (1 + f + f_{AB}) v_9 \left[1 + \frac{1 - \dfrac{p_0}{p_9}}{\gamma Ma_9^2} \right] - v_0 \tag{14-40}$$

$$\mathrm{TSFC} \equiv \frac{\dot{m}_f + \dot{m}_{f,AB}}{F_n} = \frac{f + f_{AB}}{F_n / \dot{m}_0} \tag{14-41}$$

令 $\tilde{\pi}_\lambda$ 为循环限焓比，其定义为

$$\tilde{\pi}_\lambda \equiv \frac{c_{pt} T_{t4}}{c_{pc} T_0} \tag{14-42}$$

在理想带加力燃烧的涡喷发动机中，热力限制参数 $\tilde{\pi}_\lambda$ 和 $\tilde{\pi}_{\lambda,AB}$要指定，并且保持不变，但使发动机性能最大化的压气机压比 $\tilde{\pi}_c$ 必须通过计算才能确定。这里设比推 $F_n/\dot{m}_0$ 为最大化性能的参数。为简化分析，可以假设喷管完全膨胀，于是有

$$\frac{F_n}{\dot{m}_0} \approx (1 + f + f_{AB}) v_9 - v_0 \approx v_9 - v_0 \tag{14-43}$$

将式（14-43）两边乘以飞行速度 v_0 与排气速度 v_9 的平均值，得循环功 W_c 为

$$W_c \approx \frac{v_9^2}{2} - \frac{v_0^2}{2} \tag{14-44}$$

当飞行速度给定时，为使 W_c 最大化，则必使排气动能最大化。注意到，令 h_0 为飞行静焓，有

$$\frac{v_9^2}{2} \equiv h_{t9} - h_9 = h_{t9}\left(1 - \frac{T_9}{T_{t9}}\right) = h_0\ \tilde{\tau}_{\lambda,AB}\left[1 - \left(1 + \frac{\gamma - 1}{2} Ma_9^2\right)^{-1}\right] \tag{14-45}$$

在 h_0 和 $\tilde{\tau}_{\lambda,AB}$给定的情况下，将动能最大化就意味着将出口马赫数 Ma_9 最大化。又因为出口马赫数可用喷管出口总压与静压表示，即

$$Ma_9^2 = \frac{2}{\gamma - 1}\left[\left(\frac{p_{t9}}{p_9}\right)^{\frac{\gamma-1}{\gamma}} - 1\right] \tag{14-46}$$

注意到

$$\frac{p_{t9}}{p_9} = \frac{p_{t9}}{p_{t7}} \frac{p_{t7}}{p_{t5}} \frac{p_{t5}}{p_{t4}} \frac{p_{t4}}{p_{t3}} \frac{p_{t3}}{p_{t2}} \frac{p_{t2}}{p_{t0}} \frac{p_{t0}}{p_0} \frac{p_0}{p_9} = \tilde{\pi}_n \tilde{\pi}_{AB} \tilde{\pi}_t \tilde{\pi}_b \tilde{\pi}_c \tilde{\pi}_d \tilde{\pi}_r \frac{p_0}{p_9} \tag{14-47}$$

如假设各部件为理想部件，为完全膨胀，于是式（14-47）可变为

$$\frac{p_{t9}}{p_9}=(\tilde{\tau}_t)^{\frac{\gamma}{\gamma-1}}(\tilde{\tau}_c)^{\frac{\gamma}{\gamma-1}}(\tilde{\tau}_r)^{\frac{\gamma}{\gamma-1}}=\left\{\tilde{\tau}_r\tilde{\tau}_c\left[1-\frac{\tilde{\tau}_r(\tilde{\tau}_c-1)}{\tilde{\tau}_\lambda}\right]\right\}^{\frac{\gamma}{\gamma-1}} \tag{14-48}$$

因此，p_{t9}/p_9 的最大化便等价于喷管出口马赫数的最大化。于是将式（14-48）中等号右侧对 $\tilde{\tau}_c$ 求导并令其为零，得

$$\tilde{\tau}_r-\frac{2\tilde{\tau}_c\tilde{\tau}_r^2}{\tilde{\tau}_\lambda}+\frac{\tilde{\tau}_r^2}{\tilde{\tau}_\lambda}=0 \tag{14-49}$$

化简后得

$$\tilde{\tau}_\lambda-2\tilde{\tau}_r\tilde{\tau}_c+\tilde{\tau}_r=0 \tag{14-50}$$

于是，对于带加力的涡喷发动机来讲，最大比推力时压气机的最佳压比为

$$\tilde{\pi}_{c,opt}=\left(\frac{\tilde{\tau}_r+\tilde{\tau}_\lambda}{2\tilde{\tau}_r}\right)^{\frac{\gamma}{\gamma-1}} \tag{14-51}$$

图 14-20 所示为 $\tilde{\tau}_\lambda=6.0$ 时，按照式（14-51）画出的 $\tilde{\pi}_{c,opt}$随飞行马赫数 Ma_0 的变化曲线。由该图 14-20 可以看出，在低速飞行时，带加力的涡喷发动机，为获得最大比推力，要求压气机的压比仍然很高。其实，由图 14-20 还可以看到，在超声速飞行时，为获得最大的比推力，这时所要求的压气机最优的 $\tilde{\pi}_{c,opt}$值比亚声速飞行时要低，这是值得关注的现象。

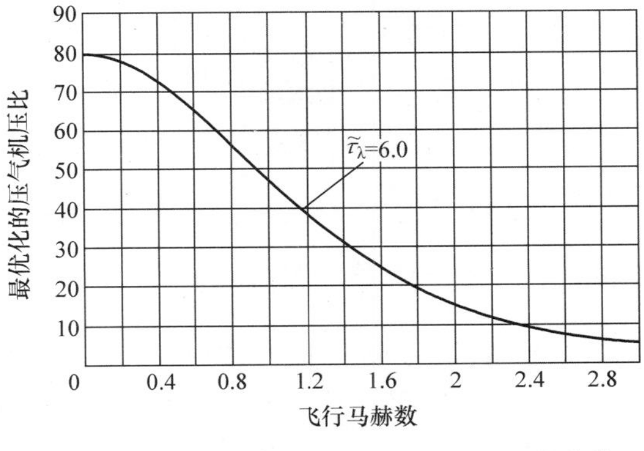

图 14-20 $\tilde{\pi}_{c,opt}$随飞行马赫数 Ma_0 的变化曲线

14.6.2 带加力涡喷发动机的非设计状态分析

一个发动机设计与制造出来之后，其几何参数和设计参数（如压气机的压比和涡轮进口温度等）都是已知的。首先，当发动机处于稳定工作状态下时，发动机部件之间工作应匹配，即要满足：①质量守恒（如进入进气道的物理空气质量流量等于通过风扇的物理质量流量，除非有一部分空气在到达风扇之前便从进气道旁路分流）；②能量守恒（如在低压转子上，低压涡轮与低压压气机转子位于同一

转动轴，低压涡轮输出的轴功用于带动低压压气机，同时，同一根轴上的压气机的物理转速应等于涡轮的物理转速）；③元素的组分守恒，如在燃烧室中进行化学反应后，混合气进入涡轮，气流在涡轮中膨胀降温使气体的组分发生变化，这就需要采用平衡态气体反应理论去确定每个工况下的气体组分。此外，在循环分析中采用了三种不同的气体常数，分别对应于：①进气道与压气机（即低温部分）；②燃烧室、加力燃烧室与尾喷管（即极高温部分）；③涡轮（即高温部分）。这里要说明的是，在讨论稳定状态部件匹配时，主要使用了质量守恒和能量守恒，表面上好像忽略了动量守恒，但实际上，在计算各部件产生力的大小和方向时，已注意了动量方程。

能够使涡喷发动机进入非设计状态的独立参数应该包括：①飞行高度（导致环境压强和环境温度的不同）；②飞行马赫数（在起飞、爬升、巡航、俯冲、进机场和降落过程中都要变化）；③节流设置（如影响涡轮进口温度）；④加力燃烧室设置（如开启、关闭和部分设置）；⑤喷管面积比设置等。为了清晰地说明设计状态与非设计状态时到底应给些什么参数，本节以带加力涡喷发动机为例进行详细介绍。

1. 设计状态时的参数

带加力涡喷发动机进行循环分析时，通常要给定以下七组设计参数，如图 14-21所示。

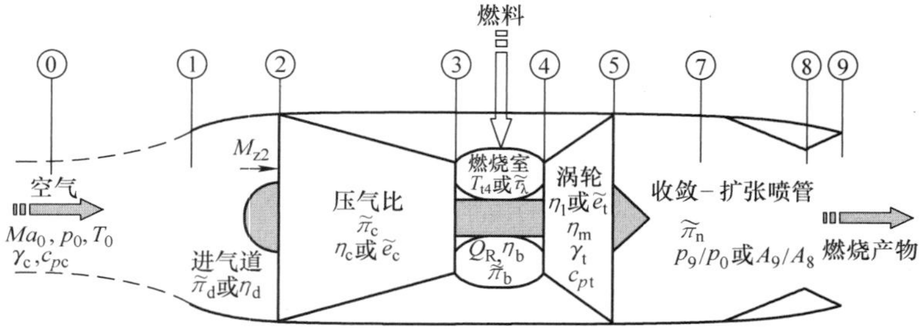

图 14-21　涡喷发动机的特征截面标号和设计参数示意图

1）设计状态时的飞行条件：Ma_0、p_0、T_0、γ_c 和 c_{pc}。例如，飞行马赫数 $Ma_0=0$，$p_0=101.33\text{kPa}$，$T_0=288.2\text{K}$，$\gamma_c=1.4$，$c_{pc}=1004\text{J}/(\text{kg}\cdot\text{K})$。

2）$\tilde{\pi}_d$、压气机设计状态时的增压比 $\tilde{\pi}_c$ 和压气机的多变压缩效率 $\tilde{e}_c$。例如，$\tilde{\pi}_d=0.95$，$\tilde{\pi}_c=20$，$\tilde{e}_c=0.9$。

3）燃料理想热值 Q_R、$\tilde{\pi}_b$、燃烧效率 η_b 和涡轮设计进口总温 T_{t4}。例如，$Q_R=42800\text{kJ/kg}$，$\tilde{\pi}_b=0.98$，$\eta_b=0.97$，$T_{t4}=1850℃$。

4）涡轮的多变效率 $\tilde{e}_t$、涡轮轴功率的机械效率参数 η_m、γ_t 和 c_{pt}。例如，$\tilde{e}_t=0.8$，$\eta_m=0.995$，$\gamma_t=1.33$，$c_{pt}=1156\text{J}/(\text{kg}\cdot\text{K})$。

5）$Q_{R,AB}$、$\tilde{\pi}_{AB}$、η_{AB}、T_{t7}、γ_{AB} 和 c_{pAB}。例如，$Q_{R,AB}=42800\text{kJ/kg}$，$\tilde{\pi}_{AB}=0.95$，$\eta_{AB}=0.98$，$T_{t7}=2450\text{K}$，$\gamma_{AB}=1.3$，$c_{pAB}=1243\text{J}/(\text{kg}\cdot\text{K})$。

6）$\tilde{\pi}_n$ 和 p_9/p_0。例如，$\tilde{\pi}_n = 0.93$，$p_9/p_0 = 1.0$。

7）设计换算转速 N_{c2}、设计换算质量流量 $\dot{m}_{c2}$ 和 2 截面处设计轴向马赫数 Ma_{z2}。例如，$\dot{m}_{c2} = 33\text{kg/s}$，$N_{c2} = 7120\text{r/m}$，$Ma_{z2} = 0.6$。

假设第一级涡轮导向器和尾喷管喉道在设计点和非设计点都出现壅塞，即 $Ma_4 = 1.0$、$Ma_8 = 1.0$，并且开加力与不开加力时都有

$$\tilde{\pi}_t / \sqrt{\tilde{\tau}_t} \approx \text{const}, \quad \tilde{\tau}_t \approx \text{const}。 \tag{14-52}$$

2. 非设计状态时的参数

在非设计状态下，通常要给出以下六组参数。

1）非设计状态下的飞行条件：Ma_0、p_0、T_0、γ_c 和 c_{pc}。例如，$Ma_0 = 2.0$，$p_0 = 20\text{kPa}$，$T_0 = 223\text{K}$，$\gamma_c = 1.4$，$c_{pc} = 1004\text{J/(kg·K)}$。

2）$\tilde{\pi}_d$ 和 $\tilde{e}_c$。例如，$\tilde{\pi}_d = 0.8$，$\tilde{e}_c = 0.9$。

3）Q_R、$\tilde{\pi}_b$、η_b 和涡轮非设计进口温度（指定）T_{t4}。例如，$Q_R = 42800\text{kJ/kg}$，$\tilde{\pi}_b = 0.98$，$\eta_b = 0.97$，$T_{t4} = 1850\text{K}$。

4）$\tilde{e}_t$、η_m、γ_t 和 c_{pt}。例如，$\tilde{e}_t = 0.8$，$\eta_m = 0.995$，$\gamma_t = 1.33$，$c_{pt} = 1156\text{J/(kg·K)}$。

5）$Q_{R,AB}$、$\tilde{\pi}_{AB}$、η_{AB}、T_{t7}、γ_{AB} 和 c_{pAB}。例如，$Q_{R,AB} = 42800\text{kJ/kg}$，$\tilde{\pi}_{AB} = 0.95$，$\eta_{AB} = 0.98$，$T_{t7} = 2450\text{K}$，$\gamma_{AB} = 1.3$，$c_{pAB} = 1243\text{J/(kg·K)}$。

6）$\tilde{\pi}_n$ 和 p_9/p_0。例如，$\tilde{\pi}_n = 0.93$，$p_9/p_0 = 1.0$。

3. 两组参数的关系

比较上面两组设计状态与非设计状态的参数，可以发现，非设计状态时只少了一个压气机的增压比，这个参数决定了非设计状态的换算质量流量和转速。设计和非设计两种状态通过 $\tilde{\tau}_t = \text{const}$ 联系起来。另外，$\tilde{\pi}_t$ 和 $\tilde{\tau}_t$ 又通过涡轮多变效率 $\tilde{e}_t$ 建立起联系，即

$$\tilde{\pi}_t = (\tilde{\tau}_t)^{\frac{\gamma_t}{(\gamma_t - 1)\tilde{e}_t}} \tag{14-53}$$

首先，计算压气机的温比 $\tilde{\tau}_c$，即

$$\tilde{\tau}_c = (\tilde{\pi}_c)^{\frac{\gamma_c - 1}{\gamma_c \tilde{e}_c}} \tag{14-54}$$

由式（14-54）得 $\tilde{\tau}_c \approx 2.5884$；由

$$T_{t3} = \tilde{\tau}_c \cdot T_{t2} \tag{14-55}$$

可得 $T_{t3} = 745.97\text{K}$；由

$$f = \frac{c_{pt} T_{t4} - c_{pc} T_{t3}}{Q_R \eta_b - c_{pt} T_{t4}} \tag{14-56}$$

可得油气比 f 为 0.036；最后，由压气机与涡轮的功率平衡，得

$$\tilde{\tau}_t = 1 - \frac{1}{(1+f)\eta_m} \frac{c_{pc} T_{t2}}{c_{pt} T_{t4}} (\tilde{\tau}_c - 1) \tag{14-57}$$

由式（14-57），得 $\tilde{\tau}_t \approx 0.7915$。

由式（14-52）知，在设计和非设计状态时，均有 $\tilde{\tau}_t \approx 0.7915$。下面对 $\tilde{\tau}_t \approx 0.7915$ 的非设计状态进行分析与计算，以下分四步进行。

1）使用与设计状态相同的油气比 f 并利用式（14-58）计算非设计状态下的 $\tilde{\tau}_{c,O-D}$ 值，这里的 $\tilde{\tau}_{c,O-D}$ 是由压气机和涡轮的功率平衡来确定的，由式(14-57)，得

$$\tilde{\tau}_{c,O-D} = 1 + (1+f)\eta_m \frac{c_{pt}T_{t4}}{c_{pc}T_{t2}}\bigg|_{O-D}(1-\tilde{\tau}_t) \tag{14-58}$$

而后由 $\tilde{\tau}_{c,O-D}$ 与 T_{t2} 得 T_{t3}（这里认为发动机进口总温 T_{t2} 与飞行总温 T_{t0} 相等，在 $Ma_0=2.0$ 时都是 401.4K）；有了 T_{t3} 值，便可由式（14-56）重新求出油气比 f。不断地重复这个循环，直到前后两次迭代计算出的 $\tilde{\tau}_{c,O-D}$ 的差值小于 10^{-4} 为止。这里迭代后 $\tilde{\tau}_{c,O-D} \approx 2.1405$。

2）在发动机部件工作特性图中，常会遇到由以下五个发动机换算参数，即换算质量流量 $\dot{m}_{ci}$、换算转速 N_{ci}、换算燃料流量 $\dot{m}_{fc}$、换算推力 F_c 和换算单位推力耗油率 $TSFC_c$，它们分别定义为

$$\dot{m}_{ci} \equiv \frac{\dot{m}_i\sqrt{\theta_i}}{\delta_i} \tag{14-59}$$

$$N_{ci} \equiv \frac{N}{\sqrt{\theta_i}} \tag{14-60}$$

$$\dot{m}_{fc} \equiv \frac{\dot{m}_f}{\delta_2\sqrt{\theta_2}} \tag{14-61}$$

$$F_c \equiv \frac{F}{\delta_0} \tag{14-62}$$

$$\mathrm{TSFC}_c \equiv \tilde{\pi}_d \frac{\dot{m}_{fc}}{F_c} \tag{14-63}$$

$$\delta_i \equiv \frac{p_{ti}}{p_{ref}},\quad \theta_i \equiv \frac{T_{ti}}{T_{ref}} \tag{14-64}$$

由进气道与压气机间匹配，即发动机进口的物理质量流量应等于进气道的物理质量流量，得

$$\tilde{\pi}_d \frac{A_2}{A_0} Ma_{z2}\left(1+\frac{\gamma-1}{2}Ma_{z2}^2\right)^{\frac{-(\gamma+1)}{2(\gamma-1)}} = Ma_0\left(1+\frac{\gamma-1}{2}Ma_0^2\right)^{\frac{-(\gamma+1)}{2(\gamma-1)}} \tag{14-65}$$

式中，进气道进口为 0－0 截面；压气机进口为 2－2 截面；A_0 与 A_2 分别为来流捕获面积与压气机进口面积；Ma_0 为给定的飞行马赫数；$\tilde{\pi}_d$ 为进气道总压恢复系数，即

$$\tilde{\pi}_d = \frac{p_{t2}}{p_{t0}} \tag{14-66}$$

由压气机与燃烧室间流量匹配，并注意到 $Ma_4=1.0$，并且还有

$$\dot{m}_4 = (1+f)\dot{m}_0 = (1+f)\dot{m}_2 \tag{14-67}$$

$$\dot{m}_4 = \sqrt{\frac{\gamma_t}{R_t}}\frac{p_{t4}}{\sqrt{T_{t4}}}A_4 Ma_4\left(1+\frac{\gamma_{t-1}}{2}Ma_4^2\right)^{\frac{-(\gamma_t+1)}{2(\gamma_t-1)}} \tag{14-68}$$

$$p_{t4}=\tilde{\pi}_b p_{t3}=\tilde{\pi}_b\tilde{\pi}_c p_{t2}=\tilde{\pi}_d\tilde{\pi}_b\tilde{\pi}_c p_{t0} \tag{14-69}$$

于是得

$$\sqrt{\frac{\gamma_t}{R_t}}\frac{\tilde{\pi}_b\tilde{\pi}_c}{\sqrt{T_{t4}/T_{t2}}}A_4\left(1+\frac{\gamma_t-1}{2}Ma_4^2\right)^{\frac{-(\gamma_t+1)}{2(\gamma_t-1)}}=(1+f)\sqrt{\frac{\gamma_c}{R_c}}A_2 Ma_{z2}\left(1+\frac{\gamma_c-1}{2}Ma_{z2}^2\right)^{\frac{-(\gamma_c+1)}{2(\gamma_c-1)}} \tag{14-70}$$

式中，$\tilde{\pi}_b$ 为燃烧室的总压恢复系数。

由燃烧室的能量平衡，可得

$$f=\frac{h_{t4}-h_{t3}}{Q_R\eta_b-h_{t4}} \tag{14-71}$$

$$\frac{fQ_R\eta_b}{h_{t2}}\approx\frac{c_{pt}}{c_{pc}}\left(\frac{T_{t4}}{T_{t2}}\right)-\tilde{\tau}_c \tag{14-72}$$

式中，$\tilde{\tau}_c$ 为压气机的增温比，f 为油气比。

由压气机与涡轮间的匹配，这里分两种情况讨论：

① 令截面 4 和截面 5 分别为涡轮进口与出口，当涡轮无冷却时，截面 4 与截面 5 的物理质量流量 $\dot{m}_4=\dot{m}_5$，而换算质量流量应为

$$\frac{\dot{m}_{c4}}{\dot{m}_{c5}}=\frac{\tilde{\pi}_t}{\sqrt{\tilde{\tau}_t}} \tag{14-73}$$

② 当涡轮被冷却时，在截面 4 和截面 5 之间注入冷却空气。注意有

$$\dot{m}_4=(1+f-\varepsilon_1-\varepsilon_2)\dot{m}_0 \tag{14-74}$$

$$\dot{m}_5=(1+f)\dot{m}_0 \tag{14-75}$$

两截面换算质量流量之间有如下关系式：

$$\frac{\dot{m}_{c4}}{\dot{m}_{c5}}=\frac{1+f-\varepsilon_1-\varepsilon_2}{1+f}\frac{\tilde{\pi}_t}{\sqrt{\tilde{\tau}_t}}=\left(1-\frac{\varepsilon_1+\varepsilon_2}{1+f}\right)\frac{\tilde{\pi}_t}{\sqrt{\tilde{\tau}_t}} \tag{14-76}$$

在涡轮有冷却时，因冷却空气注入高温燃气中，使 T_{t5} 降低，因此有气冷时的 $\tilde{\tau}_t$ 值要小于涡轮无冷却时。另外，有冷却时也会降低涡轮中的总压，即 $\tilde{\pi}_t$ 也降低。

由压气机、涡轮和燃烧室间的匹配，压气机与涡轮位于同一转动轴，考虑轴承的功率耗散和引入机械效率 η_m 之后，能量方程为

$$\dot{m}_0(h_{t3}-h_{t2})=\eta_m(\dot{m}_0+\dot{m}_f)(h_{t4}-h_{t5}) \tag{14-77}$$

或者写为

$$\tilde{\tau}_c-1=\eta_m(1+f)\frac{c_{pt}}{c_{pc}}\frac{T_{t4}}{T_{t2}}(1-\tilde{\tau}_t) \tag{14-78}$$

可以证明，在宽广的非设计状态中，涡轮膨胀参数 $\tilde{\tau}_t$ 保持不变。因此，由式(14-77)可以认为压缩参数（$\tilde{\tau}_c-1$）与节流参数 T_{t4}/T_{t2} 呈线性关系，即

$$\frac{\tilde{\tau}_{c,O-D}-1}{\tilde{\tau}_{c,D}-1}\approx\frac{\left(\frac{T_{t4}}{T_{t2}}\right)_{O-D}}{\left(\frac{T_{t4}}{T_{t2}}\right)_{D}} \tag{14-79}$$

注意到多变过程或绝热过程中的压气机增压比 $\tilde{\pi}_c$，得

$$\tilde{\pi}_c=(\tilde{\tau}_c)^{\frac{\tilde{e}_c\gamma_c}{\gamma_c-1}} \tag{14-80}$$

或

$$\tilde{\pi}_c=[1+\eta_c(\tilde{\tau}_c-1)](\tilde{\tau}_c)^{\frac{\gamma_c}{\gamma_c-1}} \tag{14-81}$$

于是借助式（14-81），可得到压气机非设计状态时的增压比 $\tilde{\pi}_{c,O-D}$为

$$\tilde{\pi}_{c,O-D}\approx\left[1+\eta_c(\tilde{\tau}_{c,D}-1)\ \frac{\left(\frac{T_{t4}}{T_{t2}}\right)_{O-D}}{\left(\frac{T_{t4}}{T_{t2}}\right)_{D}}\right]^{\frac{\gamma_c}{\gamma_c-1}} \tag{14-82}$$

另外，在同一轴上的压气机与涡轮具有相同的物理转动角速度 ω，即

$$\omega=2\pi N \tag{14-83}$$

于是换算转速 N_{c2}与 N_{c4}之间的关系，为

$$N_{c2}=N_{c4}\sqrt{\frac{T_{t4}}{T_{t2}}} \tag{14-84}$$

因为压气机的单位功率 W_c 正比于转速的平方，即

$$W_c\propto T_{t2}\ (\tilde{\tau}_c-1)\ \propto N^2 \tag{14-85}$$

或

$$\tilde{\tau}_c-1\propto N_{c2}^2 \tag{14-86}$$

注意到

$$\tilde{\tau}_t=\text{const},\ N_{c4}=\text{const} \tag{14-87}$$

或

$$N_{c4,O-D}\approx N_{c4,D}=\text{const} \tag{14-88}$$

于是有

$$\frac{N_{c2,O-D}}{N_{c2,D}}\approx\frac{\sqrt{\left(\frac{T_{t4}}{T_{t2}}\right)_{O-D}}}{\sqrt{\left(\frac{T_{t4}}{T_{t2}}\right)_{D}}} \tag{14-89}$$

由于压气机与涡轮的换算质量流量分别为

$$\dot{m}_{c2}=\frac{\dot{m}_2\ \sqrt{\theta_2}}{\delta_2},\ \dot{m}_{c4}=\frac{\dot{m}_4\ \sqrt{\theta_4}}{\delta_4} \tag{14-90}$$

于是考虑燃烧室中注入燃油流量后，有

$$\frac{(1+f)\dot{m}_{c2}\delta_2}{\sqrt{\theta_2}}=\frac{\dot{m}_{c4}\delta_4}{\sqrt{\theta_4}} \tag{14-91}$$

注意到在宽广的工作范围内，截面 4 出现壅塞，因而换算参数在截面 4 为常数。

另外，由于

$$\dot{m}_{c2}=\frac{\dot{m}_{c4}}{1+f}\frac{p_{t4}/p_{t2}}{\sqrt{\dfrac{T_{t4}}{T_{t2}}}}=\frac{\dot{m}_{c4}\tilde{\pi}_b\tilde{\pi}_c}{1+f\sqrt{\dfrac{T_{t4}}{T_{t2}}}} \tag{14-92}$$

于是设计状态与非设计状态下换算质量流量比为

$$\frac{\dot{m}_{c2,O-D}}{\dot{m}_{c2,D}}\approx\frac{\tilde{\pi}_{c,O-D}\sqrt{\left(\dfrac{T_{t4}}{T_{t2}}\right)_D}}{\tilde{\pi}_{c,D}\sqrt{\left(\dfrac{T_{t4}}{T_{t2}}\right)_{O-D}}} \tag{14-93}$$

由式 $\tilde{\tau}_{c,O-D}$计算 $\tilde{\pi}_{c,O-D}$，其计算式为

$$\tilde{\pi}_{c,O-D}=(\tilde{\tau}_{c,O-D})^{\frac{\gamma_c\tilde{e}_c}{\gamma_c-1}} \tag{14-94}$$

由式（14-94），得 $\tilde{\tau}_{c,O-D}\approx10.994$。令 $\dot{m}_{c2,O-D}$与 $\dot{m}_{c2,D}$分别为非设计状态时的换算质量流量与设计状态时的换算质量流量，于是借助式（14-93）和前面计算出的数据，可得

$$\frac{\dot{m}_{c2,O-D}}{\dot{m}_{c2,D}}\approx0.6487$$

而设计点 $\dot{m}_{c2,D}=33\text{kg/s}$，于是 $\dot{m}_{c2,O-D}=21.41\text{kg/s}$；另外，由式（14-89），得

$$\frac{N_{c2,O-D}}{N_{c2,D}}\approx0.8473$$

而设计点 $N_{c2,D}=7120\text{r/min}$，于是 $N_{c2,O-D}=6033\text{r/min}$。此外，借助式（14-64）计算 δ_2 与 θ_2，分别得 $\delta_2=1.2356$，$\theta_2=1.3928$；而后由 $\dot{m}_{c2,O-D}$值和式（14-59）求得非设计状态下 2 截面的 $\dot{m}_{c2}$值，即 $\dot{m}_{c2}=22.41\text{kg/s}$。

3）由 $\tilde{\tau}_{c,O-D}$值（即 2.1405）和 T_{t2}值（即 401.4K），便可计算出压气机出口总温 T_{t3}值（即 859.2K）。当指定 $T_{t4}=1850\text{K}$ 时，可得非设计状态燃烧室中的油气比 $f_{O-D}=0.03305$；在计算 $\tilde{\tau}_{c,O-D}$时，采用的油气比 $f=0.0360$；由压气机与涡轮功率平衡方程式（14-58）可知，$(\tilde{\tau}_{c,O-D}-1)$ 正比于 $(1+f)$，于是

$$\frac{(\tilde{\tau}_{c,O-D}-1)_{new}}{(\tilde{\tau}_{c,O-D}-1)_{old}}=\frac{(1+f_{O-D})_{new}}{(1+f_{O-D})_{old}} \tag{14-95}$$

借助式（14-95），计算得

$$\frac{(\tilde{\tau}_{c,O-D}-1)_{new}}{(\tilde{\tau}_{c,O-D}-1)_{old}}\approx0.99715$$

即前后两次迭代结果的误差在原先 $\tilde{\tau}_{c,O-D}$的0.1%以内。如果还希望更高精度，可重复采用迭代，以便计算出更新的 $\tilde{\tau}_{c,O-D}$值。

4）可继续计算出设计状态的其他参数值。例如，可计算出 $p_{t5}=413.7\text{kPa}$，$p_{t7}=393\text{kPa}$，$f_{AB}=0.0367$，$p_{t9}=365.52\text{kPa}$，$Ma_9=2.524$，$T_9=1253\text{K}$，$v_9=1725\text{m/s}$；计算出单位推力耗油率 TSFC = 55.94mg/(S・N)；计算出循环热效率 η_{th}、发动机推进效率 η_p 和总效率 η_0 分别是0.4822、0.5283和0.2547. 这里发动机的总功率 η_0 定义为

$$\eta_0=\eta_{th}\cdot\eta_p \tag{14-96}$$

14.7 涡轮、加力燃烧室和尾喷管的匹配

图14-22所示为开加力（即所谓“湿”式）与不开加力（即所谓“干”式）状态下涡轮、加力燃烧室和尾喷管的匹配示意图，图中上半部分表示不开加力，下半部分表示开加力。在“干”或者“湿”两种状态下，尾喷管喉道都保持壅塞。干式运动时，从涡轮出口到加力燃烧室和尾喷管的总温保持不变。在截面4和截面8处，$\dot{m}_4$ 和 $\dot{m}_8$ 分别为

$$\dot{m}_4=\sqrt{\frac{\gamma_4}{R_4}}\frac{p_{t4}}{\sqrt{T_{t4}}}A_4Ma_{z4}\left(1+\frac{\gamma_4-1}{2}Ma_{z4}^2\right)^{\frac{-(\gamma_4+1)}{2(\gamma_4-1)}}=\dot{m}_8 \tag{14-97}$$

$$\dot{m}_8=\sqrt{\frac{\gamma_8}{R_8}}\frac{p_{t8}}{\sqrt{T_{t8}}}A_{8,dry}Ma_{z8}\left(1+\frac{\gamma_8-1}{2}Ma_{z8}^2\right)^{\frac{-(\gamma_8+1)}{2(\gamma_4-1)}} \tag{14-98}$$

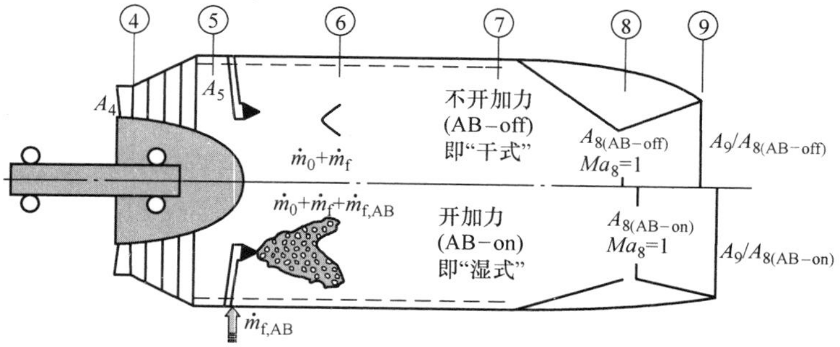

图14-22 干式与湿式状态下涡轮、加力燃烧室和尾喷管的匹配示意图

由于截面4和截面8都出现壅塞，于是有 $Ma_4=Ma_8=1$，这样式（14-97）和式（14-98）可改写为

$$\frac{\dfrac{p_{t8}}{p_{t4}}}{\sqrt{\dfrac{T_{t8}}{T_{t4}}}}=\sqrt{\frac{\dfrac{\gamma_4}{\gamma_8}}{R_4/R_8}}\frac{A_4}{A_{8,dry}}\left(\frac{2}{\gamma_4+1}\right)^{\frac{\gamma_4+1}{2(\gamma_4-1)}}\Big/\left(\frac{2}{\gamma_8+1}\right)^{\frac{\gamma_8+1}{2(\gamma_8-1)}}=f(\gamma_4,\ \gamma_8,\ R_4,\ R_8,\ A_4/A_{8,dry}) \tag{14-99}$$

对于不开加力时，如果尾喷管喉道的总压用 $p_{t8}=p_{t5}\tilde{\pi}_{AB-off}$，并且总温有 $T_{t8}=T_{t5}$，于是式（14-99）可变为

$$\frac{\tilde{\pi}_t}{\sqrt{\tilde{\tau}_t}}=f(\tilde{\pi}_{AB-off},\gamma_4,\gamma_8,R_4,R_8,A_4/A_{8,dry}) \tag{14-100}$$

在设计状态与非设计状态时，式（14-100）等号右边近似保持为常数，即

$$\frac{\tilde{\pi}_t}{\sqrt{\tilde{\tau}_t}}\approx \text{const}(\text{不开加力时}) \tag{14-101}$$

开加力时，对两个壅塞截面 4 和截面 8 写出截面的流量方程，得

$$\frac{\dfrac{p_{t8}}{p_{t4}}}{\sqrt{T_{t8}/T_{t4}}}=\sqrt{\frac{\gamma_4/\gamma_8}{R_4/R_8}}\left(\frac{1+f}{1+f+f_{AB}}\right)\frac{A_4}{A_{8,wet}}\left(\frac{2}{\gamma_4+1}\right)^{\frac{\gamma_4+1}{2(\gamma_4-1)}}\bigg/\left(\frac{2}{\gamma_8+1}\right)^{\frac{\gamma_8+1}{2(\gamma_8-1)}}=f(\gamma_4,\gamma_8,R_4/R_8,A_4/A_{8,wet}) \tag{14-102}$$

或者写为

$$\frac{\tilde{\pi}_{AB,wet}}{\sqrt{\tilde{\tau}_{AB,wet}}}\frac{\tilde{\pi}_t}{\sqrt{\tilde{\tau}_t}}\approx f(\gamma_4,\gamma_8,R_4/R_8,A_4/A_{8,wet},f_{AB}) \tag{14-103}$$

同样可以认为，开加力时有

$$\frac{\tilde{\pi}_t}{\sqrt{\tilde{\tau}_t}}\approx \text{const}\ (\text{开加力时}) \tag{14-104}$$

开加力时，尾喷管喉道面积可调，使加力燃烧室的气流以声速通过喉道，从而不影响涡轮的背压。比较式（14-101）和式（14-104），两式等号右边的两个常数仅因为加力燃烧室运行时产生气体的热物理性质不同而不同。另外，理论上喷管出口面积 A_9 是一个独立变量，可以在开加力时进行调节，从而获得最大的安装推力。在本章进行非设计状态分析时，喷管面积比 A_9/A_8 当作已知量或者预先提定。理想的喷管面积比 A_9/A_8 对应着完全膨胀，即

$$p_9=p_0 \tag{14-105}$$

这时可获得最大总推力，但在实际应用时，A_9 经常要受到发动机机舱尺寸的限制，A_{9max} 往往取决于发动机机舱的相应尺寸。

14.8　湍流燃烧诊断的三种高精度方法

本节主要讨论湍流脉动与火焰面之间的相互作用以及相关的一些量纲为 1 的评价参数的问题，还扼要地讨论 LES 和 PDF 的结合问题以及输运型 PDF 和设定型 PDF 分别与 LES 结合的方法。此外，还讨论火焰面模型与 RANS/LES 相结合的数值方法。从上述讨论的三种新方法种可以发现：主燃烧室和加力燃烧室中的湍流燃烧问题难度很大，数值计算要求的精度和分辨率都很高；在湍流燃烧的数值计算领

域，的确还有许多亟待解决的问题。

14.8.1 湍流脉动与火焰面之间的相互作用

在航空发动机气动热力学的数值计算中，主燃烧室和加力燃烧室的数值模拟是最复杂、最困难的领域之一。在燃烧室和加力燃烧室中，燃料液滴在高压气流的作用下雾化、蒸发、扩散混合掺混、点火燃烧、发光发热，发生剧烈复杂的化学反应，释放大量热量。因此，湍流燃烧过程属于典型的两相反应流动。以湍流脉动与火焰面之间的相互作用为例，这其中所涉及的湍流流动特征尺度和火焰面特征尺度都十分复杂。湍流以包含尺度的旋涡为主要特征，这里的特征尺度应包括涡的长度尺度和时间尺度。定义湍流流场中最大尺度涡的长度尺度为 l_o，相应的速度尺度和时间尺度分别为 $u(l_o)$ 和 $\tau(l_o)\equiv l_o/u(l_o)$；最小尺度涡的长度尺度为 η，相应的速度尺度和时间尺度分别为 $u(\eta)$ 和 $\tau(\eta)\equiv\eta/u(\eta)$；令介于最大尺度涡与最小尺度涡的长度尺度为 l，相应的速度尺度和时间尺度分别为 $u(l)$ 和 $\tau(l)\equiv l/u(l)$。定义长度尺度为 l 的涡的雷诺数为 Re_l，它表征惯性力与黏性力的相对大小，其表达式为

$$Re_l\equiv\frac{u(l)l}{\nu} \tag{14-106}$$

式中，ν 为层流分子黏性系数，它由 Sutherland 公式计算得到。

对于雷诺数远远大于 1 的涡，由湍流稳定性理论知，涡本身是不稳定的，它会逐步破裂成更小尺度的涡，直到惯性力与黏性力达到平衡。另外，在湍流能量串级过程中，湍流能量耗散率 ε 完全由初始能量和从最大尺度涡向最小尺度涡传递的速度决定，因此有

$$\varepsilon\approx\frac{u(l_o)^2}{l_o/u(l_o)}\approx\frac{u(l_o)^3}{l_o} \tag{14-107}$$

由 Kolmogorov 第二相似性假设，当雷诺数相当大时，尺寸为 l 的湍流涡具有相同的统计特性，因此也有

$$\varepsilon\approx\frac{u(l)^3}{l} \tag{14-108}$$

由式（14-107）和式（14-108），可得

$$\frac{u(l)}{u(l_o)}\approx\left(\frac{l}{l_o}\right)^{\frac{1}{3}} \tag{14-109}$$

对于不同尺度涡的时间尺度定义，并注意到式（14-109），可得

$$\frac{\tau(l)}{\tau(l_o)}=\frac{l}{l_o}\Bigg/\frac{u(l)}{u(l_o)}\approx\left(\frac{l}{l_o}\right)^{\frac{2}{3}} \tag{14-110}$$

由式（14-106）和式（14-109），并注意到当雷诺数相当大时，湍流中所有小尺度运动具有相同的统计特性，并且仅决定于黏性系数 ν 和湍流能量耗散率 ε，因此可得

$$Re_l=\frac{u(l)l}{\nu}=\frac{u(l_o)l_o}{\nu}\frac{u(l)l}{u(l_o)l_o}\sim Re_{l_o}\left(\frac{l}{l_o}\right)^{4/3} \tag{14-111}$$

由式（14-111）可以看出，随着涡尺寸 l 的减小，相应的雷诺数 Re_l 也减小。当雷诺数 Re_l 减小到 1 时，流动是稳定的，相应旋涡不会再破裂，此时的涡即为耗散涡，它的尺寸为

$$\eta\approx l_o(Re_{l_o})^{-3/4} \tag{14-112}$$

借助式（14-109）和式（14-110），可得到耗散涡的速度尺度和时间尺度分别为

$$u(\eta)\sim u(l_o)(Re_{l_o})^{-1/4} \tag{14-113}$$

$$\tau(\eta)\sim\tau(l_o)(Re_{l_o})^{-1/2} \tag{14-114}$$

层流预混火焰分为三个区，即预热区、化学反应区和氧化区。在预热区，化学反应速度较慢，一般认为没有化学反应发生；在化学反应区，化学反应较为剧烈，反应速度、温度和活化中心的浓度都达到了最大值；在氧化层，燃烧生成的中间产物最终转化为生成物。在层流预混火焰中，通常用预混火焰前锋厚度 l_F 和火焰传播速度 S_L 来表征化学反应特征长度和特征速度。根据量纲分析，定义 l_F 和 S_L 分别为

$$l_F\approx\sqrt{\frac{D}{\Omega}},\ S_L\approx\sqrt{D\Omega} \tag{14-115}$$

式中，D 和 Ω 分别为质量扩散系数与组分生成率。

另外，相应的化学反应时间尺度 τ_F 为

$$\tau_F=\frac{l_F}{S_L} \tag{14-116}$$

定义火焰面内化学反应区厚度为 l_δ，燃料消耗时间尺度为 τ_δ，借助式（14-115），有

$$l_\delta\approx\sqrt{\tau_\delta D} \tag{14-117}$$

此外，为便于定性分析层流预混火焰与湍流之间的相互作用，下面定义大尺度涡雷诺数 Re_{l_o}、Damköhler 数 Da、Karlovitz 数 Ka 去分析与描述湍流的发展程度以及湍流与燃烧的相互作用程度。这三个量纲为 1 的数定义式分别为

$$Re_{l_o}\equiv\frac{u(l_o)l_o}{\nu}=\frac{u(l_o)l_o}{S_Ll_F} \tag{14-118}$$

式中，ν 为分子黏性系数；利用 Re_{l_o}数可以去检验燃烧发生的流场区域是否为充分发展的湍流区。

$$Da\equiv\frac{\tau(l_o)}{\tau_F}=\frac{S_L}{l_F}\ \frac{l_o}{u(l_o)}=\frac{l_o^2}{l_F^2}\ \frac{S_Ll_F}{l_ou(l_o)}\approx\left(\frac{l_o}{l_F}\right)^2\frac{1}{Re_{l_o}} \tag{14-119}$$

Da 是湍流中最大尺度涡的时间尺度 $\tau(l_o)$ 与火焰面的时间尺度 τ_F 之比。由式（14-119）可知，当 $Da>1$ 时，因湍流流场的 $Re_{l_o}>>1$，因此得到此时 $l_o>l_F$，即湍流流场中，大尺度涡的长度尺度远远大于预混火焰前锋的厚度，也就是说大尺度

涡不能进入火焰前锋内部，它只能对整个火焰面进行随机输运。

$$Ka \equiv \frac{\tau_F}{\tau(\eta)} = \frac{l_F}{S_L}\frac{u(\eta)}{\eta} \tag{14-120}$$

Ka 是火焰面的时间尺度 τ_F 与湍流中 Kolmogorov 涡时间尺度 $\tau(\eta)$ 之比。另外，由湍流能量串级过程，当湍流尺度达到 Kolmogorov 涡尺度时，惯性力与黏性力平衡，即

$$Re_\eta \equiv \frac{\eta \cdot u(\eta)}{\nu} = 1 \Rightarrow \eta \cdot u(\eta) = \nu \tag{14-121}$$

此外，由式（14-115），可得

$$S_L \cdot l_F \approx D \approx \nu \tag{14-122}$$

注意到式（14-121），有

$$S_L \cdot l_F \approx D \approx \nu = \eta \cdot u(\eta) \tag{14-123}$$

于是有

$$\frac{l_F}{\eta} \approx \frac{u(\eta)}{S_L} \tag{14-124}$$

将式（14-124）代入到式（14-120）后得

$$Ka \approx \left(\frac{u(\eta)}{S_L}\right)^2 \approx \left(\frac{l_F}{\eta}\right)^2 \tag{14-125}$$

式（14-125）表明，Karlovitz 数表示了火焰面厚度与湍流中 Kolmogorov 涡尺度的相对大小，即当 $Ka < 1$ 时，有 $l_F < \eta$，表明预混火焰前锋厚度小于 Kolmogorov 涡尺度，也就是说湍流中最小尺度涡不能进入火焰面内部，湍流脉动对整个火焰面内部结构无影响，火焰面内部的化学动力学过程与层流中相同条件下的化学动力学过程相似，这时火焰面模型假设成立，可以用火焰面模型对整个流场进行描述。

接下来考查火焰面前锋的化学反应区。仿照式（14-120）定义第二 Karlovitz 数：

$$Ka_\delta = \frac{\tau_\delta}{\tau(\eta)} = \frac{\tau_\delta}{\tau_F}Ka = \left(\frac{l_\delta}{l_F}\right)^2 Ka \approx \left(\frac{l_\delta}{\eta}\right)^2 \tag{14-126}$$

Ka_δ是火焰面化学反应区的时间尺度（这里用燃料消耗时间尺度 τ_δ表征）与湍流中 Kolmogorov 涡时间尺度 $\tau(\eta)$之比。在 1atm 下，化学反应区厚度与火焰面厚度之比 l_δ/l_F 大约为 0.1，因此近似有

$$Ka_\delta \approx 10^{-2} Ka \approx \left(\frac{l_\delta}{\eta}\right)^2 \tag{14-127}$$

当 $Ka_\delta < 1$ 时，有 $l_\delta < \eta$ 并且 $1 < Ka < 100$，即 $l_\delta < \eta < l_F$。这表明，最小尺度涡可以进入到火焰前锋的预热区，但不能进入到反应区，此时也可以近似认为火焰面模型假设成立。由式（14-113）和式（14-114）并结合 Damköhler 数和 Karlovitz 数的定义，可推得

$$Ka^2 Da^2 = Re_{lo} \tag{14-128}$$

另外，由式（14-118）和式（14-119），得

$$\frac{u(l_o)}{S_L} \approx Re_{l_o}\left(\frac{l_o}{l_F}\right)^{-1} \tag{14-129}$$

$$\frac{u(l_o)}{S_L} \approx Da^{-1}\frac{l_o}{l_F} \tag{14-130}$$

由式（14-127）和式（14-128），并注意利用式（14-126）后又可变为

$$\frac{u(l_o)}{S_L} \approx Ka^{\frac{2}{3}}\left(\frac{l_o}{l_F}\right)^{\frac{1}{3}} \tag{14-131}$$

如果以 l_o/l_F 和 $u(l_o)/S_L$ 为坐标参量，则可按式（14-129）、式（14-130）与式（14-131）生成湍流预混燃烧模式图，如图 14-23 所示。在参考文献[702－704]中，也有过类似的结果。

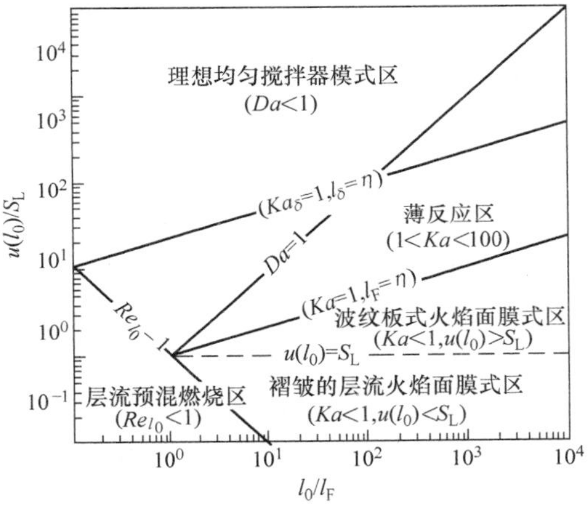

图 14-23　湍流预混燃烧模式图

由图 14-23 可见，在薄反应区，因 $\eta < l_F$，此时 Kolmogorov 涡可以进入到火焰前锋的预热区，使标量的混合加强；但又由于 $\eta > l_\delta$，因此 Kolmogorov 涡无法进入到火焰前锋的化学反应区，也可认为湍流脉动对火焰的反应区无影响，因此燃烧流场可以近似用火焰面模式进行描述。在理想均匀搅拌模式区，因 $\eta < l_\delta$，即 Kolmogorov 涡可以进入到火焰前锋的化学反应区并对其进行干扰，此时整个火焰面内部结构将受到湍流的影响并因此发生改变。进入到火焰内部的湍流涡团会使化学反应区温度降低，最终可能导致化学反应终止，使整个火焰熄灭。

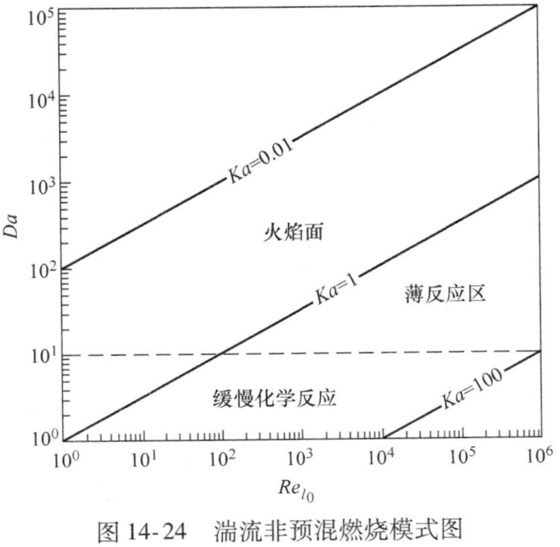

图 14-24　湍流非预混燃烧模式图

对于湍流非预混燃烧中湍流脉动与火焰面的相互作用简述如下。所谓非预混燃烧（又称扩散燃烧）指燃料与氧化剂被分别供入燃烧室后，燃料与氧化剂边混合边燃烧的一类燃烧现象。图 14-24 所示为湍流非预混燃烧模式图。由图 14-24 中可以看到，当 $Ka < 1$ 且 $Da > 10$ 时，化学反应特征时间比 Kolmogorov 涡尺度特征时间小，这表明化学反应

速度很快，反应区很薄，火焰面模型假设成立；当 $Ka>1$ 且 $Da>10$ 时，流场属于薄反应模式区，火焰面模型假设近似成立；当 $Ka>1$ 且 $Da<10$ 时，化学反应速度比较缓慢，反应区较厚，火焰面模型假设不成立。综上所述，对于预混或者非预混的燃烧问题，只要流场分别满足 $Ka<100$ 和 $Da>10$ 这两个条件，便可认为火焰面模型假设成立。

14.8.2 火焰面模型与高精度算法结合的方法

对火焰面模型，假设火焰面的厚度小于湍流流场中的 Kolmogorov 涡尺度，则可认为湍流流动不影响火焰内部的结构，于是便可将湍流流动与化学反应分开处理。在具体应用火焰面模型时，湍流流场采用 RANS 和 LES 的杂交方法计算，而化学反应则通过预先生成的一系列火焰面数据库来描述，湍流与化学反应间的相互作用通过混合分数和标量耗散率的联合概率密度函数表征。在湍流流场的计算时，由于采用了火焰面模型，除求解 N－S 方程外，还需要求解混合分数的控制方程[532]，以便能及时与准确地获知流场中的混合分数信息。另外，流场中组分质量是通过火焰面数据库插值得到的，因此实际流场计算时无须再去求解组分连续方程，这也是火焰面模型计算效率高的重要原因。对于上述这类解法，本小节不作展开讨论，感兴趣者可参考文献［705－707］。

14.8.3 LES 与 FMDF 杂交的方法

在采用 RANS 或者 LES 方法计算时，首先需要对守恒型方程组进行时间平均或者空间滤波。由于 N－S 方程组的非线性，使得方程组在进行时间平均或空间滤波后会出现一些不封闭项，对于这些不封闭项的处理便成了湍流模化要去克服的难题。在矩方法中，文献［708］将这些项分为两类：一类是湍流对流项，它与速度脉动相关联，对这类项可采用梯度模型进行封闭；另一类是标量矩，平均或过滤后的化学反应源项就属这一类，它是由于湍流与化学反应的相互作用所引起，需要用湍流燃烧模型进行封闭。1985 年，S. B. Pope 提出了用 PDF（概率密度函数）模型对湍流—化学反应进行封闭的思想。PDF 方法以完全随机的观点对待湍流流场[709]，目前 PDF 方法可分为两类：一类是输运型 PDF 方法，另一类是设定型（assumed）PDF 方法。输运型 PDF 方法的基本思想是通过求解速度和标量联合 PDF 输运方程，来获得湍流流场中各点的统计信息。精确的 PDF 输运方程是由 N－S方程组推导出来的，在该方程中的化学反应源项是封闭的，无须模化，但是脉动压力梯度项以及分子黏性和分子扩散引起的 PDF 的输运项是不封闭的，需要引入模型加以封闭。用于模拟分子扩散过程的模型称为小尺度混合模型，相应的模拟脉动压强梯度和分子黏性引起的 PDF 在速度空间上的输运模型为随机速度模型。

自 S. B. Pope 提出 PDF 方法后，输运型 PDF 方法在不断地发展与完善[710－715]，尤其是参考文献［712］提出了过滤密度函数（fieltered density function，FDF）的概念，用于描述标量脉动对化学反应速度的影响，这为湍流燃烧的大涡模拟打开了新思路。另外，参考文献［713］在 LES/PDF 方法的基础上，提出了过滤质量密度函数（fieltered mass density function，FMDF）方法，它为 LES 与 PDF 方法成功的结合并用于可压缩湍流反应流奠定了坚实的基础。

PDF 输运方程难以用有限体积方法、有限差分方法和有限元方法求解，比较可行的是 Monte Carlo（蒙特卡洛）方法。于是在 1991 ~ 1992 年间便产生了 RANS 和 PDF 的混合算法，在当时很难解决用有限体积法求解 RANS 方程与 PDF 输运方程中随机速度模型相容性的问题。一直到 1999 年，参考文献［714］提出的 PDF2DFV 算法，才从根本上解决了模型层次上的相容性问题。该方法最大的特点是，采用有限差分或有限体积求解的平均方程是由模化后的 PDF 输运方程在相空间积分得到的一阶矩方程，其中的不封闭项都由 PDF 的统计矩给出，它没有引入另外的模型，这就使得模型层次上的相容性得到了很好的解决。参考文献［715］应用 LES 与 FMDF 模型并结合 Monte Carlo 方法计算了突扩燃烧室内丙烷与空气预混燃烧过程，并与试验结果进行了比较，证实了 LES/FMDF 与 Monte Carlo 相结合方法的有效性和准确性。

14.8.4 LES 与设定型 PDF 杂交的方法

设定型 PDF 的基本思想是引入基于有限数目的矩信息构造的温度和组分的 PDF 函数，从而使未封闭的化学反应源项直接求解出来[716,717]。R. A. Baurle 等从 1992 年 ~2003 年的 10 余年间一直研究与改进设定型 PDF 与 RANS 相结合的方法，并取得了与试验较为一致的结果[716-721]。

设定型 PDF 方法同样可以与 LES 相结合。燃烧过程一般发生于湍流的小尺度，尽管燃烧过程的小尺度流动在 LES 中并没有直接去求解，但小尺度湍流运动及小尺度分子混合的过程在很大程度上受大尺度湍流运动的支配，并且 LES 能够很准确地捕捉到大尺度的湍流运动。所以，参考文献［722］认为，LES 能够为湍流燃烧提供比 RANS 方法更准确的结果。

综上所述，湍流燃烧计算是个极富有挑战性的课题，在主燃烧室和加力燃烧室的数值计算中，还有许多方面的工作亟待解决与完善。另外，随着超燃烧冲压发动机的研制，超声速燃烧问题获得了极大重视[723-726]。深入研究湍流燃烧的机理，防止航空发动机高空加力熄火，有效地控制加力燃烧室和冲压发动机燃烧室中的振荡燃烧、严格控制主燃烧室与加力燃烧室污染物的排放等，已成为现代航空发动机和冲压发动机中有关燃烧问题的最为关注的热点问题，也是进行燃烧室和加力燃烧室设计必须要考虑的几个关键问题，而解决这些问题的理论依据，就是燃烧室和加力燃烧室的部件试验、发动机的空中试车，以及湍流燃烧计算所提供的计算数据与理论分析结果。因此，一个完美的主燃烧室和加力燃烧室的设计，既是大量的部件与发动机全台台架试验“试出来”的[640]，也是理论计算，尤其是湍流燃烧计算与分析所获得的。

第15章 尾喷管中辐射输运方程的计算和喷流噪声的高效算法

15.1 均匀与非均匀折射率介质中的辐射输运方程

由于介质的组分、密度、温度、压强存在着非均匀性的梯度分布，导致了介质折射率连续、非均匀的变化并且产生折射率梯度。当介质折射率连续变化时，梯度折射率介质中的光线将发生弯曲而改变传播方向。

15.1.1 均匀折射率介质中的辐射输运方程

在半透明梯度折射率介质中，沿辐射传播路径，不仅介质的吸收、发射和散射会导致辐射强度的变化，另外折射率的变化也会引起辐射强度的变化。通常，每个光子携带的能量为 $h\nu$，当地的光速 c 与真空中的光速 c_0 间的关系为

$$c = \frac{c_0}{n} \tag{15-1}$$

式中，n 为介质折射率。

另外，光子数密度分函数为 $f_\nu(\boldsymbol{r},\boldsymbol{\Omega},t)$，相应地单色辐射强度为 $I_\nu(\boldsymbol{r},\boldsymbol{\Omega},t)$，两者间的关系为

$$I_\nu(\boldsymbol{r},\boldsymbol{\Omega},t) = h\nu c f_\nu(\boldsymbol{r},\boldsymbol{\Omega},t) \tag{15-2}$$

式中，$\boldsymbol{\Omega}$ 为光子的飞行方向，它是个单位方向矢量。

描述光子输运的 Boltzmann 方程为

$$\frac{\partial f_\nu}{\partial t} + \nabla_{\mathrm{r}} \cdot (\boldsymbol{v} f_\nu) + \nabla_{\mathrm{v}} \cdot (\boldsymbol{a} f_\nu) = Q_\nu(\boldsymbol{r},\boldsymbol{\Omega},t) \tag{15-3}$$

式中，$\boldsymbol{v}$ 和 $\boldsymbol{a}$ 分别为速度矢量和加速度矢量，下角标 ν 表示辐射能的频率；∇_{r} 和 ∇_{v} 分别为几何空间和速度空间的算子；$Q_\nu(\boldsymbol{r},\boldsymbol{\Omega},t)$ 为光子源项，它通常应包括吸收、散射、发射等效应。

当介质折射率 n 在空间均匀分布，若忽略相对论效应，并假定加速度矢量 $\boldsymbol{a}=0$，且 $\boldsymbol{v}=c\boldsymbol{\Omega}$ 时，则式（15-3）可进一步简化为

$$\frac{\partial f_\nu}{\partial t} + c\nabla_{\mathrm{r}} \cdot (\boldsymbol{\Omega} f_\nu) = Q_\nu(\boldsymbol{r},\boldsymbol{\Omega},t) \tag{15-4}$$

或

$$\frac{ch\nu}{c}\frac{\partial f_\nu}{\partial t} + ch\nu\nabla_{\mathrm{r}} \cdot (\boldsymbol{\Omega} f_\nu) = h\nu Q_\nu(\boldsymbol{r},\boldsymbol{\Omega},t) \tag{15-5}$$

如果光子源项 $Q_\nu(\boldsymbol{r},\boldsymbol{\Omega},t)$ 只考虑弹性散射，此时源项又可表示为

$$h\nu Q_\nu(\boldsymbol{r},\boldsymbol{\Omega},t) = -\beta_\nu I_\nu + n^2 K_{a\nu} I_{b\nu} + \frac{\sigma_{S\nu}}{4\pi}\int_{4\pi} I_\nu(\boldsymbol{r},\boldsymbol{\Omega}',t)\Phi(\boldsymbol{\Omega}',\boldsymbol{\Omega})\mathrm{d}\boldsymbol{\Omega}' \quad (15\text{-}6)$$

并且有

$$\beta_\nu = K_{a\nu} + \sigma_{S\nu} \quad (15\text{-}7)$$

在式（15-6）和（15-7）中，β_ν 为衰减系数，$K_{a\nu}$ 和 $\sigma_{S\nu}$ 分别为介质的吸收系数和散射系数；$I_{b\nu}$ 为在介质温度下的黑体单色辐射强度；$\Phi(\boldsymbol{\Omega}',\boldsymbol{\Omega})$ 表示从入射方向 $\boldsymbol{\Omega}'$ 到出射方向 $\boldsymbol{\Omega}$ 的散射相函数。

如果将式（15-6）代入到式(15-7)，得

$$\frac{1}{c}\frac{\partial I_\nu}{\partial t} + \boldsymbol{\Omega}\cdot\nabla_r I_\nu = -\beta_\nu I_\nu + n^2 K_{a\nu} I_{b\nu} + \frac{\sigma_{S\nu}}{4\pi}\int_{4\pi} I_\nu(\boldsymbol{r},\boldsymbol{\Omega}',t)\Phi(\boldsymbol{\Omega}',\boldsymbol{\Omega})\mathrm{d}\boldsymbol{\Omega}' \quad (15\text{-}8)$$

如果令 S 为光线轨迹的弧长，在折射率 $n(\boldsymbol{r})$ 为空间坐标的 $\boldsymbol{r}$ 的函数时，光线方程为

$$\frac{\mathrm{d}}{\mathrm{d}S}\left(n\frac{\mathrm{d}\boldsymbol{r}}{\mathrm{d}S}\right) = \nabla n \quad (15\text{-}9)$$

式中，$\boldsymbol{r}$ 为矢径。

另外，注意到式（15-8）左边第 2 项又可表示为

$$\boldsymbol{\Omega}\cdot\nabla_r I_\nu = \frac{\partial I_\nu}{\partial S} \quad (15\text{-}10)$$

借助式（15-10），则式（15-8）变为[727]

$$\begin{aligned}\frac{1}{c}\frac{\mathrm{d}I_\nu}{\mathrm{d}t} &= \frac{1}{c}\frac{\partial I_\nu}{\partial t} + \frac{\partial I_\nu}{\partial S}\\ &= -(K_{a\nu}+\sigma_{S\nu})I_\nu + n^2 K_{a\nu} I_{b\nu} + \frac{\sigma_{S\nu}}{4\pi}\int_{4\pi} I_\nu(\boldsymbol{r},\boldsymbol{\Omega}',t)\Phi(\boldsymbol{\Omega}',\boldsymbol{\Omega})\mathrm{d}\boldsymbol{\Omega}'\end{aligned} \quad (15\text{-}11)$$

这就是均匀折射率介质中辐射输运方程的表达式。为了进一步表达 $\boldsymbol{\Omega}$ 矢量，引入直角坐标系 xyz 和局部坐标系 $\tilde{x}\tilde{y}\tilde{z}$，如图 15-1 所示。$\boldsymbol{\Omega}$ 为单位方向矢量，它的方向余弦为 μ、η 和 ξ，并且有

$$\begin{cases}\mu = \sin\theta\cos\varphi\\ \eta = \sin\theta\sin\varphi\\ \xi = \cos\theta\end{cases} \quad (15\text{-}12)$$

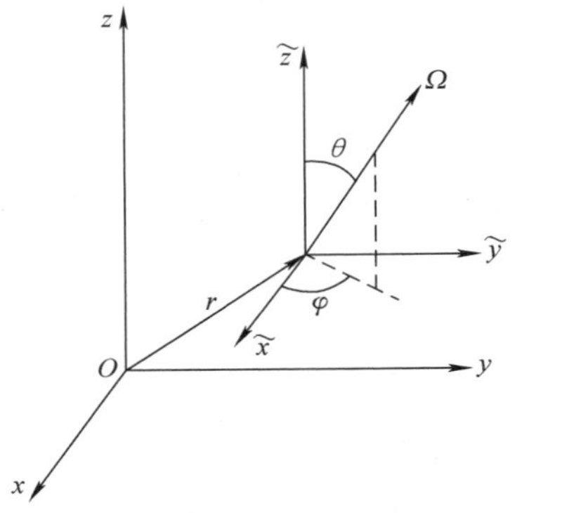

图 15-1　直角坐标系 xyz 和局部坐标系 $\tilde{x}\tilde{y}\tilde{z}$

式（15-12）两边同时对 S 微分，可得

$$\begin{pmatrix}\frac{d\mu}{dS}\\ \frac{d\eta}{dS}\\ \frac{d\xi}{dS}\end{pmatrix}=\begin{pmatrix}\cos\theta\cos\varphi & -\sin\theta\sin\varphi\\ \cos\theta\sin\varphi & \sin\theta\cos\varphi\\ -\sin\theta & 0\end{pmatrix}\begin{pmatrix}\frac{d\theta}{dS}\\ \frac{d\varphi}{dS}\end{pmatrix} \tag{15-13}$$

或

$$\begin{pmatrix}\frac{d\theta}{dS}\\ \frac{d\varphi}{dS}\end{pmatrix}=\begin{pmatrix}0 & 0 & \frac{-1}{\sin\theta}\\ \frac{-\sin\varphi}{\sin\theta} & \frac{\cos\varphi}{\sin\theta} & 0\end{pmatrix}\begin{pmatrix}\frac{d\mu}{dS}\\ \frac{d\eta}{dS}\\ \frac{d\xi}{dS}\end{pmatrix} \tag{15-14}$$

于是 $\boldsymbol{\Omega}$ 以及 $\boldsymbol{\Omega}\cdot\nabla_r I_\nu$ 可分别表示为

$$\boldsymbol{\Omega}=\mu\,\boldsymbol{i}_x+\eta\,\boldsymbol{i}_y+\xi\,\boldsymbol{i}_z=\frac{d\boldsymbol{r}}{dS} \tag{15-15}$$

$$\boldsymbol{\Omega}\cdot\nabla_r I_\nu=\mu\frac{\partial I_\nu}{\partial x}+\eta\frac{\partial I_\nu}{\partial y}+\xi\frac{\partial I_\nu}{\partial z} \tag{15-16}$$

15.1.2 梯度折射率介质中的辐射输运方程

介质折射率的不均匀性除了会使辐射一般不再沿直线传播之外，另一个重要的影响是它将使辐射强度在传播的过程中发生改变。图 15-2 所示为一个底面积为 $d\tilde{\sigma}$，厚度为 dS 的气体柱沿射线方向$\frac{I_\nu}{n_\nu^2}=\text{const}$ 的推导示意图。

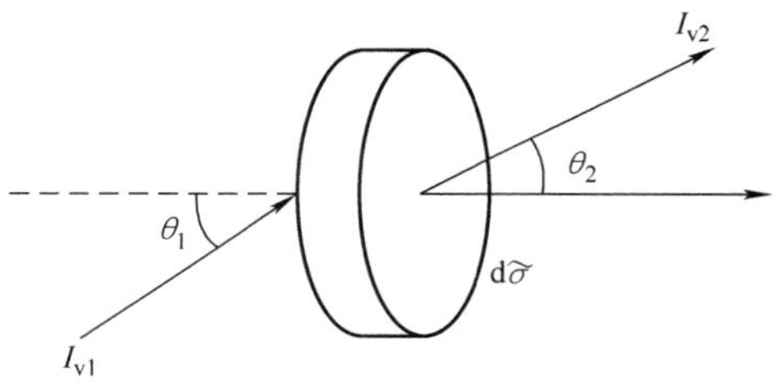

图 15-2 沿射线方向$\frac{I_\nu}{n_\nu^2}=\text{const}$ 的推导示意图

令强度为 $I_{\nu1}$ 的辐射以角 θ_1 的倾角射入柱体，由于介质不均匀性，将以角 θ_2 射出并且强度变为 $I_{\nu2}$；因此在 dt 时间内，沿 θ_1 方向的立体角元为 dΩ_1，进入柱体的能量 dE_{in} 为

$$dE_{in}=I_{\nu1}\cos\theta_1\,d\tilde{\sigma}\,d\nu\,dt\,d\Omega_1 \tag{15-17}$$

射出柱体的能量 dE_{out} 为

$$dE_{out}=I_{\nu2}\cos\theta_2\,d\tilde{\sigma}\,d\nu\,dt\,d\Omega_2 \tag{15-18}$$

假设介质没有吸收和辐射，于是应有

$$dE_{in}=dE_{out} \tag{15-19}$$

即

$$I_{\nu 2}\cos\theta_2 \mathrm{d}\Omega_2 = I_{\nu 1}\cos\theta_1 \mathrm{d}\Omega_1 \tag{15-20}$$

按照 Snell 定律，沿射线方向应有

$$n\sin\theta = \mathrm{const} \tag{15-21}$$

或

$$n_1\sin\theta_1 = n_2\sin\theta_2 \tag{15-22}$$

因此立体角可变为

$$\frac{\mathrm{d}\Omega_2}{\mathrm{d}\Omega_1} = \frac{\sin\theta_2 \mathrm{d}\theta_2}{\sin\theta_1 \mathrm{d}\theta_1} = \frac{\sin\theta_2}{\sin\theta_1}\frac{n_1\cos\theta_1}{n_2\cos\theta_2} = \left(\frac{n_1}{n_2}\right)^2\frac{\cos\theta_1}{\cos\theta_2} \tag{15-23}$$

将式（15-23）代入到式（15-20）后，得

$$\frac{I_{\nu 2}}{n_2^2} = \frac{I_{\nu 1}}{n_1^2} \tag{15-24}$$

即沿射线方向有

$$\frac{I_\nu}{n_\nu^2} = \mathrm{const} \tag{15-25}$$

所以在一个折射率缓慢变化的不均匀介质中，即使介质本身没有吸收和辐射，但强度也会沿着射线路径而改变，并且折射率大的地方，强度也大，这个重要特点对分析辐射场来讲十分重要。

由式（15-25）可以求出沿着射线方向由于折射率的变化而引起的辐射强度的变化率，这里将此变化率记作$\partial I_\nu/\partial S$，并有

$$\frac{\partial I_\nu}{\partial S} = \frac{2I_\nu}{n_\nu}\frac{\mathrm{d}n_\nu}{\mathrm{d}S} \tag{15-26}$$

考虑到式（15-26）以后，便可得到稳态时具有梯度折射率、吸收、发射、散射及半透明介质中辐射输运方程普遍形式的表示式，即

$$\frac{\mathrm{d}}{\mathrm{d}S}\left(\frac{I_\nu}{n_\nu^2}\right) = -(K_{\mathrm{a}\nu} + \sigma_{\mathrm{S}\nu})\frac{I_\nu}{n_\nu^2} + K_{\mathrm{a}\nu}I_{\mathrm{b}\nu} + \frac{\sigma_{\mathrm{S}\nu}}{4\pi}\int_{4\pi}\frac{I_\nu(\boldsymbol{r},\boldsymbol{\Omega}',t)}{n_\nu^2}\Phi(\boldsymbol{\Omega}',\boldsymbol{\Omega})\mathrm{d}\boldsymbol{\Omega}' \tag{15-27}$$

式中，I_ν 定义为 $I_\nu = I(\boldsymbol{r},\boldsymbol{\Omega},\nu)$。

对于瞬态问题，则具有梯度折射率、吸收、发射、散射及半透明介质中辐射输运方程普遍形式的表达式为[727]

$$\frac{1}{c}\frac{\mathrm{d}}{\mathrm{d}t}\left[\frac{I_\nu(\boldsymbol{r},\boldsymbol{\Omega},t)}{n_\nu^2}\right] = \frac{1}{c}\frac{\partial}{\partial t}\left[\frac{I_\nu(\boldsymbol{r},\boldsymbol{\Omega},t)}{n_\nu^2}\right] + \frac{\partial}{\partial S}\left[\frac{I_\nu(\boldsymbol{r},\boldsymbol{\Omega},t)}{n_\nu^2}\right]$$

$$= -(K_{\mathrm{a}\nu} + \sigma_{\mathrm{S}\nu})\frac{I_\nu(\boldsymbol{r},\boldsymbol{\Omega},t)}{n_\nu^2} + K_{\mathrm{a}\nu}I_{\mathrm{b}\nu} + \frac{\sigma_{\mathrm{S}\nu}}{4\pi}\int_{4\pi}\frac{I_\nu(\boldsymbol{r},\boldsymbol{\Omega}',t)}{n_\nu^2}\Phi(\boldsymbol{\Omega}',\boldsymbol{\Omega})\mathrm{d}\boldsymbol{\Omega}' \tag{15-28}$$

式中，下角标 ν 为频率，折射率 n_ν 定义为 $n_\nu = n(\boldsymbol{r},\nu,t)$。

在气动光学（Aero－Optics）中，气体介质的折射率 n 与气体的密度、温度、压强、气体的化学组分及光波波长（频率）等有关。对于高超声速湍流边界层间

题，湍流的脉动量对折射率 n 的影响也常常不可忽视。

15.2 辐射输运方程的有限体积法及其与能量方程的耦合求解

令 c 与 ν 分别为光速与频率，ω 与 $\widetilde{K}$ 分别为圆频率与角波数，$\boldsymbol{K}$ 为波矢，η 为波数，λ 为波长，它们之间的关系为

$$\begin{cases} \eta = \dfrac{1}{\lambda} = \dfrac{\nu}{c} \\ \nu = \dfrac{\omega}{2\pi} = \dfrac{c\widetilde{K}}{2\pi} \\ |\boldsymbol{K}| = \widetilde{K},\ \omega = c\widetilde{K} \end{cases} \tag{15-29}$$

对光子来讲，其能量 E 为

$$E = h\nu = \hbar\omega = \frac{hc}{\lambda} = c\hbar\widetilde{K} = ch\eta \tag{15-30}$$

15.2.1 均匀折射率介质中光子的典型辐射输运方程

对于光子输运的 Boltzmann 方程（15-3），如果用波数 η 表达时可写为

$$\frac{\partial f_\eta}{\partial t} + \nabla_{\mathrm{r}} \cdot (\boldsymbol{v} f_\eta) + \nabla_\nu \cdot (\boldsymbol{a} f_\eta) = Q_\eta(\boldsymbol{r},\boldsymbol{\Omega},t) \tag{15-31}$$

当假定介质折射率在空间中均匀分布，并假定忽略相对论效应和认为加速度矢量 $\boldsymbol{a}=0$ 时，注意到 $\boldsymbol{v} = c\boldsymbol{\Omega}$，$I_\eta(\boldsymbol{r},\boldsymbol{\Omega},t) = c^2 h\eta f_\eta(\boldsymbol{r},\boldsymbol{\Omega},t)$，于是式（15-31）可简化为

$$\begin{aligned} \frac{1}{c}\frac{\partial I_\eta}{\partial t} + \nabla_{\mathrm{r}} \cdot (\boldsymbol{\Omega} I_\eta) &= ch\eta Q_\eta(\boldsymbol{r},\boldsymbol{\Omega},t) \\ &= -(K_{\mathrm{a}\eta} + \sigma_{\mathrm{S}\eta}) I_\eta + n^2 K_{\mathrm{a}\eta} I_{\mathrm{b}\eta} + \frac{\sigma_{\mathrm{S}\eta}}{4\pi}\int_{4\pi} I_\eta(\boldsymbol{r},\boldsymbol{\Omega}',t)\Phi(\boldsymbol{\Omega}',\boldsymbol{\Omega})\mathrm{d}\boldsymbol{\Omega}' \end{aligned} \tag{15-32}$$

或者将式（15-32）简记为

$$\frac{1}{c}\frac{\partial I_\eta}{\partial t} + \nabla_{\mathrm{r}} \cdot (\boldsymbol{\Omega} I_\eta) = S_\eta(\boldsymbol{r},\boldsymbol{\Omega},t) \tag{15-33}$$

或

$$\frac{\partial}{\partial t}\left[\frac{I_\eta(\boldsymbol{r},\boldsymbol{\Omega},t)}{c}\right] + \nabla_{\mathrm{r}} \cdot [\boldsymbol{\Omega} I_\eta(\boldsymbol{r},\boldsymbol{\Omega},t)] = S_\eta(\boldsymbol{r},\boldsymbol{\Omega},t) \tag{15-34}$$

式中，$S_\eta(\boldsymbol{r},\boldsymbol{\Omega},t)$ 为式（15-32）中的右端项，即

$$S_\eta(\boldsymbol{r},\boldsymbol{\Omega},t) = -(K_{\mathrm{a}\eta} + \sigma_{\mathrm{S}\eta}) I_\eta + n^2 K_{\mathrm{a}\eta} I_{\mathrm{b}\eta} + \frac{\sigma_{\mathrm{S}\eta}}{4\pi}\int_{4\pi} I_\eta(\boldsymbol{r},\boldsymbol{\Omega}',t)\Phi(\boldsymbol{\Omega}',\boldsymbol{\Omega})\mathrm{d}\boldsymbol{\Omega}' \tag{15-35}$$

在式（15-32）和式（15-35）中，下角标“a”表示吸收，下角标“S”表示散射，因此$K_{a\eta}$和$\sigma_{S\eta}$分别为介质的吸收系数和散射系数。式（15-34）便称为均匀折射率介质中光子的典型辐射输运方程。

15.2.2　典型辐射输运方程的有限体积法离散及源项散射相函数积分的处理

引进天顶角θ和圆周角φ，如图 15-3 所示，引进单位方向矢量$\boldsymbol{\Omega}$如图 15-4 所示。其中角θ的变化范围［0，π］，角φ的范围［0，2π］。另外，微元立体角$\mathrm{d}\boldsymbol{\Omega}$的定义为

$$\mathrm{d}\boldsymbol{\Omega} \equiv \sin\theta \mathrm{d}\theta \mathrm{d}\varphi \tag{15-36}$$

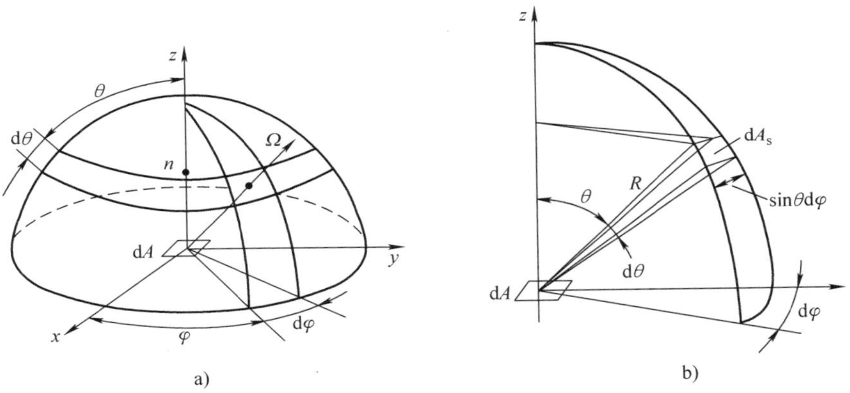

图 15-3　天顶角θ和圆周角φ

有限体积法（finite volume method，FVM）是计算流体力学中常用的有效方法，它在求解辐射输运方程中也有广泛的应用。与流体力学中 N－S 方程不同，在方程式（15-36）中不仅有空间微分项，而且还包含角度θ与φ的积分项，因此数值求解辐射输运方程时，需要对空间项和角度项都要进行离散。

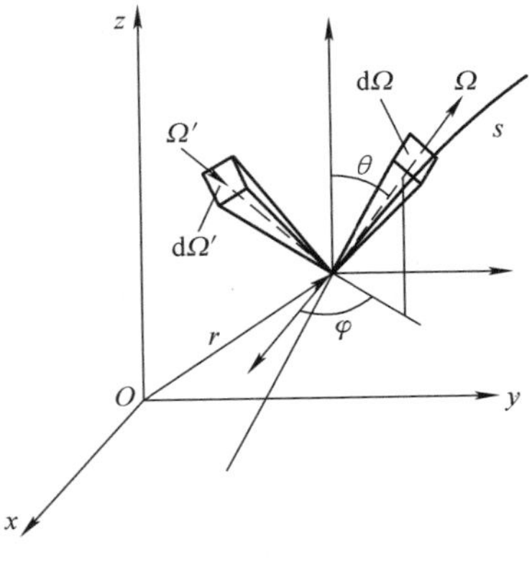

图 15-4　单位方向矢量$\boldsymbol{\Omega}$

为方便下文叙述，这里仅考虑计算空间的结构网格划分，在三个方向上将计算域划分成贴体网格，得到一系列的曲面六面体单元（即划分成$N_I \times N_J \times N_K$个单元体），任取一个单元体（$i$，$j$，$k$），其大小为$\tau_{ijk}$，计算节点取在单元体的体心处。另外，将立体角分割成$N_\theta \times N_\varphi$份，其中天顶角$\theta_m$与圆周角$\varphi_{\tilde{n}}$的计算式为

$$\begin{cases}\theta_m = \left(m - \dfrac{1}{2}\right)\Delta\theta & (m = 1, 2, \cdots, N_\theta) \\ \varphi_n = \left(\tilde{n} - \dfrac{1}{2}\right)\Delta\varphi & (\tilde{n} = 1, 2, \cdots, N_\varphi)\end{cases} \tag{15-37}$$

其中

$$\Delta\theta = \frac{\pi}{N_\theta}, \qquad \Delta\varphi = \frac{2\pi}{N_\varphi} \tag{15-38}$$

任取一个立体角单元（m，$\tilde{n}$），其大小为$\Omega_{m\tilde{n}}$（见图 15-5），即

$$\Omega_{m\tilde{n}} = \int_{\varphi_{\tilde{n}} - \frac{1}{2}\Delta\varphi}^{\varphi_{\tilde{n}} + \frac{1}{2}\Delta\varphi} \int_{\theta_m - \frac{1}{2}\Delta\theta}^{\theta_m + \frac{1}{2}\Delta\theta} \sin\theta \mathrm{d}\theta \mathrm{d}\varphi \tag{15-39}$$

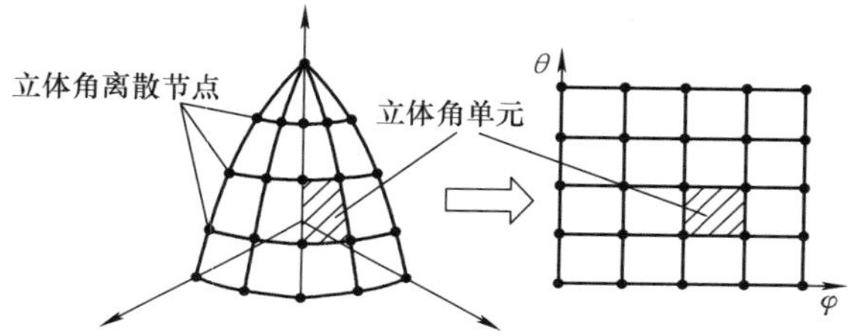

图 15-5　角度离散

遵照有限体积法的基本思想，对方程式（15-33）两边在每一个空间单元体和每一个立体角单元内积分，得

$$\iiint_{\tau_{ijk}} \iint_{\Omega_{m\tilde{n}}} \frac{\partial}{\partial t}\left[\frac{I_\eta(\boldsymbol{r}, \boldsymbol{\Omega}, t)}{c}\right] \mathrm{d}\boldsymbol{\Omega} \mathrm{d}\tau + \iint_{\Omega_{m\tilde{n}}} \iiint_{\tau_{ijk}} \nabla_{\mathrm{r}} \cdot [\boldsymbol{\Omega} I_\eta(\boldsymbol{r}, \boldsymbol{\Omega}, t)] \mathrm{d}\tau \mathrm{d}\boldsymbol{\Omega}$$

$$= \iiint_{\tau_{ijk}} \iint_{\Omega_{m\tilde{n}}} S_\eta(\boldsymbol{r}, \boldsymbol{\Omega}, t) \mathrm{d}\boldsymbol{\Omega} \mathrm{d}\tau \tag{15-40}$$

假设在每一个空间单元和每一个立体角单元内辐射强度不变，并注意使用 Gauss 公式，则最终可得到如下五项：

$$\iiint_{\tau_{ijk}} \iint_{\Omega_{m\tilde{n}}} \frac{\partial}{\partial t}\left[\frac{I_\eta(\boldsymbol{r}, \boldsymbol{\Omega}, t)}{c}\right] \mathrm{d}\boldsymbol{\Omega} \mathrm{d}\tau = \frac{\Omega_{m\tilde{n}} \tau_{ijk}}{c_{ijk}} \frac{\partial}{\partial t}[I_\eta(\boldsymbol{r}_{ijk}, \boldsymbol{\Omega}_{m\tilde{n}}, t)] = \frac{\Omega_{m\tilde{n}} \tau_{ijk}}{c_{ijk} \Delta t} \Delta I_\eta^{(n)}(\boldsymbol{r}_{ijk}, \boldsymbol{\Omega}_{m\tilde{n}}, t) \tag{15-41}$$

$$\iint_{\Omega_{m\tilde{n}}} \iiint_{\tau_{ijk}} \nabla_{\mathrm{r}} \cdot [\boldsymbol{\Omega} I_\eta(\boldsymbol{r}, \boldsymbol{\Omega}, t)] \mathrm{d}\tau \mathrm{d}\boldsymbol{\Omega} = \iint_{\Omega_{m\tilde{n}}} \left\{ \sum_{l=1}^{6} [\boldsymbol{n} \cdot (\boldsymbol{\Omega} I_\eta) \sigma]_{l,(ijk)} \right\} \sin\theta \mathrm{d}\theta \mathrm{d}\varphi$$

$$= \Omega_{m\tilde{n}} \sum_{l=1}^{6} [\boldsymbol{n} \cdot (\boldsymbol{\Omega} I_\eta) \sigma]_{l,(ijk)} \tag{15-42}$$

$$\iiint\limits_{\tau_{ijk}}\iint\limits_{\Omega_{m\tilde{n}}}(K_{a\eta}+\sigma_{S\eta})I_\eta \mathrm{d}\boldsymbol{\Omega}\mathrm{d}\tau = \Omega_{m\tilde{n}}\tau_{ijk}(K_{a\eta}+\sigma_{S\eta})_{ijk}I_\eta(\boldsymbol{r}_{ijk},\boldsymbol{\Omega}_{m\tilde{n}},t) \tag{15-43}$$

$$\iiint\limits_{\tau_{ijk}}\iint\limits_{\Omega_{m\tilde{n}}} n^2K_{a\eta}I_{b\eta}\mathrm{d}\boldsymbol{\Omega}\mathrm{d}\tau = \Omega_{m\tilde{n}}\tau_{ijk}n_{ijk}^2(K_{a\eta}I_{b\eta})_{ijk} \tag{15-44}$$

$$\iiint\limits_{\tau_{ijk}}\iint\limits_{\Omega_{m\tilde{n}}}\left[\frac{\sigma_{S\eta}}{4\pi}\iint\limits_{\Omega'}I_\eta(\boldsymbol{r},\boldsymbol{\Omega}',t)\Phi(\boldsymbol{\Omega}',\boldsymbol{\Omega})\mathrm{d}\boldsymbol{\Omega}'\right]\mathrm{d}\boldsymbol{\Omega}\mathrm{d}\tau$$

$$= \tau_{ijk}\boldsymbol{\Omega}_{m\tilde{n}}\left(\frac{\sigma_{S\eta}}{4\pi}\right)\sum_{ijkm',\tilde{n}'}[\widetilde{\Phi}(\boldsymbol{\Omega}'_{m',\tilde{n}'},\boldsymbol{\Omega}_{m\tilde{n}})I_\eta(\boldsymbol{r}_{ijk},\boldsymbol{\Omega}'_{m'\tilde{n}'},t)\Omega_{m'\tilde{n}'}] \tag{15-45}$$

在式（15-41）和式（15-45）中，$\Delta I_\eta^{(n)}(\boldsymbol{r}_{ijk},\boldsymbol{\Omega}_{m\tilde{n}},t)$ 与 $\widetilde{\Phi}(\boldsymbol{\Omega}'_{m'\tilde{n}'},\boldsymbol{\Omega}_{m\tilde{n}})$ 分别定义为

$$\Delta I_\eta^{(n)}(\boldsymbol{r}_{ijk},\boldsymbol{\Omega}_{m\tilde{n}},t) \equiv I_\eta^{(n+1)}(\boldsymbol{r}_{ijk},\boldsymbol{\Omega}_{m\tilde{n}},t) - I_\eta^{(n)}(\boldsymbol{r}_{ijk},\boldsymbol{\Omega}_{m\tilde{n}},t) \tag{15-46}$$

$$\widetilde{\Phi}(\boldsymbol{\Omega}_{m'\tilde{n}'},\boldsymbol{\Omega}_{m\tilde{n}}) \equiv \frac{1}{\boldsymbol{\Omega}_{m'\tilde{n}'},\boldsymbol{\Omega}_{m\tilde{n}}}\int\limits_{\Omega_{m\tilde{n}}}\int\limits_{\Omega_{m'\tilde{n}'}}\Phi(\boldsymbol{\Omega}',\boldsymbol{\Omega})\mathrm{d}\boldsymbol{\Omega}'\mathrm{d}\boldsymbol{\Omega} \tag{15-47}$$

在式（15-42）中，下角标“$l,(ijk)$”为节点在（i, j, k）上六面体单元的第 l 个外侧表面面心处的物理参数。另外，在式（15-41）中，上角标“（n）”为迭代计算中的时间层；在式（15-42）中，σ 为第 l 个面的面积。将式（15-41）~式（15-45）代入式（15-40）后，便得到最终的离散方程：

$$\frac{\tau_{ijk}}{c_{ijk}\Delta t}\Delta I_\eta^{(n)} + \sum_{l=1}^{6}(F)_{l,(ijk)}^{(n+1)} = \widetilde{S}_\eta^{(n)} \tag{15-48}$$

或

$$\frac{\tau_{ijk}}{c_{ijk}\Delta t}\Delta I_\eta^{(n)} + F_{i+\frac{1}{2}}^{(n+1)} + F_{i-\frac{1}{2}}^{(n+1)} + F_{j+\frac{1}{2}}^{(n+1)} + F_{i-\frac{1}{2}}^{(n+1)} + F_{k+\frac{1}{2}}^{(n+1)} + F_{k-\frac{1}{2}}^{(n+1)} = \widetilde{S}_\eta^{(n)} \tag{15-49}$$

这里我们约定单元体（i, j, k）与单元体（$i+1$, j, k）所夹的那个面为 $\left(i+\frac{1}{2}, j, k\right)$，简称为 $\left(i+\frac{1}{2}\right)$ 面；同理可定义出 $\left(j+\frac{1}{2}\right)$ 面与 $\left(k+\frac{1}{2}\right)$ 面。在式（15-48）中，$(F)_{l,(ijk)}^{(n+1)}$ 的上角标“$(n+1)$”为迭代计算时的时间层，而 $(F)_{l,(ijk)}$ 的定义为

$$\sum_{l=1}^{6}(F)_{l,(ijk)} \equiv \sum_{l=1}^{6}[\boldsymbol{n}\cdot(\boldsymbol{\Omega}I_\eta)\sigma]_{l,(ijk)} \tag{15-50}$$

在式（15-48）中，$\widetilde{S}_\eta^{(n)}$ 为离散方程最终形式时的右端项，这里上角标“(n)”为迭代计算的时间层。在式（15-49）中，$F_{i+\frac{1}{2}}^{(n+1)}$ 是当时间层为（$n+1$）时 $\left(i+\frac{1}{2}\right)$ 面上的 F 值。这里必须说明的是，在计算流体力学中，由单元体（i, j, k）

与单元体（$i+1$，j，k）体心上的值去构造两单元体交界面$\left(i+\frac{1}{2}, j, k\right)$上相应值的方法可以有许多种（如梯度格式、高分辨率 TVD 格式等）而且从方程式（15-49）出发又可以构造出多种高效率计算法，这里因篇幅所限，对此不再赘述，感兴趣者也可参考文献［727］中给出的方法。

15.2.3 辐射输运方程与能量方程的耦合求解

在目前我们所考虑的辐射输运问题中，都是假定某一波数（频率）的辐射与其他波数的辐射之间不存在相关，即各波数的辐射过程是相互独立的，这就是用单一波数的单色辐射输运方程去描述辐射过程的依据。另外，我们也应该知道，辐射输运方程，如式（15-33）只是描述了某一个方向上微元体的辐射能量平衡，因此需要将 $I_\eta(\boldsymbol{r},\boldsymbol{\Omega},t)$ 对 $\boldsymbol{\Omega}$ 在全空间 4π 上积分才可以得到$\boldsymbol{q}_{\mathrm{R}\eta}$，然后再对波数 η 积分才能够得到$\boldsymbol{q}_{\mathrm{R}}$ 值。通常，$\nabla\cdot\boldsymbol{q}_{\mathrm{R}}$ 出现在能量方程中。如果用公式表达上述过程，则有

$$\int_{4\pi}\boldsymbol{\Omega}\cdot\nabla I_\eta \mathrm{d}\boldsymbol{\Omega}=\nabla\cdot\boldsymbol{q}_{\mathrm{R}\eta} \tag{15-51}$$

$$\int_0^\infty\int_{4\pi}\boldsymbol{\Omega}\cdot\nabla I_\eta \mathrm{d}\boldsymbol{\Omega}\mathrm{d}\eta=\nabla\cdot\boldsymbol{q}_{\mathrm{R}} \tag{15-52}$$

$$\rho\frac{\mathrm{d}h}{\mathrm{d}t}=\nabla\cdot(\lambda\nabla T)-\nabla\cdot\boldsymbol{q}_{\mathrm{R}}+\Phi+\frac{\mathrm{d}p}{\mathrm{d}t} \tag{15-53}$$

式（15-53）是能量方程，在该式中，h、λ、Φ、p 和 ρ 分别为气体的静焓、热导率、气体的黏性耗散函数、压强和密度。

在辐射输运方程，如式（15-31）包含有两个未知量，一个是 I_η，另一个是温度 T 的分布，因此在没有给定温度 T 的分布时，必须要与能量方程，如式(15-53)联立，辐射输运方程才能求解。

15.3 全光谱 K 分布辐射输运方程的求解及典型校核算例

全光谱 K 分布方法，是国外 2002 年前后才涌现出的新方法。用这种方法去求解现代航空和航天工程中经常要遇到的大温度梯度、大压强梯度和高温气体组分浓度剧烈变化的高速流动以及喷管辐射问题十分有效，它是高超声速飞行器红外头罩气动设计、未来先进武器红外成像制导技术的发展以及现代热力喷管的红外隐身技术研究的重要理论基础。由于本节涵盖面很广，而且内容十分新颖，因此本节仅能围绕着最重要、很基础的 K 分布函数、累加分布函数和全光谱 K 分布方法这三大部分内容进行较详细的讨论。对于其他相关内容感兴趣者，可参阅相关的文献。

15.3.1　K 分布函数和累加 K 分布函数

为了说明 K 分布函数 $f(K)$ 的概念，这里不妨以窄带（Narrow Band）K 分布为例。在某一窄带（$5\sim100\text{cm}^{-1}$）内，从波数域来看，吸收系数随波数在急剧变化，如图 15-6 所示。即使在很小的谱带间隔内，吸收系数的变化也非常剧烈，在一个窄带内就会出现很多相同的 K_η 值，因此在采用逐线（line－by－line）计算法进行计算时就要做许多重复的工作，造成很大的浪费。窄带 K 分布方法的基本思想就是将窄带内的光谱吸收系数进行重排，转换为一个光滑的、递增的函数，使得辐射计算时，相同的吸收系数仅计算一次，避免了重复计算。换句话说，如果把一个光谱区分成许多个很小的子区间，并用子区间中心位置的吸收系数代替该子区间的吸收系数，那么区间总的光谱透射率与这些区间的排列次序无关。因此，通过对这些吸收系数的重排以提高计算的效率。

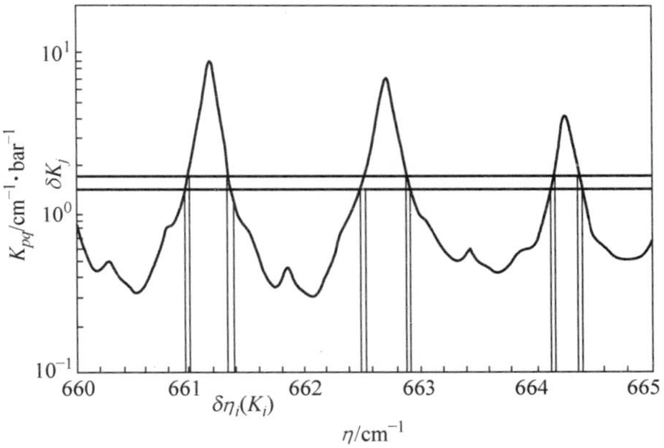

图 15-6　CO_2 在 15μm 处（$p=1.0\text{bar}$，$T=296\text{K}$）的光谱吸收系数

注：$1\text{bar}=10^5\text{Pa}$。

令吸收路径长度为 X，平均光谱投射率为 $\bar{\tau}_\eta$，即

$$\bar{\tau}(X)=\frac{1}{\Delta\eta}\int_{\Delta\eta}\exp(-K_\eta X)\,\mathrm{d}\eta=\int_0^\infty\exp(-KX)f(K)\,\mathrm{d}K \tag{15-54}$$

注意到

$$\int\exp(-K_\eta X)\,\mathrm{d}\eta=\int_{K_{\eta,\min}}^{K_{\eta,\max}}\exp(-K_\eta X)\left|\frac{\mathrm{d}\eta}{\mathrm{d}K_\eta}\right|\mathrm{d}K_\eta \tag{15-55}$$

$$f(K)=\frac{1}{\Delta\eta}\sum_i\left|\frac{\mathrm{d}\eta}{\mathrm{d}K_\eta}\right|_i \tag{15-56}$$

如果引入 Dirac－delta 函数 $\delta(K-K_\eta)$，其 $\delta(x)$ 的定义为

$$\delta(x)=\lim_{\delta\varepsilon\to 0}\begin{cases}0 & |x|>\delta\varepsilon\\ \dfrac{1}{2\delta\varepsilon} & |x|<\delta\varepsilon\end{cases} \tag{15-57}$$

$$\int_{-\infty}^{\infty}\delta(x)\,\mathrm{d}x=1 \tag{15-58}$$

于是式（15-58）又可写为

$$f(K)=\frac{1}{\Delta\eta}\int_{\Delta\eta}\delta(K-K_\eta)\,\mathrm{d}\eta \tag{15-59}$$

如果引入 Heaviside 阶跃函数 $H(x)$，即

$$H(x)=\begin{cases}0 & x<0\\ 1 & x>0\end{cases} \tag{15-60}$$

在窄带内对吸收系数 K 进行重新排列，在区间 $K_j\leqslant K<K_j+\delta K_j$ 内便有如下形式的分布函数：

$$f(K_j)\delta K_j\approx\frac{1}{\Delta\eta}\sum_i\left|\frac{\mathrm{d}\eta}{\mathrm{d}K_\eta}\right|_i[H(K_j+\delta K_j-K_\eta)-H(K_j-K_\eta)] \tag{15-61}$$

式中，K_η 满足 $K_j<K_\eta<K_{j+1}$，$K_j+\delta K_j=K_{j+1}$。

对于式（15-54），如果将 $f(K)$ 定义为一个光谱函数，则 $\bar{\tau}(X)$ 可以看作对 $f(K)$ 进行 Laplace 变换，即

$$\bar{\tau}(X)=L[f(K)] \tag{15-62}$$

如果认为 $\bar{\tau}(X)$ 是连续与解析的，则 $f(K)$ 可以看作对 $\bar{\tau}(X)$ 进行逆 Laplace 变换，即

$$f(K)=L^{-1}[\bar{\tau}(X)] \tag{15-63}$$

引入累加 K 分布函数 $g(K)$，其定义为

$$g(K)=\int_0^K f(K)\,\mathrm{d}K \tag{15-64}$$

这里 $g(K)$ 是一个单调递增函数。参考文献［728］中提出了一种新的 K 离散方式，既保证了较小 K 值的地方分辨率较高，也不会导致 K 值较大的地方分辨率过低，即

$$(\Delta K)'=\frac{(K_{\max})^n-(K_{\min})^n}{N_K-1} \tag{15-65}$$

$$K_j=[(K_{\min})^n+(j-1)(\Delta K)']^{\frac{1}{n}},\ j=1,2,\cdots,N_K \tag{15-66}$$

其中，n 为指数因子。在通常情况下，n 取小于 1 的数（如取 $n=0.1$，$N_K=5000$）；当取 $n=1$ 时，为平均分配。

累加 K 分布函数可由式（15-67）得到，即

$$g(K_{j+1}) = \sum_{i=1}^{j} f(K_i)\Delta K_i = g(K_j) + f(K_j)\Delta K_j \tag{15-67}$$

15.3.2 相关 K 分布和 Scaled – K 分布模式

带模式只适用于研究均匀大气路径问题，1964 年 R. M. Goody 提出的 Goody 统计模式[729]、1955 年 W. Godson 提出的逆幂模式[730]和 1967 年 W. Malkmus 提出的 Malkmus 模式[731]等为带模式的典型代表。为了考虑非均匀大气路径问题，人们引进单参数近似法以及 Godson 方法。进入 20 世纪 80 年代以来，K 分布和相关 K（Correlated – K）分布方法以其精度高、速度快、可以较好地处理吸收与散射同时存在的辐射输运问题，进而逐渐取代了带模式方法而被广泛地应用于大气遥感、气候模拟、红外隐身等重要的辐射工程领域。这正如美国马里兰大学教授、ICRCCM（气候模式中辐射方案的国际比较）项目主持人 R. G. Ellingson 先生在评价 K 分布方法时所说[732]：“K 分布方法与解析带模式方法相比，其优点是它可使用实际的 K 分布对均匀路径进行精确的频率积分，透射率函数的表达式允许辐射模式扩展到包括多次散射”。

对于非均匀大气路径问题，相关 K 分布方法是 Curtis – Godson 方法的一种有效替代性方法。这种方法假定在不同压强和温度下，K 分布之间存在着简单的相关性。仍以平均透射率 $\bar{\tau}_\eta(X)$ 为例，这时有

$$\bar{\tau}_\eta(X) = \frac{1}{\Delta\eta}\int_{\Delta\eta}\exp\left(-\int_0^X K_\eta \mathrm{d}X\right)\mathrm{d}\eta \approx \int_0^1 \exp\left[-\int_0^X K(X,g)\mathrm{d}X\right]\mathrm{d}g \tag{15-68}$$

相关 K 分布模型是假设光谱吸收系数的每个波峰和波谷所处的波数位置不随温度、压强和组分浓度变化[733]，而 Scaled – K 分布是在相关 K 分布的假设之下，再假设在参考条件下的光谱吸收系数 $K(\eta,T_0,p_0)$ 与条件函数 $f(T,p,x)$ 是独立的（这里 x 为组分浓度），即当条件变化后的光谱吸收系数可表示为

$$K(\eta,T,p,x) = K(\eta,T_0,p_0,x_0)f(T,p,x,T_0,p_0,x_0) \tag{15-69}$$

15.3.3 全光谱 K 分布方法及非灰性介质中的辐射输运方程

全光谱 K 分布（full spectrum k – distribution，FSK）方法[734,735]，是 M. F. Modest 教授所领导的团队在 2002 年左右推出的一类新模型。为方便讨论，这里暂不考虑介质折射率的影响，且仅考虑非灰性介质中的稳态问题，于是有

$$\frac{\mathrm{d}I_\eta}{\mathrm{d}S} = \boldsymbol{\Omega}\cdot\nabla I_\eta = K_{a\eta}I_{b\eta} - (K_{a\eta}+\sigma_{S\eta})I_\eta + \frac{\sigma_{S\eta}}{4\pi}\int_{4\pi} I_\eta(\boldsymbol{r},\boldsymbol{\Omega}')\Phi(\boldsymbol{\Omega}',\boldsymbol{\Omega})\mathrm{d}\boldsymbol{\Omega}' \tag{15-70}$$

式中，S 的含义同式（15-9）；下角标“η”为波数。

将式（15-70）两边同乘以 Dirac - delta 函数 $\delta(K-K_\eta)$，然后在全光谱上积分，得

$$\frac{\mathrm{d}I_K}{\mathrm{d}S}=Kf(T,K)I_\mathrm{b}-(K+\sigma_\mathrm{S})I_K+\frac{\sigma_\mathrm{S}}{4\pi}\int_{4\pi}I_K(\boldsymbol{r},\boldsymbol{\Omega}')\Phi(\boldsymbol{\Omega}',\boldsymbol{\Omega})\mathrm{d}\boldsymbol{\Omega}' \tag{15-71}$$

式中，I_K 与 $f(T,K)$ 分别定义为

$$I_K=\int_0^\infty I_\eta\delta(K-K_\eta)\mathrm{d}\eta \tag{15-72}$$

$$f(T,K)=\frac{1}{I_\mathrm{b}}\int_0^\infty I_{\mathrm{b}\eta}(T)\delta(K-K_\eta)\mathrm{d}\eta \tag{15-73}$$

借助式（15-71）得 I_K 后，于是对其从 0 到∞ 积分便得

$$I=\int_0^\infty I_K\mathrm{d}K \tag{15-74}$$

对于窄带分布，更理想的是用累加 K 分布（cumulative k - distribution）去整理辐射输运方程。首先定义 $g(T,K)$，其表示式为

$$g(T,K)=\int_0^K f(T,K)\mathrm{d}K=\frac{1}{I_\mathrm{b}}\int_0^\infty I_{\mathrm{b}\eta}(T)H(K-K_\eta)\mathrm{d}\eta \tag{15-75}$$

式中，$H(K-K_\eta)$ 为 Heaviside 阶跃函数，该函数的性质由式（15-60）给出。

注意到全光谱 K 分布是温度的函数，因此要定义一个参考温度 T_0；引入 $f(T_0,K)$ 并用它去除方程式（15-71），得

$$\frac{\mathrm{d}I_g}{\mathrm{d}S}=K[a(T,T_0,g_0)I_\mathrm{b}(T)-I_g]-\sigma_\mathrm{S}\left[I_g-\frac{1}{4\pi}\int I_g(\boldsymbol{r},\boldsymbol{\Omega}')\Phi(\boldsymbol{\Omega}',\boldsymbol{\Omega})\mathrm{d}\boldsymbol{\Omega}'\right] \tag{15-76}$$

式中，

$$I_g\equiv\frac{I_K}{f(T_0,K)}=\frac{1}{f(T_0,K)}\int_0^\infty I_\eta\delta(K-K_\eta)\mathrm{d}\eta \tag{15-77}$$

$$a(T,T_0,g_0)\equiv\frac{f(T,K)}{f(T_0,K)}=\frac{\mathrm{d}g(T,K)}{\mathrm{d}g(T_0,K)} \tag{15-78}$$

这里 a 是一个非灰性扩展函数，对于等温介质，$a=1$；另外，总辐射强度 I 为

$$I=\int_0^\infty I_\eta\mathrm{d}\eta=\int_0^\infty I_K\mathrm{d}K=\int_0^1 I_\mathrm{g}\mathrm{d}g \tag{15-79}$$

对于混合气体，考虑到吸收系数 k_η 与混合气体组分的质量分数 Y 以及气体的压强、温度有关，即

$$k_\eta(\eta,\boldsymbol{\phi})=k_\eta(\eta,T,p,Y) \tag{15-80}$$

$$\boldsymbol{\phi}=(T,p,Y) \tag{15-81}$$

于是考虑到吸收、发射和散射后的辐射输运方程可写为

$$\frac{\mathrm{d}}{\mathrm{d}S}I_\eta = k_\eta(\eta,\boldsymbol{\phi})[I_{\mathrm{b}\eta}(T)-I_\eta]-\sigma_{\mathrm{s}\eta}\left[I_\eta-\frac{1}{4\pi}\int_{4\pi}I_\eta(\boldsymbol{\Omega}')\Phi_\eta(\boldsymbol{\Omega}',\boldsymbol{\Omega})\mathrm{d}\Omega'\right] \tag{15-82}$$

将（15-82）式两边同乘以 $\delta[k-k_\eta(\eta,\boldsymbol{\phi}_0)]$，并在全光谱上积分，得

$$\frac{\mathrm{d}}{\mathrm{d}S}I_k = k^*(\boldsymbol{\phi},k)[f(T,\boldsymbol{\phi}_0,k)I_{\mathrm{b}}(T)-I_k]-\sigma_{\mathrm{s}}[I_k-\frac{1}{4\pi}\int_{4\pi}I_k(\boldsymbol{\Omega}')\Phi(\boldsymbol{\Omega}',\boldsymbol{\Omega})\mathrm{d}\Omega'] \tag{15-83}$$

式中

$$I_k=\int_0^\infty I_\eta\delta[k-k_\eta(\eta,\phi_0)]\mathrm{d}\eta \tag{15-84}$$

$$f(T,\boldsymbol{\phi}_0,k)=\frac{1}{I_{\mathrm{b}}}\int_0^\infty I_{\mathrm{b}\eta}(T)\delta[k-k_\eta(\eta,\boldsymbol{\phi}_0)]\mathrm{d}\eta \tag{15-85}$$

并且有

$$f(T,\boldsymbol{\phi}_0,k)\mathrm{d}k=f(T,\boldsymbol{\phi},k^*)\mathrm{d}k^* \tag{15-86}$$

$$g(T,\boldsymbol{\phi}_0,k)=\int_0^k f(T,\boldsymbol{\phi}_0,k')\mathrm{d}k'=\int_0^{k^*}f(T,\boldsymbol{\phi},k^{*\prime})\mathrm{d}k^{*\prime}=g(T,\boldsymbol{\phi},k^*) \tag{15-87}$$

这里吸收系数 k 与 k^* 分别为变量在参考状态与其他状态时的值。如果注意到如下关系式

$$\begin{cases}I_g=\dfrac{I_k}{f(T_0,\boldsymbol{\phi}_0,k)}=\dfrac{1}{f(T_0,\boldsymbol{\phi}_0,k)}\displaystyle\int_0^\infty I_\eta\delta[k-k_\eta(\eta,\boldsymbol{\phi}_0)]\mathrm{d}\eta\\ g_0(T_0,\boldsymbol{\phi}_0,k)=\displaystyle\int_0^k f(T_0,\boldsymbol{\phi}_0,k')\mathrm{d}k'\\ a(T,T_0,g_0)=\dfrac{f(T,\boldsymbol{\phi}_0,k)}{f(T_0,\boldsymbol{\phi}_0,k)}=\dfrac{\mathrm{d}g(T,\boldsymbol{\phi}_0,k)}{\mathrm{d}g_0(T_0,\boldsymbol{\phi}_0,k)}\end{cases} \tag{15-88}$$

于是（15-83）式又可写为

$$\frac{\mathrm{d}}{\mathrm{d}s}I_g = k^*(T_0,\boldsymbol{\phi},g_0)[a(T,\boldsymbol{T}_0,g_0)I_b(T)-I_g]-\sigma_s[I_g-\frac{1}{4\pi}\int_{4\pi}I_g(\boldsymbol{\Omega}')\Phi(\boldsymbol{\Omega}',\boldsymbol{\Omega})\mathrm{d}\Omega'] \tag{15-89}$$

显然，式（15-89）与式（15-76）相比，并注意到式（15-81），因此所考虑的状态变量多了压强 p 与气体的质量分数 Y 值。

15.3.4　全光谱 K 分布辐射输运方程程序的校核

在辐射输运的计算中，最简单的计算模型为灰气体模型，它假设气体的吸收系数在整个波长范围是常数，这种方法对于高温燃烧气体的辐射计算来讲便显得计算

精度太低了。目前，高温燃烧气体辐射特性的计算模型大致有以下四种：

1）逐线计算模型。它的分辨率非常高，光谱间隔一般在0.0002~0.02cm^{-1}之间。逐线计算需要知道每条气体谱线的详细光谱特性参数，其中包括谱线位置、谱线强度、谱线半宽以及谱线跃迁能级能量等。

2）窄带模型。它是假定谱线形状，用数学函数形式给出，公式中的谱带参数（如平均吸收系数、谱线平均半宽和谱线平均间隔）由试验数据拟合确定。窄带模型一般指波段宽度为5~50cm^{-1}，用这种简化模型可以表示出某个小光谱间隔内的平均透射率与光谱参数的关系。目前，窄带模型有许多种，窄带K分布（NBK）方法是其中的一种。窄带K分布一般波段宽度在25~100cm^{-1}便可达到较高的精度。对于低温状态（200~300k）、压强梯度比较大的大气辐射问题，窄带关联K分布已经得到广泛的应用。

3）宽带模型（WBM）。它是对窄带模型的简化，这种方法把整个振动-转动谱带分成很多窄谱带，然后按每个间隔内平均吸收系数大小重新排列，这样整个谱带形成一个光滑有规律的曲线，并通过积分得到宽带的总吸收率。如果将K分布的思想用到宽带模型中便得到宽带K模型（WBK），这将会使计算精度大大提高。

4）总体模型　它指直接用气体的光谱积分辐射特性计算全波段的热流。近些年来，以M. F. Modest教授为代表的团队提出了全光谱K分布模型（full spectrum k-distributiens，FSK）、MGFSK（multi-group FSK）模型、MSFSK（multi-scale FSK）模型等，它们都属于总体模型这一类。这三类新型模型是针对温度和组分急剧变化的辐射计算问题而提出的，其目的是提高这种工作环境下红外辐射计算的精度。

另外，参考文献［736］还提出了MSMGFSK（multi-scale multi-group FSK）模型，它融合了MGFSK和MSFSK两者的优点，更适于目前航空发动机排气系统的红外辐射计算。对于现代喷气发动机的排气系统（红外波段为3-5μm），急剧变化的不仅仅是法向的温度和组分，还有流向的压强变化，而且对压强来讲，其变化范围从涡轮导向叶片的几十大气压到发动机尾喷管收缩段的几大气压、一直到外部高空环境的不足0.1大气压，因此流向压强的变化非常大，如此大的压强梯度对吸收系数当然会产生不可忽视的影响。换句话说，应该大力发展组分浓度梯度大、温度梯度和压强梯度高的混合气体辐射输运问题的计算方法。对这类方法的研究已成为当今航空航天工程界，尤其是发动机排气系统急待解决的课题。考虑到本书第15.2节已对上述提到的一些相关离散方法做过详细讨论，因此本节对算法本身不再赘述，而是直接给出一些数值结果。

算例1　典型喷管计算及流热耦合程序的校验

为了校验流热耦合（即辐射输运与对流场、固体温度场、组分浓度场以及能量场间的耦合）程序以及全光谱K分布计算方法的正确性，我们计算了参考文献［737］给出的火箭发动机水冷喷管的典型算例以及参考文献［738］上给出的有关

不同波段 CO_2 透过率计算的两个算例。该喷管为轴对称收扩喷管，喉道直径为 0.0458m，收缩比为 7.75∶1，扩张比为 2.68∶1，收缩角为 30°，扩张角为 15°，详细尺寸见参考文献［737］。计算工况为喷管的落压比 5∶1，进口总温为 843.33K，喷管外壁受流水冷却，温度分布由试验测量给出，如图 15-7 所示。喷管固壁材料为不锈钢，热导率为 17.3W/m·k。

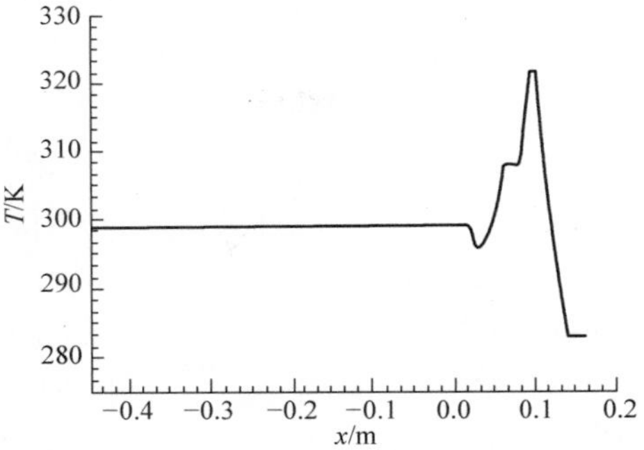

图 15-7　火箭发动机水冷喷管外壁面温度的分布

图 15-8 所示为计算出的喷管流场等马赫线的分布图，图 15-9 所示为喷管内壁面的温度分布以及与试验数据的比较，计算与试验趋势是一致的、吻合较好。

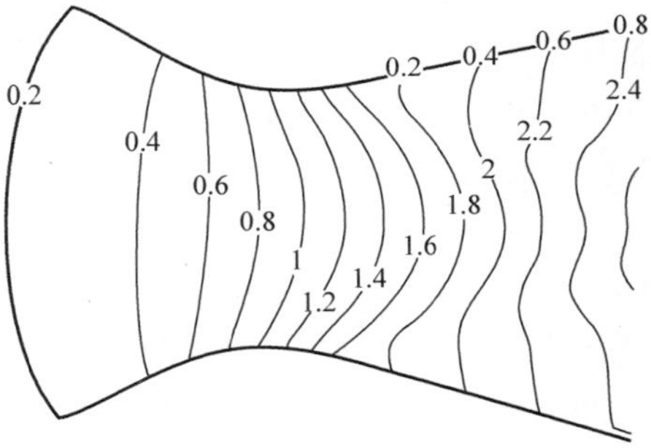

图 15-8　喷管流场的等马赫线分布图

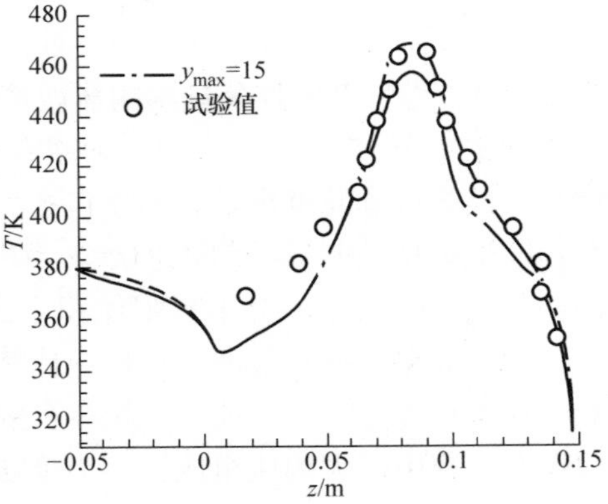

图 15-9　喷管内壁面的温度分布以及与试验值的比较

算例 2　不同波段 CO_2 透过率的计算及 K 分布算法的检验

为了校验全光谱 K 分布计算方法的正确性，我们进行了不同波段 CO_2 透过率 τ 的数值计算，并与参考文献［738］在该状态下的试验结果进行了比较。两个算例的计算条件分别为：①温度 $T=1000$K，路径长度 $L=50$cm，CO_2 的摩尔分数 X_{CO_2} 为 1.0，所计算的波段为 3400～3800cm^{-1}（即 2.7μm 附近）；②温度 $T=1300$K，路径长度 $L=50$cm，CO_2 的摩尔分数 X_{CO_2} 为 1.0，所计算的波段为 500～1200cm^{-1}（即 16μm 附近）。两个算例的计算间隔均为 4cm^{-1}。图 15-10 和图 15-11 所示分别为算例 1 和算例 2 的计算结果以及它们与试验数据的比较。所得到的两个结果与试验数据吻合较好，表明了所编制的 K 分布的计算方法是正确的，程序是可行的。

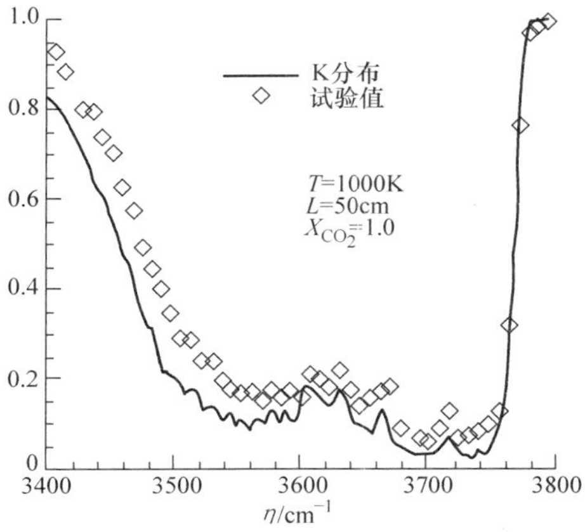

图 15-10　CO_2 透过率的计算以及与试验的比较（算例 1）

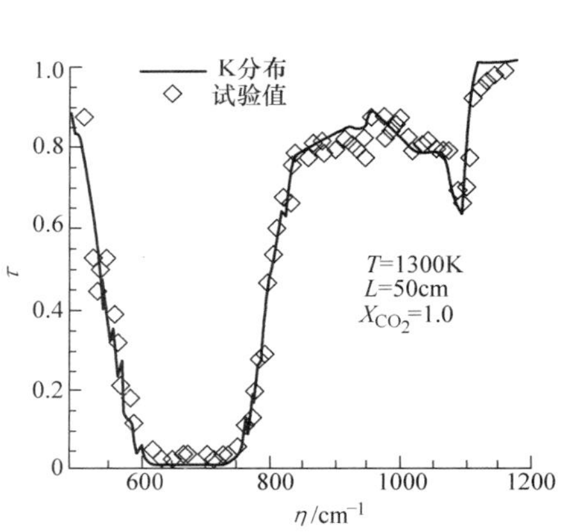

图 15-11　CO_2 透过率的计算以及与试验的比较（算例 2）

算例 3　排气系统红外辐射的典型算例及有限体积辐射程序的校验

正如本书第 15.2 节所述的，利用有限体积法求解辐射输运方程，需要对求解域进行空间离散和角度离散，角度包括天顶角 θ（其定义范围 $0\leqslant\theta\leqslant\pi$）和圆周角 φ（又称方位角，其定义范围为 $0\leqslant\varphi\leqslant2\pi$）。在三维排气系统红外辐射计算中，空间网格数量通常很多，对于有限体积方法来讲，在这个基础上还要进行角度的离散。因此，如果一次求解所有离散立体角方向上的值，因受内存的限制，角度离散的数往往不可能过多，只能在数量较少的角度离散下进行。排气系统红外辐射的计算程序通常都由两大模块组成：一个是喷流红外辐射模块，它主要是求解某一角度的辐射输运方程（换句话说，对于热喷流红外辐射，每个角度辐射都是互相独立的）；另一个是空腔－喷流组合红外辐射模块，这个模块在求解辐射输运方程的过程中要计算耦合壁面边界上的辐射亮度。对于空腔－喷流组合红外辐射特性，壁面边界的辐射亮度的反射部分主要受临近高温喷流辐射的影响，而且也需要整个半球不同方向上的辐射亮度，这样就使得空腔－喷流组合红外辐射的计算不能像喷流红外辐射的计算那样进行每个角度上的独立求解，而是需要对所有离散角度一起进行求解，因此就导致了离散角度不能太多，从而造成计算的红外辐射强度的探测方向数量太少，不能满足实际工程上的要求，这是使用有限体积法求解辐射输运问题时存在的一个难题。

为了克服这一难题与弱点，北京航空航天大学王强教授团队提出了一种“空间多重角度离散法”，数值计算的实践表明，它十分有效[739,740]。这种方法是采取了将立体角先粗离散、获取壁面辐射亮度的近似值，而后再对立体角进行加密、细化，并注意利用粗离散角度下获得的壁面条件（即辐射亮度值），这样便巧妙地避免了将所有角度一起进行耦合求解所带来的困难，这就是空间多重角度离散法的核心思想。具体来说，这种方法包括以下两个步骤：

1）先用粗角度离散计算出每个微元体的壁面辐射亮度。因为假设固壁为漫射体，辐射亮度与方向无关，各个方向的辐射亮度是相等的。

2）再用细角度离散对空腔－喷流组合辐射的每个角度进行独立计算，并注意将第一步迭代求出的最终壁面边界上的辐射亮度直接作为第二步的固壁边界条件，由于此时壁面的辐射亮度是经过喷流修正的结果，所以就不需要再进行迭代耦合求解了。这样做便可以使探测方向的数量获得极大的提高（原则上可以划分为任意数量）。

这里必须要强调的是，上述做法的前提是认为由粗角度离散计算的固壁辐射亮度的精度可以满足细角度离散的计算精度要求。另外，我们在有限体积辐射源程序的编制中，也采纳了上述两个步骤。为了校验程序，典型算例选取了参考文献［741］给出的轴对称收扩喷管的三种工况：①欠膨胀状态（落压比 π_T 为 4.0）；②设计状态（落压比 π_T 为 5.0）；③过膨胀状态（落压比 π_T 为 6.0）。图 15-12 所示为在 3～5μm 波段轴对称收扩喷管的示意图。喷管三个工况的入口总压都为 5.0×10^5Pa，入口总温是 1100K，外流马赫数 $Ma_\infty=1.5$，远场压强为 1.01325×10^5Pa，喷流红外辐射的计算波段为 3～5μm；喷管入口直径为 0.12863m，喉道直径为 0.083515m；当落压比 π_T 分别为 4.0 和 6.0 时，出口面积与喉道面积比分别为 1.22 和 1.47，而 π_T 为 5.0 时，出口面积与喉道面积比为 1.35；计算时流场计算网格为 60 万，为保证计算精度，贴近喷管内壁的网格单元中心点的 $y^+<5$；辐射场网格可以较粗，其中立体角的划分方式（$N_\theta\times N_\varphi$）为 6×12。图 15-13 所示为

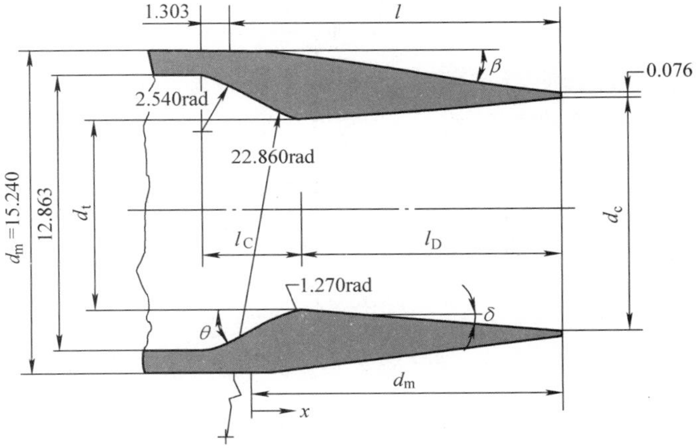

图 15-12　轴对称收扩喷管的示意图

测量用探测器所处的位置和角度 θ（即天顶角）的示意图。当探测角等于0°时，探测器探测到的是涡轮后的热部件以及高温壁面（中心锥和空腔）所发出的辐射。随着探测角度的增大，除了喷管的辐射还出现了热喷流的辐射；并且随着角度的进一步变大，热喷流所占的比重增加，当 $\theta=90°$时，则只有热喷流的红外辐射。

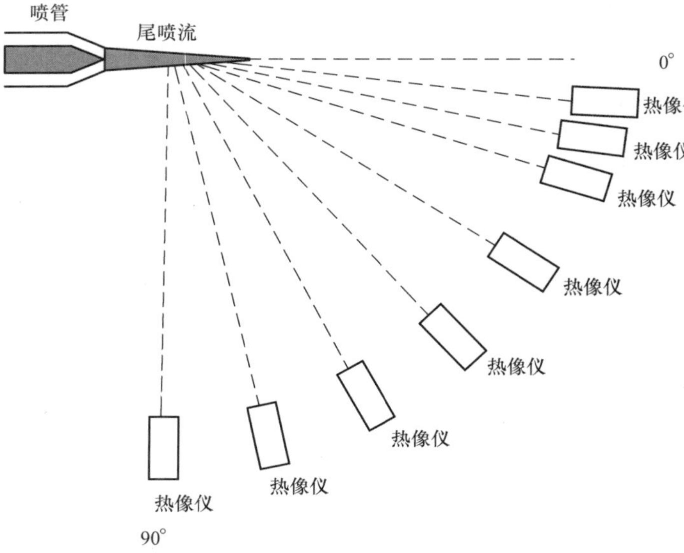

图 15-13　探测器的位置示意图

对于落压比 $\pi_T=4.0$ 工况，由于喷管出口压强高于外界环境气压，喷管出口气流的流动呈现欠膨胀状态。在这种状态下，气流在喷管的扩张段达到超声速，超声速气流在喷管中膨胀加速，在喷管出口下游会形成一系列的膨胀波系和压缩波，正如参考文献［213］所分析的那样，当压强膨胀过低后便经过斜激波使压强升高，然后再继续膨胀，膨胀过低后再经斜激波使压强升高，如此这样往复直到与外部环境压强相平衡，其流动形成了多个高温区。图 15-14 所示为落压比 $\pi_T=4.0$ 时通过空腔－喷流组合红外辐射模块计算得到的天顶角 $\theta=0°$方向上喷管中心线上红外定向辐射亮度的分布曲线。

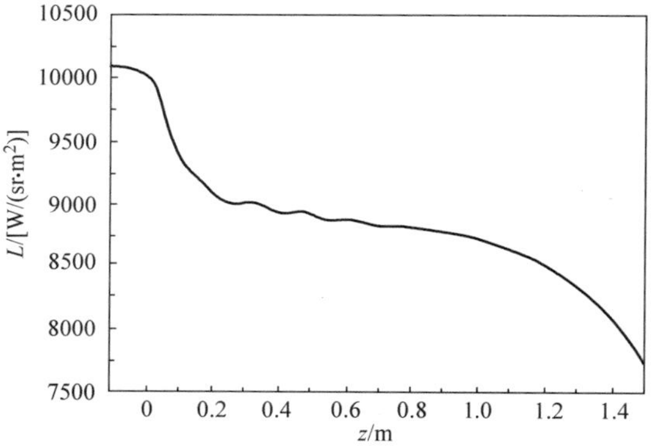

图 15-14　落压比为 4.0 时喷管中心线上红外定向辐射亮度的分布曲线

由图 15-14 可知，当 $z \leqslant 0.1\text{m}$ 时，衰减缓慢；当 $z = 0.1 \sim 0.2\text{m}$ 时，衰减剧烈，这是由于气体温度降低，气体自身辐射减弱，吸收占主要份额；当 $z = 0.2 \sim 0.8\text{m}$ 时，随着气体温度的波动，红外辐射的亮度也有波动；对于温度升高的区域，气体自身辐射比气体吸收所占的份额大，所以使红外辐射亮度升高。图 15-15 所示为落压比 $\pi_T = 5.0$ 时通过空腔－喷流组合红外辐射模块计算得到的天顶角 $\theta = 0°$ 方向上喷管中心线上红外定向辐射亮度的分布曲线。由图 15-15 可以看出，红外辐射亮度在 $z \leqslant 0.1\text{m}$ 之前也是衰减缓慢；在 $z = 0.1 \sim 0.2\text{m}$ 之间衰减剧烈，在 $z = 0.2 \sim 1.2\text{m}$ 之间衰减较为平缓，但 $z = 1.2\text{m}$ 后又有较强的衰减。该工况与 $\pi_T = 4.0$ 相比，之所以在 $z = 0.2 \sim 1.2\text{m}$ 时没有剧烈波动，主要由于这时喷流接近设计状态，流场中的复杂波系较少的缘故。

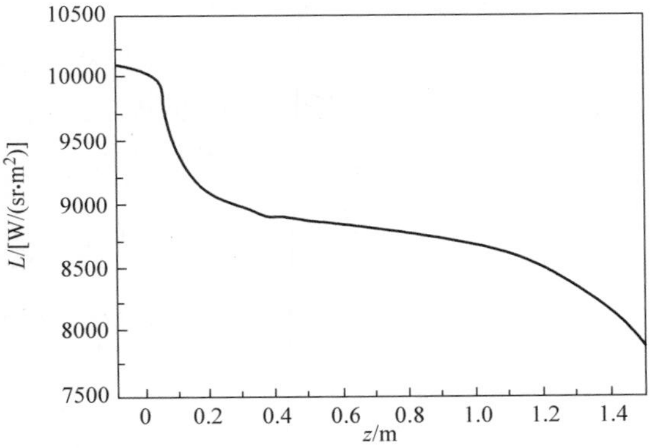

图 15-15 落压比为 5.0 时喷管中心线上红外定向辐射亮度的分布曲线

图 15-16 所示为落压比 $\pi_T = 6.0$ 时通过空腔－喷流组合红外辐射模块计算得到的天顶角 $\theta = 0°$ 方向上喷管中心线上红外定向辐射亮度的分布曲线。由于该工况出口压强低于外界环境压强，因此气流将在喷管出口产生激波，并出现一系列压缩－膨胀的波系。

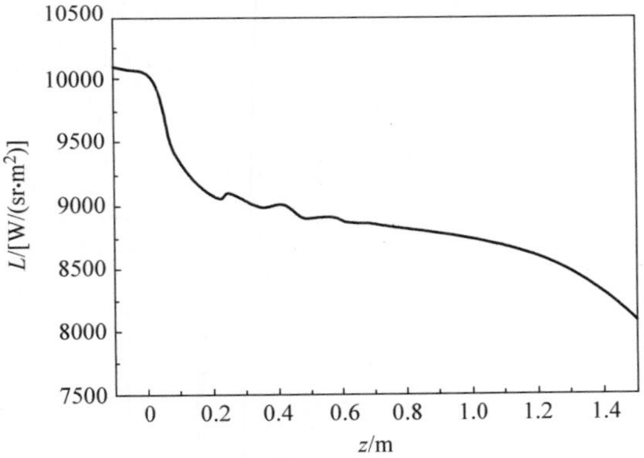

图 15-16 落压比为 6.0 时喷管中心线上红外定向辐射亮度的分布曲线

图 15-17 所示为使用空腔－喷流组合红外辐射模块计算得出的该喷管在上述三种工况下，空腔－喷流组合红外辐射强度随天顶角 θ 的变化曲线。由图 15-17 可以看到，三种工况下，空腔－喷流组合红外辐射强度随天顶角 θ 的增大，相互间的差距越来越小。另外，图 15-18 所示为上述三种工况下喷流的红外辐射强度随天顶角 θ 的变化曲线。由图 15-18 可以看出，三种工况下，喷流的红外辐射强度随天顶角 θ 的增大，相互间的差距越来越大，而且当 $\theta = 90°$ 时达到最大。上述这种变化规律，同样也反映在参考文献［742］的计算结果中。

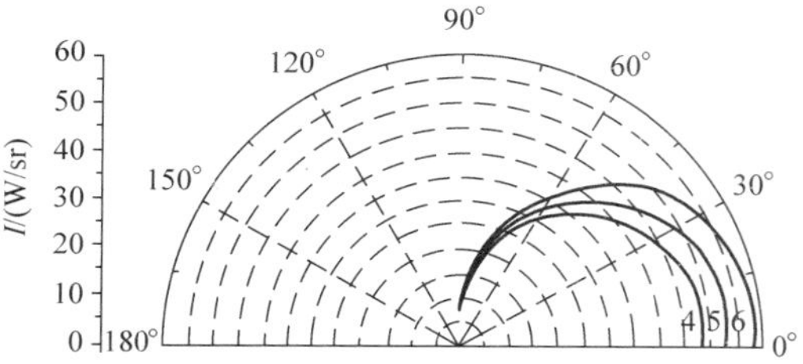

图 15-17　三种工况下空腔－喷流组合红外辐射强度随天顶角 θ 的变化曲线

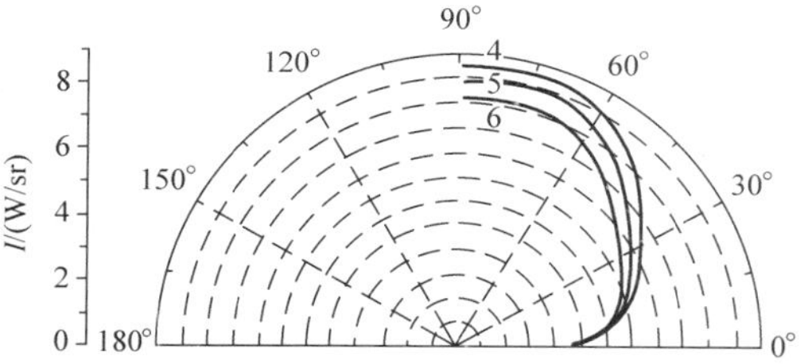

图 15-18　三种工况下喷流的红外辐射强度随天顶角 θ 的变化曲线

图 15-19 和图 15-20 所示分别为上述三种工况下，天顶角 $\theta=0°$ 和天顶角 $\theta=45°$ 时，沿喷管中心线上空腔－喷流组合红外单色辐射强度随波数的变化曲线。值得注意的是，图 15-19 的 2200～2400cm^{-1} 波段有明显的吸收带，这表明这时喷流主要起衰减作用。另外，图 15-20 的 2200～2400cm^{-1} 辐射强度呈现复杂的波动，这表明此时喷流自身的发射和吸收并存。

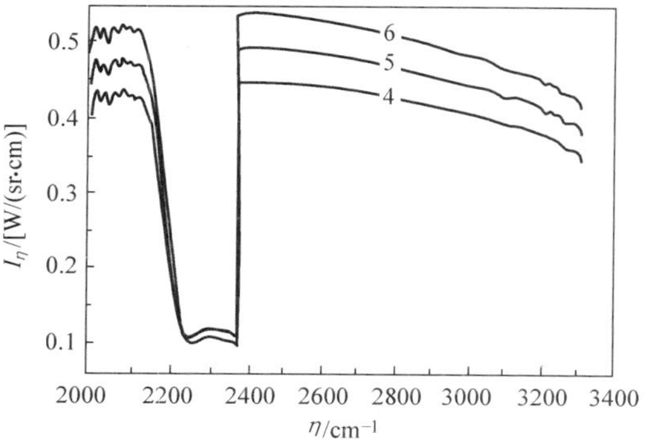

图 15-19　$\theta=0°$ 时沿喷管中心线上空腔－喷流组合红外单色辐射强度随波数的变化曲线

综上所述，上述三个典型工况的红外辐射计算，已初步表明，AMME Lab 团队编制的有限体积辐射源程序能够计算发动机排气系统的红外辐射特性，可以捕捉到在 3～5μm 波段所发生的一些红外辐射现象，它能够为排气喷管的气动与红外隐身设计提供理论支撑数据，更多的结果可参阅参考文献［727］和参考文献［743］。

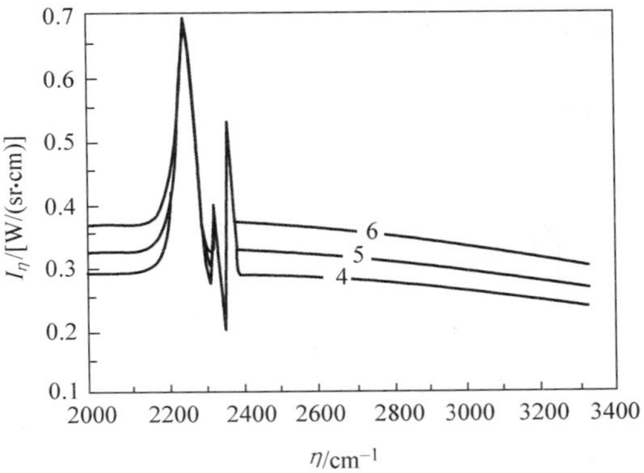

图 15-20　$\theta = 45°$时沿喷管中心线上空腔－喷流组合红外单色辐射强度随波数的变化曲线

15.4　大梯度时混合气体的 MSMG 全光谱 K 分布方法

现代航空发动机的尾喷管通常处于压强大梯度、温度大梯度和浓度大梯度的工作状态，对这类流场的红外辐射特性的计算非常困难。全光谱 K 分布（full spectrum k－distribution，FSK）模型、MGFSK（multi－group FSK）模型、MSFSK（multi－scale FSK）模型以及 MSMGFSK（multi－scale multi－group FSK，译为 MSMG 全光谱 K 分布）模型是 M. F. Modest 教授团队近十几年发展的处理高温、高压强、高浓度混合气问题时所提出的一系列优秀模型，本节仅扼要讨论 MSMGFSK模型。

对热喷管中的混合气来讲，混合气的组元可理解为“scale”，其组元序号用 n 表示；“group”理解为“组”，分组的序号用 m 表示。对于高温热喷流的大梯度问题，通常要考虑温度、压强和组分的质量分数的影响，即考虑 $\boldsymbol{\phi} = (T, p, Y)$，这时要对温度分组（如每间隔 100K 分为一组），对压强和气体的浓度都要分别进行分组。为便于讨论，这里不考虑粒子的吸收与散射，并且将 $k_\eta(\boldsymbol{\eta}, \boldsymbol{\phi})$ 简记为 $k_\eta(\boldsymbol{\phi})$后，于是辐射输运方程可简化为

$$\frac{\mathrm{d}}{\mathrm{d}S} I_\eta = k_\eta(\boldsymbol{\phi})(I_{\mathrm{b}\eta} - I_\eta) \tag{15-90}$$

对于含两种或更多组分的混合气体，则（15-90）式可写为

$$\frac{\mathrm{d}}{\mathrm{d}S} I_{n\eta} = k_{n\eta}(\boldsymbol{\phi}) I_{\mathrm{b}\eta} - k_\eta(\boldsymbol{\phi}) I_\eta \tag{15-91}$$

式中，N 为混合气体的组分数；$k_{n\eta}$为第 n 种组分的光谱吸收系数，$k_\eta = \sum_{n=1}^{N} k_{n\eta}$。

如果考虑到分组，则 $I_{nm\eta}$满足的辐射输运方程为

$$\frac{\mathrm{d}}{\mathrm{d}S}I_{nm\eta} = k_{nm\eta}(\boldsymbol{\phi})I_{\mathrm{b}\eta} - k_{\eta}(\boldsymbol{\phi})I_{nm\eta} \tag{15-92}$$

式中，

$$k_{\eta} = k_{nm\eta} + \sum_{l\neq n}^{N}\sum_{q=1}^{M_l}k_{lq\eta}; \qquad I_{\eta} = \sum_{n=1}^{N}\sum_{m=1}^{M_n}I_{nm\eta}$$

$$n=1, \cdots, N; \qquad m=1, \cdots, M_n$$

方程式（15-92）经过 $k_{nm\eta}$ 重新排序后，可近似改写为

$$\frac{\mathrm{d}}{\mathrm{d}s}I_{nmg} = k_{nm}a_{nm}I_{\mathrm{b}} - \lambda_{nm}I_{nmg} \tag{15-93}$$

$$f_{nm}(T_0,\boldsymbol{\phi}_0,k_{nm}) = \frac{1}{I_{\mathrm{b}}(T_0)}\int_0^{\infty}I_{\mathrm{b}\eta}(T_0)\delta[k_{nm} - k_{nm\eta}(\boldsymbol{\phi}_0)]\mathrm{d}\boldsymbol{\eta} \tag{15-94}$$

$$g_{nm}(T_0,\boldsymbol{\phi}_0,k_{nm}) = g_{nm}(T_0,\boldsymbol{\phi}_{,}k^*) = \int_0^{k_{nm}}f_{nm}(T_0,\boldsymbol{\phi}_0,k)\mathrm{d}k \tag{15-95}$$

$$I_{nmg} = \frac{1}{f_{nm}(T_0,\boldsymbol{\phi}_0,k_{nm})}\int_0^{\infty}I_{nm\eta}\delta[k_{nm} - k_{nm\eta}(\boldsymbol{\phi}_0)]\mathrm{d}\boldsymbol{\eta} \tag{15-96}$$

$$a_{nm} = \frac{f_{nm}(T,\boldsymbol{\phi}_0,k_{nm})}{f_{nm}(T_0,\boldsymbol{\phi}_0,k_{nm})} \tag{15-97}$$

式（15-93）~式(15-97）中，a_{nm} 为拉伸函数；λ_{nm} 为重叠系数，它满足：

$$\lambda_{nm}I_{nmg} = k_{nm}I_{nmg} + Q_1 \tag{15-98}$$

式中，

$$Q_1 \equiv \frac{1}{f_{nm}(T_0,\boldsymbol{\phi}_0,k_{nm})}\int_0^{\infty}\left(\sum_{l\neq n}^{N}\sum_{q=1}^{M_l}k_{lq\eta}(\boldsymbol{\phi})\right)I_{nm\eta}\delta[k_{nm} - k_{nm\eta}(\boldsymbol{\phi}_0)]\mathrm{d}\boldsymbol{\eta} \tag{15-99}$$

如果注意到

$$k_{nm}^{*}(\boldsymbol{\lambda}_{nm})\mathrm{d}\boldsymbol{\lambda}_{nm} = k_{nm}f_{nm}(T,\boldsymbol{\phi},k_{nm})\mathrm{d}k_{nm} \tag{15-100}$$

以及

$$\int_0^{k_{nm}}k'_{nm}f_{nm}(T,\boldsymbol{\phi},k'_{nm})\mathrm{d}k'_{nm} = \int_0^{k'=\lambda_{nm}}k_{nm}^{*}(k')\mathrm{d}k' \tag{15-101}$$

式中，

$$k_{nm}^{*} = \frac{1}{I_{\mathrm{b}}(T)}\int_0^{\infty}I_{\mathrm{b}\eta}(T)k_{nm\eta}\delta[k - k_{\eta}(\boldsymbol{\phi})]\mathrm{d}\boldsymbol{\eta} \tag{15-102}$$

这里式（15-100）提供了式（15-93）所需的 λ_{nm} 与 k_{nm} 之间的关系。

于是式（15-93）~式（15-102）再连同灰体固体壁面的边界条件，便构成了 MSMGFSK 模型。显然，当 $M=1$ 时，MSMGFSK 模型可简化为 MSFSK 模型；当 $N=1$ 时可简化为 MGSFK 模型；当 $M=N=1$ 时，则变成 FSK 模型。以上仅扼要讨论了 MSMGFSK 模型的基本框架，对此想进一步了解的读者可参阅 2007 年与 2008 年间 Modest 教授团队在 ASME 国际会议上的相关文章，具体文献这里就不再列出了。

15.5　降低飞行器和尾喷管光辐射的几种重要途径

这里讲的光辐射应该具有如下含义：光辐射是一种电磁辐射，它通常包括红外光、紫外光和 X 射线辐射等。按波谱，波长为 0.01 ~ 0.390μm 的光辐射称为紫外光，通常紫外光又可分为近紫外、远紫外和极紫外；波长为 0.39 ~ 0.77μm 的光辐射称为可见光，通常可见光又可分为紫、兰、绿、黄、橙和红色光；波长为0.77 ~ 1000μm 的光辐射称为红外光，它又可细分为近红外光（波长为 0.77 ~ 1.5μm）、中红外光（波长为 1.5 ~ 6.0μm）、远红外光（波长为 6.0 ~ 40μm）以及极红外光（波长为 40 ~ 1000μm）。在现代飞行探测中，常用红外探测、红外寻的以及红外 - 紫外双谱段光学寻的等。

对于现代航空而言，飞行器的气动布局直接影响飞行器的升力与所受阻力，因此非常重要。对于战斗机来讲，红外隐身则直接涉及飞机的生命力，所以不可忽视。另外，由于目前高速导弹头部的自动寻的器上都安装有光学头罩，弹体在大气中高速飞行时，头罩与周围气体会发生剧烈的相互作用，这就使得机载光学寻的光学成像系统目标像的像差急剧增加，会发生畸变、偏移、模糊和跳动等一系列现象，这就会直接影响对目标的精确打击。因此，飞行器的光辐射特性的计算与分析是项非常重要的工作。

飞机蒙皮是 8 ~ 14μm 波段的红外辐射源，而发动机排气系统是现代飞机在 3 ~ 5μm 波段的主要红外辐射源。对于排气系统的辐射源，通常包括喷管热壁面、涡轮后热部件以及热喷流辐射。喷管热壁面和涡轮后热部件的辐射为灰漫射体辐射，属于连续性辐射，而热喷流辐射属于选择性的气体辐射，它相对于喷管热壁面和涡轮后热部件的辐射占的比重较小。然而，这里要说明的是，尾喷流的长度一般都非常长，甚至它是机身长的数倍，这使得先进的红外制导导弹在飞行目标的前侧甚至正前方也可以探测到热喷流的辐射，因此降低尾喷流的红外辐射是一项至关重要的工作。

对于高超声速飞行器来讲，升力体是近 20 年来气动布局较理想的模式，而一体化的超燃冲压发动机或爆震发动机便可能成为高超声速飞行的最佳吸气式动力装置之一。对于飞往外太空的高超声速飞行器来讲，气动热与热防护要比飞行器的光辐射问题更重要；而对于远程导弹与战斗机来说，红外辐射则往往与飞行器的隐身技术联系在一起[744-746]。通常，飞行器在高超声速飞行时，向周围环境发出的光辐射来自两部分的贡献：一是飞行器表面材料的热辐射；二是飞行器周围高超声速流场的辐射，其中包括高超声速气流穿越飞行器前缘弓形激波的流动、绕飞行器的流动与飞行器尾流的流动，以及这些高温高速流动气体所产生的强烈光辐射。

为了较准确地获取脱体弓形激波后高温高速气体光辐射特性的数据，美国在 20 世纪 90 年代初便实施了弓形激波紫外飞行试验（BSUV）计划。其中，BSUV -

1 飞行试验在 1990 年 4 月进行，飞行高度为 40 ~ 60km，飞行速度为 3. 5km/s；BUSV - 2 飞行试验在 1991 年 2 月进行，再入飞行高度为 120 ~ 65km，飞行速度为 5. 1km/s。进行两次试验的主要目的是探测脱体激波后的高温气体以及火箭喷流的紫外辐射。借助上面两次飞行试验，参考文献［747］建立了非平衡紫外辐射模型，该模型所用的化学动力学模型含有 11 种组分和相应辐射组分的电子 - 振动 - 转动激发态。11 种组分是 N_2、O_2、NO、N、O、NO^+、N_2^+、O_2^+、O^+、N^+ 和 e（电子）。每种分子的振动温度采用多温模型。参考文献［747］利用上述非平衡紫外辐射模型得到了与飞行测量数据相吻合的计算结果。另外，为配合 BSUV 弓形激波紫外飞行计划，参考文献［748］还对高速声速细长体激波层中波红外辐射问题进行了数值计算。其中，飞行高度为 30 ~ 60km，飞行速度分别为 2. 5km/s、3. 5km/s 和 5. 0km/s。以飞行高度为 40km、飞行速度为 3. 5km/s 为例，参考文献［748］计算了 1. 5 ~ 5. 0μm 波段的辐射光谱。计算结果表明，主要辐射是 CO_2 的辐射，其次是 H_2O 和 NO_2 的辐射。

在高超声速飞行中，由于飞行器头部弓形脱体激波的气动加热以及高温气流与飞行器表面的强烈摩擦，致使高超声速飞行器周围的气体变成高温高速气体。高温导致了部分气体发生电离，成为部分电离气体或等离子体。这些电离的气体流向飞行器的尾部便形成了等离子体尾迹。通常，还把围绕飞行器周围的等离子体称为等离子鞘。从电磁理论的观点上看，等离子鞘、等离子体尾迹以及发动机喷流等离子体流场都是一种特殊的电磁介质场，研究电磁波与这些电磁介质场间的相互作用与变化规律对消除航天器再入过程中通信中断问题、发展等离子体隐身技术都是十分有益的。近十几年来，飞行器的一些新型控制技术不断涌现。例如，在机翼局部施加脉冲交变电场，使气体局部电离，进而在电磁场的作用下，引起局部电离气体的流动特性发生变化，能够使飞行器增加升力、减少阻力；又如，对发动机喷流施加脉冲交变电场，改变喷流方向，以实现矢量控制。再如，在高超声速飞行器的钝锥体前施加一高能束（如强激光束）以改变脱体激波的形状，从而减小钝锥体弓形激波的波阻。另外，也可以在高超声速飞行器的某一合适部位施加高能束，以改变飞行器所受的气动载荷，控制与改变飞行器的飞行轨道等。

降低尾喷流红外辐射的途径也很多，例如，增大涵道比、采用涡扇发动机增加次流的流量、强化尾喷流与外流间的掺混，缩短尾喷流高温核心区的长度，迅速降低尾喷流的流场温度、减少参与性介质的浓度，从而降低尾喷流的红外辐射。这里需要说明的是，强化混合措施是最近几年国内外解决喷流红外辐射的最主要途径。通常，强化混合包括被动流动控制技术和主动流动控制技术。其中，被动流动控制技术主要采用二元喷管、波瓣喷管，从突片、喷管尾缘修形等技术去强化混合过程[749,750]。主动流动控制技术是利用很小的激励信号，控制喷流的流动，使喷流与外流的混合强化。例如，微射流技术，它是在喷管出口附近安装微射流注气缝，在微射流的作用下，在高速喷流的流场中产生流向涡系，卷吸环境空气，强化尾喷流与环境气流的混合[739]。由于微射流强化混合可以使喷流的温度核心区有明显衰减，并且还可以使 CO_2 和 H_2O 等吸收 - 发射性气体的浓度有所降低。参考文献［751］做了如下一个喷管试验，该喷管为轴对称的并且出口直径为 60mm，进口总温为 600K，远场压强为 1.01325×10^5 Pa，远场温度为 293K，主流流量为 1.4138kg/s。在喷管出口两侧布置有矩形注气缝，注气缝有微射流加入，试验表明[751]，加入 0.66% 的射流流量（即射流流量占主流流量的百分比），则喷管中心线上的温度变化便十分明显了，可参见图 15-21 所示的试验结果。

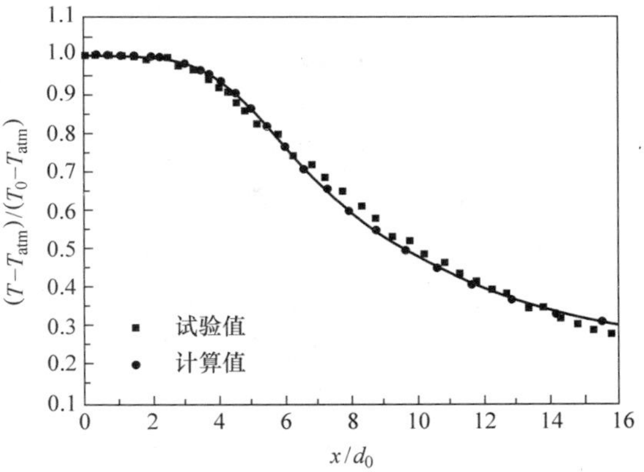

图 15-21　加入 0.66% 射流时，喷管中心线上无量纲温度的分布

另外，参考文献［739］还计算了一个轴对称收敛喷管在 3 ~ 5μm 波段的喷流红外辐射特性。该喷管出口直径为 65mm，在喷口出口截面均匀分布着六个射流缝（其缝的尺寸为 3mm × 0.5mm）。该算例的进口总温为 725K，远场压强和微射流出口压强为 1.01325×10^5 Pa，马赫数 $Ma=0.6$，远场温度和微射流温度为 300K，主流流量为 0.5416kg/s。参考文献［739］的计算结果表明，当射流流量占主流流量 1%、天顶角为 90°时，各个圆周角方向上喷流的红外辐射强度与基准状态相比降低了 15% 左右；当射流流量占主流流量的 3% 时，喷流的红外辐射强度降低 27% 左右。可见，采取微射流强化混合措施，对降低喷流红外辐射强度的效果还是十分显著的。

脉冲射流强化喷流混合技术是另一种有效降低喷管红外辐射强度的措施。该技术是利用高振幅、低流量脉冲射流去激励喷管出口平面附近的剪切层，这些带有脉冲频率的横向喷流有效地激发了剪切层的不稳定模式，极大地改变了喷流流动的状态。为了讨论这种强化混合技术，参考文献［752，753］对出口直径为 65mm 的轴对称收敛喷管进行了计算与试验。射流缝宽为 3mm，主流流量为 0.24kg/s，脉冲射流流量占主流流量的 1%，进口总温为 373K，环境压强 1.01325×10^5 Pa，环境温度为 300K，马赫数 $Ma=0.2$。为了说明流场的非定常性质，引进描述振荡流机制的 Strouhal 数 Sr，其定义为

$$Sr=\frac{f}{u_{out}}D_{out} \tag{15-103}$$

其中，f 为脉冲射流的频率，D_{out} 为喷管出口直径，u_{out} 为喷管出口速度。

在上述试验中，$Sr=0.2$。另外，脉冲流进口的流量变化为

$$\dot{m}(t)=\dot{m}_0+(\Delta\dot{m})\sin(\omega t+\widetilde{\varphi}) \tag{15-104}$$

式中，$\dot{m}_0$ 为质量流量的平均值；$\Delta\dot{m}$ 为扰动的振幅；ω 为角频率，$\widetilde{\varphi}$ 为相位角。

图 15-22 所示为 $Sr=0.2$、喷流沿喷管中心线时均无量纲温度 T^* 的分布曲线。图 15-22 中“●”为试验值，“▼”为计算值。

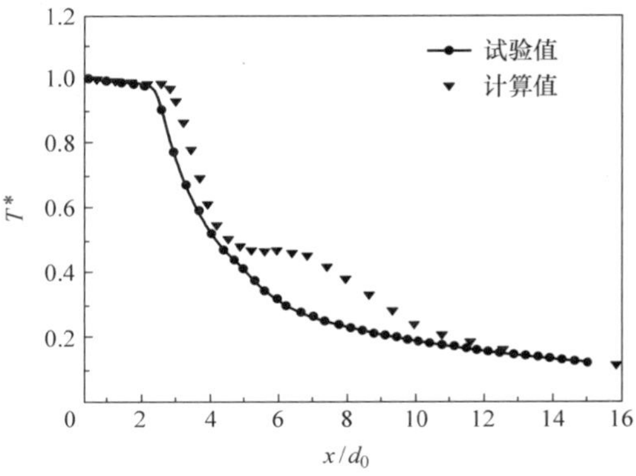

图 15-22　$Sr=0.2$、喷流沿喷管中心线时均无量纲温度 T^* 的分布曲线

参考文献［754］对如下的脉冲强化喷流问题（对 3～5μm 波段的红外辐射特性）进行了计算与初步分析。该工况的马赫数 $Ma=0.6$，喷管为收敛型，喷管出口直径为 210mm，主流流量为 5.4kg/s，脉冲流量占主流流量的 3%，进口总温为 800K，远场压强为 1.01325×10^5 Pa，远场温度为 300K。图 15-23 所示为天顶角 $\theta=30°$ 时基准喷流（图中用“■”表示）和脉冲射流强化混合喷流（图中用“▲”表示）在各个圆周角 φ 方向上红外辐射强度（单位为 W/sr）的分布。由图 15-23 可以看到，φ 为 0°或 180°附近时，红外辐射强度与基准喷流相比略有增加，其他圆周角方向都有衰减；当 $\varphi=90°$ 与 $\varphi=270°$ 时衰减的幅度最大，可达到 23%。可见，这种降低红外辐射强度的措施还是十分有效的。

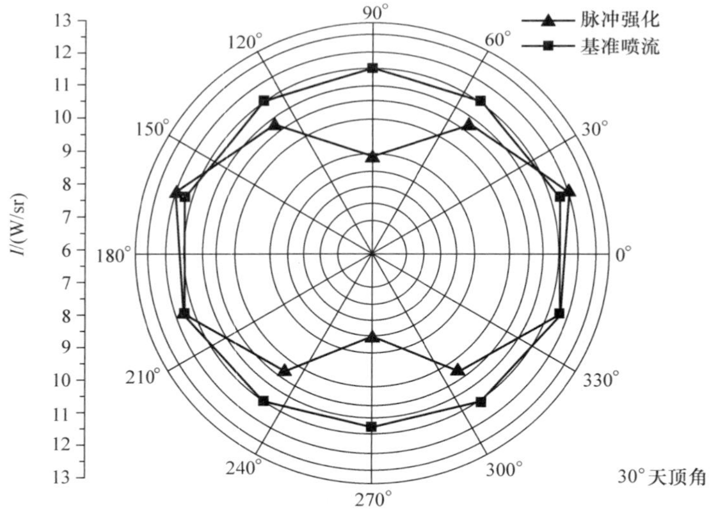

图 15-23　$\theta=30°$ 时各圆周角 φ 方向上红外辐射强度的分布

在航空发动机的尾喷管设计中，除了尾喷管常规的气动设计之外[750]，现代尾喷管设计更加注重它的红外隐身和降低喷流噪声问题的研究。多年来，北京航空航

天大学王强教授率领的团队一直致力于尾喷管和飞行器红外辐射特性的计算与分析工作，并取得了许多成果，发表了一系列重要的文章，这里仅列举近几年该团队发表的部分学术论文（如参考文献［739，740，742，754－771］等），供感兴趣者参考。对于尾喷管喷流噪声的计算与分析，我们将在本章的 15.6 节～15.8 节中讨论。

15.6　$k-\varepsilon$ 模型和 LRR $-\omega$ 雷诺应力模型

15.6.1　$k-\varepsilon$ 模型及其局限性

令 $\boldsymbol{i}$、$\boldsymbol{j}$、$\boldsymbol{k}$ 为直角笛卡儿坐标系（x，y，z）的单位基矢量，令

$$\boldsymbol{W}=\begin{pmatrix}\rho\\ \rho\boldsymbol{V}\\ e\end{pmatrix},\quad \boldsymbol{F}_{\text{inv}}=\begin{pmatrix}\rho\boldsymbol{V}\\ \rho\boldsymbol{V}\boldsymbol{V}+p(\boldsymbol{ii}+\boldsymbol{jj}+\boldsymbol{kk})\\ (e+p)\boldsymbol{V}\end{pmatrix} \tag{15-105}$$

$$\boldsymbol{F}_{\text{vis}}=\begin{pmatrix}0\\ \boldsymbol{\tau}\\ \boldsymbol{\tau}\cdot\boldsymbol{V}+\lambda\nabla T\end{pmatrix} \tag{15-106}$$

$$\begin{pmatrix}\boldsymbol{n}\\ \boldsymbol{V}\\ \boldsymbol{S}\end{pmatrix}=\begin{pmatrix}n_x & n_y & n_z\\ u & v & w\\ S_x & S_y & S_z\end{pmatrix}\begin{pmatrix}\boldsymbol{i}\\ \boldsymbol{j}\\ \boldsymbol{k}\end{pmatrix} \tag{15-107}$$

式中，e 与 $\boldsymbol{\tau}$ 分别为单位体积所具有的广义内能与黏性应力张量；$\boldsymbol{S}$ 为面积矢量，即 $\boldsymbol{S}=\boldsymbol{n}S$。于是积分型 N－S 方程组为

$$\frac{\partial}{\partial t}\iiint_{\Omega}\boldsymbol{W}\mathrm{d}\Omega+\oiint_{\partial\Omega}\boldsymbol{n}\cdot\boldsymbol{F}_{\text{inv}}\mathrm{d}S=\oiint_{\partial\Omega}\boldsymbol{n}\cdot\boldsymbol{F}_{\text{vis}}\mathrm{d}S \tag{15-108}$$

对于可压缩流动的湍流流场，引入 Favre 平均，并用 H 表示总焓，于是采用 Favre 平均的 N－S 方程组为

$$\frac{\partial}{\partial t}\begin{pmatrix}\bar{\rho}\\ \bar{\rho}\widetilde{\boldsymbol{V}}\\ \bar{\rho}\widetilde{H}-\bar{p}\end{pmatrix}+\nabla\cdot\begin{pmatrix}\bar{\rho}\widetilde{\boldsymbol{V}}\\ \bar{\rho}\widetilde{\boldsymbol{V}}\widetilde{\boldsymbol{V}}\\ \bar{\rho}\widetilde{H}\widetilde{\boldsymbol{V}}+\bar{\boldsymbol{q}}\end{pmatrix}=\nabla\cdot\begin{pmatrix}0\\ \bar{\boldsymbol{\tau}}-\bar{p}\boldsymbol{I}\\ \bar{\boldsymbol{\tau}}\cdot\widetilde{\boldsymbol{V}}\end{pmatrix}+\nabla\cdot\begin{pmatrix}0\\ -\rho\overline{\boldsymbol{V}''\boldsymbol{V}''}\\ \overline{\boldsymbol{\tau}\cdot\boldsymbol{V}''}-\overline{\rho H''\boldsymbol{V}''}\end{pmatrix} \tag{15-109}$$

令 τ_{ij} 为黏性应力张量 $\boldsymbol{\tau}$ 的分量，u_j 为 $\boldsymbol{V}$ 在直角坐标系（x，y，z）中的分速度，于是采用湍流模型后，（15-109）式可变为[39,41,70]

$$\frac{\partial}{\partial k}\begin{pmatrix}\bar{\rho}\\ \bar{\rho}\widetilde{u}_i\\ \widetilde{e}\end{pmatrix}+\frac{\partial}{\partial x_j}\begin{pmatrix}\bar{\rho}\widetilde{u}_j\\ \bar{\rho}\widetilde{u}_i\widetilde{u}_j\\ \overline{\rho H}\widetilde{u}_j\end{pmatrix}=\frac{\partial}{\partial x_j}\begin{pmatrix}0\\ \tau_{ji}-p\delta_{ji}\\ b_j+\widetilde{u}_i\tau_{ji}+c_j\end{pmatrix} \tag{15-110}$$

$$p = \bar{\rho} R \widetilde{T},\ \tau_{ij} = \tau_{ij}^{(l)} + \tau_{ij}^{(t)} \tag{15-111}$$

$$\tau_{ij}^{(l)} = \mu_1 \left(\frac{\partial \widetilde{u}_i}{\partial x_j} + \frac{\partial \widetilde{u}_j}{\partial x_i} - \frac{2}{3} \frac{\partial \widetilde{u}_\alpha}{\partial x_\alpha} \delta_{ij} \right) \tag{15-112}$$

$$\tau_{ij}^{(t)} = \mu_t \left(\frac{\partial \widetilde{u}_i}{\partial x_j} + \frac{\partial \widetilde{u}_j}{\partial x_i} - \frac{2}{3} \frac{\partial \widetilde{u}_\alpha}{\partial x_\alpha} \delta_{ij} \right) - \frac{2}{3} \bar{\rho} K \delta_{ij} \tag{15-113}$$

$$\widetilde{e} = \bar{\rho} \left(c_v \widetilde{T} + \frac{1}{2} \widetilde{u}_i \widetilde{u}_i + K \right) \tag{15-114}$$

$$\overline{\rho H} = \rho \left(\widetilde{h} + \frac{1}{2} \widetilde{u}_i \widetilde{u}_i + K \right) \tag{15-115}$$

$$b_j = (\lambda_1 + \lambda_t) \frac{\partial \widetilde{T}}{\partial x_j} \tag{15-116}$$

$$c_j = \left(\mu_1 + \frac{\mu_t}{\sigma_k} \right) \frac{\partial K}{\partial x_j} \tag{15-117}$$

式（15-110）~ 式（15-117）中，h 为静焓；上画“~”为 Favre 平均；上画“—”为时间平均。

引入湍动能 K 和湍动能耗散率 ε，于是可压缩湍流的 $K-\varepsilon$ 方程为

$$\begin{cases} \dfrac{\partial}{\partial t}\begin{pmatrix} \bar{\rho} K \\ \bar{\rho} \varepsilon_s \end{pmatrix} + \dfrac{\partial}{\partial x_j}\begin{pmatrix} \bar{\rho} \widetilde{u}_j K \\ \bar{\rho} \widetilde{u}_j \varepsilon_s \end{pmatrix} = \dfrac{\partial}{\partial x_j}\begin{pmatrix} \left(\mu_1 + \dfrac{\mu_t}{\sigma_k} \right) \dfrac{\partial K}{\partial x_j} \\ \left(\mu_1 + \dfrac{\mu_t}{\sigma_\varepsilon} \right) \dfrac{\partial \varepsilon_s}{\partial x_j} \end{pmatrix} + \begin{pmatrix} a_k \\ a_\varepsilon \end{pmatrix} \\ a_k = L_k + P_k - \bar{\rho}(\varepsilon_s + \varepsilon_d) - \overline{u_i''} \dfrac{\partial p}{\partial x_i} + \overline{p' \dfrac{\partial u_i''}{\partial x_i}} \\ a_\varepsilon = L_\varepsilon + c_{\varepsilon 1} \dfrac{\varepsilon_s}{K} P_k - c_{\varepsilon 2} \bar{\rho} \dfrac{\varepsilon_S^2}{K} \end{cases} \tag{15-118}$$

式中，ε_s 与 ε_d 为无散耗散项与涨量耗散项；L_k 与 L_ε 为低雷诺数修正项；$c_{\varepsilon 1}$、$c_{\varepsilon 2}$、σ_k 与 σ_ε 为湍流模式中的有关参数；P_k 为产生项，其表达式为

$$P_k = -\overline{\rho u_i'' u_j''} \frac{\partial \widetilde{u}_i}{\partial x_j} \tag{15-119}$$

Boussinesq 假设用于 $K-\varepsilon$ 模型，其局限性在于认为湍流黏性系数 μ_t 是各向同性标量。因此，该模型不能反映由于湍动能在各主轴方向分配所引起的雷诺应力的各向异性，它忽略了压力应变项的效应，因此其应用具有局限性。

15.6.2 LRR $-\omega$ 雷诺应力模型及其修正

雷诺应力模型是关于求解雷诺应力张量各个分量的输运方程，令

$$R_{ij} = \overline{u_i' u_j'} \tag{15-120}$$

于是雷诺应力输运方程为

$$\frac{\partial}{\partial k}(\rho R_{ij})+\frac{\partial}{\partial x_k}(\rho\ \bar{u}_k R_{ij})=D_{ij}^{\mathrm{T}}+D_{ij}^{\mathrm{L}}+p_{ij}+\phi_{ij}+\varepsilon_{ij}+F_{ij}+G_{ij} \tag{15-121}$$

式中，D_{ij}^{T}、D_{ij}^{L}、p_{ij}及ϕ_{ij}分别为湍流扩散项、分子扩散项、应力产生项和压力应变项；ε_{ij}、F_{ij}和G_{ij}分别为黏性耗散项、旋转产生项和浮力产生（buoyancy production）项。

参考文献［772－775］给出了上述诸项的具体表达式。在（15-121）中，D_{ij}^{L}、p_{ij}和F_{ij}项不需要湍流模型封闭，而D_{ij}^{T}、ε_{ij}、ϕ_{ij}及G_{ij}项需要采用相应的湍流模型进行封闭，还需要引入湍流尺度方程，如湍动能耗散率ε方程或者比耗散率ω方程。于是，基于不同的湍流关联模型和湍流尺度模型，便发展了一系列的雷诺应力模型，例如，Launder 等人基于ε方程的 LRR－ε 模型[772]，Wilocx 用比耗散率ω方程代替ε方程后得到的 Stress－ω 模型（或称 LRR－ω 模型）[774]等。在 LRR－ω 模型中，ω方程可表示为[775]：

$$\frac{\partial}{\partial t}(\rho\omega)+\frac{\partial}{\partial x_i}(\rho u_i\omega)=D_\omega+G_\omega-Y_\omega \tag{15-122}$$

式中，

$$D_\omega=\frac{\partial}{\partial x_i}\left[\left(\mu_{\mathrm{t}}+\frac{\mu_{\mathrm{t}}}{\sigma_\omega}\right)+\frac{\partial\omega}{\partial x_i}\right]$$

对于雷诺应力输运方程（15-121）式中的湍流扩散项D_{ij}^{T}，常采用如下的形式：

$$D_{ij}^{\mathrm{T}}=\frac{\partial}{\partial x_m}\left(\frac{\mu_{\mathrm{t}}}{\sigma_k}\frac{\partial R_{ij}}{\partial x_m}\right) \tag{15-123}$$

式中，R_{ij}的定义同（15-120）式。

耗散项ε_{ij}主要决定于小尺度涡运动。理论和试验均已证实，在高雷诺数条件下，小尺度涡运动接近于各向同性，因此可忽略各向异性的耗散，而黏性作用只引起湍流正应力及湍动能的耗散。于是，张量形式的耗散项可简化为标量湍流耗散率，耗散项ε_{ij}可模化为

$$\varepsilon_{ij}=2\mu\overline{\frac{\partial u_i{}'}{\partial x_k}\frac{\partial u_j{}'}{\partial x_k}}=\frac{2}{3}\rho\omega K\delta_{ij}\beta^* \tag{15-124}$$

在雷诺应力的输运方程中，压力应变项ϕ_{ij}起到十分重要的作用，它的量级和生成项相当，因此显得非常重要。压力应变项通常分解为三项，即[774]

$$\phi_{ij}=\phi_{ij,1}+\phi_{ij,2}+\phi_{ij,\mathrm{W}} \tag{15-125}$$

式中，$\phi_{ij,1}$、$\phi_{ij,2}$和$\phi_{ij,\mathrm{W}}$分别为慢速项、快速项和壁面反射项。这里慢速项$\phi_{ij,1}$只含有脉动量而与平均流场无关，所体现的湍流脉动场的作用是促使各个方向的雷诺应力趋于相等，即趋于各向同性化，而快速项$\phi_{ij,2}$则代表平均流场与湍流脉动之间的相互作用，它使雷诺应力趋于各向异性。通常$\phi_{ij,1}$可模化为[774]

$$\phi_{ij,1}=-C_1\rho\omega\beta^*\left(R_{ij}-\frac{2}{3}\delta_{ij}K\right) \tag{15-126}$$

式中，R_{ij}的定义同（15-120）式；C_1 为经验系数，Wilcox 建议 $C_1=1.8$。

$\phi_{ij,2}$的模化表达式不再给出，感兴趣者可参阅参考文献［775］中的（9）式，这里在 $\phi_{ij,2}$的模化表达式中含经验系数 C_2，Wilcox 建议 $C_2=0.527$。

在 LRR－ω 雷诺应力模型中，湍流的尺度仍然以湍动能 K 和比耗散率 ω 来表征，并且有

$$\mu_{\mathrm{t}}=a^{*}\rho\frac{K}{\omega} \tag{15-127}$$

由于热喷流剪切层中密度梯度的存在，导致了剪切层的 Kelvin－Helmholtz 不稳定波的增强，使得湍流扩散的加强，为此参考文献［775］在湍流扩散项的模化时增加了关于密度梯度的相关修正项 $D_{ij,\rho}^{\mathrm{T}}$，即

$$D_{ij,\rho}^{\mathrm{T}}=\frac{\partial}{\partial x_{\mathrm{m}}}\left(\frac{\mu_{\rho}}{\sigma_K}\frac{\partial R_{ij}}{\partial x_{\mathrm{m}}}\right) \tag{15-128}$$

式中，μ_{ρ} 为与密度相关的湍流黏性系数修正系数，其表达式参阅参考文献［775］。

于是采用密度梯度修正后的湍流扩散项 D_{ij}^{T}模化后变为

$$D_{ij}^{\mathrm{T}}=\frac{\partial}{\partial x_{\mathrm{m}}}\left(\frac{\mu_{\mathrm{t}}}{\sigma_K}\frac{\partial R_{ij}}{\partial x_{\mathrm{m}}}\right)+D_{ij,\rho}^{\mathrm{T}} \tag{15-129}$$

15.7 伴随 Green 函数法及其求解中的关键问题

20 世纪 50 年代以来，Lighthill 提出的声类比理论[776,777]一直是喷流噪声预测的主流理论。在 Lighthill 提出的声类比理论中，将非定常流动的特性用占据全部流动区域的分布声源来代替。因此，Lighthill 理论能够预测喷流发声问题的前提是等效声源场必须是已知的。在基于声类比理论的预测方法中，噪声的传播过程是借助 Green 函数描述的，因此声源模化和 Green 函数的求解是该类预测方法的两个关键环节。另外，早期在研究喷流问题时多引入两个假设：①平行流的假设；②远测点的假设。近些年国内外的研究都表明，使用上述两个假设，在许多情况下会造成噪声声压级和频谱预测的误差。

15.7.1 Green 函数与伴随 Green 函数

在(x,y)笛卡儿坐标系下，频域内的二维线化 Euler 方程为

$$-\mathrm{i}\omega\boldsymbol{u}+\boldsymbol{A}\cdot\frac{\partial\boldsymbol{u}}{\partial x}+\boldsymbol{B}\cdot\frac{\partial\boldsymbol{u}}{\partial y}+\boldsymbol{D}\cdot\boldsymbol{u}=\boldsymbol{E} \tag{15-130}$$

$$\boldsymbol{u}=(\rho',\ u',\ v',\ p')^{\mathrm{T}} \tag{15-131}$$

$$\boldsymbol{E}=(0,Q_1(\boldsymbol{x},\omega),Q_2(\boldsymbol{x},\omega),0)^{\mathrm{T}} \tag{15-132}$$

式中，ω 为角频率；i 为虚部；ρ'，u'、v'和 p'分别为脉动密度、脉动分速度和脉动压强；$Q_1(\boldsymbol{x},\omega)$和 $Q_2(\boldsymbol{x},\omega)$分别为 x 和 y 方向的动量源项；$\boldsymbol{A}$、$\boldsymbol{B}$ 和 $\boldsymbol{D}$ 均为 4×4

矩阵，其具体表达式这里不再给出，感兴趣者可参阅参考文献［778］。

假定喷流声源是相互独立、不相干的，因此可用 Green 函数的方法去描述噪声在流动中的散射现象且可预测远场的噪声。式（15-130）所对应的 Green 函数应满足如下方程：

$$-i\omega \boldsymbol{G}^{(n)} + \boldsymbol{A} \cdot \frac{\partial}{\partial x}\boldsymbol{G}^{(n)} + \boldsymbol{B} \cdot \frac{\partial}{\partial y}\boldsymbol{G}^{(n)} + \boldsymbol{D} \cdot \boldsymbol{G}^{(n)} = \boldsymbol{E}^{(n)} \tag{15-133}$$

$$\boldsymbol{G}^{(n)} = (\rho^{(n)}, u^{(n)}, v^{(n)}, p^{(n)})^{\mathrm{T}} \tag{15-134}$$

$$\boldsymbol{E}^{(n)} = \begin{pmatrix} 0 \\ \delta_{n1}\sigma(\boldsymbol{x} - \boldsymbol{x}_{\mathrm{S}})\sigma(\omega - \omega_0) \\ \delta_{n2}\sigma(\boldsymbol{x} - \boldsymbol{x}_{\mathrm{S}})\sigma(\omega - \omega_0) \\ 0 \end{pmatrix} \tag{15-135}$$

式中，$\boldsymbol{x}_{\mathrm{S}}$ 为声源点坐标，ω_0为声源频率；矩阵 $\boldsymbol{A}$、$\boldsymbol{B}$ 和 $\boldsymbol{D}$ 与式（15-130）相同。

因为式（15-130）中的动量方程的右边均存在不相干的动量源项，因此这里 Green 函数分两组分别求解，并以上标（n）区分。

式（15-133）描述的是声波经过剪切层散射的过程，其中方程右边源项为 δ 函数，这意味着在 Green 函数计算时，每一个声源都是奇异点。如图 15-24 所示，如果想求每一个声源点$\boldsymbol{x}_{\mathrm{S}}$ 到观测点$\boldsymbol{x}_0$的 Green 函数$\boldsymbol{G}^{(n)}(\boldsymbol{x}_{\mathrm{s}}, \boldsymbol{x}_0)$，由于在喷流中每个点都是声源点，因此针对每一个声源点都要求一遍方程式（15-133），才能得到关于该声源的 Green 函数。

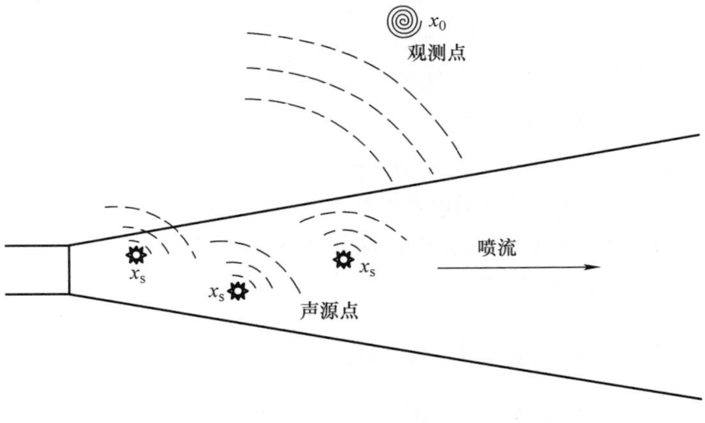

图 15-24　喷流中直接声散射问题

由于实际喷流中喷流噪声源数量巨大，这给求解会带来极大的困难，因此直接数值求解喷流流场中 Green 函数几乎是不可行的。1998 年，参考文献［779］将伴随方法（adjoint method）应用到喷流噪声 Green 函数的计算中。如图 15-25 所示，将声源点与观测点调换位置，这时 $\boldsymbol{G}_{\mathrm{a}}^{(n)}(\boldsymbol{x}_0, \boldsymbol{x}_{\mathrm{S}})$ 是 $\boldsymbol{G}^{(n)}(\boldsymbol{x}_{\mathrm{S}}, \boldsymbol{x}_0)$的伴随 Green 函

数。在不存在流动的情况下满足方程式（15-133），即 Green 函数 $\boldsymbol{G}^{(n)}(\boldsymbol{x}_S,\boldsymbol{x}_0)$与伴随 Green 函数 $\boldsymbol{G}_a^{(n)}(\boldsymbol{x}_0,\boldsymbol{x}_S)$二者相等。也就是说，在无流动的情况下，线化 Euler 方程是自伴随方程，即

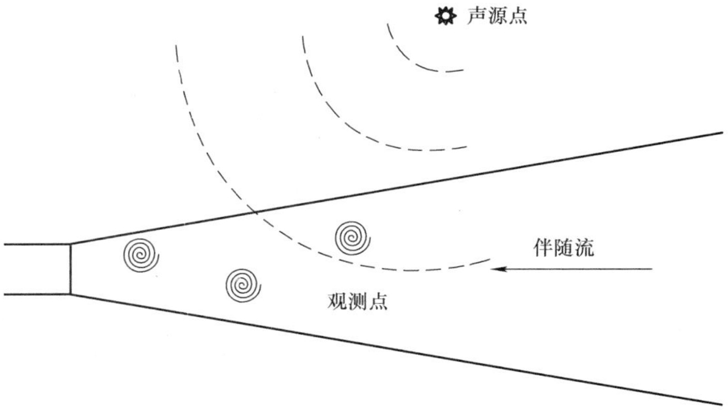

图 15-25　喷流中声散射的伴随问题

$$G^{(n)}(\boldsymbol{x}_S,\boldsymbol{x}_0)=G_a^{(n)}(\boldsymbol{x}_0,\boldsymbol{x}_S) \tag{15-136}$$

如图 15-24 和图 15-25 所示，在存在喷流流动情况下，线化 Euler 方程并非自伴随方程，但可以构建如方程式（15-137）所示的伴随 Green 方程，即

$$-i\omega\boldsymbol{G}_a+\boldsymbol{A}_a\cdot\frac{\partial\boldsymbol{G}_a}{\partial x}+\boldsymbol{B}_a\cdot\frac{\partial\boldsymbol{G}_a}{\partial y}+\boldsymbol{D}\cdot\boldsymbol{G}_a=\boldsymbol{E}_a \tag{15-137}$$

使其满足方程式（15-136）。在式（15-137）中，下标“a”表示采用伴随方法时所对应的量；$\boldsymbol{G}_a$和$\boldsymbol{E}_a$ 分别为

$$\boldsymbol{G}_a=(\rho_a,u_a,v_a,p_a)^T \tag{15-138}$$

$$\boldsymbol{E}_a=(0,0,0,\delta(\boldsymbol{x}-\boldsymbol{x}_0)\sigma(\omega-\omega_0))^T \tag{15-139}$$

矩阵$\boldsymbol{A}_a$、$\boldsymbol{B}_a$ 和$\boldsymbol{D}_a$ 的具体表达式，这里不再给出，感兴趣者可参阅相关的文献。这样就可以求解伴随方程式（15-137），进而得到方程式（15-133）中的 Green 函数$\boldsymbol{G}^{(n)}$。

在伴随 Green 函数的计算时，只要完成一次计算便可得到所有声源点上的伴随 Green 函数，因此这就极大地简化了计算过程。

在喷流流动区域外，由于没有流动，$\bar{u}=0$、$\bar{v}=0$、$\bar{p}=\bar{p}_\infty$、$\bar{\rho}=\bar{\rho}_\infty$（$\bar{u}$、$\bar{v}$，$\bar{p}$ 和 $\bar{\rho}$ 为喷流的平均分速度、平均压强和平均密度），这时方程（15-137）式可简化为

$$\nabla^2 p_a+\frac{\omega^2}{a_\infty^2}p_a=\frac{i\omega}{a_\infty^2}\delta(x-x_0) \tag{15-140}$$

它的理论解为

$$p_{\mathrm{a}}(x,x_0,\omega)=\frac{\omega}{4a_{\infty}^2}H_0^1\left(|\boldsymbol{x}-\boldsymbol{x}_0|\frac{\omega}{a_{\infty}}\right)\mathrm{e}^{i\omega t} \tag{15-141}$$

式中，a_{∞}为远场声速；H_0^1为零阶第一类 Hankel（汉克尔）函数。

由于喷流流场的存在，伴随 Green 函数方程式（15-137）必须要采用数值方法求解。由于伴随 Green 函数中声源点在计算域外，声源点产生的声波以入射波的形式进入，因此式（15-137）采用入射波散射方法进行求解。数值计算时，将伴随 Green 函数分为对应于入射波和散射波的两个部分，即

$$\boldsymbol{G}_{\mathrm{a}}=\boldsymbol{G}_{\mathrm{in}}+\boldsymbol{G}' \tag{15-142}$$

于是将方程式（15-137）以算子形式表达时可变为

$$\frac{\partial}{\partial t}\boldsymbol{G}_{\mathrm{a}}+L(\boldsymbol{G}_{\mathrm{a}})=0 \tag{15-143}$$

或

$$\frac{\partial}{\partial t}(\boldsymbol{G}_{\mathrm{in}}+\boldsymbol{G}')+L(\boldsymbol{G}_{\mathrm{in}}+\boldsymbol{G}')=0 \tag{15-144}$$

将相应于入射波的部分移到方程右边作为声源项，于是得到关于散射波的主控方程，为

$$\frac{\partial}{\partial t}\boldsymbol{G}'+L(\boldsymbol{G}')=-\frac{\partial}{\partial t}\boldsymbol{G}_{\mathrm{in}}-L(\boldsymbol{G}_{\mathrm{in}}) \tag{15-145}$$

喷管计算域外由于没有流动，因此由伴随声源产生的入射声波可以得到理论解。

15.7.2 远场假设对伴随 Green 函数求解的影响

图 15-26 所示为 Green 函数求解时的计算域以及边界条件。这里 PML（perfectly matched layer）表示完全匹配层边界条件[780]。

计算域的 x 方向范围为（$-2D$，$85D$），y 方向范围为（$-18D$，$18D$），D 为喷管直径。数值计算时，空间差分采用 DRP（dispersion relation preserving）频散相关保持格式，时间推进采用四阶精度优化的低频散、低耗散 Runge - Kutta 格式[781]。

由于高阶的差分格式大都严重依赖网格的质量，因此引入了 IBM（immersed boundary method，浸入式边界方法）[782]，用于复杂几何边界的气动声学问题，即将 IBM 与 CAA 方法相结合用于喷流流场的噪声预测。计算分别对 7 个方向（即 90°、105°、120°、135°、140°、145°和150°）观测点频域伴随 Green 函数的 $p_{\mathrm{a}}^2(\boldsymbol{x}_0,\boldsymbol{x}_{\mathrm{S}},\omega)$值进行了详细计算，获得了大量数据，采用 CAA（计算气动声学方法）分别数值求解了观察点在采取实际条件与引入远场假设条件时喷管内的伴随 Green 函数，对比分析了远场假设对 Green 函数计算结果的影响，经分析得到以下三点结论：

1）在垂直于喷管出口的90°方向（即 $\theta=90°$），由于此方向声波传播与流动方

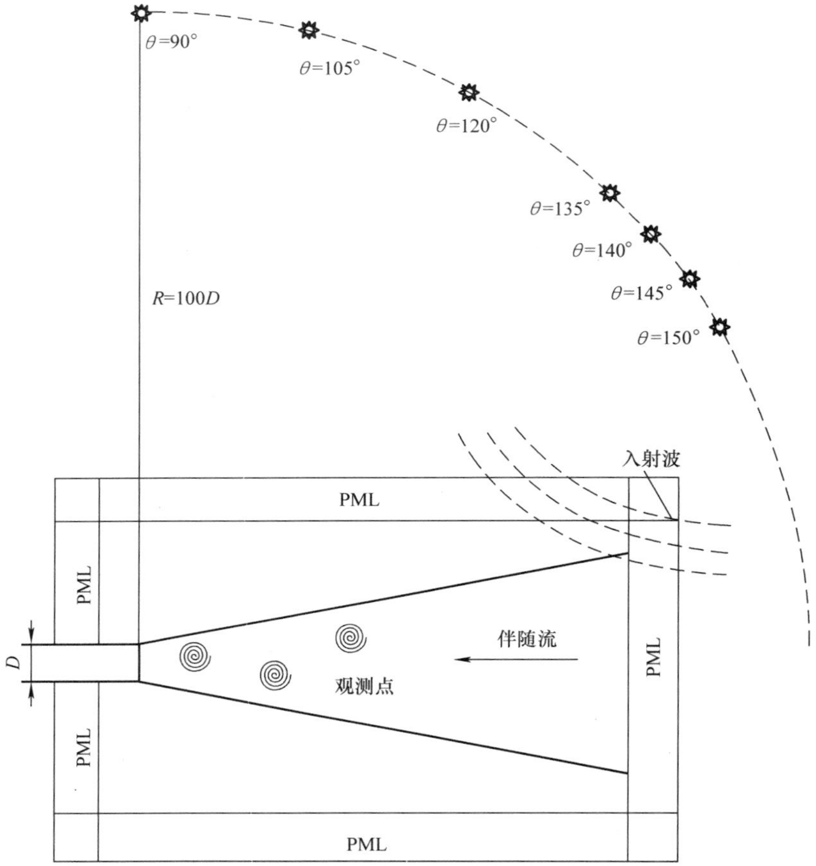

图 15-26　Green 函数的计算域以及边界条件

向垂直，因此声传播受流动的影响较小，引入远场假设后所得 Green 函数的计算结果与采取实际条件下的相应计算结果几乎一致。因此，在 $\theta=90°$ 方向上观测点的 Green 函数求解可以采用远场假设去简化求解的过程。

2）在喷流下游 $\theta=90°\sim135°$ 的方向，由于喷流剪切层对声波的散射效应，引入远场假设后所得 Green 函数的计算结果与采取实际条件时所得 Green 函数的计算结果相比，存在 0～3dB 的偏差。

3）在喷流下游 $\theta=140°\sim150°$的方向，由于喷流剪切层在该方向对噪声辐射的强烈影响，在观测点处引入远场假设后所得 Green 函数的计算结果与采用实际条件下的结果相比，存在着明显偏差。结果表明，对越靠近喷流中心线方向的观测点，远场假设导致的计算偏差越大。对于150°方向的观测点，采用远场假设后所得 Green 函数的计算结果比实际条件下的结果最大偏差在 -15dB 以上。

另外，由于喷流噪声主要集中在喷流核心区附近，因此在喷流核心内附近选择

了不同位置的 A、B、C 三个点，如图 15-27 所示。

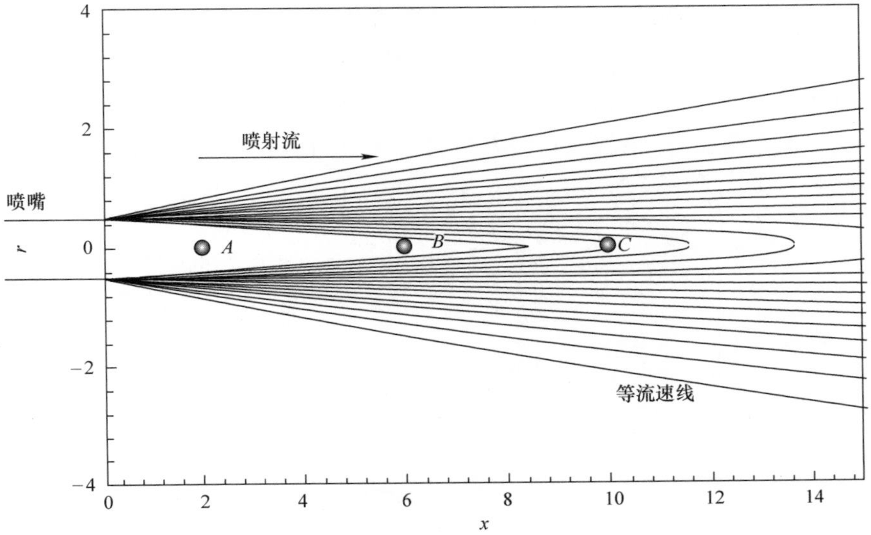

图 15-27　喷流核心区附近选择的 A、B、C 三点位置

图 15-28 和图 15-29 所示分别为引入远场假设与采用实际条件时，A、B、C 三

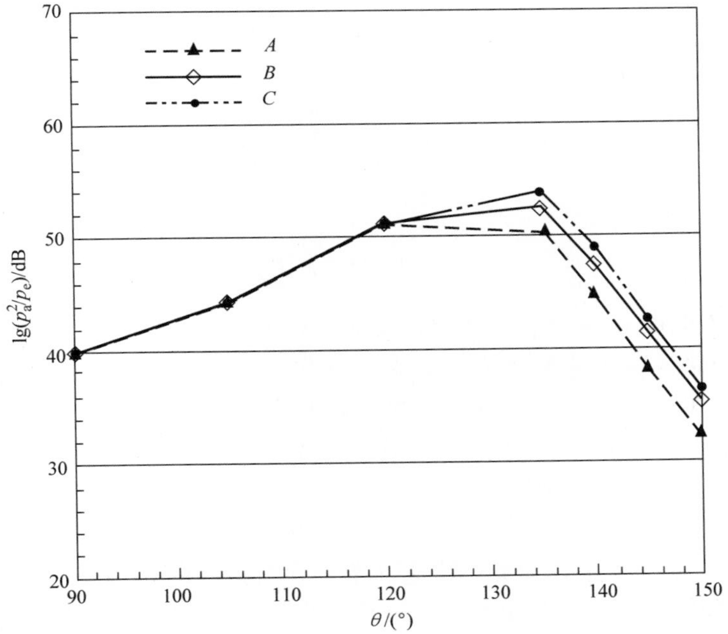

图 15-28　引入远场假设时 A、B、C 三点在不同 θ 下伴随 Green 函数 $p_a^2(\omega,\boldsymbol{x})$ 值的分布曲线

点在不同 θ 下伴随 Green 函数 $p_a^2(\omega,\boldsymbol{x})$ 值的分布曲线。图中的纵坐标选择 $p_e=10^{-5}p_a$，其计算是以平面伴随声波入射喷流区域为条件。从图 15-28 可以看出，对于 90°、105°和120°三个远场观测方向，喷流内 A、B、C 三点伴随 Green 函数的 $p_a^2(\omega,\boldsymbol{x})$ 值几乎相同。在喷流下游135°方向上，三点的 p_a^2 值均达到最大值，并且 C 点的最大，A 点的最小。从 $\theta=135°$方向到 150°方向，A、B、C 三点的 p_a^2 值均呈直线下降趋势，如图 15-29 所示。

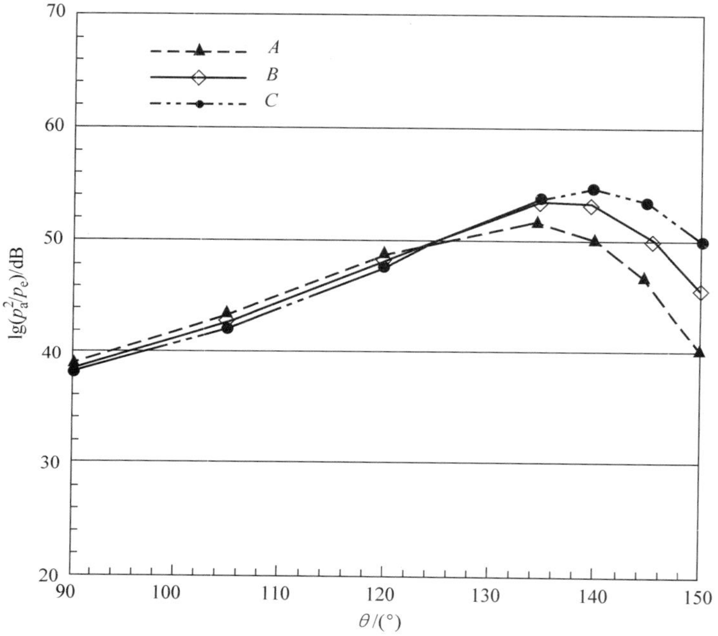

图 15-29　采用实际条件时 A、B、C 三点在不同 θ 下伴随 Green 函数 $p_a^2(\omega,\boldsymbol{x})$ 值的分布曲线

此外，这里还对柱面声波入射喷流区域进行了计算。图 15-30 ~ 图 15-32 所示分别为不同伴随入射声波下 A、B、C 各点处的 p_a^2 随 θ 角变化的对比曲线。在图 15-30 ~ 图 15-32 中，实线与点画线分别为观测点引入远场假设时和采用实际条件时的计算结果。由图 15-30 可以看出，在 $\theta=90°$、105°、120°和130°方向上，远场假设采取平面入射波的计算结果略大于实际条件下采用柱面入射波的计算结果（约 2dB）。在 $\theta=130°$ ~ 150°方向，远场假设采取平面入射波的计算结果在135°方向上达到峰值，之后向更下游方向快速下降；而实际条件下采用柱面入射波在达到峰值之后下降较为平缓。在 $\theta=150°$方向上，对于 A 点两者约有 8dB 的差别。由图 15-31 和图 15-32 可以看出，B 点和 C 点的变化趋势与 A 点类似，在 $\theta=150°$方向上，B 点与 A 点约有 11dB 的差别，而 C 点与 A 点的差别约为 15dB。参考文献[778] 中给出了上述计算过程的更多分析，感兴趣的读者可参考。

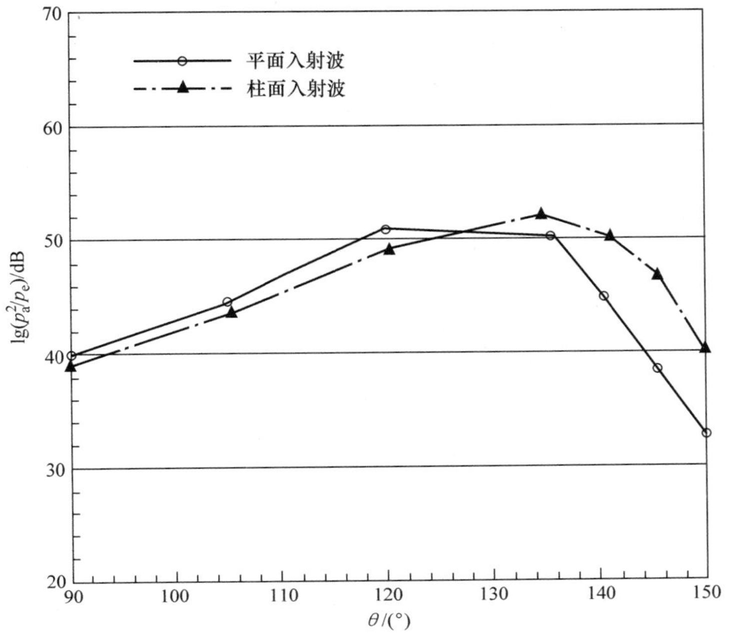

图 15-30 不同伴随入射声波下 A 点的 p_a^2（ω、$\boldsymbol{x}$）随 θ 变化的对比曲线

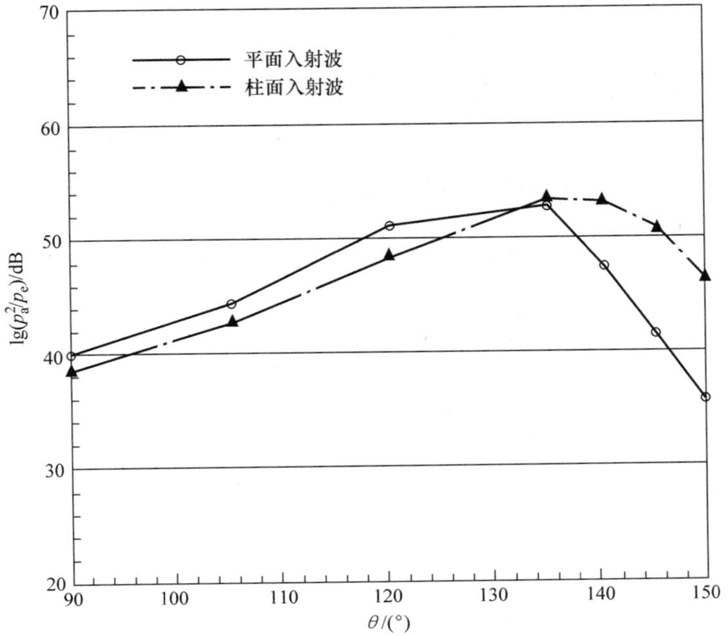

图 15-31 不同伴随入射声波下 B 点的 p_a^2（ω，$\boldsymbol{x}$）随 θ 变化的对比曲线

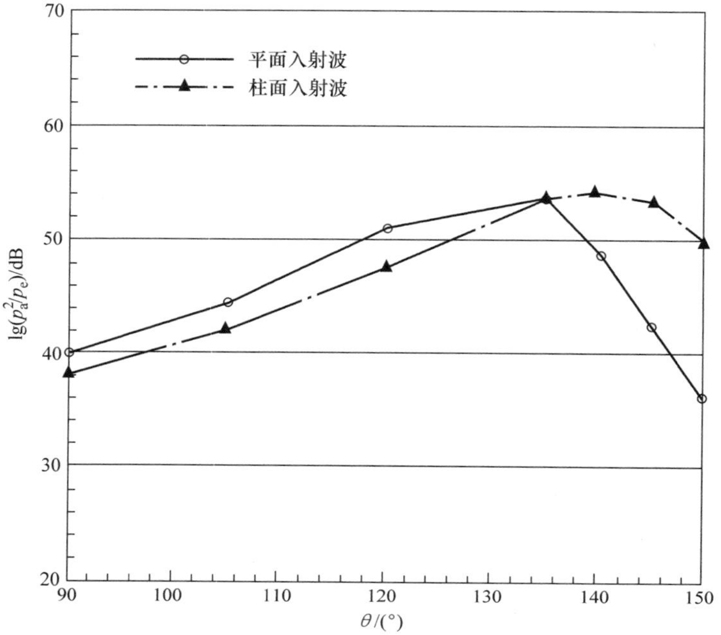

图 15-32　不同伴随入射声波下 C 点的 p_a^2（ω，$\boldsymbol{x}$）随 θ 变化的对比曲线

15.8　湍流喷流各向异性噪声源的物理建模

15.8.1　广义声类比方程以及远场声压与功率谱密度的表达

引入 Favre 平均，于是压强 p、密度 ρ、分速度 v_i 和热焓 h 分别分解为 $\rho=\bar{\rho}+\rho'$，$p=\bar{p}+p'$，$v_i=\tilde{v}_i+v_j''$，$h=\tilde{h}+h''$。

于是，N－S 方程重组后的广义声类比方程为

$$\begin{cases}\dfrac{\partial}{\partial t}\rho'+\dfrac{\partial}{\partial x_j}(\rho'\tilde{v}_j+\rho v_j'')=0\\[2ex] \dfrac{\partial}{\partial t}(\rho v_i'')+\dfrac{\partial}{\partial x_j}(\rho v_i''\tilde{v}_j)+\dfrac{\partial}{\partial x_i}p'+\rho v_j''\dfrac{\partial}{\partial x_j}\tilde{v}_i-\dfrac{\rho'}{\bar{\rho}}\dfrac{\partial}{\partial x_j}\tilde{\tau}_{ij}=\dfrac{\partial}{\partial x_j}T_{ij}'\\[2ex] \dfrac{1}{\gamma-1}\dfrac{\partial}{\partial t}p'+\dfrac{1}{\gamma-1}\dfrac{\partial}{\partial x_j}(p'\tilde{v}_j)+\dfrac{\partial}{\partial x_j}(\rho v_j''\tilde{h})+p'\dfrac{\partial}{\partial x_j}\tilde{v}_j-\rho\dfrac{v_i''}{\bar{\rho}}\dfrac{\partial}{\partial x_j}\tilde{\tau}_{ij}=Q\end{cases}$$

（15-146）

式中，$\tilde{\tau}_{ij}$为 Favre 平均下的黏性应力张量；T_{ij}'与 Q 项的表达式分别为

$$T'_{ij} \equiv -(\rho v''_i v''_j - \bar{\rho}\ \widetilde{v''_i v''_j}) \tag{15-147}$$

$$Q \equiv -\tilde{v}_j \frac{\partial}{\partial x_i} T'_{ij} + \frac{1}{2}\delta_{ij}\left[\frac{D}{Dt}T'_{ij} + T'_{ij}\frac{\partial}{\partial x_K}\tilde{v}_K\right] - \frac{\partial}{\partial x_j}(\rho v''_j h''_o - \bar{\rho}\ \widetilde{v''_j h''_o}) \tag{15-148}$$

并且有

$$h''_o = h'' + \tilde{v}_i v''_i + \frac{1}{2} v''_i v''_i \tag{15-149}$$

$$\frac{D}{Dt} = \frac{\partial}{\partial t} + \tilde{v}_j \frac{\partial}{\partial x_j} \tag{15-150}$$

令 $\hat{G}(\boldsymbol{x},\boldsymbol{y},\omega)$ 为伴随函数 Green 进行 Fourier 变换后得到的函数，它满足如下的伴随方程：

$$\begin{cases} i\omega \hat{G}_0 + \tilde{v}_j \dfrac{\partial}{\partial x_j}\hat{G}_0 + \left(\dfrac{\hat{G}_i}{\bar{\rho}}\right)\dfrac{\partial}{\partial x_j}\tilde{\tau}_{ij} = 0 \\ i\omega \hat{G}_j + \dfrac{\partial}{\partial x_j}\hat{G}_0 + \tilde{v}_i \dfrac{\partial}{\partial x_i}\hat{G}_j - \hat{G}_i \dfrac{\partial}{\partial x_j}\tilde{v}_i + \tilde{h}\dfrac{\partial}{\partial x_j}\hat{G}_4 + \dfrac{\hat{G}_4}{\rho}\dfrac{\partial}{\partial x_i}\tilde{\tau}_{ij} = 0 \\ \dfrac{i\omega}{\gamma - 1}\hat{G}_4 + \dfrac{\tilde{v}_j}{\gamma - 1}\dfrac{\partial}{\partial x_j}\hat{G}_4 - \hat{G}_4\dfrac{\partial}{\partial x_j}\tilde{v}_j + \dfrac{\partial}{\partial x_j}\hat{G}_j = \dfrac{1}{\gamma - 1}\delta(\boldsymbol{x} - \boldsymbol{y}) \end{cases} \tag{15-151}$$

式（15-151）中，$\hat{G}_0$ 为与密度相关的伴随 Green 函数；$\hat{G}_1$、$\hat{G}_2$、$\hat{G}_3$ 分别为与动量相关的三个方向的伴随 Green 函数；$\hat{G}_4$ 为与压强相关的伴随 Green 函数。

在 Green 函数与声源已知的情况下，在频域空间远场压强公式为

$$\hat{p}(\boldsymbol{y},\omega) = -\int_{V_\infty(x)} q(\boldsymbol{x},\boldsymbol{y},\omega)\,\mathrm{d}^3\boldsymbol{x} \tag{15-152}$$

$$q(\boldsymbol{x},\boldsymbol{y},\omega) = \hat{G}_i(\boldsymbol{x},\boldsymbol{y},\omega)\frac{\partial}{\partial x_j}\hat{T}'_{ij}(\boldsymbol{x},\omega) + \hat{G}_4(\boldsymbol{x},\boldsymbol{y},\omega)\hat{Q}(\boldsymbol{x},\omega) \tag{15-153}$$

其中，$\hat{T}'_{ij}(\boldsymbol{x},\omega)$ 和 $\hat{Q}(\boldsymbol{x},\omega)$ 分别为 T'_{ij} 和 Q 进行 Fourier 变换所得的相应项[783,784]。如果省略式（15-148）等号右侧最后一项，得

$$Q = -\tilde{v}_j \frac{\partial}{\partial x_j}T'_{ij} + \frac{1}{2}\delta_{ij}\left[\frac{D}{Dt}T'_{ij} + T'_{ij}\frac{\partial}{\partial x_k}\tilde{v}_k\right] \tag{15-154}$$

借助（15-154）式，并进行 Fourier 变换得到 $\hat{Q}(\boldsymbol{x},\omega)$，同时还要注意使用分部积分，于是式（15-152）可变为

$$\hat{p}(\boldsymbol{y},\omega) = \int_{V_\infty(x)} \hat{I}_{ij}(\boldsymbol{x},\boldsymbol{y},\omega)\hat{T}'_{ij}(\boldsymbol{x},\omega)\,\mathrm{d}^3\boldsymbol{x} \tag{15-155}$$

式中，$\hat{I}_{\mathrm{ij}}(\boldsymbol{x},\boldsymbol{y},\omega)$ 为与波传播有关的二阶张量的分量，其表达式为

$$\hat{I}_{ij}(\boldsymbol{x},\boldsymbol{y},\omega) \equiv \frac{\partial}{\partial x_j}\hat{G}_j(\boldsymbol{x},\boldsymbol{y},\omega) - \left[\hat{G}_4(\boldsymbol{x},\boldsymbol{y},\omega)\frac{\partial}{\partial x_j}\tilde{v}_j(\boldsymbol{x}) + \tilde{v}_j(\boldsymbol{x})\frac{\partial}{\partial x_i}\hat{G}_4(\boldsymbol{x},\boldsymbol{y},\omega)\right]$$

$$+\frac{1}{2}\delta_{ij}\left(\mathrm{i}\omega+\tilde{v}_k\frac{\partial}{\partial x_k}\right)\hat{G}_4(\boldsymbol{x},\boldsymbol{y},\omega)$$

引进一个两点时间延迟四阶相关张量，其分量 $R_{ijkm}(\boldsymbol{x}_1,\boldsymbol{\eta},\tau)$ 的表达式为[783]

$$\begin{cases}R_{ijkm}(\boldsymbol{x}_1,\boldsymbol{\eta},\tau)\equiv\overline{T'_{ij}(\boldsymbol{x}_1,t)T'_{km}(\boldsymbol{x}_2,t+\tau)}\\ \boldsymbol{\eta}=\boldsymbol{x}_2-\boldsymbol{x}_1\end{cases} \tag{15-156}$$

式中，上画“—”表示两个函数相关。

将 $R_{ijkm}(\boldsymbol{x}_1,\boldsymbol{\eta},\tau)$ 进行 Fourier 变换，得

$$\hat{R}_{ijkm}(\boldsymbol{x}_1,\boldsymbol{\eta},\omega)=\int R_{ijkm}(\boldsymbol{x}_1,\boldsymbol{\eta},\tau)\exp(-i\omega\tau)\mathrm{d}\tau \tag{15-157}$$

于是，远场噪声功率谱密度 $\hat{S}(\boldsymbol{y},\omega)$ 的表达式为

$$\hat{S}(\boldsymbol{y},\omega)=\int\limits_{V_\infty(\boldsymbol{x})}\int\limits_{\boldsymbol{\eta}}\hat{R}_{ijkm}(\boldsymbol{x}_1,\boldsymbol{\eta},\omega)\hat{I}_{ij}(\boldsymbol{x}_1,\boldsymbol{y},\omega)\hat{I}_{km}(\boldsymbol{x}_2,\boldsymbol{y},\omega)\mathrm{d}^3\boldsymbol{\eta}\mathrm{d}^3\boldsymbol{x}_1 \tag{15-158}$$

式中，$\hat{R}_{ijkm}(\boldsymbol{x}_1,\boldsymbol{\eta},\omega)=\int R_{ijkm}(\boldsymbol{x}_1,\boldsymbol{\eta},\tau)\exp(-i\omega\tau)\mathrm{d}\tau$，$\boldsymbol{x}_2=\boldsymbol{x}_1+\boldsymbol{\eta}$

另外，由 Fourier 变换得

$$\hat{G}_i(\boldsymbol{y},t,\boldsymbol{x},t_1)=\int_{-\infty}^{+\infty}\hat{G}_i(\boldsymbol{x},\boldsymbol{y},\omega)\exp[-i\omega(t-t_1)]\mathrm{d}\omega \tag{15-159}$$

借助式（15-159），$p(\boldsymbol{y},t)$ 可表示为

$$\begin{aligned}p(\boldsymbol{y},t)&=-\int\limits_{t_1}\iiint\limits_{V(\boldsymbol{x})}\left[\hat{G}_i(\boldsymbol{y},t,\boldsymbol{x},t_1)\frac{\partial}{\partial x_j}T'_{ij}(\boldsymbol{x},t_1)+\hat{G}_4(\boldsymbol{y},t,\boldsymbol{x},t_1)Q(\boldsymbol{x},t_1)\right]\mathrm{d}^3\boldsymbol{x}\mathrm{d}t_1\\&=-\int\limits_{\omega}\int\limits_{t_1}\iiint\limits_{V(\boldsymbol{x})}q_1(\boldsymbol{y},t,\boldsymbol{x},t_1,\omega)\mathrm{d}^3\boldsymbol{x}\mathrm{d}t_1\mathrm{d}\omega\end{aligned} \tag{15-160}$$

式中，$q_1(\boldsymbol{y},t,\boldsymbol{x},t_1,\omega)=\left[\hat{G}_i(\boldsymbol{x},\boldsymbol{y},\omega)\frac{\partial}{\partial x_j}T'_{ij}(\boldsymbol{x},t_1)+\hat{G}_4(\boldsymbol{x},\boldsymbol{y},\omega)Q(\boldsymbol{x},t_1)\right]\exp[-i\omega(t-t_1)]$

（15-161）

远场噪声功率谱密度 $\hat{S}(\boldsymbol{y},\omega)$ 应为压强自相关函数的 Fourier 变换，即

$$\hat{S}(\boldsymbol{y},\omega)=\frac{1}{2\pi}\int_{-\infty}^{+\infty}\overline{p(\boldsymbol{y},t)p(\boldsymbol{y},t+\tau)}\exp(i\omega\tau)\mathrm{d}\tau \tag{15-162}$$

式中，上画“—”表示两个函数相关。

15.8.2 喷流噪声源的模化

20 世纪 80 年代以来，随着喷流流场及噪声试验数据的大量积累，人们对噪声与湍流的认知在逐渐加深并形成了如下的认识[784-790]：喷流噪声分为大尺度湍流噪声和小尺度湍流噪声，其中大尺度相干结构湍流噪声局限于马赫锥内，在喷管下游占主导地位并且各向异性，而小尺度湍流噪声在各个方向趋于同性。1999 年，

参考文献［788］针对小尺度湍流噪声提出了 TA 预测方法；1998 年，参考文献［790］进一步改进了传统的声类比声源模化函数；2003 年，参考文献［791］提出了另一种声源模化函数。喷流噪声计算发现，在小尺度湍流噪声占主导地位的 $\theta=60°\sim120°$范围内，使用上述三种声源模化模型都可得到较好的预测结果，而在大尺度湍流噪声占主导的喷流下游方向（如 $\theta=150°$左右）时，上述三种模型均不能得出较好的结果。这里，角 θ 为观测点和喷管喷口中心连线与喷管中心轴线（其轴线方向指向来流）的夹角。近年来，许多研究者还发现，各向异性的雷诺应力对气动噪声远场的指向性具有明显的影响。

在广义类比方程中，动量方程的右边源项仅与湍流脉动量有关，而能量方程右边的源项不仅与湍流脉动有关，而且还与平均流动速度相关。参考文献［786，787］的数值分析还指出，喷流噪声的主要源项为雷诺正应力项，而剪切应力在喷流混合噪声中的贡献较小。另外，在建模中省略了雷诺切应力的影响，于是式（15-147）和式（15-148）分别简化为

$$\begin{cases} T'_{ij}\approx -(\rho v''_i v''_j-\bar{\rho}\ \widetilde{v''_i v''_j})\delta_{ij} \\ Q=-\widetilde{v}_j\dfrac{\partial}{\partial x_j}T'_{jj}-\dfrac{\partial}{\partial x_j}(\rho v''_j h''_0-\bar{\rho}\ \widetilde{v''_j h''_0}) \end{cases} \tag{15-163}$$

对于喷流问题，在建模中还可进一步假设为局部平行流动，这里令 x_1 为流动方向，于是有$\dfrac{\partial}{\partial x_j}U=0$，$V=0$，$W=0$；并且忽略温度变化的影响，于是声源项式（15-163）可进一步简化为

$$\begin{cases} T'_{ij}\approx -(\rho v''_i v''_j-\bar{\rho}\ \widetilde{v''_i v''_j})\delta_{ij} \\ Q\approx -U\dfrac{\partial}{\partial x_1}T_{11}{}'=-\dfrac{\partial}{\partial x_1}(UT_{11}{}') \end{cases} \tag{15-164}$$

将式（15-164）代入到式（15-160）和式（15-161），得

$$p(\boldsymbol{y},t)=-\iint_{\omega t_1}\iiint_{V(\boldsymbol{x})}q_2(\boldsymbol{y},t,\boldsymbol{x},t_1,\omega)\,\mathrm{d}^3\boldsymbol{x}\mathrm{d}t_1\mathrm{d}\omega \tag{15-165}$$

$$\begin{aligned} q_2(\boldsymbol{y},t,\boldsymbol{x},t_1,\omega)&=\Big\{\Big[\hat{G}_i(\boldsymbol{x},\boldsymbol{y},\omega)\frac{\partial}{\partial x_i}T'_{ii}(\boldsymbol{x},t_1)-\\ &\quad\hat{G}_4(\boldsymbol{x},\boldsymbol{y},\omega)\frac{\partial}{\partial x_1}U(\boldsymbol{x},t_1)T'_{11}(\boldsymbol{x},t_1)\Big]\Big\}\exp[-i\omega(t-t_1)]\\ &=\Big\{T'_{ii}(\boldsymbol{x},t_1)\frac{\partial}{\partial x_i}\hat{G}_i(\boldsymbol{x},\boldsymbol{y},\omega)-\Big[U(\boldsymbol{x},t_1)\\ &\quad T'_{11}(\boldsymbol{x},t_1)\Big]\frac{\partial}{\partial x_1}\hat{G}_4(\boldsymbol{x},\boldsymbol{y},\omega)\Big\}\exp[-i\omega(t-t_1)] \end{aligned} \tag{15-166}$$

另外，借助式（15-165）并利用式（15-162）中压强自相关函数

$\overline{p(\boldsymbol{y},t)p(\boldsymbol{y},t+\tau)}$，于是便能得到远场噪声功率谱密度 $\hat{S}(\boldsymbol{y},\omega)$ 的表达式。对于该式的具体形式，这里不再给出。

在 $\hat{S}(\boldsymbol{y},\omega)$ 中，含有 $\overline{T'_{ii}(\boldsymbol{x},t_1)T'_{ii}(\boldsymbol{x},t_1+\tau)}$，它是喷流噪声中小尺度湍流结构噪声源，式中上画"—"表示两个张量分量函数相关。另外，$\hat{S}(\boldsymbol{y},\omega)$ 中还含有 $\overline{U(\boldsymbol{x},t)T'_{11}(\boldsymbol{x},t_1)U(\boldsymbol{x},t+\tau)T'_{11}(\boldsymbol{x},t_1+\tau)}$，它是大尺度湍流噪声源。对于只包含脉动项的小尺度湍流噪声源项，参考文献［788，791］给出了处理方法；对于大尺度喷流湍流噪声源，北京航空航天大学李晓东教授团队和美国 Old Dominion 大学胡方强教授合作给出了一种喷流湍流模化模型，感兴趣者可参阅他们近期发表的文章(如参考文献［775，778，792，793］)，这里给出几幅他们最近计算的数值结果。

图 15-33 所示为喷口五种马赫数（$Ma=0.4$、0.5、0.67、0.83 和 0.9）时冷喷流下游 $\theta=150°$方向上他们团队预测的喷流噪声结果与试验结果的比较。可以看到，随着 Strouhal 数（Sr 数）的变化，频谱变化趋势与试验结果基本一致，整体上声压级误差小于 2dB。图 15-34 和图 15-35 所示分别为喷管出口马赫数为 0.9，温比 T_j/T_0 分别为 1.764 和 2.7 时，喷口下游 $\theta=150°$方向上他们团队预测的喷流噪声结果与试验结果的比较，这里 T_j 与 T_0 分别为喷口与周围大气的温度。对于这两

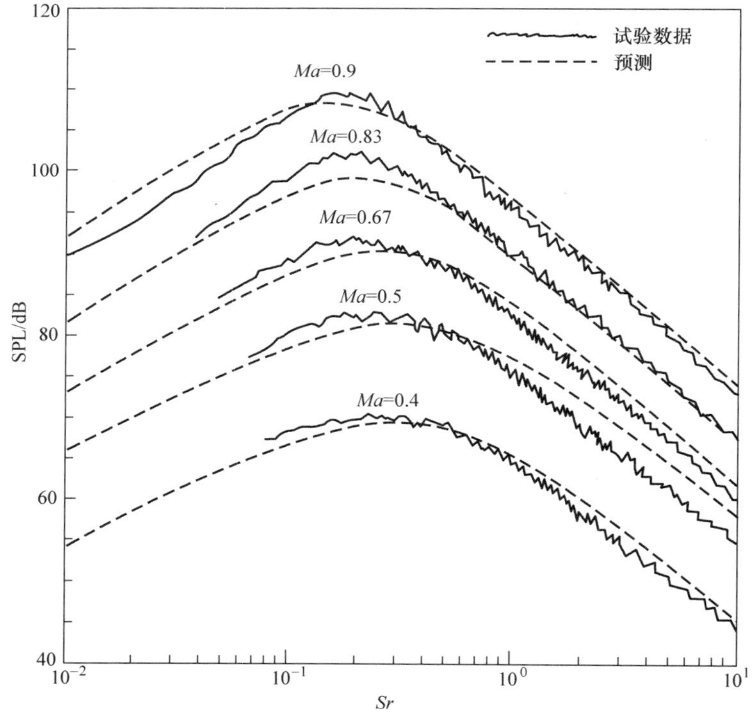

图 15-33　不同出口马赫数时冷喷流下游 $\theta=150°$方向上的预测结果与试验结果的比较

种工况，大尺度湍流结构噪声占主导地位，从预测与试验的结果比较可以看出，两种热工况喷流预测的频谱趋势与试验的吻合较好，整体误差约为 2dB。

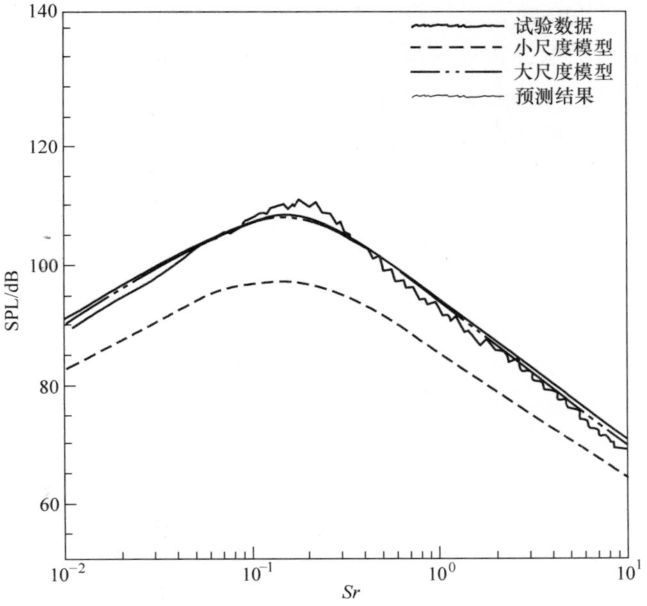

图 15-34 $T_j/T_0=1.764$、$Ma=0.9$ 时喷口下游 $\theta=150°$ 方向上的预测结果与试验结果的比较

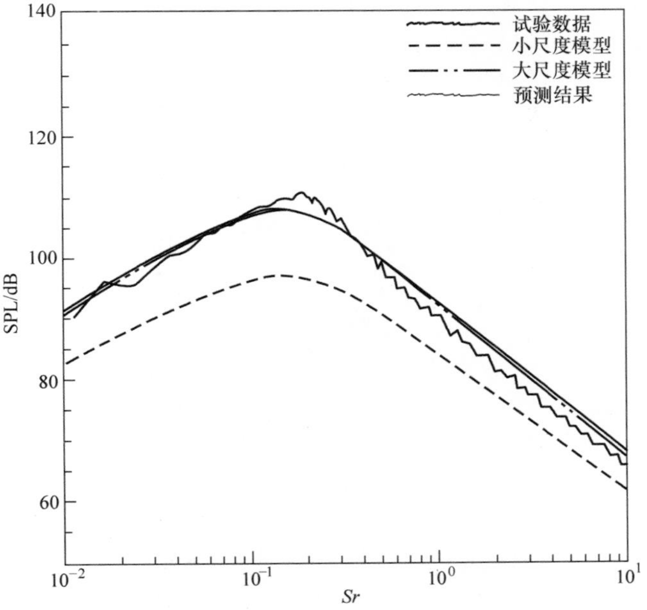

图 15-35 $T_j/T_0=2.7$、$Ma=0.9$ 时喷口下游 $\theta=150°$ 方向上的预测结果与试验结果的比较

在即将结束本节讨论时，有一点需要指出，由于国内外已公布了十分丰富的小尺度湍流试验数据，所以确定小尺度湍流试验经验系数已有了足够的保证，但是目前仍缺乏喷流大尺度湍流试验数据。人们在进行喷流噪声源模化、获取大尺度长度尺度系数时，采取了拟合远场频谱去确定经验系数的办法。因此，这样得到的预测精度是有待提高的。开展喷流大尺度湍流的试验测试，获取大量的试验数据，才是获得相关经验系数的可靠措施与方法。

第16章 航空发动机部件的优化以及整机的优化策略

本章给出了航空发动机主要部件设计优化的一系列具体方法以及全台整机设计优化的策略。如果用钱学森先生倡导的系统论及系统工程的观点和方法来认识与分析航空发动机的设计优化，则航空发动机的设计优化按照设计变量（又称优化变量）、系统参数以及数学模型可分为两大类（见图16-1）：一类是确定性设计优化（deterministic design optimization，DDO），另一类是不确定性设计优化（uncertainty design optimization，UDO）。按照航空发动机物理系统及其环境的内在可变性，以及人们对物理系统及其环境认知的不完整性，于是航空发动机设计优化的不确定性主要可分为两大类：一类是随机不确定性（它应属于客观不确定性的范畴）。另一类是认知不确定性（它应属于主观不确定性的范畴）。目前，航空发动机不确定性的设计主要解决以下两方面问题：一是提高航空发动机的稳健性（robustness），降低发动机性能对不确定性影响的灵敏度，使发动机在不确定性条件下的性能稳定；二是提高发动机的可靠性（reliability），降低发动机发生故障和失效的概率，使发动机在不确定性条件下工作的可靠性满足预定的要求。

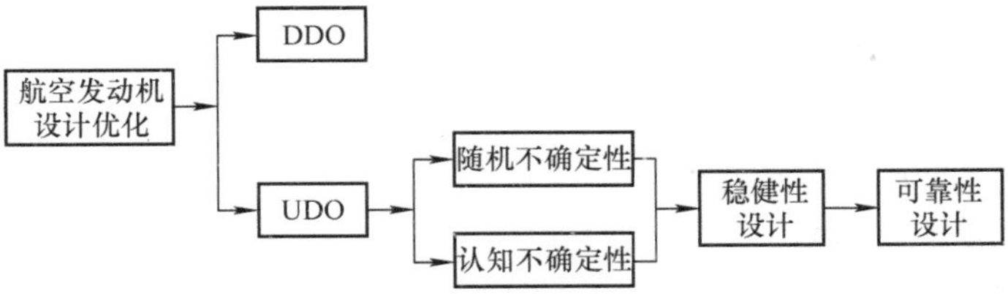

图16-1　航空发动机设计优化分类框图

在航空发动机气动设计优化发展的过程中，相当长的一段时间内，人们仅针对确定性问题进行设计优化。随着计算数学和计算流体力学的飞速发展，气动设计也涌现出许多新的设计方法。确定性设计优化如果按解的类型可分为全局最优化和局部最优化，如图16-2所示。全局最优化以进化算法（evolutionary algorithms）为代表。通常，进化算法包括遗传算法（genetic algorithms）、遗传规划（genetic programming）和进化策略（evolution strategies）和进化规划（evolutionary programming）这四种典型方法。以遗传算法为例，其优点是可以得到全局最优解，但不足之处是计算量巨大。在局部最优化中，基于梯度的气动优化方法最为常见。传统梯度优化的做法是：目标函数对各个设计变量的导数构成了目标函数在设计变量空间中的梯度，沿着负梯度方向移动微小距离，以便得到设计变量空间中一个新的点，从而获得了新的设计变量矢量，即得到一个新的外形，于是又能得到一个新的流场，从而可计算出新的目标函数。重复上述计算过程，直到达到目标函数的极小值为止。理论上要保证利用基于梯度的优化方法获得设计结果的全局最优解，则要求目标函数和约束条件是可微的，而且是凸函数。基于梯度的优化方法需要多次求解定常流场，而且求解定常流场的次数与设计变量的数目成正比。对于整台航空发动机来讲，这时设计变量很多，因此这种优化算法的计算量巨大。1988 年，Jameson 提出了伴随方法（adjoint design method，ADM），其优化计算工作量基本上与设计变量数目无关，因此它特别适合于具有大量设计变量的气动优化问题，图 16-2 进一步给出了与伴随方法相关的连续型伴随算法（continuous adjoint method，CAM）和离散型伴随算法（discrete adjoint method，DAM）。

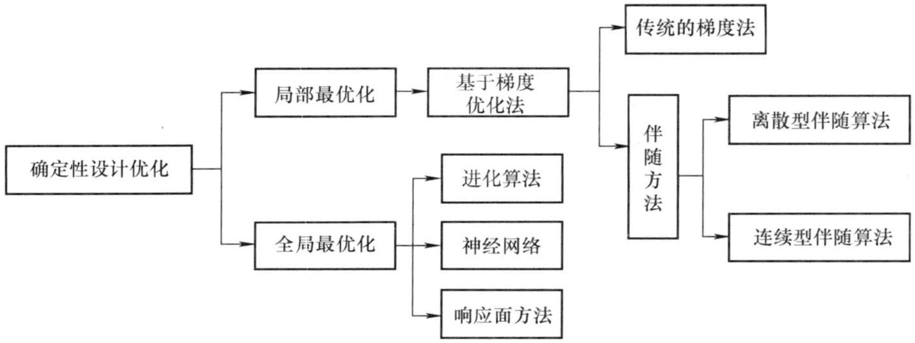

图 16-2　航空发动机确定性设计优化分类框图

航空发动机的气动设计涉及多个学科，而且要评价它的性能会涉及多个目标。另外，对航空发动机的各种工作状态也有不同的设计指标，所以发动机的设计又属于多工况、多设计点问题。因此，对这样一个多目标、多学科、多工况、多设计点[794,795]、多设计变量的复杂精密机械进行设计与优化，的确是件非常艰难的系统工程。对于多目标优化，Nash - Pareto 策略是一类有效的方法[48,796-799]。Nash 平衡是 J. F. Nash 1957 年引入的一个多目标非合作竞争型对策的概念。传统的系统分解方法主要是针对单目标优化问题，对于多目标问题通常采用各种手段转化为单目标问题，而后再对系统进行分解。然而，权重的确定往往要依赖于经验数据或者主观判断。Pareto 最优的概念是 V. Pareto 1897 年在研究资源配置时提出的，从本质上讲，多目标 Pareto 遗传算法的收敛过程是其非支配集（nondominated set）不断逼近 Pareto 最优解集（pareto optimal set）的过程。容易证明，最优解总是落在搜索区域的边界线（面）上，例如，两个优化目标的最优边界构成一条线段；三个优化目标的最优边界构成一个曲面；三个以上最优目标的最优边界则构成一个超曲面，这个超曲面就是优化问题的 Pareto 前沿面（Front）。应该指出，尽管 Pareto 遗传算法是当前多目标寻优的有效方法之一，但对于设计变量较多的多目标优化问题，这种算法的优化效率仍然较低。面对这种情况，我们提出了将 Nash 的系统分解法与 Pareto 遗传算法相结合的思想（下文简称为 Nash－Pareto 策略）。针对多目标、多设计变量的优化问题，提出了两种优化的新算法：一种是多目标问题转化为单目标时，对目标权重的确定提出了新的途径；另一种是直接对多目标问题进行优化，并对 Pareto 遗传优化技术做了改进，以得到均匀分布的 Pareto 最优解集。两种新算法都是建立在 Nash 的系统分解与 Pareto 遗传算法的基础上，因此称这类算法为 Nash－Pareto 策略。

针对上述给出的现代航空发动机气动设计优化中的一些方法，本章仅抽取了四个方面的问题并用八小节进行详细讲述。这四大方面是：①Nash－Pareto 策略与相关算法；②伴随方法与相关算法；③不确定性稳健设计和可靠性设计优化问题；④航空发动机整机优化的主要步骤。本章明确给出了未来航空发动机设计与发展的主方向，给出了设计人员努力奋斗的目标。

16.1　参数化设计空间及 Nash 系统分解法

16.1.1　Nash 的系统分解方法

在借助有限差分法或者有限元方法进行流场的数值求解时，三维叶片的形状是由有限个离散点或者有限单元来表示的。如果将这些离散点的坐标作为优化参数，则这时搜索空间的维数等于离散点的个数，导致了搜索空间的巨大，使得搜索过程缓慢。因此，用较少的设计变量去构建三维叶片的数学模型，实现三维叶片形状设计的参数化便成为三维叶片气动优化时的重要步骤之一。目前，叶片形状参数化的方式有许多种，这里推荐参考文献［123］所给出的采用一条叶片积迭线、几条中弧线以及几条叶型厚度分布曲线来构建三维叶片的办法。对于叶片的积迭线、叶型的中弧线、叶型厚度分布线的参数化，在数学上已有许多成熟的表示方法，这里采用非均匀有理 B 样条（NURBS）方法。对于非均匀有理 k 次 B 样条函数，其数学表达式为：

$$\boldsymbol{r}(u)=\frac{\sum_{i=0}^{n}[\omega_i\boldsymbol{p}_iN_{i,k}(u)]}{\sum_{i=0}^{n}[\omega_iN_{i,k}(u)]}\quad u\in[0,1]\tag{16-1}$$

式中，$\boldsymbol{p}_i$ 是控制点，它们形成一个控制多边形；ω_i 是权重（系数）；$N_{i,k}(u)$是非均匀有理 k 次 B 样条基函数组；矢量 $\boldsymbol{p}_i$ 与 $\boldsymbol{r}(u)$分别为

$$\boldsymbol{p}_i=(x_i,y_i,z_i)\quad(i=0,1,\cdots,n)\tag{16-2}$$

$$\boldsymbol{r}(u)=[x(u),y(u),z(u)]=[x,y,z]\tag{16-3}$$

显然，k 次 B 样条曲线上参数为 $u\in[u_i,u_{i+1}]$的一点 $\boldsymbol{r}(u)$至多与$(k+1)$个控制顶

点有关，而与其他控制顶点无关。关于这点非常重要，它是 B 样条曲线的重要的局部性质。

Nash 平衡，又称 Nash 对策，它是博弈论中一种多目标非合作竞争对策的概念。对于分解为 N 个子系统（又称子空间）的优化问题，采取 Nash 对策便意味着这时该优化问题由 N 个博弈者（player）组成。每个博弈者拥有自己的优化标准及策略集，在子系统中寻优。在此过程中存在着博弈者之间的信息交换，即当前最佳策略的交换，一直到再没有博弈者能够提高优化标准为止，此时系统便处于 Nash 的平衡状态[796]。图 16-3 所示为 $N=2$ 时基于 Nash 的系统分解方法去优化求解的示意图，图中的每一个矩形方框，代表着一个子系统（或称子空间）的分析与优化。对于分解为 N 个子系统的一般复杂系统，设计变量 $\boldsymbol{X}=(x_1, x_2, \cdots, x_n)^{\mathrm{T}}$ 分解成若干子组，即

$$\boldsymbol{X}=(\boldsymbol{X}_1, \boldsymbol{X}_2, \cdots, \boldsymbol{X}_N)^{\mathrm{T}} \tag{16-4}$$

其中

$$\begin{cases} \boldsymbol{X}_1=(x_1, x_2, \cdots, x_{n1})^{\mathrm{T}} \\ \boldsymbol{X}_2=(x_{n1+1}, x_{n1+2}, \cdots, x_{n2})^{\mathrm{T}} \\ \quad\vdots \\ \boldsymbol{X}_N=(x_{nN+1}, x_{nN+2}, \cdots, x_n)^{\mathrm{T}} \end{cases} \tag{16-5}$$

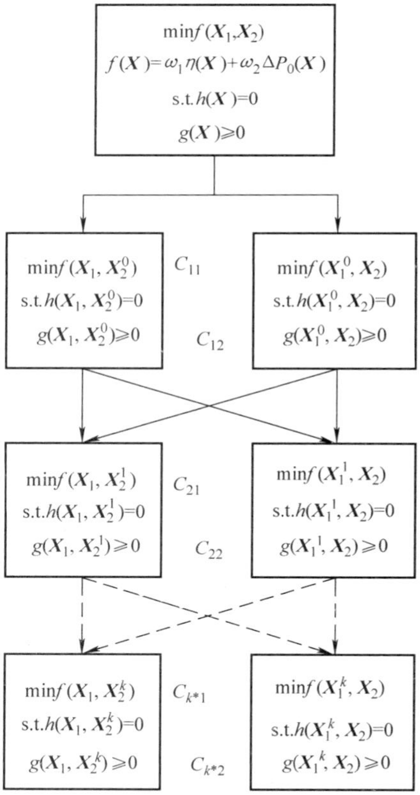

图 16-3　Nash 的系统分解方法

在本节的典型算例中，由于 $N=2$，因此 $\boldsymbol{X}_1$ 与 $\boldsymbol{X}_2$ 分别对应于二维型面与叶片积迭线。在每一个系统的优化过程中，分配到其他子系统的设计变量子组（如 $\boldsymbol{X}_1^0$，$\boldsymbol{X}_2^0$）被视为常量。经过一轮子系统的并行优化完成后，它们之间互相交换信息，将其各自的优化结果交换（如图 16-3 方框 C_{11} 的 $\boldsymbol{X}_1$ 交换给方框 C_{22} 后变为 $\boldsymbol{X}_1^1$），以此类推，然后进行下一轮的并行优化，直至系统处于 Nash 平衡。另外，在图 16-3 中，$f(\boldsymbol{x})$ 转化为单目标后的目标函数；$\eta(\boldsymbol{x})$ 与 $\Delta P_0(\boldsymbol{x})$ 为转化前的两个目标函数，ω_1 与 ω_2 为权重。

对于直接求解多目标的优化问题，Nash 的系统分解以及对子系统的 Pareto 遗传算法寻优的基本框架如图 16-4 所示，显然这里不需要引入目标权重系数。图 16-4 中的 $i=1, 2, \cdots, m$；m 为目标的个数；N 为子系统的个数；S 为将各子系统优化解集进行汇集的总和数；t 为遗传算法中进化的代数。

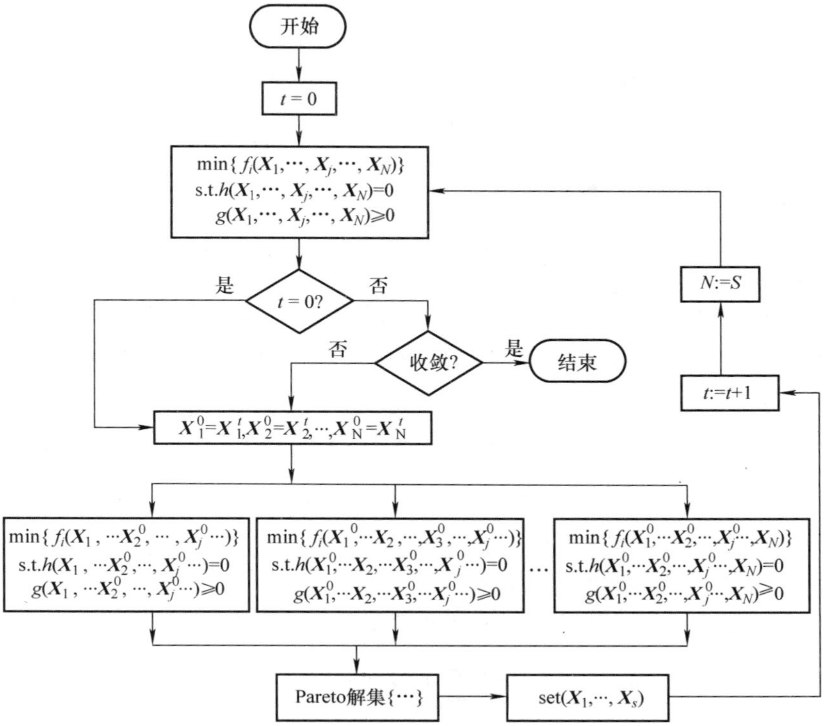

图 16-4　Nash 的系统分解以及对子系统的 Pareto 遗传算法寻优的基本框架

16.1.2　确定权重的一种新方法

设有 p 个待优选的方案组成的方案集为 $\boldsymbol{Y}=\{Y_1,Y_2,\cdots,Y_p\}$，令目标集为 $\boldsymbol{A}=\{A_1,A_2,\cdots,A_m\}$，目标矩阵为 $\boldsymbol{B}=(b_{ij})_{m\times p}$，这里 b_{ij} 为方案 Y_j 的第 i 个目标值。为了便于分析并消除不同物理量纲对优选结果所带来的影响，进行如下规格化处理：

$$r_{ij}=\frac{b_{ij}-(b_i)_{\min}}{(b_i)_{\max}-(b_i)_{\min}} \tag{16-6}$$

式中，$j=1,\ 2,\ \cdots,\ p$；i 为目标集中的第 i 个目标；$(b_i)_{\max}$ 与 $(b_i)_{\min}$ 的定义分别为

$$\begin{cases}(b_i)_{\max}=\max\limits_{1\leqslant j\leqslant p}\{b_{ij}\}\\(b_i)_{\min}=\min\limits_{1\leqslant j\leqslant p}\{b_{ij}\}\end{cases} \tag{16-7}$$

显然（16-6）式便可以构成相对隶属度矩阵 $\boldsymbol{R}$，其表达式为

$$\boldsymbol{R}=(r_{ij})_{m\times p} \tag{16-8}$$

注意到优选的相对性，定义相对理想的方案为

$$\boldsymbol{E}=(e_1, e_2, \cdots, e_m)^{\mathrm{T}} \tag{16-9}$$

式中，e_i 的取法可有多种情况，这里取

$$e_i=\max_{1\leqslant j\leqslant p} r_{ij} \quad (i=1, 2, \cdots, m) \tag{16-10}$$

于是方案 Y_j 越接近 $\boldsymbol{E}$，则 Y_j 就越优，所以在数量上可以用方案 Y_j 偏离 $\boldsymbol{E}$ 的程度去度量，因此取如下指标 $f_j(\boldsymbol{\omega})$，其表达式为

$$f_j(\boldsymbol{\omega})=\sum_{i=1}^{m}[\omega_i(e_i-r_{ij})], j=1,2,\cdots,p \tag{16-11}$$

这里，$\boldsymbol{\omega}=(\omega_1, \omega_2, \cdots, \omega_m)^{\mathrm{T}}$，是关于目标的权重矢量。容易看出，对于给定的权重矢量 $\boldsymbol{\omega}$，则 $f_j(\boldsymbol{\omega})$ 取最小时所对应的方案为最满意的方案，于是便可得到如下表达数学模型：

$$\begin{cases}\min\{f_1(\boldsymbol{\omega}), f_2(\boldsymbol{\omega}), \cdots, f_p(\boldsymbol{\omega})\}\\ \text{s. t.} \sum_{i=1}^{m}\omega_i^2=1\\ \omega_i\geqslant 0, (i=1\sim m)\end{cases} \tag{16-12}$$

注意到上述多目标规划问题可以归结为如下单目标规划问题，即

$$\begin{cases}\min\left\{\sum_{j=1}^{p}f_j(\boldsymbol{\omega})\right\}\\ \text{s. t.} \sum_{i=1}^{m}\omega_i^2=1\\ \omega_i\geqslant 0, (i=1\sim m)\end{cases} \tag{16-13}$$

借助非线性规划的解法，引进 Lagrange 函数

$$F(\boldsymbol{\omega},\lambda)=\sum_{j=1}^{p}\sum_{i=1}^{m}[\omega_i(e_i-r_{ij})]+\lambda\left(\sum_{i=1}^{m}\omega_i^2-1\right) \tag{16-14}$$

这里，λ 为 Lagrange 乘子。令

$$\frac{\partial F}{\partial \omega_i}=0, \quad \frac{\partial F}{\partial \lambda}=0$$

便得到权重 ω_i 的表达式为

$$\omega_i=\frac{\sum_{i=1}^{m}(e_i-r_{ij})}{\sqrt{\sum_{i=1}^{m}\left[\sum_{j=1}^{p}(e_i-r_{ij})\right]^2}} \tag{16-15}$$

16.1.3 基于统一目标函数的最小偏差法

设多目标设计优化的数学模型为

$$\begin{cases}\min F_1(\boldsymbol{x}) = (f_1(\boldsymbol{x}), f_2(\boldsymbol{x}), \cdots, f_l(\boldsymbol{x}))^{\mathrm{T}} \\ \max F_2(\boldsymbol{x}) = (f_{l+1}(\boldsymbol{x}), f_{l+2}(\boldsymbol{x}), \cdots, f_m(\boldsymbol{x}))^{\mathrm{T}}\end{cases} \tag{16-16}$$

$$\begin{cases}\text{s. t. } \ g_j(\boldsymbol{x}) \geqslant 0,\ j=1,2,\cdots,p \\ h_k(\boldsymbol{x}) = 0,\ k=1,2,\cdots,q\end{cases} \tag{16-17}$$

式（16-16）中，$f_1(\boldsymbol{x}), f_2(\boldsymbol{x}), \cdots, f_l(\boldsymbol{x})$为 l 个极小化目标函数；$f_{l+1}(\boldsymbol{x}), f_{l+2}(\boldsymbol{x}), \cdots, f_m(\boldsymbol{x})$为 $m-l$ 个极大化目标函数；$\boldsymbol{x}$ 为设计变量，即

$$\boldsymbol{x} = (x_1, x_2, \cdots, x_n)^{\mathrm{T}} \tag{16-18}$$

在多目标优化的过程中，通常要引入一个“有效解”，即 Pareto 最优解的概念。针对式（16-16）并考虑到决策者的意图，今构造一个统一的目标函数：

$$\tilde{F}(\boldsymbol{x}) = \tilde{F}[f_1(\boldsymbol{x}), f_2(\boldsymbol{x}), \cdots, f_m(\boldsymbol{x})] \tag{16-19}$$

采用不同形式所构造的统一目标函数$\tilde{F}(\boldsymbol{x})$具有不同意思的解，并且对应不同的求解方法。这里我们采用最小偏差法，取统一目标函数为

$$\min \tilde{F}(\boldsymbol{x}) = \sum_{i=1}^{l} \frac{f_i(\boldsymbol{x}) - f_i^*}{f_i' - f_i^*} + \sum_{j=l+1}^{m} \frac{f_j^* - f_j(\boldsymbol{x})}{f_j^* - f_j'} \tag{16-20}$$

式中，f_i^* 和 f_j^* 分别为对应于极小化目标函数 $f_i(\boldsymbol{x})$ 与极大化目标函数 $f_j(\boldsymbol{x})$ 单个目标最优解的相应函数值；f_i' 和 f_j' 分别为对极小化目标函数 $f_i(\boldsymbol{x})$ 的最大期望值和对极大化目标函数 $f_j(\boldsymbol{x})$ 的最小期望值。

每个目标采用的分式偏差均为对应目标函数值和最优解的差与最大偏差的比值，因此采用上述统一目标函数便将多目标优化问题归结为求解单目标的优化问题。在此基础上，便可采用可变容差法（flexible tolerance method）进行单目标的优化[800]。

16.2　改进的 Pareto 遗传算法

Pareto 解指多目标问题的一个非劣解或称可接受解，对一个多目标优化问题而言，其 Pareto 解不是唯一的，而是一群，它们形成了 Pareto 最优解集，而该解集中的任何一个解都可能是最优解。解决多目标优化问题的最好办法是在得到均匀分布的 Pareto 最优解集后，依据不同的工程设计要求，从中选择出最满意的设计结果。与传统的遗传算法相比，Pareto 遗传算法增加了以下三个方面的关键技术：

1）群体排序技术。使得群体中等级越高的个体，其适应值越小，而处于同一个等级的多个个体具有相同的适应值（fitness）。

2）小生境（niche）技术。引进共享函数（sharing function），使个体（individual）间的关系越密切，则共享函数的值也就越大。另外，对群体中聚成小块的

个体进行惩罚（penalty），使其适应度值减小，以促使群体向良好的均匀分布特性方向进化（evolution）。

3）Pareto 解集过滤器。Pareto 解集过滤器的基本思路是将每一代中的等级为 1 的非劣点保留下来并储存在过滤器中，当新的点被加入到过滤器中时，对所有的点进行非劣性检查，并且剔除过滤器中的一些劣解。

图 16-5 所示为本节所使用的 Pareto 遗传算法的基本框图。对于约束的处理采用了惩罚函数的处理方式。

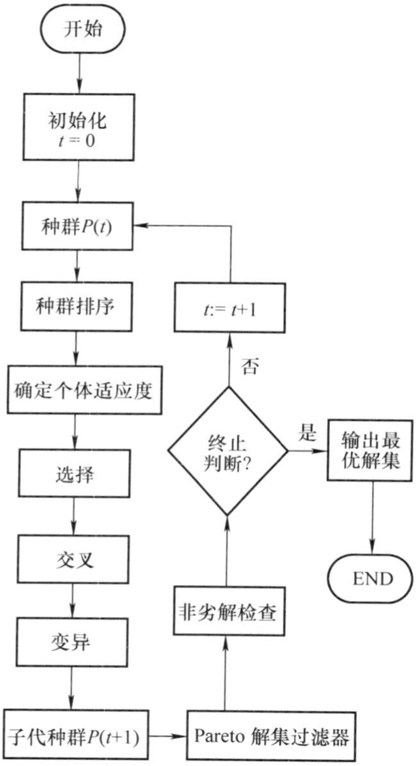

图 16-5　Pareto 遗传算法基本框图

16.3　Nash – Pareto 策略

Nash – Pareto 策略，又称 Nash – Pareto 方法（或算法），它是 Nash 的系统分解

与 Pareto 遗传算法相结合的产物，图 16-6 所示为这种算法的计算框图。在执行 Pareto 遗传算法时所使用的四个重要控制参数的取值范围是：交叉（crossover）概率为 0.4 ~ 0.99，变异（mutation）概率为 0.0001 ~ 0.1，群体规模为 20 ~ 100，最大进化的代数为 100 ~ 500。应该强调的是，在遗传算法中控制参数取值是否合理，会对遗传优化的质量与效率产生很大影响[801]。

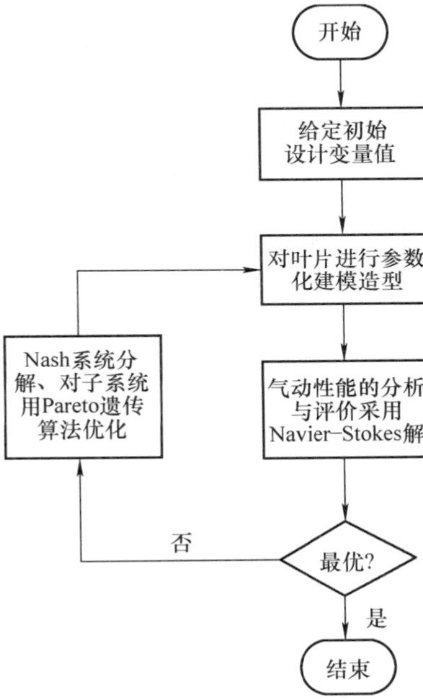

图 16-6　Nash – Pareto 方法的计算框图

16.4　Nash – Pareto – RSOW 算法

图 16-7 所示为对系统采用 Nash – Pareto – RSOW 算法优化时的计算框图。Nash – Pareto – RSOW 算法是建立在 Nash – Pareto 策略的基础上，它与图 16-6 的最大区别有两点：一是它引入了目标权重，将多目标转化为单目标；二是图 16-7 中的气动计算不是直接求解 N – S 方程，而是借助响应面进行。本节的典型算例表明，在合适的响应面模型下这种优化方法的计算量较小，效率较高。

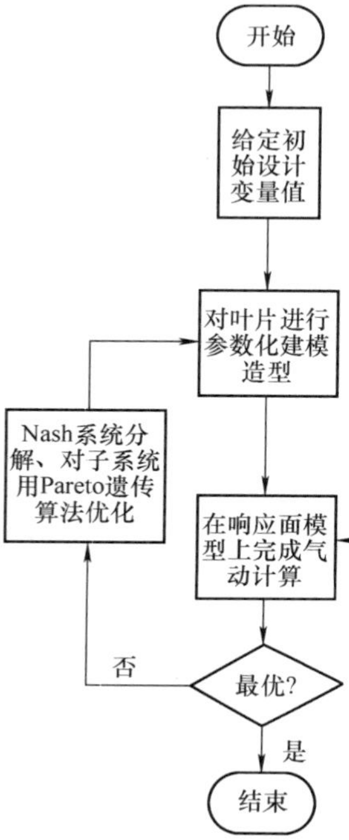

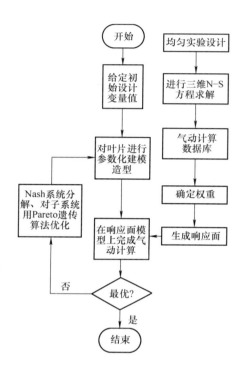

图 16-7 Nash – Pareto – RSOW 算法的计算框图

16.5 Nash – Pareto – RS 算法

图 16-8 所示为 Nash – Pareto – RS 算法优化时的计算框图。Nash – Pareto – RS 算法也是建立在 Nash – Pareto 策略的基础上，优化时它直接对多目标函数进行，不再引入目标权重函数，它与图 16-7 的最大区别是气动计算不是去直接求解 N – S 方程，而是借助响应面完成。在本节的算例中，响应面模型采用了二阶多项式模型，而试验设计采用了均匀试验设计方法。

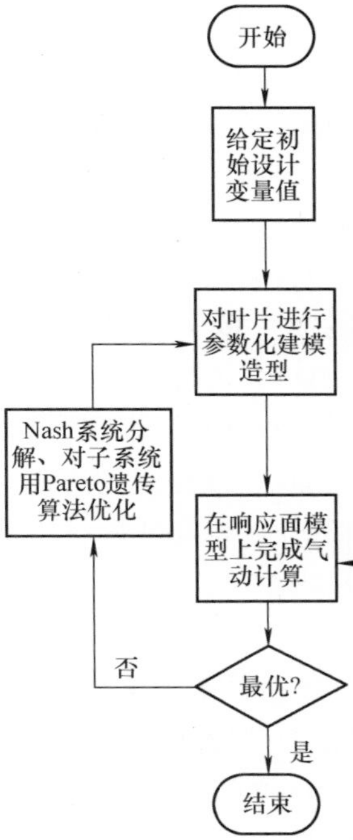

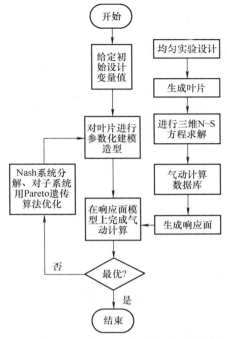

图 16-8 Nash – Pareto – RS 算法的计算框图

16.6 连续型或离散型伴随方法的构建过程

伴随方法于 1973 年便由剑桥大学应用数学与理论物理系 Pironneau 率先提出，他开创了应用控制理论去进行形状优化设计方面的研究工作，但当时他局限于 Stokes 流动，即由椭圆形偏微分方程支配的系统[802,803]。1988 年，Jameson 将这一理论推广并应用到由双曲型方程支配的系统，在空气动力学领域去探讨形状的优化设计，他提出了基于控制理论的气动设计优化方法[804]。在随后的二三十年间，在 Jameson、Giles、Nielsen 和 Reuther 等众多学者们的努力下，已经先后完成了对跨声速全速势方程、Euler 方程、N – S 方程的伴随方法建模工作。在外流方面，伴随方法已在单纯翼型、翼身组合体以及全机设计优化、减阻优化、超声速飞行中的降噪等方面得到了广泛的应用。以参考文献［805］为例，该文献曾对整机在三个工况点（即飞行马赫数分别为 0. 81、0. 82、0. 83）和保持升力系数不变（即升力系数分别为 0. 35、0. 30、0. 25）的前提下进行优化。优化后阻力系数分别由 1. 00257、1. 00000、1. 08731 下降到 0. 85413、0. 77915、0. 76863，从而证实了伴随方法优异的设计能力。

近 10 年来，将伴随方法与非定常流场分析相结合，进行非定常优化设计已成为国际学术界的一个热点方向。参考文献［806］基于时间精确的二维欧拉方程推导出时变伴随方程，在保持时均升力系数不变的前提下进行伴随优化，使得 RAE 2822 翼型的时均激波阻力系数下降 57%，从而显示了非定常优化的潜力。参考文献［807］利用 McMullen 的非线性频域法成功地完成了对机翼的三维非定常优化，取得了阻力系数降低 5.65% 的好效果。另外，注意到时间精确谱方法可在窄频谱内高效的计算周期性流动，参考文献［808］则将谱方法与离散型伴随方法相结合，对直升机旋翼进行优化，优化后使推力增大了 7%，而扭矩下降了 2%。此外，在多学科耦合优化方面，参考文献［809］发展了一种通用的伴随优化算法去研究翼型颤振问题，推出了由非定常流－固耦合方程组导出的伴随方程，实施优化后成功抑制了颤振。总之，在外流非定常伴随优化领域，从计算效率和稳定性来看，主要集中在谐波平衡法、非线性频域法和时间精确谱方法等方面开展工作，并且在改善翼型或机翼气动、气动弹性、噪声等性能中，伴随方法发挥了重要作用。

在内流方面，在 Iollo A、Liu F（刘锋）、He L（何力）等学者们的努力下，伴随方法正逐渐由单叶排无黏流、单叶排黏性流向着多叶片排的方向拓展，而建立恰当的伴随场叶排间界面处理方法是解决伴随方法由单排叶片向多排叶片拓展的关键。Denton、Adamczyk、Rhie 等人在如何处理叶片排间界面上做出过重大贡献，实现了转子/静叶排定常解连算，其中 Denton 的掺混界面方法应用的较为广泛。类似于流动控制方程引入流动排间掺混界面（flow inter－row mixing plane）封闭流场（flow field）求解，如果在伴随方程引入伴随排间掺混界面（adjoint inter－row mixing plane）封闭伴随场（adjoint field）求解，则可实现基于伴随方法的多级叶轮机的敏感性分析。基于上述想法，参考文献［810，811］提出了伴随场排间掺混界面方法，并且以四级轴流压气机为例，实现了多叶片排定常气动优化设计。该算例选取 1023 个设计变量，在单机上仅耗时 11 天，进行 29 个优化循环后获得了收敛解，其设计点绝热效率提高了 2.47 个百分点。在这个过程中，伴随法总计算量仅相当于计算 58 次 N－S 方程，而如果采用有限差分的梯度法，则需计算 29667 次 N－S 方程。此外，参考文献［812］利用伴随方法，以进、出口质量流量和压比为约束条件，对两级涡旋以进出口熵增为优化设计的目标函数，并给定目标压力分布进行反问题设计。经过 40 次循环后，便成功地消除了第一级转子流场的流动分离。2009 年，何力教授团队还将伴随方法与非线性谐波方法相结合，对单排叶轮机的气动弹性设计优化问题进行了研究。以 NASA 67 号转子为例，在不降低气动性能的前提下进行改型设计[813]，改型后增强了叶片气动阻尼，叶片强迫响应降低了 25%。

综上所述，伴随方法在外流与内流方面均获得了很大的进展，取得了一系列重要应用成果。正是由于伴随方法应用前景十分宽广，因此欧盟第七框架计划已经在 2009 年 2 月—2012 年 1 月安排 Flow Head 项目，发展基于伴随方法的快速梯度优化算法。另外，欧盟第七框架计划还在 2012 年 11 月—2016 年 12 月间，在 about FLOW 项目中系统地开展了稳健性伴随方法的研究与工程开发及应用，最大限度地发挥整体优势，推动伴随方法应用于气动形状的精细设计。

16.6.1 伴随方法的基本思想及其分类

伴随方法的基本思想是通过 Lagrange 乘子把流动控制方程（如定常 N－S 方程）作为一组约束引入到目标函数中，把由一组设计变量确定的物体外形作为控制函数。在要求目标函数的变分与流动变量变分无关的前提下，推出了关于 Lagrange 乘子（或称伴随变量）的定常伴随方程。针对微分方程控制的优化问题，伴随方法只需求解一套控制方程及一套规模相同的伴随方程，就能够求出目标函数对任意参数的导数，从而实现计算量与设计变量数目近乎无关。换句话说，只需求解一套流动控制方程的定常解和一套规模与控制方程相同的伴随方程的定常解，就可以计算出目标函数在设计变量空间中的梯度，从而得到设计变量组的新值，即修改一次物体形状，完成了优化过程的一个循环周期。反复上述运算，直到目标函数达到极值为止。这里，一个循环的计算量仅相当于 2 倍的流动控制方程（如 Euler 或者 N－S 方程）的计算量。例如，参考文献［812］优化两级涡轮，经过 40 个循环后，第一级转子的流动分离便消除了，这时采用伴随方法所花费的计算量仅相当于计算 80 次的 N－S 方程。很显然，伴随方法与普通梯度方法相比，它极大地降低了计算的成本[814－820]。另外，如果把给定压强分布作为目标函数，使用伴随方法也可以获得通常所讲的反问题解，可以实现正问题优化与反问题解的完美统一。

伴随方程及其边界条件是伴随方法的核心。由于流动控制方程的高度非线性，人们在处理伴随方法时提出了两大类方法：一类是连续型伴随方法（continuous adjoint method，CAM），如图 16-9 所示；另一类是离散型伴随方法（discrete adjoint method，DAM），如图 16-10 所示。连续型伴随方法首先线化高度非线性的流动控制方程（例 RANS 方程），再由偏微分形式的线化流动控制方程直接推出偏微分形式的伴随方法及其边界条件；然后采用数值离散方法将偏微分形式的伴随方程及边

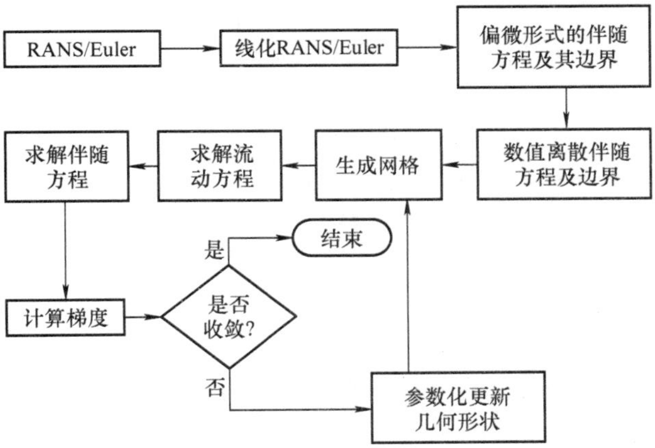

图 16-9 连续型伴随方法的主要流程

界离散。离散型伴随方法首先离散高速非线性化的偏微形式的流动控制方程，再对离散形式的流动控制方程进行线化；最后由离散形式线化的流动控制方程直接推出离散形式的伴随方程及其边界条件。

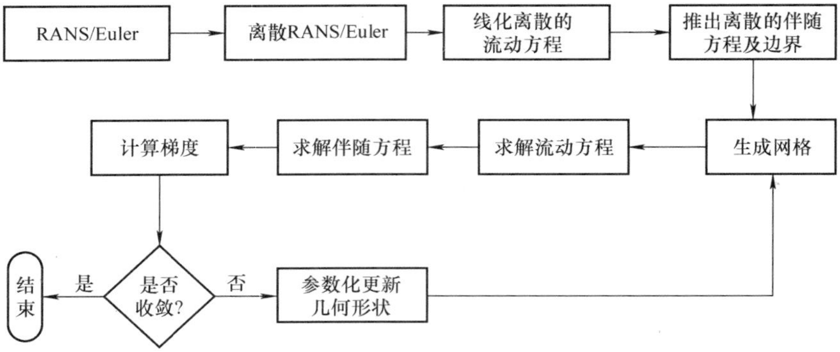

图 16-10　离散型伴随方法的主要流程

16.6.2　相对圆柱坐标系下的 N－S 方程组及 Jacobian 矩阵

在叶轮机械中，N－S 方程组常写为[170]

$$\frac{\partial_R \rho}{\partial t} + \nabla_R \cdot (\rho \boldsymbol{w}) = 0 \tag{16-21}$$

$$\frac{\mathrm{d}_R \boldsymbol{w}}{\mathrm{d}t} + 2\boldsymbol{\omega} \times \boldsymbol{w} - (\omega)^2 \boldsymbol{r} + \left(\boldsymbol{r}\frac{\mathrm{d}_R \omega}{\mathrm{d}t}\right) i_\varphi = \frac{1}{\rho}[\nabla_R \cdot \boldsymbol{\tau} - \nabla_R \cdot (p\boldsymbol{I})] \tag{16-22}$$

$$\frac{\mathrm{d}_R I^*}{\mathrm{d}t} = \frac{1}{\rho}\frac{\partial_R p}{\partial t} + \dot{q} + \frac{1}{\rho}\nabla_R \cdot (\boldsymbol{\tau} \cdot \boldsymbol{w}) - \omega\rho\boldsymbol{r} \cdot \boldsymbol{r}\dot{\omega} - r\rho\dot{\omega}(\boldsymbol{i}_\varphi \cdot \boldsymbol{w}) \tag{16-23}$$

在式（16-21）~式（16-23）中，$\boldsymbol{w}$ 为相对速度；$\frac{\partial_R}{\partial t}$为在相对（即转动）坐标下对时间求偏导数；算子$\nabla_R$的含义参见参考文献［170］。

为了便于下文的书写，在不容易造成误解的地方，均将$\frac{\partial_R}{\partial t}$和$\nabla_R$的下角标“$R$”略去。另外，在式（16-22）中，$\boldsymbol{I}$ 为单位张量。这里还应指出，在式（16-22）和式（16-23）中，已经考虑了旋转角度的变化，即$\dot{\omega} = \partial\omega/\partial t$，并注意到

$$(\omega)^2 \boldsymbol{r} = \nabla\frac{(\omega r)^2}{2} \tag{16-24}$$

$$\rho\dot{q} = \nabla \cdot (\lambda \nabla T) \tag{16-25}$$

在式（16-23）中，I^* 为单位质量气体所具有的吴仲华相对滞止转子焓。如果令单位体积气体的相对滞止转子焓为I_0时，则有

$$I_0 = \rho I^* \tag{16-26}$$

另外，由状态方程，得

$$p=\frac{\gamma-1}{\gamma}\left[I_0-\frac{1}{2}\rho\boldsymbol{w}\cdot\boldsymbol{w}+\frac{1}{2}\rho\,(\omega r)^2\right] \tag{16-27}$$

引入并矢张量 $\boldsymbol{ww}$ 后，式（16-22）可变为

$$\frac{\partial(\rho\boldsymbol{w})}{\partial t}+\nabla\cdot(\rho\boldsymbol{ww}-\boldsymbol{\tau}+p\boldsymbol{I})=2\rho\boldsymbol{w}\times\boldsymbol{\omega}+(\omega)^2\rho\boldsymbol{r}-\rho r\left(\frac{\mathrm{d}_R\omega}{\mathrm{d}t}\right)\boldsymbol{i}_\varphi \tag{16-28}$$

式中，$\boldsymbol{\tau}$ 为黏性应力张量。

值得注意的是，式（16-28）中考虑了旋转角速度的变化。令e_0和e^*分别为单位体积和单位质量气体具有的相对广义内能，即

$$e_0=\rho\left(c_V T+\frac{1}{2}\boldsymbol{w}\cdot\boldsymbol{w}\right)=\rho e^* \tag{16-29}$$

$$e^*=c_V T+\frac{1}{2}\boldsymbol{w}\cdot\boldsymbol{w} \tag{16-30}$$

于是式（16-23）可变为

$$\begin{aligned}\frac{\partial e_0}{\partial t}+\nabla\cdot[(e_0+p)\boldsymbol{w}-\boldsymbol{\tau}\cdot\boldsymbol{w}-\lambda\nabla T]&=\rho\frac{\mathrm{d}}{\partial t}b_1-\rho\omega r^2\dot{\omega}-\rho r\dot{\omega}(\boldsymbol{w}\cdot\boldsymbol{i}_\varphi)\\&=\rho\,(\omega)^2(\boldsymbol{w}\cdot\boldsymbol{r})-\rho r\dot{\omega}(\boldsymbol{w}\cdot\boldsymbol{i}_\varphi)\end{aligned} \tag{16-31}$$

式中，b_1 与$\dot{\omega}$的定义分别为

$$b_1\equiv\frac{(\omega r)^2}{2},\ \dot{\omega}\equiv\frac{\partial\omega}{\partial t}, \tag{16-32}$$

令

$$\boldsymbol{b}\equiv\rho\,\nabla b_1 \tag{16-33}$$

如果仅考虑 $\omega=\mathrm{const}$ 时，则式（16-28）和（16-31）分别变为

$$\frac{\partial(\rho\boldsymbol{w})}{\partial t}+\nabla\cdot(\rho\boldsymbol{ww}-\boldsymbol{\tau}+p\boldsymbol{I})=(\omega)^2\rho\boldsymbol{r}-2\rho\boldsymbol{\omega}\times\boldsymbol{w} \tag{16-34}$$

$$\frac{\partial e_0}{\partial t}+\nabla\cdot[(e_0+p)\boldsymbol{w}-\boldsymbol{\tau}\cdot\boldsymbol{w}-\lambda\nabla T]=\rho(\omega)^2(\boldsymbol{w}\cdot\boldsymbol{r}) \tag{16-35}$$

式中，$\boldsymbol{\tau}$ 为黏性应力张量。在 $\omega=\mathrm{const}$ 时，由式（16-21）、式（16-34）和式（16-35）构成的叶轮机械 N－S 方程组为[170]

$$\frac{\partial}{\partial t}\begin{pmatrix}\rho\\ \rho\boldsymbol{w}\\ e_0\end{pmatrix}+\nabla\cdot\begin{pmatrix}\rho\boldsymbol{w}\\ \rho\boldsymbol{ww}-\boldsymbol{\tau}+p\boldsymbol{I}\\ (e_0+p)\boldsymbol{w}-\boldsymbol{\tau}\cdot\boldsymbol{w}-\lambda\nabla T\end{pmatrix}=\begin{pmatrix}0\\ \boldsymbol{Q}_1\\ Q_2\end{pmatrix} \tag{16-36}$$

式中，符号$\boldsymbol{Q}_1$ 与Q_2 的定义为

$$\begin{cases}\boldsymbol{Q}_1=\rho(\omega)^2\boldsymbol{r}+2\rho\boldsymbol{w}\times\boldsymbol{\omega}\\ Q_2=\rho(\omega)^2\boldsymbol{r}\cdot\boldsymbol{w}\end{cases} \tag{16-37}$$

注意到

$$\begin{cases}\boldsymbol{v} = \boldsymbol{w} + \boldsymbol{\omega} \times \boldsymbol{r} \\ v_r = w_r,\ v_\theta = w_\varphi + \omega r,\ v_z = w_z \\ \theta = \varphi + \omega t\end{cases} \tag{16-38}$$

于是式（16-36）可以变为[170]

$$\frac{\partial}{\partial t}\begin{pmatrix}\rho \\ \rho\boldsymbol{v} \\ e\end{pmatrix} + \nabla \cdot \begin{pmatrix}\rho\boldsymbol{w} \\ \rho\boldsymbol{w}\boldsymbol{v} - \boldsymbol{\tau} + p\boldsymbol{I} \\ e\boldsymbol{w} + p\boldsymbol{v} - \boldsymbol{\tau}\cdot\boldsymbol{v} - \lambda\nabla T\end{pmatrix} = \begin{pmatrix}0 \\ \boldsymbol{Q}_3 \\ 0\end{pmatrix} \tag{16-39}$$

式中，$\boldsymbol{Q}_3$ 和 e 的定义分别为

$$\begin{cases}\boldsymbol{Q}_3 = -\rho\boldsymbol{\omega} \times \boldsymbol{v} \\ e = \rho\left(c_V T + \dfrac{1}{2}\boldsymbol{v}\cdot\boldsymbol{v}\right)\end{cases} \tag{16-40}$$

这里的$\boldsymbol{v}$为绝对速度；e 为单位体积气体具有的广泛内能。在通常情况下，有

$$\nabla \cdot (p\boldsymbol{v}) = \nabla \cdot (p\boldsymbol{w}) + \omega\frac{\partial p}{\partial \varphi} \tag{16-41}$$

只有在省略式（16-41）等号右端第二项时，能量方程才可以近似为

$$\frac{\partial e}{\partial t} + \nabla \cdot [(e+p)\boldsymbol{w} - \boldsymbol{\tau}\cdot\boldsymbol{v} - \lambda\nabla T] = 0 \tag{16-42}$$

借助式（16-42），则式（16-39）被修改为

$$\frac{\partial}{\partial t}\begin{pmatrix}\rho \\ \rho\boldsymbol{v} \\ e\end{pmatrix} + \nabla \cdot \begin{pmatrix}\rho\boldsymbol{w} \\ \rho\boldsymbol{w}\boldsymbol{v} - \boldsymbol{\tau} + p\boldsymbol{I} \\ (e+p)\boldsymbol{w} - \boldsymbol{\tau}\cdot\boldsymbol{v} - \lambda\nabla T\end{pmatrix} = \begin{pmatrix}0 \\ \boldsymbol{Q}_3 \\ 0\end{pmatrix} \tag{16-43}$$

取相对柱坐标系(r, φ, z)，令$\boldsymbol{i}_r$、$\boldsymbol{i}_\varphi$和$\boldsymbol{i}_z$分别为沿 r、φ 和 z 方向的单位矢量，z 为转轴，坐标系固定于叶轮上绕 z 做等角速度 ω 转动，并使 φ 角的增加方向与叶轮旋转方向一致。令

$$\begin{cases}\boldsymbol{w} = w_r\boldsymbol{i}_r + w_\varphi\boldsymbol{i}_\varphi + w_z\boldsymbol{i}_z \equiv w_1\boldsymbol{i}_r + w_2\boldsymbol{i}_\varphi + w_3\boldsymbol{i}_z \\ \boldsymbol{U}^* = r(\rho, \rho w_1, r\rho w_2, \rho w_3, \rho I^* - p)^{\mathrm{T}}\end{cases} \tag{16-44}$$

式中，I^* 的定义同式（16-26）。在式（16-44）的约定下，式（16-39）可变为[170]

$$\frac{\partial \boldsymbol{U}^*}{\partial t} + \frac{\partial(\boldsymbol{E}^* - \boldsymbol{E}_v^*)}{\partial r} + \frac{\partial(\boldsymbol{F}^* - \boldsymbol{F}_v^*)}{r\partial\varphi} + \frac{\partial(\boldsymbol{G}^* - \boldsymbol{G}_v^*)}{\partial z} = \boldsymbol{N}_2^* \tag{16-45}$$

式中

$$(\boldsymbol{E}^*, \boldsymbol{F}^*, \boldsymbol{G}^*) = r\begin{pmatrix}\rho w_1 & \rho w_2 & \rho w_3 \\ \rho w_1^2 + p & \rho w_2 w_1 & \rho w_3 w_1 \\ r\rho w_1 w_2 & r(\rho w_2^2 + p) & r\rho w_3 w_2 \\ \rho w_1 w_3 & \rho w_2 w_3 & \rho w_3^2 + p \\ \rho w_1 I & \rho w_2 I & \rho w_3 I\end{pmatrix}$$

$$
(\boldsymbol{E}_v^*,\ \boldsymbol{F}_v^*,\ \boldsymbol{G}_v^*)=r\begin{pmatrix} 0 & 0 & 0 \\ \tau_{rr} & \tau_{r\varphi} & \tau_{\gamma z} \\ r\,\tau_{\varphi r} & r\,\tau_{\varphi\varphi} & r\,\tau_{\varphi z} \\ \tau_{zr} & \tau_{z\varphi} & \tau_{zz} \\ a_1 & a_2 & a_3 \end{pmatrix}
$$

$$
\begin{pmatrix} a_1 \\ a_2 \\ a_3 \end{pmatrix}=\begin{pmatrix} \tau_{rr} & \tau_{r\varphi} & \tau_{rz} & \lambda\dfrac{\partial T}{\partial r} \\ \tau_{\varphi r} & \tau_{\varphi\varphi} & \tau_{\varphi z} & \lambda\dfrac{\partial T}{r\partial\varphi} \\ \tau_{zr} & \tau_{z\varphi} & \tau_{zz} & \lambda\dfrac{\partial T}{\partial Z} \end{pmatrix}\begin{pmatrix} w_1 \\ w_2 \\ w_3 \\ 1 \end{pmatrix}
$$

$$
\boldsymbol{N}_2^*=\begin{pmatrix} 0 \\ \rho\,(w_2+\omega r)^2+p-\tau_{\varphi\varphi} \\ -2\rho\omega\, r^2\, w_1 \\ 0 \\ 0 \end{pmatrix}
$$

$$
I^*=\frac{r}{r-1}\frac{p}{\rho}+\frac{1}{2}\boldsymbol{w}\cdot\boldsymbol{w}-\frac{1}{2}(\omega r)^2
$$

如果令

$$
\boldsymbol{U}=(\rho,\ \rho\boldsymbol{v},e)^{\mathrm{T}} \tag{16-46}
$$

或

$$
\boldsymbol{U}=(\rho,\ \rho v_r,\ r\rho v_\theta,\ \rho v_z,\ e)^{\mathrm{T}} \tag{16-47}
$$

则式（16-43）又可整理为如下形式：

$$
\frac{\partial\boldsymbol{U}}{\partial t}+\frac{\partial[r(\boldsymbol{E}-\boldsymbol{E}_{\mathrm{v}})]}{r\partial r}+\frac{\partial(\boldsymbol{F}-\boldsymbol{F}_{\mathrm{v}})}{r\partial\varphi}+\frac{\partial(\boldsymbol{G}-\boldsymbol{G}_{\mathrm{v}})}{\partial z}=\boldsymbol{S} \tag{16-48}
$$

$$
\boldsymbol{S}=(0,(\rho v_\theta^2+p)/r,0,0,0)^{\mathrm{T}} \tag{16-49}
$$

式中

$$
(\boldsymbol{E},\ \boldsymbol{F},\ \boldsymbol{G})=\begin{pmatrix} \rho w_r & \rho w_\varphi & \rho w_z \\ \rho v_r w_r+p & \rho v_\theta w_r & \rho v_z w_r \\ r\rho v_r w_\varphi & r(\rho v_\theta w_\varphi+p) & r\rho v_z w_\varphi \\ \rho v_r w_z & \rho v_\theta w_z & \rho v_z w_z+p \\ (e+p)w_r & (e+p)w_\varphi+r\omega p & (e+p)w_z \end{pmatrix} \tag{16-50}
$$

$$
e=\rho\left(c_V T+\frac{1}{2}\boldsymbol{v}\cdot\boldsymbol{v}\right) \tag{16-51}
$$

$$
w_r=v_r,w_z=v_z \tag{16-52}
$$

$$
w_\varphi=v_\theta-\omega r \tag{16-53}
$$

这里，坐标系（r，φ，z）和（r，θ，z）分别为相对坐标系和绝对坐标系。另外，为了下面便于讨论伴随方法，特将式（16-50）和式（16-51）整理如下形式：

$$[\boldsymbol{E},\ \boldsymbol{F},\boldsymbol{G}]=\begin{bmatrix}\rho v_r & \rho(v_\theta-\omega r) & \rho v_z\\ \rho v_r^2+p & \rho v_\theta v_r & \rho v_z v_r\\ r\rho v_r(v_\theta-\omega r) & r\rho v_\theta(v_\theta-\omega r)+rp & r\rho v_z(v_\theta-\omega r)\\ \rho v_r v_z & \rho v_\theta v_z & \rho v_z^2+p\\ (e+p)v_r & (e+p)(v_\theta-\omega r)+r\omega p & (e+p)v_z\end{bmatrix}\tag{16-54}$$

$$e=\rho\left[c_V T+\frac{1}{2}(v_r^2+v_\theta^2+v_z^2)\right]=\frac{p}{\gamma-1}+\frac{1}{2}\rho(v_r^2+v_\theta^2+v_z^2)\tag{16-55}$$

对于黏性通量，$\boldsymbol{E}_{\mathrm{v}}$、$\boldsymbol{F}_{\mathrm{v}}$、$\boldsymbol{G}_{\mathrm{v}}$的表达式为

$$(\boldsymbol{E}_{\mathrm{v}},\ \boldsymbol{F}_{\mathrm{v}},\ \boldsymbol{G}_{\mathrm{v}})=\begin{pmatrix}0 & 0 & 0\\ \tau_{rr} & \tau_{r\varphi} & \tau_{rz}\\ r\,\tau_{\varphi r} & r\,\tau_{\varphi\varphi} & r\,\tau_{\varphi z}\\ \tau_{zr} & \tau_{z\varphi} & \tau_{zz}\\ a_1 & a_2 & a_3\end{pmatrix}\tag{16-56}$$

$$\begin{cases}(a_1,a_2,a_3)=\begin{pmatrix}\tau_{rr} & \tau_{r\varphi} & \tau_{rz} & \lambda\dfrac{\partial T}{\partial r}\\ \tau_{\varphi r} & \tau_{\varphi\varphi} & \tau_{\varphi z} & \lambda\dfrac{\partial T}{r\partial\varphi}\\ \tau_{zr} & \tau_{z\varphi} & \tau_{zz} & \lambda\dfrac{\partial T}{\partial Z}\end{pmatrix}\begin{pmatrix}v_r\\ v_\theta\\ v_z\\ 1\end{pmatrix}\\ \tau_{rr}=2\mu\dfrac{\partial v_r}{\partial r}-\dfrac{2}{3}\mu\nabla\cdot\boldsymbol{v}\\ \tau_{\varphi\varphi}=2\mu\left(\dfrac{\partial v_\theta}{r\partial\varphi}+\dfrac{v_r}{r}\right)-\dfrac{2}{3}\mu\nabla\cdot\boldsymbol{v}\\ \tau_{zz}=2\mu\dfrac{\partial v_z}{\partial z}-\dfrac{2}{3}\mu\nabla\cdot\boldsymbol{v}\\ \tau_{r\varphi}=\tau_{\varphi r}=\mu\left(\dfrac{\partial v_r}{r\partial\varphi}+\dfrac{\partial v_\theta}{\partial r}-\dfrac{v_\theta}{r}\right)\\ \tau_{rz}=\tau_{zr}=\mu\left(\dfrac{\partial v_r}{\partial z}+\dfrac{\partial v_z}{\partial r}\right)\\ \tau_{z\varphi}=\tau_{\varphi z}=\mu\left(\dfrac{\partial v_z}{r\partial\varphi}+\dfrac{\partial v_\theta}{\partial z}\right)\\ \nabla\cdot\boldsymbol{v}=\dfrac{\partial(rv_r)}{r\partial r}+\dfrac{\partial v_\theta}{r\partial\varphi}+\dfrac{\partial v_z}{\partial z}\end{cases}\tag{16-57}$$

这里，式(16-46)~式（16-57）为叶轮机械中讨论伴随方法时所使用的流动控制方程的完整形式，而式（15-48）是流动控制的基本方程组。显然，对流通量 $\boldsymbol{E}$、

$\boldsymbol{F}$、$\boldsymbol{G}$ 是关于守恒流动变量 $\boldsymbol{U}=(\rho,\ \rho\boldsymbol{v},e)^{\mathrm{T}}$的一次齐次函数，即

$$\boldsymbol{A}=\frac{\partial \boldsymbol{E}}{\partial \boldsymbol{U}},\ \boldsymbol{B}=\frac{\partial \boldsymbol{F}}{\partial \boldsymbol{U}},\ \boldsymbol{C}=\frac{\partial \boldsymbol{G}}{\partial \boldsymbol{U}} \tag{16-58}$$

令$\boldsymbol{U}_r$、$\boldsymbol{U}_\varphi$、$\boldsymbol{U}_z$分别为

$$\boldsymbol{U}_r\equiv\frac{\partial(r\boldsymbol{U})}{r\partial r},\ \boldsymbol{U}_\varphi\equiv\frac{\partial \boldsymbol{U}}{r\partial\varphi},\ \boldsymbol{U}_z\equiv\frac{\partial \boldsymbol{U}}{\partial z} \tag{16-59}$$

因此黏性通量 $\boldsymbol{E}_{\mathrm{v}}$、$\boldsymbol{F}_{\mathrm{v}}$、$\boldsymbol{G}_{\mathrm{v}}$是关于 $\boldsymbol{U}$、$\boldsymbol{U}_r$、$\boldsymbol{U}_\varphi$和$\boldsymbol{U}_z$的函数。令

$$\boldsymbol{G}_r\equiv\boldsymbol{E}_{\mathrm{v}},\ \boldsymbol{G}_\varphi\equiv\boldsymbol{F}_{\mathrm{v}},\ \boldsymbol{G}_z\equiv\boldsymbol{G}_{\mathrm{v}} \tag{16-60}$$

于是有

$$\boldsymbol{D}_{ij}=\frac{\partial \boldsymbol{G}_i}{\partial \boldsymbol{U}_j}(i,\ j=r,\varphi,z) \tag{16-61}$$

或者

$$[D_{ij}]=\boldsymbol{D}_{ij}=\frac{\partial(\boldsymbol{G}_r,\boldsymbol{G}_\varphi,\boldsymbol{G}_z)}{\partial(\boldsymbol{U}_r,\boldsymbol{U}_\varphi,\boldsymbol{U}_z)}=\frac{\partial(\boldsymbol{E}_{\mathrm{v}},\boldsymbol{F}_{\mathrm{v}},\boldsymbol{G}_{\mathrm{v}})}{\partial(\boldsymbol{U}_r,\boldsymbol{U}_\varphi,\boldsymbol{U}_z)} \tag{16-62}$$

这里$\boldsymbol{D}_{ij}$为 15×15 阶矩阵。另外，还有

$$\boldsymbol{A}_{\mathrm{v}}=\frac{\partial \boldsymbol{E}_{\mathrm{v}}}{\partial \boldsymbol{U}},\ \boldsymbol{B}_{\mathrm{v}}=\frac{\partial \boldsymbol{F}_{\mathrm{v}}}{\partial \boldsymbol{U}},\ \boldsymbol{C}_{\mathrm{v}}=\frac{\partial \boldsymbol{G}_{\mathrm{v}}}{\partial \boldsymbol{U}} \tag{16-63}$$

16.6.3　伴随方法的基本原理

为便于下文的讨论以及方便书写，在本节讨论伴随方法原理的过程中对矢量、张量和矩阵采用了都不用黑体的规定。假设优化的目标函数 I 是守恒流动变量 U 和设计变量 α 的函数，即

$$I=I(U,\alpha) \tag{16-64}$$

式中

$$\begin{cases}U=(\rho,\ \rho v_r,\ r\rho v_\theta,\ \rho v_z,\ e)^{\mathrm{T}}\\ \alpha=(\alpha_1,\alpha_2,\cdots,\alpha_n)^{\mathrm{T}}\end{cases} \tag{16-65}$$

这里，n 为设计变量的数目。而描述流动的偏微分方程组（如 Euler 或 N－S 方程）统一表示为

$$N(U,\alpha)=0 \tag{16-66}$$

于是优化问题可描述为

$$\begin{cases}\text{max or min } I(U,\alpha)\\ \text{s. t. } N(U,\alpha)=0\end{cases} \tag{16-67}$$

在一般的基于梯度的优化方法中，通常要计算目标函数对于设计变量的梯度，即

$$\frac{\mathrm{d}I}{\mathrm{d}\alpha}=\frac{\partial I}{\partial\alpha}+\frac{\partial I}{\partial U}\frac{\partial U}{\partial\alpha} \tag{16-68}$$

式中，$\dfrac{\partial U}{\partial\alpha}$称为流动敏感性。

当设计变量数目较多时，此项的计算需要消耗较多的时间。伴随方法则不同，它利用 Lagrange 乘子 λ 将线化的流动控制方程

$$\frac{\partial N}{\partial \alpha}+\frac{\partial N}{\partial U}\frac{\partial U}{\partial \alpha}=0 \tag{16-69}$$

引入到式（16-68）中，并整理后得

$$\frac{\mathrm{d}I}{\mathrm{d}\alpha}=\frac{\partial I}{\partial \alpha}+\frac{\partial I}{\partial U}\frac{\partial U}{\partial \alpha}-\lambda^{\mathrm{T}}\left(\frac{\partial N}{\partial \alpha}+\frac{\partial N}{\partial U}\frac{\partial U}{\partial \alpha}\right)=\frac{\partial I}{\partial \alpha}-\lambda^{\mathrm{T}}\frac{\partial N}{\partial \alpha}+\left(\frac{\partial I}{\partial U}-\lambda^{\mathrm{T}}\frac{\partial N}{\partial U}\right)\frac{\partial U}{\partial \alpha} \tag{16-70}$$

如果令

$$\frac{\partial I}{\partial U}-\lambda^{\mathrm{T}}\frac{\partial N}{\partial U}=0 \tag{16-71}$$

这里，式（16-71）称为伴随方程，它与线化流动控制方程式（16-69）性质相似。借助式（16-71），则最终的目标函数梯度为

$$\frac{\mathrm{d}I}{\mathrm{d}\alpha}=\frac{\partial I}{\partial \alpha}-\lambda^{\mathrm{T}}\frac{\partial N}{\partial \alpha} \tag{16-72}$$

考察式（16-71）和式（16-72）可知，对于在任意数目的设计变量，都可以通过求解式（16-71）得到伴随变量 λ，进而利用式（16-72）得到最终梯度。换句话说，最终敏感性表达式（16-72）不再依赖于$\frac{\partial U}{\partial \alpha}$，伴随变量 λ 由式（16-71）求得。$\frac{\partial N}{\partial \alpha_i}(i=1\sim n)$的计算量相当于由设计变量$\alpha_i$施加小扰动 $\delta\alpha_i$后重新生成一次计算域网格，并完成一个数值迭代步，因而 n 个设计变量需要 n 次网格生成和 n 个迭代步，这与求解流动控制方程常要迭代数千步相比，计算量并不高。

16.6.4 黏性伴随方程及黏性伴随边界条件

为便于下文讨论，引入如下符号与运算法则。首先定义

$$\begin{cases}(\widetilde{\ })=\left[\dfrac{\partial(\,)}{\partial \alpha}\right]_{\mathrm{flow}}\\[2ex](\widehat{\ })=\left[\dfrac{\partial(\,)}{\partial \alpha}\right]_{\mathrm{geom}}\end{cases} \tag{16-73}$$

式中，上画“~”表示括号项中流动相关量对设计变量求偏导数，并且此时与几何相关的量保持不变；上画“︿”表示括号项中几何相关量对设计变量求偏导数，并且此时与流动相关的量保持不变。

如果令 U 和U^* 分别为守恒流动变量和原始变量，则括号项对设计变量的全导数为

$$\frac{\mathrm{d}(\,)}{\mathrm{d}\alpha}=\left[\frac{\partial(\,)}{\partial \alpha}\right]_{\mathrm{flow}}+\left[\frac{\partial(\,)}{\partial \alpha}\right]_{\mathrm{geom}}=\frac{\partial(\,)}{\partial U^*}\frac{\partial U^*}{\partial \alpha}+\left[\frac{\partial(\,)}{\partial \alpha}\right]_{\mathrm{geom}}=\frac{\partial(\,)}{\partial U^*}\widetilde{U}^*+(\widehat{\ }) \tag{16-74}$$

并且 U 和U^*之间存在着如下变换关系：

$$\begin{cases}\widetilde{U}=\dfrac{\partial U}{\partial U^*}\widetilde{U}^*=P\,\widetilde{U}^*=\dfrac{\partial U}{\partial\alpha}\\ P=\dfrac{\partial U}{\partial U^*}\end{cases} \tag{16-75}$$

$$\begin{cases}U=(\rho,\ \rho v_r,\ r\rho v_\theta,e)^{\mathrm{T}}\\ U^*=[p,v_r,v_\theta,v_z,T)^{\mathrm{T}}\end{cases} \tag{16-76}$$

引入一般目标函数 $I(U^*,\alpha)$，有如下组成形式：

$$I=\iint_{\partial\Omega}M(U^*,\alpha)\,\mathrm{d}\alpha \tag{16-77}$$

于是目标函数与设计变量的初始敏感性为

$$\frac{\mathrm{d}I}{\mathrm{d}\alpha}=\oint_{\partial\Omega}\frac{\partial M}{\partial U^*}\ \frac{\partial U^*}{\partial\alpha}\mathrm{d}\sigma+\left[\oint_{\partial\Omega}\frac{\partial M}{\partial\alpha}\mathrm{d}\sigma+\oint_{\partial\Omega}M\frac{\partial(\mathrm{d}\sigma)}{\partial\alpha}\right]=\oint_{\partial\Omega}\frac{\partial M}{\partial U^*}\ \widetilde{U}^*\mathrm{d}\sigma+\oint_{\partial\Omega}\widehat{M}\mathrm{d}\sigma+\oint_{\partial\Omega}M\,\widehat{\mathrm{d}\sigma} \tag{16-78}$$

另外，在下文推导中，常用分部积分算子和奥高公式，其表达式为

$$\iiint_{\Omega}\nabla\cdot(\phi a)\,\mathrm{d}\Omega=\iiint_{\Omega}\phi\nabla\cdot a\,\mathrm{d}\Omega+\iiint_{\Omega}a\cdot\nabla\phi\,\mathrm{d}\Omega \tag{16-79}$$

也可写为

$$\iiint_{\Omega}\nabla\cdot(\phi a)\,\mathrm{d}\Omega=\oint_{\partial\Omega}\varphi a\cdot n\,\mathrm{d}\sigma \tag{16-80}$$

式（16-76）和式（16-77）中，n 和 a 均为矢量（因本节采用矢量与矩阵的符号均不用黑体的约定，因此这里量 n 和 a 仍形式上写成白体）。

如果考虑定常 N－S 方程，并注意到本小节矢量与矩阵的符号不用黑体的约定，则式（16-48）变为

$$N(U,\alpha)=\frac{\partial[r(E-E_{\mathrm{v}})]}{r\partial r}+\frac{\partial(F-F_{\mathrm{v}})}{r\partial\varphi}+\frac{\partial(G-G_{\mathrm{v}})}{\partial z}-S=0 \tag{16-81}$$

将式（16-81）线化后变为

$$\frac{\partial}{r\partial r}[r(A\,\widetilde{U}-A_{\mathrm{v}}^*\,\widetilde{U}^*-D_{rr}^*\widetilde{U}_r^*-D_{r\varphi}^*\widetilde{U}_\varphi^*-D_{rz}^*\,\widetilde{U}_z^*)]+\frac{\partial}{r\partial\varphi}(B\,\widetilde{U}-B_{\mathrm{v}}^*\,\widetilde{U}^*-D_{\varphi r}^*\widetilde{U}_r^*-D_{\varphi\varphi}^*\widetilde{U}_\varphi^*-D_{\varphi z}^*\widetilde{U}_z^*)+\frac{\partial}{\partial z}(C\,\widetilde{U}-C_{\mathrm{v}}^*\,\widetilde{U}^*-D_{zr}^*\,\widetilde{U}_r^*-D_{z\varphi}^*\widetilde{U}_\varphi^*-D_{zz}^*\,\widetilde{U}_z^*)-D\,\widetilde{U}-f=0 \tag{16-82}$$

式中

$$D_{ij}^*=\frac{\partial G_i}{\partial U_j^*}\quad(i,j=r,\varphi,z) \tag{16-83}$$

这里G_i的定义同式（16-60）。式（16-83）写成矩阵项为

$$(D_{ij}^*)=\frac{\partial(E_v,F_v,G_v)}{\partial(U_r^*,U_\varphi^*,U_z^*)} \tag{16-84}$$

$$A_v^*=\frac{\partial E_v}{\partial U^*},B_v^*=\frac{\partial F_v}{\partial U^*},C_v^*=\frac{\partial G_v}{\partial U^*} \tag{16-85}$$

$$D=\frac{\partial S}{\partial U},\ f=-\frac{\partial N}{\partial\alpha}=-\widehat{N} \tag{16-86}$$

$$\widetilde{U}^*=\frac{\partial U^*}{\partial\alpha} \tag{16-87}$$

式（16-86）中，f为定常 N－S 方程中几何相关量对设计变量求偏导数的负值。注意到

$$\begin{cases}\widetilde{E}=A\widetilde{U},\ \widetilde{F}=B\widetilde{U},\ \widetilde{G}=C\widetilde{U},\ \widetilde{S}=D\widetilde{U}\\ \widetilde{E}_v=A_v^*\widetilde{U}^*+D_{rr}^*\widetilde{U}_r^*+D_{r\varphi}^*\widetilde{U}_\varphi^*+D_{rz}^*\widetilde{U}_z^*\\ \widetilde{F}_v=B_v^*\widetilde{U}^*+D_{\varphi r}^*\widetilde{U}_r^*+D_{\varphi\varphi}^*\widetilde{U}_\varphi^*+D_{\varphi z}^*\widetilde{U}_z^*\\ \widetilde{G}_v=C_v^*\widetilde{U}^*+D_{zr}^*\widetilde{U}_r^*+D_{z\varphi}^*\widetilde{U}_\varphi^*+D_{zz}^*\widetilde{U}_z^*\end{cases} \tag{16-88}$$

借助式（16-88），则式（16-82）可写为

$$\frac{\partial}{r\partial r}[r(\widetilde{E}-\widetilde{E}_v)]+\frac{\partial}{r\partial\varphi}(\widetilde{F}-\widetilde{F}_v)+\frac{\partial}{\partial z}(\widetilde{G}-\widetilde{G}_v)-\widetilde{S}-f=0 \tag{16-89}$$

对控制方程式（16-89）两端同乘以伴随变量λ，其中λ_1、λ_2、λ_3、λ_4和λ_5分别对应着连续方程、径向动量方程、周向动量方程、轴向动量方程和能量方程，得

$$\lambda^{\mathrm{T}}\left\{\frac{\partial}{r\partial r}[r(\widetilde{E}-\widetilde{E}_v)]+\frac{\partial}{r\partial\varphi}(\widetilde{F}-\widetilde{F}_v)+\frac{\partial}{\partial z}(\widetilde{G}-\widetilde{G}_v)-\widetilde{S}-f\right\}=0 \tag{16-90}$$

式中

$$\lambda^{\mathrm{T}}=(\lambda_1,\lambda_2,\lambda_3,\lambda_4,\lambda_5) \tag{16-91}$$

式（16-90）是一个标量方程。如果采用有限体积法进行求解，这里要对其在整个计算域Ω上积分，得

$$\iiint_\Omega\lambda^{\mathrm{T}}\left\{\frac{\partial}{r\partial r}[r(\widetilde{E}-\widetilde{E}_v)]+\frac{\partial}{r\partial\varphi}(\widetilde{F}-\widetilde{F}_v)+\frac{\partial}{\partial z}(\widetilde{G}-\widetilde{G}_v)-\widetilde{S}-f\right\}\mathrm{d}\Omega=0 \tag{16-92}$$

利用分部积分和奥高公式对式（16-92）的左端进行变换，而后将变换后的式子两端乘以（－1），再代入到式（16-78）的右端，整理后可得

$$\frac{\mathrm{d}I}{\mathrm{d}\alpha}=\oiint_{\partial\Omega}\frac{\partial M}{\partial\alpha}\mathrm{d}\sigma+\oiint_{\partial\Omega}M\frac{\partial(\mathrm{d}\sigma)}{\partial\alpha}+\iiint_\Omega\lambda^{\mathrm{T}}f\mathrm{d}\Omega+Q_1(\widetilde{U})-Q_2(\widetilde{U}) \tag{16-93}$$

式中，$Q_1(\widetilde{U})$与$Q_2(\widetilde{U})$分别为

$$Q_1(\widetilde{U})=\iiint_\Omega\left\{\frac{\partial\lambda^{\mathrm{T}}}{\partial r}(A-A_v^*P^{-1})+\frac{\partial\lambda^{\mathrm{T}}}{r\partial\varphi}(B-B_v^*P^{-1})+\frac{\partial\lambda^{\mathrm{T}}}{\partial Z}(C-C_v^*P^{-1})+\right.$$

$$\lambda^{\mathrm{T}} D + \frac{\partial}{r\partial r}\left[r\left(\frac{\partial \lambda^{\mathrm{T}}}{\partial r} D_{rr}^{*} + \frac{\partial \lambda^{\mathrm{T}}}{r\partial \varphi} D_{r\varphi}^{*} + \frac{\partial \lambda^{\mathrm{T}}}{\partial Z} D_{rz}^{*} \right) \right] P^{-1} +$$

$$\left. \frac{\partial}{r\partial\varphi}\left(\frac{\partial \lambda^{\mathrm{T}}}{\partial r} D_{\varphi\gamma}^{*} + \frac{\partial \lambda^{\mathrm{T}}}{r\partial \varphi} D_{\varphi\varphi}^{*} + \frac{\partial \lambda^{\mathrm{T}}}{\partial Z} D_{\varphi z}^{*} \right) P^{-1} + \frac{\partial}{\partial z}\left(\frac{\partial \lambda^{\mathrm{T}}}{\partial r} D_{zr}^{*} + \frac{\partial \lambda^{\mathrm{T}}}{r\partial \varphi} D_{z\varphi}^{*} + \frac{\partial \lambda^{\mathrm{T}}}{\partial Z} D_{zz}^{*} \right) P^{-1} \right\} \widetilde{U} \mathrm{d}\Omega \tag{16-94}$$

$$Q_2(\widetilde{U}) = \oiint_{\partial\Omega} \left\{ \lambda^{\mathrm{T}}(\widetilde{E} - \widetilde{E}_{\mathrm{v}}) n_r + \lambda^{\mathrm{T}}(\tilde{F} - \tilde{F}_{\mathrm{v}}) n_{\varphi} + \lambda^{\mathrm{T}}(\widetilde{G} - \widetilde{G}_{\mathrm{v}}) n_z + \right.$$

$$\left(\frac{\partial \lambda^{\mathrm{T}}}{\partial r} D_{rr}^{*} + \frac{\partial \lambda^{\mathrm{T}}}{r\partial \varphi} D_{r\varphi}^{*} + \frac{\partial \lambda^{\mathrm{T}}}{\partial Z} D_{rz}^{*} \right) n_r P^{-1} \widetilde{U} + \left(\frac{\partial \lambda^{\mathrm{T}}}{\partial r} D_{\varphi r}^{*} + \frac{\partial \lambda^{\mathrm{T}}}{r\partial \varphi} D_{\varphi\varphi}^{*} + \frac{\partial \lambda^{\mathrm{T}}}{\partial Z} D_{\varphi z}^{*} \right) n_{\varphi} P^{-1} \widetilde{U} +$$

$$\left. \left(\frac{\partial \lambda^{\mathrm{T}}}{\partial r} D_{zr}^{*} + \frac{\partial \lambda^{\mathrm{T}}}{r\partial \varphi} D_{z\varphi}^{*} + \frac{\partial \lambda^{\mathrm{T}}}{\partial Z} D_{zz}^{*} \right) n_z P^{-1} \widetilde{U} - \frac{\partial M}{\partial U} \widetilde{U} \right\} \mathrm{d}\sigma \tag{16-95}$$

这里P^{-1}为矩阵 P 的逆，P 为 5×5 的矩阵，它的定义同式（16-75）；另外，（n_r，n_{φ}，n_z）构成了计算域边界$\partial\Omega$ 的单位外法矢量。值得注意的是，式（16-93）右端含有关于$\widetilde{U}$的 Q_1与 Q_2 项，如果由式（16-93）直接去计算敏感性成本太高。如果要求$\frac{\mathrm{d}I}{\mathrm{d}\alpha}$不再依赖于$\widetilde{U}$，则必须要求下面两式成立，即

$$Q_1(\widetilde{U}) = 0 \tag{16-96}$$

$$Q_2(\widetilde{U}) = 0 \tag{16-97}$$

借助式（16-96），该式的左端是一个关于计算域 Ω 的体积分，令其被积函数$\widetilde{U}$前面的系数等于零，则推出一般形式的黏性伴随方程，即

$$(A - A_{\mathrm{v}})^{\mathrm{T}} \frac{\partial \lambda}{\partial r} + (B - B_{\mathrm{v}})^{\mathrm{T}} \frac{\partial \lambda}{r\partial \varphi} + (C - C_{\mathrm{v}})^{\mathrm{T}} \frac{\partial \lambda}{\partial z} + D^{\mathrm{T}} \lambda + (P^{-1})^{\mathrm{T}} \left(\frac{\partial (r D_r)}{r\partial r} + \frac{\partial D_{\varphi}}{r\partial \varphi} + \frac{\partial D_z}{\partial z} \right)^{\mathrm{T}} = 0 \tag{16-98}$$

式中

$$A_{\mathrm{v}} = A_{\mathrm{v}}^{*} P^{-1}, \quad B_{\mathrm{v}} = B_{\mathrm{v}}^{*} P^{-1}, \quad C_{\mathrm{v}} = C_{\mathrm{v}}^{*} P^{-1} \tag{16-99}$$

$$D_r = \frac{\partial \lambda^{\mathrm{T}}}{\partial r} D_{rr}^{*} + \frac{\partial \lambda^{\mathrm{T}}}{r\partial \varphi} D_{r\varphi}^{*} + \frac{\partial \lambda^{\mathrm{T}}}{\partial Z} D_{rz}^{*} \tag{16-100}$$

$$D_{\varphi} = \frac{\partial \lambda^{\mathrm{T}}}{\partial r} D_{\varphi r}^{*} + \frac{\partial \lambda^{\mathrm{T}}}{r\partial \varphi} D_{\varphi\varphi}^{*} + \frac{\partial \lambda^{\mathrm{T}}}{\partial Z} D_{\varphi z}^{*} \tag{16-101}$$

$$D_z = \frac{\partial \lambda^{\mathrm{T}}}{\partial r} D_{zr}^{*} + \frac{\partial \lambda^{\mathrm{T}}}{r\partial \varphi} D_{z\varphi}^{*} + \frac{\partial \lambda^{\mathrm{T}}}{\partial Z} D_{zz}^{*} \tag{16-102}$$

对于无黏流动问题，则无黏伴随方程为

$$A^{\mathrm{T}} \frac{\partial \lambda}{\partial r} + B^{\mathrm{T}} \frac{\partial \lambda}{r\partial \varphi} + C^{\mathrm{T}} \frac{\partial \lambda}{\partial z} + D^{\mathrm{T}} \lambda = 0 \tag{16-103}$$

对于式（16-97），它可以被整理为

$$\oiint_{\partial\Omega} \left(\lambda^{\mathrm{T}} \widetilde{Q}_{\mathrm{n}} - \lambda^{\mathrm{T}} \widetilde{Q}_{\mathrm{vn}} + D_{\mathrm{n}} \widetilde{U}^{*} - \frac{\partial M}{\partial U^{*}} \widetilde{U}^{*} \right) \mathrm{d}\sigma = 0 \tag{16-104}$$

式中，Q_n、Q_{vn}和D_n为沿外法矢方向上的流动通量、流动黏性通量和伴随黏性通量，其定义式为

$$\begin{cases} Q_n = n_r E + n_\varphi F + n_z G \\ Q_{vn} = n_r E_v + n_\varphi F_v + n_z G_v \\ D_n = n_r D_r + n_\varphi D_\varphi + n_z D_z \end{cases} \tag{16-105}$$

式（16-104）左端项是一个关于计算机域边界$\partial\Omega$的面积分。对于单叶片通道，通常包含四类边界条件，即进口边界、出口边界、固壁边界和周期边界。在周期边界上，若对应的伴随变量值相等，则该面积分项自动抵消。在进口边界、出口边界和固壁边界上，若式(16-104)中左端项被积函数为零，则有可能保证式(16-104)成立，于是假定

$$\lambda^{\mathrm{T}}\widetilde{Q}_n - \lambda^{\mathrm{T}}\widetilde{Q}_{vn} + D_n\widetilde{U}^* - \frac{\partial M}{\partial U^*}\widetilde{U}^* = 0 \tag{16-106}$$

1. 进口边界

对数值求解流动控制方程式（16-81），施加流动进口条件一般都忽略进口黏性。类似地，忽略式（16-106）中的流动黏性通量Q_{vn}和伴随黏性通量D_n；同时，在采用简单 H 型网格时，进口垂直于轴向，则外法线方向为 $n_r=0$，$n_\varphi=0$，$n_z=-1$，于是式（16-106）简化为

$$\lambda^{\mathrm{T}}\widetilde{G} + \frac{\partial M}{\partial U^*}\widetilde{U}^* = 0 \tag{16-107}$$

对于流动控制方程式（16-81），边界条件个数一般由特征速度决定，亚声速进口处有四个特征速度为正值（特征信息从外向计算域Ω内传播），第五个特征速度为负值（特征信息从计算域Ω向外传播）。因而一般给定总温、总压和气流方向角，静压p则是从计算域内推。可以认为在进口处只有静压p是独立变量，其他流动变量都可以看作是p的函数。于是利用小扰动方法，有

$$\lambda^{\mathrm{T}}\widetilde{G} = \lambda^{\mathrm{T}}\frac{\partial G}{\partial p}\widetilde{p} \tag{16-108}$$

$$\frac{\partial M}{\partial U^*}\widetilde{U}^* = \frac{\partial M}{\partial p}\widetilde{p} \tag{16-109}$$

将式（16-108）和式（16-109）代入到式（16-107）后，得

$$\lambda^{\mathrm{T}}\frac{\partial G}{\partial p} + \frac{\partial M}{\partial p} = 0 \tag{16-110}$$

由于推导伴随进口边界条件时忽略了流动黏性，因而上述伴随进口边界条件自然也适用于无黏流动。

2. 出口边界

类似地，忽略式（16-106）中的伴随黏性通量D_n和流动黏性通量Q_{vn}，同时取出口处外法线方向 $n_r=0$，$n_\varphi=0$，$n_z=+1$，于是式（16-106）可化简为

$$\lambda^{\mathrm{T}}\widetilde{G}-\frac{\partial M}{\partial U^{*}}\widetilde{U}^{*}=0 \tag{16-111}$$

对于流动控制方程式（16-81），亚声速出口处有四个特征速度为正值（特征信息从计算域 Ω 向外传播），第五个特征速度为负值（特征信息从外向计算域 Ω 内传播），因此通常是给定根部静压 p，由径向平衡方程计算展向其他位置的静压，而另外四个初始流动变量 v_r、v_θ、v_z、ρ（或者 T）则从计算域 Ω 内推。由此可认为，ρ、v_r、v_θ、v_z 是独立变量，静压 p 是常数，其他流动变量可看作是它们的函数。此外，同样可以利用小扰动方法获得亚声速出口时的伴随边界条件：

$$\lambda^{\mathrm{T}}\frac{\partial G}{\partial \vartheta}-\frac{\partial M}{\partial \vartheta}=0 \quad (\vartheta=\rho、v_r、v_\theta、v_z) \tag{16-112}$$

由于上述推导出口边界伴随条件时忽略了流动黏性，因此上述出口边界的伴随条件也适用于无黏流动。

3. 固壁边界

流体在固体边界处无法向穿透速度，即

$$v_{\mathrm{n}}=n_r v_r+n_\varphi(v_\theta-\omega r)+n_z v_z=0 \tag{16-113}$$

借助式（16-113），则流动通量 Q_{n} 简化为

$$Q_{\mathrm{n}}=\begin{pmatrix}0\\ pn_r\\ rpn_\varphi\\ pn_z\\ r\omega n_\varphi p\end{pmatrix} \tag{16-114}$$

于是有

$$\lambda^{\mathrm{T}}\widetilde{Q}_{\mathrm{n}}=(\lambda_2 n_r+\lambda_3\, rn_\varphi+\lambda_4 n_z+\lambda_5 r\omega n_\varphi)\widetilde{p} \tag{16-115}$$

将式（16-115）代入到式（16-106），得到初步简化的伴随固壁边界条件为

$$(\lambda_2 n_r+\lambda_3\, rn_\varphi+\lambda_4 n_z+\lambda_5\omega rn_\varphi)\widetilde{p}-\lambda^{\mathrm{T}}\widetilde{Q}_{\mathrm{vn}}+D_{\mathrm{n}}\widetilde{U}^{*}-\frac{\partial M}{\partial U^{*}}\widetilde{U}^{*}=0 \tag{16-116}$$

如果是无黏流动，则由小扰动方法去简化式（16-116），得

$$(\lambda_2 n_r+\lambda_3\, rn_\varphi+\lambda_4 n_z+\lambda_5\omega rn_\varphi)-\frac{\partial M}{\partial p}=0 \tag{16-117}$$

最后，讨论最终敏感性的表达式。为使式（16-93）不再依赖于 $\widetilde{U}$，因此假设 $Q_1(\widetilde{U})$ 和 $Q_2(\widetilde{U})$ 等于零。由 $Q_1(\widetilde{U})=0$，导出一般形式的黏性伴随方程式(16-98)。由 $Q_2(\widetilde{U})=0$，导出了亚声速进口伴随边界条件式（16-110）、亚声速出口伴随边界条件式（16-112）以及初步的固壁伴随边界条件式（16-116）。由此，便又得到了最终敏感性表达式，即

$$\frac{\mathrm{d}I}{\mathrm{d}\alpha}=\oiint_{\partial\Omega}\frac{\partial M}{\partial\alpha}\mathrm{d}\sigma+\oiint_{\partial\Omega}M\frac{\partial(\mathrm{d}\sigma)}{\partial\alpha}+\iiint_{\Omega}\lambda^{\mathrm{T}}f\mathrm{d}\Omega \tag{16-118}$$

在式（16-118）中，伴随变量可由伴随方程式（16-98）并结合伴随边界条件（即式（16-110）、式（16-112）和式（16-116）封闭求解。一旦流动控制方程式（16-81）和伴随方程式（16-98）数值求解收敛，便可通过式（16-118）计算敏感性。

16.7 混合不确定性条件下的优化策略与关键算法

随着航天器、航天动力以及飞机与发动机设计技术的不断提高，对航天器、航天动力以及飞机与发动机工作的稳健性（robustness）和可靠性（reliability）提出了越来越高的要求。因此，在国际航天与航空技术中，一直把不确定性的设计（uncertainty - based design）以及相关不确定性方法的研究作为近 20 年研究的热点。在航空发动机以及航天器的研制过程中，由于知识的缺乏、设计和制造缺陷，以及航空发动机或航天器所处运行环境客观上可变等多种不确定性的影响，使得航空发动机或航天器在运行过程中部分性能指标可能产生变化和偏移，甚至发生严重偏差而引起故障和失效。以 2011 年 4 月日本先进陆地观测卫星（ALOS）为例，据分析是因为太阳电池阵拉伸弹簧在设计时没有预留足够的变形公差，对低温时太阳电池阵的膨胀和收缩考虑不足，因而导致了太阳能帆板底部焊点出现故障，最终无法为卫星提供电能。再如，美国的“哈勃”望远镜，由于主镜镜面加工误差导致成像质量远低于预期的指标，最后不得不花费 3 亿多美元送航天员对其进行在轨维修。因此，为了降低飞行器或发动机系统发生故障的风险和损失，需要在总体设计阶段就应充分考虑各类不确定性因素的影响，在追求飞行器或发动机某项或多项性能最优的同时，降低系统性能对不确定性影响的敏感程度，以及在不确定影响下发生故障的失效概率，提高系统整体的稳健性和可靠性。

目前，不确定性主要分为两大类：随机不确定性（aleatory uncertainty）和认知不确定性（epistemic uncertainty）。前者描述了物理系统及其环境中的固有可变性，即客观不确定性；后者描述了由于人的认知不足或者信息缺乏所造成的不确定性，即主观不确定性。目前，在飞机与发动机的气动设计中考虑不确定性因素时，仅局限在以下的两类问题：一类是飞机状态（设计点）的不确定性，通常考虑飞行马赫数等的波动对气动性能的影响；另一类是几何参数的不确定性。在实际生产加工过程中，发动机或飞机气动外形不可能完全达到气动设计的理论值，总会由于加工或环境变化，或人为操作等诸多原因，存在一定的不确定性偏差。随着发动机和现代飞行器性能的不断提高，对外形以及部件间的协同工作要求越来越高，由于不确定性引起的外形偏差和部件相互配合的不协调对气动性能影响很大。如飞机中使用的超临界机翼和发动机使用的对转涡轮就是两个典型例证。首先，超临界机翼对这种机翼的前、后缘部分几何外形的微小变化十分敏感；另外，对转涡轮对部件相互配合时的气动参数之间的匹配十分敏感。因此，发展稳健设计优化（robust design optimization，RDO）和基于可靠性的设计优化（reliability - based design optimization，RBDO）技术十分必要，它们是发展不确定性多学科设计优化（uncertainty - based multidisciplinary design optimization，UMDO）方法的关键技术之一。

16.7.1　不确定性设计优化的基本概念及其相关的数学表达

在多学科设计优化（MDO）中，学科（discipline）又称子系统（subsystem）或子空间（subspace），它是一个抽象的概念。以航空发动机为例，学科既可以指气动、结构、控制等通常所讲的学科，又可以指系统的实际物理部件或分系统，如进气道、压气机、风扇、燃烧室、涡轮、加力燃烧室及尾喷管等主要部件。在 MDO 中，学科指系统中本身相对独立、相互之间存有数据交换关系的基本模块。

系统参数（system parameter）是用于描述工程系统的特征，在设计过程中保持不变的一组参数，如结构材料性能参数、空间环境参数等。设计变量（design variable）指描述工程系统的特征，在设计过程中可被设计者控制的一组相互独立变量。通常设计变量可分为系统设计变量（system design variable）和局部设计变量（local design variable）。系统设计变量在整个系统范围内起作用，而局部设计变量只在某一学科范围内起作用。状态变量（state variable）是描述工程系统的性能或特征的一组参数，它通常需要基于系统模型进行分析或计算得到，是设计过程中进行决策的重要信息。状态变量可分为系统状态变量（system state variable）、学科状态变量和耦合状态变量（coupled state variable）。耦合状态变量指学科间的耦合关系，是某一学科输出作为另一学科输入的状态变量。

学科分析（contributing analysis，CA），也称子系统分析或子空间分析。它是以该学科设计变量、其他学科对该学科的耦合状态变量以及系统参数为输入，根据该学科的内在物理规律确定系统输出或系统状态的过程。学科分析可用求解状态方程来表示，以学科 i 为例：

$$\boldsymbol{Y}_i = CA_i(\boldsymbol{X}_i, \boldsymbol{Y}_{\cdot i}) \tag{16-119}$$

式中，$\boldsymbol{X}_i$为学科 i 的设计变量；$\boldsymbol{Y}_{\cdot i}$为由其他学科输出并作为学科 i 输入的耦合状态变量，$\boldsymbol{Y}_{\cdot i} = \{\boldsymbol{Y}_{ji}, j = 1, 2, \cdots, N_{\mathrm{D}}, j \neq i\}$，$N_{\mathrm{D}}$为系统所包含的学科数量；$CA_i$为学科分析模型。

系统分析（system analysis，SA），也称为多学科分析（multi - disciplinary analysis，MDA），是给定一组设计变量，通过求解系统的状态方程得到系统状态变量的过程。对于由 N_{D} 个学科组成的系统，其系统分析可用式（16-120）表示：

$$\boldsymbol{Y} = SA(\boldsymbol{X}_1, \boldsymbol{X}_2, \cdots, \boldsymbol{X}_{N_{\mathrm{D}}}) \tag{16-120}$$

以图 16-11 所示的三个学科耦合系统为例，系统分析涉及的学科分析方程组为

$$\begin{cases} \boldsymbol{Y}_1 = \mathrm{CA}_1(\boldsymbol{X}_1, \boldsymbol{Y}_{21}, \boldsymbol{Y}_{31}) \\ \boldsymbol{Y}_2 = \mathrm{CA}_2(\boldsymbol{X}_2, \boldsymbol{Y}_{12}, \boldsymbol{Y}_{32}) \\ \boldsymbol{Y}_3 = \mathrm{CA}_3(\boldsymbol{X}_3, \boldsymbol{Y}_{13}, \boldsymbol{Y}_{23}) \end{cases} \tag{16-121}$$

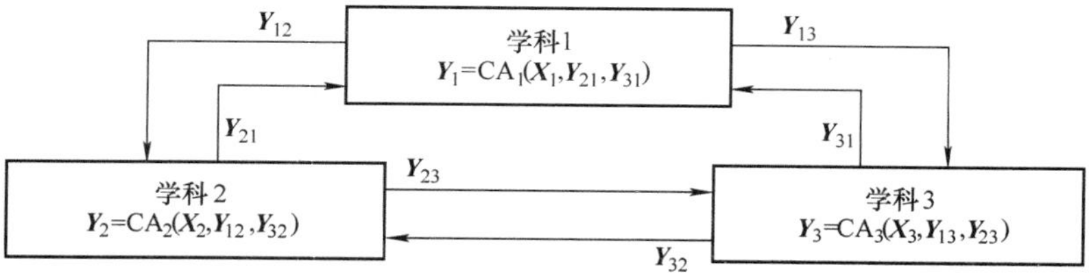

图 16-11　三个学科耦合的结构图

由于方程组（16-121）的输入输出相互耦合，因此求解上述方程组，往往需要多次迭代学科分析才能获得一致满足上述方程组的状态变量，该状态变量称为多学科相容解。一个设计变量取值方案再加上将这个方案通过系统分析获得系统的相容解，便构成了一个相容系统设计（consistent design），也称一致性设计。所谓约束条件（constraint）指系统在设计过程中必须满足的条件。约束条件分为系统约束和学科约束，两者的区别仅在于约束条件作用的范围是全系统或者学科局部。因此，满足所有设计约束的一致性设计称为可行设计（feasible design），而使目标函数响应值最小（或最大）的可行设计称为最优设计（optimal design）。

所谓确定性设计优化（deterministic design optimization）指对优化设计变量，该问题的数学表述如下：

$$\begin{cases}\text{find} \quad \boldsymbol{X} \\ \min \quad f(\boldsymbol{X},\boldsymbol{P}) \\ \text{s.t.} \quad \boldsymbol{g}(\boldsymbol{X},\boldsymbol{P}) \geqslant \boldsymbol{C} \\ \qquad \boldsymbol{X}^{\mathrm{L}} \leqslant \boldsymbol{X} \leqslant \boldsymbol{X}^{\mathrm{U}}\end{cases} \tag{16-122}$$

式中，$\boldsymbol{X}$ 和 $\boldsymbol{P}$ 分别为设计变量矢量和系统参数矢量；$\boldsymbol{X}^{\mathrm{L}}$ 和 $\boldsymbol{X}^{\mathrm{U}}$ 分别为设计变量 $\boldsymbol{X}$ 的下限和上限；$f(\cdot)$ 为目标函数；$\boldsymbol{g}(\cdot)$ 为不等式约束条件矢量。由 N_{D} 个耦合学科构成的最复杂系统，它的确定性多学科设计优化问题表述为

$$\begin{cases}\text{find} \quad \boldsymbol{X} \\ \min \quad \boldsymbol{f} \\ \text{s.t.} \quad \boldsymbol{g} \geqslant \boldsymbol{C} \\ \qquad \boldsymbol{Y}_i = CA_i(\boldsymbol{X}_i, \boldsymbol{Y}_{\cdot i}), (i=1,2,\cdots,N_{\mathrm{D}}) \\ \qquad \boldsymbol{X} = \cup \boldsymbol{X}_i, \boldsymbol{Y} = \cup \boldsymbol{Y}_i \\ \qquad \boldsymbol{X}^{\mathrm{L}} \leqslant \boldsymbol{X} \leqslant \boldsymbol{X}^{\mathrm{U}}, \boldsymbol{f} \in \boldsymbol{Y}, \boldsymbol{g} \subseteq \boldsymbol{Y}\end{cases} \tag{16-123}$$

式中，$\boldsymbol{X}$ 为优化变量矢量，定义域为 $[\boldsymbol{X}^{\mathrm{L}}, \boldsymbol{X}^{\mathrm{U}}]$；$\boldsymbol{X}_i$ 为学科 i 的局部优化变量矢量，它是 $\boldsymbol{X}$ 的子矢量；$\boldsymbol{Y}$ 为系统状态变量矢量，$\boldsymbol{Y}_i$ 为 $\boldsymbol{Y}$ 的子矢量，它代表学科 i 的局部状态矢量；$\boldsymbol{Y}_{\cdot i}$ 为学科 i 的输入状态变量矢量，即由其他学科 j（这里 $j \neq i$）输出并作为学科 i 输入的耦合变量；优化目标 $\boldsymbol{f}$ 和约束条件矢量 $\boldsymbol{g}$ 为状态矢量 $\boldsymbol{Y}$ 的子

矢量。

各个学科的设计变量可以重合，即学科间可以共享设计变量，但是各个学科的输出状态变量$\boldsymbol{Y}_i$互不相交。以发动机结构与气动两个学科的设计为例，两者均涉及叶片尺寸的设计，但气动学科输出的是叶片的气动性能，而结构学科输出的是叶片的结构性能，两者互不重合。

所谓基于可靠性的设计优化（RDO）指设计方案的约束条件中要考虑可靠度，即在 RDO 的数学模型中，约束可表达为

$$P_{\mathrm{r}}\{g(\boldsymbol{X},\boldsymbol{P})\geqslant C\}\geqslant \boldsymbol{R} \tag{16-124}$$

这里，$P_{\mathrm{r}}\{\cdot\}$代表大括号中约束条件满足的概率；$\boldsymbol{R}$ 为约束条件矢量 $\boldsymbol{g}$ 所对应的预定可靠度要求。概率约束条件（16-124）也称为可靠性约束或机会约束（chance constraint）。

所谓稳健设计优化（RDO）指追求系统的质量稳定性，降低系统性能对不确定性影响的敏感度。目前稳健性设计优化主要有两大类：一类是优化目标的稳健性（objective robustness），即降低目标函数响应值对不确定性影响的敏感度，其典型度量指标为目标函数响应值的标准差。由于优化过程中既需要对目标性能进行优化，又需要降低其对不确定性影响的敏感度，因此一种简单的处理办法是将目标的函数期望值与标准差的加权和作为新的目标函数。另一类是满足约束条件（方案可行）的稳健性（feasibility robustness），即在保证不确定性因素变化容差范围内优化方案均可行（也就是说在保证最坏的可能情况下也能满足约束），或者满足约束的可靠度达到预期指标。当稳健设计优化中的约束条件表述为概率约束条件式（16-124）时，该优化问题也称为基于可靠性的稳健设计优化（reliability - based robust design optimization）。

在确定性 MDO 的基础上，如果考虑设计变量 $\boldsymbol{X}$ 和系统参数 $\boldsymbol{P}$ 具有随机不确定性，因此考虑可靠性和稳健性要求的 UMDO 问题可表述为

$$\begin{cases}\text{find} \quad \boldsymbol{\mu}_x \\ \min \quad F(\mu_{\mathrm{f}},\sigma_{\mathrm{f}}) \\ \text{s. t.} \quad P_{\mathrm{r}}\{\boldsymbol{g}(\boldsymbol{X},\ \boldsymbol{P})\geqslant \boldsymbol{C}\}\geqslant \boldsymbol{R} \\ \boldsymbol{Y}_i=\mathrm{CA}_i(\boldsymbol{X}_i,\boldsymbol{Y}_{\cdot i},\ \boldsymbol{P}_i),(i=1,2,\cdots,N_{\mathrm{D}}) \\ \boldsymbol{X}=\cup\boldsymbol{X}_i,\boldsymbol{Y}=\cup\boldsymbol{Y}_i \\ \boldsymbol{X}^{\mathrm{L}}\leqslant\boldsymbol{\mu}_x\leqslant\boldsymbol{X}^{\mathrm{U}},\ \boldsymbol{f}\in\boldsymbol{Y},\boldsymbol{g}\subseteq\boldsymbol{Y}\end{cases} \tag{16-125}$$

通过对设计变量 $\boldsymbol{X}$ 的期望值$\boldsymbol{\mu}_x$ 进行优化，使目标函数和约束函数的响应值分布满足一定要求，例如，使目标函数输出的期望值和标准差（或均方差）越小越好，且满足约束条件（约束函数响应值位于可行域）的概率不小于预定的可靠度 $\boldsymbol{R}$。

16.7.2　处理认知不确定性的数学工具

对于认知不确定性，需要根据具体问题的特点采用相应的数学工具进行处理。

例如，对于由于设计人员主观定义边界模糊或表述含糊而导致的不确定性，采用模糊数学较适合；对于由于知识缺乏导致对系统状态或参数取值分布描述粗糙的不确定性，则采用区间分析（interval analysis）或证据理论（evidence theory）更为适用。模糊数学理论最早由美国 Zadeh 教授提出，在模糊集合的基础上，Zadeh 又进一步发展了可能性理论（theory of possibility），定义了可能性测度 Pos{A}和必要性测度 Nec{A}，这里 A 为模糊集合。

在证据理论（也称 Dempster – Shafer 理论，简称 D – S 理论）中[821]，当信息不足无法对不确定性分布采用概率方法进行准确描述时，证据理论基于已有信息（或证据），采用可信性测度（belief）和似然性测度（plausibility）对精确概率的可能取值区间进行描述[822]。设不确定性变量的有限个可能取值全集为 Ω，其幂集 2^{Ω}中每个元素对应一个基本可信性赋值（basic probability assignment，BPA）。采用证据理论处理认知不确定性 Z，其有限个可能取值全集记为 Ω，幂集为 2^{Ω}，BPA 函数记为 m: $2^{\Omega}\rightarrow[0,1]$。系统响应 $f(z)$ 的不确定性分布用累积可信性分布函数（cumulative belief function，CBF）和累积似然分布函数（cumulative plausibility function，CPF）进行描述，其定义分别为

$$\mathrm{CBF}(a)=\mathrm{Bel}\{f<a\},\ \mathrm{CPF}(a)=\mathrm{Pl}\{f<a\} \tag{16-126}$$

给定极限状态值 a，记失效域为 $D=\{Z|f(z)<a\}$，则通过可靠性分析便可以计算失效可信性 Bel$\{f<a\}$ 和失效似然性 Pl$\{f<a\}$。通过变化 a 值并计算对应的失效可信性和似然性，即可构造 CBF 分布函数和 CPF 分布函数。构造 BPA 函数是证据理论对不确定性建模的关键。对来源于试验数据、理论分析或专家知识等多种途径的不确定信息，通过一定聚合准则（combination rules）[823]对多种证据进行归纳整合，据此对认知不确定性分布进行描述。

16.7.3 多学科敏感性分析及滞后耦合伴随方法

敏感度分析（sensitivity analysis，SA）主要用于分析系统性能对设计变量或其他参数变化的敏感程度，它是航空发动机和飞行器气动设计的关键技术之一。对发动机或飞行器系统性能的设计变量或其他参数的敏感度信息加以分析处理，便可用于确定系统设计变量、参数以及不确定性因素对目标函数或约束函数的影响，进而筛选设计变量和确定重点考虑的系统参数以及不确定性因素；基于敏感度的信息可以确定发动机各子系统之间的耦合强度，用于指导学科分解与协调。此外，在寻优过程中，敏感度信息还用于辅助确定优化搜索方向。因此，在发动机设计优化中，敏感性分析十分重要。

SA 方法最早在 20 世纪 60 年代末用于控制系统的设计[824]，分析控制系统中数学模型参数变化对系统的影响。1982 年，美籍波兰人 J · Sobieszczanski – Sobieski 首次提出了 MDO 的设想[30]，提出了基于敏感度分析的 MDO 方法[31,32]，提出了将系统分为“层次（hierarchic）系统”“耦合（non – hierarchic）系统”和“混合

层次（hybrid - hierarchic）系统”的划分方法并沿用至今；1996 年，他与 Haftka 撰写的《航空航天领域中的多学科设计优化研究综述》（即 AIAA Paper 96 - 0711，1996 年），为 MDO 的研究指明了方向[33]。1981 年，Sobieski 提出了最优敏感性分析（optimum sensitivity analysis，OSA）方法，可用于层次系统的敏感性分析；1988 年他又提出了全局敏感性方程（global sensitivity equation，GSE），可用于耦合系统的敏感性分析[74]。

在航空发动机和航天飞行器的气动正问题分析与反问题优化设计中，伴随方法已得到十分广泛的应用。在这方面，以 Jameson 教授为首的斯坦福大学航空航天计算实验室（ACL）做出了杰出贡献。对于伴随方法的详细推导与表达，已在本书第 16.6 节给出。其实，从本质上讲，伴随方法是针对设计变量很多时高效率地给出敏感性信息的一类方法。对于耦合系统的敏感性分析，除了可以采用 GSE 方法外，滞后耦合伴随（lagged - couped ajoint，LCA）方法也十分有效[825]。

以一个耦合的航空结构系统为例，它既包括气动力学学科（A）分析，还包括结构学科（S）分析，它的状态变量为守恒流动变量 $\boldsymbol{w}$ 和结构位移量 $\boldsymbol{u}$，如图 16-12所示。

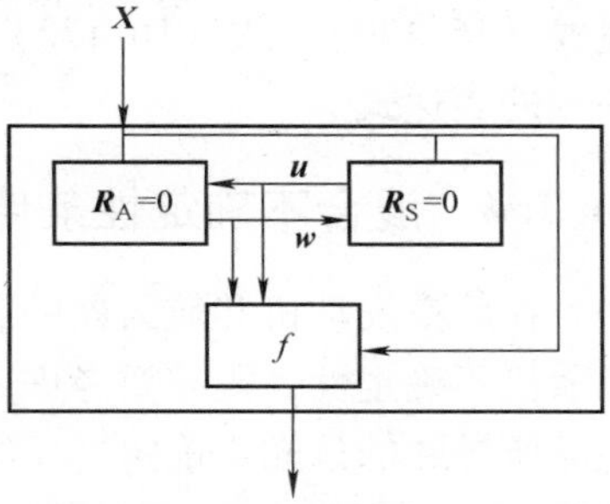

图 16-12　航空系统控制方程示意图

令目标函数 f_i 为状态变量 $\boldsymbol{w}$、$\boldsymbol{u}$ 以及设计变量 $\alpha_j(j=1\sim n)$ 的函数，即

$$f_i=f_i(\boldsymbol{w},\boldsymbol{u},\boldsymbol{\alpha})\ (i=1,2,\cdots,l) \tag{16-127}$$

令学科 A 和学科 S 的控制方程分别为

$$\begin{cases}\boldsymbol{R}_{\mathrm{A}}(\boldsymbol{\alpha},\boldsymbol{w},\boldsymbol{u})=0\\ \boldsymbol{R}_{\mathrm{S}}(\boldsymbol{\alpha},\boldsymbol{w},\boldsymbol{u})=0\end{cases} \tag{16-128}$$

按照第 16.6 节构造伴随方程式（16-71）的方法，可得到针对该问题的耦合伴随方程，即

$$\begin{pmatrix}\dfrac{\partial \boldsymbol{R}_{\mathrm{A}}}{\partial \boldsymbol{w}} & \dfrac{\partial \boldsymbol{R}_{\mathrm{A}}}{\partial \boldsymbol{u}}\\ \dfrac{\partial \boldsymbol{R}_{\mathrm{S}}}{\partial \boldsymbol{w}} & \dfrac{\partial \boldsymbol{R}_{\mathrm{S}}}{\partial \boldsymbol{u}}\end{pmatrix}^{\mathrm{T}}\begin{pmatrix}\boldsymbol{\lambda}_{\mathrm{A}}\\ \boldsymbol{\lambda}_{\mathrm{S}}\end{pmatrix}=\begin{pmatrix}\dfrac{\partial f_i}{\partial \boldsymbol{w}}\\ \dfrac{\partial f_i}{\partial \boldsymbol{u}}\end{pmatrix} \tag{16-129}$$

式中，$\boldsymbol{\lambda}_{\mathrm{A}}$ 和 $\boldsymbol{\lambda}_{\mathrm{S}}$ 为系统引入的两个学科的伴随矢量。另外，该系统最终的目标函数梯度方程为

$$\frac{\mathrm{d}f_i}{\mathrm{d}\alpha_j}=\frac{\partial f_i}{\partial \alpha_j}-\boldsymbol{\lambda}_{\mathrm{A}}^{\mathrm{T}}\cdot\frac{\partial \boldsymbol{R}_{\mathrm{A}}}{\partial \alpha_j}-\boldsymbol{\lambda}_{\mathrm{S}}^{\mathrm{T}}\cdot\frac{\partial \boldsymbol{R}_{\mathrm{S}}}{\partial \alpha_j} \tag{16-130}$$

由式（16-129）可以看出，因伴随方程中不含下标 j，因此对任意设计变量 α_j，目标函数只需计算一次伴随矢量 $\boldsymbol{\lambda}_{\mathrm{A}}$ 和 $\boldsymbol{\lambda}_{\mathrm{S}}$。值得注意的是，对式（16-129）求解时，需要对该式系数矩阵进行分解，这将带来巨大的耗费，为此将式（16-129）重写为

$$\begin{pmatrix} \left(\frac{\partial \boldsymbol{R}_A}{\partial \boldsymbol{w}}\right)^T & \left(\frac{\partial \boldsymbol{R}_S}{\partial \boldsymbol{w}}\right)^T \\ \left(\frac{\partial \boldsymbol{R}_A}{\partial \boldsymbol{u}}\right)^T & \left(\frac{\partial \boldsymbol{R}_S}{\partial \boldsymbol{u}}\right)^T \end{pmatrix} \begin{pmatrix} \boldsymbol{\lambda}_A \\ \boldsymbol{\lambda}_S \end{pmatrix} = \begin{pmatrix} \frac{\partial f_i}{\partial \boldsymbol{w}} \\ \frac{\partial f_i}{\partial \boldsymbol{u}} \end{pmatrix} \tag{16-131}$$

$$\left(\frac{\partial \boldsymbol{R}_A}{\partial \boldsymbol{w}}\right)^T \cdot \boldsymbol{\lambda}_A = \frac{\partial f_i}{\partial \boldsymbol{w}} - \left(\frac{\partial \boldsymbol{R}_S}{\partial \boldsymbol{w}}\right)^T \cdot \boldsymbol{\lambda}_S^* \tag{16-132}$$

$$\left(\frac{\partial \boldsymbol{R}_S}{\partial \boldsymbol{u}}\right)^T \cdot \boldsymbol{\lambda}_S = \frac{\partial f_i}{\partial \boldsymbol{u}} - \left(\frac{\partial \boldsymbol{R}_A}{\partial \boldsymbol{u}}\right)^T \cdot \boldsymbol{\lambda}_A^* \tag{16-133}$$

式中，$\boldsymbol{\lambda}_A^*$ 和 $\boldsymbol{\lambda}_S^*$ 分别为气动学科与结构学科的滞后伴随矢量。当式（16-132）与式（16-133）相互迭代最后收敛时，所得结果与式（16-129）一致。因此，由式（16-132）、式（16-133）便可求出 $\boldsymbol{\lambda}_A$ 和 $\boldsymbol{\lambda}_S$，而后由式（16-130）得到$\frac{\partial f_i}{\partial \alpha_j}$值。上述式（16-130）、式（16-132）和式（16-133）便构成了多学科敏感性分析时最为关键的表达式。

16.7.4 混合不确定性条件下几种优化算法的关键技术

在航空发动机和航天器的工程设计中，既需要考虑系统及其运行环境客观存在的随机不确定性，也需要考虑由于设计人员对系统及其运行环境的认识不足和信息缺乏所导致的认知不确定性。综合考虑这两种不确定性因素的影响便涵盖了这里所讲的混合不确定性要研究的基本内容。

考虑以下不确定性优化问题：假定设计变量 $\boldsymbol{X}$ 具有随机不确定性，如由于加工误差所导致的发动机尺寸为正态分布；假定系统模型具有不确定性，包括模型结构的不确定性（因它与实际学科有关，这里暂不讨论）和模型参数的不确定性。这里讨论的模型不确定性均指模型参数的不确定性，包括随机不确定性 $\boldsymbol{P}$ 和认知不确定性 $\boldsymbol{Z}$。因此，该混合不确定性优化问题可表述为

$$\begin{cases} \text{find} \quad \boldsymbol{\mu}_X \\ \min \quad F \\ \text{s. t. Bel}\{f(\boldsymbol{X},\boldsymbol{P},\boldsymbol{Z}) \leqslant F\} \geqslant R_{obj} \\ \qquad \text{Bel}\{g(\boldsymbol{X},\boldsymbol{P},\boldsymbol{Z}) \geqslant C\} \geqslant R_{con} \\ \qquad \boldsymbol{X}^L \leqslant \boldsymbol{\mu}_X \leqslant \boldsymbol{X}^U \end{cases} \tag{16-134}$$

式中，$\boldsymbol{X}$ 的期望值 $\boldsymbol{\mu}_X$ 为优化变量，$\boldsymbol{X}$ 的其他不确定性分布特征（如方差）以及 $\boldsymbol{P}$ 与 $\boldsymbol{Z}$ 的不确定性分布特征已知；优化目标为最小化 F，且要求原优化目标函数 $f(\boldsymbol{X},\boldsymbol{P},\boldsymbol{Z})$ 实际响应值小于等于 F 的可信性且不小于 R_{obj}，同时要求满足约束条件 $g(\boldsymbol{X},\boldsymbol{P},\boldsymbol{Z}) \geqslant C$ 的可信性不小于 R_{con}。另外，为方便讨论，这里只对单约束问题进行讨论。

在工程实际中，满足约束可靠度要求通常会高于 99%，因此为提高求解效率，则上述优化问题式（16-134）可等价转换为

$$\begin{cases}\text{find}\ \boldsymbol{\mu}_X \\ \min\ F \\ \text{s. t. Pl}\{f(\boldsymbol{X},\boldsymbol{P},\boldsymbol{Z})>F\}\leqslant(1-R_{\text{obj}}) \\ \quad\ \text{Pl}\{g(\boldsymbol{X},\boldsymbol{P},\boldsymbol{Z})<C\}\leqslant(1-R_{\text{con}}) \\ \quad\ \boldsymbol{X}^{\text{L}}\leqslant\boldsymbol{\mu}_X\leqslant\boldsymbol{X}^{\text{U}}\end{cases} \tag{16-135}$$

式中，$(1-R_{\text{obj}})$和$(1-R_{\text{con}})$分别为目标失效和约束失效的似然性。

为了扼要说明式（16-135）的求解主要过程，下面从七个方面进行讨论。

1. FORM－UUA 的主要功能

基于 FORM 的统一不确定性分析方法（FORM－UUA）是参考文献［826］采用一阶精度可靠度方法（first order reliability analysis method，FORM）求解 $\text{Bel}_k(D)$ 和 $\text{Pl}_k(D)$ 中的概率积分问题而提出的一种方法，这里的 UUA 指参考文献［827］中的混合不确定分析（unified uncertainty analysis，UUA）方法。设认知不确定性矢量 $\boldsymbol{Z}$ 的联合分布包括 N_c 个焦元，记为$C_k(1\leqslant k<N_c)$。令 D 为失效域，$\text{Bel}_k(D)$和 $\text{Pl}_k(D)$分别为焦元C_k 对应的失效子可信性和焦元C_k 对应的失效子似然性，于是失效可信性 $\text{Bel}(D)$和失效似然性 $\text{Pl}(D)$分别有

$$\text{Bel}(D)=\sum_{k=1}^{N_c}m(c_k)\,\text{Bel}_k(D) \tag{16-136}$$

$$\text{Pl}(D)=\sum_{k=1}^{N_c}m(c_k)\,\text{Pl}_k(D) \tag{16-137}$$

采用 FORM－UUA 会遇到两个双层嵌套问题，由此会带来计算上的复杂度。借助 FORM－UUA，可以得到 $\text{Pl}(D)$和 $\text{Bel}(D)$的值，得到 $\text{CBF}(x)$和 $\text{CPF}(x)$两条曲线。这里应说明的是，CPF（x）和 CBF（x）之间的距离越小，说明对输出响应值不确定性分布的描述准确度越高。

2. SORA 的主要功能

参考文献［828］提出的序贯优化与可靠性分析（sequetial optimization and reliability assessment，SORA）方法是将基于可靠性优化问题分解为确定性优化和可靠性分析两个子问题序贯求解直至收敛的，其主要流程框图如图 16-13 所示。

SORA 方法将可靠性优化问题转换为确定性优化问题的基本思路是：通过平移约束函数，使平移后由约束函数确定的极限状态边界上任意点，其对应的预定可靠度要求的逆最大可能点位于原约束函数定义的可行域内或者极限状态边界上；然后以平移后的约束函数作为确定性约束条件作用于下一次确定性优化中，如图 16-14 所示。

记第 $k-1$ 次循环中确定性优化问题的最优解为$\boldsymbol{\mu}_X^{(k-1)*}$，其对应约束函数可靠

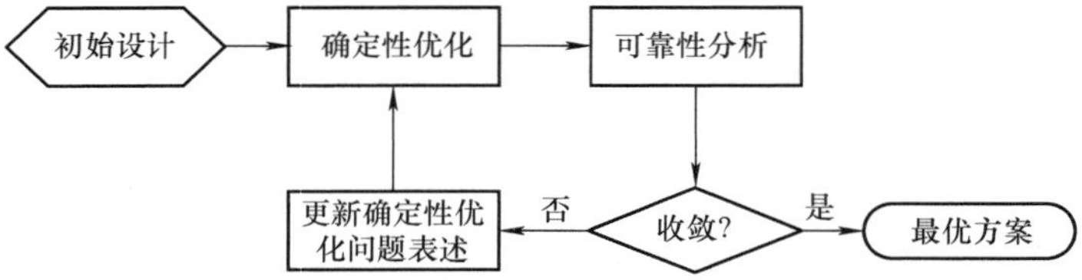

图 16-13　SORA 的主要流程框图

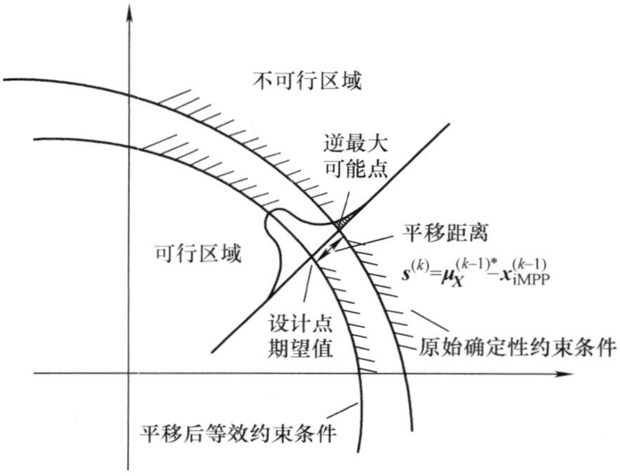

图 16-14　SORA 极限状态方程平移

度要求 R_T 的逆最大可能点为 $[\boldsymbol{x}_{iMPP}^{(k-1)}, \boldsymbol{p}_{iMPP}^{(k-1)}]$，于是第 k 次循环的确定性优化问题可表述为

$$\begin{cases} \text{find } \boldsymbol{\mu}_X^{(k)} \\ \min f \\ \text{s. t. } g[\boldsymbol{\mu}_X^{(k)} - \boldsymbol{s}^{(k)}, \boldsymbol{p}_{iMPP}^{(k-1)}] \geqslant c \\ \qquad \boldsymbol{s}^{(k)} = \boldsymbol{\mu}_X^{(k-1)*} - \boldsymbol{x}_{iMPP}^{(k-1)} \\ \qquad \boldsymbol{X}^{L} \leqslant \boldsymbol{\mu}_X^{(k)} \leqslant \boldsymbol{X}^{U} \end{cases} \tag{16-138}$$

记式（16-138）的最优点为 $\boldsymbol{\mu}_X^{(k)*}$，在该点进行可靠性分析，并获取其对应预定可靠度要求的逆最大可能点为 $[\boldsymbol{x}_{iMPP}^{(k)}, \boldsymbol{p}_{iMPP}^{(k)}]$，并由此计算下一循环各约束条件所对应的平移矢量 $\boldsymbol{s}^{(k+1)}$，即

$$\boldsymbol{s}^{(k+1)} = \boldsymbol{\mu}_X^{(k)*} - \boldsymbol{x}_{iMPP}^{(k)} \tag{16-139}$$

这里需要强调的是，在 SORA 算法的基础上，国际学术界已经产生一系列改进算法，并且它与多种 MDO 过程相结合，发展了一系列随机以及混合条件下的 UMDO

计算框架。

3. SOMUA 的主要功能

在 SORA 算法的基础上，针对采用 FORM – UUA 方法求解式（16-135）时所遇到的双层嵌套带来计算上复杂度的问题，参考文献［829］提出了基于序贯优化和混合不确定性分析的混合不确定性优化（sepuential optimization and mixed uncertainty analysis，SOMUA）方法。该方法将不确定性优化问题转化为与之近似等价的确定性优化问题，通过求解该确定性优化问题，可获得一个与原不确定性优化问题比较接近的一个近似最优解；然后再对这个确定性优化方案进行不确定分析，并根据分析的结果对下一次确定性优化问题的表述进行更新，使其更加精确地接近原不确定性优化问题，即使得通过确定性优化得到最优解与原不确定性优化的真实最优解更加接近。SOMUA 方法的核心技术在于如何根据不确定性分析的结果，将原混合不确定性优化问题转化为与之近似等价的确定性优化问题，这其中包括：①将不确定性约束条件转换成 N_c 个分别施加于各个焦元的确定性约束条件（见图16-15），以满足原约束可靠性要求。②将不确定性隐式优化目标转换为使目标函数在各个焦元对应失效子似然性目标值分位数的最大值最小化，即

$$\min F = \max_{1 \leqslant k \leqslant N_c} f[\boldsymbol{\mu}_{X}^{(i+1)} - \boldsymbol{s}_{k-\mathrm{obj}}^{(i+1)}, \boldsymbol{p}_{k-\mathrm{iMPP-obj}}^{(i)*}, \boldsymbol{z}_{k-\mathrm{iMPP-obj}}^{(i)*}] \tag{16-140}$$

基于该显式表达，便使目标值的计算十分方便。

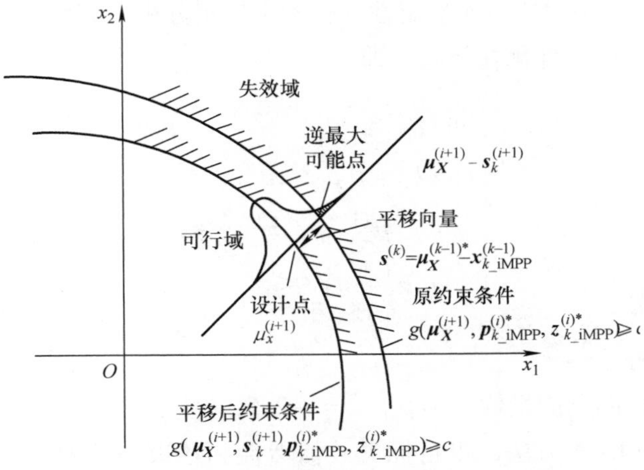

图 16-15　SOMUA 算法约束条件平移

SOMUA 方法的主要特点：①与双层嵌套优化方法相比，SOMUA 方法采用单层序贯优化方法，能大大提高优化效率，降低计算的复杂度。②将原来混合不确定性优化问题里的隐式优化目标转化为确定性优化问题中优化目标的显式表达，同时不确定性约束条件也转换为确定性约束条件，因此便可直接采用许多现有优化算法。③由于 SOMUA 方法将原求解问题分解为独立的确定性优化和不确定性分析，这使

得算法的编制和程序的研发具有很大的灵活性。为了进一步认识与熟悉 SOMUA 方法，下面给出混合不确定性优化问题的一个具体简单算例：

$$\begin{cases} \text{find } \mu_x \\ \min F \\ \text{s. t. } \mathrm{Pl}\{f(x,p,z) > F\} \leqslant 0.1 \\ f(x,p,z) = (x+2.5)^2 + p + z \\ \mathrm{Pl}\{g(x,p,z) < 0\} \leqslant 0.01 \\ g(x,p,z) = -x + (z-0.7) + p \\ -3 \leqslant \mu_x \leqslant 2 \end{cases} \tag{16-141}$$

式中，优化变量为单变量 x，它服从正态分布 $N(\mu_x, 1.0)$；系统随机不确定性变量为单变量 p，它服从正态分布 $N(2.0, 1.0)$；系统认知不确定性变量为单变量 z，其可能取值全集和 BPA 函数为

$$c_1 = [-1, 0],\ m(c_1) = 0.5\ ;c_2 = [0, 1],\ m(c_2) = 0.5 \tag{16-142}$$

目标失效域为$D_{\mathrm{obj}} = \{f > F\}$，约束失效域为$D_{\mathrm{con}} = \{g < 0\}$；极限状态值 $c=0$。这里采用 SOMUA 方法对式（16-141）求解，优化器采用 SQP。在第 1 个循环（cycle，这里循环指 SOMUA 中完成一次确定性优化和不确定分析的完整过程）中，首先将该优化问题转化为确定性优化问题，即

$$\begin{cases} \text{find } \mu_x^{(1)} \\ \min F^1 = f[\mu_x^{(1)}, \mu_p, z^{(1)}] \\ \text{s. t. } g[\mu_x^{(1)}, \mu_p, z^{(1)}] \geqslant c \\ x^{\mathrm{L}} \leqslant \mu_x^{(1)} \leqslant x^{\mathrm{U}} \end{cases} \tag{16-143}$$

式中，$z^{(1)} = 0$，$\mu_p = 2$。

该确定性优化问题的最优解为 $\mu_x^{(1)*} = -2.5$，$F^{(1)*} = 2$。

借助 FORM - UUA 方法，得目标失效似然性和约束失效似然性分别为 0.6707 和 0.0137，远超出预定要求的失效水平。最优点对应逆最大可能点为

$$\begin{cases} [x_{1-\mathrm{iMPP-obj}}^{(1)*}, p_{1-\mathrm{iMPP-obj}}^{(1)*}, y_{1-\mathrm{iMPP-obj}}^{(1)*}] = (-2.5, 2, 0) \\ [x_{1-\mathrm{iMPP-con}}^{(1)*}, p_{1-\mathrm{iMPP-con}}^{(1)*}, y_{1-\mathrm{iMPP-con}}^{(1)*}] = (-1.05, 0.55, -1.0) \\ [x_{2-\mathrm{iMPP-obj}}^{(1)*}, p_{2-\mathrm{iMPP-obj}}^{(1)*}, y_{2-\mathrm{iMPP-obj}}^{(1)*}] = (-2.5, 2.61, 1.0) \\ [x_{2-\mathrm{iMPP-con}}^{(1)*}, p_{2-\mathrm{iMPP-con}}^{(1)*}, y_{2-\mathrm{iMPP-con}}^{(1)*}] = (-0.6, 0.1, 0.0) \end{cases} \tag{16-144}$$

第 2 循环的确定性优化问题为

$$\begin{cases} \text{find } \mu_x^{(2)} \\ \min F^{(2)} = \max_{1\leqslant k\leqslant N_c} f_k^{(2)}[\mu_x^{(2)}] \\ f_k^{(2)}[\mu_x^{(2)}] = f[\mu_x^{(2)} - s_{k-\mathrm{obj}}^{(2)}, p_{k-\mathrm{iMPP-obj}}^{(1)*}, z_{k-\mathrm{iMPP-obj}}^{(1)*}] \\ \qquad \text{s. t. } g_k^{(2)}[\mu_x^{(2)}] \geqslant c, 1\leqslant k\leqslant N_c \\ g_k^{(2)}[\mu_x^{(2)}] = g[\mu_x^{(2)} - s_{k-\mathrm{con}}^{(2)}, p_{k-\mathrm{iMPP-con}}^{(1)*}, z_{k-\mathrm{iMPP-con}}^{(1)*}] \\ \qquad s_{k-\mathrm{obj}}^{(2)} = \mu_x^{(1)*} - x_{k-\mathrm{iMPP-obj}}^{(1)*} \\ \qquad s_{k-\mathrm{con}}^{(2)} = \mu_x^{(1)*} - x_{k-\mathrm{iMPP-con}}^{(1)*} \\ \qquad x^{\mathrm{L}} \leqslant \mu_x^{(2)} \leqslant x^{\mathrm{U}} \end{cases} \tag{16-145}$$

式中，$N_c = 2$。

将式（16-144）代入到式（16-145），便得到第 2 个循环的确定性优化问题的表述，对应两个焦元的确定性优化目标和约束条件如图 16-16 所示。焦元 1 中确定性约束条件的极限状态边界为点 A，坐标为 x_A。

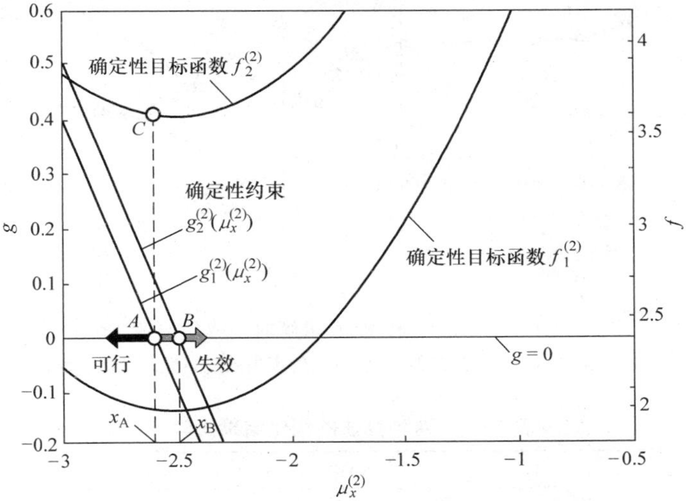

图 16-16　第 2 个循环采用的等效确定性优化问题

对于任意点 $\mu_x^{(2)} \leqslant x_A$，其对应逆最大可能点的约束函数响应值 $g[\mu_x^{(2)} - s_{1-\mathrm{con}}^{(2)}, p_{1-\mathrm{iMPP-con}}^{(1)*}, y_{1-\mathrm{iMPP-con}}^{(1)*}]$，即点 $\mu_x^{(2)}$ 的确定性约束函数响应值 $g_1^{(2)}[\mu_x^{(2)}]$ 大于 0，因此 $\mu_x^{(2)} \leqslant x_A$ 为确定性优化中焦元 1 对应的可行域。类似地，焦元 2 对应可行域 $\mu_x^{(2)} \leqslant x_B$。由于确定性优化中各个焦元所对应的确定性约束条件都必须满足，且 $x_A \leqslant x_B$，因此确定性优化的可行域为 $\mu_x^{(2)} \leqslant x_A$。在可行域中，$C$ 为优化问题的最优点，该点使得确定性目标 $\max\{f_1^{(2)}, f_2^2\}$ 最小。

在 $\mu_x^{(2)*}$ 点进行不确定性分析，可得目标失效似然性和约束失效似然性分别为

0.2166 和 0.0115，两者都得到有限降低。重复上述步骤，经过 9 个循环后便满足了收敛条件，收敛曲线如图 16-17 所示，表 16-1 给出了优化结果，以及采用 SOMUA 与传统优化——不确定性分析嵌套优化求解时，调用目标函数与约束函数的次数，它们分别为 2275 和 169724。显然，SOMUA 方法具有优势，参考文献［829］在国内率先实践了一种求解混合不确定性问题的优化方法，很值得进一步研究与推广。但是也应该看到，尽管 SOMUA 方法与传统优化方法相比能够降低计算复杂度，但该方法的计算成本仍然很高。在确定性优化中，原来不确定性目标被转换为与认知不确定性变量联合分布焦元总数相同的确定性子优化目标，每个可靠性约束条件也转换为与焦元总数相同的确定性不等式约束条件。随着认知不确定性焦元总数的增多，确定性优化问题的求解复杂度将大大增加，由此就会降低 SOMUA 方法的求解效率。因此，深入研究与发展在焦元数量较多情况下的不确定性优化目标与约束条件的转换方法还十分必要。

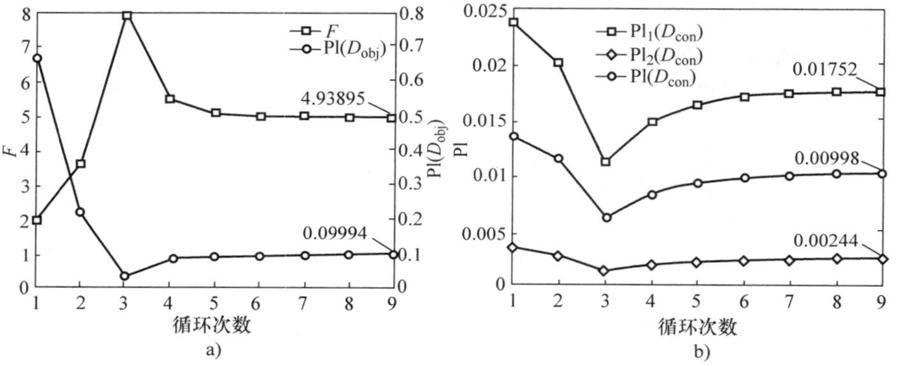

图 16-17 采用 SOMUA 求解时的收敛曲线

a）优化目标及目标失效似然性 b）约束失效似然性及子似然性

表 16-1 两种算法的优化结果比较

参数	SOMUA 方法	传统嵌套方法
x	−2.60076	−2.60073
PI（F_{con}）	0.00998	0.01001
F	4.93895	4.93891
PI（F_{obj}）	0.09994	0.09997
目标与约束函数调用次数	2275	169724

4. MDF 的功能

多学科可行（maltiple discipline feasible，MDF）方法是求解 MDO 问题最直接的方法，该方法在优化搜索过程中，每一步迭代都进行一次系统多学科分析，联立求解学科状态方程组，获取该搜索点设计变量对应的多学科相容解，要求设计变量和状态变量满足所有学科状态方程[73]。MDF 优化问题的数学表述为

$$
\begin{cases}
\text{find } \boldsymbol{X} \\
\min f \\
\text{s. t. } \boldsymbol{g} \geqslant 0, \boldsymbol{Y}_i = CA_i(\boldsymbol{X}_i, \boldsymbol{Y}_{\cdot i}), i = 1,2,\cdots,N_{\mathrm{D}} \\
\qquad \boldsymbol{X}^{\mathrm{L}} \leqslant \boldsymbol{X} \leqslant \boldsymbol{X}^{\mathrm{U}} \\
\qquad \boldsymbol{X} = \cup \boldsymbol{X}_i, \boldsymbol{Y} = \cup \boldsymbol{Y}_i, f \in \boldsymbol{Y}, \boldsymbol{g} \subseteq \boldsymbol{Y}
\end{cases} \tag{16-146}
$$

因这种方法需要在每一个迭代点进行系统分析，这就导致了巨大的计算复杂度。另外，系统分析时还需要处理多学科之间信息的交互，增大了多学科分析的组织难度。因此，MDF 方法不适合大型复杂工程的应用问题。

5. CSSO 过程的功能

并行子空间优化（concurrent subspace optimization，CSSO）过程是 1988 年 Sobieski 提出的用于解决非层次系统 MDO 问题的一类方法[31]。该方法通过求解全局敏感性方程（global sensitivity equation，GSE）实现学科解耦合并行优化，同时通过系统协调优化子空间的交叉影响系数去保持各学科方案的相容性。1996 年，Sobieski 和 Batill 提出了基于响应面（response surface，RS）的并行子空间优化过程（CSSO－RS），提高了优化效率。

6. CO 过程的功能

协同优化（collaborative optimization，CO）过程首次于 1994 年由参考文献［75］提出，其优化过程分为系统层（又称系统级）和学科层（学科级）双层结构，图 16-18 所示为 CO 过程的基本流程框图。标准的 CO 过程由系统优化和学科优化两部分组成，其主要步骤如下：

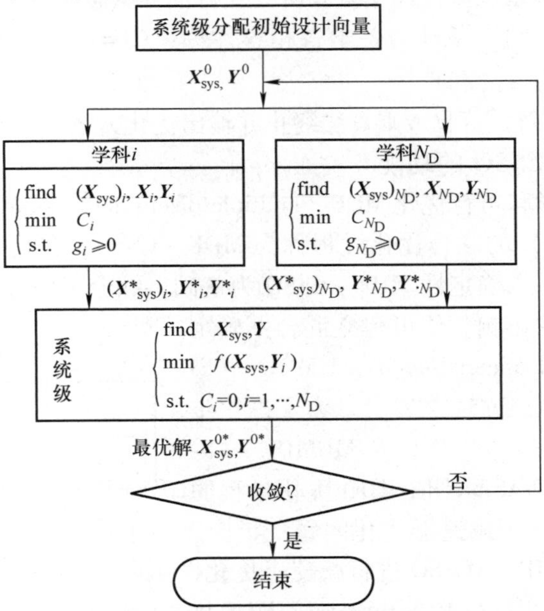

图 16-18　CO 过程的基本流程框图

1）初始化。即给系统级设计变量 $\boldsymbol{X}_{\text{sys}}^{0}$ 和耦合状态下变量 $\boldsymbol{Y}^{0}$ 赋值。

2）系统层将 $\boldsymbol{X}_{\text{sys}}^{0}$ 和 $\boldsymbol{Y}^{0}$ 传给各学科。

3）学科并行优化。学科 i 优化问题的数学表述为

$$\begin{cases} \text{find } (\boldsymbol{X}_{\text{sys}})_i, \boldsymbol{X}_i, \boldsymbol{Y}_{\cdot i} \\ \min C_i = \|(\boldsymbol{X}_{\text{sys}})_i - (\boldsymbol{X}_{\text{sys}}^{0})_i\|_2^2 + \|\boldsymbol{Y}_{\cdot i} - \boldsymbol{Y}^{0}_{\cdot i}\|_2^2 + \|\boldsymbol{Y}_i + \boldsymbol{Y}_i^{0}\|_2^2 \\ \text{s.t. } \boldsymbol{g}_i \geqslant 0; \boldsymbol{g}_i \subseteq \boldsymbol{Y}_i; \boldsymbol{Y}_i, \boldsymbol{Y}^{0}_{\cdot i} \subseteq \boldsymbol{Y}^{0}; (\boldsymbol{X}_{\text{sys}}^{0})_i \subseteq \boldsymbol{X}_{\text{sys}}^{0} \\ \boldsymbol{Y}_i = CA_i(\boldsymbol{X}_{\text{sys}}, \boldsymbol{X}_i, \boldsymbol{Y}_{\cdot i}) \end{cases} \tag{16-147}$$

式中，优化变量包括学科共享设计变量（系统级设计变量）在学科 i 的分量 $(\boldsymbol{X}_{\text{sys}})_i$、学科设计变量 $\boldsymbol{X}_i$ 和耦合输入学科 i 的状态变量 $\boldsymbol{Y}_{\cdot i}$；目标为相容性约束函数 C_i 最小，即使学科 i 优化变量取值与系统级分配下来的目标值差异最小；约束条件仅考虑本学科局部约束条件 $\boldsymbol{g}_i$，本学科输出状态变量通过学科分析 CA_i 计算获得；记学科 i 优化方案为 $(\boldsymbol{X}_{\text{sys}}^{*})_i$、$\boldsymbol{Y}_i^{*}$、$\boldsymbol{Y}^{*}_{\cdot i}$，并且将各学科优化方案上传给系统级。

4）系统级优化，其优化问题的数学表述为

$$\begin{cases} \text{find } \boldsymbol{X}_{\text{sys}}, \boldsymbol{Y} \\ \min f(\boldsymbol{X}_{\text{sys}}, \boldsymbol{Y}) \\ \text{s.t. } C_i = 0, i = 1, 2, \cdots, N_{\text{D}} \\ C_i = \|(\boldsymbol{X}_{\text{sys}})_i - (\boldsymbol{X}_{\text{sys}}^{*})_i\|_2^2 + \|\boldsymbol{Y}_{\cdot i} - \boldsymbol{Y}^{*}_{\cdot i}\|_2^2 + \|\boldsymbol{Y}_i - \boldsymbol{Y}_i^{*}\|_2^2 \\ \boldsymbol{Y} = \cup_{i=1 \sim N_{\text{D}}} \boldsymbol{Y}_i, \boldsymbol{Y}_{\cdot i} \subseteq (\cup_{i=1,\cdots,N_{\text{D}}, j \neq i} \boldsymbol{Y}_j), (\boldsymbol{X}_{\text{sys}})_i \subseteq \boldsymbol{X}_{\text{sys}} \end{cases} \tag{16-148}$$

式中，优化变量包括系统级设计变量和所有学科耦合状态变量；优化目标为使原优化目标函数值最小；约束条件为各学科相容性约束 $C_i = 0$，（$i = 1, 2, \cdots, N_{\text{D}}$）。记系统级优化方案为 $\boldsymbol{X}_{\text{sys}}^{0*}$ 和 $\boldsymbol{Y}^{0*}$。

5）判断是否收敛，若收敛则算法终止并输出优化方案；否则，返回步骤 2）。

7. MUMDF－CSSO 的功能

通常将单级多学科可行优化 MDF（multiple discipline feasible）和多级并行子空间优化（多级 CSSO）的联合优化过程称为 MDF－CSSO，它是一个确定性联合优化过程。另外，如果以确定性 MDF－CSSO 为基础，综合考虑客观随机不确定性和主观认知不确定性的影响，便可建立混合不确定性联合优化（mixed uncertainty based MDF－CSSO，MUMDF－CSSO）方法[830,831]。为了进一步深刻认识与理解 MDF－CSSO 以及 MUMDF－CSSO 方法，这里给出 NASA 评估 MDO 优化过程的 10 个标准算例之一——减速器优化问题[832,833]。首先，采用确定性 MDF－CSSO 进行减速器优化，该问题的物理结构如图 16-19 所示。该问题的数

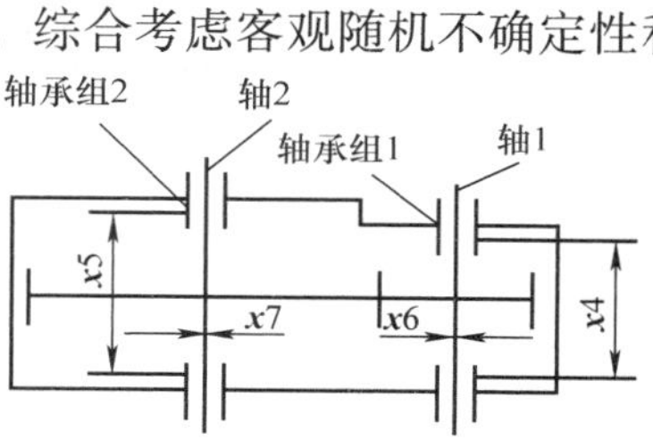

图 16-19　减速器设计优化问题的物理结构

学模型如下：

$$
\begin{cases}
\text{find } \boldsymbol{X} = (x_1, x_2, x_3, x_4, x_5, x_6, x_7)^{\mathrm{T}} \\
\min f(\boldsymbol{X}) = 0.7854x_1x_2^2(3.3333x_3^3 + 14.9334x_3 - 43.0934) \\
-1.5079x_1(x_6^2 + x_7^2) + 7.477(x_6^3 + x_7^3) + 0.7854(x_4x_6^2 + x_5x_7^2) \\
\text{s.t. } g_1 = 27.0/(x_1x_2^2x_3) - 1 \leqslant 0, g_2 = 397.5/(x_1x_2^2x_3^2) - 1 \leqslant 0 \\
g_3 = 1.93x_4^3/(x_2x_3x_6^4) - 1 \leqslant 0, g_4 = 1.93x_5^3/(x_2x_3x_7^4) - 1 \leqslant 0 \\
g_5 = A_1/A_2 - 1100 \leqslant 0, g_6 = A_3/A_4 - 850 \leqslant 0 \\
g_7 = x_2x_3 - 40.0 \leqslant 0, g_8 = x_1/x_2 \leqslant 12.0 \\
g_9 = -\dfrac{x_1}{x_2} + 5 \leqslant 0, g_{10} = (1.5x_6 + 1.9)/x_4 - 1 \leqslant 0 \\
g_{11} = (1.1x_7 + 1.9)/x_5 - 1 \leqslant 0 \\
A_1 = \left[\left(\dfrac{745.0x_4}{x_2x_3}\right)^2 + 16.9 \times 10^6\right]^{0.5}, A_2 = 0.1x_6^3 \\
A_3 = \left[\left(\dfrac{745.0x_5}{x_2x_3}\right)^2 + 157.5 \times 10^6\right]^{0.5}, A_4 = 0.1x_7^3 \\
2.6 \leqslant x_1 \leqslant 3.6, 0.7 \leqslant x_2 \leqslant 0.8, 17 \leqslant x_3 \leqslant 28 \\
7.3 \leqslant x_4 \leqslant 8.3, 7.3 \leqslant x_5 \leqslant 8.3 \\
2.9 \leqslant x_6 \leqslant 3.9, 5.0 \leqslant x_7 \leqslant 5.5
\end{cases}
\tag{16-149}
$$

减速器设计问题可分为三个学科[834]，学科 1 负责齿轮的设计，学科 2 和学科 3 分别负责两个轴承的设计。各个学科的设计变量、状态变量和约束条件如下：

学科 1：$\boldsymbol{X}_1 = (x_1, x_2, x_3)^{\mathrm{T}}, \boldsymbol{Y}_1 = (g_1, g_2, g_7, g_8, g_9, f, y_1)^{\mathrm{T}}$，$\boldsymbol{Y}_{.1} = (y_2, y_3)^{\mathrm{T}}$

学科 2：$\boldsymbol{X}_2 = (x_1, x_4, x_6)^{\mathrm{T}}$，$\boldsymbol{Y}_2 = (g_3, g_5, g_{10}, y_2)^{\mathrm{T}}$，$\boldsymbol{Y}_{.2} = (y_1)^{\mathrm{T}}$

学科 3：$\boldsymbol{X}_3 = (x_1, x_5, x_7)^{\mathrm{T}}$，$\boldsymbol{Y}_3 = (g_4, g_6, g_{11}, y_3)^{\mathrm{T}}$，$\boldsymbol{Y}_{.3} = (y_1)^{\mathrm{T}}$

其中　$f = 0.7854x_1x_2^2(3.3333x_3^2 + 14.9334x_3 - 43.0934) + y_2 + y_3$

$$y_1 = x_2x_3$$

$$y_2 = -1.5079x_1x_6^2 + 7.477x_6^3 + 0.7854x_4x_6^2$$

$$y_3 = -1.5079x_1x_7^2 + 7.477x_7^3 + 0.7854x_5x_7^2$$

采用 MDF－CSSO 方法经 23 次系统级分析和 868 次学科分析后，得最优点取值为

$$x_1 = 3.5,\ x_2 = 0.7,\ x_3 = 17,\ x_4 = 7.3,\ x_5 = 7.7153,\ x_6 = 3.3502,\ x_7 = 5.2867 \tag{16-150}$$

这时目标值 $f = 2994.355$。

另外，如果在设计中考虑随机与认知方面的影响，即除了考虑由于加工误差导致优

化变量具有随机不确定性外，还要进一步考虑减速器模型中由于信息不足导致模型参数具有认知的不确定性，因此这时可将约束g_5和g_6表述为

$$\begin{cases} g_5 = \dfrac{A_1}{A_2} - 1100 \leqslant 0 \\ g_6 = \dfrac{A_3}{A_4} - 850 \leqslant 0 \end{cases} \tag{16-151}$$

其中，

$$\begin{cases} A_1 = \left[\left(\dfrac{a_1 x_4}{x_2 x_3}\right)^2 + a_2 \times 10^6\right]^{0.5}, A_2 = a_3 x_6^3 \\ A_3 = \left[\left(\dfrac{a_1 x_5}{x_2 x_3}\right)^2 + a_4 \times 10^6\right]^{0.5}, A_4 = a_3 x_7^3 \end{cases} \tag{16-152}$$

假设模型参数a_1、a_2、a_3和a_4具有认知不确定性，分布如下：

$$\begin{gathered} a_1 \in [740.0, 750.0], a_2 \in [16.5, 17.5], \\ a_3 \in [0.09, 0.11], a_4 \in [157, 158] \end{gathered} \tag{16-153}$$

a_1、a_2、a_3和a_4在其取值区间内的 BPA 赋值为 1，于是减速器优化问题可重新表述为

$$\begin{cases} \text{find } \boldsymbol{\mu}_{\mathbf{X}} = (\mu_{x1}, \mu_{x2}, \mu_{x3}, \mu_{x4}, \mu_{x5}, \mu_{x6}, \mu_{x7})^{\mathrm{T}} \\ \min F \\ \text{s. t. } \mathrm{Pl}\{f > F\} \leqslant 10\% \\ \mathrm{Pl}\{g_i > 0\} \leqslant 1\%, 1 \leqslant i \leqslant 11 \\ 2.6 \leqslant \mu_{x1} \leqslant 3.6, 0.7 \leqslant \mu_{x2} \leqslant 0.8, 17 \leqslant \mu_{x3} \leqslant 28, 7.3 \leqslant \mu_{x4} \leqslant 8.3 \\ 7.3 \leqslant \mu_{x5} \leqslant 8.3, 2.9 \leqslant \mu_{x6} \leqslant 3.9, 5.0 \leqslant \mu_{x7} \leqslant 5.5 \end{cases} \tag{16-154}$$

式中，目标失效似然性要求不超过 10%，约束失效似然性要求不超过 1%。使用 MUMDF－CSSO 方法优化，得到最优变量期望值为：$\mu_{x1} = 3.505$，$\mu_{x2} = 0.7$，$\mu_{x3} = 17$，$\mu_{x4} = 7.3$，$\mu_{x5} = 7.9348$，$\mu_{x6} = 3.4949$，$\mu_{x7} = 5.4856$。

16.8 航空发动机整机优化的策略和主要框图

16.8.1 飞机与发动机一体化设计参数及优选设计方案

飞机与发动机一体化设计问题在国外，尤其是波音公司、麦道公司早在 20 世纪 70 年代便已用于实际的设计与分析之中[835]。例如，空中客车公司利用 MDO 技术对 A380 机翼进行优化，使飞机起飞质量减小了 15900kg；GE 公司利用 MDO 技术在两个月内完成 GE90 涡扇发动机的改进设计，最终使每台 GE90 发动机的质量减小了 113kg，成本降低了 25 万美元。从目前公开发表的文献看，NASA Langley

研究中心开发的飞行优化系统（flight optimization system，FLOPS）[836]也非常具有代表性，它将飞机和发动机作为一个整体来进行匹配研究，从而得到满足飞行任务和评价指标的最佳飞机与发动机一体化设计方案。典型的飞机与发动机的任务分析及一体化优化流程框图如图 16-20 所示[837]。

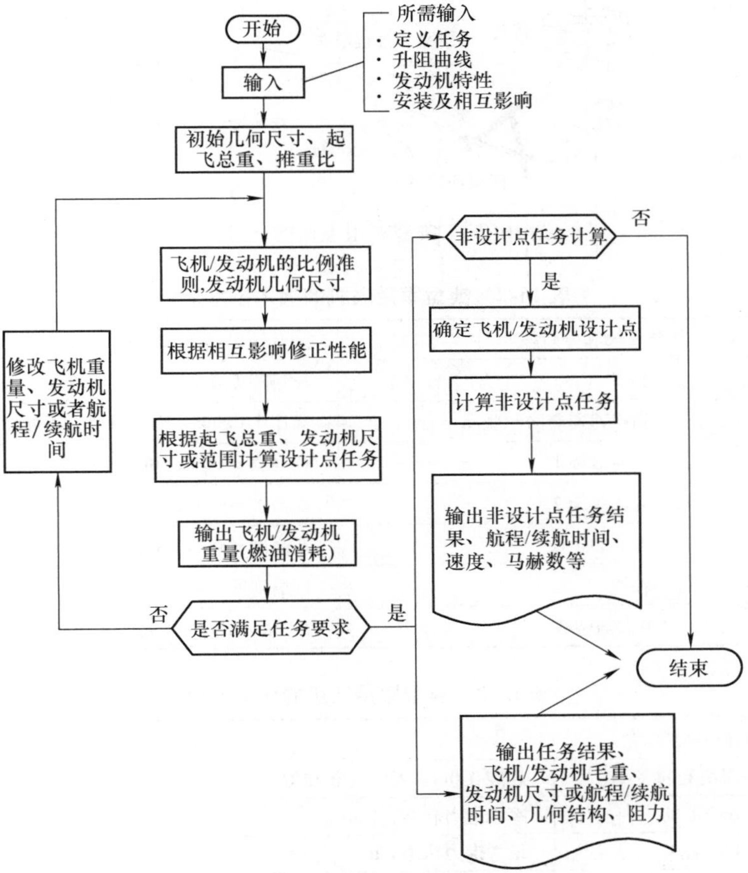

图 16-20　飞机与发动机的任务分析及一体化优化流程框图

航空发动机是飞机的关键部件之一，它是飞机的心脏。航空发动机的设计必须要考虑飞机的用途，军用飞机还要考虑飞机的战术技术指标和任务剖面。以下给出一个军用飞机与发动机一体化主要设计参数的优选分析的算例。首先，讨论军用飞机与发动机一体化主要设计参数的优选问题。图 16-21 所示为典型军用飞机的任务剖面，表 16-2 和表 16-3 分别给出了典型军用飞机的战术技术指标和飞行任务剖面。另外，飞机和发动机的设计优化参数由表 16-4 给出。通常，飞机的性能要求都可以转换成一个由飞机起飞推重比和翼载来描述的约束边界条件，如图 16-22 所示。

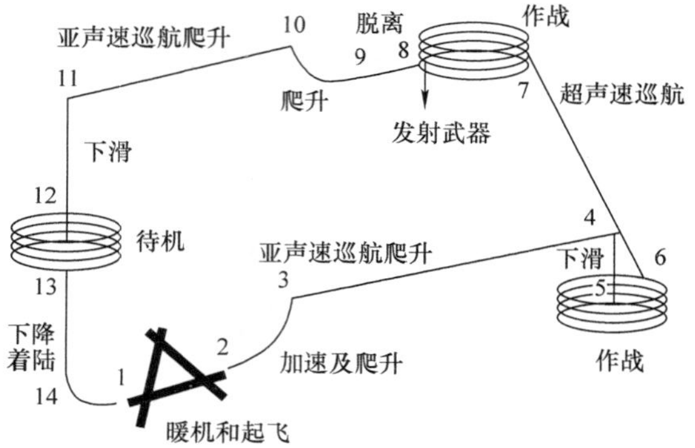

图 16-21　典型军用飞机的任务剖面

表 16-2　典型军用飞机的战术技术指标

任务航段和分航段		要求的飞机性能
1~2	起飞	机场高度 0m，大气温度 15℃，起飞距离≤500m
6~7 和 8~9	超声速速突防和脱离	高度 11000m，$Ma_0=1.5$，不加力
7~8	战斗盘旋 1	在高度 9000m，$Ma=1.6$ 时，$n_f=4.5$
	战斗盘旋 2	在高度 9000m，$Ma=0.9$ 时，$n_f=4.5$
	水平加速性	在高度 9000m，$Ma=0.8\sim1.6$ 时，$t\leqslant50$s
13~14	着陆	机场高度 0m，大气温度 15℃，着陆距离≤500m
最大马赫数		2.0Ma/11000m，最大推力状态

表 16-3　典型军用飞机的任务剖面

任务航段和分航段		条件
1~2	暖机和起飞	高度 0.0m，大气温度 15℃
	A—暖机	军用推力状态，1min
	B—加速	最大推力状态，$\mu_{TO}=0.05$
	C—抬前轮	最大推力状态，$t_R=3$s，M_{TO}
2~3	加速和爬升	最小时间爬升路线
	D—加速	M_{TO}到 M_{CL}高度，15℃，军用推力
	E—爬升/加速	M_{CL}（0 高度，15℃）到 BCM（最佳巡航马赫数）/BCA（最佳巡航高度），军用推力
3~4	亚声速巡航爬升	BCM/BCA，爬升和本段巡航爬升加在一起总航程为 850km
4~5	下降	BCM/BCA 到 M_{CAP}/9000m
5~6	作战空中巡逻	20min，高度 9000m
6~7	超声速突防	高度 11000m

（续）

任务航段和分航段		条件
6～7	F—加速	M_{CAP}到 $Ma=1.5/11000$m，最大推力状态
	G—突防	$Ma=1.5$，航程 150km，不加力
7～8	作战	高度 9000m
	H—盘旋 1	$Ma=1.5$，过载为 4.5g 的 360°稳定盘旋一圈，加力
	I—盘旋 2	$Ma=0.9$，过载为 4.5g 的 360°稳定盘旋两圈，加力
	J—加速	Ma 为 0.8～1.6，$\Delta t \leqslant 50$s，加力
	发射武器	高度 9000m，$Ma=1.6$，发射两枚空对空导弹并发射一半炮弹
8～9	脱离冲刺	高度 11000m，$Ma=1.5$，航程 150km，不加力
9～10	最小时间爬升	高度 9000m，$Ma=1.5$ 到 BCM/BCA
10～11	亚声速巡航爬升	BCM/BCA，总航程 850km
11～12	下降	BCM/BCA 到 $M_{loiter}/3000$m
12～13	待机	$M_{loiter}/3000$m，20min
13～14	下降和着陆	$M_{loiter}/3000$m→优化高度 0.0m，大气温度 15℃

表 16-4　飞机与发动机一体化性能设计参数

序号	设计参数名称	序号	设计参数名称
1	发动机涵道比	5	机翼展弦比
2	压气机总增压比	6	机翼相对厚度
3	节流比	7	机翼尖削比
4	加力燃烧室总温	8	前缘后掠角

飞行起飞时的总质量m_{TO}为目标值，并且以能满足战术技术指标并使飞机起飞总质量最小的方案为最佳方案。m_{TO}的经验表达式为

$$m_{TO}=\frac{m_1+m_2+m_3+m_4+m_5}{1-K_k-K_T} \tag{16-155}$$

式中，m_1、m_2 和m_3 分别为通用设备质量、专用设备质量和动力装置质量；m_4 和m_5 分别为有效载荷质量和飞机正常起飞情况下所携带的导弹、干扰弹、炸弹等质量；K_T 为飞机机内的燃油质量系数，其定义为

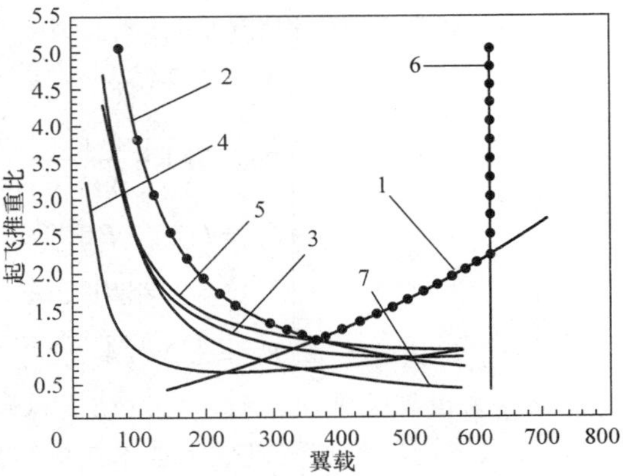

图 16-22　约束边界条件

1—起飞　2—超声速突防和脱离　3—战斗盘旋 1　4—战斗盘旋 2　5—水平加速　6—着陆　7—最大马赫数飞行

$$K_T = K_F - K_E \tag{16-156}$$

其中K_F为飞机完成飞行任务所需燃油的质量系数；K_E为飞机内部超载油和外挂油箱的燃油质量系数；K_k为飞机结构的质量系数，其表达式为

$$K_k = \left[\frac{0.119 \cdot (\cos\chi_0)^{0.6} \cdot (S \cdot AR)^{0.25}}{(100C)^{0.5}} + \frac{0.06}{(m_{TO}/S)^{0.25}}\right](1 + 0.055\lambda_f) \tag{16-157}$$

式中，AR为机翼展弦比；λ_f为机身长细比；C为机翼相对厚度；χ_0为飞机机翼前缘后掠角。

在式（16-155）中，m_1、m_2、m_4、m_5事先给定，而m_3、K_k和K_T则由计算得出。经整理后，式（16-155）又可改写为

$$m_{TO} = (K_F + K_k + \alpha_1) \cdot m_{TO} + \alpha_2 m_{31} + \text{const} \tag{16-158}$$

式中，α_1与α_2为确定的系数，m_{31}为发动机净质量，K_k由飞机和发动机参数共同决定，K_F则需要通过完成整个飞机任务剖面的计算来获得。

令机翼总面积为S，起飞翼载为m_{TO}/S，令L_{wing}、BW、L_φ和H分别为机翼展长、机身宽度、机身长度和机身高度，它们的表达式分别为

$$\begin{cases} L_{wing} = \sqrt{S \cdot AR} \\ BW = 3.0\ D_{ENG} \\ L_\varphi = 6.0 + 6.77\ D_{ENG} + L_{ENG} \\ H = 1.8\ D_{ENG} \end{cases} \tag{16-159}$$

式中，L_{ENG}和D_{ENG}分别为发动机长度和发动机风扇直径。

令A_b、S_E、L_E、A_{max}和F_φ分别为机身底部面积、外露机翼面积、外露机翼展长、机身最大横断面面积和机身浸润面积，它们的表达式分别为

$$\begin{cases} A_b = 2.2A_{ENG} \\ S_E = S\left(1 - \dfrac{\lambda_{TR} - 1}{\lambda_{TR} + 1}\dfrac{BW}{L_{wing}}\right)\left(1 - \dfrac{BW}{L_{wing}}\right) \\ L_E = L_{wing} - BW \\ A_{max} = 0.78BW \cdot H \\ F_\varphi = 3.2\ \sqrt{A_{max}L_\varphi} \end{cases} \tag{16-160}$$

式中，λ_{TR}为机翼尖削比；A_{ENG}为发动机风扇面积。

在确保飞行任务和飞机战术技术指标得到满足的前提下，实现飞机起飞总质量最小的要求，可通过图16-23的优化框图获得。对于本算例，表16-5给出了飞机与发动机设计参数的优化结果。

表中BPR、π_k、T_7^*和TR分别为涵道比、压气机总增压比、加力燃烧室总温和节流比（即发动机工作中的最高允许涡轮前温度与地面起飞涡轮前温度之比）；

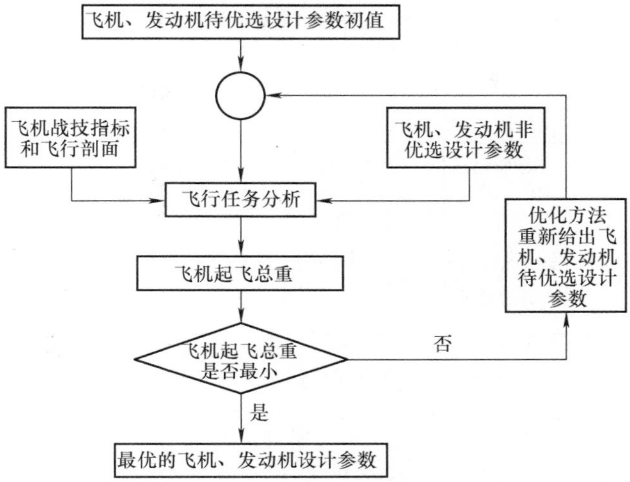

图 16-23　设计优化流程框图

AR、C、χ_0和λ_{TR}分别为机翼展弦比、机翼相对厚度、机翼前缘后掠角和机翼尖削比。根据表 16-5 中的数据可得到飞机起飞的总质量为 20938.3kg，发动机起飞推重比为 11.6，飞机起飞时推重比 1.07，飞机翼载 358.8。

表 16-5　飞机与发动机设计参数的优化结果

BPR = 0.40	π_k = 30.0	T_7^* = 2100.0	TR = 1.07
AR = 2.8	C = 0.045	χ_0 = 50.0	λ_{TR} = 0.15

16.8.2　系统级及主要子系统的优化器

混合排气涡扇发动机（简称加力涡扇发动机）整机系统主要由进气道、风扇、压气机、燃烧室、高低压涡轮、混合器、加力燃烧室和尾喷管组成，而分开排气式涡轮风扇发动机（简称分排涡扇发动机）主要由进气道、风扇、低压压气机、高压压气机、燃烧室、涡轮、内涵尾喷管以及外涵道、外涵尾喷管等组成。在 MDO 中，学科（discipline）是一个非常抽象的概念。以发动机为例，学科既可以指热力循环分析、气动、燃烧、传热、结构、强度计算、振动计算及寿命计算分析在内的八个学科，也可以指系统的实际物理部件或分系统。本节将发动机部件作为子系统、即作为 discipline，其系统层次结构如图 16-24 所示。这种进行系统划分的优点是便于充分发挥各部件长期积累的研制经验，而且直观、清晰。为了进一步阐述图 16-24 中各个模块优化器的功能，以下仅对发动机总体级（即系统级）优化器和部件级（仅选取压气机、燃烧室和涡轮三大部件）优化器的功能进行说明。

1. 发动机总体级模块设计优化器

发动机总体级模块设计优化器（简称发动机总体优化器），其功能是寻找最佳

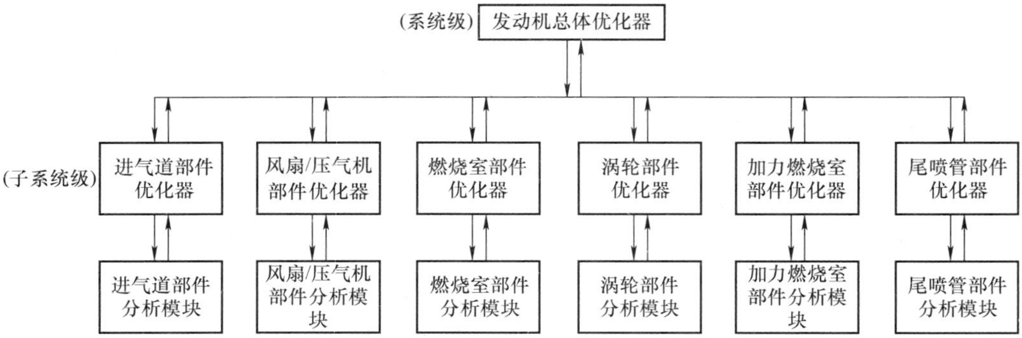

图 16-24　航空发动机的系统层次结构

匹配的发动机各截面热力循环参数，以达到最高的推重比以及最低的耗油率，并且向发动机各部件分配/协调指标，而部件级优化器主要是在保证部件安全工作的前提下通过优化提高其效率，并满足总体分配的指标。

发动机总体级的优化框图如图 16-25 所示。其中，热力循环分析模块包括设计

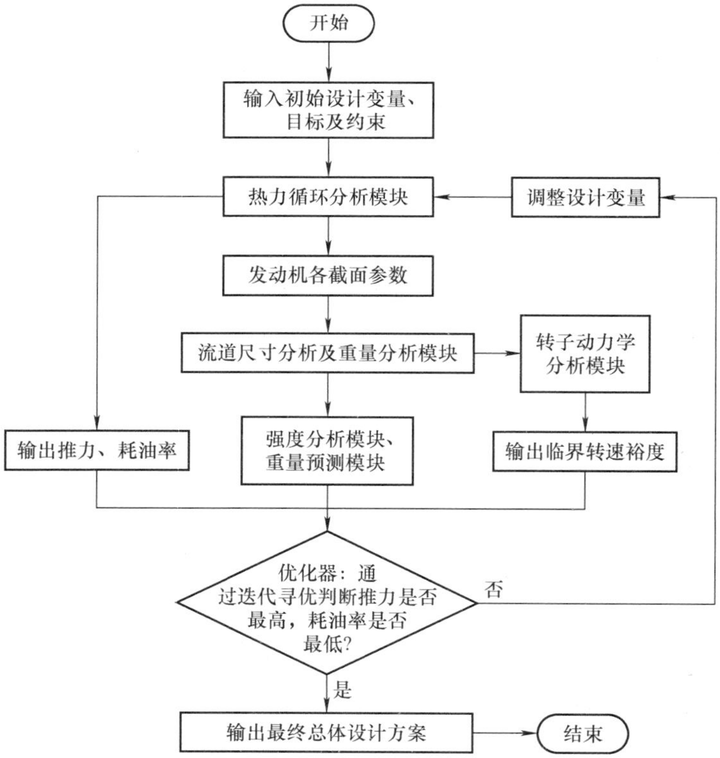

图 16-25　发动机总体级优化框图

点循环分析模块和非设计点循环分析模块，流道尺寸分析模块、发动机自重预测模块、强度分析模块以及转子动力学分析模块也由图 16-25 给出。发动机总体级优化器的优化属于多目标，对于确定性多学科优化问题，可采用 Nash – Pareto 优化策略与算法，也可以采用基于 NSGA 的多目标进化算法；对不确定性多学科优化问题，可采用本章第 16.7 节所给的不确定性多学科优化方法。

2. 压气机部件设计优化器

经典的压气机优化器框图如图 16-26 所示。其中，压气机部件优化数学模型的目标函数是压气机部件计算所得到的压气机流量、压比与系统总体所分配值的相差最小；优化设计变量为压气机压比、轴流压气机进口轴向速度、轴流压气机出口轴向速度、压气机叶片根部特征厚度以及轮心厚度等变量；约束条件有压气机喘振裕度、压气机轴向长度、压气机叶片最大当量应力、叶轮子午截面平均周向应力、轮心厚度以及自重等约束条件。应指出的是，这里的初始设计阶段指根据流量、压比、效率和稳定裕度等参数，采用平均半径处的速度三角形以及经验关系去确定压气机的级数、级压比、效率、子午面流道及各排叶片数等，并且进一步估算质量；压气机的喘振裕度是基于一维计算的，而且S_2 流面反问题计算仅为广义二维问题，因此由图 16-26 经典压气机优化器的框图得到的结果是很近似的。事实上，压气机部件设计的基本问题，应该归纳为单叶片三维设计、机匣三维设计、单叶片排三维

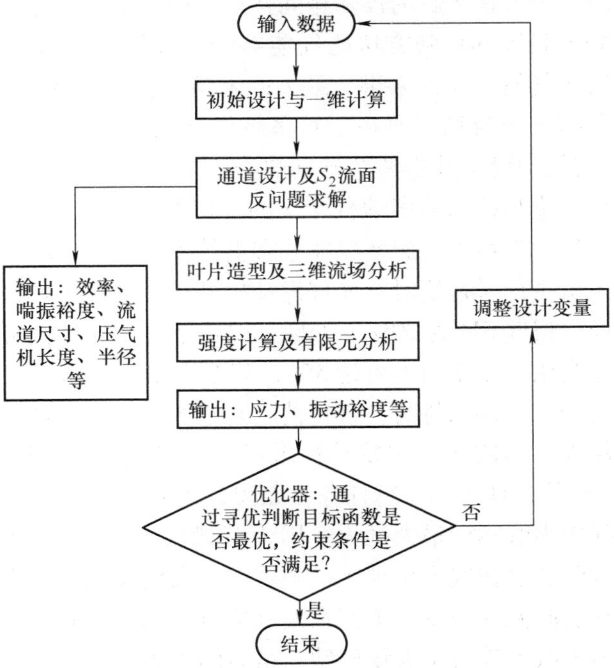

图 16-26　经典的压气机优化器框图

流场计算与三维设计（静叶排、动叶排）、单级压气机三维流场计算与设计以及多级压气机三维流场计算与设计等问题，如图16-27所示。在压气机设计中，叶片造型、气动分析、强度计算、寿命估算和振动分析以及压气机的气动稳定性分析是设计中必然会遇到的关键问题，因此压气机部件的设计与优化十分复杂，绝对不是一件轻松的事。以压气机的三维流场计算为例，压气机内部存在着十分复杂的多尺度流动结构，这其中包括小尺度叶尖泄漏流、小尺度激波与激波/边界层干扰、中等尺度三维角区的分离结构以及多尺度湍流结构等，这些流动结构和多尺度的特征直接影响压气机的性能和稳定性，以及流场数值计算时网格尺度的分布。以网格尺度为例，在高雷诺数流动的LES计算中，网格主要集中在固壁附近的小尺度湍流结构，这些湍流结构所需网格通常要与雷诺数的13/7次方成正比，可见所需网格量很大。因此，目前人们对这类流场的计算多采用RANS/LES混合算法。例如，在$y^+ < 100$的近壁区域采用RANS方法以节省计算资源，在其他大部分区域，则用LES方法以便准确地预测湍流流场。另外，在压气机的气动设计中，采用RANS（或者LES）和Jameson提出的伴随方法时，可以高效地、精确地得到正问题或者反问题单叶排（静叶排或动叶排）三维解，但是当利用上述控制方程和伴随方法求解单级压气机的正问题或者反问题时，就遇到了动静叶排交界面处理上的困难。对于这一困难，一直到2008年，牛津大学何力教授团队基于Denton的叶排间掺混面思想提出了封闭伴随方程求解的伴随排间掺混界面方法之后才得到了解决。应当讲，现在使用RANS/LES和伴随方法已经能够进行多级压气机正问题或反问题的求解，但对于多级压气机的设计来讲，最大的困难不在于用N－S方程去求解一个多级压气机正问题的三维流场，而在于对多级压气机及风扇气动稳定性的精确预测。风扇/压气机的气动稳定性是涉及气动热力学、运动稳定性理论、控制理论与技术、压气机设计理论与技术的多学科交叉的一门综合学科。在实际飞行过程中，当发动机的压气机气动失稳进入旋转失速或喘振等不稳定工作状态时所造成的危害可能极大，因此飞机飞行时是绝对不允许发动机处于不稳定工作状态的。目前，军用航空发动机的稳定裕度SM为20%～25%，这就意味着压气机可提供的最大增压能力没有得到充分利用，效率损失可达3%，甚至更多。当前，军用航空发动机的发展趋势：压气机的压比越来越高，级负荷越来越大，工作条件越来越恶劣，气动设计的难度越来越大。第四代军用发动机风扇和压气机的平均级压比已分别达到1.7和1.5左右。另外，现实的飞行任务，如舰载机要求其发动机具有很好的加速性，需要在短时间内很快达到最大推力。因为舰载机在起飞和着舰时飞行攻角大，采用蒸汽弹射装置时还会在舰上出现大量的蒸汽，致使飞机进气道出口产生大的总压畸变和吞入蒸汽引起温度畸变。美国在发展舰载机时，曾针对A－7飞机两种涡扇发动机的弹射蒸汽吸入进行了大量试验，试验结果表明，发动机气动失稳次数占起飞次数的14.3%～22.4%，因此舰载机对发动机的加速性和抗畸变（包括温度畸变、压力畸变等）能力提出了更加苛刻的要求。

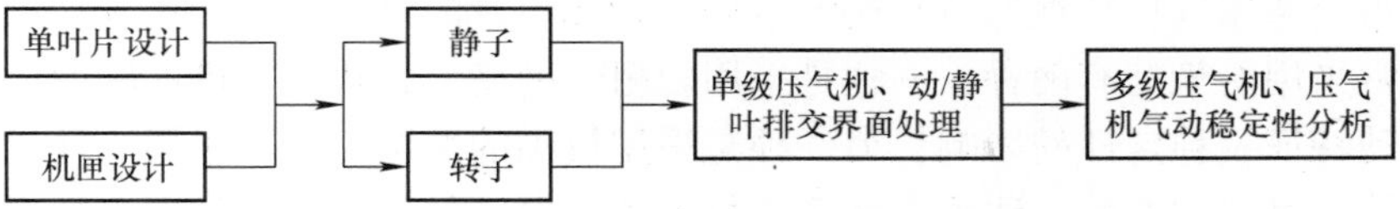

图 16-27　压气机气动设计的基本问题及设计框架

对于大型运输机，除了存在与上述发动机类似的稳定性问题，因其必须满足野外机场起降以及沙漠地区起降的特殊需要，需要研究由于沙尘吸入而导致的另一类畸变对发动机稳定性所产生的影响。

这里必须说明的是，发动机的稳定性问题是目前国际学术界迄今尚未真正解决的技术难题，尽管自 20 世纪 70 年代以来，美、英以及苏联等国下大气力进行了研究，但进展不大。以压气机稳定边界预测方法的研究进展为例，目前主要的预测方法可分四类：①稳定性判据；②稳定性分析；③失稳动态过程预测；④CFD 方法。以基于动态过程的稳定性分析方法的研究进展为例，早在 20 世纪 70 年代，Takata 和 Nagano 就建立了分析有限扰动的压气机旋转失速非线性模型，但这个模型是建立在二维不可压缩流场的基础上的。20 世纪 80 年代，Cumpsty 和 Greitzer 在 Fabri 模型的基础上建立了对失速团边界压升变化进行估算的物理模型；Moore 借助 Fourier 级数表达速度扰动，发展了预测多级旋转失速特性的非定常模型[838-840]；1976 年，Greitzer 发展了一个描述压气机系统喘振和旋转失速动态过程的一维非定常非线性模型，并提出了判别系统失速类型的 Greitzer - B 参数。在 Moore 模型和 Greitzer 模型的基础上，Moore 和 Greitzer 合作于 1985 年提出了二维非定常不可压缩线性模型[841,842]。毫无疑问，该模型是那个时期进行压气机气动稳定性数值模拟和理论分析研究的重要成果。

对于预测畸变条件下压气机稳定性问题的可压缩流动模型，目前仍采用非定常 RANS 数值模拟方法。其实使用这类方法所面临的困难是很大的：

1）压气机在畸变条件下，各种不同尺度的非定常扰动都会显现出来，这就导致非定常扰动尺度范围过大。一方面，进气气流畸变是以压气机直径为特征尺寸的大尺度非定常扰动，求解畸变流场就要求计算压气机整个环面所有通道中的非定常流动；另一方面，为了正确估算黏性作用，还需要求解比边界层尺度还小的扰动，如对于高雷诺数、小尺度扰动的长度可达到几十微米的量级，因此精细网格与压气机全环面多通道计算便使得计算网格的数量惊人。

2）对计算机资源的高要求就不止包含内存，也包含 CPU 计算时间和计算效率。例如，采用雷诺平均 N - S 方程加湍流模型或者采用大涡模拟求解时，要对整台压气机所有通道进行联合计算。由于压气机为多级结构，以某三级风扇为例，动、静叶片排通道总共有 278 个通道，假设每个通道 20 万网格，再加上进、出口流道网格各 200 万，于是总网格高达 5960 万。这么大的内存即使采用机群并行计算要获得一条压气机特性的等转速线也得花费几个月的时间。鉴于这种情况，目前国际上常采用的策略有两种：一种是采用较粗的网格，大致观察进气畸变对压气机内部流动特征及稳定性的影响；另一种是采用较细的网格但并不采用压气机整环通道的计算。虽然这两种方法可使计算进行下去，但结果的可靠性和准确性有待进一步去研究和进行大量的试验摸索经验。

在目前的计算条件下，一种可行的、能够描述进气畸变对压气机气动稳定性影响的方案是彻体力模型。目前该模型已发展了多种形式，一种是基于激盘/半激盘的彻体力模型，以 Hale 和 O'Brien 等人提出的 DYNTECC 为代表[843-845]；另一种是基于通道平均的三维彻体力模型，以 Hale 和 Davis 提出的 TEACC 为代表[846]；还有一种是三维非定常黏性彻体力模型，以 2003 年 Xu L 提出的为代表[847]。从计算与试验结果的比较来看，这类彻体力模型很值得进一步去推广与完善。

综上所述，多级压气机的设计是正在研究与发展的高新技术，尤其是压气机气动稳定性的分析与稳定裕度的精确预测，因此一个较理想的多级压气机设计的优化器还有待于进一步去研究、发展与完善。

3. 燃烧室部件设计优化器

在航空发动机中所发生的燃烧现象总是伴随着燃料烧烧所发生的强烈快速化学反应、混合气体的湍流流动、气体之间以及燃气与燃烧室之间发生的传热与传质现象，所有的这些作用导致了在燃烧室中的流动属于多相、多尺度、多组分复杂的物理化学过程。另外，在上述过程中，也涉及燃料的雾化、蒸发与燃烧等多种复杂的物理化学过程。因此，燃烧室的设计问题涵盖了化学动力学、流体力学、热力学、传热传质学及燃烧学等众多学科，它的设计理论与压气机部件以及涡轮部件的设计相比仍然缺乏完善的系统理论指导。图 16-28 所示的常规燃烧室部件优化器框图是很初步的，而且仅限于确定性的优化问题，对于不确定性的优化这里还没有考虑。在图 16-28 中，对燃烧室部件优化时，其目标函数为部件计算所得的燃烧室总压恢复系数、燃烧效率与系

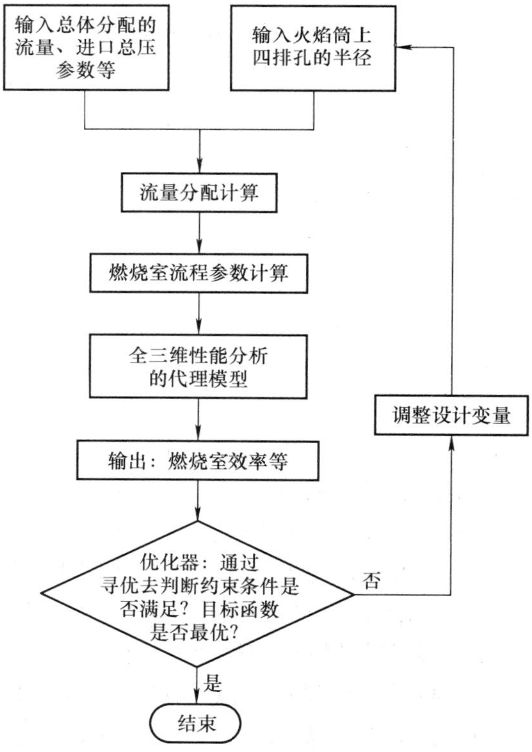

图 16-28　常规燃烧室部件优化器的框图

统总体分配相应值的差值为最小；优化设计变量为燃烧室前主燃孔、后主燃孔、前掺混孔以及后掺混孔的半径共四个变量；约束条件为燃烧室出口截面燃气温度分布系数、燃烧室出口径向温度分布系数以及四个孔径取值范围所满足的规定要求等。图 16-29 所示为燃烧数值计算时所涉及的方程与模型。它属于三维两相燃烧流场模型，其中流动控制方程为多组分化学反应流，含有连续方程、动量方程、能量方程、化学组分方程、封闭湍流模型（如 $K-\varepsilon$ 双方程湍流模型）、碳－氢燃料燃烧时发生的两步反应系统化学反应模型，以及反映化学反应/湍流相互作用过程的 EBU－Arrhenius 湍流燃烧模型等重要方程和模型。另外，计算时还有计算火焰筒壁温升高的辐射换热模型及计算液体燃料的雾化、蒸发与燃烧的模型（简称离散相模型或称液雾燃烧模型）等。目前，辐射换热模型多采用六通量辐射换热模型；液雾燃烧模型有双流体模型、颗粒轨道模型等。为了获得燃料颗粒的运动轨迹、直径和温度的变化规律，颗粒运动和变化过程与气相的相互作用和相互影响可采用 PSIC（particle source in cell）方法描述。在燃烧的数值计算中，对于两相化学反应流场的计算，应先求解气相控制方程组，得到燃烧室内的气流速度与压强分布；然后再去求解液相控制方程组，并进行气－液两相耦合、迭代；最后得到燃烧室内燃气的速度、压强和温度场等的分布。

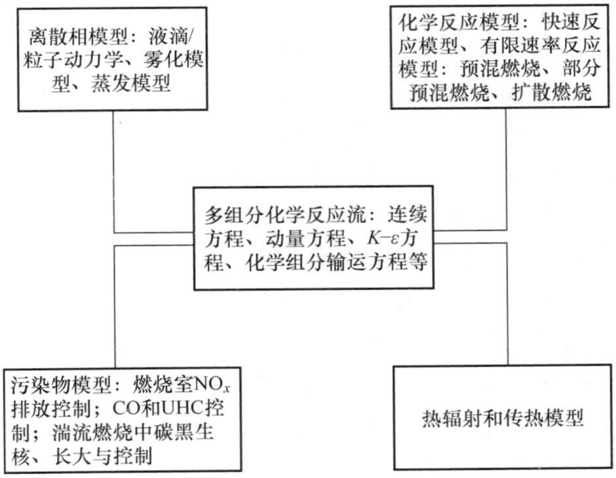

图 16-29　燃烧数值计算的方程与模型

在图 16-28 中，所谓代理模型指在调整燃烧室的前主燃孔、后主燃孔、前掺混孔和后掺混孔时选用正交试验法，例如，取四因素三水平的正交试验设计，用 L_{16} 正交表安排试验点进行三维 CFD 计算，得到训练样本点以便用于响应面模型来建立代理模型与分析。

尽管上面讲述了一系列方程和相关的处理方法去完成图 16-28 所示的优化过程，但上面还有一个影响精度的重要因素没考虑，即如何才能寻找到煤油的简化化学机理模型，使航空煤油燃烧的计算精度得到提高。在航空发动机燃烧室中，航空煤油液雾燃烧反应过程十分繁杂，碳-氢燃料与氧的化学反应过程非常复杂，其具体反应过程包含几百个组分和上千个基元反应[848]，目前在应用中一般把航空煤油用单组分$C_{12}H_{23}$作为其替代燃料，所采用的化学反应机理一般为单步化学反应机理或者简单多步化学简化机理，这样做虽然可以对燃烧室的温度场以及进出口温升等进行一定程度的预测，但无法对燃料的点火过程以及燃烧过程中各种重要中间生成物的产生和消耗进行准确的预估，特别是判断火焰位置的 OH 以及最高燃烧温度的准确预估，因此这就制约了发动机燃烧室的准确设计和优化过程。近年来，国内外许多学者对航空煤油替代燃料进行了大量研究，提出了很多航空煤油的单组分或多组分替代燃料模型。例如，将正癸烷作为航空煤油的单组分替代燃料[849,850]，参考文献［851，852］还将正癸烷的344 步详细化学反应机理简化为36 组分62 步简化化学反应机理模型，以方便燃烧室的数值计算。应该讲，上述这些简化化学反应机理模型的探讨还是十分有益的。

综上所述，要完成图 16-28 所示的一个常规燃烧室部件优化的方案并不轻松，涉及的方程和模型众多，而且许多约束条件的给定必须要具有实际工程的经验，这就要求设计者必须熟悉燃烧室的工程设计，绝对不可能仅仅使用商用软件就能完成燃烧室的设计。在燃烧室的气动与结构设计中，试验是绝对不能缺少的。以新研发的燃烧室的流量分配调整为例，流量分配的调整通常有两个阶段，即设计阶段和台架试验阶段，这里只介绍台架试验阶段。首先要在一个单头部的试验件上进行性能试验，包括流量分配、流动损失、喷雾试验、高温高压下的壁温试验以及燃烧性能试验。燃烧性能试验包括点火、熄火和燃烧效率，还包括燃烧室进口参数从常温常压、慢车状态到设计点等典型工况。单头部试验可以反映除出口温度场之外大部分的燃烧室性能，单头部试验完成后，就可以判流量分配是否合理。若不合理，可在单头部试验件上及时修改，再进行试验。同时，还要在多头部扇形（90°扇形最好）上考核联焰及出口温度场，扇形件上的温度场已经可以反映出较多的出口温度场方面的信息。只有在完成单头部和扇形件燃烧室的试验后才能基本上确定流量分配。此外，对于燃油喷嘴的设计，更需要进行大量理论上的计算与试验研究[853]。

从 1937 年 4 月 Sir Frank Whittle 研制出世界第一台离心式涡轮喷气发动机和 1938 年 10 月 Hans von Ohain 试验成功了轴流-离心组合式压气机的 HeS3 涡轮喷气发动机至今已近 80 年，燃烧室的发展可归纳为三代：①从 Neve、Avon 到 Spey 燃烧室为第一代，其特点为环管式燃烧室（最初的 Neve 是单管燃烧室），压比小于 20，长的流线型扩压器，双油路压力雾化喷嘴，波纹板的冷却室壁；②以 RB211、RB199、CFM-56、F101、F100、F110、AL31F 为第二代燃烧室，其特点为短突扩的扩压器、成膜式空气雾化喷嘴或蒸发管，短环形火焰筒，压比在 30 左右；③20 世纪末，燃气轮机发展到第三代，其中民用航空燃气涡轮发动机，如

GE90、PW4000 等；工业燃气轮机，如 GE H 级燃气轮机、ALSTOM 燃气轮机以低污染燃烧室为代表；军用燃气涡轮发动机，如 F119、F120 等以高油气比燃烧室为代表，其特点为扩压器进口、马赫数高、压比高，民航机的压比为 40 以上，军用机的压比为 30 以上；在燃烧室设计方面，燃烧空气量分配高，有燃油（燃料）/空气预混合的燃烧或者直接混合的燃烧，先进的冷却室壁结构[854]；对于工业燃气轮机，则采用外部强制对流冷却。

自进入 21 世纪以来，燃烧室进入第四代的研制，其中民用航空燃气涡轮发动机和工业燃气轮发动机追求超低污染排放，军用航空发动机向超高温升的方向发展。对于航空燃气涡轮发动机的燃烧室，按燃烧室的油气比可分为：①低油气比燃烧室，其出口平均油气比小于 0.025，或者当量比小于 0.36，称为常规温升燃烧室；②中等油气比燃烧室，其出口平均油气比为 0.025 ~ 0.034，称为高温升燃烧室；③高油气比燃烧室，其出口平均油气比大于 0.038，称为超高温升燃烧室。对于民航飞机来说，长时间工作在巡航状态，要求发动机耗油率要低，低污染并提高使用寿命，因此采取了提高总增压比和涵道比的措施，但涡轮前温度不会有太大的提高，这主要是出自对排气污染物的考虑。因为燃烧室出口温度超过 1800K 时，对NO_x 的排放便很难控制。对于军用发动机而言，飞行包线大，机动性能要求高，主要追求高推重比的指标。例如，20 世纪 80 年代推出的推重比为 8 量级的发动机，如 F100、F110、Ал - 31Ф 和 RB199 等；20 世纪 90 年代发展推重比为 10 量级的发动机，如 F119、EJ200 与 M88，总增压比基本保持在 23 ~ 30 之间，涡轮前温度由 1600 ~ 1700K 提高到 1800 ~ 1900K，平均提高了 200K 左右。IHPTET 计划提出，到 2020 年，发动机将会有新型的结构[855]，其推重比为 20，而涡轮前温度高达2273 ~ 2473K，它较推重比为 10 量级发动机涡轮前的温度高出了 300 ~ 400K。高温升燃烧室面临的主要技术挑战包括：扩宽稳定工作范围，解决低功率状态时的燃烧稳定性和高功率状态时的排气冒烟，以及燃烧室出口温度分布系数难以调整的问题等。此外，高温升燃烧室的冷却如何处理也是个非常棘手的问题，因为一方面由于燃烧室的燃气温度高了，火焰的辐射热量也就高了；另一方面由于要有更多的空气参与燃烧，而用于冷却的空气量减少了，因此解决高温升燃烧室的冷却问题又是一个新的挑战。

这里还要指出的是，基于等压燃烧方式进行气动设计的航空发动机燃烧室，已发展到一个相对成熟的阶段，要大幅度地提高其性能已经十分困难。因此，发展一种热循环效率高、推重比大、性能更好的航空发动机已成为迫切的需要。早在 1940 年，Zeldovich 就指出爆震燃烧（detonation combustion，常译作爆震燃烧或爆轰燃烧，这里译作前者）具有比等压燃烧和等容燃烧具有更高的热效率[856]。这就是说，基于爆震燃烧方式的动力装置较常规的基于爆燃燃烧方式的动力有着潜在的性能优势。爆震波近似于等容燃烧，爆震过程综合了流体的流动、激波压缩和燃烧热化学反应等方面的交互作用。此外，爆震燃烧能够实现自增压，爆震波产生的增压比可达 15 ~ 55[534]，燃料和氧化剂注入燃烧室的喷射压力也相对较低，这可使整个系统的结构设计大为简化。为了使爆震燃烧应用于实际系统，目前人们已研发了各种与爆震燃烧相关的发动机。爆震现象的研究早在 19 世纪末便已被关注[857]，至今与爆震相关的研究仍是前沿与热点[858]。如果以爆震波传播方式划分，目前研制的这类发动机可分为脉冲爆震波发动机（pulse detonation engine，PDE）、驻定爆震波发动机（standing detonation engine，SDE）以及旋转爆震波发动机（rotating detonation engine，RDE）。如果按结构形式划分，又可将爆震波发动机分为纯粹的爆震波发动机、混合式爆震波发动机及组合式爆震波发动机。

PDE 是一种利用间歇式或脉冲式爆震波产生的高温、高压燃气发出的冲量来产生推力的一类发动机[859]。根据是否自带氧化剂，PDE 可分为吸气式脉冲爆震发动机（air - breathing pulse detonation engine，APDE）和脉冲爆震火箭发动机（pulse detonation rocket engine，PDRE）两类。早在 1940 年间，德国的 N. Hoffman 就撰写过关于 PDE 的研究报告。20 世纪 50 年代，J. Nicholls 等对 PDE 作为动力装置的可行性进行了试验研究[860]。1986 年，美国海军研究院的 D. Helman 等对 PDE 概念重新进行了试验考察[861]，Helman 的工作激发了法国、俄罗斯、日本、瑞典、加拿大等许多国家学者们对 PDE 开展研究的热情。2003 年，K. Kailasanath 受邀在第 40 届 AIAA 航空航天科学大会上对 PDE 的研究进展进行全面综述，该报告于 2003 年发表在 AIAA 学报上[862]。2004 年，美国海军研究实验室的 G. Roy 发表了近年来 PDE 的基础研究和工程应用方面的综述文章，并且指出了 PDE 开发工程应用时需要攻克的七个关键难题[863]。尽管在过去的 20 年里，PDE 的研究取得了巨大进展，但要应用于实际的推进工程仍有许多关键问题还急待解决。

斜爆震波发动机（oblique detonation wave engine，ODWE）是 SDE 的一种，1958 年，R. Dunlap 等率先提出将驻定斜爆震应用于推进系统[864]。大量的理论分析与研究表明，ODWE 的性能在宽广的工作范围内与超燃冲压发动机都具有可比性。另外，与超燃冲压发动机相比，ODWE 的长度更短、体积更小、气动阻力更小，所需冷却更少，因此更具优势[865]，但如果将 ODWE 真正服役工程，目前仍存在着许多困难。换句话讲，ODWE 的研究目前还处于理论分析和数值模拟的阶段。

旋转爆震的概念最早是由苏联的 B. Voitsekhoviskii 于 1959 年提出[866]。1961 ~ 1964 年，Nicholls 等对旋转爆震波发动机的可行性进行试验[867]，成功地起爆并得到了旋转的爆震波。另外，参考文献［868］2009 年在试验中就已经获得了火箭 RDE 的可观推力，这一试验结果更加鼓舞了各国学者努力研究 RDE 的激情。

在国内，高歌教授团队[869]、严传俊教授团队[570]、王家骅教授团队[870]以及王健平教授团队[871]等在 PDE 和 RDE 的研制中都做了大量的理论分析与试验工作，尤其是高歌教授以及他所率领的新技术研究所，不仅对爆震燃烧问题进行了细致深入的数值分析与部件试验研究，而且还以航空发动机中等推力为目标，设计与加工了相应的新型发动机整机试验件，其结构形式很有特色。目前，他们的团队正在努力地进行着相关新型发动机的探索工作。

综上所述，无论是脉冲爆震发动机还是连续爆震发动机，它们的爆震燃烧室也都存在着一个优化设计的问题。这里还应强调的是，爆震是由激波诱导与化学反应紧密耦合的一种燃烧现象。在爆震波的传播过程中，激波与化学反应相互耦合，传播的速度为 km/s 量级；同时爆震波面是一个强间断面，波面前后气体参数存在很大跳跃，这时更需要高精度、高分辨率激波捕捉格式（如 ENO、WENO 或保单调加权 ENO 等格式）才能准确计算出爆震波附近的流场分布。此外，化学反应中诱导反应的尺度往往只有几十微米量级，而流体流动的尺度一般为米量级，化学反应与流体流动的特征时间相差几个量级，因此在流场计算中，需要采用较小尺度的网格以避免化学反应源项的刚性。在进行流场计算时，空间离散多采用高精度、保单调加权 ENO 格式，时间积分多采用高精度 TVD Runge – Kutta 法。流场的数值计算发现，在从爆燃波向爆震波转变的过程中，黏性以及湍流的影响不能轻易忽略，它会使流场发生变化，并且使燃烧的不稳定性变得更加复杂。对于爆震发动机的热力循环，这里还要做如下说明：实际的爆震燃烧过程大多介于 Fickett – Jacobs（简称 F – J）循环模型和 Zeldovich – Neumann – Döring（简称 ZND）模型之间，F – J 循环模型没有考虑爆震波中前导激波的压缩过程，而 ZND 循环模型往往过高地估计了前导激波的压缩；从循环热效率的角度看，虽然 Humphrey 循环的热效率接近 F – J 循环，但实际的爆震过程并不是完全等容的。因此，从爆震发动机热力学性能分析的角度来看，这仍是个急待研究的领域。总之，无论是脉冲爆震还是连续旋转爆震，爆震波所引起的化学反应特征时间都要比对流的特征时间短得多，因此控制方程的源项应做刚性处理，数值求解这类燃烧流场更需要高精度算法。毫无疑问，这里爆震燃烧室的设计优化更具有前瞻性、挑战性，它代表着未来新型燃烧室的一个重要研究与发展方向。

4. 涡轮部件设计优化器

燃气轮机的涡轮部件是在高温、高压的气动环境下工作的，比高温和高压更为严峻的是，燃气涡轮内部的压强梯度、温度梯度以及涡轮转子的高转速，使得涡轮内部的流动极为复杂，导致了流场中存在着各种形式的二次流动（包括通道涡、叶尖间隙泄漏涡等）、非定常的位势作用（包括激波、膨胀波等）、周期性尾迹流动，并且这些流动之间还发生很强的相互作用[872 – 876]。另外，强的压强梯度和温度梯度以及叶轮的高速旋转，还造成了叶片、轮毂、机匣和轮盘等都要承受很强的应力，因此涡轮部件的设计难度很大。

涡轮部件气动设计与压气机叶片气设计[877]类似，也是一个从低维到高维逐步完善设计和不断优化的过程，低维空间的设计结果是高维空间工作的基础。图 16-30所示为涡轮设计的基本框图。与压气机相比，涡轮的设计更加复杂与困难。通常，涡轮设计的第一步是根据发动机总体设计的要求进行一维气动分析，即合理地选取涡轮各级的量纲为 1 的设计参数以确定各级叶片中间截面的速度三角形等参数，生成涡轮子午流道的剖面。在此过程中，可根据需要在低维设计空间上对基本气动和几何参数进行合理的选择与优化；然后再由二维层面出发，选取合理的扭向规律，得到涡轮级不同叶高截面上的速度三角形，通过反问题计算得到涡轮各叶片排关键的气动参数，并按照叶片排进出口气流角等参数进行不同叶高截面的叶栅造型，再利用 S_1 流面正问题流场计算的数值方法检验叶型设计的合理性；在此基础上进行叶片三维的积迭，要充分发挥弯、掠、扭这三种重要自由度对叶片积迭带来的优势与方便，合理地组织叶片通道内气流的流动；利用 S_2 流面正问题程序或者准三维数值手段进行流场计算，获得了涡轮部件的总体性能和气动参数的分布。在

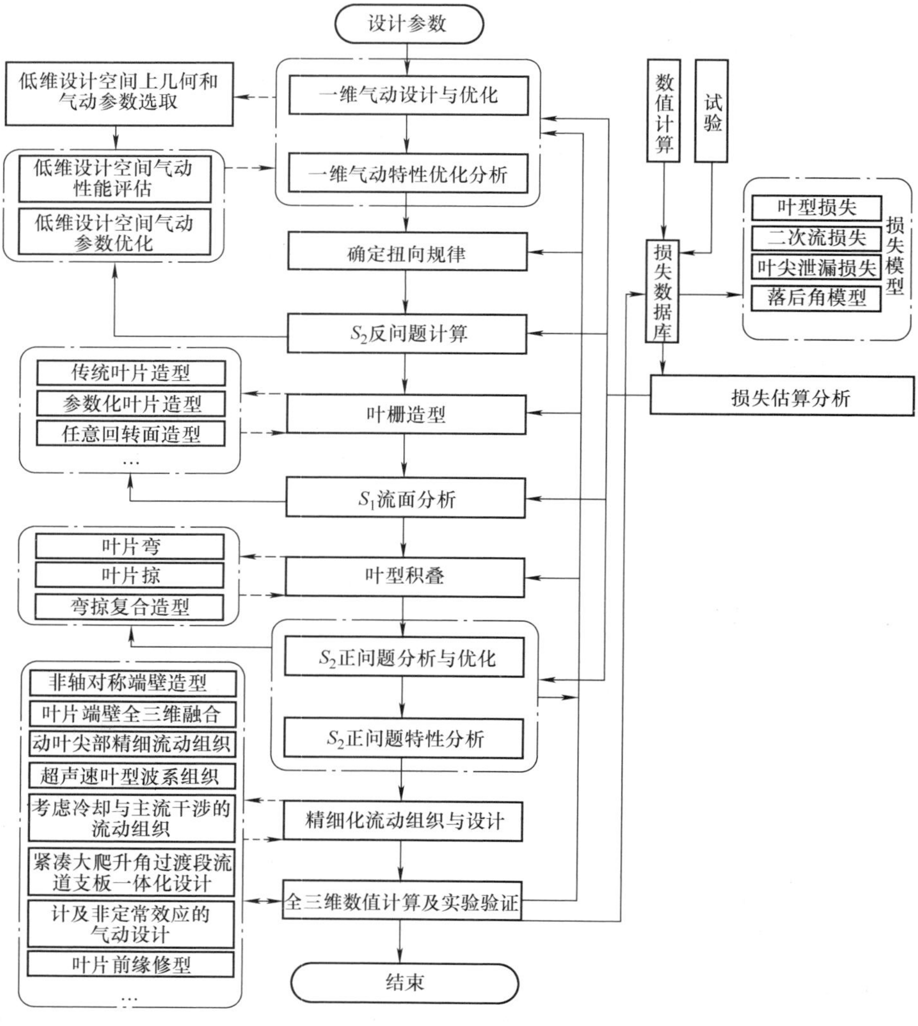

图 16-30　涡轮气动设计的基本框图

上述设计结果满足系统设计要求的情况下，才利用全三维数值方法（如三维 N-S 方程）对涡轮内部的流场进行更为细致的诊断。另外，通过精细化设计手段对局部不理想的流动区域进行重新优化与组织，充分挖掘涡轮性能的潜力。

涡轮部件的气动设计是一个反复优化迭代的过程，低维设计空间中参数的选取直接影响着高维设计空间中的设计结果，而高维设计空间的设计结果也会反馈并指导低维设计空间的优化。对于涡轮部件的设计与优化问题，这里补充六点说明。

1）Jameson 提出并发展的伴随方法已成为当今进行涡轮叶栅反问题求解及优化的重要工具。在国内，陈懋章院士与邹正平团队、陈乃兴团队、王仲奇团队、周新海与朱方元团队、沈孟育团队、席光团队、丰镇平团队、徐燕骥团队、谷传纲团队、季路成团队、刘波与吴虎团队、刘建军团队等在叶轮机三维反问题设计方面曾进行过大量研究，并且都逐步尝试与开展伴随方法在涡轮气动设计中的应用研究。另外，在非轴对称端壁精细设计方面，黄伟光团队、袁新团队、桂幸民团队、朱俊强团队、谭春青团队等也开展了许多探讨工作。

2）涡轮叶片冷却结构的设计非常关键，在这方面，中科院葛绍岩先生及其团队早在 20 世纪 80 年代就开始进行这方面的研究，并率先出版了专著[695]；陶智先生所率领的团队也在叶片传热以及叶片冷却结构方面做了深入的研究，并出版了发动机传热方面的书籍[878]；在传热与流动问题的多尺度数值模拟方法方面，陶文铨院士及团队进行了深入的研究，并取得了丰硕的成果[879]；在流-固耦合分析与计算方面，王仲奇先生与冯国泰的团队以及陈懋章先生与邹正平的团队也做了大量的研究工作，取得了可喜的研究成果；

3）涡轮气动损失模型的构建十分重要，尤其是冷空气与燃气掺混过程所造成的损失对流场的数值结果影响很大。在涡轮气动损失模型方面，Denton、Lakshminarayana 等都提出过有关的损失模型，并且得到了国际学术界的认可。这里要强调的是，设计人员必须要重视试验，要善于从大量的试验数据中发现规律、建立经验数据的关联式并指导涡轮损失的计算。以 AMDC 损失模型为例，早在 1951 年，Ainley 和 Mathieson 就通过一系列常规涡轮叶片性能参数的试验测量数据，建立了涡轮气动损失模型[880]。Dunham 和 Came 利用 Ainley 和 Mathieson 损失模型的预测结果与 25 个涡轮的试验测试结果进行了比较，发现 Ainley 和 Mathieson 模型对典型航空发动机涡轮的预测还较准确，但不太适用于小型涡轮或非典型的涡轮，为此他们进行了改进，并提出了 AMDC 涡轮损失模型，该模型发表在 1970 年 Journal of Engineering for Power 的第 3 期上。另外，在涡轮端区，存在着二次流涡系。二次流主要由通道涡、马蹄涡、泄漏涡以及角涡等构成。这些旋涡的形成原因包括叶片吸力面与压力面的周向压强梯度、叶片前缘绕流、端壁边界层、叶轮的旋转及间隙泄漏等。这些二次流使涡轮叶片通道端区的流动呈现出很强的三维特性，消耗了原本可以用来输出涡轮轴功率的能量，它们带来的流动损失甚至占涡轮级总损失的 30%[662]。

在高性能涡轮部件的设计中，冷却叶片的结构十分复杂，以美国2006年实施的VAATE计划为例，VAATE计划的目标为涡轮入口温度要由第四代发动机涡轮入口的1850~2000k提升到2300~2400k，为了实现这个目标，按照目前冷却技术水平以及材料性能，保守估计其总冷气量达到核心机流量的25%以上，大量的冷气以及复杂的物理条件给涡轮的气动设计带来了巨大的困难。在这种情况下，已有的涡轮损失模型的适用性便有待进一步验证。

4）必须要考虑低压涡轮在高空工作时的低雷诺数效应。参考文献［881］对典型大推力民用大涵道比涡扇发动机的研究表明，从飞机起飞到巡航高度，其低压涡轮效率会下降2%；对较小推力的涡扇发动机，其低雷诺数效应更加明显，在18288m高空时，其效率下降6%左右[882]。德国MTU和Stuttgart大学在双级低压涡轮实验台对低雷诺数影响进行了详细试验与分析，实测结果表明[883]，工作于设计状态的涡轮部件在低雷诺数条件下，等熵效率下降约3.9%，而非设计状态时下降幅度更大，达到4.6%。在高空巡航状态时，低压涡轮叶片工作的雷诺数可能低至$3\times10^4\sim5\times10^4$，远低于自模化雷诺数。正是由于高空低雷诺的影响，因此叶片表面的边界层将在很大范围内保持层流状态。层流边界层的转捩、分离及再附等行为特征将成为决定低压涡轮流动特征的关键因素。如何深入认识与理解这些低雷诺数效应，特别是低雷诺数下低压涡轮叶片吸力面边界层的发展，已成为低雷诺数低压涡轮进行气动设计的关键。此外，在进行低压涡轮低雷诺数流场计算时，也缺乏一个通用的转捩模式。目前，许多人采用带有$\gamma-Re_\theta$转捩模型的SST湍流模型进行涡轮叶片的气热耦合计算，对这个转捩模型的可靠性问题仍有待于进一步用试验去检验。

事实上，转捩的机理十分复杂，通常可分为自然转捩、旁路转捩、分离诱导转捩以及湍流的再层流化等。雷诺数、湍流度、压力梯度、壁面温度、曲率、表面粗糙度、射流或抽吸等参数都会影响转捩的发生和发展。试验与数值计算还证实，边界层内湍流的导热率为层流的5倍以上，因此使用传统的全层流或者全湍流计算方法所得到的数值必然会产生很大的计算误差。在Langtry和Menter提出$\gamma-Re_\theta$转捩模型中，包含了两个运输方程：一个是关于间歇因子的，另一个是关于转捩动量厚度雷诺数的。间歇因子用于描述边界层流动为层流或湍流的状态，并控制转捩点下游湍动能生成项的开启；转捩动量厚度雷诺数用于控制边界层内间歇因子的增长，与当地涡量雷诺数一起构成转捩触发准则。当涡量雷诺数超过当地转捩动量厚度雷诺数时，开启间歇因子输运方程中的生成项，控制转捩的发生。在$\gamma-Re_\theta$转捩模型中，两个输运方程的目的是获得间歇因子，并要与湍流模型联合才能够模拟转捩过程，即使用间歇因子来修正标准的$K-\omega$ SST模型中K方程的生成项、破坏项和混合函数，具体过程可参阅Menter和Langry发表的相关转捩模型，如参考文献［884，885］等。在超声速/高超声速边界层的转捩方面，周恒院士的参考文献［886］也可供感兴趣者参考。

5）如何应用时序（clocking）效应和寂静（calming）效应，如何抑制与控制热斑（hot streak），这是涡轮部件设计中考虑非定常效应时必然要遇到的课题，更是涡轮部件设计优化应该考虑的问题。令人高兴的是，寂静效应已经应用到先进航空发动机，如 R. R 公司的 BR710、BR715、TRENT 500 和 TRENT900 等的低压涡轮的设计中。BR715 发动机低压涡轮采用超高升力叶型设计，其叶片数比高升力叶型设计的叶片数减少了 11%。同时，BR715 发动机低压涡轮的试验结果表明，采用超高升力叶型设计的低压涡轮气动效率比设计目标值高 0.5%。因此，将这些非定常效应的因素巧妙地纳入涡轮部件设计的优化器中，是现代涡轮部件进行设计时必须要思考的重要方面。

6）关于气固耦合和气声耦合问题。在涡轮部件的设计中，气固耦合和气声耦合的位置越来越重要。叶轮机气固耦合问题也常被称为叶轮机气动弹性力学[887,888]，这其中包括静态气动弹性、叶片的强迫响应和叶片颤振分析等几个问题。气声耦合问题主要涉及气动声学[889,890]，尤其是涡轮噪声的控制。德国的 MTU 和德国宇航院（DLR）是最早关注与开展涡轮部件降噪问题研究的单位，参考文献［891］对某两级涡轮的转子－转子以及静子－静子的时序效应进行了试验研究，发现，时序效应对涡轮噪声的影响十分显著，合理地利用时序效应能够有效地降低涡轮的噪声。降噪对民用涡扇发动机来讲也十分重要，发展全三维涡轮叶片的气声一体化设计应该是涡轮部件设计的重要方向之一。

为了说明涡轮部件设计优化的流程，图 16-31 所示为涡轮级的设计优化框架。

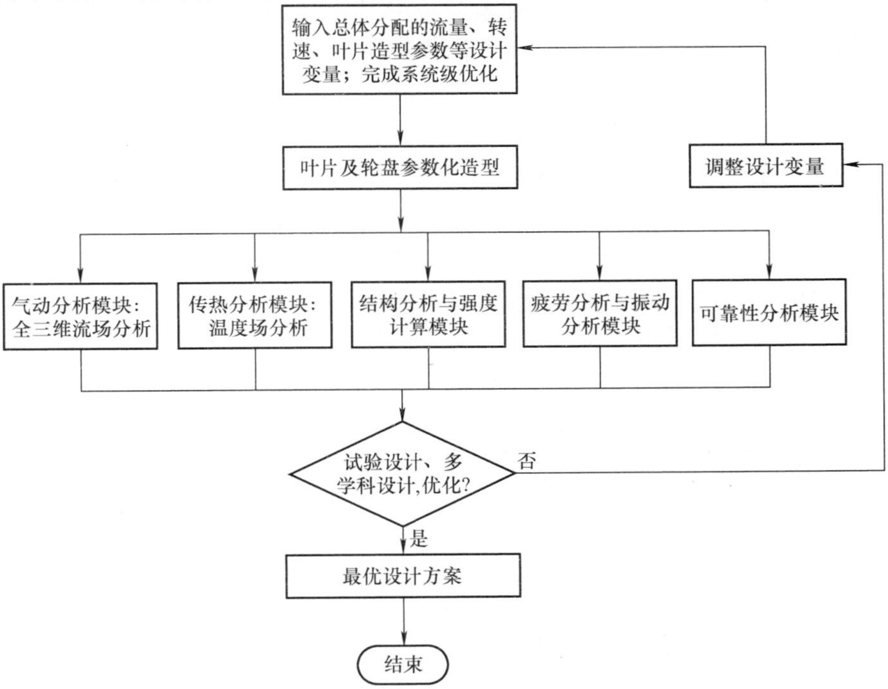

图 16-31　以分析模块划分的涡轮级设计优化框架

这张图是以五个分析模块（即气动分析模块、传热分析模块、结构分析与强度计算模块、疲劳分析与振动分析模块及可靠性分析模块）的方式对涡轮静子和涡轮转子进行计算的。动、静叶片排所组成的涡轮级的流场计算也要在气动分析模块上进行。为了进一步说明图 16-31 中相关分析模块的功能，这里以疲劳分析与振动分析模块中转子－支承系统的动力稳定性分析为例。虽然在结构动力学中，已有许多求解机械系统运动微分方程的特征值和响应的方法，而且也有许多商用软件，如 SAP、ADINA、NASTRAN 或 ANSYS 等，但由于转子系统本身的特殊性，使得结构动力学中的方法和软件并不完全适用于转子动力学的计算和分析。

转子系统的主要特点可归结为以下三点：①转子有回转效应，在系统的运动方程中出现了一个反对称的陀螺矩阵；②轴承的油膜力并不是保守力，转子系统通常不是保守系统，油膜力的刚度矩阵、阻尼矩阵不是对称矩阵，而是转速 ω 的函数，在某些场合下还要考虑油膜力的非线性特征；③转子系统的阻尼主要来自轴承的油膜，它是一种集中阻尼，且与转速等因素有关。这与结构动力学计算中通常假设的比例阻尼相距甚远。综合上述特点，转子系统的运动微分方程可写为

$$\boldsymbol{M}\cdot\ddot{\boldsymbol{Z}}+(\boldsymbol{C}+\boldsymbol{G})\cdot\dot{\boldsymbol{Z}}+(\boldsymbol{K}+\boldsymbol{S})\cdot\boldsymbol{Z}=\boldsymbol{F} \tag{16-161}$$

式中，$\boldsymbol{Z}$ 为系统广义坐标矢量；$\boldsymbol{M}$ 为系统的质量矩阵；$\boldsymbol{C}$ 为阻尼矩阵，它是非对称阵；$\boldsymbol{G}$ 为陀螺矩阵，它是反对称阵；$\boldsymbol{K}$ 是刚度矩阵的对称部分；$\boldsymbol{S}$ 是刚度矩阵的不对称部分；$\boldsymbol{F}$ 是作用在系统上的广义外力。

通常，求解上述方程的特征值或响应是很困难的，特别是当自由度数较多时尤为如此。解决这个难题，正是转子动力学在计算方法研究方面的任务。

在转子动力学近百年的发展历程中，出现过许多计算方法。发展到今天，现代的计算方法可以分为两大类：一类是传递矩阵法，另一类是有限元法。传递矩阵法的主要优点是矩阵的阶数不随系统自由度数的增大而增加，因而编程简单、内存占用少，运算速度快，特别适用于像转子这样的链式系统。另外，传递矩阵法还可以与机械阻抗、直接积分等方法相配合，形成如传递矩阵－阻抗耦合法、传递矩阵－分振型综合法、传递矩阵－直接积分法等，可以说，传递矩阵法在转子动力学的计算中占有主导的地位。有限元法在转子动力学中也有应用，这种方法的表达式简洁、规范，在求解转子和周围结构一起组成的复杂机械系统的问题时，很有突出的优点。

在转子动力学领域，胡海昌、赵令诚、黄文虎、晏励堂、闻邦椿、郑兆昌、钟一谔、顾家柳、王正、张文、李其汉、夏松波、万长森、朱均、黄太平和刘方杰等都做了大量的研究工作，有的还出版了这方面的专著与教材[892－894]。在国外，已有多部转子动力学方面的书籍出版，如 R. Gasch（1975）、J. S. Rao（1983）、F. I. Niordson（1975）、A. D. Dimarogonas（1983）和 O. Mahrenholtz（1984），特别是 J. M. Vance 的重要著作[895]，很值得参考。

对于航空发动机转子－支承系统动力学的设计优化，通常有两个目的：一个是

调整转子 - 支承系统的临界转速，使转子 - 支承系统在整个工作转速范围内没有临界转速，或者至少没有挠曲型的临界转速；二是选择最佳阻尼器参数，保证转子 - 支承系统平稳地通过各低阶的刚体型临界转速，并能在主要工况下可靠运行。为了达到这些设计优化目的，一般可改变转子的设计参数，如直径、跨度和质量分布，以及选取相应的材料等，但是在许多情况下，风扇、压气机和涡轮等转子的直径尺寸、质量分布、跨度等要受到发动机总体性能、气动设计要求的制约，不能随意改变。以下三点值得注意：①改变转子的支承刚度，可以有效地调整转子 - 支承系统的临界转速，将刚体型临界转速调整到系统非工作的低转速区，使挠曲型临界转速高于系统的最大工作转速；②借助阻尼器的精心设计，便可以保证系统在整个工作转速范围内平稳运行；③电磁轴承是集力学、机械学、控制工程、电磁学、电子学和计算机科学于一体的机电一体化产品之一，是目前唯一投入使用的可以实施主动控制的支承。电磁轴承支承的转子可在超临界、每分钟数十万转的工况下运行，由于无接触，电磁轴承的摩擦功耗极小，同时也不存在类似滚动轴承、滑动轴承由于磨损和接触疲劳而产生的寿命问题。目前，电磁轴承已被应用到离心机、透平压缩机、高速电机、陀螺仪、航天器姿态控制装置上以及对一些机械系统实施振动主动控制的领域。

转子动力学是研究旋转机械动力学问题的一门新兴学科。与其他学科一样，就其本质而言，转子动力学问题应属于非线性，但科技工作者在长期的研究实践中发现，转子系统中的大多数构件仍可用线性模型来描述；对于转子系统中可能存在的具有强非线性特性的部件，如油膜轴承、挤压油膜阻尼器可以认为它们是局部的，仅与少量的系统坐标有耦合关系。因此，转子动力学问题大多属于具有少量非线性部件或元件的转子 - 支承系统的动力学问题，而且在 20 世纪 80 年代，转子动力学的线性分析方法已发展的比较完善，各种各样的算法为各种动力学问题提供了各种求解方法。但也应注意，如果转子系统出现了故障，就会产生强烈振动，这时不但出现基频振动，还可能出现高次谐波或次谐波的振动，甚至出现拟周期振动或混沌振动，这些现象的产生则需要用非线性振动理论才能说明其原因。

为了进一步阐明涡轮部件设计优化的思想，这里将图 16-31 中的五个分析模块合并为两个：一个是气动分析模块（即图 16-31 中的气动分析模块），另一个是结构分析模块（它是图 16-31 中其余四个模块的合称）。另外，将结构模块中用于转子的称为转子结构分析模块，用于静子的称为静子结构分析模块。图 16-32 所示为以转子和静子划分的涡轮级设计优化框架。图 16-32 中系统级优化器的目标函数可以取最高的涡轮气动效率和最小的叶片质量。优化变量可参考文献［872］，利用正交试验选出对目标函数影响最大的叶型参数作为优化设计变量。约束条件为气动分析、静子结构分析和转子结构分析时的一致性约束，优化算法可采用 Nash - Pareto 多目标优化算法或者基于 NSGA 的多目标进化优化算法。图 16-32 中子系统优化器共有三个。子系统优化器 1 用于涡轮级静叶片排与动叶片排三维流场 N - S 方程的数值计算，流场采用 Jameson 的伴随算法，动静叶排交界面采用排间掺混界面法，优化器仍采用 Nash – Pareto 多目标优化算法。子系统优化器 2 和子系统优化器 3 分别用于转子和静子的结构分析，其相应子系统的目标函数和约束条件这里就不再一一给出。这里需要说明的，图 16-32 所讲的优化，目前还局限于确定性多目标优化问题，对于各部件的不确定性多目标优化问题，还有待于今后进一步研究与发展。

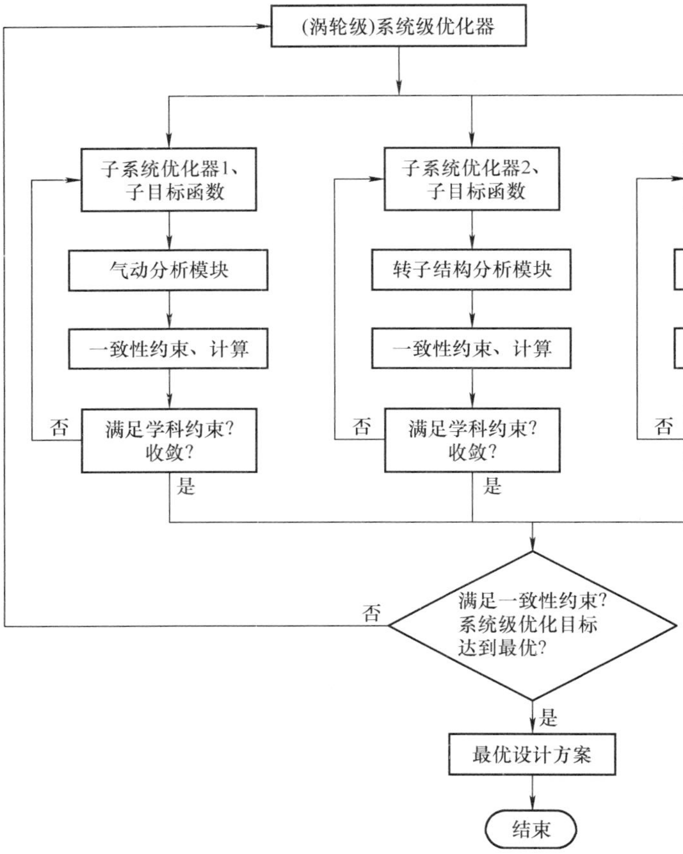

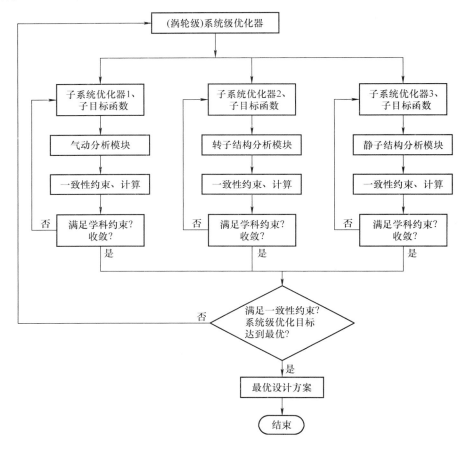

图 16-32　以转子和静子划分的涡轮级设计优化框架

16.8.3　不同精度模型间的数据传递及 Zooming 技术的实施方法

航空发动机的数值模拟模型可分为零维、一维、二维、准三维和三维。零维模型不需要发动机的详细几何参数且计算量也小，适用于发动机的方案评估和初步设计；但零维模型无法反映发动机部件内部的流动细节，如压气机转子和涡轮转子叶尖间隙、变几何部件调节时对发动机部件及整机流动所产生的影响。三维模型可以考虑轴向、径向和圆周方向尺度的部件特性，可以描述部件与整机流道之间的三维联系，但三维模型需要大量并相对精确的边界条件和初始条件的数据，而这些数据并不容易获取。另外，要进行航空发动机主流道的三维数值模拟，需要计算机具有每秒 10^{12} 以上的计算速度，即使现在的计算能力能满足要求，但由于全三维计算所需的大量资源，在短期内要进行整机全三维的数值模拟的确是一件不容易的事，因此当前它很难作为航空发动机设计的常规研究手段。为了解决计算精度与计算资源之间的矛盾这一问题，美国 1989 年开始实施 NPSS（numerical propulsion system simulation，NPSS）计划[896]。NPSS 计划的总目标是整合零维、一维、二维、三维等多个层次及流体力学、传热、燃烧、结构强度、材料、制造、控制及经济核算、安全等多个学科领域的相关成果，形成“数值试车台”，以便对航空发动机的性能、寿命和费用等进行高精度的数值模拟。

2000 年，J. K. Lytle 发表了 NPSS 模拟软件研究进展与综述性的文章[897]；2008 年，NASA Glenn 研究中心公布了较为成熟的 NPSS 模拟软件的使用手册。该软件主要包括三个部分，即发动机应用模型、环境模拟模型和高性能计算平台。其中，发动机应用模型又可分为部件集成、多学科耦合和变精度分析三个模块。在变精度分析模块中，根据所研究问题复杂程度的不同，NPSS 软件将模拟模块又细分成 5 个层次：①发动机整机模拟模型；②发动机整机动态和控制模型；③发动机整机时间/空间平均模拟模型；④子系统或部件时间/空间平均模拟模型；⑤发动机部件三维非定常模拟模型。

为了进行多精度分析，NPSS 模拟软件开发了 4 种数值 Zooming 方法：①特性图替换方法（CFD in Place of Map）；②特性图修正方法（CFD to Update Map）；③部件嵌入方法（Cycle with CFD in It）；④二维或者三维整机 Zooming 方法（One Dimensional to Two/Three Dimensional System Zooming）。其中，特性图替换方法指使用 CFD 模拟模型计算去获取部件在特定工况下的特性图，用以代替通用特性图进行发动机性能模拟；特性图修正方法指使用 CFD 模拟模型的计算结果对部件特性图进行修正，得到新的特性图，用于发动机的性能模拟；部件嵌入方法指直接使用部件的 CFD 模拟模型替换部件零维模拟模型进行发动机性能模拟；二维或三维整机数值 Zooming 方法指将发动机零维模拟结果用于发动机整机的二维或三维模拟。因此，基于层次结构及多种数值 Zooming 方法，NPSS 模拟软件中模拟模块的精度可以在零维、定常模拟到三维定常、非定常模拟之间的宽广范围内自由变化，在任意精度层次上对发动机整机与部件进行分析。

正是由于数值 Zooming 技术可以将基于高精度模型求解的部件特性用于较低精度的整机性能分析，在有限的计算资源下提高了发动机整机模拟的精度，因此数值 Zooming 技术是实现航空发动机整机和部件高精度模拟的关键技术之一，它允许设计者和研究者在整机环境下研究部件或子系统的流动细节和复杂的流场结构，以及研究部件对整机性能的影响。另外，在修改某个部件的设计参数后，只需对该部件进行三维数值模拟，而发动机的其他部件仍采用零维等较低的精度模型进行模拟计算，这样就可以快速评估该部件设计参数对自身及总体性能参数的影响，提高了航空发动机数值模拟的精度，大大缩短了研制的周期，降低了研制的成本。

数值 Zooming 技术的作用是实现在不同精度层次之间数据的传递，其传递方法有弱耦合法、迭代耦合法和完全耦合法。例如，2003 年 J. A. Reed 等人发表的文章[898]和 2007 年 A. Bala 等人发表的文章[899]中采用的数据传递方式属弱耦合；2000 年 G. Follen 等人发表的文章[900]和 2008 年 S. Rousselot 等人发表的文章[901]中采用的数据传递方式属迭代耦合；2016 年 I. Templalexis 等人发表的文章[902]和 2017 年 C. Klein 等人发表的文章[903]中采用的数据传递方式属于完全耦合方法。相比弱耦合法和迭代耦合法，完全耦合法使用高精度的模拟模型直接代替低精度的模拟模型，在求解过程中不再涉及部件特性图。这从形式上讲更加简捷、直观；从理论上讲，该方法可以得到完全收敛的数值结果。

2007 年，V. Pachidis 等人发表文章[904]详细比较了弱耦合、迭代耦合和完全耦合这三种方法，对风扇二维模型进行了数值 Zooming 技术的研究，建立了发动机多精度模拟模型，比较了数据传递采用不同方法时风扇共同工作线之间的差异。研究结果表明：采用三种数据传递方法所得到的风扇共同工作线并无明显的区别。以 V. Pachidis 等人所完成的算例表明：采用弱耦合法时，使用 41 个计算点构成了一个较为粗略的特性图，并使用该特性图计算获取风扇的共同工作线。上述过程总共完成了 41 次二维模拟计算，大概花费了 80min 的时间；采用迭代耦合法，由 11 个收敛点得到风扇部件的共同工作线，要进行 116 次二维模拟计算，计算所花费的时间大约是弱耦合法的 3 倍。另外，计算中还发现，当计算点位置远离设计点时，计算点达到收敛所需的迭代次数急剧增多，而采用完全耦合法，由 11 个收敛点得到风扇的共同工作线仅花费 45min 的时间。V. Pachidis 等人完成的上述算例初步表明：在计算速度方面完全耦合法表现了很明显的优势。然而在其他研究者的相关研究中，并没有明确地给出数值 Zooming 方法在收敛速度和稳定性等方面的类似信息，也就是说：目前还无法判断上述三种数据传递方法孰优孰劣。因此，在进行航空发动机的实际研制与分析时，要针对具体研究的型号对象以及可用的资源，选择相应数据传递的数值 Zooming 方法。

虽然数值 Zooming 技术和 NPSS 模拟软件已成功地应用于航空发动机的多个研究领域，并已经带来了巨大的收益，但是不同精度模型之间边界条件的数据传递方法及某一部件的数值 Zooming 对整机模拟精度所产生的影响，这些都需要部件、子系统及整机的试验数据去验证。从现阶段国际上公开发表的文献上看，只有 GE90 发动机整机高精度模拟方面的研究有较为充足的试验数据支撑，因此开展更多型号航空发动机整机或部件试验，积累充足的试验数据，创建相应的试验数据库还是非常必要的。试验验证是检验数值模拟方法可行性与可靠性的主要手段。换句话说，现阶段航空发动机的设计与分析本质上仍应属于实验科学。

16.8.4　发动机研制中关键的调试工具——高空试车台的作用与任务

研制和发展一种新型的航空发动机，按照传统的研制程序，遵循“基础技术→关键技术→核心机→验证机→型号研制”的发展规律，从方案设计到定型交付研制工程周期较长，仅试验就要占用 11000h。新的研制程序与传统的研制程序相比，模拟高空试验的时间增加了 1/3 以上。美国曾分别于 1973 年颁布了 MIL－E－5007D 规范，1983 年颁布了 MIL－E－5007E 规范，1985 年颁布了 MIL－E－87231 规范，1988 年颁布了 MIL－E－5007F 规范。另外，美国国防部和 NASA 联合组织的航空空间协调局（AACB）还宣称，一项现代推进系统的研制计划在 5～6 年的周期中，占用高空模拟试验台的时间将规定为 5 万多小时。可见，模拟发动机在高空中的性能是航空发动机研制中的关键步骤之一。

20 世纪 80 年代初期，航空工业部组织航空发动机界的专家、教授、工程技术人员和军方代表，参照 MIL－E－5007D《美国航空涡轮喷气和涡轮风扇发动机通用规范》[905] 等资料，制定了我国军用两种航空涡轮发动机通用规范，即 GJB 241—1987[906]㊀和 GJB 242—1987[907]。这两本军用规范，均在 1987 年由我国国防科学技术工业委员会批准颁布实施。

美国早在 1973 年颁布实施的 MIL－E－5007D[905] 中就明确规定，新设计的航空涡轮发动机只有在通过飞行前规定试验的地面试车和高空模拟试验合格之后，才能进行原型飞机或试验飞机的试飞；通过定型试验的地面试车和高空模拟试验合格之后，才能定型交付使用和生产。我国 1987 年颁布的这两个规范也给出了同样明确的规定。

1. 高空试车台的作用

航空发动机高空模拟试验是现代航空发动机研制中必备的调试手段[908]。航空发动机的工作包线（高度、速度范围）非常宽广与复杂，如图 16-33 所示。整个包线大致可划分成五个区域，即高空低速区、高温区、大气动负荷区、高空低压区和中空中速区。现代超声速飞机用的涡喷发动机或涡扇发动机，飞行高度达 25～30km，最大飞行速度达 2.5～3.5 倍声速，而最小飞行表速只有 180km/h 左右。对于如此宽广的飞行范围，发动机工作参数变化的幅度相当大，如

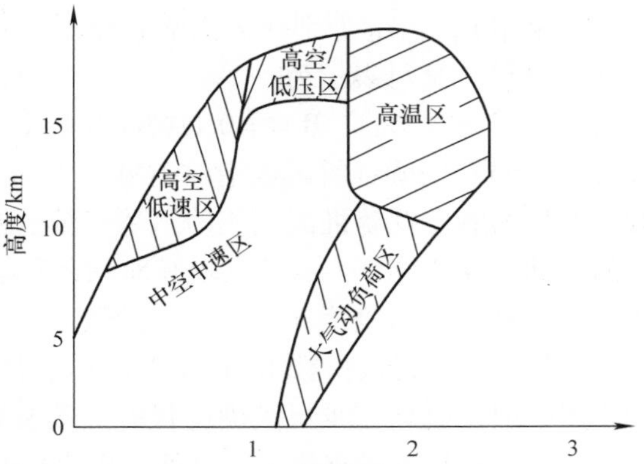

图 16-33　航空发动机的工作包线

㊀ GJB 241—1987 目前已被 GJB 241A－2010 替代，文献中标注的为新标准的信息。

压强和空气（燃气）的质量流量等参数的变化，通常达数十倍甚至上百倍；温度变化可能达数百度。这些变化对发动机内部各部件的特性及其工作稳定性，以及对发动机各系统的工作，对发动机的推力和耗油率等性能都有很大的影响。

航空发动机在高空飞行状态下的性能不同于地面状态，而且试车通用规范还规定，在海平面试车台和高空试车台中均要求准确地测定发动机的推力、燃油消耗率、空气流量等航空发动机的重要参数，以评价发动机的使用性能。但是，由于受外界环境和设备条件等多因素的影响，试验中往往很难准确地直接测量这些数据，因此20世纪50年代以来，美国、苏联、英国、法国等国都相继开展了对高空试车台所测数据的修正工作，其中包括对大气湿度修正、大气温度修正、燃油低热值修正、几何尺寸因素修正、进气道冷凝修正、试车间动量修正、进气损失修正和高空台试验数据漂移（即“舱效应”）修正等。我国也分别在1987—1989年间对大气湿度[909]、大气温度[910]、燃油低热值[911]及高空模拟试验性能修正[912]等也颁布了相应的修正规范。

由于发动机在高空飞行状态下的性能与地面状态大不相同，采用传统的相似原理和相似换算方法，由于相似条件得不到满足，因此导致误差变得很大，甚至不能使用。故在飞机飞行时常引入一个量纲为1的雷诺数指数RNI，其定义为

$$\mathrm{RNI}=\sigma/\psi\sqrt{\theta} \tag{16-162}$$

式中，σ 为高空飞行状态下发动机进口气流总压与海平面标准大气压强之比；θ 为高空飞行状态下发动机进口气流总温与海平面标准大气温度之比；ψ 为高空飞行状态下发动机进口气流总温条件下动力黏度与海平面标准状态下大气的动力黏度之比。

如果用 p_0 与 T_0 分别代表当地总压（单位为Pa）与总温（单位为K）时，则式（16-162）又可表示为

$$\mathrm{RNI}=0.002056092p_0(T_0+110.4)/T_0^2 \tag{16-163}$$

式（16-163）表明：雷诺数指数RNI是当地气流总温 T_0 和当地气流总压 p_0 的函数。大量的航空发动机高空模拟试验证实：在雷诺数指数RNI相等的线上，用传统的发动机性能换算公式可以较好地综合发动机的性能参数。图16-34所示为雷诺数指数RNI与飞行高度 h 和飞行马赫数 Ma 的关系曲线。

虽然采用雷诺数指数RNI相等的条件，可以扩大传统的发动机性能换算公式的应用范围，但是当涉及燃烧过程有关的参数时，雷诺数指数RNI的综合误差比较大，这时仍然不适宜使用。另外，变比热的航空发动机性能计算程序也要通过高空试验才可进行验证和修正；发动机的工作稳定性也必须依靠模拟高空飞行条件下的相关试验进行广泛的调试与检验[913]。

到目前为止，燃烧相似理论还不太完善，很难用模型试验研究去发展高性能的主燃烧室和加力燃烧室，因此研究和设计加力燃烧室时必须要进行全尺寸的试验。这里还应强调的是，加力燃烧室研究的主要问题是高空而不是在地面。由于燃烧稳

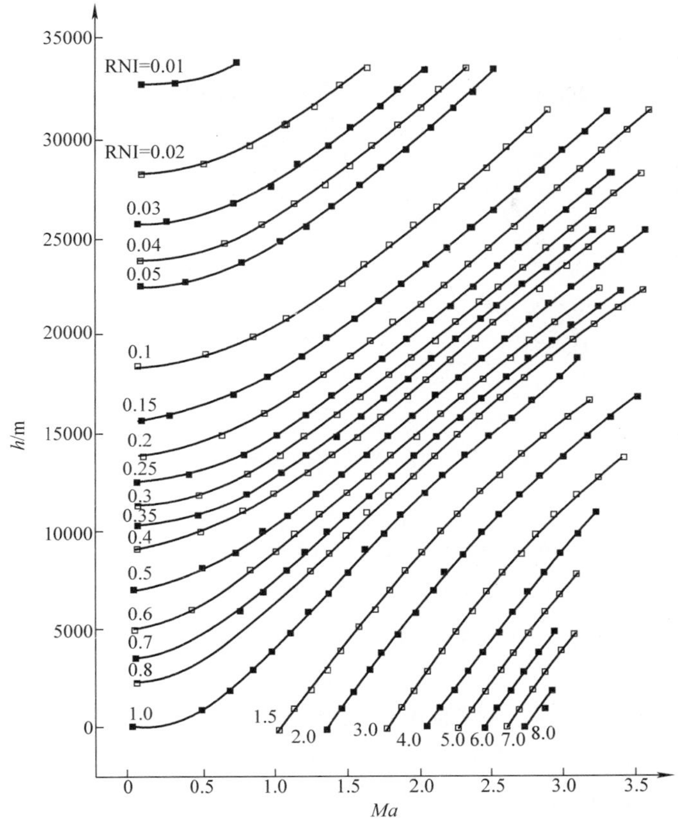

图 16-34　雷诺数指数 RNI 与飞行高度 h 和飞行马赫数 Ma 的关系曲线

定性问题主要发生在高空低速区；燃烧振荡问题仍主要发生在高空高速区，以及少部分也发生在高空低速区和低空高速区。因此，加力燃烧室要求试验研究的范围几乎与发动机在高空飞行的工作范围相当。图 16-35 所示为加力燃烧室研究的试验范围。图 16-35 中的起飞爬高试验区是由飞机的典型飞行路线决定；高空加速试验区（见图示箭头区域）同样也是由飞机的典型飞行路线决定；燃烧稳定试验区主要指高空低速区，它是加力燃烧室重点试验的区域，如点火起动边界的测定、稳定燃烧边界的确定及振荡燃烧等都要在这个区域中做大量的试验与调试工作；高空高速试验区主要研究加力燃烧室的振荡燃烧问题；低空高速试验区主要研究加力燃烧室的冷却系统和结构完整性，有时也可能进行高压振荡燃烧问题的研究。国外的研制经验表明：要成功地发展一台高性能的加力燃烧室，一般在高空飞行状态下要进行 2000h 左右的全尺寸加力燃烧室的试验。

航空发动机的稳定性是评价发动机气动性能的前提，同时它又对发动机的结构完整性和可靠性产生极其重要的影响。如今美国、英国、俄罗斯等航空工业强国已将发动机的稳定性作为当代先进航空发动机的三项战术技术指标（即性能、可靠

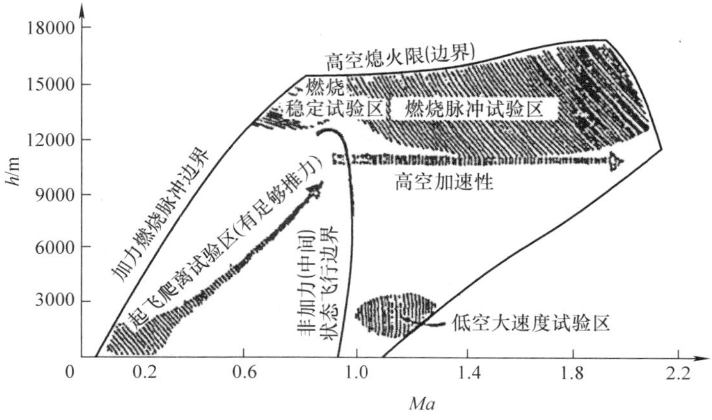

图 16-35　加力燃烧室研究的试验范围

性、稳定性）之一加以校核，稳定性评定已成为贯穿发动机全寿命周期的重要内容。为此，美国机车工程师学会（SAE）专门成立了 S-16 技术委员会，在 1978—2002 年的 24 年间，S-16 技术委员会就颁布了有关燃气涡轮发动机进口总压和总温畸变研究与评定方法的五个文件，即 ARP-1420、AIR-1419、ARD-50015、ARP-1420B 和 AIR-1419B。美国在 1995 年颁布的 JSGS-87231A《航空涡喷、涡扇、涡轴、涡桨发动机通用规范》已将进口畸变指南 ARP-1420 和进口总压畸变评审方法 AIR-1419 的内容纳入该规范中。我国航空界对进气总压畸变和总温畸变问题也进行了一些相关的研究[914]。

此外，由于影响发动机结构完整性的最恶劣气动负荷和热负荷点不是在海平面的静止状态，而是在中、低空大速度区域；发动机机匣和附件的振动最大值也是在高空飞行状态；转子和静子叶片的振动应力也随着发动机的工作高度和飞行速度而变化；发动机转子的轴向力也随飞行高度和飞行速度在变化着。因此，在现代航空发动机的结构和强度的研制过程中，必须要在宽广的飞行高度和飞行速度的范围内进行大量的、重复的振动和应力测量试验，发现故障或机械的薄弱环节，以便修改与改进发动机的设计。

随着压气机和风扇增压比的增高，涡轮前工作温度的升高，对发动机内部冷却系统和润滑系统的要求也越来越苛刻。因此，除了进行必要的系统冷却和润滑设计计算及系统单独试验外，进行整机试车，并在整机试验时去发现与调试是解决系统存在问题的最好办法。由于这些系统最恶劣的工作条件是在高空飞行状态，所以要在高空试车台上进行大量的、反复的调试，必要时还应进行相应的修改，如此反复才能使发动机的部件与整机设计逐渐发展成为完善的、可靠的系统。

飞行高度和飞行速度的变化对发动机燃油供给和自动控制系统的工作也有很大影响。例如，随着飞行高度增加、气压不断下降，这时燃油泵性能逐渐恶化；高速飞行时，燃油温度升高，这不仅使燃油泵性能变坏，而且还会影响控制系统的工作；低速飞行时，燃油温度降低，使燃烧室性能变坏；高空低速飞行时，燃油消耗量少，这时很难精确地控制燃油量；起动供油控制、加速供油控制、加力燃油控制等也一定要在空中飞行状态下反复调整才能使用。

由此可见，航空发动机高空模拟试验，特别是直接连接式高空模拟试验，是现代航空发动机研制的理想调试和鉴定手段。正是基于上述原因，目前凡是有能力研制超声速飞机航空发动机的国家都在创建高空模拟试验台，以便进行航空发动机的高空状态调试和定型鉴定试验工作。以日本为例，日本曾投资 500 亿日元建立航空发动机试验基地，其中 200 亿日元花费在航空发动机高空模拟试验设备的建设上。对于发动机高空模拟试验台在发动机研制中所起作用的更多介绍，这里因篇幅所限不多赘述，感兴趣者可参阅相关文献。

2. 发动机整机试验

按照文献［905－907］，整机试验有五大类，图 16-36 所示为航空涡轮喷气发动机的主要试验内容，其中高空模拟试验给出了 12 项。按照文献［906］和文献［907］的规定，直接连接式高空模拟试验应完成如下鉴定试验任务：

1）高空性能试验。

2）功能试验。

3）推力和流量瞬变试验。

4）起动和再起动试验。

5）高空风车旋转试验。

6）发动机进口空气增压和加温持久试车。

7）进气畸变试验。

8）发动机整个飞行工作包线中的整机振动测量。

在通用规范中还有以下鉴定试验项目可通过直接连接式高空模拟试验来完成：

1）振动与应力测量试验。

2）高低温起动和加速试验。

3）环境结冰试验。

4）吞入大气中液态水试验。

5）修正系数的验证。

6）发动机进口压强和温度瞬变试验。

总之，在航空发动机的研制与发展中，整机的地面台架试验、高空模拟试验和装机外场飞行试验是三个重要的调试工具，它们的试验内容是不断变化的，所用的设备也是不断发展的[915,916]。近年来随着高性能战斗机发展的需求，又发展了由直接连接式高空模拟试验台进行航空发动机反推力和矢量推力这两项功能性的试验。

地面台架试验、高空模拟试验、装机外场飞行试验与航空发动机的 CFD 优化计算四者相互配合、相互补充，从而大大提高了航空发动机设计的质量，缩短了航

- 航空发动机试验
  - 研究性试验
    - 1 发动机新概念、新方案全飞行范围研究试验
    - 2 发动机新型结构和强度研究试验
    - 3 新型部件(叶片机和加力燃烧室等)研究与发展和地面与高空试验
    - 4 新型进气装置研究与发展及其与发动机匹配地面与高空试验
    - 5 新型排气装置发展与研究及其与发动机匹配地面与高空试验
    - 6 核心机(燃气发生器)研究与模拟调试试验
    - 7 新型控制系统和附件远景方案验证及其与发动机联合调试试验
    - 8 辅助动力装置地面与高空试验
    - 9 新型燃料(耐低温——金属添加高能燃料等)高空应用验证试验
    - 10 研究发展和使用中特定问题和故障分析研究试验
  - 发展与调试试验
    - 地面状态试验
      - 1 性能试验
      - 2 起动与加速操纵试验
      - 3 可靠性与强度试验
      - 4 等效或加速任务试验
      - 5 持久试验
      - 6 特种试验
        - 带进气模拟装置试验
        - 带飞机进气道发动机试验
        - 噪声测量试验
        - 环境与吞咽试验
        - 陀螺试验等
      - 7 设计与发展中特定项目试验
    - 模拟高空试验
      - 1 全飞行范围机匣与附件振动测量试验
      - 2 高空性能试验
      - 3 高空推力瞬变试验
      - 4 空中起动和再起动试验
      - 5 高空进气畸变试验
      - 6 高空风车旋转试验
      - 7 进气加温和进气加温与增压持久试验
      - 8 高、低温起动和加速试验
      - 9 吞咽结冰等环境试验
      - 10 修正系数验证试验
      - 11 振动与应力验证试验
      - 12 设计与发展中特定项目试验
  - 国家鉴定试验
    - 飞行前规定试验
      - 地面状态试验
      - 模拟高空试验
    - 定型试验
      - 地面状态试验
      - 模拟高空试验
  - 批生产试验
    - 首次(初步)运转
    - 验收交付试验
    - 定期抽样试验
    - 附加试验等
  - 动力装置试飞
    - 试验飞机试飞或过度飞行试验
    - 原型飞机试飞

图 16-36　航空涡轮喷气发动机的主要试验内容

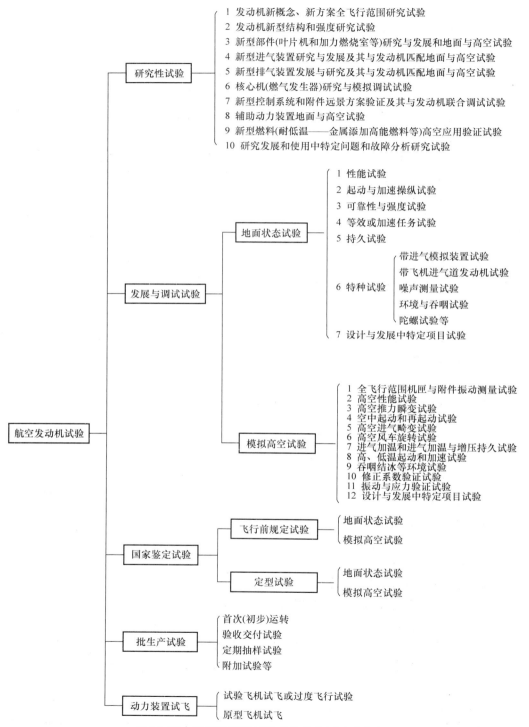

空发动机的研制周期，减少了飞机和发动机的研制费用。毫无疑问，上述方法充分体现了在处理复杂系统时，钱学森先生一直倡导的采用综合集成方法的重要思想[18,60,158]，它已成为当今世界各航空工业强国在研制先进的航空发动机时所普遍采用的且十分有效方法。因此，从这个意义上讲，将本书作为《人机系统方法学》[18]的姊妹篇是非常恰当的。

16.8.5　航空发动机性能寻优策略与问题的描述

传统的航空发动机气动设计会保留很大的安全裕度，以保证发动机在全飞行包线内最恶劣的工作点时能安全稳定的运行，正是这种设计理念决定了在非最恶劣工作点时发动机的性能未有全部发挥，这恰是本小节思考问题的切入点。航空发动机性能寻优控制（performance seeking control，PSC）和高稳定性发动机控制（high stability engine control，HISTEC）计划是美国国家航空航天局在推行高综合的数字电子控制（highly integrated digital electronic control，HIDEC）计划后期提出的几项新的科研方向。1981 年，NASA 在 F－15 飞机上装上 F100 的全权限数字电子发动机控制（DEEC 型）装置，并在 NASA Dryden 飞行研究中心进行试飞验证。试飞成功促使美国空军下决心对 DEEC 装置进行全面开发，同时也促使了 20 世纪 80 年代中期和末期的一系列飞行研究项目的开展。20 世纪 80 年代后期，NASA 开始在 F－15飞机上进行 PSC 的飞行试验，这项试验一直进行到 20 世纪 90 年代中期才结束。PSC 把 HIDEC 计划带入了一个发动机和飞机参数的机载实时自适应优化的新阶段。在这个计划的带动下，F22 飞机装上了 F119 发动机数字控制装置，这为自调谐机载发动机模型提供了宝贵信息。另外，在对压气机喘振和旋转失速的研究方面，20 世纪 90 年代迎来了黄金时代，NASA 格伦研究中心开发了一台组合计算机仿真系统，用于从发动机喘振数据中提取多级轴流式压气机失速效应的特性数据。此外，自适应模型的卡尔曼滤波法，也首次用于喷气发动机的建模。所有上述这些研究工作，都为 PSC 的发展和试飞验证铺平了道路。除此之外，HISTEC 计划又出现了新亮点。1997 年，在 HISTEC 计划中开发了一个畸变容错控制系统并进行了飞行试验。所谓 HISTEC 计划是通过在发动机进口测量少量压力参数用以估算畸变值，根据机载的稳定性评定方法生成时变的喘振裕度需求指令，发动机控制器通过调整发动机控制量，达到包容进气畸变的目的。综上所述，航空发动机性能寻优控制在综合飞行/推进系统控制（IFPC）计划中肩负极重要的角色[917,918]。毫无疑问，上述这几项研究计划代表了未来战斗机最先进的推进系统的控制方案。

HIDEC 计划就是在不改变推进系统硬件的基础上，通过改变传统的推进系统控制规律来提高飞机的性能，如自适应喘振裕度控制（ADECS）。传统发动机的设计是保证在最恶劣进气条件下发动机能够稳定工作，并由此确定发动机的工作点和喘振裕度。自适应喘振裕度控制是将估算的进气畸变量存储在控制器中，根据实际飞行操纵，插值估算得到进气畸变量，确定出发动机喘振裕度和发动机稳定工作的最小喘振裕度控制指令，并通过发动机压比控制回路调节发动机的工作点，保证必需的喘振裕度。自适应喘振裕度控制策略在 NASA F－15 飞机单台发动机上做了试飞验证，试飞结果表明，飞机在水平加速和爬升性能上有 7% ~8% 的提高。自适应喘振裕度控制实质上是离线控制，其控制策略是预先排定在控制器上。由于各台发动机之间的差别等因素，因此控制系统属于非最优控制。为此，在自适应喘振裕度控制的基础上，又开发了一种在线优化的性能寻优控制（PSC）。

一个典型的 PSC 系统算法流程图如图 16-37 所示。它由估值、模型化和优化三个部分组成。

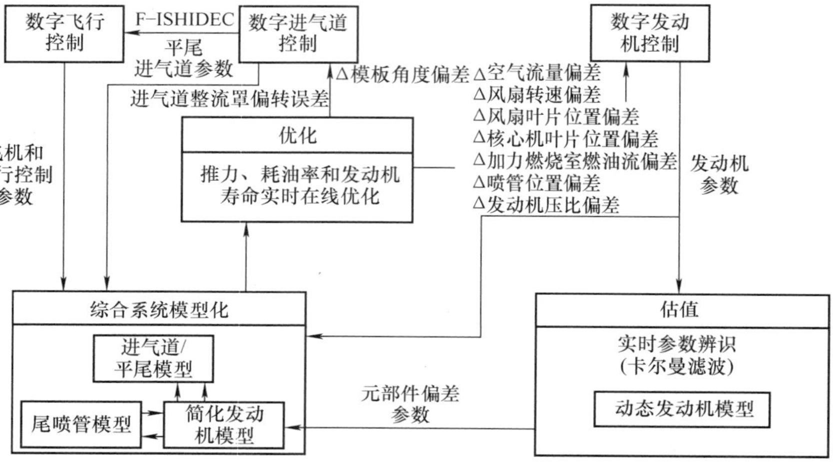

图 16-37　PSC 系统算法的流程图

估值过程是对 5 个部件偏差参数（高、低压涡轮效率，风扇和高压压气机空气流量，高压涡轮面积变化）进行卡尔曼滤波估值。

推进系统模型（CPSM）是通过实测发动机的参数去修正发动机模型，以便反映各台发动机之间的差异。飞行中的测量参数用于检查模型数据，并且直接输入卡尔曼滤波器和 CPSM。另外，用线性规划算法可确定在模型精度范围内和所规定的约束条件下的局部最佳值。在 CPSM 模型和线性规划优化之间迭代，最终可确定发动机的实际工作状态。通常，推进系统模型的优化目标常选取为推力最大，或者耗油率最低，或低压涡轮进口温度最低[919,920]。

最大推力模式是以发动机推力最大为优化目标的一种性能寻优控制模式，它要求在保证发动机安全工作的前提下，使得发动机推力最大。由于发动机在实际使用过程中面临着许多使用限制，如高低压转子最大转速限制、涡轮前最高温度限制、高压压气机出口最大总压限制、燃烧室贫富油极限限制及高低压压气机最小喘振裕度限制等，因此推力最大模式的最优化问题可表述为

$$
\begin{cases}
\max\ F \\
\text{s. t.}\ \ m_{\mathrm{f,min}} < m_{\mathrm{f}} < m_{\mathrm{f,max}} \\
m_{\mathrm{f,af,min}} < m_{\mathrm{f,af}} < m_{\mathrm{f,af,max}} \\
A_{8,\mathrm{min}} < A_8 < A_{8,\mathrm{max}} \\
\alpha_{1,\mathrm{min}} < \alpha_1 < \alpha_{1,\mathrm{max}} \\
\alpha_{2,\mathrm{min}} < \alpha_2 < \alpha_{\mathrm{s,max}} \\
\bar{n}_{\mathrm{L,min}} < \bar{n}_{\mathrm{L}} < \bar{n}_{\mathrm{L,max}} \\
\bar{n}_{\mathrm{H,min}} < \bar{n}_{\mathrm{H}} < \bar{n}_{\mathrm{H,max}} \\
T_{\mathrm{t5,min}} < T_{\mathrm{t5}} < T_{\mathrm{t5,max}} \\
\mathrm{SMF}_{\mathrm{min}} < \mathrm{SMF} \\
\mathrm{SMHC}_{\mathrm{min}} < \mathrm{SMHC} \\
p_{\mathrm{t3}} < p_{\mathrm{t3,max}}
\end{cases}
\tag{16-164}
$$

其中，F 为推力；m_{f} 为主燃烧室的供油量；$m_{\mathrm{f,af}}$为加力燃烧室供油量；A_8 为尾喷管喷口临界截面积；α_1 为风扇进口导流叶片角度；α_2 为高压压气机进口导流叶片角度；$\bar{n}_{\mathrm{L}}$为低压转速的量纲为 1 的量；$\bar{n}_{\mathrm{H}}$为高压压气机转速的量纲为 1 的量；T_{t5}为低压涡轮后燃气总温；SMF 为风扇喘振裕度；SMHC 为高压压气机的喘振裕度；p_{t3}为高压压气机出口总压。

这里以混合排气加力涡扇发动机为例，其特征截面编号如图 16-38 所示。

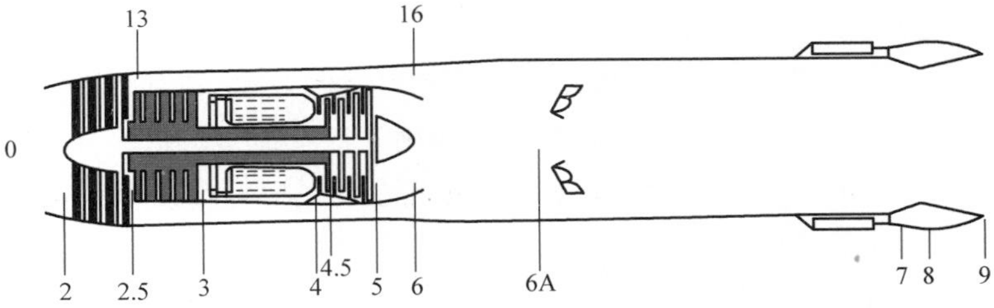

图 16-38　加力涡扇发动机特征截面编号（以混合排气为例）

最小耗油率模式指在保证发动机提供推力不变的前提下，通过改变发动机的控制参数，以实现耗油率最小。对于发动机的加力状态，其性能寻优算法的设计思想是在保证发动机安全工作以及所提供的推力不变的前提下，通过减少加力燃烧室的供油量，增加主燃烧室的供油量，再配合其他控制参数的调节，以达到减少耗油率的目的。最小耗油率模式最优问题的表述为

$$
\begin{cases}
\min \mathrm{SFC} \\
\mathrm{s.\,t.}\quad m_{\mathrm{f,min}} < m_{\mathrm{f}} < m_{\mathrm{f,max}} \\
m_{\mathrm{f,af,min}} < m_{\mathrm{f,af}} < m_{\mathrm{f,af,max}} \\
A_{8,\min} < A_8 < A_{8,\max} \\
\alpha_{1,\min} < \alpha_1 < \alpha_{1,\max} \\
\alpha_{2,\min} < \alpha_2 < \alpha_{\mathrm{s},\max} \\
\bar{n}_{\mathrm{L,min}} < \bar{n}_{\mathrm{L}} < \bar{n}_{\mathrm{L,max}} \\
\bar{n}_{\mathrm{H,min}} < \bar{n}_{\mathrm{H}} < \bar{n}_{\mathrm{H,max}} \\
T_{\mathrm{t5,min}} < T_{\mathrm{t5}} < T_{\mathrm{t5,max}} \\
\mathrm{SMF}_{\min} < \mathrm{SMF} \\
\mathrm{SMHC}_{\min} < \mathrm{SMHC} \\
p_{\mathrm{t3}} < p_{\mathrm{t3,max}} \\
F = \mathrm{const}
\end{cases}
\tag{16-165}
$$

式中，SFC 为耗油率；其余符号含义同式（16-164）。

涡轮前温度对于涡轮的寿命影响很大，最低涡轮前温度模式就是在保证发动机提供推力不变的前提下，通过改变发动机的控制参数，以实现涡轮前温度最低，从而延长涡轮的使用寿命。最低涡轮前温度模式的最优问题表述为

$$
\begin{cases}
\min T_{\mathrm{t5}} \\
\mathrm{s.\,t.}\quad m_{\mathrm{f,min}} < m_{\mathrm{f}} < m_{\mathrm{f,max}} \\
m_{\mathrm{f,af,min}} < m_{\mathrm{f,af}} < m_{\mathrm{f,af,max}} \\
A_{8,\min} < A_8 < A_{8,\max} \\
\alpha_{1,\min} < \alpha_1 < \alpha_{1,\max} \\
\alpha_{2,\min} < \alpha_2 < \alpha_{2,\max} \\
\bar{n}_{\mathrm{L,min}} < \bar{n}_{\mathrm{L}} < \bar{n}_{\mathrm{L,max}} \\
\bar{n}_{\mathrm{H,min}} < \bar{n}_{\mathrm{H}} < \bar{n}_{\mathrm{H,max}} \\
\mathrm{SMF}_{\min} < \mathrm{SMF} \\
\mathrm{SMHC}_{\min} < \mathrm{SMHC} \\
p_{\mathrm{t3}} < p_{\mathrm{t3,max}} \\
F = \mathrm{const}
\end{cases}
\tag{16-166}
$$

在 NASA 和 Wright - Patterson 空军基地的空军研究实验室（AFRL）分别有 NASA 通用涡扇发动机模型 C - MAPSS[921] 和 AFRL 模型[922]，都能够高逼真度地对发动机的稳态和瞬态行为进行模拟，并且能够灵活地实现低维与高维之间的

Zooming技能功能。图 16-39 所示为加力双轴涡扇发动机整台动力学建模的框图。图 16-39 中的每一个计算框（无论是发动机各部件模块还是容积）都代表了相应元素的集中参数系统。图 16-39 中在相邻发动机部件之间插入了容积元件（浅灰色），它可以允许质量和能量的存储；没有容积元件，图 16-39 的模型就变成一个稳态模型了。参考文献［923 - 929］给出了整台发动机的动力学建模方面相关的文献，供感兴趣者参考。图 16-40 所示为简化的发动机控制系统原理。借助发动机瞬态模型便可精确地实时确定发动机重要的性能参数，为发动机的实时控制提供必要的信息。为了验证 PSC 的有效性，NASA 曾于 1986 年 6 月在 F - 15 飞机装上 PW1128 发动机进行了首次 PSC 的评价飞行试验。试验结果表明，发动机推力增加 12%，从 3.048km 爬升到 12.191km 的时间缩短了 14%，上述飞行结果是在 F - 15 两台发动机中仅有一台采用了自适应发动机控制系统的情况下取得的。1990 年，美国进行了 PSC 亚声速飞行验证，飞行试验表明，在亚声速飞行时，军用推力增加 15%，低压涡轮进口温度降低了 66.7K，巡航状态的耗油率降低了 2%。1992 年，又进行了 PSC 超声速飞行试验，在超声速下飞行，推力可增加 9%，耗油率降低 8%，涡轮温度降低 48K。在现役飞机上 PSC 也有应用，如 2002 年 AIAA Paper 2002 - 6019 上就曾报道在 X - 35B 上的应用。此外，还在 F22 飞机上（装有 F - 119 及 F100 - PW - 229 等先进的发动机）投入使用，都表现出了良好的发展前景。

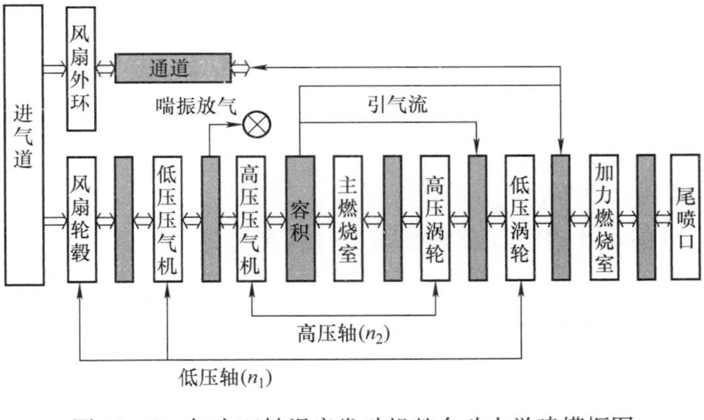

图 16-39 加力双轴涡扇发动机整台动力学建模框图

毫无疑问，进一步完善航空发动机本身设计的确定性多学科设计优化和不确定性多学科优化，注意开展压气机喘振或失速的主动控制、压气机或涡轮叶尖间隙的主动控制、燃烧不稳定的主动控制以及发动机在线的性能寻优控制，这样设计出的航空发动机一定是最优的，它代表着未来航空发动机发展的主方向。另外，对于军用发动机，还要注意发展红外隐身技术；对于民用发动机，应该认真研究低污染、降噪声技术。在此基础上，还应注意开展变循环发动机（VCE）的研制[14]，以满足人们所希望的可以在宽广的马赫数范围内（包括低噪声起飞、亚声速巡航和超

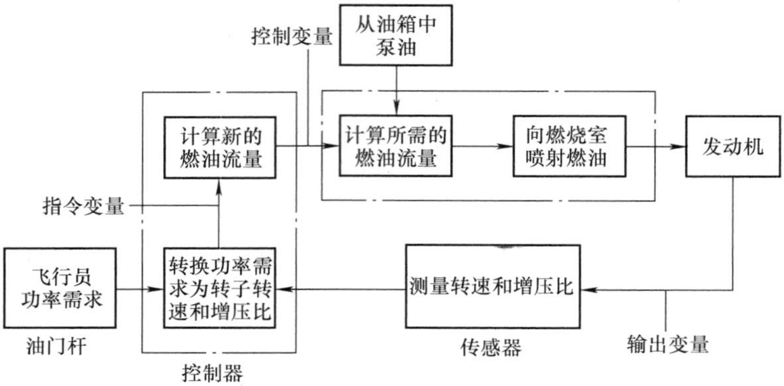

图 16-40　简化的发动机控制系统原理

声速巡航）高效工作，而且机械结构简单、可靠和费用最低的新型动力的需求。

在即将结束本节讨论之际，还很有必要扼要介绍孙晓峰团队在高负荷压气机气动稳定性设计与压气机失速实时预警方面所做出的一系列创新性的重要成果以及黄伟光、朱俊强、徐燕骥和谭春青他们各自率领的团队在航空发动机设计、实验平台建设所做出的重大贡献。

近 10 年来，孙晓峰团队在发动机气动声学与高负荷压气机流动稳定性方面进行了深入的研究，并且已经取得了一系列的新成果，这里可用如下几点予以概括。

1）提出了叶轮机械 GTFS（general theory of flow stability）模型[930-933]。

2）开创了 SPS（stall precursor－suppressed）机匣处理扩稳的技术研究[934]。

3）开展了压气机失速在线实时预警的研究工作[935]。

下面对上述几点略加说明。

1. 叶轮机械 GTFS 模型以及特征值方程的奇异值分解法

从 N－S 方程出发，借助浸入边界法（immersed boundary，IB）的概念，将压气机叶片用分布的力源项来代替，从而得到叶轮机械内部流动含力源项的 N－S 方程，即

$$\begin{cases}\dfrac{\partial}{\partial t}\rho+\nabla\cdot(\rho\boldsymbol{v})=0\\ \dfrac{\partial}{\partial t}(\rho\boldsymbol{v})+\nabla\cdot(\rho\boldsymbol{v}\boldsymbol{v})=\nabla\cdot\boldsymbol{\tau}-\nabla p+\rho\boldsymbol{f}\\ \dfrac{\partial}{\partial t}(\rho e_{\mathrm{t}})+\nabla\cdot[(\rho e_{\mathrm{t}}+p)\boldsymbol{v}]=\nabla\cdot(\boldsymbol{\tau}\cdot\boldsymbol{v})-\nabla\cdot\boldsymbol{q}+\rho\boldsymbol{f}\cdot\boldsymbol{v}\end{cases}\tag{16-167}$$

式中，e_{t} 为单位质量气体所具有的广义内能；$\boldsymbol{\tau}$ 为黏性应力张量；$\boldsymbol{f}$ 为作用在单位质量流体上的叶片力。

基于小扰动的假设，把上述原始的三维非定常流动分解为定常基本流和非定常小扰动之和，即

$$
\begin{cases}
\rho = \bar{\rho} + \rho' \\
\boldsymbol{v} = \bar{\boldsymbol{v}} + \boldsymbol{v}' \\
p = \bar{p} + p'
\end{cases}
\tag{16-168}
$$

令在笛卡儿坐标系下扰动速度$\boldsymbol{v}'$的分量为 u'、v'、w'，并将叶片力$\boldsymbol{f}$线化为

$$
\boldsymbol{f} = \bar{\boldsymbol{f}} + \frac{\partial \bar{\boldsymbol{f}}}{\partial \bar{\rho}}\rho' + \frac{\partial \bar{\boldsymbol{f}}}{\partial \bar{u}}u' + \frac{\partial \bar{\boldsymbol{f}}}{\partial \bar{v}}v' + \frac{\partial \bar{\boldsymbol{f}}}{\partial \bar{w}}w' + \frac{\partial \bar{\boldsymbol{f}}}{\partial \bar{p}}p'
\tag{16-169}
$$

将线化的 N－S 方程在圆柱坐标系下展开可得

$$
\begin{cases}
\left(\boldsymbol{A}\dfrac{\partial}{\partial t} + \boldsymbol{B}\dfrac{\partial}{\partial r} + \boldsymbol{C}\dfrac{\partial}{r\partial\theta} + \boldsymbol{D}\dfrac{\partial}{\partial z} + \boldsymbol{E}\dfrac{\partial^2}{\partial r^2} + \boldsymbol{F}\dfrac{\partial^2}{r^2\partial\theta^2} + \right. \\
\left.\boldsymbol{G}\dfrac{\partial^2}{\partial z^2} + \boldsymbol{H}\dfrac{\partial^2}{r\partial r\partial\theta} + \boldsymbol{M}\dfrac{\partial^2}{r\partial\theta\partial z} + \boldsymbol{N}\dfrac{\partial^2}{\partial z\partial r} + \boldsymbol{S}\right)\cdot\boldsymbol{\Phi} = 0 \\
\boldsymbol{\Phi} = (\rho', u', v', w', p')^{\mathrm{T}}
\end{cases}
\tag{16-170}
$$

式中，$\boldsymbol{A}$、$\boldsymbol{B}$、$\boldsymbol{C}$、$\boldsymbol{D}$、$\boldsymbol{E}$、$\boldsymbol{F}$、$\boldsymbol{G}$、$\boldsymbol{H}$、$\boldsymbol{M}$、$\boldsymbol{N}$、$\boldsymbol{S}$ 均是由基本流所确定的系数矩阵。

对小扰动量做关于时间的正则展开，即

$$
\begin{cases}
\rho' = \tilde{\rho}(r,\theta,z)e^{-i\omega t} \\
\boldsymbol{v}' = \tilde{\boldsymbol{v}}(r,\theta,z)e^{-i\omega t} \\
p' = \tilde{p}(r,\theta,z)e^{-i\omega t} \\
\omega = \omega_r + i\omega_i
\end{cases}
\tag{16-171}
$$

将式（16-171）代入到式（16-170），便得到关于复频率 ω 为特征值的特征值方程：

$$
\boldsymbol{L}(\omega)\cdot\tilde{\boldsymbol{\Phi}} = 0 \tag{16-172}
$$

$$
\tilde{\boldsymbol{\Phi}} = (\tilde{\rho}, \tilde{u}, \tilde{v}, \tilde{w}, \tilde{p})^{\mathrm{T}} \tag{16-173}
$$

式中，$\boldsymbol{L}(\omega)$为关于复频率 ω 的线性微分算子。根据齐次线性方程理论，式(16-172)要有非零解，则必须满足

$$
\det[\boldsymbol{L}(\omega)] = 0 \tag{16-174}
$$

求解式（16-174）得到复频率 ω，其实部 ω_r 表示失速先兆波的频率，而虚部 ω_i 表示小扰动的演化趋势，即当 ω_i 为正时，则扰动随时间放大，系统不稳定；当 ω_i 为负时，则扰动随时间衰减，系统稳定。在风扇/压气机的失速起始点预测问题中所形成的特征值方程，其系数矩阵的元素量级相差很大，矩阵的条件数很大，且矩阵本身数值上非常接近奇异，如果采用 LU 分解法或者 Gauss 消去法都不能保证特征值的计算精度。研究发现，采用奇异值分解方法（singular value decomposition，SVD）能够有效地处理奇异或者病态矩阵的相关问题。计算中采用了先用较粗的网格寻找特征根大致所在的区域，然后在局部采取自适应的加密网格，从而得到更为精确的特征频率解，同时监测特征频率点处对应的所有矩阵奇异值，排除由于过大的奇异值所导致的系统伪根。数值计算的时间表明[930－933]，完成单转子或者单级

压气机的特征值可在一周左右的时间内完成，而采用其他方法要用数个月的时间。换句话说，这里给出的方法可以真正地用于风扇/压气机叶片气动的稳定性设计。

这里还应说明，由于上述 GTFS 模型是建立在浸入式边界方法和全局稳定性分析的基础上，它既继承了经典流动稳定性理论的精华（即在基本流场中引入小扰动，对流场控制方程进行线化处理，注意采用正则展开），又注意了将问题转化为特征值问题并在求解特征值方程时采用了高效的 SVD 方法。与其他方法相比，由于浸入式边界思想的引入并且采用分布式力源代替叶片，因此该方法从理论上来讲是严谨的。

2. SPS 机匣处理扩稳技术的重要特点

失速先兆抑制型机匣处理，旨在通过改变系统的边界条件来影响动力系统的演化行为，通过脱落涡与压力脉动波之间的波涡相互作用的机制抑制了失速先兆波的产生和发展过程。这种机匣处理机制能够改善压气机的失速裕度，而且不带来明显的效率损失和压升特性的改变，这是一个很重要的特点。试验表明[935]：SPS 机匣处理在亚声速压气机 TA36 上的扩稳效果为失速裕度改善 6.4% ~7.6%，而跨声速压气机 J69 转子可以实现 5.3% ~10.5% 的失速裕度改善。

3. 预警参数 $\boldsymbol{F(Rc_{th})}$ 的提出以及失速实时预警在线实施

由涡动力学和 Kutta – Joukowski（简称 K – J）升力定理可知，叶片的气动负荷可通过 K – J 升力定理得到。在设计点工况时，通道内的流动是稳定的，没有明显的流动分离和涡脱落，此时的叶片载荷是定常的。在近失速点，通道内的涡变得不稳定，流动分离和涡脱落明显增强，安装在风扇/压气机叶片排前方机匣上的动态压力传感器采集到的压力信号在远离失速边界的工况下是准周期信号，当工作点靠近失速边界时，由于涡脱落导致的叶片环量脉动，使这种周期性被破坏。引入参数 $Rc(j)$，其定义为[935]

$$Rc(j) = \frac{\boldsymbol{p}_j^n \cdot \boldsymbol{p}_{j-N}^n}{|\boldsymbol{p}_j^n|\,|\boldsymbol{p}_{j-N}^n|} \tag{16-175}$$

式中，矢量 $\boldsymbol{p}_j^n$ 为从连续采集的压力信号中提取的一个窗口内的信号；$Rc(j)$ 为 Rc 在第 j 个采样点的值，j 为当前采样点的编号；n 为计算窗口内的采样点数；N 是一个转子周期内的采样点数。

令 Rc_{th} 为 Rc 的阈值，引进累积分布函数 $F(x)$，它描述了满足某一分布的随机量 X 小于或等于 x 的概率 $P(X \leqslant x)$，它的表达式为

$$F(Rc_{th}) = P(Rc \leqslant Rc_{th}) \tag{16-176}$$

参考文献［935］的失速实时预警在线研究表明，某低速风扇为 100% 转速时，在大流量状态下 $F(Rc_{th})$ 的值基本为 0，当工作点靠近失速点时 $F(Rc_{th})$ 逐渐增大。当预警警戒值设置为 5% 和 10% 时，预警系统可以在失速前 4.5s（即 225r）和 2.5s（即 125r）发出预警信号，而传统的其他失速先兆探测方法在失速前仅有 0.03 ~0.05s 的预警时间，显然由于该方法提供的预警时间充足，这就为失速控制

系统提供了可操作控制机构的时间保证。

随着机器学习理论、数据挖掘技术及智能推理方法的飞速发展，神经网络、遗传算法、模糊逻辑、支持向量机（SVM）、时间序列分析、灰色数学分析、可拓学数据挖掘和证据理论等已获得广泛应用，因此发动机的寻优控制和自适应控制也就成为未来发动机控制的重要发展方向，图 16-41 所示为发动机控制系统的结构。它由被控对象、观测器和控制器三部分组成。被控对象即压缩系统的稳定性；观测器通过对系统参数进行监控的方式来获取系统的状态信息；控制器就是对被控对象施加控制的单元，它根据观测器监控的结果以及事先设定的最优控制策略实施控制。这里应说明的是，稳定裕度 SM 和其观察量 $F(Rc_{th})$ 的关系事先是未知的，它与参数 Rc_{th} 的选择有关，而这一参数及其对应的稳定裕度 SM 与累积分布函数 $F(Rc_{th})$ 的关系可通过多次预先学习的方式获取，它是一种依赖概率的关系。观察量输入到控制器中，控制器根据观察量的状态选择控制策略，并得到控制量 u。例如，采用 SPS 机匣处理穿孔率和背腔容积，这些控制策略在系统运行的过程中是不断优化的。对应于相应的状态来讲，这里所采取的控制策略是较优的或者是最优的。如图 16-41 所示，控制量 u 输入到被控对象，以实现对被控制对象的实时控制，这种检测与控制的过程是实时进行的。在这个过程中，控制应该依赖于对观察量变化所做出的判断，而观察量应对控制及时做出响应。对于上述控制的细节，这里从略，感兴趣者可参阅相关文献。图 16-42 所示为采用 SPS 机匣处理在低速压气机 TA36 实验台上实现扩稳的效果[935]。TA36 在线实时稳定控制的试验结果表明，在近失速工作点自动启动扩稳装置时可以实现对压气机稳定性的主动控制。

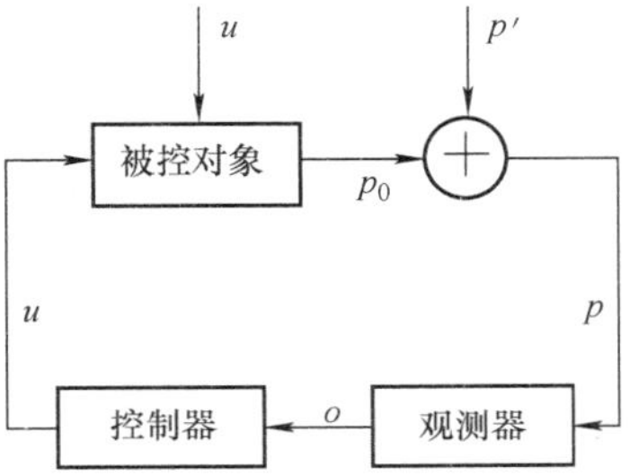

图 16-41 发动机控制系统的结构

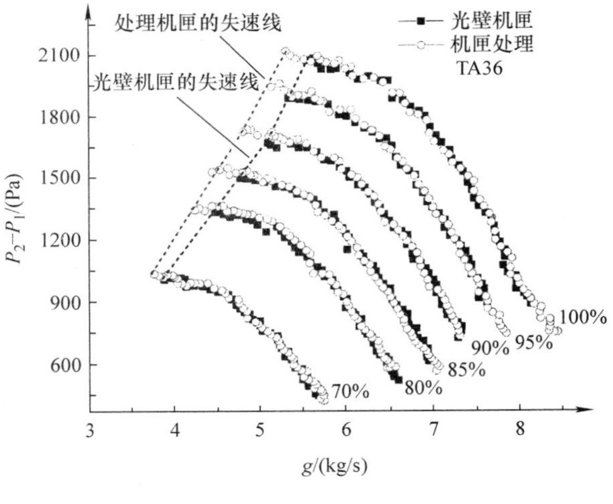

图 16-42 低速压气机实验台上全转速 SPS 机匣处理的扩稳效果

对于黄伟光、徐燕骥、谭春青他们各自率领的团队所进行的相关工作，相关资料都有介绍。对于黄伟光团队，参考文献［70］中有详细介绍。对于徐燕骥团队，参考文献［18］中有详细介绍。对于谭春青团队，参考文献［936－972］有详细介绍。感兴趣者可参考。另外，在实验平台建设方面，三个团队分别在北京、上海和合肥巢湖都创建了航空发动机和中小型燃气轮机实验平台，这对航空发动机的试验验证以及燃气轮机的改型设计研究极为有益。

此外，中国科学院工程热物理研究所朱俊强团队在青岛创建了轻型动力高空台，开展高空模拟试验工作，他们还于2018年荣获了中国科学院杰出科技成就奖。

发动机地面台架试验、高空模拟试验、外场试飞试验和航空发动机先进的设计优化理论相结合，这是进行新型航空发动机和轻型动力设计的坚实基础，是进一步完善与检验航空涡扇发动机设计优化方法的根基与保障。在现阶段，航空发动机的设计与研制仍属于试验科学的范畴，因此设计需在试验中发现问题，即成功的设计需要试验去校核、去完善。

参考文献

[1] 陈懋章. 航空发动机技术的发展 [J]. 科学中国人，2015 (10)：10 - 19.

[2] 陈懋章. 风扇/压气机技术发展和对今后工作的建议 [J]. 航空动力学报，2002，17 (1)：1 - 15.

[3] 陈懋章. 中国航空发动机高压压气机发展的几个问题 [J]. 航空发动机，2006，32 (2)：5 - 11.

[4] 刘大响，程荣辉. 世界航空动力技术的现状及发展动向 [J]. 北京航空航天大学学报，2002，28 (5)：490 - 496.

[5] 刘大响，陈光. 航空发动机：飞机的心脏 [M]. 北京：航空工业出版社，2003.

[6] 方昌德. 航空发动机百年回顾 [J]. 燃气涡轮试验与研究，2003，16 (4)：1 - 5.

[7] 陈懋章，刘宝杰. 大涵道比涡扇发动机风扇/压气机气动设计技术分析 [J]. 航空学报，2008，29 (3)：513 - 526.

[8] Allan R D. General electric company variable cycle engine technology demonstrator program [R]. AIAA - 1979 - 1311. Reston：AIAA，1979.

[9] Brown R. Integration of a variable cycle engine concept in a supersonic cruise aircraft [R]. AIAA - 1978 - 1049. Reston：AIAA，1978.

[10] Sullivan T J，Parker D E. Design study and performance analysis of a high - speed multistage variable geometry fan for a variable cycle engine [R]. NASA CR - 159545. washington，D. C.：NASA，1979.

[11] French M W，Allen G L. NASA VCE test bed engine aerodynamic performance characteristics and test result [R]. AIAA - 1981 - 1594. Reston：AIAA，1981.

[12] Brazier M E，Paulson R E. Variable cycle engine concepts [R]. ISABE 93 - 7065，1993.

[13] Murthy S N，Curran E T. Developments in High - Speed Vehicle Propulsion Systems [M]. New York：AIAA，1996.

[14] 中国科学技术协会学术部. 未来先进航空发动机的发展 [M]. 北京：中国科学技术出版社，2017.

[15] 钱学森. 创建系统学 [M]. 太原：山西科学技术出版社，2001.

[16] 于景元. 钱学森综合集成体系 [J]. 西安：西安交通大学学报 (社会科学版)，2006，26 (80)：40 - 47.

[17] 钱学敏. 钱学森科学思想研究 [M]. 西安：西安交通大学出版社，2010.

[18] 王保国，王伟，徐燕骥. 人机系统方法学 [M]. 北京：清华大学出版社，2015.

[19] 吴仲华. 关于简化“径向平衡”、“轴对称”流动、通流计算、S_1和S_2相对流面三维流动理论及计算机程序 [R]. 北京：中国科学技术情报研究所，1974.

[20] 吴仲华. 使用非正交曲线坐标和非正交速度分量的叶轮机械三元流动基本方程及其解法 [J]. 机械工程学报，1979，15 (1)：1 - 23.

[21] 吴文权，刘翠娥. 使用非正交曲线坐标与速度分量 $\boldsymbol{S}_1$流面正问题流场矩阵解 [J]. 工程热物理学报，1980，1 (1)：17 - 27.

[22] 朱荣国. 使用非正交曲线坐标与速度分量 $\boldsymbol{S}_2$流面反问题流场线松弛解 [J]. 工程热物理学

报，1980，1（1）：28－35.

［23］吴仲华．静止与运动坐标下的气动热力学基本方程：粘性力的作用与粘性项的物理意义［J］．机械工程学报，1965，13（4）：43－67.

［24］刘高联，薛明伦，吴仲华．叶轮机械气体动力学设计与分析［J］．机械工程学报，1963，11（1）：1－28.

［25］刘高联．任意旋成面叶栅气动正命题的广义变分原理、变分原理与互偶极值原理［J］．力学学报，1979，11（4）：303－314.

［26］陈乃兴．考虑子午面流道形状的轴流式透平机械长叶片级的近似设计方法［J］．机械工程学报，1963，11（1）：29－38.

［27］汪庆恒，陈乃兴．非正交曲线坐标在叶轮机械粘性流动计算中的应用［J］．工程热物理学报，1981，2（4）：320－327.

［28］王仲奇，徐文远，韩万今．透平长叶片级的气动力计算及某些计算结果的讨论［J］．工程热物理学报，1981，2（4）：328－334.

［29］王保国，吴仲华．含分流叶栅或串列叶栅的S_1流面上可压缩流动矩阵解［J］．工程热物理学报，1984，5（1）：18－26.

［30］Sobieszczanski－Sobieski J. A linear decomposition method for large optimization problems－blueprint for development［R］. NASA Technical Memorandum 83248，1982.

［31］Sobieszczanski－Sobieski J. Optimization by decomposition：a step from hierarchic to non－hierarchic systemps［R］. NASA TM 101494，1988.

［32］Sobieszczanski－Sobieski J. The sensitivity of complex，internally coupled systems［J］. AIAA Journal，1990，28（1）：153－162.

［33］Sobieszczanski－Sobieski J，Haftka R. Multidisciplinary aerospace design optimization：survey of recent developments［J］. Structure Optimization，1997，14（1）：1－23.

［34］Szewczyk Z P，Hajela P. Neurocomputing strategies in structural design decomposition based optimization［J］. Structure Optimization，1994，8（4）：242－250.

［35］AIAA Multidisciplinary Design Optimization Technical Committee. Current State of the Art on Multidisciplinary Design（MDO）［R］. An White Paper. ISBN 1－56347－021－7，September，1991.

［36］Giesing J P，Barthelemy J M. A summary of industry MDO applications and needs［R］. An White Paper. 7th AIAA/USAF/NASA/ISSMO Symposium on Multidisciplinary Analysis and Optimization，1998.

［37］陈信，龙升照．人－机－环境系统工程学概论［J］．自然杂志，1985，8（1）：23－25.

［38］龙升照，黄端生，陈道木，等．人机环境系统工程理论及应用基础［M］．北京：科学出版社，2004.

［39］王保国，王新泉，刘淑艳，等．安全人机工程学［M］．北京：机械工业出版社，2007.

［40］王保国，黄伟光，王凯全，等．人－机－环境安全工程原理［M］．北京：中国石化出版社，2014.

［41］王保国，王新泉，刘淑艳，等．安全人机工程学［M］．2版．北京：机械工业出版社，2016.

［42］佘振苏．复杂系统学新框架——融合量子与道的知识体系［M］．北京：科学出版

社，2012.

[43] AIAA Position Paper. The integrated high performance turbine engine technology (IHPTET) [R]. AIAA, August 1991.

[44] AIAA Position Paper. The versatile affordable advanced turbine engines (VAATE) [R]. AIAA, January, 2006.

[45] Wu C H. A general theory of three dimensional flow in subsonic and supersonic turbomachines of axial, radial and mixed flow types [R]. NACA TN 2604, 1952.

[46] Wu C H. A general theory of two and three dimensional rotational flow in subsonic and transonic turbomachines [R]. NASA CR 4496, 1993.

[47] 吴仲华论文选集编辑委员会. 吴仲华论文选集 [M]. 北京：机械工业出版社，2002.

[48] 王保国，朱俊强. 高精度算法与小波多分辨分析 [M]. 北京：国防工业出版社，2013.

[49] 钱学森，于景元，戴汝为. 一个科学新领域——开放复杂巨系统及其方法论 [J]. 自然杂志，1990，13 (1)：3-10.

[50] 于景元，涂元季. 从定性到定量的综合集成方法——案例研究 [J]. 系统工程理论与实践，2002，22 (5)：1-7.

[51] Bertalanffy L von. General System Theory [M]. New York: George Braziller, 1968.

[52] Laszlo E. Introduction to Systems Plilosophy [M]. New York: Gordon and Breach, 1972.

[53] Bunge M. A Systems Concept of Society: Beyond Individualism and Holism [M]. New York: George Braziller, 1979.

[54] 顾基发，唐锡晋. 综合集成方法的理论及应用 [J]. 系统辩证法学报，2005，13 (4)：1-7.

[55] 涂序彦. 人工智能：回顾与展望 [M]. 北京：科学出版社，2006.

[56] 戴汝为. 系统科学与思维科学交叉发展的硕果——大成智慧工程 [J]. 系统工程理论与实践 2002，22 (5)：8-11.

[57] 顾基发，唐锡晋. 物理-事理-人理系统方法论：理论与应用 [M]. 上海：上海科技教育出版社，2006.

[58] 王浣尘. 一种系统方法论-旋进原则 [J]. 系统工程，1994，12 (5)：11-14.

[59] 顾基发，王浣尘，唐锡晋，等. 综合集成方法体系与系统学研究 [M]. 北京：科学出版社，2007.

[60] 王保国. 近 20 年 AMME Lab 在人-机-环境系统工程中的研究与进展 [C] //龙升照，Dhillon B S. 第 11 届人-机-环境系统工程大会论文集. 纽约：美国科研出版社，2011：393-401.

[61] 姜黎黎，王保国，刘淑艳，等. 人的可靠性研究中的定量分析方法及其评价 [C] //龙升照. 人-机-环境系统工程研究进展，第 7 卷. 北京：海洋出版社，2005：82-86.

[62] 王保国，林欢，安二. 灰色多层次综合评价方法及其应用 [C] //龙升照，Dhillon B S. 第 11 届人-机-环境系统工程大会论文集. 纽约：美国科研出版社，2011：349-351.

[63] 王保国. 一个改进的可拓评价单级方法及其应用 [M] //中国职业安全健康协会. 中国百名专家论安全. 北京：煤炭工业出版社，2008：483-491.

[64] 王保国，刘淑艳，钱耕. 一种小波神经网络与遗传算法相结合的优化方法 [J]. 航空动力

学报，2008，23（11）：1953－1960.

［65］郭宇航，王保国．两类新型神经网络及其在安全评价中的应用［J］．中国安全科学学报 2008，18（7）：29－33.

［66］顾翠，王保国．小波神经网络在飞行员/航天员控制数学建模中的应用［C］//龙升照，Dhillon B S．第9届人－机－环境系统工程大会论文集．纽约：美国科研出版社，2009：76－80.

［67］安二，王保国．基于小波神经网络的人机闭环系统数学模型与飞行品质预测［C］//龙升照，Dhillon B S．第11届人－机－环境系统工程大会论文集．纽约：美国科研出版社，2011：345－348.

［68］孙继文，刘之灵．博学笃志、锐意进取：著名气动热力学专家王保国教授［J］．科学中国人，2008，6：86－90.

［69］林瑞菁．精勤不倦、求真拓新：记我国著名气动热力学专家王保国教授［J］．中国科技成果，2009，10（20）：78－79.

［70］王保国，黄伟光．高超声速气动热力学［M］．北京：科学出版社，2014.

［71］Dennis J E，Lewis R M．Problem formulations and other optimization issues in multidisciplinary optimization［C］// Proceedings of the AIAA/NASA/USAF/ISSMO Symposium on Fluid Dynamics．Colorado Spring：［s．n．］，1994.

［72］Kodiyalam S，Sobieski J．Multidisciplinary design optimization：some formal methods，frame work requirements，and application to vehicle design［J］．International Journal of Vehicle Design，2001，25（1/2）：3－22.

［73］Srinivas K．Evaluation of methods for multidisciplinary design optimization（MDO）－Phase I［R］．Hampton VA：NASA Langley Research Center，1998.

［74］Hajela P，Bloebaum C L，Sobieszczanski－Sobieski J．Application of global sensitivity equations in multidisciplinary aircraft synthesis［J］．Journal of Aircraft，1990，27（12）1002－1010.

［75］Kroo I，Altus S，Sobieszczanski－Sobieksi J，et al．Multidisciplinary optimization methods for aircraft preliminary design［R］．AIAA Paper 94－4325，1994.

［76］Kim H M，Michelena N F，Papalambros P Y，et al．Target cascading in optimal system design［J］．Journal of Mechanical Design，2003，125：474－480.

［77］Schmit Jr L A，Ramanathan R K．Multilevel approach to minimum weight design including buckling constraints［J］．AIAA Journal，1978，16（2）：97－104.

［78］Sobieszanski－Sobieski J，Agte J，Sandusky Jr R．Bi－level integrated system synthesis（BLISS）［R］．AIAA Paper 98－4916，1998.

［79］Renaud J E，Gabriele G A．Improved coordination in nonhierarchic system optimization［J］．AIAA Journal，1993，31（12）：2367－2373.

［80］Rasmussen J．Accumulated approximation－a new method for structural optimization by iterative improvement［C］// 3rd Air Force/NASA Symposium on Recent Advances in Multidisciplinary Analysis and Optimization．San Francisco：［s．n．］，1990.

［81］Renaud J E，Gabriele G A．Second order based multidisciplinary design optimization algorithm development［R］．ASME 19th Design Automation Conference，New Mexico，Sept．1993.

[82] Sellar R S, Stelmack M, Batill S M, Renaud J E. Response surface approximations for discipline coordination in multidisciplinary design optimization [R]. AIAA Paper 96 - 1383, 1996.
[83] 哈兰，罗伦次. 航天系统故障与对策 [M]. 北京：中国宇航出版社，2007.
[84] Стечкин. 喷气发动机原理：叶片机 [M]. 张惠民，鲁启新，等译. 北京：国防工业出版社，1958.
[85] Стечкин. 喷气发动机原理：工作过程及特性 [M]. 秦鹏，梅波，等译. 北京：科学出版社，1961.
[86] 伊诺捷姆采夫. 航空燃气涡轮发动机原理和工作过程 [M]. 杨克立，周倜武，孙怀民，等译. 北京：国防工业出版社，1960.
[87] 克莱什金. 喷气发动机原理 [M]. 秦鹏，译. 北京：国防工业出版社，1977.
[88] Mattingly J D, Heiser W H, Pratt D T. Aircraft Engine Design [M]. Reston, VA: AIAA Education Series, AIAA, 2002.
[89] Walsh P P, Fletcher P. Gas Turbine Performance [M]. 2nd ed. England: Blackwell Science Publishing Company, 2004.
[90] 克里布罗克. 飞机发动机和燃气涡轮 [M]. 谢竹虚，曹永明，译. 北京：国防工业出版社，1983.
[91] 奥茨. 飞机推进系统技术与设计 [M]. 陈大光，张津，朱之丽，等译. 北京：航空工业出版社，1992.
[92] 聂加耶夫，费多洛夫. 航空燃气涡轮发动机原理：上册 [M]. 姜树明译. 北京：国防工业出版社，1984.
[93] 聂加耶夫，费多洛夫. 航空燃气涡轮发动机原理：下册 [M]. 姜树明译. 北京：国防工业出版社，1984.
[94] 斯辽赫钦科. 空气喷气发动机原理 [M]. 王振华，陆亚钧，等译. 北京：国防工业出版社，1982.
[95] 斯辽赫钦科，索苏洛夫. 双路式涡轮喷气发动机原理 [M]. 赵振才，忻元镳，译. 北京：国防工业出版社，1986.
[96] 聂恰耶夫. 航空动力装置控制规律与特性 [M]. 单风桐，程振海，译. 北京：国防工业出版社，1999.
[97] 萨拉瓦纳穆图，罗杰斯，科恩，等. 燃气涡轮原理 [M]. 6 版. 黄维娜，等译. 北京：航空工业出版社，2015.
[98] 罗尔斯·罗伊斯公司. 喷气发动机 [M]. 刘树声，王大伟，译. 北京：国防工业出版社，1975.
[99] 马丁利，海泽，戴利. 航空发动机设计 [M]. 侯志兴，等译. 北京：科学出版社，1992.
[100] 李特维洛夫，鲍罗维克. 航空涡轮喷气发动机的特性和使用性能 [M]. 陈炳慈，译. 北京：国防工业出版社，1986.
[101] 张逸民. 航空涡轮风扇发动机 [M]. 北京：国防工业出版社，1985.
[102] 朱行健，王雪瑜. 燃气轮机工作原理及性能 [M]. 北京：科学出版社，1992.
[103] 西北工业大学，南京航空学院，北京航空学院. 航空燃气涡轮发动机原理 [M]. 北京：国防工业出版社，1981.

[104] 彭泽琰，杜声同，郭秉衡. 航空燃气轮机原理［M］. 上册. 北京：国防工业出版社，1989.
[105] 唐狄毅，廉小纯. 航空燃气轮机原理：下册［M］. 北京：国防工业出版社，1990.
[106] 彭泽琰，刘刚. 航空燃气轮机原理：上册［M］. 北京：国防工业出版社，2000.
[107] 朱方元. 航空轴流叶片机气动设计［M］. 西安：西北工业大学出版社，1984.
[108] Johnsen I A，Bullock R O，et al. Aerodynamic Design of Axial - flow Compressors [R]. NASA SP - 36，Washington，D. C.，1965.
[109] Cumpsty N A. Compressor Aerodynamics [M]. Malabar，Florida：Krieger Publishing Company，2004.
[110] Bathe W W. Fundamentals of Gas Turbine [M]. New York：John Wiley and Sons，1984.
[111] 秦鹏. 轴流式压气机气动设计［M］. 北京：国防工业出版社，1975.
[112] 李根深，陈乃兴，强国芳. 船用燃气轮机轴流式叶轮机械气动热力学（原理、设计与试验研究）：上册［M］. 北京：国防工业出版社，1980.
[113] 李根深，陈乃兴，强国芳. 船用燃气轮机轴流式叶轮机械气动热力学（原理、设计与试验研究）：下册［M］. 北京：国防工业出版社，1985.
[114] 王仲奇，秦仁. 透平机械原理［M］. 北京：机械工业出版社，1988.
[115] 张惠民. 叶轮机械中的三元流理论及其应用［M］. 北京：国防工业出版社，1984.
[116] 彭泽琰，刘刚，桂幸民，等. 航空燃气轮机原理［M］. 北京：国防工业出版社，2008.
[117] Wiley J. Aircraft Propulsion [M]. New York：John Wiley and Sons，2009.
[118] Kerrebrock J L. Aircraft Engines and Gas Turbines [M]. Cambridge，Mass：The MIT Press，1977.
[119] Moustapha H，Zelesky M F，Baines N C，et al. Axial and Radial Turbines [M]. Wilder，VT：Concepts NREC，2003.
[120] 徐忠. 离心式压缩机原理［M］. 北京：机械工业出版社，1990.
[121] 胡骏. 航空叶片机原理［M］. 2 版，北京：国防工业出版社，2014.
[122] 廉筱纯，吴虎. 航空发动机原理［M］. 西安：西北工业大学出版社，2005.
[123] Chen N X. Aerothermodynamics of Turbomachinery：Analysis and Design [M]. Singapore：John Wiley & Sons，2010.
[124] McMahon P J. Aircraft Propulsion [M]. London：Pitman，1971.
[125] Cohen H，Rogers GF，Saravanamuttoo HI. Gas Turbine Theory [M]. 4th ed. Harlow：Longmans，1996.
[126] Horlock J H. Axial Flow Compressors [M]. London：Butterworth，1966.
[127] Dixon S L. Thermodynamics of Turbomachinery [M]. London：Pergamon Press，1969.
[128] Lefebvre A H. Gas Turbine Combustion [M]. New York：Hemisphere，1983.
[129] Harman R T. Gas Turbine Engineering [M]. Basingstoke：Macmillan，1987.
[130] Rogers M. Engineering Thermodynamics Work and Heat Transfer [M]. London：Longman，1957.
[131] Roxbee - Cox H. Gas Turbine Principles and Practice [M]. London：Newnes，1955.
[132] Gostelow J P. Cascade Aerodynamics [M]. Oxford：Pergamon Press，1984.

[133] Hawthorne W R. Aerodynamics of Turbines and Compressors [M]. New Jersey: Princeton University Press, 1964.
[134] Vavra M H. Aero – Thermodynamics and Flow in Turbomachines [M]. New York: Wiley, 1960.
[135] Wislicenus G F. Fluid Mechanics of Turbomachinery [M]. 2nd ed. New York: McGraw – Hill, 1965.
[136] Cumpsty N A. Jet Propulsion [M]. 2nd ed. Cambridge: Cambridge University Press, 2003.
[137] Wisler D C. Axial – Flow Compressor and Fan Aerodynamics [M]. Boca Raton: CRC Press, 1998.
[138] Whitfield A, Baines N C. Design of Radial Turbomachines [M]. London: Longman Scientific & Technical, 1990.
[139] Japikse D, Baines N C. Introduction to Turbomachinery [M]. Oxford: Oxford University Press, 1994.
[140] Japikse D. Turbomachinery Diffuser Design Technology [M]. Norwich, VT: Concepts ETI Inc., 1984.
[141] Japikse D. Centrifugal Compressor Design and Performance [M]. Norwich, VT: Concepts ETI Inc., 1996.
[142] Japikse D. Axial and Radial Turbines [M]. Norwich, VT: Concepts ETI Inc., 1997.
[143] 舒式甄，朱立，柯玄龄，等. 叶轮机械原理 [M]. 北京：清华大学出版社，1991.
[144] 李燕生，陆桂林. 向心透平与离心压气机 [M]. 北京：机械工业出版社，1987.
[145] Herb S, Gordon R, Henry C. Gas Turbine Theory [M]. 5th ed. London: Prentice Hall, 2001.
[146] 赵士杭. 燃气轮机循环与变工况性能 [M]. 北京：清华大学出版社，1993.
[147] 姜伟，赵士杭. 燃气轮机原理、结构与应用 [M]. 北京：科学出版社，2002.
[148] 沈炳正，黄希程. 燃气轮机装置 [M]. 2 版. 北京：机械工业出版社，1991.
[149] 翁史烈. 燃气轮机 [M]. 北京：机械工业出版社，1989.
[150] 清华大学电力工程系燃气轮机教研组. 燃气轮机 [M]. 北京：水利电力出版社，1978.
[151] 柯特略尔. 燃气轮机装置的变动工况 [M]. 樊介生，高椿，译. 上海：上海科学技术出版社，1965.
[152] 钟芳源. 燃气轮机设计基础 [M]. 北京：机械工业出版社，1987.
[153] 陈大燮. 动力循环分析 [M]. 上海：上海科学技术出版社，1981.
[154] 刘高联. 刘高联文选：上卷 [M]. 上海：上海大学出版社，2010.
[155] 刘高联. 刘高联文选：下卷 [M]. 上海：上海大学出版社，2010.
[156] 朱之丽，陈敏，唐海龙，等. 航空燃气涡轮发动机工作原理及性能 [M]. 上海：上海交通大学出版社，2014.
[157] 王保国，王伟，黄伟光，等. 民用航空涡扇发动机设计的法律及气动问题 [J]. 西安科技大学学报，2016，36 (5)：709 – 718.
[158] 王伟. 钱学森系统学的哲学基础 [C] //龙升照，Dhillon B S. 第 12 届人 – 机 – 环境系统工程大会论文集. 纽约：美国科研出版社，2012：315 – 320.
[159] 王伟. 大气环境与宇宙空间科学中的几个法律问题 [C] //龙升照，Dhillon B S. 第 12 届人 – 机 – 环境系统工程大会论文集. 纽约：美国科研出版社，2012：308 – 314.

[160] 王伟. 从国际环境问题看软法与硬法的作用 [J]. 青岛理工大学学报, 2012, 33 (5): 70-72.

[161] 王保国, 王伟, 黄伟光, 等. 钱学森系统科学思想在人机环境系统工程中的应用 [J]. 华北科技学院学报, 2014, 11 (8): 1-18.

[162] 华罗庚. 高等数学引论: 第一卷, 第二分册 [M]. 北京: 科学出版社, 1979.

[163] 吴仲华. 工程流体动力学 [M]. 北京: 清华大学出版社, 1980.

[164] Truesdell C, Toupin R. The classical field theories. In Flugge S. Handbuch der Physik: Vol. 3, pt. 1 [M]. Berlin: Springer-Verlag, 1960.

[165] 朗道, 栗弗席茨. 流体力学 [M]. 孔祥言, 等译. 北京: 高等教育出版社, 1983.

[166] 陈懋章. 粘性流体动力学基础 [M]. 北京: 高等教育出版社, 2002.

[167] 王竹溪. 热力学 [M]. 北京: 人民教育出版社, 1960.

[168] 王竹溪. 热力学简程 [M]. 北京: 人民教育出版社, 1964.

[169] 张远君. 流体力学大全 [M]. 北京: 北京航空航天大学出版社, 1991.

[170] 王保国, 黄虹宾. 叶轮机械跨声速及亚声速流场的计算方法 [M]. 北京: 国防工业出版社, 2000.

[171] 王保国, 蒋洪德, 马晖扬, 等. 工程流体力学 [M]. 北京: 科学出版社, 2011.

[172] 王保国. Navier-Stokes 方程组的通用形式及近似因式分解 [J]. 应用数学和力学, 1988, 9 (2): 165-172.

[173] 王保国. 叶栅流基本方程组特征分析及矢通量分裂 [J]. 中国科学院研究生院学报, 1987, 4 (2): 54-65.

[174] 刘高联, 王甲升. 叶轮机械气体动力学基础 [M]. 北京: 机械工业出版社, 1980.

[175] 王仲奇. 透平机械三元流动计算及其数学和气动力学基础 [M]. 北京: 机械工业出版社, 1983.

[176] 吴文权. 叶轮机械三元流动流函数方程组——S_1和S_2流面的统一数学方程组 [J]. 机械工程学报, 1979, 15 (1): 86-99.

[177] Sherif A, Hafez M. Computation of three dimensional transonic flows using two stream functions [R]. AIAA Paper 83-1948, 1983.

[178] Hamed A, Abdallah S. Streamlike function: a new concept in flow problems formulation [J]. Journal of Aircraft, 1979, 16 (12): 801-802.

[179] Wu Chung-Hua, Wang Bao Guo. Matrix solution of compressible flow on S_1 surface through a turbomachine blade row with splitter vanes or tandem blades [J]. Transaction ASME Journal of Engineering for Gas Turbines and Power, 1984, 106: 449-454.

[180] Wang Bao Guo. An iterative algorithm between stream function and density for transonic cascade flow [J]. AIAA Journal of Propulsion and Power, 1986, 2 (3): 259-265.

[181] 王保国. 跨声速流函数方程强隐式解及确定密度场的新方案 [J]. 计算物理, 1985, 2 (4): 474-481.

[182] Wang Bao Guo, Chen Nai Xing. An improved SIP scheme for numerical solutions of transonic stream-function equation [J]. International Journal for Numerical Methods in Fluids, 1990, 10 (5): 591-602.

[183] Wang Bao Guo, Hua Yao Nan. An improved method of transonic stream - function/density iteration and calculation of total pressure loss [C]. The 1987 Tokyo International Gas Turbine Congress, 87 - TOKYO - IGTC - 37, 1987, 281 - 285.

[184] 王保国. 跨声速主流与边界层迭代的稳定性分析与数值实验 [J]. 工程热物理学报, 1989, 10 (4): 379 - 382.

[185] 王保国, 陈乃兴. 计算流体中一个改进的强隐式格式及迭代的收敛性 [J]. 计算物理, 1989, 6 (4): 431 - 440.

[186] Murman E M, Cole J D. Calculation of plane steady transonic flow [J]. AIAA Journal, 1971, 9: 114 - 121.

[187] 马铁犹. 计算流体动力学 [M]. 北京航空航天大学出版社, 1986.

[188] Jameson A. Iterative solution of transonic flows over airfoils and wings [J]. Communications on Pure and Applied Mathematics, 1974, 2: 283 - 309.

[189] Hafez M, South J, Murman E. Artificial compressibility methods for numerical solutions of transonic full potential equation [J]. AIAA Journal, 1979, 17 (8): 838 - 844.

[190] 朱家鲲. 计算流体力学 [M]. 北京: 科学出版社, 1985.

[191] Kreiss H O. On difference approximations of the dissipative type for hyperbolic differential equations [J]. Comm. Pure Appl. Math, 1964, 17 (3).

[192] Hafez M, Lovell D. Numerical solution of transonic stream function equation [J]. AIAA Journal, 1983, 21 (3): 327 - 335.

[193] Holst T L, Ballhaus W F. Fast conservative schemes for the full potential equation applied to transonic flows [J]. AIAA Journal, 1979, 17: 145 - 152.

[194] Lax P D, Wendroff B. Systems of conservation laws [J]. Pure Appl. Math, 1960, 13: 217 - 237.

[195] 冯康. 数值计算方法 [M]. 北京: 国防工业出版社, 1978.

[196] Ballhaus W F, Jameson A, Albert J. Implicit approximate factorization schemes for the efficient solution of steady transonic flow problems [J]. AIAA Journal, 1978, 16: 573 - 579.

[197] Steger J I. Implicit finite difference simulation of flow afout arbitrary geometrics with application to airfoils [J]. AIAA Journal, 1978, 16: 679 - 686.

[198] Stone H L. Iterative solution of implicit approximations of multidimensional partial differential equations [J]. SIAM Journal on Numerical Analysis, 1968, 5 (3): 530 - 558.

[199] Hamming R W. Stable predictor - corrector methods for ordinary differential equations [J]. J. Assoc. Comput. Math., 1959, 6: 37 - 47.

[200] Hamming R W. Numerical Methods for Scientists and Engineers [M]. New York: McGraw - Hill Book Company, 1973.

[201] Varga R S. Matrix Iterative Analysis [M]. New Jersey: Prentice - Hall, Englewood Cliffs, 1962.

[202] Dupont T, Kendall R P, Rachford H H. An approximate factorization procedure for solving solf - adjoint elliptic difference equations [J]. SIAM Numer. Anal., 1968, 5 (3): 559 - 573

[203] Dunker R J, Strinning P E, Weyer H B. Experimental study of the flow field within a transonic

axial compressor rotor by laser velocimetry and comparison with through – flow calculations [J]. Tran. of ASME, J. of Engineering for Power, 1978, 100 (2): 279 – 286.

[204] McDonald P W, Bolt C R, Dunker R J, et al. A comparison between measured and computed flow fields in a transonic compressor rotor [J]. Trans. of ASME, J. of Engineering for Power, 1980, 102 (4): 883 – 891.

[205] Marsh H. A digital computer program for the through – flow fluid mechanics in a arbitrary turbomachine using a matrix method [R]. ARC R&M 3509, July, 1966.

[206] Smith L H Jr. The radial equilibrium equation of turbomachinery [J]. Trans. ASME Journal of Engineering for Power, 1966, 88: 1 – 12.

[207] Smith D J. Computer solution of Wu's equations for the compressible flow through turbomachines [R]. NASA SP – 304, 1973.

[208] Novak R A. Streamline curvature computing procedures for fluid flow problems [J]. Trans. ASME Journal of Engineering for Power, 1967, 89: 478 – 490.

[209] Katsanis T. Use of arbitrary quasi – orthogonals for calculating flow distribution on a blade to blade surface in a turbomachine [R]. NASA TN – D2809, 1965.

[210] Katsanis T. A computer program for calculating velocities and stremlines on blade – to – blade stream surface of a turbomachine [R]. NASA TN – D 4525, 1968.

[211] Vanco M R. FORTRAN program for calculating velocities in the meridional plane of a turbomachine, Part 1. Centifugal Compressor [R]. NASA TN – D 6701, 1972.

[212] Jansen W, Kirschner A M. Impeller design method for centrifugal compressor [R]. NASA SP – 314, 1975.

[213] 王保国，刘淑艳，黄伟光. 气体动力学 [M]. 北京：北京理工大学出版社，北京航空航天大学出版社，西北工业大学出版社，等，2005.

[214] 吴仲华. 能的梯级利用与燃气轮机总能系统 [M]. 北京：机械工业出版社，1988.

[215] 李开泰，黄艾香. 张量分析及其应用 [M]. 西安：西安交通大学出版社，1984.

[216] Lü P M, Wu C H. Computation of potential flow on S_2 stream surface for a transonic axial – flow compressor rotor [R]. ASME Paper 84 – GT – 30, 1984.

[217] 陈宏冀，吴仲华. 含激波跨声速S_2流面反问题的椭圆形方程间断解 [J]. 工程热物理学报，1987，8 (1)：23 – 30.

[218] 中国科学院，沈阳航空发动机公司. 跨声速轴流式压气机三元流动设计的理论、方法和应用 [J]. 工程热物理学报，1980，1 (1)：44 – 54.

[219] 赵晓路，秦立森，吴仲华. CAS 压气机转子中跨声速三元流动的S_1/S_2流面准三元迭代解 [J]. 工程热物理学报，1988，9 (2)：119 – 124.

[220] 吴仲华，华耀南，王保国，等. 跨声速叶栅流的激波捕获 – 分区计算法 [J]. 工程热物理学报，1986，7 (2)：112 – 119.

[221] 华耀南，王保国. 有旋转效应和流片厚度变化的叶轮机械边界层的积分方程求解法 [J]. 工程热物理学报，1988，9 (4)：327 – 330.

[222] 吴仲华，吴文权，王保国，等. 给定激波模型的叶栅跨声流的计算 [J]. 工程热物理学报，1984，5 (3)：256 – 262.

[223] 王保国，华耀南，等．跨声速任意回转面叶栅流分区计算［J］．工程热物理学报，1986，7（4）：320－325．

[224] 华耀南．Computation of the detached shock and the entrance flow field in a supersonic or transonic cascade［R］．ASME Paper 85－GT－7，1985．

[225] 华耀南，王保国．The effect of boundary layer on transonic cascade flow［R］．AIAA Paper 88－3782，1988．

[226] 王保国．数值分析跨声速主流与边界层迭代［J］．空气动力学报，1990，8（2）：202－206．

[227] 赵晓路．使用非正交曲线坐标与速度分量的S_1流面跨声速流函数解［J］．工程热物理学报，1984，5（3）：244－249．

[228] 王正明．交替方向积分法解S_1流面跨音流函数方程［J］．工程热物理学报，1984，5（3）：250－255．

[229] 张家麟．使用非正交曲线坐标与非正交速度分量轴流式压气机转子三元跨声速流场势函数方程人工可压缩性近似分解因式解［J］．工程热物理学报，1986，7（1）：1－7．

[230] 刘翠娥，吴文权．任意回转面叶栅超音速进口流场特征线法计算机程序和唯一进气角的确定［J］．工程热物理学报，1980，1（3）：255－264．

[231] 王正明，陈宏冀，华耀南，等．DFVLR 压气机转子中跨声速流动的两类流面准三元迭代解［J］．工程热物理学报，1988，9（1）：25－31．

[232] 汪庆恒，吴文权，朱根兴，等．轴流式压气机两类流面三元完全解［J］．工程热物理学报，1983，4（4）：336－341．

[233] 汪庆恒，王建安，吴仲华，等．压气机转子内高亚声速三元流场计算及激光测量值的比较［J］．工程热物理学报，1987，8（2）：119－124．

[234] 赵晓路，秦立森，吴仲华．CAS 压气机转子跨声速流场S_1/S_2流面全三元迭代解［J］．工程热物理学报，1989，10（2）：140－145．

[235] 秦立森，赵晓路，吴仲华．CAS 压气机转子跨声速流场全三元解的分析及其与准三元解和双焦点激光测量值的比较［J］．工程热物理学报，1989，10（3）：255－261．

[236] 华耀南，吴文权．S_1流面跨声速流场流函数矩阵解［J］．工程热物理学报，1987，8（2）：130－132．

[237] 中国科学院工程热物理研究所跨声速轴流压气机试验组．CAS 压气机转子 0.9 倍设计转速工况测量结果［R］．中国科学院工程热物理研究所资料图书室，1986．

[238] Beam R M，Warming R F．An implicit factored scheme for the compressible Navier－Stokes equations［J］．AIAA Journal，1978，16（4）：393－402．

[239] Denton J D．A time marching method for two－and three－dimensional blade－to blade flow［R］．Aeronautical Research Council（U. K.）R&M 3775，1975．

[240] Hah C. A Navier－Stokes analysis of three－dimensional flow inside turbine blade row at design and off－design conditions［J］．Journal of Engineering for Gas Turbines and Power，1984，106：421－429．

[241] Hah C. A numerical study of three－dimensional flow separation and wake development in an axial compressor rotor［J］．International Journal of Turbomachinery & Jet Engines，1985，11：

241 – 251.

[242] Hirsch CH, Warzee G. An integrated quasi three – dimensional finite element calculation program for turbomachinery flows [J]. Journal of Engineering for Power, 1979, 101: 141 – 148.

[243] Jameson A, Turkel E. Implicit schemes and LU decompositions [J]. Math. Comp, 1981, 37 (156): 385 – 397.

[244] Beam R M, Warming R F. An implicit finite – difference algorithms for hyperbolic systems in conservation – law form [J]. Journal of Comp. Physics, 1976, 22: 87 – 110.

[245] Yamamoto A. Production and development of secondary flows and losses in two types of straight turbine cascades: part 1 – a stator case [J]. Journal of Turbomachinery, 1987, 109: 186 – 193.

[246] Yamamoto A. Production and development of secondary flows and losses in two types of straight turbine cascades: part 2 – a rotor case [J]. Journal of Turbomachinery, 1987, 109: 194 – 200.

[247] Thompkins W T. A FORTRAN program for calculating three – dimensional, inviscion, rotational flow with shock waves in axial compressor blade rows [R]. GT&PDL Report No. 162, September, 1981.

[248] 沈孟育，周盛，林保真. 叶轮机械中的跨音速流动 [M]. 北京：科学出版社，1988.

[249] 张耀科，龚增锦，沈孟育. 跨音涡轮中三维流动的数值试验 [J]. 航空学报，1981，2 (3)：67 – 76.

[250] 沈孟育，张耀科. 跨音涡轮中完全三维流动计算 [J]. 数值计算与计算机应用，1984，5 (2)：125 – 128.

[251] 周新海. 多网格法求解 Euler 方程的叶栅绕流计算 [J]. 工程热物理学报，1988，9 (4)：338 – 341.

[252] 周新海，朱方元. 跨音速叶栅流场计算的多网格法 [J]. 工程热物理学报，1984，5 (3)：239 – 243.

[253] 蒋滋康，朱钦. 跨声速透平级完全三元流场的计算方法及其应用 [J]. 工程热物理学报，1986，7 (4)：314 – 319.

[254] 蒋式琰，蒋滋康. 跨音速三元透平叶栅绕流全流场解 [J]. 工程热物理学报，1985，6 (1)：33 – 36.

[255] 李德元，徐国荣，水鸿寿，等. 二维非定常流体力学数值方法 [M]. 北京：科学出版社，1987.

[256] 忻孝康，朱士灿，蒋锦良. 叶轮机械三元流动与准正交面法 [M]. 上海：复旦大学出版社，1988.

[257] 王保国. 新的解跨音速 Euler 方程的隐式杂交方法 [J]. 航空学报，1989，10 (7)：309 – 315.

[258] 陈乃兴，徐燕骥. 透平叶栅湍流的数值计算 [J]. 科学通报，1990，35 (14)：1215 – 1219.

[259] 应隆安，滕振寰. 双曲型守恒律方程及其差分方法 [M]. 北京：科学出版社，1991.

[260] 黄伟光，陈乃兴. Numerical computation of compressible viscous internal flows [J]. Journal of

Thermal Science, 1992, 1 (2): 83 - 89.

[261] 黄伟光，陈乃兴. Numerical study on compressible viscous internal flow [C] // Proceeding of the 5th Asian Congress of Fluid Mechanics. Taejon: [s. n.], 1992.

[262] 陈乃兴，黄伟光，周倩. 跨音速单转子压气机三维湍流流场的数值计算 [J]. 航空动力学报，1995，10 (2): 109 - 112.

[263] 黄伟光，刘建军. 两种 TVD 格式在跨音速叶栅流场计算中的应用 [J]. 工程热物理学报，1995，16: 309 - 313.

[264] 黄伟光，陈乃兴，山崎伸彦，等. 叶轮机械动静叶片排非定常气动干涉的数值模拟 [J]. 工程热物理学报，1999，20 (3): 294 - 298.

[265] 王保国，卞荫贵. 关于三维 Navier - Stokes 方程的粘性项计算 [J]. 空气动力学学报，1994，12 (4): 375 - 382.

[266] 王保国，高歌，黄伟光，等. 非定常气体动力学 [M]. 北京: 北京理工大学出版社，2014.

[267] 王保国，卞荫贵. 转动坐标系中三维跨声欧拉流的有限体积 - TVD 格式 [J]. 空气动力学学报，1992，10 (4): 472 - 481.

[268] Wang B G, Liu Q S, Shen M Y. High - order accurate and high - resolution upwind finite volume scheme for solving Euler/Reynolds - averaged Navier - Stokes equations [C] // Third International Symposium on Experimental and Computational Aerothermodynamics of Internal Flows. Beijing: [s. n.], 1996: 382 - 394.

[269] 刘秋生，王保国，沈孟育. 改进的强隐式格式及其在三维 Euler 与 N - S 方程中的应用 [J]. 清华大学学报，1996，36 (3): 29 - 35.

[270] Wang B G, Guo Y H, Liu Q S, et al. High - order accurate and high - resolution upwind finite volume scheme for solving Euler/Reynolds - averaged Navier - Stokes equations [J]. Acta Mechanica Sinica, 1998, 14: 10 - 17.

[271] Wang B G, Guo Y H, Shen M Y, et al. High - order accurate and high - resolution implicit upwind finite volume scheme for solving Euler/reynolds - averaged Navier - Stokes equations [J]. Tsinghua Science and Technology, 2000, 5 (1): 47 - 53.

[272] 王保国，沈孟育. 高速粘性内流的高分辨率高精度迎风型杂交格式 [J]. 空气动力学学报，1995，13 (4): 365 - 373.

[273] 王保国，刘秋生，卞荫贵. 三维湍流高速进气道内外流场的高效率高分辨率解 [J]. 空气动力学学报，1996，14 (4): 168 - 178.

[274] 王保国，李荣先，马智明，等. 非结构网格下含冷却孔的涡轮转子三维流场计算 [J]. 航空动力学报，2001，16 (3): 224 - 231.

[275] 王保国，李荣先，马智明，等. 非结构网格生成方法的改进及气膜冷却三维静子流场的求解 [J]. 航空动力学报，2001，16 (3): 232 - 237.

[276] GuoY H, Wang B G, Shen M Y, et al. An implicit multigrid algorithm for 3 - D compressible N - S equations. [C] // First Asian Computational Fluid Dynamics Conference. Hong Kong: [s. n.], 1995, 2: 779 - 784.

[277] 沈孟育，郭延虎，王保国，等. 跨声速压气机转子中的三维湍流流场计算及涡系分析

[J]. 航空学报, 1996, 17 (6): 719 – 722.
[278] 郭延虎, 王保国, 沈孟育. 考虑顶隙的压气机单转子内三维跨声速黏性流场结构的数值模拟 [J]. 航空动力学报, 1998, 13 (1): 13 – 18.
[279] 郭延虎, 王保国, 沈孟育, 等. 隐式多重网格法求解叶轮机械三维跨声速湍流流场 [J]. 空气动力学学报, 1995, 13 (4): 468 – 473.
[280] Guo Y H, Shen M Y, Wang B G. Numerical study of topological structure of 3 – D transonic viscous flow field inside turbine cascade [J]. Chinese Journal of Aeronautics, 1997, 10 (3): 174 – 181.
[281] 张雅, 刘淑艳, 王保国. 雷诺应力模型在三维湍流流场计算中的应用 [J]. 航空动力学报, 2005, 20 (4): 572 – 576.
[282] 王保国, 刘淑艳, 王新泉, 等. 传热学 [M]. 北京: 机械工业出版社, 2009.
[283] Wang Baoguo, Bian Yinggui. A LU – TVD Finite Volume Scheme for Solving 3D Reynolds Averaged Navier – Stokes Equations of High Speed Inlet Flows [C] // First Asian Computational Fluid Dynamics Conference. Hong Kong: Hong Kong University Press, 1995, 3: 1055 – 1060.
[284] 王保国, 卞荫贵. 求解三维欧拉流的隐 – 显式格式及改进的三维 LU 算法 [J]. 计算物理, 1992, 9 (4): 423 – 425.
[285] Jameson A. Yoon S. Lower – Upper Implicit Schemes with Multiple Grids for the Euler Equations [J]. AIAA Journal, 1987, 25 (7): 929 – 935.
[286] Jameson A. Time Dependent Calculations Using Multigrid with Applications to Unsteady Flows Past Airfoils and Wings [R]. AIAA Paper 91 – 1596 (1991).
[287] 王保国, 刘淑艳, 杨英俊, 等. 非结构网格下涡轮级三维非定常 N – S 方程的数值解 [J]. 工程热物理学报, 2004, 25 (6): 940 – 942.
[288] Cockburn B, Shu C W. The Local Discontinuous Galerkin Finite Element Method for Convection – diffusion Systems [J]. SIAM J Numer. Anal, 1998, 35: 2440 – 2463.
[289] 华罗庚. 高等数学引论: 第一卷, 第二分册 [M]. 北京: 科学出版社, 1979.
[290] Zienkiewicz O C, Taylor R L. The Finite Element Method [M] 5th ed. Amsterdam: Elsevier, 2000.
[291] 华罗庚, 王元. 数值积分及其应用 [M]. 北京: 科学出版社, 1963.
[292] 王保国, 吴俊宏, 朱俊强. 基于小波奇异分析的流场计算方法及应用 [J]. 航空动力学报, 2010, 25 (12): 2728 – 2747.
[293] 吴俊宏, 王保国. 新型高分辨率格式及其在 CFD 的应用 [J]. 科技导报, 2010, 28 (13): 40 – 46.
[294] Haase W, Braza M, Revell A. DESider – A European Effort on Hybrid RANS – LES Modelling [M]. Berlin: Springer, 2009.
[295] Drikakis D, Geurts B J. Turbulent Flow Computation [M]. Hague: Kluwer Academic Publishers, 2002.
[296] Lesieur M. Turbulence in Fluid [M]. Berlin Springer Verlag, 2008.
[297] Pope S B. Turbulent Flows [M]. England: Cambridge University Press, 2000.
[298] Berselli L C, Iliescu T, Layton W J. Mathematics of Large Eddy Simulation of Turbulent Flows

[M]. Berlin: Springer, 2006.

[299] Wilcox D C. Turbulence Modeling for CFD [M]. La Canada: DCW Industries inc, 2000.

[300] 王保国，郭洪福，孙拓，等. 6 种典型飞行器的 RANS 计算及大分离区域的 DES 分析 [J]. 航空动力学报，2012，27 (3): 481 -495.

[301] Wright M J, Milos F S, Tran P. Survey of Afterbody Aeroheating Flight Data for Planetary Probe Thermal Protection System Design [R]. AIAA 2005 -4815, 2005.

[302] 王保国，刘淑艳. 稀薄气体动力学计算 [M]. 北京：北京航空航天大学出版社，2013.

[303] 王保国，刘淑艳，刘艳明，等. 空气动力学基础 [M]. 北京：国防工业出版社，2009.

[304] Stephens E. Afterbody Heating Data Obtained from an Atlas Boosted Mercury Configuration in a Free Body Reentry [R]. NASA TM X -493, 1961.

[305] Raper R M. Heat Transfer and Pressure Measurements Obtained During Launch and Reentry of the First Four Gemini - Titan Missions and Some Comparisons with Wind Tunnel Data [R]. NASA TM X -1407, 1967.

[306] Sagaut P, Deck S, Terracol M. Multiscale and Multiresolution Approaches in Turbulence [M]. London: Imperial College Press, 2006.

[307] 王保国，刘淑艳，王新泉，等. 流体力学 [M]. 北京：机械工业出版社，2012.

[308] 高歌，闫文辉，王保国，等. 计算流体力学：典型算法与算例 [M]. 北京：机械工业出版社，2015.

[309] Tannehill J C, Anderson D A, Pletcher R H. Computational Fluid Dynamics and Heat Transfer [M]. 2nd ed. London: Taylor & Francis, 1997.

[310] Anderson J D Jr. Hypersonic and High Temperature Gas Dynamics [M]. New York: McGraw - Hill, 1989.

[311] 王保国，黄伟光，钱耕. 再入飞行中 DSMC 与 Navier - Stokes 两种模型的计算与分析 [J]. 航空动力学报，2011，26 (5): 961 -976.

[312] Smits A J, Dussauge J P. Turbulent Shear Layers in Supersonic Flow [M]. New York: Springer, 2006.

[313] Spearman M L, Collins I K. Aerodynamic Characteristics of a Swept - Wing Cruise Missile at Mach Number from 0. 50 to 2. 86. 1972 [R], NASA TN D -7069.

[314] Everhart P E, Bernot P T. Measurement of the surface Flows, Heat Transfer, Pressure Distribution, and Longitudinal Stability of a Mercury Capsule Model at Mach Numbers of 6. 9 and 9. 6 [R]. 1961, NASA TMX -493.

[315] Kruse R L, Malcolm G N, Short B J. Comparison of Free Flight Measurements of Stability of the Gemini and Mercury Capsules at Mach Numbers 3 and 9. 5 [R]. 1964, NASA TM X -957.

[316] 王保国，李耀华，钱耕. 四种飞行器绕流的三维 DSMC 计算与传热分析 [J]. 航空动力学报. 2011，26 (1): 1 -20.

[317] 王保国，孙业萍，钱耕. 两类典型高速飞行器壁面热流的工程算法 [C] //龙升照，Dhillon B S. 第 10 届人 - 机 - 环境系统工程大会论文集. 纽约：美国科研出版社，2010: 299 -305.

[318] Slucomb T H. Project Fire II Afterbody Temperatures and Pressures at 11. 35 Kilometers Per Sec-

ond [R]. 1966, NASA TM X-1319.

[319] 王保国，李翔，黄伟光. 激波后高温高速流场中的传热特征研究 [J]. 航空动力学报，2010，25 (5)：963-980.

[320] Papp J L, Dash S M. A rapid Engineering Approach to Modeling Hypersonic Laminar to Turbulent Transitional Flows for 2D and 3D Geometries [R]. 2008, AIAA 2008-2600.

[321] Lax P D, Liu X D. Solution of Tow-dimensional Riemann Problems of Gas Dynamics by Positive Scheme [J]. SIAM J. Scientific Computing, 1998, 19 (2): 319-340.

[322] Denton J D. Lesson from Rotor 37. In Proceeding of the Third International Symposium on Experimental and Computational Aerothermodynamics of Internal Flows [C]. [S. I.] World Publishing Cooperation, 1996: 3-14.

[323] Moore R D, Reid L. Performance of Single-stage Axial-flow Transonic Compressor with Rotor and Stator Aspect Rations of 1.19 and 1.26, Respectively, and with Design Pressure Ratio of 2.05 [R]. 1980, NASA TP 1659.

[324] Von Backstrom T W. Dawes and Denton Codes Applied to a Transonic Compressor Rotor [R]. 1990, ASME 90-GT-304.

[325] Strazisar A J, Wood J R, Hathaway M D, et al. Laser Anemometer Measurements in a Transonic Axial-flow Fan Rotor [R]. 1989, NASA TP-2879.

[326] 卞荫贵，钟家康. 高温边界层传热 [M]. 北京：科学出版社，1986.

[327] Rockafellar R T. Convex Analysis [M]. Princeton: Princeton University Press, 1970.

[328] Holmes R B. A Course on Optimization and Best Approximation [M]. New York: Springer-Verlag, 1972.

[329] Bazaraa M S, Shetty C M. Foundations of Optimization [M]. New York: Springer-Verlag, 1976.

[330] Zeleny M. Multiple Criteria Decison Making [M]. New York: McGraw-Hill, 1982.

[331] Chankong V, Haimes Y Y. Multiobjective Decision Making: Theory and Methodology [M]. Amsterdam: North-Holland, 1983.

[332] Keeney R L, Raiffa H. Decision with Multiple Objectives [M]. New York: Wiley, 1976.

[333] Steuer R E. Multiple Criteria Optimization, Theory, Computation and Application [M]. New York: John Wiley, 1986.

[334] Sawaragi Y, Nakayama H, Tanino T. Theory of Multiobjective Optimization [M]. New York: Academic Press, 1985.

[335] Chankong V, Haimes Y Y. Multiobjective Decision Making: Theory and Methodology [M]. Amsterdam: North-Holland Publ, 1983.

[336] 胡毓达. 多目标规划有效性理论 [M]. 上海：上海科学技术出版社，1994.

[337] 陈珽. 决策分析 [M]. 北京：科学出版社，1987.

[338] 李荣均. 模糊多准则决策理论与应用 [M]. 北京：科学出版社，2002.

[339] Goicoeche A G, Hansen D R, Duckstein L. Multiobjective Decision Analysis with Engineering and Business Applications [M]. New York: Wiley, 1982.

[340] Steur R. Multiple Criteria Optimization: Theory, Computation and Applications [M]. New

York：Wiley，1986.
[341] Wierzbicki A. The Use of Reference Objectives in Multi Objective Optimization [M]. New York：Speinger，1980.
[342] 胡毓达. 实用多目标最优化 [M]. 上海：上海科学技术出版社，1990.
[343] 宣家骥，多目标决策 [M]. 长沙：湖南科学技术出版社，1989.
[344] 林锉云，董加礼. 多目标优化的方法与理论 [M]. 长春：吉林教育出版社，1992.
[345] Dantzig G B. Reminiscenes About the Orgins of Linear Programming [M]. Berlin：Sprinher，1983.
[346] Bellman R E，Zadeh L A. Decision making in a fuzzy environment [J]. Management Science，1970，17：141－164.
[347] Davidon W C. Conic approximation and collinear scaling for optimizers [J]. SIAM Journal on Numerical Analysis，1980，17：268－281.
[348] Bazara M S，Sherali H D，Shetty C M. Nonlinear Programming Theory and Algorithms [M]. New York：John Wiley and Sons，1993.
[349] 袁亚湘. 非线性优化计算方法 [M]. 北京：科学出版社，2008.
[350] Nocedal J，Wright S J. Numerical Optimization [M]. New York：Springer Press，1999.
[351] 王宜举，修乃华. 非线性最优化理论与方法 [M]. 北京：科学出版社，2012.
[352] 申培萍. 全局优化方法 [M]. 北京：科学出版社，2007.
[353] Nash S G，Ariela Sofel. Linear and Nonlinear Programming [M]. New York：McGraw－Haill，1996.
[354] Fukushima M. 非线性最优化基础 [M]. 林贵华，译. 北京：科学出版社，2011.
[355] Bertsekas D P. Nonlinear Programming [M]. 2nd ed. Boston：Athena Scientific，1999.
[356] 袁亚湘. 非线性规划数值方法 [M]. 上海：上海科学技术出版社，1993.
[357] 邢文训，谢金星. 现代优化计算方法 [M]. 2 版. 北京：清华大学出版社，2005.
[358] 罗文彩，罗世彬，王振国. 基于遗传算法的多方法协作优化方法 [J]. 计算机工程与应用，2004，40：78－81.
[359] 罗文彩，罗世彬，陈小前，等. 多方协作优化算法协作策略研究 [J]. 系统工程与电子技术，2005，27（7）：1238－1242.
[360] Stancu－Minasian I M. Stochastic Programming with Multiple Objective Functions [M]. Doedrecht：D. Reidel Publishing Compang，1984.
[361] Caballero R，Cerda E，Munoz M M，et al. Stochastic approach versus multiobjective approach for obtaining efficient solutions in stochastic multiobjective programming problems [J]. European Journal of Operational Research，2004，158：633－648.
[362] Zimmermann H J. Application of fuzzy set theory to mathematical programming [J]. Information Sciences，1985，36：29－58.
[363] Luhandjula M K. Fuzzy optimization：An appraisal [J]. Fuzzy Sets and Systems，1989，30（3）：257－282.
[364] Inuiguchi M，Ramik J. Possibility linear programming：A brief review of fuzzy mathematical programming and a comparison with stochastic programming in portfolio selection problem [J]. Fuzz-

y Sets and Systems, 2000, 111: 3 - 28.

[365] Slowinski R. Fuzzy Sets in Decision Analysis, Operations Research and Statistics [M]. Boston: Kluwer Academic Publishers, 1998.

[366] Orlovski S A. Multiobjective programming problems with fuzzy parameters [J]. Control and Cybernetics, 1984, 13: 175 - 183.

[367] Sakawa M, Yano H. Interactive fuzzy satisfying method for multiobjective nonlinear programming problems with fuzzy parameters [J]. Fuzzy Sets and Systems, 1989, 30: 221 - 238.

[368] Sakawa M, Yano H. Feasibility and pareto optimality for multiobjective nonlinear programming problems with fuzzy parameters [J]. Fuzzy Sets and Systems, 1991, 43: 1 - 15.

[369] Sakawa M, Yano H. Interactive decision making for multiobjective nonlinear programming problems with parameters [J]. Fuzzy Sets and Systems, 1989, 29: 315 - 326.

[370] Sakawa M, Yano H. Interactive fuzzy decision making for multiobjective nonlinear programming using augmented minimax problems [J]. Fuzzy Sets and Systems, 1986, 20: 31 - 43.

[371] Sakawa M. Fuzzy Sets and Interactive Multiobjective Optimization [M]. New York: Springer, 1993.

[372] Sakawa M, Yano H. An interactive satisfying method for multiobjective nonlinear programming with fuzzy parameters [M] // Kacprzyk J, Orlovski A, et al. Optimization Models Using Fuzzy Sets and Possibility Theory. Dordrecht: D. Reidel Publishing Company, 1987: 258 - 271.

[373] Sakawa M, Yumine T, Yano H. An Interactive Fuzzy Satisfying Method for Multiobjective Programming Problems [M]. Florida: CRC Press Inc, 1987.

[374] 邓乃扬. 无约束最优化方法 [M]. 北京：科学出版社，1982.

[375] 席少霖，赵风治. 最优化计算方法 [M]. 上海：上海科学技术出版社，1983.

[376] 陈宝林. 最优化理论与算法 [M]. 2 版. 北京：清华大学出版社，2005.

[377] 袁亚湘，孙文瑜. 最优化理论与方法 [M]. 北京：科学出版社，1997.

[378] 韩继业，修乃华，戚厚铎. 非线性互补理论与算法 [M]. 上海：上海科学技术出版社，2006.

[379] 王梓坤. 随机过程论 [M]. 北京：科学出版社，1965.

[380] 王梓坤. 概率论基础及其应用 [M]. 北京：科学出版社，1976.

[381] 王梓坤. 生灭过程与马尔可夫链 [M]. 北京：科学出版社，1980.

[382] 王梓坤. 马尔可夫过程与今日数学 [M]. 长沙：湖南科技出版社，1999.

[383] 刘宝碇，赵瑞清. 随机规划与模糊规划 [M]. 北京：清华大学出版社，1998.

[384] 陈贻源. 模糊数学 [M]. 武汉：华中科技大学出版社，1984.

[385] J P Xu. A kind of fuzzy linear programming problems based on interval - valued fuzzy sets [J]. Math. J. Chinese Univ. Ser. B, 2000, 15 (1): 65 - 72.

[386] 徐玖平，李军. 目标属性为肯定和否定的多目标决策问题的有效性条件 [J]. 运筹学学报，2000，4 (3)：78 - 87.

[387] 徐玖平，陈建中. 群决策理论与方法及实现 [M]. 北京：清华大学出版社，2009.

[388] Hwang C L, Yoon K. Multiple Attribute Decision Making: Methods and Applications, States - of - the - Art Survey [J]. New York: Springer - Verlag, 1981.

[389] Fishburn P C. Utility Theory for Decision Making [M]. New York: Wiley, 1970.

[390] Lee S M. Goal Programming for Decision Analysis [M]. Philadelphia: Auerbach Publishers, 1972.

[391] Ignizio J P. Goal Programming and Extensions [M]. Massachusetts: D. C. Health, 1976.

[392] 徐光辉. 运筹学基础手册 [M]. 北京: 科学出版社, 1999.

[393] Shimizu K. Theory of Multiobjective and Conflict [M]. Kyoritsu Syuppan (in Japanese), 1982.

[394] Spronk J, Telgen J. An ellipsoidal interactive multiple goal programming method [C] // Multiple Criteria Decision Making Conference at University of Delware. Newwark: [s. n.], 1980, 8: 10-15.

[395] Choo E V, Atkins D R. An interactive algorithm for multiobjective programming [J]. Computers and Operations Research, 1980, 7: 81-88.

[396] Zimmermann H J. Fuzzy programming and linear programming with several objective functions [J]. Fuzzy Sets and Systems, 1978, 1: 44-55.

[397] Leberling H. On finding compromise solution in multicriteria problems using the fuzzy minoperator [J]. Fuzzy Sets and Systems, 1981, 6: 105-118.

[398] Lai Y J, Hwang C L. Possibilistic linear programming for managing interest rate risk [J]. Fuzzy Sets and Systems, 1993, 54: 135-146.

[399] Sakawa M. Interactive fuzzy goal programming for nonlinear programming problems and its applications to water quality management [J]. Control and Cybernetics, 1984, 13: 217-228.

[400] Sakawa M, Yano H, Yumine T. An interactive fuzzy satisfying method for multiobjective linear programming problems and its applications [J]. IEEE Transaction on Systems, Man, and Cybernetics, 1987, 17: 654-661.

[401] Seo F, Sakawa M. Multiple Criteria Decision Analysis in Regional Planning - Concepts, Methods and Applications [M]. Dordrecht: D. Reidel, 1988.

[402] Kall P, Wallace S W. Stochastic Programming [M]. Chichester: John Wiley and Sons, 1994.

[403] Perkopa A. Stochastic Programming [M]. Dordrecht: Kluwer Academic Publishers, 1995.

[404] Liu B. Dependent - chance programming: A class of stochastic programming [J]. Computers and Mathematics with Applications, 1997, 34 (12): 89-104.

[405] Liu B, Iwamura K. Modelling stochastic decision systems using depent - chance programming [J]. Journal of Operational Research, 1997, 101 (1): 193-203.

[406] Zadeh L A. Fuzzy sets [J]. Inf. & Cont, 1965, 8: 338-352.

[407] Inuiguchi M, Sakawa M. A possibility linear program is equivalent to a stochastic linear program in a special case [J]. Fuzzy Sets and Systems, 1995, 76: 309-317.

[408] Zhong Q, Wang G Y. On solution and distribution problems of the linear programming with fuzzy random variables coefficients [J]. Fuzzy Sets and Systems, 1993, 58: 155-170.

[409] Wang G Y, Zhang Q. Linear programming with fuzzy random variable coefficients [J]. Fuzzy Sets and Systems, 1993, 57: 295-311.

[410] Zhong G Y, Zhang Y, Wang G Y. On fuzzy random linear programming [J]. Fuzzy Sets and Systems, 1994, 65: 31-49.

[411] Liu B, Iwamura K. Chance constrained programming with fuzzy parameters [J]. Fuzzy Sets and

Systems, 1998, 94 (2): 227 -237.

[412] Liu B, Iwamura K. A note on chance constrained programming with fuzzy coefficients [J]. Fuzzy Sets and Systems, 1998, 100 (1 -3): 229 -233.

[413] Liu B. Random fuzzy dependent - chance programming and its hybrid intelligent algorithm [J]. Information Sciences, 2002, 141 (3 -4): 259 -271.

[414] Liu B, Fuzzy random dependent - chance programming [J]. IEEE Transaction on Fuzzy System, 2001, 9 (5): 721 -726.

[415] Liu B. Fuzzy random chance - constrained programming [J]. IEEE Transaction on Fuzzy Systems, 2001, 9 (5): 713 -720.

[416] Liu Y K, Liu B. Expected value operator of random fuzzy variable and random fuzzy expected value models [J]. International Journal of Uncertainty, Fuzziness & Knowledge - Based Systems, 2003, 11 (2): 195 -215.

[417] Kwakernaak H. Fuzzy random variables - Ⅰ. Definitions and theorems [J]. Information Sciences, 1978, 15: 1 -29.

[418] Kwakernaak H. Fuzzy random variables - Ⅱ. Algorithms and examples for discrete case [J]. Information Sciences, 1979, 17: 253 -278.

[419] Puri M L, Ralescu D. Fuzzy random variables [J]. Journal of Mathematical Analysis and Applications, 1986, 144: 409 -422.

[420] Kruse R, Meyer K D. Statistics with Vague Data [M]. Dordrecht: D. Reidel Publishing Company, 1987.

[421] Liu Y K, Liu B. Fuzzy random variables: A scalar expected value operator [J]. Fuzzy Optimization and Decision Making, 2003, 2 (2): 143 -160.

[422] Liu B. Theory and Practice of Uncertain Programming [M]. Heidelberg: Physical Verlag, 2002.

[423] Liu B. Uncertainty Theory: Toward Axiomatic Foundations [M]. Beijing: Tsinghua University Press, 2003.

[424] Liu B. Uncertain Programming [M]. New York: Wiley, 1999.

[425] Liu B, Esogbue A O. Decision Criteria and Optimal Inventory Processes [M]. Boston: Kluwer Academic Publishers, 1999.

[426] Liu B, Zhao R. Stochastic Programming and Fuzzy Programming [M]. Beijing: Tsinghua University Press, 1998.

[427] Schweppe F C. Uncertain Dynamics Systems [M]. Englewood Cliffs, N. J: Prentice - Hall, 1973.

[428] Ibrahim R A. Structural dynamics with parameter uncertainties [J]. Applied Mechanics Reviews, 1987, 40 (3): 390 -328.

[429] Givoli D, Elishakoff I. Stress concentration at a nearly circular hole with uncertain irregularities [J]. Journal of Applied Mechanics, 1992, 59: 67 -71.

[430] Ben - Haim Y. Robust reliability in the mechanical sciences [M]. Berlin: Springer - Verlag, 1996.

[431] Ben – Haim Y, Elishakoff I. Convex models of uncertainty in applied mechanics [M]. Amsterdam: Elsevier Science Publisher, 1990.

[432] Elishakoff I, Lin Y K, Zhu L P. Probabilistic and Convex Modeling of Acoustically Excited Structures [M]. Amsterdam: Elsevier, 1994.

[433] 邱志平，陈山奇，王晓军. 结构非概率鲁棒可靠性准则 [J]. 计算力学学报，2003，21 (1)：1 –6.

[434] Ben – Haim Y. A non – probabilistic concept of reliability [J]. Structural Safety, 1994, 14: 227 –245.

[435] 邓聚龙. 灰理论基础 [M]. 武汉：华中科技大学出版社，2002.

[436] 邓聚龙. 多维灰色规划 [M]. 武汉：华中理工大学出版社，1989.

[437] 蔡文，杨春燕，林伟初. 可拓工程方法 [M]. 北京：科学出版社，1997.

[438] 蔡文，杨春燕，何斌. 可拓逻辑初步 [M]. 北京：科学出版社，2003.

[439] 蔡文，杨春燕，陈文伟，等. 可拓集与可拓数据挖掘 [M]. 北京：科学出版社，2008.

[440] 华罗庚. 多目标多阶两步约束选优群法及其应用 [J]. 科学通报，1974，19 (7)：317.

[441] 华罗庚. 计划经济大范围最优化数学理论 [M]. 北京：中国财政经济出版社，1987.

[442] 华罗庚，王元. 数学模型选谈 [M]. 长沙：湖南教育出版社，1991.

[443] 杨德庄. 华罗庚文集：应用数学（卷 I 、卷 II）[M]. 北京：科学出版社，2010.

[444] 华罗庚. 华罗庚科普著作选集 [M]. 上海：上海教育出版社，1985.

[445] 华罗庚. 统筹方法平话及补充 [M]. 北京：中国工业出版社，1966.

[446] 中国科学院数学研究所运筹室优选法小组. 优选法 [M]. 北京：科学出版社，1975.

[447] 华罗庚. 优选法平话及其补充 [M]. 北京：国防工业出版社，1971.

[448] 华罗庚. 优选法 [M]. 北京：科学出版社，1981.

[449] Fisher R A. The use of multiple measurements in taxonomic problems [J] Ann. Eugenics, 1936, 7: 179 –188.

[450] 方开泰. 均匀设计——数论方法在试验设计中的应用 [J]. 应用数学学报，1980，3：363 –372.

[451] 方开泰. 均匀设计与均匀设计表 [M]. 北京：科学出版社，1994.

[452] Samuelson P. Spatial price equilibrium and linear programming [J]. American Economic Review, 1952 (43): 283 –303.

[453] McCarl B, Spreen T. Price endogenous mathematical programming as a tool for sector analysis [J]. American Journal of Agricultural Economics, 1980 (62): 87 –102.

[454] Candler W, Norton R. Multi – level programming and development policy [R]. World Bank Staff Working Papers 258, Washington D. C, 1977.

[455] Candler W, Fortuny J – Amat, McCarl B. The potential role of multi – level programming in agricultural economics [J]. American Journal of Agricultural Economics, 1981 (63): 521 –531.

[456] Erickons E, House R. Multiple objective analysis for a spatial market system: a case study of U. S. agricultural policy [M] //Spatial Price Equilibrium: Advances in Theory, Computation and Application, Harker P. New York: Springer – Verlag, 1985.

[457] Erickson E. Goal tradeoffs for U. S. agricultural commodity programs: an application of multiple

objective analysis [M] //Decision making with Multiple Objectives, Haimes Y, Chankong V. New York: Springer - Verlag, 1985.

[458] Erickson E, House R. Multiple objective policy analysis: a factor analysis and tradeoff approach applied to the agricultural sector of the dominican republic [J]. Journal of Policy Modeling, 1984 (6): 369 - 387.

[459] Kall P. Stochastic Linear Programming [J]. Berlin Springer - Verlag, 1976.

[460] Shi Y, Lin S. Optimal trade - off analysis of agricultural policy: a multiple criteria and multiple economic situation model [M] //Multi - Criteria applications [M]. Lawrence K, Reeves G, Klimberg R, Amsterdam: Elsevier Science Inc, 2000, 165 - 183.

[461] Höpfinger E. On the solution of the unidimensional local minimization problem [J]. J. Opt. Theory and Appl., 1976 (18): 425 - 428.

[462] Fiacco A V, McCormick G P. Nonlinear Programming: Sequential Unconstrained Minimization Techniques [M], New York: John Wiley, 1968.

[463] Fletcher R, Freeman T L. A modified Newton method for minimization [J]. J. Optimization Theory and Methods, 1977 (23): 357 - 372.

[464] Fletcher R, Reeves C M. Function minimization by conjugate gradients [J]. Computer Journal, 1964 (7): 149 - 154.

[465] Fletcher R, Powell M J D. A rapid convergent descent method for minimization [J]. The Computer Journal, 1963 (6): 163 - 168.

[466] Fletcher R. Practical Methods of Optimization (Vol. 2: constranined Optimization) [M]. New York: John Wiley & Sons, 1981.

[467] McCormick G P. Nonlinear Programming: Theory, Algorithms and Application [M]. New York: John Wiley & Sons, 1983.

[468] Pardalos P M. Mauricio G C. Handbook of Applied Optimization [M]. Oxford: Oxford University Press, 2002.

[469] Broyden C G, Dennis J E, Jr, et al. On the local and superlinear convergence of quasi - Newton methods [J]. Journal of the Institute of Mathematics & its Applications. 1973, 12 (3): 223 - 245.

[470] Broyden C G. A class of methods for solving nonlinear simultaneous equations [J]. Match. Comp, 1965 (19): 577 - 593.

[471] Taguchi G, Wu Y. Introduction to Off - Line Quality Control [M]. Nagoya: Central Japan Quality Control Association, 1980.

[472] Taguchi G. Systems of Experimental Design: Vol. 1 & Vol. 2 [M]. New York: UNIPUB, 1987.

[473] Hedayat A S, Sloane N J, Stufken J. Orthogonal Arrays: Theory and Applications [M]. New York: Springer, 1999.

[474] Miller R G. Simultaneous Statistical Inference [M]. 2ed. New York: Springer Verlag, 1981.

[475] Montgomery D C. Design and Analysis of Experiments [M]. 6th ed. New York: John Wiley & Sons, 2005.

[476] Khattree R, Rao C R. 2003. Handbook of Statistics 22: Statistics in Industry [M]. Amsterdam: Elsevier Science, 2003.

[477] 方开泰. 均匀设计 [J]. 应用数学学报, 1980, 3: 363 -372.

[478] 王元, 方开泰. 均匀分布和实验设计的一点注记 [J]. 科学通报, 1981, 26 (6): 485 -489.

[479] Hua L K, Wang Y. Applications of Number Theory to Numerical Analysis [M]. Berlin: Springer 1981.

[480] Hickernell F J. A Generalized Discrepancy and Quadrature Error Bound [J]. Math. Comp., 1998, 67: 299 -322.

[481] Hickernell F J, Liu M Q. Uniform Designs Limit Aliasing [J]. Biometrika, 2002, 89: 893 -904.

[482] Fang K T, Lin D K, Winker P, et al. Uniform Design: Theory and Applications [J]. Technometrics, 2000, 42: 237 -248.

[483] Fang K T, Wang Y. A sequential algorithm for optimization and its applications to regression analysis [C] //Lecture Notes in Contemporary Mathematics. Beijing: Science Press, 1990, 17 -28.

[484] Fang K T, Wang Y. Number - Theoretic Methods in Statistics [M]. London: Chapman and Hall, 1994.

[485] Chen N X, Xu Y J, Huang W G, et al. An effective blade parameterization and aerodynamic optimization procedure using an improve response surface method [R]. ASME GT 2006 -90104, 2006.

[486] Chen N X, Xu Y J, Huang W G, et al. Blade parameterization and aerodynamic design optimization for a 3D transonic compressor rotor [J]. Journal of Thermal Science, 2007, 16 (2): 105 -114.

[487] Kiock R, Lehthaus F, Baines N C, et al. The transonic flow through a plane turbine cascade as measured in four European wind tunnels [J]. Journal of Turbomachinery, 1986, 108 (2): 277 -284.

[488] Myers R H, Montgomerg D C. Response Surface Methodology [M]. New York: Wiley & Son, 1995.

[489] Oates G C. Aerothermodynamics of Gas Turbine and Rocket Propulsion [M]. New York: AIAA, 1988.

[490] Nicolai, L M. Fundamentals of Aircraft Design [M]. San Jose, CA: METS Inc., 1975.

[491] Raymer D P. Aircraft Design: a Conceptual Approch [M]. 3rd ed. Reston: AIAA, 2000.

[492] Guha A. Optimization of aero gas turbine engines [J]. The Aeronautical Journal, 2001, 105: 345 -358.

[493] 王云. 航空发动机原理 [M]. 北京: 北京航空航天大学出版社, 2009.

[494] Guha A. Optimum fan pressure ratio for bypass engines with separate or mixed exhaust streams [J]. Journal of Propulsion and Power, 2012, 17 (5): 1117 -1122.

[495] 陈懋章. 压气机气动力学发展的一些问题 [J]. 航空学报, 1985, 6 (5): 405 -410.

[496] 陈懋章. 黏性流体动力学理论及紊流工程计算 [M]. 北京：北京航空学院出版社，1986.
[497] Wennerstrom A J, Frost G R. Design of a 1500ft/sec, transonic, high – through – flow, single – stege axial – flow compressor with low hub/tip ratio [R]. AFARL – TR – 76 – 59, AD – B016386, 1976.
[498] Wennerstrom A J. Low aspect ratio axial flow compressors: why and what is means [J]. ASME Journal of Turbomachinery, 1989, 111 (4): 357 – 365.
[499] Wennerstrom A J. Highly loaded axial flow compressors: history and current development [J]. ASME Journal of Turbomachinery, 1990, 112: 567 – 578.
[500] Denton J D. Loss mechanisms in turbomachines [J]. ASME Journal of Turbomachinery, 1993, 115: 621 – 656.
[501] Denton J D. Some limitations of turbomachines CFD [R]. ASME Paper GT 2010 – 22540, 2010.
[502] Denton J D, Dawes W N. Computational fluid dynamics for turbomachiner design [C] // Proceedings of the Institution of Mechanical Engineers: Part C. New York: [s. n.], 1999.
[503] Denton J D, Xu L. The exploitation of three – dimensional flow in turbomachinery design [C] // Proceedings of the Institution of Mechanical Engineers: Part C. New York: [s. n.], 1999.
[504] Lakshminarayana B. End – wall and profile losses in a low – speed axial compressor rotor [R]. ASME Paper 85 – GT – 174, 1985.
[505] 桂幸民，腾金芳，刘宝杰，等. 航空压气机气动热力学理论与应用 [M]. 上海：上海交通大学出版社，2014.
[506] 邹正平，王松涛，刘火星，等. 航空燃气轮机涡轮气体动力学：流动机理及气动设计 [M]. 上海：上海交通大学出版社，2014.
[507] 沃尔什，弗莱彻. 燃气涡轮发动机性能 [M]. 郑建弘，胡忠志，华清，等译. 上海：上海交通大学出版社，2014.
[508] Wilson D G. The Design of High – Efficiency Turbomachinery and Gas Turbines [M]. Cambridge, MA: MIT Press, 1984.
[509] Lieblein S, Schwenk F D, Broderick R L. Diffusion factor for estimating losses and limiting blade loadings in axial – flow compressor blade elements [R] NACA RM E53DO1, 1953.
[510] Lieblein S. Loss and stall analysis of compressor cascades [J]. Transcations of the ASME Journal of Basic Engineering, 1959: 387 – 400.
[511] Farokhi S. Aircraft Propulsion [M]. New York: John Wiley & Sons, 2007.
[512] 航空发动机设计手册总编委会. 航空发动机设计手册：第 18 册：叶片轮盘及主轴强度分析 [M]. 北京：航空工业出版社，2001.
[513] 阿德里阿诺夫. 航空燃气涡轮发动机（结构与强度计算）[M]. 陈光，译. 北京：国防工业出版社，1965.
[514] 金如山. 航空燃气轮机燃烧室 [M]. 北京：宇航出版社，1988.
[515] 黄兆祥. 航空燃气轮机喷气发动机燃烧室：第 1 – 3 册 [M]. 北京：国防工业出版社，1979.

[516] 黄兆祥. 黄兆祥选集：燃烧学、点火、浆体燃烧 [M]. 北京：文化出版社，2006.
[517] 胡正义. 航空发动机设计手册：第9册 [M]. 北京：航空工业出版社，2000.
[518] 刘高恩. 高效节能发动机手册：第4分册 [M]. 北京：航空工业出版社，1996.
[519] 林宇震，许全宏，刘高恩. 燃气轮机燃烧室 [M]. 北京：国防工业出版社，2008.
[520] Lefebvre A H. Gas Turbine Combustion [M]. 2nd ed. New York: Taylor Francis, 1999.
[521] Hirschfelder J O, Curtiss C F, Bird R B. Molecular Theory of Gases and Liquids [M]. New York: Wiley, 1954.
[522] Penner S S. Introduction to the Study of Chemical Reactions in Flow Systems [M]. London: Butterworths Scientific Publications, 1955.
[523] Williams F A. Combustion Theory: The Fundamental Theory of Chemically Reacting Flow Systems [M]. 2nd ed. New York: The Benjamin/Cummings Publishing, 1985.
[524] Beer J M, Chigier N A. Combustion Aerodynamics [M]. London: Applied Science Publishers, 1972.
[525] Spalding D B. Combustion and Mass Transfer [M]. New York: Pergamon Press, 1979.
[526] Glassman I. Combustion [M]. 3rd ed. New York: Academic Press, 1997.
[527] 宁榥，高歌. 燃烧室气动力学 [M]. 2版，北京：科学出版社，1987.
[528] 陶文铨. 数值传热学 [M]. 2版，西安：西安交通大学出版社，2001.
[529] 徐旭常，周力行. 燃烧技术手册 [M]. 北京：化学工业出版社，2008.
[530] Gardiner W C. Combustion Chemistry [M]. New York: Springer - Verlag, 1984.
[531] Poinsot T, Veynante D. Theoretical and Numerical Combustion [M]. Pennsylvania: R. T. Edwards, 2005.
[532] Turns S R. An Introduction to Combustion: Concepts and Applications [M]. 2nd ed. New York: McGraw - Hill, 2000.
[533] Libby P A, Williams F A. Turbulent Reacting Flows [M]. New York: Springer, 1980.
[534] Kuo K K. Principles of Combustion [M]. New York: John Wiley & Sons, 1986.
[535] Penner S S. Chemistry Problems in Jet Propulsion [M]. New York: Pergamon, 1957.
[536] Strehlow R A. Combustion Fundamentals [M]. New York: McGraw - Hill, 1984.
[537] Wannatz J, Maas U, Dibble R W. Combustion [M]. Berlin: Springer, 1999.
[538] Spalding D B. Some Fundamentals of Combustion [M]. London: Butterworths Scientific Publications, 1955.
[539] 斯帕尔丁. 燃烧理论基础 [M]. 曾求凡，译. 北京：国防工业出版社，1964.
[540] Chassaing P, Antonia R A, et al. Variable Density Fluid Turbulence [M]. Dordrech: Kluwer Ademic Publishers, 2002.
[541] Stone C, Menon S. Simulation of Fuel - Air Mixing and Combustion in a Trapped - Vortex Combustor [R]. AIAA Paper 2000 - 0478, 2000.
[542] Chakravarthy V, Menon S. Large Eddy Simulations of Turbulent Premixed Flames in the Flamelet Regime [J]. Combustion Science and Technology, 2001, 162: 175 - 222.
[543] Domingo P, Vervisch L. DNS Analysis of Partially Premixed Combustion in Spray and Gaseous Turbulent Flame - base Stabilized in Hot Air [J]. Combustion and Flame, 2005, 140:

172 - 195.

[544] Yunling W, Christopher J R. Direct Numerical Simulation of Turbulent Droplet Flow with Evaporation [R]. AIAA Paper 2003 - 1281, 2003.

[545] Tramecourt N, Menon S. LES of Supercritical Combustion in a Gas Turbine Engine [R]. AIAA Paper 2004 - 3381, 2004.

[546] Pandya R V, Mashayek F. Two - Fluid Large - Eddy Simulation Approach for Particle - Laden Turbulent Flows [J]. Heat and Mass Transfer, 2002, 4753 - 4759.

[547] Berglund M, Fureby C. LES of Supercritical Combustion in a Gas Scramjet Engine Model [C] //Proceedings of the Combustion Institute. New York: [s. n.], 2007, 31: 2497 - 2504.

[548] Genin F, Menon S. Simulation of Turbulent Mixing Behind a Strut Injector in Supersonic Flow [J]. AIAA Journal, 2010, 48 (3): 526 - 539.

[549] Menon S, Kim W W, Stone C. Large - Eddy Simulation of Fuel - Air Mixing and Chemical Reactions in Swirling Flow Combustor [R]. AIAA Paper 99 - 3440, 1999.

[550] Zhou L X. Theory and Numerical Modeling of Turbulent Gas - Particle Flows and Combustion [M]. Florida: CRC Press, 1993.

[551] 范维澄，陈义良，洪茂玲. 计算燃烧学 [M]. 合肥：安徽科技出版社，1987.

[552] 王应时，范维澄，周力行，等. 燃烧过程数值计算 [M]. 北京：科学出版社，1986.

[553] 庄逢辰，液体火箭发动机喷雾燃烧的理论、模型及应用 [M]. 长沙：国防科技大学出版社，1995.

[554] 朱森元. 氢氧火箭发动机及其低温技术 [M]. 北京：国防工业出版社，1995.

[555] 刘兴洲. 飞航导弹动力装置 [M]. 北京：宇航出版社，1992.

[556] 张斌全. 燃烧理论基础 [M]. 北京：北京航空航天大学出版社，1990.

[557] 威廉斯. 燃烧理论 [M]. 2 版. 庄逢辰，译，北京：科学出版社，1990.

[558] 刘陵，刘敬华，张榛，等. 超声速燃烧与超音速燃烧冲压发动机 [M]. 西安：西北工业大学出版社，1993.

[559] 杜声同，严传俊. 航空燃气轮机燃烧与燃烧室 [M]. 西安：西北工业大学出版社，1988.

[560] 郑楚光. 湍流反应流的 PDF 模拟 [M]. 武汉：华中科技大学出版社，2005.

[561] 何洪庆，张振鹏. 固体火箭发动机气体动力学 [M]. 西安：西北工业大学出版社，1988.

[562] 刘国球. 液体火箭发动机原理 [M]. 北京：宇航出版社，1993.

[563] 曹泰岳，常显奇，蹇泽群，等. 固体火箭发动机燃烧过程理论基础 [M]. 长沙：国防科技大学出版社，1992.

[564] 董师颜，张兆良. 固体火箭发动机原理 [M]. 北京：北京理工大学出版社，1996.

[565] 颜子初. 大型运载火箭、天地往返运输系统主发动机的发展 [J]. 导弹与航天运载技术. 1993, 1: 22 - 29.

[566] 张育林，刘昆，程谋森. 液体火箭发动机动力学理论与应用 [M]. 北京：科技出版社，2005.

[567] 李宜敏，张中钦，赵元修. 固体火箭发动机原理 [M]. 北京：国防工业出版社，1985.

[568] 蒋德明. 内燃机中的气体流动 [M]. 北京：机械工业出版社，1986.

[569] 岑可法，姚强，骆仲泱，等. 高等燃烧学 [M]. 杭州：浙江大学出版社，2002.

[570] 严传俊，范玮. 脉冲爆震发动机原理及关键技术［M］. 西安：西北工业大学出版社，2005.

[571] 范玮，李建玲. 爆震组合循环发动机研究导论［M］. 北京：科学出版社，2014.

[572] Hirt C W, Nichols B D. Volume of Fluid (VOF) Method for the dynamics Of free boundary [J]. Journal of Computational Physics, 1981, 39: 210 - 225.

[573] Armenio V. An improved MAC method (SIMAC) for unsteady high - Reynolds free surface flows [J]. International Journal of Numerical Methods in Fluid, 1997, 24: 185 - 214.

[574] Youngs D L. Time - Dependent Multi - Material Flow with Large Fluid Distortion Numerical Method for Fluid Dynamics [M]. New York: Academic Press, 1982.

[575] Sethian J A. Level Set Methods: Evolving Interfaces in Geometry Fluid Mechanics [M]. Cambridge: Cambridge University Press, 1996.

[576] Osher S, Fedkiw R. Level Set Methods and Dynamic Implicit Surfaces [M]. Berlin: Springer, 2003.

[577] 刘儒勋，王志峰. 数值模拟方法和运动界面追踪［M］. 合肥：中国科学技术大学出版社，2001.

[578] Hirt C W, Amsden A A, Cook J L. An Arbitrary Lagrangian - Eulerian Computing Method for All Flow Speed [J]. Journal of Computational Physics, 1974, 14: 227 - 253.

[579] Geuzaine P, Farhat C. Design and Time - Accuracy Analysis of ALE Schemes for Inviscid and Viscous Flow Computations on Moving Meshes [R]. AIAA Paper 2003 - 3694, 2003.

[580] Pirozzoli S. Numerical Methods for High - Speed Flows [J]. Annu. Rev. Fluid Mech., 2011, 43: 163 - 194.

[581] Ponziani D, Pirozzoli S, Grasso F. Development of Optimized Weighted - ENO Schemes for Multiscale Compressible Flows [J]. Int. J. Numer. Meth. Fluids, 2003, 42 (9): 953 - 977.

[582] Martin M P, Taylor E M, Wu M, et al. A Bandwidth - Optimized WENO Scheme for the Effective Direct Numerical Simulation of Compressible Turbulence [J]. J. Comput. Phys., 2006, 220: 270 - 289.

[583] Li X L, Fu D X, Ma Y W. Direct Numerical Simulation of Hypersonic Boundary Layer Transition Over a Blunt Cone with a Small Angle of Attack [J]. Physics of Fluids, 2010, 22 (2): 4092 - 4098.

[584] Fang J, Lu L P, Li Z R, et al. Assessment of Monotonicity Preserving Scheme for Large - Scale Simulation of Compressible Turbulence [C] //The 4th International Symposium on Physics of Fluid. Lijiang: [s. n.], 2011.

[585] Zhou Q, Yao Z H, Shen M Y, et al. A New Family of High Order Compact Upwind Difference Scheme with Good Spectral Resolution [J]. Journal of Computational Physics, 2007, 227 (2): 1306 - 1339.

[586] 邓小刚，刘昕，毛枚良，等. 高精度加权紧致非线性格式的研究进展［J］. 力学进展，2007，37（3）：417 - 427.

[587] Balsara D, Shu C W. Monotonicity Preserving Weighted Essentially Non - oscillatory Schemes with Increasingly High Order of Accuracy [J]. J. of Comput. Phys., 2000, 160: 405 - 452.

[588] Marusic I, Mathis R, Hutchins N. Predictive Model for Wall - bounded Turbulent Flow [J]. Science, 2010, 329 (5988): 193 - 196.

[589] Ducros F, Ferrand V, Nicoud F, et al. Large - eddy Simulation of the Shock/Turbulence Interaction [J]. J. of Comput. Phys., 1999, 152: 517 - 549.

[590] Suresh A, Huynh H T. Accurate Monotonicity Preserving Schemes with Runge - Kutta Time Stepping [J]. Journal of Computational Physics, 1997, 136: 83 - 99.

[591] 维戈茨基. 高等数学手册 [M]. 李永梅, 译. 北京: 高等教育出版社, 1959.

[592] 吴俊宏, 王保国. 新型高分辨率格式及其在 CFD 的应用 [J]. 科技导报, 2010, 28 (13): 40 - 46.

[593] Fedkiw R F, Marquina A, Merriman B. An Isobaric Fix for the Overheating Problem in Multimaterial Compressible Flows [J]. Journal of Computational Physics, 1999, 148: 545 - 578.

[594] Osher S, Sethian J A. Fronts Propagating with Curvature Dependent Speed: Algorithms Based on Hamilton - Jacobi Formulations [J]. Journal of Computational Physics, 1988, 79 (1): 12 - 49.

[595] Merriman B, Bence J K, Osher S. Motion of Multiple Junctions: A Level Set Approach [J]. Journal of Computational Physics, 1994, 112 (2): 334 - 363.

[596] Peskin C S. Numerical Analysis of Blood Flow in the Heart [J]. Journal of Computational Physics, 1977, 25: 220 - 252.

[597] Peskin C S. Flow Patterns around Heart Valves: A Numerical Method [J]. Journal of Computational Physics, 1972, 10: 252 - 271.

[598] Goldstein D, Handler R, Sirovich L. Modeling a Noslip Flow with an External Force Field [J]. Journal of Computational Physics, 1993, 105: 354 - 366.

[599] Fadlun E A, Verzicco R, Orlandi P, et al. Combined Immersed Boundary Finite Difference Method for Three Dimensional Complex Flow Simulations [J]. Journal of Computational Physics, 2000, 161 (1): 35 - 60.

[600] Li Z L. An Overview of the Immersed Interface Method and its Applications [J]. Taiwanese Journal of Mathematics, 2003, 7 (1): 1 - 49.

[601] Tseng Y H, Ferziger J H. A Ghost Cell Immersed Boundary Method for Flow in Complex Geometry [J]. Journal of Computational Physics, 2003, 192: 593 - 623.

[602] Mittal R, Iaccarino G. Immersed Boundary Method [J]. Annual Review of Fluid Mechanics, 2005, 37: 239 - 261.

[603] Palma P D, Tullio M D, Pascazio G, et al. An Immersed Boundary Method for Compressible Viscous Flows [J]. Computers & Fluids, 2006, 35 (7): 693 - 702.

[604] Zhong X. A New High Order Immersed Interface Method for Solving Elliptic Equations with Imbedded Interface of Discontinuity [J]. Journal of Computational Physics, 2007, 225 (1): 1066 - 1099.

[605] Zhong G H, Sun X F. A New Simulation Strategy for an Oscillating Cascade in Turbomachinery Using Immersed Boundary Method [J]. Journal of Propulsion and Power, 2009, 259 (2): 312 - 321.

[606] Karagiozis K, Kamakoti R, Pantano C. A Low Numerical Dissipation Immersed Interface Method for the Compressible Navier – Stokes Equations [J]. Journal of Computational Physics, 2010, 229: 701 –727.

[607] Meyer M, Devesa A, Hickel S, et al. A Conservative Immersed Interface Method for Large Eddy Simulation of Incompressible Flows [J]. Journal of Computational Physics, 2010, 229 (18): 6300 –6317.

[608] Meyer M, Hickel S, Adams N A. Assessment of Implicit Large Eddy Simulation with a Conservation Immersed Interface Method for Turbulent Cylinder Flow [J]. International Journal of Heat and Fluids Flow, 2010, 31: 368 –377.

[609] Zeeuw D L, Powell K G. An Adaptively Refined Cartesian Mesh Solver for the Euler Equations [J]. Journal of Computational Physics, 1992, 101 (2): 453 –454.

[610] Chiang Y L, van Leer B, Powell K G. Simulation of Unsteady Inviscid Flow on an Adaptive Refined Cartesian Grid [R]. AIAA Paper, 1992 –0443, 1992.

[611] Coirier W J, Powell K G. An Accuracy Assessment of Cartesian Mesh Approaches for the Euler Equations [J]. Journal of Computational Physics, 1995, 117 (1): 121 –131.

[612] Forrer H, Jeltsch R. A Higher Order Boundary Treatment for Cartesian Grid Method [J]. Journal of Computational Physics, 1998, 140 (2): 259 –277.

[613] Dadone A. Cartesian Grid Computation of Inviscid Flows about Multiple Bodies [R]. AIAA Paper, 2003 –1121, 2003.

[614] Dadone A, Grossman B. Ghost Cell Method for Inviscid Three Dimensional Flows on Cartesian Grids [R]. AIAA Paper, 2005 –874, 2005.

[615] Dadone A. Towards a Ghost Cell Method for Analysis of Viscous Flows on Cartesian Grids [R]. AIAA Paper, 2010 –709, 2010.

[616] 韩玉琪，江立军，高歌，等. 一种新的边界处理方法在笛卡儿网格中的应用 [J]. 航空动力学报，2012，27 (10)：2371 –2377.

[617] Han Y Q, Cui S X, Gao G, et al. Application of Ghost Body Cell Method on Adaptively Refined Cartesian Grid in Computational Fluid Dynamics [C] // The 2nd International Conference on Mechtronics and Applied Mechanics. Hong Kong: [s. n.], 2012, 12: 6 –7.

[618] 韩玉琪，崔树鑫，高歌. 基于自适应笛卡儿网格的翼型绕流数值模拟 [J]. 科学技术与工程，2013，13 (10)：2891 –2895.

[619] Jawahar P, Kamath H. A High Resolution Procedure for Euler and Navier – Stokes Computations on Unstructured Grids [J]. Journal of Computational Physics, 2000, 164 (1): 165 –203.

[620] Hinze J O. Turbulence [M]. New York: McGraw – Hill, 1975.

[621] White F M. Viscous Fluid Flow [M]. New York: McGraw – Hill, 1974.

[622] Rao K V, Lefebvre A H. Spontaneous ignition delay times of hydrocarbon fuel/air mixtures [C] //First International Combustion Specialists Symposium. Bordeaux [s. n.], 1981.

[623] 法罗基. 飞机推进 [M]. 刘洪，陈方，杜朝辉，译. 上海：上海交通大学出版社，2010.

[624] 严传俊，范玮. 燃烧学 [M]. 西安：西北工业大学出版社，2005.

[625] 傅维镳，张永廉，王清安. 燃烧学 [M]. 北京：高等教育出版社，1989.

[626] 焦树建. 燃气轮机燃烧室 [M]. 北京：机械工业出版社，1990.
[627] 顾恒祥. 燃料与燃烧 [M]. 西安：西北工业大学出版社，1993.
[628] 黄勇，林宇震，樊未军. 燃烧与燃烧室 [M]. 北京：北京航空航天大学出版社，2009.
[629] 万俊华，郜冶，夏允庆. 燃烧理论基础 [M]. 哈尔滨：哈尔滨工程大学出版社，2007.
[630] 徐通模. 燃烧学 [M]. 北京：机械工业出版社，2011.
[631] 傅维镳，卫景彬. 燃烧物理学基础 [M]. 北京：机械工业出版社，1984.
[632] 李永华. 燃烧理论与技术 [M]. 北京：中国电力出版社，2011.
[633] 许晋源，徐通模. 燃烧学 [M]. 北京：机械工业出版社，1980.
[634] 徐旭常，吕俊复，张海. 燃烧理论与燃烧设备 [M]. 北京：机械工业出版社，1980.
[635] 侯晓春，季鹤鸣，刘庆国，等. 高性能航空燃气轮机燃烧技术 [M]. 北京：国防工业出版社，2002.
[636] 陈长坤. 燃烧学 [M]. 北京：机械工业出版社，2013.
[637] 岑可法，姚强，骆仲泱，等. 燃烧理论与污染控制 [M]. 北京：机械工业出版社，2004.
[638] 张群，黄希桥. 航空发动机燃烧学 [M]. 北京：国防工业出版社，2015.
[639] Mellor A M. Design of Modern Turbine Combustors [M]. New York: Academic Press, 1990.
[640] 尉曙明. 先进燃气轮机燃烧室设计研发 [M]. 上海：上海交通大学出版社，2014.
[641] Lefebvre A H. Theoretical aspects of gas turbine combustion [R]. College of Aeronautics Note Aero 163, Cranfield Institute of Technology, Bedford, England, 1966.
[642] Han J C, Duffa S, Ekkad S V. Gas Turbine Heat Transfer and cooling Technology [M]. New York: Taylor & Francis, 2000.
[643] Dixon J A, Valencia A G, Coren D, et al. Main annulus gas path interaction – turbine stator well heat transfer [J]. Journal of Turbomachinery, 2014, 136 (2): 021010 – 16.
[644] Han J C, Rallabandi A. Turbine blade film cooling using PSP technique [J]. Frontiers in Heat and Mass Transfer, 2010, 1 (1): 1 – 21.
[645] Janke E, Wolf T. Aerothermal research for turbine components: an overview of the European AITEB – 2 project [R]. ASME Paper GT2010 – 23511, 2010.
[646] 阿洛诺夫. 航空燃气涡轮叶片的造型 [M]. 北京：国防工业出版社，1980.
[647] Smith S F, Afraes M A. A simple correlation of turbine efficiency [J]. Journal of the Royal Aeronautical Society, 1965, 69: 467 – 470.
[648] Kacker S C, Okapuu U. A mean line prediction method for axial flow turbine efficiency [J]. Journal of Engineering Power. 1982, 104: 111 – 119.
[649] Coull J D, Hodson H P. Blade loading and its application in the mean – line design of low pressure turbines [R]. ASME Paper GT 2011 – 45238, 2011.
[650] 航空发动机设计手册总编委会. 航空发动机设计手册：第 10 册 [M]. 北京：航空工业出版社，2001.
[651] Pritchard L J. An eleven parameter axial turbine aerofoil geometry model [R]. ASME Paper 85 – GT – 219, 1985.
[652] Filippov G A, Wang Z. The calculation of axial symmetric flow in a turbine stage with small ratio of diameter to blade length [J]. Journal of Moscow Power Institute, 1963, 47: 63 – 78.

[653] Julian F. First steps for CFMI LEAP - X [J]. Interavia Business and Technology, 2008, 700: 4 - 6.

[654] 陈光. 遄达1000发动机设计特点 [J]. 航空发动机, 2009, 35 (4): 1 - 6.

[655] Coull J D, Hodson H P. Blade loading and its application in the mean - line design of low pressure turbines [J]. Journal of Turbomachinery. 2011, 135 (2): 547 - 558.

[656] 柯别列夫, 吉洪诺夫. 航空发动机涡轮计算 [M]. 北京: 国防工业出版社, 1978.

[657] 特劳佩尔. 热力透平 [M]. 北京: 水利电力出版社, 1985.

[658] 狄克逊, 霍尔. 透平机械中的流体力学与热力学 [M]. 张荻, 谢永慧, 译. 西安: 西安交通大学出版社, 2015.

[659] 江和甫, 黄顺洲, 周人治. 系列核心机及派生发展的航空发动机发展思路 [J]. 燃气涡轮试验与研究, 2004, 17 (1): 1 - 5.

[660] Kacker S C, Okapuu U. A mean line prediction method for axial flow turbine efficiency [J]. Journal for Engineering for Power, 1982, 104 (1): 111 - 119.

[661] Denton J D. Loss mechanisms in turbomachinery [R]. ASME Paper 93 - GT - 435, 1993.

[662] Denton J D. Loss mechanisms in turbomachines [J]. Journal of Turbomachinery. 1993, 115 (4): 621 - 656.

[663] Coull J D, Hodson H P. Predicting the profile loss of high - lift low pressure turbines [J]. Journal of Turbomachinery, 2010, 134 (2): 206 - 210.

[664] Ito S, Eckert E R, Goldstein R J. Aerodynamic loss in a gas turbine stage with film cooling [J]. Journal for Engineering for Power, 1980, 102 (4): 964 - 970.

[665] Lakshminarayana B. Fluid dynamics and heat transfer of turbomachinery [M]. New York: Wiley - inter science, 1996.

[666] Lakshminarayana B. Crossflow in a turbine cascade passage [J]. Journal of Engineering for Power, 1996, 102 (4): 886 - 892.

[667] Ulizar I, González P. Aerodynamic design for a new five stage low pressure turbine for the Rolls - Royce Trent 500 Turbofan [R]. ASME Paper 2001 - GT - 440, 2001.

[668] Haselbach F, Schiffer H, Horsman M. The application of ultra high lift blading in the BR715 LP turbine [J]. Journal of Turbomachinery, 2002, 124 (3): 45 - 51.

[669] Dorney D J, Burlet G K. Hot - Streak Clocking effects in a 1 - 1/2 stage turbine [J]. Journal of Propulsion and Power, 1996, 12 (3): 619 - 620.

[670] Howell R J, Hodson H P, Schulte V, et al. Boundary layer development in the BR710 and BR715 LP turbines - the implementation of high lift and ultra high lift concepts [J]. Journal of Turbomachinery, 2002, 124 (3): 385 - 392.

[671] Weber S, Hackenberg H P. GP 7000: MTU aero engines'contribution in a successful partnership [R]. ISABE Paper 2007 - 1283, 2007.

[672] Praisner T J, Grover E A, Knezevici D C, et al. Toward the expansion of low - pressure - turbine airfoil design space [R]. ASME Paper 2008 - GT - 50898, 2008.

[673] Huber F W, Sharma O P, Gaddis S W, et al. Performance improvement through indexing of turbine airfoils: Part 1 - experimental investigation [J]. Journal of Turbomachinery, 1996, 118

(4): 630 -635.

[674] Griffin L W, Huber F W, Sharma O P. Performance improvement through indexing of turbine airfoils: Part 2 - numerical simulation [J]. Journal of Turbomachinery, 1996, 118 (4): 636 -642.

[675] Eulitz F, Engel K. Numerical investigations of wake interactionsin a low pressure turbine and its influence on loss mechanisms [R]. ASME Paper 98 - GT -563, 1998.

[676] Miller R J, Moss R W, Ainsworth R W, et al. Wake shock and potential field interactions in a 1.5 stage turbine: Part 1 - vane - vane interaction and discussion of results [R]. ASME Paper 2000 - GT -30436, 2000.

[677] Li H D, He L. Blade count and clocking effects on three blade row interaction in a transonic turbine [J]. Journal of Turbomachinery, 2003, 125 (4): 632 -640.

[678] Kusterer K, Moritz N, Bohn D, et al. Transient numerical investigation of rotor clocking in 1.5 stage of an axial test turbine with a blade - to - vane ratio of 1.5 [R]. ASME Paper GT2010 - 22902, 2010.

[679] König S, Stoffel B. On the applicability of aspoked - wheel wake generator for clocking investigations [J]. Journal of Turbomachinery, 2007, 129 (11): 1468 -1477.

[680] König S, Stoffel B, Schobeiri M T. Experimental investigation of the clocking effect in a 1.5 - stage axial turbine - Part 1 - time averaged results [J]. Journal of Turbomachinery, 2009, 131 (2).

[681] König S, Stoffel B, Schobeiri M T. Experimental investigation of the clocking effect in a 1.5 - stage axial turbine - Part 2 - unsteady results and boundary layer behavior [J]. Journal of Turbomachinery, 2009, 131 (2): 11.

[682] Behr T, Porreca L, Mokulys T, et al. Multistage aspects and unsteady effects of stator and rotor clocking in an axial turbine with low aspect ratio blading [J]. Journal of Turbomachinery, 2005, 128 (1): 11 -22.

[683] Schennach O, Woisetschläger J, Fuchs A, et al. Experimental investigations of clocking in a one and a halfs tage transonic turbine using laser - doppler - velocimetry and a fast response aerodynamics pressure probe [J]. Journal of Turbomachinery, 2007, 129 (2): 372 -381.

[684] Schennach O, Pecnik R, Paradiso B, et al. The effect of vane clocking on the unsteady flowfield in a one - and - a - half stage transonic turbine [J]. Journal of Turbomachinery, 2008, 130 (3).

[685] Adam O, Léonard O. A quasi - one dimensional model for multistage turbomachines [J]. Journal of Thermal Science, 2008, 17 (1): 7 -20.

[686] 姚李超，邹正平，张伟昊，等. 基于粒子群优化算法的多级低压涡轮一维气动优化设计方法 [J]. 推进技术，2013，34 (8)：1042 -1043.

[687] Hodson H P, Howell R J. Blade row interactions, transition and high - lift aerofoils in low - pressure turbines [J]. Annual Review of Fluid Mechanics, 2005, 37: 71 -98.

[688] Kerrebrock J L. Aircraft Engineering and Gas Turbines [M]. 2nd ed. Cambridge, Mass: MIT Press, 1992.

[689] Zweifel O. The spacing of turbomachine blading, especially with large angular deflection [J]. Brown Boveri Review, 1945, 32 (12): 436 -444.

[690] Carter A D S. The Axial Compressor [M] //Cox H R. Gas Turbine Principles and Practice. London: Newnes, 1955.

[691] Glassman A J. Turbine Design and Application [R]. 3 Volumes, NASA SP -290, 1973.

[692] Schobeiri M. Turbomachinery Flow physics and Dynamic Performance [M]. Berlin: Springer Verlag, 2004.

[693] Marble F E. Three - dimensional flow in turbomachines [M]. Princeton, NJ: Princeton University Press, 1964.

[694] Glass D E, Dilley A D, Kelly H N. Numerical Analysis of Convection/ Transpiration Cooling [R]. NASA TM 209828, 1999.

[695] 葛绍岩，刘登瀛，徐靖中，等. 气膜冷却 [M]. 北京：科学出版社，1985.

[696] 王补宣，葛绍岩，葛永乐. 涡轮机高温零件温度场专题文集 [M]. 北京：国防工业出版社，1984.

[697] Zukoski E E, Marble F E. Combustion Reasearches and Reviews [M]. London: Butterworths Scientific, 1995.

[698] Oates G C. Aerothermodynamics of Aircraft Engine Components [M]. Washington DC: AIAA Education Series, 1985.

[699] Lipfert F W. Correlations of Gas Turbine Emissions Data [R]. ASME paper 72 - GT - 60, 1972.

[700] Henderson R E, Blazos W S. Turboporpullsion Combustion [M] //Oates G C, Aircraft Propulsion System Technology and Design. Washington, DC: AIAA Inc. 1989.

[701] Merkur R A. Propulsion system considerations for future supersonic transports: a global prespective [R]. ASME Paper 96 - GT -245, 1996.

[702] Bray K N. Turbulent Flows with Premixed Reactants in Turbulent Reacting Flows [M]. New York: Springer Verlag, 1980.

[703] Peters N. Laminar Flamelet concepts in Turbulent Combustion [J]. Symposium on Combustion, 1986, 12 (1): 1231 -1250.

[704] Peters, N. Turbulent Combustion [M]. Cambridge: Cambridge University Press, 2000.

[705] Oevermann M. Numerical investigation of turbulent hydrogen combustion in a SCRAMJET using flamelet modeling [J]. Aerospace of Science and Technology, 2000, 4: 463 -480.

[706] Davidson L, Dahlström S. Hybrid LES - RANS: an approach to make LES applicable at high Reynolds number [J]. International Journal of computational Fluid Dynamics, 2005, 19: 415 -427.

[707] Nichols R H, Nelson C C. Application of hybrid RANS/LES turbulence model [R]. AIAA Paper 2003 -0083, 2003.

[708] Goldin G M, Menon S. A comparison of scalar PDF turbulent combustion models [J]. Combustion and Flame, 1998, 113: 442 -453.

[709] Pope S B. PDF methods for Turbulent Reacting Flows [J]. Progress in Energy Combustion Sci-

ence, 1985, 11: 119 - 192.

[710] Delarue B J, Pope S B. Application of PDF methods to compressible turbulent flows [J]. Physics of Fluids, 1997, 9 (9): 2704 - 2715.

[711] Delarue B J, Pope S B. Calculations of subsonic and supersonic turbulent reacting mixing layers using probability density function methods [J]. Physics of Fluids, 1998, 10 (2): 487 - 498.

[712] Colucci P J, Jaberi F A, Givi P, et al. Filtered density function for large eddy simulation of turbulent reacting flows [J]. Physics of Fluids, 1998, 10 (2): 499 - 515.

[713] Jaberi F A, Colucci P J, Pope S B. Filtered mass density function for large - eddy simulation of turbulent reacting flows [J]. Journal of Fluid Mechanics, 1999, 401: 85 - 121.

[714] Muradoglu M, Jenny P, Pope S B, et al. A Consistent Hybrid Finite - Volume/Particle Method for the PDF equations of turbulent reactive flows [J]. Journal of Computational Physics, 1999, 154 (2): 342 - 371.

[715] Afshari A, Jaberi F A, Shih T. LES/FMDF of turbulent combustion in complex flow systems [R]. AIAA paper 2007 - 1414, 2007.

[716] Baurle R A, Hsu A T, Hassan H A. Assumed and evolution probability density functions in supersonic turbulent combustion calculations [J]. Journal of Propulsion and Power, 1995, 11 (6): 1132 - 1138.

[717] Baurle R A, Girimaji S S. Assumed PDF turbulence - chemistry closure with temperature - composition correlation [J]. Combustion and Flame, 2003, 134: 131 - 148.

[718] Baurle R A, Drummond J P, Hassan H A. An assumed PDF approach for the calculation of supersonic mixing layers [R]. AIAA paper 92 - 0182, 1992.

[719] Baurle R A, Hassan H A. Modeling of turbulent supersonic H_2 - Air combustion with a multivariate beta PDF [R]. AIAA paper 93 - 2198, 1993.

[720] Baurle R A, Alexopoulos G A, Hassan H A, et al. An assumed joint - beta PDF approach for supersonic turbulent combustion [R]. AIAA paper 92 - 3844, 1992.

[721] Baurle R A. Modeling of high speed reacting flows - established practices and future challenges [R]. AIAA paper 2004 - 267, 2004.

[722] Pitsch H, Desjardins O, Balarac G, et al. Large - eddy simulation of turbulent reacting flows [R]. AIAA Paper 2008 - 604, 2008.

[723] 王洪波，孙明波，王振国. 超声速燃烧流的双时间步计算方法研究 [J]. 国防科技大学学报，2010，32 (3)：1 - 6.

[724] 孙明波，梁剑寒，王振国. 二维凹腔超声速流动的混合 RANS/LES 模拟 [J]. 推进技术，2006，27 (2)：123 - 129.

[725] 范周琴，孙明波，刘亚东. 基于火焰面模型的超声速燃烧混合 LES/RANS 模拟 [J]. 推进技术，2011，32 (2)：191 - 196.

[726] 孙明波，范周琴，梁剑寒，等. 部分预混超声速燃烧火焰面模式研究综述 [J]. 力学进展，2010，46 (6)：634 - 644.

[727] 王保国，黄伟光. 高超声速飞行中的辐射输运和磁流体力学 [M]. 北京：科学出版社，2018.

[728] Wang A, Modest M F. High - accuracy, compact database of narrow - band K - distribution for water vapor and carbon dioxide [J]. Journal of Quantitative Spectroscopy and Radiative Transfer, 2005, 93 (3): 245 - 261.

[729] Goody R M. Atmospheric Radiation I: Theoretical Basis [M]. Oxford: Oxford University Press, 1964.

[730] Godson W, The computation of infrared transmission by atmospheric water vapor [J]. Journal of the Atmospheric Sciences, 1955, 12: 272 - 284.

[731] Malkmus W. Random Lorentz band model with exponential - tailed S^{-1} line - intensity distribution functions [J]. Journal of the Optical Society of America, 1967, 57 (3): 323 - 329.

[732] Ellingson R G, Ellis J, Fels S. The intercomparison of radiation codes used in climate models: long wave results [J]. Journal of Geophysical Research, 1991, 96: 8929 - 8953.

[733] Modest M F. Narrow - band and full - spectrum K - distribution for radiative heat transfer: correlated - K vs. scaling approximation [J]. Journal of Quantitative Spectroscopy and Radiative Transfer, 2003, 76 (1): 69 - 83.

[734] Modest M F, Zhang H. The full - spectrum correlated K - distribution for thermal radiation from molecular gas - particulate mixtures [J]. ASME Journal of Heat Transfer, 2002, 124 (1): 30 - 38.

[735] Modest M F, Haworth D C. Radiative Heat Transfer in Turblent Combustion Systems: Theorry and Applications [M]. New York: Springer, 2016.

[736] Pal G, Modest M F. A new hybrid full - spectrum correlated K - distribution method for radiative transfer calculations in nonhomogeneous gas mixtures [C] //ASME - JSME Thermal Engineering Summer Heat Transfer Conference: New York: [s. n.], 2007.

[737] Liu Q, Cinnella P, Tang L. Coupling heat transfer and fluid flow solvers for multi - disciplinary simulations [R]. AIAA Paper 2004 - 996, 2004.

[738] Bharadwaj S P, Modest M F. Medium resolution transmission measurements of CO_2 at high temperature - an update [J]. Journal of Quantitative Spectroscopy & Radiative Transfer, 2007, 103 (1): 146 - 155.

[739] 朱希娟，额日其太，王强，等. 微射流强化混合对喷流红外辐射特性的影响 [J]. 北京航空航天大学学报，2011，37 (4)：483 - 486.

[740] 李喜喜，额日其太，朱希娟. 基于多重角度离散的排气系统红外辐射特性数值模拟 [J]. 科学技术与工程，2012，12 (31)：8317 - 8321.

[741] Carlson J R. Computational prediction of isolated performance of an axisymmetric nozzle at Mach number 0. 9 [R]. NASA TM 4506, 1994.

[742] 朱希娟，李霞，王俊，等. 三种典型流动状态下的喷流红外辐射特性 [J]. 红外与激光工程，2013，42 (4)：850 - 856.

[743] 王保国，黄伟光. 高超声速基础理论的工程应用与典型算例 [M]. 北京：国防工业出版社，2018.

[744] 谈和平，夏新林，刘林华，等. 红外辐射特性与传输的数值计算：计算热辐射学 [M]. 哈尔滨，哈尔滨工业大学出版社，2006.

[745] 刘林华，赵军明，谈和平. 辐射传递方程数值模拟的有限元和谱方法 [M]. 北京：科学出版社，2008.

[746] 桑建华. 飞行器隐身技术 [M]. 北京：航空工业出版社，2013.

[747] Gorelov V A, Gladyshev M K, Kirreev A Y, et al. Nonequilbrium shock - layer radiation in the systems of molecular bands and N_2^+ (1 -): experimental study and numerical simulation [R]. AIAA Paper 96 - 1900, 1996.

[748] Levin D A, Candler G V, Limbaugh C C. Multi - spectral shock layer radiation from a hypersonic slender body [R]. AIAA Paper 99 - 3747, 1999.

[749] 朱俊强，黄国平，雷志军. 航空发动机进排气系统气动热力学 [M]. 上海：上海交通大学出版社，2014.

[750] 吴达，郑克扬. 排气系统的气动热力学 [M]. 北京：北京航空航天大学出版社，1989.

[751] Behrouzi P, McGuirk J J. Jet mixing enhancement using fluid tabs [R]. AIAA Paper 2004 - 2401, 2004.

[752] Parekh D E, Kibens V, Glezer A, et al. Innovative jet flow control - mixing enhancement experiments [R]. AIAA Paper 96 - 308, 1996.

[753] Freund J B, Moin P. Jet mixing enhancement by high - amplitude fluidic actuation [J]. AIAA Journal, 2000, 38 (10): 1863 - 1870.

[754] 朱希娟，额日其太，王强，等. 脉冲射流强化混合对喷流红外辐射特性的影响 [J]. 北京航空航天大学学报，2011，37 (5)：551 - 555.

[755] 任超奇，王强，胡海洋. 收扩喷管与飞行器后体的一体化气动优化设计 [J]. 航空动力学报，2014，29 (10)：2294 - 2302.

[756] Zhou Y, Wang Q, Li T. A new model to simulate infrared radiation from an aircraft exhaust system [J]. Chinese Journal of Aeronautics, 2017, 30 (2): 651 - 662.

[757] Zhou Y, Wang Q, Li T, et al. A numerical simulation method for aircraft infrared imaging [J]. Infrared Physics & Technology, 2017, 83: 68 - 77.

[758] Zhou Y, Wang Q, Hu H Y. Improved spectral absorption coefficient grouping strategies in radiation heat transfer calculations for H_2O - CO_2 - soot mixtures [J]. ASME Journal of Heat Transfer, 2017, 140 (3).

[759] Zhou Y, Wang Q, Hu H Y, et al. Simulation of the infrared emission from two typical aircraft exhaust systems [R]. AIAA Paper 2017 - 4866, 2017.

[760] Hu H Y, Wang Q. A numerical simulation on the infrared radiation of hot exhausting nozzles with a coupled flow and heat transfer model [J]. Science China: Technolgical Sciences, 2010, 53 (10): 2699 - 2707.

[761] Hu H Y, Wang Q. Improved MSMGFSK models apply to gas radiation heat transfer calculation of exhaust system to TBCC [J]. Journal of Heat Transfer, 2017, 139 (1).

[762] Hu H Y, Wang Q. Improved spectral absorption coefficient grouping strategy of wide band K - distribution model used for calculation of infrared remote sensing signal of hot exhaust systems [J]. Journal of Quantitative Spectroscopy& Radiative Transfer, 2018, 213: 17 - 34.

[763] 邹欣华，王强. 不同飞行条件下反流控制矢量喷管的内流特性 [J]. 北京航空航天大学

学报，2011，37（02）：227－230，236.
［764］额日其太，李喜喜，王强. 轴对称喷管喉道面积射流控制数值模拟研究［J］. 推进技术，2010，31（03），361－365.
［765］胡海洋，王强. 多重网格加速的 LUSGS 算法用于喷管流场数值模拟［J］. 推进技术，2008（03）：318－323.
［766］王强，付尧明，额日其太. 流体注入的轴对称矢量喷管三维流场计算［J］. 推进技术，2002（06）：441－444.
［767］王强，额日其太，杨勇. 小突片强化混合结构三维流场数值模拟［J］. 推进技术，2001（03）：215－218.
［768］额日其太，邹正平，王强. 三维槽道湍流的大涡模拟［J］. 推进技术，2004（01）：23－26，31.
［769］额日其太，邹正平，王强. 湍流边界层拟序结构的大涡模拟研究［J］. 工程热物理学报，2004（04）：579－581.
［770］额日其太，王强，陈渭鹏. 两种涡扇发动机排气系统红外辐射特性的比较［J］. 推进技术，2003（04）：334－336，367.
［771］胡海洋，王强. 基于有限体积法和 SNBCK 模型的红外辐射特性计算［J］. 北京航空航天大学学报，2009，35（09）：1121－1124，1138.
［772］Launder B E，Reece G J，Rodi W. Progress in the development of a Reynolds－stress turbulence closure［J］. Journal of Fluid Mechanics，1975，68（3）：537－566.
［773］Wilcox D C. Turbulence Modeling for CFD［M］. 2nd ed. La Canada，CA：DCW Industries，1998.
［774］Wilcox D C. Turbulence Modeling for CFD［M］. 3rd ed. La Canada，CA：DCW Industries，2006.
［775］Xu X H，Li X D，Gao J H. Computation of compressible turbulent jet flows using modified LRR－ω model［R］. AIAA Paper 2017－3809，2017.
［776］Lighthill M J. On sound generated aerodynamically：I general theory［J］. Proceedings of the Royal Society，London Ser. A，1952，211A：564－587.
［777］Lighthill M J. On sound generated aerodynamically：Ⅱ turbulence as a source of sound［J］. Proceedings of the Royal Society，London Ser. A，1954，222A：1－32.
［778］徐希海，李晓东. 远场假设对喷流噪声预测中格林函数求解的影响［J］. 航空学报，2016，37（9）：2699－2710.
［779］Tam C K W，Auriault L. Mean flow refraction effects on sound radiated from localized sources in a jet［J］. Journal of Fluid Mechanics，1998，370：149－174.
［780］Hu F Q. A stable perfectly matched layer for linearizd Euler equations in unsplit physical variables［J］. Journal of Computational Physics，2001，173：455－480.
［781］Hu F Q，Hussaini M Y，Manthey J L. Low－dissipation and low－dispersion Runge－Kutta schemes for computational acoustics［J］. Journal of Computational Physics，1996，124：177－191.
［782］Jung H S，Rajat M. A high－order immersed boundary method for acoustic wave scattering and

low Mach number flow – induced sound in complex geometries [J]. Journal of Computational Physics, 2011, 230 (4): 1000 – 1019.

[783] Goldstein M E. Aeroacoustics [M]. New York: McGraw – Hill, 1976.

[784] Goldstein M E. A generalized acoustic analogy [J]. Journal of Fluid Mechanics, 2003, 488: 315 – 333.

[785] Morris P J, Farassat F. Acoustic analogy and alternative theories for jet noise prediction [J]. AIAA Journal, 2002, 40 (4): 671 – 680.

[786] Karabasov S A, Afsar M Z, Hynes T P, et al. Jet noise: acoustic analogy informed by large eddy simulation [J]. 2010, 48 (7): 1312 – 1325.

[787] Karabasov S A, Bogey C & Hynnes T P. Computation of noise of initially laminar jets using a statistical approach for the acoustic analogy: application and discussion [R]. AIAA Paper 2011 – 2929, 2011.

[788] Tam C K W, Auriault L. Jet mixing noise from fine – scale turbulence [J]. AIAA Journal, 1999, 37 (2): 145 – 153.

[789] Tam C K W. Dimensional analysis of jet – noise data [J]. AIAA Journal, 2006, 44 (3): 512 – 522.

[790] Khavaran A, Krejsa E A. On the role of anisotropy in turbulent mixing noise [R]. AIAA Paper 1998 – 2289, 1998.

[791] Harper – Bourne M. Jet noise turbulence measurements [R]. AIAA Paper 2003 – 3214, 2003.

[792] 徐希海，李晓东，胡方强. 复杂几何条件下伴随格林函数的数值求解 [J]. 航空动力学报，2016，31 (4)：927 – 933.

[793] Xu X H, Li X D, Hu F Q, et al. 3 – D jet noise prediction for separate flow nozzles with pylon interaction [R]. AIAA Ppaer 2015 – 0512, 2015.

[794] 刘高联. 跨声速平面叶栅多工况点反命题变分理论：人工来流振荡模型 [J]. 工程热物理学报，2000，21 (1)：34 – 37.

[795] 王仲奇，郑严. 叶轮机械弯扭叶片的研究现状及发展趋势 [J]. 中国工程科学，2000，2 (6)：40 – 48.

[796] Nash J F. Noncooperative Games [J]. Annals of Mathematics, 1951, 154: 289 – 292.

[797] Michalewicz Z. Genetic Algorithms + Data Structures = Evolution Programs [M]. Berlin: Springer – Verlag, 1996.

[798] Goldberg D E. Genetic Algorithms in Search, Optimization and Machine Learning [M]. New Jersey: Addison – Wesley, 1989.

[799] Deb K. Multi – Objective Optimization using Evobutionary Algorithms [M]. Chichester: John Wiley & Sons, 2001.

[800] 刘惟信. 机械最优化设计 [M]. 2 版. 北京：清华大学出版社，1994.

[801] Koza J. R. Genetic Programming [M]. Massachusetts: MIT Press, 1991.

[802] Pironneau O. On optimum profiles in Stokes flow [J]. Journal of Fluid Mechanics, 1973, 59: 117 – 128.

[803] Pironneau O. On optimum design in fluid mechanics [J]. Journal of Fluid Mechanics, 1974,

64 (1): 97 – 110.

[804] Jameson O. Aerodynamic design via control theory [J]. Journal of Scientific Computing, 1988, 3 (3): 233 – 260.

[805] Giles M B, Pierce N A. An introduction to the adjoint approach to design [J]. Flow, Turbulence and Combustion, 2000, 65 (3): 393 – 415.

[806] Nadarajah S K, Jameson A. Optimal control of unsteady flows using a time accurate method [R]. AIAA 2002 – 5436, 2002.

[807] Nadarajah S K. Non – linear frequency domain based optimum shape design for unsteady three – dimensional flows [R]. AIAA 2006 – 1052, 2006.

[808] Choi S, Potsdam M. Helicopter rotor design using a time – spectral and adjoint – based method [R]. AIAA 2008 – 5810, 2008.

[809] Mani K, Mavriplis D J. Adjoint – based sensitivity formulation for fully coupled unsteady aeroelasticity problems [J]. AIAA Journal, 2009, 47 (8): 192 – 195.

[810] Wang D X, He L. Adjoint aerodynamic design optimization for blades in multi – stage turbomachines: Part Ⅰ – methodology and verification [J]. Journal of Turbomachinery, 2010, 132 (2).

[811] Wang D X, He L, Li Y S, et al. Adjoint aerodynamic design optimization for blades in multistage turbomachines: Part Ⅱ – validation and application [J]. Journal of Turbomachinery, 2010, 132 (2).

[812] Wang D X, Li Y S. 3D direct and inverse design using N – S equations and the adjoint method for turbine blades [R]. ASME Paper GT 2010 – 22049, 2010.

[813] Wang D X, He L. Concurrent aerodynamic – aeromechanic design optimization for turbomachinery blades using adjoint method [R]. ASME Paper 2009 – 59240, 2009.

[814] Jameson A. Optimum aerodynamic design using CFD and control theory [R]. AIAA 95 – 1729, 1995.

[815] Jameson A. Aerodynamic Shape Optimization Using the Adjoint Method [M]. Brussels: von Karman Institute, 2003.

[816] Iollo A, Salas M D, Taasan S. Shape optimization govemed by the Euler equations using an adjoint method [R]. NASA – 191666, or ICASE – 93 – 78, 1993.

[817] Yang S, Liu F. Aerodynamic design of cascades by using an adjoint equation method [R]. AIAA – 2003 – 1068, 2003.

[818] Jameson A. Efficient aerodynamics shape optimization [R]. AIAA 2004 – 4369, 2004.

[819] Jameson A, Sriram M L, Haimes B. Aerodynamic shape optimization of complete aircraft configurations using unstructured grids [R]. AIAA 2004 – 533, 2004.

[820] Jameson A. Optimum Aerodynamic Design Using Control Theory [M] //Hafez M, John Wiley, Sons. Computational Fluid Dynamics Review. Chichester: [s. n.], 1995: 495.

[821] Shafer G. A Mathematical Theory of Evidence [M]. Princeton: Princeton University Press, 1976.

[822] Yager R, Kacprzy K J, Fedrizzi M. Advances in the Dempster – Shafer Theory of Evidence [M]. New York: John Wiley & Sons, 1994.

[823] Sentz K, Ferson S. Combination of evidence in Dempster - Shafer theory [R]. Albuquerque: Sandia National Laboratories, 2002.

[824] Radanovic L. Sensitivity Methods in Control Theory [M]. Oxford, England: Pergamon Press, 1966.

[825] Sobieszczanski - Sobieski J. Sensitivity analysis and multidisciplinary optimization for aircraft design: recent advances and results [J]. Journal of Aircraft, 1990, 27 (12): 993 - 1001.

[826] Du X. Uncertainty analysis with probability and evidence theories [C] //The ASME International Design Engineering Technical Conferences & Computers and Information Engineering Conference. Philadelphia PA: [s. n.], 2006.

[827] Du X. Unified uncertainty analysis by the first order reliability method [J]. Journal of Mechanical Design, 2008, 130 (9).

[828] Du X, Chen W. Sequential optimization and reliability assessment method for efficient probabilistic design [C] //The Proceedings of ASME 2002 Design Engineering Technical Conference and Computes and Information in Engineering Conference. Montreal: [s. n.], 2002.

[829] Yao W, Chen X Q, Huang Y Y, et al. sequential optimization and mixed uncertainty analysis method for reliability - based optimization [J]. AIAA Journal. 2013, 51: 2266 - 2277.

[830] 陈小前，姚雯，魏月兴，等. 飞行器多学科设计优化理论的工程应用研究 [J]. 国防科技大学学报，2011，33 (5): 1 - 8.

[831] 姚雯，陈小前，黄奕勇，等. 分离模块航天器不确定性多学科设计优化研究 [J]. 国防科技大学学报，2011，33 (5): 9 - 16.

[832] Padula S L, Alexandrov N, Green L L. MDO test suite at NASA Langley Research Center [C] //The 6th AIAA/NASA/ISSMO Symposium on Multidisciplinary Analysis and Optimization. [S. l.]: AIAA, 1996.

[833] Kodiyalam S. Evaluation of methods for multidisciplinary design optimization (MDC), phase I [R]. NASA CR 208716, 1998.

[834] Tosserams S, Etman L F, Rooda J E. An augmented lagrangian decomposition method for quasi - separable problems in MDO [J]. Structural and Multidisciplinary Optimization, 2007, 34: 211 - 227.

[835] Kowalski E J. Tjonneland E. Study of advanced technology impact on cycle characteristics and aircraft sizing using multivariable optimization techniques [R]. ISABE 89 - 7112, 1989.

[836] McCullers L A. Flight Optimization System User's Guide [M]. virginia: NASA Langley Research Center, 1993.

[837] Oates G C. Aircraft Propulsion Systems Technology and Design [M]. Washington DC: AIAA Inc, 1989.

[838] Moore F K. A theory of rotating stall of multistage axial compressors: part Ⅰ [R]. ASME 83 - GT - 44, 1983.

[839] Moore F K. A theory of rotating stall of multistage axial compressors: part Ⅱ [R]. ASME 83 - GT - 45, 1983.

[840] Moore F K. A theory of rotating stall of multistage axial compressors: part Ⅲ [R]. ASME 83 -

GT - 46, 1983.

[841] Moore F K, Greitzer E M. Theory of post - stall transients in multistage axial compression systems [R]. ASME 85 - GT - 171, 1985.

[842] Greitzer E M, Moore F K. Theory of post - stall transients in axial compression systems: part Ⅱ - application [R]. ASME 85 - GT - 172, 1985.

[843] Hale A, Davis M. Dynamic Turbine Engine Compressor Code DYNTECC - Theory and Capabilities [R]. AIAA - 92 - 3190, 1992.

[844] Hale A, O'Brien W. A Three - Dimensional Turbine Engine Analysis Compressor Code (TEACC) for Steady - State Inlet Distortion [J], Transactions of the ASME, Journal of Turbomachinery. 1998, 120: 422 - 430.

[845] Hale A, Davis M, Sirbaugh J. A Numerical Simulation Capability for Analysis of Aircraft Inlet - Engine Compatibility [R]. ASME Paper, GT2004 - 53473, 2004.

[846] Hale A, Davis M, Kneile K R. Turbine Engine Analysis Compressor Code: TEACC Part Ⅰ: Technical Approach and Steady Results [R]. AIAA - 94 - 0148, 1994.

[847] Xu L. Assessing Viscous Body Forces For Unsteady Calculations [J]. Trans. of ASME, Journal of Turbomachinery. 2003, 125 (3): 425 - 432.

[848] Violi A, Yan S, Eddings E G, et al. Experimental formulation and kinetic model for JP - 8 surrogate mixtures [J]. Combustion Science and Tdchnology, 2002, 174 (11/12): 399 - 417.

[849] Bikas G, Peters N. Kinetic modelling of n - decane combustion and autognition: modelling combustion of n - decane [J]. Combution and Flame, 2001, 126 (1/2): 1456 - 1475.

[850] 王慧汝，金捷，王静波，等. 正癸烷燃烧机理及航空煤油点火延时动力学模拟 [J]. 高等学校化学学报，2012，33 (2)：341 - 345.

[851] 戴超，颜应文，李井华，等. 一种基于敏感性分析的 RP - 3 替代燃料简化机理 [J]. 南京航空航天大学学报，2015，47 (4)：579 - 587.

[852] 颜应文，戴超，李井华. RP - 3 航空煤油代替燃料简化机理及其验证 [J]. 航空动力学报，2016，31 (12)：2878 - 2887.

[853] 甘晓华. 航空燃气轮机燃油喷嘴技术 [M]. 北京：国防工业出版社，2006.

[854] Rokke P E, Hustad J E, Rokke N A, et al. Technology update on gas turbine dual fuel, dry low emission combustion systems [R]. ASME 2003 - GT - 38112, 2003.

[855] 张津，洪杰，陈光. 现代航空发动机技术与发展 [M]. 北京：北京航空航天大学出版社，2006.

[856] Zeldovich Y. To the question of energy use of detonation [J]. Journal of Technical physics, 1940, 10 (17): 1453 - 1461.

[857] Fickott W, Davis W. Detonation [M]. Berkelay: University of California Press, 1979.

[858] Lee J. The Detonation phenomenon [M]. New York: Cambridge University Press, 2008.

[859] Bussing T, Pappas G. An introduction to pulse detonation engine [R] //The 32nd AIAA Aerospace Sciences Meeting and Exhibit, 1994.

[860] Nicholls J, Wilkinson H, Morrison R. Intermittent detonation as a thrust - producing mechanism [J]. Jet Propulsion, 1957, 27 (5): 534 - 541.

[861] Helman D, Shreeve R, Eidelman S. Detonation pulse engine [R] //The 22nd ASME/SAE/ASEE Joint Propulsion Conference, 1986.

[862] Kailasanath K. Recent developments in the research on pulse detonation engines [J]. AIAA Journal, 2003, 41 (2): 145 - 159.

[863] Roy G, Frolov S, Borisov A, et al. Pulse detonation propulsion: challenges, current states, and future prerspective [J]. Progress in Energy and Combustion Science, 2004, 30 (6): 545 - 672.

[864] Dunlap R, Brehm R, Nicholls J. A preliminary study of the application of steady - state detonative combustion to a reaction egine [J]. Jet propulsion, 1958, 28 (7): 451 - 456.

[865] Ashford s, Emanuelf G. Oblique detonation wave engine performance prediction [J]. Journal of Propulsion and Power, 1996, 12 (2): 322 - 327.

[866] Voitsekhovskii B. Stationary spin detonation [J]. Soviet Journal of Applied Mechanics and Technical Physics, 1959, 129 (6): 157 - 164.

[867] Nicholls J, Cullen R. The feasibility of a rotating detonation wave rocket motor [R]. Rocket Propulsion Lab. RPL - TDR - 64 - 113, Edwards Air Force Base, 1964.

[868] Kindracki J, Wolanski P, Gut Z. Experimental research on the rotating detonation in gaseous fuels - oxygen mixtures [J]. Shock Waves, 2011, 21 (2): 75 - 84.

[869] 秦亚欣, 高歌. 爆震波形成过程试验研究 [J]. 科学技术与工程, 2016, 16 (22): 112 - 117.

[870] 王家骅, 韩启祥. 脉冲爆震发动机技术 [M]. 北京: 国防工业出版社, 2013.

[871] 王健平, 姚松柏. 连续爆轰发动机原理与技术 [M]. 北京: 科学出版社, 2018.

[872] 尹泽勇, 米栋. 航空发动机多学科设计优化 [M]. 北京: 北京航空航天大学出版社, 2015.

[873] 王如根, 高坤. 航空发动机新技术 [M]. 北京: 航空工业出版社, 2003.

[874] 李孝堂. 现代燃气轮机技术 [M]. 北京: 航空工业出版社, 2006.

[875] 金红光, 林汝谋. 燃气轮机发电动力装置及应用 [M]. 北京: 中国电力出版社, 2004.

[876] 岳珠峰, 李立州, 虞跨海, 等. 航空发动机涡轮叶片多学科设计优化 [M]. 北京: 科学出版社, 2007.

[877] 周正贵. 压气机/风扇叶片自动优化设计 [M]. 北京: 国防工业出版社, 2013.

[878] 曹玉璋, 陶智, 徐国强. 航空发动机传热学 [M]. 北京: 北京航空航天大学出版社, 2005.

[879] 陶文铨. 传热与流动问题的多尺度数值模拟: 方法与应用 [M]. 北京: 科学出版社, 2009.

[880] Ainley D G, Mathieson G C. A method of performance estimation for axial - flow turbines [R]. Defense Technical Information Center: 2974, 1951.

[881] Volino R J, Hultgren L S. Measurements in separated and transitional boundary layers under low - pressure turbine airfoil conditions [J]. Journal of Turbomachinery, 2001, 123 (2): 189 - 197.

[882] Castner R, Chiappetta S, Wyzykowski J, et al. An engine research program focused on low

pressure turbine aerodynamic performance [R]. ASME Paper GT－30004, 2002.

[883] Lipfert M, Marx M, Rose M G, et al. A low pressure turbine at extreme off－design operation [J]. Journal of Turbomachinery, 2014, 136 (3): 031018.

[884] Langtry R B, Menter F R. Correlation－based transition modeling for unstructured parallelized computational fluid dynamics codes [J]. AIAA Journal, 2009, 47 (12): 2894－2906.

[885] Menter F R, Langtry R B, Volker S. Transition modeling for general purpose CFD codes [J]. Flow, Turbulence and Combustion, 2006, 77 (1－4): 277－303.

[886] 周恒，苏彩虹，张永明，超声速/高超声速边界层的转捩机理及预测 [M]. 北京：科学出版社，2015.

[887] 周盛. 叶轮机气动弹性力学引论 [M]. 北京：国防工业出版社，1989.

[888] 晏砺堂，朱梓根，李其汉，等，结构系统动力特性分析 [M]. 北京：北京航空航天大学出版社，1989.

[889] 孙晓峰，周盛. 气动声学 [M]. 北京：国防工业出版社，1994.

[890] 乔渭阳. 航空发动机气动声学 [M]. 北京：北京航空航天发学出版社，2010.

[891] Blaszczak J R. Performance improvement and noise reduction through vane and blade indexing of a two－stage turbine [R]. AIAA 2008－2941, 2008.

[892] 顾家柳，丁奎元，刘启洲，等. 转子动力学 [M]. 北京：国防工业出版社，1985.

[893] 王文亮，杜作润. 结构振动与动态子结构方法 [M]. 上海：复旦大学出版社，1985.

[894] 闻邦椿，顾家柳，夏松波，等. 高等转子动力学 [M]. 北京：机械工业出版社，2000.

[895] Vance J M. Rotordynamics of Turbomachinery [M]. New York: John Wiley & Sons, 1988.

[896] Lytle J, Follen G, Naiman C, et al. Numerical propulsion system simulation review [R]. NASA/TM－2002－211197, 2001.

[897] Lytle J K. The numerical propulsion system simulation: an overview [R]. NASA/TM－2000－209915, 2000.

[898] Reed J A, Turner M G, Norris A, et al. Towrds an automated full－turbofan engine numerical simulation [R]. NASA/TM－2003－212494, 2003.

[899] Bala A, Sethi V, Gatto E L, et al. Study of VSV effects on performance via integrated aerodynamic component zooming process [R]. AIAA Paper 2007－5046, 2007.

[900] Follem G, Aubuchon M. Numerical zooming between a NPSS engine system simulation and a one－dimensional high compressor analysis code [R]. NASA/TM－2000－209913, 2000.

[901] Rousselot S, Tuffi D, Doulgeris G, et al. Generation of a quasi 3－D map of a half－embedded ultra high bypass ratio turbofan intake on the wing of a broad delta wing airframe [R]. ASME GT 2008－51008, 2008.

[902] Templalexis I, Alexiou A, Pachicis V, et al. Direct coupling of a turbofan engine performance simulation [R]. ASME GT 2016－56617, 2016.

[903] Klein C, Reitenbach S, Schoenweitz D, et al. A fully coupled approach for the integration of 3D－CFD component simulation in overall engine performance analysis [R]. ASME GT 2017－63591, 2017.

[904] Pachidis V, Pilidis P, Texeira J, et al. A comparison of component zooming simulation strategies

using streamline curvature [J]. Journal of Aerospace Engineering, 2007, 221 (1): 1 - 15.
[905] U. S. Dept. of Defense. Engine, aircraft, turbofan, general specification for military specification MIL - E - 5007D (USAF) [R]. Wright - Patterson AFB, OH45433, 15 October 1973.
[906] 迭名. 航空涡轮喷气和涡轮风扇发动机通用规范: GJB 241A—2010 [S]. 北京: 总装备部军标出版社发行部, 2010.
[907] 迭名. 航空涡轮螺桨和涡轮轴发动机通用规范: GJB 242—1987 [S]. 北京: 出版社不详, 1987.
[908] 杜鹤龄. 从通用规范看高空台的任务和作用 [J]. 燃气涡轮试验与研究, 1993 (1).
[909] 迭名. 涡喷涡扇发动机性能的湿度修正规范: GJB 359—1987 [S]. 北京: 出版者不详, 1987.
[910] 迭名. 涡喷涡扇发动机性能的温度修正规范: GJB 378—1987 [S]. 北京: 出版者不详, 1987.
[911] 迭名. 涡喷涡扇发动机性能的燃料热值修正规范: GJB 723— 1989 [S]. 北京: 出版者不详, 1989.
[912] 迭名. 涡喷涡扇发动机高空模拟试验性能修正规范: HB 6213—1989 [S]. 北京: 出版社不详, 1989.
[913] 刘大响. 试车环境对发动机性能的影响及修正方法 [M]. 北京: 航空工业出版社, 1989.
[914] 刘大响, 叶培梁, 胡骏, 等. 航空燃气涡轮发动机稳定性设计与评定技术 [M]. 北京: 航空工业出版社, 2004.
[915] 杜鹤龄. 航空发动机高空模拟 [M]. 北京: 国防工业出版社, 2002.
[916] 吴大观, 杜 斌. 涡喷发动机试车中的性能研究与故障分析 [M]. 北京: 国防工业出版社, 1987.
[917] Sugiyama N. Performance seeking control of regenerative gas turbine engines [R]. ASME 2000 - GT - 38, 2000.
[918] Orme J, Schkolnik G. Flight assessment of the onboard propulsion system model for the performance seeking control algorithm on an F - 15 aircraft [R]. AIAA 95 - 2361, 1995.
[919] Mishler R, Wilkinson T. Emerging airframe/propulsion integration technologies at general electric [R]. AIAA 92 - 3335, 1992.
[920] Chisholm J D. In - flight optimization of the total propulsion system [R]. AIAA 92 - 3744, 1992.
[921] Frederick D K, DeCastro J A, Litt J S. User' s guide for the commercial modular aero - propulsion system simulation (C - MAPSS) [R]. NASA TM - 2007 - 215026, 2007.
[922] Mink G. Turbine engine dynamic simulator - final report [R]. Air Force Research Lab, Rept. AFRL - PR - WP - TP - 2005 - 2124, 2006.
[923] Evans A L, Follen G, Naiman C, et al. Numerical propulsion system simulation' s national cycle program [R]. AIAA 98 - 3113, 1998.
[924] Parker K I, Guo T H. Development of a turbofan engine simulation in a graphical simulation environment [R]. NASA TM 2003 - 212543, 2003.
[925] Szuch J R. Models for jet engine systems, part Ⅰ - techniques for jet engine systems modeling

[M] //Controls Leondes C T. and Dynamic Systems - Advances in Theory and Applications: Vol. 14. New York: Academic Press, 1978, 213 - 253.

[926] Mink G, Behbahani A. The AFRLICF generic gas turbine engine model [R]. AIAA 2005 - 4538, 2005.

[927] Sobey A J, Suggs A M. Control of Aircraft and Missile Powerplants [M]. New York: Wiley, 1963.

[928] Kulikov G G, Thompson H A. Dynamic Modeling of Gas Turbines: Identification, Simulation, Condition, Monitoring and Optimal Control [M]. London: Springer - Verlag, 2004.

[929] Jaw L C, Mattingly J D. Aircraft Engine Controls: Design, System Analysis, and Health Monitoring [M]. VA/Reston: American Institute of Aeronautics and Astronautics, Inc., 2009.

[930] Sun X, Liu X, Hou R, et al. A General Theory of Flow - Instability Inception in Turbomachinery [J]. AIAA Journal, 2013, 51 (7): 1675 - 1687.

[931] Liu X, Zhou Y, Sun X, et al. Calculation of Flow Instability Inception in High Speed Axial Compressors Based on an Eigenvalue Theory [J]. Journal of Turbomachinery, 2015, 137 (6).

[932] Liu X, Sun D, Sun X. Basic Studies of Flow - Instability Inception in Axial Compressors Using Eigenvalue Method [J]. Journal of Fluids Engineering, 2014, 136 (3).

[933] Sun X, Ma Y, Liu X, et al. Flow Stability Model of Centrifugal Compressors Based on Eigenvalue Approach [J]. AIAA Journal, 2016, 53 (4): 1 - 16.

[934] Sun D, Liu X, Jin D, et al. Theory of Compressor Stability Enhancement Using Novel Casing Treatment, Part II: Experiment [J]. Journal of Propulsion & Power, 2015, 30 (5): 1 - 12.

[935] 孙晓峰，孙大坤. 高速叶轮机流动稳定性 [M]. 北京：国防工业出版社，2018.

[936] Wanjin Han, Zhongqi Wang, Chunqing Tan, et al. Effects of leaning and curving of blades with high turning angles on the aerodynamic characteristics of turbine rectangular cascades [J]. ASME Journal of Turbomachinery, 1994, 116 (3): 417 - 424.

[937] 谭春青，王仲奇，韩万今. 大转角透平叶栅叶片正弯曲的实验研究 [J]. 航空动力学报，1994，9 (4): 413 - 446.

[938] 谭春青，王仲奇，韩万今. 在大转角透平叶栅中叶片反弯曲对通道涡及静压场的影响 [J]. 工程热物理学报，1994，15 (2): 141 - 146.

[939] Chunqing Tan, Atsumasa Yamamoto, Haisheng Chen. Influences of blade bowing on flowfields of turbine stator cascades [J]. AIAA Journal, 2003, 41 (10): 1967 - 1972.

[940] Chunqing Tan, Atsumasa Yamamoto, Shinpei Mizuki. Flowfield and aerodynamic performance of a turbine stator cascade with bowed blades [J]. AIAA Journal, 2004, 42 (10): 2170 - 2171.

[941] 徐星仲，蒋洪德，谭春青，等. 一种“后部加载”型透平静叶的设计 [J]. 工程热物理学报，1997，18 (1): 48 - 52.

[942] 徐旭，康顺，谭春青. 透平转子直列叶栅流场及其总压损失的数值研究 [J]. 工程热物理学报，1999，20 (6): 695 - 698.

[943] 谭春青，康顺，蒋洪德，等. 一种典型透平静叶型叶片正弯曲作用的实验研究 [J]. 工程热物理学报，2001，22 (3): 48 - 52.

[944] 谭春青，蒋洪德，蔡睿贤，等. 叶片正弯曲对涡轮静叶栅流场影响的试验研究 [J]. 机

械工程学报，2001，37（7）：47－50.
[945] 陈海生，康顺，谭春青. 叶片正弯曲对透平静叶栅叶片气动特性影响的实验研究［J］. 工程热物理学报，2002，23（2）：179－182.
[946] 陈海生，谭春青，康顺，等. 叶片反弯曲对涡轮静叶栅流场影响的试验研究［J］. 机械工程学报，2003，39（9）：63－67.
[947] Jian Xu，Haisheng Chen，Chunqing Tan，et al. Numerical and experimental investigations for an air cannon optimization［J］. Science China E：Technological Sciences，2011，54（2）：345－351.
[948] 陈海生，谭春青，山本孝正. 低展弦比涡轮静叶栅叶片正弯曲作用的试验研究［J］. 机械工程学报 2005，41（2）：65－70.
[949] 谭春青，陈海生，梁锡智. 完全可逆地铁风机的三维优化设计［J］. 机械工程学报，2006，42（9）：68－73.
[950] 陈海生，谭春青. 叶轮机械内部流动研究进展［J］. 机械工程学报，2007，43（2）：1－12.
[951] 徐旭，康顺，谭春青，等. 涡喷发动机涡轮密封舱小气路流场数值计算［J］. 推进技术 2000，21（2）：29－32.
[952] 赖焕新，康顺，谭春青，等. 有无叶顶间隙条件下斜流风机叶轮内部三维流动的数值研究［J］. 航空动力学报，2000，15（1）：17－21.
[953] 王会社，张永军，谭春青，等. MW 级地面燃气轮机热力循环分析［J］. 工程热物理学报，2008，29（9）：1503－1506.
[954] 董学智，张华良，谭春青，等. 弯叶片对压气机叶片表面流动稳定性影响研究［J］. 工程热物理学报，2008，29（12）：2015－2018.
[955] 赵洪雷，韩万今，谭春青，等. 高负荷低压涡轮的多级气动优化设计［J］. 工程热物理学报，2008，29（9）：1479－1482.
[956] 孙志刚，谭春青，冯国泰，等. 某型燃机涡轮过渡段流场优化设计［J］. 工程热物理学报 2008，29（6）：940－942.
[957] 张华良，谭春青，王松涛，等. 扩压叶栅二维流动分离的数值模拟［J］. 工程热物理学报，2008，29（8）：1297－1300.
[958] 张华良，谭春青，赵洪雷，等. 超高负荷涡轮弯曲叶栅的实验研究［J］. 航空动力学报，2009，24（10）：2314－2318.
[959] 谭春青，张华良，山本孝正，等. 在高负荷涡轮叶栅中应用弯叶片控制流动分离的实验研究［J］. 工程热物理学报，2009，30（9）：1467－1471.
[960] 谭春青，张华良，董学智，等. 弯叶片对大转角平面涡轮叶栅性能影响的实验研究［J］. 燃气涡轮试验与研究，2009，22（1）：8－12.
[961] 张华良，谭春青，山本孝正，等. 平面涡轮叶栅内旋涡结构的试验研究［J］. 机械工程学报，2010，46（12）：155－160.
[962] 左志涛，朱阳历，谭春青，等. 静叶轮毂间隙对高压压气机气动性能的影响［J］. 推进技术，2011，32（3）：329－338.
[963] 何平，孙志刚，谭春青，等. 开式向心涡轮背部间隙流动特性的研究［J］. 工程热物理

学报，2011，32（8）：1303－1306.

[964] 李文，陈海生，谭春青，等. 叶顶射流对涡轮流场及气动性能的影响［J］. 工程热物理学报，2011，32（10）：1621－1626.

[965] 谭春青，陈海生，蔡睿贤，等. 一种典型透平静叶型叶片正弯曲作用的实验研究［J］. 工程热物理学报，2011，22（3）：294－297.

[966] 朱阳历，王正明，谭春青，等. 叶片全三维反问题优化设计方法［J］. 航空动力学报，2012，27（5）：1045－1053.

[967] Ping He，Zhigang Sun，Chunqing Tan. Investigation of clearance flows in deeply scalloped radial turbines［J］. Journal of Power and Energy，2012，226（8）：951－962.

[968] Chunqing Tan，Hualiang Zhang，Atsumasa Yamamoto. Flow fields and losses downstream of an ultra highly loaded turbine cascade with bowed blades［J］. Journal of Power and Energy，2011，225：131－140.

[969] Chunqing Tan，Hualiang Zhang，Atsumasa Yamamoto. Blade bowing effect on aerodynamic of a highly loaded turbine cascade［J］. 2010，Journal of Propulsion and Power，26（3）：604－607.

[970] Chunqing Tan，Hualiang Zhang and Haisheng Chen. Flow Separation Control by Using Bow Blade in Highly Loaded Turbine Cascade［J］. Science China Series E：Technological Science，2009，52（6）：1471－1477.

[971] Jian Xu，Chunqing Tan，Haisheng Chen，et al. Influence of Tip Clearance on performance of a contra－rotating fan［J］. Journal of Thermal Science，2009，18（3）：207－214.

[972] Ping He，Zhigang Sun，Chunqing Tan，et al. Aerothermal Investigation of Backface Clearance Flow in Deeply Scalloped Radial Turbines［J］. Journal of Turbomachinery，2012，135（2）：751－763.